U0299581

MODERN SOFTWARE TESTING DEFINITIVE GUIDE

现代软件测试技术权威指南

主编 茹炳晟 陈 磊 朱少民

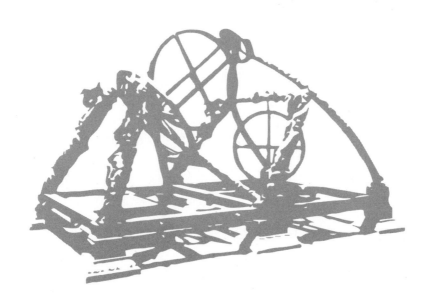

电子工业出版社
Publishing House of Electronics Industry
北京•BEIJING

内 容 简 介

在过去的十几年中，软件测试技术的演进突破了曾经的局限，发生了翻天覆地的变化，在新的领域有了更广泛的应用场景。

本书从现代软件测试技术的视角，深入探讨近年来涌现和快速发展的测试技术，以及在快速变化的技术环境中依然保持高度相关性和实践价值的方法论与技巧。本书内容主要包括现代软件测试的工程理念，测试策略、分析和设计，测试与系统架构的关系，各项测试技术精要，自动化测试框架的设计与实现，AI 产品、大数据产品、区块链、图形图像相关测试技术，以及大模型赋能下的测试智能化等。

我们希望这是一本软件测试技术领域的"百科全书"，无论你是希望在专业领域不断精进的技术专家，还是希望打下扎实基础的入门读者，都能从本书中汲取宝贵的经验。

图书在版编目（CIP）数据

现代软件测试技术权威指南 / 茹炳晟，陈磊，朱少
民主编. -- 北京 : 电子工业出版社，2025. 3. -- ISBN
978-7-121-49499-4

Ⅰ. TP311.55-62

中国国家版本馆 CIP 数据核字第 20258GM640 号

责任编辑：李淑丽   文字编辑：黄爱萍
印　　刷：涿州市京南印刷厂
装　　订：涿州市京南印刷厂
出版发行：电子工业出版社
　　　　　北京市海淀区万寿路 173 信箱　　邮编：100036
开　　本：787×980　1/16　印张：52.25　字数：1204 千字　　彩插：8
版　　次：2025 年 3 月第 1 版
印　　次：2025 年 3 月第 1 次印刷
定　　价：168.00 元

凡所购买电子工业出版社图书有缺损问题，请向购买书店调换。若书店售缺，请与本社发行部联系，联系及邮购电话：（010）88254888，88258888。

质量投诉请发邮件至 zlts@phei.com.cn，盗版侵权举报请发邮件至 dbqq@phei.com.cn。

本书咨询联系方式：faq@phei.com.cn。

作者简介

（排名不分先后）

茹炳晟 | 腾讯 Tech Lead，腾讯研究院特约研究员，腾讯集团技术委员会委员

中国计算机学会（CCF）TF 研发效能 SIG 主席，《软件研发效能度量规范》标准核心编写专家，中国商业联合会互联网应用技术委员会智库专家，中国通信标准化协会 TC608 云计算标准和开源推进委员会云上软件工程工作组副组长，多本技术畅销书作者。著作有《测试工程师全栈技术进阶与实践》《现代软件测试技术之美》《软件研发效能提升之美》《软件研发效能提升实践》《软件研发效能权威指南》《多模态大模型技术原理与实战》《高质效交付》《高效软件自动化测试平台：设计与开发实战》《软件研发行业创新实战案例解析》等，译作有《整洁架构之道》《软件设计的哲学》（第 2 版）《DevOps 实践指南》（第 2 版）《现代软件工程》《持续架构实践》《精益 DevOps》和《基础设施即代码：模型驱动的 DevOps》等。国内外各大技术峰会的联席主席、出品人和 Keynote 演讲嘉宾。公众号"茹炳晟聊软件研发"主理人。

陈 磊 | 京东前测试架构师，阿里云 MVP，华为云 MVP

著作有《接口测试方法论》《持续测试》《软件研发效能权威指南》，拥有多年质量工程实践经验，专注于质量保证、智能化测试等方向，公开发表学术论文近 30 篇，专利 20 余项。

朱少民 | 同济大学特聘教授，QECon 大会发起人

CCF 杰出会员、软件质量工程 SIG 主席。近 30 年来一直从事软件工程的教学与研究工作，先后获得多项省部级科技进步奖，已出版 20 多部著作和 4 本译作，经常在国内外学术会议或技术大会上发表演讲，曾给多家世界 500 强企业做技术咨询、顾问；曾任思科（中国）软件有限公司 QA 高级总监、IEEE ICST 2019 工业论坛主席、多个 IEEE 国际学术会议程序委员、《软件学报》和《计算机学报》审稿人等。

步绍鹏 | 微软中国高级研发经理

目前就职于微软 Windows 移动连接体验部，曾就职于微软移动 AI 部门，搭建了智能软件工程和测试系统，在质量保证、效能提升方面有丰富的实践经验，在分布式测试系统、智能测试等方面获得了多项专利。

蔡 超 | 中国商业联合会互联网应用委员会智库专家，互联网测试开发社群 VIPTEST 联合创始人

著有图书《前端自动化测试框架：Cypress 从入门到精通》《从 0 到 1 搭建自动化测试框架：原理、实现与工程实践》。

陈金龙｜腾讯高级专项测试工程师，腾讯 FiT 区块链团队测试 SE

毕业于厦门大学，一直从事区块链底层技术的质量保障和专项测试工作，申请区块链及测试相关专利 20 余项，专注于分布式技术、智能合约、密码学、高可用、容灾等领域。

崔忠峰｜华为前研发效能专家，软件测试专家

中国软件行业协会系统与软件过程改进分会的智库专家、软件研发效能度量分委员会委员。具有多年研发系统工程实践经验，专注于研发效能提升、测试工程能力优化、智能化测试等方向；参与编写《软件测试技术趋势白皮书》，参与制定团体标准《测试用例管理规范》《IT 系统与应用 非功能测试规范》等。

高　楼｜性能专家，架构级非功能解决方案资深专家,盾山科技 CEO，7DGroup 创始人，性能标准撰写人

具有 19 年的性能分析调优、非功能体系建设经验，性能领域公认的具有匠心精神的技术专家，致力于架构级性能测试、容量水位规划、性能瓶颈分析、非功能等技术方向，与多家培训机构合作，提供性能测试及性能分析的企业培训、公开课培训，曾多次作为技术沙龙的主讲嘉宾。"性能测试实战 30 讲""高楼的性能工程实战课""全链路压测实战 30 讲"专栏作者。

李宏铭｜小米手机部 AI 测试负责人，商汤移动事业部 CV 方向前测试架构师

手机行业 15 年测试老兵，经历 3G 到 5G 时代的变迁，手机从功能机到 AI 手机的转变，主攻方向为自动化测试和 AI 智能化测试。

刘琛梅｜绿盟科技网络安全技术部研发总监，绿盟科技合伙人

曾任高级研发经理、研发经理、产品经理、测试代表，曾在华为担任测试架构师和测试经理，申请专利近 10 项。著作有《测试架构师修炼之道》，译作有《IOS 取证实战》，并合编了《软件测试之道：那些值得借鉴的实战案例》。

卢尚杰｜腾讯支付与金融线大额支付测试负责人

从事软件研发及质量工程相关工作多年，先后负责过 AI 算法、区块链、金融支付等业务的质量保障工作，熟悉并深刻理解软件测试理论及相关技术，在构建测试质量体系建设方面有丰富经验。多次在国内大型测试开发大会做技术分享，作为第一作者申请的专利超过 20 项。

李智慧｜同程旅行资深架构师，腾讯云 TVP，极客时间专栏作者

著作有《大型网站技术架构》《大数据技术架构》《架构师的自我修炼》《高并发架构实战》。

芈 嵋｜微软 edge 浏览器质量负责人

快手前测试负责人和移动端效能负责人。2013 年在豆瓣"入坑"移动端测试领域，先后开源了 iOS 自动化测试框架，实践了移动端测试相关的持续集成和持续发布等。著作有《iOS 测试指南》。2017 年至 2022 年，在快手实践并且落地了快手移动端全链路研发支撑工具建设，带领快手测试团队完整经历 DAU 从 5 千万到 3 亿的跨越，并且无重大线上故障。

沈立彬｜Splunk 中国研发中心前高级测试经理

具有近 20 年的软件测试经验，精通软件测试理论。有多年大型软件、大数据产品及强监管软件的质量保证经验，对大数据产品测试、分布式系统测试及自动化测试有深入研究。曾多次在国内外及 IEEE 多个业界峰会上分享测试流程管理、测试设计、自动化测试及大数据质量保证经验。曾任华东师范大学软件学院的兼职授课教师。

吴骏龙｜Wish 中国前测试总监，阿里巴巴本地生活前高级测试经理

腾讯云最具价值专家 TVP，中国移动通信联合会 ICT 专家级讲师，毕业于中国科学技术大学，硕士学位。在软件质量体系、服务容量保障、服务稳定性建设、软件研发效能等领域深耕多年，拥有多项国内外专利。多次受邀于业界各技术大会发表演讲和担任出品人，传播先进理念和方法论。极客时间专栏作者，多本畅销书作者。

徐 浩｜博士，华南理工大学教授

兼任中华人民共和国第二届职业技能大赛软件测试赛项（国赛精选）裁判长、2023 全国职业院校技能大赛软件测试赛项执委会副主任、广东省新一代信息技术产品可靠性检测和监测工程技术研究中心主任、广州市智能硬件于移动互联网融合技术创新联盟主席。近十年，主持了欧盟第六框架科技计划项目、科技部对外合作项目、广东省重大科技专项、广州市科技攻关项目等十多项国际、国家和省市软件可靠性测试工具和保障技术领域重大科技项目，获得省哲学社会科学优秀成果一等奖 1 项，省科技进步二等奖 1 项，省科技进步三等奖 1 项，市哲学社会科学优秀成果一等奖 1 项，市科技进步二等奖 1 项。

张 晔｜腾讯 PCG 质效团队负责人、资深 DevOps 顾问

具有 8 年企业级教练和 2 年咨询顾问经验，具有丰富的跨领域（互联网、金融、通信）的研发模式变革和工程效能辅导经验，曾主导多个平台及业务，通过中国信息通信研究院 DevOps 成熟度认证。《软件研发效能权威指南》《敏捷（精益）教练能力模型白皮书》《开发运维一体化 能力成熟度模型》等书籍和标准的作者。

赵 卓｜新蛋科技有限公司电子商务研发团队项目经理

从事过多年测试工作和开发工作，精通各类开发和测试技术。编写的图书有《Selenium 自动化测试完全指南：基于 Python》《TypeScript 全栈开发》《Kubernetes 从入门到实践》等，翻译的图书有《精通 Selenium WebDriver 3.0》（第 2 版）等。

沈 颖｜东华大学软件工程硕士，高级工程师

现任上海市软件行业协会副秘书长，擅长软件工程、软件质量、软件测评、软件人才培养与标准制定等。近年来，参与制定软件工程领域的国家标准近 10 项，主持完成 20 余项团体标准，出版著作 2 部，发表论文 6 篇，申请发明专利 5 项。

王 馨｜中国太平洋寿险上海分公司科技赋能部总经理

金融企业数字化转型践行者，重点探索科技与一线业务场景的融合，推动业务和管理线上化、智能化，提升运营管理效率，为公司平稳、安全、高效运行赋能。曾就职于 HP，在多年的软件测试工作中，专注于 Service Manager 产品的建设与质量保障，积累了丰富的技术能力和实践经验。

马龙飞｜中国信息通信研究院云计算与大数据研究所高级业务主管

主要研究云上软件工程、金融软件测试等领域。牵头或参与编写《云上软件测试成熟度模型》《智能化软件测试成熟度模型》《2022 中国软件研发效能调查报告》《2023 年度中国企业软件研发管理白皮书》《中国云上软件测试成熟度调研报告》《AIGC 驱动 Devops 智能化应用研究报告》等行业标准和白皮书。具备多年软件工程&测试领域项目管理经验，发表云计算相关的专利十余篇，软著二十余篇。

白萍萍｜QECon 全球软件质量效能大会，SECon 全球软件工程技术大会及
**　　　　PM 产品力领航者大会的项目总负责人**

拥有深厚的 IT 活动运营管理经验，承担行业内顶级技术交流活动的策划和推进工作。目前，就职于智盟创课公司，专注于服务 IT 研发组织，致力于研发全生命周期的技术交流与创新，通过系统化的岗位人才培养及能力认定服务，对推动行业发展做出了重要贡献。担任热销书籍《软件研发效能权威指南》的项目经理，该书成为业内提升效能实践的重要参考。致力于为 IT 研发生态注入新的活力，助力企业实现高效研发和创新转型。

李 婕｜QECon 全球软件质量效能大会&SECon 全球软件开发技术大会项目经理

专家智库项目负责人，现任智盟创课公司核心项目经理，专注于 IT 研发会议组织、专家智库构建及市场合作等。成功推动 QECon 全球软件质量效能大会和 SECon 全球软件开发技术大会等技术交流平台。擅长从 0 到 1 策划会议，包括议题设计、嘉宾邀请、市场推广和现场管理，促进技术交流和资源整合。凭借丰富的跨行业合作经验，为项目引入资源和创新方案。同时，担任《软件研发效能权威指南》图书项目经理，为行业从业者提供系统化的效能提升参考指南。

前　　言

　　站在 2024 年这一历史节点回顾软件测试领域的发展历程，我们不难发现，在过去的十几年中，从理论框架到实际应用，软件测试技术的演进突破了曾经的局限，发生了翻天覆地的变化。基于这样的背景，在 QECon 组委会的支持下，我们着手设计并牵头编写了本书，试图全方位、系统化介绍软件测试技术在各领域的发展和应用。

　　本书从一开始便站在现代软件测试技术的视角进行深入探讨。这里所说的"现代"，不仅指近年来涌现和快速发展的测试技术，还指那些在快速变化的技术环境中依然保持高度相关性和实践价值的方法论与技巧。本书所介绍的软件测试技术，不局限于自动化测试框架、测试平台或性能测试工具等具体的技术手段，还包括测试策略的制定、测试设计的方法论等方面，这些都是软件测试过程中至关重要的工程实践。通过全面的讨论，本书旨在帮助读者更好地理解软件测试技术的核心概念和应用场景。

　　我们希望为读者呈现一个全面而深刻的视角。书中的内容不仅紧跟行业的最新发展动态，包括最前沿的技术实践和发展趋势，使读者能够时刻把握行业脉搏，跟上技术发展的步伐，还着力于介绍那些经过时间验证、依然具有重要价值的经典知识与技能。

　　本书是 20 多位软件测试专家的智慧结晶，他们在各自的技术领域和实践操作中都拥有丰富的经验和深厚的背景，都贡献了各自最擅长、最有价值的内容。本书的内容编写始终以实用性为导向，旨在为读者提供最直接、最有效的指导和建议。与其说本书是一本理论性著作，倒不如说它是一部高度浓缩的实践宝典。我们希望这是一本软件测试技术领域的"百科全书"，无论你是希望在专业领域不断精进的技术专家，还是希望打下扎实基础的入门读者，都能从本书中汲取宝贵的经验。

　　全书共有 20 章，包括 90 多节，主要涉及如下内容：现代软件测试的工程理念，测试策略、分析和设计，测试与系统架构的关系，各项测试技术精要，自动化测试框架的设计与实现，AI 产品、大数据产品、区块链、图形图像相关测试技术，以及大模型赋能下的测试智能化和 XRunner 应用案例等。

总而言之，希望本书能成为一本既紧跟时代发展，又具有深度与广度的专业指南书，希望每一位从事软件测试或对软件测试感兴趣的读者都能从中获得丰富的收获与启发。书中难免有疏漏与不足之处，我们诚恳地期待你提出宝贵的意见与建议。

编者

2024 年 11 月

目　　录

## 第1章

现代软件测试的工程理念

在软件开发生命周期中，软件的可测试性（Testability）是一个至关重要的概念，它直接影响测试过程的效率和测试结果的质量。可测试性高的软件意味着其设计和实现使测试变得更加容易和全面，从而能够更早、更准确地发现潜在的问题和缺陷。这不仅能够显著降低修复缺陷的成本，还能提高软件的可靠性和用户满意度。因此，提升软件的可测试性应当成为开发团队的重要目标之一，它不仅是确保软件质量的关键环节，还是优化测试资源和成本的重要手段。

1.1 软件的可测试性

随着云原生技术的加速普及与快速发展，软件系统的规模不断扩大，复杂性不断增加。与此相对应，在软件研发过程中，为测试而设计（Design for testing）、为部署而设计（Design for deployment）、为监控而设计（Design for monitor）、为扩展而设计（Design for scale）和为失效而设计（Design for failure）正在变得越来越重要，甚至成为衡量软件组织核心研发能力的主要标尺。软件的可测试性对软件研发和质量保障有着至关重要的作用，是实现高质量、高效率交付的基础。可测试性差会直接增加测试成本，让测试的结果验证变得困难，进而让工程师不愿意进行测试，或者让测试活动延迟发生，这些都违背了"持续测试，尽早低成本发现问题"的原则。为此，我们有必要对可测试性进行深入浅出的探讨。

下面重点探讨"为测试而设计"的理念，将软件的可测试性作为主线，为读者全面阐述软件的可测试性，以及组织在此方向上的一些探索与最佳实践。

1.1.1 可测试性的定义

软件的可测试性是指，在一定时间和成本的前提下，评价完成测试设计、测试执行，以此来发现软件问题的难易程度。不同组织对可测试性有不同的定义，但其本质都是相通的，指软件系统能够被测试的难易程度，或者说软件系统可以被确认的能力。笔者比较认同 James Bach 的版本："可测试性就是一个计算机程序能够被测试的容易程度"。

测试设计能力，即创造性地设想各种可能性并设计相应场景，它是每个软件测试人员需要具备的核心技能。如何根据测试设计构造出所需要的测试条件，如何高效地执行测试，以及测试执行过程中如何对结果进行实时的观察和验证，都是可测试性需要解决的问题。

1.1.2 可测试性引发的问题

很多人可能觉得可测试性是一个新命题，在软件测试发展的很长一段时间里，这个概念似乎并没有被广泛提及。这是因为以前的软件测试是偏粗狂式的黑盒模式，而且测试团队和开发团队是分离的，往往测试工程师在研发后期才会介入，测试始终处于被动状态。另外，因为大量的测试与验证都偏向黑盒功能，所以可测试性的矛盾并没有凸显出来。但是，随着测试左移、开发者自测、测试与开发融合及精准测试的广泛普及，今天这种粗狂式的黑盒模式已经无法满足我们对软件的质量要求。

如果我们继续忽视可测试性，不能从源头上对可测试性予以重视，将会面临研发过程中系统不可测，或者测试成本过高的窘境。可以说，忽视可测试性就是在累积技术债务。更何况，今天"大行其道"的 DevOps 全程都离不开测试，测试已经成为拉通持续集成与持续发布（CI/CD）各个阶段的"连接器"。如果软件的可测试性不符合要求，整个持续集成与发布的效率就会大受影响。

为了帮助读者更好地理解可测试性，下面列举一些实际的可测试性问题。

1. GUI 测试层面

登录场景下的图片验证码：虽然图片验证码不影响手工测试，但是它对自动化测试的可测试性很不友好，用 OCR（Optical Character Recognition，光学字符识别）技术识别图片验证码不够稳定，如果能够实现稳定识别反而说明验证码机制有问题。如果登录无法实现自动化就会影响很多其他的自动化测试场景。对于登录过程中的短信验证码也有类似的可测试性问题。

页面控件没有统一且稳定的 ID 标识：如果页面控件没有统一且稳定（不随版本发布而变化）的 ID 标识，自动化测试脚本中控件识别的稳定性就会大打折扣，虽然测试脚本可以通过组合属性、模糊识别等技术手段来提升识别的稳定性，但是这样会增加测试的成本。

非标准控件的识别：非标准前端页面控件无法通过 GUI（Graphical User Interface，图形用户界面）自动化测试识别。

需要对图片形式的输出进行验证：对图片的验证缺乏有效的工具支持，即使使用像素对比方案，其稳定性也很差。

2. 接口测试层面

接口测试缺乏详细的设计文档：如果接口测试没有设计契约文档来作为衡量测试结果的依据，就会增加测试的沟通成本，无法有效开展结果验证，陷入开发和测试来回"扯皮"的窘境。

构建 Mock 服务的成本过高：在微服务架构下，如果构建 Mock 服务的难度和成本过高，就会直接造成不可测或者测试成本过高。

接口调用的结果难以验证：接口成功调用后，难以验证接口行为是否符合预期的验证点。

接口调用不具有幂等性：接口内部的处理逻辑依赖于未决因素，比如时间、不可控输入、随机变量等，破坏了接口调用的幂等性。

3. 代码级测试层面

私有函数的调用：在代码级测试中，私有函数无法直接调用。

私有变量的访问：私有变量缺乏访问手段，无法进行结果验证。

代码依赖关系复杂：被测代码依赖于外部系统或者不可控组件，如第三方服务、网络通信、数据库等。

代码可读性差：代码采用"奇技淫巧"编写，可读性差，同时又缺乏必要的注释说明。

代码的圈复杂度过高：对圈复杂度过高的代码往往很难设计测试。

4. 通用测试层面

无法获取软件内部信息：在测试执行过程中，有些对结果的验证需要获取软件内部信息，如果无法通过低成本的手段获取信息，测试的验证成本就会很高。

复杂测试数据的构建：很多测试设计都依赖于特定的测试数据，如果多样性的测试数据构建比较困难，也会直接影响系统的可测试性。

无法获取系统运行时的实时配置：无法获取实时配置就意味着无法重建用于问题重现和定位的测试环境，增加了测试的难度与不确定性。

压测场景下的性能 profiling：很多性能问题只有在高负载场景下才能重现，但是在高负载场景下无法通过日志的方式来获取系统性能数据，因为一旦提高了日志等级，日志输出本身就会成为系统瓶颈，进而把原来的性能问题掩盖掉了。

可以看到，可测试性问题不仅出现在端到端的功能测试层面，还出现在接口测试和代码级测试等层面，可测试性对控制自动化测试的实现成本也很关键。

类似的例子还有很多，比如不受控制的触发条件、由时间触发的逻辑、难以获取的条件、调用链路获取和大量外部系统依赖，等等，限于篇幅，这里不再一一展开。

1.1.3　可测试性的三个核心观点

可测试性的三个核心观点，如图 1-1 所示。

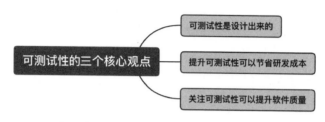

图 1-1　可测试性的三个核心观点

1. 可测试性是设计出来的

毋庸置疑，可测试性不是与生俱来的，而是被设计出来的。可测试性必须被明确地设计，并且正式纳入需求管理的范畴。在研发团队内，测试架构师应该牵头推动可测试性的建设，并和软件架构师、开发工程师和测试工程师达成一致。测试工程师和测试架构师应该都是可测试性需求的提出者，并且负责可测试性方案的评估和确认。在研发过程中，可测试性的评估要尽早开始，一般始于需求分析和设计阶段，并贯穿研发整个流程，所以可测试性不再只是测试工程师的责任，而是整个研发团队的职责。

2. 提升可测试性可以节省研发成本

良好的可测试性意味着测试的时间成本和技术成本都会降低，还能提升自动化测试的可靠性与稳定性，降低自动化测试的成本。另外，在可测试性上的前期投资会带来后续测试成本的大幅度降低，即今天多花的一块钱可以为将来节省十块钱，这一点证明了"很多时候选择比努力更重要"的观点。

3. 关注可测试性可以提升软件质量

可测试性好的软件必然拥有高内聚、低耦合、接口定义明确、行为意图清晰的设计。在准备写新代码时，要问自己一些问题："我将如何测试我的代码？我将如何在尽量不考虑运行环境因素的前提下编写自动化测试用例来验证代码的正确性？"如果你无法回答好这些问题，就需要重新设计你的接口和代码。当你开发软件时，要时常问自己"我将如何验证软件的行为是否符合预期"，并且愿意为了达成这个目标对软件进行良好的设计。作为回报，你将得到一个具有良好结构的系统。

另外，"质量是奢侈品，可测试性更是奢侈品中的奢侈品"。让研发团队重视可测试性是一件很难的事情，究其根本原因是研发团队感觉"不够痛"。

长久以来，测试和开发一直是分开的两个团队，开发工程师往往更关注功能的实现，充其量会关注一些与性能、安全和兼容性相关的非功能需求，对于可测试性基本没有任何优先级，因为测试工作并不是由开发工程师自己完成的，他们根本感受不到可测试性的价值。而测试工程师虽然饱受可测试性的各种折磨，可是又苦于在软件研发生命周期的下游，对此也无能为力，因为很多可测试性需求是需要在设计阶段就考虑并实现的，到了最后的测试阶段，很多事情已经为时已晚。

很多时候，你不想改变是因为你不痛，你不愿改变是因为你不够痛，只有真正痛过才知道改变的价值。因此，应该让开发工程师自己承担测试工作，这样他们就会切身感受到可测试性的重要性与价值，进而在设计与实现阶段赋予系统更优秀的可测试性，由此而来的良性循环能让系统的整体可测试性始终处于较高水平。其实，这也是开发工程师自测带来的一个好处。关于开发工程师自测的内容，会在下一小节展开讨论。

1.1.4　可测试性的四个维度

可测试性的分类方法有很多不同的版本，比如 James Bach 提出的"实际可测试性"模型、Microsoft 提出的 SOCK 可测试性模型、Siemens 提出的"可测试性设计检查表"模型等。

虽然各种分类方法的切入点不尽相同，但是其本质是相通的。在这些模型的基础上，笔者做了一些归纳和总结，将可测试性定义成可控制性、可观测性、可追踪性与可理解性四个维度。

1. 可控制性

可控制性是指是否能容易地控制程序的内部运行行为、输入和输出，是否可以将被测系统的状态控制在测试所要求的范围内。一般来讲，可控制性好的系统一定更容易被测试，也更容易实现自动化测试。可控制性一般体现在以下几个方面：

- 在业务层面，业务流程和业务场景应该易分解，尽可能实现分段控制与验证。复杂的业务流程需合理设定分解点，以便在测试时能够对其进行分解。
- 在架构层面，应采用模块化设计，各模块之间支持独立部署与测试，具有良好的可隔离性，便于构造 Mock 环境来模拟依赖。
- 在数据层面，测试数据也需要具有可控制性，能够低成本构建多样性的测试数据，以满足不同测试场景的要求。
- 在技术实现层面，可控制性的实现手段涉及很多方面，比如提供适当的手段在系统外部直接或间接控制系统的状态及变量、在系统外部实现方便的接口调用、对私有函数及内部变量的外部访问能力、运行时的可注入能力、轻量级的插桩能力、使用 AOP（Aspect Oriented Programming，面向切面编程）技术实现更好的可控制性等。

2. 可观测性

可观测性是指是否能容易地观察程序的行为、输入和输出，一般是指系统内的重要状态，通过一定手段由外部获得信息的难易程度。

任何一项操作或输入都应该是有预期的，有明确的响应或输出，而且这个响应或输出必须是可见的。这里的"可见"不仅仅是指运行时可见，还包括维护时可见及调试时可见。另外，在时间维度上还应该包含"当前"和"过去"都"可见"，并且是可查询的，"不可见"和"不可查询"就意味着"不可发现"，可观测性就差，进而影响可测试性。

"可见"的前提是输出，提高可观测性就应该多多输出，包括分级的事件日志、调用链路追踪信息、各种聚合指标，同时应该提供各类可测试性接口获取的内部信息及系统内部自检信息，以确保影响程序行为的因素可见。另外，有问题的输出要易于识别，无论是通过日志自动分析的方式，还是通过界面高亮显示的方式，都要能有助于发现。

关于"多多输出"的理念，有一个概念性的指标 DRR（Domain/Range Ratio）可以借鉴。DRR 可以被理解成输入个数和输出个数的比，用于度量信息的丢失程度。DRR 值越大，信息越容易丢失，错误越容易隐藏，可测试性也就越低。因此，在输入个数不变的条件下，我们想要降低 DRR 值，就要增加输出个数，输出参数越多，获取的信息就越多，也就越容易发现错误。

接下来，看看可观测性和监控的关系。监控可以告诉我们系统的哪些部分不工作了，可观测性可以告诉我们那些不工作的部分为什么不工作了，所以监控是可观测性的子集，可观测性是监控的超集。两者的区别主要体现在，问题的主动发现（Preactive）能力这个层面，可以说主动发现是可观测性能力的关键。今天，可观测性正在从过去的"被动监控"转向"主动发现与分析"。

通常我们会将可观测性能力划分为五个层级（见图 1-2），其中告警与应用概览属于传统监控的概念范畴。由于触发告警的往往是明显的症状与表象，但随着系统架构愈发复杂，以及应用向云原生部署方式的转变，没有产生告警并不能说明系统一定没有问题，因此，对系统内部信息的获取与分析就变得非常重要，这部分能力主要体现在排错、剖析和依赖分析三方面，它们体现了"主动发现与分析"能力，并且层层递进。

首先，无论是否发生告警，运用主动发现能力都能对系统运行情况进行诊断，通过指标呈现系统运行的实时状态。

其次，一旦发现异常，就需要逐层下钻定位问题，必要时进行性能分析，调取详细信息，建立深入洞察。

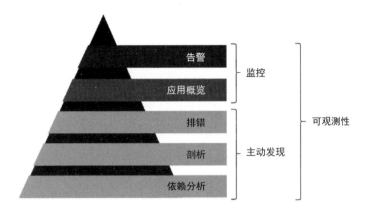

图 1-2　可观测性和监控的关系

最后，调取模块与模块之间的交互状态，通过链路追踪构建整个系统的"上帝视角"。

主动发现的目的除了告警与排障，还包括通过获取全面的数据与信息，构建对系统深入的认知，而这种认知可以帮助我们提前预测与防范故障的发生。

可观测性与可控制性的关系，可观测性不仅能观测系统的输出是否符合设计要求，还影响该系统是否可控。系统的必要状态信息在系统测试控制阶段起决定作用，没有准确的状态信息，测试工程师就无法判断是否要进行下一步的控制变更。无法控制状态变更，可控制性就无从谈起，所以可观测性与可控制性是相辅相成的关系，缺一不可。

3. 可追踪性

可追踪性是指是否能容易地跟踪系统的行为、事件、操作、状态、性能、错误及调用链路。可追踪性有助于让你成为"系统侦探"，帮助你成为自己系统的"福尔摩斯"。可追踪性主要体现在以下这些方面：

- 记录并持续更新详细的全局逻辑架构视图与物理部署视图。
- 跟踪记录服务端模块间的全量调用链路、调用频次、性能数据等。
- 跟踪记录模块内关键流程的函数执行过程、I/O（Input/Output，输入/输出）参数、持续时间、I/O 信息。
- 跟踪记录跑批类 Job 的执行溯源。
- 打通前端和后端的调用链路，实现后端流量可溯源。
- 实现数据库和缓存类组件的数据流量可溯源。
- 确保以上信息的保留时长，便于以"周"或"月"为频次发生的异常分析。

在云原生时代，综合集成了日志、链路追踪和度量指标的 OpenTelemetry 是可测试性领域的主要发展方向，OpenTelemetry 旨在将日志、链路追踪和度量指标三者进行统一，实现数据的互通互操作，解决各自为政、信息孤岛的问题。

4. 可理解性

可理解性是指被测系统的信息获取是否容易，信息本身是否完备，并且易于理解。比如，被测对象是否有说明文档，并且文档本身的可读性和及时性是否都有保障。常见的可理解性包含以下这些方面：

- 提供用户文档（使用手册等）、工程师文档（设计文档等）、程序资源（源代码、代码注释等）及质量信息（测试报告等）。
- 文档、流程、代码、注释、提示信息易于理解。
- 被测对象是否有单一且清楚定义的任务，并体现出关注点分离。
- 被测对象的行为是否可以进行具有确定性的推导与预测。
- 被测对象的设计模式能够被很好地理解，并且遵循行业通用规范。

1.1.5　不同级别的可测试性与工程实践

软件开发的不同级别有不同的可测试性要求。下面我们分别从代码级别、服务级别和业务需求级别展开讨论。

1. 代码级别的可测试性

代码级别的可测试性是指，针对代码编写单元测试的难易程度。对于一段被测代码，如果为其编写单元测试的难度很大，需要依赖很多"奇技淫巧"或者单元测试框架和 Mock 框架的高级特性，往往就意味着代码实现得不够合理，代码的可测试性不好。如果你是资深的开发工程师，并且一直有写单元测试的习惯，就会发现写单元测试本身其实并不难，反倒是写出可测试性好的代码确实是一件非常有挑战的事情。

代码违反可测试性的反模式有很多种，常见的如下：

- 无法 Mock 依赖的组件或服务。
- 代码中包含未决行为逻辑。
- 滥用可变全局变量。
- 滥用静态方法。
- 使用复杂的继承关系。
- 高度耦合的代码。
- I/O 和计算不解耦。

为了便于理解，我们以"无法 Mock 依赖的组件或服务"为例进行说明。

下面是示例的被测代码，其中 Transaction 类是经过抽象简化之后的一个电商系统的交易类，用来记录每笔订单交易的情况，Transaction 类中的 execute()函数负责执行转账操作，将钱从买家的钱包转到卖家的钱包中，真正的转账操作是通过 execute()函数调用 WalletRpcService RPC 服务来完成的。

```java
public class Transaction {
    //……
    public boolean execute() throws InvalidTransactionException {
        //……
        WalletRpcService walletRpService = new WalletRpcService();
        String walletTransactionId = walletRpcService.moveMoney(id, buyerId,
sellerId, amount);
        if (walletTransactionId != null) {
            this.walletTransactionId = walletTransactionId;
            this.status = STATUS. EXECUTED;
            return true;
        } else
            this.status = STATUS.FAILED;
        return false;
    }
    //……
}
```

现在为其编写单元测试代码，如下：

```java
public void testExecute () {
    Long buyerId = 123L;
    Long sellerId = 234L;
    Long productId = 345L;
    Long orderId = 456L;
    Transaction transaction = new Transaction (buyerId,sellerId, productId,
orderId);
    boolean executedResult = transaction. execute();
    assertTrue (executedResult);
}
```

单元测试的代码本身很容易理解，无外乎就是提供参数来调用 execute()函数，但是如果要让这个单元测试顺利运行，还需要部署 WalletRpcService 服务，这是因为一方面搭建和维护 WalletRpcService 服务的成本比较高，另一方面需要确保将伪造的 Transaction 数据发送给 WalletRpcService 服务之后，能够正确返回我们期望的结果，以完成不同路径的测试覆盖。另外，测试的执行需要网络，耗时也会比较长，网络的中断、超时、WalletRpcService 服务的不可用都会直接影响单元测试的执行。从严格意义上来讲，这样的测试已经不属于单元测试的范畴了，更像是集成测试。因此，我们需要用 Mock 来实现依赖的解耦，用"假"的服务替换真正的服务，而且"假"的 Mock 服务需要完全在我们的控制之中，能够模拟输出我们想要的数据，以便控制测试的执行路径。

为此，我们可以轻松构建以下 Mock 服务，这可以通过继承 WalletRpcService 类和重写 moveMoney() 函数的方式来实现。这样就可以让 moveMoney() 函数返回任意我们想要的数据，并且不需要进行真正的网络通信。

```
public class MockWalletRpcServiceOne extends WalletRpcService {
    public String moveMoney(Long id, Long fromUserId,Long toUserId,Double amount) {
        return"123bac";
    }
}
public class MockWalletRpcServiceTwo extends WalletRpcService{
    public String moveMoney(Long id, Long fromUserId,Long toUserId,Double amount) {
        return null;
    }
}
```

但是，当接下来试图用 MockWalletRpcServiceOne 类和 MockWalletRpcServiceTwo 类替换代码中真正的 WalletRpcService 类时，你会发现因为 WalletRpcService 类是在 execute() 函数中通过 new 的方式创建的，所以我们无法动态地对其进行替换，这就是典型的代码可测试性问题。

为了解决这个问题，我们需要对代码进行适当的重构，这里会使用依赖注入的方式。依赖注入是实现代码可测试性最有效的手段，可以将 WalletRpcService 类的创建反转给上层逻辑，在外部创建好之后，再注入 Transaction 类。具体的代码实现如下：

```
public class Transaction {
    // 添加一个成员变量及其 set 方法
    private WalletRpcService walletRpcService;
    public void setWalletRpcService(WalletRpcService walletRpcService) {
        this.walletRpcService = walletRpcService;
    }
    public boolean execute() {
        //...
        // 删除下面这行代码
        // WalletRpcService walletRpcService = new WalletRpcService();
        //...
    }
}
```

这样，就可以非常容易地将单元测试中的 WalletRpcService 类替换成 Mock 出来的 MockWalletRpcServiceOne 类或 WalletRpcServiceTwo 类。

```
public void testExecute() {
    Long buyerId = 123L ;
    Long sellerId = 234L;
    Long productId = 345L;
    Long orderId = 456L;
    Transction transaction = new Transaction(null, buyerId, sellerId, productId,
orderId);
    // 使用 Mock 对象来替代真正的 RPC 服务
    transaction.setWalletRpcService(new MockWalletRpcServiceOne()):
    boolean executedResult = transaction.execute();
    assertTrue (executedResult);
    assertEquals (STATUS.EXECUTED, transaction.getStatus());
}
```

以上就是用依赖注入实现 Mock 来解决可测试性难题的实际案例。

在代码级别的可测试性上，Google 早期有过一个不错的实践，通过构建一套 Testability Explorer 工具，专门对代码的可测试性进行综合性的评价并给出分析报告（见图 1-3），这有点类似于代码静态检查的思路，可惜目前 Testability Explorer 已经不再被维护了。

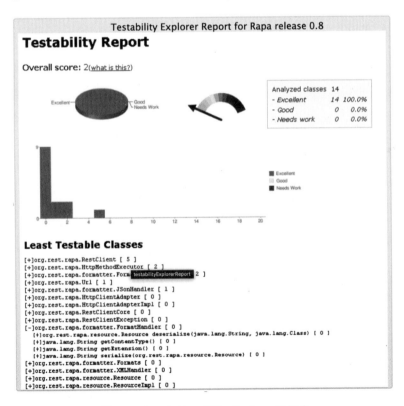

图 1-3　Google Testability Explorer 的报告

2. 服务级别的可测试性

服务级别的可测试性主要是针对微服务来讲的。相对于代码级别的可测试性，服务级别的可测试性更容易理解。一般来讲，服务级别的可测试性主要考虑以下方面：

- 接口设计的契约化程度。
- 接口设计文档的详细程度。
- 私有协议的详细设计。
- 服务运行的可隔离性。
- 服务扇入扇出的大小。
- 服务部署的难易程度。
- 服务配置信息获取的难易程度。
- 服务内部状态的可控制性。
- 测试数据构造的难易程度。
- 服务输出结果验证的难易程度。
- 服务后向兼容性验证的难易程度。
- 服务契约获取与聚合的难易程度。
- 服务资源占用的可观测性。
- 内部异常模拟的难易程度。
- 外部异常模拟的难易程度。
- 服务调用链路追踪的难易程度。
- 内建自测试（Built-In Self-Test，BIST）的实现程度。

3. 业务需求级别的可测试性

业务需求级别的可测试性是最容易被理解的，也是大家平时接触最多的。一般来讲，业务需求级别的可测试性可以进一步细分为手工测试的可测试性和自动化测试的可测试性。业务需求级别的可测试性有以下典型的场景：

- 登录过程中的图片验证码或者短信验证码。
- 硬件 U 盾/USB Key。
- 触屏应用的自动化测试设计。
- 第三方系统的依赖与模拟。
- 业务测试流量的隔离。
- 系统的不确定性弹框。
- 非回显结果的验证。

- 可测试性与安全性的平衡。
- 业务测试的分段执行。
- 业务测试数据的构造。

1.2　测试左移和开发者自测

1.2.1　传统瀑布模型下软件测试面临的挑战

在早期传统的软件开发流程中，很多项目都是使用瀑布模型开发的。瀑布模型的主要实践是，将软件研发全生命周期中的各个阶段，比如需求分析、架构设计、实现设计、代码开发、单元测试、集成测试、系统测试、上线发布、生产运维，从前往后排列（见图 1-4），大规模的集中测试工作在软件功能开发完成之后才开始。

图 1-4　瀑布模型下的软件研发全生命周期

这种模式最大的问题在于，很多软件缺陷其实在研发早期就已被引入，但是发现缺陷的时机会大幅度延后。缺陷发现得越晚，定位和修复缺陷的成本就越高，缺陷在系统测试阶段被发现的成本是在代码开发阶段被发现的 40 倍，或者比该缺陷在单元测试阶段被发现的成本高 10 倍，这个观点在 Capers Jones 的一张著名的缺陷成本模型图（见图 1-5）中做了清楚的介绍。

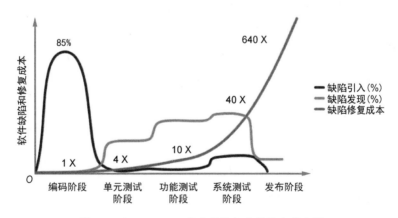

图 1-5　Capers Jones 关于效能与质量的全局分析

根据 Capers Jones 的统计，大约 85% 的缺陷是在代码开发阶段被引入的，但是这个阶段由于缺乏测试活动，因此发现的缺陷几乎为零，而到了研发活动的中后期，由于测试活动的集中开展，缺陷才被大面积发现，但此时的修复成本已变得非常高了。

比如，在代码开发阶段引入的缺陷和影响接口的缺陷等到集成测试阶段才被发现，影响用户界面和体验的缺陷等到系统测试阶段才被发现，这样，返工的闭环周期被拉得特别长，定位问题、修复问题、回归验证的成本都被放大了。

让情况变得更糟的是，Capers Jones 的统计还是基于比较乐观情况的分析，因为其假定软件的研发过程总是会严格开展单元测试和集成测试的，但实际情况是，很多团队会寄希望于最后的系统测试来发现所有问题，单元测试和集成测试往往都会被打折扣，这进一步加剧了缺陷被滞后发现的问题。

1.2.2　测试左移的早期实践

基于以上问题，测试左移的概念被提出，这个阶段的实践被称为测试左移的早期实践。此时的测试左移倡导各个阶段对应的测试活动应该尽早开展，测试工程师应该在开发提测前就介入，同时将测试活动前移至软件研发生命周期的早期阶段。具体来讲测试左移主要包含以下三点实践：

（1）加强单元测试，并且对单元测试的覆盖率提出门禁要求，代码的实现问题尽可能都在单元测试阶段被发现。

（2）在开展集成测试前，增加接口测试的占比，使接口缺陷尽可能在接口测试阶段被发现。

（3）将集成测试和系统测试的设计与分析工作前置，与设计、开发与实现并行开展。

通过测试左移的早期实践，可以实现提前发现缺陷，降低研发过程中的不确定性和风险，具体效果如图 1-6 所示。

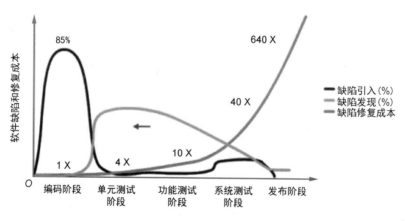

图 1-6　测试左移早期实践的效果

随着实践的深入，我们发现，如果能有效控制代码在开发阶段的质量，就能实现更好的质量内建，为此，我们在原有的实践基础上增加了以下三点实践：

（1）在流程上增加需求解读与评审环节，避免需求理解的偏差和不完备性，争取一开始就把业务领域的问题理解透彻，避免后期的返工。

（2）在代码开发阶段引入静态代码检查机制，并且不断优化静态代码的扫描规则，将常见问题、代码坏味道、安全隐患和性能隐患逐步纳入扫描范围。

（3）贯彻执行代码评审（Code Review）机制，同时避免代码评审的形式主义，并将其中发现的典型问题在开发团队内形成闭环学习机制。

通过以上三点实践，可以实现缺陷发现进一步前置及降低缺陷数量。实施之后的效果如图 1-7 和图 1-8 所示。

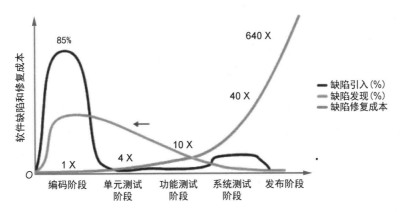

图 1-7　代码开发阶段的质量内建效果（缺陷发现进一步前置）

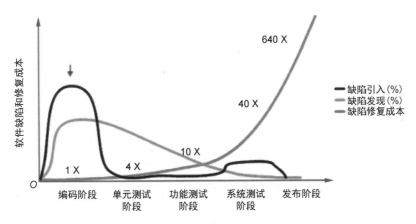

图 1-8　代码开发阶段的质量内建效果（本身缺陷数量的降低）

如果你以为上面就是测试左移的全部，就把事情想简单了，其实才刚刚开始。

1.2.3　软件测试工程化面临的挑战与机遇

你可能已经发现，上述测试左移是完全基于瀑布模型的，但是今天已广泛采用敏捷开发和持续交付等研发模式，再加上软件架构的持续复杂化，上述测试左移只能在局部范围内发挥作用，我们需要进一步探索并实践适应新时代软件研发模式的测试左移实践。为此，有必要先系统探讨一下当前软件测试工程化的困局，以便更好地开展我们的进阶实践。

总结来看，当前软件测试工程化的困局主要表现在以下三个方面：

- 技术实现上，软件架构的复杂度越来越高。
- 团队管理上，开发团队和测试团队的协作成本因为筒仓效应变得越来越高。
- 研发模式上，敏捷开发、持续交付、DevOps 等实践对测试活动提出了全新的要求。

接下来，我们依次展开讨论。

1. 技术实现维度上的挑战与机遇

从技术实现的维度来看，软件架构的复杂度越来越高，软件本身的规模越来越大，传统的测试模式越来越力不从心。

早期的软件基本上都是单体架构，通过后期基于黑盒功能的系统测试基本上就能够保证软件的质量。但是今天的软件架构普遍具有冰山模型（见图 1-9）的特征，黑盒功能的系统测试往往只能对水面上的一小部分 GUI 进行验证，大量的业务逻辑实现其实都在水面以下的微服务中，通过水面上的 GUI 部分来覆盖水面下的所有逻辑几乎是不能完成的任务，因为你可能对水面下有什么都不知道。试问一下，在传统黑盒测试模式下，有多少测试工程师能够对被测软件的架构设计、调用链路、数据流状态等有清晰的理解？

图 1-9　冰山模型

现在，互联网产品的后端非常庞大和复杂，一般都是由几十个到几千个微服务相互协作共同完成前端业务请求，这时候如果你把测试寄希望于面向终端用户的系统测试，那么能够发现的缺陷就会非常有限，而且发现缺陷之后在调用链路中定位问题的服务成本很高。

在这种情况下，最优的测试策略就是先保证后端每个微服务的质量，这样就能大幅提升集成场景下没有问题的概率。这就要求必须将测试工作前置到微服务的接口层面，将大量的组合逻辑验证放在接口测试中来覆盖，在 GUI 层只做基本的业务覆盖。

由此可以看出，软件架构后端的复杂化对测试的介入时机提出了新的要求，伴随微服务架构的发展，测试重点必须从 GUI 端逐渐左移到 API 端，此时测试工程师的能力要求也必须随之扩展，已经不能完全基于黑盒功能来设计测试用例了，而是必须知道更多架构和接口设计上的细节才能有效开展测试设计，这些都要求测试介入的时机必须提前，左移到架构设计和接口设计环节。

2. 团队管理维度上的挑战与机遇

从团队管理的维度来看，开发团队和测试团队的协作成本因为筒仓效应变得越来越高，继续采用独立测试团队和开发团队的做法越来越行不通，我们可以通过实际工作中常见的真实例子来感受这个过程。

在开发和测试采用独立团队的情况下，在测试工程师发现一个缺陷后，他要做的第一步就是把缺陷的详细情况摸清楚并且完整记录在缺陷报告中，需要找到最短的可稳定重现的操作步骤，并且要提供相关的测试数据，同时需要对出现缺陷时的软件版本号、环境细节、配置细节做详尽的记录。进一步，为了便于开发工程师重现缺陷，最好把出问题时的日志及相关截图都保留好，并一同上传至缺陷报告，这样一个高质量的缺陷报告需要花费测试工程师不少的时间。

在这个缺陷报告被提交后，如果这个缺陷不是来自生产环境，开发工程师往往并不会立马处理，因为开发工程师一般都会选择确保能够连续完成手头的工作，在此过程中尽量避免被打断，这才是最高效的。一般过了大半天或者 1～2 天，等开发工程师手头的工作告一段落后才会开始处理缺陷，此时他要做的第一件事情就是重现缺陷，重现之前他必须按缺陷报告提供的详细信息重建测试环境，包括环境安装、构建测试数据等一系列的步骤，也要花费不少时间。

如果缺陷能够被重现，则可以进一步去定位问题；如果缺陷不能被重现，则这个缺陷在流程上就要被打回去，之前的流程又必须重走一遍。假定缺陷能够被重现，你会发现修复缺陷的过程是很快的，因为这个坑就是开发工程师自己挖的。

修复缺陷后，开发工程师提交代码，集成流水线会生成对应的待测版本并通知之前的测试工程师进行验证。但是，此时测试工程师手头大概率在处理其他测试工作，他们同样不希望被打断，所以不会为了验证这个缺陷立刻搭建环境。从效率的角度，测试工程师一般会选择将多个缺陷集中在一个版本上进行验证，这样能节省很多环境搭建的时间。因此，从缺陷修复完成到测试工程师验证这个缺陷之间的等待时间往往需要好几天。

从上述过程描述中我们可以发现，在从缺陷被发现到缺陷最终被验证的整个过程中，真正有效的工作时间占比很低，大量的时间都被流程上的等待和环境安装等耗散掉了。在整个过程中，开发工程师和测试工程师都没有任何偷懒，各自都选择了效率最高的方式开展工作，但是从全局来看，效率却十分低下。据一些企业内部的不完全统计，平均每个缺陷全生命周期中一般会有超过 80%的时间被跨开发团队和测试团队的过程流转浪费掉了。

除了上述流程上的时间浪费，以下原因也使测试与开发分离的组织越来越寸步难行。

（1）独立测试团队往往在开发后期介入，很难有效保证测试的覆盖率和质量。

（2）开发测试比持续增加，测试人力投入越来越大，但是实际收益很低，测试团队进行的测试活动并不能显著降低生产环节的问题数量。

（3）需求本身会不断变化，需求的实现也会变化，开发团队和测试团队的需求传递效率往往很低，这在增加漏测隐患的同时也增加了交接成本。

（4）开发团队版本的快速迭代要求测试团队具有很高的效率和很短的反馈周期，独立的测试团队很难跟上快速迭代的版本需要。

（5）独立测试团队有点像保姆的角色，这直接导致开发团队的自测意识不够，心理上依赖测试团队，使得质量内建形同虚设。

（6）由于开发团队自己不负责测试活动，因此就不会积极考虑如何降低测试的难度，可测试性设计根本不会纳入开发团队的视野。

由此，你试想一下，如果测试工程师和开发工程师是同一批人，过程流转造成的大量时间浪费是不是就不会发生，测试活动是不是就能提前介入，需求变化的传递是不是就会更加顺畅，测试的反馈周期是不是也会进一步缩短，开发团队的质量意识是不是也会增强，可测试性问题是不是自然会被纳入视野，这就是为什么现在先进的软件组织广泛推崇开发者自测的原因。开发工程师自测可以说是测试左移的一种有效落地途径，能够最大限度地实现质量内建的各种要求。

3. 研发模式维度上的挑战与机遇

从研发模式的维度来看，敏捷开发、持续交付和 DevOps 等开发模式愈发流行，产品的研发节奏越来越快，传统的开发提测与上线模式面临很大的挑战。在当前新的研发模式下，原本研发环节的各个阶段（比如设计、开发和测试）都被弱化，或者说它们的边界变得非常模糊，一个迭代通常就包含设计、开发、测试和发布的全流程，已经很难有专门的时间集中开展测试活动，工程师的能力边界也正在变得模糊，普遍提倡全栈工程师。

在这种背景下，必须把测试实践全程融入研发的各个环节，把控各个环节的质量，不能再依赖于最后的系统测试。我们需要转变观念，传统研发模式下的系统测试以发现问题为主要目标，而现在的系统测试应该以"成果展示"和"获取信心"为目标。

1.2.4　测试左移的进阶实践

为了走出上述软件测试工程化面临的困局，我们需要重新审视测试左移的原则与实践，在原有测试左移实践的基础上加入新的原则和方法。

新时代的测试左移给整个软件测试体系带来了理念上的转变，软件测试不仅仅是在研发过程中发现缺陷，还要致力于在研发过程中有效推行质量内建，把软件测试活动升级为软件质量工程。为此，我们需要引入以下测试左移的原则和实践。

1. 软件质量全员负责制

软件质量全员负责制也可以被称为"利益绑定"，是测试左移最关键的一个原则，属于底层逻辑的范畴。在体制设计上，必须让整个研发团队一起对软件产品质量负责，毕竟软件质量不是测试出来的，而是开发出来的。如果软件质量出现问题，应该由整个研发团队一起负责，而不能让测试团队"背锅"，这种认知上的进步与变革是测试左移能够顺利推行的基本前提。

我们知道，保姆型团队对组织成长是有危害的，只有支持型团队才能够发挥更大的价值。当质量由整个研发团队共同负责的时候，测试团队就能完成从保姆型团队向支持型团队的蜕变。

2. 测试前置到需求分析和方案设计阶段

在测试左移的早期实践中，测试活动已经被前置到开发阶段，我们可以进一步把测试前置到需求分析和方案设计阶段。这样，测试人员除了能够深入理解需求，还能在前期掌握翔实的需求信息，更重要的是能够及时评估需求本身的质量，比如分析需求的合理性、完整性等。这样后续的测试分析与测试设计的开展才能有的放矢，实现"测试用例先行"，争取一次性把事情做正确，避免信息孤岛及由此产生的各种潜在返工。

这里推荐使用行为驱动开发（Behavior Driven Development，BDD）和特性驱动开发（Feature Driven Development，FDD）的思想方法，在需求评审时更多地从测试视角去思考问题，按照编写用户故事或者用户场景的方式，从功能使用者的视角描述并编写测试用例，从而让产品经理、开发人员和测试人员着眼于代码要实现的业务行为，并以此为依据通过测试用例进行验证。

当然，以上实践对测试人员的技能也提出了更高的要求，其必须掌握 BDD、FDD、领域驱动设计（Domain-Driven Design，DDD）及实例化需求（Specification By Example，SBE）等技能。

3. 鼓励开发者自测

一方面开发人员必须为质量负责，另一方面测试活动正在不断渗透到开发的各个环节，同时对测试人员的技能要求越来越向开发人员看齐，那么由开发人员自己来承担测试工作的诉求就变得越来越强烈。我们需要的不再是独立的开发团队和独立的测试团队，而是全栈型的人才，在这种大背景下，开发者自测就变得理所应当了。我们要将传统职能型团队重组成全栈团队，不然测试左移和质量内建只能流于表面。

说到让开发人员自己完成测试工作，常常会听到很多质疑声，质疑的焦点是开发人员是否适合做测试，这里我们展开讨论一下。

从人性的角度来看，开发人员通常是具有"创造性思维"的人，自己开发的代码就像是亲儿子一样，怎么看都觉得实现起来很棒；而测试人员则属于具有"破坏性思维"的人，测试人员的职责就是要尽可能多地找到潜在的缺陷，而且专职的测试人员通常已经在以往的测试实践中积累了大量典型的容易出错的模式，所以与开发人员相比，测试人员往往更能客观且全面地做好测试。

从技术层面来看，开发人员自己测试会存在严重的"思维惯性"，在设计和开发过程中他们没有考虑到的分支和处理逻辑，在自己做测试的时候通常同样不会考虑到。比如，针对函数中有一个 string 类型的输入参数，如果开发人员在做功能实现时没有考虑到 string 存在 null 值的可能性，那么在代码的实现中通常也不会对 null 值做处理，结果就是测试时不会设计 null 值的测试数据，这样的"一条龙"缺失就会给代码的质量留下隐患。

上述分析非常客观，我曾经也非常认同，但是，在我经历并且主导了国内外多家大型软件企业的开发者自测转型实践之后，改变了之前的看法。开发人员其实是最了解自己代码的人，所以他们能够更高效地对自己的代码进行测试，可以基于代码变更自行判断可能受影响的范围，天然可以实现高效的精准测试。同时，在开发团队有了质量责任和测试义务之后，测试能力就成为其技能发展的重要方向。我们说："好马是跑出来的，好钢是炼出来的"，只有通过实战，开发人员的测试分析与设计能力才能提升，进而提升开发的内建质量，可以说，开发者自测是质量提升的必经之路。

4. 代码开发阶段借助 TDD 的思想

TDD（Test Driven Development）是指测试驱动开发，但是我并不是说要照搬 TDD 的实践，而是应该参考 TDD 的思想方法，用测试先行的思路帮助开发人员梳理和理解需求，获得更好的代码设计与实现，缩短代码质量的反馈周期，提高软件内在质量。

5. 预留测试时间

在做项目计划的时候，尤其当让开发人员进行时间评估时，必须要为自测预留时间。项目交付的标准不仅应该包括其需要实现相应的功能，还应该包括测试需要的时间成本，这里管理层需要进行思维转换，否则测试左移只能停留在概念层面，很难真正落地。

6. 提高软件可测试性

提高软件可测试性也是测试左移中重要的一个实践，因为它可以有效地帮助团队设计有效的测试策略。在参与需求分析和方案设计的过程中，我们需要测试人员提出相关的可测试性需求，以帮助研发人员设计出易于测试的软件架构和代码模块，从而提升测试工作的效率和有效性。

1.2.5 测试左移的深度思考

很多时候，我们低估了测试左移的价值。它不仅是研发模式的一种改进，还反映了当今软件研发的一种底层逻辑：今天的软件组织，正在由流程驱动转变成事件驱动。

流程驱动是设置一系列的条条框框，把研发活动固定为整齐划一的一系列步骤，而高效的软件质量实践能够靠它来运行吗？答案显然是否定的。

现在的研发活动本质上是靠事件驱动的，这就需要研发团队以完成事件为指引，充分发挥主动性，给予工程师充分的自由。从全局的视角看，测试左移能被行业接受，反映出软件组织的管理正在向事件驱动的模式转变。

1.3 测试右移的工程实践

测试右移是指将软件测试的工作扩展至线上生产环境，确保软件在生产环境具备正确的功能、良好的性能和稳定的可用性。测试右移的本质思想是，将质量管理延续到服务发布后，通过监控、预警等手段，及时发现问题并跟进解决，将影响范围降到最低。

测试右移最典型的理念是 TiP。在传统观念中，人们普遍认为生产环境是服务于最终用户的，软件产品只有在测试环境下进行充分测试后，才会向用户发布。然而，我们必须接受现实，测试环境和生产环境在稳定性保障、部署形式、数据内容等方面都是有差异的，即使能做到没有差异，测试验证点本身也是不可穷举的。换言之，保障软件质量仅仅依靠在测试环境中的测试工作是不够的，此时基于 TiP 理念的各项实践就成为很好的补充。

基于 TiP 理念的实践有生产环境冒烟测试、全链路压力测试、混沌工程、红蓝对抗、A/B 测试、灰度发布、线上监控和用户体验分析等。

1.3.1　生产环境冒烟测试

生产环境冒烟测试是指在发布灰度过程中或者发布完成后，在生产环境执行的端到端测试，用于验证此次发布没有对系统的主要功能造成影响，目前通常采用端到端的自动化测试方式，用例范围的选取一般是系统测试用例的小子集，用例的选择一般遵循以下原则。

（1）优先选择覆盖核心主流业务的测试用例。

（2）选择的测试用例尽可能可以快速执行和反馈，并且执行的稳定性较高。

（3）优先选择受环境差异影响的测试用例，比如测试环境中没有使用 CDN（Content Delivery Network，内容分发网络），但是生产环境中使用了 CDN 进行加速，那么测试用例的选择就要优先考虑使用 CDN 的场景。

在生产环境冒烟测试执行过程中，为了加速最终测试结果的反馈，往往会采用用例并发执行的方式，并且测试数据会提前在生产环境中进行预埋。只有当生产环境冒烟测试用例全部顺利通过时，才能对生产环境的软件质量有基本的信心。

1.3.2　全链路压力测试

全链路压力测试简称为全链路压测，它是基于线上真实环境和实际业务场景，通过模拟海量的用户请求来对整个系统进行的压力测试。

在没有全链路压测的情况下，性能测试和压力测试一般都是在测试环境中执行的，而测试环境的集群体量和规模与生产环境的相差甚远，且背景基础数据（也称"铺地数据"）也不在一个量级，有时会有几个量级的差别，所以在测试环境中执行性能测试和压力测试很难反映真实生产环境的负载能力。

为了对真实生产环境的性能和容量有一个客观的评估，就需要直接在生产环境中对各个业务链路进行全方位、安全、真实的压测，以帮助业务对容量和性能负载做出更精准的评估。在此过程中不能对线上业务造成影响，由压测产生的流量和数据必须与真实的流量和数据隔离，这是全链路压测中最关键的部分，本书后续的性能测试章节还会对全链路压测做详细的介绍，这里仅对全链路压测的核心步骤做简单的描述。

一般来讲，全链路压测的核心步骤如图 1-10 所示：

步骤 1：确定压测目标。

压测目标主要包括压测目的、范围和策略，往往与业务、技术目标息息相关。比如，为了应对"双 11""618"等大促活动，需要对真实的业务高峰负载进行评估和验证；再如，探索现有集群规模下的业务吞吐量极限，为后续的容量扩容提供数据等。

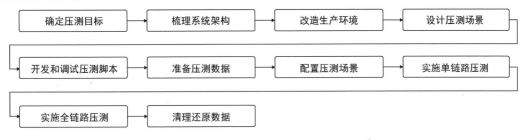

图 1-10　全链路压测的核心步骤

步骤 2：梳理系统架构。

全面梳理生产环境的技术架构、分层结构、模块划分、请求链路，以及 RPC、消息、缓存、数据库等中间件的使用情况，分析所有潜在的瓶颈节点，并在此基础上增加监控指标，制定压测的监控预案。

步骤 3：改造生产环境。

在对生产环境梳理的基础上，需要识别出生产环境应对全链路压测的改造点，确保生产环境对全链路压测的可测试性。其中，最核心的是确保线上写操作不能污染正常的业务数据。因此，需要针对存储设计影子库和影子表，即正常业务库/表的镜像，将压测流量的数据流转到影子库/影子表，正常业务的流量流转到正常业务库/表，并在逻辑上隔离两种流量，使之互不影响。这一步是全链路压测中实现难度高、影响面大的关键一环，会涉及压测流量打标、框架识别压测流量标记、压测数据识别和清洗的能力。

步骤 4：设计压测场景。

业务负载是全链路压测场景设计的重要参考，全链路压测场景设计对压测结果的准确性至关重要。一般通过生产环境真实的用户行为、业务的场景特性等来确定业务的种类、接口的目标量级、接口的参数集合、系统各组件的状态和压力负载变化曲线等。

步骤 5：开发和调试压测脚本。

根据全链路压测场景设计中定义的业务操作来确定需要准备的压测脚本。压测脚本的开发可以基于人工录制与回放来完成，也可以基于生产环境的真实流量捕获来完成。这一步中，必须保证各个业务脚本能够顺利执行通过，为后续的压测场景实现打好基础。

步骤 6：准备压测数据。

需要把压测脚本执行过程中用到的数据提前预埋进生产环境，并且确保这些数据不能影响线上真实的业务。这里涉及创建数据库的影子库和影子表、构造测试数据和数据迁移等工作。另外，压测数据不局限在数据库中，在其他的存储类和缓存类组件中同样有构造测试数据的要求。

步骤 7：配置压测场景。

有了压测脚本和压测数据，就可以根据步骤 4 定义的全链路压测场景设计来实现对压测场景的配置，比如配置总的并发用户数、各类压测脚本的占比、脚本执行思考时间的上下浮动比例、压力负载曲线、核心监控指标等。

步骤 8：实施单链路压测。

对生产环境进行单链路小流量的压测，目的是暴露单链路就能发现的表层性能问题，同时保证压测脚本和压测数据的正确性。

步骤 9：实施全链路压测。

完成上述各项准备工作后，就可以在生产环境发起全链路压测测试了。此时，就可以根据步骤 4 中定义的压测场景设计有针对性地开展施压了，比如梯形加压、瞬时高压、周期性压力等。实施之后还需要对压测结果进行分析，如果发现问题，就需要闭环跟进。

步骤 10：清理还原数据。

在压测完成后，还需要及时把生产环境中的测试数据清理掉，以免对后续的跑批和报表产生影响。

1.3.3 混沌工程

多元化的业务场景、规模化的服务节点及高度复杂的系统架构难免会有各种不可预料的突发事件和异常事件发生。同时，云原生技术的发展不断推进着微服务的进一步解耦，海量数据与用户规模增加带来了基础设施的大规模分布式演进。

分布式系统天生存在各种相互依赖关系，可能出错的地方数不胜数，更是防不胜防。我们已经很难评估某个单点故障对整个系统的影响，并且请求链路长、监控告警不完善导致发现问题和定位问题的难度增加。同时，业务和技术迭代快，如何持续保障生产环境的稳定性和高可用性受到很大的挑战，如果处理不好就会导致业务受损，或者出现其他各种无法预期的异常行为，造成严重的生产事故。

你可能已经发现，在复杂系统中，我们已经无法阻止异常和故障的发生，所以我们应该致力于在这些异常行为和故障被触发之前，将它们纳入我们的防范视野，尽可能多地识别它们，从而避免故障发生时所带来的严重后果。

我们知道故障发生的那一刻不是由你来选择的，你能做的就是为之做好准备。为此，我们需要化被动为主动，不是等到故障发生了再去处理，而是先下手，通过人为的故障注入主动发现问题，而混沌工程（Chaos Engineering）就是这一理念的具体落地实践。

混沌工程是通过主动向系统中引入软件或硬件的非正常状态，制造异常场景和故障场景，并根据系统在各种场景下的行为表现来优化改进策略的一种提升系统稳定性的实验手段。应用混沌工程可以对系统抵抗非正常状态，并保持正常运作的能力（稳定性）进行校验和评估，提前识别未知隐患并进行修复，进而保障系统更好地抵御生产环境中的各种失控，提升系统的整体稳定性。

混沌工程倡导在风险可控的情况下，人为向线上生产环境中注入各种预先设计好的故障，以观察系统对其的响应，这些故障来自 IaaS 层、PaaS 层和 SaaS 层，这样就可以让我们发现并且了解到系统脆弱的一面，在没出现连续性对业务造成伤害之前，就能主动识别和修复这些故障。

混沌工程的实施一般包含以下步骤：

（1）寻找一些系统正常运行状态下的可度量指标，作为系统运行的基准"稳定状态"。

（2）规划和设计需要注入的故障类型，同时对系统针对该故障的容错能力与行为做出假设。注意，如果系统没有针对该故障进行过容错设计，我们首先就需要考虑容错设计，以提升整个系统的健壮性，因为混沌工程主要用来发现系统未知的脆弱一面，如果我们已经知道故障注入后能导致显而易见的问题，其实就没必要实施混沌工程了。

（3）进行故障事件注入，如果故障注入前后系统的"稳定状态"一致，就可以认为系统应对这种故障是弹性的，从而对系统建立更多信心。相反地，如果故障注入前后系统的"稳定状态"不一致，那么我们就识别出了一个系统弱点，从而需要对其进行修复。

注入故障类型的多样是成功实施混沌工程的基础，一般会在不同的层级引入这个层级的典型故障，图 1-11 所示是对主流注入故障类型的汇总。

在工程领域中，实施混沌实验的工具有很多，其中国内比较知名的是 ChaosBlade，其中文名是"混沌之刃"，是阿里巴巴 2019 年开源的混沌工程项目，包含混沌工程实验工具 ChaosBlade 和混沌工程平台 ChaosBlade-Box，旨在通过混沌工程帮助研发团队解决云原生过程中高可用性的问题。实验工具 ChaosBlade 支持三大系统平台、4 种编程语言应用，共涉及 200 多个实验场景、3000 多个实验参数，可以精细化地控制实验范围。混沌工程平台 ChaosBlade-Box 支持实验工具托管，除已托管的 ChaosBlade 之外，还支持 Litmuschaos 实验工具。

图 1-11　主流故障注入类型

1.3.4　红蓝对抗

红蓝对抗原本是军事上的概念，指军队进行的大规模实兵演习，演习中通常分为红军和蓝军，其中蓝军通常是指专门扮演假想敌的专业化部队，与红军（代表我方正面部队）进行针对性的对抗演练。

参考军事演习中的红蓝对抗，安全测试领域的红蓝对抗是指攻守双方在线上生产环境中进行网络攻击和防御的一种网络安全攻防演练。蓝军作为攻击方，以发现安全漏洞、获取业务权限或数据为目标，利用各种攻击手段，试图绕过层层防护达成既定目标。蓝军在攻击过程中，红军如有发现可以立即启动应急响应，通过安全加固、攻击监测、应急处置等手段保障系统安全，并且对发现的薄弱环节不断持续优化。

早期的安全测试会在系统上线之前，使用渗透测试（Penetration Testing）去发现存在的和暴露的风险点，现在的红蓝对抗更多是在生产环境中执行，试图发现整个体系存在的安全缺陷与隐患，可以认为，红蓝对抗是渗透测试的升级版，或者说它们是企业在不同时期的安全需求。

图 1-12 给出了"蓝军"的主要攻击手段，关于红蓝对抗的详细内容会在本书的安全测试章节详细展开。

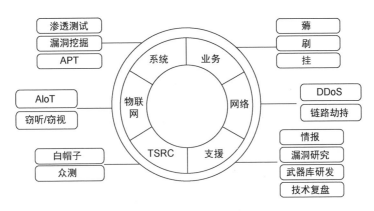

图 1-12 "蓝军"的主要攻击手段

1.3.5 A/B 测试

互联网环境中充满了不确定性，功能上线前，我们很难预估市场对该功能的反应，此时，A/B 测试就有了用武之地。A/B 测试是一种比较常见的软件发布策略，但它更是一种业务决策手段。如图 1-13 所示，通过同时为用户推送新旧版本的功能进行对比实验，分析这一功能对用户的价值是否达到预期，并指导下一步的业务决策。简而言之，A/B 测试能快速帮助我们做出正确的决策。

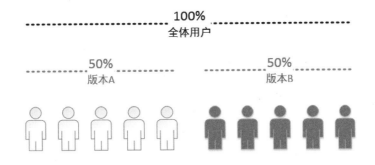

图 1-13 A/B 测试示意图

A/B 测试是一种"先验"的实验体系，通过科学的实验设计、采样具有代表性的样本、流量分割与小流量测试等手段，获得实验结论，并确信该结论在推广到全部流量时可信。A/B 测试的流程一般包含以下 5 个步骤。

步骤 1：确定优化目标。

在实施 A/B 测试之前，我们需要设定明确的优化目标，确保目标是可量化的、可实施的，否则后续的实验和分析都会无从下手。例如，"将用户满意度提升 20%"就不是一个合适的目标，因为它太难量化了；而"通过优化运费的展示格式，提升 10%的用户留存率（按每月计算）"就是一个合适的目标，它可以被客观量化，又足够具体。

步骤 2：分析数据。

以数据分析的方式找出现有软件产品中的潜在问题，继而挖掘出相应的优化方案。

步骤 3：提出假设。

针对数据分析所发现的问题提出优化方案，在 A/B 测试中，这些优化方案一般都是以"假设"的方式被提出的，而且往往会提出多个假设。例如，"假设降低 5%的运费，用户留存率可能会提升 10%""假设优化运费的展示格式，用户留存率可能会提升 10%"。我们可以基于这些假设制定 A/B 测试的实验方案，并根据验证结果判断是否符合预期。

步骤 4：重要性排序。

我们提出了多个假设，但实际情况下受到资源限制很难对这些假设一一验证，此时就需要对它们进行重要性排序，根据资源成本选择最为重要的假设优先验证。

步骤 5：实施 A/B 测试并分析实验结果。

基于选取的重要假设，实施 A/B 测试并得出实验结果。若实验结果证明假设成立，我们就可以考虑将这一功能版本作为正式版本推送给所有用户；若实验结果证明假设不成立，则我们可以进行研究、复盘，学习经验。

在工程领域中，已有不少工具能够支撑 A/B 测试的整个体系，比较著名的开源工具是 Google Optimize 360，也有一些商业化的 A/B 测试服务，如 Optimizely、AppAdhoc 等。如果企业有较强的定制化需求，也可以考虑自研 A/B 测试工具。

1.3.6　灰度发布

灰度发布又被称为"金丝雀发布"（Canary Release），是一种在新旧功能版本间平滑过渡的发布方式。它起源于采矿工人的实践经验，金丝雀对瓦斯非常敏感，瓦斯浓度稍高就会中毒，采矿工人在探查矿井时会随身携带一只金丝雀，如果金丝雀的生命体征出现异常，就意味着矿井中存在瓦斯浓度增高的风险。

灰度发布背后的理念很简单，用较小的代价（一只金丝雀）去试错，这样即便出现了风险（瓦斯浓度高），对于主要的用户群体（采矿工人）依然是安全的。

从软件工程的角度，如图 1-14 所示，我们通过引流的方式让一小部分线上用户先接触到新版本的功能，同时技术人员可以在新版本功能上做一些验证工作，观察监控报警，确认功能无误后，逐步将流量切换至新版本上，直至流量 100%切换完毕。如果在灰度切换的过程中发现新版本功能有问题，此时应该立刻将所有流量切回至旧版本上，将影响面降到最低。

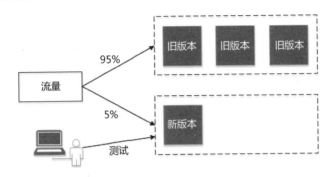

图 1-14　灰度发布示意图

灰度发布的技术实现并不困难，方案也比较丰富，较为简单的做法是引入带权重的负载均衡（Load Balance）策略，将用户请求按比例转发至新旧版本上。一些开源服务组件也支持灰度发布功能的定制，例如，我们可以基于 Apache Dubbo 中的 Router/Load Balance 实现灰度发布功能，在 Spring Cloud 中基于 Ribbon 定制也可以达到相同的效果，甚至可以直接使用 Nginx Ingress 在网关层实现灰度发布的功能。

灰度发布有以下 3 种常见的策略：

策略 1：按流量灰度。

这是最简单的灰度策略，将流量按比例转发至新旧服务上，达到灰度的效果。

策略 2：按人群灰度。

根据人群的特点进行导流，以便精准地管控灰度范围，比如，使用用户 ID 区间、用户所在地区、用户类型、用户活跃度等。

策略 3：按渠道灰度。

根据不同渠道（如注册方式、手机运营商、App 平台和接入设备类型等）进行导流，这也是一种精确的灰度策略。

下面是灰度策略的三个常见误区，它们可以帮助你举一反三。

（1）以偏概全：选择的灰度范围不具备代表性，例如，我们上线了一个针对会员的新功能，但选择的灰度策略中覆盖的大部分用户都不是会员，这就会大大影响灰度发布发现问题的能力。

（2）无效灰度：灰度的本质是提前试错，但前提是有能力试错。我曾经历过一次印象深刻的高级别线上事故，根因是研发人员更改了用户下预约单的逻辑，并引入了一个 bug，这个 bug 本应在灰度阶段被发现，但遗憾的是，灰度发布时已是当天晚上 9 点，而灰度策略中所涵盖的门店恰恰在 21 点全部关店歇业了，导致没有任何灰度流量触及新功能，研发人员误认为一切正常，最终引发了这次大事故。可见，灰度策略需要保证新版本功能一定能被验证到，不存在无效灰度的情况。

（3）监控缺失：我们不仅需要有效的灰度策略，还需要辅以完备的监控，以便及早发现风险，并采取止损措施。

（4）灰度过程的时间过长：对于大规模集群的灰度发布，在刚开始的时候可以采用较慢的节奏，之后需要适当提升灰度过程的并发度，以确保灰度发布过程的时间不至于太长。

1.3.7 线上监控

线上监控的目的是第一时间发现线上问题并解决问题，保证服务的正常运行。线上监控是一个很大的话题，涉及的技术点也非常多。下面我们侧重于讨论，基于测试右移的理念有哪些监控工作是需要测试人员重视的，并总结为以下几个方面。

（1）服务上线后的可用性和性能监控，如遇到问题需要快速回滚代码。

（2）持续的服务关键指标监控，如出现报警能够初步定位问题，与研发人员配合止损和修复。

（3）对生产数据进行监控，对异常数据及时介入干预。

（4）对线上资金实时/离线核对，对止损风险及时介入干预。

（5）进行安全性监控，初步识别安全风险。

（6）对用户反馈的问题及时跟进，针对缺陷，通知开发人员尽快解决；针对体验，通知产品人员打磨细节。

对于上述最后一点，需要强调的是，针对应用服务，线上监控很重要，舆情监控同样重要。对于用户反馈的问题，在由客服人员初步判断为技术问题后，测试人员（或技术支持人员）要能够及时跟进处理或分流，以便尽可能快速地给予用户有效的反馈。

另外，上述要点并不单纯是监控工作的内容，我们需要将其建设成质量保障的能力，通过工具和规范赋能技术人员并共同参与线上监控的工作。例如，我们可以明确日常的监控项，设计好相关的质量数据报表，通过采集监控数据进行分析和配置告警，并结合 AIOps 的能力来观察版本发布的情况，最终建立一个线上质量看板，以便相关人员及时获悉线上质量情况。

1.3.8　用户体验分析

用户体验分析是指收集真实用户的反馈，分析数据并总结出系统改进措施的过程。它是测试右移的极致追求，不仅要满足于软件产品的可用性，还要重视用户的情感、信仰、喜好、认知印象、生理和心理反应、行为和成就等各个方面。

在互联网时代，由于互联网规模效应的增加，用户体验分析变得越发重要了。在你只拥有几万用户的时候，追求极致的用户体验是不现实的，因为投入的成本太高而收益有限。但是，当你的产品有上千万甚至上亿用户的时候，针对用户体验的每一点小改进，都能给你带来巨大的回报，所以通过线上生产环境来分析和优化用户体验的价值变得越来越大。

下面给大家介绍目前业内主流的 3 种用户体验分析方法。

方法 1：基于问卷调查的系统可用性量表法。

用户体验分析最常见的做法是问卷调查，通过将精心设计的量表发放给特定的真实用户，收集反馈并得出结论。我们以系统可用性量表（SUS）为例，介绍一下问卷调查的过程。

如图 1-15 所示，SUS 问卷包含 10 个题目，每个题目均为 5 分制，奇数项是正面描述题，偶数项是反面描述题。我们要求用户在填写 SUS 问卷时，不要互相讨论，也不要过多思考，尽可能快速地完成所有问题。

ID	可用性描述	非常不同意	不同意	中立	同意	非常同意
		1	2	3	4	5
1	我愿意使用这个系统	O	O	O	O	O
2	我发现这个系统过于复杂	O	O	O	O	O
3	我认为这个系统用起来很容易	O	O	O	O	O
4	我认为我需要专业人员的帮助才能使用这个系统	O	O	O	O	O
5	我发现系统里的各项功能很好地整合在了一起	O	O	O	O	O
6	我认为系统中存在大量的不一致	O	O	O	O	O
7	我能想象大部分人都能快速学会使用该系统	O	O	O	O	O
8	我认为这个系统使用起来非常麻烦	O	O	O	O	O
9	使用这个系统时我觉得非常有信心	O	O	O	O	O
10	在使用这个系统之前我需要大量的学习	O	O	O	O	O

图 1-15　系统可用性量表示意图

完成并回收所有 SUS 问卷后进行打分，计算 SUS 得分的第一步是确定每道题的转化分值，范围是 0～4。对于正面题（奇数题），转化分值是量表原始分减去 1（X_i-1）；对于反面题（偶数题），转化分值是 5 减去原始分（$5-X_i$）。将所有题的转化分值相加，再乘以 2.5 得到 SUS 量表的总分。所以 SUS 分值的范围是 0～100，以 2.5 分为增量。

最后，将得到的 SUS 的原始分数对应到图 1-16 中，即可得到产品的可用性程度，我们可以将其作为用户体验的一个重要参考。

SUS分数等级	评级	百分等级
84.1～100	A+	96～100
80.8～84	A	90～95
78.9～80.7	A-	85～89
77.2～78.8	B+	80～84
74.1～77.1	B	70～79
72.6～74	B-	65～69
71.1～72.5	C+	60～64
65～71	C	41～59
62.7～64.9	C-	35～40
51.7～62.6	D	15～34
0～51.7	F	0～14

图 1-16　SUS 分数的分级范围

系统可用性量表非常实用，但它也有缺点，由于它的评分结果是抽象的，这个分数只能让我们大概了解产品用户体验的好坏，在具体问题上缺乏指引，当我们希望了解产品评分较低应该如何聚焦产品的优化方向时，系统可用性量表就无能为力了。

方法 2：雷达图方法。

雷达图方法是一种更通用的用户体验分析方法。它的过程具体有三步：

第一步，对潜在的用户体验问题进行分类，得到基础的分析项，如视觉呈现、界面设计、导航设计、信息设计、交互设计、信息架构、功能规格、内容需求等。

第二步，以问卷的形式交由用户评估。与 SUS 问卷不同，这些目标用户需要具备一定的可用性分析能力，或者可以由某个专家带领讨论，以便解答评估过程中的困惑。

第三步，将问题汇总整理，以雷达图的形式展示出来。雷达图（见图 1-17）能够以直观的形式展现用户体验问题多个维度的整体情况，便于全面分析和解读指标，也一目了然，能够及时发现哪些方面存在用户体验问题。

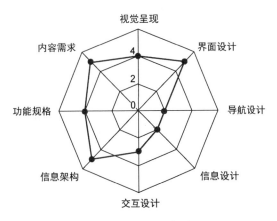

图 1-17　用户体验分析雷达图

方法 3：HEART 用户体验度量模型。

HEART 用户体验度量模型是 Google 在大量度量用户体验的探索与实践中总结出来的，目前在 Google 内部得到广泛使用。

HEART 用户体验度量模型（见图 1-18）包括两部分：5 个用户体验度量维度和 3 个确定数据指标的步骤。HEART 是由 5 个用户体验维度的英文首字母组成的，它们分别是愉悦度（Happiness）、参与度（Engagement）、接受度（Adoption）、留存度（Retention）和任务完成度（Task success），这 5 个维度可以作为帮助团队系统思考产品或功能的核心用户体验目标的切入点；而"目标—信号—指标"（Goal Signal Metric，GSM）这三个步骤可以保证数据指标和用户体验目标是紧密联系的，从而有效量化用户体验结果的准确性。

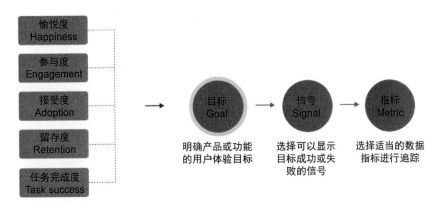

图 1-18　Google 的 HEART 用户体验度量模型

1.4 DevSecOps：从安全测试到安全工程

1.4.1 传统软件安全开发体系面临的挑战

在传统的基于瀑布模型的研发模式下，有很多软件安全开发的管理体系和理论方法，其中比较知名的有软件安全构建成熟度模型（Building Security In Maturity Model，BSIMM）、软件保证成熟度模型（Software Assurance Maturity Model，SAMM）和 SDL 模型。其中，以微软主导的 SDL 模型（见图 1-19）最为知名，其方法论和实践已经成为一些行业事实上的标准，国内外各大 IT 公司和软件厂商都在基于这套理论与实践，结合自己的实际研发情况进行研发安全的管控。但是由于 SDL 模型本身并未关注运维阶段的安全实践，为了弥补这一点不足，微软后期推出了运维安全保障（Operational Security Assurance，OSA）模型。

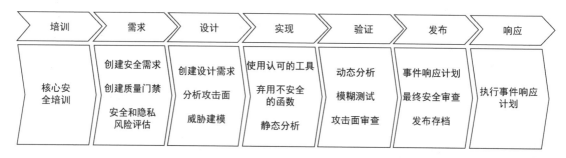

图 1-19 SDL 模型

SDL 模型的工作机制高度适配瀑布模型，其在研发和测试之外定义了专门的安全角色，通过在软件研发流程各个环节上的安全保证活动，使安全验证工作能够嵌入软件研发过程的各个环节，以此来降低产品出现安全漏洞的风险。

但是，随着瀑布模型研发模式的淡出和 DevOps 模式的兴起，SDL 模型中的一些问题也随之被不断放大，传统的 SDL 模型已经很难适应 DevOps 体系下的安全诉求，主要体现在以下两个方面。

（1）敏捷开发过程中设计环节的弱化使安全活动失去了切入点。在敏捷思想的影响下，现在软件开发越来越提倡小步快跑，代码先行，代码即设计的理念，很多时候企业会直接采用最小化可行产品（Minimum Viable Product，MVP）的精益创业方法来快速迭代产品。在这种模式下，原本研发环节的各个阶段（比如设计、开发和测试）都被弱化，或者说它们之间的边界变得模糊了，此时安全人员无法参与设计阶段，无法进行传统的针对设计方案的威胁建模和风险分析消除等工作。

（2）DevOps 的高速交付频率让安全活动无从下手。敏捷开发过程中的发布频率基本上以周为单位，但是在 DevOps 模式下，通过高效的 CI/CD 流水线能力，可以轻松实现完全按需发布。在极端情况下，代码在递交后的几分钟就可以自动发布到生产环境。在这种发布频率下，传统的 SDL 模型已经完全处于瘫痪状态，SDL 模型定义的各种安全活动根本找不到开展的时机，这俨然已经成为当下软件安全的最大隐患。瀑布模型、敏捷开发和 DevOps 模式的对比，如图 1-20 所示。

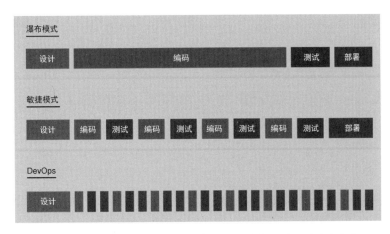

图 1-20　瀑布模型、敏捷开发和 DevOps 模式的对比（见彩插）

正是由于上述问题，在 DevOps 模式下 SDL 模型的实际效果已经名存实亡，已经无法适应新的模式，为此微软正式提出了"Secure DevOps"的理念并进行了相关实践，"Secure DevOps"本质上就是 DevSecOps 的具体实现。

1.4.2　新技术对软件安全开发提出的挑战

与此同时，微服务架构的普及、容器技术的广泛使用，以及云原生技术的发展，都对软件的安全提出了更多、更高的要求。

首先是微服务。微服务架构已经成为现在软件架构的标配，它在带来很多便利的同时也带来了很多挑战，比如微服务的治理成本一直居高不下、测试成本成倍增加、测试环境搭建困难等。从安全的视角出发，你会发现微服务对安全更是提出了很多全新的挑战，比如攻击面分析困难，单个微服务的攻击面很小但是整个系统的攻击面可能很大，并且不容易看清楚攻击的发起点；再如，相比传统的三层结构的 Web 网站，数据流分析难以应用在微服务架构中，因为不容易确定信任边界等；另外，除非使用统一的日志记录和审计机制，否则审计系统中众多的微服务也是一件非常困难和高成本的事情。

其次是以 Docker 为首的容器技术。容器技术一方面推动了微服务的快速发展，另一方面改变了传统运维的理念和方法。Docker 的广泛使用同样给安全带来了很多全新的挑战。首先是资产识别问题，原本的资产识别颗粒度是基于虚拟机（VM）的，现在需要针对容器，而容器本身的灵活度会大大高于虚拟机，能够支持快速创建和销毁；其次是容器本身也会引入新的安全风险，内核溢出、容器逃逸、资源拒绝服务、有漏洞的镜像、泄露密钥等都需要我们给予额外的关注；最后，很多安全系统也需要对容器进行适配，比如某些主机入侵检测系统可能不能直接支持容器，需要进行改造适配。

最后是云原生技术。云原生技术深刻地改变了我们进行系统架构和设计的思维模式。云原生本身就包含了很多安全维度的诉求，这一领域值得探索和研究的空间很大。

1.4.3　DevSecOps 概念的诞生与内涵

随着 DevOps 研发实践的不断普及，传统的软件安全开发体系已经力不从心。随着软件发布速度的提升和发布频率的不断增加，传统的应用安全团队已经无法跟上发布的步伐来确保每个发布都是安全的。

为解决这个问题，组织需要在整个软件研发全生命周期中持续构建安全性，以便 DevOps 团队能够快速、高质量地交付安全的应用。越早将安全性引入工作流，就能越早识别和补救安全弱点与漏洞。该概念属于"左移"范畴，将安全测试转移给开发人员，使他们几乎能够实时地修复代码中的安全问题。

亚马逊首席技术官 Werner Vogels 也持有相同的观点，他认为安全需要每个工程师的参与，安全不再单独是安全团队的责任，而是整个组织所有人的一致目标和责任，只有这样才能更好地对研发过程中的安全问题进行管控。这并不是一个推脱责任的说辞，实际上对安全团队的思维方式、介入时机、组织形式和安全能力建设等都提出了更高的要求。

但是，在目前的情况下，让每个软件工程师在安全意识和安全能力上都能达到专业安全人员的水平在短期内是不现实的，因此如何将安全要求和安全能力融合到 DevOps 过程中，如何通过安全赋能让整个组织既能享受 DevOps 带来的快捷又能较好地管控安全风险，成为一个重要问题。为了解决这个问题，DevSecOps 和与此相关的实践由此诞生。

2012 年，Gartner 通过一份研究报告"DevOpsSec: Creating the Agile Triangle"提出了 DevSecOps 的概念。在这份研究报告中，确定了安全专业人员需要积极参与 DevOps 计划并忠实于 DevOps 的精神，拥抱其团队合作、协调、敏捷和共同责任的理念。也就是，完全遵循 DevOps 的思想，将安全无缝集成到其中，使之升级成为 DevSecOps。2016 年，同样是 Gartner 这个研究机构，公开了一份名为"DevSecOps: How to Seamlessly Integrate Security Into DevOps"的研究报告，更加详细地阐述了 DevSecOps 的理念和一些实践。

DevSecOps 是应用安全（AppSec）领域的术语，通过在 DevOps 活动中扩大开发和运营团队之间的紧密协作，将安全团队也包括进来，从而在软件开发生命周期的早期引入安全。

这就要求改变开发、安全、测试、运营等核心职能团队的文化、流程和工具。基本上，DevSecOps 意味着安全成为共同的责任，而参与的每个人都有责任在 DevOps 的 CI/CD 工作流中构建安全。DevSecOps 全局图如图 1-21 所示：

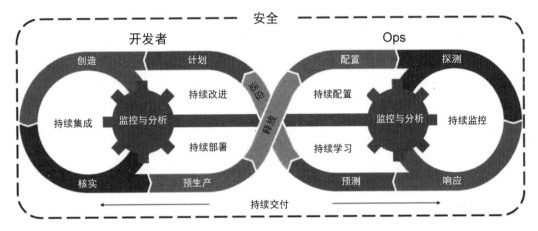

图 1-21　DevSecOps 全局图

通过实践 DevSecOps，可以更早地、有意识地将安全性融入软件开发全生命周期。如果开发组织从一开始就将安全性考虑在代码中，那么在漏洞进入生产环境之前或发布之后发现并修复它们会更容易，成本也更低。

1.4.4　DevSecOps 工具

DevSecOps 工具是整个 DevSecOps 的核心。它通过扫描开发代码、模拟攻击行为，帮助开发团队发现开发过程中潜在的安全漏洞。从安全的角度来看，DevSecOps 工具可以划分为以下五类。

1. 静态应用安全检测工具

静态应用安全检测（Static Application Security Testing，SAST）技术通常通过在编码阶段分析应用程序的源代码或二进制文件的语法、结构、过程、接口等来发现程序代码中存在的安全漏洞。

SAST 主要用于白盒测试，检测的问题类型丰富，可精准定位安全漏洞代码，比较容易被程序员接受。但是其误报多，耗费的人工成本高，扫描时间会随着代码量的增多显著增加。

其常见的工具包括老牌的 Coverity、Checkmarx、FindBugs 等，比较新的工具有 CodeQL 和 ShiftLeft inspect 等。

通常来讲，SAST 的优点是能够发现代码中更多、更全的漏洞类型，漏洞点可以具体到代码行，便于修复，无须区分代码最终是变成 Web 应用还是变成 App，不会对现网系统环境造成任何影响。SAST 的缺点也不少，比如研发难度高、多语言需要不同的检测方法、误报率高、不能确定漏洞是否真的可被利用、不能发现跨代码多个系统集成的安全问题等。

　　传统的 SAST 因为始终不能很好地解决误报率问题，并且研发模式的问题导致研发人员很难在编码结束之后还要花费非常长的时间做确认漏洞的工作，其中可能很多都是误报，所以在一些行业并未得到大规模的应用，但是在 DevOps 时代，结合 CI 过程，上述一些新型的工具开始广泛利用编译过程来更精确地检测漏洞，降低误报率，并且极小的 CI 间隔也大大减轻了误报率问题带来的负担。

　　2. 动态应用安全检测工具

　　动态应用安全检测（Dynamic Application Security Testing，DAST）技术是在测试阶段或运行阶段分析应用程序的动态运行状态。它模拟黑客行为对应用程序进行动态攻击，分析应用程序的反应，从而确定该 Web 应用是否易受攻击。

　　这类工具不区分测试对象的实现语言，采用攻击特征库做漏洞发现与验证，能发现大部分的高风险问题，因此是业界 Web 安全测试使用非常普遍的一种安全测试方案，发现了大量的真实安全漏洞。但是由于该类工具具有对测试人员有一定的专业要求，大部分工作不能被自动化，测试过程中产生的脏数据会污染业务测试数据，且无法定位漏洞的具体位置等特点，因此并不适合在 DevSecOps 体系下使用。

　　其常见的工具包括针对 Web 应用的商业和开源的 Acunetix WVS、Burpsuite、OWASP ZAP、长亭科技 X-Ray、w3af 等，也包括一些针对电脑或终端 App 等的工具。这些工具的优点是，从攻击者视角可以发现大多数的安全问题、准确性非常高、无须源码也无须考虑系统内部的编码语言等；但缺点也很明显，向业务系统发送构造的特定输入有可能会影响到系统的稳定性，因参数合法性、认证、多步操作等难以触发，从而导致有些漏洞发现不了，漏洞位置不确定导致修复难度高，某些工具可能非常耗费资源（如基于安卓虚拟机等）或者耗费时间（既不能影响环境运行，又要发送大量请求并且要等待响应）等。

　　3. 交互式应用安全检测工具

　　交互式应用安全检测（Interactive Application Security Testing，IAST）是 2012 年 Gartner 公司提出的一种新的应用程序安全测试方案。IAST 的出发点比较容易理解，它通过分析源码、字节代码或二进制文件，从"内部"测试应用程序来检测安全漏洞，而 DAST 从"外部"测试应用程序来检测安全漏洞，它们各有优劣。那么，有没有一种方式能结合"内外部"更好地自动化进行检测来更准确地发现更多的安全漏洞呢？IAST 就是 Gartner 给出的方向，寻求将外部动态和内部静态分析技术结合起来，以达到上述目标。

IAST 通过在服务端部署 Agent 程序,收集和监控 Web 应用程序运行时的函数执行和数据传输,并与扫描器端进行实时交互,高效、准确地识别安全缺陷及漏洞,同时可准确确定漏洞所在的代码文件、行数、函数和参数。比如,在针对 Web 业务的 DAST 方案中,相比于传统的人工录入参数和发起扫描,这是无法结合到流水线中的方式,通过一个应用代理在自动化测试时自动收集 CGI 流量并且自动提交扫描可以很好地融入流水线;进一步,通过在 Web 容器中插入对关键行为的监控代码(比如,hook 数据库执行的底层函数),跟外部 DAST 扫描发包进行联动,可以发现一些纯 DAST 无法发现的 SQL 注入漏洞等。

本质上讲,IAST 相当于 DAST 和 SAST 结合的一种互相关联运行时安全检测技术。IAST 的检测效率和精准度较高,并且能准确定位漏洞位置,漏洞信息的详细度也较高。但是其缺点也比较明显,比如对系统的环境或代码的侵入性比较高,部署成本也略高,而且无法发现业务逻辑本身的漏洞。对于逻辑比较强的逻辑漏洞,如 0 元支付这类逻辑漏洞,则需要上线前的人工安全测试去发现和解决,或者在设计阶段通过安全需求进行规避。

IAST 相关的工具有 Contrast Security、默安 IAST、悬镜等,此外,一些国内外的安全厂商也在陆续推出 IAST 产品。

4. 软件成分分析工具

快速迭代式的开发意味着开发人员要大量复用成熟的组件、库等代码,这在便捷的同时也引入了风险。如果引用了一些存在已知安全漏洞的代码版本该怎么办?如何检查它们?这就衍生出了软件成分分析(Software Composition Analysis,SCA)的概念和工具。

有一些针对第三方开源代码组件/库低版本漏洞检测的工具也被集成到 IDE 安全插件中,编码时只要引入就会立即有安全提醒,甚至帮你通过修正引入库的版本来修复漏洞。还有一些 SCA 工具可无缝集成到 CI/CD 流程中,从构建集成直至生产前的发布,持续检测新的开源漏洞。SCA 比较典型的工具是 Black Duck。

5. 开源软件安全工具

现在很多开源软件安全工具已经比较成熟,比较著名的有 X-Ray、Sonatype IQ Server、Dependencies Check 等。

一般情况下,选用功能齐全的 IAST 或 DAST 即可解决大部分安全问题,想要进一步左移,可继续推进 SAST、SCA 和 FOSS 的建设,将漏洞发现提前到开发阶段。

1.4.5　典型 DevSecOps 流程解读

下面通过一个典型流程来看一下 DevSecOps 的实践是如何开展的。图 1-22 是 DevSecOps 全流程的示例。

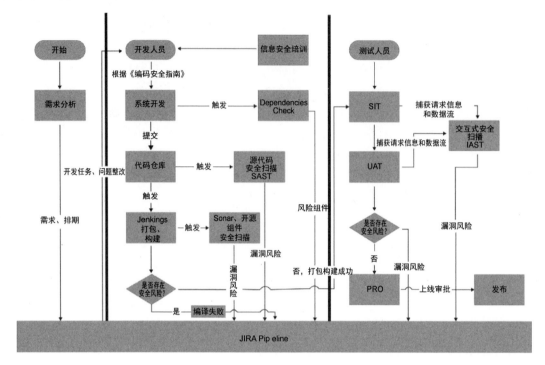

图 1-22　典型 DevSecOps 全流程

　　首先，在需求分析阶段和需求任务分配阶段，也就是在系统开发之前，为保证应用的安全需要对开发人员进行信息安全知识培训和安全编码技能培训，一般是在线的课程，或者在线安全实践的培训。在安全培训周期方面，既要有新人初级培训，也要有周期性的培训；既要有安全设计的培训，也要有代码安全的培训，还要密切观察开发人员出现的问题并及时给予有针对性的复盘，以方便研发人员在了解漏洞原理之后，能写出高质量、安全的代码。同时，要注重安全设计的培训，这个阶段主要是把安全理念和安全技术向一线研发人员做普及，是将安全能力赋能给团队的重要步骤和环节。

　　接下来，开发人员根据认领的需求进行开发工作，开发过程中需要根据编码安全指南进行代码的编写，此时会借助 SAST 进行源代码的安全扫描。另外，对于开发过程中在 IDE 中引入的开源组件和内部依赖组件，也会通过 SCA 进行安全分析。若发现组件有潜在的安全风险，则会及时告知并要求修复。

　　在代码开发完成之后，开发人员将代码提交到代码仓库。在代码被提交到代码仓库之后，由 CI 流水线自动触发 SAST 进行增量源代码安全扫描，并将发现的潜在风险上报。除此之外，SAST 也会对代码仓库进行周期性的全量巡检，这里需要将编码安全规则配置成源代码安全检查工具扫描规则，以确保代码的静态安全质量。

在代码构建阶段，自动对代码进行静态代码检查和开源组件安全扫描，若扫描发现安全隐患，则将相关信息推送至研发人员，同时终止流水线作业。待研发人员完成修复后，再次发起分支合并并重启自动发布流水线。为了减少因源代码缺陷导致的流水线频繁中止，建议在编码过程中每日代码合流时自动开展源代码安全扫描，以小步快跑的方式，小批量、多批次地修复所有安全缺陷。

在系统测试阶段，利用 IAST 自动收集测试流量，针对测试流量进行分析和自动构建漏洞测试请求，在开展功能测试的同时完成安全测试。若发现漏洞，则立刻将漏洞信息推送给研发团队，要求及时处理。

1.5　DevPerfOps：从性能测试到性能工程

正如前面提到的，通过 DevSecOps 的实践，我们将软件的安全保障活动融入研发流程的各个环节，从而保障交付的软件符合安全预期，也就是把原本的"安全测试"上升到"安全工程"的高度。那么，对于软件的性能保障是否也应该遵循类似的逻辑呢？

1.5.1　DevPerfOps 的由来

和 DevSecOps 的理念类似，我们也应该将性能保障的活动植入研发过程的各个环节，从而从源头来保证软件的高性能和高可靠性，这正是 DevPerfOps 所要解决的问题。

和软件安全类似，我们不能指望通过最后的"一锤子买卖"，也就是最后的安全测试来保证软件的安全性，而是应该在研发的各个环节都有与之匹配的安全监测措施来保证最终的软件安全。软件性能也是同样的逻辑，我们不能指望通过最后的性能测试来保证软件的性能是否达标，因为此时如果发现性能瓶颈或者性能缺陷，问题的定位成本、修复成本都会非常高，甚至有时候会高到完全无法接受，这种被动的性能测试往往无法达到预期的效果。因此，更具可操作性的做法是，在研发的各个环节都引入对应的性能测试手段，在更早的时间节点，从更细的颗粒度上去发现性能问题，并做到及时修复。这样就能把原本的"性能测试"同样上升到"性能工程"的高度，用 DevPerfOps 思维系统解决性能相关的问题。

1.5.2　全链路压测的局限性

这里，想特别提一下目前比较流行的全链路压测。全链路压测是在真实的生产环境，基于海量真实的数据，模拟海量用户的请求对整个业务链路进行压力测试，并持续调优的过程。很多企业都在实践全链路压测，都以为这是解决线上性能问题的"银弹"，关于这一点，我是持保留态度的。全链路压测虽然能够发现真实环境下的性能问题和瓶颈，但是如果把对性能的诉求全部押宝在全链路压测上，那一定会得不偿失。其中的主要原因有以下三点。

（1）全链路压测的技术实现难度一般是很高的，设计和规划与真实情况类似的负载场景往往就需要大量的工作，即使有了设计，生产环境发起海量负载在技术上也面临不小的挑战。

（2）为了将压测流量和真实线上流量进行区分，往往需要在技术层面实现流量染色，染色标记透传、影子表、影子库、流量隔离等，这些都需要对现有系统进行特殊的改造才能实现，其技术难度和实现成本都不低。

（3）在全链路压测过程中发现性能问题后，对其定位和调试的技术难度往往很大，需要在纷繁复杂的压测场景下定位和排查问题，效率非常低，有时候甚至难以实现。

除了上面提到的难点，全链路压测还有很多技术上的细节问题需要去解决，所以全链路压测并不是解决性能问题的"银弹"，只能作为事后性能验证的一种补充手段。性能问题的发现和解决还是需要依靠在研发的各个阶段植入性能测试和优化的实践来实现，这就是 DevPerfOps 倡导的核心理念和思想。接下来，我们一起来分析如何在研发全流程中实践 DevPerfOps。

1.5.3　DevPerfOps 全流程解读

图 1-23 从软件研发全流程的视角给出了 DevPerfOps 的各种实践，从代码本地开发和测试、代码递交、持续集成和持续发布四个阶段分别说明 DevPerfOps 需要做的事情。

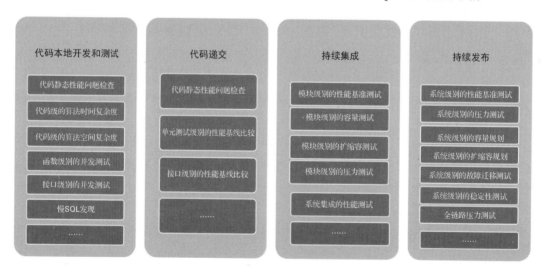

图 1-23　DevPerfOps 的全流程实践

1. 代码本地开发和测试阶段的 DevPerfOps 实践

在代码本地开发和测试阶段，DevPerfOps 实践主要包括代码静态性能问题检查、代码级的算法时间复杂度、代码级的算法空间复杂度、函数级别的并发测试、接口级别的并发测试和慢 SQL 发现等相关实践。

1）代码静态性能问题检查

代码静态性能问题检查是指，通过传统的代码静态检查工具发现代码实现上的性能问题，从代码源头保证遵循程序语言的最佳实践。通常是通过静态代码规则将违反性能最佳实践的代码写法添加到代码扫描逻辑中，以此发现问题。

比如，下面的这段代码就违背了性能的最佳实践，如果把变量 j 的初始化放在 for 循环体的内部，那么每次循环变量 j 都会被重复初始化，循环几次就会被初始化几次，显然这对性能是不利的。正确的写法应该是，将变量 j 移到 for 循环的外面，这样就能避免重复初始化的问题。需要注意的是，对于现代的编译器，即使将变量 j 写在循环体内部也没有问题，因为编译器在执行编译时会做优化，能主动把变量 j 移动到循环体外部。

```
//变量 j 在循环体内部会被重复初始化
for (int i=0;i<=1000;i++)
{
    int j;
    ...
}

//变量 j 移动到循环体外部，就能避免重复初始化
int j;
for (int i=0; i<=1000; i++)
{
    ...
}
```

2）代码级的算法时间复杂度和算法空间复杂度

代码级的算法时间复杂度和空间复杂度是代码阶段需要重点关注的环节，尤其对于一些计算密集型的代码。算法是指用来操作数据、解决程序问题的一组方法。对于同一个问题，使用不同的算法最终得到的结果是一样的，但过程中消耗的时间资源和空间资源却会有很大的区别。通过计算算法所消耗的时间资源和空间资源来判断算法性能的优劣是一种常见的方式。

时间复杂度是指执行当前算法所消耗的时间级别，一般采用"大 O 符号表示法"，常见的算法时间复杂度量级：常数阶 $O(1)$、对数阶 $O(\log N)$、线性阶 $O(n)$、线性对数阶 $O(n\log N)$、平方阶 $O(n^2)$、立方阶 $O(n^3)$、K 次方阶 $O(n^k)$、指数阶 (2^n)。

上面的量级依次增加，算法的执行效率依次降低。一般来讲，最理想的算法时间复杂度是常数阶 $O(1)$，凡是高于线性对数阶 $O(n\log N)$ 的时间复杂度往往都是无法被接受的。我们需

要在代码阶段就能识别出无法接受的算法复杂度，并加以改进，因为此类问题最终都是无法回避的，早发现和早解决的成本往往会更低。

算法空间复杂度是对一种算法在运行过程中临时占用存储空间大小的一种量度，同样反映的是一种趋势，我们用 $S(n)$ 来定义。常用的空间复杂度：常数阶 $O(1)$、线性阶 $O(n)$、平方阶 $O(n^2)$。

同样，它们的空间复杂度依次增加，算法执行过程的空间要求也依次增加。和时间复杂度类似，我们也希望可以尽早识别并解决此类问题，而不是到后期系统级性能测试的时候才被发现，那时为时已晚，因为那时问题定位的成本会非常高，技术上也会非常困难。

3）函数级别的并发测试

对于有多进程和多线程的代码，非常有必要在函数级别就开展并发测试，此时开展并发测试的难度和成本都是最低的，能够很方便地发现并发场景下的线程死锁、内存泄漏等问题，而且问题定位和修复后的验证也会比较容易。

为了实现函数级别的并发测试，最简单的方式就是以并发的方式来执行单元测试用例，也可以对单元测试框架进行改造，使其能够将基于功能验证的单元测试用例无缝转化为函数级别的并发测试用例，进一步降低实施的成本。

4）接口级别的并发测试

如果采用的是微服务架构，就有必要在单个服务级别开展并发的接口测试，确保在并发调研场景下接口功能逻辑的正确性。此类测试越早开展，相应的收益就会越高。

5）慢 SQL 发现

如果开发代码中有大量的数据库读写访问，那么强烈建议在此时就开展慢 SQL 发现与扫描。我们可以先收集当前代码中所有下发数据库的 SQL 语句，然后集中执行，以此识别性能异常的 SQL 语句，这样就能在前期集中发现所有的 SQL 数据库全表扫描、执行计划异常等 SQL 语句的性能问题，避免后期性能测试因为应用响应慢而追溯到 SQL 语句的尴尬，从源头保证对 SQL 语句的优化和测试的效率。

2. 代码递交阶段的 DevPerfOps 实践

在代码递交阶段，DevPerfOps 实践主要包括代码静态性能问题检查、单元测试级别的性能基线比较、接口级别的性能基线比较等相关实践。

1）代码静态性能问题检查

代码递交后，会由持续集成流水线触发一轮全量的代码静态性能问题检查，此时的性能静态检查规则应该和本地开发和测试阶段的检查规则保持一致。

2）单元测试级别的性能基线比较

代码递交后，会将单元测试中每个测试用例的执行时间记录下来并保存在数据库中。下次代码变更后，测试用例的执行时间会自动和上次保存的结果进行比较，如果发现有比较明显的性能下降，就会告警，需要人工介入判断性能下降是否能够被接受。在这个过程中，为了保证单个单元测试用例执行时间的可靠性，往往会将单个测试用例执行 1000 次后取平均值或者 99 分位数进行比对。

3）接口级别的性能基线比较

和单元测试级别的性能基线比较类似，如果开发采用的是微服务架构，就需要在接口级别启用性能基线比较。就具体实现来讲，会将每个接口测试用例的执行时间记录到数据库中，在版本更新后，同一个接口测试用例的执行时间会和之前记录的结果自动比较，如果发现明显的性能下降就会告警，需要人工介入判断性能下降是否能够被接受。这种做法可以在最开始的阶段就识别出接口性能恶化的趋势和苗头，从源头堵截问题。

3. 持续集成阶段的 DevPerfOps 实践

在持续集成阶段，DevPerfOps 实践主要包括模块级别的性能基准测试、模块级别的容量测试、模块级别的扩缩容测试、模块级别的压力测试、系统集成的性能测试等相关实践。

模块级别的性能基准测试主要是基于实际场景完成的模块基准性能评估。模块级别的容量测试和模块级别的扩缩容测试主要针对容量规划，保证系统性能的水平可扩展性。模块级别的压力测试主要是针对高负载场景下系统的稳定性和可靠性开展的测试，试图发现长时间压力负载下的各类问题。系统集成的性能测试主要是从端到端的角度对全量系统开展性能测试，一般包括基线测试和压力测试等。

4. 持续发布阶段的 DevPerfOps 实践

在持续发布阶段，DevPerfOps 实践主要包括系统级别的性能基准测试、系统级别的压力测试、系统级别的容量规划、系统级别的扩缩容测试、系统级别的故障迁移测试、系统级别的稳定性测试和全链路压力测试等相关实践。这些测试类型都是大家所熟知的性能测试种类和类型，这里不再逐个展开介绍。

通过上述实践，把性能工程的实践融合到 DevOps 的全流程中，实现了 DevPerfOps 理念的落地。

对性能的诉求不能全部押宝在最后的性能测试和全链路压测上，我们需要贯彻 DevPerfOps 的理念，把性能测试转变成性能工程，在研发的各个环节都引入对应的性能测试手段，在更早的时间节点发现并解决问题。

## 第 2 章

软件测试策略

本章讨论软件测试策略相关的内容，具体包含什么是测试策略，为什么说测试策略是整个测试的纲领，它可以帮助测试团队获得最大的收益；常见的测试策略有哪些，如何围绕质量、特性价值等来考虑测试策略；一套系统的测试策略制定方法——四步测试策略制定法，来帮助测试团队制定有效的测试策略。

2.1　什么是测试策略

古希腊哲学家亚里士多德曾经提出一个著名的哲学观点："每个系统中都存在一个最基本的命题，它不能被违背或删除。"这个哲学观点即为"第一性原理"，即我们需要回归事物的本质，从最核心、最基础的角度去思考，找到解决问题、实现目标的方法。

这种思想对测试来说依然适用。要想做好测试，首先要理解测试的核心。测试的核心是什么？其实就是六个字："测什么"和"怎么测"。然后就是要回答和软件测试相关的六大问题：

- 测试的目标是什么？
- 被测对象和范围是什么？
- 测试的重点和难点是什么？
- 测试的深度和广度？
- 如何安排各种测试活动（先测试什么，再测试什么）？
- 如何评价产品的质量？

在测试中，我们如何体现这六大问题会决定整个测试的状态和效果，也是测试的第一性原理。而测试策略就是对六大问题的系统思考，决定测试团队该如何展开测试活动。

从这个角度来说，测试策略是一种"选择"，是一种"在复杂情况下该如何进行测试的选择"，再往深里说，是一种"测试价值观"的体现。

事实上，如果测试者从不同的出发点来做选择，则测试结果大相径庭。

如果我们的出发点是"担心遗漏""不放心"，则会倾向于选择尽量多测，多覆盖一些，扩大测试范围，哪怕自己和团队加班也在所不惜。

如果我们的出发点是"找 bug"，则会倾向于选择盯着功能特性去测试，会千方百计地想办法测出 bug。

如果我们的出发点是"别人说"，则会倾向于选择测试别人说有问题的地方，放弃别人说不用测试的地方。

如果我们的出发点是"懒"，则会倾向于选择取巧的方式去测试，能不测就不测。

如果我们的出发点是"想学点新东西"，则会倾向于重点测试自己不熟悉的，感到有意思的部分，会尝试新的测试方法和工具，少测或不测那些熟悉的或者感觉没用的功能特性。

上面这些朴素的"选择"都可以被叫作"测试策略"。当然，这些选择不一定是我们希望的。我们希望的是，测试工程师通过测试策略能够对不同的组织、产品、研发模式做出最适合当前状况的选择，进行刚刚好的测试。

2.1.1　测试策略不等于测试方针

很多时候，我们会使用测试方针，那么测试方针和测试策略有什么差别和联系呢？

下面先来看一个例子，如图 2-1 所示。

XX公司测试方针

根据公司的战略目标和已有问题，编写/优化测试与验证相关流程/规范/指南，让公司的测试人员能高效地工作，提升产品的整体测试质量，减少遗留缺陷率。
主要过程如下：
· 基于公司战略目标，明确测试与验证需要关注的、核心的、亟待解决的问题，并在流程中进行梳理。
· 收集过程、改进需求，并根据过程改进需求，明确优先级，分批次改进。
· 改善现有流程（测试方案、测试报告、测试计划、评审单等）中存在的问题。
· 聚拢公司优秀案例，进行知识传承和效率最大化。

XX产品总体测试策略

特性	质量目标（期望值）	目标分解（期望值）	计划的质量保证活动	分类	优先级	测试深度	测试广度
特性1	完全商用	测试覆盖度测试过程缺陷	需要更新之前的测试设计	旧特性变化	高	需要使用功能、性能、可靠性和易用性中所有的测试方法	全面测试
特性2	完全商用	测试覆盖度测试过程缺陷	加强需求的Review加强对系统设计的Review	全新特性	高	需要使用功能、性能、可靠性和易用性中所有的测试方法	全面测试
特性3	受限商用	测试覆盖度测试过程缺陷	旧特性加强	中		使用功能测试中的所有测试方法，可靠性中的故障植入法和稳定性测试法	部分测试
特性4	测试、演示或小范围试用	测试覆盖度测试过程缺陷	全新特性	中		只需要使用功能测试方法即可	全面测试
……	……	……	……	……	……	……	……

图 2-1　测试方针与测试策略

从这个例子中，我们可以直观地看到，测试方针是测试中的通用要求、原则或底线。对公司来说，它可以是公司层面制定的针对测试的统一要求，可适用于公司的所有产品，并且在较长的一段时间内都是适用的，可以理解为"公司目前的测试真理"。

而测试策略是针对当前这个产品/项目制定的，考虑的是当前组织、产品和研发模式的现状，还会随着当前测试状况的变化进行调整。

2.1.2　测试策略不等于测试计划

尽管我们在测试策略中会考虑安排测试活动的执行顺序（先测试什么，再测试什么），但是测试策略并不是测试计划。

图 2-2 对比了测试计划和测试策略中关于测试执行顺序安排的部分。可以看到，测试计划主要安排的是测试人员在什么时候做什么，执行主体是人；而测试策略安排的是对某个特性先测什么（比如对特性 1，先测试配置），再测什么（再测试功能），对象是特性。

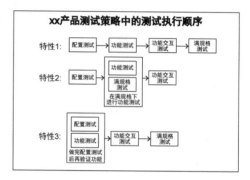

图 2-2　测试计划与测试策略中关于测试执行顺序的对比

2.1.3　测试策略不等于测试方案

很多时候，我们会把测试方案等同于测试策略，事实上，测试策略和测试方案是不同的。图 2-3 总结了测试策略、测试方案与测试分析和设计之间的关系，并给出了这些测试活动的输入、方法和输出。

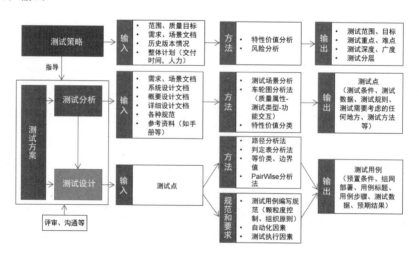

图 2-3　测试策略、测试方案与测试分析和设计之间的关系图

从图 2-3 中我们可以看到，测试策略可以从整体上对测试分析和设计活动进行指导。而测试方案是确定测试的内容——如何进行测试分析并一步步得到测试用例。

2.1.4　测试策略本质上是一种选择

测试策略是测试者应该把测试精力投入到哪里来获得最大的回报。测试策略其本质就是一种选择。

优秀的测试者对研发团队的作用在于，知道哪里是真正的重点，然后围绕重点去去除系统的缺陷，从而引导系统快速达到发布的水平。而低水平的测试者对研发团队最大的伤害并不是发现不了 bug，而是抓不住重点，牵着开发团队去修复那些并不重要的缺陷，造成资源的浪费，这和研发模式是瀑布、敏捷，还是 DevOps 没有关系。

长久以来，我们可能过于强调测试的各种专项测试技术、自动化测试技术，而忽视了测试策略的重要性——很多时候，测试策略才是从根本上提升产研效率的核心和关键。

下面是几个关于测试策略和产研效率的几个小故事，它们也是后续章节的引子，后面还将展开介绍如何通过编写测试策略来提升测试效果。

故事 1：脱离测试策略的自动化测试是否真的可以提升测试效率。

我曾作为评委参与了公司的一个测试奖项评选，有位参赛者介绍了自己的自动化测试成果：做了大概 2000 个脚本，但是发现的问题不多。于是我问了两个问题：

我：我们的自动化测试定位是什么？和当前手工测试的关系是什么？

参赛者略微有些迟疑，说道：自动化测试的定位是提升效率，和手工测试没有关系。

我：针对自动化脚本测试的内容，手工测试的时候会做吗？

参赛者静默了几秒钟说：不会。

显然，参赛者的这个自动化测试实践活动脱离了产品实际的测试策略，是为了自动化而做的自动化，这样的自动化测试活动是否真的可以提升团队的测试效率？我们可以一起来思考和讨论。

故事 2：脱离了测试策略的测试执行真的有利于产品发布吗？

某产品研发项目延期了，研发项目负责人找我诉苦，说他手上的这个项目本来就是火车版本的第一个迭代，功能特性确实不够稳定，但是他希望产品可以尽快给用户试用来获得用户反馈，以便进一步进行迭代调整，为后面的规模化使用做准备，但是测试人员不断测试各种异常、压力等场景，发现了很多 bug，这些 bug 也是确实存在的，但是测试愈发严苛的测试手段使得缺陷根本无法收敛，市场交付压力在即，开发人员在高压下进行修改，引入缺陷的情况也变多了。

显然，这个团队的测试能力很强，但是进行的这些测试是最符合当前产品的测试吗？我们也可以一起来思考和讨论。

2.2 常用的测试策略

既然测试策略是一种"选择"，那么必然有很多可选的方式，下面介绍几种常见的测试策略和它们的关键点。

2.2.1 基于产品质量的测试策略

基于产品质量的测试策略，就是围绕不同特性的质量目标来构建测试策略。其核心思想是，将质量要求高的部分作为测试重点，投入更多的资源，使用更多的测试方法和手段进行测试。

在基于产品质量的测试策略下，对产品质量进行定义、建立质量等级和标准显得尤为重要。众所周知，质量就是满足需求，从用户使用的角度可以将产品质量分为四个等级，如图 2-4 所示。

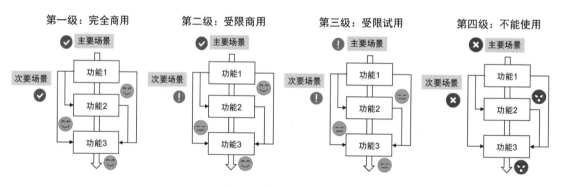

图 2-4　产品质量等级

- 第一级：完全商用。完全满足用户的需求（主要场景和次要场景均要满足），无或少量遗留问题（遗留问题有规避措施），用户使用无限制。
- 第二级：受限商用。无法满足用户需求中的某些场景（主要场景要满足，次要场景有部分不满足），有遗留问题，但有规避措施，用户基本可以无限制使用。
- 第三级：受限试用。只能满足用户部分需求场景（主要场景存在不满足），用户需要在一定限制和条件下才能正常使用，只能用于测试（如 Beta）、演示或者小范围试用。
- 第四级：不能使用。主要场景和次要场景均不能正常使用。

基于产品质量的测试策略，就是希望可以把有限的测试资源用在用户需求多、要求高的地方，交付"质量刚刚好"的系统。如果特性 A 的质量目标是"完全商用"，那么在交付的时候，特性 A 的质量目标就应该是货真价实的"完全商用"，而不是"受限商用"或者"受限试用"。为了达到该目标，我们就要在测试中以"完全商用"的目标去要求它、测试它、确认它。

接下来的问题就是，如何进一步量化质量等级，形成一套可评估的质量标准。我们提供了产品质量评估模型，从测试覆盖度、测试过程和缺陷三个维度来对产品质量进行分析，如图 2-5 所示。

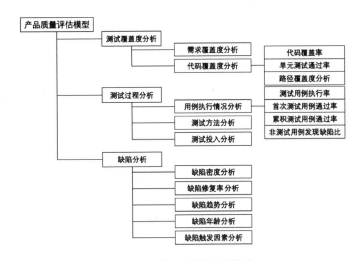

图 2-5 产品质量评估模型

进一步，我们还可以对质量评估模型中的项目，针对不同的质量等级建立不同的质量评估量化指标，如表 2-1 所示（表中质量目标数据仅供参考，应根据项目的实际情况设计合理的值，质量评估项目也可以根据项目的实际情况进行选择）。

表 2-1 不同质量等级下的质量目标

质量评估纬度	质量评估项目	完全商用	受限商用	受限试用
测试覆盖度分析	需求覆盖度分析	100%	100%	85%
	代码覆盖度分析	100%	100%	85%
测试过程分析	测试用例执行率	100%	100%	不涉及
	首次测试用例通过率	≥75%	≥70%	不涉及
	累积测试用例通过率	≥95%	≥85%	不涉及
	非测试用例发现缺陷比	4：1	4：1	不涉及
缺陷分析	缺陷密度分析	15/kcol	15/kcol	15/kcol
	缺陷修复率分析	≥90%	≥75%	不涉及

在质量标准的基础上，可以使用"车轮图"来进一步确定这个测试的深度和广度，进而用于指导测试团队的测试设计和测试执行，整个过程如图 2-6 所示。

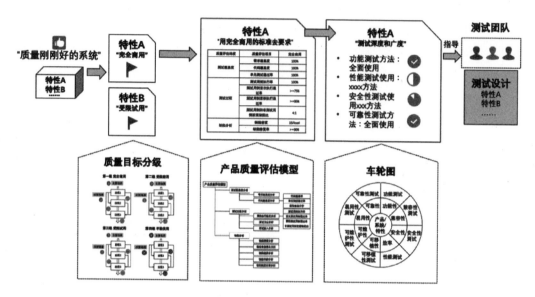

图 2-6　基于产品质量的测试策略示意

2.2.2　基于产品特性价值的测试策略

基于产品质量的测试策略可以非常全面、系统地对产品特性进行评估和测试，也可以很好地反映产品真实的质量情况，但在实际使用中，我们发现有些产品如果按照基于产品质量的测试策略去测试和评估，可能就会"拖慢"整个产品的节奏，反而不妥，如对于处在探索阶段，正在寻找市场匹配点的产品。

在这种情况下，更好的方式是从产品特性的价值面入手，把测试视野扩展到商业和产品上，提供和商业目标更加吻合的测试策略，即基于产品特性价值的测试策略。

在这种思路下，对产品特性价值的把握就变得尤为重要。对测试来说，需要测试人员跳出测试的限制，能够从产品的全局去理解自己的被测系统，不仅要能代表用户去对设备执行各种操作，并评判产品的质量，还要能理解产品是如何盈利的，从盈利的角度去理解产品的价值，调整测试的投入，将高价值特性作为测试重点，加强测试资源投入，使用更多的测试方法和手段进行测试。

图 2-7 给出了"你测试的产品是如何盈利的"的提纲，这个提纲总结起来就是如下六大类问题。

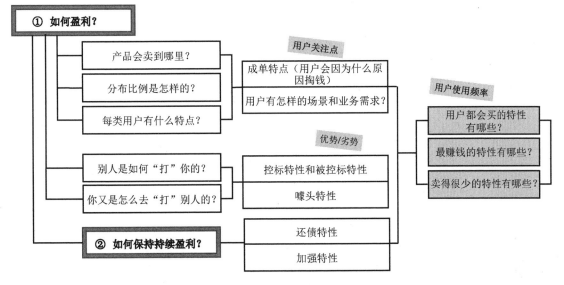

图 2-7 你测试的产品是如何盈利的

- 我们的产品会卖到哪里？有哪几类主要的用户，他们的分布比例如何，每类用户有哪些特点？
- 这些用户有怎样的场景和业务需求？他们会因为什么来花钱购买？
- 竞争对手是如何"打"你的？你又是如何"打"你的竞争对手的？
- 哪些特性是你的优势特性？哪些特性是控标特性？
- 哪些特性在未来需要还债？
- 哪些特性在未来需要进一步加强？

测试人员对上述问题了解得越多，越能在测试中更好地包括用户关注点和用户使用频率，理解当下测试产品的优势和劣势，聚焦测试重点，将宝贵的测试精力更好地用在高价值的测试点上，减少浪费。

为了让基于产品特性价值的测试策略更具有落地性，我们总结了产品特性价值的分类模型，如图 2-8 所示。

在这个模型中，按照价值把产品的特性分为四类：

1. 无人问津的特性

无人问津的特性是指，那些用户并不关注，或者使用很少的特性。因此，将仅仅用于控标的一些特性归于此类。

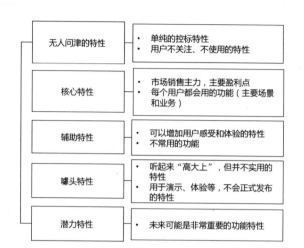

图 2-8　产品特性价值分类模型

我们容易认为，无人问津的特性在产品总功能特性中仅占很小的部分，但各种调研的数据结果却让人大跌眼镜

Standish Group 的调研结果显示："软件产品功能真正被用户使用的大概只有 20%。"

Mulinsky 在他的文章 "A Quick Look At The 7 Wastes of Software Development" 中指出："很多权威统计数据显示，现有软件应用程序中约有 2/3 的功能很少或从未被使用过"。

如果我们可以看到用户缺陷数据，分析后就会发现报缺陷的功能往往非常聚焦，很多功能特性从来没有用户缺陷反馈，这不是因为它们的质量太好了，而是根本没有用户使用。

2. 核心特性

核心特性是指几乎每个用户都会使用的功能特性，它们覆盖产品的主要场景和业务，也是市场销售主力和主要盈利点。

我们应该从"特性给用户带来价值"的视角去理解和掌握核心特性。既然核心特性是用户最常用的功能，那么，用户会在什么情况下使用（用户使用场景），使用频率是什么？

用户的关注点和使用习惯是什么？

用户为什么会选择你的产品（优势和劣势）？

3. 辅助特性

辅助特性是指会增加用户感受和体验的功能特性。它们往往和核心特性一起被用户使用，可能并不常用，但它们也常常是产品的"特色"和"亮点"——那些让用户使用起来特别顺手、特别对"胃口"、让用户眼前一亮、念念不忘的特性，大多属于辅助特性。

很多时候，我们会认为用户会因为核心功能而选择这个产品，但事实上，真正影响用户选择的是辅助特性，这是因为辅助特性解决的是用户"爽点"的问题。

4. 噱头特性

噱头特性是听起来"高大上"，但是并不那么实用的特性。很多噱头特性在技术方面都不够成熟，所以大多只能满足一些演示或体验的场景。但这并不代表噱头特性没有价值，相反，噱头特性满足的是用户更高层次的需求——在虚拟自我方面的需求。

从某种程度上来说，噱头特性也是公司愿景的表达，恰如其分的噱头特性会增加用户对公司品牌的认可度，如果说辅助特性能帮助用户选择这个产品，那么噱头特性就能帮助用户选择这个公司的一系列产品。

5. 潜力特性

潜力特性是指现在可能不重要，但是未来可能是非常重要的特性，也可以理解为可以让产品在未来持续盈利的特性。

最常见的潜力特性是产品正在预研的功能特性，不过它们可能只是 demo，或是产品的某个功能组件。

很多咨询机构都会对技术成熟度进行评估，很多时候处于技术前期、成熟度还不够高的特性常常是噱头特性，但随着技术的发展，它们可能会转变为潜力特性，最后成为核心特性或者辅助特性。图 2-9 总结了这两种情况（以潜力特性转变为核心特性为例）。

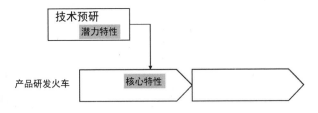

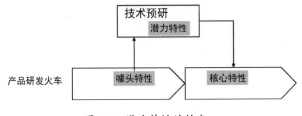

图 2-9　潜力特性的转变

在我们对被测系统的特性价值有了更加清晰的认识后，就可以将测试重点聚焦到核心特性上，并在测试中更加关注用户的使用场景，围绕用户使用频率、用户关注点和用户使用习惯进行测试，如图 2-10 所示。

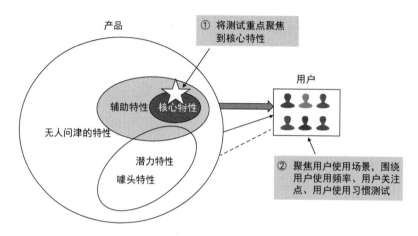

图 2-10　基于特性价值确定测试重点

和基于产品质量的测试策略相比，基于产品特性价值的测试策略可以帮我们更好地确定测试重点，让测试资源更加聚焦，如图 2-11 所示。

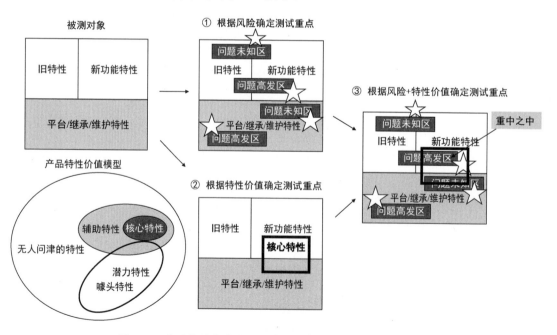

图 2-11　基于特性价值的测试策略与基于产品质量的测试策略

2.2.3　不同产品阶段下的测试策略

前面阐述了产品的商业目标对测试的影响，事实上，即便是同一类产品，所在的公司不同，公司所处的阶段不同，当前的商业目标都会有所差异，相应的测试策略也应该随之变化。为了更好地介绍如何进行测试策略选择，我们先来了解一下 Kent Beck 的 3X 模型，如图 2-12 所示。

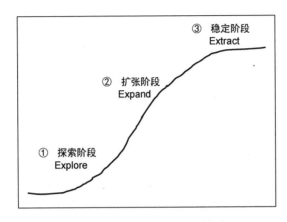

图 2-12　Kent Beck 的 3X 模型

在 3X 模型中，Kent Beck 将产品分为 3 个阶段。

1. 探索阶段和该阶段的测试策略

探索阶段（Explore）是产品初期，不断寻找市场匹配点，不断探索和试错的阶段。在这个阶段，用户的任何反馈（包括好的和不好的）都是非常有价值的，因此快速将产品呈现给用户并获得反馈，以最小的代价来验证商业模式是最重要的目标。一般来说，处于这一阶段的团队规模往往不大，有时候也叫"pizza team"，寓意是一个比萨就能把团队喂饱。对团队来说，关键能力是适应快速变化、有效沟通、发掘需求并快速交付的能力。

在这个阶段，手工探索性测试是比较适合的方式，尤其适合基于产品特性价值的测试策略——围绕核心特性和辅助特性来展开探索式测试。

2. 扩张阶段和该阶段的测试策略

扩张阶段（Expand）是指已经确定了商业模式，处于快速发展的阶段。在这个阶段，持续迭代、快速交付和解决问题是团队最核心的能力。此时，团队规模也开始扩张，技术架构可能需要重构来满足日益增长的需求，但也需要平衡重构和交付的投入——毕竟公司要活下去，扩展产品的使用场景是这一阶段的主要目标。

在这个阶段，对测试来说，需要将手工探索性测试和自动化测试结合起来。对大多数团队来说，将自动化测试定位于回归测试是比较务实的做法。这一阶段，我们可以把基于产品特性价值的测试策略和基于产品质量的测试策略结合起来，以基于产品特性价值的测试策略为主，基于产品质量的测试策略为辅。

3. 稳定阶段和该阶段的测试策略

在稳定阶段（Extrack），市场进一步清晰明确，产品趋于成熟和稳定。在这个阶段，用户体验、产品稳定性变得尤为重要——因为我们需要持续保持竞争力，让用户持续选择我们。

在此阶段，高水平的专项（如性能、可靠性、易用性等）测试非常有利于研发主动改进质量。另外，还需要逐渐调整自动化测试的分层，形成合理、有效的自动化测试质量防护网，为开发重构提供测试能力保证。

图 2-13 总结了不同产品阶段下的特点、建议的测试策略和关键模型。

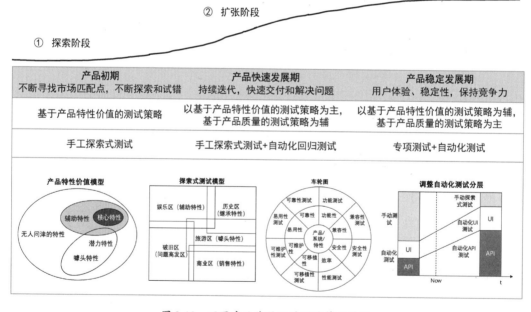

图 2-13　不同产品阶段下的测试策略总结

2.2.4　基于探索的测试策略——启发式测试策略

启发式测试策略模型（Heuristic Test Stategy Model，HTSM）是由测试专家 James Bach 提出的，主要由项目环境、质量标准、产品元素和测试技术四个维度组成，如图 2-14 所示。

1. 项目环境

项目环境是指项目背景、可利用的资源或者各种限制因素，如使命、项目信息、与开发的关系、测试团队、设备和工具、计划、测试项、交付物。

2. 产品元素

产品元素是指被测对象，主要包括架构、功能、接口、数据、平台、操作。

3. 测试技术

测试技术主要指各种专项测试技术，如功能测试、需求测试、流程测试、场景测试、压力测试、自动化测试、安全测试、用户测试等。

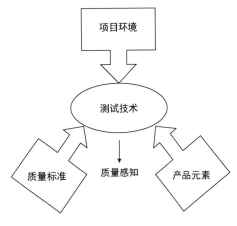

图 2-14　启发式测试策略模型

4. 质量标准

质量标准，即与质量属性相关的内容，根据国标 GB/T 25000，软件质量标准包含八个主属性，每个主属性又包含若干子属性。

功能性：包含完备性、正确性、适合性和功能依从性四个子属性。

兼容性：包含共存性、互操作性和兼容性的依从性三个子属性。

信息安全性：包含保密性、完整性、抵抗赖性、可核查性、真实性和信息安全的依从性六个子属性。

可靠性：包含成熟性、可用性、容错性、易恢复性和可靠性的依从性四个子属性。

易用性：包含可辨识性、易学性、易操作性、用户差错防御性、用户界面舒适性、易访问性和易用性的依从性七个子属性。

性能效能：包含时间特性、资源利用率、容量和性能效率的依从性四个子属性。

可维护性：包含模块性、可复用性、易分析性、易修改性、易测试性和可维护性的依从性六个子属性。

可移植性：包含适应性、易安装性、易替换性和可移植性的依从性四个子属性。

启发式测试策略是完全自由风格的探索式测试。一般来说，我们从项目环境信息中可以得到一定的产品价值层面的信息，而产品元素和质量标准可以提供产品质量方面的信息，然后我们基于价值和质量来安排测试活动，评估测试效果，感知产品质量。启发式测试策略比较适合在探索式的测试场景中使用。

2.2.5　自动化持续测试策略

随着敏捷、DevOps 的盛行，自动化测试已经变得越来越重要，但是我们很遗憾地看到，很多团队的自动化测试还停留在"冒烟测试"，用于解决开发是否可以顺利转测试的问题。很多时候，并不是团队不想将自动化测试继续建设下去，而是随着自动化实践的深入，需要自动化的测试用例的难度开始变大，自动化脚本的可靠性问题凸显，自动化测试结果不再那么有效，自动化测试效果开始降低。如何让自动化测试更贴合产品实际情况，让产品价值最大化是下面要讨论的内容。

1. 持续测试和自动化测试

事实上，自动化测试和持续测试是有区别的。自动化测试是指用程序或者代码进行的测试，与之对应的是手工测试；而持续测试是指在整个项目研发过程中，将原本在各个阶段进行的测试持续运行起来，形成测试流水线，如图 2-15 所示。

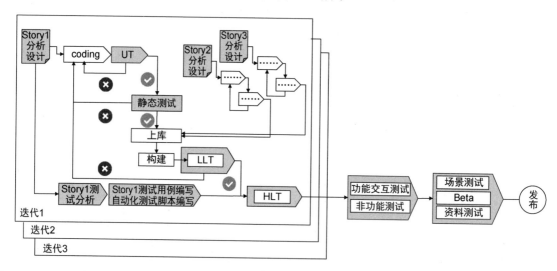

图 2-15　持续测试流水线

为了达到持续测试的效果，持续测试往往有相对固定的测试分层，并使用自动化测试的方式来进行。例如，在图 2-15 中测试分层被固定为 UT（Unit Testing，单元测试）、静态测试、LLT（Low-Level Test，指单元测试等偏白盒的测试）、HLT（High-Level Test，指接口测试、功能测试等灰盒测试）、功能交互测试、非功能测试和场景测试等，而且我们希望这些测试都尽量以自动化的方式进行，以求达到测试像流水线一样持续测试的效果。

有人可能会认为持续测试是 DevOps 的专利，事实并非如此，即便是传统的瀑布模式，也可以使用持续测试。持续测试的核心有如下三个：

- 相对固定的测试分层。
- 每个测试分层都通过自动化的方式进行。
- 按照测试分层运行自动化，以达到测试流水线的效果。

持续测试通过持续的自动化测试方式，构建分层的自动化测试质量防护网。

2. 自动化持续测试策略应用

在实际项目中，我们很难将所有的测试用例全部自动化，其中除了时间和资源投入的原因，还有自动化测试脚本可靠性的问题，这就需要有一套切实可靠的自动化持续测试策略，来帮助我们达到目标。

1）重新确定手工测试和自动化测试的关系

在进行自动化测试建设的过程中，大部分团队习惯的做法是，从手工执行用例中挑选用例将其自动化，常见的挑选思路是挑选基本的测试用例（或"冒烟用例"），但是即便那些最基本的测试用例，将其"翻译"为脚本也不是一件容易的事情。

小故事：将基础用例"翻译"为自动化测试脚本并不是一件容易的事情。

我的同事小丹在做自动化测试脚本编写时发现，即便针对那些最基本的测试用例，也很难直接将其写为自动化测试脚本，总会有一些自动化难以实现的点，影响自动化脚本执行的效率和自动化脚本的可靠性。这是因为手工测试的执行主体是人，自动化的执行主体是机器。基于手工测试设计的用例的一个基础执行步骤，可能就会包含很多观察点，这些可能会进一步激发测试执行者的主观能动性，对被测对象进行探索。而直接将手工执行用例翻译为自动化测试脚本，不仅容易出现模拟执行操作层面的困难，还缺少探索的部分，测试效果会大打折扣。

要想解决这个问题，其实也比较简单，就是我们需要重新确定手工测试和自动化测试的关系。更为合理的方式是，在将需求分析为测试点后，先按照匹配自动化水平的状况去设计自动化测试用例，将其自动化；再将超出当前自动化测试水平的部分设计成为手工用例，通过手工完成。换句话说，就是在测试设计的时候，需要充分考虑自动化的能力现状，以保证自动化测试的效率和可靠性。

2）充分考虑自动化的可测试性

在自动化测试中，需要充分考虑自动化测试的可测试性，通过有效的可测试性手段提升自动化测试对预期判断的有效性。

3）尽量细化自动化测试的颗粒度

在我们从设计上分别考虑自动化测试和手工测试后，可以将自动化测试用例的颗粒度做得尽量细一些，而更多的将复杂的需要考虑各种功能交互的部分用手工的方式来执行。

这并非意味着系统测试或者专项测试不能用自动化的方式来进行，事实上，很多专项测试还是非常适合进行自动化测试的，比如安全性测试、性能测试。

这里指的是在特定的测试层次上，对同一测试点来说，如果可以进行自动化测试，就将自动化测试用例的颗粒度设计得细一些；如果需要进行手工测试，则可以考虑把这个测试点甚至多个测试点组合起来进行测试。这样不仅可以提升自动化测试的可靠性，还能提升手工测试的效率，如图 2-16 所示。

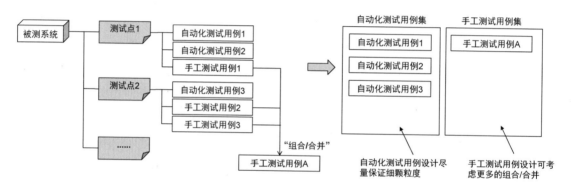

图 2-16　自动化测试用例集和手工测试用例集

3. 将自动化持续测试和产品发展阶段相结合

自动化持续测试需要和产品发展阶段相结合，我们建议在产品探索阶段主要以快速的探索式测试为主；在产品扩张阶段，开始持续迭代产品的时候进行自动化持续测试。随着产品的成熟，自动化测试手段也会逐渐成熟，在此基础上可以不断调整自动化测试分层比例，不断完善自动化持续测试的效果。

2.3　测试策略的制定方法

下面主要介绍测试策略的制定方法——四步测试策略制定法。四步测试策略制定法非常适合制定针对基于产品质量的测试策略或基于产品特性价值的测试策略。除此之外，还将为大家详细介绍四步测试策略制定法中的一种评估模型和一项重要的分析技术：产品质量评估模型和组合缺陷分析技术。

2.3.1　四步测试策略制定法

四步测试策略制定法的流程，如图 2-17 所示。

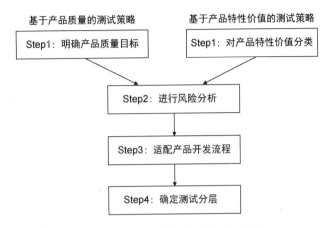

图 2-17　四步测试策略制定法流程图

前面我们讨论了测试的六大核心问题，图 2-18 总结了四步测试策略制定法是如何回答这些问题的，这也是我们使用四步测试策略法的核心目标。

	Step1: 明确产品质量目标（基于产品质量的测试策略）	Step1: 对产品特性价值分类（基于产品特性价值分类）	Step2: 进行风险分析	Step3: 适配产品开发流程	Step4: 确定测试分层
测试的目标是什么？	✓ 质量刚刚好	✓ 价值刚刚好			
被测对象和范围试是什么？	✓ 质量目标分类	✓ 特性价值分类			
测试的重点和难点是什么？		✓ 核心特性	✓ 高风险区域		
测试的深度和广度是什么？	✓ 车轮图				
如何安排测试活动？			✓ 确定测试优先级	✓ 确定测试模式	✓ 确定测试阶段
如何评价产品质量？	✓ 质量评估模型				

图 2-18　四步测试策略制定法如何回答测试六大核心问题

四步测试策略制定法的第一步是明确产品的质量目标或对产品特性价值进行分类。这部分在前面已经有所概述，而且会在下一节详细阐述，这里不再详细介绍。

第二步是进行风险分析。

风险分析是测试策略中非常重要的分析项。这是因为无论技术如何发展，开发模式如何变化，风险是永远存在的，这就需要测试架构师在思考测试策略时，要充分考虑和识别可能的风险，并学习如何有效地应对风险。很多时候，对风险应对方式的选择，不仅会影响团队的工作量，还会影响最终的测试结果。对风险的处理能力绝对是测试架构师水平的体现。

在实际项目开发过程中，很多研发团队可能不会开发一个全新的产品，但会有很多继承和重构，因此测试团队应该根据版本代码的构成情况对特性进行分类，如旧特性、平台/继承/维护特性、新功能特性等，然后对不同的特性分类进行风险分析，最后根据风险分析的结果确定测试重点和测试优先级，如图 2-19 所示。

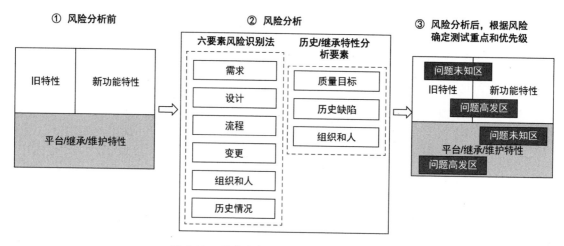

图 2-19　通过风险识别制定和调整测试策略

第三步是适配产品开发流程。

目前，常见的开发流程（或开发模式）有瀑布式和敏捷式两类，它们都有很多分支和变种。在测试策略中考虑适配产品开发流程（或开发模式）是为了确定测试模式。

● 理解开发过程中的关键节点和运作方式，如测试版本在何时提交、版本如何提交给用户、开发和测试的配合方式、不同团队合作有哪些约束和要求、关键测试活动预留的时间等。

● 有哪些关键的测试活动，需要如何运作，如自动化测试是覆盖整个研发过程全流水线，还是只针对测试。

第四步是确定测试分层。

所谓测试分层，就是指将有共同测试目标的测试活动放在一起，并以此作为测试阶段或里程碑的操作。最常见的测试分层当属"V模型"中的测试阶段，其中单元测试、集成测试、系统测试和验收测试就是一种测试分层。

测试分层可以帮我们把复杂的测试目标分解得足够 SMART[①]，让测试团队可以一步一个脚印有序地达到测试目标。

2.3.2 产品质量评估模型

在图 2-5 中已经提出了产品质量评估模型，下面对这个模型进行详细介绍。

1. 测试覆盖度分析

下面主要从需求覆盖度分析和代码覆盖度分析两个角度对测试覆盖度进行分析，如图 2-20 中的灰色部分所示。

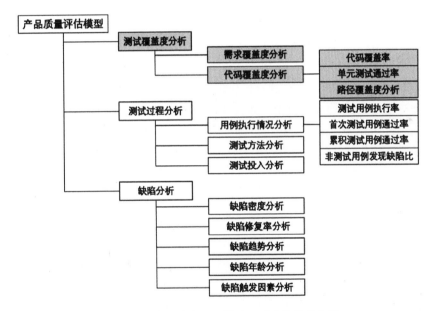

图 2-20 产品质量评估模型之测试覆盖度分析

测试覆盖度分析主要从广度上对被测对象进行评估，其分析项的相关定义和属性如表 2-2 所示。

---

① S=Specific、M=Measurable、A=Attainable、R=Relevant、T=Time-bound。

表2-2　测试覆盖度分析项的定义和属性

产品质量评估维度	产品质量评估项目	定义	属性
测试覆盖度	需求覆盖度分析	分析测试验证的产品需求规格数和产品需求规格总数的比值	定量指标
	代码覆盖度分析	分析测试对代码函数、路径的执行覆盖情况	定量指标+定性分析

其中，代码覆盖度又包含 3 个子评估项目，它们的相关定义和属性如表 2-3 所示。

表2-3　代码覆盖度分析项的定义和属性

产品质量评估维度	子评估项目	定义	属性
代码覆盖度	代码覆盖度	测试能够覆盖的代码和总代码的比值	定量指标
	单元测试通过率	执行通过的单元测试用例和单元测试总用例的比值	定量指标
	路径覆盖度分析	对覆盖流程的各种路径进行分析,分析实际测试时对路径的覆盖程度	定量指标

提到代码覆盖度，大家可能首先想到的就是单元测试。事实上，目前已经有非常多的单元测试工具已经完全可以满足单元测试的需求，而且大多数工具都提供了对测试代码覆盖度情况的统计功能。

在理想情况下，我们希望单元测试对代码的覆盖度能够达到100%，但不同的覆盖策略（如语句覆盖、分支覆盖等）、团队成熟度（团队没有做单元测试的经验或者习惯）、继承代码等都会影响单元测试的开展，因此可根据当前团队的实际情况来确定单元测试的目标。无论单元测试的代码覆盖度如何，我们都希望单元测试发现的问题可以 100%被修复，因为单元测试需要 100%测试通过才能进行代码集成。

除了代码层面的测试，我们也可以从 "High-Level" 的角度间接测试代码覆盖度，即路径覆盖度分析。例如，先对系统核心功能绘制流程图（可根据设计实现，也可根据用户业务交互层面实现），然后使用路径分析法（如最小线性无关覆盖路径方式，可参考第 3 章的测试设计部分）来设计用例，统计这些用例的执行情况就可以得到当前的路径覆盖度。

如果被测系统的某些功能流程特别重要，强烈建议把使用路径覆盖度法得到的这部分用例专门跟踪起来，重点保证这些用例执行的效果（如避免用例在测试中被阻塞、bug 修复跟踪等），确保这些用例在产品发布之前均能够正常通过。

2. 测试过程分析

在产品质量评估模型中，测试过程分析相关的内容如图 2-21 中灰色部分所示。

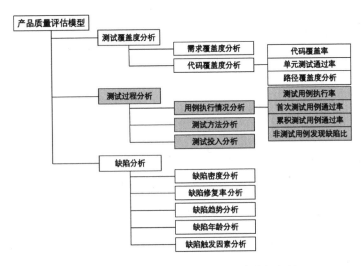

图 2-21　产品质量评估模型之测试过程分析

测试过程分析是从广度和深度上对被测对象进行评估，其分析项的相关定义和属性如表 2-4 所示。

表 2-4　测试过程分析项的定义和属性

产品质量评估维度	产品质量评估项目	定义	属性
测试过程	用例执行情况分析	分析用例执行情况、通过情况和测试用例的执行效果	定量指标+定性分析
	测试方法分析	分析测试过程中使用的测试方法是否符合测试策略（如是否足够深入、有效）	定性分析
	测试投入分析	分析测试过程中的资源投入情况是否符合测试策略	定性分析

其中，用例执行情况分析又包含 4 个子评估项目，它们的相关定义和属性如表 2-5 所示。

表 2-5　用例执行情况分析项的定义和属性

产品质量评估维度	子评估项目	定义	属性
用例执行情况	测试用例执行率	已经执行的测试用例数和测试用例总数的比值	定量指标
	首次测试用例通过率	测试用例第一次执行，结果为通过的测试用例数和执行的测试用例数的比值	定量指标
	累积测试用例通过率	测试用例最终执行结果为通过的测试用例数和执行的测试用例数的比值	定量指标
	非测试用例发现缺陷比	不是通过测试用例发现的缺陷数和发现的总缺陷数的比值	定量指标

为什么我们在做质量评估的时候要去分析过程？这是因为在评估质量的时候，不能只看结果指标，还要管控过程，尽管规范有序的测试过程不代表我们最终也能收获高质量的产品，但混乱的测试过程一定会给后端遗留更多的问题，影响最终的产品质量。

我们希望可以在过程中监控测试方法,保证重要的功能特性使用了足够多的测试方法(测试的深度),并且这些方法都发现了问题(测试效率)。

我们希望可以在过程中监控测试用例的执行,识别用例阻塞的风险,为开发人员提供 bug 修改优先级,保证测试的顺利进行。

我们希望把优质的测试资源投到重点功能特性上,保证投入时间和投入效果。

3. 缺陷分析

在产品质量评估模型中,缺陷分析相关的内容如图 2-22 中灰色部分所示。

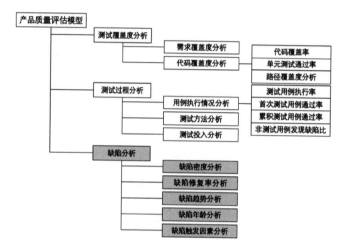

图 2-22　产品质量评估模型之缺陷分析

测试缺陷分析是从测试结果和效果上对被测对象进行评估,其分析项的相关定义和属性如表 2-6 所示。

表 2-6　缺陷分析项的定义和属性

产品质量评估维度	产品质量评估项目	定义	属性
缺陷分析	缺陷密度分析	每千行代码发现的缺陷数	定量指标
	缺陷修复率分析	已经修复的缺陷总数和已经发现的缺陷总数的比值	定量指标
	缺陷趋势分析	随着测试时间的进行,测试发现的缺陷和开发人员修复缺陷的变化规律	定性分析
	缺陷年龄分析	软件(系统)产生或引入缺陷的时间	定性分析
	缺陷触发因素分析	测试人员发现缺陷的测试方法	定性分析

在测试项目开始的时候,我们可以根据组织基线或历史项目的缺陷密度来估计系统可能的 bug 数;根据测试阶段(测试分层)和理想的测试趋势,预测项目理想的缺陷趋势曲线;

根据项目的代码继承情况，预测缺陷年龄的分布情况；根据项目测试质量目标、时间周期，预测缺陷触发因素的分布，这样在项目一开始，我们就建立了对项目缺陷的预判模型。

在项目中，可以将实际缺陷情况和预判模型进行对比，分析偏差的原因，主动调整测试策略。

在项目完成时，可以根据缺陷情况来评估产品质量。这可以让我们在全流程中使用缺陷分析技术，如图 2-23 所示。

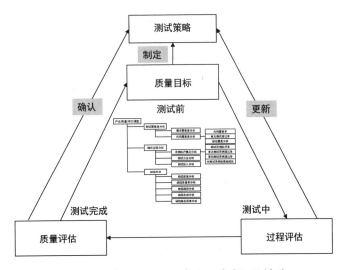

图 2-23　在测试全流程中使用质量评估模型

- 测试前，可以将产品质量评估模型中的内容作为测试目标，以达到通过测试目标进行各种测试活动的目的。
- 测试中，可以在过程中不断确认质量目标的完成情况，以此来更新和调整测试策略。
- 测试完成后，可以使用产品质量评估模型来确认质量目标的达成情况，作为产品是否可以交付的判断准则。

2.3.3　组合缺陷分析技术

从软件开发的角度来说，引入缺陷在所难免。尽管测试无法从根本上提升质量，但测试就像产品的"镜子"，能够反映出产品当前的质量情况，而缺陷也是其中的一部分。从这个角度来说，缺陷是测试非常重要的输出，隐藏了大量对测试有价值的信息，例如：

- 当前版本的质量如何，是否可以发布？
- 针对某个特性的测试方法是否足够充分？
- 哪些测试方法对这个功能更有效？

● 为什么说某个测试人员的测试技术就是比较厉害。

· · · · · · · · · · ·

这就需要我们对缺陷数据有一定的分析和挖掘能力,并将其作为测试策略的主要输入参考。

缺陷分析有很多个维度,所有可见的缺陷分析的指标本身都并不复杂,稍作思考,我们就会发现,每一个典型的缺陷分析指标都是从不同的维度向我们揭示产品质量的情况,如表 2-7 所示。

表 2-7　不同缺陷分析项可评估的产品质量维度

缺陷分析项	可评估的产品质量维度
缺陷密度	预测产品可能会有多少缺陷; 评估当前发现的缺陷总数是否足够多
缺陷修复率	发现的缺陷是否已经被有效修复
缺陷趋势	系统是否还能被继续发现缺陷
缺陷年龄	有很多可能引入缺陷的环节,所有不同环节引入的缺陷是否都已经被有效去除
缺陷触发因素	测试是否测得足够深入、全面

如果我们单看其中一项或几项指标,是没有办法有效进行质量评估的,只有将这些分析项组合起来进行分析,通过组合缺陷分析模型,从不同维度全面了解,才能有效地获得当前产品的质量信息。组合缺陷分析模型流程如图 2-24 所示。

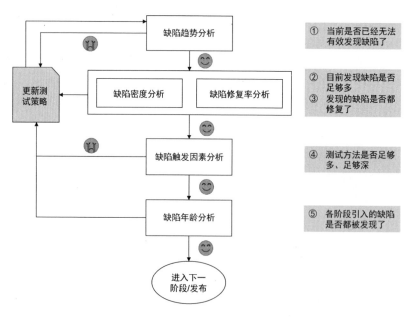

图 2-24　组合缺陷分析模型

第一步：进行缺陷趋势分析，判断当前缺陷是否已经收敛，是否已经无法有效发现缺陷。

如果缺陷没有收敛，就需要将实际缺陷趋势曲线和缺陷趋势预判曲线对比，分析是否存在异常，是否需要调整测试策略。

图 2-25 给出了缺陷收敛、缺陷趋势预判曲线和实际缺陷趋势曲线的参考示意。

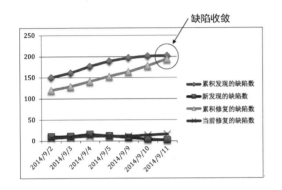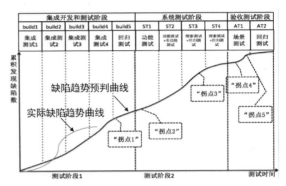

图 2-25　缺陷收敛、缺陷趋势预判曲线和实际缺陷趋势曲线

第二步：进行缺陷密度分析和缺陷修复率分析，判断当前发现的缺陷是否足够多，并且判断发现的缺陷是否都被妥善修复。

第三步：进行缺陷触发因素分析，分析并确认当前发现缺陷的方法是否已经足够多。

第四步：进行缺陷年龄分析，确认各阶段引入的缺陷是否都被妥善修复。

上述分析中，无论哪个步骤出现问题，都应该考虑有针对性地更新测试策略。下面分别简要介绍这些缺陷的分析方法。

1. 缺陷趋势分析

缺陷趋势是指随着测试时间的进行，测试发现的缺陷趋势和开发人员修复缺陷的趋势。缺陷趋势分析能够帮助我们判断：

- 系统是否还能被继续发现缺陷。
- 当前测试过程是否存在问题，如测试方法是否有效、人力投入是否充足。
- 是否可以进入下一阶段的测试或发布产品。

绘制缺陷趋势图的方法也很简单，只需要记录每天"新发现的缺陷数"和"当前修复的缺陷数"，将每天发现和修复的缺陷累加起来，得到"累积发现的缺陷数"和"累积修复的缺陷数"即可，如表 2-8 所示。

表2-8 缺陷趋势分析表

测试时间	2023/9/2	2023/9/3	2023/9/4	2023/9/5	2023/9/9	2023/9/10	2023/9/11	...
累积发现的缺陷数	150	161	177	189	197	201	202	...
新发现的缺陷数	10	11	16	12	8	4	2	...
累积修复的缺陷数	120	129	141	153	164	178	194	...
当前修复的缺陷数	7	9	12	12	11	14	16	...

利用 Excel 等作图工具，直接对记录作图，如图 2-26 所示。

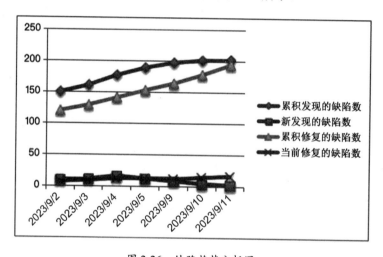

图 2-26 缺陷趋势分析图

那么，我们该如何对缺陷趋势进行分析呢？为了更好地说明缺陷趋势曲线的变化趋势，我们借用数学中"凹凸性"和"拐点"的概念——拥有凹函数特性的曲线，呈现出递增的变化趋势；拥有凸函数特性的曲线，呈现出递减的变化趋势；变化趋势出现转变的点被称为"拐点"，如图 2-27 所示。

在理想情况下，我们希望累积发现的缺陷趋势曲线能随测试时间，以每个测试阶段（如功能集成测试、系统测试、场景验收测试等）为周期，以凹函数-拐点-凸函数-拐点交替进行，如图 2-28 所示。

曲线呈现凹函数的特性，说明当前还能够发现比较多的缺陷；随着测试的进行，系统 bug 被逐渐去除，慢慢地就不能快速、高效地发现缺陷了，曲线开始呈现凸函数的趋势，这时缺陷趋势图会出现一个拐点，提示这一测试阶段使用的测试方法可能没有办法有效发现问题了，这一阶段可以结束，或者考虑更换新的测试方法了。

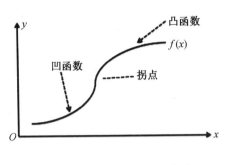

图 2-27　函数的凹凸性和拐点

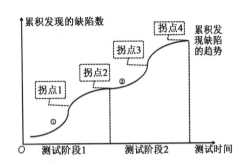

图 2-28　理想的缺陷趋势图

2. 缺陷密度

缺陷密度是指每千行代码发现的缺陷数，有时候我们也会用"缺陷总数"这个指标，这两个指标其实是一致的，所以本书中不区分两者的差别。

在实际项目中，缺陷密度除了帮我们分析预测产品可能会有多少缺陷，还能帮我们评估当前已经发现的缺陷总数是否足够多。

缺陷密度可以通过"类比估算方法"获得或者从"组织基线数据"中获得。使用后者的一般是中型公司，它们有专门的度量分析团队在做这样的事情；前者的分析方法很简单，概述如下。

缺陷密度的类比估算方法：

我们之所以可以通过类比的方式自行估算缺陷密度，主要基于如下假设：

在系统复杂度、研发能力一定的情况下，各个环节引入系统的缺陷总数也基本是一致的。

例如，产品 A 截止到产品发布时一共发现了 1000 个缺陷。产品 B 的复杂度如果与产品 A 相似，团队人员的能力和发布周期也相似，那么产品 B 也应该有 1000 个左右的缺陷。

如果产品 B 和产品 A 在复杂度、研发能力、项目周期上有一些差异，则可以根据差异增减一些量（或增减系数）来获得大致的估计。

但是无论缺陷密度的来源是组织基线，还是自行估算，缺陷密度都是经验值，并不是一个精准的指标，所以我们在使用缺陷密度的时候，通常会有一个区间范围（如允许正负偏差 5%），允许的区间大小可以根据自身产品特点和公司质量要求来决定，如图 2-29 所示。

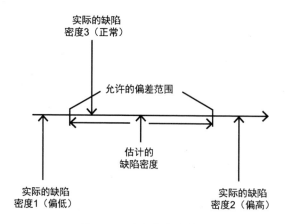

图 2-29　缺陷密度的范围

如果产品发布时发现缺陷密度和预测偏差较大，应该分析原因。一般来说，如下因素可能会造成缺陷密度出现较大偏差。

- 产品整体质量较好或很差。
- 测试投入或能力不足，未能充分暴露缺陷。
- 测试人员掌握了新的缺陷触发手段。

我们可以根据实际的分析情况来调整策略。

3. 缺陷修复率

缺陷修复率是指产品已经修复的缺陷总数和发现的缺陷总数的比值。例如，产品已经发现的缺陷数量为 1000 个，已经修复的缺陷数量为 900 个，则缺陷修复率就是 90%。

缺陷修复率能够帮助我们确定当前产品发现的缺陷是否已被有效修复，如果最终的缺陷修复率不能达到预期，原则上不应该结束测试、发布产品。

为了保证重要缺陷能够被优先修复，我们可以从缺陷对用户产生影响的角度，对缺陷的严重程度进行划分，要求开发人员优先修复影响严重的缺陷。表 2-9 给出了缺陷严重程度的定义和示例。

表 2-9　缺陷严重程度的定义和示例

缺陷的严重程度	定　义	举　例
致命	缺陷发生后，产品的主要功能失效，业务陷入瘫痪状态，关键数据损坏或丢失，且故障无法自行恢复（如无法自动重启恢复）	1）产品主要功能失效或和用户期望不符，用户无法正常使用； 2）由程序引起的死机、反复重启等，并且故障无法自行恢复； 3）死循环、死锁、内存泄漏、内存重释放等； 4）系统存在严重的安全漏洞； 5）将用户的关键数据毁坏或丢失，并不可恢复

续表

缺陷的严重程度	定　义	举　例
严重	缺陷发生后，主要功能无法使用、失效，存在可靠性、安全性方面的重要问题，但在出现问题后一般可以自行恢复（如可以通过自动重启恢复）	1）产品重要功能不稳定； 2）由程序引起的非法退出、重启等，但是故障可以自行恢复； 3）文档与产品严重不符、缺失，或存在关键性错误； 4）产品难于理解和操作； 5）产品无法进行正常的维护； 6）产品升级后出现功能丢失、性能下降等； 7）性能达不到系统的规格要求； 8）产品不符合标准规范，存在严重的兼容性问题
一般	缺陷发生后，系统在功能性、可靠性、易用性、可维护性、可安装性等方面出现的一般性问题	1）产品一般性的功能失效或不稳定； 2）产品未进行输入限制，如对正确值和错误值的界定； 3）一般性的文档错误； 4）产品一般性的规范性和兼容性问题； 5）系统报表、日志、统计信息显示出现错误； 6）系统调试信息难于理解或存在错误
提示	缺陷发生后，对用户只会造成轻微的影响，这些影响一般在用户可以忍受的范围内	1）产品的输出正确，但是不够规范； 2）产品的提示信息不够清晰准确，难于理解； 3）文档中的错别字、语句不通顺等问题； 4）长时间操作后，未给用户进度提示

我们也可以按照缺陷不同的严重程度来定义缺陷修复率，例如一般以上的缺陷修复率、严重以上的缺陷修复率、致命的缺陷修复率，不同的严重程度有不同的缺陷修复率要求，形成"阶梯式"的缺陷修复率策略，如图 2-30 所示。

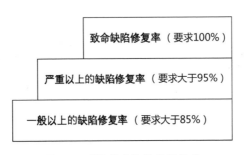

图 2-30　"阶梯式"缺陷修复率

4. 缺陷年龄分析

缺陷年龄是指软件（系统）产生或引入缺陷的时间。不同阶段引入的缺陷年龄定义如表 2-10 所示。

表 2-10　缺陷年龄定义

缺陷年龄	描　述
继承或历史遗留	属于历史版本、继承版本或是移植代码中的问题，非新开发人员的问题
需求阶段引入	缺陷是在产品需求设计阶段引入的，主要包括如下情况： 1）需求不清的问题； 2）需求错误的问题； 3）系统整体设计的问题
设计阶段引入	缺陷是在产品设计阶段引入的，主要包括如下情况： 1）功能和功能之间接口的问题； 2）功能交互的问题； 3）边界值设计方面的问题； 4）流程、逻辑设计相关的问题； 5）算法设计方面的问题
编码阶段引入	缺陷是在编码阶段引入的，主要包括如下情况： 1）流程、逻辑实现相关的问题； 2）算法实现相关的问题； 3）编程规范相关的问题； 4）模块和模块之间接口的问题
新需求或变更引入	缺陷是由新需求、需求变更或设计变更引入的
缺陷修复引入	缺陷是修复缺陷时被引入的，如开发人员虽然成功修复了一个缺陷，但引入了新的缺陷

在实际项目中，有很多可能引入缺陷的环节，缺陷年龄分析能帮助我们确定所有不同环节引入的缺陷是否都已经被有效去除，具体分析方法如图 2-31 所示。

在具体操作时，我们只需要在缺陷列表中，对缺陷逐一标记它们的缺陷年龄，如表 2-11 所示，就可以很容易完成缺陷年龄分析。为了更加直观，我们还可以据此做出缺陷年龄分析的示意图，如图 2-32 所示。

表 2-11　缺陷年龄分析表

缺陷 ID	产品缺陷列表	缺陷年龄
1	缺陷 1	继承或历史遗留
2	缺陷 2	设计阶段引入
3	缺陷 3	编码阶段引入
4	缺陷 4	缺陷修复引入
5	缺陷 5	新需求或变更引入
…	……	……

从项目的角度来说，我们希望理想的缺陷年龄的情况如下：

- 在当前的测试阶段发现应该发现的问题，不会让缺陷逃逸到后面的阶段。
- 继承或历史缺陷较少。
- 几乎没有缺陷修复引入的缺陷。

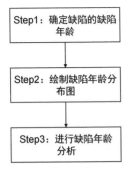

图 2-31　缺陷年龄分析法

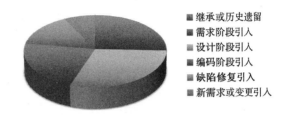

图 2-32　缺陷年龄分析图示意

当我们发现实际情况和理想情况有差异时，就需要进一步分析造成差异的原因，再有针对性地调整测试策略。下面是几个典型的问题和处理方法，供大家参考。

问题 1：没有在产品特性价值测试阶段发现应该发现的问题。

以经典的 V 模型为例，如果在系统测试阶段还发现了很多单个功能细节的问题，这就说明集成测试阶段的测试效果不佳或者当前团队对系统测试阶段缺乏有效的测试方法和手段。

如果任其这样发展下去，产品的缺陷去除效果肯定会大打折扣，所以这时就需要考虑增加和更新测试方法，增加测试轮次，在接下来的测试中有针对性地进行缺陷扫除。

问题 2：继承或历史遗留缺陷过多。

在理想的情况下，我们希望继承或者持续迭代的系统是稳定且质量过硬的，当通过缺陷年龄分析发现测试中不少缺陷年龄为继承或历史遗留时，就说明产品可能还存在一些"旧账"尚未清理，如"技术债"。

针对这种情况，可以考虑：

● 重新执行历史特性分析，更新测试策略。
● 针对发现的这部分缺陷进行分析，启动与之相关的专项探索测试，扫除 bug。
● 将相关 bug 同步回原先继承的产品（或版本）中，并和原团队讨论应对策略。

问题 3：缺陷修复引入的缺陷过多。

如果在缺陷年龄分析时发现很多由缺陷修复引入的缺陷，则说明开发人员在缺陷修复方面可能出现了问题，严重时甚至会出现缺陷无法收敛的问题，这对产品进度和质量都非常不利。

针对这种情况，可以考虑：

- 围绕缺陷修复展开探索测试。
- 加大对基本功能的回归测试力度。
- 测试人员要加强和开发人员在缺陷修复方案方面的沟通，尤其针对修改较大的缺陷。
- 建议开发人员加强对缺陷修复的代码评审、自验等。

有时我们会发现，缺陷修复引入缺陷的问题集中在个别开发人员身上，这时我们也可以考虑适当加强对这位开发人员所负责的功能部分的测试。

5. 缺陷触发因素分析

缺陷触发因素分析就是分析测试人员通过哪些测试方法来发现缺陷，测试方法是否充分。一般来说，缺陷触发因素越全面，说明测试团队的测试技术能力越强，越能有效修复产品缺陷；反之，即便已经发现了大量缺陷，产品可能还存在一些未能被有效修复的缺陷。

缺陷触发因素分析的过程和缺陷年龄分析的过程相似，我们可以将测试方法进行总结，作为触发因素的分析项，逐一对每一个缺陷进行分析，如表 2-12 所示。

表 2-12　缺陷触发因素分析表

缺陷 ID	产品缺陷列表	测试方法	测试类型
1	缺陷 1	单运行正常输入	功能测试
2	缺陷 2	多运行相互作用	功能测试
3	缺陷 3	多运行顺序执行	功能测试
4	缺陷 4	多运行顺序执行	功能测试
5	缺陷 5	单运行边界值输入	功能测试
6	缺陷 6	稳定性测试法	可靠性测试
7	缺陷 7	压力测试法	可靠性测试
8	缺陷 8	可用性测试法	易用性测试
...	......	......	......

为了让分析结果更加直观，也可以将分析表做成缺陷触发因素分析图。

6. 使用组合缺陷分析技术进行缺陷预判

很多测试人员对缺陷分析有一个固有印象，就是缺陷只能用于"事后"的分析，实际上，使用组合缺陷分析，不仅可以对产品测试产生的缺陷进行分析和评估，还能在测试前对产品缺陷情况进行预判，帮助我们确定测试策略，并在测试过程中通过缺陷来实时判断当前产品的质量状况，及时做出调整。下面以一个经典的 V 模型下的测试项目为例来说明如何使用该项技术（敏捷、DevOps 项目均可以用类似的方法推导）。

图 2-33 是一个 V 模型下的典型产品研发测试活动全景图。

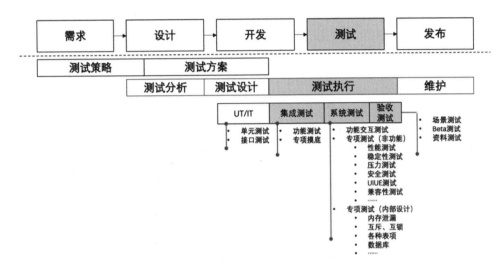

图 2-33　V 模型下的典型产品研发测试活动全景图

假设它的测试阶段活动如图 2-34 所示。

集成测试阶段				系统测试阶段			验收测试	
B1	B2	B3	B4	S1	S2	S3	A1	A2
功能测试	功能测试	功能测试+专项摸底	功能回归	功能交互+专项测试	专项测试	系统回归	场景+Beta+资料	系统回归

图 2-34　每个阶段的版本测试计划和测试安排

首先，我们可以根据预测的缺陷密度和代码量，预测系统在最后发布时的缺陷总数。由于我们把测试阶段划分为三个阶段（见图 2-35），因此可以根据经验（如测试投入、各阶段的工期）或者组织级的度量数据，预测每个阶段大概要发现多少缺陷才能达到发布时预测要达到的缺陷数。这时，我们可以绘制一个坐标图，横轴为测试时间，纵轴为累计发现的缺陷数，来更为直观地表达这种预测，如图 2-35 所示。其中，A 点代表预测系统要发现的缺陷总数，B 点代表集成测试结束时需要发现的缺陷总数，C 点代表系统测试结束时需要发现的缺陷总数。

然后，根据缺陷趋势分析图的特点，预测每个测试阶段"拐点"出现的大致位置，即我们希望拐点出现在每个阶段倒数第二个版本（B3、S2 和 A1）测试时间靠后的时间点上，如图 2-36 中的拐点 1、拐点 2 和拐点 3。

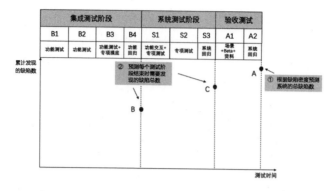

图 2-35　预测系统缺陷总数和缺陷在不同阶段的分布

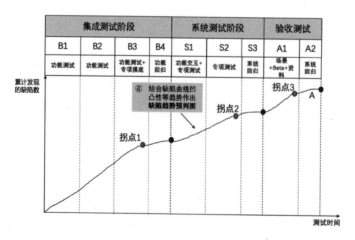

图 2-36　预测每个阶段拐点出现的大致位置

　　接下来，我们就可以结合缺陷曲线的凹凸性规律、每个测试版本的执行计划和预期发现的缺陷目标等，绘制出缺陷趋势预判曲线，如图 2-37 所示。

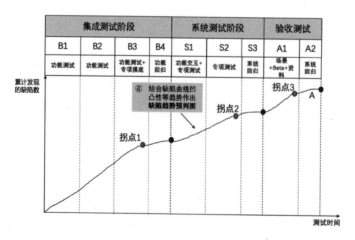

图 2-37　绘制缺陷趋势预判曲线

　　事实上，和所有的预判曲线一样，缺陷趋势预判曲线也不能精准预测未来，但缺陷趋势预判曲线能够帮助我们把缺陷分析从对"事后"测试结果的统计分析变为"事前"即测试前作为参考目标，"事中"对测试过程进行牵引和分析，并以可视化的方式贯穿整个测试过程。

　　实际缺陷趋势曲线和预判曲线之间的差异（如拐点出现得过早或过晚），可以帮助我们及时发现问题和风险，及时调整测试策略。以图 2-38 为例，实际缺陷趋势中的拐点出现过早，我们就可以据此进行分析和调整。试想一下，如果图 2-38 中没有预判曲线，仅凭单一的实际缺陷趋势曲线，我们是很难发现系统可能存在风险或者问题的，这就是缺陷预判分析最有价值的地方。

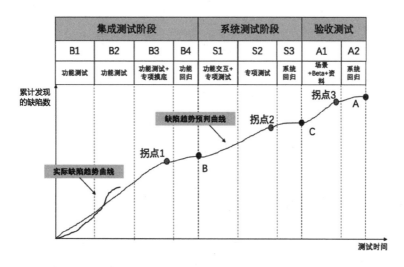

图 2-38　实际缺陷趋势曲线和缺陷趋势预判曲线的差异

2.4　测试风险分析

　　风险分析是测试策略中非常重要的分析项，这是因为无论技术如何发展，产品模式如何变化，风险是永远存在的。如果我们能够充分识别风险，并选择有效的风险应对方法，则对团队的测试效果会带来非常大的影响，这往往也是测试人员（无论他是基层测试执行者，还是团队/项目负责人）能力水平的体现。

　　从项目管理的角度来说，风险分析分为风险识别、风险评估和风险应对三部分，它们同样适合于我们在测试过程中做测试风险分析。技术上，"六要素风险识别法"可以帮助我们进行风险识别，测试风险评估的整个过程如图 2-39 所示。

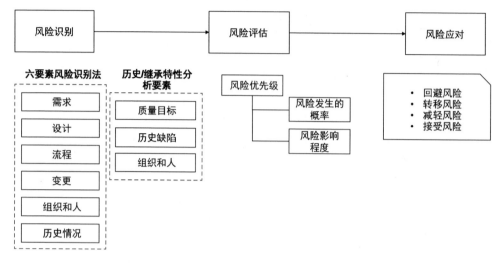

图 2-39　测试风险评估整个过程

2.4.1　测试风险识别

通常可以通过如下三个步骤识别产品测试中的风险：

第一步：将测试活动分解为可执行的事务。

第二步：分析要想顺利开展这些事务，需要哪些条件？

第三步：分析哪些条件不能满足，不满足即为风险。

下面来看一个具体的例子。

举例：对测试设计进行风险识别。

第一步：本次测试设计计划要做哪些事情？例如：

● 要对开发的设计流程进行全面的测试覆盖设计。

● 要进行功能交互分析，厘清功能之间的相互作用关系。

● 要进行压力、稳定性和性能方面的测试设计。

第二步：要想顺利实施计划，需要哪些条件？例如：

● 条件 1：开发人员提供相关的设计文档，并且能够保证材料的内容是正确、实时的。

● 条件 2：开发人员和测试人员之间可以有效沟通。

● 条件 3：测试人员理解产品的使用场景，熟悉与之相关的多个功能。

● 条件 4：测试人员掌握压力、稳定性和性能方面的测试方法和测试工具。

第三步：哪些条件不能满足？不满足即为风险，例如：

- 风险 1：开发人员对设计文档更新不及时，对测试设计造成错误的引导。
- 风险 2：测试人员对性能方面的测试方法掌握不足，可能会出现测试设计遗漏。

几乎所有的公司在测试项目中都会要求测试人员进行测试风险分析，但我们看到最多的是对测试风险的描述，往往是如下这样的。

测试风险：测试人员不足，目前只有××名测试人员，同时他们还需要承担××工作，还有可能会有临时插入的紧急项目。

风险应对：希望可以协调资源，增加测试时间，并且开发人员可以有效保证代码提交质量，减少反复测试或者返工的情况。

这样的测试风险分析和风险应对方式，虽然都是"对的"，但是对项目没有真正有益的帮助最后该"暴雷"的还是会"暴雷"。因此，需要一些工具来帮助我们从多维度识别项目中与测试相关的风险，并且据此给出一些比较通用的应对方法，这就是"六要素风险分析法"——即从需求、设计、流程、变更、组织和人、历史情况六个维度识别项目中的风险。表 2-13 总结了从这些维度识别出来的一些风险清单及说明，大家可以以此为基础，按照这个思路对照自己的项目进行风险识别。

表 2-13　六要素风险识别表

分　类	清　单	说　明
需求	产品的业务需求、用户需求、功能需求和系统需求是否完整、清晰	检查需求的质量，确保需求能够有效指导开发和测试
	开发人员在进行产品设计之前是否充分理解了产品的需求	实际上，在项目中非常容易出现开发人员没有完全理解产品的需求就开始设计编码，直到系统测试阶段才发现和需求不符的问题。一旦出现这样的问题，产品很有可能会返工，这对产品来说是致命的打击
设计	是否使用了新技术	包括产品之前未使用的新架构、新平台、新算法等
	系统中是否存在一些设计瓶颈？如果存在，是否有应对措施	例如，产品的旧架构能否满足产品新增特性性能、可靠性方面的要求
	产品设计得是否过于复杂，难以理解	在项目中，难于理解的设计，问题往往也是比较多的，这提示我们需要重点关注
	开发人员是否能够讲清楚产品的设计	一般来说，开发人员是可以讲清楚自己的设计的。如果开发人员无法讲清楚自己的设计，就说明设计本身存在一些问题。另外，这部分设计的可维护性、可移植性可能也不会太好
	开发人员对异常、非功能方面的内容是否考虑得足够全面	例如，数据被损坏了会发生什么，如何处理？这个功能使用的资源或组件有没有可能被其他功能修改或影响？有没有考虑能够处理的最大负载？等等

续表

分类	清单	说明
设计	开发人员在设计中是否存在一些比较担心的地方	测试人员可以适当多关注一些开发人员的主观感受,而不仅仅是设计文档
	开发人员是否会考虑设计一些可测试性或者易于定位的功能	由"不易于验证的设计"可以推测出开发人员在设计编码时的自验可能也是不充分的,这部分代码的质量可能并不高,相对的风险更高
	对一个需要多人(或多组)才能配合完成的功能,是否有人会进行整体的设计、协调和把关	当开发人员的设计依赖于其他的设计时,开发人员一般会假设接口能够满足自己的需求,而忽视彼此的沟通和确认的环节,这使得产品在集成开发时容易出现问题,影响产品质量和项目进度
	对有依赖或约束的内容,是否有充分考虑	例如,与产品配套的日志、审计类产品是否能够满足产品的发布周期?与产品相关的平台是否稳定
流程	项目是否使用了新的流程、开发方法等	例如,从传统瀑布开发模式转变为敏捷开发模式
	开发人员是否进行自测?如何进行自测?测试的深度和发现问题的情况如何	"开发自测"是产品代码质量的重要保证活动。测试人员需要关注开发人员自测方法和发现问题的情况。一般来说,自测充分的模块,代码质量可能相对较好,反之就可能比较差
	开发人员如何进行代码修改?如何保证修改的正确性	例如,开发人员是否会对修改方案进行评审?是否会对修改的代码进行检视和评估?是否会对修改进行测试验证?是否会进行回归测试等
	开发人员如何进行版本管理	例如,开发人员是否存在版本分支管理混乱的问题?是否会随意修改、合入代码,而不对变动做记录和控制
变更	新版本在旧功能方面做了哪些修改?修改后的主要影响是什么	开发人员常常会在新版本中对旧功能进行优化。有时候因为优化的代码量不大(如只改了一行代码),会忘记告诉其他开发或测试人员,但很多时候,就是这一行代码的修改导致产品的一些功能失效,影响测试执行计划。因此,测试人员需要关注开发人员的修改,做好控制和验证
	在项目过程中,需求是否总在变更	在项目过程中,如果需求总是在频繁变化,则会对开发设计和测试执行产生明显的影响
组织和人	哪些模块是由其他组织开发的?他们在哪里开发?开发流程和能力如何	例如,产品哪些部分使用的是开源代码?哪些部分是由外包团队提供的等
	产品的研发团队(包括需求、开发和测试)是否存在于不同的地方?彼此分工如何?沟通是否顺畅	目前,很多产品研发都存在异地开发的情况,不能有效沟通是这类开发模式比较严重的问题
	团队人员的能力如何(包括需求、开发和测试团队)?经验如何	
	团队是否稳定(包括需求、开发和测试团队)	
	团队的人手是否充足(包括需求、开发和测试团队)	
	测试环境是否具备(包括必备的工具、硬件设备)	在大多数公司,申请测试资源不是一件容易的事情,而且即使申请成功,到位也需要时间。所以,针对测试中需要的资源需要提早识别,尽早准备,有备无患

续表

分类	清单	说明
历史情况	哪些特性在产品测试中有很多 bug	针对历史上的 bug 重灾区，当前版本需要继续重点关注
	哪些特性存在较多的客户反馈问题	针对客户反馈问题比较多的特性，可能存在一些测试不充分的地方，当前版本需要重点关注
	历史上哪些情况曾经导致出现阻塞测试活动的问题	需要对这些问题进行根因分析和总结，防止同样的问题在新的项目中再度发生，历史悲剧再度重演

当然，表中的内容只是一些经验总结，并非风险的全部。大家可以根据自己产品的情况，不断更新和维护这份清单，使对风险的识别和判断更为准确、高效，提高对测试项目的把控度。

2.4.2　测试风险评估

将测试风险识别出来后，就需要对识别的风险进行分析和评估。要想让有限的资源获得最大的收益，就需要优先处理最可能发生、影响（如损失）最大的事件，风险评估的目的也正是如此。

一般来说，我们可以从"风险发生频率"和"风险影响程度"来评估风险的严重程度，从而确定风险优先级。在实际操作中，可以把"风险发生频率"和"风险影响程度"做成风险优先级正交评价表，来帮助我们评估风险优先级，如表 2-14 所示。

表 2-14　风险优先级正交评价表

风险优先级		风险发生频率		
		高	中	低
风险影响程度	高	高	中高	中
	中	中高	中	中低
	低	中	中低	低

下面对风险类别中常见的风险优先级进行简要的说明，供大家参考。

1. 需求类风险

需求类的风险主要表现在：

● 需求的质量不高，不足以支撑后续的开发和测试。
● 开发人员和测试人员未能正确理解需求。

上述风险一旦成为问题，就可能导致返工（至少是需求变更），对设计、编码和测试的影响很大，因此，建议将需求类风险的影响程度和发生频率均设为"高"，保证重点关注。

2. 设计类风险

设计类的风险主要集中在设计的正确性和全面性上。这些风险一旦成为问题，就是产品缺陷，而且风险发生频率很高。

很多时候，一个设计类的风险会向系统引入多个缺陷，这不仅会加大测试工作量，还会影响项目进展和产品质量。

我们可以从下面这些角度来评估设计类风险的影响程度：

- 测试容易发现这些缺陷吗？
- 开发人员修复这些缺陷对代码的改动大吗？影响的功能模块多吗？
- 测试容易验证这个缺陷吗？回归测试的工作量大吗？
- 如果这个缺陷逃逸了，对用户的影响大吗？

一般来说，我们可以将设计复杂、测试验证困难（如测试环境复杂或不具备客户真实环境）、失效后对用户影响大的风险的影响程度设置为"高"。

3. 流程类风险

流程类风险的发生频率往往较高，建议设置为中级以上。

从风险影响程度的角度来说，它们主要会影响团队合作、规范性方面的内容。

4. 历史类风险

"历史总是会被一次次重演"，历史类的风险也是一样——曾经发生过的问题，如果组织没有针对性的改进，大概率还会成为问题。因此，历史类风险发生的概率要看组织是否有针对性地进行了改进，如果问题已经改进，则没有风险或风险低；如果问题没有改进，则风险高。

对于"变更类"和"组织和人类"的风险，可以根据实际的变更情况或具体风险指向的内容，参考需求、设计、流程或者历史类风险的处理方式进行风险优先级评估。

2.4.3　测试风险应对

从项目管理的角度来说，风险应对可分为四种：

- 回避风险：指主动避开损失发生的可能性。
- 转移风险：指通过某种安排，将自己面临的风险全部或部分转移给其他一方。
- 减轻风险：指采取预防措施，以降低损失发生的可能性和影响程度。
- 接受风险：指自己理性或非理性地主动承担风险。

下面是一个风险应对的例子。

举例：新需求在开发过程中不断增加。

- "回避风险"的做法：置之不理。
- "转移风险"的做法：将新需求外包。
- "减轻风险"的做法：寻求额外资源或裁剪其他优先级低的需求。
- "接受风险"的做法：将新需求加入项目范围内，通过加班来完成新需求。

表 2-15 总结了常见测试风险和风险应对思路，供大家参考。

表 2-15　常见测试风险和风险应对思路

分　类	风险举例	风险应对思路
需求	产品需求在业务场景上的描述不够完整、清晰，不能有效指导开发和测试工程师的工作	1）加强对业务场景的评审； 2）加强开发、测试和需求工程师对业务场景的沟通、讨论，保证开发、测试和需求工程师对场景验收条件的理解一致
	开发工程师在进行产品设计之前没有充分理解产品需求，特别在易用性和性能需求方面	1）开展开发工程师对需求工程师进行需求确认的活动，确保需求理解的一致性； 2）开发工程师需要根据需求逐一编写验收测试用例，确保需求能够被正确实现，无遗漏； 3）开发工程师针对易用性进行低保真、高保真设计，并和需求工程师进行评审确认； 4）在需求中需要明确产品的性能规格； 5）测试工程师尽早展开和产品性能相关的摸底测试
设计	产品使用了新的技术平台	1）将新平台和旧平台进行差异化分析，确定变化点； 2）针对变化点进行专项测试
	产品设计得过于复杂，难以理解	1）和需求工程师进行沟通，确认设计没有超过需求所要求的范围； 2）要求开发工程师对设计进行讲解； 3）增加这部分的测试投入
	产品中存在需要多人（或多组）才能配合完成的功能，且缺少这个功能的总体责任人	1）建议开发工程师增加一位总体责任人，负责确认接口、整体协调等； 2）建议开发工程师对该功能设计自测用例，并在评审、开发自测用例时进行确认； 3）将该功能作为接收测试用例，避免该功能造成测试阻塞
流程	开发团队自测不充分	1）和开发工程师约定，在本轮版本转测试的时候，需要提供详细的自测报告； 2）评估开发自测用例的质量，必要时提供用例设计指导或直接提供测试用例； 3）搭建自动化测试环境，供开发团队自测使用
变更	在项目过程中，需求是否总是在增加	1）和开发、需求工程师进行沟通，进行需求控制； 2）裁剪部分低优先级的需求

续表

分类	风险举例	风险应对思路
组织和人	测试团队中的大部分人员没有测试设计的经验	1）在进行测试设计之前，找写得好的测试用例作为例子； 2）增加测试设计的评审检查点，如对测试分析、测试标题和测试内容分别进行评审； 3）必要时，测试工程师对测试工程师进行一对一的测试设计辅导
	不具备某种测试工具，需要购买	1）定期跟踪工具购买的进展； 2）寻找是否有替代工具
历史情况	某种特性在基线版本中就存在很多 bug	对基线版本中该特性的缺陷进行分析，分析哪些测试手段容易发现该特性的问题，据此增加探索测试
	在基线版本中，开发工程师修改引入的缺陷导致缺陷趋势无法收敛，对测试进度和产品发布造成了影响，在继承性版本中可能存在相同的风险	对基线版本中开发工程师修改引入缺陷的问题进行根因分析，针对根因制定措施

2.5 不同研发模式下的测试分层

制定测试分层是测试策略制定中非常重要的一个环节。下面重点讨论在瀑布和敏捷模式下的测试分层。

2.5.1 瀑布模式下的测试分层

瀑布模式下最经典的测试分层是"V 模型"，如图 2-40 所示。

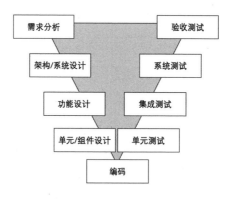

图 2-40　V 模型下的测试分层

- **单元测试**：从产品实现的函数单元的角度，验证函数单元是否正确。
- **集成测试**：从产品模块和功能的角度，验证功能模块和模块之间的接口是否正确。
- **系统测试**：从系统的角度，验证功能是否正确，验证系统的非功能属性是否能够满足用户的需求。
- **验收测试**：从用户的角度，确认产品是否能够满足用户的业务需求。

测试分层的目的是，将有共同测试目标的测试活动放在一起进行测试，图 2-41 所示是 V
模型下如何安排测试活动进行分层测试的实例。

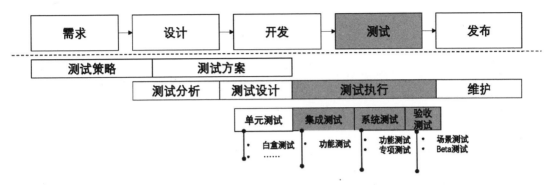

图 2-41　V 模型下的分层测试

1. 单元测试阶段

此阶段可以安排代码层面的白盒测试、内部的接口测试、内部功能的接口集成测试等活
动。这些测试活动一般由开发人员进行，测试人员有时参与部分接口测试验证的工作，一般
通过自动化测试的方式进行。

2. 集成测试阶段

此阶段重点进行功能测试，测试目标应该围绕单个功能的实现流程、逻辑、算法等细节
展开。除此之外，为了保证后续测试的顺利进行，功能测试可能会提前发现阻塞后续系统测
试的问题。在集成测试中后期，可以将系统测试中的一些专项测试前移到集成测试中进行，
或者进行专项测试的摸底验证，如性能摸底等。

3. 系统测试阶段

此阶段也涉及功能测试，但测试目标转移到多功能的交互测试上。多功能交互测试一般
是指测试多个功能在按照一定的顺序使用或者混合使用下的功能。除此之外，专项测试也是
这一阶段的测试重点。专项测试一般是针对非功能属性进行测试，如性能、稳定性、压力、
安全等。这些测试方法将在第 3 章的测试分析中详细介绍。

4. 验收测试阶段

此阶段重点进行场景测试、Beta 测试（又称实验局测试），确认需求整体的满足情况。

2.5.2　敏捷模式下的测试分层

Lisa Crispin 和 Janet Gregory 在他们的著作《敏捷软件测试：测试人员与敏捷团队的实践

指南》中，提出了敏捷模式下的测试分层方法——敏捷测试四象限，如图 2-42 所示。

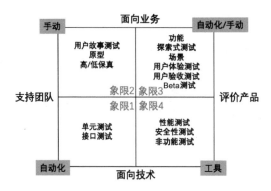

图 2-42　敏捷测试四象限分层

象限的编号和测试活动的内容与先后没有关系。象限 1 和象限 2 叫作支持团队的测试，象限 1 的测试目标是确认实现的正确性、象限 2 的目标是确认需求的正确性，分别支撑产品工程师、需求分析师和开发工程师的工作。在敏捷项目中，这部分也属于测试，测试人员也可以参与主导，发挥价值。

象限 3 和象限 4 叫作评价产品的测试，象限 3 主要从功能和场景方面去评价产品，象限 4 主要从非功能方面去评价产品。

和瀑布模式相比，敏捷模式中的测试更注重对需求、场景、用户体验的测试，如自动化测试和探索式测试。我们将这 4 个象限的测试目标总结如下：

- 象限 1：从产品实现的函数单元的角度，验证函数单元是否正确；
- 象限 2：确认需求、原型、高/低保真是否符合用户需求；
- 象限 3：确认产品功能、场景是否满足用户需求；
- 象限 4：确认产品在非功能方面是否满足用户需求。

图 2-43 所示是敏捷模式下如何安排测试活动进行分层测试的实例，这个实例以一个迭代为例，也适合 DevOps 下的 CI/CDE/CD。

- CI（Continuous Integration，持续集成）：是指每当开发人员提交代码，都会对整个系统自动进行构建，并对其执行全面的自动化测试集合，根据构建和测试结果来确定新代码和原代码是否被正确地集成在一起。
- CDE（Continuous Delivery，持续交付）：是将集成后的代码部署到类生产环境，确保可以以可持续的方式快速向客户发布新的更改。
- CD（Continuous Deployment，持续部署）：是指将交付内容自动化部署到生产环境中。

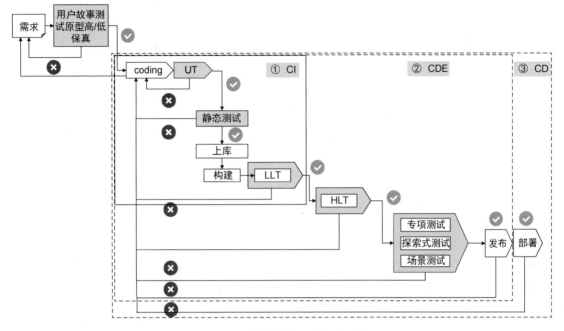

图 2-43　敏捷模式下的分层测试

1. 需求测试阶段

该阶段主要针对需求相关的验证活动展开（对应图 2-41 中的用户故事测试、原型、高/低保真部分），如针对 Story 验收标准的确定、对原型需求覆盖度的确认、对高/低保真在用户使用逻辑上的测试和确认、针对高保真的用户体验测试等。

2. UT 阶段

该阶段主要从产品实现层面，对函数单元进行测试，确认代码实现的正确性。这个阶段可以安排的测试工作除了单元测试，还有静态检视、安全性测试等。

3. LLT（Low-Level Test）阶段

该阶段的主要功能包括从实现的角度进行验证和确认，包括接口测试，针对单个功能的核心流程、算法、逻辑等进行的比较细致、深入的测试。

测试行业喜欢用"白盒""黑盒"来划分测试：基于代码实现的测试，被称为白盒测试；不关注内部实现，只关注系统输入/输出的测试叫黑盒测试。如果说单元测试阶段属于白盒测试的范畴，HLT 和场景测试阶段属于黑盒测试的范畴，那么 LLT 就是介于白盒和黑盒之间的"灰盒测试"：既了解系统的内部实现，又不是针对每个函数进行细颗粒度的测试，而是针对接口或内部功能模块的测试。

我们可以将接口测试和针对功能的核心流程、算法、逻辑等的测试安排在此测试阶段，也可以将一些可能会严重影响系统性能的内容放在这个阶段进行测试，快速确认某个功能/组件的性能是否满足系统需求，是否会影响系统的关键性能水平。

4. HLT（High-Level Test）阶段

该阶段也是主要针对功能进行测试，但是主要从用户角度去测试和验证，主要内容包含单功能测试和功能交互测试。

5. 专项测试/探索式测试/场景测试阶段

该阶段也是站在用户的角度进行测试。首先，除了进行功能测试，还要对非功能属性进行测试验证，如性能测试、可靠性测试、安全性测试等，由于这些测试都比较"专"，有专业的测试工具和测试方法，我们将其称为"专项测试"。

探索式测试是一种强调测试人员同时开展测试学习、测试设计、测试执行，并根据测试结果及时优化的测试方法，是一种软件测试风格。

场景测试会按照用户的实际部署、配置和使用（业务负载），从用户关注点和用户使用习惯两方面来确认系统是否满足用户的需求。

## 第3章

测试分析和测试设计

"测试分析和测试设计"被誉为测试皇冠上的明珠，是测试人员需要掌握的最核心的技术。本章将详细介绍测试分析与设计技术，包括对测试分析和测试设计的概述，涉及测试方案、测试分析、测试设计等测试活动之间的目标、关系，以及每个测试活动的关键点；一套测试分析方法——"车轮图测试分析法"，帮助测试人员系统地进行测试分析，快速识别测试重点和难点，为后续高效进行测试设计打下基础；一套测试设计方法，根据被测对象的不同特点，测试人员可以选择最合适的测试设计技术来设计出最优的测试用例。

3.1 测试分析和测试设计概述

3.1.1 好的测试设计的"味道"

Martin 在《代码整洁之道》中总结了好代码的"味道"：整洁——精确的变量名、恰到好处的设计模式、详细而不赘述的注释，给阅读者赏心悦目、如沐春风的感觉，尽管我们不能说整洁的代码就是好代码，但好代码一定是整洁的。这个"味道"对测试设计同样适用：好的测试设计得到的是整洁的测试用例。

阅读整洁的测试用例，犹如阅读优美的散文：

- 它使用恰到好处的测试设计方法，使得测试用例拥有良好的覆盖度且规模适中。
- 它拥有精准的用例描述，让人一看就明白测试的目标、输入和预期。
- 它能被进行良好的组织，能被维护和传承。

我们进行测试分析和测试设计的目的是，希望最终得到的测试用例能够拥有好的测试设计的"味道"，帮助我们在后面的测试过程中更加专业、高效。

3.1.2 当前测试设计的困顿

随着敏捷和 DevOps 的盛行，很多组织开始有意无意地弱化测试分析和测试设计，主要理由是版本测试和发布节奏加快了，没有时间，很多团队的测试用例设计方式是先用思维导图（又称 MM 图）工具列出测试项目，然后根据列出的项目进行测试。

这样的操作看似加快了测试速度，但其实仅仅使整个测试变成"探索"，缺少系统性的设计，往往是想到哪里测到哪里，很难保证测试的质量；而且这样的测试项目基本都是一个测试思路，换一个测试人员就很难看懂，测试团队也很难组织和维护这些测试用例，缺少传承，对测试能力的提升也会产生很大的影响。

笔者曾做过不少有关测试分析和测试设计的培训，在培训中了解到，大概有超过 30%的培训人员反馈："测试方法很多，不知道在测试设计中如何选择合适的"，有另外超过 30%的培训人员反馈："无法/不会清晰地描述用例"，还有大概 10%的培训人员认为："测试设计方法没什么用，还不如凭自己感觉写出来得好"。

总结来说，这几个问题就是在测试设计上"不会用"和"不会写"，这往往也是大家觉得传统测试设计费时、费力的真正原因——本身测试设计能力相对缺乏，加之快速交付的压力，让很多团队"被迫"选择了放弃或者半放弃测试设计。

所以，当前迫切需要的是，一套可以快速进行测试设计的模式，既能让大家适应敏捷和DevOps 对测试效率的要求，又能提升测试设计的水平，从而提升测试质量，并能持续提升测试团队的能力。

3.1.3   测试分析和测试设计是两个不同的活动

在很多测试者的认识中，并没有对测试分析和测试设计进行区分，认为这两个活动就是一个事情，事实上，测试分析和测试设计有着完全不同的输入、方法和输出。

测试分析的目的是，得到任何在接下来的测试中要考虑的地方，即测试点，包括测试条件、测试数据、测试预期，甚至是"灵光一闪"想到的一个需要和相关同事进一步确认的点。因此，测试分析的输入是场景/需求（可以是特性、用户故事等）、各种设计文档、标准、规范、手册，甚至是招标方案等。"软件产品质量模型"是帮助我们进行测试分析的重要理论基础，在具体落地方法上，我们可以使用基于车轮图的测试分析方法来进行，这部分内容将在第 3.2 节中详细叙述。

测试设计的目的是，针对测试点，按照一定的方法和规范要求得到测试执行的依据，即测试用例。常见的测试设计方法将在第 3.3 节中进行详细介绍。

为了让接下来的行文更严谨，更具有逻辑性，也避免大家在概念上有所偏差，影响理解，下面将测试点和测试用例的定义总结如下。

测试点：包含测试条件、测试数据、测试观察点、测试预期、测试约束和限制等任何在测试中需要注意的地方。

测试用例：测试执行的依据。一般包含预置条件、部署、标题、步骤、测试数据、预期结果等。

接下来，我们通过一个具体的例子，直观感受一下测试点和测试用例的差异，如表 3-1 和表 3-2 所示。

表 3-1 "PC 连接 Wi-Fi"功能的测试点

序 号	测 试 点
1	首选 Wi-Fi 网络可用时，选用首选 Wi-Fi 网络
2	首选 Wi-Fi 网络不可用时，可以选用备选 Wi-Fi 网络
3	PC 可以连接加密的 Wi-Fi 网络
4	PC 可以连接不加密的 Wi-Fi 网络
5	PC 可以设置加密的 Wi-Fi 网络的加密算法，分别为 WEP、WPA 和 WPA2（为了简化，我们约定 PC 只能选择一种加密算法）

表 3-2 "PC 连接 Wi-Fi"功能的测试用例

序 号	测试用例	测试数据
1	首选 Wi-Fi 可用，加密，连接成功	加密方式为 WPA
2	首选 Wi-Fi 不可用，备选 Wi-Fi 可用，加密，连接成功	加密方式为 WPA
3	首选 Wi-Fi 不可用，备选 Wi-Fi 可用，不加密，连接成功	无
4	首选 Wi-Fi 不可用，备选 Wi-Fi 不可用，连接失败	无
5	首选 Wi-Fi 不可用，备选 Wi-Fi 可用，不加密，连接失败	无

可以看到，表 3-1 中的测试点描述的是 PC 连接 Wi-Fi 的流程，并且是流程每一个片段的规程，一个测试点并不是一个完整的流程；而表 3-2 中的每个测试用例都是在某种条件下，PC 连接 Wi-Fi 的一种情况，且每个用例都有预期结果（是连接成功，还是连接失败）。

3.2 测试分析的方法

3.2.1 深入理解质量是做好测试分析的基础

测试人员的各种测试工作都可以归结为对质量的评估，由此对质量的把控度无疑是测试水平的重要体现。要想做好测试，就要先充分理解质量。

产品质量是什么？根据国标 IEEE24765:2010 的定义，产品质量是指"在特定的使用条件下，产品满足明示的和隐含的需求的固有特性"，简言之就是，质量就是满足需求。测试的过程，其实就是评估产品是否满足用户需求的过程。

事实上，测试者去理解用户需求并不是一件容易的事情。除了功能，还有很多需求是行业的规范、约定或是用户的使用习惯，这些内容就像冰山下隐藏的巨大山体，共同构成了产品的质量。好的测试分析，就是要有能力深入冰山内部，能够全面、系统地理解用户在各个方面对产品质量的期望，这也是做好测试最重要的一步。

幸运的是，软件产品质量模型可以帮助我们系统了解从哪些地方去分析和理解产品质量。深入理解软件产品质量模型，是我们做好测试分析的基础。

3.2.2　软件产品质量模型

根据国标 GB/T 25000 的规定，软件产品质量模型将一个软件产品需要满足的质量属性划分为八大类型：功能性、兼容性、信息安全性、可靠性、易用性、性能效率、可维护性和可移植性，每类属性又可细分为很多子属性，如图 3-1 所示。

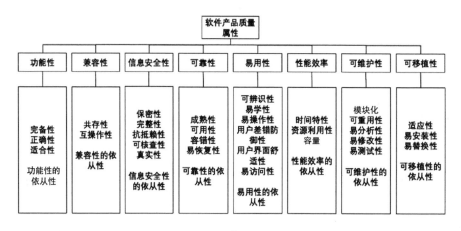

图 3-1　软件产品质量属性

软件产品质量模型对产品设计时需要考虑的地方进行了高度概括。一个高质量的产品，一定是在质量八大类属性上都设计得很出色的产品；如果一个产品的设计在质量八大类属性上存在缺失，这个产品的质量一定不会太高，这就构成了测试验证和评价产品质量的"金钥匙"。

接下来，我们概要介绍软件产品质量的各类属性和子属性。

1. 功能性

功能性是指，软件产品在指定条件下使用时，提供满足明确的和隐含的要求的功能能力。

从功能性的定义来看，产品的功能并不像表面上看起来那么简单——除了要满足明确的要求，还要满足隐含的要求，"明确＋隐含"构成了用户对产品真正的完整的功能要求。

功能性又被细分为 4 个子属性，如表 3-3 所示。

表 3-3　功能性的子属性

子 属 性	特 性
完备性	功能集对指定任务和用户目标的覆盖程度
正确性	产品或系统提供具有所需精度的正确结果
适合性	功能促使指定的任务和目标实现的程度
功能性的依从性	产品或系统遵循和该功能相关的标准、约定或法规，以及类似规定的程度

2. 兼容性

兼容性是指，软件产品在共享软件或者硬件的条件下，产品、系统或者组件能够与其他产品、系统或组件交换信息，执行所需功能的能力。

兼容性又被细分为 3 个子属性，如表 3-4 所示。

表 3-4　兼容性的子属性

子 属 性	特 性
共存性	在与其他产品共享通用的环境和资源的条件下，产品能够有效执行其所需的功能并且不会对其他产品造成负面影响
互操作性	两个或多个系统、产品或组件能够交换信息并使用已交换的信息
兼容性的依从性	产品或系统遵循和该功能相关的标准、约定或法规，以及类似规定的程度

3. 信息安全性

信息安全性是指，软件产品或系统保护信息和数据的程度，以使用户、其他产品或系统具有与其授权类型和授权级别一致的数据访问程度。

对于一个应用/服务来说，安全性不仅需要考虑应用/服务本身，还需要考虑其承载的系统或者平台。对于 C/S 或者 B/S 架构的产品，不仅要考虑"端点"（Client、Brower 和 Server）本身的安全性，还要考虑数据在网络传输过程中的安全性。对于云架构的产品，还要考虑云端的安全性，从云-管-端整体去考虑安全性。

信息安全性又被细分为 6 个子属性，如表 3-5 所示。

表 3-5　安全性的子属性

子 属 性	特 性
保密性	产品或系统确保数据只有在访问者已获得授权时才能被访问
完整性	系统、产品或组件防止未授权访问、篡改计算机程序或数据的程度
抗抵赖性	活动或事件发生后可以被证实且不可被否认的程度
可核查性	实体的活动可以被唯一追溯到该实体的程度
真实性	对象或资源的身份识别能够被证实符合其声明的程度
信息安全性的依从性	产品或系统遵循与信息安全性相关的标准、约定或法规，以及类似规定的程度

从产品设计的角度来说，无论产品的目标对象是谁，形态是什么，都至少需要具备如下功能（也称为产品隐藏的安全需求），以满足基本的安全属性：

- 认证和授权功能：产品、系统、组件需要通过认证才能被访问，通过授权来确认访问者的访问权限，不能非法越权、提权。
- 加密功能：数据在存储和传输过程中均需要加密。
- 审计功能：提供审计功能，并能存储审计信息足够长（如 6 个月）的时间。

其中，认证和授权功能与加密功能主要满足保密性和真实性方面的要求。审计功能主要满足抗抵赖性和可核查性方面的要求。除此之外，产品在设计上还需要有一定抵御攻击的能力，以满足完整性方面的要求，表 3-6 给出了一些最基础的防脆弱性要求，在设计中，你可以考虑将它们作为基本的安全需求。

表 3-6　产品自身防脆弱性基本要求

序　号	产品自身防脆弱性的基本要求
1	能够抵御针对端口的安全性攻击
2	能够抵御针对用户口令的安全性攻击
3	能够抵御针对用户权限的安全性攻击
4	能够抵御针对数据传输的安全性攻击
5	能够抵御针对存储的安全性攻击
6	能够抵御重放攻击
7	能够抵御异常协议攻击
8	能够抵御 Web 管理平台/接口的安全性攻击
9	不存在其他已知可被利用的脆弱性
10	产品源代码应不含明文敏感信息、已知安全缺陷、程序后门等导致产品产生安全漏洞的问题

4. 可靠性

可靠性是指，在特定条件下使用时，软件产品维持规定的性能级别的能力。

在软件产品质量属性中，可靠性又被细分为 5 个子属性，见表 3-7。

表 3-7　可靠性的子属性

子 属 性	特　　性
成熟性	软件产品为避免由软件故障导致功能失效的能力
可用性	系统、产品或组件在需要使用时能够进行操作和访问的程度
容错性	在软件发生故障或者违反指定接口的情况下，软件产品维持规定的性能级别的能力
易恢复性	在功能失效发生的情况下，软件产品重建规定的性能级别并恢复受直接影响的数据的能力
可靠性的依从性	软件产品遵循与可靠性相关的标准、约定或规定的能力

下面 3 个层层递进的句子，可以帮助我们理解可靠性属性的要求：

- 第一层：产品/系统最好不要出故障，即成熟性。
- 第二层：产品/系统对故障、异常有一定的容忍度，出现故障后不要影响主要的功能和业务，即容错性。
- 第三层：如果影响了主要功能和业务，系统可以尽快定位并恢复，即易恢复性。

其中，可用性是成熟性（不要出故障，控制失效的频率）、容错性（对故障的容忍度）和易恢复性（控制每个失效发生后系统无法工作的时间）的组合，我们常用系统/产品可用状态百分比来评估可用性，很多时候也用这个指标来整体评估可靠性。

我们经常会听到用"几个 9"这样的说法来描述可靠性，表 3-8 总结了常用的几个 9 的计算方法、可用性要求和适用的产品领域。

表 3-8　"几个 9"的计算方法、可用性要求和适用的产品领域

可用性	计算方法	可用性要求	适用领域
3 个 9:0.999	（1－99.9%）×365×24＝8.76（小时）	系统在连续运行 1 年时间里，最多可能的业务中断时间是 8.76 小时	电脑或服务器
4 个 9:0.9999	（1－99.99%）×365×24＝52.6（分钟）	系统在连续运行 1 年时间里，最多可能的业务中断时间是 52.6 分钟	企业级设备
5 个 9:0.99999	（1－99.999%）×365×24＝5.26（分钟）	系统在连续运行 1 年时间里，最多可能的业务中断时间是 5.26 分钟	一般电信级设备
6 个 9:0.999999	（1－99.9999%）×365×24＝31（秒）	系统在连续运行 1 年时间里，最多可能的业务中断时间是 31 秒	更高要求的电信级设备

在用户实际使用时，有时候也会使用如下公式来计算产品/系统实际的可用性。

$$A = \frac{\text{ATBF}}{\text{MTBF} + \text{MTTR}}$$

其中，

- A：可用性。
- MTBF（Mean Time Between Failure）：平均故障间隔时间。
- MTTR（Mean Time To Repair）：平均故障修复时间。

5. 易用性

易用性是指，用户在指定条件下使用软件产品时，产品被用户理解、学习、使用和吸引用户的能力。这个能力，简单来说就是十个字：易懂、易学、易用、漂亮、好看。

过去，我们普遍认为易用性对消费者类的产品尤为重要，对企业或者电信类产品的要求

没有那么高，但近年来，企业或者电信类产品对易用性的要求也日益提高。过去企业或电信类产品通过各种操作指导手册和培训来帮助用户（一般是专业操作人员）学习产品，快速上手，如今这些手册已经很少使用了，即便系统有很强的专业性，用户的要求也是可以直接上手完成所需的功能配置。这就对产品的易用性提出了更高的要求。

在软件产品质量属性中，易用性又被细分为 7 个子属性，如表 3-9 所示。

表 3-9　易用性的子属性

子 属 性	特 性
可辨识性	用户能够辨识产品或系统是否适合他们的要求的程度,是否适合及如何能将软件用于特定的任务和使用环境的能力
易学性	用户能够学习、使用该产品/系统的能力
易操作性	用户能够很方便地操作和控制产品/系统的能力
用户差错防御性	系统预防用户犯错的能力
用户界面舒适性	用户界面提供令人愉悦和满意的交互的程度
易访问性	产品/系统应该提供最广泛的能力为用户使用
易用性的依从性	软件产品遵循与易用性相关的标准、约定、风格指南或法规的能力

其中，可辨识性有比较丰富的内涵：

第一，要求产品可以自动辨识当前使用的环境是否符合需要的基本要求，如操作系统的要求，浏览器版本的要求，系统资源如 CPU、内存、硬盘的最小要求等。

第二，用户能够方便地知道产品/系统能够提供哪些功能，如很多应用都提供了升级后对新功能进行自动介绍或演示的功能。除此之外，产品提供的配套演示、教程、网页等也可作为可辨识性属性。

第三，产品要直观、易于理解。

用户差错防御性是指，系统有引导用户进行正常操作，避免出错的能力。例如，配置向导功能。

用户界面舒适性主要包含两个方面的内容：

第一，产品的吸引力，包括风格、设计感、配色等。

第二，页面交互能力，如用户配置一个功能页面的跳转次数、增删查改的方便性等。

易访问性要求产品在设计时要考虑到使用者的障碍，如年龄障碍、能力障碍等。一个比较典型的例子就是，在界面 UI 设计配色时，需要考虑"色弱"因素，保证色彩之间不仅色相有差异，明度也要拉开层次，增加特殊人群的辨识度。

易用性还需要充分考虑用户日常使用中的各种"隐喻"，例如我们常用"红色"来隐喻严重错误或警告，但如果我们用"蓝色"来标识，就会让用户觉得不易用。再比如，日常生活中"绿帽子"常有出轨的隐喻，如果我们在产品中不当地使用了"绿帽子"的图标，可能会让用户有不好的联想，降低产品的易用性。

6. 性能效率

性能效率是指，在规定的条件下，相对于所用资源的数量，软件产品可提供适当的性能的能力。通常，性能效率就是我们常说的产品性能。

在软件产品质量属性中，性能效率属性又被细分为 4 个子属性，如表 3-10 所示。

表 3-10　性能效率的子属性

子 属 性	特 性
时间特性	产品或系统执行其功能时，其相应时间、处理时间及吞吐量满足需求的程度
资源利用性	产品或系统执行其功能时，所使用的资源数量和类型满足需求的程度
容量	产品或系统参数的最大限制满足需求的程度
性能效率的依从性	软件产品遵循与性能效率相关的标准或约定的能力

本书的后续章节将专门介绍性能方面的测试方法。

7. 可维护性

可维护性是指，软件产品可被修改的能力。这里的修改是指纠正和改进软件产品与软件产品对环境、功能规格变化的适应性。我们日常十分熟悉的升级操作，就是产品可维护性的一种体现。

在软件产品质量属性中，可维护性又被细分为 6 个子属性，如表 3-11 所示。

表 3-11　可维护性的子属性

子 属 性	特 性
模块化	由多个独立组件组成的系统或程序，其中一个组件的变更对其他组件影响最小的程度
可复用性	资产能够被多个系统或其他资产建设的能力
易分析性	软件产品诊断软件中的缺陷、失效原因或识别待修改部分的能力
易修改性	软件产品能够被有效修改，且不会引入缺陷或降低现有产品质量的能力
易测试性	能够为系统、产品或组件建立测试准则，并通过测试执行来确定测试准则是否被满足的有效性和效率的程度
可维护性的依从性	软件产品遵循与可维护性相关的标准或约定的能力

模块化属性是 ISO/IEC 25010 和 GB/T 25000 新增加的属性，体现了研发模式的变化对质量的影响。在 DevOps 下，虚拟化和容器成为很多系统的基础环境，服务/微服务成为架构的流行趋势，解耦和模块化已成为最基本的架构设计要求。与此同时，模块化也进一步催生了可复用性的要求，很多公司都有专门的架构师来负责平台、中台或者 CBB（Common Building Block，通用构建块）的规划和建设，避免"重复造轮子"。

易分析性是指，在系统出现问题后，技术支持或者开发人员可以快速定位问题所在。很多产品/系统中的日志、告警、故障分析等功能，都属于易分析性属性。

易修改性对外的一个重要体现是，产品的升级能力。企业或电信类产品对升级往往都有比较严格的要求，比如升级不能影响业务、能够及时判断升级是否成功、如果升级失败了还要有回退机制等。因此，很多时候升级功能并非像看起来的那么简单，往往需要结合用户的行业、使用场景和使用习惯来制定策略，设计专门的升级方案。

简单来说，易测试性就是我们可以很方便地确认系统某个功能是否满足预期。针对易测试性，用户一般不会直接关注（用户往往在出问题且需要开发人员提供已修复证明的时候才会关注），所以常常被开发人员和测试人员忽视，但是易测试性可以帮助他们快速确认结果，提高处理调试、测试和反馈问题的效率。

8. 可移植性

可移植性是指，软件产品从一种环境迁移到另外一种环境的能力。这里的环境，可以理解为硬件、软件或系统等不同的环境。

在软件产品质量属性中，可移植性包含 4 个子属性，见表 3-12。

表 3-12　可移植性的子属性

子 属 性	特 性
适应性	软件产品能够有效地适应不同的，或者演变的硬件、软件或其他运行环境（如系统）的能力
易安装性	软件产品能够成功安装/卸载的能力
易替换性	在同样的环境下，产品能够替换另一种相同用途的指定软件产品的能力
可移植性的依从性	软件产品遵循与可移植性相关的标准或约定的能力

适应性是指，系统能够正常运行在系统支持的不同的硬件配置（如 CPU、内存、存储）、不同的操作系统、平台、浏览器、不同终端（手机、Pad）、不同大小的屏幕和分辨率上。

如果产品或者系统能够被最终用户所安装，那么易安装性也会影响易用性和可维护性。

易替换性通常和升级功能有关，也会影响可维护性中的易修改性，但是易替换性还有另外一层深意，就是如果产品是按照标准来设计的，那么不同品牌的产品是可以互联和可替换的。换句话说，易替换性将降低用户被锁定的风险。

3.2.3　深入理解测试类型

提到测试类型，大多数测试人员都能如数家珍，如功能测试、性能测试、压力测试、兼容性测试、易用性测试、可靠性测试等，但大家对这些测试类型的定义常有自己的理解，例如笔者就经常听到同事争论该如何划分压力测试、长时间测试、稳定性测试和可靠性测试。如果从质量属性的角度去理解测试类型，就会发现困扰我们的这些问题都会迎刃而解。

以压力测试、性能测试、稳定性测试为例，如图 3-2 所示。

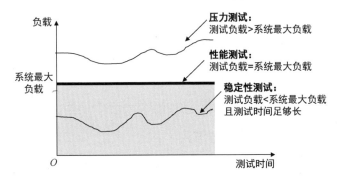

图 3-2　压力测试、性能测试、稳定性测试对比

- 如果业务负载低于系统最大负载，且进行长时间的测试，就是稳定性测试，需要关注系统的成熟性。
- 如果业务负载为系统最大负载，那么测试的就是系统的性能，属于性能测试。
- 如果业务负载超过系统的性能，对系统来说属于一种"异常"，测试的是系统的容错性，就属于可靠性测试中的压力测试。

除此之外，我们也可以利用质量属性来定义测试类型，最直接的方式就是把质量属性中的"某某性"换成"某某测试"，这样就把质量属性转变为测试类型了。

例如，易用性包含可辨识性、易学性、易操作性、用户差错防御性、用户界面舒适性和易访问性，对应的测试类型就是可辨识性测试、易学性测试、易操作性测试、用户差错防御性测试、用户界面舒适性测试和易访问性测试。

由于质量属性是标准，因此这种方法使得测试类型也具有了标准性，不容易出现歧义。但很多时候测试团队已经有一些大家都习惯使用的测试类型，不一定能和质量属性对应上，在此建议大家借助质量属性把使用的测试类型再梳理一遍，帮助团队更好地理解这些测试类型的测试目标，并达成一致。

表 3-13 梳理了一些常见的测试类型和质量属性的关系，供大家参考。

表 3-13　常见测试类型和质量属性的对应关系

名　　　称	说　　　明	对应的质量属性
功能测试	验证产品能否满足用户特定的功能要求并做出正确的响应	功能性、容错性
安全性测试	验证产品能否有保护数据的能力，能在合适的范围内承受恶意攻击	安全性、可靠性
兼容性测试	验证产品是否能够和其他相关产品顺利对接	兼容性
配置测试	验证产品是否能够在推荐配置上流畅运行；验证产品能否完成特定功能的输入	功能性、易用性、容错性
稳定性测试	验证产品在长时间运行下能否满足系统的性能水平；在存在异常的情况下，系统是否依然可靠	可靠性、功能性
易用性测试	验证产品是否易于理解、学习和操作	易用性
性能测试	测试产品提供某项功能时的时间和资源使用情况	性能效率
安装测试	测试产品能否被正确地安装并运行	易操作性、易修改性、易安装性

3.2.4　通过质量属性来探索测试方法

质量属性除了能帮助我们理解测试类型，还能启发我们找到测试方法。

以"可靠性"为例，看看我们能得到哪些启发。

可靠性属性包含成熟性、可用性、容错性、易恢复性和可靠性的依从性。

对于成熟性，我们希望在正常的情况下，系统设备不出故障，这启发我们是不是可以通过长时间、高并发、新建、各种混合业务等手段去测试。

对于容错性，我们希望系统对异常有一定的容忍度，遇到异常不会给正常功能造成影响，这让我们想到是不是可以通过人为制造故障、加大负载等方式去测试。

对于易恢复性，我们希望系统出现问题后，可以快速恢复，这让我们想到是不是可以通过正常和异常反复的方式来进行测试。

我们对上述启发点进行归纳总结，可以得到异常值输入测试、故障植入测试、稳定性测试、压力测试和恢复测试等各种测试法。将通过启发式获得测试方法的过程进行总结，如图 3-3 所示。

在实际工作中，我们还可以结合业务的实际情况，包括一直以来的测试经验（如失效规律）来考虑，获得更多、更有针对性的测试方法。

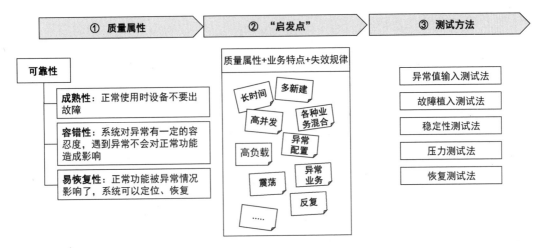

图 3-3　通过可靠性质量属性得到可靠性测试方法

3.2.5　通过质量属性确定测试的深度和广度

质量属性还可以帮助我们确定测试的深度和广度，如图 3-4 所示。

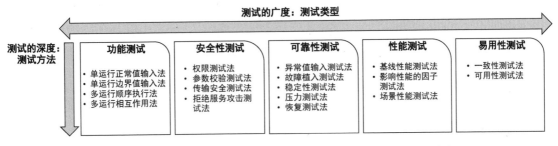

图 3-4　测试类型（测试的广度）和测试方法（测试的深度）的关系

测试类型代表的是测试的广度。测试人员对测试类型掌握得越多，测试得就越全面。而通过质量属性，我们也可以总结出很多测试方法，测试方法能够代表测试的深度，即测试人员对系统测试验证，包括去除 bug 手段的丰富程度。

测试深度和测试广度在一定程度上体现了测试人员的能力和水平，我们希望测试团队能够掌握更多的测试类型和更多的测试方法。从团队的角度，我们可以通过不断总结当前产品的测试类型和测试方法形成测试能力矩阵，并不断完善，提升团队的测试效能。

3.2.6　使用车轮图进行测试分析

前面我们先讨论了质量，质量就是满足需求，然后从质量属性讨论到测试类型和测试方法。这也是一个测试人员从需求出发，从设计着手去分析测试对象并获得测试启发的过程，即我们要从哪些方面（测试类型）用哪些方法（测试方法）去测试产品（质量属性）。

我们将这种关系用一个图表示出来，发现这个图很像一个"车轮"，所以称它为产品测试车轮图，如图 3-5 所示。

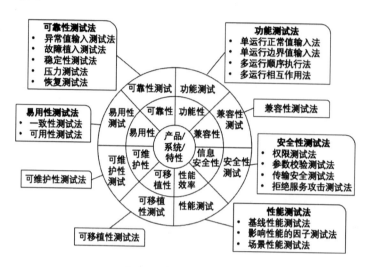

图 3-5　产品测试车轮图

通过车轮图进行测试分析，就叫基于车轮图的测试分析方法，但此分析法的本质是围绕产品质量和设计是否满足需求进行的测试分析。

产品测试车轮图是软件产品质量属性模型帮助我们做好产品测试和质量评估的"金钥匙"，它可以帮我们解决产品测试中最为关键的两个问题：

● 如何保证测试的全面性，即测试广度：这是通过测试类型来保证的。只要测试类型覆盖全面，就不会出现重大的遗漏。

● 如何保证测试的有效性，也就是测试深度：这是通过测试方法来保证的。只要我们掌握足够多的测试方法，就能保证可以测试得足够深。

除此之外，产品测试车轮图还能帮助我们评估测试团队的能力。测试团队能够驾驭的测试方法越多，其测试能力就越强。这为我们在如何提升团队能力的问题上提供了思路。

当然，图 3-5 给出的产品测试车轮图只描述了质量属性和测试类型的对应关系，并没有细化到质量子属性的层面，测试类型和测试方法也没有考虑业务特性，都是相对比较通用的部分。大家可以结合自己产品的业务特点，动手绘制更贴合自己测试业务特点的车轮图。

在实际使用时，我们可以通过思维导图便捷地完成测试分析，只需要先按照车轮图的架构建立一个思维导图框架，然后依照这个框架对被测系统逐一进行分析就可以了。

我们建议将被测对象放在思维导图的中心，它可以是一个系统，也可以是一个功能特性，或是一个测试任务。第一层是测试类型，如功能测试、性能测试等，当然你也可以分别将它们简写为功能、性能。第二层是测试方法。第三层是分析被测对象如何使用这些测试方法进行测试，以及测试分析的具体内容——测试点。这样只需要三层就可以快速、全面、系统地进行测试分析了，如图 3-6 所示。

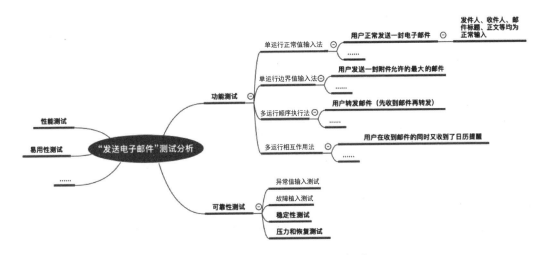

图 3-6　使用思维导图进行测试分析举例

3.3　测试设计的方法

通过第 3.2 节的分析，我们已经可以通过系统的测试分析方法把被测对象拆解为具体的测试点，接下来讨论如何进一步把测试点设计为测试用例。

3.3.1　基于路径分析的测试设计方法

如果我们仔细观察测试点，就会发现其实测试点是有一些特征的——有些测试点描述了一些步骤，对不同的输入有不同的状态变化和输出，并可以据此做出流程图或者流程图的片段，下面来看一个具体的例子。

举例："PC 连接 Wi-Fi"的测试点。

对于"PC 连接 Wi-Fi"的功能，分析得到如下测试点，如表 3-14 所示。

为了更好地说明测试设计的方法，先来简要说明一下"PC 连接 Wi-Fi"的业务流程（这里只是为了举例说明测试设计的方法，并不是真正的 PC 连接 Wi-F 的流程，是一个简化的版本）：

表 3-14　PC 连接 Wi-Fi 的功能测试点

序　号	测 试 点
1	首选 Wi-Fi 网络可用时，选用首选 Wi-Fi 网络
2	首选 Wi-Fi 网络不可用时，可以选用备选 Wi-Fi 网络
3	PC 可以连接加密的 Wi-Fi 网络
4	PC 可以连接不加密的 Wi-Fi 网络
5	PC 可以设置加密的 Wi-Fi 网络的加密算法，分别为 WEP、WPA 和 WPA2（为了简化，我们约定 PC 只能选择一种加密算法）

第一步，选择 Wi-Fi 网络：PC 会先判断首选的 Wi-Fi 网络是否可用，如果不可用，就判断被选 Wi-Fi 是否可用。

第二步，判断 Wi-Fi 是否需要加密：PC 会判断将要连接的 Wi-Fi 是否需要加密。

第三步，连接网络：如果需要加密，就加密后连接；如果不需要加密，就直接连接网络。

显然，表 3-14 中的测试点 1 和测试点 2 描述的是选择 Wi-Fi 网络的过程，测试点 3 和测试点 4 描述的是判断 Wi-Fi 是否需要加密和连接网络。这 4 个测试点都描述了 PC 连接 Wi-Fi 的一些操作步骤，它们共同描述了 PC 连接 Wi-Fi 的流程。

对于具有这样特性的测试点，我们就可以使用路径分析法进行测试用例的设计。为了更好地理解和描述测试设计方法，先来了解一下什么是路径。

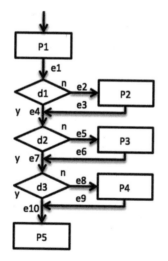

路径是指完成一个功能，用户所执行的步骤，即通过程序代码的一条运行轨迹。如图 3-7 所示，流程图中的"P1-e1-d1-e4-d2-e7-d3-e10-P5"就是一条路径。

所谓路径分析法，就是测试设计人员对能够覆盖流程的各种路径进行分析，得到一个路径的集合，然后在测试时按照这个路径集合进行测试的方法。

接下来的问题就是，我们如何获得路径集合？这就引出了另一个概念——覆盖策略。

常见的覆盖策略有语句覆盖、分支覆盖、全覆盖和最小线性无关覆盖，不同的覆盖策略能够得到不同的路径集合。下面以图 3-7 的流程图为例，看看不同的覆盖策略获得的路径组合。

图 3-7　流程图和流程图中的路径

1. 语句覆盖

语句覆盖是指覆盖系统中所有判定和过程的最小路径集合。

对于图 3-7 的例子来说，按照上述规则，只需两条路径即可满足语句覆盖，如图 3-8 所示。

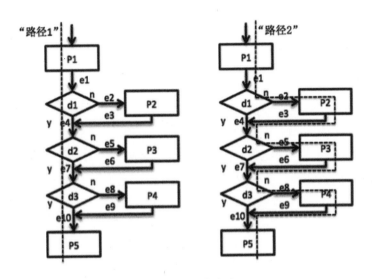

图 3-8 语句覆盖举例

仔细分析语句覆盖的路径，就会发现语句覆盖的覆盖程度是比较弱的，它不会考虑流程中的判定及判定和过程之间的相互关系，如果测试只按照语句覆盖的方式进行测试，很容易出现遗漏。以上面的例子来说，即使我们执行了语句覆盖中的所有路径，流程中所有"真假混合"的路径（如"p1-d1-p2-d2-d3-p5"）都没有被执行。

2. 分支覆盖

分支覆盖是指覆盖系统中每个判定的所有分支所需的最小路径数。

对于图 3-7 的例子来说，满足分支覆盖的路径集合和语句覆盖的路径集合是一样的。路径 1 覆盖的是所有判定结果为"真"的情况，路径 2 覆盖的是所有判定结果为"假"的情况。

分支覆盖考虑了流程中的判定，但是也没有考虑判定和过程之间的关系。分支覆盖也不是一种很强的覆盖。

3. 全覆盖

全覆盖是指 100%的覆盖系统所有可能的路径的集合。对于图 3-7 的例子来说，根据排列组合算法，可以得到它的"全路径"一共有 2×2×2=8 条，如图 3-9 所示。

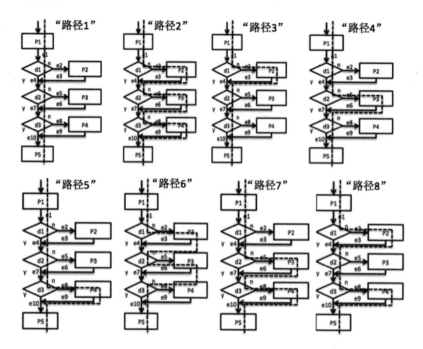

图 3-9　全路径覆盖

全覆盖包含系统所有可能的路径，覆盖能力一流，但是除非你测试的是一个微型的系统。对于普通系统来说，随着判定的增加，呈指数级增长的路径数会使需要测试的路径数量非常庞大，完全超出了一个测试团队所能承担的正常工作量，在实际中很难按此执行。

4. 最小线性无关覆盖

如果你仔细分析全覆盖，就会发现全覆盖的路径中有很多会被重复执行的路径片段，如路径 3 和路径 6 中的"d1-e2-p2-e3"。我们希望能有这样的一种覆盖方式，仅保证流程图中的每个路径片段能够被至少执行一次，在这种覆盖策略下得到的最少路径组合，就是最小线性无关覆盖。

在图论中，有三个等式可以用于计算流程中最小线性无关路径的数目（引自荷兰的 C.Berge 写的《图与超图》一书）：

- 等式 1：一个系统中的线性无关路径（IP）=边数（E）-节点数（N）+2
- 等式 2：一个系统中的线性无关路径（IP）=判定数（P）+1
- 等式 3：一个系统中的线性无关路径（IP）=区域数（R）+1

这三个等式是完全等效的，实际中我们可以使用任意一个。

对边、判定、过程、区域的定义，如表 3-15 所示。

表 3-15　流程图中的元素定义

元　素	定　义	举　例
边	图中连接节点的线	 用 En（n=1，2，…）表示
判定	有一条或多条输入边和有两条输出边的分支节点	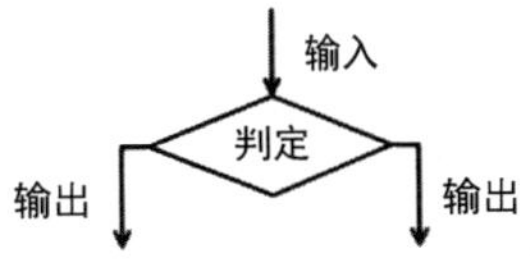 用 Dn（n=1，2，…）表示
过程	有一条或多条输入边和有一条输出边的收集节点	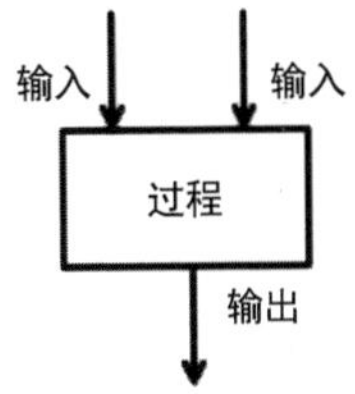 用 Pn（n=1，2，…）表示
区域	边、判定和过程完全包围起来的一块区域	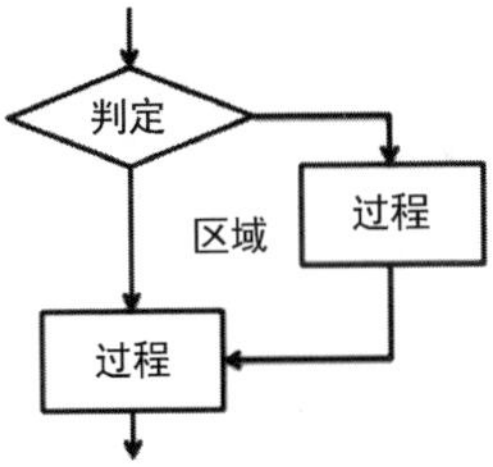

使用上述等式，以图 3-7 的流程图为例，流程中线性无关的路径数为 4：

● 使用等式 1：10（边数）−8（节点数）＋2=4。

● 使用等式 2：3（判定数）＋1=4。

● 使用等式 3：3（区域数）＋1=4。

我们可以通过图 3-10 所示的算法获得最小线性无关覆盖的路径。

以图 3-7 为例，最小线性无关覆盖路径如图 3-11 所示。

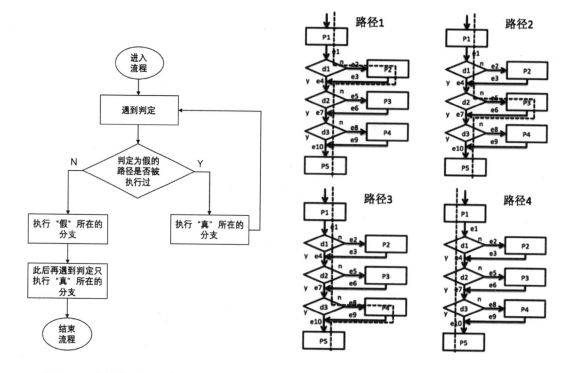

图 3-10　获得最小线性无关覆盖的算法

图 3-11　最小线性无关覆盖路径

需要特别说明的是，要想使用上述算法获得准确的最小线性无关覆盖路径，需要遵循如下约定。

约定 1：流程图的入口和出口不作为边数计算，如图 3-12 所示。

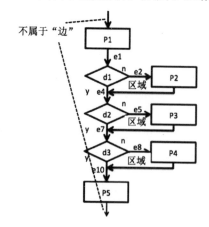

图 3-12　流程图的入口和出口不作为边数计算

约定 2：一个流程图只有一个入口点和一个出口点。

图 3-13 为有两个输入的例子，图 3-14 为有两个输出的例子。

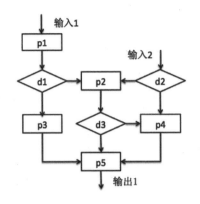

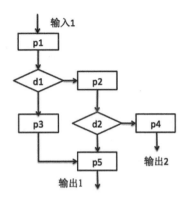

图 3-13 流程图中有两个输入的例子　　　　图 3-14 流程图中有两个输出的例子

图 3-13 和图 3-14 都不符合约定 2，这会使得图论中的三个等式失效（大家可以自行验证）。在实际中遇到这种情况时（流程图往往存在多个输入或者多个输出），就需要对这个流程图进行分解，使其可以满足约定 2。同时，这时系统中的最小线性无关覆盖路径的总数等于被分解的每个流程中最小线性无关覆盖路径的总和。

以图 3-13 为例，我们可以将其拆分为如下两个流程图，保证分解后的流程图只有一个输入和一个输出，如图 3-15 所示。

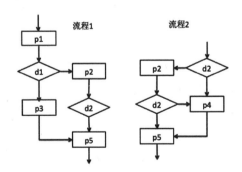

图 3-15 对图 3-13 中多个输入流程图进行分解

然后，再分别对这两个流程图进行最小线性无关覆盖路径分析。

流程 1 包含的最小线性无关覆盖路径数为 2：

● 使用等式 1：6（边数）－6（节点数）＋2=2。

- 使用等式2: 1（判定数）＋1=2。
- 使用等式3: 1（区域数）＋1=2。

流程2包含的最小线性无关覆盖路径数为3：

- 使用等式1: 6（边数）−5（节点数）＋2=3。
- 使用等式2: 2（判定数）＋1=3。
- 使用等式3: 2（区域数）＋1=3。

整个系统包含的最小线性无关覆盖路径的总数为2+3=5个。

需要特别指出的是，对于流程1，等式2中的判定数是1，不是2，这是因为我们对判定的定义是"有两条输出边"，而流程1中的d2，因为拆分的原因只有一条输出边，所以在流程1中，d2不再是判定。

接下来，使用最小线性无关覆盖算法，对"PC连接Wi-Fi"功能测试中的测试点1～测试点4进行用例设计。

由于这4个测试点都具有流程的特征，我们据此将它们绘制成一个流程图，如图3-16所示。

显然，这个流程图具有两个输出，根据上文的描述，需要将这个流程图再进行拆分，分成两个子流程图，保证每个子流程图均只有一个输入和一个输出，如图3-17和图3-18所示。

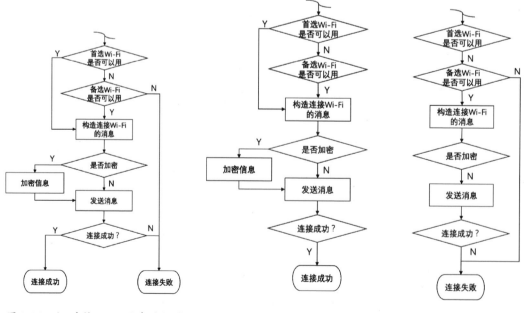

图3-16　PC连接Wi-Fi业务流程图　　　　图3-17　子流程1　　　　图3-18　子流程2

然后，分别对这两个子流程，按照图 3-10 中的算法得到最小线性无关覆盖的路径。

1）子流程 1

它所包含的"边"数为 9，"节点"数为 8，"判定"数为 2，"区域"数为 2。

注意，"备选 Wi-Fi 是否可用"和"连接成功？"这两个判定在子流程 1 中只有一个输出，不属于判定。

该子流程包含的最小线性无关覆盖路径数为 3。

使用最小线性无关覆盖算法（见图 3-10），对子流程 1 进行最小线性无关覆盖，如图 3-19 所示。

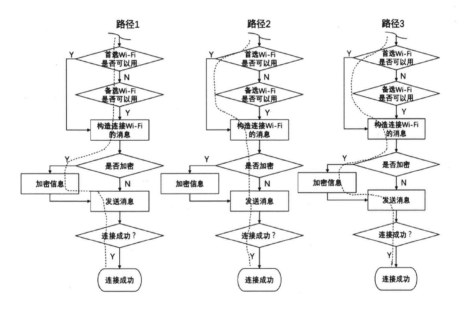

图 3-19　流程 1 最小线性无关覆盖详细分解

详细过程如下：

路径 1：首次进入流程，遇到判定（首选 Wi-Fi 是否可用），判定为 N 的路径没有被执行过，执行"假"所在的分支（首选 Wi-Fi 是否可用为 N 的分支，即首选 Wi-Fi 不可用），再次遇到判定（是否加密），只执行"真"所在的分支（加密信息），然后发送消息，连接成功。

路径 2：第二次进入流程，遇到判定（首选 Wi-Fi 是否可用），判定为 N 的路径已经被执行过了，执行"真"所在的分支（首选 Wi-Fi 是否可用为 Y 的分支，即首选 Wi-Fi 可用），再次遇到判定（是否加密），这个判定为"假"的路径没有被执行过，执行"假"所在的分支（是否加密为 N 的分支，即不加密），然后发送消息，连接成功。

路径 3：第三次进入流程，遇到判定（首选 Wi-Fi 是否可用），判定为 N 的路径已经被执行过了，执行"真"所在的分支（首选 Wi-Fi 是否可用为 Y 的分支，即首选 Wi-Fi 可用），再次遇到判定（是否加密），这个判定为"假"的路径已经被执行了，执行"真"所在的分支（是否加密为 Y 的分支，即加密），然后发送消息，连接成功。

总结上述分析过程，得到子流程 1 中的最小线性无关覆盖路径集合，如表 3-16 所示。

表 3-16　子流程 1 中的最小线性无关覆盖路径集合

序　号	路径描述
1	首选 Wi-Fi 不可用，备选 Wi-Fi 可用，加密，连接成功
2	首选 Wi-Fi 可用，不加密，连接成功
3	首选 Wi-Fi 可用，加密，连接成功

2）子流程 2

它所包含的"边"数为 7，"节点"数为 7，"判定"数为 1，"区域"数为 1。

注意，"首选 Wi-Fi 是否可用""是否加密"和"连接成功？"这三个判定，在子流程 2 中均只有一个输出，不属于判定。

因此，子流程 2 包含的最小线性无关覆盖路径数为 2。

使用最小线性无关覆盖算法（见图 3-10），对子流程 1 进行最小线性无关覆盖，如图 3-20 所示。

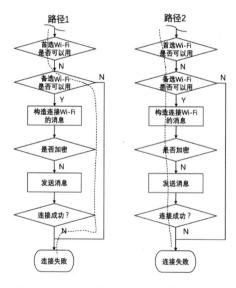

图 3-20　流程 2 最小线性无关覆盖详细分解

详细过程如下：

路径 1：首次进入流程，遇到判定（备选 Wi-Fi 是否可用），判定为 N 的路径没有被执行过，执行"假"所在的分支（备选 Wi-Fi 是否可用为 N 的分支，即备选 Wi-Fi 不可用），连接失败。

路径 2：第二次进入流程，遇到判定（备选 Wi-Fi 是否可用），判定为 N 的路径已经被执行过了，执行"真"所在的分支（备选 Wi-Fi 是否可用为 Y 的分支，即备选 Wi-Fi 可用），连接失败。

总结上述分析过程，得到子流程 2 中的最小线性无关路径集合，如表 3-17 所示。

表 3-17　子流程 2 中的最小线性无关覆盖路径集合

序　号	路径描述
1	首选 Wi-Fi 不可用，备选 Wi-Fi 不可用，连接失败
2	首选 Wi-Fi 不可用，备选 Wi-Fi 可用，不加密，连接失败

最后，将子流程 1 和子流程 2 中包含的最小线性无关覆盖路径集合在一起，就得到了系统整体的最小线性无关覆盖路径组合，如表 3-18 所示。

表 3-18　测试点 1～测试点 4 最小线性无关覆盖路径集合

序　号	路径描述
1	首选 Wi-Fi 可用，加密，连接成功
2	首选 Wi-Fi 不可用，备选 Wi-Fi 可用，加密，连接成功
3	首选 Wi-Fi 不可用，备选 Wi-Fi 可用，不加密，连接成功
4	首选 Wi-Fi 不可用，备选 Wi-Fi 不可用，连接失败
5	首选 Wi-Fi 不可用，备选 Wi-Fi 可用，不加密，连接失败

确定路径集合后，我们可以同时确定覆盖路径的输入，以确保在这样的数据输入下，路径能够被执行到。

如果流程的输入是一些参数，那么确定可以覆盖路径的参数值即可。如果输入是一个数据（取值范围），就使用等价类／边界值的方式来确定一个数值。

对于这个例子，我们可以根据表 3-14 中的测试点 5，选择一个合适的参数值来完成测试用例的设计。如下所示：

路径 1：加密方式为 WPA（根据测试点 5 选择）。

路径 2：加密方式为 WPA（根据测试点 5 选择）。

路径 3：无参数。

路径 4：无参数。

路径 5：无参数。

最后得到的测试用例，如表 3-19 所示。

表 3-19　PC 连接 Wi-Fi 使用最小线性无关覆盖路径设计方法的测试用例

序　号	测试条件	测试数据
1	首选 Wi-Fi 可用，加密，连接成功	加密方式为 WPA
2	首选 Wi-Fi 不可用，备选 Wi-Fi 可用，加密，连接成功。	加密方式为 WPA
3	首选 Wi-Fi 不可用，备选 Wi-Fi 可用，不加密，连接成功	无
4	首选 Wi-Fi 不可用，备选 Wi-Fi 不可用，连接失败	无
5	首选 Wi-Fi 不可用，备选 Wi-Fi 可用，不加密，连接失败	无

3.3.2　基于输入-输出表的测试设计方法

有些测试点是参数的集合，如表 3-14 中的测试点 5：

PC 可以设置加密的 Wi-Fi 网络的加密算法，分别为 WEP、WPA 和 WPA2。其中，WEP、WPA、WPA2 就是 Wi-Fi 网络加密算法的参数。

可见，参数类的测试点有两个通用的特点：

第一，在参数类的测试点中，相关参数的取值（后简称为"参数值"）是有限的，我们可以通过遍历测试的方式覆盖到所有的参数值。

第二，系统会对不同的参数值做出不同的处理或响应。

有时候，测试点中不同的参数值可能存在一些依赖关系。例如，"系统中存在两个参数：参数 A 和参数 B，参数 B 只有在参数 A 为某个特定取值的情况下，才能进行配置"等，这时我们就需要把这两个参数相关的测试点放在一起考虑。

对于满足这个条件的测试点，可以使用输入-输出表进行测试设计。一个典型的输入-输出表，如表 3-20 所示。

表 3-20　输入-输出表

条　件	输　入					输　出
	测试点 1		测试点 2			
条件 1	参数 1	参数 2	参数 3	参数 4	参数 5	输出 1
条件 2	参数 6	参数 7	参数 8	参数 9	参数 10	输出 2
……	……	……	……	……	……	……

接下来，以 "PC 连接 Wi-Fi" 的测试点 5 为例，使用输入-输出表对其进行测试建模。

"PC 连接 Wi-Fi" 中的测试点 5，如表 3-21 所示。

表 3-21　测试点 5

编　号	测 试 点
5	PC 可以设置加密的 Wi-Fi 网络的加密算法，分别为 WEP、WPA 和 WPA2（为了简化，我们约定 PC 只能选择一种加密算法）

我们为测试点 5 建立输入-输出表，需要确定的内容为参数值和条件。

测试点 5 的参数为安全性选择，包含 3 个参数值：WEP、WPA 和 WPA2。

根据前面对测试设计的分析，知道测试点 5 有两个条件："首选 Wi-Fi 可用，加密" 和 "首选 Wi-Fi 不可用，备选 Wi-Fi 可用，加密"。我们任选一个作为本次分析的测试条件，这样就得到了测试点 5 的输入-输出表，如表 3-22 所示。

表 3-22　测试点 5 的输入-输出表

条　件	输　入	输　出
首选 Wi-Fi 可用，加密	WEP	加密成功，Wi-Fi 连接成功
首选 Wi-Fi 可用，加密	WPA	加密成功，Wi-Fi 连接成功
首选 Wi-Fi 可用，加密	WPA2	加密成功，Wi-Fi 连接成功

上面这个例子向我们展示了输入-输出表的使用方法，却没有很好地体现出输入-输出表的优势。事实上，输入-输出表特别适用于多参数之间存在复杂关系，需要对这些参数进行组合分析的情况，可以帮助测试分析人员快速厘清各个参数之间的关系。

3.3.3　基于等价类-边界值的测试设计方法

有些测试点是数据范围的组合，例如 "允许输入的用户名的长度为 1～32 个字符"，这就是一个典型的具有数据类型测试点的例子。

和参数类的测试点相比，数据类测试点的取值一般是一个范围，无法通过遍历的方式进行测试覆盖，而且输入在这个取值范围内的不同取值，系统的输出往往都是相同的。例如，输入用户名的长度为 2 个字符和输入用户名的长度为 3 个字符，都可以成功建立用户（在不考虑异常输入的情况下），对于这种情况，推荐使用等价类边界值的测试设计方法进行用例设计。

1. 等价类

我们按照测试效果对测试输入值进行分类，将测试效果相同的测试输入归为一类，就叫等价类。由于等价类中测试数据的输出是一样的，所以测试时只需要在每个等价类中选择一些测试样本进行测试就可以了，无须遍历测试所有的值。

在使用等价类方法时，一般会将等价类划分为有效等价类和无效等价类两大类，以"参数 A 的取值范围为[1, 10]"为例，有效等价类为[1, 10]，无效等价类为小于 1 或大于 10。 既然叫等价类，那么每一个等价类中输入的输出都是一样的，如输入 1 和输入 2 都会得到正常的结果。

2. 边界值

边界值就是针对每个等价类中的参数，选择输入的"边界"作为测试样本，这样的选择策略源于我们错误统计中的发现：问题更容易在取值的边界中出现。如果系统处理等价类的边界没有问题，那么等价类中间的取值一般也不会有问题，这也是提高测试效率的一种方式。

以[1, 10]为例，最常见的取值：有效等价类为[1，10]；无效等价类为[0，11]。

3. 使用等价类分析表进行测试设计

在实际工程中，经常把等价类和边界值放在一起使用：通过等价类先把无法遍历的取值变为有限的代表性的样本点；再通过边界值提高可能发现错误的概率，从而提高测试效率。

等价类和边界值是最为经典和重要的测试思想，早在 1979 年，Glenford J. Myers 在他著名的《软件测试的艺术》一书中，就已经对此进行了非常详细的描述。但等价类和边界值在实战中却很容易出问题，机械地使用等价类和边界值的规则，错误划分等价类，这些都很容易造成测试效率低下或者严重的测试遗漏。有一个"酒吧测试"的玩笑，也许可以给大家一些启发。

"酒吧测试"的玩笑

一个测试工程师走进了一家酒吧，要了一杯啤酒；

一个测试工程师走进了一家酒吧，要了一杯咖啡；

一个测试工程师走进了一家酒吧，要了-1 杯啤酒；

一个测试工程师走进了一家酒吧，要了 2 的 32 次方杯啤酒；

一个测试工程师走进了一家酒吧，要了一杯洗脚水；

一个测试工程师走进了一家酒吧，要了一杯蜥蜴；

一个测试工程师走进了一家酒吧，要了一杯 xdageaae@%#¥%Y；

一个测试工程师走进了一家酒吧，什么都没有要；

一个测试工程师走进了一家酒吧，要了一杯酒，并把这杯酒从窗户丢了出去；

一万个测试工程师走进了一家酒吧，每人要了一杯酒；

一万个测试工程师走进了一家酒吧，每人要了十杯酒；

一个测试工程师化装成老板走进了一家酒吧，要了一杯酒并不付钱；

测试工程师们满意地离开了酒吧。

因此，使用系统的工程方法进行测试设计至关重要。这里给大家推荐等价类分析表，如表 3-23 所示。

表 3-23　等价类分析表

条　　件	有效等价类	无效等价类
条件 1	有效等价类 1	无效等价类 1
	有效等价类 2	无效等价类 2
	有效等价类 3	
条件 2	有效等价类 4	无效等价类 3
	有效等价类 5	无效等价类 4
	有效等价类 6	

等价类分析表是一张分析数据在某种条件下有哪些有效输入和无效输入的表。接下来，我们以"Wi-Fi 上可以修改 Wi-Fi 网络的默认名称"为例，使用等价类分析表进行测试用例设计。

"Wi-Fi 上可以修改 Wi-Fi 网络的默认名称"包含的测试点如表 3-24 所示。

表 3-24　"Wi-Fi 上可以修改 Wi-Fi 网络的默认名称"测试点

序　　号	测　试　点
1	通过 Wi-Fi 的管理口可以直接登录 Wi-Fi 修改 Wi-Fi 网络的名称
2	PC 连接成功后，可以登录 Wi-Fi 修改 Wi-Fi 网络的名称
3	Wi-Fi 网络支持的名称为 1～10 个字符，允许输入字母、数字和下画线，不允许其他的输入

测试点 1 和测试点 2 描述了"修改 Wi-Fi 网络名称"的条件：

条件 1：通过 Wi-Fi 的管理口直接登录 Wi-Fi 进行修改。

条件 2：PC 连接成功后，PC 可以登录 Wi-Fi 进行修改，即通过 Wi-Fi 的业务口去修改。

测试点 3 描述了"Wi-Fi 网络名称"的"长度范围"和"命名限制"，具有典型的数据类型测试点的特点。

由于条件 1 和条件 2 都不能脱离测试点 3 单独存在，因此我们将这三个测试点放在一起考虑。对此建立的等价类分析表，如表 3-25 所示。

表 3-25 "Wi-Fi 上可以修改 Wi-Fi 网络的默认名称"测试点的等价类分析表

测试条件	有效等价类	无效等价类
通过 Wi-Fi 的管理口直接登录 Wi-Fi 修改 Wi-Fi 网络的名称	名字长度为 1~10 字符，且只包含字母、数字和下画线	名字长度为空（小于 1 个字符）
—	—	名字长度大于 10 个字符
—	—	名字中包含除下画线之外的特殊符号
—	—	名字中包含中文字符
PC 连接成功后，通过登录 Wi-Fi 修改 Wi-Fi 网络的名称	名字长度为 1~10 字符，且只包含字母、数字和下画线	名字长度为空（小于 1 个字符）
—	—	名字长度大于 10 个字符
—	—	名字中包含除下画线之外的特殊符号
—	—	名字中包含中文字符

这个例子有一个特别之处，就是在两种条件下，测试点 3 的有效等价类和无效等价类的输入与输出都是一样的，因此我们可以对两个条件进行"策略覆盖"，把有效等价类和无效等价类分配到不同的测试条件中，对等价类分析表进行合并，如表 3-26 所示。

表 3-26 "Wi-Fi 上可以修改 Wi-Fi 网络的默认名称"测试点的等价类分析表（策略覆盖后）

测试条件	有效等价类	无效等价类
通过 Wi-Fi 的管理口直接登录 Wi-Fi 修改 Wi-Fi 网络的名称	名字长度为 1~10 字符，且只包含字母、数字和下画线	名字长度为空（小于 1 个字符）
—	—	名字长度大于 10 个字符
PC 连接成功后，通过登录 Wi-Fi 修改 Wi-Fi 网络的名称	名字长度为 1~10 字符，且只包含字母、数字和下画线	名字中包含除下画线之外的特殊符号
—	—	名字中包含中文字符

这个例子虽然很简单，但也给我们展示了实际使用等价类分析表时的技巧：通过将相关性强的有效等价类放在一起来减少测试用例。

在本例中，在确定"名字长度"（名字长度为 1~10 字符）和"名字规则"（只包含字母、数字和下画线）的有效等价类时，并没有将这两个因素分开，而是把它们放在一起设计一个测试数据，同时满足"名字长度"和"名字规则"的有效等价类，但是这个技巧并不适合无效等价类。

注意：不能合并无效等价类。

对无效等价类而言，必须针对单个因素设计测试数据，不能合并，且需要分别设计"名字长度"（名字长度为空、名字长度大于 10 个字符等）和"名字规则"（名字包含除下画线之外的特殊符号、名字包含中文字符等），不能设计一个同时满足"名字长度"和"名字规则"都异常的测试数据。

这其实很容易理解，从设计实现的角度来说，开发者往往会对不同的典型错误进行专门的处理。如果把错误情况组合起来进行测试，则非常容易造成测试结果的干扰。

3.3.4　基于因子表的测试设计方法

在实际进行测试分析设计时，发现很多测试点之间都存在比较紧密的关联，我们可以把这些测试点（包括流程类、数据类、参数类）组合在一起进行测试设计。

1. 测试点的拆分和组合

有时候，我们会用用例颗粒度来表达当前设计的测试用例是聚焦的，还是笼统的。一般来说，不同的用例颗粒度会发现产品不同层次的问题。例如，设计得很细的测试用例往往比较容易发现功能方面实现的细节问题，如用路径分析法、输入-输出表法和等价类分析表法得到的测试用例，一般都比较细。但这样的测试设计可能比较难于发现功能交互相关的问题，这就需要我们有针对性地对测试点做一些拆分或者组合，以在合适的测试阶段发现系统的问题。

基于因子表的测试设计方法，就是这样一种偏向于组合的测试设计方法。图 3-21 给出了这种在测试设计方法上考虑组合和拆分的示意情况。

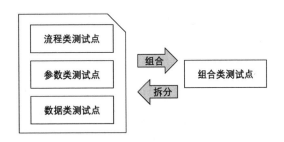

图 3-21　测试设计方法的组合和拆分情况

不过，图 3-21 还是表达得比较抽象，为了便于理解，我们还是以"PC 连接 Wi-Fi 功能"为例，让大家更加直观地看到不同的测试设计方法，理解测试用例的差异，便于更好地选择和使用各种测试设计方法。

在正式介绍例子之前，先介绍一下因子表测试设计方法的思路和原理。

2. 使用因子表法进行测试设计

因子表是一张分析测试点需要考虑哪些方面，并且这些方面需要包含哪些内容的表，如表 3-27 所示。

表 3-27　因子表

序　号	因子 A	因子 B	因子 C
1	A1	B1	C1
2	A2	B2	C2
3	—	B3	C3
4	—	B4	—

在使用因子表法进行测试分析的时候，有两点需要特别说明。

第一，如果因子的取值是一个数据类型，则可以使用等价类和边界值的方法来确定因子的取值。

第二，如果因子之间存在一定的约束关系，则需要将其拆开，建立多张因子表，然后对它们分别进行测试用例设计。

例如，因子 A 取值为 A1 的时候，因子 B 只能取值为 B1；因子 A 取值为 A2 的时候，因子 B 只能取值为 B2、B3、B4，这时就需要将其拆开，建立两张因子表，如表 3-28 和表 3-29 所示。

表 3-28　因子 A 取值为 A1 时的因子表

序　号	因子 A	因子 B	因子 C
1	A1	B1	C1
2	—	—	C2
3	—	—	C3

表 3-29　因子 A 取值为 A2 时的因子表

序　号	因子 A	因子 B	因子 C
1	A2	B2	C1
2	—	B3	C2
3	—	B4	C3

因子表建立成功后，接下来就要考虑对表中的因子进行覆盖了。对因子表进行覆盖的策略有很多种，如全正交的覆盖，但是和全路径覆盖类似，全正交覆盖也会因为生成大量的测

试用例项而变得难于执行。相对而言，更推荐使用 Pairwise Testing 的方式进行两两正交覆盖，兼顾覆盖度和执行效率。

事实上，测试设计技术经过几十年的发展，Pairwise Testing 方法已经变得非常成熟，有非常多的工具可以直接使用，如 PICT 工具。

这里不再详细介绍 PICT 工具的使用方法，只展示一下 PICT 工具如何将因子表设计为测试用例，如图 3-22 所示。

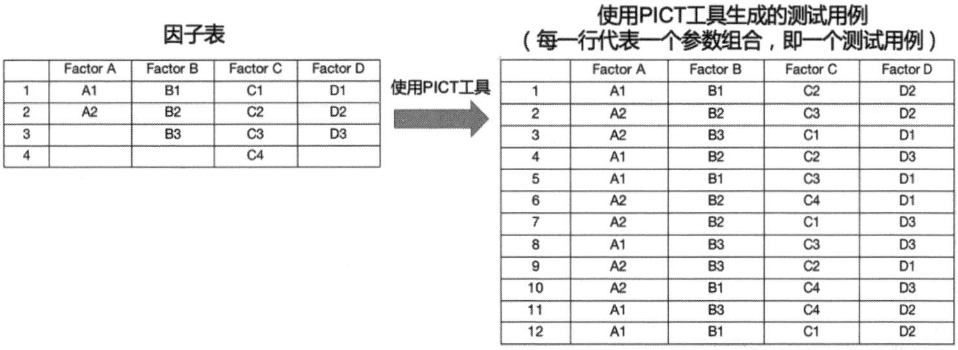

因子表

	Factor A	Factor B	Factor C	Factor D
1	A1	B1	C1	D1
2	A2	B2	C2	D2
3		B3	C3	D3
4			C4	

使用PICT工具

使用PICT工具生成的测试用例
（每一行代表一个参数组合，即一个测试用例）

	Factor A	Factor B	Factor C	Factor D
1	A1	B1	C2	D2
2	A2	B2	C3	D2
3	A2	B3	C1	D1
4	A1	B2	C2	D3
5	A1	B1	C3	D1
6	A2	B2	C4	D1
7	A2	B2	C1	D3
8	A1	B3	C3	D3
9	A2	B3	C2	D1
10	A2	B1	C4	D3
11	A1	B3	C4	D2
12	A1	B1	C1	D2

图 3-22　使用 PICT 工具将因子表设计为测试用例

接下来，我们来看对于"PC 连接 Wi-Fi"功能的几个测试点，如何使用因子表法进行用例设计。

为了便于对比，将测试点 1 和测试 5 再列一遍，如表 3-30 所示。

表 3-30　PC 连接 Wi-Fi 功能测试点

序　　号	测 试 点
1	首选 Wi-Fi 网络可用时，选用首选 Wi-Fi 网络
2	首选 Wi-Fi 网络不可用时，可以选用备选 Wi-Fi 网络
3	PC 可以连接加密的 Wi-Fi 网络
4	PC 可以连接不加密的 Wi-Fi 网络
5	PC 可以设置加密的 Wi-Fi 网络的加密算法，分别为 WEP、WPA 和 WPA2（为了简化，约定 PC 只能选择一种加密算法）

首先，我们通过分析测试点来建立因子表。

从测试点 1 和测试点 2 中，可以提取出因子 1："Wi-Fi 网络选择"。该因子的取值为"首选 Wi-Fi 网络"和"备选 Wi-Fi 网络"。

从测试点 3 和测试点 4 中，可以提取出因子 2："是否加密"。该因子的取值为"加密"

和"不加密"。

从测试点 5 中，可以提取出因子 3："加密算法"。该因子的取值为"WEP""WPA"和"WPA2"。

测试点 1～测试点 4 中还隐藏了一个因子 4："连接 Wi-Fi 是否成功"。该因子的取值为"成功"和"不成功"。

由于因子 2 和因子 3 存在约束关系，只有在因子 2 选择为加密的情况下，因子 3 才有效，为此我们建立 2 个因子表，如表 3-31 和表 3-32 所示。

表 3-31　因子 2 为"加密"情况下的因子表

序　号	因子 1：Wi-Fi 网络选择	因子 2：是否加密	因子 3：加密算法	因子 4：连接 Wi-Fi 是否成功
1	首选 Wi-Fi 网络	加密	WEP	成功
2	备选 Wi-Fi 网络	—	WPA	不成功
3	—	—	WPA2	—

表 3-32　因子 2 为"加密"情况下的因子表

序　号	因子 1：Wi-Fi 网络选择	因子 2：是否加密	因子 3：加密算法	因子 4：连接 Wi-Fi 是否成功
1	首选 Wi-Fi 网络	不加密	—	成功
2	备选 Wi-Fi 网络	—	—	不成功

接下来，我们直接使用 PICT 工具分别生成两个 Pairwise 表，如表 3-33 和表 3-34 所示。

表 3-33　因子 2 为"加密"情况下的 Pairwise 表

序　号	因子 1：Wi-Fi 网络选择	因子 3：加密算法	因子 4：连接 Wi-Fi 是否成功
1	备选 Wi-Fi 网络	WPA	不成功
2	首选 Wi-Fi 网络	WEP	成功
3	备选 Wi-Fi 网络	WPA2	成功
4	备选 Wi-Fi 网络	WEP	不成功
5	首选 Wi-Fi 网络	WPA	成功
6	首选 Wi-Fi 网络	WPA2	不成功

表 3-34　因子 2 为不加密情况下的 Pairwise 表

序　号	因子 1：Wi-Fi 网络选择	因子 4：连接 Wi-Fi 是否成功
1	首选 Wi-Fi 网络	成功
2	备选 Wi-Fi 网络	不成功
3	首选 Wi-Fi 网络	不成功
4	备选 Wi-Fi 网络	成功

最后，将这两张 Pairwise 表合并，即可得到使用因子表法生成的 PC 连接 Wi-Fi 的测试用例，如表 3-35 所示。

表 3-35 使用因子表法得到的 PC 链接 Wi-Fi 的测试用例

测试用例序号	测试用例标题
1	使用备选 Wi-Fi 网络，WPA 加密，连接不成功
2	使用首选 Wi-Fi 网络，WEP 加密，连接成功
3	使用备选 Wi-Fi 网络，WPA2 加密，连接成功
4	使用备选 Wi-Fi 网络，WEP 加密，连接不成功
5	使用首选 Wi-Fi 网络，WPA 加密，连接成功
6	使用首选 Wi-Fi 网络，WPA2 加密，连接不成功
7	使用首选 Wi-Fi 网络，不加密，连接成功
8	使用备选 Wi-Fi 网络，不加密，连接不成功
9	使用首选 Wi-Fi 网络，不加密，连接不成功
10	使用备选 Wi-Fi 网络，不加密，连接成功

3.3.5 几种测试设计方法的比较

一般来说，将测试点拆分，并使用路径分析法、输入-输出表法和等价类分析表法进行分析，容易测试到功能细节，具有比较好的测试覆盖度；而将测试点组合起来，使用因子表法进行分析，容易测试到功能之间所产生的影响。

我们还特意使用了相同的测试点，不同的测试方法，想让大家更加直观地看到针对同样的测试点，不同的测试设计方法最后生成的测试用例之间的差异。下面再对这些差异做一些小结，以帮助大家在后续工作中可以更加灵活地选择合适的测试用例设计方法。

为了便于叙述，还是以“PC 连接 Wi-Fi 功能”为例，针对测试点 1～测试点 5，将使用路径分析法+输入-输出表法得到的测试用例和使用因子表法得到的进行对比，如图 3-23 所示。

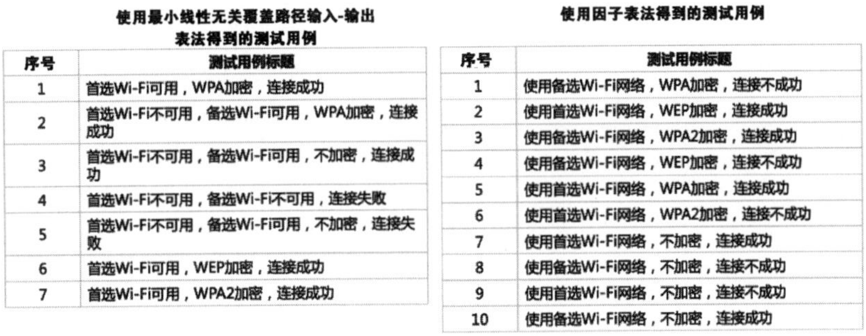

使用最小线性无关覆盖路径输入-输出表法得到的测试用例

序号	测试用例标题
1	首选Wi-Fi可用，WPA加密，连接成功
2	首选Wi-Fi不可用，备选Wi-Fi可用，WPA加密，连接成功
3	首选Wi-Fi不可用，备选Wi-Fi可用，不加密，连接成功
4	首选Wi-Fi不可用，备选Wi-Fi不可用，连接失败
5	首选Wi-Fi不可用，备选Wi-Fi可用，不加密，连接失败
6	首选Wi-Fi可用，WEP加密，连接成功
7	首选Wi-Fi可用，WPA2加密，连接成功

使用因子表法得到的测试用例

序号	测试用例标题
1	使用备选Wi-Fi网络，WPA加密，连接不成功
2	使用首选Wi-Fi网络，WEP加密，连接成功
3	使用备选Wi-Fi网络，WPA2加密，连接成功
4	使用备选Wi-Fi网络，WEP加密，连接不成功
5	使用首选Wi-Fi网络，WPA加密，连接成功
6	使用首选Wi-Fi网络，WPA2加密，连接不成功
7	使用首选Wi-Fi网络，不加密，连接成功
8	使用备选Wi-Fi网络，不加密，连接不成功
9	使用首选Wi-Fi网络，不加密，连接不成功
10	使用备选Wi-Fi网络，不加密，连接成功

图 3-23 不同方法得到的测试用例对比

从测试用例的逻辑性来看，使用路径分析法得到的测试用例（图 3-23 左边的图，编号 1～编号 5），逻辑比较清晰，由于是按照设计流程进行覆盖设计的，测试人员比较容易理解测试目标，出现问题时也比较容易进行分析和定位。从设计验证覆盖的角度来看，用比较少的测试用例就可以对系统的设计流程进行验证。

类似的，使用输入-输出表法得到的测试用例（图 3-23 左边的图，编号 6～编号 7）则是非常聚焦地对加密算法进行验证，对测试目标、出现问题的分析和定位都比较清晰和容易。

相比而言，使用因子表法得到的测试用例，其测试逻辑就没有那么清晰了，但是却充分考虑了各种影响因子的覆盖，比较容易发现各种因子相互影响类的问题。

从测试执行的角度来看，具有新功能或者新开发的系统，从使用最小线性无关覆盖路径法、输入-输出表法或者等价类分析表法设计的用例开始执行，是一个比较好的主意，这样不仅能更快地发现基础性的问题，减少因为多个因子纠集在一起造成的测试失败和测试阻塞，而且随着测试的深入，还可以通过因子表法对测试设计进行查漏补缺。

对旧系统来说，可以直接使用由因子表生成的测试用例来确认功能是否正常，这可以从一定程度上提高回归测试的效率。

当然，大家也可以结合自动化测试、工具效能平台、团队的测试成熟度等，整体考虑测试设计的方法。总而言之，选择符合当前的测试策略，灵活选择测试设计方法，进行刚刚好的测试，才是我们学习和实践这些基础方法的根本目的。

本章介绍了四种常见的测试设计方法，给出了测试设计方法的实例，并针对相同的测试点，比较了这些测试方法设计出来的测试用例的差异，这些都可以帮助测试人员更好地根据当前的测试策略，选择最适合当前的测试设计方法，进行刚刚好的测试。

## 第 4 章

软件测试与系统架构

随着互联网技术在各行各业的持续渗透，各种分布式、大数据及人工智能技术得到广泛应用，应用系统架构也随之变得更加复杂和庞大。这些复杂的架构不但体现在系统设计和开发过程中，也体现在软件测试中。因为各种测试用例最后必然要在这样的架构环境中运行，系统架构中的各种技术组件也会影响测试的过程和结果。

测试人员只有了解系统架构知识，才能在测试过程中对遇到的各种问题了然于心，不但不会因为测试过程中系统表现出来的各种"千奇百怪"的状况而崩溃，反而还可以和开发者及架构师谈笑风生，指出其开发和架构设计中不尽如人意之处，甚至还能给出改进建议，最终掌控自己的测试人生，成为一个测试赢家。

4.1　典型应用系统架构与测试关键指标

在介绍各种技术架构之前，我们先来整体看一下，典型的互联网应用系统架构的结构，以及当我们在应用前端提交请求操作时，经历的环节、网络通信的过程、参与处理的组件等。

4.1.1　典型应用系统架构

下面以一个典型的电子商务应用系统架构为例，通过访问商品详情业务逻辑场景，来说明用户在 App 端的商品列表页面单击商品缩略图后，用户请求经过哪些系统组件、应用系统经过哪些处理才能完成这样一个看似简单的用户操作。

处理用户请求对应的系统架构图，如图 4-1 所示。

系统架构中涉及的系统组件如下：

1. DNS

DNS（Domain Name System，域名系统）提供域名解析服务，用户在 App 端单击后会产生一个 HTTP 请求，这个请求需要使用域名来访问后端的应用系统，因此需要通过域名解析服务将域名解析成 IP 地址，这样才能请求应用系统的服务器。在通常情况下，域名解析服务是由域名服务商提供的，但是域名要解析的 IP 地址则需要开发人员或者运维人员配置，如果配置错误或者域名服务故障，则会导致域名解析错误，HTTP 请求无法正常发送，操作也无法被处理，表现为应用故障。

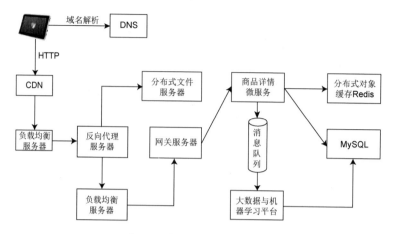

图 4-1　典型的应用系统架构

2. CDN

CDN（Content Delivery Network，内容分发网络），这是一个由网络运营商提供的，距离用户很近的缓存服务器。对于访问商品详情这样一个只读请求而言，商品图片，甚至商品详情页面都可以被缓存在 CDN 中。如果用户从 CDN 中能得到所需要的数据，那么页面打开速度就会很快，也许只需要几毫秒；如果 CDN 中没有用户所需要的数据，就要从后端的数据中心请求数据，花费的时间可能需要数百毫秒，甚至更长。这从测试的视角看，就是响应忽快忽慢。

3. 负载均衡服务器

对于一个要处理高并发用户请求的系统而言，各种应用服务器通常需要集群部署，即一套代码部署多台服务器，构成一个集群。负载均衡服务器负责将同时到达的很多用户请求分发到集群不同的服务器上，以保证每台服务器处理的用户请求都不会太多，计算压力也不会太大。但是不同服务器部署的代码版本可能不同，甚至有的服务器会出现故障，这从测试的角度看，就是同样的请求返回的数据可能不一样，而且有的快、有的慢，甚至有的成功、有的失败。

4. 反向代理服务器

反向代理在这里承担的依然是缓存的角色，即将商品详情及商品图片缓存在反向代理服务器中，并尽快将数据返回给客户端，这一方面可以加快响应处理速度，另一方面可以降低后端微服务、数据库等服务器的压力。

5. 分布式文件服务器

分布式文件服务器在这里主要提供图片访问服务，对于一个有几千万件商品的系统而言，需要存储的商品图片多达数亿张，图片文件服务器也需要很多台服务器部署成一个集群。如果文件服务器产生故障，或者部分图片文件不可访问，就会出现商品页面加载图片失败的问题。

6. 网关服务器

网关服务器是用户请求处理逻辑的入口，即根据用户请求调用相关微服务完成用户请求处理。这里就是调用商品详情微服务。

7. 商品详情微服务

商品详情微服务是真正处理用户请求逻辑的地方，即根据商品 ID 返回商品详情数据。我们所谓的开发代码基本上都是开发这些微服务，大多数的代码 bug 也都是出现在这些微服务中。

8. 分布式对象缓存 Redis

这是一个分布式对象缓存集群，缓存着商品详情数据，商品详情微服务可以通过这个缓存快速得到商品详情数据，而不必访问数据库。

9. MySQL

MySQL 是关系型数据库，存储商品详情数据的记录。

10. 消息队列

消息队列是一个异步的消息通知组件，在这里商品详情微服务将用户查询的商品 ID 和用户 ID 封装成一个消息发送给消息队列，大数据与机器学习平台将消费这个消息。

11. 大数据与机器学习平台

大数据与机器学习平台收集来自各个地方、各种格式的数据，并进行存储、分析、机器学习，为用户提供更加智能的服务。这里是通过消息队列获取用户与查询的商品信息，并构建用户画像与消费偏好数据，通过机器学习为用户推荐其可能感兴趣的商品。

4.1.2　客户端请求的网络通信

在 DNS 返回域名对应的 IP 地址后，App 会根据返回的 IP 地址构建网络连接，HTTP 请求到达 CDN 服务器，CDN 服务器检查缓存中是否有请求 URL 对应的资源内容。如果有，则直接返回；如果没有，则会将请求发送到后端系统的负载均衡服务器。

负载均衡服务器收到请求后，会在反向代理服务器集群内选择一台服务器并发送请求。反向代理服务器收到请求后，检查本地缓存是否有请求 URL 对应的资源内容。如果有，则直接返回；如果没有，则再根据请求类型分别处理。如果是请求商品图片，则访问分布式文件服务器，将图片内容返回；如果是请求商品详情数据，则把请求发送给第二层的负载均衡服务器。

第二层的负载均衡服务器收到请求后，同样在网关服务器集群中选择一台服务器并发送请求，网关服务器根据请求参数调用商品详情微服务进行处理。

商品详情微服务会检查分布式对象缓存中是否有该商品的数据对象，如果有，则根据该数据对象直接构建响应结果；如果没有，则访问 MySQL 数据库得到该商品的数据，微服务从 MySQL 数据库得到的数据会被写入缓存，供下次使用。

同时，微服务会将用户和商品信息构造成一个消息异步发送给消息队列，大数据平台会消费这个消息，构建用户画像和推荐引擎，并将相关数据写入 MySQL 数据库。

以上就是处理一个查看商品详情操作的网络通信过程，事实上，其他更复杂的操作的网络通信过程与其类似，涉及的系统组件都差不多，区别只是传输的数据不同、服务器处理计算的逻辑不同。

4.1.3　与测试相关的系统架构关键指标

衡量系统的指标有很多，与测试相关性最大的是可用性指标与性能指标。

1. 可用性指标

在系统运行过程中会遇到各种故障，比如应用服务器及数据库宕机、网络交换机宕机、磁盘损坏、网卡松掉等，以及各种软件故障。此外，还有外部环境引发的不可用，比如促销引来大量用户访问导致的系统并发压力太大而崩溃，以及黑客攻击、机房火灾、挖掘机挖断光缆等各种情况导致的系统不可用。

系统可用性指标是指，在系统运行期间，由各种故障导致的系统年度不可用时间占年度总时间的比例。计算公式如下

$$可用性=（1-年度不可用时间/年度总时间）×100\%$$

由于大多数系统的可用性可以做到 90%以上，因此人们也常用几个九来表示系统的可用性。一般说来，两个 9，即 99%表示系统基本可用，年度不可用时间小于 88 小时；3 个 9，即 99.9%表示系统具有较高的可用性，年度不可用时间小于 9 小时；4 个 9，即 99.99%表示系统具有自动恢复能力的高可用性，年度不可用时间小于 53 分钟。我们熟悉的互联网产品，如淘宝、百度、微信的可用性差不多都是 4 个 9。

测试的核心目的是保障线上系统的可用性及正确性,当线上系统出现不可用问题时,测试人员难免会牵连其中。因此,了解系统的架构原理及故障原因,界定好系统故障责任,对于测试人员的职业发展是非常重要的。

2. 性能指标

性能测试是系统测试的一个重要方面,性能测试就是使用性能测试工具,通过模拟大量用户请求对系统施加高并发的访问压力,得到各种性能指标。系统性能指标主要有响应时间、并发数和吞吐量。

响应时间是指从发出请求开始到收到最后响应数据所需要的时间。响应时间是系统最重要的性能指标,最能直接反映系统的快慢。

并发数是指系统同时处理的请求数,其反映了系统的负载压力情况。在进行性能测试时,通常是在性能压测工具中用多线程模拟并发用户请求,每个线程模拟一个用户请求,这个线程数就是性能指标中的并发数。

吞吐量是指单位时间内系统处理请求的数量,反映的是系统的处理能力。一般用每秒 HTTP 请求数(HTTP Per Sercond,HPS)、每秒事务数(Transactions Per Second,TPS)、每秒查询数(Queries Per Second,QPS)等指标来衡量。

吞吐量、响应时间和并发数三者之间是有关联性的,吞吐量=并发数/响应时间,在并发数不变的情况下,响应时间越快,单位时间的吞吐量就会越高。

并发数与吞吐量(TPS)之间的关系,如图 4-2 所示。

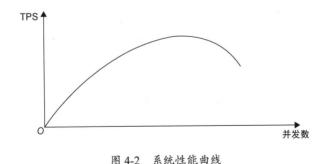

图 4-2　系统性能曲线

可以看到,随着并发数的增加,系统负载压力也在不断增加,系统吞吐量呈现先上升后下降的趋势。这是因为,随着系统不断增加并发请求,单位时间处理的请求也在不断增加,即 TPS 在增加,但同时系统的压力也在不断增加,系统响应时间会不断变长,TPS 的增加速度逐渐低于并发数的增加速度。在超过某个点后,系统资源消耗出现瓶颈,增加并发数反而会使吞吐量下降。

性能测试就是通过模拟高并发请求的方式不断对系统施加压力，最终得到一条这样的系统性能曲线。

4.2　缓存架构及其对缓存测试的影响

所谓缓存，就是将需要多次读取的数据暂存起来，这样当应用程序需要多次读取数据时，不必从数据源重复加载数据，这可以降低数据源的计算负载压力，提高数据响应速度。

4.2.1　缓存架构

缓存架构的形式有很多种，前面提及的 CDN、反向代理服务器、分布式对象缓存都属于缓存架构。

1. CDN

我们上网的时候，App 或者浏览器要连接到互联网应用的服务器上，这需要网络服务商，比如移动、电信等提供网络服务。服务商需要在全国范围内部署骨干网络、交换机机房来提供网络连接服务，由于交换机机房离用户非常近，因此互联网应用就可以在这些交换机机房中部署缓存服务器。这样，用户就可以近距离获得自己需要的数据，既提高了响应速度，又节约了网络带宽和服务器资源。

部署在网络服务商机房中的缓存就是 CDN，因为距离用户非常近，又被称为网络连接的第一跳。目前，互联网应用约 90% 以上的网络流量都是通过 CDN 返回的，CDN 架构如图 4-3 所示。

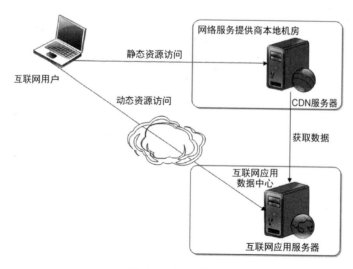

图 4-3　CDN 架构

CDN 只能缓存静态数据的内容，比如图片、JavaScript、HTML 等。而动态的内容，比如订单查询、商品搜索结果等必须经过应用服务器计算处理后才能获得。因此，互联网应用的静态内容和动态内容需要进行分离，它们分别部署在不同的服务器集群上，使用不同的二级域名，即所谓的动静分离，这一方面便于运维管理，另一方面也便于 CDN 进行缓存。

2. 反向代理服务器

有时候我们需要通过代理上网，代理的是客户端上网设备，而反向代理则是指代理服务器，是应用程序服务器的门户，所有的网络请求都需要通过反向代理到达应用程序服务器。既然所有的请求都需要通过反向代理才能到达应用服务器，那么在反向代理服务器这里就可以加一个缓存，尽快将数据返回给用户，而不是发送给应用服务器，这就是反向代理缓存。反向代理缓存架构如图 4-4 所示。

图 4-4　反向代理缓存架构

在用户请求到达反向代理缓存服务器后，反向代理检查本地是否有需要的数据，如果有就直接返回，如果没有就请求应用服务器，在得到需要的数据后缓存在本地，然后返回给用户。

3. 分布式对象缓存

CDN 和反向代理服务器是通读缓存，当应用程序通过访问通读缓存获取数据时，如果通读缓存有应用程序需要的数据，就返回此数据。如果没有，通读缓存就自己负责访问数据源，从数据源获取数据返回给应用程序，并将数据缓存在自己的缓存中。这样，下次应用程序需要数据时，就可以通过通读缓存直接获得数据了。通读缓存架构如图 4-5 所示。

图 4-5　通读缓存架构

分布式对象缓存是指将一组服务器构成一个缓存集群，共同对外提供缓存服务。应用程序在访问缓存的时候，需要先根据 key 得到数据所在的缓存服务器，然后访问该服务器得到具体的缓存数据。目前，最常用的分布式对象缓存产品是 Redis。

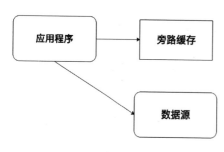

图 4-6　旁路缓存架构

分布式对象缓存是一种旁路缓存，当应用程序通过访问旁路缓存获取数据时，如果旁路缓存中有应用程序需要的数据，就返回此数据，如果没有，就返回空（null）。这时，应用程序需要自己从数据源读取数据，然后将数据写入旁路缓存中。这样，下次应用程序需要数据时，就可以通过旁路缓存直接获得数据了。旁路缓存架构如图 4-6 所示。

不管是通读缓存，还是旁路缓存，缓存都是以 <key,value> 的方式存储在缓存中的。比如，在 CDN 和反向代理缓存中，每个 URL 都是一个 key，URL 对应的文件内容就是 value；在对象缓存中，key 通常是一个 ID，比如用户 ID、商品 ID 等，value 是一个对象，就是 ID 对应的用户对象或者商品对象。

4.2.2　缓存对测试的影响

使用缓存可以极大地改善数据读取的速度，降低系统的负载压力，因此在系统架构中缓存是最常见的架构组件，但是使用缓存也会带来一些其他的问题。

首先是缓存数据的脏读问题，即如果数据库中的数据被修改了，那么缓存中的数据就变成脏数据。问题的解决方法主要有两种：一种是过期失效，对每次写入缓存中的数据都标记其失效时间，在读取缓存的时候，检查数据是否已经过期失效，如果已经失效，就重新从数据源获取数据。另一种是失效通知，当应用程序更新数据源的数据时发送通知，将该数据从缓存中清除。

这两种方法都可能会对测试造成影响，过期失效方法在失效之前，依然会读到缓存中的脏数据，而失效通知也可能会通知失败。测试人员在测试使用缓存架构的系统时，需要关注脏数据的问题，进行针对性的测试，并结合产品需求与开发方案明确脏数据是系统 bug，还是产品功能。

其次是缓存穿透，即在频繁访问某个不存在的对象时，如果在缓存中查不到，就必须去数据库中查找。这样就会对数据库造成较大的负载压力，甚至会导致数据库崩溃。其解决方法通常是将不存在的 key 也写入缓存中，将 value 值记录为 null。

如果系统需要进行高可用性测试，那么应该针对缓存穿透进行测试，通过高并发访问某个特定而且不存在的对象，测试系统是否有应对缓存穿透的能力。

缓存穿透有时候会引发缓存雪崩，即缓存查找失败导致数据库负载飙升，数据库过载（overload）后，应用程序（微服务）连接数据库超时导致应用内线程阻塞；被阻塞的线程无法释放，又会导致应用线程耗尽，微服务失去响应，这样依赖该服务的其他微服务也会因此线程耗尽，失去响应，这种级联失效最终会导致网关服务器线程耗尽，无法处理任何用户请求。在这种情况下，所有服务器都会报警，好像所有服务器都崩溃了一样，这种因缓存而引发的雪崩被称为缓存雪崩。

缓存雪崩可能是由缓存穿透引起的，也可能是由缓存服务器运维不当或者应用程序的 bug 引起的。测试工程师可以在关闭缓存服务器的情况下，通过性能压力测试来模拟缓存雪崩，测试系统在没有缓存的情况下可以承受的最大并发请求压力。

4.3　异步消息驱动架构及其对测试的影响

缓存在架构设计中的作用主要是加快读取数据的速度，而加快写入数据速度的架构主要是通过消息队列来实现的。这种采用消息队列异步写入数据，从而加快写入速度的架构被称为异步消息驱动架构。

4.3.1　异步消息驱动架构

通常，应用程序发起一个请求调用，必须要等到请求处理结果返回后，程序才能继续向下执行，这被称作同步调用。而使用消息队列可以实现请求的异步调用，即发出请求后，不必等到请求处理结果返回，程序就能立即向下执行。

典型的异步消息驱动架构，如图 4-7 所示。

图 4-7　消息队列异步架构

异步消息驱动架构的角色包括消息生产者、消息队列和消息消费者。消息生产者就是发起请求的应用程序，其将调用请求封装成消息发给消息队列。消息消费者是一个专门从消息队列中获取、消费消息的程序，处理消息的业务逻辑由消息消费者完成。

因为消息生产者将调用请求发给消息队列后，就立即向下执行，不需要等消息消费者完成请求调用的处理。而消息消费者在收到消息后，立即根据消息内容进行业务处理，不需要知道消息从哪里来。整个系统好像是消息（事件）在驱动运行，因此这种异步消息驱动架构有时也被称作事件驱动架构。

目前，常用的消息队列产品有 Kafka、ActiveMQ、RocketMQ 等。

使用异步消息驱动架构可以给系统带来如下好处：

1. 改善系统性能

使用消息队列异步架构，消息生产者只需要将消息发送到消息队列，就可以继续向下执行，无须等待耗时的消息消费者处理，也就是说，可以更快速地完成请求处理操作，快速响应用户。

2. 削峰填谷

互联网应用的访问压力随时都在变化，系统的访问高峰和低谷的并发压力也存在非常大的差距。如果按照压力最大的情况部署服务器集群，那么服务器在绝大部分时间内都处于闲置状态。而利用消息队列，我们可以将需要被处理的消息放入消息队列，消息消费者可以控制消费的速度，因此能够降低系统访问高峰时的压力，而在访问低谷时还可以继续消费消息队列中未处理的消息，保持系统的资源利用率，实现"削峰填谷"的效果，如图4-8所示。

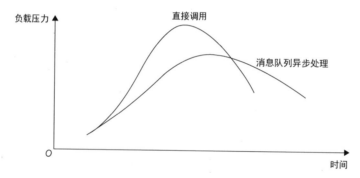

图 4-8　异步消息驱动架构实现"削峰填谷"

3. 降低系统的耦合度

如果调用是同步的，那么意味着调用者和被调用者存在较强的依赖性。如果被调用者运行错误，就会返回错误结果给调用者；如果被调用者处理超时，调用者也会超时。这种强依赖性不利于系统维护和业务扩展。

而使用消息队列的异步架构可以降低调用者和被调用者的耦合度。调用者发送消息到消息队列，不需要依赖被调用者的代码和处理结果；被调用者处理出错或者超时，也不会影响到调用者；当系统增加新的功能时，只需要增加新的消费者就可以了。

4.3.2　异步消息驱动架构对测试的影响

异步消息驱动架构给系统带来了很多好处，但是也会带来一些问题，这些问题同样会影响到测试。

首先，请求消息被发送给消息队列后，就立即返回进行后续处理了，那么请求是否被消息消费者程序处理或者处理是否成功，发送请求的程序完全不知道。

对于这种情况，应用系统通常有两种处理方法：一种是完全不管处理结果，比如给用户发送邮件、短信等操作。对于这种情况，在用户界面上也许会显示：邮件（短信）已发送，但是是否真的发送成功，测试人员需要登录目标邮箱，或者查看目标手机，确认是否收到邮件或者短信，从而验证消息消费者程序及发送处理逻辑是否可以正常运行。

另一种是消息消费者程序在处理完异步消息后，需要将处理结果返回给应用程序客户端，比如用户创建订单。消息消费者程序从消息队列获取订单消息后，需要检查库存是否充足、用户是否有购买资格等各种条件，最终确定订单是否可以被创建。订单创建结果需要明确返回给客户端，客户端一般通过长连接或者轮询的方式来获取处理结果，在这种情况下，客户端可能会感受到明显的延迟，为了改善用户体验，有的应用程序客户端会设计一个进度条，显示订单正在处理中。测试人员需要关注延迟的时间是否合理，以及返回的结果和后端真实处理结果是否一致。

其次，有些消息队列产品并不能保证消息的有序、非重复及不丢失。不保证有序是说，针对先后发给消息队列的两个消息，消息队列并不保证这两个消息是按照先后顺序被处理的，有可能后发的消息先被处理，先发的消息后被处理。如果消息处理顺序对业务处理结果有明显的影响，测试人员需要特别了解消息队列产品的特性，并进行针对性的测试。

不保证非重复是说，消息消费者程序可能会重复消费同一条消息；不保证不丢失则是消息可能会丢失，消息消费者程序最终不处理该消息。同样，测试人员需要评估这些问题带来的影响，并进行专门的测试。

通常来说，消息队列在遇到高并发的消息时，出现上述问题的概率会增加，所以如果想复现这些问题，测试人员需要进行高并发压力测试，而这通常是性能测试的一部分。

4.4　负载均衡架构及灰度发布对测试的影响

负载均衡是互联网系统架构中必不可少的一项技术。通过负载均衡，可以将高并发的用户请求分发到多台应用服务器组成的服务器集群上，利用更多的服务器资源缓解高并发下的计算压力。

4.4.1　负载均衡架构

负载均衡架构如图 4-9 所示。在用户向应用系统发起请求后，请求首先到达负载均衡服务器，负载均衡服务器然后将用户请求转发给应用服务器集群中的某台服务器。这样，当有大量用户同时发起请求时，负载均衡服务器就会将这些请求分别发送给不同的应用服务器，这样每台服务器的负载压力都不会太大。

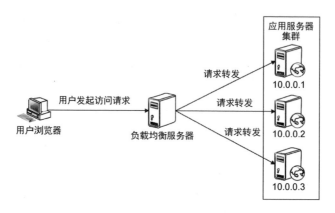

图 4-9　负载均衡架构

负载均衡架构一方面可以提升系统性能，因为随着并发量的增加，系统资源呈现不足，系统性能随之下降，TPS 降低，响应时间变长，而负载均衡架构通过部署多台服务器并构成一个集群，可以在一个系统中提供更多的服务器计算资源，保证每台服务器的并发量都不会太大，系统性能不会因高并发而下降。

另一方面可以提升系统可用性，当应用服务器集群中某台服务器出现故障时，负载均衡服务器可以通过心跳检测或者响应超时等方式发现有故障的服务器，并将该服务器从负载均衡集群中剔除。也就是说，不再将用户请求分发到该服务器上，从而不让故障服务器影响到用户请求的正常处理，整个系统看起来好像和没有任何故障一样，保证了整个系统的高可用性，如图 4-10 所示。

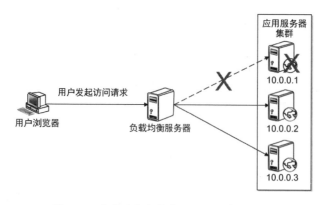

图 4-10　负载均衡架构实现应用的高可用性

4.4.2　灰度发布及其对测试的影响

对于每一台应用服务器而言，每次发布都是一次停机故障，因为要发布新代码，必须要先关闭正在运行的应用进程，然后拷贝新代码到服务器，再启动新代码应用程序。这个过程可能需要几秒钟到几十分钟，在整个过程中应用程序停止运行，服务器相当于故障宕机。因此，要保证系统的高可用性，应用服务器必须部署为负载均衡集群，另外应用服务器发布时，也不能同时发布集群中的所有服务器，而是每次发布一小部分服务器，使用户请求总是能分发到正常运行的服务器上进行处理。

在新的应用程序代码发布上线后，如果发现代码有 bug，那么新发布的服务器需要进行故障回滚，即用旧的代码覆盖新的代码，重新用旧代码发布运行。对于大规模的负载均衡集群而言，比如有数千台服务器，如果发布过程中发现有代码 bug，则需要进行回滚，服务器要逐步回滚发布，而这段时间内代码 bug 造成的问题可能会影响到很多用户。

为了应对这种局面，大规模负载均衡服务器集群会使用灰度发布模式，将集群服务器分成若干部分，每天只发布一部分服务器，如果观察运行稳定，没有故障，第二天继续发布一部分服务器，持续几天把整个集群全部发布完毕，期间如果发现问题，只需要回滚已发布的一部分服务器即可，灰度发布模式如图 4-11 所示。

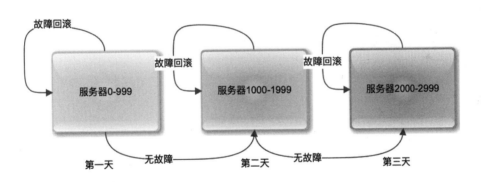

图 4-11　灰度发布模式

但是这种发布方式会影响到用户体验，因为系统中同时运行着新旧两套代码，不同的用户请求可能会被分发到不同的服务器上，而不同的服务器运行着不同的代码，导致用户处理结果也不相同。同样，这也会影响到线上测试结果，以及对故障的确认，因为测试人员请求被分发的服务器可能和用户请求被分发的服务器不同，导致测试人员无法复现用户的问题，难以确认故障。

灰度发布的这种特性也被专门用来测试用户对不同版本代码的满意度，也就是所谓的 AB 测试，即将用户分为 A、B 两个测试组，一个组请求分发到旧代码，另一个组请求分发到新代码，通过监控用户操作日志，分析用户对新代码的满意度，决定是否完全用新代码代替旧代码。因此，AB 测试是产品运营的一个概念，不是本书讨论的测试的概念。通常，AB 测试可以决定一个用户账号被分到哪个组，测试人员可以根据需要将自己的测试账号分配到不同组进行测试。

4.5　分布式数据库架构及高可用性测试

在各种分布式技术中，分布式数据库是技术难度最大的，既要能承受高并发的访问压力，又要能满足海量数据的存储，还要能保证数据不丢失和数据的高可用性，以及由此引发的数据一致性问题。

4.5.1　分布式数据库架构

最简单的分布式数据库架构是关系型数据库的主从复制架构，即将多台数据库服务器构建成一个分布式集群，其中一台为主数据库，负责提供数据的写操作服务，主数据库的数据通过数据同步机制被同步到多台从数据库服务器上，使从数据库的数据和主数据库的保持一致，而从数据库只提供数据读取、数据分析、数据备份等只读操作。

以 MySQL 为例，数据库的主从复制机制如图 4-12 所示。

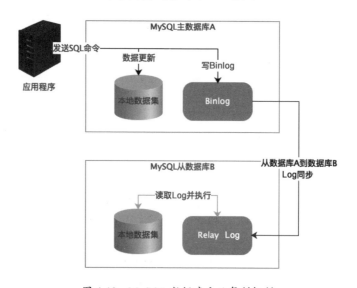

图 4-12　MySQL 数据库主从复制机制

当应用程序客户端发送一条更新命令到主数据库服务器时，数据库会先把这条更新命令同步记录到 Binlog 中，然后由另外一个线程从 Binlog 中读取这条命令，通过远程通信的方式将它复制到从服务器。

从服务器获得这条更新命令后，先将其加入自己的 Relay Log 中，然后由另外一个 SQL 执行线程从 Relay Log 中读取这条新日志，并在本地数据库中重新执行一遍。这样，当客户端应用程序执行 update 命令时，这条命令会同时在主数据库和从数据库上执行，从而实现数据从主数据库向从数据库的复制，让从数据库的数据和主数据库的保持一致。

关系型数据库的主从复制架构可以提升数据的读操作性能，但是并不能提升数据的写操作性能，也无法存储海量的数据，因为数据只是在主从数据库服务器之间复制，如果需要存储的数据量超过了单一服务器存储的上限，那么数据库系统就无法存储这些数据。

解决这个问题的办法是采用数据分片技术，即将数据表拆分到多个数据库服务器上，每台服务器只存储一部分数据，将海量的数据分布存储在一个服务器集群上，从而减轻海量数据的高并发读写压力。

最简单的数据库分片存储可以采用硬编码的方式，即在程序代码中直接指定一条数据记录要存放到哪个服务器上。比如，如果将用户表分成两片存储在两台服务器上，就可以在程序代码中根据用户 ID 进行分片计算，将 ID 为偶数的用户记录存储到服务器 1 上，将 ID 为奇数的用户记录存储到服务器 2 上，如图 4-13 所示。

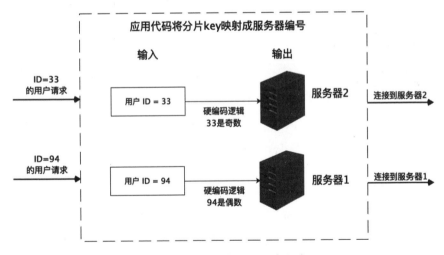

图 4-13　硬编码实现数据库分片

由于这种硬编码数据分片的方式导致分片代码和业务逻辑代码耦合在一起，代码难以维护，因此实践中更多采用分布式数据库中间件来实现数据分片，如 MyCAT。MyCAT 架构如图 4-14 所示。

这样，应用程序就能像使用 MySQL 数据库一样连接 MyCAT，并提交 SQL 命令。MyCAT 在收到 SQL 命令后，查找配置的分片逻辑规则。比如，在图 4-14 的例子中，根据地区进行数据分片，将不同地区的订单存储在不同的数据库上，MyCAT 就可以先解析出 SQL 中的地区字段 prov，再根据这个字段连接对应的数据库。图 4-14 中 SQL 的地区字段是"wuhan"，而在 MyCAT 中配置"wuhan"对应的数据库是 DB1，用户提交的这条 SQL 最终会被发送给 DB1 数据库进行处理。

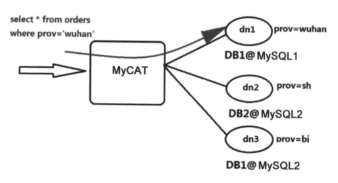

图 4-14   MyCAT 架构

除了主从复制或者分片的关系型数据库，还有一类数据库天然就是为分布式而设计的，即 NoSQL 数据库。NoSQL 数据库和传统的关系型数据库不同，它主要的访问方式不是使用 SQL 进行操作，而是使用 key、value 的方式进行数据访问，所以被称作 NoSQL 数据库。NoSQL 数据库的设计目标就是存储海量数据，常用的 NoSQL 数据库有 HBase、MongoDB、Cassandra 等。

4.5.2   分布式数据的高可用性测试

分布式系统有一个著名的 CAP 原理，即一个提供数据服务的分布式系统无法同时满足数据的一致性（Consistency）、可用性（Availability）和分区耐受性（Partition Tolerance）这三个条件。

对于分布式系统，为了保证数据的高可用性，即不会因为硬件的损坏导致数据丢失，通常需要将数据进行多个备份，MySQL 的主从复制就是一种备份。但是如何保证多个数据备份之间的一致性呢？CAP 原理认为，当网络分区失效发生，无法更新所有的备份数据时，我们要么取消操作，保证数据的一致性，但是系统却不可用，要么继续写入数据，但是数据的一致性就得不到保证。

对于分布式系统来说，网络失效一定会发生，也就是说，分区耐受性是必须要保证的，而对于互联网应用来说，可用性也是需要保证的，分布式系统通常需要在一致性上做一些妥协和增强。

比如，Apache Cassandra 解决数据一致性的方案，是在用户写入数据时，将一个数据写入集群中的三个服务器节点，等待至少两个节点响应写入成功。在用户读取数据时，从三个节点尝试读取数据，至少等到两个节点返回数据，并根据返回数据的时间戳选取最新版本的数据。这样，即使服务器中的数据不一致，但是最终用户还是能得到一致的数据，这种方案也被称为最终一致性，Apache Cassandra 最终一致性数据存储方案，如图 4-15 所示。

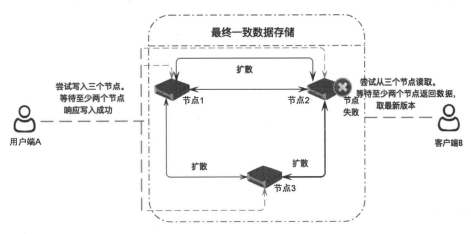

图 4-15　Apache Cassandra 最终一致性数据存储方案

此外，还有一些专门解决数据一致性问题的技术产品，比如 ZooKeeper。ZooKeeper 通过 ZAB 算法来保证各个服务器备份数据的一致性。

数据一致性问题主要是由网络或者服务器故障导致的，因此测试数据一致性其实就是测试在各种系统故障发生的时候，系统数据能否保证正确，事实上就是在进行高可用性测试。

高可用性测试的方法主要是模拟各种软硬件系统故障，测试故障发生时系统能否正常运行，数据是否正确。这方面最著名的测试工具莫过于 Netflix 的 Chaos Monkey，Chaos Monkey 通过随机"杀死"一些进程或者关闭某些服务器来模拟系统故障，从而测试系统是否满足高可用性的要求。

因为 Chaos Monkey 制造的故障是可控的，可以根据需要自动恢复故障，所以很多时候会直接用于生产环境。一方面通过制造可控的故障不断发现系统脆弱的地方，另一方面如果系统在这种不断制造的混乱中能够稳定运行，也会让相关人员对系统更有信心。Chaos Monkey 这种制造故障对系统进行测试的方法也被称为混沌工程。

4.6　微服务架构及其对测试的影响

微服务架构是从单体架构演化而来的。所谓单体架构，指的就是将整个应用系统的所有代码打包在一个程序中，并部署在一个集群上，一个单体应用构成整个系统。

而微服务架构则是将大的应用中的一些模块拆分出来，独立部署在一些相对较小的服务器集群上，应用通过远程调用的方式并依赖这些独立部署的模块完成业务处理。这些独立部署的模块被称为微服务，对应的应用架构也被称为微服务架构。

4.6.1　微服务架构

微服务架构的核心组成包括服务提供者、服务消费者和服务注册中心，大部分微服务框架（如 Spring Cloud 等）都包含这三个核心部分，图 4-16 所示为 Dubbo 微服务框架。

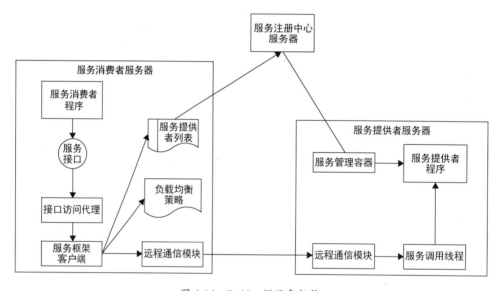

图 4-16　Dubbo 微服务架构

顾名思义，服务提供者就是微服务的具体提供者，通过微服务容器对外提供服务，而服务消费者就是应用系统或其他的微服务。

具体过程是服务提供者程序在 Dubbo 的服务提供者服务器中启动，通过服务管理容器向服务注册中心进行注册，声明服务提供者提供的接口参数和规范，并且注册自己所在服务器的 IP 地址和端口。

服务消费者程序如果想要调用某个服务，只需依赖服务提供者的服务接口进行编程即可。服务接口通过 Dubbo 框架的接口访问代理，调用 Dubbo 的服务框架客户端，服务框架客户端根据服务接口声明去服务注册中心查找对应的服务提供者启动在哪些服务器上，并且将这个服务提供者列表返回给客户端。服务框架客户端根据某种负载均衡策略选择某一个服务器，并通过远程通信模块发送具体的服务调用请求。

服务调用请求通过 Dubbo 的远程通信模块，也就是 RPC 调用，将请求发送到服务提供者服务器，服务提供者服务器收到请求以后，调用服务提供者程序完成服务处理，并将服务处理结果通过远程通信模块返回给服务消费者服务器，从而完成远程服务的调用，获得服务处理的结果。

典型的微服务系统架构如图 4-17 所示。

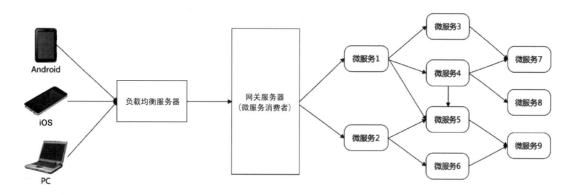

图 4-17　典型的微服务系统架构

客户端设备通过负载均衡服务器连接到网关服务器，网关服务器是微服务系统的入口，同时是一个微服务消费者，调用一个或多个微服务，而被网关服务器调用的微服务还会调用其他微服务，微服务之间具有依赖关系。

4.6.2　微服务架构对测试的影响

在单体架构下，通常以一个大的应用为单位来进行组织，开发、测试、发布等工作都围绕这个应用进行，团队也是围绕应用进行组织的。而在微服务架构下，一般以微服务为单位组织软件开发，微服务具有较大的独立性和自主性。通常，一个团队会负责若干个相关联的微服务，开发、测试，乃至发布和运维都由这个团队负责。因此，在微服务架构下，测试的主体不再是应用，而是微服务，测试人员需要做好微服务的测试，但是微服务之间又有依赖关系，因此想要单独测试某个服务就会特别困难。同样，即使测试人员发现某些和预期不符的情况，也难以定位问题，即无法确定问题是由哪个服务引起的。

尤其在微服务设计不合理的情况下，微服务职责不清、功能边界模糊、依赖调用关系混乱等问题都会加剧整个系统的质量下降。这样的系统既难以发现 bug，也难以修复 bug，整个系统"牵一发而动全身"，任何修复和维护都会使系统更加混乱。因此，测试人员需要及时发现微服务架构设计的不合理之处，推动微服务架构的重构，从根源上提升系统质量，而不是通过发现 bug 来改进质量。通常，如果测试人员发现系统的 bug 难以收敛，即修复一个又出现一个新的，或者发现它们之间互相关联，开发人员修复 bug 需要互相依赖，那么，很有可能是架构设计出了问题，在这种情况下，首先应该修改的是架构设计，而不只是程序代码。

同时，微服务团队不仅需要负责微服务的开发、测试，还需要负责微服务的发布和运维。因此，微服务开发人员需要向 DevOps 转型，测试人员需要向 TestOps 转型，测试人员需要参与服务的运维管理，需要掌握自动化测试、持续集成与发布、运维脚本开发等各种知识技能。

4.7　大数据架构及机器学习对测试的影响

通常，我们所说的大数据从技术上讲就是企业将各种数据收集起来统一进行计算，以挖掘其中的价值。这些数据既包括企业应用系统产生的数据，也包括从第三方采购的数据，还包括通过网络爬虫获取的各种互联网公开数据。通过把所有的这些数据放在一起，统一进行数据关联分析和机器学习，为用户提供更精细、更智能的服务，提升企业的竞争力。

4.7.1　大数据架构

大数据技术具体可以分为两种：一种是大数据基础技术，主要指的是各种开源的大数据存储、大数据计算、数据仓库、流式计算等，比如大家熟悉的 Hadoop、Spark、Hive、Flink 等。另一种是大数据架构，就是将各种开源的或者自研的大数据技术应用到我们的系统中，使这些技术成为整个系统的一部分，通常被叫作大数据平台。一个典型的使用大数据技术的应用系统架构如图 4-18 所示。

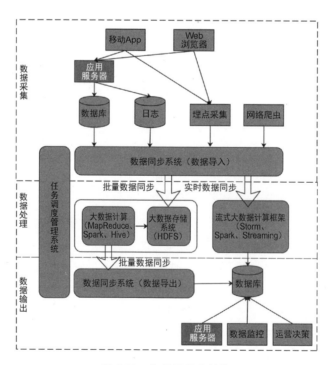

图 4-18　大数据平台架构

在图 4-19 中，我们将应用系统简化为应用服务器，突出展示大数据相关部分在系统整体架构中的位置与作用。大数据平台架构可以分为三个部分：数据采集、数据处理和数据输出。

数据采集主要有两个来源：一个是应用服务器及前端 App 实时产生的数据和日志，以及埋点采集的数据；另一个是网络爬虫。

这些数据通过数据同步系统导入大数据存储系统 HDFS 中，写入 HDFS 的数据会被 MapReduce、Spark、Hive 等大数据计算框架执行。数据分析师、算法工程师提交 SQL 及 MapReduce 或者 Spark 机器学习程序到大数据平台。大数据平台的计算资源通常总是不足的，因此这些程序需要在任务调度管理系统的调度下排队执行。

MapReduce 或者 Spark 的计算耗时比较长，数据量小、计算简单的任务需要几分钟，数据量大、计算复杂的任务需要几小时甚至几天，这类计算也被称为批处理计算。而对于需要快速得到结果的计算任务，则不通过 HDFS 存储，而是由数据同步系统实时发送给流式大数据计算框架，实时计算并实时输出结果，这类计算也被称为流处理计算。

批处理计算的结果先被写回存储系统 HDFS，然后通过数据同步系统再被导出到数据库。应用服务器可以直接访问这些数据，在用户请求的时候为用户提供服务，比如店铺访问统计数据，或者智能推荐数据等。虽然大数据批处理计算比较慢，但是应用程序访问大数据计算结果时，访问的是从大数据存储系统 HDFS 同步到数据库的数据，访问速度就很快了。当然，因为这些数据其实是提前计算好的，算出来的结果也不是最新的，比如统计数据只能看到昨天的，看不到今天的。

4.7.2　机器学习对测试的影响

因为大数据平台和整个应用系统并不直接关联调用，因此从测试的角度看，如果不是专门测试大数据平台，即使大数据平台短时间宕机，也并不会影响应用程序的正常运行，只是数据没有及时更新。

大数据的主要应用场景是通过机器学习实现智能推荐或者其他人工智能，比如电商领域最常见的"千人千面"，就是根据用户画像和过往历史记录，为不同用户展现不同的商品推荐列表。此外，图像识别、文本分类、人脸核验等也已经是各类应用中常见的功能。

一个典型的机器学习系统架构如图 4-19 所示。

机器学习利用学习算法在大数据系统中对大量的样本数据进行学习计算，可以得到一个机器学习模型。当应用程序需要对用户数据进行预测的时候，比如预测一个用户请求是不是机器人伪装的，是否需要拒绝请求，或者通过预测用户的喜好进行精准商品营销和推荐，预测系统就会调用上面的模型进行预测，根据预测结果处理用户请求。

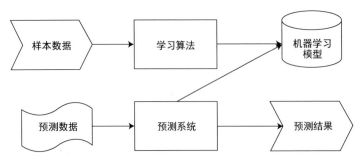

图 4-19　机器学习系统架构

衡量一个机器学习模型的好坏，最常用的指标是准确率和召回率，公式如下：

准确率 ＝ 预测的正确数据条数 ／ 预测的所有数据条数

召回率 ＝ 预测的正确数据条数 ／ 待预测的全部正确数据条数

假设待预测的数据中有 1000 条正确数据，预测系统预测出 800 条，但是其中只有 600 条是真正的正确数据，那么准确率就是 600/800=75%，而召回率则是 600/1000=60%。通俗地说，准确率描述的是预测结果有多大的概率是准确的，而召回率描述的是一个正确的结果有多大的概率能被预测出来。

通常，在进行机器学习算法训练时，算法工程师会将所有的样本数据分成训练集和测试集两部分，训练集用来训练模型，测试集用来测试模型的准确率和召回率是否达到期望。如果没有达到期望，就调整算法重新训练。但是受样本容量的限制，即使测试集满足指标要求，在实际应用中也可能表现得不尽如人意。因此，当算法工程师交付一个算法模型时，测试工程师应当了解这个模型的准确率和召回率，并在测试的过程中验证模型是否达到指标。比如，一个号称有 95%准确率的模型，在应用测试的时候，如果连一半的正确预测都做不到，那么这个模型就比较可疑了。

## 第 5 章

Web 测试技术精要

随着 Web 应用程序复杂性的不断提高，测试变得越来越关键，通过有效的 Web 测试能够确保应用的功能在不同浏览器、设备和网络环境中得到全面验证。本章内容主要包括 Web 测试的核心技术、自动化框架及常见的测试痛点，通过这些内容帮助读者更好地应用这些技术来提升测试效率和系统的稳定性。

本章首先概述了 Web 测试技术的要点和自动化技术，然后详细介绍了基于编程语言的测试框架（如 Selenium、Airtest 和 Playwright）。接着，讨论了如何组织测试代码、自动化测试中的常见痛点，以及高效执行测试的方法（如并行测试、无头模式和模拟登录）。此外，本章还介绍了提高测试稳定性的策略，包括基于页面或元素状态的等待和重试机制、视觉验证测试、自我修复测试等技术。最后，针对无代码/低代码测试方法也提供了实用的工具和方案。

5.1　Web 测试技术概述

Web 测试是对 Web 应用程序的测试，以验证 Web 应用程序是否按预期执行。Web 应用程序通常为 B/S（Browser/Server，浏览器/服务器）模式，使用浏览器来呈现应用程序的内容，并与其进行交互。基于这种特性，Web 测试技术具有诸多要点，下面分别介绍 Web 测试技术的要点及 Web 自动化测试技术。

5.1.1　Web 测试技术要点

1. Web 应用程序涉及的基础技术

在正式介绍 Web 测试之前，我们先来看一下 Web 应用程序是如何呈现在浏览器中的，其过程如图 5-1 所示。

在浏览器呈现 Web 应用程序页面时，它会解析 HTTP 响应中的 HTML，并将其以界面的形式展示出来，其中 HTML 内嵌的其他资源（如本例中的<img src="a.jpg">）中的每种资源均会触发一次图 5-1 所示的过程（如本例中的图片会再次访问 Web 服务器的资源 http://www.testing****.com:80/dir1/a.jpg）。

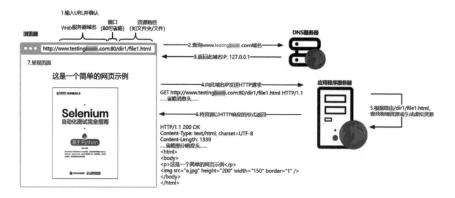

图 5-1 Web 应用程序在浏览器中的呈现

以上只是简单的静态页面示例，并未包含过多要素。事实上，在返回的 HTML 中通常还会包含外部 CSS 文件和 JavaScript 文件，HTML、CSS、JavaScript 共同决定了 Web 应用程序的呈现与交互，如图 5-2 所示。

图 5-2 Web 应用程序的呈现与交互

由于网页间是各自独立的，因此要临时存储客户端会话信息或者数据，并在同域名网页下进行共享，这就会涉及 Cookie、LocalStorage、SessionStorage 等技术。它们均是基于键值的存储，其作用分别如下。

- Cookie：通常用于存储需要回传给服务端的信息，这些信息可以跨浏览器窗口共享，每次浏览器发送请求时都会将 Cookie 带到 HTTP 消息头中，因此大小要限制在 4KB 内（通常用于存储登录信息，以便在服务端验证登录状态）。可设置过期时间。
- LocalStorage：通常用于存储需要长期保存到本地浏览器但不需要回传给服务端的信息，这些信息可以跨浏览器窗口共享（例如，可存放上一次的页面排序选项，后续再进入此页面时默认使用此排序选项）。可设置过期时间。
- SessionStorage：通常用于存储临时信息，仅在当前窗口生效，关闭浏览器后就会失效。

通常，在浏览器开发者工具 Application 的选项卡下可以查看 Cookie、LocalStorage、SessionStorage 存储，如图 5-3 所示。在 Web 测试的过程中有时会编辑这些存储信息，如植入 Cookie 或 LocalStorage。

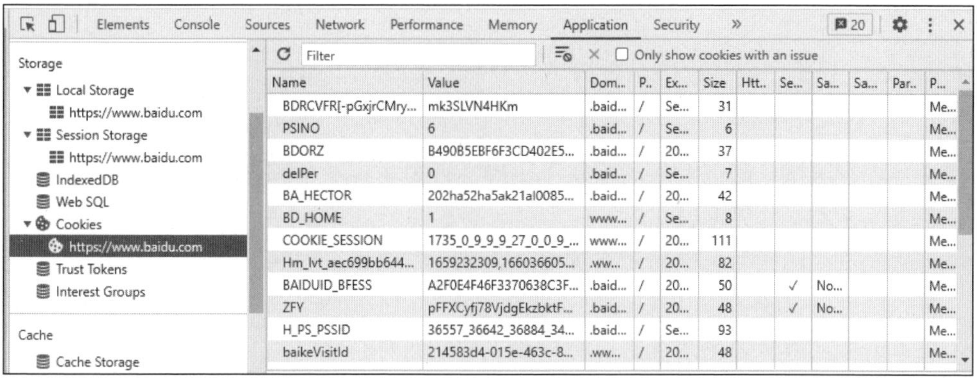

图 5-3 开发者工具 Application 的选项卡

在通过浏览器访问 URL 打开 Web 页面并加载<img>、<link>、<script>等 HTML 标记中的资源后，就可以与页面进行交互了，在交互过程中会涉及与服务器的通信，并动态刷新页面的局部区域，这通常会涉及以下两种技术。

- Ajax：Ajax（Asynchronous Javascript and XML，异步 JavaScript 和 XML）是一种由浏览器 JavaScript 先向服务器发起 HTTP 请求并获取数据，然后修改页面 DOM（Document Object Model，文档对象模型）进行局部更新的一种技术，它不需要重新加载整个页面，就能获得较好的使用体验。现在几乎所有的网站都使用这项技术，如进入百度搜索页面后单击热搜中的"换一换"，或搜索"关键字"自动加载相关预选关键字等。

- WebSocket：WebSocket 是一种双向通信技术，在通信双方建立连接后，浏览器或服务器都可以实时发送或接收消息。这项技术通常用于在线聊天系统，如电子商务网站的客服中心。

基于 Ajax 和 WebSocket 的特性，在进行 Web 测试时需要考虑网络因素，如网络缓慢、请求失败时的场景，而对于 WebSocket 可能要考虑更多，例如 WebSocket 断线后需要考虑重连后恢复历史消息的问题。另外，对于手机系统来说，iOS App 进入后台后将禁止代码执行，包括 WebSocket 相应事件的代码，因此还需考虑如何获取 App 激活状态以恢复消息。

2. Web 应用程序测试要点

Web 测试是对 Web 应用程序的测试，验证 Web 应用程序是否按预期执行，测试内容可分为功能测试、界面测试、兼容性测试、接口测试、安全测试、性能测试等。其中，接口测试、安全测试、性能测试将在后续章节中详述，以下简要介绍功能测试、界面测试及兼容性测试的要点。

1）功能测试

功能测试主要验证应用程序是否满足功能需求或规范。测试人员就像最终用户一样进行操作和输入，并通过检查对应的输出来测试应用程序的功能。功能测试主要涉及以下部分：

- 业务流程测试：测试业务流程是否正确。根据实际业务场景或工作流程，在一系列相关页面进行操作及测试。
- 链接测试：测试网页中的所有链接是否能正常工作，如站外链接、站内链接、锚点链接、邮件链接等。
- 表单测试：测试各类表单是否按预期工作，如对必填字段或格式的验证，如果未通过则显示错误消息，以及测试默认值是否填充、提交后是否能存储到数据源等。
- Cookie/Storage 测试：测试 Cookie/Storage 是否按照预期工作，如启用和禁用 Cookie/Storage 后网站功能是否正常，并检查关键信息是否已加密，过期后是否删除，以及删除 Cookie/Storage 后是否要求登录等。
- HTML 和 CSS 测试：验证搜索引擎机器人是否可以抓取网站并将内容编入索引。测试人员将检查颜色模式、语法错误，并确保前端编码符合必要的规范（例如，W3C、OASIS、IETF、ISO、ECMA、WS-I 等规范）。

2）界面测试

界面测试主要验证页面是否美观，布局是否合理，整体风格是否一致，交互方式是否符合用户使用习惯且易于操作，界面内容是否正确、无错字、无歧义等。通常界面是由 UI 团队设计的，因此大部分测试只是比较界面与 UI 原型图是否一致，但需要根据实际使用情况提出质疑。

3）兼容性测试

测试 Web 应用是否在不同的设备（桌面设备或移动设备）、系统（Windows、macOS、Linux、OSX、UNIX）和浏览器（如 Chrome、Safari、Firefox、Opera、Edge 等）上正确运行。同时，还需要验证同一浏览器本身在不同分辨率、尺寸、缩放比例下的运行情况，尤其对于响应式网页更需要关注这些情况。

- 桌面浏览器兼容性测试：浏览器兼容性测试可检测 Web 应用在不同桌面浏览器上的运行情况。应用程序还会在同一浏览器的不同版本上进行测试，以确保所有用户都能获得正确无误的体验。

● 移动设备兼容性测试：检测 Web 应用与各个 Android 和 iOS 设备及移动浏览器的兼容情况。除了检测 Web 应用程序与移动设备浏览器本身的兼容性，对于部分需要嵌入 WebView 的页面，还需要注意检测 Web 应用与 WebView 的兼容性。

除此以外，Web 应用程序的架构通常比较复杂，对测试也会造成影响。

5.1.2　Web 自动化测试技术

1. 手动 Web 测试面临的挑战

早些年，浏览器及设备的种类不丰富，几乎只有 Windows 平台下的网景和 IE 浏览器，后来网景破产，由于缺乏竞争，ECMAScript 标准长年没有任何发展，加之受网络带宽的限制，Web 应用程序通常相对简单，难以呈现复杂内容，对 Web 自动化测试的需求并不迫切。复杂的应用程序以 C/S（Client/Server，服务器/客户机）模式为主，具有较迫切的测试需求，当时最流行的自动化测试工具是 QTP（Quick Test Professional）这样的桌面级应用。

随着 Web 应用、设备及浏览器的发展，以及软件工程本身的发展，对自动化测试的需求逐渐向 Web 应用程序倾斜，并逐渐发展为刚需。

Web 应用程序逐渐成为主流应用。早期的浏览器如果要与服务器交换数据，只能通过刷新页面的形式发送请求并接受响应，体验不佳，在此基础上的 Web 应用程序难堪大用。2005 年，随着 Ajax 的"大火"，局势发生了改变。Ajax 是一种创建交互式、快速动态网页应用的网页开发技术，在无须重新加载整个网页的情况下，能够更新部分网页。从此，浏览器中的网页开始能为用户提供复杂的交互，Web 应用的体验得到提高，基于 B/S 架构的 Web 应用程序逐渐开始成为主流。随后 jQuery 等 JavaScript 框架兴起，使 HTML 文档的遍历和操纵、事件处理、动画和 Ajax 等事情变得更加简单，越来越多的逻辑处理也从服务端迁移到客户端，而后 EMCAScript 标准也开始不断更新，进一步推动了 Web 应用程序的发展。

平台-设备-浏览器的组合以指数级的速度增长。作为主流桌面平台的 Windows 平台逐步演变为 3 个主流平台（Windows、Linux 和 macOS），而移动设备也开始兴起，iOS 和 Andriod 成为主流平台。浏览器市场的格局从原先的 IE 一家独大变为多家争鸣（Chorme、Firefox、Safari 等），这些"后起之秀"凭借更友好的体验，逐步占领 IE 浏览器的市场份额。由于不同的浏览器由不同的厂商维护，通常具有不同的引擎，而不同的设备又具有不同的屏幕尺寸和呈现，因此，原本简单的 Web 应用程序测试会由于平台-设备-浏览器组合的增长，使相同的测试用例反复在不同的组合上执行。

如今，软件行业对测试质量和效率的要求和多年前相比已天壤之别，在追求敏捷开发和 DevOps 的今天，测试的成效已经成为成功实施敏捷开发或 DevOps 的关键之一，随着发布颗粒度的减小、发布频次的增加、测试节奏的加快，测试执行将越发频繁，低效的测试难以为继。

基于以上几点，Web 自动化测试的实施已成为现代 Web 测试中的关键。

2. Web 自动化测试的原理

早期的自动化测试工具并不是供测试人员使用的，在 C/S 架构盛行的时代，操作窗体的SDK（Software Development Kit，软件开发工具包）设计初衷就不是为了自动化测试，而是为了实现程序上的控制，面向的是研发业务而非测试业务，可读性极差，如以下代码。

```
const int BM_CLICK = 0xF5;
IntPtr maindHwnd = FindWindow(null, "用户登录");
if (maindHwnd != IntPtr.Zero)
{
    IntPtr childHwnd = FindWindowEx(maindHwnd, IntPtr.Zero, null, "登录");
    if (childHwnd != IntPtr.Zero)
    {
        SendMessage(childHwnd, BM_CLICK, 0, 0);
    }
}
```

这还是其中最简单的一段，但读起来依然很吃力。可以看到，各个关键操作函数与测试业务毫无关系，完全是在向某窗体的句柄发送某数字信号。测试人员阅读和维护这样的代码，简直费力至极。因此，符合测试思维的由关键字驱动的理念开始发酵，关键字驱动可以让测试人员通过维护测试关键字来描述测试操作，如"操作窗体：用户登录，操作对象：登录按钮，操作方式：单击，操作值：无"（至于底层如何寻找窗体句柄号、向哪个窗体句柄号发送哪种数字信号等，这些都是编写测试框架的人考虑的事），测试人员只关注操作对象本身及其操作即可，这为之后自动化测试工具的设计奠定了基础。

直到现在，自动化测试看似很高深，实则很简单。现代 Web 自动化测试框架几乎都是基于关键字驱动的，无论代码是什么，各种测试框架的具体调用方式也可能有所区别，但本质都是在描述上述测试操作，概括为以下主要内容。

（1）要操作哪个对象？

- 页面。
- 页面上的具体元素，对于具体元素，需要指明如何查找这个元素，如按照 ID、 Name、ClassName、文本等方式查找。

（2）要对这个对象执行什么操作？

- 输入性操作，如单击操作、输入文字等。

● 输出性操作，如获取文本属性或其他属性的操作。

以 Selenium 框架的代码为例，可以说每一句代码的本质都是在描述：要操作哪个对象？要对这个对象执行什么操作？

```
from selenium import webdriver
from selenium.webdriver.common.by import By

driver.get('https://www.baidu.com') #对页面执行跳转操作，地址为 baidu
pageTitle = driver.title  #对页面执行获取标题的操作
driver.find_element(By.ID, "kw").send_keys("hello world") #对页面上 ID 为 kw 的输
入框元素执行输入操作，输入文本为 hello world
elementText = driver.find_element(By.ID, "kw").text  #获取页面上 ID 为 kw 的输入框
元素的文本
```

对于常规测试来说，判定测试是否通过的标准是，将预期输出和实际输出的结果进行比较，如果两者相同则测试通过，如果两者不同则测试失败。

对于自动化测试来说也是如此，例如以下代码。

```
assert pageTitle == "百度一下，你就知道"
```

先通过自动化测试工具执行操作，之后再比较预期输出和实际输出，这就是自动化测试的根本原理。

5.2　基于编程语言的 Web 测试框架

5.2.1　Selenium

Selenium 是一系列基于 Web 的自动化工具。它提供了一系列操作函数，用于支持 Web 自动化，这些函数非常灵活。它们能够通过多种方式定位界面元素、操作元素，并获取元素的各项信息。Selenium 可以用于 Web 自动化的多个方面，但通常用于执行 Web 自动化测试。

Selenium 具有以下特性。

● 支持全部的主流浏览器，如 Chrome、Firefox、Safari、Android 或 iOS 手机浏览器等。
● 支持多种语言，如 Python、Java、C#、Ruby、JavaScript 等。
● 跨平台，如桌面平台 Windows、Linux、macOS，移动平台 iOS、Android 等。

Selenium 包含 Selenium IDE（录制回放工具）、Selenium WebDriver（多语言编程接口）及 Selenium Grid（在多台机器上执行测试的平台）三部分。

1. Selenium IDE

Selenium IDE 是实现 Web 自动化的一种便捷工具，本质上它是一种浏览器插件，支持 Chrome 和 Firefox 浏览器，拥有录制、编写、回放操作等功能，通过它能够快速实现 Web 自动化测试。除此以外，它还具备轻量级的测试管理功能及测试代码导出功能。

Selenium IDE 本身的定位并不是用于做复杂的自动化场景，而是用于一些对效率拥有极高要求的简易场景，在这些场景下无须套用复杂、厚重的框架和体系，只需要临时复用由 Selenium IDE 快速产生的操作回放记录及脚本即可，这些场景如下。

- 当发现 bug 时，创建 bug 重现脚本并提交给开发人员，提升沟通效率。
- 在执行手工探索式测试等时，通过录制回放操作实现半自动化，提升手工验证效率。
- 针对某个新功能的手工测试用例创建轻量级的、临时性的回归测试，提升测试效率。
- 录制操作后导出脚本，节省自动化测试代码的编写时间，提升编程效率。
- 其他一些非测试性用法，如抢票操作、抢购操作、刷浏览量或下载量等。

例如，使用 Selenium IDE 录制在百度页面搜索关键字"hello wolrd"，并验证搜索结果中是否包含"hello world"关键字的测试，如图 5-4 所示。

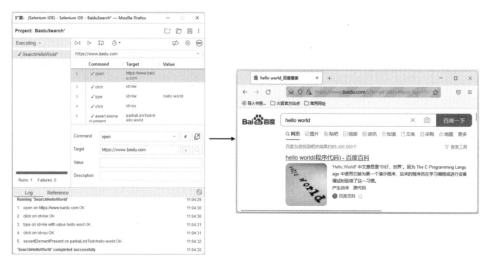

图 5-4　Selenium IDE 中的测试用例

2. Selenium WebDriver

Selenium WebDriver 可以在本地或远程计算机上以原生方式驱动浏览器，相当于用户在真实操作浏览器。

WebDriver 是一种 API（Application Programming Interface，应用程序接口）和协议，定义了一种不依赖于编程语言、用于控制 Web 浏览器行为的接口，并可以引用具体语言（Python、Java、C#、Ruby、JavaScript）绑定的库（对于 C# 是 dll，对于 Java 是 jar 等）来调用这些接口。

每种浏览器需要有一个特定的、基于 WebDriver 的实现来负责控制浏览器，这种实现称为驱动程序。驱动程序通常为可执行文件（如 Windows 下的.exe 文件），一般是由浏览器厂商开发并提供的。

WebDriver、驱动程序、浏览器三者之间的关系，如图 5-5 所示。WebDriver 通过驱动程序将命令传递给浏览器，对浏览器进行操作或读取信息，并通过相同的路径接收信息。

图 5-5　WebDriver、驱动程序、浏览器三者之间的关系

以在百度页面搜索关键字 "hello wolrd" 并验证搜索结果中是否包含 "hello world" 关键字的测试为例，图 5-6 所示的示例分别给出了 Java 与 Python 代码的两种编写形式，都使用了 Firefox 作为浏览器，从中可以看出测试代码是如何与指定浏览器进行交互的。

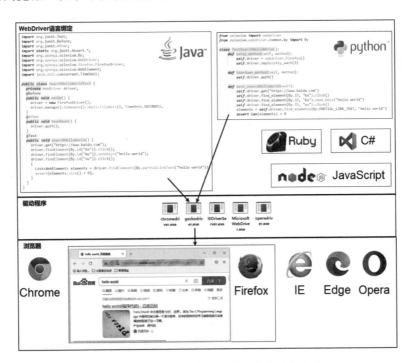

图 5-6　测试代码如何与指定浏览器进行交互

除了测试桌面端的 Web 应用程序，还可以通过设置 User-Agent 和窗口尺寸的方式测试移动版的网站，甚至不需要虚拟机或者实体机，以上述代码中的 Python 代码为例进行改写，使用--user-agent 模拟手机信息，以便访问到移动版百度首页，具体代码如下。

```python
from selenium import webdriver
from selenium.webdriver.common.by import By
from selenium.webdriver.firefox.options import Options
# 如果是 Chrome, 则使用 from selenium.webdriver.chrome.options import Options

class TestSearchHelloWorld():
    # 在执行测试类中的测试函数前执行
    def setup_method(self, method):
        # 在实例化 WebDriver 之前，设定自定义选项
        custom_options = Options()
        # 更改浏览器的 UA, 以下 set_preference 代码仅适用于 Firefox 浏览器
        # 如果是 Chrome, 则使用 custom_options.add_argument('--user-agent=具体标识')
        custom_options.set_preference("general.useragent.override",
                                      "Mozilla/5.0 (iPhone; CPU iPhone OS 11_0 like
Mac OS X) AppleWebKit/604.1.38 (KHTML, like Gecko) Version/11.0 Mobile/15A372
Safari/604.1")
        self.driver = webdriver.Firefox(options=custom_options)
        self.driver.set_window_size(480, 800)
        # 设置 3 秒隐式等待，相当于引入一个 3 秒宽限期，等待元素出现后再操作
        self.driver.implicitly_wait(3)

    # 在执行测试类中的测试函数后执行
    def teardown_method(self, method):
        self.driver.quit()

    # 测试函数
    def test_searchHelloWorld(self):
        # 打开百度首页
        self.driver.get("https://www.baidu.com")
        # 输入 "hello world"
        self.driver.find_element(By.ID, "index-kw").send_keys("hello world")
        # 单击 "百度一下"
        self.driver.find_element(By.ID, "index-bn").click()
        # 获得所有带有 "hello world "关键字的链接
        elements = self.driver.find_elements(By.PARTIAL_LINK_TEXT, "hello world")
        # 断言链接总数大于 0
        assert len(elements) > 0
```

执行结果如图 5-7 所示。通过这种方式可以实现移动版 Web 应用程序的测试，而无须依赖手机设备。

虽然这种方式能够方便地切换应用类型和屏幕尺寸，但毕竟不是在移动设备上的真实浏览器。如果要得出更准确的测试结果，可以使用 Appium（Appium 是基于 WebDriver 标准的开源工具，主要用于移动设备原生 App 及 Web 应用程序的自动化）通过连接移动设备模拟器或真机的形式，打开移动设备的浏览器来测试移动端 Web 应用程序。

在最新的 Selenium 4 中，WebDriver 提供了一些全新的功能，其中最亮眼的是 BiDirectional API，它提供了以下几种能力，对测试有较大帮助。

- 基础身份认证。
- 监听指定的 DOM 结构是否发生突变。
- 监听 console.log 的执行并可触发相应事件。
- 监听 JavaScript 的执行异常。
- 监听网络请求。

图 5-7　移动版 Web 应用程序测试结果

Selenium 4 还提供了对 Chrome DevTools Protocol 的直接访问，相当于可以调用 Chrome 开发工具的功能，这能够很好地辅助测试并搜集相关数据，但使用场景仅局限于浏览器版本。Selenium 4 其他的新功能，如相对定位器、新开 Tab、显式等待组合逻辑等，虽然它们有一定的应用场景，但对测试没有太大影响。

3. Selenium Grid

Selenium Grid 支持在多台远程机器上同时运行多个基于 WebDrvier 的测试，减少在多个浏览器和多个操作系统上进行测试耗费的时间。Selenium Grid 具有跨平台（支持 Windows、Linux、macOS、Android、iOS）、支持在多台机器上并行运行测试的特性，并能集中管理不同的浏览器版本和浏览器配置（不是在每个单独的测试中去管理）。

Selenium Grid 有以下三种运行模式。

- 经典模式（Hub 和 Node 集群）

在经典模式中，需要由一台机器担当 Hub，作为整个 Selenium Grid 集群的入口，在 Hub 上会注册一个或多个 Node，Node 负责执行具体的浏览器操作，WebDriver 语言绑定无须关注具体的 Node，只需要联系 Hub，由 Hub 自动分配具体的运行 Node，并将 JSON 格式的操作命令发送到具体 Node 上。这种模式能胜任绝大多数的场景。经典模式的流程如图 5-8 所示。

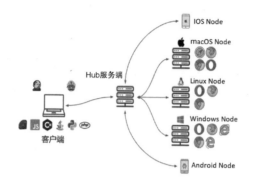

图 5-8　经典模式

- 全分布式模式

这是 Selenium 4 引入的一种新模式，在经典模式中，Hub 作为唯一入口承担了较多的功能，当并行执行的测试用例数量巨大时，Hub 将消耗较多网络与内存，为了解决这些问题，在全分布式模式中将 Hub 一分为五（Router、Session Queue、Session Map、Distributor、Event Bus），各自承担不同的职责，以解决经典模式中 Hub 的痛点。全分布式模式的流程如图 5-9 所示。

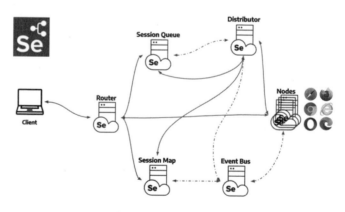

图 5-9　全分布式模式

- 独立运行模式

这是一种简化的单机模式，相比经典模式，此模式相当于在一台机器上启动一个服务，同时担当 Hub 和 Node 的角色。这种模式通常只作为调试用，或在并行测试用例数量较少时使用。

Selenium Grid 拥有自己的管理界面，在如图 5-10 所示的经典模式下，10.16.35.161:4444Hub 下面管理了两个 Node，分别为 10.16.35.162:5555 和 10.16.35.163:5555。

图 5-10　经典模式下的 Selenium Grid 管理界面

通过 Selenium Grid，我们可以在不同的系统、不同的浏览器上分布式执行并行测试，在同一时间涵盖所有的系统与浏览器场景，高效验证网站程序浏览器的兼容性。通过多进程或多线程并发的方式，可以实现同时在 Windows 系统的 Chrome、Firefox、Edge 浏览器和 Liunx系统的 Chrome、Firefox 上并行执行测试，Selenium Grid 会自动分配匹配系统及浏览器条件的 Node 去执行测试，示例代码如下。

```python
from threading import Thread
from selenium import webdriver
from selenium.webdriver.common.by import By

# 此函数用于调用 Selenium Grid 执行单次测试
def baidu_search_helloworld(hub_url, options):
    # Selenium Grid 的特定调用方式，需要传入 Hub 地址及运行选项
    driver = webdriver.Remote(hub_url, options=options)
    # 设置 5 秒隐式等待
    driver.implicitly_wait(5)
    # 以下几句代码的操作是先打开百度首页搜索 "hello world"，然后判断页面展示的链接中带有
"hello world" 关键字的元素数量大于 0
    driver.get("https://www.baidu.com")
    driver.find_element(By.ID, "kw").send_keys("hello world")
    driver.find_element(By.ID, "su").click()
    elements = driver.find_elements(By.PARTIAL_LINK_TEXT, "hello world")
    has_result = len(elements) > 0
    driver.quit()
```

```
    if not has_result:
        raise Exception("test failed!")

# 设置运行选项的 platform_name 属性，表示在哪个平台上执行测试
def get_platform(options, platform_name):
    options.platform_name = platform_name
    return options

# 定义 5 个选项，分别为 5 个不同的浏览器-平台组合，之后通过 Selenium Gird 在这些组合上同时执
行测试
list_of_options = [
    get_platform(webdriver.FirefoxOptions(), "WINDOWS"),
    get_platform(webdriver.ChromeOptions(), "WINDOWS"),
    get_platform(webdriver.EdgeOptions(), "WINDOWS"),
    get_platform(webdriver.FirefoxOptions(), "LINUX"),
    get_platform(webdriver.ChromeOptions(), "LINUX")]

# Hub 服务地址
hub_url = "http://10.16.35.161:4444"

# 定义线程数组，为之前定义的每个选项开启一个线程，线程将执行 baidu_search_helloworld()
函数，参数为 Hub 服务地址和某一浏览器-平台组合的选项
threads = []
for options in list_of_options:
    t = Thread(target=baidu_search_helloworld, args=(hub_url, options))
    threads.append(t)
    t.start()

# 等待所有线程执行完毕
for t in threads:
    t.join()
```

5.2.2　Airtest

Airtest 是由网易游戏推出的一款基于 Python、跨平台的 UI 自动化测试框架，基于图像识别原理，主要用于游戏和 App，也可以辅助 Web 测试。它具有以下特性：

- 支持基于图像识别的 Airtest 框架，适用于所有 Android、iOS、Windows 应用。
- 支持基于 UI 控件搜索的 Poco 框架，适用于 Unity3d、Cocos2d、Android、iOS App 等多个平台。
- 能够运行在 Windows、macOS、Linux 平台上。

对于 Web 测试来说，Airtest 基于 Selenium WebDriver 进行了扩展，提供了 airtest-selenium 框架，该框架增加了部分图像识别的接口（如基于图像的单击操作 airtest_touch 和基于图像的

断言 assert_template），也可以生成网页版的测试报告。

接下来，以百度搜索为例说明 Airtest 是如何进行 Web 测试的。首先，在 Airtest IDE 中编写如下脚本，如图 5-11 所示。在脚本中使用了两处基于 UI 图像的断言及一处基于 UI 图像的操作，在进入百度页面后，先使用基于 UI 图像的断言判断是否存在百度 Logo，在输入搜索关键字后，再基于 UI 图像单击"百度一下"按钮，并基于搜索结果的 UI 图像判断搜索是否成功。

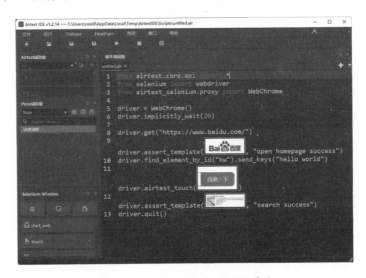

图 5-11　使用 Airtest 编写测试脚本

5.2.3　Playwright

Playwright 是一款新兴的自动化测试工具，它具有以下特性。

● 跨浏览器。Playwright 支持所有现代渲染引擎，包括 Chromium（Chrome）、WebKit（Safari）和 Firefox。

● 跨平台。支持 Windows、Linux 和 macOS 上的测试。

● 跨语言。可以在 TypeScript、JavaScript、Python、.NET、Java 中使用 Playwright API。

● 支持移动端 Web 应用测试。支持原生模拟 Android 的 Chrome 及移动端的 Safari。

和 Selenium 相比，Playwright 在定位上略有不同，Selenium 更偏向于是一款自动化工具，可以用于测试，也可以用于其他操作，而 Playwright 更偏向于是一款专门的自动化测试工具。在测试领域中，Playwright 提供的功能比 Selenium 的丰富，编写的代码也更符合测试语义。

例如，创建名为 test_searchHelloWorld.py 的文件，并使用 Playwright 进行测试。由于 Playwright 会自动等待元素变为可操作状态，因此下面的代码中无须包含任何显式或隐式的等待设置。

```
from playwright.sync_api import Page, expect

def test_search_hello_world(page: Page):
    # 打开百度首页
    page.goto("https://www.baidu.com/")
    # 单击搜索输入框，并输入 "hello world"
    page.click("#kw")
    page.type("#kw", "hello world")
    # 单击 "百度一下" 按钮
    page.click("#su")
    # 判断页面标题变更为 "hello world_百度搜索"
    expect(page).to_have_title("hello world_百度搜索")
    # 判断页面的搜索结果中，具有 "hello world(程序代码) - 百度百科" 文字的链接数为1
    expect(page.locator('a', has_text='hello world(程序代码) - 百度百科')).
to_have_count(1)
```

在使用 pytest-playwright 插件的情况下，可以通过以下命令以不同形式执行百度搜索的测试。pytest-playwright 插件支持的命令还有许多，这里不再详细介绍。

- 以有头模式在 Firefox 中执行测试：pytest test_searchHelloWorld.py --browser firefox –headed。
- 同时在 Firefox 和 Webkit 中执行测试：pytest test_login.py --browser webkit --browser firefox。
- 模拟 iPhone 11，以有头模式在 Chromium 中执行测试：pytest test_searchHelloWorld.py --browser chromium --device="iPhone 11" –headed。

Playwright 具有开箱即用生成测试的能力，可以通过 playwright codegen 命令开启录制功能并生成代码。它会打开两个窗口：一个是浏览器窗口，在其中与要测试的网站进行交互；另一个是 Playwright 检查器窗口，可以在其中记录测试、复制测试、清除测试及更改测试语言，如图 5-12 所示。

图 5-12   playwright codegen 命令的功能

Playwright 拥有众多开箱即用的特性，这里不一一介绍，仅列出一些实用且相对于原生 Selenium 来说更具优势的特性。

● 支持断言

Playwright 提供了约 50 个便捷且可读性极佳的断言方法，它们可直接用于各类场景，无须再自行编写类似功能，本节开头的示例中就使用了断言，如以下代码。

```
def test_search_hello_world(page: Page):
    #……
    # 判断页面标题变更为"hello world_百度搜索"
    expect(page).to_have_title("hello world_百度搜索")
    # 判断页面的搜索结果中，具有"hello world(程序代码) - 百度百科"文字的链接数为1
    expect(page.locator('a', has_text='hello world(程序代码) - 百度百科
')).to_have_count(1)
```

● 支持复用 Cookie 和 Local Storage

假设有较多的测试用例需要登录后才能执行，其代码如下所示，而对每个测试用例都执行登录操作会大幅减缓测试速度。

```
# 打开新页面
page = context.new_page()
# 假设新页面是登录页面，例如 https://xxx.com/login
page.goto('https://xxx.com/login')
# 单击"Login"按钮
page.locator('text=Login').click()
# 输入用户名
page.locator('input[id="uid"]').fill(USERNAME)
# 输入密码
page.locator('input[id="pwd"]').fill(PASSWORD)
# 单击"Submit"按钮
page.locator('text=Submit').click()
```

要解决这个问题，可以在登录成功后，执行 context 对象的 storage_state()方法将 Cookie 及 Local Storage 状态存储到文件中。例如，以下代码是将登录状态保存到 loginStatus.json 文件中。

```
# 保存登录状态到 loginStatus 文件
storage = context.storage_state(path="loginStatus.json")
```

之后，当再执行这些需要登录的测试用例时，可以直接从文件中读取登录状态。例如，以下代码通过复用之前存储的 Cookie 及 Local Storage 状态，创建了一个新的 context 对象。

```
context = browser.new_context(storage_state="loginStatus.json")
```

● 支持网络监听

Playwright 提供了 API 来监视和修改 HTTP 与 HTTPS 的网络流量，并支持监听 WebSocket。

例如，可以监听所有请求和响应，代码如下。

```
from playwright.sync_api import sync_playwright

with sync_playwright() as playwright:
    # 打开 Chromium 浏览器新页面
    chromium = playwright.chromium
    browser = chromium.launch()
    page = browser.new_page()
    # 监听请求，之后浏览器在发出任何请求时，都将执行回调函数，输出请求的 HTTP method 和 URL
    page.on("request", lambda request: print(">>", request.method,
request.url))
    # 监听响应，之后浏览器在接收到任何响应时，都将执行回调函数，输出响应的状态码及 URL
    page.on("response", lambda response: print("<<", response.status,
response.url))
    # 打开百度首页（之后相关的各个请求和响应都会被打印出来）
    page.goto("https://www.baidu.com")
    # 关闭浏览器
    browser.close()
```

也可以在执行某个单击按钮的操作后等待网络响应。

```
# 这里使用了一个 Glob URL 范式
# 在单击 "Update" 按钮后，会等待/api/fetch_data 的响应，然后将结果放到 response_info 中
with page.expect_response("**/api/fetch_data") as response_info:
    page.locator("button#update").click()
response = response_info.value
```

Playwright 支持开箱即用的 WebSocket 检查，当每次创建 WebSocket 时都会触发 page.on ("websocket")事件，此事件包含可用于进一步检查 WebSocket 的实例。

```
def on_web_socket(ws):
    print(f"WebSocket opened: {ws.url}")
    # 如果触发 framesent 事件，则输出通信内容
    ws.on("framesent", lambda payload: print(payload))
    # 如果触发 framesent 事件，则输出通信内容
    ws.on("framereceived", lambda payload: print(payload))
    # 如果触发 close 事件，则输出 WebSocket closed
    ws.on("close", lambda payload: print("WebSocket closed"))

# 当每次创建 WebSocket 时，都会触发 page.on("websocket")事件，执行自定义回调函数
on_web_socket(),并在 on_web_socket()函数中进一步指定要监听的具体 WebSocket 自定义事件
及回调函数 page.on("websocket", on_web_socket)
```

- 支持 API 测试。
- 支持开箱即用的视频录制。
- 支持移动设备模拟。

例如，以下代码在 Webkit 上模拟 iPhone 13 进行测试，并且设置了移动设备定位的经度和纬度。

```
from playwright.sync_api import sync_playwright

with sync_playwright() as playwright:
    # 设置要模拟的设备为 iPhone 13
    iphone_13 = playwright.devices['iPhone 13']
    # 打开 Webkit 浏览器
    browser = playwright.webkit.launch(headless=False)
    # 设置经度和纬度
    context = browser.new_context(**iphone_13, geolocation={"longitude":
102.111, "latitude": 30.222}, permissions=["geolocation"])
    # 打开新页面并调转到百度首页
    page = context.new_page()
    page.goto("https://www.baidu.com")
```

5.3　基于编程语言的测试代码的组织

随着测试需求的增加，越来越多的测试被加入自动化测试当中，涉及的页面越来越多，代码量也越来越庞大，这时测试代码就需要得到有效的组织，否则将难以维护。

接下来，以下列测试场景为例来说明如何组织测试代码，测试工具使用 Selenium。

首先进入博文视点首页，单击"图书"选项，如图 5-13 所示。

图 5-13　博文视点首页

然后进入图书列表页面，此时可以看到图书类别筛选功能，如图 5-14 所示。

图 5-14　图书类别筛选功能

在图书类别的上下两个区域的筛选条件中，先在上方区域选择"电子书"，然后在下方区域选择"Web 技术"—"软件架构"后，匹配的图书就会加载出来，如图 5-15 所示，此时单击第一张图书的图片，将会进入图书详情页面。

图 5-15　在图书类别筛选处的上下两个区域依次选择条件

在图书详情页面中，需要检查"图书类别"一栏的值是否和在图书列表页面选中的最后一个子类别相同，如图 5-16 所示。

图 5-16　图书详情页面

5.3.1　未经组织的测试代码

为了实现测试上述场景的测试代码，编写了 Selenium 自动化测试代码 test_broadview_filter.py，如下所示。

```python
from selenium import webdriver
import pytest
from selenium.webdriver.common.by import By

class TestBroadviewFilter:
    @pytest.mark.parametrize('homeUrl,bookType,bookCategory,bookSubcategory',
        [("http://www.broadview.com.cn/", "电子书", "Web 技术", "网站架构")])
    def test_book_filter(self, homeUrl, bookType, bookCategory,
bookSubcategory):
        driver = webdriver.Chrome()
        driver.maximize_window()
        driver.implicitly_wait(5)

        driver.get(homeUrl)
        driver.find_element(By.XPATH,"//ul[@class='clearfix']//a[text()=
'图书']").click()

        driver.find_element(By.XPATH,
```

```
                              "(//div[@class='block block-menu'])[1]//div[@class=
'menu-body']//a[contains(text(),'"+bookType+"')]").click()

    driver.find_element(By.XPATH,
                              "(//div[@class='block block-menu'])[2]//div[@class=
'menu-body']//a[contains(text(),'"+bookCategory+"')]").click()

    driver.find_element(By.XPATH,
                              "(//div[@class='block block-menu'])[2]//div[@class=
'menu-body']//a[contains(text(),'"+bookSubcategory+"')]").click()

    driver.find_element(By.XPATH,"//div[@class='col-md-9 col-sm-12']/
div[contains(@class,'block-books-grid')]//div[contains(@class,'book-img')]//
a").click()

    assert bookSubcategory in driver.find_element(By.XPATH,"//h4[text()='
图书类别']/parent::div/parent::div/div[@class='block-body']").text

    driver.quit()
```

虽然上述代码实现了自动化测试，但仔细查看，不难发现代码中存在很多问题。

- 第 1 个问题是，元素定位代码遍布在测试代码的各个位置，定位时使用的表达式生涩难懂（如 "//div[@class='col-md-9 col-sm-12']/div[contains(@class,'block-books-grid')]//div[contains(@class,'book-img')]//a"），阅读代码时很难理解元素定位代码到底是哪个页面上的哪一个元素，维护起来十分困难。

- 第 2 个问题是，虽然测试的范围跨越多个页面，但不同页面上有一些关键元素是可以公用的，如页眉和类别筛选区域。而现在并未提取公共元素，如果选择框代码发生改变，则需要到处寻找相关的代码。最差的情况是，同一个元素有些地方使用 XPath 定位，有些地方使用 CSS 选择器定位，还有些地方使用 ID 定位，根本看不出来是同一个元素，无从改起。

- 第 3 个问题是，测试用例和 Selenium WebDriver 操作代码、Selenium 元素定位代码、Selenium 元素操作代码混杂在一起，系统的耦合度极高，代码极其脆弱。测试用例应该只写测试相关的代码和验证，与使用何种工具无关，如果某一天需要弃用 Selenium 而使用其他测试工具，或 Selenium 进行大版本更新，理应只修改其他基础层面的代码即可，测试代码只是调用了基础层，基础层换了，测试本体代码理应不受影响。而现在的代码完全做不到这一点。

可以预见，只有对测试的物理结构进行有效的组织规划，才能解决以上问题。

5.3.2　组织后的测试代码

要想有效组织本例中的测试代码，可以将测试代码进行分层，即将各种不同职责的测试代码解耦。从测试代码的职责上划分，可以简单将测试按以下三个层次进行组织，如图 5-17所示。

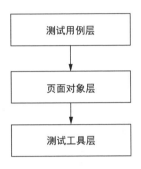

图 5-17　测试代码的分层

将测试进行分层后，代码文件的整体目录结构如下所示：

```
D:\BroadviewTesting
│ test_broadview_filter.py 测试用例
│
├─BaseLayer 测试工具层文件夹
│ executorBase.py 测试工具类
│
└─PageObjects 页面对象层文件夹
│ bookDetailPage.py 图书详情页页面对象
│ bookListPage.py 图书列表页页面对象
│ homePage.py 首页页面对象
│
└─Common 公共组件文件夹
│ bookFilter.py 类别筛选公共组件
│ siteHeader.py 页眉公共组件
```

1. 测试工具层：将测试工具代码与测试用例解耦

现在来解决前文提到的第 3 个问题，我们需要将测试用例和测试工具代码解耦，将所有与测试工具相关的代码放置到测试工具层。与测试工具相关的代码主要有两类：一类是测试工具级的操作代码，例如创建和关闭 Selenium WebDriver 这类测试工具的实例，设置测试工具参数或使用工具进行元素查找的代码等；另一类是页面级操作代码，如对页面和页面上的元素以 Selenium WebElement 方式进行的操作。

测试工具级的操作代码其实并非测试用例关注的重点，测试用例不应该与测试工具代码高度耦合。接下来，编写代码并把涉及测试工具的全部代码提取到单独的测试工具代码文件 BaseLayer/executorBase.py 中，如下。它包含了之前场景中涉及的所有对测试工具的操作。

```python
from selenium import webdriver
from selenium.webdriver.support.wait import WebDriverWait
from selenium.webdriver.common.by import By

class ExecutorBase:
    def __init__(self, executor=None, url=None):
        if executor is None:
            self.__init_executor()
        else:
            self.driver = executor
        if url is not None:
            self.driver.get(url)

    # 初始化测试执行器
    def __init_executor(self):
        # 后期可以设置成从 config 文件读取或从命令行获取
        self.driver = webdriver.Chrome()
        self.driver.implicitly_wait(5)
        self.driver.maximize_window()

    # 获取测试执行器
    def get_executor(self):
        return self.driver

    # 注销测试执行器
    def quit_executor(self):
        if self.driver is not None:
            self.driver.quit()
            self.driver = None

    # 生成元素定位
    def __get_locator(self, key):
        if key.lower() == "xpath":
            return By.XPATH
        #后续可以扩充其他分支定位，如 name、css 等
        else:
            return By.ID

    # 查找单个元素
    def get_element(self, key, value):
        return self.driver.find_element(self.__get_locator(key), value)

    # 单击元素
    def click_element(self, ele):
```

```
    ele.click()

# 获取元素文本
def get_element_text(self, ele):
    return ele.text
```

2. 页面对象层：将页面元素及操作与测试用例解耦

针对前文提到的第 1 个问题，可以通过将对所有元素的识别及操作单独提取到其他文件中，并按照不同的页面组织进行归类来解决，归类后的对象通常被称为页面对象。

可以看到，之前的测试场景共涉及 3 个页面，分别是首页、图书列表页和图书详情页，那么至少需要 3 个页面对象来封装与此页面相关的元素及操作。规划后的代码文件如下。

- PageObjects/homePage.py：首页页面对象。
- PageObjects/bookListPage.py：图书列表页页面对象。
- PageObjects/bookDetailPage.py：图书详情页页面对象。

在解决第 2 个问题之前，我们先简单看一下本次测试所涉及的所有公共页面元素，如图 5-18 所示，可以发现有些区域的元素会在较多的页面中被使用。首先是页面的页眉区域，所涉及的 3 个页面全部都拥有页眉上的这些元素。其次是类别筛选区域，在图书、电子书这两个页面中，都拥有类别筛选区域。

图 5-18　测试所涉及的所有公共页面元素

下面将这两个公共区域划分到单独的文件中去维护，并让页面对象类继承这些公共区域类，这样页面对象就可以复用公共区域中的元素。规划后的代码文件如下。

- PageObjects/Common/siteHeader.py：页眉公共组件。
- PageObjects/Common/bookFilter.py：类别筛选公共组件。

页面对象和公共组件之间的继承关系，如图 5-19 所示。

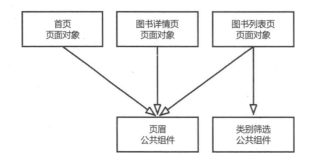

图 5-19　页面对象和公共组件之间的继承关系

接下来，先编写页面对象代码。

在测试工具层的代码中，涉及测试工具的所有操作都在 ExecutorBase 类进行了封装。下面编写各个页面的对象类，首先让它们都继承 ExecutorBase 类（本例中使用了继承方式，但在大型项目中推荐使用依赖注入方式），以便能调用封装后的针对测试工具的操作函数；其次让它们继承公共组件类（后文会依次介绍），以便能直接复用公共组件类中的元素及操作。

图书列表页页面对象的代码文件为 PageObjects/bookListPage.py，其存放了第一本图书的元素及对其进行的操作。它继承了 ExecutorBase 类及两个公共组件，如下。

```python
from PageObjects.Common.siteHeader import SiteHeader
from PageObjects.Common.bookFilter import BookFilter
from BaseLayer.executorBase import ExecutorBase

class BookListPage(SiteHeader,BookFilter,ExecutorBase):
    def list_firstBook(self):
        return self.get_element("xpath", "//div[@class='col-md-9
col-sm-12']/div[contains(@class,'block-books-grid')]//div[contains(@class,'b
ook-img')]//a")

    def click_firstBook_and_switch_bookDetailPage(self):
        self.click_element(self.list_firstBook())
```

图书详情页页面对象的代码文件为 PageObjects/bookDetailPage.py，其存放测试场景中对于"图书类别"一栏的元素及获取其文本的操作。它继承了 ExecutorBase 类及页眉公共组件，如下。

```
from PageObjects.Common.siteHeader import SiteHeader
from BaseLayer.executorBase import ExecutorBase

class BookDetailPage(SiteHeader,ExecutorBase):
    def summary_category(self):
        return self.get_element("xpath", "//h4[text()='图书类别']/parent::div/
parent::div/div[@class='block-body']")

    def get_summary_category_text(self):
        return self.get_element_text(self.summary_category())
```

首页页面对象的代码文件为 PageObjects/homePage.py，其继承了 ExecutorBase 类及页眉公共组件，由于目前用例只涉及页眉操作，页面公共元素已经被提取到公共组件中，因此只有一个空类的定义，但仍然需要保留这个类定义，以便以后向类中添加首页上的其他非公共元素。文件内容如下：

```
from PageObjects.Common.siteHeader import SiteHeader
from BaseLayer.executorBase import ExecutorBase

class HomePage(SiteHeader,ExecutorBase):
    pass
```

页眉公共组件的代码文件为 PageObjects/Common/siteHeader.py，它存放"图书"链接元素及其单击操作，文件内容如下。

```
class SiteHeader:
    def headerNavigation_book(self):
        return self.get_element("xpath", "//ul[@class='clearfix']//a[text()='
图书']")

    def click_headerNavigation_to_bookListPage(self):
        self.click_element(self.headerNavigation_book())
```

类别筛选公共组件的代码文件为 PageObjects/Common/bookFilter.py，它存放对图书类别筛选处的上下两个区域的操作，文件内容如下。

```
class BookFilter:
    def filter_type(self, filter_text):
        return self.get_element("xpath", "(//div[@class='block block-
menu'])[1]//div[@class='menu-body']//a[contains(text(),'"+filter_text+"')]")

    def filter_category(self, filter_text):
```

```
      return self.get_element("xpath", "(//div[@class='block block-
menu'])[2]//div[@class='menu-body']//a[contains(text(),'"+filter_text+"')]")

  def select_filter_type(self, filter_text):
      self.click_element(self.filter_type(filter_text))

  def select_filter_category(self, filter_text1, filter_text2):
      self.click_element(self.filter_category(filter_text1))
      self.click_element(self.filter_category(filter_text2))
```

3. 测试用例层

由于测试工具级的操作已经被提取到测试工具层，对页面及页面元素的识别和操作已经被提取到页面对象层，因此测试用例层代码最明显的特征是清晰易读，只与测试业务有关，与测试工具、元素识别等操作无关，具备较高的可维护性。

组织后的测试用例代码文件为 test_broadview_filter.py，内容如下。

```python
import pytest
from PageObjects.bookListPage import BookListPage
from PageObjects.bookDetailPage import BookDetailPage
from PageObjects.homePage import HomePage

class TestBroadviewFilter:

@pytest.mark.parametrize('homeUrl,bookType,bookCategory,bookSubcategory',
    [("http://www.broadview.com.cn/", "电子书", "Web 技术", "网站架构")])
  def test_book_filter(self, homeUrl, bookType, bookCategory, bookSubcategory):
      homePage = HomePage(url=homeUrl)
      homePage.click_headerNavigation_to_bookListPage()

      bookListPage = BookListPage(homePage.get_executor())
      bookListPage.select_filter_type(bookType)
      bookListPage.select_filter_category(bookCategory,bookSubcategory)
      bookListPage.click_firstBook_and_switch_bookDetailPage()

      bookDetailPage = BookDetailPage(bookListPage.get_executor())
      assert bookSubcategory in bookDetailPage.get_summary_category_text()

      bookDetailPage.quit_executor()
```

4. 代码组织的核心原则

现在测试用例代码、页面对象代码和测试工具代码三者已经彻底解耦，可以完全独立维护。

- 如果不再使用 Selenium 作为测试工具，或 Selenium 发生了极大的升级更新，则只需要修改最底层的 BaseLayer/executorBase.py 文件即可，页面元素的识别和操作代码与测试用例代码完全不受影响。
- 如果页面内容或结构发生变化，则只需要修改 PageObjects 文件夹下对应页面的元素识别或操作代码即可，测试工具代码和测试用例代码完全不受影响。
- 如果测试用例发生变化，则只需要修改对应测试用例的 test_xxx.py 代码即可，页面元素的识别和操作代码与测试用例代码也完全不受影响。

例如，要将测试工具 Selenium 换为 Playwright，只需要修改测试工具层代码即可，页面对象层及测试用例层完全不受影响，修改后的 BaseLayer/executorBase.py 代码如下。

```python
from playwright.sync_api import sync_playwright

class ExecutorBase:
    def __init__(self, executor=None, url=None):
        if executor is None:
            self.__init_executor()
        else:
            self.page = executor
        if url is not None:
            self.page.goto(url)

    # 初始化测试执行器
    def __init_executor(self):
        pw = sync_playwright().start()
        # 后期可以设置成从 config 文件读取或从命令行获取
        browser = pw.chromium.launch(headless=False, channel="chrome")
        self.page = browser.new_page()

        # 获取测试执行器
    def get_executor(self):
        return self.page

    # 注销测试执行器
    def quit_executor(self):
        if self.page is not None:
            self.page.close()
            self.page = None

    # 生成元素定位
    def __get_selector_prefix(self, key):
        if key.lower() == "xpath":
            return "xpath="
        #后续可以扩充其他分支定位，如 name、css 等
```

```
    else:
        return "#" #按id查询

# 查找单个元素
def get_element(self, key, value):
    return self.page.locator(self.__get_selector_prefix(key) + value).first

# 单击元素
def click_element(self, ele):
    ele.click()

# 获取元素文本
def get_element_text(self, ele):
    return ele.inner_text()
```

以上是最基本的代码组织案例，不管采用哪种组织方式和组织颗粒度，其核心原则只有一条：追求更低的维护成本。

测试代码和项目代码的维护没有本质的区别，当代码具有较高的复用性、可读性、可扩展性和可靠性，具有高内聚、低耦合的特性时，就一定能具有更低的维护成本。

5.4 Web 自动化测试的痛点

Web 自动化测试的痛点主要表现在以下几个方面。

1. 执行效率

相比其他类型的自动化测试，Web 自动化测试的执行效率是最低的。对 Web 应用程序的测试需要等待服务器及相应浏览器的渲染，并在浏览器上执行对应的操作，本身就有较长的等待与操作的过程。另外，Web 应用程序的测试需要覆盖不同的设备、系统和浏览器，这也会大幅增加测试时间。

2. 执行稳定性

Web 自动化测试的稳定性相比其他类型的测试也是最低的。服务器端负载、网络速度、浏览器渲染效率等因素都会引起 Web 应用程序页面的呈现或操作出现随机性延迟，引起测试失败。

3. 页面变化

如果是变化较大的页面重构，则原先的自动化测试会全部失效，需要重新开发。即使对页面的一些小修改，如更改布局，也可能会导致原有的控件识别方式失效，需要修改脚本重新识别，继而增加维护成本。

4. 检查页面样式

Web 自动化测试通常只是在界面上进行操作，并通过一些方法来获取页面元素的属性，这些基于功能的测试无法验证页面呈现的样式是否正确，有时即使页面样式已经完全混乱，用户已经无法正常使用，但自动化测试依然可以正常操作。

5. 学习/开发成本

Web 自动化测试通常要求测试人员要有良好的编码技能，至少要掌握相关的自动化测试工具，本身就具备较高的学习成本，另外测试脚本的开发和维护成本也不亚于软件代码的开发成本。

5.5　高效执行自动化测试

高效执行自动化测试的方法有并行模式、无头模式、模拟登录、禁用硬编码等待等，下面对前三种进行详细介绍。

5.5.1　并行模式

我们可以在不同的系统、不同的浏览器上分布式执行并行测试，即在同一时间涵盖所有的系统与浏览器场景，高效验证网站程序浏览器的兼容性，通常可以使用测试框架自带的并行执行功能。对于 pytest 框架，可以使用 pytest-xdist 插件执行并行测试，而对于 Selenium，可以使用 Selenium Grid 集群在不同的系统、不同的浏览器上执行并行测试。

以第 5.3 节中的测试代码为例，通过对 BaseLayer/executorBase.py 和 test_broadview_filter.py 文件进行修改，并新增 conftest.py 文件来自定义命令行参数，以传入要并行执行的浏览器和系统，再通过 Selenium Grid 进行测试。要执行的测试命令如下所示，通过参数-n 指定并行执行的进程数，--test_config 参数通过 JSON 形式传递测试配置列表，并指定浏览器、平台及 Selenium Grid Hub 地址，实现并行测试。

```
$ pytest test_broadview_filter.py -n 4 --test_config
'[{\"browser\":\"chrome\",\"hub\":\"http://10.16.35.161:4444\",\"platform\":
\"WINDOWS\"},{\"browser\":\"firefox\",\"hub\":\"http://10.16.35.161:4444\",\
"platform\":\"LNIUX\"]'
```

首先新增 conftest.py 文件，它为 pytest 命令增加了参数--test_config 并将它解析为数组，以将数值中的各个值以参数化的形式传递到各个测试中，参数名为 test_config。

```
import json

def pytest_addoption(parser):
```

```
    # 为 pytest 命令增加自定义命令行参数--test_config, action="store"表示对这个命令行
参数的处理方式为存储该参数值
    parser.addoption("--test_config", action="store")

# 在 pytest 测试用例参数化收集前调用此钩子函数，在这里可以指定对自定义参数的处理方式，通过传
入的 metafunc 内置对象可以获取测试的上下文，然后再进行调整
def pytest_generate_tests(metafunc):
    # 判断当 pytest 命令执行时是否传递了 test_config 命令行参数值
    if "test_config" in metafunc.fixturenames:
        # 如果已传递 test_config 命令行参数值，则按 JSON 形式加载 test_config 命令行参数值
（会得到一个 JSON 数组）
        array = json.loads(metafunc.config.getoption("test_config"))
        # 将该数组以参数化的形式传递到测试执行时的 test_config 参数（注：参数化后的
test_config 参数是测试用例的参数，不是命令行参数）
        metafunc.parametrize("test_config", array)
```

然后修改 test_broadview_filter.py 文件，在测试函数中，使用 test_config 参数接收命令行传入的单个测试配置信息，并将其传递到测试构造函数的 config 参数，如下。

```
#省略其余代码
class TestBroadviewFilter:
    @pytest.mark.parametrize('homeUrl,bookType,bookCategory,bookSubcategory',
        [("http://www.broadview.com.cn/", "电子书", "Web 技术", "网站架构"),
         ("http://www.broadview.com.cn/", "所有图书", "数据处理与大数据", "大数据技
术")])
    def test_book_filter(self, test_config, homeUrl, bookType, bookCategory,
bookSubcategory):

        homePage = HomePage(config=test_config, url=homeUrl)
#省略其余代码
```

最后修改 BaseLayer/executorBase.py 文件，以便接收 config 参数中有关浏览器、平台及 Selenium Grid Hub 地址的信息来创建远程 WebDriver 实例。

```
#省略其余代码
class ExecutorBase:
    def __init__(self, executor=None, config=None, url=None):
        if executor is None:
            self.__init_executor(config)
        else:
            self.driver = executor
        if url is not None:
            self.driver.get(url)

    # 初始化测试执行器
    def __init_executor(self, config):
        match config["browser"]:
```

```
        case "chrome": options = webdriver.ChromeOptions()
        case "firefox": options = webdriver.FirefoxOptions()
        case "edge": options = webdriver.EdgeOptions()
        case _: options = webdriver.ChromeOptions()
    options.platform_name = config["platform"]
    self.driver = webdriver.Remote(config["hub"], options=options)
    self.driver.implicitly_wait(5)
#省略其余代码
```

之后就可以执行测试了，由于用例原本有 2 条数据进行数据驱动测试，而本次传入了 2 个浏览器-平台的组合，因此运行命令后会同时并行执行 4 条测试用例，执行数据的组合如下。

- Chrome – Windows: 搜索"电子书→ Web 技术→网站架构"。
- Firefox – Lunix: 搜索"所有图书→数据处理与大数据→大数据技术"。
- Chrome – Windows: 搜索"电子书→Web 技术→网站架构"。
- Firefox – Lunix: 搜索"所有图书→数据处理与大数据→大数据技术"。

5.5.2　无头模式

无头模式是指在不显示浏览器 UI 的情况下运行基于 UI 的浏览器测试。在这种模式下，浏览器仅在后台运行，不会弹出可见的浏览器窗口。它能绕过真正的浏览器加载 CSS、JavaScript，以及打开和呈现 HTML 的所有时间，并能绕过与页面的交互，以便更直接地操作浏览器，大幅缩短测试时间。

以 Selenium 为例，开启无头模式测试的方式如下。

```
options = webdriver.ChromeOptions()
options.headless = True
driver = webdriver.Chrome(options=options)
```

5.5.3　模拟登录

测试过程中所涉及的部分页面通常需要登录后才能使用。如果每次执行这些测试用例都需要在登录界面进行登录，无疑会大幅增加测试时间。从技术原理上来说，登录后的身份验证状态通常会存储到 Cookie 或 Local Storage 中，因此可以先将登录后的 Cookie 或 Local Storage 导出到指定文件，这样当再执行需要登录的测试用例时，直接导入这些信息即可。

以 Selneium 为例，导出 Cookie 或 Local Storage 的示例代码如下。

```
driver = webdriver.Chrome()
driver.get("https://www.baidu.com")
# 此处省略登录操作的代码
# 登录成功后，将 Cookie 导入 cookies.pkl 文件
cookies = driver.get_cookies()
pickle.dump(cookies, open("cookies.pkl", "wb"))
```

```
# 将 Local Storage 导入 localstorage.pkl 文件
localStorage = driver.execute_script("return
JSON.stringify(window.localStorage)")
pickle.dump(localStorage, open("localstorage.pkl", "wb"))
```

当再遇到需要登录的页面时，执行导入动作即可。

```
#从文件导入 Cookie
cookies = pickle.load(open("cookies.pkl", "rb"))
print(cookies)
#遍历 Cookie 的内容，将其添加到 WebDriver 对象中
for cookie in cookies:
    driver.add_cookie(cookie)

#从文件导入 Local Storage
localstorage = pickle.load(open("localstorage.pkl", "rb"))
#Selenium 没有提供直接导入 Local Storage 的方法，需要通过执行自定义 JavaScript 的方式来
实现导入 Local Storage 键值对
driver.execute_script("""(function(storage){
const entries = JSON.parse(storage)
for (const [key, value] of Object.entries(entries)) {
  window.localStorage.setItem(key, value)
}
})('""" + localstorage + "')")
```

5.6　稳定的自动化测试

通常来说，基于 UI 的 Web 测试的运行天然就具有不稳定性，计算机的规格、网络和服务器的规则、浏览器引擎等因素都会影响 Web 应用程序的呈现或交互，出现随机性的延迟。通常我们可以通过使用基于页面或元素状态的等待和引入重试机制两种方法保持测试的稳定性。

5.6.1　基于页面或元素状态的等待

在介绍基于页面或元素状态的等待前，先来看看极不推荐的一种等待方式：硬编码等待。其代码通常如下。

```
time.sleep(3)
```

其等待时间通常基于测试脚本编写人员的主观判断，不管元素是否可用，都要求等待 3 秒，这种做法的弊端是处理起来毫无弹性。硬编码等待执行的速度与各种因素有关，假设有一台机器非常卡顿，等待时间大于 3 秒，为了兼容可能出现延迟的场景，很多人都倾向于延长等待时间，不知不觉，等待时间可能会上升到 5 秒，乃至 10 秒，这些随处使用的 sleep，

极大地降低了测试效率。

我们可以使用基于页面或元素状态的等待，其包含隐式等待和显式等待。接下里，先介绍隐式等待，以 Selenium 为例，它的作用是在执行 find_element()类函数时增加一个宽限时间，其决定了查找元素的最长等待时间。如果 find_element()函数在规定的时间内找到了元素，则立即结束等待，否则会一直等待；如果超过最长等待时间元素还未出现，则会抛出找不到元素的异常。隐式等待是全局设置，一旦设置就会在整个 WebDriver 实例的生命周期内生效。隐式等待的设置函数如下所示。

```
webDriver.implicitly_wait(等待秒数)
```

虽然隐式等待看上去比硬编码等待要好，但实际使用时依然要慎重，原因如下。

- 如果要检查某个元素是否已消失，需要等待隐式等待设置的最大时长，降低了测试速度。
- 隐式等待会干扰显式等待的时长。

除非页面有过多的异步刷新和操作，如富客户端页面，使大多数页面元素都处于动态改变状态，几乎每一步操作都需要等待，此时隐式等待的正面作用或许大于负面作用，但这并不表示它是很好的解决方案，仅仅是在编写代码时较为省事，如果要追求极致的运行反馈速度，在 CI/CD 中以最快的速度返回测试结果，隐式等待就并非最佳方案。

最佳实践方式是显式等待，它是一种相当完美的等待机制，只需要指定条件判断函数，Selenium 每隔一定时间就会检测该条件是否成立，如果成立就立刻执行下一步，否则就一直等待，直到超过最大等待时间，然后抛出超时异常。如下例代码所示，使用 WebDriverWait 对象进行显式等待，将超时时间设置为 10 秒，当执行显式等待时，Selenium 每隔 0.5 秒就会调用一次条件判断函数，如果条件满足（页面显示"立即注册"按钮），则会立即执行下一句代码，即单击"立即注册"链接。

```
from selenium import webdriver
from selenium.webdriver.support.wait import WebDriverWait

driver = webdriver.Chrome()
driver.get("https://www.baidu.com")

driver.find_element(By.LINK_TEXT, "登录").click()
# 使用 WebDriverWait 对象进行显式等待，将超时时间设置为 10 秒，当执行显式等待时，Selenium
每隔 0.5 秒就会调用一次条件判断函数，如果条件满足（页面显示"立即注册"按钮），则会执行下一句
代码，否则抛出异常
WebDriverWait(driver, 10).until(lambda p: p.find_element(By.LINK_TEXT, "立即注
册").is_displayed())
driver.find_element(By.LINK_TEXT, "立即注册").click()
```

5.6.2　重试机制

由于各方面的原因，测试可能会有小概率的运行失败，对于 Selenium 测试来说更是如此，如测试期间发生网络阻塞导致某个页面无法正常打开，就可能测试失败，但这并不意味着被测程序真的出现问题。如果出现这种偶发性的问题，就会需要人工排查，但最终结果却并非由 bug 导致，白白消耗了排查时间。

为了避免偶发性问题的出现，可以引入重试机制。如果重试多次后依然失败，那就可以断定这个问题并非偶发性问题，而是必然性的失败，此时可以再进行人工介入。

以 pytest 为例，可以使用 pytest-rerunfailures 插件在 pytest 命令之后带上参数"--reruns=重试次数"来运行测试，一旦测试运行失败，就会触发重试，直到成功或超过重试次数。例如，以下命令：

```
pytest --reruns=2 --html=report.html
```

执行以上命令后，如果某个测试函数运行失败，最多会重试两次。如果两次内重试成功，则判定测试函数通过；如果依然失败，则判断测试函数失败。如果出现重试，就可以在测试报告中看到重试的具体记录，如图 5-20 所示。

图 5-20　测试报告中重试的具体记录

5.7　视觉验证测试

Web 自动化测试通常只是在页面上进行操作，并通过一些方法来获取页面元素的属性，这些基于功能的测试无法验证页面呈现的样式是否正确，即使页面样式完全混乱，用户已经无法正常使用，但对自动化测试来说依然可以正常操作，无法发现问题。如图 5-21 所示的百度页面已经混乱，但丝毫不影响自动化测试的操作，甚至测试依旧能通过。

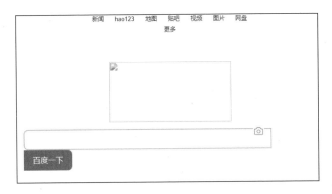

图 5-21　样式丢失的百度首页

如果用常规的方式来验证视觉效果是否存在问题，则可能需要识别顶部 8 个链接、图像、搜索框、图像搜索按钮，以及"百度一下"按钮，通过判断它们的 style 属性和在页面上的坐标是否正确来判定是否存在问题，但这样会编写大量收益不大的脚本，且即使能做出属性和坐标的断言，也不能表示它们"看上去"是正确的。

要解决这个问题，就需要引入视觉验证。

5.7.1　Appilitools Eyes

Applitools Eyes 是一款基于 AI 的视觉验证工具，在 Visual AI 的支持下，它可以通过比较基线图像的方式自动查找当前网页在视觉上的异常，验证 UI 布局、内容和外观的正确性。它支持与多种 Web 测试工具集成，如 Selenium、Playwright 和 Cypress，同时支持各个工具自身支持的编程语言。

通过 Applitools Eyes 可以在测试中设立一个或多个视觉验证检查点，如果是首次执行测试，当执行到这些检查点时，会在各个检查点截图，以此作为日后对比的基线图像。当后续再执行此测试时，检查点才会真正生效。当执行到这些检查点时，就会截图并与之前存放的基线图片进行对比。如果一致，则测试通过；如果存在差异，则测试失败，此时需要人工确认是否为 bug、是否需要变更基线图片、是否设立可忽略区域等。

以百度搜索为例，可以编写以下脚本（需要先安装 pip install eyes-selenium，并在 Applitools 官网注册且获取密钥）来执行，并设立两个视觉验证检查点，分别验证"百度首页"和"百度搜索结果"页面的呈现。

```
from selenium import webdriver
from applitools.selenium import Eyes, Target
```

```
from selenium.webdriver.common.by import By

eyes = Eyes()
eyes.api_key = '此处传入注册后生成的密钥'

driver = webdriver.Chrome()
driver.implicitly_wait(5)

eyes.open(driver, "Baidu 首页", "检查百度首页及搜索结果")
driver.get('https://www.baidu.com')

# 第一个视觉验证检查点
eyes.check("百度首页视觉验证", Target.window())

driver.find_element(By.ID, "kw").send_keys("hello world")
driver.find_element(By.ID, "su").click()

# 第二个视觉验证检查点
eyes.check("百度搜索结果视觉验证", Target.window())

eyes.close()
driver.quit()
```

执行完毕后，控制台会输出"--- Test passed. See details at https://eyes.applitools.com/app/batches/×××××××/×××××××××"，可以直接进入此地址查看测试报告。由于这是第一次运行，还没有基线图像，因此首次测试将会通过，并以首次测试时两个检查点的图像作为后续对比的基线图像，测试结果如图 5-22 所示。

图 5-22　测试结果

但到这一步还没有结束，可以发现这两个页面上有很多动态的可变内容，例如首页上的百度热搜，在第二次执行时可能会出现不同的结果。此时，再执行测试，Applitools Eyes 会发现图像上的差异，控制台会输出"--- Differences are found.. See details at https://eyes.applitools.com/app/batches/×××××××/××××××××"。查看测试结果，可以发现测试结果为"未处理"，如图 5-23 所示。

图 5-23　测试结果为"未处理"

点开第一个检查点的测试结果，图中灰底部分就是 Applitools Eyes 识别到的当前测试的实际图像和之前的基线图像的差异之处，如图 5-24 所示，其中一条热搜和上一次测试的不一致。

图 5-24　测试的实际图像和之前的基线图像的差异

如果该差异确实为异常，则可以将其标记为 bug。如果该差异是由页面改版造成的，则可以将此次测试的图像标记为此检查点的基线图像。

在本例中该差异既不是异常也不是由页面改版造成的，而是一个可变区域，因此可以设置忽略此区域的检查，先单击"IGNORE"按钮，然后通过单击鼠标在图像上进行框选操作，框选出来的区域就是在图像比较时将会被忽略的区域，之后再保存忽略设置，如图 5-25 所示。对第二个检查点"百度搜索结果"页面也可以使用同样的操作来忽略可变区域。

图 5-25   选择可忽略的区域

之后再执行测试，测试就会忽略这些区域的视觉验证，测试通过。

5.7.2 Recheck-Web

Recheck-Web 是一款基于 Selenium 的开源测试框架，它仅支持 Java 语言，通过它能够实现基于比较的视觉验证测试及自我修复测试，下面主要介绍视觉验证测试部分。

要想使用 Recheck-Web，首先需要在 POM.xml 中配置以下依赖。

```xml
<dependency>
  <groupId>de.retest</groupId>
  <artifactId>recheck-web</artifactId>
  <version>1.13.0</version>
</dependency>
```

注意：

Recheck-Web 的更新比 Selenium 滞后，通常落后几个小版本，如果无法兼容最新的

Selenium（例如，报 "java.lang.NoClassDefFoundError" 错误），则可以将 Selenium 降低几个版本再使用 Recheck-Web。

以百度搜索为例，可以编写以下脚本来执行百度搜索，并设立两个视觉验证检查点，分别验证 "百度首页" 和 "百度搜索结果" 页面的呈现。

```java
import de.retest.recheck.*;
import org.openqa.selenium.By;
import org.openqa.selenium.chrome.ChromeDriver;
import org.testng.annotations.*;

import java.time.Duration;

public class VisualTest {
    private ChromeDriver driver;
    private Recheck re;

    @BeforeTest
    public void setUp() {
        //创建 Recheck 对象
        re = new RecheckImpl();
        driver = new ChromeDriver();
        driver.manage().timeouts().implicitlyWait(Duration.ofSeconds(5));
    }

    @Test
    public void TestBaiduSearch() {
        //启动 Recheck 对象的测试
        re.startTest();

        driver.get("http://www.baidu.com");
        //第一个视觉验证检查点
        re.check(driver, "百度首页视觉验证");
        driver.findElement(By.id("kw")).sendKeys("hello world");
        driver.findElement(By.id("su")).click();
        //第二个视觉验证检查点
        re.check(driver, "百度搜索结果视觉验证");

        //执行 Recheck 检查，如果各个检查点与之前的基线不符合，则测试失败
        re.capTest();
    }

    @AfterTest
    public void tearDown() {
        driver.quit();
        // 生成 Recheck 报告文件
        re.cap();
```

```
    }
}
```

图 5-26　首次执行后生成的文件

首次执行测试，虽然测试会完整执行，但结果是失败，因为执行前还没有创建 Golden Master，首次执行后才会创建，它包含各个检查点的网页截图，以及以 .xml 形式存放的页面、元素的详细信息，如图 5-26 所示。

如果下一次执行测试时，界面元素没有变化，则测试通过。由于"百度首页"和"百度搜索结果"两个页面上有很多动态可变的内容，如首页上的百度热搜，第二次执行测试时可能会出现不同的结果。因此，第二次执行测试时，虽然测试过程不会中断，但测试结果会失败。其中的差异信息会体现在测试报告中，如图 5-27 所示。

图 5-27　测试报告

针对此用例，可以在项目目录的 .retest/filter 文件夹下创建 baiduSearch.filter 文件，设置可以忽略的检查内容（也可以使用 Recheck.Cli 来创建忽略规则，由于篇幅有限，这里不做过多介绍），如图 5-28 所示。

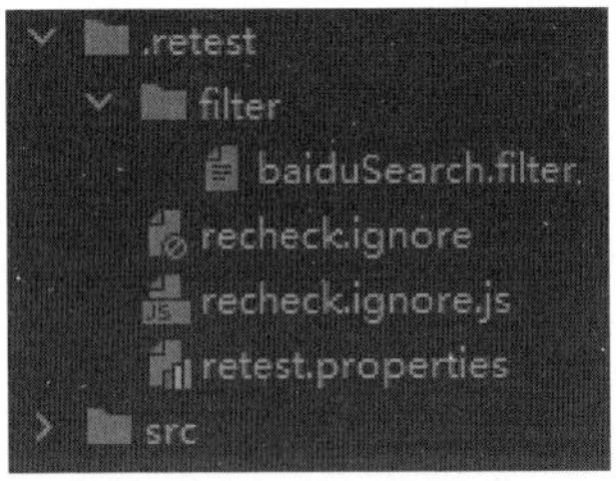

图 5-28　创建 baiduSearch.filter 文件

以第一个检查点"百度首页"为例，设置忽略的热搜区域，id 为 hotsearch- content- wrapper，baiduSearch.filter 文件的内容如下。对第二个检查点"百度搜索结果"页面也可以使用同样的文件来设置忽略可变区域。

```
matcher: id=hotsearch-content-wrapper
```

之后，再修改测试代码时，在创建 RecheckImpl 实例时使用此过滤规则文件即可，具体代码如下。

```
@BeforeTest
public void setUp() {
    re = new RecheckImpl(
            RecheckOptions.builder().addIgnore("baiduSearch.filter").build());
    driver = new ChromeDriver();
    driver.manage().timeouts().implicitlyWait(Duration.ofSeconds(5));
}
```

此时，再执行测试，测试通过。

5.8　自我修复测试

对于页面上的一些小修改，如仅仅是更改布局，也可能导致原有的控件识别方式失效，使测试变得不稳定，且页面的这些细微变化也会导致需要重新修改脚本去识别控件，继而增加维护成本。此时，我们可以引入自我修复测试框架来解决这个问题。

5.8.1　Healenium

Healenium 是一款基于 AI 和机器学习技术的测试框架，可提高基于 Selenium 的测试用例的稳定性，可以自动处理 Web 元素的更改，其自我修复功能允许它自动将失效的元素定位方式替换为新的定位方式，并在运行时修复测试，自我修复过程不需要人工介入，降低了维护成本。

它是一个开源框架，可以结合 Selenium 使用，当执行 FindElement、FindElement、

@FindBy、PageFactory、CSS 选择器、各种定位器（id、Name、ClassName、LinkText、PartialLinkText、TageNmae）、条件等待等代码时生效，支持的语言有 Python、Java、C#和JavaScript。

Healenium 主要包含以下组件：

- Healenium-Web：与自动化测试框架集成的 Java 库，可以实现 Selenium WebDriver 并覆盖相关查找方法，捕获 NoSuchElementException 并在树比较库（Tree-comparing library）中激活 LCS 算法。
- Healenium-Proxy：与 Healenium-Web 具有相同的功能，但它并非 Java 库，而是一个跨平台的服务，可以使用.Net/Python/JavaScript/Java 进行接入，需要在官网下载 Docker 镜像才能使用。
- Healenium-Backend：管理自我修复的服务，其内部集成了 PostgreSQL 数据库，它提供页面元素数据的存取、生成报告等功能，需要在官网下载 Docker 镜像才能使用。

Healenium-Web + Healenium-Backend 用于 Java 项目，Healenium-Backend + Healenium-Proxy 主要用于.NET、Python、JavaScript 项目，Java 项目也可以使用。

下面以一个示例来说明 Healenium 是如何工作的。首先编写一个 test.HTML 文件；然后将其添加到任意 Web 小型服务器上；最后用它来进行测试，并刻意修改它的属性，以达到无法找到元素的效果。当前代码如下：

```html
<html>
<body>
<div>
<button id="button" style="height:50px; width:200px">click me</button>
</div>
</body>
</html>
```

然后以 Java 进行演示，配置 Maven 依赖。

```xml
<dependency>
    <groupId>com.epam.healenium</groupId>
    <artifactId>healenium-web</artifactId>
    <version>3.3.0</version>
</dependency>
```

测试代码如下，它将打开 test.HTML 文件，然后单击上述 HTML 代码中的"click me"按钮，它的定位器为 id:button。

```
import com.epam.healenium.SelfHealingDriver;
import org.openqa.selenium.By;
import org.openqa.selenium.WebDriver;
import org.openqa.selenium.chrome.ChromeDriver;
import org.testng.annotations.Test;

public class HealTest {
    @Test
    public void TestClickButton() {
        WebDriver delegate = new ChromeDriver();
        // 将原始 WebDriver 对象传递给 Healenium，生成 Healenium 包装对象，之后对包装对象
的各项操作都经过 Healenium 服务
        SelfHealingDriver driver = SelfHealingDriver.create(delegate);
        driver.get("http://127.0.0.1:9998/test.HTML");
        driver.findElement(By.id("button")).click();
        driver.quit();
    }
}
```

接下来，通过 mvn clean test 命令执行测试。在首次执行测试时，Healenium 的处理过程如图 5-29 所示，它按照 id 为 button 来定位页面上的元素，如果成功定位，Healnium 会将元素的各项定位信息保存到 Healenium 后台，作为下一次测试的对比基线。

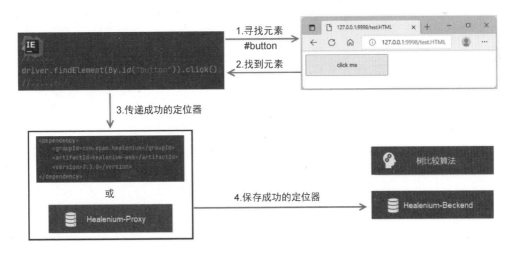

图 5-29　首次执行测试时 Healenium 的处理过程

首次执行结束后，接下来刻意修改 test.HTML 文件，将它的 id 更改为 buttonClick。

```
<html>
```

```
<body>
<div>
<button id="buttonClick" style="height:50px; width:200px">click me</button>
</div>
</body>
</html>
```

由于页面元素的 id 由 button 变更为 buttonClick，但代码中依旧使用 button 定位，运行时
Healenium 会识别到按原有方式无法识别控件，因此会触发机器学习算法，启动自我修复功能。
Healenium 会先传入当前页面的状态，并与之前成功的定位信息进行比较，然后自动生成候选
的自我修复的新定位器列表，最后采用得分最高的定位器来执行操作，如图 5-30 所示。虽然
代码上依旧按照#button 查询，但实际上是按照#buttonClick 查询的，因此这段代码将会成功
定位到变更后的页面元素。

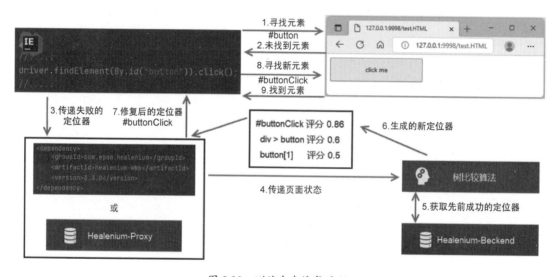

图 5-30　测试自我修复过程

测试结束后，有关被修复的定位器信息及截图将会体现在 Healenium 报告中，并能确认
此次修复是否成功，如图 5-31 所示。

提示：

Healenium-Web 和 Healenium-Proxy 的报告查看方式略有区别，如果使用的是
Healenium-Web，则需要先在 pom.xml 文件中增加报告插件，然后在执行如 mvn clean test
命令后，就可以在控制台日志中找到报告的 URL 地址。如果使用的是 Healenium-Proxy，

则不需要安装插件，在 Healenium-Proxy 容器的日志中就可以直接找到报告的 URL 地址。

图 5-31　Healenium 报告

Healenium 还支持 IntelliJ Idea 插件（插件名称为 Healenium，只能用于 Healenium-Web），此插件会自动连接 Healenium Backend 服务，一旦自我修复成功，就可以在代码编辑窗口中弹出提示并执行更新。我们只需要在原本将要失败的定位器上单击右键，然后选择"Healing Results"，再在下拉列表中选择得分最高的新定位器替换现有代码即可，如图 5-32 所示。

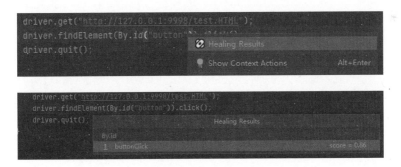

图 5-32　通过 IntelliJ Idea 插件更新定位器

而对于其他语言，就需要使用 Healenium-Proxy。以 Python 为例，在部署了 Healenium-Backend 和 Healenium-Proxy 的 Docker 镜像并完成配置后，就可以使用 Healenium-Proxy 服务的 URL 来创建 RemoteWebDriver（http://{Healenium 服务主机地址}:8085）并执行自我修复测试了。示例代码如下：

```
from selenium import webdriver
from selenium.webdriver.common.by import By
```

```
class TestHealenium():
    def test_click_button(self):
        # 使用方式和使用远程 WebDriver 的方式一样，只是远程地址需要用 Healenium-Proxy 服
务地址
        nodeURL = "http://localhost:8085"
        options = webdriver.ChromeOptions()
        options.add_argument('--no-sandbox')
        driver = webdriver.Remote(
            command_executor=nodeURL,
            options=options
        )
        driver.implicitly_wait(5)
        driver.get('http://127.0.0.1:9998/test.HTML')
        driver.find_element(By.ID, "button").click()
        driver.quit()
```

5.8.2　Recheck-Web

Recheck-Web 也可以被用于自我修复测试，在前面已经提到过，每次进行视觉验证检查时都会存放网页的截图及以.xml 形式存放的页面、元素的详细信息，其中.xml 文件中的信息将会作为自我修复测试的基准。

下面以一个示例来说明 Recheck-Web 是如何工作的。首先编写一个 test.HTML 文件；然后将它挂载到任意 Web 小型服务器上；最后用它来进行测试，并刻意修改它的属性，以达到无法找到元素的效果。当前代码如下：

```
<html><body><div><input id="userName"/></div></body></html>
```

测试代码如下，它会在 id 为 userName 的文本框中输入"hello world"。和纯粹的视觉验证测试不同，如果要显式使用自我修复测试，则需要创建 UnbreakableDriver 对象以包装原生的 Selenium WebDriver，并且使用 RecheckWebImpl 来设立检查点，而非 RecheckImpl。

```
import de.retest.web.RecheckWebImpl;
import de.retest.web.selenium.By;
import de.retest.web.selenium.UnbreakableDriver;
import org.openqa.selenium.chrome.ChromeDriver;
import org.testng.annotations.*;

public class HealTest {
    UnbreakableDriver driver;
    RecheckWebImpl re;

    @BeforeTest
    public void setUp() {
```

```
        // 将原始 WebDriver 传递给 UnbreakableDriver 包装对象，之后对包装对象的各项操作
除执行原始功能外，还将执行包装功能，如自我修复功能
        driver = new UnbreakableDriver(new ChromeDriver());
        // 配合 UnbreakableDriver 包装对象使用的 Recheck 对象
        re = new RecheckWebImpl();
    }


    @Test
    public void Test() {
        //启动对 Recheck 对象的测试
        re.startTest();
        driver.get("http://127.0.0.1:9998/test.HTML");
        //第一个检查点
        re.check(driver,"初始页面检查");
        driver.findElement(By.id("userName")).sendKeys("hello world");
        //执行 Recheck 检查，如果各个检查点与之前的基线不符合，则测试失败
        re.capTest();
    }


    @AfterTest
    public void tearDown() {
        // 生成 Recheck 报告文件
        re.cap();
        driver.quit();
    }
}
```

　　首次执行测试，虽然测试会完整执行，但结果是失败，因为执行前还没有创建 Golden Master，首次执行后才会创建，它包含各个检查点的网页截图，以及以.xml 形式存放的页面、元素的详细信息。其中，.xml 文件中存放的页面、元素的详细信息将作为实现自我修复测试的基线数据，如图 5-33 所示。

　　首次执行结束后，接下来刻意修改 test.HTML 文件，将它的 id 更改为 user。

图 5-33　首次执行测试时生成的文件

```
<html><body><div><input id="user"/></div></body></html>
```

　　此时，再次执行测试，可以发现测试不会中断，依然能够完整执行，能够正确在文本框中输入"hello world"，这是由于 Recheck-Web 在执行到"driver.findElement(By.id("userName"))"时发现无法查找元素，便将上一个检查点中的 retest.xml 文件作为基线数据，自动查找匹配度较高的元素，从而实现了自我修复测试。

虽然测试能够完整执行，但测试结果也是失败，测试报告中会输出 Recheck-Web 发现的元素差异信息（期望 id 为 userName，但实际上为 user）。

```
1 check(s) in 'HealTest' found the following difference(s):
Test 'Test' has 1 difference(s) in 1 state(s):
初始页面检查 resulted in:
Metadata Differences:
Please note that these differences do not affect the result and are not included
in the difference count.
os.version: expected="null", actual=""
input (username) at 'html[1]/body[1]/div[1]/input[1]':
id: expected="userName", actual="user", breaks="HealTest.java:22"
at de.retest.recheck.RecheckImpl.capTest(RecheckImpl.java:183)
at HealTest.Test(HealTest.java:23)
at java.base/java.util.ArrayList.forEach(ArrayList.java:1511)
... Removed 32 stack frames
```

此时，可以通过设置 filter 或 Recheck.Cli 忽略此差异，也可以将测试中的代码 id 修改为 user。但推荐的做法是使用 RetestId，RetestId 是 Recheck-Web 生成 Golden Master 时，解析各个元素所生成的虚拟 id，推荐用它来定位，而不是元素 id、Name、XPath 和其他易于更改的属性。RetestId 可以在检查点信息的 retest.xml 文件中找到，如图 5-34 所示。同时，可以看到此元素的各项基本信息，这些信息就是 Recheck-Web 实现自我修复测试的基线数据。

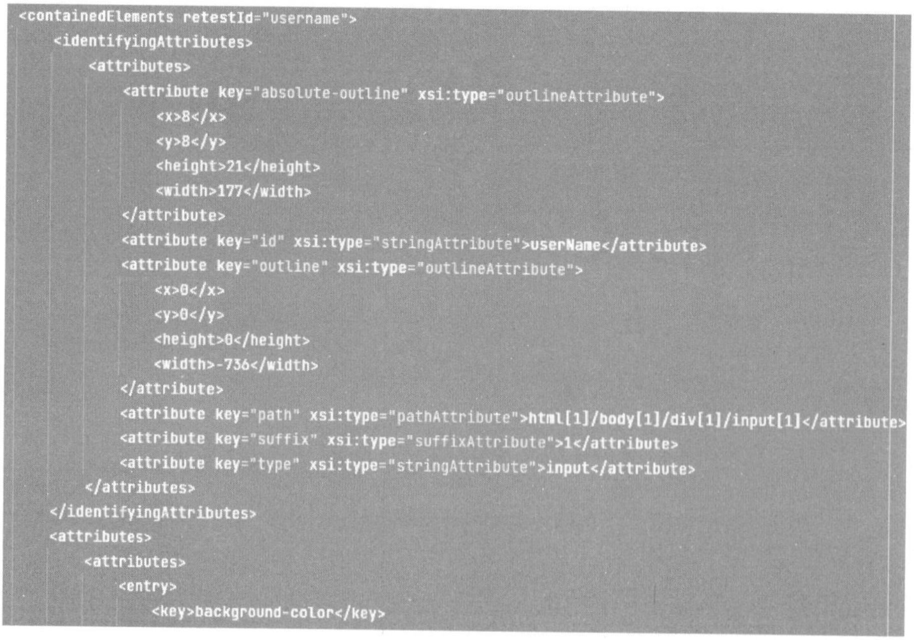

```
<containedElements retestId="username">
    <identifyingAttributes>
        <attributes>
            <attribute key="absolute-outline" xsi:type="outlineAttribute">
                <x>8</x>
                <y>8</y>
                <height>21</height>
                <width>177</width>
            </attribute>
            <attribute key="id" xsi:type="stringAttribute">userName</attribute>
            <attribute key="outline" xsi:type="outlineAttribute">
                <x>0</x>
                <y>0</y>
                <height>0</height>
                <width>-736</width>
            </attribute>
            <attribute key="path" xsi:type="pathAttribute">html[1]/body[1]/div[1]/input[1]</attribute>
            <attribute key="suffix" xsi:type="suffixAttribute">1</attribute>
            <attribute key="type" xsi:type="stringAttribute">input</attribute>
        </attributes>
    </identifyingAttributes>
    <attributes>
        <attributes>
            <entry>
                <key>background-color</key>
```

图 5-34　寻找 RetestId

测试代码中的修改如下（需导入 de.retest.web.selenium.By）：

```
driver.findElement(By.retestId("username")).sendKeys("hello world");
```

以上介绍的都是显式使用 Recheck-Web 的视觉验证测试和自我修复测试方式，也可以隐式使用，具体做法是先将原生 Selneium WebDriver 包装到 RecheckDriver（例如，driver = new RecheckDriver(new ChromeDriver())）中，然后通过 RecheckDriver 执行任何关于页面和元素的操作，就会自动生成检查点或执行视觉检查，并默认应用自我修复测试。但实际测试中并不推荐这种做法，因为会产生较多冗余文件，且影响执行效率。

5.9　无代码/低代码自动化测试

传统的自动化测试需要编码专家，不仅要在一开始就编写测试脚本，而且随着时间的推移还要对其进行维护，应对不同自动化工具的复杂性和需求，如 Appium、Selenium、iOS 模拟器、Android 模拟器、元素定位器、定位器策略等，这些都会提升传统自动化的复杂性和对特定专业知识的需求。

但对于测试本身的价值来说，无论在自动化测试中使用何种技术，最终都是为保证软件交付速度和质量服务的。自动化测试的核心仍旧是测试用例本身的设计，而非编写代码。然而，目前实施自动化测试都需要相关成员具有一定的编码功底，具备较高的学习成本，而测试脚本的开发和维护成本也不亚于软件代码的开发成本。

针对此问题，业界提出了无代码/低代码的自动化测试解决方案，它是指在不编写任何代码或编写极少量代码的情况下创建自动化测试的过程，即使是没有任何编码功底的人员都能快速上手编写测试用例。

低代码/无代码自动化测试工具，不仅适用于开发人员、测试人员、运维人员等专业人员，还适用于组织中的其他任何人，工程、产品、营销、财务、法律和销售等人员，都可以根据自身需要快速、轻松地创建自动化测试，无须编写任何代码，也无须任何编程或自动化专业知识。这就是这类工具的核心优势所在。

下面通过将 Selenium 传统自动化测试用例和无代码测试用例（本例中为 Testim）进行比较，来理解后者的优势。

Selenium 传统自动化测试用例，如图 5-35 所示。

无代码测试用例（本例中为 Testim），如图 5-36 所示。

目前，无代码测试工具有很多种，如 Testim、TestGrid、Katalon Studio、Perfecto、Virtuoso、CloudQA、TestProject、Appilitools 等，但并没有出现一款统治级的工具，而且这些基本上都

是付费的，较成熟的工具都是国外的，因此需要根据自身的情况慎重选择测试工具，选择时建议考虑以下条件。

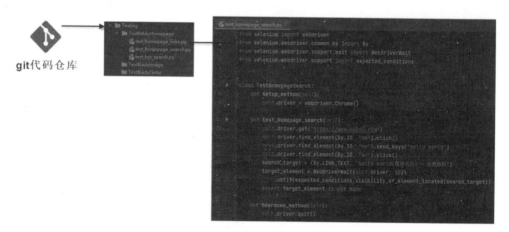

图 5-35　Selenium 传统自动化测试用例（见彩插）

图 5-36　无代码测试用例（本例中为 Testim）

- 是否具备良好的扩展性，是否支持与各类工具的集成。
- 是否支持更多的设备-系统-浏览器的组合及丰富的执行方案。
- 是否具有完善的用例组织和公共用例复用功能。
- 是否能生成完善、清晰的测试报告并拥有完善的辅助分析功能。
- 是否有基于 AI 的赋能，如视觉验证、自我修复、测试分析等。

比如 Selenium IDE，虽然它也是无代码的自动化测试工具，但它不符合以上条件，因此并不能算是一款可堪大用的无代码自动化测试工具。

从目前的情况来看，无代码/低代码的自动化测试和传统自动化测试并不是非此即彼的，还没有出现谁能完全代替谁的现象，它们各自拥有适合的使用场景。例如，无代码自动化测试工具非常适合复杂度较低的测试场景，任何人都适合创建这类场景的自动化测试，而测试和开发人员可以专注于更高优先级、更复杂或更定制化的自动化场景，这类场景可能更适合于传统自动化测试。无论采用哪种方式，其目的都是以最低的成本、最大限度地提高交付的速度和质量。

　　Web 测试是一个范围广泛的主题，受限于篇幅，上述各个要点难以深入阐述，建议对 Web 测试感兴趣的读者能自行深入探索。在实践过程中，技术固然重要，但对测试来说，技术仅仅是其中的一方面，良好的测试设计依旧是测试的核心。另外，技术的发展日新月异，在适当的时候选择适合的技术，才能以最低的成本、最大限度地提高产出的效率和质量。

## 第 6 章

移动端测试技术精要

本章从基础知识出发，详细介绍移动端测试相关技术。然后，介绍技术类的进阶内容。比如，UI 自动化测试、稳定性测试和性能测试等，以及移动端测试需要注重的点。在阅读本章内容时，如果你跟随章节内容练习，效果会更好。本书对软件工具的具体要求如下。

- JDK 11
- Android Studio 2020.3.1 patch3 以上
- Xcode 14

本书在移动端测试技术方面会兼顾 Android 和 iOS 两个体系，在实际动手的部分，Android 会比 iOS 稍微多一些，这也是因为考虑到 Android 的实验环境要求较低，开始比较容易。

6.1 移动端测试基础技能

移动端测试基础技能，是每一个移动端测试工程师都需要了然于胸的内容，这部分会着重介绍必知必会的内容。

6.1.1 通过 HTTP Debug Proxy 深入了解移动端测试

HTTP Debug Proxy，如 Charles 或 Fiddler，是移动端测试的重要工具。它们能够拦截和监控移动设备与服务器之间的 HTTP/HTTPS 通信，帮助测试人员分析网络请求和响应，查找数据传输中的问题。使用 HTTP Debug Proxy 可以有效地检测 API 调用的正确性、性能瓶颈和安全漏洞。

现代的移动端应用已经很少有不需要服务器的单机版应用了，绝大多数应用都和后端服务器有一定的联动。这种客户端与后端服务器联动的架构，一般被称为 C/S 架构。随着技术的发展和沉淀，在现在的 C/S 架构中，网络传输协议大多采用 HTTP，所以，如果有一种能够实时查看网络数据的交互工具，将会对测试有很大的帮助。HTTP Debug Proxy 工具一般都会在客户端和服务器间进行解析，把所有的网络传输内容呈现出来。图 6-1 为 Charles 工作示意图，其中 HTTP Debug Proxy 在客户端和服务器间进行记录和监听，并将传输内容呈现出来，帮助测试工程师更方便地进行测试。

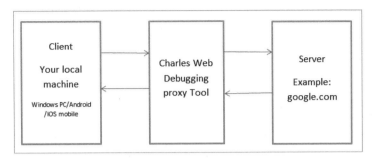

图 6-1 Charles 工作示意图

绝大部分 HTTP Debug Proxy 工具都提供了 HTTP 请求监听、HTTP 内容修改和 HTTP 网速限制等功能，其中最优秀的代表是 Charles 和 Fiddler，当然还有很多开源和免费的工具，具体选择哪一个工具看团队和个人。下面就以 Charles 为例，Charles 是一个跨平台的工具，可以方便地在不同终端使用。使用 Charles 监听手机客户端和服务器的交互，要保证手机与 PC 在同一个 Wi-Fi 下，在设置手机 Wi-Fi 的代理为 PC 端上的 Charles 的监听端口后，就可以开始测试了。在测试过程中，通过 Charles 查看 HTTP 请求内容、修改 response 请求或者显示网速模拟弱网环境，可以帮助覆盖很多测试过程中难以覆盖的功能。例如，在测试短视频 App 时，可以通过查看 HTTP 请求的内容来确定推荐数据下发策略的大概情况，比如对每次下发多少个视频、这些视频的顺序、在手机客户端大概滑到多少个视频时会触发下发机制等这些逻辑的验证就可以通过 HTTP 请求顺序、request 内容等进行逻辑验证；通过修改 response 的逻辑，我们可以使用一种 Stub 模式的 Testdouble 服务，从而实现一些不能由 App 部分发起就覆盖的业务逻辑，例如抢购商品的时候，在下单页还有库存，再次单击下单后校验库存已经为 0，这种就可以修改返回的 response 来触发手机客户端进入无库存的交互流程，从而完成测试工作；弱网环境是每一个 App 都必须测试的测试用例，Charles 就提供了各种各样的网络传输情况的模块，帮助我们快速验证弱网环境测试用例。

6.1.2 设计测试用例

对于测试工程师来说，设计测试用例应该是基本功中的基本功。有很多设计测试用例的方法，本书其他章节也有涉及相关内容的。本节不会涉及对通用测试用例设计方法的讲解，只会介绍设计移动端测试特有的测试用例时需要考虑的问题。当然，经常使用的等价类、边界值和正交分解法等经典的测试用例设计方法在移动端依然有效。

1. 复杂的移动端测试场景

随着移动设备的普及，App 的使用设备和使用场景越来越复杂，为了保证用户对 App 的使用，需要设计有效的测试用例来覆盖各种可能的场景。移动端的复杂场景是由用户的使用场景和使用预期决定的。用户在使用 App 时，一般都会以快捷且简便的方式完成交互，用户对这些交互过程的预期就是更快的响应和更流畅的交互；用户每天可能会多次打开相同的 App，而且每次使用 App 的时间也可能非常短暂，就算是进入 App 完成一次信息的确认交互，用户也希望能够一次快速完成，这种使用方式对 App 的性能提出了更高的要求。除此之外，用户在使用手机的过程中可能会使用语音输入信息、晃动手机，还可能直接使用地理位置信息等，这些都是移动端 App 的输入信息，处理或者模拟这种丰富的输入方式，是移动端测试工程师面临的小难题。各种各样的特殊场景都可以归纳为如下 4 类移动端测试场景。

- 功能性：主要考虑覆盖约束正确使用被测试 App 功能的使用场景，例如手机屏幕尺寸、UX 展示等。
- 稳定性：主要考虑覆盖可能导致 App 在用户使用过程中出现闪退等现象的使用场景，例如遍历 App 的全部功能、长时间使用 App、覆盖更多终端机型等。
- 高性能：主要考虑覆盖 App 使用过程中最快触达的功能的使用场景，例如 App 启动时的速度、App 频繁的前后台切换表现、一些核心场景的响应速度和用户体验等。
- 无害性：主要考虑在使用 App 或者不使用 App 的时候，对用户造成一定的伤害的使用场景，例如使用期间的耗电量、App 占用的存储空间等。

以上测试场景都是需要考虑的，这么多的测试场景还不包括具体的某一个功能需求，只从移动端用户使用场景出发。那么在这么多场景下如何设计功能测试呢？

笔者在这里给大家推荐一个个人认为非常不错的解决方案。

首先，使用传统的测试用例设计方法（例如边界值、等价类等），设计功能需求的测试用例，这个时候不考虑前面说的 4 类移动端测试场景。

其次，结合移动端测试场景，使用探索式测试方法（探索式测试在本书中也有介绍，详细内容可以查看相应的章节）进行测试设计。

最后，执行过程中也可以使用探索式测试方法，随机插入一些干扰项来让我们的测试更充分。

2. 探索式测试方法和测试场景的实践

在按照需求文档使用测试用例设计方法完成测试用例设计后，再从功能性、稳定性、高性能和无害性测试场景出发，设计测试用例。移动端测试工程师还需要考虑几个典型的场景。

场景 1（功能性）：屏幕尺寸的适配。手机的屏幕尺寸一直处于百花齐放的状态，不过近几年屏幕尺寸的多样性逐步降低。但是 Android 折叠屏的出现，又给屏幕尺寸的测试平添了变数。iOS 系统可以按照 iPhone 的 3 种屏幕尺寸进行适配测试，分别是小屏（SE）、中屏（iPhone）

和大屏（Max），Android 系统同样可以根据使用 App 最多的 3 种屏幕尺寸进行适配测试，同时要考虑 App 是否覆盖 Pad 类设备的需求。所有正向的功能测试用例都应该执行一遍。在测试过程中大家经常会遇到 UX 展示不全、控件被压缩、文案显示错误等问题。

场景 2（功能性）：App 前后台切换。手机端只有一个 App 能在前台运行，切换到后台后多数 App 不能持续运行（后台运行必须单独申请权限，例如音乐播放器等）。对这个场景的测试应该属于破坏测试方法的范畴，在一个 App 的运行过程中，强制切换 App 到后台一段时间，然后再次将其切换回前台，这时可以观察 App 的表现是否正常，之前的操作流程是否能继续等。如果是音乐播放类的 App，是否全程可以流畅播放音乐。

场景 3（功能性）：移动端升级安装。首先移动端升级安装测试已经是当下必不可少的测试路径了。升级安装测试特指之前使用老版本的 App，然后将其覆盖安装新版本，这时需要进行的测试。由于用户使用 App 的过程中产生的一些数据会被保存到手机本地，如果在新版本中数据不兼容，往往会导致一些很严重的问题。

场景 4（稳定性）：尽量长时间、高强度地遍历软件所有的功能。当然，如果手动实现稳定性测试，工作量就太大了。所以，业内把这种测试方法叫作猴子测试法，并且有单独的工具支持。这部分内容会在后面的章节中进行介绍。

场景 5（稳定性）：权限取消测试。移动端在使用一些权限的时候，需要用户确认授予权限。一般向用户申请权限的触发时机主要有两个：App 启动的时候和使用需要权限的功能的时候。在这个场景下，可以先使用苏格兰酒吧测试方法，找到申请这些权限的触发场景，再使用权限取消测试方法进行确认：当用户未授予权限时，App 的表现是否符合预期。如果开发人员没有处理好权限，App 大概率会直接崩溃。

场景 6（高性能）：App 启动。App 启动时一般会有一些引导和设置选项，针对引导和设置选项，一直选择默认设置项来快速完成设置，然后进行测试。

场景 7（高性能）：核心功能的响应速度和卡顿。App 的响应速度是至关重要的，早几年移动端有专项测试，其主要内容就包括响应速度、CPU 使用率、内存使用率等指标。这些测试内容已经慢慢地变成了移动端性能监控的一部分指标。本章会在后续移动端测试右移部分进行简单的介绍。如果需要在测试阶段校验与时间相关的指标，现在页面最通用的方法就是使用高速摄像机录制视频，然后分帧拆解来精确计算时间。

场景 8（无害性）：存储空间。虽然现在的手机存储空间越来越大，但是随着拍照和拍视频功能的高频使用，手机的存储空间还是非常珍贵的。如果一个移动端应用占用了超出用户预期的存储空间，用户可能会选择卸载它。所以，在完成一些测试场景且退出 App 以后，我们需要检查 App 占用的存储空间是否过大。如果过大，判断是否合理，是否符合预期。这种场景虽然不是主要场景，但却是结合主要场景的数据产生的效果。

场景9（无害性）：电量。手机设备对用户来说越来越重要，所以手机设备的电量也是用户非常关心的。用户会使用手机出行、付款和社交。如果在使用某一款 App 后，电量消耗非常快，则用户很可能会卸载 App。所以，我们在测试的过程中必须重视电量。首先，电量的消耗全部来自对硬件的使用，主要消耗电量的硬件有 CPU 和 GPS 设备。在测试的时候，找到计算量大的场景进行 CPU 的使用监控。现在 CPU 的使用监控非常简单，可以直接通过 Android Studio 和 Xcode 来进行，也可以使用命令行对 Android 手机进行 CPU 的使用监控。GPS 设备的不合理使用也非常耗电，在测试的过程中需要通过取消测试方法测试 GPS 设备是否能正常关闭，如果不能正常关闭将会非常耗电。另外，我们还检查是否使用了不必要的高精度 GPS 信号，精度越高越费电。电量测试也可以采用专业的仪器电流仪来进行测试，但是电流仪测试的成本非常高，而且使用场景不多，所以单独购置该设备的团队应该并不多。

但是由于移动端测试场景的复杂性，测试过程中还需要在测试执行阶段结合测试用例进行探索式测试。探索式测试执行主要基于场景的混合测试，其主要的特点就是混合。在使用混合的探索式测试方法之前，应该先完成测试用例设计和测试场景设计。然后再根据这些测试用例进行混合测试。混合的测试方法对移动端的测试非常有效。例如，在用户注册流程中，从注册的最后一步选择取消，就可能会发现交互设计方面的问题。在付款流程中插入一些不必要的步骤，也可能会发现支付过程中的问题等。

6.2　移动端测试进阶

本节主要介绍一些其他测试工具和测试技术，包括 UI 自动化测试、稳定性测试等内容。

6.2.1　UI 自动化测试

移动端测试发展到今天，UI 自动化测试技能已经变成每一个测试工程师的必备技能。虽然真正的 UI 自动化测试替代手动测试的案例非常少见，但是整个行业仍一直在探索和努力。

就单纯的移动端 UI 自动化测试技能来说，当下完全绕不开的一个工具就是 Appium。Appium 是一个大而全的设备测试工具。Appium 发展到今天已经不仅支持移动端，还支持桌面设备的自动化测试。

1. Appium 简介

Appium 是一个开源的跨平台自动化测试工具，主要用于测试移动应用。它支持对原生、混合和移动网页应用的自动化测试。Appium 允许使用多种编程语言（如 Java、Python、Ruby、JavaScript 等）编写测试脚本，并使用 Selenium 的 WebDriver 协议与应用进行交互。

Appium 的特点介绍如下。

- 支持跨平台：Appium 可以在不同的操作系统（如 Windows、macOS、Linux）上运行，并支持测试 Android 和 iOS 应用。
- 支持多种编程语言：用户可以使用自己熟悉的编程语言编写测试脚本，如 Java、Python、Ruby、JavaScript 等。
- 无须重新编译应用：与某些其他的测试工具不同，使用 Appium 进行测试不需要重新编译或修改应用代码。
- 支持多种应用类型：Appium 支持原生、混合和移动网页应用的测试。
- 兼容性：Appium 使用 Selenium WebDriver 协议，因此与 Selenium WebDriver 兼容的工具和库也可以与 Appium 一起使用。

Appium 可以选择不同的驱动程序来完成不同的测试任务，iOS 系统可以选择 XCUITest，Android 系统可以选择 UiAutomator2 或者 Espresso。同时，Appium 还可以通过非常类似的测试脚本操作不同的驱动程序来实现自动化测试的目的。

2. Appium 架构

Appium 的架构主要包括以下几个部分，如图 6-2 所示。

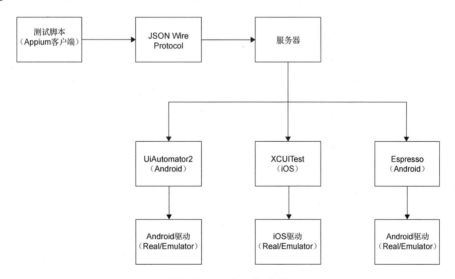

图 6-2 Appium 架构图

- Appium Server：Appium 的核心部分，负责接收客户端发送的测试命令并将其转发给相应的移动设备。Appium Server 可以通过命令行启动，也可以通过 Appium 桌面应用启动。

- Appium Client Libraries：这些库提供了与 Appium Server 进行通信的接口，允许用户使用不同的编程语言编写测试脚本。
- Device Automation：Appium 使用不同的驱动程序（如 UiAutomator2、XCUITest、Espresso 等）与 Android 和 iOS 设备进行交互，执行测试命令。

从整体架构图来看，数据是如下这样流动的。首先测试工程师会借助 Appium Client 调试测试脚本，测试脚本背后的原理就是通过 JSON Wire Protocol 把相关的指令发送给 Appium Server。Appium Server 接收到客户端发送的指令以后，开始解析指令，并且根据请求，选择相应的驱动程序，把指令翻译成驱动程序可以识别的指令，让相应的驱动程序执行相应的测试动作。无论测试设备是真实设备还是模拟器，所有的动作都是由驱动程序负责执行和控制的。

Appium 就是通过这样的架构，内部兼容了我们能用到的所有自动化测试框架。细心的读者读到这里可能会发现，这个架构和 Selenium 的架构非常像。如果你看过 Selenium 的官方文档的话，你也会发现 JSON Wire Protocol 的身影。是的没错，Appium 和 Selenium 有着千丝万缕的联系。Appium 早期的设计就是完全仿照 Selenium 进行的。这样做一方面可以让 Web 测试工程师快速转型成为移动端测试工程师，另一方面，因为兼容了 JSON Wire Protocol，就可以无缝使用 Selenium 的 Grid 工具进行并行测试。

Appium 的一些协议和功能已被纳入 W3C WebDriver 标准。这意味着 Appium 不仅是一个开源项目，它的核心协议也得到了标准化机构的认可。原来的 JSON Wire Protocol 逐渐被 W3C WebDriver 标准所取代，这提高了兼容性和一致性。Appium 支持 W3C WebDriver 标准，这使得其与 Selenium 的新版本更兼容。Appium 是一个非常值得使用且值得研究架构的测试工具，如果对这个方面非常感兴趣，建议查阅 Appium 的官方文档，并且在 GitHub 上阅读源码。

3. Appium 的简单教程

UI 自动化测试其实就是模仿人的操作去操作 UI 来达成测试的目的。从所有的操作中抽象出使用频率最高的操作，它们分别是识别控件、单击控件和输入文本。

1）安装环境和进行一些初始化

安装 Appium 环境的网络资料有很多，但是因为 Appium 2.x 版本与 1.x 版本相比存在一些变化，所以我们挑重点介绍一下。为了照顾到更多的受众群体，下面以 Android 系统为例。

首先，需要安装 Appium。Appium 依赖 Node 开发环境。在安装好 Node 以后，使用 npm 来安装 Appium。

```
npm install appium@latest -g
```

```
appium driver install uiautomator2
```

其次，需要安装 Android SDK 及你自己的开发环境。如果你熟悉 Java，需要有可以运行 Java 的环境。如果你打算使用 Python，那就应该配置好 Python 的开发环境。我们在这里就不展开介绍了。

前面介绍过，Appium 分为几个部分。我们已经安装了服务器和驱动程序里的 UiAutomator2，下面可以用命令来启动 Appium Server，为自动化测试做好准备。

```
appium server
```

启动好的 Appium Server 如图 6-3 所示。

```
→ ~ appium server
[Appium] Welcome to Appium v2.11.1
[Appium] The autodetected Appium home path: /Users/mikuncan/.appium
[Appium] Attempting to load driver xcuitest...
[Appium] Attempting to load driver espresso...
[Appium] Attempting to load driver windows...
[Appium] Requiring driver at /Users/mikuncan/.appium/node_modules/appium-xcuitest-driver/build/index.js
[Appium] Requiring driver at /Users/mikuncan/.appium/node_modules/appium-espresso-driver/build/index.js
[Appium] Requiring driver at /Users/mikuncan/.appium/node_modules/appium-windows-driver/build/index.js
[Appium] XCUITestDriver has been successfully loaded in 2.528s
[Appium] EspressoDriver has been successfully loaded in 2.528s
[Appium] WindowsDriver has been successfully loaded in 2.528s
[Appium] Attempting to load driver chromium...
[Appium] Attempting to load driver uiautomator2...                                    1
[Appium] Requiring driver at /Users/mikuncan/.appium/node_modules/appium-uiautomator2-driver/build/index.js
[Appium] AndroidUiautomator2Driver has been successfully loaded in 1.095s
[Appium] Requiring driver at /Users/mikuncan/.appium/node_modules/appium-chromium-driver/index.js
[Appium] ChromiumDriver has been successfully loaded in 2.029s
[Appium] Appium REST http interface listener started on http://0.0.0.0:4723
[Appium] You can provide the following URLs in your client code to connect to this server:
[Appium]   http://127.0.0.1:4723/ (only accessible from the same host)        2
[Appium]   http://10.17.26.121:4723/
[Appium] Available drivers:
[Appium]   - xcuitest@7.23.0 (automationName 'XCUITest')
[Appium]   - espresso@2.44.1 (automationName 'Espresso')
[Appium]   - windows@2.12.25 (automationName 'Windows')
[Appium]   - chromium@1.3.27 (automationName 'Chromium')
[Appium]   - uiautomator2@3.7.2 (automationName 'UiAutomator2')        3
[Appium] Available plugins:
[Appium]   - appium-dashboard@2.0.3
[Appium]   - gestures@4.0.1
[Appium]   - appium-reporter-plugin@1.1.0-beta.06
[Appium]   - images@3.0.16
[Appium]   - ocr@0.2.0
[Appium] No plugins activated. Use the --use-plugins flag with names of plugins to activate
```

图 6-3　启动好的 Appium Server

图 6-3 中的 1 处表示我们使用的 Android Uiautomator2Driver 已经加载成功，可以直接使用。2 处表示可以通过这个地址访问服务器。3 处给大家留一个简单的印象，这一部分是我们已经安装的驱动程序和插件列表。Appium 从 1.x 版本升级到 2.x 版本最大的变化就是驱动程序和插件可以动态加载和扩充。Appium 通过驱动程序和插件机制为使用者打开了一片天空，用户可以直接使用各种功能强大的驱动程序和插件。当然也可以开发自己的驱动程序和插件。环境安装好以后，我们可以使用 adb 命令来确认一下。如果你的 PC 设备连通手机（如图 6-4 所示），就可以执行下面的操作了。

图 6-4　PC 和手机连通检查命令截图

2）Appium-Inspector 的使用和控件识别

Appium-Inspector 是 Appium 的一个工具，可以帮助测试人员测试移动应用程序。它提供了图形界面和交互式的功能，通过它可以轻松地检查应用程序的 UI 元素、获取元素属性、执行操作和生成自动化测试脚本。启动 Appium-Inspector 以后，需要大家先按照图 6-5 来配置，参数介绍如下。

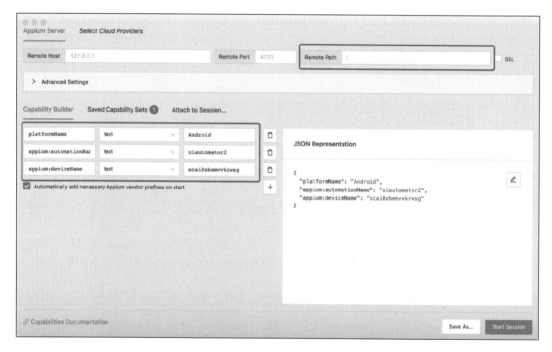

图 6-5　启动 Appium-Inspector 的配置截图

- Remote Path：Remote Path 是 Appium 2.x 版本的明显变化。
- Capability Builder：在 Capability Builder 中需要设置以下几项。
  - platformName：设置为"Android"，表示是 Android 系统的自动化测试。
  - appium:automationName：设置为"uiautomator2"，表示使用的驱动程序是 UiAutomator2。
  - appium:deviceName：连接 Android 设备的序列号，使用 adb devices 命令可以查看。

在设置完成后，我们可以单击"Start Session"按钮来启动 Appium-Inspector 分析想要测试的移动应用程序。

下面将以 Edge mobile 浏览器为例，介绍自动化测试的部分内容。读者可以直接通过应用商店安装 Edge Android 版本的浏览器，并且启动浏览器。

在 Start Session 之后，需要再次简单设置一下 Appium-Inspector，让它变得更方便、更好用，如图 6-6 所示。

图 6-6　Start Session 后的配置截图（见彩插）

在 1 处需要切换一下控件识别的模式。在 2 处打开 Element 的 Handler 模式，让它们在界面左侧显示。在 3 处开启 Element 选择模式，这样我们可以更轻松地找到想要的控件。

设置完成之后，可以选择 Edge Android new tab page 中的 search box 控件，查看这个控件的相关属性，如图 6-7 所示。

图 6-7　Edge Android new tab page 搜索截图（见彩插）

在图 6-7 的 1 处能看到，当我们选中控件以后，控件都有一个阴影状态，表示控件被选中。
2 处是我们选中的控件在这个页面布局中的位置。Android 中以 XML 文件格式描述整个页面
的布局。3 处表示我们选中的控件可以通过什么方式被定位。这部分内容对于马上要讲解的
自动化测试脚本编辑非常有用。

3）自动化测试脚本编辑

前面已经将自动化测试脚本的开发环境准备好，并且已经通过 Appium-Inspector 定位了
一些控件。对于本次自动化测试的小项目，我们选择了在 Edge Android 浏览器中选中
Addressbar，并且输入网址（Appium 官网），最终在 Edge Android 浏览器中成功打开 Appium
官网来讲解。从笔者之前的工作经验来看，自动化脚本中最常用的 3 个操作分别如下。

- 识别控件，定位控件。
- 单击控件。
- 在控件中输入内容。

掌握了这 3 个基本内容后，就可以尝试着进行实战并且在实战中不断地提高自己实现自
动化的能力了。下面开始实战吧。

首先，我们需要设置一下环境。对于本次自动化测试小项目，我们采用了 Python 语言进
行实战。我们需要设置一下 Python 的运行环境。

```
mkdir appium4Edge.            #新建一个项目目录
cd appium4Edge。              #进入项目目录
python -m venv ./venv。        #使用 Python 创建一个 Python 虚拟环境。
                              #虚拟环境会帮我们更好地管理依赖项
source ./venv/bin/activate    #激活虚拟环境
python -m pip install Appium_Python_client.  #在虚拟环境中安装 Appium Python Client
```

经过这一系列操作，我们的 Python 开发环境就设置好了。随后，我们在项目中新建一个
Python 文件（demo.py），开始我们的自动化测试之旅。

```
import unittest
from appium import webdriver
from appium.webdriver.common.appiumby import AppiumBy
from appium.options.android import UiAutomator2Options

# capabilities 的设置和之前的 Appium-Inspector 的设置保持一致
capabilities = dict(
    platformName='Android',
    automationName='uiautomator2',
    deviceName='scai8xbemvvkrwsg'
)
```

```
# 对 Appium Server 的 url 进行单独配置，方便修改
appium_server_url = 'HTTP://127.0.0.1:4723'

# Appium 2.x 之后需要对 capability 做一下转换
capabilities_options = UiAutomator2Options().load_capabilities(capabilities)

class TestAppium(unittest.TestCase):
    # 在 setup 中初始化了 driver, driver 是一切操作的根基
    def setUp(self) -> None:
        self.driver = webdriver.Remote(command_executor=appium_server_url,
options=capabilities_options)
    # 最后测试完成释放 driver
    def tearDown(self) -> None:
        if self.driver:
            self.driver.quit()

    def test_enter_appium_website(self) -> None:
        pass
if __name__ == '__main__':
    unittest.main()
```

在 demo.py 文件中，首先引入了 Python 的 unittest 框架。unittest 框架需要有 setup 和 teardown 方法。setup 方法是在测试之前进行初始化的，在这里，我们初始化了 dirver 对象，有了 driver 对象我们才能对控件进行操作。同样在 teardown 方法中，我们销毁了 driver 对象。demo 中有一个测试方法 test_enter_appium_website 显示是空实现，我们的工作就是一步一步补齐我们的测试脚本。

在之前的内容中，我们已经找到了 Edge Android new tab page 中的 search box 控件，下面让我们尝试加入这个控件并单击它。我们使用识别 ID 的方式进行控件定位，并且进行了单击。

```
el = self.driver.find_element(by=AppiumBy.ID, value='com.microsoft.emmx:id/
search_box_text')
el.click()
```

脚本成功执行后，界面如图 6-8 所示。

使用之前学到的内容，我们快速定位控件。

```
el_bar = self.driver.find_element(by=AppiumBy.ID, value='com.microsoft.emmx:
id/url_bar')
el_abr.send_keys('被测试系统 URL')
```

图 6-8　脚本成功执行后的截图（见彩插）

　　这样我们就完成了输入，但是通过仔细观察，浏览器并没有对输入的网址进行加载，需要我们再次分析。经过分析可以看到，没有一个直接提交的按钮让我们来完成操作。我们需要在输入法的键盘上单击图 6-9 中框选出的"Go"按钮。但是通过分析，我们无法直接获取输入法的按钮。另外，即便我们可以拿到输入法的按钮信息，考虑到测试脚本的稳定性，也不能直接使用输入法的按钮。因为输入法的按钮布局可能会不同，可能会导致测试脚本失败。

图 6-9　浏览器测试截图（见彩插）

像这种情况，我们应该利用系统的一些快捷操作来处理。这个操作非常类似于在键盘上直接按下"Enter"键触发提交的方式，可以触发浏览器访问相应的网址，具体的操作脚本是这样的。

```
self.driver.execute_script('mobile: performEditorAction', {'action': 'go'})
```

下面是最后一步，判断执行是否成功，我们可以简单地认为，浏览器的刷新按钮出现的时候就是网站加载完成的时候（如图 6-10 所示）。当网站正在加载的时候，浏览器的刷新按钮不显示，显示的是取消按钮。

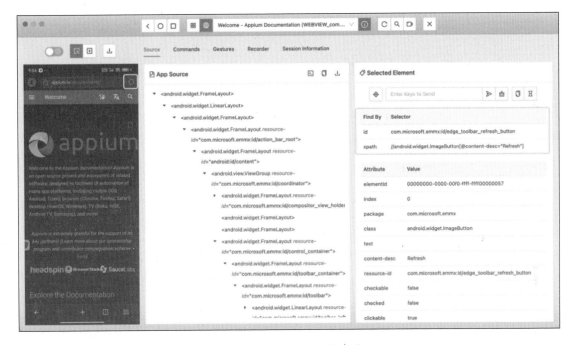

图 6-10　执行成功后的截图

网页加载是需要时间的，如果我们立刻判断这个刷新按钮是否存在，会让我们的测试脚本非常不稳定。因此需要在判断之前加一个等待操作。普通的等待操作只需要写一个 sleep 方法。在这里，笔者想给大家介绍一种优雅的等待操作——Wait Until 方式。

```
wait = WebDriverWait(self.driver, 15)  #首先注册一个wait对象
#通过 Xpath 构造一个 element_locator
element_locator = (AppiumBy.XPATH,
'//android.widget.ImageButton[@content-desc="Refresh"]')
element = wait.until(EC.visibility_of_element_located(element_locator))
#满足动态的等待条件
assert element.is_displayed()  #断言判断
```

首先，我们构造一个 wait 对象，并且给定了最大的等待时间 15s。其次，我们构造了一个 element_locator，并且把这个定位器传给了 wait 对象。如果 wait 对象在指定的时间内等待并获得了结果，程序将正常返回；如果没有等待并获得结果，程序可能会异常退出。针对这段程序来说，15s 内的任何时间点找到控件，立刻返回。如果超过 15s 还没找到控件，程序就会异常退出。

通过如上这个简单的例子，我们一起完成了一个自动化测试脚本。下面对这个脚本进行总结回顾，并且扩展一部分内容。

完整的代码如下。

```python
import unittest
from appium import webdriver
from selenium.webdriver.support import expected_conditions as EC
from appium.webdriver.common.appiumby import AppiumBy
from appium.options.android import UiAutomator2Options
from selenium.webdriver.support.ui import WebDriverWait

capabilities = dict(
    platformName='Android',
    automationName='uiautomator2',
    deviceName='scai8xbemvvkrwsg'
)

appium_server_url = 'HTTP://127.0.0.1:4723'
capabilities_options = UiAutomator2Options().load_capabilities(capabilities)

class TestAppium(unittest.TestCase):
    def setUp(self) -> None:
        self.driver = webdriver.Remote(command_executor=appium_server_url,
options=capabilities_options)

    def tearDown(self) -> None:
        if self.driver:
            self.driver.quit()

    def test_find_battery(self) -> None:
        self.driver.find_element(by=AppiumBy.ID,
value='com.microsoft.emmx:id/search_box_text').click()
        self.driver.find_element(by=AppiumBy.ID, value='com.microsoft.emmx:
id/url_bar').send_keys('HTTPs://appium.io')
        self.driver.execute_script('mobile: performEditorAction', {'action':
'go'})
        wait = WebDriverWait(self.driver, 15)
        element_locator = (AppiumBy.XPATH, '//android.widget.ImageButton
[@content-desc="Refresh"]')
```

```
      element = wait.until(EC.visibility_of_element_located(element_locator))
      assert element.is_displayed()

if __name__ == '__main__':
    unittest.main()
```

4）DIY 自动化框架原理

所有的自动化测试机制都是通过异常来表达测试是否通过的。如果出现超出预期的异常，即表示测试是失败的。所有语言的单元测试框架都有支持异常失败的策略。所以，在 UI 自动化测试中都会选择一款单元测试框架作为支持框架。当然，随着软件技术的不断发展，单元测试框架也在不断地升级和融合，开始支持一些非单元测试领域的内容，比如数据驱动、失败重试等。

自动化测试框架分层拆分，可以根据不同层面的需求，替换部分工具，组成和创建新的自动化测试框架，让开发效率大大提高。测试框架基本上可以分为 3 个层面：基础层、工具层和适配层。

- 基础层：主要负责测试的执行，其中包括测试管理、测试的执行顺序，还包括测试结果的监控或者一些执行前和执行后的事件触发等。Python 中推荐 pytest，Java 中推荐 TestNG 或者 JUnit，Ruby 中推荐 Cucumber。
- 工具层：工具层更多地偏向于帮助我们完成相关的测试动作和操作。需要做 API 接口测试，可以使用 HTTP 请求库发送请求并且使用 JSON 解析库解析 respose 结果。需要模拟单元测试的时候，选择最适合的 Mock 工具完成单元测试。UI 自动化测试的 Appium 和 Selenium 是能够帮助我们实现 UI 操作的工具。
- 适配层：在做自动化测试脚本开发的时候，开发者需要维护适配层。测试脚本也是代码，也需要考虑代码的复用性和可维护性。适配层主要用于解决测试脚本的复用性和可维护性的相关问题。BDD 测试框架、Page Object Model（PMO）设计模式都是在适配层上做得很好的实践。

如图 6-11 所示，如果要写一个 Gmail 测试用例，我们应该有两个类，分别分装 Login 页面和 Home 页面的所有控件和方法。这样我们在测试用例层面直接使用对应的类的属性和方法完成测试即可。这样做的好处大概有以下两点。

（1）测试脚本简单，更多地侧重操作，不用关心具体的实现。

（2）测试脚本方便维护，如果页面元素发生变化，只需要修改对应页面的类即可。

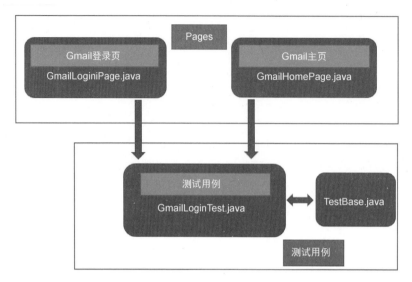

图 6-11　PMO 模式示意图

6.2.2　稳定性测试

稳定性测试是移动端 App 最重要的一项非功能测试项目。国内的 App 厂商都非常重视稳定性指标，一般会用崩溃率来衡量一个 App 的稳定性。在过去的 10 年中，国内 App 的平均崩溃率从千分位降到了万分位，能有这么大的进步，笔者总结了以下 3 个原因。

● 整体的移动端开发框架趋于完善，很多问题从框架层面上就避免了。
● 线上崩溃监控结合灰度发布有效地控制了崩溃事故的发生。
● 发布前经过长时间的强压力测试，保证了 App 的稳定性。

1. 随机 Monkey 测试

在发布前进行长时间的强压力测试，需要工具的支持。Monkey 工具又称猴子测试工具，名字非常形象，它就像一只猴子一样随机地操作。在长时间的随机操作中评估程序是否能长时间稳定运行和程序是否能在高强度下稳定运行等。

Android 系统原生自带 Monkey 工具，很多厂商都会选择使用 Monkey 工具进行测试。Android 系统原生自带的 Monkey 工具会通过 seed（种子）生成一个随机序列，当然随机序列也会有--pct--xxx 等参数的控制。当随机序列生成好以后，就在 App 上连续不断地操作。在这个过程中，Monkey 工具根本不知道页面布局，也不知道操作是否有效果，完全是随机操作。虽然 Monkey 工具的操作是完全随机的，但是长时间、持续不断地高速操作也能达到很不错的测试效果。该工具使用起来非常简单，通过一个 shell 命令就可以搞定。

```
adb shell monkey -p com.microsoft.emmx --pct-touch 30 --pct-motion 30 --pct-nav
10 --pct-majornav 15 --pct-appswitch 10 --pct-anyevent 5 --pct-trackball 0
--pct-syskeys 0 --ignore-crashes --ignore-timeouts
--ignore-security-exceptions --monitor-native-crashes --throttle 200  -s
123456 -v 6000 > ~/Downloads/crash.txt
```

Monkey 工具的命令参数非常多，笔者下面选择几个比较重要的参数进行介绍。

- -v 作用：命令行上的每一个-v 都将增加反馈信息的详细级别。
    - ➢ -v（默认），除了启动、测试完成和最终结果外只提供较少的信息。
    - ➢ -v-v，提供了较为详细的测试信息，如逐个发送到 Activity 的事件信息。
    - ➢ -v-v-v，提供了更多的设置信息，如测试中选中或未选中的 Activity 信息。
- -p 作用：运行中可以包括的包名。一般指定自己想测试的 App 的包名即可。
- -s <seed>作用：伪随机数生成器的 seed 值。如果用相同的 seed 值再次运行 Monkey 工具，将生成相同的事件序列。
- --throttle <milliseconds>作用：在事件之间插入固定的时间延迟（ms），你可以使用这个设置来减缓 Monkey 工具的运行速度，如果你不指定这个参数，则事件之间将没有延迟，事件将以最快的速度生成。
- --pct-xxx 作用：表示 Monkey 工具的动作类型占比。针对具体的参数，大家可以查文档，就不在这里详细说明了。
- --ignore-xxx 作用：主要表示发生崩溃或者超时的时候，程序是不中断的，可以继续运行。这样做的目的是让程序运行足够长的时间，发现更多的问题。

iOS 系统没有这样原生自带的强大工具，但是由于 Monkey 工具对稳定性的测试效果特别好，所以很多开源爱好者们都尝试着解决这个问题。推荐一个 xcmonkey 工具，xcmonkey 工具像 Android 系统原生自带的 Monkey 工具一样使用简单。在安装好工具之后，输入命令即可执行。

```
$ xcmonkey test --event-count 100 --bundle-id "com.apple.Maps" --udid
"413EA256-CFFB-4312-94A6-12592BEE4CBA"
# --bundle-id 是要测试程序的包名
# --udid 是测试设备的 id
```

执行过程的日志以 JSON 格式的文件输出。如果要重复上次的操作，可以把 JSON 文件保存下来，通过以下命令进行测试回放。

```
xcmonkey repeat --session-path "./xcmonkey-session.json"
```

详细配置参数说明如图 6-12 所示。

Test options reference

The table below lists all options you can include on the `xcmonkey test` command line.

Category	Option	Description	Default
General	`-h, --help`	Display help documentation	
	`-v, --version`	Display version information	
	`-t, --trace`	Display backtrace when an error occurs	
Events	`-u, --udid <string>`	Set device UDID	
	`-b, --bundle-id <string>`	Set target bundle identifier	
	`-s, --session-path <string>`	Path where test session should be saved	
	`-e, --event-count <integer>`	Set events count	60
	`--exclude-taps`	Exclude taps from gestures list	false
	`--exclude-swipes`	Exclude swipes from gestures list	false
	`--exclude-presses`	Exclude presses from gestures list	false
	`--disable-simulator-keyboard`	Disable simulator keyboard	false
Debugging	`--ignore-crashes`	Ignore app crashes	false
	`--throttle <milliseconds>`	Fixed delay between events	0

图 6-12　详细配置参数说明

Fastlane 是移动端非常主动的持续集成工具，使用者可以通过定制脚本来定义和处理从构建、测试到发布的整个流程，通过集成多个独立的工具和服务来实现这一点。xcmonkey 工具提供了 Fastlane 的插件，可以在 Fastlane 的生态系统中直接使用。具体的使用方法如下。

```
lane :monkey_test do
  bundle_id = 'com.apple.Maps'
  device = 'iPhone 14'
  sim = FastlaneCore::Simulator.all.filter { |d| d.name == device }.max_by
(&:os_version)
  udid = sim.udid

  xcmonkey(udid: udid, bundle_id: bundle_id)
end
```

使用者可以通过 Fastlane 把 xcmonkey 工具整合到 iOS 系统整个研发和发布的任意阶段，并且使用起来非常方便。Fastlane 主要可以帮助我们完成以下这些工作。

● Fastlane 可以轻松配置和运行 App 的构建过程。它支持 Xcode（iOS）和 Gradle（Android）构建系统。

● Fastlane 可被集成到现有的 CI/CD 管道中，如 Jenkins、CircleCI、Travis CI 等，帮助实现自动化发布。

● Fastlane 支持运行单元测试、UI 测试和集成测试，确保 App 的质量。

● Fastlane 可以自动处理 iOS App 的代码签名和配置文件管理，这降低了证书管理的复杂性。

- Fastlane 支持自动化发布到 App Store（iOS）和 Google Play（Android），包括生成发布说明、上传应用包、设置元数据等。
- Fastlane 还支持插件系统，开发者可以开发各种插件以方便使用者使用。

由于本章篇幅限制，没办法更详细地介绍 Fastlane，不过还是希望读者朋友们可以抽空认真地研究一下 Fastlane。笔者一直认为 Fastlane 是移动端持续集成领域最值得学习的工具。

2. 控件遍历的稳定性测试

随着 Monkey 工具频繁地在稳定性测试领域应用，使用者们也慢慢地发现了 Android 系统原生自带的 Monkey 工具的局限性和不足。主要的局限性和不足有以下几点。

- 在有些 App 中进入某些页面以后，基本无法退出或者需要很长时间才能退出。
- 很多操作是无效的，非常耽误时间。
- 使用 Monkey 工具容易跳出被测应用，而在系统应用中频繁执行操作。

遍历 UI 控件的稳定性测试工具，主要通过 UI 自动化框架识别控件、操作控件和监控程序运行情况来完成稳定性的测试工作。UI 控件遍历工具主要需要通过解析 App 的控件树结构，识别出所有 UI 控件及其层级关系，然后通过控件层级关系执行一些随机的操作。这种方式非常有针对性，每次都会对一个 UI 控件执行操作。UI 控件遍历工具还会记录每个可以操作的控件是否操作了。不管是采用深度遍历的方式，还是广度遍历的方式，都对 UI 控件的覆盖度提出了很高的要求，另外，有两个同名的 AppCrawler 工具可以实现这部分功能，感兴趣的读者可以下载实验一下。

3. 智能化的稳定性测试

随着 UI 控件遍历工具的不断推陈出新，大家对稳定性测试工具的要求也越来越高。单纯地遍历 UI 控件已经不能满足大家的要求。慢慢地，各种智能化的稳定性测试工具出现了。在众多智能化稳定性测试工具中，字节开源的 Fastbot_Android 应该是其中的佼佼者。

Fastbot_Android 使用简单、功能强大，可在本地植入机器学习模型。Fastbot_Android 的执行并没有做 UI 控件识别，还是使用原生 Monkey 工具的方式执行随机坐标操作。随机坐标的优点是执行速度快，但是缺点也很明显，执行效率不可预判。Fastbot_Android 正是利用原生 Monkey 工具执行速度快的优势，再加上机器学习模型，以不断提高执行效率的方式来优化稳定性测试工具的。

4. 稳定性测试工具的选择

这么多稳定性测试工具并不是越先进的越好，而是越适合你的团队的越好，到底应该怎样选择一款适合团队的稳定性测试工具呢？可以从下面几个方面进行研究和评估。

- 覆盖率。
  - ➢ 定义：工具能够覆盖的应用界面和功能的比例。
  - ➢ 评价指标：覆盖的界面数量、操作路径数量、触发的事件数量。
- 发现缺陷能力。
  - ➢ 定义：工具在遍历过程中发现并记录缺陷的能力。
  - ➢ 评价指标：发现的缺陷数量、缺陷的严重程度、误报率。
- 执行效率。
  - ➢ 定义：工具在执行遍历测试时的性能和效率。
  - ➢ 评价指标：执行时间、资源占用、操作响应时间。
- 稳定性。
  - ➢ 定义：工具在不同环境和条件下运行的稳定性和可靠性。
  - ➢ 评价指标：对执行过程中发生的错误、异常情况的处理能力。
- 易用性。
  - ➢ 定义：工具的使用和配置的简便程度。
  - ➢ 评价指标：学习曲线、文档和社区支持、集成和扩展能力。

6.3　移动端测试的左移和右移

为了全面的质量保障体系建设，测试左移和测试右移这两种测试策略逐渐受到广泛关注。这是在移动端测试中同样需要实施的测试策略，下面就重点介绍一下移动端测试左移和右移实践需要特别关注的内容。

在前面的章节中，已经介绍了测试的左移和右移，对于移动端来说，在已经介绍的实践之上还需要加上包大小检查和启动耗时监控。包大小和启动耗时是一个 App 的基础性能指标，也是与用户增长和留存直接相关的主要指标。若 App 的包大小过大，用户会考虑网络流量和本地存储空间等问题，这将进一步导致用户下载和更新 App 的意愿降低。应用商店也有相关的限制，对于超过一定大小的 App，应用商店会限制用户在移动流量下更新 App。App 的启动耗时也会影响用户使用 App 的意愿，甚至若 App 的启动耗时较长，在还没有开始使用 App前 App 就被用户放弃或者删除。技术能力领先的互联网公司都会特别关注这两个指标，把指标加入平时的持续集成系统中随时监控数据，这也就变成了一个常规手段。

现在国内头部的互联网公司都会进行 App 的发布流程。这个流程中会涵盖灰度发布、异常数据监控和一些用户行为分析等内容。

如图 6-13 所示，通用的发布流程都会有封板，然后进行两三次灰度发布，最后再上架应用商店，进行全量发布。在整个过程中，除了一些内部的检查项，更多的问题来自监控体系发现的问题。监控体系发现的问题包括崩溃问题、基础的性能问题或者一些功能异常等。

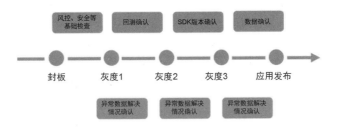

图 6-13 通用的发布流程

在整个流程中有多次灰度发布，然后发现异常，捕获异常堆栈进行分配，接着解决问题，再次通过灰度发布验证问题的方式进行。图 6-14 为笔者在快手工作期间的一个实际案例。快手就是通过无数这样的流程保证了快手 App 的崩溃率常年低于 0.05%。

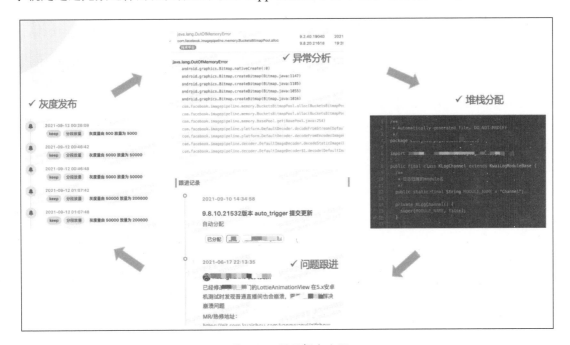

图 6-14 问题解决流程

本章主要介绍了一些移动端测试相关内容，希望这些内容可以帮助你熟悉移动端测试用例设计，可以利用 HTTP Debug Proxy 工具进行移动端 Mock 测试和 App 分析，可以使用一些移动端工具做稳定性测试，可以写一些简单的测试脚本提高测试效率，以及看看移动端测试在团队中怎么通过全面、全过程的质量手段进行工作的，其中可能会包括哪些实践和哪些工具等。

## 第 7 章

接口测试技术精要

接口测试在软件测试技术中具有较长的历史，它从接口调试发展成为一种质量保障技术，尤其和自动化结合后，逐渐成为产品交付质量保障过程中的关键技术。随着 DevOps 的发展及测试团队规模的提升，接口测试必将从自动化走向平台化，从而实现人和技术的解耦，最后迈向智能化。

7.1 接口测试概述

接口测试也就是 API（Application Programming Interface，应用程序接口）测试，是指面向接口的测试活动。在介绍接口测试之前，我们先了解一下什么是接口。接口就是有特定输入和特定输出的一套处理逻辑，对于接口调用方来说，不用知道其内部的实现逻辑，这也是接口的黑盒处理逻辑。由此，这揭示了接口的本质：接口即契约，指接口提供方和接口调用方商议好的一种约定，具体形式是在开发前期约定接口接收和返回的数据，在开发完成后接口提供方实现原本的约定。那么，如何验证接口提供方是否遵循了契约呢？为了解决该问题，接口测试就出现了。接口测试是通过模拟接口调用方的行为，依据上述契约要求并兼顾其他质量特性，对接口提供方提供的接口进行质量验证的活动。在绝大部分情况下，我们所说的接口测试都是指自动化接口测试，其实自动化接口测试是自动化测试和接口测试的结合体。接口测试是基于协议客户端，按照测试用例设计方法完成接口入参的设计，与被测服务发生交互、验证结果是否满足预期的测试行为。自动化测试是指没有人工或者有较少人工直接参与的测试活动。接口测试的关键技术包括如下几部分。

- 协议客户端模拟：它是一种模拟协议客户端行为的测试技术，这种技术既可以是测试脚本，也可以是测试平台。它主要提供一种与被测服务交互的技术手段，在测试过程中提供了测试技术与被测系统发生交互的基础，从而为接口测试的实现建立基础手段。例如，HTTP 比较常用的方式是通过代码调取对应的协议访问客户端类，一些常见的协议客户端模拟技术有 Java 的 HttpClient、Python 的 requests、Postman 等。
- 接口的逻辑模拟：通过录制修改或者脚本开发的方式，在协议客户端模拟技术的基础上实现与被测服务的交互，该交互主要实现了被测接口的访问、参数传递及返回值的获取。例如，HTTP 的接口通过测试工程师的代码完成对 uri、参数、方法等访问的设置，并发起访问来获取返回值，或者通过 Postman 新建请求来完成对应的设置。

- 数据驱动：指为自动化接口测试的接口逻辑模拟部分提供被测接口参数的入参，这个入参可以按照某一种形式存储在外部文件或者外部服务中，通过自有的参数策略进行选取，实现对一个接口逻辑模拟方式多次入参的访问，从而最大限度地提高接口模拟逻辑的复用，提高自动化接口测试开发的效率。例如，在编写脚本时，常会将参数放入.csv、.json、数据库等文件或者服务中。

- 断言操作：提供针对自动化接口测试部分或者全部返回值与预期值的自动对比，其中支持一些布尔值的运算，如等于、包含、不包含等。

- 测试报告：对测试结果统一的一种展示方式，通过提供表格、统计图等给出形象的总体分析，甚至可以将缺陷报告、误报缺陷自动过滤模块的内容同时输出到报告中。

- 关键字驱动：提供关键字封装功能，能够将多个单接口封装成某一个业务流程，通过关键字调用来完成对该流程的调用。这样就可以把一些自动化接口测试隐藏到业务对关键字的识别中，提高编码的可读性和复用性。

- 解耦技术：指为了达到测试目的并减少对被测对象的依赖，在依赖接口编程的程序中使用测试替身或者服务虚拟化代替一个真实的依赖对象，从而保证测试的速度和稳定性。

随着测试技术和质量效能的不断发展，自动化并不仅仅存在于自动化执行中，很多提高研发效能的技术也不断涌现。

- 自动化执行：自动化接口测试能够按需或者定时调取部分或者全部接口测试脚本自动化完成测试。这里按需就是按照固定的需要，既可能是迭代的需要，也可能是质量保障环节的需要；除了要提供测试的能力，还要提供定时执行的能力，既可以由自动化接口测试框架或者平台自己提供，也可以借助持续集成平台来完成。

- 测试缺陷自动提交：自动化接口测试在执行测试过程中如发生执行失败，并确定是被测系统缺陷的时候，可以自动将该现象、脚本及实际返回上报到缺陷管理系统。

- 误报缺陷自动过滤：自动化接口测试在执行测试出现失败后，会先判断对应的失败不是由被测系统的缺陷导致的，而是由环境问题、数据问题、依赖问题导致的服务不可用，这部分并不是缺陷，可以自动将其反馈给测试工程师但并不上报新缺陷。

- 接口的逻辑模拟生成：能够通过某种接口输入内容，自动完成访问接口逻辑的生成，常规的是自动生成自动化测试脚本代码。

7.2　接口测试关键技术

接口测试部分所有被测系统的源代码都在开源网站 GitHub 下 crisschan 用户的 Battle 项目中，项目中有清晰的接口文档、说明手册等。

7.2.1 模拟协议客户端

任何被测系统的接口都是依托某种协议对外提供服务的，因此模拟协议客户端是能够完成接口测试的前提条件，这里说的模拟协议客户端并不是让测试工程师写一个浏览器或者手机上的一个应用，而是让测试工程师通过测试技术模拟客户端的前端逻辑来调用服务端提供的接口，它既可以是一个工具，也可以是一段代码。

1. 工具支持

模拟协议客户端的工具有很多种，如 Postman、Fiddler、Jmeter、HttpRunner 等，其中既有支持单一协议的工具，也有支持多协议的工具。但是无论什么形式的接口测试工具，都充当协议客户的功能，为测试工程师提供可以和被测系统的服务端代码发生交互的基础。虽然利用工具来实现模拟协议客户端降低了测试工程师的技术门槛，但是伴随着团队实践接口测试规模的不断增大，在成百上千的接口测试用例中精准地找出需要回归测试的用例会变得非常困难。同时，伴随着团队中服务端协议选型的多样性，团队需要的测试工具也会越来越多，这也导致了团队技术的多样性，进而导致接口测试越来越难以维护。

2. 代码形式

代码也是模拟协议客户端实现的一种形式，其实任何一款模拟协议客户端工具对应的底层逻辑都是通过相应的代码形式支持的。代码形式的模拟协议客户端的选择主要依据不同的技术栈来完成，如 Java 技术栈的 HttpURLConnection、HttpClient 3.1、HttpClient 4.5、OkHttp 等，以及 Python 技术栈 Python 标准库中的 urllib，还有以"HTTP for Humans"为目标的 reqeusts。这些代码形式完成了模拟协议客户端的作用，上面介绍的工具也是通过调用对应工具开发技术栈的协议支持库完成的，例如 Fiddler 就是通过 System.Net.Http 的 HttpClient 实现了模拟协议客户端，HttpRunner 依托 Python 的 requests 完成基于 HTTP 的访问。测试工程师想要自己利用代码形式完成接口测试，就需要拥有对应技术栈的编码能力，能够利用代码来完成测试业务逻辑模拟，这对测试工程师的技能提出了挑战，但可以避免工具产生的一些弊端。

7.2.2 接口逻辑模拟

在 IEEE Standard 610 中定义了测试用例的三要素：执行条件、测试输入和预期结果，接口逻辑模拟就承载了接口测试用例中的执行条件。依托模拟协议客户端，按照被测服务的实现要求模拟被测接口与被测系统发生交互，从而实现测试执行步骤。由于模拟协议客户端可以分成工具支持和代码形式，因此基于模拟协议客户端的接口逻辑模拟也存在工具支持和代码形式两种解决方案。

1. 工具支持

测试工程师依托工具可以实现和被测接口的交互，从而实现测试数据的传输。例如，Postman 既支持对单接口的逻辑模拟，从而形成单接口的测试用例，如图 7-1 所示，也支持通过多个单接口的组合按照某种业务逻辑需求组合的测试，但并不是凭空组合的，我们习惯于将这种多接口组合的接口测试用例称为业务接口测试。

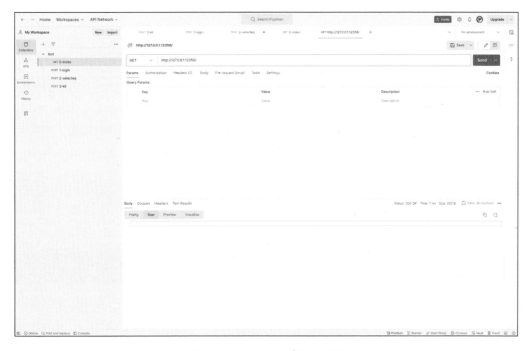

图 7-1　Postman 的单接口测试

利用工具进行接口逻辑的模拟，只需要在工具提供的交互页面上单击和简单输入即可完成，这可以让所有测试工程师快速参与接口测试的工作，无须对他们进行任何培训。但是，就如同模拟协议客户端的问题一样，当接口测试和团队人员进入规模化的时候，要想在几百个接口测试用例中找到需要修正的测试用例，或者要想在团队内互相分享对应的测试用例就变成一个不易实现的工作。

2. 代码形式

利用代码形式完成接口逻辑的模拟，就是通过编写的代码来实现与被测接口的数据交互。那么，这部分代码就是测试用例中的执行条件，这种形式充分利用了代码的灵活性，更容易实现单接口测试用例及业务接口测试用例。Java 技术栈使用 OkHttp 3 实现如上工具实现的等价测试用例的代码如下。

```
OkHttpClient client = new OkHttpClient().newBuilder()
  .build();
Request request = new Request.Builder()
  .url("http://127.0.0.1:12356/")
  .method("GET", null)
  .build();
Response response = client.newCall(request).execute();
```

利用 Python 的 requests 类库实现工具支持部分实现的等价代码如下。

```python
import requests
url = "http://127.0.0.1:12356/"
response = requests.get(url)
print(response.text)
```

从上面两种技术栈的实现中可以看出，虽然它们是不同的技术栈，但是还是有很多相似之处，这是由协议定义的。无论是使用工具还是使用代码，可以看出都是基于协议做的封装。虽然代码形式具有更丰富的随意扩展接口测试用例的能力，却对测试工程师的编码能力提出了更加明确的要求，同时用代码完成业务逻辑模拟也可以避免用工具完成对应问题时所面临的困难。

3. 工具和代码组合的低代码解决方案

从工程实践的角度来看，在接口测试过程中我们既想用工具降低测试工程师进行接口测试的门槛，也想拥有代码形式的优越性。其实，如果有效地将工具和代码结合到一起，组成一个有效的接口测试解决方案，就可以同时拥有上述两种方法的优越性，如图 7-2 所示。

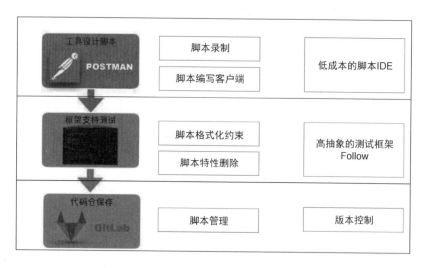

图 7-2　工具和代码组合的接口测试解决方案

　　此解决方案将工具变成低成本、低投入的脚本开发集成环境，然后再通过工具集成的一种编码导出能力将对应的测试用例转换成一种开发语言的测试脚本，并对导出的原始脚本做格式化处理，按照自己团队对接口测试编码规范的要求进行格式化，最后将导出的测试代码导入测试代码仓库。典型的一套技术方案是，工具部分采用 Postman，测试代码部分选择团队已经建立测试编码规范的技术栈，代码保存在私有化的版本控制系统 GitLab 中，这就组成了一套接口测试的低代码解决方案。低代码为开发者提供了一个创建应用软件的开发环境，这个开发环境提供了强大的可视化组件，大多数情况下开发者不需要使用传统的手写代码方式进行编程，而是通过图形化拖曳、参数配置等更高效的方式完成开发工作。这种低代码的解决方案，既实现了以测试代码为主的测试资产的积累，又通过图形化拖曳使不会写代码的测试工程师也可以完成接口测试。

　　4. 测试代码自动生成的两种方案

　　随着研发效能逐渐被重视，任何一个可以提高效率的环节都被不断地精益求精。在接口测试过程中，测试用例三大要素之一的执行条件，也就是接口逻辑模拟部分，无论是使用代码，还是使用低代码模式的解决方案，都需要投入大量的人力才能完成，这也为进一步追求卓越的效能留下了探索的空间。当前，提高该部分工作效能的方法就是接口逻辑模拟的机器实现，也就是测试代码自动生成技术。测试代码自动生成技术有两种比较主流的解决方案：一种是基于二进制文件的，另一种是基于协议的。

　　1）基于二进制文件的测试代码自动生成方案

　　基于二进制文件的测试代码生成是指基于一些编译后的文件，如 Java 编译后的.class 文件等。下面以 Java 编译后的.class 文件为例详细介绍此解决方案。该方案先是利用 Java 的 ClassLoader 分析类的解析过程解析出调用关系，然后将调用关系存储到一个特殊的线索二叉树中。线索二叉树是对二叉链表中空指针的充分利用，也就是说，这使得原本的空指针在某种遍历顺序下，指向该节点的前驱和后继。线索二叉树在二叉链表的基础上增加了两个成员数据：leftTag 和 rightTag，用来标记当前节点的 leftChild 和 rightChild 指针指向的是子节点还是线索。leftTag=rightTag=1，表示指针指向线索。leftTag=rightTag=0，表示指针指向子节点。通过线索二叉树，可以快速确定树中任意一个节点在特定遍历算法下的前驱和后继。在如上原始的线索二叉树的基础上，我们设计了适合自动生成的树节点的存储结构，如图 7-3 所示。

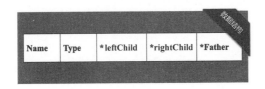

图 7-3　二叉树的节点设计

存储节点包含名字、类型、左子指针、右子指针和父指针。通过前驱二叉树的生成算法，可生成一棵前驱线索二叉树。由于测试代码自动生成的重点是测试参数的嵌套关系，因此通过上述数据结构生成二叉树，就可以完成对被测接口入参中嵌套的关系数据结构的梳理。自动生成算法的伪代码如下所示。

```
Node createTree() {
    rootNode; 建立根节点
    tagNode=rootNode;当前节点的标志
    int i=0;
    while i< 参数个数 {
        获取第 i 个参数 node;
        if node 是基本类型{
            tagNode.leftchild = node;
            tagNode=node;
        }
        else{
            tagNode.rightchild = createTreeChild(node);
        }
        i++;
    }
    return rootNode;
}

Node createTreeChild(Innode)
{
    tagNode=Innode;当前节点的标志
    创建复杂对象的节点 objectnode = {bean, null}
    node.leftchild=objectnode; 22 tagNode=objectnode;
    int i=0;
    while i<node 的属性个数{
        新建 node 第 i 个属性的节点 Nodei;
        if node 第 i 个属性是基本类型{
            tagNode.leftchild=Nodei;
            tagNode = Nodei;
        }
        else{
            tagNode.rightchild = createTreeChild(Nodei);
        }
    }
    return Innode;
}
```

依据上述算法，下面针对测试代码生成过程做简单的介绍。假设被测接口的定义如下面的代码所示。

```
public String setPersion(Stirng sName,Integer iAge,HouseHold household);
//其中, 户口类 HouseHold 的字段(类成员)部分如下。
Public class HouseHold{
    public String sAddress;// 户口地址
    public String sType;// 户口属性(农业或非农业)
}
```

依据线索二叉树的生成算法，生成的二叉树如图 7-4 所示。

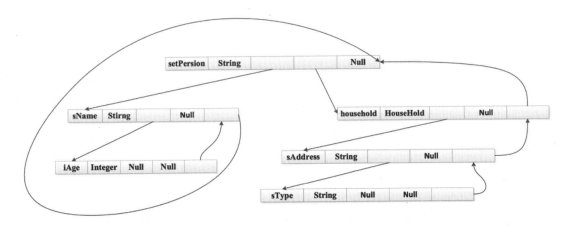

图 7-4　生成的二叉树示意图

要生成实际的调用关系，首先要采取中序遍历方式：即先遍历左子树，然后遍历根节点，最后遍历右子树。在遍历过程中，将结果存入 Map 中，就可以完全梳理清楚参数的调用关系。然后通过对 Map 的遍历，按照基本类型先初始化、复杂类型后初始化的逻辑规则，即可完成被测接口的入参拼凑。最后按照根节点的结构生成接口的调用语句，即可完成测试代码的生成。

2）基于协议的测试代码自动生成方案

基于协议的测试代码生成主要是通过一些协议描述文件生成测试代码，下面以 HTTP 的 OpenAPI 规范为例，介绍基于协议的测试代码自动生成。OpenAPI 规范是一种通用的、和编程语言无关的 API 描述规范，是 Swagger 规范于 2015 年被捐赠给 Linux 基金会后改名得到的，并定义最新的规范为 OpenAPI 3.0。其常规做法从 Swagger 中导出对应的接口描述.json 文件，如下列代码所示，然后基于.json 文件翻译成对应的测试脚本。

```
#!/usr/bin/env python
# -*- coding: utf-8 -*-
# @Time   : 2021/8/2
# @Author : CrissChan
```

```python
# @Site    : https://blog.csdn.net/crisschan
# @File    : swagger2json.py
# @Porject: 将在线的 Swagger(V2)的 API 文档保存成离线的.json 文件,并提供版本之间的 diff
功能

import requests
import json
import re
from os import path
import os
import errno
from enum import Enum
import shutil
class Type(Enum):
    # new 新建,第一次使用
    # rewrite = 覆盖
    new = 1
    rewrite = 2
class Swagger2Json(object):

    def __init__(self, url, out_path,type=Type.new):
        '''
            url : swagger 的 json 路径,类似 v2/api-docs
            out_path:输出路径
            type :  Type 枚举类型
        '''
        self.url = url
        self.out_path = out_path
        if type == Type.new:
            self.__new_json_files()
        elif type == Type.rewrite:
            self.__rewrite_jsonfile()
    def __make_dir(self, dir_path=None):
        '''
            新建目录
        '''
        if dir_path is None:
            dir_path = self.out_path
        if not path.exists(dir_path):
            try:
                os.mkdir(dir_path)
            except OSError as e:
                if e.errno != errno.EEXIST:
                    raise

    def __new_json_files(self):
        '''
```

```
            存储全部 swagger 的 .json 文件到一个 swagger.json 文件，并调用单接口的 .json 文
    件保存接口
        '''
        if self.__get_swagger_res():
            # save swagger information by json file and save the out_path root path
            self.__make_dir()
            with open(path.join(self.out_path, 'cri.json'), 'w', encoding='utf-8') as f:
                json.dump(self.res_json, f, ensure_ascii=False)
            self.__get_api_json()

    def __get_api_json(self):
        '''
            保存 controller 下的 api 的 .json 文件到本地临时文件，并按照 controller 结构存储
        '''
        api_path = path.join(self.out_path, 'api')
        self.__make_dir(api_path)
        tags = self.res_json['tags']  # tags save all controller name
        for tag in tags:
            tag_name = tag['name']
            tag_dir = path.join(api_path, tag_name)
            self.__make_dir(tag_dir)

            apis = self.res_json['paths']  # tags save all api uri
            for api in apis:
                if tag_name in json.dumps(apis[api], ensure_ascii=False):
                    api_file = path.join(tag_dir, api.replace('/', '_') + '.json')
                    with open(api_file, 'w', encoding='utf-8') as f:
                        json.dump(apis[api], f, ensure_ascii=False)

    def __get_swagger_res(self):
        '''
            将 swagger 的 .json 文件存储在 memery 中
        '''
        is_uri = re.search(r'https?:/{2}\w.+$', self.url)
        if is_uri:
            try:
                res_swagger = requests.get(self.url)
            except:
                raise Exception('[ERROR] Some error about {}'.format(self.url))
            if res_swagger.status_code == 200:
                self.res_json = res_swagger.json()
                if self.res_json['swagger'] == '2.0':
                    return True
                else:
                    return False
            else:
                return False
```

```
        else:
            return False

    def __rewrite_jsonfile(self):
        '''
            覆盖，清空后重新生成
        '''
        shutil.rmtree(self.out_path, ignore_errors=True)
        self.__new_json_files()
```

通过上述代码，先将 Swagger 中的接口描述导出到.json 文件中，然后将.json 文件中的关键字翻译为符合自己团队测试框架约束的测试代码，就完成了对应的测试代码生成工作。当前，比较流行的开源接口测试工具 HttpRunner 就是采用了基于协议的测试代码自动生成方案，目前支持 HAR、Postman、Swagger、Curl、JMeter 等协议文件或者工具文件。

7.2.3　数据驱动

数据驱动是一种接口测试实践方法，其中测试数据以电子表格、.json 文件等外部格式存储。测试用例三要素的另外一个就是测试输入，也就是测试数据。在接口测试中，数据驱动通过外部文件存储形式、外部数据服务或者接口逻辑模拟部分提供被测接口参数的入参，这样就实现了一种接口逻辑模拟方式的多次入参访问，既解耦了数据和接口模拟逻辑，又复用了接口模拟逻辑，提高了自动化接口测试开发的效率。在数据驱动设计上，最常用的方式是通过工厂模式设计数据驱动模块，下面详细讲解基于简单工厂设计模式的数据驱动实现方式（Python 代码实现）。简单工厂设计模式属于创建型模式，又叫作静态工厂方法（Static Factory Method）模式。简单工厂设计模式由一个工厂对象决定创建哪一种产品类的实例。简单工厂设计模式是工厂模式家族中最简单、最实用的模式，可以将它理解为工厂模式的一种特殊实现。在对数据驱动的设计中，首先设计了 DataProvider 父类，其他类型的数据驱动文件通过实现对应的子类实现，下面的代码以 Excel 数据类型为例。

```
import json
import xlrd
class DataProvider(object):
  def __init__(self,param_conf='{}'):
    self.param_conf = json.loads(param_conf)
  def param_rows_count(self):
    pass
  def param_cols_count(self):
    pass
  def param_header(self):
    pass
  def param_all_line(self):
    pass
  def param_all_line_dict(self):
```

```
    pass

class XLS(DataProvider):
    '''
    xls 基本格式(如果要把 xls 中存储的数字按照文本格式读出来,纯数字前要加上英文单引号:

    第一行是参数的注释,就是每一行参数是什么

    第二行是参数名,参数名和对应模块的 po 页面的变量名一致

    第 3~N 行是参数

    最后一列是预期默认头 Exp
    '''
    def __init__(self, param_conf):
        '''
        :param param_conf: xls 文件位置(绝对路径)
        '''
        self.param_conf= param_conf
        self.paramf_ile = self.param_conf['file']
        self.data = xlrd.open_workbook(self.param_file)
        self.get_param_sheet(self.param_conf['sheet'])
    def get_param_sheet(self,nsheets):
        '''
        设定参数所处的 sheet
        :param nsheets: 参数在第几个 sheet 中
        :return:
        '''
        self.param_sheet = self.data.sheets()[nsheets]
    def get_one_line(self,nrow):
        '''
        返回一行数据
        :param nrow: 行数
        :return: 一行数据 []
        '''
        return self.param_sheet.row_values(nrow)
    def get_one_col(self,ncol):
        '''
        返回一列
        :param ncol: 列数
        :return: 一列数据 []
        '''
        return self.param_sheet.col_values(nCol)
    def param_rows_count(self):
        '''
        获取参数文件行数
```

```
    :return: 参数行数 int
    '''
    return self.param_sheet.nrows
def param_cols_count(self):
    '''
    获取参数文件列数(参数个数)
    :return: 参数文件列数(参数个数) int
    '''
    return self.param_sheet.ncols
def param_header(self):
    '''
    获取参数名称
    :return: 参数名称[]
    '''
    return self.get_one_line(1)
def param_all_line_dict(self):
    '''
    获取全部参数
    :return: {{}},其中 dict 的 key 值是 header 的值
    '''
    ncount_rows = self.param_rows_count()
    ncount_cols = self.param_cols_count()
    param_all_list_dict = {}
    irow_step = 2
    icol_step = 0
    param_header= self.param_header()
    while irow_step < ncount_rows:
        param_one_line_list=self.get_one_line(irow_step)
        param_one_line_dict = {}
        while icol_step<ncount_cols:
            param_one_line_dict[param_header[icol_step]]=param_one_line_list
[icol_step]
            icol_step=icol_step+1
        icol_step=0
        param_all_list_dict[irow_step-2]=param_one_line_dict
        irow_step=irow_step+1
    return param_all_list_dict
def param_all_line(self):
    '''
    获取全部参数
    :return: 全部参数[[]]
    '''
    ncount_rows= self.param_rows_count()
    param_all = []
    irow_step =2
    while irow_step<ncount_rows:
        param_all.append(self.get_one_line(irow_step))
```

```
        irow_step=irow_step+1
    return param_all
  def __get_param_cell(self,number_row,number_col):
    return self.paramsheet.cell_value(number_row,number_col)
class DataProviderFactory(object):
  def choose_data_provider(self,type,param_conf):
    map_ = {
    'xls': XLS(param_conf)
    }
    return map_[type]
```

在数据驱动中还设计了 DataProviderFactory 类，通过 Map 的键-值对形式实现了对不同参数的调用。这样，当添加一种新的数据驱动类型的时候，仅仅需要实现对应类型的 DataProvider 子类， 然后维护 DataProviderFactory 中的 Map，就可以通过简单工厂设计模式使用了，减少了很多代码的变动。

7.2.4 测试断言

测试用例三要素的最后一个是预期结果，从前面的数据驱动中可以看出，预期结果和数据一样被存储到数据驱动的过程中，但是在运行接口测试的时候，如何知道返回结果和预期是否一致呢？这就需要测试断言来处理了。断言是程序中特定的布尔表达式，除非程序中有一个错误，否则该值为 true。测试断言被定义为一个表达式，它封装了一些关于被测目标的可测试逻辑。从这里可以看出，测试断言和技术栈直接相关。在接口测试中，建议每一个测试用例至少有两个断言检查：一个是服务可用性的断言，如对 HTTP 的状态码的断言；另一个是业务逻辑正确性的断言，如登录后返回消息包含 msgState: success。最好将服务可用性断言放在业务逻辑正确性断言的前面，这样更容易让我们在测试失败的时候快速定位问题。

7.2.5 解耦技术

目前，解耦技术主要有两种：一种是测试替身（Test Double），另一种是服务虚拟化。

1. 测试替身

测试替身是解耦的主要技术手段，包含如下五种方式：

- Dummy：测试过程中需要传入但是不会被用到的参数。
- Stub：回传固定值的操作，通常不会考虑各种边界值的情况。
- Spy：和 Stub 类似，但是会记录自身被谁调用了，方便确认被测系统的交互信息。
- Mock：提供 Dummy、Stub、Spy 的功能，并且提供入参和预期结果，在返回结果和预期结果不一致的时候，Mock 服务会抛出异常。
- Fake：提供和原始服务逻辑相似，但逻辑稍微简单的服务。

从上面各类测试替身的定义中可以看出，最适合测试工程师主导完成的是 Mock 方式。作为测试工程师，在做 Mock 技术选型的时候建议遵循如下原则：

● 简单是第一要义。
● 处理速度大于完美服务。
● 轻量化启动。
● 快速销毁。

"简单是第一要义"是指对于测试工程师来说，以快速使用为主，尽量不要增加学习成本，简单投入、快速使用是最重要的；"处理速度大于完美服务"是指 Mock 服务的处理速度要快，并不需要使用 Mock 来完全复制一个原始服务，而是要能够快速地开发 Mock 服务，快速地响应调用服务，没有一个团队希望 Mock 服务处理一个逻辑要花费一分钟；"轻量化启动"是指利用最小的资源启动，而不是需要占用很多内存和 CPU；"快速销毁"是指 Mock 服务不再被使用后可以直接销毁，而不是需要一个固定周期才能释放，浪费服务器资源。

综上所述，建议不同技术栈选择不同的 Mock 技术方案，Java 技术栈选择 Mockito 框架，Python 技术栈选择 Mock 框架。

2. 服务虚拟化

对于测试工程师来说，除如上介绍的一些测试替身外，服务虚拟化也是很适合测试工程师主导的解耦技术。尤其在当前微服务架构逐渐成为系统架构的"主角"以后，我们既需要测试 Provider 服务是否能够正常提供服务，也需要测试 Consumer 服务是否能够正常调用服务，即使对它们都进行了测试，但网关层还没有被完全覆盖。

如果要测试微服务网关就需要运行其后面的生产者服务，也就是 Provider 服务。如果 Provider 服务还需要数据持久化层的支持，那么同样需要创建持久化层。另外，微服务网关、Provider 服务、数据持久化层之间还需要网络的连接，这就为测试过程引入大量影响测试结果的因素，如果这些因素触发了不确定的情况导致测试失效，就会触发一系列的缺陷流程。在测试失效后，测试工程师会判断是不是被测件也就是网关的缺陷，如果不是就需要确定是否为误报，就需要建立技术任务卡，寻求研发人员帮忙解决对应的问题，从而引起大量的额外工作，这也是一种极大的浪费。

同时，如果我们要测试微服务网关，也需要一系列额外服务的支持，这样也违反了单一职责原则，即服务只知道如何部署本身即可，不必关心它所依赖的服务。服务虚拟化就是为了解决上述问题而生的。服务虚拟化技术是一种能够用来模拟服务依赖项行为的技术。它除了可以帮助我们解决外部服务级别依赖所导致的一些问题，还可以帮助我们测试不受控的服务及去除引起不稳定的外部因素。例如，无法与外部服务器通信、外部依赖服务出现的一些问题、公共 API 访问次数限制、公共 API 访问速度限制，等等。

服务虚拟化和测试替身有什么区别呢？测试替身是为了能够跳过无效的系统服务组件而使用的技术，服务虚拟化是通过环境模拟外部依赖的服务（这个服务是正在修改的、暂时不可用的，或者难以访问和配置的），支持测试的活动。

Hoverfly 是服务虚拟化的一种解决方案，它提供了两种主要模式：一种是回放模式，另一种是捕获模式。回放模式就是手工创建服务响应，捕获模式就是真实拦截与服务之间的交互，以备后用。除了上面两种模式，Hoverfly 还提供以下模式：

● 监听模式：如果模拟数据匹配到了请求，则把请求发给模拟外部的 API，否则，把该请求转发给实际的 API。

● 合成模式：将请求转发给事先定义好的中间处理服务，中间处理服务消费掉对应的请求后，直接返回对应的请求。

● 修改模式：其中间有一层处理机制，在消息转发给对应的 Provider 服务之前需要先发给中间处理服务先行处理。对应的响应也要先转发给中间处理服务处理，然后再发给消息的 Consumer 服务。

● 比对差异模式：将请求直接发给真实的 Provider 服务，得到响应后，再将响应与当前所存储的模拟进行比较，并保存比对结果。

Hoverfly 支持 Java 和 Python 语言的开发库，但是对于测试工程师而言，笔者更加推荐 Hoverfly 和 hoverctl 的 shell 命令工具，其中 hoverctl 是一个后台驻守进程，我们可以通过 hoverctl --help 显示它的帮助文档内容，如下面代码所示。

```
hoverctl is the command line tool for Hoverfly

Usage:
  hoverctl [command]

Available Commands:
  completion  Create Bash completion file for hoverctl
  config      Show hoverctl configuration information
  delete      Delete Hoverfly simulation
  destination Get and set Hoverfly destination
  diff        Manage the diffs for Hoverfly
  export      Export a simulation from Hoverfly
  flush       Flush the internal cache in Hoverfly
  import      Import a simulation into Hoverfly
  login       Login to Hoverfly
  logs        Get the logs from Hoverfly
```

```
middleware  Get and set Hoverfly middleware
mode        Get and set the Hoverfly mode
simulation  Manage the simulation for Hoverfly
start       Start Hoverfly
state       Manage the state for Hoverfly
status      Get the current status of Hoverfly
stop        Stop Hoverfly
targets     Get the current targets registered with hoverctl
version     Get the version of hoverctl

Flags:
 -f, --force          Bypass any confirmation when using hoverctl
 -h, --help           help for hoverctl
    --set-default     Sets the current target as the default target for hoverctl
 -t, --target string  A name for an instance of Hoverfly you are trying to
communicate with. Overrides the default target (default)
 -v, --verbose        Verbose logging from hoverctl

Use "hoverctl [command] --help" for more information about a command.
```

7.2.6　关键字驱动

关键字驱动是一种接口测试资产复用的技术。关键字最简单的定义是一个或多个最小业务测试的集合，不同关键字在不同的业务测试场景设计中被调用，就是关键字驱动技术。该技术使得接口测试都是基于高度抽象化的方法实现的，从而减少维护成本。这也使得业务接口测试的开发变成了测试数据和关键字驱动的开发，通过不同的关键字组合可以完成不同业务路径的覆盖，再结合数据驱动就可以快速应用已有关键字来完成更广泛的业务覆盖。在实现过程中，关键字驱动有各式各样的设计方法，典型的开源关键字驱动框架有RobotFramework，如果不采用该开源框架也可以通过在各自团队的技术栈之上，针对一些业务接口测试进行封装，这同样可以实现对应的关键字驱动。

7.2.7　测试报告

测试报告是接口测试中不可或缺的一部分，在完成几十，甚至几百个接口测试用例后，我们并不希望逐条查看断言是 false 还是 true，因此需要测试报告将全部测试用例的执行结果通过更适合的方式展示出来。这里，依据不同的技术栈既有各自的选择，也有统一的工具，Allure 可以支持 Java 技术栈的 Junit 和 TestNG，也支持 Python 的 unittest 和 pytest，报告结果如图 7-5 所示。

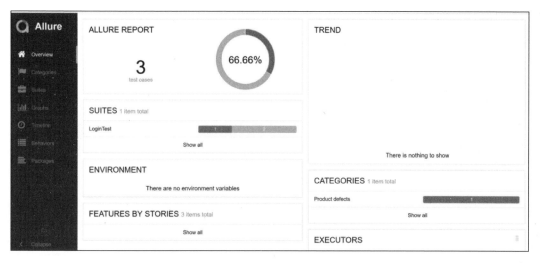

图 7-5　Allure 报告截图

7.3　自动化接口测试关键技术

针对自动化接口测试中的自动化，最早出现的含义是自动化执行，也就是说能够在没有人工参与或者有较少人工参与的情况下完成测试执行部分的工作。但是随着自动化接口测试技术的发展，自动化约束的范围不仅仅是测试执行，而且将一些机械的重复劳动全部自动化，从而释放更多的人去做更有创造性的工作。因此，自动化就指能够用程序完成重复劳动的测试实践，目前主要包含自动化执行、测试缺陷自动提交、误报缺陷自动过滤。

1. 自动化执行

在瀑布交付模式的制品团队中，测试主要包含四大关键阶段：测试需求、测试设计、测试执行、测试结论。自动化执行就是将测试执行交由程序完成，该技术提供按需或者定时的测试执行方法，以完成对应的测试用例执行，并将结果收集形成测试报告。常规的做法有两种：一种是定时，另一种是流水线调用。定时执行都是依托于各种代码的定时任务完成的，所有的技术栈几乎都是通过调用 Linux 操作系统的 Corntab 完成的定时任务。流水线调用是指流水线利用接口自动化完成测试活动，这里既有可能使用 Webhook 机制，也有可能通过服务调用的方式，具体和团队选择的机制与实现方式有关。

2. 测试缺陷自动提交

测试缺陷自动提交是由自动化接口测试中自动化能力不断发展而来的。在自动执行接口测试后，如果出现了测试断言失败，且这个失败发现了一个被测服务的缺陷，就可以自动在缺陷管理系统中新建一个缺陷，并按照缺陷管理系统的缺陷描述完成信息填写并保存在缺陷管理系统中。当前，测试缺陷自动提交还没有通用的或者开源的技术解决方案，都是团队自己维护的。当前，绝大部分团队实现的测试缺陷自动提交都是通过调用缺陷管理系统中的新建缺陷服务来完成的，即首先通过接口调用将自动化接口测试执行失败的信息填写到对应的缺陷描述中，然后将缺陷的负责人标记给测试工程师，测试工程师二次确认是缺陷后，再将其转发给对应的缺陷修复的开发工程师。

3. 误报缺陷自动过滤

误报缺陷自动过滤是自动化缺陷自动提交进一步的发展。在测试缺陷自动提交中存在一步人工操作，即人工确认接口测试失败是不是由被测系统的缺陷引起的，如果不是就是误报。误报是由环境问题、数据问题、依赖问题导致的服务不可用，这部分不是缺陷，但是也需要团队去解决。因此，误报缺陷自动过滤仅仅是不会将其保存到缺陷管理系统中，还需要通过通知机制将其发送给对应的测试负责人。这里的通知机制既可以是邮件，也可以是即时通信工具等。

7.4　接口测试的新技术

接口测试技术伴随着软件工程的发展也在不断地发展和演进，如从测试替身到契约测试（Contract Test），从接口测试的业务逻辑模拟到流量的录制等，其实接口测试的这些新技术都是接口测试实践的延伸。

7.4.1　契约测试

契约测试第一次出现是在 Martin Fowler 的文章里。在如今的开发过程中，时常会遇到由于待测系统依赖组件无法工作而产生的测试阻碍，这是严重影响项目交付的风险之一，而测试替身就是规避这一风险的手段。在测试过程中，可以使用测试替身替代真实的依赖组件去和待测系统进行交互，测试替身不必和真实的依赖组件的实现一模一样，比如不用去实现依赖组件复杂的内部逻辑等，只需要在满足测试需求的范围内，确保测试替身提供的 API 和依赖组件提供的一样，接口如何实现在这个上下文中就显得不重要了。但是现在开发周期、迭代周期都在变短，迭代频率也在变快，如果 Service1 在开发或者测试过程中使用到应用 Service2 的测试替身服务，同时 Service2 被自己负责的团队进行了升级迭代，但是 Service1 调用的测试替身服务没有升级，就会导致集成测试时才能发现两边不一致的问题，这将大大影响项目或者迭代周期的进度。在微服务大行其道的今天，各种服务接口（Provider）又被各种服务（Comsumer）调用，生产者-消费者模式就促生了契约测试[应该叫作消费者驱动的契约（Consumer-Driven Contracts，CDC）测试]，CDC 测试就是从消费者的角度来定义测试，通过给 API 提供方提供契约的形式来完成功能的实现。CDC 测试是一种针对外部服务接口进行的测试，它能够验证服务是否满足消费者期待的契约。它的本质是从利益相关者的目标和动机出发，最大限度地满足需求方的业务价值实现。

当今，比较主流的 CDC 测试框架有 Pact，使用 Pact 完成契约测试后，还是按照原来的测试用例对 Consumer 服务进行测试，在需要 Consumer 服务和 Provider 服务发生交互的时候，Provider 服务被替换成和 Pact 交互，如图 7-6 所示。在测试过程中，Pact 会记录 Provider 服务全部的调用请求（保存在一个 .json 文件中），这就是消费者的契约。在执行 Provider 服务测试的时候，不需要重新设计 Provider 服务的测试用例，只需将 Pact 记录下来的消费者契约作为测试的输入来完成和 Provider 服务的交互即可，以验证 Provider 服务是否满足消费者契约。这也说明契约测试既不是单元测试，也不是集成测试，是处于单元测试和集成测试之间的一种测试行为。契约测试类似于针对接口契约的基准（Benchmark）测试。

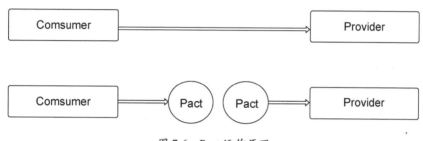

图 7-6　Pact 运作原理

7.4.2　流量录制

流量录制技术最近被提及得越来越频繁，这是由测试不断右移导致的。流量录制可以截获系统在服务过程中真实的接口交互，录制的流量可以用于测试用例生成、测试数据扩充等。当前，流量录制技术的分类如图 7-7 所示。

按照流量录制所处的位置可以分为 Web 层录制、应用服务器录制、协议层录制。这三种录制方法各有优缺点。Web 层录制目前没有太优秀的通用技术，应用服务层录制当前应用较为普遍的技术有 jvm-sandbox 和 ngx_http_mirror_moudle（nginx 插件），协议层录制较为普遍的技术有 goReplay、tcpCopy、tcpReplay。无论是哪一种录制方式，都是在不同位置的录制。我们回头看一下已经很成熟的测试工具，例如 UI 自动化测试框架 Selenium Webdriver 在 Firefox 浏览器上的 Selenium IDE 可以录制人工和浏览器的交互，工业级性能测试 LoadRunner 的 VUGen 工具和开源性能测试工具 Jmeter 的 Badboy，都是协议交互的录制工具，只是这些工具的录制部分都是在测试工程师的测试机上完成的，浏览器录制仅仅是将录制的位置移动到了服务端。

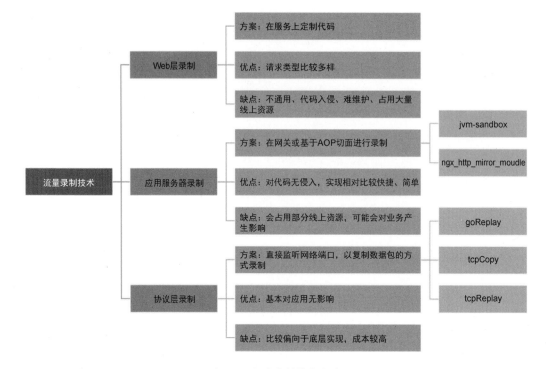

图 7-7　流量录制技术分类

7.4.3　精准测试

在接口测试中，针对需求的测试用例，代码覆盖率一般为 60%～70%，如果想要追求更高的覆盖率，则需要投入的测试成本会远远大于覆盖率为 70%所能产出的质量收益。同时，接口测试过程对于代码是不可见的，如果要获取更高的覆盖率就只能设计大量的冗余测试用例，但是大量的冗余测试用例也使增加覆盖率变成一种可能的行为，不是一种充分必要的方法。冗余的测试用例会产生测试投入的浪费、测试用例的难以维护等一系列的连锁反应，这就需要精准测试了。精准测试是借助一定的技术手段，通过辅助算法对传统软件测试过程进行可视化、分析及优化的过程，使测试过程更加可视化、智能、可信和精准，从而可以实现测试用例和被测系统的双向追溯，既能回答测试有效性的问题，也可以精准推荐需要回归的测试用例。

7.5　接口测试平台化

从接口测试工具、自动化测试框架发展到接口测试平台化是接口测试技术发展的必然。从手工测试发展到自动化测试，是因为被测系统的规模不断增大，每次发布新的变更都要手动回归全部测试用例逐渐变成一项难以完成的任务，因此回归大量测试用例与手工测试效率低下的矛盾促使自动化测试的发展，而后敏捷开发和 DevOps 实践的落地、自动化测试的高门槛，以及大面积自动化测试实践的矛盾就促使了测试平台化的发展。测试平台化能够降低自动化测试的门槛，充分发挥赋能的优越性，既可以让不懂代码的人能够完成自动化接口测试代码的编写，又不需要他们学习编码基础。下面以笔者在某物联网企业主导的接口测试平台 DashBoard 为例，给大家做一下详细的介绍，如图 7-8 所示。

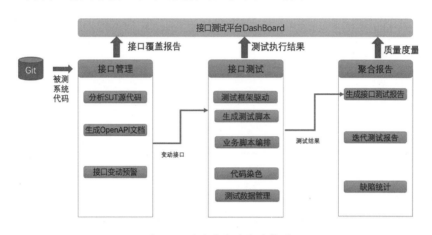

图 7-8　测试平台功能结构图

接口测试平台包含接口管理模块、接口测试模块、聚合报告模块及对使用数据的展示功能。接口管理模块包含分析 SUT 源代码、生成 OpenAPI 文档、接口变动预警功能；接口测试模块包含测试框架驱动、生成测试脚本、业务脚本编排、代码染色和测试数据管理功能；聚合报告模块包含生成接口测试报告、迭代测试报告及缺陷统计。其中，接口管理模块用于监控被测系统代码仓库的提测分支，当出现代码变更时，先分析变更后的代码，生成基于 OpenAPI 标准的.json 文件，并对比两次代码变更的.json 文件的变化，如果有变更就通知接口测试模块重新生成测试脚本，并提示哪些业务的接口脚本要重新编排，同时基于代码染色完成被测系统代码中类和接口测试脚本的映射，这样就可以实现接口测试用例的运行推荐，从大规模的接口测试脚本中找出对应的应该再次运行的测试代码来执行测试。测试完成后会将测试过程中的全部过程数据及测试的结果数据留存到聚合报告模块，为制品过程建立全面的质量结果展示，同时执行过程中的实时结果也会同步到测试平台的数据仪表盘中实时展示。

接口管理模块通过 Webhook 监控被测系统的提测分支，如果发现有代码被合并到提测分支，就会先进行代码同步，然后扫描代码里面的对外接口并生成基于 OpenAPI 标准的.json 文件，这些文件就是接口平台代码生成测试代码的输入，它们也会通过接口管理模块的展示页面生成接口文档，展示给团队其他角色。接口管理模块除了如上功能，还包含对项目、代码仓库等的管理功能。每次生成 OpenAPI 标准文件后，都会对比两次提交的.json 文件的差异，找出变更的接口并通过消息中间件传递给接口测试模块。

如图 7-9 所示。接口测试模块承担了接口测试的核心功能，通过保存接口测试用例资产及执行选中的接口测试用例达到保证测试质量的目的。其通过测试执行完成单用例执行、批量执行并收集代码覆盖情况；测试数据部分通过数据实体、数据契约及数据生成功能为测试用例部分的数据服务提供支持；测试报告提供了测试结论性的测试报告和对应的代码覆盖报告。

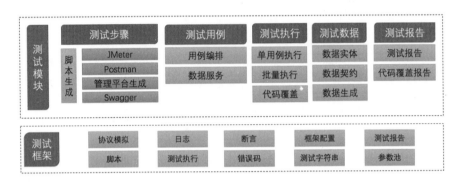

图 7-9　接口测试模块

接口测试模块的核心是测试框架，所有的接口测试脚本都是接口测试代码，不是数据库中的一条记录，这样接口测试代码和接口测试模块就没有了必然的联系。接口测试模块就是 Web 的一个 IDE，通过它可以生成单接口测试代码、编排业务接口测试代码、选取测试数据及查看测试报告，生成的测试代码脱离接口测试模块同样可以独立完成接口测试，这就可以将测试执行和测试代码的开发独立开来，形成相互独立运行的两个部分。

聚合报告模块的功能是将测试过程中的全部测试留痕数据进行收集，如图 7-10 所示，包

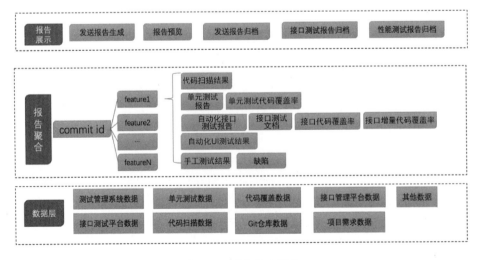

图 7-10　聚合报告模块

含代码扫描、单元测试、自动化接口测试、自动化 UI 测试、手动测试等的数据，按照每一次代码提交来聚合代码扫描结果、单元测试报告、单元测试代码覆盖率、自动化接口测试报告、接口测试文档、接口代码覆盖率、接口增量代码覆盖率、自动化 UI 测试结果、手工测试结果，以及缺陷系统中相关缺陷等内容，从而实现通过一次上线的制品或者发布变更对应的 GitLab 的 commit id，就可以查看制品过程中的质量数据，实现质量数据的全面展示，如图 7-11 所示。

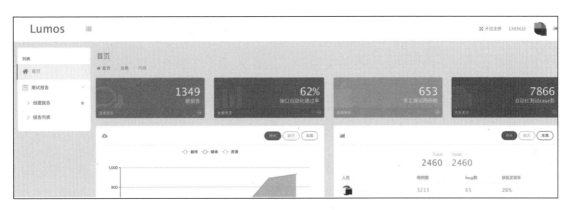

图 7-11　聚合报告模块系统截图

7.6　测试右移下的接口测试

测试右移是相对于测试左移而言的，是制品发布到生产环境之后进行的一些测试活动，但是这里的测试活动并不是制品过程中的测试手段，而是通过一些环境监控、业务监控、APM 等手段对服务的可用性、稳定性等进行考量，从而实现一旦发现生产环境的问题，尽快将问题暴露给制品团队进行快速修复，带给用户良好的体验。测试右移就是将测试活动移到生产环境，这就决定了该部分的测试活动和常说的测试活动有很大的区别。在传统的测试角色分工中，生产环境的负责人是运维工程师，运维的核心工作理念是"稳"，这就和测试工程师频繁试错、频繁验证产生了冲突。测试右移不是和运维产生冲突，而是利用运维的技术平台给测试工程师带来一些判断的输入来源，结合测试原有的技术沉淀完成服务质量的保障工作，以早发现、早预防为主的一种技术手段。接口测试右移的主要落地形式是功能巡检，它利用自动化接口测试手段为生产环节提供业务正确性的巡检功能，这样既可以在运维工程师保障服务的基础上，通过接口测试模拟被测业务的逻辑，又可以保障业务的稳定性，这也是监控分层的一种思路。

## 第8章

代码级测试技术精要

代码级测试技术不仅是软件质量保障的基石，还是软件工程实践中的重要环节。它通过静态和动态测试方法，构建了系统化的质量控制流程，涵盖了静态代码分析、代码评审、契约检测、单元测试和智能测试等具体技术手段。依托于各种自动化工具和平台，这些技术手段提升了测试的效率和精度。通过理念的引导、方法的规范、技术的应用和工具的支持，代码级测试技术不仅确保了软件的高质量交付，还推动了软件工程的持续进步和创新。

8.1　代码级测试技术概述

代码级测试技术的概览图，如图 8-1 所示。

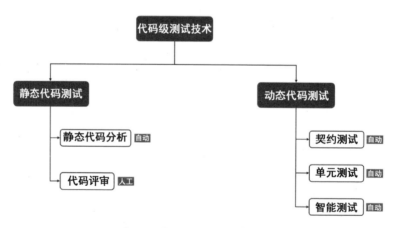

图 8-1　代码级测试技术概览图

代码级测试技术基于测试时的运行态分为两类：静态代码测试和动态代码测试。

静态代码测试：不实际运行被测软件，而是通过人工或自动的方式静态地检查程序代码中可能存在的错误的过程，主要测试代码是否符合相应的标准和规范。

动态代码测试：实际运行被测程序，即输入相应的测试数据，保障其运行过程的正确性，检查实际输出结果和预期结果是否相符的过程。

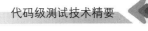

静态代码测试主要包括静态代码分析和代码评审两种。

静态代码分析也被称为静态代码检测，作为一种软件验证活动，它不要求执行代码，而是通过分析源代码来达到提升质量、可靠性和安全性的目的。通过静态代码测试技术，可以识别可能危害系统安全的缺陷和漏洞。静态代码分析不产生测试用例编写和代码检测配置的开销，因此可以较为经济地衡量和跟踪软件的质量指标。

代码评审仅涉及代码层面的相关评审，通过人工方式（可通过其他方式辅助人工方式）完成。代码评审的作用除了发现质量问题，还可以帮助我们减少软件的技术债，提升软件的可维护性。另外，它还有利于团队达成共识，是提升团队整体技术水平的一种有效的技术活动。

动态代码测试主要包括契约测试、单元测试及智能测试。

契约测试是对契约设计的一种实现和应用，在运行时通过对代码逻辑的前置条件、整个过程的不变量及后置条件的检测，确保在生产环境中及早发现错误。另外，该技术为开发者提供了关于测试内容的方法，并能够帮助契约消费者更加明确地使用对应的方法。

单元测试又被称为模块测试，是针对程序模块（软件设计的最小单位）进行正确性检验的测试工作。程序单元是应用的最小可测试部件。在过程化编程中，一个单元就是单个程序、函数、过程等；对于面向对象编程，最小单元就是方法，包括基类（超类）、抽象类，或者派生类（子类）中的方法。

智能测试是指在持续提升研发效能的背景下，探讨各类新型测试方法在代码级测试上的探索及应用。通过智能测试技术对测试领域的各个阶段进行自动化和智能化赋能，可以大幅提高传统测试活动的效率和质量。

8.2　静态代码分析技术

8.2.1　静态代码分析概述

静态代码分析也被称为静态分析，是一种软件验证活动，能在不实际执行程序的情况下，对代码（包括源代码和目标代码）语义和行为进行分析，从而找出程序中常见的有特征的问题。其典型的问题如下：

- 编程错误，如缓冲区溢出、空指针引用等。
- 安全漏洞，如 SQL 注入漏洞、跨站脚本攻击等。
- 代码度量，如复杂度分析、热点模块分析等。
- 违反编码规范，如命名约定、代码格式等。

此外，静态代码分析还可以强制执行编码规范，从而达到提升软件质量、可靠性和安全性的目的，如图 8-2 所示。

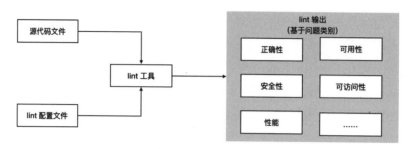

图 8-2　静态代码分析的作用

静态代码分析的主要优势在于，能够在编写代码的同时就发现潜在问题，不需要等待所有代码编写完毕，也无须依赖运行环境的构建和测试用例的编写。因此，静态代码分析既可以在持续集成/持续部署（CI/CD）流程的最开始运行，也可以在提交变更之前直接在 IDE 中运行，在研发流程早期就能发现代码中的各种问题，从而提高开发效率和质量。

与其他形式的自动化测试技术类似，静态代码分析可确保检查的一致性，并为最新变更提供快速反馈。集成到 IDE 中的静态分析插件可提供对所开发代码的实时反馈，甚至能提供一键快速修复功能，进一步缩短代码缺陷解决的周期。

静态代码分析也存在一些局限性：

（1）它主要识别预置编码规则问题，可能无法发现所有的代码缺陷。

（2）可能存在一定的误报率，需要人工对结果进行确认。

（3）难以捕捉运行时才会出现的问题或依赖于特定执行环境的缺陷。

从这几点来看，静态代码分析可以作为代码评审的前置输入，为整体设计和对逻辑的审查等更有价值的任务腾出时间。它不应被视为替代人工代码审查的工具，而是作为其有力补充。

静态代码分析作为自动化检查系列的一部分，可保证代码质量，应与其他形式的动态分析（执行代码以检查已知问题）和自动化测试结合使用。在现代软件开发实践中，静态代码分析通常被集成到 CI/CD 流程中，成为自动化质量控制的重要组成部分。

随着技术的进步，静态代码分析工具正在变得越来越智能和精确。新一代的工具正在利用机器学习技术来改进问题检测的准确性，减少误报，并提供更有针对性的修复建议。此外，静态代码分析的范围也在不断扩大，从传统的单一语言分析扩展到跨语言分析，从单体应用分析扩展到微服务架构和云原生应用分析。

为了充分发挥静态代码分析的作用，组织应该：

（1）选择适合项目需求和团队技能水平的工具。

（2）将静态代码分析集成到开发工作流程的各个阶段。

（3）定期审查和调整分析规则，以适应项目的特定需求。

（4）培训开发人员理解和有效使用静态分析结果。

（5）将静态分析结果与其他质量度量指标相结合，全面评估代码质量。

通过正确应用静态代码分析，团队可以显著提高代码的质量、安全性和可维护性，同时减少后期修复缺陷的成本和时间。在软件开发日益复杂和快速迭代的今天，静态代码分析已成为保障软件质量不可或缺的工具。

8.2.2 静态代码分析的优势

静态代码分析作为一种强大的软件验证工具，可以弥补动态测试的不足，在软件质量保证中发挥着重要作用。它主要具有以下几种优势。

1. 全面的错误检测能力

静态代码分析可以识别出数百类缺陷，涵盖范围广泛：

- 并发性问题：如死锁、竞态条件。
- 污点数据和数据流问题：如未初始化变量使用和信息泄露。
- 安全性漏洞：如缓冲区溢出、SQL 注入。
- 内存管理问题：如内存泄漏、悬空指针。
- 算法和逻辑错误：如无限循环、不可达代码。

许多这类问题通过动态测试难以可靠地被触发或重现，而静态代码分析可以系统地检查所有代码路径，包括在正常执行中很少被触发的边界情况。

2. 成本效益高

静态代码分析具有显著的成本优势：

- 自动化程度高：可以轻松被集成到 CI/CD 流程中。
- 不需要测试用例：不需要设计和维护大量的测试用例。
- 无执行开销：不需要实际运行程序，节省了环境设置和执行的时间。
- 早期问题检测：在开发周期早期发现问题，大大降低了修复成本。

3. 编码标准合规性验证能力

静态代码分析工具可以自动检查代码是否符合各种标准和规范：

- 行业特定标准：如汽车行业的 MISRA C/C++、航空航天行业的 JSF++。
- 通用安全标准：如 CWE（Common Weakness Enumeration）、CERT C/C++编码标准。
- 国际标准：如 ISO/IEC TS 17961（C 语言安全编码规则）。
- 组织内部编码规范：可以配置工具，以检查团队特定的编码准则。

这种自动化的合规性检查不仅提高了代码质量，还为监管要求和认证过程提供了有力支持。

4. 形式化验证能力

一些高级静态代码分析工具利用形式化方法，能够在某些方面对软件的正确性提供数学证明：

- 运行时错误排除：证明软件不会因某些类别的运行时错误而失效。
- 功能正确性验证：在某些情况下，可以证明代码满足特定的功能规约。
- 安全属性保证：证明某些关键的安全属性总是成立。

5. 提供额外保障

这种基于理论计算机科学的验证方法，为系统的高可靠性和安全性提供了额外的保障。

6. 可扩展性和一致性

- 适用于大型代码库：可以高效分析数百万行代码。
- 结果一致性：每次运行都能得到相同的分析结果，不受执行环境变化的影响。
- 持续监控：可以跟踪项目随时间变化的质量趋势。

7. 开发者教育

- 实时反馈：集成到 IDE 的静态分析工具可以为开发者提供即时反馈。
- 最佳实践学习：通过分析结果，开发者可以学习到编码最佳实践和常见陷阱。
- 代码质量意识：提高团队整体的代码质量意识。

8.2.3　静态代码分析方法的类型

静态代码分析涵盖多种分析方法，每种方法都针对代码的不同方面。这些方法可以大致分为以下几类：

1. 控制分析

控制分析主要关注程序的执行流程和结构：

- 调用结构分析：识别和分析函数、方法或过程之间的调用关系。这有助于理解程序的整体结构和模块间的依赖关系。
- 控制流分析：检查程序中控制转移的顺序和效率。通常通过创建控制流图（Control Flow Graph，CFG）来表示，其中节点代表基本块，边表示可能的控制转移。
- 状态转换分析：特别适用于状态机或由事件驱动的系统，分析系统在不同状态间的转换逻辑。

2. 数据分析

数据分析关注程序中数据的使用和流动：

- 数据流分析：追踪变量的定义和使用，检测未初始化变量、无效引用等问题。常见的技术包括到达定义分析、活跃变量分析等。
- 数据依赖分析：确定数据间的依赖关系，这对于并行程序和多核系统的分析尤为重要。
- 指针分析：分析指针可能指向的内存位置，这对于 C/C++ 等语言尤其重要。

3. 缺陷/故障分析

这类分析旨在识别可能导致程序失效或不正确行为的问题：

- 错误模式分析：基于预定义的错误模式（如空指针解引用、除零错误）进行检测。
- 异常处理分析：检查异常处理的完整性和正确性。
- 资源泄漏分析：检测未释放的资源，如内存泄漏、文件句柄泄漏等。

4. 接口分析

接口分析专注于组件间的交互：

- 模块接口分析：检查子模块或组件之间接口的一致性和正确性。
- 用户界面分析：分析用户界面的设计，确保其符合可用性标准和错误预防措施。
- API 使用分析：检查程序是否正确使用外部库和 API。

5. 语义分析

- 类型检查：验证程序中的类型使用是否正确。
- 常量传播：追踪常量值在程序中的传播，用于优化程序和错误检测。
- 符号执行：使用符号值而非具体值来“执行”程序，探索多个可能的执行路径。

6. 安全分析

- 污点分析：追踪不可信数据在程序中的传播，用于检测安全漏洞。
- 访问控制分析：检查程序是否正确实施了访问控制策略。
- 加密使用分析：验证加密算法的正确使用。

7. 性能分析

- 复杂度分析：评估程序的时间和空间复杂度。
- 热点分析：识别程序中可能成为性能瓶颈的部分。

8. 代码质量分析

- 代码气味检测：识别可能表明更深层次问题的代码模式。
- 重复代码检测：找出程序中重复或相似的代码段。
- 命名约定检查：确保代码遵循预定义的命名规则。

从更广泛的角度来看，这些分析方法可以归类为：

（1）形式化分析：使用数学和逻辑方法严格证明代码的某些属性。

（2）风格分析：检查代码是否符合预定义的编码标准和最佳实践。

（3）度量分析：计算各种代码度量指标，如复杂度、耦合度等。

（4）错误检测：识别可能导致运行时错误或不正确行为的代码模式。

（5）行为预测：尝试推断程序在运行时的可能行为。

每种分析方法都有其特定的用途和优势。在实际应用中，现代静态分析工具通常会结合多种分析技术，以提供全面的代码质量和安全性评估。选择合适的分析方法组合取决于项目的具体需求、使用的编程语言及关注的质量属性。

8.2.4 静态代码分析的原理

静态代码分析的核心原理是，基于对程序源代码的结构化表示和分析。这个过程主要涉及两个关键概念：抽象语法树（Abstract Syntax Tree，AST）和中间表示（Intermediate Representation，IR）。

静态代码分析的基本工作流程：首先，源代码被解析成 AST，在 AST 上可以进行一些初步的分析。然后，AST 被转换为 IR，这个过程包括类型检查和规范化。接下来，在 IR 上执行各种深入的分析，如控制流分析、数据流分析等，并应用预定义或用户自定义的规则来检测潜在问题。最后，分析结果被映射回源代码，生成易于理解的报告。静态代码分析工作流程示意图，如图 8-3 所示。

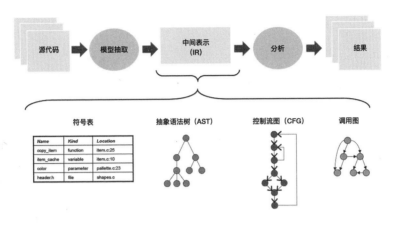

图 8-3　静态代码分析工作流程示意图

AST 是程序源代码结构的树状表示。程序源代码先经过词法分析器（Lexer）得到各种不同种类的单词（Token），然后由语法分析器（Parser）进行分析和语法检查后得到 AST。AST 的根节点表示整个程序，内部节点是抽象语法结构或者单词。AST 的核心在于，它能与输入源代码中的各个语法元素一一对应。

IR 是编译系统或程序静态分析系统的核心，是源程序在编译器或者静态分析器的内部表示，所有的代码分析、优化和转换工作都是基于它进行的。IR 一般由 AST 经过类型检查和规范化后转换而来。对于编译器来说，它在 IR 上做完分析和优化工作后，将 IR 转换为其他语言源代码或者汇编/目标语言。而静态代码分析工具则会在 IR 上先进行语义或未定义的行为分析，然后结合各种预定义规则或者用户自定义规则检测源代码的各种漏洞或缺陷。在现代编译器和静态代码分析工具中，通常会使用 CFG 来表示程序的控制流，使用静态单赋值（Static Single Assignment，SSA）来表示程序中数据的使用-定义链（Use-Def Chain），这两个关键的数据结构都是 AST 中没有的。

根据前面的描述，对 AST 进行类型检查和规范化即可将其转换为 IR。AST 上适合做一些代码规范的检查，例如标识符命名规范检查或常见的编码惯用法检查，这些检查一般使用图模式匹配的方法。而 IR 上能进行更深层次的流敏感分析、过程间分析、上下文敏感分析和对象敏感分析等，从而实现各种更高难度的程序漏洞检查。

与 IR 相比，AST 具有明显的劣势：AST 不能很好地表示控制流和数据流，它作为输入源代码的树状表示，本身就缺乏表示控制流和数据流的方式。AST 是非规范化的，相同语义的结构如果写法不同，在 AST 上的表示也会不同。例如，C 语言中使用 for、while 和 if/goto 表达的循环结构，它们的 AST 是不一样的，而转换为 IR 后产生的控制流图则是一样的。规范化使得对程序语义的分析更容易，使得检测的精确度更高。

使用 IR 最明显的一个好处是，通常 AST 都是输入与语言相关的内容，比如 C 语言程序有对应的 C AST、Java 程序有对应的 Java AST；而一般来说 IR 都是输入与语言无关的，不管是 C 语言源代码、Java 源代码还是其他语言的源代码，都能被转换到一个与语言无关的 IR 上。我们将各种分析和检测引擎放置在 IR 上，那么相同的分析引擎和检测引擎搭配不同语言的检测规则，就可以实现对不同语言编码缺陷的检测。使用 IR 的另一个好处是，相对于 AST，IR 更稳定。例如，现在 C++规范每三年就会出一个新标准，引入新的语法结构，这意味着 AST 每三年就会出现新的节点需要处理。如果将分析引擎建立在 AST 基础上，那么分析引擎也需要每三年更新一次来处理这些新节点；而如果将分析引擎建立在 IR 基础上，则仅需将新的 AST 节点转换为已有的 IR 结构或操作，从而保持分析引擎基本不受影响。

8.2.5　常见静态代码分析工具

1. SonarQube

SonarQube 是一个开源的代码质量持续检查平台。它帮助开发人员识别和修复代码中的错误、漏洞和代码问题。SonarQube 支持 20 多种编程语言，包括 Java、C#和 Python，并对代码进行自动分析。它还提供有关安全性、可维护性、性能等软件工程指标的反馈。该平台高度可定制，可以与各种工具（包括 IDE、构建工具和版本控制系统）集成。使用 SonarQube，团队可以确保他们的代码质量，满足他们自己的标准和客户的期望。SonarQube 检查过程如图 8-4 所示。

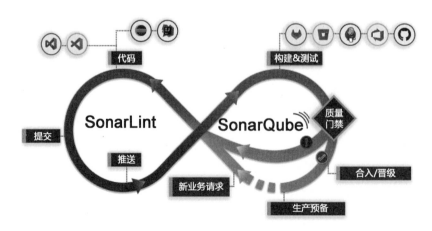

图 8-4　SonarQube 检查示意图

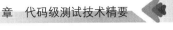

Sonar 解决方案在开发过程的每个阶段都执行检查:

(1)编码阶段:SonarLint 在 IDE 中提供即时反馈,以便在代码提交之前发现并修复问题。

(2)代码审查阶段:拉取请求分析(PR analysis)并内嵌于 CI/CD 工作流程中,显示 PR 与目标分支合并之前引入的新问题。

(3)发布阶段:质量门禁(Quality Gates)阻止存在问题的代码被发布到生产环境中,是整合边开发边清理(Clean as You Code)实践的关键工具。

(4)持续改进阶段:边开发边清理实践帮助开发者专注于提交新的、干净的代码进入生产环境。利用该实践可以预期现有的代码将随着时间的推移而得到持续改进。

通过在开发生命周期的各个阶段实施这些检查,SonarQube 能够帮助团队持续监控和改进代码质量,降低技术债务,并确保只有高质量的代码才能进入生产环境。这种全面的方法不仅提高了软件的可靠性和可维护性,还提升了开发团队的整体效率和代码标准。

2. Coverity

Coverity 是一款专有的静态代码分析工具,帮助组织识别和修复源代码中的软件缺陷与安全漏洞。它使用先进的算法识别潜在问题,并向开发人员提供可操作的信息,帮助他们解决问题。Coverity 支持多种编程语言,包括 C、C++、Java 和 C#。它可以集成到软件开发过程中,为开发人员提供实时反馈,以评估代码的质量和安全性。该工具也可以用于分析第三方库和开源项目的代码,帮助组织确保其应用程序的安全性。

Coverity 的主要特点和功能如下。

(1)高级分析技术:

● 使用先进的算法和启发式方法识别潜在问题。
● 能够检测复杂的、难以通过传统测试方法发现的缺陷。

(2)多语言支持:

● 支持多种编程语言,包括 C、C++、Java、C#、JavaScript 和 Python 等。
● 能够分析混合语言项目,适用于复杂的软件系统。

(3)开发流程集成:

● 可以集成到软件开发过程中,为开发人员提供实时反馈。
● 支持与常见的 IDE、构建系统和 CI/CD 工具集成。

（4）详细的问题报告：

- 向开发人员提供可操作的信息，包括问题描述、严重程度和修复建议。
- 提供缺陷的数据流和控制流分析，帮助开发者理解问题的根源。

（5）安全性分析：

- 专注于识别安全漏洞，如缓冲区溢出、SQL 注入、跨站脚本等。
- 帮助组织符合各种安全标准和法规要求。

（6）第三方代码分析：

- 可用于分析第三方库和开源项目的代码。
- 帮助组织评估和管理外部代码引入的风险。

（7）可扩展性：

- 能够处理大规模的代码库，适用于企业级应用。
- 支持增量分析，提高大型项目的分析效率。

（8）质量指标：

- 提供各种代码质量和安全性指标。
- 支持趋势分析，帮助团队跟踪项目质量的长期变化。

（9）自定义规则：

- 允许用户创建和管理自定义的分析规则。
- 可以根据组织的特定需求调整分析策略。

使用 Coverity，组织可以显著提高软件产品的质量、安全性和可靠性。它不仅有助于我们及早发现和修复缺陷，还能降低软件维护成本，减少安全漏洞带来的风险。Coverity 特别适合对代码质量和安全性要求较高的行业，如金融、航空航天和医疗保健等。

3. Klocwork

Klocwork 是一款商业静态代码分析工具，帮助组织识别和修复代码中的软件缺陷和安全漏洞。它使用先进的算法和技术分析源代码，并向开发人员提供可操作的信息，帮助他们提高软件的质量和安全性。Klocwork 支持多种编程语言，包括 C、C++、Java 和 C#。它可以集成到软件开发过程中，为开发人员提供实时反馈，帮助他们评估代码的质量和安全性。该工具还包括跟踪和管理代码问题的功能，帮助组织随着时间的推移维护和提高代码质量。组织通过使用 Klocwork，可以降低软件失效的风险，提高软件的安全性和软件开发效率。

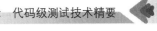

Klocwork 的主要特色如下：

（1）本地桌面分析：Klocwork 提供了强大的本地桌面分析功能，允许开发人员在提交代码之前在自己的机器上运行完整的分析。这种"shift-left"方法可以更早地发现并解决问题，显著提高开发效率。

（2）跨项目分析：Klocwork 特别擅长处理大型、复杂的代码库，可以进行跨项目和跨组件的分析。这使得它特别适合大型企业和复杂系统的开发，如汽车电子和航空航天领域。

（3）智能差分分析：Klocwork 的差分分析功能可以智能地只分析变化的代码部分，大大提高了分析速度。这对于持续集成环境中的快速反馈特别有用。

（4）架构和设计分析：除了常规的代码缺陷检测，Klocwork 还提供架构级别的分析。它可以帮助团队理解和优化代码结构，减少技术债务。

（5）合规性检查：Klocwork 在合规性检查方面表现出色，特别是对 MISRA、AUTOSAR 等标准的支持。它提供了详细的合规性报告，这对于需要认证的行业非常重要。

（6）与 IDE 深度集成：Klocwork 提供了与多种 IDE 的深度集成，包括实时分析和问题修复建议。这种无缝集成使开发人员可以在熟悉的环境中高效工作。

（7）可定制的报告和仪表板：Klocwork 提供了高度可定制的报告和仪表板功能。管理者可以根据需要创建特定的质量指标和可视化报告。

综上所述，Klocwork 的本地分析能力更强，更适合分布式开发团队。在处理超大型代码库和跨项目分析方面表现更出色，对某些特定行业标准（如汽车行业）的支持更全面。

8.2.6 静态代码分析工具面临的挑战

现代软件系统的复杂性给静态代码分析带来了前所未有的挑战。我们可以从以下几个方面来理解这些挑战。

（1）系统规模的爆炸性增长：随着技术的发展，软件系统的规模从早期的数万行代码迅速增长到如今的数千万行。例如，一个现代汽车的软件系统可能超过 1 亿行代码。这种规模的增长不仅增加了分析的时间复杂度，还带来了内存消耗和并行处理的挑战。

（2）系统架构的演进：从传统的单机系统到现在的分布式微服务架构，系统的复杂性大大增加。例如，一个典型的电商平台可能包含订单服务、支付服务、库存服务等多个微服务，这些服务可能使用不同的编程语言实现，并通过复杂的 API 相互调用。静态代码分析工具需要能够理解这种复杂的系统架构，并分析服务之间的交互。

（3）多语言开发的普及：现代软件开发已经从单一语言开发发展为多语言协同开发。例如，一个典型的全栈 Web 应用可能使用 JavaScript 或 TypeScript 作为前端语言，使用 Java 或 Python 作为后端语言，将 SQL 用于数据库操作。静态代码分析工具需要能够同时分析这些不同的语言，并理解它们之间的交互。

面对这些挑战，静态代码分析工具需要具备多语言支持和互操作分析能力。以 Android 的应用开发为例，一个完整的分析不仅需要检测 Java（或 Kotlin）代码，还需要分析 C/C++ 实现的本地代码，以及它们之间通过 JNI 进行的交互。这种分析能力对于发现如内存泄漏、并发问题等跨语言交互引起的复杂 bug 至关重要。

对静态代码分析的评价，我们主要关注以下三个关键指标。

（1）漏报率和误报率：这是评价静态代码分析工具最直接的指标。以安全漏洞检测为例，如果工具的漏报率高，可能会遗漏严重的安全漏洞，导致产品存在安全隐患；如果误报率高，开发人员可能会花费大量时间处理虚假警报，降低工作效率。一个优秀的静态代码分析工具应该能在这两者之间取得平衡。

（2）规则的定制扩展性：不同的组织和项目可能有特定的编码规范和业务逻辑规则。例如，金融行业可能需要特定的安全规则来防止敏感信息泄露，而嵌入式系统开发可能需要特殊的性能优化规则。静态代码分析工具应该提供灵活的机制，允许用户根据需要定制和扩展分析规则。

（3）分析时间和资源占用：在大型项目中，如果静态代码分析需要运行数小时甚至数天，或者消耗大量内存资源，将很难融入日常开发流程。在理想的情况下，静态代码分析应该能够快速完成，以便集成到 CI/CD 管道中，为开发人员提供及时反馈。例如，对于一个中等规模的项目（约 50 万行代码），分析时间最好控制在 30 分钟以内，以确保可以在每次代码提交后运行分析。

除了上述指标，评估静态代码分析工具还应考虑其他关键指标。这些指标包括分析深度和精度，体现工具发现复杂问题的能力；可扩展性和并行处理能力，反映工具处理大型项目的效率；与开发环境的集成能力，显示工具融入开发流程的便利性；分析结果的可理解性和可操作性，影响开发者采取行动的效率；对新技术和语言特性的支持程度，表明工具的先进性和适应性；安全漏洞检测能力，尤其侧重于安全关键型应用；合规性支持，这对需要满足特定行业标准的项目至关重要。这些指标应结合具体的度量方法和目标值来评估，以全面衡量静态代码分析工具的性能和适用性。

8.2.7　静态代码分析工具的选择

在选择静态代码分析工具时，需要考虑多个关键因素，以确保工具能够满足组织的特定需求和行业标准。首先，工具是否支持所在行业的标准至关重要，因为标准合规有助于最大限度地降低由软件错误导致的各种风险，如经济损失、人身伤害、财产损失或环境破坏。不同行业都有其特定的安全标准，如汽车行业的 ISO 26262、航空航天的 DO-178 和医疗设备的 IEC 62304。

其次，分析结果的可靠性和可操作性是另一个需要考虑的重要因素。不同的静态代码分析技术在结果的可靠性和准确性上存在差异，例如，抽象解释这种形式化的方法因其不会产生漏报而被认为是可靠的。同时，工具是否提供有助于修复错误的深层信息和指导也非常关键，因为检测缺陷只是第一步，开发人员还需要更多信息来深入理解代码结构并找出错误根源，提供调用层级、变量值、上下文相关帮助和修复建议等信息可以极大地帮助开发人员解决复杂问题。

再次，支持协同审查的功能也很有价值，它允许团队成员通过在线平台等方式轻松分享分析结果和质量指标，从而促进团队协作，提高缺陷解决效率。

最后，工具与现有开发流程的集成能力也是一个重要的考虑点。高效的静态代码分析工具应该能够被无缝集成到各种现代软件开发流程中，包括 CI/CD、DevOps 和 DevSecOps。工具应提供丰富的 API 和插件，以便与各种开发工具（如 IDE、CI 工具和缺陷跟踪工具）进行集成，从而提高整体开发效率和代码质量。

8.3　代码评审技术

8.3.1　代码评审概述

代码评审也称代码复查，是指通过阅读代码来检查源代码与编码标准的符合性及代码质量的活动。这个过程不仅关注代码的正确性，还包括对其可读性、可维护性和整体设计的评估。

日常持续开展代码评审的团队不仅能够持续提升代码质量，更早地发现问题，实现更快的交付，还能通过代码评审来共享知识和相互学习，从而在团队内形成更好的技术氛围。此外，代码评审还能促进团队成员之间的有效沟通，提高整体的代码标准，并帮助识别潜在的安全漏洞和性能问题。

8.3.2　代码评审的价值

代码评审几乎在项目的所有阶段都具有价值，需要注意的是，越早应用成本越低，更易于控制技术债，从而达到质量内建的效果。以下是代码评审的主要价值：

- 工程师文化的形成基础。通过代码评审可以增强团队的技术氛围，加强人员之间的沟通交流，形成以技术为导向的工程师文化。这种文化能够促进创新思维，提高团队解决问题的能力。

- 将 bug 和设计问题尽早清除。对于问题的分析和解决来说，越接近源头其修复成本越低。早期发现的问题通常更容易解决，也能够避免这些问题在后期造成更大的影响。

- 具有高水平的代码质量。贯穿开发过程始终的代码评审会使代码风格更为一致，让代码具备高度的可维护性，将技术债控制在较低的水平，由于同侪压力（peer pressure）更容易激励开发人员一开始就写出高质量的代码。这不仅提高了代码的可读性，还降低了代码后期维护的成本。

- 提升人员能力。通过持续的代码评审，很容易使团队中的所有成员均达到相对一致的代码水准，这对于新人的融入和提升来说效果最为明显。这个过程也能帮助资深开发者保持最佳实践，不断学习新的技术和方法。

- 团队知识共享。一段代码入库之后，就从个人的代码变成团队的代码。代码评审可以帮助其他开发者了解这些代码的设计思想、相关背景知识等。另外，代码评审中的讨论记录还可以作为参考文档，帮助他人理解代码、查找问题。这种知识共享能够减少对特定个人的依赖，提高团队的整体效率。

8.3.3　代码评审的类型

代码评审按照时效性分为以下四种类型：

- 瞬时式代码评审，也称为结对编程（pair programming）：瞬时式代码评审是敏捷软件开发的一种方法，是指两个程序员在一个计算机上共同工作。一个人输入代码，另一个人对刚输入的代码进行反馈，整个过程两个人会频繁交流。输入代码的人被称为驾驶员，审查代码的人被称为领航员，进行结对的两人会频繁互换角色。这种方法能够实时捕获错误，促进即时学习和知识传递，如图 8-5 所示。

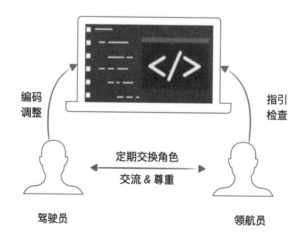

图 8-5　瞬时式代码评审示意图

- 同步式代码评审，也称为即时（over-the-shoulder）代码评审：指在开发者完成代码编写后，立即向代码评审者发起代码评审。评审者来到开发者桌前，面对同一块屏幕评审刚刚变更的代码。这种方法允许面对面的交流，有助于快速解决问题和澄清疑惑。

- 异步式代码评审，也称为有工具支持的（tool-assisted）代码评审：此类评审应该是目前主流的评审方式，一般不是在同一时间、同一屏幕上完成，而是异步的。其典型过程：开发者在写完代码后，提出让评审者可见的合并请求，然后开始下一个任务。在评审者空闲后，评审者会在自己座位上进行代码评审。评审者一般不需要和开发者当面沟通，而是通过评审工具写一些评论。在完成评审后，评审工具会把评论和评审结论通知到开发者。开发者就会根据评论改进代码，同样是以自己的节奏来进行回应。变更的代码会再次被提交给评审者，评审者重复前面的评审过程，直至评审者同意合入。这种方法特别适合分布式团队，能够提供更深入、更系统的代码分析。异步式代码评审流程如图 8-6 所示。

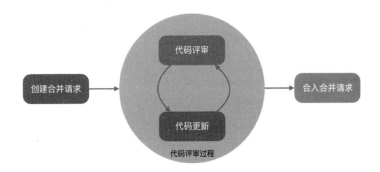

图 8-6　异步式代码评审流程

- 会议式代码评审，也称为基于会议的（meeting-based）的代码评审：这类评审一般按照固定的时间周期或者基于事件触发，会议的形式可以是线下的也可以是线上的，团队所有成员都会参与该评审会，因此成本相对较高，一般在项目初期或者有重要内容需要同步时使用。这种类型适合处理复杂的架构变更或重大功能实现，能够促进团队达成共识。

在不同的时期可以对上述评审类型进行灵活应用，以便达到相应的评审目标。团队可以根据项目需求、团队规模和开发阶段来选择最合适的评审类型或组合使用多种类型。

8.3.4　代码评审的内容

代码评审应该全面而深入，主要包括以下几个方面的内容：

- 设计：评审中一个特别重要的评审点是 CL（Change List，变更清单）的整体设计。比如，CL 中各个代码段之间的交互是否有意义？此变更修改了什么内容？它是否与系统的其余部分集成良好？评审者还应考虑代码的可扩展性和未来的维护需求。

- 功能性：尝试像用户一样思考，考虑各种异常场景，并确保通过阅读代码不会发现任何错误。另一个特别重要的评审点是 CL 中是否存在某种并行编程，理论上并行编程可能会导致死锁或竞态条件。评审者还应验证代码是否完全实现了预期功能，并考虑边界条件和异常处理。

- 复杂性：确保代码实现（行、函数及类）不会过于复杂，尽可能保持简单。复杂性通常意味着："开发人员在尝试使用或修改此代码时可能会引入错误。"评审者应该鼓励使用清晰、简洁的代码结构，避免过度工程。

- 测试：根据变更要求进行单元、集成或端到端测试。通常，除非 CL 正在处理紧急情况，否则应在提交代码的同时添加相关测试，且要确保 CL 中的测试正确、合理且有用。还要记住测试代码也是必须要维护的代码，不要仅仅因为它们不是二进制文件的一部分就容忍测试的复杂性。评审者应检查测试覆盖率，确保关键路径和边界条件都得到了测试。

- 命名：确保所有的东西都有一个好名字。一个好名字的长度足以充分传达其代表的内容是什么或做什么，又不会太长，以至于难以阅读。评审者应检查命名是否遵循项目的命名规范，是否清晰地表达了其用途或含义。

- 注释：注释同样也需要具备可读性，确保没有不必要的注释。另外，注释应该描述代码实现的"why"，而非描述"what"（例如，正则表达式及复杂算法）。对于 TODO 这类的注释，则需要定期清理并清晰地说明谁将在何时完成。评审者应确保注释是最新的，与代码保持同步。

- 风格：确保 CL 遵循组织的风格指南，需要注意不要仅根据个人的风格偏好来阻止提交 CL。评审者应关注代码的一致性，确保新代码与项目的整体风格保持一致。

- 一致性：实现上的一致性是代码可读性的最高原则。如果编码规范与实际代码一致性出现冲突，那么还是应该优先保证实现层面的一致性，这样更便于后续统一进行改进。评审者应该在整个代码库的背景下考虑变更，确保新代码与现有代码保持一致。

通过全面覆盖这些方面，代码评审可以有效提高代码质量，减少潜在问题，并促进团队成员之间的知识共享和技术提升。评审者应该保持开放和建设性的态度，提供具体、可操作的反馈，同时要认可代码中的亮点和创新之处。

8.3.5　代码评审最佳实践

1. 给提交者的最佳实践

在代码评审中，有两个主要的利益相关者：代码作者和代码评审员。前者提交代码并寻求反馈，后者评审代码变更并提供反馈。由于代码评审流程始于作者，因此下面我们首先阐述代码作者应遵循的最佳实践。

实践 1：在提交代码评审前仔细检查变更内容。

在日常的代码提交过程中，有时会出现提交了不应该提交的内容或者提交了有非常低级问题的代码的情况，这些内容会对代码评审造成干扰，降低评审效率。因此，在发起代码评审前，代码作者应使用代码审查工具或差异比对工具对提交的代码变更进行全面检查。

建议：使用静态代码分析工具和代码格式化工具进行初步检查，以捕获常见的编码错误和风格问题。另外，还可以考虑设置预提交钩子来自动运行这些检查。

实践 2：以小的、增量式的变更为目标。

开发者应该始终努力实现小的、增量的、连贯的变更，这至关重要，因为这能让评审者在较短的时间内理解变更内容。如果在一次代码评审中出现几个不同目的的修改，代码评审的任务就会变得更加困难，也降低了评审者发现代码问题的能力。

建议：使用任务分解技术，将大型功能拆分为多个小的、独立的变更。考虑使用特性标志来逐步引入新功能，便于增量式开发和评审。

实践 3：聚合相关的变更代码。

将相关的代码变更集中起来，这样能够帮助评审者获得变更全貌，而非支离破碎的信息。但是如果代码变更内容过多，则可以使用堆叠合并技术，将代码合入请求拆开。

建议：使用版本控制系统的分支策略，如 Git Flow 或 GitHub Flow，来组织和管理相关的代码变更。对于大型变更，可以考虑使用堆叠式拉取请求（Stacked Pull Requests）来逐步引入变更，如图 8-7 所示。

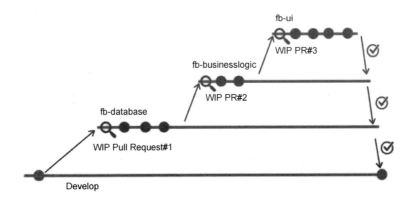

图 8-7 堆叠式拉取请求示意图

实践 4：描述变更内容与目的。

代码提交信息是描述提交的内容（what）及目的（why）的公共记录，它向未来的开发者解释每一行代码背后的故事。提交信息会永久保留在版本信息中，且以后会作为提交的首见信息长期被大量检阅。

建议：使用结构化的提交信息格式，如 Conventional Commits，以提高可读性和一致性。在 Pull Request 描述中提供详细的上下文信息，包括相关的问题编号、设计决策和潜在的影响。

实践 5：在提交代码评审之前运行测试。

测试不仅是一种最佳的工程实践，还是代码评审的一种最佳实践。因为在获得反馈意见之前，要确保你的代码可以实际工作，先运行测试也表明了对评审者时间的尊重。

建议：实施持续集成流程，在提交代码评审前自动运行所有测试。考虑使用测试驱动开发方法，确保新功能或修复都有相应的测试覆盖。

实践 6：自动化可以自动化的内容。

由于代码评审的主要挑战之一是耗时过长，因此应该尽可能地实现自动化。通过使用样式检查器、语法检查器和其他自动化工具，如静态代码分析工具来改进代码，确保评审者可以真正集中精力给予有价值的反馈。

建议：集成代码质量工具（如 SonarQube、ESLint 或 ReSharper）到开发工作流中。使用自动化工具来检查代码覆盖率、复杂度和潜在的安全问题。

实践 7：跳过不必要的评审。

对于一些琐碎的修改，可以考虑跳过代码评审。这仅适用于不改变逻辑的琐碎变化，如注释、格式问题、局部变量的重命名或风格上的修改。

建议：制定明确的政策，定义哪些类型的变更可以跳过正式的代码评审。对于这些变更，考虑使用自动化工具进行检查和合并。

实践 8：不要选择过多评审者。

要选择合适数量的评审者，一般不超过 4 个。让太多开发人员作为评审者的主要问题是，每一个评审者的责任感都会降低，另外超过必要的人数会降低团队的生产力。

建议：使用 CODEOWNERS 文件自动分配适当的评审者。考虑实施轮换制度，以平衡工作负载并促进知识共享。

实践 9：明确评审期望。

每个评审者都应该知道你对他们的期望。评审者应该寻找缺陷吗？评审者应该熟悉代码库吗？或者你添加了一个来自其他团队的开发人员，他们使用了代码库的功能，你希望他们专门评审 API 吗？

建议：在 Pull Request 描述中明确列出评审重点和期望。考虑使用评审模板来标准化这个过程。

实践 10：添加有经验的评审员以获得有洞察力的反馈。

研究表明，最有洞察力的反馈来自于那些曾经从事过你要修改的代码的评审者。他们是能给出最有洞察力反馈的人。

建议：使用代码所有权工具或版本控制系统的历史功能来识别最合适的评审者。考虑建立专家目录，以便更容易找到特定领域的专家。

实践 11：添加初级开发人员，以便进行知识传播。

代码评审的目标之一是培训和学习，所以不要忘记添加初级开发人员。初级开发人员可能不会在代码评审中发现最多的 bug，而代码评审能帮助他们夯实基础，并让他们有机会向团队的高级成员学习。

建议：实施导师制或轮岗机制，以促进知识共享。考虑为初级开发人员创建特定的学习目标，并在代码评审过程中跟踪这些目标。

实践 12：通知能从这次评审中受益的人。

对于一些人来说，比如项目经理或团队领导，收到关于代码评审的通知（不需要实际做代码审查）是有益的，但是你必须有意识地决定需要通知谁，并不是每个人都真正关心或应该关心你发起的代码评审。

建议：使用基于角色的通知系统，以确保相关人员得到适当的信息。考虑创建定期的代码评审摘要报告，以保证利益相关者的参与，而不会让他们被每个评审通知打扰。

实践 13：在评审前提醒评审者。

让你的同事提前知道他们即将收到代码评审单，这种代码评审的最佳实践可以大大缩短评审周期。

建议：使用团队沟通工具（如 Slack 或 Microsoft Teams）来发送友好的提醒。考虑设置自动化提醒系统，在提交大型变更或紧急变更时通知评审者。

实践 14：对评审意见持开放态度。

收到预期外的评论或反馈可能会让人紧张，并产生防卫心理。试着在心理上做好准备，努力提高自己对建议和不同观点持开放态度的能力。

建议：培养一种"成长心态"，将反馈视为学习和改进的机会。考虑定期进行团队反馈训练，以提高所有成员给予和接受建设性反馈的能力。

实践 15：对评审者表达尊重和感谢。

作为一个代码作者，应该对收到的反馈表示感谢和重视。确保仔细考虑评审者的反馈，并在整个反馈周期内进行沟通。

建议：在团队中建立一种正式的认可机制，以表彰那些提供高质量反馈的评审者。考虑在代码评审工具中添加"点赞"或"感谢"功能，让提交者可以轻松地表达对有用反馈的感激。

通过遵循这些最佳实践，代码提交者可以显著提高代码评审的效率和效果，同时促进团队内部的知识共享和技术成长。记住，高质量的代码提交不仅可以加快评审过程，还能提高整个团队的代码质量和协作效率。

2. 给评审者的最佳实践

作为代码评审者，被要求提供反馈应视为一种荣誉，因此需要确保知道如何提供有价值的代码评审反馈。在代码评审期间，不仅可以展示你的技能和知识，还可以指导其他开发人员，为团队的成功作出贡献。没有什么比在代码评审中投入时间，但不能得到有价值的反馈更糟糕的事了。

实践 1：提供尊重和建设性的反馈。

尽管这听起来像一个无解的问题，但代码评审确实将代码作者置于一个弱势的位置，所以必须考虑到这一点。评审者的工作是，给予建设性的和有价值的反馈，但同时要以一种尊重的方式来做。特别是当使用代码评审工具并以书面形式给出反馈时，要思考如何给出反馈及给出什么样的反馈。伤害别人的感情是很容易的（尤其以书面形式）。很多时候，时间的压力可能会使你给出一个可能被误解的草率评价。

建议：使用"我觉得"或"考虑"这样的措辞，而不是使用命令式的语句。同时，尽量提供具体的改进建议，而不仅仅指出问题。

实践 2：如有必要，亲自去交谈。

代码评审工具和即时通信工具允许我们以异步和低成本的方式与他人交流，但是在相当多的情况下，适当的人际互动（无论是面对面，还是通过语音/视频），都是非常有必要的。

例如，对于一些复杂的问题，通过面对面沟通或打电话直接讨论，就可以更积极、有效地解决。如果可能会发生伤害一些人感情的事情，也许写一封私人电子邮件或寻求与代码作者进行个人讨论是一个更好的策略。所以，每当面临一个复杂的问题或可能伤害一些人的感情时，要重新考虑你的沟通渠道并采取相应的行动。

建议：使用视频会议工具进行实时代码审查会议，特别是对于复杂的变更或可能引起争议的问题。

实践 3：确保决策的可追溯性。

针对可追踪性较差的评审方式（如面对面或视频通话），对过程及结论的记录是非常重要的。通过使用可追踪的工具（如代码评审工具）来记录和追踪代码评审的结果，以供将来参考，这是一种最佳实践。代码评审工具是所有简单事务的正确沟通渠道，因为它允许整个团队跟踪，并使他们能够在事后查询决策和理解代码变更原因。即便是以同步方式进行代码评审，也应该花时间在代码评审工具中写上一些笔记，让其他人（或未来的自己）知道讨论的结果。

建议：使用版本控制系统的提交信息或专门的文档管理系统来记录重要的设计决策和讨论结果。

实践 4：始终解释拒绝变更的原因。

负面评价并不是代码作者喜欢的事情，因此重要的是评审者要考虑周全，并以礼貌的、建设性的、友好的方式解释相关保留意见。解释反馈和建议背后的原因，不仅可以帮助代码作者学习和成长，还可以帮助作者理解你的观点，以及促进与作者的持续对话。准确地告诉代码作者需要做什么样的修改才能通过你的评审。

建议：提供具体的例子或替代方案，而不是简单地指出问题。这样可以更好地指导作者进行改进。

实践 5：让代码评审被拒成为例外。

评审拒绝这一做法源于开源社区。外部开发者可能会提出与开源项目的愿景或路线图不一致的修改建议。另外，由于任何人都可以提交代码，所以经常发生提交的代码处于不能接受或质量达不到要求的状态，但这两种情况都不应该发生在一个人们彼此紧密合作的环境中。这里开发人员应该知道路线图，他们所做的变更应该与愿景相符。另外，通过相关培训，即使是初级开发人员也应该能够写出达到内部代码质量标准的代码（至少在一些建设性的评审反馈后）。如果与事实情况不符，就需要重新审视团队的项目管理和学习文化。

建议：实施"预评审"机制，在正式提交代码评审之前，鼓励开发人员进行自我检查或与同事进行非正式讨论。

实践 6：将代码评审纳入日常工作。

在代码评审期间，对于代码作者和代码评审者来说，最大的挑战是时间限制。作为一个评审者，可能会发现从一天中抽出时间来评审他人的代码是一项挑战。为了确保评审者能够保持高效，需要安排好日常业务，并为做代码评审留出专门的时间。例如，每天上午 11 点到 12 点进行代码评审工作。这样就能确保评审者能规划出固定的代码评审时间，也让该时段成为团队的预期活动。

建议：使用日历工具设置固定的代码评审时间段，并与团队共享，以提高透明度和可预测性。

实践 7：减少任务切换。

任务频繁切换是效率的最大"杀手"，这点在业界已经得到共识，因此不要为每次代码审查请求的到来而停止手头的工作，确保你可以更专注地工作，什么时候开始评审取决于工作量（如评审数量、评审规模及评审通常出现的时间）。在一些环境中，会设置两个（较短的）固定评审时间（比如在早上和离开办公室之前），这样反馈周期就会被进一步缩短。

建议：使用番茄工作法或类似的时间管理技术，将代码评审任务划分为固定的时间块，以提高专注度和效率。

实践 8：及时给予反馈。

虽然由于任务切换的成本问题，每当评审通知弹出时直接开始代码审查是不可取的，但是尽快给出反馈依旧是非常重要的。另外，谷歌在代码审查最佳实践指南中推荐快速代码评审。这可以确保不会由于等待反馈而阻塞代码作者的工作开展。此外，如果作者等待太长时间，就会更难记住这些变更细节从而影响评审效率。记住，长时间的等待是代码评审面临的头号挑战。

建议：设置个人的服务水平协议，如承诺在 24 小时内至少进行初步评审，并与团队共识这一承诺。

实践 9：考虑被评审者所处时区。

跨时区的评审无疑会进一步加剧代码评审的交互成本。因此，在规划个人代码审查时间表时，要检查被评审者的时区。如果你是在上午，而不是下午拿出半小时来做代码审查，对别人来说可能会有很大的不同，对你自己来说可能就没有那么大的差别。

建议：使用世界时钟工具或在团队日历中显示多个时区，以便更好地协调跨时区的代码评审活动。

实践 10：让你的团队一起玩。

代码评审是一项团队工作。如果只有你及时地进行评审，或系统地应用检查表，你就不能得到代码评审的全部好处。相反，要确保团队中的每个人都达到相近的认知水准，特别在管理和运作策略方面，有一些有助于问责制和工作量平衡的策略很容易应用。例如，"give-one-take-one"的做法：当每发起一次代码评审时，就为他人做一次代码审查。如果你把该策略和小规模提交结合起来，团队的工作量就会得到平衡，代码审查也会及时完成。

建议：定期组织团队的代码评审研讨会，分享最佳实践和经验教训，以提高整个团队的代码评审能力。

实践 11：频繁评审，而非大规模评审。

研究表明，频繁评审且每次评审的变更规模较小，就能得到更好的反馈。这意味着不要等到几个代码评审堆积如山的时候才一次性处理它们。相反，你要坚持自己的时间表，一次审查一份代码评审单（如果是一份大规模的代码评审，则可以是其中的一部分）。如果代码规模太大，评审耗时太长，则可以向作者建议进行小规模的、增量的、连贯的变更实践。另一种方法是要求作者将评审拆分成较小的变更，可使用堆叠合并技术。

建议：设置代码评审工具的自动提醒，当评审请求超过一定规模时，提示作者考虑拆分变更。

实践 12：关注核心问题，不要过于吹毛求疵。

作为一个评审员，你的目标应该是帮助解决核心问题，如 bug、架构问题、结构问题，或可维护性问题。当然，如果你看到错别字、变量命名不当或风格问题，也可以指出来，不过这并非你的主要任务，过度讨论琐碎的问题对代码作者的价值不高。

建议：使用静态代码分析工具自动检查和修复代码风格问题，让人工评审专注于更高层次的问题。

实践 13：先从评审测试代码开始。

虽然不少开发人员基本不会评审测试代码，但代码评审最新研究表明，从测试代码开始评审是一个好主意。测试用例可以帮助你形成一个关于对应代码实现的认知模型。这意味着你对测试代码有了更好的理解，可以给出更有价值的反馈。此外，还会让你专注于测试代码本身，这样就能确保测试代码也是高质量的，并以更合理的方式覆盖功能。拥有一个高质量的测试代码库是一项伟大的投资，它增加了代码的可维护性，降低了人工测试成本，并有助于减少生产缺陷。

建议：在代码评审过程中，使用测试覆盖率工具来可视化测试覆盖情况，确保关键路径得到充分测试。

实践 14：使用评审检查单。

相对于依靠个人经验，应使用更为系统的方式进行代码评审，而应用代码评审检查单就是一种更为系统的评审方式，它可以加速和提高评审效率。与其从头开始制定检查单，不如直接下载一个现成的检查单，并根据团队的实践和需要进行定制，一定要形成一份为所用技术栈量身定制的检查表。当然，你也可以使用检查表来关注特定的方面，如可访问性或安全性。此外，代码评审检查单是一种很好的学习工具，可以帮助开发者提高技能。有了代码审查检查表，开发者还可以在团队中建立起对重要事项的共同理解，减少代码评审中不必要的冲突、分歧和长时间的讨论。

建议：使用智能代码评审工具，它们可以根据项目历史和最佳实践自动生成与更新检查清单。

实践 15：消除对代码评审的偏见。

代码评审期间的判断可能会被偏见所蒙蔽。例如，谷歌最近的一项研究表明，在代码评审期间，女性开发者相对于男性同行会得到更多的拒绝。另外，还有一些关注种族、性别、民族和年龄如何影响代码评审的研究。因此，在评审过程中要有意识地识别偏见，并积极主动地采取行动（如评审审查等），以减少代码审查中的偏见、骚扰。

建议：实施匿名代码评审机制，至少在初始阶段隐藏代码作者的身份信息，以减少潜在的偏见影响。同时，定期进行团队多样性和包容性培训，提高对无意识偏见的认识。

通过遵循这些最佳实践，代码评审者可以显著提高评审的质量和效率，成为团队建立积极反馈文化的关键角色。

8.4 契约测试技术

8.4.1 契约测试概述

契约测试是契约式设计（Design by Contract，DbC）的一种实现和应用，是一种运行时代码级测试技术。契约式设计最初由 Bertrand Meyer 在设计 Eiffel 编程语言时提出。在程序运行过程中，契约测试通过对代码逻辑的前置条件、整个过程的不变量及后置条件的验证，确保及早发现错误。此外，该技术为开发者提供了测试思路，并能帮助契约消费者更明确地使用相关方法。

1. 什么是契约

契约是代码提供者与代码消费者之间关于如何使用代码的协议，旨在保证代码始终处于有效状态，从而提高软件的可靠性。对于契约双方来说，契约有两个主要特性：

（1）双方都期望从契约中获得收益，并准备承担相应义务。

（2）这些收益和义务都明确记录在契约文档中。

表 8-1 展示了契约双方的义务和收益关系。

表 8-1　契约双方的义务和收益关系

项目	消费者	提供者
义务	满足提供者的要求	保障服务质量
收益	获得服务	限制需求

为了更好地理解契约的概念，下面用一个快递服务的例子来说明，如表 8-2 所示。

表 8-2　快递服务中客户与快递公司的义务和收益

项目	客户	快递公司
义务	提供不超过 5kg 的包裹，每个尺寸不超过 2 米。支付快递费用	在 24 小时或更短的时间内将包裹送到收件人手中
收益	在 24 小时或更短的时间内完成包裹的交付	不需要处理太大的、太重的或无偿的快递

这个例子清楚地展示了一方的义务通常是另一方的收益。我们将这种关系进行概括，如表 8-3 所示。

表 8-3　契约双方的关系

项目	消费者	提供者
义务	提供者的收益	消费者的收益
收益	提供者的义务	消费者的义务

另外，值得注意的是，除了明确规定的条款，还可能存在一些"隐式规则"。在现实世界中，消费者和提供者之间的契约还需要遵守更广泛的相关法律法规，这些规定虽然可能未在契约文件中详细列出，但被隐含地视为契约的一部分。

2. 契约式设计

契约式设计是一种软件设计范式，是指开发人员为软件组件规定正式、准确和可验证的接口要求，使用方（消费者）和开发方（提供者）双方的代码必须遵循该契约，如图 8-8 所示。这种设计现在也在其他语言中得到支持，如 Ada、C#和 Python。在契约式设计中，开发

方和使用方之间建立了一种契约，规定了双方的义务。开发人员必须确保所开发的组件满足
该契约，使用方必须确保他们满足使用组件的先决条件。这有助于确保软件是健壮的和可维
护的。

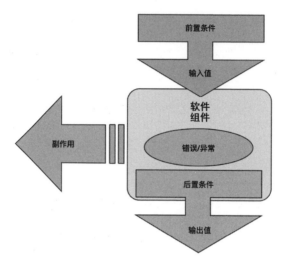

图 8-8　契约式设计示意图

对于满足前置条件的请求或调用来说，请求或调用会得到正常处理，如图 8-9 所示：

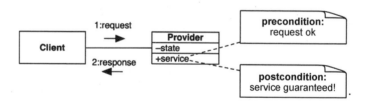

图 8-9　满足前置条件的请求示意图

对于不满足前置条件的请求或调用来说，会得到提供方的一个异常响应，如图 8-10 所示：

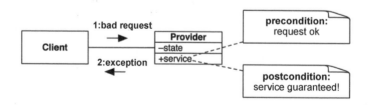

图 8-10　不满足前置条件的请求示意图

对于契约式设计，其义务和收益通过前置条件和后置条件来实现，如表 8-4 所示。

表 8-4　前置条件和后置条件实现义务和收益

项目	消费者	提供者
义务	前置条件	后置条件
收益	后置条件	前置条件

8.4.2　契约测试基本要素

1. 前置条件

前置条件指在执行一段代码前必须成立的条件，回答"期望的是什么？"的问题。它是消费者的义务，也是契约式设计中的关键要素之一。

前置条件的重要性：

（1）明确接口要求：定义了方法或函数期望的输入状态。

（2）错误预防：通过早期检查防止错误深入代码。

（3）简化实现：允许代码假设某些条件已满足，从而简化逻辑。

如果前置条件被违反，则代码将产生未定义行为，因此其预期的工作能否履行也是未知的。不正确的前置条件还可能引发安全问题，特别是在处理敏感数据或执行关键操作时。

例如，哈希表类有一个 put(key,value)方法和一个 get(key)方法。get()方法的前置条件之一是，在把某个 key-value 放入哈希表后，这个 key 是不可被修改的。如果前置条件被违反，哈希表对象可能会出现任何不可预期的行为（例如，可能返回未找到键值的信息，即使键值实际上在哈希表中）。

通常前置条件会在关于这段代码的文档中明确说明（如在 Javadoc 中用标签@pre.condition 来标注前置条件），并且可通过特定的语法结构（如卫语句或断言）在调用的入口进行检测。

堆栈功能前置条件的示例：

```
/** Return top item in a stack.
*   @pre.condition The stack is not empty.
*/
public Object top() {
    assert(!this.isEmpty()); // pre-condition
    return top.item;
}
```

前置条件的最佳实践：

（1）明确性：使用清晰、无歧义的语言描述前置条件。

（2）可测试性：确保前置条件可以通过自动化测试验证。

（3）适度性：避免过于严格的前置条件，以保持方法的灵活性。

（4）一致性：在整个系统中保持前置条件的连贯性。

通过仔细定义和执行前置条件，可以提高代码的可靠性、可维护性和安全性。它为开发者和使用者提供了明确的接口规范，有助于减少误用和潜在错误。在进行代码审查和测试时，前置条件也是重要的检查点，有助于确保系统的整体质量。

2. 后置条件

后置条件指在执行一段代码后必须成立的条件，回答"要保障的是什么？"的问题。它是提供者的义务，是契约式设计中的另一个关键要素。

后置条件的重要性：

（1）保证结果：确保方法或函数执行后达到预期的状态或结果。

（2）质量保证：为代码的正确性提供了可验证的标准。

（3）接口规范：明确定义了方法的输出或副作用。

如果这些后置条件未被满足，那么对应的输出可能是不正确或无效的，这可能会导致数据损坏或其他严重问题。

例如，对于一个对数组进行排序的算法 sort(int[])来说，在排序结束时，数组必须是按排序顺序排列的。

同样，后置条件会在关于这段代码的文档中明确说明（如在 Javadoc 中用标签 @post.condition 来标注后置条件），并且可通过特定的语法结构（如卫语句或断言）在调用的返回前进行检测。

堆栈功能后置条件的示例：

```
/** Push a item to stack.
 *  @psot.condition The stack is not empty.
 *  @psot.condition The top item equals the pushed item.
 */
public void push(Object item) {
    top = new Cell(item, top);
```

```
size++;
assert !this.isEmpty(); // post-condition
assert this.top() == item; // post-condition
   assert invariant();
}
```

后置条件的最佳实践：

（1）完整性：确保后置条件涵盖方法所有重要的输出和状态变化。

（2）可测试性：设计易于自动化测试的后置条件。

（3）性能考虑：在生产环境中，可以考虑禁用复杂的后置条件检查，以提高性能。

（4）异常处理：明确定义在异常情况下的后置条件。

在实际开发中，后置条件与单元测试紧密相关。被良好定义的后置条件可以直接转换为有效的单元测试用例，从而提高测试覆盖率和代码质量。

3. 不变式

不变式是指在程序整个生命周期中需要始终保持不变的条件，回答"始终要保障的是什么？"的问题。它是提供者的义务，是契约式设计中的第三个关键要素。

不变式的重要性：

（1）持久性：在对象或系统的整个生命周期中保持不变。

（2）全局性：适用于所有公共方法，而不仅限于特定操作。

（3）内部一致性：确保对象或系统的内部状态始终保持逻辑一致。

如果不变式在组件的生命周期中被破坏，那么组件可能会出现不可预知的问题，需要程序员进行调试和修复。对不变式的维护对于保证系统的稳定性和可靠性至关重要。

例如，银行账户的余额不应该是负数就是一个不变量。类似的循环不变量，是指在每次循环中都必须为真的语句。不变量可以在任何时刻被检测，一般会在每个方法的开始或结束时测试。

不变式会在关于这段代码的文档中明确说明，但 Java 中没有特殊的 javaDoc 标签。与后置条件一样，不变式可通过特定的语法结构（如卫语句或断言）实现，并在调用的返回前进行检测。

堆栈功能不变式定义的示例：

```
protected boolean invariant() {
   return (size >= 0) &&
```

```
        ((size == 0 && this.top == null) ||
        (size > 0 && this.top != null));
}
```

不变式的最佳实践：

（1）明确性：清晰定义不变式，避免模糊表述。

（2）完整性：涵盖对象或系统所有关键的不变条件。

（3）效率：在开发和测试阶段进行全面检查，生产环境中可能需要权衡这样做的必要性。

（4）异常处理：使用断言而非异常，因为违反不变式通常表示内部错误。

对于上述堆栈示例来说，其前置条件、后置条件及不变式，如图 8-11 所示。

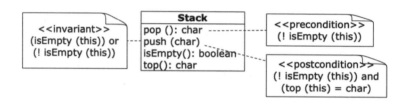

图 8-11　前置条件、后置条件及不变式的示例

前置条件：堆栈调用方承诺在调用 pop/top()方法之前，前置条件将为真。

后置条件：堆栈实现者承诺在 push()方法返回后，后置条件将为真。

不变式：堆栈实现者承诺在所有方法（包括堆栈构造函数）返回后，不变式将为真。

在实际开发中，不变式的概念不仅适用于面向对象编程，还适用于函数式编程和其他范式。被良好定义的不变式可以成为系统设计和验证的重要工具，有助于构建更可靠、更易维护的软件系统。

8.4.3　继承与契约

在面向对象编程中，继承是一个核心概念。当涉及契约式设计时，继承关系会对契约产生重要影响。让我们以图 8-12 的继承关系为例，详细探讨对 ClassA 和 ClassB 契约的相关影响。

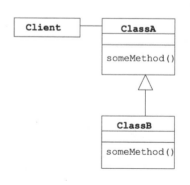

1. 前置条件的影响

对于前置条件来说，如果 ClassB.someMethod 的前置条件比 ClassA.someMethod 的前置条件强，这对 Client

图 8-12　继承关系示例

是不公平的。原因如下：

- ClassB 的代码可能是在 Client 代码完成之后才产生的。
- Client 无法获知 ClassB 的具体契约内容，仍会按照 ClassA 的契约来调用方法。
- 更强的前置条件可能导致原本在 ClassA 中有效的调用在 ClassB 中变得无效。

示例如下：

```java
Copy

class ClassA {
    void someMethod(int x) {
        // 前置条件：x > 0
        assert x > 0 : "x must be positive";
        // 方法实现
    }
}

class ClassB extends ClassA {
    @Override
    void someMethod(int x) {
        // 更强的前置条件：x > 10
        assert x > 10 : "x must be greater than 10"; // 这是不合适的
        // 方法实现
    }
}
```

2. 后置条件的影响

对于后置条件来说，如果 ClassB.someMethod 的后置条件比 ClassA.someMethod 的后置条件弱，这同样对 Client 不公平。原因如下：

- Client 期望得到至少与 ClassA.someMethod 相同强度的保证。
- 更弱的后置条件可能导致 Client 代码在使用 ClassB 时出现意外行为。

示例如下：

```java
Copy

class ClassA {
    int someMethod() {
        int result = // 计算逻辑
```

```
        // 后置条件：result > 0
        assert result > 0 : "result must be positive";
        return result;
    }
}

class ClassB extends ClassA {
    @Override
    int someMethod() {
        int result = // 计算逻辑
        // 更弱的后置条件：result >= 0
        assert result >= 0 : "result must be non-negative"; // 这是不合适的
        return result;
    }
}
```

3. Liskov 替换原则

为了确保继承关系中的契约设计是合理的，必须满足 Liskov 替换原则（Liskov Substitution Principle，LSP）。这个原则指出：任何基类可以出现的地方，子类一定可以出现。在契约设计中，这意味着：

- 子类可以保留或采用更弱的前置条件。
- 子类可以保留或采用更强的后置条件。
- 子类可以保留或采用更强的不变式。

正确的示例：

```
java

Copy

class ClassA {
    void someMethod(int x) {
        assert x > 0 : "x must be positive";
        // 方法实现
        assert result > 10 : "result must be greater than 10";
    }
}

class ClassB extends ClassA {
    @Override
    void someMethod(int x) {
        assert x >= 0 : "x must be non-negative"; // 更弱的前置条件
        // 方法实现
        assert result > 15 : "result must be greater than 15"; // 更强的后置条件
    }
}
```

4. 不变式的处理

对于不变式，子类可以增强父类的不变式，但不能削弱。这确保了子类对象始终满足父类的约束条件。

```java
Copy

class ClassA {
    protected int value;

    void checkInvariants() {
        assert value >= 0 : "value must be non-negative";
    }
}

class ClassB extends ClassA {
    @Override
    void checkInvariants() {
        super.checkInvariants(); // 保留父类的不变式
        assert value > 10 : "value must be greater than 10"; // 增强的不变式
    }
}
```

通过遵守这些原则，我们可以确保：

（1）客户端代码可以安全地使用子类对象，不会违反对父类的期望。

（2）子类能够正确地扩展和特化父类的行为，同时保持契约的一致性。

（3）系统的可维护性和可扩展性得到提高，因为新的子类可以无缝集成到现有代码中。

在实际开发中，遵循这些原则可能会带来一些挑战，特别是在复杂的继承层次结构中。因此，在设计类层次结构时，需要仔细考虑契约的设计，确保它们在整个继承链中保持一致和合理。同时，也要警惕过度使用继承，在适当的情况下考虑使用组合或接口来实现更灵活的设计。

8.4.4　一些说明

1. 与单元测试的关系

首先，定义明确的前置条件、后置条件和不变式（并通过断言等方式在代码中实现自动化）可以在很多方面帮助开发者。例如，断言确保及早发现错误。一旦违反了契约，程序就会停止，而不是继续执行，这通常是一个好做法。从违反断言中得到的错误是非常具体的，通过它们可以准确地知道要调试的内容。

如果没有断言，情况可能就不是这样了。假定有一个计算密集型的方法对负数不能很好地工作，然而该方法并未将该限制定义为明确的前置条件，仅在出现负数时返回一个无效的数值（软返回）。那么，这个无效的数值就会被传递给系统的其他部分，可能会引起其他意外的行为。由于程序本身没有崩溃，开发者很难知道问题的根本原因是违反了前置条件。

其次，前置条件、后置条件和不变式为开发者提供了关于测试内容的想法。只要看到 qty > 0 这个前置条件，开发者就知道这是一个需要通过单元、集成或系统测试来检测的内容。因此，契约并不能取代（单元）测试，它们是对测试的补充。

最后，这种明确的契约使消费者的工作更为容易。只要消费者（或客户端）正确地使用相应的方法，类或服务就能完成相应的工作。假设一种方法只期望得到正数（作为前置条件），并承诺只返回正数（作为后置条件）。作为消费者，如果传递了一个正数，就可以肯定该方法就会返回一个正数。因此，消费者无须检查返回值是否为负数，从而简化了代码。

综上所述，契约式设计的作用是，确保软件可以毫无顾忌地相互使用，而测试则是用来确保软件的行为是正确的。

2. 与契约测试的区别

与微服务领域的契约测试相比，两者在思想上基本一致，都是基于被测对象的职责，都可以在系统运行时发挥检测作用。两者之间也存在一定的差异。

作用对象不同：契约式设计作用于代码级别，一般应用于方法、类、组件等，而契约测试一般作用在服务、系统的 API 上。

实施成本不同：契约式设计内置于代码之中，而契约测试则一般应用于服务、系统之外，所以契约式编程的实施成本相对更低。

3. 契约的强与弱

在对契约建模时，是使用强契约，还是使用弱契约是一项非常重要的设计决策。

以一个弱契约的方法为例：该方法接受任何输入值，包括 null。对于调用方来说，这个方法很容易使用：对它的任何调用都会有效，而且这个方法永远不会抛出与违反前置条件有关的异常（因为没有要违反的预设条件）。然而，这给方法提供方带来了额外的负担，因为其必须能够处理任何无效的输入。

以一个强契约的方法为例：该方法只接受正数，不接受空值。现在，额外的负担在调用方这一边，必须确保不违反该方法的前置条件，这可能需要额外的代码来实现。

就像最开始所说的，这是一个需要考虑到整个上下文来做的设计决策。一些开源库（如 Apache Commons 库）的许多 API 都采用弱契约，这使客户更容易使用相关 API。对于一些高可靠系统（如金融系统）来说更倾向于采用强契约，从根本上保证可靠性。

4. 调试与发布

对于一款商业软件来说，大多数情况至少有两个版本的代码：调试版本和发布版本。

调试版本是开发和测试阶段专用的版本，具有丰富的调试打印语句或图形输出，在版本构建过程中会进行完备的前置条件、后置条件及不变式的检测。

生产版本是在生产环境中供用户正式使用的版本，用户期待该版本具有合理的性能和可靠性。在发布版本的构建中，不会花费大量时间来检查前/后置条件或不变式，并且相关检测不会在该版本中存在。

最后，应该采用相同的代码来实现调试版本和发布版本的构建，一般可通过特殊标志（如 DEBUG_MODE）打开或关闭契约测试代码，构建时可实现调试版本和生产版本的区分。一些语言（如 Java 语言）可以支持动态的开关来开启或关闭调试模式，这样在构建时无须区分调试版本与生产版本，只需一次构建即可。

5. 断言与异常

对于不满足契约的情况，可以选择断言或者异常来表达错误，具体选择哪一种同样取决于上下文。

对 Java 语言可以使用 assert 来断言，例如，对于大于或等于 0 的条件，可表述如下

```
assert value >= 0 : "Value cannot be negative."
```

如果不满足该条件，JVM 则会抛出一个 AssertionError。

不使用断言的一个理由是，它总是抛出断言错误（AssertionError），这是一个通用错误。一个更具体的异常有时让调用者更便于处理：

```
if (value < 0){
    throw new RuntimeException ( uvalue cannot be negative.");
}
```

契约式设计的目标是，防止违反契约条件情况的发生，因此前置条件和后置条件是不应该失败的，这一点应该与常规的异常处理有所区分。

8.5 单元测试技术

8.5.1 单元测试概述

1. 概述

单元测试（Unit Testing）是软件开发中的一种基础性测试实践，旨在验证程序中最小可测试单元的正确性。在现代软件工程中，它的定义和应用范围如下：

在计算机编程中，单元测试又称为模块测试，是针对程序模块（软件设计的最小单位）来进行正确性检验的测试工作。程序单元是应用的最小可测试部件。在过程化编程中，一个单元就是单个程序、函数、过程等；对于面向对象编程，最小单元就是方法，包括基类（超类）、抽象类，或者派生类（子类）中的方法。

——维基百科

基于这个定义，我们可以提炼出单元测试的几个关键特征：

（1）验证正确性：这是单元测试的根本目的，也是所有测试类型的共同目标。单元测试通过验证程序的最小单元来确保整体功能的正确性。

（2）代码级测试：单元测试直接针对源代码进行，这使得它成为最接近实现层面的测试类型。因此，单元测试通常由开发人员编写和执行，因为他们最了解代码的内部结构和预期行为。

（3）基于工作单元（模块）：这一特征强调了两个重要方面。

- 颗粒度小：测试的对象是程序的最小可测试单元。
- 执行快速：由于测试对象小，单元测试通常能够快速执行，这对于持续集成和快速反馈至关重要。

（4）独立性：单元测试应该能够独立运行，不依赖于其他测试或外部系统，这确保了测试结果的可靠性和可重复性。

（5）自动化：虽然不是绝对必要，但自动化执行是单元测试的一个重要特征，它使得测试可以频繁、快速地运行。

需要注意的是，"工作单元"的定义可能因项目、技术栈或组织而异，有时这会导致对何为单元测试的争议。为了应对这种情况，一些组织采用了更灵活的分类方法。例如，Google提出了基于规模和范围的测试分类法，如表 8-5 所示。

表 8-5　Google 测试分类

分　类	小型测试	中型测试	大型测试
对应测试类型	单元测试	单元测试+逻辑层测试 （泛单元或分层测试）	UI 测试或接口测试

在这个框架下，单元测试可能落入小型测试或中型测试的范畴，具体取决于测试的范围和复杂度，如表 8-6 所示。

表 8-6　小型测试与中型测试对比

资源	小型测试	中型测试
网络访问	否	仅访问 localhost
数据库访问	否	是
访问文件	否	是
访问用户界面	否	否
使用外部服务	否	不鼓励，可 Mock
多线程	否	是
使用 sleep 语句	否	是
使用系统属性设置	否	是
运行时间限制（秒）	60	300

- 小型测试类：针对单个函数的测试，关注其内部逻辑，Mock 所有需要的服务。小型测试能带来优秀的代码质量、良好的异常处理、优雅的错误报告。
- 中型测试类：验证两个或多个指定的模块应用之间的交互。

2. 价值说明

单元测试的价值可以直观地从著名的测试金字塔概念中理解，如图 8-13 所示。

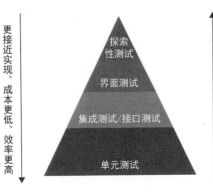

图 8-13　单元测试的价值图

测试金字塔是构建高质量软件系统的基本测试策略。在这个策略中，单元测试因贴近代码实现、成本低、效率高等特点，成为整个测试体系的基石。作为测试的第一个也是最重要的环节，单元测试是唯一能够确保代码高覆盖率的测试类型，其投资回报率通常是最高的。

单元测试的具体价值如下：

（1）深入理解系统：通过编写和执行单元测试，开发人员能够更深入地理解每个工作单元的预期行为和边界条件。这个过程不仅验证了代码的正确性，还促进了对系统整体功能的全面理解。

（2）重构的安全网：完善的单元测试套件为代码重构提供了强大的保障。当修改现有代码时，运行单元测试可以快速验证是否无意中破坏了现有功能，大大降低了重构的风险。

（3）活的文档：单元测试充当了一种可执行的文档，展示了代码的预期行为和使用方法。这种"活的文档"比传统文档更可靠，因为它随代码的变化而更新，始终与代码保持同步。

（4）提高开发效率：通过减少手动调试的需求，单元测试显著缩短了开发周期。自动化的单元测试可以快速定位问题，使开发人员能够更高效地修复 bug。

（5）增强过程可预测性：将需求分析和设计转化为具体的单元测试用例，可以更准确地评估和预测开发进度。测试通过率成为衡量项目进展的客观指标。

（6）促进更好的设计：编写单元测试常常揭示出代码设计中的问题。例如，如果编写测试变得困难，这可能意味着代码耦合度过高或职责不清晰。这种反馈促使开发人员创建更模块化、更易测试的代码。

（7）支持 CI/CD：自动化单元测试是 CI/CD 管道的关键组成部分，能够在每次代码提交时快速验证变更，确保主分支的稳定性。

（8）提高代码质量：通过系统性地测试各个组件，单元测试有助于早期发现和修复 bug，从而提高整体代码质量。

（9）促进 TDD：单元测试是 TDD 实践的基础。通过先编写测试再实现功能，TDD 可以帮助开发人员更好地思考代码的接口和行为。

3. 编写示例

单元测试的命名对于其可读性和维护性至关重要。一个优秀的单元测试名称应包含以下要素：

（1）清晰的测试前缀：用于与其他方法区分，便于快速搜索和过滤。

（2）被测方法的名称：明确指出正在测试的具体方法。

（3）测试场景描述：简洁地描述测试的具体情况或输入条件。

（4）预期结果：表明测试期望的输出或行为。

基于这些要素，推荐的单元测试命名格式如下：

```
test_[MethodUnderTest]_[Scenario]_[ExpectedResult]
```

需要说明的是，不同语言的具体形式可能会有差异，但涵盖的内容应该是一致的。

命名示例（Objective-C）如图 8-14 所示：

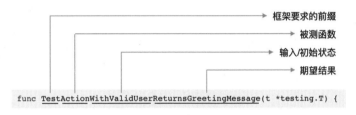

图 8-14　单元测试的命名

单元测试的结构有两种形式：

- Arrange-Act-Assert（3A）模式（见图 8-15）：当测试自己开发的代码时，3A 模式非常有用。它可以设置执行测试所需的任何内容，然后快速验证代码是否按预期工作，更加贴近开发任务。

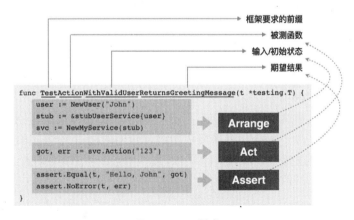

图 8-15　3A 模式

- Given-When-Then（GWT）模式（见图 8-16）：GWT 模式则是将完成的工作映射到具备业务价值的业务环境中，体现的是业务价值，更符合价值驱动的理念，更加贴近业务需求。

```
Scenario: Act with valid user should return greeting message
  Given there is a valid user "John"
  When new service act "123"
  Then the greeting message should be return "Hello, John"
```

图 8-16　GWT 模式示例（基于 gerkin 语法）

4. 编写原则

单元测试的编写除了需要满足格式要求，还需要满足 FIRST 原则，如图 8-17 所示：

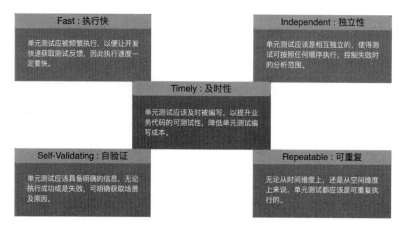

图 8-17　单元测试 FIRST 原则

- 执行快（Fast）：测试应该能快速执行。如果测试执行缓慢，开发人员就不会频繁地运行它。如果不频繁地运行测试，就无法尽早发现问题，也就不能迅速对问题进行修复。为确保测试快速执行，可以考虑使用内存数据库代替真实数据库，或模拟复杂的外部服务。

- 独立性（Independent）：测试应该相互独立。任何测试不应成为其他测试的前提条件。开发人员应能够单独运行任意测试，及按照任何顺序执行测试，因此独立性是测试并行执行的前提条件。当用例间互相依赖时，前面未通过用例会导致被依赖的用例失败，从而使问题诊断变得困难。这可以通过为每个测试设置独立的测试数据和环境来实现。

- 可重复（Repeatable）：无论任何时间、任何地方，单元测试都应该是可重复执行的。从时间维度上来说，单元测试应该避免随机性，随机性会导致测试的脆弱性。从空间维度上来说，单元测试应该可以在任何目标环境上执行，回到研发过程，即单元测试可在开发环境、SIT 环境、生产环境中都能重复执行。这可以通过控制测试数据和环境来实现。

- 自验证（Self-Validating）：测试用例应该有明确的名称及布尔值输出。无论是通过还是失败，都不应该通过查看日志来确认执行情况。如果测试不能独立进行自验证，对失败的判断就会变得主观，测试分析的效率就会大幅下降。使用断言来明确预期结果是实现自验证的有效方法。
- 及时性（Timely）：测试应及时编写。单元测试最好在业务代码编写前就完成编写。如果在编写业务代码之后编写测试代码，业务代码的可测试性就可能无法得到有效保障，从而带来偶发式用例编写及返工的成本。

在实际应用中，"及时性"原则常常被忽视，这可能导致代码可测试性降低，增加后期测试编写的难度和成本。因此，培养团队养成及时编写测试的习惯至关重要。

遵循 FIRST 原则不仅能提高单元测试的质量和效率，还能促进产生更好的代码设计和架构决策。这些原则应该被视为指导方针，并根据具体项目和团队的需求进行灵活应用。

此外，还可以考虑以下补充原则：

- 可读性（Readable）：测试代码应该清晰易懂，便于维护和调试。
- 全面性（Thorough）：测试应覆盖各种场景，包括边界条件和异常情况。
- 隔离性（Isolated）：测试应该尽可能地隔离被测代码，以减少外部因素的影响。

通过遵循这些原则，开发团队可以建立一个强大、可靠的单元测试体系，从而提高软件质量和开发效率。

8.5.2　设计方法

单元测试的相关技术本身在随时代不断向前发展，不过从整体上来看，相关的设计实现方法相对还是比较稳定的，这是软件从业者需要重点掌握的内容。而具体测试框架和技术则不断推陈出新，为相关方法更高效和低成本的实施奠定了坚实基础。

关于单元测试方法的学习，一个重要的问题是，如何在不同时机选取合适的方法并能够有效应用，这取决于我们了解和掌握方法的数量，是一个认知问题。而更为关键的一个问题是，不同的方法在实际应用中能否形成互补，从而形成一个体系化的解决方案，如图 8-18 所示。

整个体系由基于规格的测试、基于结构的测试和基于属性的测试组成，其中：

（1）基于规格的测试是从程序外部行为进行测试验证的，属于黑盒测试。这种方法主要关注系统的功能需求和规格说明，不考虑内部实现细节。

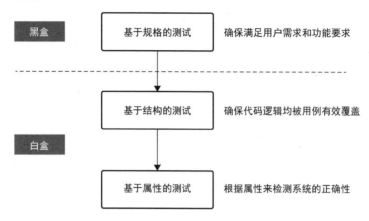

图 8-18   单元测试的设计体系

（2）基于结构的测试是通过对代码逻辑路径的分析来完善测试用例的，属于白盒测试。这种方法关注代码的内部结构和逻辑流程，旨在覆盖所有可能的代码路径。

（3）基于属性的测试则是使用属性来描述系统行为的一种测试方法，也属于白盒测试范畴。这种方法通过定义系统应该满足的属性或不变量，生成大量随机测试数据来验证这些属性是否在各种情况下都成立。

从实施的顺序来说，通常应该按以下步骤进行：

（1）首先采用基于规格的测试方法，通过实例化的方式实现典型的用例场景。这有助于确保系统的基本功能符合预期。

（2）然后通过基于结构的测试对代码逻辑进行分析，寻找能够进一步覆盖相关代码路径的用例。这有助于提高测试的覆盖率，发现可能被忽视的边界情况或异常情况。

（3）最后，如果需求场景构造成本较高，则可通过基于属性的测试来进一步提升测试用例质量。这种方法特别适合于复杂的、有大量可能输入组合的系统。

这种综合应用不同测试方法的策略可以帮助开发团队构建更全面、更健壮的测试套件，从而提高软件质量和可靠性。同时，它也要求开发人员具备多方面的测试技能和对系统的深入理解。

1. 基于规格的测试方法

基于规格的测试主要关注程序的外部行为，它试图通过检查程序的输入和输出来验证程序是否符合给定的需求规格说明。这种测试方法通常不需要了解程序的内部结构和实现细节，只需要根据需求规格说明设计测试用例并执行测试即可。

设计步骤如图 8-19 所示：

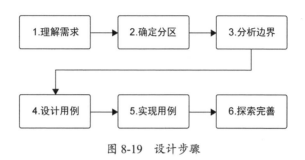

图 8-19　设计步骤

（1）理解需求：首先需要对需要测试的内容有一个整体的概念。通过需求了解程序应该做什么和不应该做什么，特定的边界情况如何处理，寻找相关输入和输出变量，变量对应类型（如整数、字符串等）和输入范围（如 0~100）。

（2）确定分区：识别正确的测试分区是测试中最难的工作之一。如果遗漏了某个测试分区则可能会造成较严重的问题，可以通过以下三个步骤来识别分区。

① 单独探索每一个输入变量。探索变量类型（整数或字符串）、数值范围（空值是否可以？它是一个从 0 到 100 的数字吗？它是否允许负数？）。

② 探索每个变量与另一个变量的关系。变量往往有依赖性，或者相互之间有约束，这些都应该被测试。

③ 探索可能的输出类型，并确保均被覆盖。在探索输入和输出的同时，注意任何隐含的（业务）规则、逻辑或预期行为。

（3）分析边界：缺陷往往存在于边界上，因此需要分析步骤（2）所形成的分区边界。识别相关的边界取值，并将它们记录下来。

（4）设计用例：在识别分区和边界的基础上设计测试用例。其基本的思想是，组合不同类别的所有分区来测试所有可能的输入组合。然而，将它们全部组合起来可能过于昂贵，所以有部分工作是减少组合的数量。常见的策略是仅测试一次异常行为，不将其与其他分区组合。

（5）实现用例。为步骤（5）设计的测试用例编写自动化测试。这些用例应该具有明确的输入值，并对程序的行为和输出编写明确的期望。

（6）探索完善：进行一些最后的检查，利用个人经验和创造力，重新审视创建的所有测试。是否存在遗漏或者在某种特定的情况下程序是否会失败，并对测试用例进行补充。

下面以一个考试结果查询的需求为例：

- 需求名称：考试分数判断。
- 描述：输入一个考试分数，如果分数低于 60 分则认为不及格，否则认为及格。
- 输入：考试分数（double 类型，范围是 0～100，小数位只可能为 5）。
- 输出：判断结果（boolean 类型，true 表示及格，false 表示不及格）。
- 异常：如果输入的考试分数不在 0～100 范围内或者小数位不是 5，则抛出 "IllegalArgumentException" 异常。

对该需求进行分析，确定分区如下：

（1）不及格区间（0～59 分）：包括所有低于 60 分的成绩。

（2）及格区间（60～100 分）：包括所有高于等于 60 分的成绩。

（3）非法分数区间：包括所有不在 0～100 分之间的分数，以及小数位不为 5 的分数。

对于这个例子，根据分区设计可以得到以下的边界值：

- 输入值为负数的边界值：-1。
- 输入值为 0 的边界值：0。
- 输入值为正数的边界值：1。
- 输入值为 59 的边界值：59。
- 输入值为 60 的边界值：60。
- 输入值为 100 的边界值：100。
- 输入值为超过 100 的边界值：101。

此外，根据小数位只可能为 5 的限制，还可以添加以下的边界值：

- 输入值小数位为 0 的边界值：如 60.0、100.0。
- 输入值小数位为 5 的边界值：如 60.5、100.5。
- 输入值小数位不为 5 的边界值：如 62.3、59.8、100.1、-0.2。

基于分区和边界分析结果，最终实现的用例如下：

```
import org.junit.jupiter.api.Assertions;
import org.junit.jupiter.params.ParameterizedTest;
import org.junit.jupiter.params.provider.ValueSource;

public class ExamScoreTest {

    @DisplayName("测试异常输入情况")
    @ParameterizedTest
```

```
@ValueSource(doubles = {-1.0, 101.0, 62.3, 59.8, 100.1, -0.2})
void testExamScore_InvalidInput_ThrowsIllegalArgumentException(double score) {
    // 测试代码保持不变
}


@DisplayName("测试分数大于等于 60 分为及格")
@ParameterizedTest
@ValueSource(doubles = {60.0, 80.5, 100.0})
void testIsPassing_ScoreAboveOrEqual60_ReturnsTrue(double score) {
    // 测试代码保持不变
}


@DisplayName("测试分数低于 60 分为不及格")
@ParameterizedTest
@ValueSource(doubles = {0.0, 30.5, 59.5, 59.0, 49.5, 0.5})
void testIsPassing_ScoreBelow60_ReturnsFalse(double score) {
    // 测试代码保持不变
}
}
```

该测试类基于上述三个测试分区，以参数化的方式实现。

2. 基于结构的测试方法

基于结构的测试主要关注程序的内部结构和代码执行路径，它试图分析代码每条可能的执行路径，并通过检查程序的输出和状态来验证程序的正确性。这种测试方法通常使用工具来分析程序的控制流和数据流，以便确定哪些代码路径需要被测试，并通过新的测试数据来覆盖这些路径。

设计步骤如图 8-20 所示：

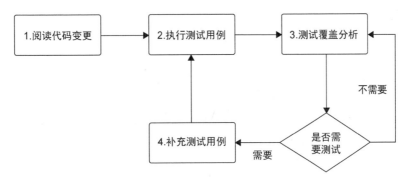

图 8-20　设计步骤

首先按照前面所述的过程完成基于规格的测试，作为结构化测试的输入，然后按照下面的步骤开展结构化测试：

　　（1）阅读代码的变更，理解关键编码决策。

　　（2）使用代码覆盖率工具运行现有的测试用例。

　　（3）对测试套件的代码覆盖情况进行分析。理解这段代码没有被测试的原因，为什么在基于规范的测试中没有对应的测试用例，决定这段代码是否值得测试，现在测试或不测试这段代码就成为有意识的决策结果了。

　　（4）如果值得被测试，则对未被覆盖的代码段进行用例补充。

　　直至完成所有的未被测试覆盖的代码分析。

　　常见的代码覆盖方法如图 8-21 所示：

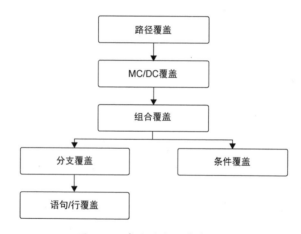

图 8-21　常见的代码覆盖方法

常见的代码覆盖方法说明，如表 8-7 所示。

表 8-7　常见的代码覆盖方法说明

覆盖准则	描　　述
行覆盖	执行代码中的每一行语句至少一次
分支覆盖	执行代码中每一个分支（if、switch、while 等）的每一个可能结果至少一次
组合（条件+分支）覆盖	在分支覆盖的基础上，每个条件语句的取值至少被执行一次
MC/DC 覆盖	在组合覆盖的基础上，每个条件语句的取值至少被执行一次，并且每个条件语句的每种取值至少与其他条件语句的取值组合一次
路径覆盖	执行程序中的每一条可能的路径至少一次

为了更好地理解和应用这些代码覆盖方法，我们还可以借助 True table（真值表）来分析和验证逻辑表达式的正确性。真值表在逻辑设计和布尔代数等领域中非常常用，它可以帮助我们列出所有可能的输入值组合，并将它们与逻辑表达式的结果进行配对，从而发现不同输入组合下的行为模式和潜在问题。

```java
public class ExamScore {

    private final double score;

    public ExamScore(double score) {
        if (score < 0 || score > 100 || score % 5 != 0) {
            throw new IllegalArgumentException("Invalid score: " + score);
        }
        this.score = score;
    }

    public boolean isPassing() {
        return score >= 60;
    }

    public double getScore() {
        return score;
    }
}
```

True table 是用于表示逻辑表达式真值的表格，常用于逻辑设计、布尔代数等领域中。True table 是一种列出表达式中所有可能的输入值的组合，以及表达式在这些输入值下的输出值的表格。True table 中的每一行表示一个输入组合，每一列表示一个输入变量或组合后的中间值，最后一列是表达式的结果。

在 True table 中，对于逻辑表达式的每个变量，列出所有可能的输入值组合，并将它们与表达式的结果进行配对。True table 可以用来验证逻辑表达式是否正确，还可以用来发现不同输入组合下的行为模式和潜在问题。

以上述代码逻辑为例，其真值表分析如表 8-8 所示。

表 8-8　真值表分析

用例	score < 0	score > 100	score % 5 != 0	决策
T1	true	true	true	true
T1	true	true	false	false
T1	true	false	true	false
T1	true	false	false	false

续表

用例	score < 0	score > 100	score % 5 != 0	决策
T2	false	true	true	True
T3	false	true	false	false
T3	false	false	true	true
T4	false	false	false	true

3. 基于属性的测试方法

基于属性的测试的目的是使用属性描述系统行为，并根据这些属性来检查系统的正确性。这种测试方法通常用于测试有状态和有交互的系统，因为这些系统的行为往往具有很高的复杂性和非确定性。因此，基于属性的测试方法可以作为基于规格的测试方法的补充，特别是对于需求场景的全面性难以保障或者构建成本比较高的时候，可以通过基于属性的测试来保障系统的正确性。

对于前面的考试结果查询需求来说，其基于属性的测试如下所示：

```java
import net.jqwik.api.*;
import net.jqwik.api.constraints.*;
import static org.junit.jupiter.api.Assertions.*;

public class ExamScorePropertyBasedTest {

    @Property
    void testIsPassingScore_ScoreInValidRange_CorrectResult(
            @ForAll @DoubleRange(min = 0, max = 100, step = 5, includeMinMax=true,
multipleOf=5) double score) {
        if (score < 60) {
            assertFalse(ExamScore.isPassingScore(score), "Score below 60 should
not be passing");
        } else {
            assertTrue(ExamScore.isPassingScore(score), "Score 60 or above should
be passing");
        }
    }

    @Property
    void testIsPassingScore_InvalidScore_ThrowsIllegalArgumentException(
            @ForAll("invalidScores") double score) {
        assertThrows(IllegalArgumentException.class,
                () -> ExamScore.isPassingScore(score),
                "Invalid score should throw IllegalArgumentException");
    }
```

```
    @Provide
    Arbitrary<Double> invalidScores() {
        return Arbitraries.oneOf(
                Arbitraries.doubles().lessThan(0),
                Arbitraries.doubles().greaterThan(100),
                Arbitraries.doubles().between(0, 100).with(fractionalPart().
notEqualTo(0)).map(Math::floor)
        );
    }
}
```

这段代码是使用 Jqwik 框架的基于属性测试的实现，具体实现说明如下：

（1）在第一个属性测试方法 ScoreInValidRange 中，先定义了一个@DoubleRange 类型的参数 score，参数值在 0 到 100 之间，步长为 5，用来表示考试分数。然后分别针对及格和不及格的情况进行了判断。

（2）在第二个属性测试方法 InvalidScore 中，使用@Provide 提供了三种无效的分数情况，然后使用 assertThrows 断言抛出 IllegalArgumentException 异常，表示无效的分数输入会导致程序抛出异常。注意：在这个测试用例中，我们使用 fractionalPart().notEqualTo(0)表示分数小数部分不能为 0，因为我们在需求中规定小数位只可能是 5，因此输入的分数如果是整数，就是合法的，不被认为是无效输入。

● 分数小于 0。

● 分数大于 100。

● 分数是 0～100 的整数，且不是 5 的倍数。

运行测试用例后，可以得到如下的输出：

```
ExamScorePropertyBasedTest > invalidScore - 3.0507896151583893 (1/1) ✔
ExamScorePropertyBasedTest > invalidScore - 94.6100925011269 (2/2) ✔
ExamScorePropertyBasedTest > invalidScore - 100.0 (3/3) ✔
ExamScorePropertyBasedTest > scoreInRange - 10.0 (1/5) ✔
ExamScorePropertyBasedTest > scoreInRange - 85.0 (2/5) ✔
ExamScorePropertyBasedTest > scoreInRange - 0.0 (3/5) ✔
ExamScorePropertyBasedTest > scoreInRange - 25.0 (4/5) ✔
ExamScorePropertyBasedTest > scoreInRange - 95.0 (5/5) ✔
```

其与模糊测试的对比：

模糊测试（Fuzzing）是一种自动化的软件测试技术，它通过向程序中输入大量随机或半随机数据，以尝试使程序崩溃或出现异常行为。这种方法可以特别有效地发现安全漏洞、内存泄漏和其他难以通过常规测试方法发现的问题。

在过去，模糊测试和基于属性的测试被认为是完全不同的两种技术。一方面，基于属性的测试主要起源于 Haskell 快速检测（Haskell's Quick Check），因此通常与富类型语言、形式规约及其他相关领域联系到一起；另一方面，模糊测试通常针对 C/C++所编写的二进制程序进行测试，一般与安全范畴联系在一起，该技术的目标是发现可利用的内存破坏错误。随着技术的发展，这两种方法的界限正在变得越来越模糊。它们都致力于通过生成大量测试数据来发现程序中的错误和异常行为。基于属性的测试强调，根据预定义的属性生成有意义的测试数据，而模糊测试则倾向于生成完全随机或半随机的输入。

在实际应用中，这两种方法可以形成互补：

- 基于属性的测试可以验证程序的关键行为和不变量。
- 模糊测试可以探索未预料到的边界情况和异常输入。

8.5.3　测试先行

通过先写测试来开始实现一个功能，对大多数人来说是反直觉的，那么，为什么要这样做呢？

- 提高代码可测试性：编写代码时要考虑到可测试性。因为单元测试应该测试尽可能小的单元，并避免调用执行 I/O 的方法，大多数单元测试需要使用 Mock 服务，为此，被测试代码（Code Under Test，CUT）需要通过接口引用其依赖关系。大多数人写代码的方式通常不是这样的，因此不具备单元测试能力。测试先行迫使开发人员从一开始就考虑代码的可测试性。

- 优化 API 设计：对测试的思考首先会促使思考和设计 CUT 的 API，并使其易于使用。通常当人们先写代码时，产生的 API 与实现会相互耦合，而非创建一个隐藏了所有的技术细节的干净接口。测试先行有助于设计出更清晰、更易用的 API。

- 确保测试的正确性：确保我们写的测试一开始是失败的，而在我们实现 CUT 之后是通过的，这就保证所写的测试是正确的（这是对"是否应该为测试编写测试"这一疑问的回答）。例如，如果忘记写 Assert 语句，或者对错误的东西进行断言，那么在编写代码之前，测试就可能会通过，这就说明有地方出现了错误。

- 避免压力下的质量妥协：开发人员经常被催促着尽快完成和交付任务。在事后写测试的时候，通常会迫于压力快速完成，可能会出现"偷工减料"的情况。特别是如果没有以单元测试方式编写的代码，但已经手动测试了功能，我们可能会觉得在这个时候重构代码并为其编写"正确的"单元测试不会有什么效果。如果先写测试，就不会因为压力而走这些弯路，因为这些测试驱动了开发，而不是事后才想到的，同时测试也防止我们在实现 CUT 的时候走弯路。

此外，测试先行还有以下优势：

- 明确需求：编写测试首先要求开发人员明确理解需求。这有助于在开发初期发现需求中的模糊或矛盾之处。
- 增量开发：测试先行鼓励开发人员采用小步骤、增量式的开发方法。每次只关注一个小的功能点，有助于保持代码简洁和功能聚焦。
- 提高重构信心：有了全面的测试套件，开发人员可以更有信心地进行代码重构，因为任何破坏性的改变都会立即被测试捕获。
- 文档作用：测试代码本身就是一种活的文档，展示了代码应该如何使用及预期的行为。
- 促进模块化设计：为了使代码易于测试，开发人员自然会倾向于编写更模块化、耦合度更低的代码。

虽然测试先行方法有诸多优势，但它也需要一定的学习曲线和团队文化的支持。开发人员需要改变传统的思维方式，学会从使用者的角度思考代码。此外，在项目初期，测试先行可能会稍微减慢开发速度，但从长远来看，它能够提高代码质量，降低后期的维护成本。

总的来说，测试先行是一种强大的开发实践，它不仅能提高代码质量，还能改善整个开发过程。然而，like any tool，它的效果取决于如何使用它。团队需要根据自己的具体情况来决定是否，以及如何采用测试先行的方法。

8.6　智能测试技术

本节所涉及的智能测试技术是指，在持续提升研发效能的背景下，各类新型测试方法在代码级测试上的探索及应用。这些技术旨在对测试领域的各个阶段进行自动化和智能化赋能，显著提高测试活动的效率和质量。

8.6.1　智能测试技术概述

智能测试技术在各类软件开发项目中都有广泛应用。在 Web 应用开发中，它可以模拟大量用户行为进行全面的功能和性能测试。在移动应用测试中，智能测试技术可以覆盖多种设备和操作系统，提高兼容性和测试效率。对于嵌入式系统，智能测试技术能够模拟复杂的环境条件，提高测试的全面性和可靠性。

1. 定义与应用场景

智能测试技术是指运用人工智能、机器学习和大数据分析等先进技术，在软件代码层面实现自动化、智能化的测试过程。其典型应用场景及原理如下：

（1）自动化测试生成：利用 AI 算法自动生成测试用例，覆盖各种可能的代码路径和边界条件。

（2）智能化缺陷预测：通过机器学习模型分析历史数据，预测代码中可能存在的缺陷和漏洞。

（3）自适应测试策略：根据代码变更和测试结果，动态调整测试策略和优先级。

（4）智能结果分析：使用 AI 技术快速分析大量测试结果，提取关键信息并生成洞察报告。

2. 传统方法与智能化方法

对比传统测试方法，智能化测试方法具有以下优势：

（1）效率提升：智能化方法可以快速生成和执行大量测试用例，显著减少人工工作量。

（2）覆盖率增加：AI 可以识别和测试人类容易忽视的边缘情况，提高测试覆盖率。

（3）精准度提高：机器学习模型能够不断学习和优化，减少误报和漏报。

（4）成本降低：长期来看，智能化测试可以降低人力成本和潜在的线上缺陷修复成本。

（5）持续优化：智能系统能够从每次测试中学习，不断改进测试策略和效果。

然而，传统方法在某些方面仍有其优势，如直观性强、易于理解和调试等。理想的做法是将两种方法结合，取长补短。

8.6.2 智能测试技术阶段划分

对智能测试领域全生命周期的智能化赋能主要涉及技术在各类软件开发项目中都有广泛应用，其阶段如图 8-22 所示。

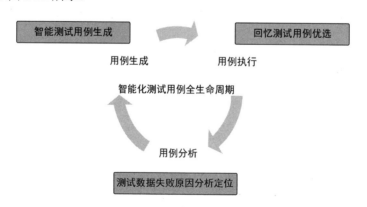

图 8-22　智能测试技术的阶段

1. 用例生成阶段

该阶段主要解决的是有效性问题。通过全面且有效的测试行为、数据集合和环境构建，实现更完备的测试场景和更全面的代码功能与性能测试。在移动应用测试中，智能测试可以覆盖多种设备和操作系统，该阶段的质量决定发现问题能力的上限，提高兼容性测试方的效率。对于嵌入式系统，智能测试技术能够模拟复杂的场景，这通常依赖于个人经验和历史案例。在对智能化测试的探索中，通过模糊测试生成函数或方法的输入参数，并结合变异体检测策略等手段，可以进一步完善测试输入，提升生成测试用例的有效性。在测试流量扩展与初筛场景中，通过特征分桶、覆盖率插桩等手段，在扩大流量覆盖面和测试输入范围的同时，剔除无效特征数据，并重新优化流量初筛过程。针对异常场景，基于控制流图、数据建模等思想，针对值类型与路径频率等通过变异策略生成异常用例。在保证测试输入完备性与执行效率的前提下，同时提高测试的覆盖率。

2. 用例执行阶段

该阶段主要解决的是效率问题。基于测试用例集合的全面性和代码变更相关信息，建立两者之间的关联关系，在不降低发现问题能力的前提下，以最少的用例量完成质量活动。在传统测试方式中，通常不经过分析或筛选，直接执行所有测试用例，其执行效果往往存在冗余高、效率低、资源消耗大等问题。在对智能化测试的探索中，会通过对测试集合进行精选、去重、分组均衡、资源调度来开展测试执行，从而实现测试执行效率的大幅提升，测试成本的大幅下降。通过静态检查（静态扫描用例内容）、动态评估（执行用例并结合过程与结果的状态来判断用例质量）、变异测试（注入源代码异常算子，检测用例是否有效）、Flaky 监测（检出与剔除与源代码不相关的用例）等手段来确定需要执行的有效用例，并通过智能取消、跳过、裁剪、排序、组合等策略来保障该执行的用例能在最短的时间内有效执行完成。

3. 用例分析阶段

该阶段主要解决的是质量问题。将前序阶段该召回的用例予以识别，分析导致测试"失败"的原因，对测试活动的系统进行风险评估，并完成对过程中相关问题的改进。在传统测试方式中，依赖人力排查工具、环境、代码等来判断活动失败的原因，需要测试专家制定相应的标准（如特定指标是否存在、特定指标的大小和对比、阈值设定等）。在对智能测试的探索中，通过测试执行任务的历史表现进行智能化决策分析，判断测试执行结果是否有问题。具体可通过历史数据的指数平滑计算方法，计算数据大小、行数和内容的合理波动范围，进而在下次测试任务执行时，智能自动判断任务结果是否有问题。基于决策树对失败用例进行智能定位，实现工具的失败自动重建和自愈。

8.6.3　智能测试关键技术

1. 模糊测试技术

1988 年，Barton Miller 首次提出 Fuzz Generator，用于测试 UNIX 程序的健壮性，通过构造大量随机测试输入来发现软件漏洞。2013 年，Fuzzing 技术迎来分水岭：美国安全研究员 Michal Zalewski 发布了 AFL（American Fuzzy Lop）工具。AFL 采用覆盖率导向的方法，通过代码插桩实现精确的覆盖率跟踪，研究那些更可能触发新行为的输入，从而更有效地发现软件问题。这一技术随后被广泛应用于测试用例生成领域。Fuzzing 技术的基本原理如图 8-23 所示：

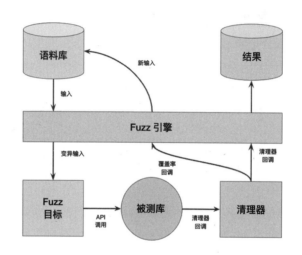

图 8-23　Fuzzing 技术的基本原理图

近年来，Fuzzing 技术继续快速发展。2019 年，Google 发布了基于机器学习的智能 Fuzzing 工具 ClusterFuzz，它能够自动学习有效的输入模式。2021 年，微软推出了 Project OneFuzz，一个自托管的 Fuzzing，即服务平台，进一步降低了 Fuzzing 技术的使用门槛。

Fuzzing 技术的主要优点：

（1）发现漏洞的有效性：在安全领域，Fuzzing 技术能够高效发现软件中的漏洞，特别是在处理边界条件时。

（2）边缘情况发现：能够发现人工测试难以覆盖的边缘情况和异常输入，提高测试的全面性。

（3）广泛适用性：适用于各种类型的软件系统，尤其在网络协议和文件格式解析器的测试中表现良好。

Fuzzing 技术的主要缺点：

（1）覆盖率不足：传统 Fuzzing 的代码覆盖率不够全面，可能会遗漏潜在的安全漏洞。

（2）用例有效性：可能会生成大量无效或重复的测试用例，增加分析和处理的负担。

（3）复杂逻辑处理难：对于复杂程序逻辑和状态依赖的问题，Fuzzing 的效果可能不佳，难以充分测试。

2. 基于符号执行的技术

1976 年，James C. King 首次提出基于符号执行的概念，通过解析程序的路径，用符号模拟输入并获得输出。2006 年，斯坦福大学的研究人员提出了"先进行符号执行，后根据符号执行结果生成测试用例"的测试技术，这项技术后来发展出用于检测 Linux 内核错误的 KLEE 工具。符号执行是程序分析中一个非常经典的概念，主要通过解析程序的执行路径，用符号化的输入模拟程序执行并推导出路径约束。基于符号执行技术的示意图，如图 8-24 所示：

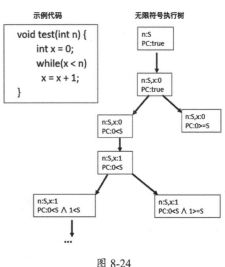

图 8-24

2018 年，微软研究院提出了 SAGE（Scalable Automated Guided Execution）系统，结合了动态符号执行和模糊测试技术，最初用于测试 Windows 系统中可能的漏洞。其原理是通过符号执行技术自动生成大量输入数据，以便对软件进行大规模测试。不同于传统的模糊测试工具随机生成数据，SAGE 系统可以通过符号执行推导出程序输入和代码路径之间的关系，从而生成有针对性的测试数据。它擅长捕获一些边界情况和错误，尤其那些可能导致安全漏洞的输入。

基于符号执行技术的主要优点：

（1）精准路径求解：符号执行能够有效定位并求解可行路径，确保测试用例覆盖关键分支。

（2）系统性探索状态空间：能够全面探索程序的状态空间，发现潜在的深层次逻辑错误和缺陷。

（3）高度针对性与可解释性：生成的测试用例通常具有针对性和可解释性，便于开发人员理解和验证。

基于符号执行技术的主要缺点：

（1）路径爆炸问题：在处理大型复杂系统时，可能面临路径爆炸，导致状态空间急剧增加，难以管理。

（2）约束求解耗时：约束求解过程可能非常耗时，影响整体测试效率，尤其在复杂路径中。

（3）需要高质量的输入：符号执行的有效性往往依赖于输入的合理性，某些输入组合可能导致执行过程的不确定性。

3. 基于搜索技术

1990 年，B.Korel 提出了使用动态数据流分析技术进行路径覆盖的概念，这是基于搜索的测试用例生成的最初想法。基于搜索的技术（Search Based Software Testing，SBST）的主要思路是，从问题的解空间出发，通过一些启发式的搜索算法来解决测试用例生成的问题。SBST具有很高的可扩展性，在整体的算法框架下，可以切换多种搜索算法，如遗传算法、爬山算法和多目标搜索算法等。这些算法都可以很好地融入框架，实现高效的测试用例生成。因此，SBST 在测试用例生成的覆盖率方面表现出色，能够有效地覆盖更多的测试路径和场景。SBST技术的基本原理如图 8-25 所示：

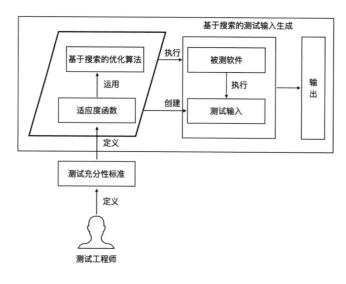

图 8-25　SBST 技术基本原理图

SBST 的主要优点：

（1）高可扩展性：可以在整体的算法框架下切换多种搜索算法，如遗传算法、爬山算法和多目标搜索算法等。这使得 SBST 能够适应不同类型的软件系统和测试需求。

（2）高覆盖率：由于可以灵活应用多种搜索算法，SBST 在测试用例生成的覆盖率方面表现出色，能够有效地覆盖更多的测试路径和场景，提高测试的全面性和有效性。

（3）灵活性：SBST 可以根据具体的测试需求和目标，灵活调整搜索算法和参数，优化测试用例生成过程，满足不同项目的特定需求。

SBST 的主要缺点：

（1）随机性高：生成的测试用例在不同的运行中可能有所不同，导致结果的不确定性，可能需要多次运行来确保覆盖率。

（2）实现复杂：SBST 的实现较为复杂，需要深入理解和应用各种搜索算法，增加了开发和维护的难度。

（3）可解释性：由于涉及多种搜索算法和随机性，SBST 生成的测试用例和结果的可解释性较低，难以确定具体的测试路径和逻辑，影响问题定位和缺陷修复。

4. 基于模型的测试

基于模型的测试（Model-Based Testing, MBT）的概念最早可以追溯到 20 世纪 70 年代，但直到 20 世纪 90 年代才开始受到广泛关注。1999 年，Pretschner 和 Lötzbeyer 提出了一种系统化的 MBT 方法，这标志着 MBT 作为一种成熟的测试技术的开始。MBT 的核心思想是，使用系统的形式化模型来自动生成测试用例，这些模型通常基于系统规格说明或设计文档。MBT 工作流系统示意图，如图 8-26 所示：

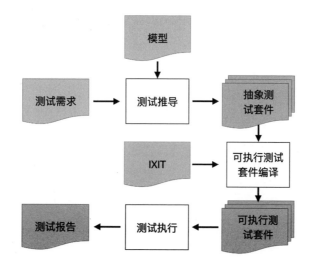

图 8-26　MBT 工作流系统示意图

2003 年，Microsoft Research 开发了 Spec Explorer 工具，这是 MBT 在工业界的一个重要里程碑。2007 年，IBM 发布了 Rational Rhapsody TestConductor，进一步推动了 MBT 在企业中的应用。近年来，随着领域特定语言和模型驱动开发的兴起，MBT 技术得到了进一步的发展和应用。2018 年，研究人员提出了结合机器学习的智能 MBT 方法，它能够自动学习和优化测试模型。2020 年，基于图神经网络的 MBT 技术被提出，显著提高了复杂系统建模和测试用例生成的效率。2022 年，研究者开始探索将大语言模型（Large Language Models，LLM）（如 GPT）应用于 MBT，以自然语言描述为基础生成形式化模型和测试用例。

MBT 的主要优点：

（1）系统性和全面性：基于模型自动生成大量高质量的测试用例，提高了测试的系统性和覆盖率。

（2）易于维护：当系统规格发生变化时，只需更新模型就可以快速重新生成测试用例。

（3）早期缺陷发现：建模过程本身是对系统行为的审查，有助于早期发现设计缺陷。

（4）多样化测试类型：可以生成各种类型的测试，包括功能测试、性能测试和安全测试。

（5）可追溯性：每个测试用例都可以追溯到模型中的特定元素，提高了测试结果的可验证性。

MBT 的主要缺点：

（1）专业知识要求：创建和维护模型需要较高的专业知识，对测试人员的技能要求较高。

（2）初始投入较大：需要大量的时间和资源来构建准确的系统模型。

（3）模型复杂性限制：模型可能无法完全反映系统实际的复杂性，特别是对于大型或复杂的系统。

（4）人工调整需求：生成的测试用例可能需要人工调整，以适应特定的测试环境或边缘情况。

（5）同步挑战：对于快速变化的系统或敏捷开发环境，保持模型与系统同步可能具有挑战性。

5. 基于人工智能的测试

人工智能（Artificial Intelligence，AI）在软件测试领域的发展历程可以追溯到 2000 年初，机器学习算法如决策树和支持向量机被用于缺陷预测，通过分析历史缺陷数据来预测代码中的潜在问题。到了 2010 年，Fuzzing 技术（随机输入测试）与 AI 技术结合，特别是在安全测试中表现突出，Google 的 ClusterFuzz 就是一个典型的实例。2016 年，深度学习技术的突破进一步推动了 AI 在测试中的应用，如 Diffblue 利用深度学习自动生成单元测试。2018 年，AI 驱动的自动化测试工具如 Testim.io 和 Functionize 开始普及，通过机器学习进行测试自动化，支持自愈测试和动态调整测试策略。2020 年，随着 LLM 如 GPT-3 的崛起，AI 在测试领域迎来了新的发展，Copilot 等工具能够自动生成测试代码和相关测试用例。故 AI 已经深入测试领域的各个环节，如图 8-27 所示。

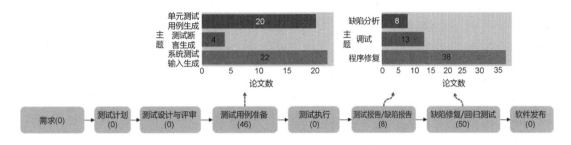

图 8-27　基于 LLM 的测试任务分布

基于 AI 的测试的核心思想是，通过利用机器学习和深度学习算法分析大量历史数据，学习系统行为模式和潜在缺陷特征，从而预测可能的问题区域，生成针对性的测试用例，并自动执行测试和分析结果。随着自然语言处理技术的进步，AI 还能够理解需求文档和用户故事，自动生成功能测试用例。这种智能化的测试方法不仅提高了测试效率和覆盖率，还减少了人工干预，降低了维护成本，使测试过程更加高效和精准。

基于 AI 测试的主要优点：

（1）能够处理大规模的复杂系统：AI 能够高效地处理和分析大规模的复杂系统，自动生成和执行测试用例，覆盖更多的测试场景。

（2）发现隐藏的模式和潜在的缺陷：AI 可以通过分析大量的数据，发现测试人员可能忽视的模式和潜在的缺陷，提高测试的全面性和深度。

（3）持续学习和改进：AI 系统能够通过持续学习和更新，不断优化测试策略和方法，提高测试效率和准确性。

基于 AI 测试的主要缺点：

（1）高质量的数据需求：AI 测试方法需要大量高质量的历史数据进行训练，数据的质量和数量直接影响 AI 模型的性能。

（2）初期实施成本高：实施 AI 测试的初期成本较高，包括数据收集、模型训练和系统集成等方面的投入。

（3）缺乏可解释性：AI 模型的决策过程往往缺乏透明性和可解释性，这可能会导致对测试结果的信任问题，尤其在关键系统中。

6. 混合测试技术

混合测试技术（Hybrid Testing Techniques）的概念起源于 21 世纪初，当时研究人员开始意识到单一测试方法难以应对日益复杂的软件系统。2005 年，Godefroid 等人提出了 DART（Directed Automated Random Testing）技术，这是首次将随机测试与符号执行相结合的尝试，标志着混合测试技术的正式诞生。

近年来，随着人工智能技术的快速发展，混合测试技术迎来了新的机遇。2018 年，谷歌研究院提出了结合深度学习和模糊测试的 DeepFuzz 框架，显著提高了测试效率和缺陷检测能力。2020 年，微软发布了 Project OneFuzz，这是一个融合了多种测试技术的开源模糊测试平台，进一步推动了混合测试技术的发展和应用。2022 年，研究人员提出了一种基于强化学习的自适应混合测试框架，它能够根据测试进度和系统特性动态调整不同测试技术的使用比例。2023 年，出现了将 LLM（如 GPT）集成到混合测试流程中的尝试，用于优化测试策略选择和测试用例生成。

混合测试技术的核心思想是，融合多种测试方法的优点，以克服单一技术的局限性。常见的组合包括符号执行与模糊测试、搜索基础技术与模型基础测试，以及 AI 驱动的测试与传统测试方法的结合。

混合测试技术的优点：

（1）优势可叠加：混合测试技术能够结合多种测试方法的优点，提高测试的全面性和有效性，确保更高质量的软件交付。

（2）适应性强：这种技术具有很强的适应性，可以处理多样化的测试场景和复杂的软件系统，满足不同项目的需求。

（3）高代码覆盖率：混合测试通常能达到更高的代码覆盖率和缺陷检测率，确保更多的潜在问题被发现和解决。

（4）平衡深度和广度：通过混合使用不同的测试技术，可以在测试深度和广度之间找到平衡，既能深入探索深层逻辑，又能覆盖广泛的输入空间。

（5）适用大规模的复杂系统：在处理大规模的复杂系统时，混合测试技术的效率往往优于单一测试技术，能够更有效地发现和修复缺陷。

混合测试技术的缺点：

（1）实现更加复杂：混合测试技术的实现较为复杂，需要深入理解和集成多种测试技术，增加了开发和维护的难度。

（2）系统开销增加：由于需要实时调度和协调不同的测试技术，混合测试可能会增加系统开销和资源消耗，影响系统性能。

（3）协调机制面临挑战：需要智能的协调机制来平衡不同测试技术的使用，这本身就是一项挑战，可能需要额外的开发和优化工作。

（4）结果可解释性低：由于混合测试涉及多种技术，结果的可解释性降低，难以确定具体是哪种技术发现了特定的缺陷，影响问题的定位和修复。

（5）初期投入较大：混合测试技术的初期投入较大，需要专业知识来设计和实施混合测试策略，增加了项目的前期成本和复杂性。

智能测试技术正在革新软件测试领域，融合人工智能、机器学习和大数据分析等先进技术，实现测试过程的自动化和智能化。相比传统方法，智能化测试在处理复杂系统、提高测试覆盖率和发现隐蔽缺陷方面具有显著优势。

近年来，LLM 在测试领域的应用给智能测试技术带来了新的突破，如自动生成测试用例和理解需求文档，进一步推动了智能测试技术的发展。

展望未来，智能测试技术将朝着更智能、更自动化的方向发展。

（1）AI 技术的广泛应用：特别是 LLM，将在测试需求分析、用例生成和结果分析等各个环节发挥更大作用，提高测试的智能化程度。

（2）混合测试技术的成熟：将实现不同测试方法之间的智能协调，结合静态分析、动态分析和基于搜索的技术，提升整体测试效果。

（3）基于实时反馈和环境变化，自适应测试策略将得到广泛应用，以优化测试资源配置和时间效率。

（4）与 DevOps 和 CI/CD 的紧密集成：测试技术将更加紧密地与 DevOps 和 CI/CD 流程集成，实现更高效的持续测试和反馈循环。

尽管智能测试技术前景广阔，但也面临一些挑战，如对高质量训练数据的依赖和模型的可解释性问题。因此，在实际应用中，需要根据具体需求选择适当的技术组合，并与传统方法结合，以达到最佳效果。

第 9 章

性能测试技术精要

9.1　性能市场现状

在性能发展的近 20 年里，如下几个问题一直困扰着性能测试工程师。

1. 性能测试概念无实施指导价值

笔者看到，在性能行业中，很多人还把一些看似合理、实则偏颇的理念套用在当前的性能领域中。比如，性能测试执行策略中的几个关键概念：性能测试、压力测试、负载测试、容量测试、衰减测试、配置测试等。这些概念本身的偏颇导致了它们在项目中不具有指导价值。再比如，二八法则、响应时间 258 或 2510、理发店模型、最大 TPS 拐点等指标类的"紧箍咒"。在笔者看来，它们在项目实践中，不仅产生了错误的导向，还百无一用。有人说，理论是理论，实践是实践。笔者非常不赞同这种观点，如果一种理论不能放在实践中，最多只能算是研究，不能算作成熟的理论。

2. 性能项目仍然以"测试"为主，没有从工程视角考虑

性能项目不像业务功能测试那样，完全从"测试"的视角出发。在性能项目中，不仅要测试，还要分析性能瓶颈，进而进行优化。这是一个系统的工程活动才能够覆盖的，因此不能把性能项目当成软件开发过程中测试阶段的一个活动，否则就已经注定了视角的偏差。

3. 性能工程师仍然只有使用测试工具和监控工具的初级技能，无性能瓶颈分析能力

在当前市场中，大多数性能测试岗位的要求仍然还是对性能测试工具的使用能力，对性能瓶颈的定位能力、性能优化能力等方面没有明确的要求，这样的要求势必会影响性能本该有的价值体现。在本章的逻辑中，从对基础概念的澄清，到对性能测试脚本的理解、对监控的把控、对结果数据（这里包括压力测试工具产生的数据和监控工具产生的数据）的分析，再到具体的案例分析，都应该是性能团队完成的工作。在性能市场中，对性能瓶颈的分析定位是否由性能团队来做存在较大的争议，有人觉得性能团队的架构能力和开发能力不足、技术栈欠缺导致他们无法深入分析性能瓶颈，不应该完成性能瓶颈分析定位和优化的工作。这种说法显然是从测试岗位出发的，如果从一个完整的项目实施的视角来看，当生产环境产生性能瓶颈的时候，谁对此负责呢？

4. 性能项目不为生产环境的容量负责

在笔者参加过的性能项目中，有很多项目做完之后，只是提交了一个报告，走一下形式而已。如果多问一句："测试之后，能保证生产环境支持多少容量？"基本上得不到肯定的答案。其主要原因是，在性能测试的工作中无法对生产环境的容量进行精准评估。那么，如何对生产环境的容量进行精准评估呢？有些团队使用等比方式进行评估，但是由于系统性能在容量增加的过程中不是线性变化的，导致等比方式评估得不准确，并且偏差比较大。这就导致了评估结果的不合理。

鉴于以上几点，笔者根据多年的性能项目实施经验，总结出一套完善的性能工程方法论，笔者称之为"RESAR 性能方法论"，以应对性能项目中遇到的问题。

9.2　RESAR 性能工程概述

RESAR 由性能工程中几个重要方面的英文首字母组成：性能需求（Requirement）、性能环境（Enviroment）、性能场景（Scenario）、性能分析（Analysis）、性能报告（Report），下面用这个缩写词来指代整个性能工程。

9.2.1　RESAR 性能工程

从"测试"到"工程"，这看似一个简单的描述变化，它们却有完全不同的做事逻辑。RESAR 性能工程需要做的主要事情如下。

- 性能需求：从整个项目的生命周期角度看，性能工程的工作内容在有了业务需求之后，就是分析可能出现的性能问题业务关键点，像业务路径、业务热点数据、秒杀业务、实时峰值业务、日结批量等。另外，还要创建业务模型，针对新系统给出业务模型；对已有系统，通过统计生产业务量的方式得到业务模型。

- 性能模型：在技术项目立项设计阶段，需要有性能架构思维的架构师介入。在技术选型、架构设计层面，架构师要给出专业的意见，比如，如何设计以规避以后可能出现的性能问题，像高可用、可伸缩、可扩展、负载均衡 SLB、同步/异步、数据结构和算法、TCP 层优化、DNS 优化、CDN 优化、技术栈选型、有状态/无状态服务、缓存设计、队列设计、同城架构、异地架构、日结架构、规避热点等，与性能相关的，架构师该做的事情。再细化一下，就是各组件的线程池配置、连接池配置、超时配置、队列配置、压缩配置等。有了这些内容之后，就要开始做容量评估、容量模型建立、容量水位模拟等模型的建立了。

- 性能分析：在研发过程中，开发人员实现功能后，性能团队要做的事情是，在没有任何压力的情况下，针对每一个代码级的方法列出它们的执行时间，以及对象消耗的内存，以便后面做容量场景时进行相应的计算。这是一项琐碎的工作，不过幸好用一些工具可以进行整体分析。通常这个步骤在学术界有一个更笼统的名字：白盒测试。其实，在行业中大部分人做白盒测试只是看看功能是否正常，关注性能的人少之又少，并且这部分工作经常由研发工程师来做。先不讨论自测有什么问题（因为不能否定所有研发工程师的责任心），只说在普遍的项目周期下，业务功能研发出来，研发工程师们就已经精疲力尽了，没有时间做这些工作。而这个时候，性能团队就有存在的价值了，那就是用代码做性能分析。不要说性能团队的人不懂开发是合理的，从具体性能分析的角度就可以看到，对个人技能的要求是包括开发能力的。

- 性能场景：在实现了完整的业务功能之后，性能团队终于可以上场了，把性能按基准场景（包括单接口单系统容量场景）、容量场景（包括峰值、日结、秒杀、日常等场景）、稳定性场景、异常场景（关于异常是否放在性能中，一直都存在争论，在笔者的概念中，需要压力测试的场景都可以放到性能中来做，要看如何组织实施）的顺序执行一遍，把前面所有与性能相关的工作，都在这个环节验证一遍。

- 性能环比：在上线运维之后，性能团队要把运维过程中产生的业务数据、性能监控数据和前面做的性能场景结果数据做环比。如果有问题，就先修正性能过程，再从修正点接着往下做。

我们将完整的性能项目流程用图 9-1 来展示。

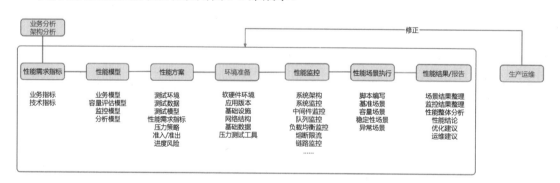

图 9-1　完整的性能项目流程

有了以上的铺垫之后，就可以对 RESAR 性能工程进行名词定义了。在定义之前，先看 RESAR 性能工程包括的内容，如图 9-2 所示。

从图 9-2 可以看到，性能工程除了性能理论，还包括 5 个重要部分，分别是性能需求指标、性能环境、性能场景、性能分析、性能报告。在这 5 个部分中，分别有细化的内容需要明确（注意，图中的性能理论是指性能工程中的各类定义，而非关键的实施环节，所以不作为实施的主要部分）。在明确这 5 个部分时所使用的概念、策略等就组成了 RESAR 性能理论部分。现在我们可以对 RESAR 性能工程进行明确的定义：RESAR 性能工程是承接业务需求和架构、开发产出之后，通过明确性能需求指标、准备性能环境、设计性能场景、分析/定位优/化性能瓶颈、产出性能报告、输出生产容量评估结论和性能参数配置，并通过环比生产环境性能容量数据、原始需求、性能场景执行数据的完整过程。虽然明确了定义，但它仍然不足以指导具体的实施过程，所以笔者在这里对每一个环节进行详细说明。

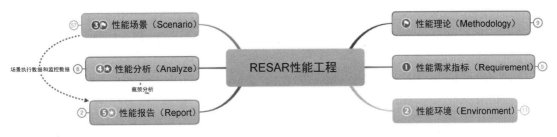

图 9-2　RESAR 性能工程

1. 性能需求指标

在性能行业中，性能需求指标的定义一直都是性能项目实施中最应该明确而又在大部分时候不够明确的部分。通常在项目中这样定义性能需求指标："×××系统 TPS 指标为 1000""×××系统业务响应时间在 1 s 内"。表 9-1 中是一些常见的性能项目指标。

表 9-1　一些常见的性能项目指标

指 标 项	指 标 值
平均响应时间	后台账务类交易：$t \leqslant 1$ s，前端账户服务类交易：$t \leqslant 5$ s，后台查询类交易：$t \leqslant 0.3$ s，前端账户查询类交易：$t \leqslant 3$ s
基础架构组件耗时	$t \leqslant 50$ ms
系统处理能力	目标：客户量 TPS（Trancation Per Second）指标小于 1000 TPS
联机交易成功率	不小于 99.99%
系统资源使用率	各服务器要求如下：CPU 平均使用率不高于 80%，内存使用率不高于 80%

这样的需求可以在性能项目中作为场景执行通过的标准吗？笔者认为：不能。这个需求看起来非常清晰，但是不够细化。为什么这么说？例如，"前端账户服务类交易：$t \leqslant 5$ s"，账户交易有不少功能，如果要求每个交易的平均响应时间都不大于 5 s 的话，就过于宽泛了。其他的指标项也一样，其中"CPU 平均使用率不高于 80%"，这个技术需求看似很具体，但是如果问，是什么样的 CPU 平均使用率？如果是说 us cpu，那么 CPU 平均使用率不高于 80% 是不是就可以保证系统是好的呢？还有没有其他制约条件呢？要不要再看看 CPU 队列呢？是不是瞬间觉得这样的需求无法使用了呢？因为这样的需求过于笼统，没有明确的对每个接口或业务进行细化的指标限定，这就导致场景执行的结果与真实情况不符。

那么，如何定义性能需求指标才是合理的呢？首先，在 RESAR 性能工程中，笔者把性能需求指标分为两大类：业务指标和技术指标。在业务指标中，给出的是接近业务语言描述的需求指标，如在线用户数、并发用户数、TPS、响应时间等。在技术指标中，给出的是资源使用率等指标。

那么，如何提性能需求是合理的呢？这里有两个前提需要说明。

（1）业务指标的确定要根据性能场景（有关性能场景的划分详见下面的性能场景部分）细化。

（2）要将在线用户数、并发用户数这样的业务指标描述转换为 TPS 这样的技术指标描述。

根据以上两个前提，下面对每个场景的性能需求指标进行详解。

对于基准场景的性能需求指标，先说一下业务指标，可以列一个单业务性能指标的表格。注：这里笔者只简单列出几个重要的参数，其他参数可以自行组合。表 9-2 展示了基准场景指标。

表 9-2　基准场景指标

序　号	业务名称	最大稳定的 TPS	TPS 方差/最大稳定的 TPS	响应时间（ms）	响应时间方差	交易成功率
1	业务 1	500	5%	100	5%	100%
2	业务 2	600	5%	200	5%	100%
3	业务 3	700	5%	300	5%	100%

我们为什么要定 TPS 方差和响应时间方差呢？因为对于性能来说，当平均值是一个比较优秀的值时，有可能出现曲线趋势抖动非常严重的情况。所以，加上方差、90%、95%、99% 这样的限制，就是对曲线趋势的抖动情况进行限制，表 9-2 就会变成表 9-3。

表 9-3　基准场景指标 2

序　号	业务名称	TPS	TPS 方差	响应时间（ms）	响应时间方差	90%	95%	99%	交易成功率
1	业务 1	500	5%	100	5%	150ms	300ms	500ms	100%
2	业务 2	600	5%	200	5%	250ms	500ms	1s	100%
3	业务 3	700	5%	300	5%	400ms	800ms	1.5s	100%

说明：以上数据只作为示意，并不是说一定要满足这样的关系。

方差用于描述一条曲线的上下浮动范围，90%、95%、99%用于查看上限在哪里，它们的作用不一样。笔者平时经常查看方差，因为对于性能来说，受瞬间毛刺数值的影响，TPS 曲线会出现一些高值，而这并不能说明系统不够稳定。当然，我们要通过分析才能知道产生毛刺数据的原因。

当方差比较小时，TPS 曲线的趋势比较稳定，TPS 示意图 1 如图 9-3 所示。

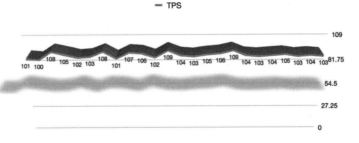

图 9-3　TPS 示意图 1（见彩插）

当方差较大时，TPS 曲线的趋势就会出现抖动，TPS 示意图 2 如图 9-4 所示。

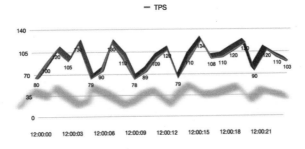

图 9-4　TPS 示意图 2（见彩插）

如果出现毛刺数据呢？TPS 示意图 3 如图 9-5 所示。

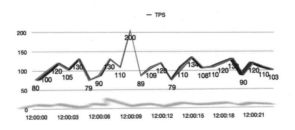

图 9-5　TPS 示意图 3（见彩插）

由此可以看到，方差对曲线的影响程度，方差越大，曲线抖动得越厉害。

对于基准场景这样限定，那么在容量场景中该怎么办？需要增加什么参数来进行限制呢？

1）容量场景的性能需求指标

对于容量场景来说，最重要的性能需求指标是业务比例，也就是我们经常说的业务模型。当然，对其他重要的性能参数也可以重新设定，表9-4为容量场景性能需求指标。

表9-4　容量场景性能需求指标

序　号	业务名称	业务比例	TPS	TPS方差	响应时间（ms）	响应时间方差	90%	95%	99%	交易成功率
1	业务1	50%	500	8%	150	8%	200ms	400ms	800ms	100%
2	业务2	20%	200	8%	250	8%	300ms	600ms	1.2s	100%
3	业务3	30%	300	8%	350	8%	400ms	800ms	1.6s	100%
Sum			1000							

在容量场景中，我们确定了业务比例和总体TPS的性能需求指标，通过计算就可以得到每个业务的TPS目标。在性能需求指标中，对响应时间也做了限制。对性能来说，这几个参数限制就足以确定一个场景。从技术角度来说，这样的容量场景才是可测试的。当然容量场景会有多个，这取决于业务特性。

2）稳定性场景的性能需求指标

稳定性场景的时长取决于系统上线后的运维周期。如果业务部门和运维部门联合给出了一个指标，即系统稳定运行一周会产生2000万笔业务总量。运维团队每周做全面的系统健康检查。针对容量场景的测试结果，如果容量场景中最大稳定的TPS能达到4000，则稳定性场景执行时间应该是20 000 000/4 000/3 600约等于1.39小时。所以，在稳定性场景中有两个重要的指标是需要确定的：业务累积量和运行时长。

3）异常场景的性能需求指标

异常场景性能需求指标的确定要根据系统的架构进行分析，通常通过模拟故障的手段来实现异常场景。对于当前较为常见的技术栈，笔者整理了异常场景，图9-6是异常场景分类图。

异常场景的设计逻辑如下。

（1）分析架构：把技术架构中的组件全部列出来，并分析可能产生异常的点。

（2）设计异常场景：根据分析的异常点设计针对的场景。

看起来，异常场景的设计逻辑似乎并不复杂，如果只是从组件级别考虑的话，可以设计通用的异常场景。但针对业务逻辑异常，需要根据不同的业务设计不同的异常场景，在业务视角上没有通用的异常场景。

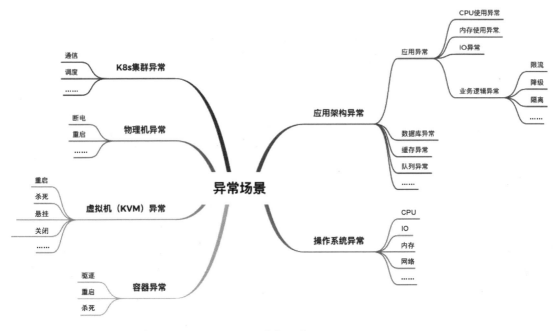

图 9-6　异常场景分类图

有两个话题一直被大家争论，那就是异常场景到底应不应该放到性能项目中完成？异常场景到底包括什么内容？

笔者认为，针对第一个问题，其实无论在代码逻辑验证、功能验证、性能验证的哪个阶段，只要可以模拟出真实的异常场景，都会有异常场景的细分。在当前的测试市场中，确实有很多企业这样做了，这是一个好现象。那么，在性能项目中做异常场景的背景是什么呢？其背景是需要压力流量的异常场景。因为这类场景如果放在其他阶段做会产生重复的工作量，像脚本、参数、监控等都要做，如果放在不同的团队中，是增加成本的。针对第二个问题，在前面的图中，似乎已经给出了内容，那么为什么还要提呢？主要是在技术市场中有不同的视角，比如高可用、可靠性、可扩展、可伸缩、稳定性等视角。对于异常场景的性能需求指标就是在不同的技术组件出现故障的时候，系统可以根据既定的策略做出反应，所以这些故障案例的执行通过率就是指标。

通过对各类场景的业务性能需求指标进行明确，就足以指导一个性能项目的执行过程。

技术指标是在满足业务指标的前提下，从技术视角对系统性能进行描述的方法，如 CPU 使用率/队列、内存使用率/页交换、磁盘吞吐/队列、网络带宽/队列等。这些指标在不同的项目中都需要细化，对它们进行阈值设计时，注意要在满足业务指标的前提下进行。

2. 性能环境

性能环境包括硬件环境、系统架构、软件环境、铺底数据等。

（1）硬件环境主要包括计算资源、存储资源、网络资源。在 IT 项目中，通常可以看到在做系统整体规划时，会对硬件资源进行评估，而评估的方式有多种，通常是根据既往的项目经验或当前的系统架构设计进行评估。在性能项目中，当测试环境的硬件量级达不到生产环境的硬件量级时，笔者建议使用的环境等比缩减方法是，使用进行同等量级压力的响应时间与生产环境进行比对的方式来确定测试环境的硬件资源。在性能测试过程中，硬件环境尽量和生产环境保持一致。当由于客观原因硬件环境与生产环境存在差异时，则需要在性能测试报告中给出差异分析、风险评估及风险规避建议，并创建生产环境容量推算模型。

（2）系统架构作为性能项目时，一定要分析系统架构，从系统架构中梳理代码逻辑、访问路径和技术栈。然后根据技术栈来确定性能分析决策树。性能分析决策树是 RESAR 性能工程中的一个关键输出物。

（3）软件环境首先确定的是整个系统中的软件环境信息，包括版本、配置等。这些将成为测试结论中的必要前提条件。在性能测试过程中，软件环境的性能参数配置要和生产环境保持一致。当由于客观原因软件环境与生产环境存在差异时，则需要在性能测试报告中给出差异分析、风险评估及风险规避建议，并创建生产环境容量推算模型。

（4）铺底数据的合理性也可以决定性能项目成败。能引用生产数据是最好的，当不能引用生产数据时，就要分析生产数据的逻辑，在测试环境中造出相应的数据量级。当由于客观原因测试环境与生产环境存在差异时，则需要在性能测试报告中给出差异分析、风险评估及风险规避建议，并创建生产环境容量推算模型。

图 9-7　常见性能场景图

3. 性能场景

在性能行业中，经常会看到这样的性能场景（也有叫性能策略的），图 9-7 是常见性能场景图。

下面笔者对其中常见的性能场景进行一些描述。

（1）性能测试：主要用于评价系统或组件的性能是否和具体的性能需求一致。性能测试的关注点在于组件或系统在规定的时间内和特定的条件下响应用户或系统输入的能力。

（2）负载测试：是一种通过增加负载来评估组件或系统性能的测试方法。例如，通过增加并发用户数和（或）事务数量来测量组件或系统能够承受的负载。负载测试和性能测试的主要区别在于，负载测试时，系统负载是逐渐增加的，而不是一步到位的，负载测试需要观察系统在各种不同的负载情况下是否都能够正常工作。

（3）压力测试：是评估系统处于或超过预期负载时的运行情况。压力测试的关注点在于，系统在峰值负载或超出最大载荷情况下的处理能力。当压力级别逐渐增加时，系统性能应该按照预期缓慢下降，但是不应该崩溃。压力测试还可以发现系统崩溃的临界点，从而发现系统中的薄弱环节。

（4）强度测试：是一种性能测试，用于测试系统资源特别少的情况下软件系统的运行情况，目的是找到系统在哪里失效及如何失效。

（5）容量测试：确定系统可处理同时在线的最大用户数，使系统承受超额的数据容量来发 现其是否能够正确处理。

其他描述不再赘述。笔者认为，这些概念不足以指导性能项目的实际执行过程，因为这些概念并没有具体描述出执行上的差异。比如，压力线程应该配置多少？需要递增吗？这些重要的场景执行参数都没给出参考。

在笔者的 RESAR 性能工程中，将性能场景分为 4 类，分别是基准场景、容量场景、稳定性场景、异常场景。

（1）基准场景：用于执行单业务/单接口/单交易的容量测试。针对系统中需要测试的每个单业务/单接口/单交易，采用压力连续递增的方式测试出最大 TPS 及相应的响应时间，同时判断单业务/单接口/单交易的性能瓶颈点。在基准场景执行过程中，若 TPS 和响应时间不能达到性能需求指标的要求，则进行性能瓶颈的分析及优化，以满足性能需求指标。基准场景可以为混合容量场景提供基准比对数据，给混合容量场景中的 TPS 控制提供参考数据。

（2）容量场景：是根据生产环境中的混合业务模型制定的。业务模型应覆盖生产环境的所有业务场景。容量场景应根据生产环境中的业务比例设置压力比例，同时确保在运行过程中压力比例不变。容量场景要符合生产环境中业务的连续递增模型。在执行容量场景的过程中，要采用完整的性能监控策略收集各组件的性能计数器，以供后续性能分析使用。在容量场景执行过程中，要关注 TPS 和响应时间的变化趋势，若 TPS 和响应时间未能达到性能需求指标的要求，则应进行性能瓶颈的分析及优化，以满足性能需求指标。

（3）稳定性场景：是为了避免生产环境中长时间运行而出现性能瓶颈进行的场景设计。稳定性场景要根据容量场景中的业务模型进行压力配置。稳定性场景要根据生产环境中的技术运维周期进行时长计算。稳定性场景可使用容量场景中连续递增的模型增加压力，再根据时长持续运行。在稳定性场景执行过程中，要采用完整的性能监控策略收集各组件的性能计数器，以供后续性能分析使用。在稳定性场景执行过程中，要关注 TPS 和响应时间的变化趋势，若 TPS 和响应时间未能达到性能需求指标的要求，则应进行性能瓶颈的分析及优化，以满足性能需求指标。

（4）异常场景：需要根据系统的业务架构和技术架构进行异常点分析之后进行设计。首先要分析业务架构和技术架构，列出所有业务异常和技术架构异常，根据异常列表制定异常模拟策略及预期结果。异常场景要在压力背景下执行，在执行过程中要关注 TPS 和响应时间的变化趋势，若 TPS 和响应时间未能达到性能需求指标的要求，则应进行性能瓶颈的分析及优化，以满足性能指标。

在笔者的性能场景分类中，强调了两个关键词：连续、递增。对于基准场景和容量场景，一定要使用连续、递增的方式来设计压力线程，这样才符合真实生产环境下的压力趋势；在稳定性场景中强调的是业务累积量和持续时长；在异常场景中强调的是覆盖技术栈。这样的场景设计可以让我们明确知道如何执行。

4. 性能分析

性能测试调优中的分析优化部分是性能测试调优的价值体现点，也是性能测试调优项目中的关键步骤。在笔者的 RESAR 性能分析逻辑中，将分析过程划分为 7 个步骤，称为 RESAR 性能分析七步法，如图 9-8 所示。

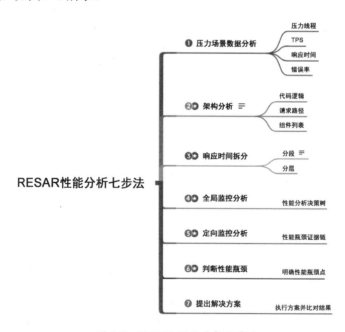

图 9-8　RESAR 性能分析七步法

下面笔者将对每个步骤进行详细说明。

1）压力测试场景数据分析

压力测试场景的数据分析主要分析两个部分：TPS 曲线、响应时间曲线。在压力递增过程中，TPS 曲线会在压力递增的前期随着压力线程的增加而增加。在达到最大 TPS 之前，TPS 曲线会出现明显的性能衰减趋势。性能衰减的过程是指在场景执行中单压力线程产生的请求量在不断下降的过程。在性能场景执行过程中，需要判断性能衰减的趋势，明确系统性能容量。在压力递增过程中，TPS 曲线应保持在合理的方差范围内，响应时间曲线会由于性能瓶颈的影响而不断上升。根据性能需求指标中的响应时间定义，比对响应时间曲线，判断是否可以满足业务需求。

在压力测试场景数据分析的过程中，作为性能分析人员，一定要明确两个问题。

（1）有没有性能瓶颈？

（2）下一步要做什么动作？

例如，下面这张压力测试场景数据图，是一个基准场景趋势图，如图 9-9 所示。在压力发起之后，很快就达到了 TPS 的上限。随着压力增加只有时间增加，TPS 一直没有增加，错误也没有了。

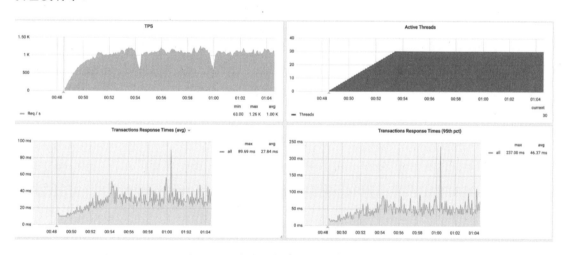

图 9-9　压力测试场景数据图（见彩插）

在图 9-9 中，要判断的是上面两个问题的答案。首先，从趋势上分析，有没有性能瓶颈？这是肯定的：TPS 不再增加了，明显有性能瓶颈。如果你想要 TPS 增加，那必然需要降低响应时间，要降低响应时间，就需要知道响应时间消耗在哪里了，所以下一步要拆分响应时间。当然在图 9-9 中，你可以看到两个凹点，这也是需要定位的问题。下一步的动作有两个。

（1）拆分响应时间，判断响应时间消耗在哪里。

（2）根据凹点出现的位置，判断凹点的响应时间消耗在哪里。

以上两个问题，是性能测试工程师必须要明确回答的问题。没有这两个问题的肯定答案，就无法启动后续的工作，也就是性能分析要有起点。

2）系统架构分析

系统架构分析（性能分析决策树）对于系统架构，由于是上游团队的产出物，在性能项目实施过程中，是承接关系。承接下来之后要做的就是从系统架构中分析出性能团队所需的信息，这些信息可总结归纳为 3 点。

（1）代码逻辑。在笔者看来，代码逻辑实现的是系统架构的设计，所以代码逻辑是可以描述系统架构的落地实现的。代码逻辑对于性能分析也是必不可少的信息。如果因为组织结构导致的权限、职责不同，拿不到代码逻辑，那就需要从线程运行的栈中分析出代码逻辑，这一点是可以通过性能剖析工具做到的。

（2）请求路径。每一个请求发送到系统，都会有流转路径，在微服务分布式架构盛行的今天，请求路径变得长且复杂，作为性能分析人员必须知道一个请求会经过哪些服务节点，涉及哪些技术组件，以便在拆分响应时间时进行分段、分层的时间拆分。请求路径是比代码逻辑更为宏观的描述。

（3）技术组件。从系统架构设计中，可以分析出系统所使用的技术组件及版本有哪些。像操作系统、数据库、缓存、队列等，都必须明确罗列出来。技术组件的罗列是为了设计性能分析决策树，进而由性能分析决策树明确全局监控的完整性。所以，技术组件的逻辑是进行系统架构分析时必须产出的。

3）拆分响应时间

在性能分析过程中，通过拆分响应时间的方式，确定响应时间消耗点，以定位性能瓶颈所在的环节。在 RESAR 性能工程中，拆分响应时间分为两个阶段：分段和分层。分段是指明确将响应时间在请求路径中拆分，这里可以借助日志、链路监控工具、抓包工具等手段实现。而分层是指当明确了响应时间在哪一段消耗较多时，使用分层分析的方式将响应时间明确于某一特定的层级，如一个运行了容器化 Java 应用的节点消耗时间长，要确定时间是消耗在系统层、虚拟化层、JDK 框架层、业务代码层的具体哪一个层级，对每一个层级分别有不同的手段可以确定时间。明确了响应时间的分段分层之后，就需要进行全局监控分析了。

4）全局监控分析

通过分析系统架构，细化架构中各组件节点，梳理各组件的所有模块，再细化至每个模块的具体计数器，这样就构成了性能分析决策树。由性能分析决策树指导性能监控工具的搭建和完善。这是性能分析过程中的关键环节，通过构建性能分析决策树和监控工具的使用，明确某个具体的计数器指示的性能瓶颈点，这样才可以进行下一步的定向分析。然后才能有序地实现分析逻辑，不至于混乱。

在压力递增过程中，资源使用率曲线会随着压力线程的增加而增加。在达到资源使用率上限之前，资源使用率曲线会持续上升；若在压力递增的过程中，TPS 已达到上限，但所有组件的资源使用率都没有达到上限，则必然存在性能瓶颈。由此逻辑可判断全局监控计数器的合理性。

5）定向监控分析（证据链）

作为性能分析中的细化环节，证据链是确定性能瓶颈根本原因的必要动作。定向监控就是用来实现证据链的查找过程的，在全局监控分析中明确了某个计数器异常之后，根据这个计数器的具体含义和数据趋势，细化计数器的数据异常原因。举例来说，当在全局监控分析中发现某个操作系统的 us cpu 使用率高时，定向监控要做的是确定这是由哪一段代码引起的。只有这样才能判断出性能瓶颈的根本原因。而全局监控中的计数器通常都不是性能瓶颈的原因，而只是表现，像 CPU 使用率高就是典型的性能瓶颈的表现，而不是原因。

6）性能瓶颈判断

有了定向监控分析过程给出的证据链，就可以判断出性能瓶颈了。这一步可以明确性能瓶颈的根本原因。在证据链中发现某一段代码、某一个 SQL 语句导致了性能瓶颈，这是一个具体的描述，在团队间沟通性能瓶颈时是非常有用的，不会导致由于性能瓶颈不够具体而出现职责不清的问题。

7）确定解决方案

确定了性能瓶颈之后，就要提出解决方案，通常一个性能瓶颈有不同的解决方案。在确定解决方案的过程中，要罗列出所有可能的解决方案，并给出每个解决方案的优劣，在成本和时间上考量方案的合理性，最终给出建议的解决方案，这才完成了一个性能瓶颈分析的闭环。

5. 性能测试调优报告

性能测试调优的结论应明确有效。性能测试调优报告要包括执行过程中的所有关键信息，介绍如下。

1）性能测试调优结果数据整理

性能测试调优结果数据的整理是产出性能测试调优报告的必经过程。在此步骤中，需要将性能测试调优结果按场景设计、监控策略等一一罗列。

2）性能测试调优结论

性能测试调优结论包括如下内容：

（1）描述各类性能测试调优场景结果是否满足性能需求指标的要求。

（2）描述各类性能测试场景是否存在已知的性能瓶颈。

（3）描述各类性能测试场景是否存在潜在的性能瓶颈。

3）性能测试调优报告的分类

性能测试调优报告分为如下两种。

（1）性能测试报告：包括性能项目背景信息、系统架构、测试范围、测试场景、测试软硬件环境、测试数据、测试结果、测试结论、优化建议、运维建议等内容。

（2）性能调优报告：包括性能测试调优过程中出现的性能瓶颈，以及每个性能瓶颈的现象、分析过程和解决方案。

9.2.2　性能容量规划

一个系统的容量规划是性能工程必须给出的结论。因为有了这个结论才能明确生产环境运行的稳定性。而在说容量规划之前，要先明确什么是容量。

在不同的技术人员的理解中，容量有着不同的含义，比如说常见的磁盘容量、网络吞吐量等。通常性能项目中的容量是指单位时间内能处理的请求数，它也对应着并发的概念，也就是我们常说的 TPS（Transaction Per Second，T 是指 Transaction，事务）。这里可能存在一些争议，有人喜欢用 QPS（Queries Per Second）、RPS（Request Per Second）来描述并发，笔者的建议是，只要这个概念在一个团队中出现的时候，大家的理解是一致的就可以。这个处理能力是从请求级别描述的，还是从事务级别描述的，其对系统的处理能力来说，并没有区别。做性能容量规划时，也是确定系统的处理能力的过程。

在性能项目中，笔者推荐使用 TPS 这个概念。理由是，TPS 中的 T（Transaction，事务）是可以根据具体情况进行定义的。如果要回答用户级别容量的问题，T 可以定义在用户级别；如果要回答业务级别容量的问题，T 可以定义在业务级别；如果要回答接口级别容量的问题，T 可以定义在接口级别；如果要回答请求级别容量的问题，T 可以定义在请求级别。这个 T 是灵活的，是可以自定义大小的，是可以和用户、业务挂钩的，是可以进行统计转换的。这也是所有性能测试工具都具备定义事务功能的价值所在。

对于现在很多人喜欢用的 QPS、RPS 这样的概念，显然更倾向于从技术视角来描述并发容量。在笔者经历过的项目中，经常会遇到这样的场景。当一个人说出"这个系统能运行 1000 QPS（或 RPS）"时，能运行多少真实的在线用户、并发用户呢？通常都得不到答案，或者得到"1000 QPS（或 RPS）就是 1000 个并发用户"的答案，这个答案显然有一个默认的前提，即 Q 和 R 代表了用户级别的概念。在大部分的系统中，这明显是一个错误的答案，因为用户级别的操作通常会产生很多技术级别的 Q 和 R。

要想描述容量，需要明确并发的概念。通过搜索，可以看到并发是这样定义的："并发，在操作系统中，是指一个时间段内有几个程序都处于已启动运行到运行完毕之间，且这几个程序都在同一个处理机上运行，但在任意一个时间点上只有一个程序在处理机上运行。"在系统级别的并发概念上，笔者根据上述定义进行等价的转述，"系统并发能力是指在一个时间段内，有多少事务都处于已启动运行到运行完毕之间"，也就是 TPS 的概念。其实不管是 TPS、QPS、RPS，都显然包含有"秒"的概念，秒就是一个时间段，而不是一个时间点。

有了这样的并发共识之后，容量规划就有了讨论的基础。在一个项目中，容量规划就是为了确定并发能力的过程。而这个容量规划，不只是理论上的推导，还必须有性能场景的结论作为支撑，否则就是设计数据，而没有实际证据。

在笔者的性能项目中，容量规划分为两大阶段：规划阶段、验证阶段。

规划阶段是指在业务设计、架构设计时进行的理论推导或经验推导。如有些企业至今仍在使用的 TPCC 推导逻辑（笔者不建议使用，因为 TPCC 的推导逻辑和业务系统相差太大）；也有些企业使用回归模型（如线性回归模型、ARIMA 模型）、排队论等有数学逻辑依据的方式进行容量推导，后者相比 TPCC 更为合理，因为毕竟使用了一些系统的真实统计数据，但模型是需要经过大量的数据验证才可以证明其正确性的。

在验证阶段，可以通过如下过程进行容量规划的验证。

（1）首先会定义 TPS 中 T 的级别。根据项目的需求和场景设计，可将 T 定义为用户级别、业务级别、接口级别、请求级别中的一个。

（2）通过生产环境中的统计数据确定 TPS 的量级（包括业务模型），以及对应的在线用户数、资源使用率等信息。在这一步，经常会有人问"如果没有生产数据该怎么办"，这里笔者给出 3 种思路：①在企业内部的业务团队、架构团队、运维团队的共同讨论下确定 TPS 量级；②通过同行同类系统的运行数据进行近似推算；③在项目上线过程中设计试运行阶段，通过试运行阶段获取统计数据。

（3）根据性能项目需求确定容量场景的目标 TPS 量级（包括业务模型）。

（4）通过执行性能场景获得最大稳定运行的 TPS，并将其与目标 TPS 比对。若这个最大稳定运行的 TPS 高于目标 TPS，则测试通过；若低于目标 TPS，则需要分析性能瓶颈并调优。

（5）确定了最大稳定运行的 TPS 高于目标 TPS 时，则容量规划得到验证。

容量规划的细节有很多需要明确，容量规划也是性能工程中非常有价值的研究方向。

9.2.3　性能工具解析

性能工程涉及的工具包括性能测试工具、性能监控工具、性能剖析工具、性能调试工具4 类，表 9-5 为压力测试工具表。

表 9-5　压力测试工具表

性 能 工 具	举　　例	备　　注
性能测试工具	JMeter、LoadRunner 等	模拟用户行为、设置性能场景时使用的工具
性能监控工具	Node_export+Prometheus+Grafana、Zabbix、nmon、SAR 等监控操作系统的工具	监控技术组件性能计数器时使用的工具，这里列举的是监控操作系统的工具，其他技术组件也有相对应的工具
性能剖析工具	MAT（分析 Java 堆栈的工具）、strace（分析系统调用的工具）等	是指导在性能监控工具中看到性能瓶颈之后进行定向分析时使用的工具，主要用于分析性能瓶颈的证据链
性能调试工具	GDB、JDB 等	是指在明确了性能瓶颈之后需要临时调试解决方案时使用的工具

在性能项目中，有大量的性能工程师只专注于研究性能测试工具的使用，而忽视了其他类型的工具，这导致了性能瓶颈分析工作无法深入。

即便是性能测试工具，也有很多人对特定的工具产生严重的依赖。在此笔者就性能测试工具应该具备的功能点进行解析，以便理解性能项目中对性能测试工具产生依赖是没有必要的。

对于性能测试工具，笔者认为只要具备如下几种能力就足以使用。

（1）多线程。作为性能测试工具，多线程运行是必须具备的能力。

（2）发起请求。这是对性能测试工具最基本的要求，用来模拟用户行为。

（3）关联。由于请求之间需要传递数据，所以关联是必备的功能。

（4）参数化。为了模拟不同用户的行为，需要在请求迭代发送时使用不同的数据。

（5）TPS 保存展示。作为测试结果的重要部分，TPS 必须可以保存并展示，使用命令行或界面来展示都可以。

（6）响应时间展示。同样作为测试结果的重要部分，响应时间也必须可以保存并展示，使用命令行或界面来展示都可以。

（7）错误信息展示。当脚本出现错误时，必须可以根据错误定位问题，而错误信息也必须可以保存并展示，可以放到日志中，也可以在界面上展示。

当然性能测试工具还有其他很多功能点，在这里笔者只描述最为核心的功能点。对于后续的性能分析工具来说，性能测试工具中的 TPS、响应时间、错误率（仅在出现错误时使用）是必须要有的，至于其他辅助视图，可有可无。

9.3 性能测试阶段

在 9.2 节中，笔者描述了 RESAR 性能工程的实施内容，也画了对应的流程图，其中标识了要做的具体事项。但由于企业的组织架构和工艺流程不同，需要将具体的工作事项划分到具体的项目阶段中去。笔者将此流程图划分为 5 个阶段，以对应常见的企业级性能项目实施阶段，图 9-10 为性能工程阶段划分图。

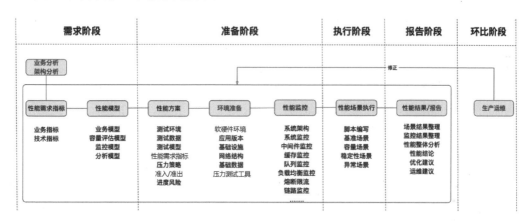

图 9-10 性能工程阶段划分图

下面将对每个阶段进行详细解析。

9.3.1 需求阶段

在需求阶段，对应 RESAR 性能工程的性能需求指标，需要明确需求阶段的目标、输入、步骤、输出、方法等。

1. 目标

需求阶段的目标有两个：确定性能需求指标和创建性能模型。

1）确定性能需求指标

性能需求指标分为业务指标和技术指标，在此阶段需要明确给出指标及对应的业务模型在获取业务指标时务必得到"真实的""可用的"性能指标。之所以强调真实可用，是因为在性能项目中有很多描述笼统的指标，如"系统整体 TPS 达到 1000""响应时间不大于 3s"等。

性能项目中之所以这样的指标不够明确的原因是，无法将这样的指标与性能场景对比。因为在每个场景的脚本中，性能工具计算 TPS 和响应时间的方式是基于事务定义的，所以需要把业务的性能需求指标细化到每个事务中。性能团队需要将业务指标细化至每个事务（取决于事务的定义）中，同时明确对应的事务级别 TPS 和响应时间。

技术指标是指资源利用率等。这类指标是在明确业务指标之后，为了保证系统稳定运行而定义的指标，如 CPU 使用率不可超过 85%。这类指标用于生产环境运维过程中的阈值设定和系统安全运行警告，以便在系统运维过程中保证系统一直处于安全范围。

但是在性能测试的执行阶段可使资源利用率达到最上限，但要明确给出生产环境运维过程中的配置值建议。

2）创建性能模型

根据性能需求指标，进一步明确容量场景的业务模型。

有几个模型需要明确，即容量评估模型、监控模型、分析模型。

容量评估模型是指业务容量发生变化时的计算模型。举例来说，在当前业务用户支持量级为 100 万，未来业务用户增加到 200 万时，系统是否可以支撑。这时就需要使用容量评估模型进行跟踪评估。容量评估模型须根据业务系统特性进行综合分析，才能最终确定有效的模型算法。

监控模型是指在性能需求指标阶段需要判断监控对应的技术组件的模型，如操作系统（物理机、虚拟机）、缓存、队列、容器、容器编排、数据库、网络设备等，根据技术架构设计中所涉及的技术组件进行罗列，并对应进行监控工具选型。

分析模型是指根据监控模型而进行细化并用于判断是否存在性能瓶颈和是否可上线的逻辑分析过程。在 RESAR 性能工程中，其包括性能分析决策树的创建和证据链创建的过程。

2. 输入

根据需求阶段的目标，需要输入的信息有（不限于）：总体架构、业务架构、技术架构、应用架构、数据架构、部署架构、业务流图和数据流图。

3. 步骤

（1）明确系统的用户总量。

（2）细分用户类型，获得各用户类型的业务模型。

（3）根据用户级别的业务模型，细化至接口（或请求）级别，获得容量场景的具体业务模型。

（4）根据容量场景的具体业务模型，明确监控计数器指标及对应值。

（5）根据技术架构、应用架构确定监控模型。

（6）根据业务需求指标确定容量评估模型。

（7）根据监控模型确定分析模型。

4．输出

（1）性能需求指标。

（2）容量场景业务模型。

（3）监控模型（全局监控、定向监控）。

（4）分析模型（包括性能分析决策树、常见的性能证据链等）。

5．方法

产品团队或业务团队性能需求指标输出：对于产品团队或业务团队来说，可能无法将指标定义到具体的事务级别，但产品团队或业务团队应该明确给出支持的用户类型的在线量级（在线用户数）和比例，以及用户可接受的响应时间范围。

首先，应确定支撑的用户总量，如总量用户为 100 万。接着，根据用户总量进行细化，表 9-6 为业务级别性能需求表。

表 9-6　业务级别性能需求表

序　号	用户类型	同时在线用户量级	量级比例	标准方差	平均响应时间	平均响应时间标准方差
1	A 类用户	10 万	10%	1%	1s	5%
2	B 类用户	30 万	30%	1%	500ms	5%
3	C 类用户	20 万	20%	1%	2s	5%
4	D 类用户	40 万	40%	1%	500ms	5%

以上描述的量级比例对应一个确定的容量场景。在一个系统中，允许存在多个量级比例，当出现多个量级比例时，则也对应多个容量场景。

技术团队性能需求指标输出：根据产品团队或业务团队性能需求指标的输出结果，性能团队应将此需求细化至可以用压力测试工具实现的程度。如上示例，技术团队需要根据每个用户类型明确请求量级或接口量级，为了方便描述，在这里使用接口对应用户。首先画出对应的表格，如表 9-7 所示。

表 9-7　技术级别性能需求表 1

序　号	用户类型	接　口
1	A 类用户	接口 1、接口 2
2	B 类用户	接口 3、接口 4
3	C 类用户	接口 5、接口 6
4	D 类用户	接口 7、接口 8

假设一个用户对应两个接口，根据在线用户和并发用户的比例关系，即并发度（同时操作的用户数与在线用户数的比值）为 1%计算，则每秒（此时间单位根据实际业务做相应转化）接口量级计算公式为：每秒接口量级=在线用户量级×并发度。

对应的表格转化为表 9-8。

表 9-8　技术级别性能需求表 2

序　号	用户类型	接　口	每秒接口量级	接口量级比例	接口平均响应时间
1	A 类用户	接口 1	100	5%	500ms
2	A 类用户	接口 2	100	5%	500ms
3	B 类用户	接口 3	300	15%	250ms
4	B 类用户	接口 4	300	15%	250ms
5	C 类用户	接口 5	200	10%	1s
6	C 类用户	接口 6	200	10%	1s
7	D 类用户	接口 7	400	20%	250ms
8	D 类用户	接口 8	400	20%	250ms

可以将相应的标准方差添加到表 9-7 中以限制抖动范围。至此，一个完整的容量场景业务模型就完成了。

对应此业务模型，也要给出相应的资源使用率指标。常见的资源使用率指标是对应 CPU、磁盘、网络、内存等关键性能计数器，表 9-9 为技术级别性能需求表 3。

表 9-9　技术级别性能需求表 3

序　号	资源类型	资源计数器指标	示　例　值
1	CPU	CPU 使用率	85%
2	CPU	CPU 队列长度	CPU 个数×2
3	磁盘	wkB/s、rkB/s	<100MB
4	磁盘	磁盘队列	<10
5	网络	接收流量、发送流量	<200MB
6	网络	send_Q、recv_Q	<1000
7	内存	内存使用率	<90%
8	内存	hard page faults、soft page faults	<1000

表 9-8 是针对一种类型的技术组件所使用的操作系统计数器进行罗列的，在实际工作中，还需要将此思路应用于其他技术组件，如数据库、缓存、队列等。

9.3.2　准备阶段

在 RESAR 性能工程的准备阶段，对应的是准备性能环境及性能脚本和场景配置。其中性能环境包括硬件环境、系统架构、软件环境、铺底数据等；性能脚本包括接口（或请求）实现、关联、参数化、场景对应的参数配置等。

1．目标

1）性能环境部署完毕并验证通过

（1）硬件环境（包括计算、存储、网络等）部署完毕并验证通过。

（2）系统架构检查完毕并符合架构设计。

（3）软件环境部署完毕并验证通过。

（4）铺底数据准备完毕并验证通过。

（5）监控工具部署完毕并验证通过。

2）性能脚本和性能场景开发完毕并验证通过

（1）性能脚本开发完毕并验证通过，包括参数化、关联、断言、结果保存等操作。

（2）性能场景（基准场景、容量场景、稳定性场景、异常场景）设置完毕并验证通过，包括业务比例、压力线程数、递增策略、递减策略、持续策略、循环策略等配置。

2．输入

（1）硬件清单。

（2）系统架构图：总体架构图、技术架构图、业务架构图、应用架构图、数据架构图。

（3）软件清单（技术栈）。

（4）容量场景业务模型。

（5）监控模型。

（6）分析模型（包括性能分析决策树、常见的性能证据链等）。

3．步骤

（1）根据系统架构设计，部署软硬件环境（根据角色职业分配工作，有些企业中由运维工程师部署环境，有些企业中则由性能工程师部署环境）。

（2）根据业务需求开发性能脚本和性能场景。

（3）根据监控模型部署监控工具。

（4）根据分析模型确定或部署分析工具。在准备阶段，可以根据需要，选择在部署环境时部署分析工具，或是在执行阶段出现性能瓶颈后再部署分析工具。

4．输出

（1）可用的性能环境。

（2）可用的铺底数据。

（3）可用的性能脚本。

（4）可用的性能场景（基准场景、容量场景、稳定性场景、异常场景）。

（5）可用的性能监控工具/平台（满足性能分析决策树的全局监控）。

（6）可用的性能分析工具/平台（满足性能瓶颈证据链的定向监控）。

5．方法

（1）环境部署可参考企业内部的各技术组件的安装配置指南。

（2）脚本开发方法和场景配置设计方法可参考各性能测试工具的使用指南。

（3）监控工具部署方法可参考监控工具的安装配置指南。

（4）铺底数据的准备方案根据业务系统的数据结构确定。可选择编写 SQL、存储过程、接口请求、代码生成工具、数据生成工具等方法。

9.3.3　执行阶段

在 RESAR 性能工程的执行阶段，对应的是性能场景执行和性能分析两个部分。由于性能分析需要现场的监控数据，所以场景执行和性能分析不能严格分离。

1．目标

（1）完成性能场景执行。

（2）分析并优化性能瓶颈。

2．输入

（1）架构类：总体架构、业务架构、技术架构、应用架构、数据架构、部署架构。

（2）业务类：业务流图、数据流图。

（3）性能需求指标。

（4）可用的性能环境。

（5）可用的铺底数据。

（6）可用的性能脚本。

（7）可用的性能场景（基准场景、容量场景、稳定性场景、异常场景）。

（8）可用的性能监控工具/平台。

（9）可用的性能分析工具/平台。

3．步骤

（1）执行性能场景。

（2）对满足性能需求指标的，转到步骤（3）即可。对不能满足性能需求指标的，根据 RESAR 性能分析七步法，判断出性能瓶颈的根本原因并提出解决方案，步骤如下。

① 压力测试场景分析。确定是否存在性能瓶颈，以及下一步的具体动作。

② 系统架构分析。确定代码逻辑、请求路径等。

③ 拆分响应时间。确定响应时间的分段、分层消耗。

④ 全局监控分析。确定性能瓶颈的分析方向。

⑤ 定向监控分析。确定性能瓶颈的证据链。

⑥ 判断性能瓶颈。确定性能瓶颈的根本原因。

⑦ 提出解决方案。提出针对性能瓶颈的解决方案并对比解决方案的优劣。

（3）记录性能场景的执行结果。

（4）记录性能瓶颈的分析过程。

4．输出

（1）性能场景执行结果数据。

（2）性能场景对应的监控数据（符合性能分析决策树的产出数据）。

（3）性能瓶颈对应的分析数据（符合性能瓶颈证据链的产出数据）。

5. 方法

（1）性能场景执行结果数据记录。

（2）全局监控分析方法。根据性能分析决策树指导的监控工具/平台的具体实现，进行全局计数器趋势关联分析。遵循从项目视角开始，查看各层技术组件的各个模块对应的性能计数器。根据性能计数器的值的趋势，判断与压力测试工具中的 TPS、响应时间等曲线趋势之间的关联关系，判断全局监控计数器（可能体现监控对象全局性能状态的计数器，比如操作系统中与 CPU 相关的计数器）的值是否合理。同时，根据全局监控计数器之间的关联关系，分析出明确表明性能瓶颈方向的性能计数器。

（3）定向监控分析方法。当明确了全局监控计数器的值是不合理的之后，要确定导致不合理的原因，根据全局监控计数器，深入挖掘产生不合理值的根本原因。

9.3.4　报告阶段

在 RESAR 性能工程的报告阶段，对应 RESAR 性能工程的结论要求。编写性能测试报告及性能调优报告。在性能测试报告中，应明确说明是否可以上线的结论。

1. 目标

（1）编写性能测试报告。性能测试报告分为文档形式和汇报形式。

文档形式作为技术报告，包括性能需求指标，性能测试环境说明，性能场景执行策略，性能场景的执行数据、监控数据，性能瓶颈摘要信息、性能结论等重要信息。

汇报形式与文档形式内容上相同，只是换了一种更直观的 PPT 展现形式。

（2）编写性能调优报告。性能调优报告以文档形式编写，因为性能调优报告中包括大量的技术细节数据，不适合使用汇报形式编写。

2. 输入

（1）架构类：总体架构、业务架构、技术架构、应用架构、数据架构、部署架构。

（2）业务类：业务流图、数据流图。

（3）性能需求指标。

（4）性能环境信息。

（5）铺底数据量级。

（6）性能场景（基准场景、容量场景、稳定性场景、异常场景）执行结果数据。

（7）监控数据。

3．步骤

1）性能测试报告编写步骤

（1）收集输入信息，编写性能测试报告的基础信息部分。

（2）收集性能场景执行数据，编写性能测试报告的性能场景数据部分。

（3）收集性能瓶颈分析摘要，编写性能测试报告的性能瓶颈摘要部分。

（4）分析输入信息，结合性能场景执行数据和性能瓶颈分析过程，编写性能测试报告中的结论部分。

2）性能调优报告编写步骤

（1）在性能场景执行过程中，根据性能瓶颈表现及分析过程，编写性能调优报告。

（2）整理性能瓶颈的基本信息，编写性能瓶颈摘要。

4．输出

（1）性能测试报告。

（2）性能调优报告。

5．方法

无

9.3.5　环比阶段

RESAR 性能工程的环比阶段，是在系统上线之后，收集生产环境的运行过程中产生的性能数据（包括 TPS、响应时间、资源利用率等），结合性能测试报告，判断性能场景是否真实模拟了生产环境的状态，并对比业务容量需求和架构设计。若两者不相符，则分析差异，判断偏差产生的原因，再调整性能场景，迭代执行。

1．目标

环比系统上线后的运行数据与业务容量需求、架构设计，判断性能场景执行的有效性。

2. 输入

（1）性能需求指标。

（2）生产环境的环境信息。

（3）生产环境的数据量级。

（4）生产环境的部署架构。

（5）生产环境中统计出的 TPS、响应时间、资源利用率等数据。

3. 步骤

（1）采集生产环境性能数据（TPS、响应时间、资源利用率等）。

（2）环比性能场景的结果数据、业务容量需求、架构设计。

（3）判断性能场景的执行有效性。

4. 输出

环比对比结果报告。

5. 方法

使用生产运维工具统计性能数据。

9.4 性能监控分析逻辑

对于性能项目来说，最考验技术深度的就是性能瓶颈的监控分析逻辑。要分析性能瓶颈，绕不开架构中的技术栈，性能瓶颈可能出现在技术栈的任何一个技术组件中，所以了解并掌握每个技术组件的分析思路是对一个性能分析人员的技能要求，知识的盲点会让人无所适从。

下面将从 3 个关键的技术组件（操作系统、开发语言和数据库）说明性能瓶颈的分析逻辑，举一反三、触类旁通，其他技术组件也可以按此逻辑进行分析。

9.4.1 操作系统监控分析逻辑

1. 系统全局监控

在操作系统的监控分析中，首先要确定的是操作系统的性能分析决策树。以 Linux 为例，如图 9-11 所示。

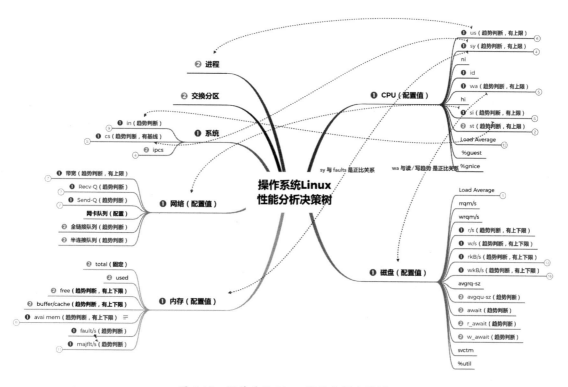

图 9-11　操作系统 Linux 性能分析决策树

有了性能分析决策树之后，怎么获取这些数据呢？有很多种手段，经常用到的 Linux 监控命令大概有 top、atop、vmstat、iostat、iotop、dstat、sar 等，请注意这里列出的监控命令是指可以监控到相应模块的计数器，而不是只能用于这个模块，因为大部分命令都是综合的工具集，如表 9-10 所示。

表 9-10　系统模块与监控命令对应表（以系统模块为维度）

模　块	监　控　命　令
CPU	lscpu、cpuinfo、top、atop、vmstat、mpstat、pidstat、dstat、nmon、sar、cpupower、irqbalance
Memory	top、atop、vmstat、pidstat、dstat、nmon、sar、free、smem、meminfo
I/O 或 Disk	iostat、iotop、pidstat、dstat、nmon、sar
Network	netstat、ifstat、iftop、ethtool
System	top、atop、vmstat、pidstat、nmon、sar
swap	vmstat、nmon、sar、meminfo、smem

表 9-10 中的监控命令有很多，关键是在适当的时候使用这些工具，还要了解工具的局限性。比如对于 top 命令，能查看 CPU、内存、swap、线程列表等信息，与 I/O 也算是有点儿

相关，因为它有 CPU 的 wa 计数器，但是它看不了 Disk 和 Network 信息。这就是明显的局限性。而对于 atop 命令，它整理了很多内容，可查看 Disk 和 Network 信息，但是在一些 Linux 发行版中它不是默认安装的。

熟悉了监控命令或监控工具之后，还要明确监控的几大模块，如图 9-12 所示。

图 9-12　操作系统监控模块划分

可使用 RESAT 性能分析七步法中的全局/定向监控思路进行性能瓶颈的定位。现在如果仅用监控命令来监控这个系统，在工作中可以做一个类似表 9-11 的表格，对应操作系统的性能分析决策树，列出计数器和命令之间的关系。

表 9-11　操作系统计数器与监控命令对应表（以模块的计数器为维度）

模　　块	计　数　器	top	vmstat	iostat	netstat
CPU	idle	√	√		
CPU	iowait	√	√		
CPU	irq	√			
CPU	nice	√			
CPU	softirq	√			
CPU	steal	√	√		
CPU	system	√	√		
CPU	user	√	√		
CPU	CPU 队列	√	√		
I/O 或 Disk	TPS			√	
I/O 或 Disk	rrqm/s			√	
I/O 或 Disk	wrqm/s			√	
I/O 或 Disk	r/s			√	
I/O 或 Disk	w/s			√	
I/O 或 Disk	rkB/s			√	
I/O 或 Disk	wkB/s			√	
I/O 或 Disk	avgrq-sz			√	
I/O 或 Disk	avgqu-sz			√	
I/O 或 Disk	await			√	

续表

模　块	计　数　器	top	vmstat	iostat	netstat
I/O 或 Disk	r_await			√	
I/O 或 Disk	w_await			√	
I/O 或 Disk	svctm			√	
I/O 或 Disk	%util			√	
I/O 或 Disk	bi		√		
I/O 或 Disk	bo		√		
Memory	total	√			
Memory	free	√	√		
Memory	used	√	√		
Memory	buff/cache	√	√		
Memory	avail Mem	√			
Network	TX：发送流量				√
Network	RX：接收流量				√
Network	Send-Q/Recv-Q				√
Network	全连接队列				√
Network	半连接队列				√
system	interrupt		√		
system	context switch		√		
swap	total	√			
swap	free	√			
swap	used	√			
swap	si		√		
swap	so		√		

因为计数器非常多，有些不常用，但也需要掌握。这时基础知识的全面性就非常重要了。这里主要的逻辑是：在使用命令的时候，一定要知道这个命令能展示的指标数据，以及不能展示的指标数据。因为是要监控 CPU 的某个计数器才执行的这个命令，而不是因为知道这个命令才去执行的，这个前后关系一定要搞清楚，如图 9-13 所示。

图 9-13　操作系统性能瓶颈判断逻辑

如果想查看操作系统各模块的性能表现，执行 top 命令，查看一些计数器，但是同时又需要明确，网络信息在 top 中是看不到的。所以，把操作系统的大模块查看完之后，还要用

netstat 命令查看网络。以此类推，在这里用一个表格展示监控命令与操作系统模块的对应关系，以体现不同的视角，如图 9-14 所示。

命令	CPU	Memory	I/O或Disk	Network	System	swap
lscpu	√					
cpuinfo	√					
top	√	√				√
atop	√	√	√	√	√	
vmstat	√	√			√	
mpstat	√					
pidstat	√	√	√		√	
dstat	√	√	√	√		√
nmon	√	√	√	√		
sar	√	√	√	√	√	√
cpupower	√					
irqbalance	√					
free		√				
smem		√				
iostat			√			
iotop			√			
netstat				√		
ifstat				√		
iftop				√		
ethtool				√		
meminfo		√				

图 9-14　监控命令与操作系统模块的对应关系（以命令为维度）

至此，全局监控第一层的计数器就完整了。有了全局监控的结果之后，要根据监控的数值进行进一步的分析。

2. 操作系统证据链分析过程

1）CPU

关于 CPU 的计数器，常见的是 top 中的 8 个值，也就是

```
%Cpu(s):  0.7 us,  0.5 sy,  0.0 ni, 98.7 id,  0.0 wa,  0.0 hi,  0.2 si,  0.0 st
```

在 mpstat（multiprocessor statistics）中看到的是 10 个计数器。

```
[root@7dgroup3 ~]# mpstat -P ALL 3
Linux 3.10.0-957.21.3.el7.x86_64 (7dgroup3)  12/27/2019  _x86_64_  (2 CPU)

03:46:25 PM  CPU  %usr  %nice  %sys  %iowait  %irq  %soft  %steal  %guest  %gnice  %idle
03:46:28 PM  all  0.17  0.00  0.17  0.00     0.00  0.00   0.00    0.00    0.00   99.66
03:46:28 PM  0    0.33  0.00  0.00  0.00     0.00  0.00   0.00    0.00    0.00   99.67
03:46:28 PM  1    0.00  0.00  0.00  0.00     0.00  0.00   0.00    0.00    0.00   100.00
```

这里多出来%guest、%gnice 两个值，它们的含义介绍如下。

（1）%guest：显示运行虚拟处理器的物理 CPU 占用百分比。

（2）%gnice：显示运行优先级 CPU 的占用百分比。

从上面的输出可以看到，计数器的名字稍有不同，像 top 中的 wa 在 mpstat 中是%iowait，top 中的 si 在 mpstat 中是%soft。在 Linux 中，这就是经常查看的 CPU 计数器了。在笔者的职业生涯中，大部分常见问题都体现在这几个计数器上（排名有先后）。

①us　② wa　③sy　④si。

为了确定看到 CPU 平均使用率高之后，接着分析的方向是绝对没有错的，建议你用 perf top-g 命令查看一下 CPU 热点，因为 perf 默认使用的是 cpu-clock 事件。这一步是为了确定方向。下面就是执行定向监控分析的过程。

（1）us cpu。us cpu 是用户态进程消耗的 CPU 百分比。us cpu 性能分析证据链如图 9-15 所示。

图 9-15　us cpu 性能分析证据链

在获取相应性能计数器的值时，选择自己擅长的工具就可以。

（2）wa cpu。wa cpu 是 I/O 读/写等待消耗的 CPU 百分比，查看一下对应的证据链，如图 9-16 所示。

图 9-16　wa cpu 性能分析证据链

从图 9-16 可以看到，wa cpu 直接对应到线程而不是进程，因为 iotop 有直接对应到线程的能力。如果需要查看进程也可以，执行 iotop -P 即可。

（3）sy cpu。sy cpu 是内核消耗的 CPU 百分比。解释 sy cpu 值的大小就有点儿复杂了，因为它并没有一个固定的套路。但是分析链路仍然是和 us cpu 消耗高的差不多，只是这个进程可能不是应用的，而是系统自己的，但是否和应用有关，需要进一步判断。当然也会有和配置有关的情况，sy cpu 性能分析证据链如图 9-17 所示。

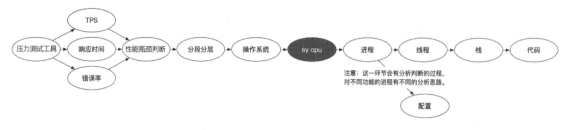

图 9-17　sy cpu 性能分析证据链

在实际的分析过程中，看到一个系统的进程消耗了更多的资源，则要进一步查看这个进程的工作逻辑，看它的运行逻辑和配置文件。当然不是所有的性能问题都会直接指向系统级别的配置文件，所以此性能分析证据链不一定满足所有的情况，还需要分析应用产生的调用是否指向系统级别的配置文件。

（4）si cpu。si cpu 是软中断消耗的 CPU 百分比。

在维基百科中有这样的描述：In digital computers, an interrupt is an input signal to the processor indicating an event that needs immediate attention. An interrupt signal alerts the processor and serves as a request for the processor to interrupt the currently executing code, so that the event can be processed in a timely manner. If the request is accepted, the processor responds by suspending its current activities, saving its state, and executing a function called an interrupt handler (or an interrupt service routine, ISR) to deal with the event. This interruption is temporary, and, unless the interrupt indicates a fatal error, the processor resumes normal activities after the interrupt handler finishes.

主要内容翻译如下：si cpu 是出现异常或资源争用时管理秩序的工具。CPU 正在运行某个进程，突然来了一个优先级高的任务，并且需要立即做出响应，这时就会发送一个中断信号给 CPU，CPU 把当前进程的工作现场保存下来，运行优先级更高的进程。除非这个中断是致命的，不然 CPU 会在完成当前任务之后继续执行之前的任务，这就是一次软中断。

中断值太高是不正常的，但中断值没有可以参考的阈值，在不同的应用和硬件环境中，中断值有很大的差别。笔者在工作中见过软中断每秒几万次就出问题的，也见过软中断每秒 20 万次都没有问题的。下面查看 si cpu 性能分析证据链，如图 9-18 所示。

图 9-18　si cpu 性能分析证据链

在这个证据链中，要把 si cpu 的中断模块找出来，然后分析这个模块的功能和配置。比如，网卡中断是非常常见的一种性能问题，需要检查网络是带宽不够还是配置不对。如果是其他的模块，也是一样的逻辑。

在知道了上面这几个常见的 CPU 计数器分析证据链逻辑之后，对其他的 CPU 计数器你可以照着画出证据链。

2）I/O

I/O 逻辑非常复杂，下面只讨论在做性能分析的时候，应该如何定位问题。当一个系统调到非常优秀的程度时，通常性能瓶颈会出现在两个环节上，对计算密集型的应用来说，最终的性能瓶颈是 CPU；对 I/O 密集型的应用来说，最终的性能瓶颈会是 I/O。

上面说到 wa cpu 的时候，已经给出一个证据链，所以下面给出磁盘 I/O 层级，如图 9-19 所示。很多人说 I/O，其实脑子里想的是 Disk I/O，但实际上要将一个数据写到磁盘中，逻辑是很复杂的。

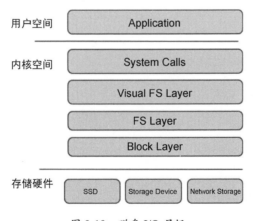

图 9-19　磁盘 I/O 层级

图 9-20 是思考再三得到的，I/O 有很多原理细节，如何能快速地做出相应的判断呢？首先要介绍的一个工具就是 iostat。

```
[root@7dgroup ~]# iostat -x -d 3
Linux 3.10.0-327.28.2.el7.x86_64 (7dgroup)      2017年03月17日  _x86_64_       (2 CPU)

Device:         rrqm/s   wrqm/s     r/s     w/s    rkB/s    wkB/s avgrq-sz avgqu-sz   await r_await w_await  svctm  %util
vda              0.00     1.16    0.29    1.13     5.72    19.39    35.30     0.02   12.58   16.69   11.52   0.82   0.12
dm-0             0.00     0.00    0.11    0.19     2.27     4.65    45.89     0.00   13.50   32.26    2.93   1.04   0.03
dm-1             0.00     0.00    0.01    0.00     0.01     0.00    47.63     0.00    6.52    6.95    4.35   3.15   0.00
dm-2             0.00     0.00    0.01    0.00     0.18     0.00    34.96     0.00   47.89   49.35    1.27   9.09   0.01
dm-3             0.00     0.00    0.01    0.12     0.17     3.07    49.02     0.00    3.33   18.86    2.24   1.63   0.02
dm-4             0.00     0.00    0.00    0.00     0.03     0.00    55.79     0.00   30.03   30.42    1.29   9.86   0.01

Device:         rrqm/s   wrqm/s     r/s     w/s    rkB/s    wkB/s avgrq-sz avgqu-sz   await r_await w_await  svctm  %util
vda              0.00     0.00 1240.00    0.00  4960.00     0.00     8.00    63.73   51.39   51.39    0.00   0.81  99.97
dm-0             0.00     0.00    0.00    0.00     0.00     0.00     0.00     0.00    0.00    0.00    0.00   0.00   0.00
dm-1             0.00     0.00    0.00    0.00     0.00     0.00     0.00     0.00    0.00    0.00    0.00   0.00   0.00
dm-2             0.00     0.00    0.00    0.00     0.00     0.00     0.00     0.00    0.00    0.00    0.00   0.00   0.00
dm-3             0.00     0.00    0.00    0.00     0.00     0.00     0.00     0.00    0.00    0.00    0.00   0.00   0.00
dm-4             0.00     0.00    0.00    0.00     0.00     0.00     0.00     0.00    0.00    0.00    0.00   0.00   0.00

Device:         rrqm/s   wrqm/s     r/s     w/s    rkB/s    wkB/s avgrq-sz avgqu-sz   await r_await w_await  svctm  %util
vda              0.00     2.67 1240.00    0.67  4960.00    13.33     8.02    63.74   51.39   51.42    1.00   0.81 100.00
dm-0             0.00     0.00    0.00    0.00     0.00     0.00     0.00     0.00    0.00    0.00    0.00   0.00   0.00
dm-1             0.00     0.00    0.00    0.00     0.00     0.00     0.00     0.00    0.00    0.00    0.00   0.00   0.00
dm-2             0.00     0.00    0.00    0.00     0.00     0.00     0.00     0.00    0.00    0.00    0.00   0.00   0.00
dm-3             0.00     0.00    0.00    0.00     0.00     0.00     0.00     0.00    0.00    0.00    0.00   0.00   0.00
dm-4             0.00     0.00    0.00    0.00     0.00     0.00     0.00     0.00    0.00    0.00    0.00   0.00   0.00

Device:         rrqm/s   wrqm/s     r/s     w/s    rkB/s    wkB/s avgrq-sz avgqu-sz   await r_await w_await  svctm  %util
vda              0.00     0.33 1240.00    1.33  4960.00    25.33     8.03    63.73   51.33   51.38    0.75   0.81 100.00
dm-0             0.00     0.00    0.00    0.67     0.00    21.33    64.00     0.00    1.50    0.00    1.50   1.50   0.10
dm-1             0.00     0.00    0.00    0.00     0.00     0.00     0.00     0.00    0.00    0.00    0.00   0.00   0.00
dm-2             0.00     0.00    0.00    0.00     0.00     0.00     0.00     0.00    0.00    0.00    0.00   0.00   0.00
dm-3             0.00     0.00    0.00    0.33     0.00    21.33   128.00     0.00    3.00    0.00    3.00   3.00   0.10
dm-4             0.00     0.00    0.00    0.00     0.00     0.00     0.00     0.00    0.00    0.00    0.00   0.00   0.00
```

图 9-20 iostat 命令输出结果

从图 9-20 中取出一条数据。

Device:	rrqm/s	wrqm/s	r/s	w/s	rkB/s	wkB/s	avgrq-sz
vda	0.00	0.67	18.33	114.33	540.00	54073.33	823.32
avgqu-sz	await	r_await	w_await	svctm	%util		
127.01	776.75	1.76	901.01	7.54	100.00		

对关键的计数器的含义解释如下。

（1）svctm：I/O 平均响应时间。这个值在 sysstat 未来的版本中会被放弃，因为它不够准确。

（2）w_await：写入的平均响应时间。

（3）r_await：读取的平均响应时间。

（4）r/s：每秒写入次数。

（5）w/s：每秒读取次数。

关键计算如下。

```
IO/s = r/s + w/s = 18.33+114.33 = 132.66
%util = ( (IO/s * svctm) /1000) * 100% = 100.02564%
```

%util 是用 svctm 算出来的，既然 svctm 不一定准，那这个值也就只能参考。进一步定位的工具是 iotop，如下所示。

```
Total DISK READ :       2.27 M/s | Total DISK WRITE :       574.86 M/s
Actual DISK READ:       3.86 M/s | Actual DISK WRITE:        34.13 M/s
  TID  PRIO  USER     DISK READ    DISK WRITE  SWAPIN IO>      COMMAND
  394  be/3 root      0.00 B/s     441.15 M/s  0.00 %   85.47 % [jbd2/vda1-8]
32616  be/4 root      1984.69 K/s  3.40 K/s    0.00 %   42.89 % kube-controllers
13787  be/4 root      0.00 B/s     0.00 B/s    0.00 %   35.41 % [kworker/u4:1]
......
```

从上面的 Total DISK WRITE/READ 可以知道，当前的读/写指标默认是按照 I/O 列来排序的。这里有 Total，也有 Actual，两者并不相等，因为 Total 的值显示的是用户态进程与内核态进程之间的读/写速度，而 Actual 的值显示的是内核块设备子系统与硬件之间的传输速度。在 I/O 交互中，由于存在缓存和内核中会做 I/O 排序两个原因，导致这两个值并不相同。磁盘的读/写能力应该看 Actual 的值。Total 的值再大，若不能真实地写到硬盘上，也没什么用。在下面的线程列表中，通过排序，就可以知道哪个线程（注意第 1 列是 TID，即线程 ID）占用的 I/O 资源多。

3）Memory

对操作系统的内存管理，模块划分见图 9-21。

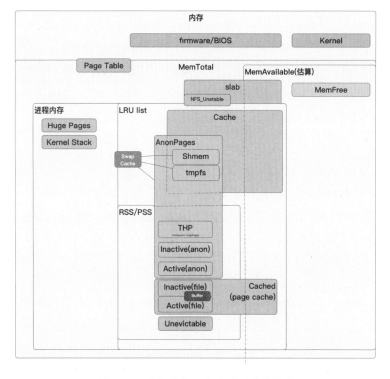

图 9-21　操作系统的内存管理模块划分

在做性能瓶颈的内存分析时，既要看操作系统的底层逻辑，也要看开发语言的底层逻辑。在分析业务应用时，在操作系统级别，会关注的内存如下所示。

```
[root@7dgroup ~]# free -m
              total        used        free      shared  buff/cache   available
Mem:           3791        1873         421         174        1495        1512
Swap:             0           0           0
```

对关键的计数器的含义解释如下。

（1）total：总物理内存。

（2）used：已使用的物理内存。

（3）free：空闲的物理内存。

（4）shared：共享的物理内存。

（5）buff/cache：缓冲区和缓存占用的物理内存。

（6）available：可用的物理内存。

total 是必须知道的值，其次是 available，这些值才是系统真正可用的，而不是 free 的值。因为 Linux 通常会把需要用到的内存先缓存下来，即缓存对应的内存，但是不一定会用，所以 free 的值肯定会越来越小。available 的值计算了 buff/cache 中不用的内存，所以只要 available 的值大，就表示内存够用，但是否使用得合理还要看页错误，即 page faults。

当出现内存泄漏或因其他原因导致物理内存不够用的时候，操作系统就会调用 OOM Killer，这个进程会强制"杀死"消耗内存大的应用，在 dmesg 中可以看到如下信息。

```
[12766211.187745] Out of memory: Kill process 32188 (java) score 177 or sacrifice child
[12766211.190964] Killed process 32188 (java) total-vm:5861784kB,
anon-rss:1416044kB, file-rss:0kB, shmem-rss:0kB
```

这种情况只要出现，TPS 曲线肯定会"掉下来"。如果有负载均衡，部分业务也可能会运行成功，如果只有一个应用节点或者所有应用节点都被 OOM Killer "杀死"，那么 TPS 就会是如图 9-22 所示的样子。

图 9-22　节点被"杀死"后的 TPS 曲线 1

当出现 OOM Killer "杀死" 应用时，对内存进行监控，可以看到如图 9-23 所示的趋势。

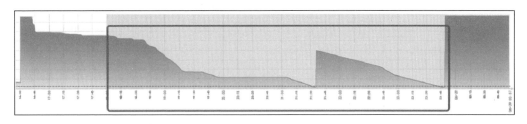

图 9-23　节点被 "杀死" 后的 TPS 曲线 2

内存慢慢被耗光，但是 "杀死" 应用进程之后，free 内存会立即上升。在图 9-23 中，一个机器上有两个进程，一个先 "被杀" 了，另一个发生了内存泄漏，把内存耗光了，于是又被 "杀死"，最后内存全都空闲了下来。对这种情况的分析定位，只看物理内存已经没有意义，更重要的是看应用的内存是如何被耗光的。

对内存的分析，可以用 nmon、vmstat、cat/proc/meminfo 等命令查看更多信息。如果应用需要大页处理，特别是大数据类的应用，需要关注 HugePages 相关的计数器。

4）Network

要分析网络，就需要知道三次握手。在说握手之前，先看网络性能瓶颈分析证据链，如图 9-24 所示。

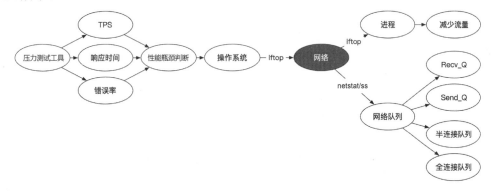

图 9-24　网络性能瓶颈分析证据链

在图 9-24 中，在判断了性能瓶颈是网络之后，如果知道某个进程的网络流量大，首先肯定要考虑降低流量，当然要在保证业务正常运行、TPS 也不降低的情况下进行考虑。

另外，还有两个计数器特别重要，那就是 Recv_Q 和 Send_Q。当性能分析人员并不知道是在哪个具体的网络环节上出现性能瓶颈时，就要学会判断 Recv_Q 和 Send_Q。网络调用栈也很复杂，如图 9-25 所示。

数据发送过程

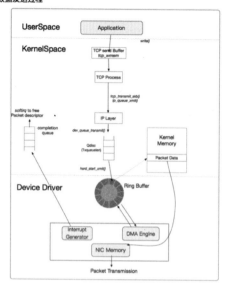

数据接收过程

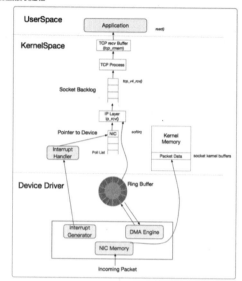

图 9-25　数据发送和接收过程的逻辑图

数据发送过程：应用把数据发送给 tcp_wmem 就结束了它的工作，由内核接过来之后，经过传输层，再经过队列、环形缓冲区，最后通过网卡发送出去。

数据接收过程：网卡把数据接收过来，经过队列、环形缓冲区，再经过传输层，最后通过 tcp_rmem 发送给应用。这个过程中要关注的内容，首先肯定是队列，通过 netstat 或其他命令可以查看 Recv_Q 和 Send_Q，这两个参数可以说明性能瓶颈出现在哪一端，如图 9-26 所示。

图 9-26　网络队列示意图

画个表可以更清晰地判断性能瓶颈出现在哪一端，如表 9-12 所示。

表 9-12　网络性能瓶颈判断表

值	发送端 Recv_Q	发送端 Send_Q	接收端 Recv_Q	接收端 Send_Q	性能瓶颈点
是否有值	无	有	有	无	接收端
是否有值	无	有	无	无	发送端或网络设备
是否有值	无	无	无	有	接收端或网络设备
是否有值	有	无	无	有	发送端

但是，要是这些队列都没有值，也还有需要判断的网络瓶颈，即握手和挥手的过程。

TCP 三次握手图，如图 9-27 所示。

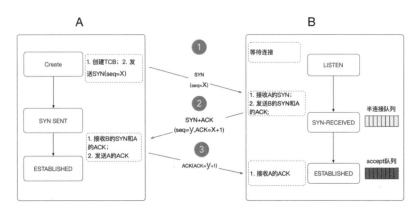

图 9-27　TCP 三次握手图

主要看其中的两个队列：半连接队列和全连接队列（图 9-27 中的 accept 队列）。在 B 端只接到第一个 SYN 的时候，把这个连接放到半连接队列中，当接到 ACK 的时候才把这个连接放到全连接队列中。这两个队列如果有问题，都不能发送和接收数据，这时应用就会报错。查看半连接队列是否溢出的方法也很简单，在执行下面的命令时，出现不断增加的 SYNs to LISTEN sockets dropped 消息就是连半连接都没建立起来，半连接队列满了，SYN 都被扔掉了。

```
[root@7dgroup ~]# netstat -s |grep -i listen
8866 SYNs to LISTEN sockets dropped
```

那半连接队列和什么参数有关呢？

（1）代码中的 backlog：代码 ServerSocket(int port, int backlog)中的 backlog 用于设计半连接队列的长度。如果 backlog 不够大，就会扔掉 SYN。

（2）还有操作系统的内核参数 net.ipv4.tcp_max_syn_backlog。

出现如下所示的消息，就是全连接队列已经满了，即使有新连接进来也会不成功。

```
[root@7dgroup2 ~]# netstat -s |grep overflow
154864 times the listen queue of a socket overflowed
```

以上是在性能分析过程中经常遇到的连接出错的原因之一。参数整理如下。

（1）net.core.somaxconn：系统中每一个端口监听队列的最大长度。

（2）net.core.netdev_max_backlog：当每个网络接口接收数据包的速率比内核处理这些数

据包的速率快时，允许发送到队列的数据包的最大数目。

（3）open_file：文件句柄数。

再说一说挥手，先看一下 TCP 四次挥手图，如图 9-28 所示。

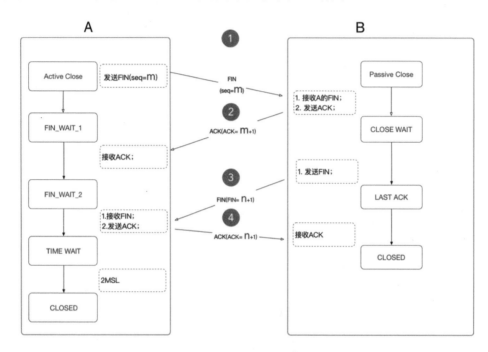

图 9-28　TCP 四次挥手图

在挥手逻辑中，与性能相关的问题非常少见。但是有一个问题是经常遇到的，那就是 TIME_WAIT。

只有两种情况要处理 TIME_WAIT。第一种情况，是端口不够用。在 TCP/IPv4 的标准中，端口号最大是 65 535，还有一些被操作系统用了，所以当做压力测试的时候，有些应用由于响应时间非常短，发起端的端口就会不够用。这时应处理 TIME_WAIT 的端口，让端口复用或尽快释放掉，以支持更多的压力。还有一种情况，是内存不够用。一个 TCP 连接大概占一个内存块，即 4 KB，创建 10 万个连接，消耗内存 300MB 左右。所以，在端口够用和内存够用的情况下，是不需要去处理 TIME_WAIT 的。

5）System

确切地说，在性能测试分析领域内，最常见的 System 的计数器是 in（interrupts：中断）和 cs（context switch：上下文切换）。

从图 9-29 可以看到，System 计数器值非常高。cs 比较容易理解，就是 CPU 在处理一个任务的过程中转到另一个任务时，就会产生 cs。中断时肯定会产生 cs，但是不止中断时会产生 cs，还有很多任务处理时也会产生。cs 是被动的，它可以用来做性能分析中的证据数据。在图 9-29 中，显然是由 in 引起 cs 的，CPU 队列值（图中的 r 列）那么高也是由 in 引起的。像这样的问题，通过 si cpu 性能分析证据链（如图 9-18 所示）可以判定。

图 9-29　vmstat 命令输出结果

9.4.2　开发语言监控分析逻辑

笔者不建议在性能测试分析中直接分析代码的性能。这种思路有一个默认的前提，就是架构中其他的组件都经过了千锤百炼，所以出现问题的可能性极低，而在性能测试分析中，只有一部分代码会出现严重的性能瓶颈。现在成熟的框架非常多，开发工程师在写业务代码时只专注业务实现即可。在这种情况下，出现代码性能瓶颈的可能性就更低了，要么就是很简单的性能瓶颈，要么就是难得一见的复杂案例。在这里，笔者提炼开发语言性能瓶颈分析的思路而屏蔽语言的特点，重点在于说明代码性能分析的逻辑。代码性能分析证据链如图 9-30 所示。

图 9-30　代码性能分析证据链

从图 9-30 可以看到，有两个关键点：执行时间和执行空间。很多人都很清楚，要快速找到执行时间和执行空间。

下面来实际操作一下，看如何判断。

1. java 类应用：查找方法执行时间

首先得选择一个合适的监控工具。java 方法类的监控工具有很多，这里选择一个 JDK 自带的工具 jvisualvm。

```
GaoLouMac:~ Zee$ java -version
java version "1.8.0_111"
Java(TM) SE Runtime Environment (build 1.8.0_111-b14)
Java HotSpot(TM) 64-Bit Server VM (build 25.111-b14, mixed mode)
```

在打开应用服务器上的 JMX 端口之后，连上 jvisualvm，监控图如图 9-31 所示。

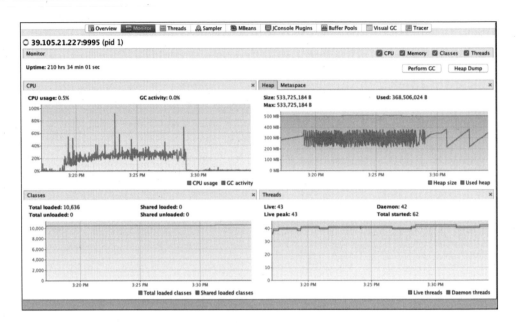

图 9-31　jvisualvm 监控图（见彩插）

要找到消耗 CPU 资源的方法，所以要先点 Sampler - CPU，可以看到 CPU 采样数据如图 9-32 所示。

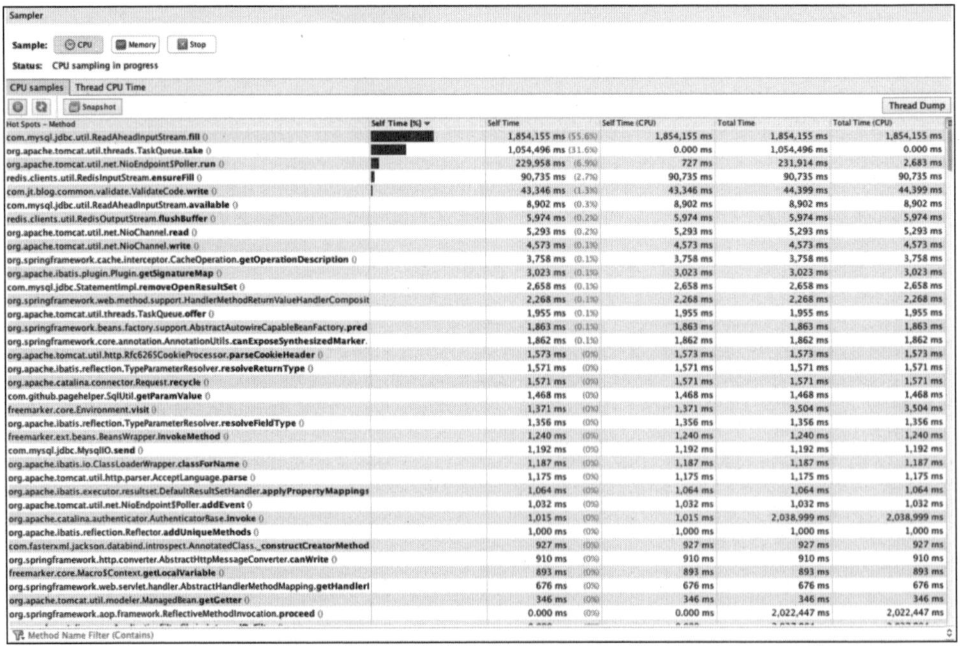

图 9-32　jvisualvm CPU 采样数据

从图 9-32 可以看到方法执行的累积时间，分为自用时间百分比、自用时间、自用时间中消耗 CPU 资源的时间、总时间、总时间中消耗 CPU 资源的时间、样本数等。从这些数据就可以看出方法的执行效率。要判断方法的执行效率是否低下，需要比对压力测试脚本中的业务实现。比如，上面这个应用最消耗 CPU 资源的是 JDBC 中的方法 fill，要判断方法有没有问题，先看一下压力测试脚本，见图 9-33。

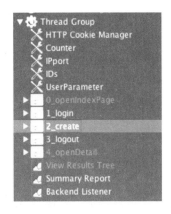

图 9-33　压力测试脚本

从脚本结构就能看出，脚本中实现了登录功能，然后实现了创建动作，接着是登出功能。这里面的几个操作都和数据库有交互。拿 create 这个步骤来说，它的脚本非常直接，就是一个 POST 接口，见图 9-34。

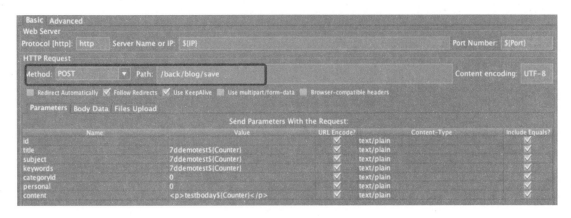

图 9-34　create 步骤的脚本

后端接收这个 POST 接口的代码如下。

```
@RequestMapping("/save")
@ResponseBody
```

```
public Object save(Blog blog, HttpSession session){
    try{
        Long id = blog.getId();
        if(id==null){
            User user = (User)session.getAttribute("user");
            blog.setAuthor(user.getName());
            blog.setUserId(user.getId());
            blog.setCreateTime(new Date());
            blog.setLastModifyTime(new Date());
            blogWriteService.create(blog);
        }else {
            blog.setLastModifyTime(new Date());
            blogWriteService.update(blog);
        }
    }catch (Exception e){
        throw new JsonResponseException(e.getMessage());
    }
    return true;
}
```

这段代码就是前端接收请求并将其放到 Blog 实体中，然后通过 create 方法写到数据库中。create 方法是怎么实现的呢？如下所示。

```
public void create(Blog blog) {
    mapper.insert(blog);
    BlogStatistics blogStatistics = new BlogStatistics(blog.getId());
    blogStatisticsMapper.insert(blogStatistics);
}
```

它是一个 mapper.insert。create 方法的代码实现中没有什么逻辑。而 ReadAheadInputStream.fill 是 create 方法中由 MyBatis 调用的 JDBC 中的方法，代码调用逻辑见图 9-35。

图 9-35 代码调用逻辑

看到的最耗时的方法是最后一个，在这里先过滤 save 方法，如图 9-36 所示。

CPU samples	Thread CPU Time							
Snapshot								Thread Dump
Hot Spots - Method		Self Time [%] ▼	Self Time	Self Time (CPU)	Total Time	Total Time (CPU)	Samples
com. ...g.controller.BackBlogController$$EnhancerBySpringCGLI			0.000 ms	(0%)	0.000 ms	945,417 ms	945,417 ms	839
com. ...g.controller.BackBlogController.save ()			0.000 ms	(0%)	0.000 ms	945,417 ms	945,417 ms	839

图 9-36 save 方法的过滤结果

从 save 方法的过滤结果来看，它本身并没有耗费什么时间，都是后面的调用消耗的时间。下面再来看看 create 方法的过滤结果，见图 9-37。

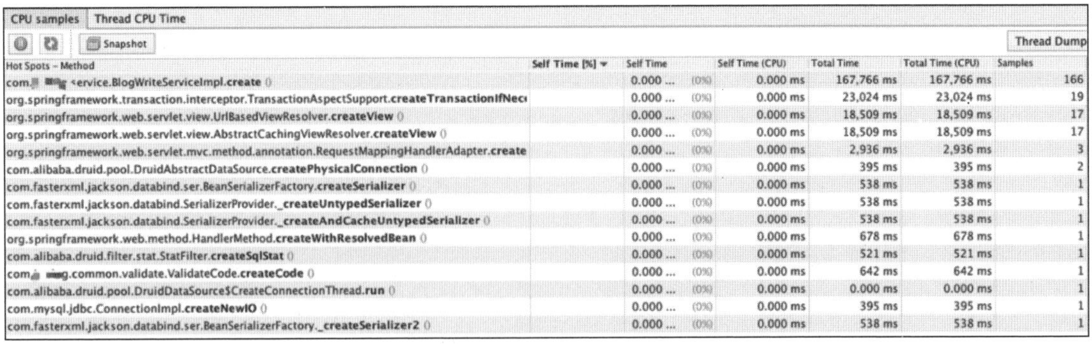

CPU samples	Thread CPU Time						
Snapshot							Thread Dump
Hot Spots – Method		Self Time [%] ▼	Self Time	Self Time (CPU)	Total Time	Total Time (CPU)	Samples
com.█████.service.BlogWriteServiceImpl.create ()		0.000 ...	(0%)	0.000 ms	167,766 ms	167,766 ms	166
org.springframework.transaction.interceptor.TransactionAspectSupport.createTransactionIfNec...		0.000 ...	(0%)	0.000 ms	23,024 ms	23,024 ms	19
org.springframework.web.servlet.view.UrlBasedViewResolver.createView ()		0.000 ...	(0%)	0.000 ms	18,509 ms	18,509 ms	17
org.springframework.web.servlet.view.AbstractCachingViewResolver.createView ()		0.000 ...	(0%)	0.000 ms	18,509 ms	18,509 ms	17
org.springframework.web.servlet.mvc.method.annotation.RequestMappingHandlerAdapter.create		0.000 ...	(0%)	0.000 ms	2,936 ms	2,936 ms	3
com.alibaba.druid.pool.DruidAbstractDataSource.createPhysicalConnection ()		0.000 ...	(0%)	0.000 ms	395 ms	395 ms	2
com.fasterxml.jackson.databind.ser.BeanSerializerFactory.createSerializer ()		0.000 ...	(0%)	0.000 ms	538 ms	538 ms	1
com.fasterxml.jackson.databind.SerializerProvider._createUntypedSerializer ()		0.000 ...	(0%)	0.000 ms	538 ms	538 ms	1
com.fasterxml.jackson.databind.SerializerProvider._createAndCacheUntypedSerializer ()		0.000 ...	(0%)	0.000 ms	538 ms	538 ms	1
org.springframework.web.method.HandlerMethod.createWithResolvedBean ()		0.000 ...	(0%)	0.000 ms	678 ms	678 ms	1
com.alibaba.druid.filter.stat.StatFilter.createSqlStat ()		0.000 ...	(0%)	0.000 ms	521 ms	521 ms	1
com.█████.img.common.validate.ValidateCode.createCode ()		0.000 ...	(0%)	0.000 ms	642 ms	642 ms	1
com.alibaba.druid.pool.DruidDataSource$CreateConnectionThread.run ()		0.000 ...	(0%)	0.000 ms	0.000 ms	0.000 ms	1
com.mysql.jdbc.ConnectionImpl.createNewIO ()		0.000 ...	(0%)	0.000 ms	395 ms	395 ms	1
com.fasterxml.jackson.databind.ser.BeanSerializerFactory._createSerializer2 ()		0.000 ...	(0%)	0.000 ms	538 ms	538 ms	1

图 9-37　create 方法的过滤结果

它本身也没消耗什么时间，再接着看看 MyBatis 中的 insert 方法的过滤结果，见图 9-38。

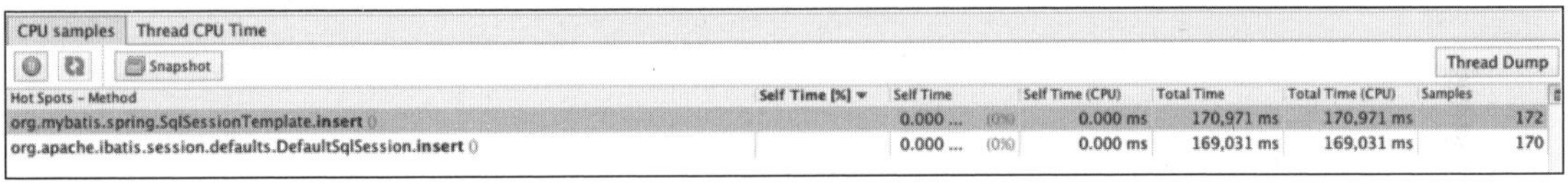

CPU samples	Thread CPU Time						
Snapshot							Thread Dump
Hot Spots – Method		Self Time [%] ▼	Self Time	Self Time (CPU)	Total Time	Total Time (CPU)	Samples
org.mybatis.spring.SqlSessionTemplate.insert ()		0.000 ...	(0%)	0.000 ms	170,971 ms	170,971 ms	172
org.apache.ibatis.session.defaults.DefaultSqlSession.insert ()		0.000 ...	(0%)	0.000 ms	169,031 ms	169,031 ms	170

图 9-38　insert 方法的过滤结果

就这样一层层找下去，最后肯定能找到 fill 方法。要判断代码调用逻辑，首先可以查看源码，没有源码的话就要查看线程栈，下面打印了一个调用栈来查看代码调用逻辑。

```
"http-nio-8080-exec-1" - Thread t@42
    java.lang.Thread.State: RUNNABLE
......
at
com.mysql.jdbc.util.ReadAheadInputStream.fill(ReadAheadInputStream.java:100)
    ......
    ......
    at com.sun.proxy.$Proxy87.create(Unknown Source)
......
at com.blog.controller.BackBlogController.save(BackBlogController.java:85)
......
at java.lang.Thread.run(Thread.java:745)

    Locked ownable synchronizers:
- locked <4b6968c3> (a java.util.concurrent.ThreadPoolExecutor$Worker)
```

从上面的代码中过滤出最简单的栈逻辑。

jvisualvm 给我们提供了便利的工具。当然也可以使用 arthas 工具，对于工具来说，选择适合的即可。如果用 arthas 查看栈的话，如下所示。

```
[arthas@1]$ trace com.blog.controller.BackBlogController save
```

```
Press Q or Ctrl+C to abort.
Affect(class-cnt:2 , method-cnt:2) cost in 320 ms.
`---ts=2020-01-06 10:38:37;thread_name=http-nio-8080-exec-2;id=2b;is_daemon=
true;priority=5;TCCL=org.apache.catalina.loader.ParallelWebappClassLoader@4f
2895f8
    `---[29.048684ms] com.blog.controller.BackBlogController$$EnhancerBy
SpringCGLIB$$586fe45c:save()
      `---[28.914387ms]
org.springframework.cglib.proxy.MethodInterceptor:intercept() #0
        `---[27.897315ms] com.blog.controller.BackBlogController:save()
          ...............
            `---[24.192784ms] com.blog.service.BlogWriteService:create() #85
```

从这里也能看出 create 方法是消耗了时间的。接着跟踪 create 方法，如下所示。

```
[arthas@1]$ trace com.blog.service.BlogWriteService create
Press Q or Ctrl+C to abort.
Affect(class-cnt:2 , method-cnt:2) cost in 199 ms.
`---ts=2020-01-06 10:41:51;thread_name=http-nio-8080-exec-4;id=2f;is_daemon=
true;priority=5;TCCL=org.apache.catalina.loader.ParallelWebappClassLoader@4f
2895f8
    `---[6.939189ms] com.sun.proxy.$Proxy87:create()
`---ts=2020-01-06 10:41:51;thread_name=http-nio-8080-exec-10;id=38;
is_daemon=true;priority=5;TCCL=org.apache.catalina.loader.ParallelWebapp
ClassLoader@4f2895f8
      `---[4.144799ms] com.blog.service.BlogWriteServiceImpl:create()
        +---[2.131934ms] tk.mybatis.mapper.common.Mapper:insert() #24
          ...............
          `---[1.95441ms] com.blog.mapper.BlogStatisticsMapper:insert() #26
```

接着往下跟踪。

```
[arthas@1]$ trace tk.mybatis.mapper.common.Mapper insert
Press Q or Ctrl+C to abort.
Affect(class-cnt:5 , method-cnt:5) cost in 397 ms.
`---ts=2020-01-06 10:44:01;thread_name=http-nio-8080-exec-5;id=33;
is_daemon=true;priority=5;TCCL=org.apache.catalina.loader.ParallelWebapp
ClassLoader@4f2895f8
    `---[3.800107ms] com.sun.proxy.$Proxy80:insert()
```

类似地，还有 JDK 自带的工具 JDB，它也可以直接附着到一个进程上，通过调试功能查看栈的内容。

这些手段都是为了能从响应时间分析到具体的代码行，至于使用什么工具来实现并不重要，思路才最重要。

2. java 类应用：查找对象内存消耗

对 java 类的内存分析通常会落在对栈和堆的分析上。对于堆，常见的性能分析涉及内存使用率、内存泄漏和内存溢出等。如果应用有内存泄漏问题，会看到图 9-39 中的趋势。

图 9-39　内存泄漏图

图 9-39 出现在笔者遇到的一个项目中，请关注曲线的趋势。图 9-39 中显示的是近 20 天的 JVM 使用率，从曲线的趋势可以看出，其中存在明显的内存泄漏，但是泄漏得非常慢，并且这个系统要求"7×24×365"运行。这个系统在生产环境中出现事故是在正常运行快 1 年的时候，这个系统的业务量不大，十几个 TPS 的业务量级，所以内存泄漏的周期特别长。

从技术的角度说一下内存问题的排查思路。照样用 jvisualvm，在 Java 中动态操作对象是一个资源消耗很高的动作，所以操作一个对象还是有迹可循的，可以查看内存整体的健康状态。

3. 内存趋势判断

1）场景一：典型的正常内存的场景。

看图 9-40 时，性能分析人员要有如下几个反应。

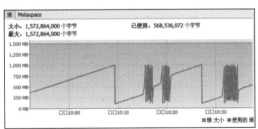

图 9-40　正常内存的趋势图（见彩插）

（1）内存使用很正常，回收健康。

（2）内存从目前的压力级别上看，够用，无须再增加。

（3）垃圾回收得足够快。

从图 9-41 可以看到，当应用的进程在压力测试场景之后，执行垃圾回收并没有消耗过多的 CPU 资源。

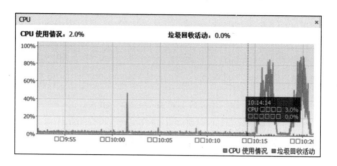

图 9-41　jvisualvm 工具中的 CPU 监控图（见彩插）

（4）无内存泄漏的情况，垃圾回收之后内存曲线回到了同一水位上。

2）场景二：典型的内存分配过多的场景。

看图 9-42 时，性能分析人员要有如下几个反应。

（1）内存使用很正常，回收健康。

（2）内存从目前的压力级别上看，不仅够用，而是过多。

（3）无内存泄漏的情况。

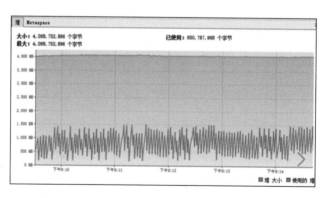

图 9-42　jvisualvm 工具中的堆监控图（见彩插）

3）场景三：典型的内存不够用的场景。

看图 9-43 时，性能分析人员要有如下几个反应。

（1）内存使用很正常，回收健康。

（2）内存从目前的压力级别上看，不够用，需要再增加。

（3）无内存泄漏的情况，因为回收之后内存曲线回到了同一水位上。

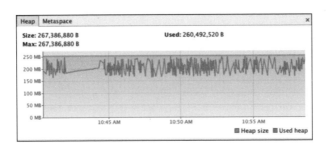

图 9-43 jvisualvm 工具中堆监控图（见彩插）

4）场景四：典型的内存泄漏严重的场景。

图 9-44 是 jstat 的监控结果。

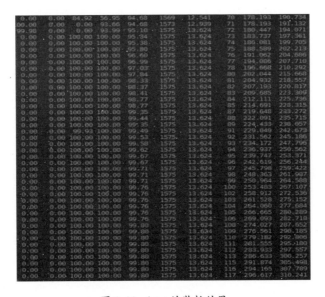

图 9-44 jstat 的监控结果

看图 9-44 时，性能分析人员要有如下几个反应。

（1）年轻代（第 3 列）、年老代（第 4 列）全满了，持久代在不停地涨。

（2）两个保留区（第 1 列、第 2 列）都是空的。

（3）Yonug GC（第 6 列）已经不做了。

（4）Full GC（第 8 列）一直都在尝试，但是一直都没成功，因为年轻代、年老代都没回收，持久代在不停地涨。

出现上面 4 类场景时，如果出现场景一、场景二的话，不用看什么具体对象内存的消耗，只要调调参数就行。但是如果出现场景三、场景四的话，对于场景三还要再判断一下，之前的内存是不是设置得太小了，如果是，就调大之后再看看能不能达到场景一的状态。如果不是因为内存设置得小，那就得看是否和场景四的状态一样，查看内存到底消耗在哪个对象上了。

4. 查找增加的内存

1）逻辑一

下面来说说如何判断性能测试过程中内存的变化。通常在监控 JVM 内存时，会看到图 9-45 中的趋势，这是正常的趋势图。

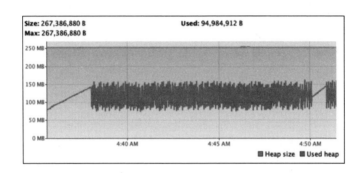

图 9-45　jvisualvm 工具中的堆监控图（见彩插）

在内存中经常看到的对象大小，如图 9-46 所示。

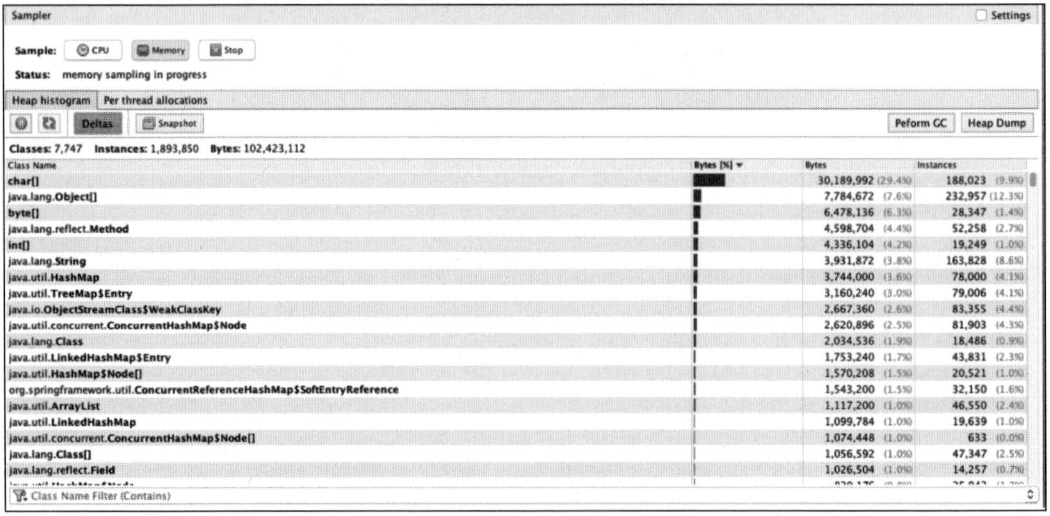

图 9-46　jvisualvm 工具中的内存对象监控图

如果用 jmap 的话，会看到如下信息，见图 9-47。

```
[root#7dgroup1 target]# jmap -histo 17953

num     #instances      #bytes  class name
------------------------------------------------
  1:      181607       30877824  [C
  2:      206897        6980504  [Ljava.lang.Object;
  3:       25840        5964368  [B
  4:       18126        5383168  [I
  5:       51991        4575208  java.lang.reflect.Method
  6:      160536        3852864  java.lang.String
  7:       77107        3701136  java.util.HashMap
  8:       70051        2802040  java.util.TreeMap$Entry
  9:       81806        2617792  java.util.concurrent.ConcurrentHashMap$Node
 10:       72692        2326144  java.io.ObjectStreamClass$WeakClassKey
 11:       18493        2035264  java.lang.Class
 12:       43875        1755000  java.util.LinkedHashMap$Entry
 13:       32150        1543200  org.springframework.util.ConcurrentReferenceHashMap$SoftEntryReference
 14:       20087        1472256  [Ljava.util.HashMap$Node;
 15:       19648        1100288  java.util.LinkedHashMap
 16:       45192        1084608  java.util.ArrayList
 17:         608        1072384  [Ljava.util.concurrent.ConcurrentHashMap$Node;
 18:       46745        1041248  [Ljava.lang.Class;
 19:       14060        1012320  java.lang.reflect.Field
 20:       25417         813344  java.util.HashMap$Node
 21:        9255         740400  org.apache.skywalking.apm.dependencies.net.bytebuddy.pool.TypePool$Default$LazyTypeDescription$MethodToken
 22:       42068         673088  java.lang.Object
 23:       25526         612624  java.lang.Long
 24:       17692         566144  java.util.TreeMap$KeyIterator
 25:       15648         479552  [Ljava.lang.String;
 26:       18367         440808  org.springframework.util.ConcurrentReferenceHashMap$Entry
 27:        5495         439600  java.lang.reflect.Constructor
 28:        3568         428160  org.springframework.boot.loader.jar.JarEntry
 29:        8484         407232  java.util.TreeMap
 30:        3142         326768  java.io.ObjectStreamClass
 31:        5639         323152  [Ljava.lang.reflect.Method;
 32:        6253         300144  org.springframework.core.ResolvableType
 33:        2937         281952  java.lang.management.ThreadInfo
 34:        3878         279216  org.springframework.core.annotation.AnnotationAttributes
 35:       11143         267432  org.apache.skywalking.apm.dependencies.net.bytebuddy.pool.TypePool$Default$LazyTypeDescription$MethodToken$ParameterToken
 36:        1826         265816  [Lorg.springframework.util.ConcurrentReferenceHashMap$Reference;
 37:        6250         250000  java.lang.ref.SoftReference
 38:        9774         234576  java.io.SerialCallbackContext
 39:        4064         227584  java.lang.Class$ReflectionData
```

图 9-47　jmap 输出结果

笔者建议不要查看这些底层对象类型，在这里最好查看增量。

（1）先过滤下我们自己的包。

（2）单击一下 Deltas，就能看到下面的截图，见图 9-48。

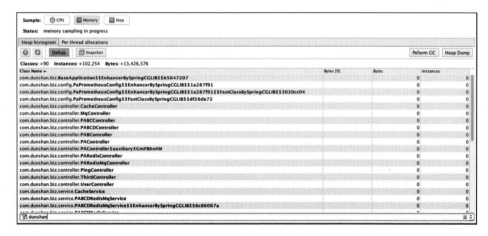

图 9-48　jvisualvm 工具中的内存对象监控图（过滤特定对象）

在刚开始单击 Deltas 之后，会看到大小全是 0 的对象。

下面来做一下压力测试并观察，见图 9-49。

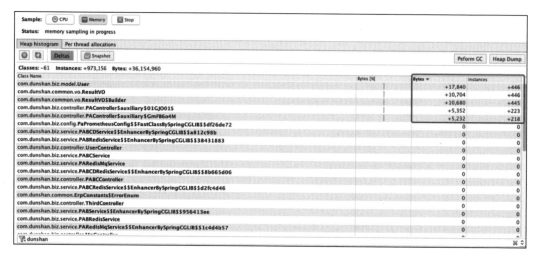

图 9-49　jvisualvm 工具中的内存对象监控图（过滤特定对象后再单击 Deltas）

可以看到对象的实体都在增加，但是压力测试停止之后，该回收的都回收了。有些必须长久使用的对象，在架构设计上应该清晰地判断增量，不然就可能导致内存不够。内存正常回收之后，再观察 Deltas，应该会看到大部分对象都回收了的状态，如图 9-50 所示。

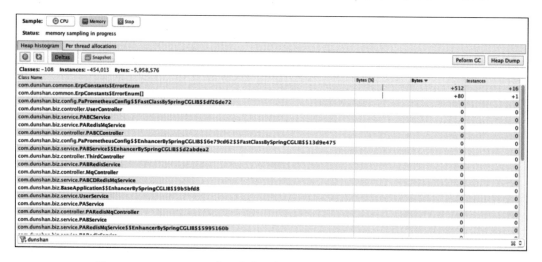

图 9-50　jvisualvm 工具中的内存对象监控图（压力测试场景结束后）

临时的对象都清理了，这是正常的结果。如果停止压力测试之后，又做了正常的 FullGC 回收，还是像图 9-51 这样，那就显然出了问题。回收不了对象，就是典型的内存泄漏了。

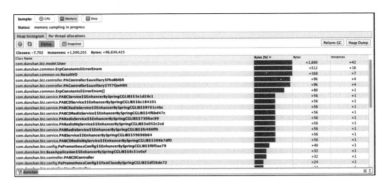

图 9-51　jvisualvm 工具中的内存对象监控图（压力测试场景结束并且执行了 FullGC 回收后）

2）逻辑二

这里用 jmap 做出 heapdump，然后用 MAT 将其打开。

（1）第一个可疑的内存泄漏点占用了 466.4 MB 的内存，见图 9-52。

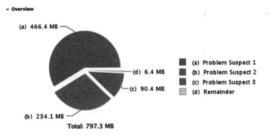

图 9-52　MAT 工具的 Overview 视图

（2）找到内存消耗有点儿多的内容，如图 9-53 所示。

Class Name	Shallow Heap	Retained Heap	Percentage
org.quartz.simol.SimpleThreadPool$WorkerThread @ 0xcf223638 TaskFrameWork_Worker-1	128	489,046,544	58.49%
└ java.util.ArrayList @ 0xdb3880c0	24	489,008,720	58.49%
└ java.lang.Object[198578] @ 0xea0db6e8	794,328	489,008,696	58.49%
├ com.▒▒.crm.res.phone.bo.BOResPhoneNumUsedBean @ 0xe4031498	64	2,720	0.00%
├ com.▒▒.crm.res.phone.bo.BOResPhoneNumUsedBean @ 0xe983b028	64	2,720	0.00%
├ com.▒▒.crm.res.phone.bo.BOResPhoneNumUsedBean @ 0xe0b50540	64	2,720	0.00%
├ com.▒▒.crm.res.phone.bo.BOResPhoneNumUsedBean @ 0xd8a46cb0	64	2,720	0.00%
├ com.▒▒.crm.res.phone.bo.BOResPhoneNumUsedBean @ 0xe61a09b0	64	2,720	0.00%
├ com.▒▒.crm.res.phone.bo.BOResPhoneNumUsedBean @ 0xe4358c08	64	2,720	0.00%
├ com.▒▒.crm.res.phone.bo.BOResPhoneNumUsedBean @ 0xe3a011d0	64	2,720	0.00%
├ com.▒▒.crm.res.phone.bo.BOResPhoneNumUsedBean @ 0xdce2f378	64	2,720	0.00%
├ com.▒▒.crm.res.phone.bo.BOResPhoneNumUsedBean @ 0xd0cb8328	64	2,720	0.00%
├ com.▒▒.crm.res.phone.bo.BOResPhoneNumUsedBean @ 0xe8399fc8	64	2,720	0.00%
├ com.▒▒.crm.res.phone.bo.BOResPhoneNumUsedBean @ 0xe4d0daa0	64	2,720	0.00%
├ com.▒▒.crm.res.phone.bo.BOResPhoneNumUsedBean @ 0xe7bb6040	64	2,720	0.00%

图 9-53　MAT 工具的类大小排序视图

这是一个实体 bean,单个 bean 不大,但是量多,有 79 万多个,是典型的消耗内存的操作。

(3) 查看它对应的栈,如图 9-54 所示。

```
TaskFrameWork_Worker-1
  at java.lang.StringCoding$StringDecoder.decode([BII)[C (StringCoding.java:133)
  at java.lang.StringCoding.decode(Ljava/lang/String;[BII) [C (StringCoding.java:173)
  at java.lang.String.<init>([BIILjava/lang/String;)V (String.java:443)
  at com.mysql.jdbc.ResultSetRow.getString(Ljava/lang/String;Lcom/mysql/jdbc/ConnectionImpl;[BII)Ljava/lang/String; (ResultSetRow.j
  at com.mysql.jdbc.ByteArrayRow.getString(ILjava/lang/String;Lcom/mysql/jdbc/ConnectionImpl;)Ljava/lang/String; (ByteArrayRow.java
  at com.mysql.jdbc.ResultSetImpl.extractStringFromNativeColumn(II)Ljava/lang/String; (ResultSetImpl.java:1006)
  at com.mysql.jdbc.ResultSetImpl.getNativeConvertToString(ILcom/mysql/jdbc/Field;)Ljava/lang/String; (ResultSetImpl.java:3725)
  at com.mysql.jdbc.ResultSetImpl.getNativeString(I)Ljava/lang/String; (ResultSetImpl.java:4569)
  at com.mysql.jdbc.ResultSetImpl.getStringInternal(IZ)Ljava/lang/String; (ResultSetImpl.java:5708)
  at com.mysql.jdbc.ResultSetImpl.getString(I)Ljava/lang/String; (ResultSetImpl.java:5509)
  at com.mysql.jdbc.ResultSetImpl.getObject(I)Ljava/lang/Object; (ResultSetImpl.java:4894)
  at com.mysql.jdbc.ResultSetImpl.getObject(Ljava/lang/String;)Ljava/lang/Object; (ResultSetImpl.java:5012)
  at org.apache.commons.dbcp.DelegatingResultSet.getObject(Ljava/lang/String;)Ljava/lang/Object; (DelegatingResultSet.java:335)
  at org.apache.commons.dbcp.DelegatingResultSet.getObject(Ljava/lang/String;)Ljava/lang/Object; (DelegatingResultSet.java:335)
  at com.   .appframe2.complex.datasource.LogicResultSet.getObject(Ljava/lang/String;)Ljava/lang/Object; (LogicResultSet.java:641)
  at com. .appframe2.bo.DataStoreImpl.fillData(Ljava/sql/ResultSet;Lcom/   /appframe2/common/ObjectType;Lcom/   /appframe2/common/Da
  at com.   .appframe2.bo.DataStoreImpl.crateDtaContainerFromResultSet(Ljava/lang/Class;Lcom/   /appframe2/common/ObjectType;Ljava/sq
  at com.   .appframe2.bo.DataStoreImpl.retrieve(Ljava/sql/Connection;Ljava/lang/Class;Lcom/   /appframe2/common/ObjectType;Ljava/la
  at com.   .crm.res.phone.bo.BOResPhoneNumUsedEngine.getBeans(Ljava/lang/String;Ljava/util/Map;II)[Lcom/
  at com.   .crm.res.phone.dao.impl.ResPhoneNumUsedDAOImpl.query(Lcom/   /crm/res/phone/ivalues/IBOResPhoneNumUsedValue;I
  at sun.reflect.NativeMethodAccessorImpl.invoke0(Ljava/lang/reflect/Method;Ljava/lang/Object;[Ljava/lang/Object;)Ljava/lang/Object;
  at sun.reflect.NativeMethodAccessorImpl.invoke(Ljava/lang/Object;[Ljava/lang/Object;)Ljava/lang/Object; (NativeMethodAccessorImpl
  at sun.reflect.DelegatingMethodAccessorImpl.invoke(Ljava/lang/Object;[Ljava/lang/Object;)Ljava/lang/Object; (DelegatingMethodAcce
  at java.lang.reflect.Method.invoke(Ljava/lang/Object;[Ljava/lang/Object;)Ljava/lang/Object; (Method.java:597)
  at com.   appframe2.complex.service.proxy.ProxyInvocationHandler.invoke(Ljava/lang/Object;Ljava/lang/reflect/Method;[Ljava/lang/O
  at com.sun.proxy.$Proxy73.query(Lcom/   /crm/res/phone/ivalues/IBOResPhoneNumUsedValue;II)[Lcom/   /crm/res/phone/ivalu
  at com.   .crm.res.phone.service.impl.ResPhoneNumUsedSVImpl.query(Lcom/   /crm/res/phone/ivalues/IBOResPhoneNumUsedValu
  at com.   .crm.res.phone.service.impl.ResPhoneNumUsedSVImpl.query(Lcom/   /crm/res/phone/ivalues/IBOResPhoneNumUsedValu
  at sun.reflect.NativeMethodAccessorImpl.invoke0(Ljava/lang/reflect/Method;Ljava/lang/Object;[Ljava/lang/Object;)Ljava/lang/Object;
  at sun.reflect.NativeMethodAccessorImpl.invoke(Ljava/lang/Object;[Ljava/lang/Object;)Ljava/lang/Object; (NativeMethodAccessorImpl
  at sun.reflect.DelegatingMethodAccessorImpl.invoke(Ljava/lang/Object;[Ljava/lang/Object;)Ljava/lang/Object; (DelegatingMethodAcce
```

图 9-54   MAT 工具的栈视图

这就是一个数据库操作。

(4) 取出图 9-53 中的线程栈对应的 SQL 语句,查看执行计划,如图 9-55 所示。

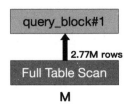

图 9-55   SQL 执行计划

这是 SQL 查询数据过多导致内存不够用的情况。这种情况不是泄漏,而是溢出。从业务的代码实现角度上说,这绝对是一个有问题的 SQL 语句,当表中内容很多时,不应该全量取出。

9.4.3   数据库监控分析逻辑

描述数据库的性能分析,着实是一个不好下手的部分。在性能测试分析逻辑中,想把数据库的监控优化完全描述出来的可能性几乎没有。在很多地方,都会看到对数据库的性能分析包括图 9-56 中的各个部分。

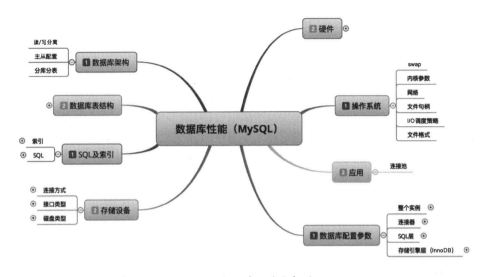

图 9-56　数据库性能分析图

这些内容都是做性能测试和性能分析的人员应该掌握的基础知识，而这些基础知识已经有大量的资料了。从性能瓶颈判断分析的角度入手，才是性能从业人员该有的逻辑。

在分析一个性能问题时，性能分析通用逻辑总是这样的，见图 9-57。

图 9-57　性能分析通用逻辑

（1）先画出整个系统的架构图。

（2）列出整个系统中用到了哪些组件。这一步要确定使用哪些监控工具来收集数据，请参考前面的相关章节。

（3）掌握每个组件的架构图。在这一步中会列出它们的关键性能配置参数。

（4）在压力测试场景执行的过程中收集状态计数器。

（5）通过分析思路画出性能瓶颈的分析决策树。

（6）找到问题的根本原因。

（7）提出解决方案并评估每个解决方案的优缺点和成本。

有了这些步骤之后，即使对不熟悉的系统也可以进行性能分析。这也是笔者一直强调的分析决策树的创建逻辑。

对于 MySQL 数据库来说，想对它进行分析，同样需要查看它的架构图，如图 9-58 所示（这是 MySQL 5 版本的架构示意图）。

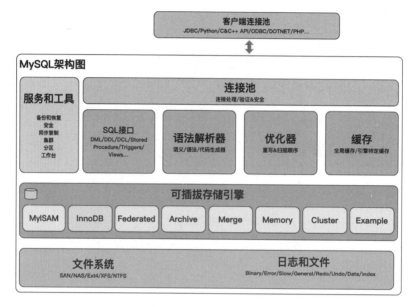

图 9-58　MySQL 架构图

首先，要查看完整的架构图。在图 9-58 中，需要明确了解的是 MySQL 中有连接池、SQL 接口、语法解析器等大模块。

其次，需要掌握这些模块的功能及运行逻辑。掌握这些模块之后，还需要知道当一个 SQL 通过 Connection Pool 进入系统之后，需要先进入 SQL Interface 模块判断这个语句，知道它是一个什么样的 SQL，涉及什么内容；然后通过 Parser 模块进行语法语义检查，并生成相应的执行计划；接着使用 Optimizer 模块进行优化，判断使用哪个具体的索引、执行顺序等；再接着就进入缓存中查找数据了；如果在缓存中找不到数据的话，需要通过文件系统进入磁盘中查找数据。这就是一个大体的逻辑，但是在了解了这个逻辑之后，还需要执行全局或定向监控分析。

1. 全局监控分析（mysqlreport）

mysqlreport 执行之后会生成一个文本文件，在文本文件中包括了图 9-59 中的内容。

这个工具是不浪费资源又能全局监控 MySQL 的很好的工具。在性能场景执行时，如果想让 mysqlreport 抓取到的数据更为准确，可以先重启一下数据库或者把状态计数器、打开表、查询缓存等数据刷新一下。在这里，笔者举一个例子解释 mysqlreport 中的一些重要的知识点。

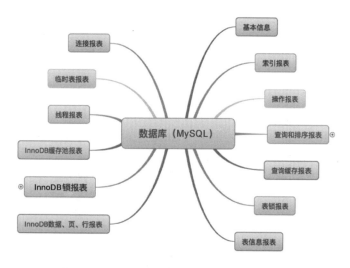

图 9-59　mysqlreport 生成的文本文件的内容

1）索引报表

```
__ Key _____
Buffer used      5.00k of   8.00M    %Used:    0.06
  Current        1.46M               %Usage:  18.24
```

请注意，这里的 Key Buffer 是指 MyISAM 引擎使用的 Shared Key Buffer，InnoDB 所使用的 Key Buffer 不在这里统计。从上面的数据来看，MySQL 分配的 Key Buffer 最大是 5KB，约占 8MB 的 0.06%，很少。

从下一行数据可以看到，当前只使用了 1.46MB，占 8MB 的 18.25%。显然这个 Key Buffer 是够用的，如果 Key Buffer 使用率高，你就得增加 key_buffer_size 的值了。

2）操作报表

```
__ Questions _____
Total          126.82M      32.5/s
  +Unknown      72.29M       18.5/s   %Total:  57.00
  Com_          27.63M        7.1/s            21.79
  DMS           26.81M        6.9/s            21.14
  COM_QUIT      45.30k        0.0/s             0.04
  QC Hits       38.18k        0.0/s             0.03
Slow 2 s         6.21M        1.6/s             4.90   %DMS:    23.17  Log:
DMS             26.81M        6.9/s            21.14
  SELECT        20.73M        5.3/s            16.34           77.30
  INSERT         3.68M        0.9/s             2.90           13.71
  UPDATE         1.43M        0.4/s             1.13            5.33
  DELETE       983.11k        0.3/s             0.78            3.67
```

```
  REPLACE        0          0/s           0.00          0.00
Com_             27.63M     7.1/s         21.79
  admin_comma    11.86M     3.0/s          9.35
  set_option     10.40M     2.7/s          8.20
  commit          5.15M     1.3/s          4.06
```

从操作报表的数据可以反映这个数据库是否繁忙。从 32.5/s 的操作量来说，这个数据库还是有点儿繁忙的。

还可以从操作报表中看到下面有操作数的细分，描述上除了 QC Hits 和 DMS 是清晰的，Slow 这一行也很重要，从这一行可以看出 slow log 的时间被设置为 2s，并且每秒还出现了 1.6 次慢日志。可见这个系统的 SQL 的慢日志有点儿多。在 DMS 部分，可以明确看到这个数据库中各种 SQL 所占的比例。比例数据是具有指向性的，在这个例子中，显然 SELECT 语句多，如果要做 SQL 优化的话，肯定优先考虑优化 SELECT 语句，这样才会起到立竿见影的效果。

3）查询和排序报表

```
__ SELECT and Sort _____
Scan             7.88M      2.0/s  %SELECT:  38.04
Range            237.84k    0.1/s            1.15
Full join        5.97M      1.5/s           28.81
Range check      913.25k    0.2/s            4.41
Full rng join    18.47k     0.0/s            0.09
Sort scan        737.86k    0.2/s
Sort range       56.13k     0.0/s
Sort mrg pass    282.65k    0.1/s
```

查询和排序报表具有绝对的问题指向性。这里的 Scan（全表扫描）和 Full join（联合全表扫描）在场景执行过程中太多了，显然是 SQL 写得有问题。Range 范围查询很正常，本来就应该多。

4）查询缓存报表

```
__ Query Cache _____
Memory usage   646.11k of    1.00M  %Used:  63.10
Block Fragmnt  14.95%
Hits           38.18k         0.0/s
Inserts        1.53k          0.0/s
Insrt:Prune    2.25:1         0.0/s
Hit:Insert     24.94:1
```

在这一部分中，关键点是 Query Cache 有没有用完，各种查询都没有缓存下来，还要看一个关键值，那就是 Block Fragmnt，表明 Query Cache 的碎片比例，Block Fragmnt 值越高，说明问题越大。如果你看到下面这样的数据

```
__ Query Cache _____
Memory usage   38.05M of   256.00M  %Used:  14.86
Block Fragmnt   4.29%
Hits           12.74k        33.3/s
Inserts        58.21k       152.4/s
Insrt:Prune    58.21k:1     152.4/s
Hit:Insert      0.22:1
```

明显没有任何问题，因为明显看到其中缓存了数据。Hits 指的是每秒有多少个 SELECT 语句从 Query Cache 中取到了数据，值越大越好。通过 Insrt:Prune 的比值数据可以看到 Insrt 远远大于 Prune（每秒删除的 Query Cache 碎片），比值越大说明 Query Cache 越稳定；如果此比值接近 1∶1，则是有问题的，可以加大 Query Cache 或优化 SQL。

Hit:Insert 的值显示命中数要少于插入数，说明插入的比查询的还要多，这时就要查看性能场景中是不是全是插入业务。如果查看了发现 SELECT 语句很多，而这个比值中 Hit 少，那就是场景中使用的数据并不是插入的数据。在性能分析的过程中知道这个值就可以了，它并不能说明 Query Cache 就是无效的。

5）表锁报表和表信息报表

```
__ Table Locks _____
Waited          0            0/s      %Total:   0.00
Immediate     996          0.0/s

__ Tables _____
Open         2000 of 2000            %Cache: 100.00
Opened      15.99M          4.1/s
```

这里很明显，表锁不存在，但是 table_open_cache 已经达到了上限。table_open_cache 值被设置为 2000，而现在已经达到了 2000，同时每秒打开的表为 4.1 个。首先，打开的表肯定挺多的，因为达到了上限。这时会自然而然地想要去调 table_open_cache 参数。但是笔者建议你调之前先分析一下其他的部分，如果在这个性能场景中，MySQL 的整体负载比较高，同时没有报错，那么不建议调这个值，如果负载不高，再去调它。

6）连接报表和临时表报表

```
__ Connections _____
Max used      521 of 2000    %Max:  26.05
Total       45.30k          0.0/s

__ Created Temp _____
Disk table  399.77k         0.1/s
Table         5.81M         1.5/s    Size:  16.0M
File          2.13k         0.0/s
```

从 Connections 连接来说完全够用，但是从在磁盘（Disk table）和临时文件（File）上创建临时表的量级来说，有些偏大了，所以可以增大 tmp_table_size 的值。

7）线程报表

```
__ Threads _____
Running           45 of         79
Cached             9 of         28       %Hit:  72.35
Created        12.53k          0.0/s
Slow               0            0/s

__ Aborted _____
Clients            0            0/s
Connects           7            0.0/s

__ Bytes _____
Sent          143.98G         36.9k/s
Received       21.03G          5.4k/s
```

当 Running 的线程数超过配置值时，就要增加 thread_cache_size 的值了。但是从以上代码来看，Running 的线程数并没有超过配置值，当前配置了 79，只用了 45。而缓存命中%Hit 的值越大越好，通常都希望在 99%以上。

8）InnoDB 缓存池报表

```
__ InnoDB Buffer Pool _____
Usage           1.87G of      4.00G   %Used:         46.76
Read hit      100.00%
Pages
  Free         139.55k                %Total:        53.24
  Data         122.16k       46.60 %Drty:            0.00
  Misc         403            0.15
  Latched                     0.00
Reads         179.59G        46.0k/s
  From file     21.11k         0.0/s            0.00
  Ahead Rnd      0             0/s
  Ahead Sql                    0/s
Writes         54.00M        13.8/s
Flushes         3.16M         0.8/s
Wait Free       0             0/s
```

这一部分对 MySQL 来说是很重要的，innodb_buffer_pool_size 为 4GB，它会存储表数据、索引数据等，所以通常在网上或书里能看到建议将这个值设置为物理内存的 50%。当然这个值不是绝对的，在具体的应用场景中测试才能知道。这里的 Read hit 达到 100%，是正常的。下面还有其他的读/写数据，这部分数据与在操作系统上看到的 I/O 有很大的关系。有些时候由于写入得过多导致操作系统的 I/O wait 很高的时候，不得不设置 innodb_flush_log_at_trx_commit 参数（0：延迟写，实时刷；1：实时写，实时刷；2：实时写，延迟刷）和 sync_binlog 参数（0：写入系统缓存，而不刷新到磁盘；1：同步写入磁盘；N：写 N 次系统缓存后执行一次刷新操作）来降低写入磁盘的频率，但是这样做的风险就是当系统崩溃时会有数据丢失。在由于进行测试的存储 I/O 的性能差导致读/写不高的时候，调整参数是一种常用手段，为了让 TPS 更高一些。但是，一定要知道生产环境中的存储读/写能力上限，以确定在生产环境中应该如何配置 innodb_flush_log_at_trx_commit 和 sync_binlog 参数。

9）InnoDB 锁报表

```
__ InnoDB Lock _____
Waits              227829        0.1/s
Current                 1
Time acquiring
  Total      171855224 ms
  Average          754 ms
  Max             6143 ms
```

显然在这个例子中，锁的次数太多了，并且锁的时间还都不短，这会导致写的速度慢，平均值是 754ms，这是不能接受的，需要继续分析锁产生的原因。

10）InnoDB 其他信息

```
__ InnoDB Data, Pages, Rows _____
Data
  Reads        35.74k        0.0/s
  Writes        6.35M        1.6/s
  fsync         4.05M        1.0/s
  Pending
  Reads             0
  Writes            0
  fsync             0

Pages
  Created      87.55k        0.0/s
  Read         34.61k        0.0/s
  Written       3.19M        0.8/s

Rows
  Deleted     707.46k        0.2/s
  Inserted    257.12M       65.9/s
  Read        137.86G       35.3k/s
  Updated       1.13M        0.3/s
```

从以上数据可以明确，在此性能场景中，插入操作较多。

从上到下地分析一个 mysqlreport 报表之后，需要给出一个结论性的描述。

（1）在此性能场景中，慢日志太多了，需要定向监控分析慢 SQL，找到慢 SQL 的执行计划。

（2）在插入多的场景中，锁等待太多，并且等待的时间又太长，解决慢 SQL 的问题之后，锁等待的问题可能也会得到解决，但是还要分析具体的原因，所以这里也指向了 SQL。

这里之所以要描述得这么细致，主要是因为当查看其他一些工具的监控数据时，分析思路是可以共用的。

但是这里还有一个问题：怎么分析 SQL？

其实对于分析逻辑来说，数据库中查看 SQL 就是在做定向分析。请不要一开始就把所有的 SQL 执行时间统计出来，这是完全不必要的做法。下面换个工具来看看怎么分析 SQL 的执行时间。

11）定向抓取 SQL（pt-query-digest）

pt-query-digest 可用于分析 slow log、general log、binary log，还能分析 tcpdump 抓取的 MySQL 协议数据。pt-query-digest 属于 percona-tool 工具集，在这里只使用它分析 slow log 的功能。这时会生成一个报告，先查看这个报告的第一部分。

```
# 88.3s user time, 2.5s system time, 18.73M rss, 2.35G vsz
# Current date: Thu Jun 22 11:30:02 2017
# Hostname: localhost
# Files: /Users/Zee/Downloads/log/10.21.0.30/4001/TENCENT64-slow.log.last
# Overall: 210.18k total, 43 unique, 0.26 QPS, 0.14x concurrency _____
# Time range: 2017-06-12 21:20:51 to 2017-06-22 09:26:38
# Attribute          total     min     max     avg     95%  stddev  median
# ============     ======= ======= ======= ======= ======= ======= =======
# Exec time         118079s   100ms      9s   562ms      2s   612ms   293ms
# Lock time            15s       0     7ms    71us   119us    38us    69us
# Rows sent          1.91M       0  48.42k    9.53   23.65  140.48    2.90
# Rows examine      13.99G       0   3.76M  69.79k 101.89k  33.28k  68.96k
# Rows affecte       3.36M       0   1.98M   16.76    0.99   4.90k       0
# Query size       102.82M       6  10.96k  512.99  719.66  265.43  719.66
```

从上面可以看出，在这个慢日志中，总执行时间达到了 118 079s，平均执行时间为 562ms，最长执行时间为 9s，标准方差为 612ms。可见在此示例中，SQL 执行得还是有点儿慢。

SQL 执行多长时间才算慢呢？对于大部分实时业务，一个 SQL 的平均执行时间为 100ms 都算长。但是对性能来说，在所有的环节，都没有固定的标准，只有经验数据和不断演化的系统性能能力。

接着分析上面的数据，查看 pt-query-digest 给出的负载报表。

```
# Profile
# Rank Query ID              Response time    Calls R/Call V/M   Item
# ==== ================== ================== ====== ====== ===== ===========
#    1 0x6A516B681113449F 73081.7989 61.9%   76338 0.9573 0.71 UPDATE mb_trans
#    2 0x90194A5C40980DA7 38014.5008 32.2%  105778 0.3594 0.20 SELECT mb_trans
mb_trans_finan
#    3 0x9B56065EE2D0A5C8  3893.9757  3.3%    9709 0.4011 0.11 UPDATE mb_finan
# MISC 0xMISC              3088.5453  2.6%   18353 0.1683  0.0 <40 ITEMS>
```

从这个报表可以看到，有两个 SQL 占了总执行时间的 94%。显然这两个 SQL 是要接着分析的重点。

再接着查看这个工具给出的第一个 SQL 的性能报表。

```
# Query 1: 0.30 QPS, 0.29x concurrency, ID 0x6A516B681113449F at byte 127303589
# This item is included in the report because it matches --limit.
# Scores: V/M = 0.71
# Time range: 2017-06-16 21:12:05 to 2017-06-19 18:50:59
# Attribute    pct   total    min     max     avg      95%    stddev  median
# ============ === ======= ======= ======= ======= ======= ======= =======
# Count         36   76338
# Exec time     61  73082s   100ms      5s   957ms      2s   823ms   672ms
# Lock time     19      3s    20us     7ms    38us    66us    29us    33us
# Rows sent      0       0       0       0       0       0       0       0
# Rows examine  36   5.06G   3.82k 108.02k  69.57k 101.89k  22.70k  68.96k
# Rows affecte   2  74.55k       1       1       1       1       0       1
# Query size    12  12.36M     161     263  169.75  192.76   11.55  158.58
# String:
# Databases    db_bank
# Hosts        10.21.16.50 (38297/50%)... 1 more
# Users        user1
# Query_time distribution
#   1us
#  10us
# 100us
#   1ms
#  10ms
# 100ms  ################################################################
#   1s   ########################################
#  10s+
# Tables
#    SHOW TABLE STATUS FROM `db_bank` LIKE 'mb_trans'\G
#    SHOW CREATE TABLE `db_bank`.`mb_trans`\G
UPDATE mb_trans
     SET
     resCode='PCX00000',resultMes='交易成功',payTranStatus='P03',
payRouteCode='CMA'
```

```
      WHERE
seqNo='20170619PM010394356875'\G
# Converted for EXPLAIN
# EXPLAIN /*!50100 PARTITIONS*/
select
        resCode='PCX00000',resultMes='交易成功',payTranStatus='P03',
payRouteCode='CMA' from mb_trans where
seqNo='20170619PM010394356875'\G
```

从查询时间分布图来看，此 SQL 的执行时间在 100ms 和 1s 之间的居多，95%的执行时间在 2s 以下。那么这个 SQL 就是要调优的重点了。

第二个 SQL 笔者就不描述了，因为处理逻辑是完全一样的。

通过对慢日志的分析，可以很快知道哪个 SQL 是慢的。当然使用 mysqldumpslow 也可以获得一样的结果。

2. SQL 剖析（profiling）

在数据库的性能分析中，显然对 SQL 的分析是绕不过去的环节之一。数据库问题通常是由执行 SQL 触发的，所以对 SQL 的分析是数据库的重要环节。因为 SQL 很多，如果对每个 SQL 都进行详细的执行步骤解析，显然会拖慢分析进度。而且，对一些执行快的 SQL 进行分析也没有什么必要，只是增加时间消耗。

在上面的过程中，定位了具体 SQL 执行慢的地方。下面需要知道 SQL 的执行细节，在 MySQL 中可以查看执行计划，如图 9-60 所示。

id	select_type	table	type	possible_keys	key	key_len	ref	rows	Extra
▶ 1	PRIMARY	blog	ALL	NULL	NULL	NULL	NULL	49648	Using where
2	SUBQUERY	blog_statistics	const	PRIMARY	PRIMARY	8	const	1	Using index

图 9-60　SQL 执行计划

图 9-60 中的 select_type 是子句类型的意思，但是它不能说明 SQL 语句执行成本的高低。其中最重要的内容是 type 列，图中的 ALL 是全表扫描的意思。表 9-13 展示了执行计划中的 type 枚举值。

表 9-13　执行计划中的 type 枚举值

type	含　义	备　注
ALL	全表扫描	
index	全索引扫描	index 与 ALL 的区别是，是否使用了索引，但对查数据来说都是全表查
range	索引范围扫描	你使用 between、<、>时就会看到这个类型

续表

type	含　义	备　注
ref	非唯一性索引扫描	
eq_ref	唯一性索引扫描	像主键、唯一索引扫描就是这种情况
const 或 system	常量查询	将主键放到 where 列表中，MySQL 就可以将主键转换为常量
null	空值	执行时不用访问表或索引

possible_keys 列是可能使用的索引值，key 列是执行时使用的索引值，ref 列是两表联合值使用的匹配条件。

以上信息就是 MySQL 给出的执行计划中比较重要的部分。这些信息可以帮助做 SQL 分析，为优化提供证据。

除了执行计划，MySQL 还提供了 profiling，这是一个可以把 SQL 执行的每一个步骤详细列出来的功能，从一个 SQL 进入数据库中之后，直到执行完 SQL 的整个生命周期。MySQL 的 profiling 在 Session 级别生效，如果想一开始就把所有 Session 的 SQL profiling 功能打开，那成本太高了。

1）profiling 的操作步骤

profiling 的操作步骤比较简单，如下所示。

```
步骤一：set profiling=1;              //打开 profiling 功能
步骤二：执行语句                      //执行从慢日志中看到的语句
步骤三：show profiles;                //查找步骤二中执行的语句的 ID
步骤四：show profile all for query id; //显示 profiling 的结果
```

实际执行上面的步骤来看看。

```
// 步骤一：打开 profiling 功能
mysql> set profiling=1;
Query OK, 0 rows affected, 1 warning (0.00 sec)
// 确认 profiles 列表中有没有值，可以不用执行
mysql> show profiles;
Empty set, 1 warning (0.00 sec)
// 步骤二：执行语句
mysql> select * from t_user where user_name='Zee0355916';
+----------------------------------+-------------+-----------+--------+
----------------------+-------------+---------------------+
| id                               | user_number | user_name | org_id | email
| mobile     | create_time         |
+----------------------------------+-------------+-----------+--------+
----------------------+-------------+---------------------+
```

```
| 00000d2d-32a8-11ea-91f8-00163e124cff | 00009496    | Zee0355916 | null    |
test9495@dunshan.com | 17600009498 | 2020-01-09 14:19:32 |
| 77bdb1ef-32a6-11ea-91f8-00163e124cff | 00009496    | Zee0355916 | null    |
test9495@dunshan.com | 17600009498 | 2020-01-09 14:08:34 |
| d4338339-32a2-11ea-91f8-00163e124cff | 00009496    | Zee0355916 | null    |
test9495@dunshan.com | 17600009498 | 2020-01-09 13:42:31 |
+--------------------------------------+-------------+------------+--------+
--------------------+-------------+---------------------+
3 rows in set (14.33 sec)
```

// 步骤三：查看 profiles 列表，其中出现上面执行的语句

```
mysql> show profiles;
+----------+------------+---------------------------------------------------
-+
| Query_ID | Duration   | Query                                             |
+----------+------------+---------------------------------------------------
-+
|        1 | 14.34078475 | select * from t_user where user_name='Zee0355916' |
+----------+------------+---------------------------------------------------
-+
1 row in set, 1 warning (0.00 sec)
```

// 步骤四：查看这个语句的 profile 信息

```
mysql> show profile all for query 1;
+------------------------------+----------+----------+------------+------
-------------+-------------------+------------+---------------+----------
------+-------------------+-------------------+------------------+-------+-
--------------------+------------------+-------------+
| Status                       | Duration | CPU_user | CPU_system |
Context_voluntary | Context_involuntary | Block_ops_in | Block_ops_out |
Messages_sent | Messages_received | Page_faults_major | Page_faults_minor |
Swaps | Source_function          | Source_file    | Source_line |
+------------------------------+----------+----------+------------+------
-------------+-------------------+------------+---------------+----------
------+-------------------+-------------------+------------------+-------+-
--------------------+------------------+-------------+
| starting                     | 0.000024 | 0.000012 |   0.000005 |
0 |               0 |          0 |             0 |             0 |                 0
|                0 |            0 |     0 | null                     | null
|        null |
| Waiting for query cache lock  | 0.000004 | 0.000003 |   0.000001 |
0 |               0 |          0 |             0 |             0 |                 0
|                0 |            0 |     0 | try_lock                 | sql_cache.cc
|        468 |
| init                         | 0.000003 | 0.000002 |   0.000001 |
0 |               0 |          0 |             0 |             0 |                 0
|                0 |            0 |     0 | try_lock                 | sql_cache.cc
|        468 |
```

Status	Duration	CPU_user	CPU_system	Context_voluntary	Context_involuntary	Block_ops_in	Block_ops_out	Messages_sent	Messages_received	Page_faults_major	Page_faults_minor	Swaps	Source_function	Source_file	Source_line
checking query cache for query	0.000052	0.000036	0.000015	0	0	0	0	0	0	0	0	0	send_result_to_client	sql_cache.cc	1601
checking permissions	0.000007	0.000005	0.000002	0	0	0	0	0	0	0	0	0	check_access	sql_parse.cc	5316
Opening tables	0.000032	0.000023	0.000009	0	0	0	0	0	0	0	0	0	open_tables	sql_base.cc	5095
init	0.000042	0.000029	0.000013	0	0	0	0	0	0	0	0	0	mysql_prepare_select	sql_select.cc	1051
System lock	0.000016	0.000011	0.000004	0	0	0	0	0	0	0	0	0	mysql_lock_tables	lock.cc	304
Waiting for query cache lock	0.000003	0.000002	0.000001	0	0	0	0	0	0	0	0	0	try_lock	sql_cache.cc	468
System lock	0.000020	0.000014	0.000006	0	0	0	0	0	0	0	0	0	try_lock	sql_cache.cc	468
optimizing	0.000012	0.000009	0.000004	0	0	0	0	0	0	0	0	0	optimize	sql_optimizer.cc	139
statistics	0.000019	0.000013	0.000005	0	0	0	0	0	0	0	0	0	optimize	sql_optimizer.cc	365
preparing	0.000015	0.000010	0.000005	0	0	0	0	0	0	0	0	0	optimize	sql_optimizer.cc	488
executing	0.000004	0.000003	0.000001	0	0	0	0	0	0	0	0	0	exec	sql_executor.cc	110
Sending data	14.324781	4.676869	0.762349	1316	132	2499624	288	0							

```
   0 |              8 |          30862 |       0 | exec                  |
sql_executor.cc    |          190 |
| end                           |  0.000015 | 0.000007 |   0.000002 |
   0 |             0 |             0 |       0 |                         0
|              0 |             0 |       0 | mysql_execute_select  |
sql_select.cc      |         1106 |
| query end                     |  0.000006 | 0.000005 |   0.000001 |
   0 |             0 |             0 |       0 |                         0
|              0 |             0 |       0 | mysql_execute_command | sql_parse.cc
|         5015 |
| closing tables                |  0.000016 | 0.000013 |   0.000003 |
   0 |             0 |             0 |       0 |                         0
|              0 |             0 |       0 | mysql_execute_command | sql_parse.cc
|         5063 |
| freeing items                 |  0.000013 | 0.000010 |   0.000003 |
   0 |             0 |             0 |       0 |                         0
|              0 |             2 |       0 | mysql_parse           | sql_parse.cc
|         6490 |
| Waiting for query cache lock  |  0.000003 | 0.000002 |   0.000000 |
   0 |             0 |             0 |       0 |                         0
|              0 |             0 |       0 | try_lock              | sql_cache.cc
|          468 |
| freeing items                 |  0.000014 | 0.000012 |   0.000003 |
   0 |             0 |             0 |       0 |                         0
|              0 |             0 |       0 | try_lock              | sql_cache.cc
|          468 |
| Waiting for query cache lock  |  0.000003 | 0.000002 |   0.000000 |
   0 |             0 |             0 |       0 |                         0
|              0 |             0 |       0 | try_lock              | sql_cache.cc
|          468 |
| freeing items                 |  0.000003 | 0.000002 |   0.000001 |
   0 |             0 |             0 |       0 |                         0
|              0 |             0 |       0 | try_lock              | sql_cache.cc
|          468 |
| storing result in query cache |  0.000004 | 0.000002 |   0.000000 |
   0 |             0 |             0 |       0 |                         0
|              0 |             0 |       0 | end_of_result         | sql_cache.cc
|         1034 |
| logging slow query            |  0.015645 | 0.000084 |   0.000020 |
   2 |             0 |            16 |       8 |                         0
|              0 |             2 |       0 | log_slow_do           | sql_parse.cc
|         1935 |
| cleaning up                   |  0.000034 | 0.000024 |   0.000006 |
   0 |             0 |             0 |       0 |                         0
|              0 |             0 |       0 | dispatch_command      | sql_parse.cc
|         1837 |
```

```
+--------------------------------+----------+---------+------------
---------------+-------------------------+-------------+--------
-------+---------------------+-----------------------+-------+-
----------------------+---------------------+-------------+
26 rows in set, 1 warning (0.02 sec)
```

从以上数据可以看到一个语句在数据库中从开始执行到结束的整个生命周期。对整个生命周期进行每个步骤的统计之后，就可以看到每个步骤所消耗的时间。不仅如此，还可以看到如下信息：

- BLOCK I/O
- CONTEXT SWITCHES
- CPU
- IPC
- MEMORY
- PAGE FAULTS
- SOURCE
- SWAPS

有了这些信息，基本上就可以判断这个语句哪里有问题。从这个示例语句，明显可以看到 sending data 这一步消耗了 14s。从后续数据也可以看到，主动上下文切换有 1316 次，被动的有 132 次，块操作的量也非常大。像这种情况，就需要知道 sending data 的含义。结合前面说到的执行计划，看一下。

```
mysql> explain select * from t_user where user_name='Zee0355916';
+----+-------------+--------+------+---------------+------+---------+------+
--------+------------+
| id | select_type | table  | type | possible_keys | key  | key_len | ref  | rows
| Extra      |
+----+-------------+--------+------+---------------+------+---------+------+
--------+------------+
|  1 | SIMPLE      | t_user | all  | null          | null | null    | null | 3868195
| Using where |
+----+-------------+--------+------+---------------+------+---------+------+
--------+------------+
1 row in set (0.00 sec)
```

这就是典型的全表扫描。下一步是检查有没有创建索引。

```
mysql> show indexes from t_user;
+--------+------------+----------+--------------+-------------+-----------+-------------+-
-----------+----------+--------+------+------------+---------+---------------+
--+
```

```
| Table   | Non_unique | Key_name | Seq_in_index | Column_name | Collation |
Cardinality | Sub_part | Packed | null | Index_type | Comment | Index_comment
|
+--------+-----------+---------+-------------+------------+----------+-
-----------+---------+-------+------+-----------+--------+----------
--+
| t_user |         0 | PRIMARY |           1 | id         | A        |     3868195
|    null | null   |      | BTREE     |         |         |          |
+--------+-----------+---------+-------------+------------+----------+-
-----------+---------+-------+------+-----------+--------+----------
--+
1 row in set (0.00 sec)

mysql>
```

　　从 Key_name 来看，它有一个主键索引，但是由于没使用主键来查询，所以用不到它。当第一次没有查询索引时，会把所有数据都存入缓存，所以第二次查询就会很快返回。再次执行一遍看看得到的结果。

```
+----------+------------+--------------------------------------------------
---------+
| Query_ID | Duration   | Query                                           |
+----------+------------+--------------------------------------------------
---------+
|        1 | 14.34078475 | select * from t_user where user_name='Zee0355916'
|
|        2 | 0.00006675 | show profile all for 1                          |
|        3 | 0.00031700 | explain select * from t_user where
user_name='Zee0355916' |
|        4 | 0.00040025 | show indexes from t_user                        |
+----------+------------+--------------------------------------------------
---------+
6 rows in set, 1 warning (0.00 sec)

mysql> select * from t_user where user_name='Zee0355916';
+-------------------------------------+-------------+-----------+--------+
---------------------+-------------+---------------------+
| id                                  | user_number | user_name | org_id | email
| mobile     | create_time         |
+-------------------------------------+-------------+-----------+--------+
---------------------+-------------+---------------------+
| 00000d2d-32a8-11ea-91f8-00163e124cff | 00009496    | Zee0355916 | null   |
test9495@dunshan.com | 17600009498 | 2020-01-09 14:19:32 |
| 77bdb1ef-32a6-11ea-91f8-00163e124cff | 00009496    | Zee0355916 | null   |
test9495@dunshan.com | 17600009498 | 2020-01-09 14:08:34 |
| d4338339-32a2-11ea-91f8-00163e124cff | 00009496    | Zee0355916 | null   |
test9495@dunshan.com | 17600009498 | 2020-01-09 13:42:31 |
```

```
+-----------------------------------+-------------+-------------+--------+
---------------------+-------------+---------------------+
3 rows in set (0.00 sec)

mysql> show profiles;
+----------+-------------+----------------------------------------------------
---------+
| Query_ID | Duration    | Query                                              |
+----------+-------------+----------------------------------------------------
---------+
|        1 | 14.34078475 | select * from t_user where user_name='Zee0355916'
|
|        2 |  0.00006675 | show profile all for 1                             |
|        3 |  0.00031700 | explain select * from t_user where
user_name='Zee0355916' |
|        4 |  0.00040025 | show indexes from t_user                           |
|        5 |  0.00027325 | select * from t_user where user_name='Zee0355916'
|
+----------+-------------+----------------------------------------------------
---------+
7 rows in set, 1 warning (0.00 sec)

mysql> show profile all for query 5;
+-------------------------------+----------+----------+-------------+-------
-------------+--------------------+----------------+---------------+----------
------+----------------+--------------------+-------------------+--------+--
--------------------+---------------+-------------+
| Status                        | Duration | CPU_user | CPU_system |
Context_voluntary | Context_involuntary | Block_ops_in | Block_ops_out |
Messages_sent | Messages_received | Page_faults_major | Page_faults_minor |
Swaps | Source_function       | Source_file | Source_line |
+-------------------------------+----------+----------+-------------+-------
-------------+--------------------+----------------+---------------+----------
------+----------------+--------------------+-------------------+--------+--
--------------------+---------------+-------------+
| starting                      | 0.000029 | 0.000018 |  0.000004 |
0 |                   0 |          0 |             0 |             0 |          0
|                  0 |                 0 |      0 | null            | null
null |
| Waiting for query cache lock  | 0.000006 | 0.000003 |  0.000001 |
0 |                   0 |          0 |             0 |             0 |          0
|                  0 |                 0 |      0 | try_lock        | sql_cache.cc
|        468 |
| init                          | 0.000003 | 0.000003 |  0.000000 |          0
|                   0 |          0 |             0 |             0 |          0 |
0 |                  0 |      0 | try_lock        | sql_cache.cc |        468 |
```

```
| checking query cache for query | 0.000008 | 0.000006 |   0.000002 |
0 |              0 |             0 |            0 |           0 |            0
|              0 |             0 |   0 | send_result_to_client | sql_cache.cc
|      1601 |
| checking privileges on cached  | 0.000003 | 0.000002 |   0.000000 |
0 |              0 |             0 |            0 |           0 |            0
|              0 |             0 |   0 | send_result_to_client | sql_cache.cc
|      1692 |
| checking permissions           | 0.000010 | 0.000192 |   0.000000 |
0 |              0 |             0 |            0 |           0 |            0
|              0 |             0 |   0 | check_access          | sql_parse.cc
|      5316 |
| sending cached result to clien | 0.000210 | 0.000028 |   0.000000 |
0 |              0 |             0 |            0 |           0 |            0
|              0 |             1 |   0 | send_result_to_client | sql_cache.cc
|      1803 |
| cleaning up                    | 0.000006 | 0.000006 |   0.000000 |
0 |              0 |             0 |            0 |           0 |            0 |
0 |              0 |   0 | dispatch_command      | sql_parse.cc |      1837 |
+--------------------------------+----------+----------+------------+------
------------+-------------+--------------+-------------+--------
------+-------------+-------------+-----+-----------------------+--
--------------------+-------------+------------+
8 rows in set, 1 warning (0.00 sec)

mysql>
```

　　从上面的执行结果来看，确实在使用重复数据的时候，响应时间短很多。因为数据直接从缓存发送给客户端了。

　　这种做法不符合真实的生产场景。当换一个数据的时候，还要再经过 14s 做全表扫描。所以，正确的做法是创建合适的索引，让语句在执行任何一条数据时都能快起来，下面创建一个索引再来查看执行结果。

```
// 创建索引
mysql> ALTER TABLE t_user ADD INDEX username_idx (user_name);
Query OK, 0 rows affected (44.69 sec)
Records: 0  Duplicates: 0  Warnings: 0
// 分析表
mysql> analyze table t_user;
+-----------+---------+----------+----------+
| Table     | Op      | Msg_type | Msg_text |
+-----------+---------+----------+----------+
| pa.t_user | analyze | status   | OK       |
+-----------+---------+----------+----------+
1 row in set (0.08 sec)
```

```
// 执行语句
mysql> select * from t_user where user_name='Zee0046948';
+--------------------------------------+-------------+------------+--------+
---------------------+-------------+---------------------+
| id                                   | user_number | user_name  | org_id | email
| mobile      | create_time         |
+--------------------------------------+-------------+------------+--------+
---------------------+-------------+---------------------+
| 000061a2-31c2-11ea-8d89-00163e124cff | 00009496    | Zee0046948 | null   |
test9495@dunshan.com | 17600009498 | 2020-01-08 10:53:08 |
| 047d7ae1-32a2-11ea-91f8-00163e124cff | 00009496    | Zee0046948 | null   |
test9495@dunshan.com | 17600009498 | 2020-01-09 13:36:42 |
| 1abfa543-318f-11ea-8d89-00163e124cff | 00009496    | Zee0046948 | null   |
test9495@dunshan.com | 17600009498 | 2020-01-08 04:48:48 |
| 671c4014-3222-11ea-91f8-00163e124cff | 00009496    | Zee0046948 | null   |
test9495@dunshan.com | 17600009498 | 2020-01-08 22:23:12 |
| 9de16dd3-32a5-11ea-91f8-00163e124cff | 00009496    | Zee0046948 | null   |
test9495@dunshan.com | 17600009498 | 2020-01-09 14:02:28 |
| dd4ab182-32a4-11ea-91f8-00163e124cff | 00009496    | Zee0046948 | null   |
test9495@dunshan.com | 17600009498 | 2020-01-09 13:57:05 |
| f507067e-32a6-11ea-91f8-00163e124cff | 00009496    | Zee0046948 | null   |
test9495@dunshan.com | 17600009498 | 2020-01-09 14:12:04 |
| f7b82744-3185-11ea-8d89-00163e124cff | 00009496    | Zee0046948 | null   |
test9495@dunshan.com | 17600009498 | 2020-01-08 03:43:24 |
+--------------------------------------+-------------+------------+--------+
---------------------+-------------+---------------------+
8 rows in set (0.02 sec)
// 查看 Query_ID
mysql> show profiles;
+----------+------------+------------------------------------------------------
---------+
| Query_ID | Duration   | Query                                                |
+----------+------------+------------------------------------------------------
---------+
|        1 | 14.34078475 | select * from t_user where user_name='Zee0355916'
|
|        2 | 0.00006675 | show profile all for 1                               |
|        3 | 0.00031700 | explain select * from t_user where
user_name='Zee0355916' |
|        4 | 0.00005875 | show indexes for table t_user                        |
|        5 | 0.00005850 | show indexes for t_user                              |
|        6 | 0.00040025 | show indexes from t_user                             |
|        7 | 0.00027325 | select * from t_user where user_name='Zee0355916'
|
|        8 | 0.00032100 | explain select * from t_user where
user_name='Zee0355916' |
```

```
|        9 | 12.22490550 | select * from t_user where user_name='Zee0046945'
|
|       10 |  0.00112450 | select * from t_user limit 20
|
|       11 | 44.68370500 | ALTER TABLE t_user ADD INDEX username_idx (user_name)
|
|       12 |  0.07385150 | analyze table t_user
|
|       13 |  0.01516450 | select * from t_user where user_name='Zee0046948'
|
+----------+-------------+-----------------------------------------------------
---------+
13 rows in set, 1 warning (0.00 sec)
```

// 查看 profile 信息

```
mysql> show profile all for query 13;
+--------------------------------+----------+----------+-------------+--------
------------+--------------------+---------------+---------------+------------
------+-----------------+--------------------+-------------+---------------+-------+--
-------------------+------------------+-------------+
| Status                         | Duration | CPU_user | CPU_system  |
Context_voluntary | Context_involuntary | Block_ops_in | Block_ops_out |
Messages_sent | Messages_received | Page_faults_major | Page_faults_minor |
Swaps | Source_function        | Source_file    | Source_line |
+--------------------------------+----------+----------+-------------+--------
------------+--------------------+---------------+---------------+------------
------+-----------------+--------------------+-------------+---------------+-------+--
-------------------+------------------+-------------+
| starting                       | 0.000030 | 0.000017 |   0.000004  |
0 |                0 |         0 |        0 |             0 |               0
|                0 |                0 |   0 | null                       | null
|       null |
| Waiting for query cache lock   | 0.000005 | 0.000004 |   0.000001  |
0 |                0 |         0 |        0 |             0 |               0
|                0 |                0 |   0 | try_lock                   | sql_cache.cc
|        468 |
| init                           | 0.000003 | 0.000002 |   0.000000  |        0
|                0 |         0 |        0 |             0 |               0 |
0 |                0 |   0 | try_lock                   | sql_cache.cc    |        468
|
| checking query cache for query | 0.000060 | 0.000050 |   0.000011  |
0 |                0 |         0 |        0 |             0 |               0
|                0 |                0 |   0 | send_result_to_client | sql_cache.cc
|       1601 |
| checking permissions           | 0.000009 | 0.000007 |   0.000002  |
0 |                0 |         0 |        0 |             0 |               0
|                0 |                0 |   0 | check_access               | sql_parse.cc
|       5316 |
```

```
| Opening tables                  | 0.000671 | 0.000412 |  0.000000 |
1 |                0 |        8 |        0 |        0 |               0
|                0 |        1 |        0 | open_tables       | sql_base.cc
|      5095 |
| init                            | 0.006018 | 0.000082 |  0.000899 |               1
|                0 |     5408 |        0 |        0 |               0 |
1 |                0 |        0 | mysql_prepare_select | sql_select.cc       |
1051 |
| System lock                     | 0.000017 | 0.000011 |  0.000003 |               0
|                0 |        0 |        0 |        0 |               0 |
0 |                0 |        0 | mysql_lock_tables    | lock.cc          |       304
|
| Waiting for query cache lock    | 0.000003 | 0.000003 |  0.000000 |
0 |                0 |        0 |        0 |        0 |               0
|                0 |        0 |        0 | try_lock          | sql_cache.cc
|       468 |
| System lock                     | 0.000019 | 0.000015 |  0.000004 |               0
|                0 |        0 |        0 |        0 |               0 |
0 |                0 |        0 | try_lock          | sql_cache.cc      |       468
|
| optimizing                      | 0.000012 | 0.000010 |  0.000002 |
0 |                0 |        0 |        0 |        0 |               0
|                0 |        0 |        0 | optimize          |
sql_optimizer.cc |        139 |
| statistics                      | 0.001432 | 0.000167 |  0.000037 |
1 |                0 |       32 |        0 |        0 |               0
|                0 |        4 |        0 | optimize          |
sql_optimizer.cc |        365 |
| preparing                       | 0.000026 | 0.000043 |  0.000009 |
0 |                0 |        0 |        0 |        0 |               0
|                0 |        1 |        0 | optimize          |
sql_optimizer.cc |        488 |
| executing                       | 0.000034 | 0.000005 |  0.000001 |
0 |                0 |        0 |        0 |        0 |               0
|                0 |        0 |        0 | exec              |
sql_executor.cc  |        110 |
| Sending data                    | 0.006727 | 0.000439 |  0.001111 |
13 |                0 |     1536 |        0 |        0 |               0
|                0 |        1 |        0 | exec              |
sql_executor.cc  |        190 |
| end                             | 0.000014 | 0.000007 |  0.000002 |               0
|                0 |        0 |        0 |        0 |               0 |
0 |                0 |        0 | mysql_execute_select | sql_select.cc       |
1106 |
| query end                       | 0.000009 | 0.000008 |  0.000001 |               0
|                0 |        0 |        0 |        0 |               0 |
```

```
0 |              0 |    0 | mysql_execute_command | sql_parse.cc      |
5015 |
| closing tables           | 0.000015 | 0.000012 |   0.000003 |
0 |            0 |         0 |          0 |          0 |             0
|            0 |         0 |    0 | mysql_execute_command | sql_parse.cc
|     5063 |
| freeing items            | 0.000010 | 0.000008 |   0.000002 |
0 |          0 |         0 |          0 |          0 |             0
|            0 |         0 |    0 | mysql_parse           | sql_parse.cc
|     6490 |
| Waiting for query cache lock | 0.000003 | 0.000002 |   0.000000 |
0 |          0 |         0 |          0 |          0 |             0
|            0 |         0 |    0 | try_lock              | sql_cache.cc
|      468 |
| freeing items            | 0.000027 | 0.000022 |   0.000005 |
0 |          0 |         0 |          0 |          0 |             0
|            0 |         0 |    0 | try_lock              | sql_cache.cc
|      468 |
| Waiting for query cache lock | 0.000003 | 0.000002 |   0.000001 |
0 |          0 |         0 |          0 |          0 |             0
|            0 |         0 |    0 | try_lock              | sql_cache.cc
|      468 |
| freeing items            | 0.000003 | 0.000002 |   0.000000 |
0 |          0 |         0 |          0 |          0 |             0
|            0 |         0 |    0 | try_lock              | sql_cache.cc
|      468 |
| storing result in query cache | 0.000004 | 0.000004 |   0.000001 |
0 |          0 |         0 |          0 |          0 |             0
|            0 |         0 |    0 | end_of_result         | sql_cache.cc
|     1034 |
| cleaning up              | 0.000015 | 0.000012 |   0.000003 |          0
|            0 |         0 |          0 |          0 |             0 |
0 |          0 |    0 | dispatch_command      | sql_parse.cc      |     1837
|
+------------------------------+----------+----------+-------------+-------
----------------+----------------+---------------+------------+-----------
------+-------------------+----------------+---------------+------+----
------------------+----------------+-------------+
25 rows in set, 1 warning (0.01 sec)

mysql>
```

　　从上面最后的 profile 信息可以看出，步骤一点儿没少，但是速度快了很多。这才是正确的优化思路。

前面描述了在一个数据库中，如何从全局监控查看数据，再如何找到具体的慢 SQL，以及如何找到这个 SQL 本身哪里有问题。当然不是所有的时候都是 SQL 出了问题，也有可能是配置出了问题，还有可能是硬件出了问题。但是不管出了什么样的问题，其分析思路都是一样的，那就是全局监控分析和定向监控分析。

如果想用其他的全局监控工具，也可以考虑如下的组合。

2）mysql_exportor+Prometheus+Grafana

下面看一下 mysql_exportor 可以提供什么样的监控数据，见图 9-61、图 9-62、图 9-63、图 9-64。

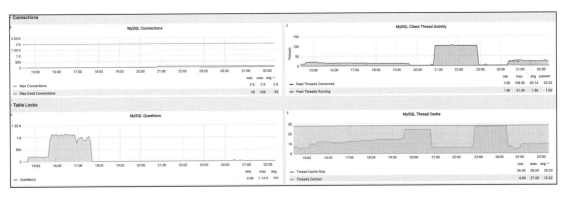

图 9-61　mysql_exportor+Prometheus+Grafana 监控图 1（见彩插）

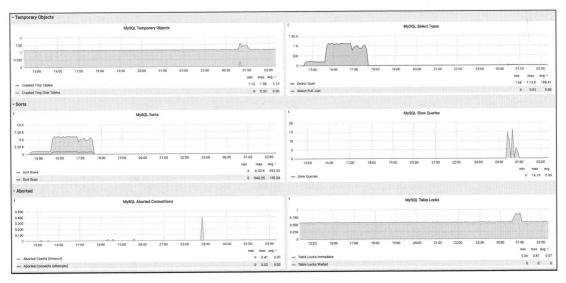

图 9-62　mysql_exportor+Prometheus+Grafana 监控图 2（见彩插）

图 9-63   mysql_exportor+Prometheus+Grafana 监控图 3（见彩插）

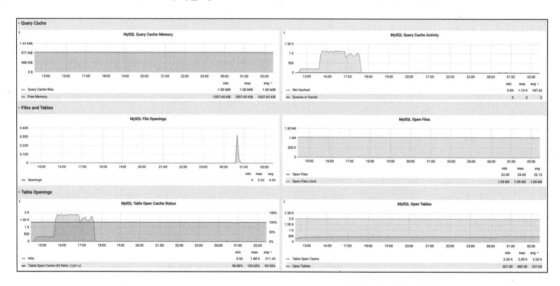

图 9-64   mysql_exportor+Prometheus+Grafana 监控图 4（见彩插）

这套工具给出的监控数据与 mysqlreport 是类似的，只是展现形式不同，从这里也可以看出 MySQL 全局监控的计数器并没有发生变化。

在本节中，笔者的目的是说明分析数据库应该具有的思路。

在对数据库的分析中，最有可能在 3 个方面出现问题：硬件配置、数据库配置、SQL。

对于硬件配置，只能在解决了 SQL 和配置的问题之后再来评估到底使用多少硬件才行。

对于数据库配置问题，只有了解数据库架构等一系列知识之后才能解决。对于 SQL 问题，在性能测试和分析中最为常见。SQL 性能问题的分析思路也比较清晰，那就是判断出具体的 SQL 性能瓶颈点，进而做相应的优化。

9.5　性能分析案例

在本节中，看一个具体的案例优化过程。根据 RESAR 性能分析七步法，执行分析步骤，看如何将这个方法落实到具体的分析过程中。

9.5.1　场景运行数据

首先要分析的是使用压力测试工具运行出来的场景数据。在本案例中，场景运行数据可参见图 9-65。

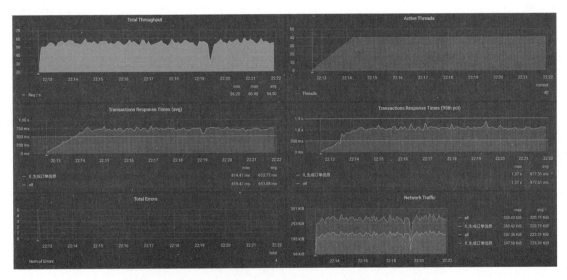

图 9-65　压力测试场景图 1（见彩插）

从场景执行结果来看，40 个压力线程只跑出了 50 多 TPS，响应时间接近 700ms。这显然是非常慢的接口。下面就来一步步地分析。

9.5.2　分析系统架构

画架构图是为了明确请求的分析路径，见图 9-66。

因为这个接口的核心是 order 服务，所以把与 order 服务相关的过滤出来，从图 9-67 可以看到 order 服务连接了哪些服务。

在这个接口中，并不是所有的组件都能用到，所以做分析的时候，要把这个接口对应的分析决策树简化。

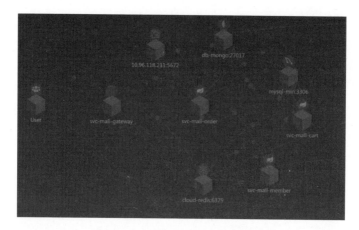

图 9-66　逻辑架构图（见彩插）

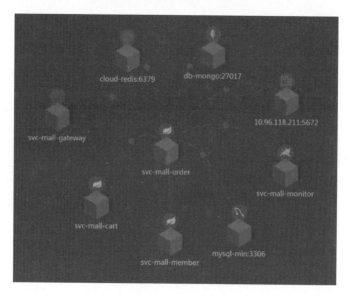

图 9-67　服务连接图（见彩插）

9.5.3　拆分响应时间

在场景运行的时候，发现响应时间长，可以用 APM 工具拆分响应时间。

首先查看 Gateway 上的时间，从趋势线可以看到这个时间在 700ms 左右，这与前面的场景数据是可以对上的。这里请注意，图的采样时间间隔是分钟，如图 9-68 所示。

接着查看 order 服务，order 服务是这个接口中的重点，并且业务逻辑也非常复杂。从数据上看，order 服务有 350ms 左右的时间消耗，占整个响应时间的一半，如图 9-69 所示。

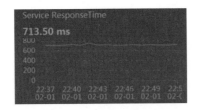

图 9-68　服务响应时间图 1

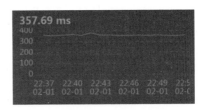

图 9-69　服务响应时间图 2

但是 Gateway 上占了这么多时间显然也是非常不合理的，Gateway 上是否存在性能瓶颈，暂且留个疑点，后面再分析。

下面分析一下 order 服务。根据 RESAR 性能分析七步法，下一步应该是全局监控分析，但由于这个接口的问题不止一个，所以分成多个分析阶段。

1. 第一个阶段

1）全局监控分析

先查看一下全局监控，粗略一看，发现没有明显消耗 CPU 资源，也没有明显的网络资源、I/O 资源性能瓶颈。图 9-70 中的深色的数据是在 Grafana 工具中定义的阈值，但看上去并不高。

遇到这种问题，一定要注意整条链路上存在限制的点。比如说，各种池（连接池、JDBC 池等）、栈中的锁、数据库连接和锁等。其实总结下来就是一个关键词：阻塞。要分析到阻塞的点，可以把链路拓宽，从而把资源用起来。当然也有可能分析之后没有发现存在阻塞的点，但是资源就是用不上去。如果你遇到这种情况，只有一种可能，分析得不够细致。因为可能存在阻塞的地方实在是太多了，只能一步步拆解。首先来看全局监控图，见图 9-70。

图 9-70　全局监控图 1

2）定向监控分析

下一步就是要进行定向监控分析了。根据性能分析决策树，要分析一个进程中有没有阻塞点，需要查看栈信息。在分析栈时，发现了在 order 服务的栈中，存在大量这样的内容。

```
"http-nio-8086-exec-421" Id=138560 WAITING on java.util.concurrent.locks.
AbstractQueuedSynchronizer$ConditionObject@a268a48
    at sun.misc.Unsafe.park(Native Method)
    - waiting on java.util.concurrent.locks.AbstractQueuedSynchronizer
$ConditionObject@a268a48
    at java.util.concurrent.locks.LockSupport.park(LockSupport.java:175)
    at java.util.concurrent.locks.AbstractQueuedSynchronizer$Condition
Object.await(AbstractQueuedSynchronizer.java:2039)
    at com.alibaba.druid.pool.DruidDataSource.takeLast(DruidDataSource.
java:1899)
    at com.alibaba.druid.pool.DruidDataSource.getConnectionInternal
(DruidDataSource.java:1460)
    at com.alibaba.druid.pool.DruidDataSource.getConnectionDirect
(DruidDataSource.java:1255)
    at com.alibaba.druid.filter.FilterChainImpl.dataSource_connect
(FilterChainImpl.java:5007)
    at com.alibaba.druid.filter.stat.StatFilter.dataSource_getConnection
(StatFilter.java:680)
    at com.alibaba.druid.filter.FilterChainImpl.dataSource_connect
(FilterChainImpl.java:5003)
    at com.alibaba.druid.pool.DruidDataSource.getConnection
(DruidDataSource.java:1233)
    at com.alibaba.druid.pool.DruidDataSource.getConnection
(DruidDataSource.java:1225)
    at com.alibaba.druid.pool.DruidDataSource.getConnection
(DruidDataSource.java:90)
    ...........................
    at com.dunshan.mall.order.service.impl.PortalOrderServiceImpl
$$EnhancerBySpringCGLIB$$f64f6aa2.generateOrder(<generated>)
    at com.dunshan.mall.order.controller.PortalOrderController.
generateOrder$original$hak2sOst(PortalOrderController.java:48)
    at com.dunshan.mall.order.controller.PortalOrderController.generate
Order$original$hak2sOst$accessor$NTnIbuo7(PortalOrderController.java)
    at com.dunshan.mall.order.controller.PortalOrderController$auxiliary
$MTWkGopH.call(Unknown Source)
    ...........................
    at com.dunshan.mall.order.controller.PortalOrderController.generateOrder
(PortalOrderController.java)
    ...........................
```

3）判断性能瓶颈

从栈信息来看，明显存在等待数据库连接池的栈。因为有很多栈都处于 getConnection，所以要做的就是把 JDBC 池加大。

4）提出解决方案

修改 JDBC 池，原配置如下。

```
initial-size: 5                    #初始化连接池大小
min-idle: 10                       #最小空闲连接数
max-active: 20                     #最大连接数
```

修改为

```
initial-size: 20                   #初始化连接池大小
min-idle: 10                       #最小空闲连接数
max-active: 40                     #最大连接数
```

建议增加池资源的时候，一点一点增加，不断查看有没有效果。有效果了再接着增加，不要一次性增加太多池资源。修改后的 TPS，如图 9-71 所示。

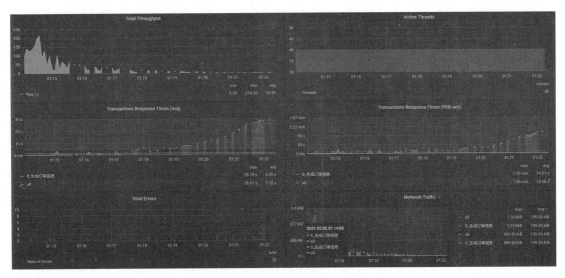

图 9-71　压力测试场景图 2（见彩插）

从数据可以看到，TPS 有增加的趋势，一度达到 150 以上。

但紧接着，TPS 就掉了下来，响应时间没有明显增加，而且 TPS 极为不稳定，不仅下降了，还断断续续的。在后续的压力测试中不仅有出错情况，而且响应时间也在增加，这时查看全局监控的资源，发现并没有太大的资源消耗。

注意，在实施了一个优化动作后，发现效果不好，或者比优化前更差了，对一些经验不是特别丰富的性能分析人员，会尝试回退优化动作。但是这时应该判断问题是否出现转移，如果是新的性能瓶颈，就应该接着往下分析。在性能分析中，如果证据链确凿，切忌走回头路。

对于出现的新问题，继续循环使用 RESAR 性能分析七步法。

2. 第二个阶段

1）全局监控分析

因为上面修改了 order 服务的 JDBC 池，所以在出现新的问题之后，先来查看一下 order 服务的健康状态。在 order 服务所在的节点上执行 top 命令来查看全局监控数据，通常笔者在分析系统级别的全局性能数据时，首先执行的命令就是 top，因为在 top 命令中可以看到每个 CPU 的每个计数器的数据，而现在有些监控工具显示的是 CPU 平均使用率，这时数据就不够完整，因为数据被平均了，容易遗漏有问题的单个 CPU 计数器。在本案例中，执行 top 命令后可以看到如下信息。

```
top - 01:28:17 up 19 days, 11:54,  3 users,  load average: 1.14, 1.73, 2.27
Tasks: 316 total,   1 running, 315 sleeping,   0 stopped,   0 zombie
%Cpu0  :100.0 us,  0.0 sy,  0.0 ni,  0.0 id,  0.0 wa,  0.0 hi,  0.0 si,  0.0 st
%Cpu1  :  3.0 us,  2.7 sy,  0.0 ni, 93.6 id,  0.0 wa,  0.0 hi,  0.3 si,  0.3 st
%Cpu2  :  3.4 us,  3.4 sy,  0.0 ni, 93.3 id,  0.0 wa,  0.0 hi,  0.0 si,  0.0 st
%Cpu3  :  3.7 us,  2.8 sy,  0.0 ni, 93.5 id,  0.0 wa,  0.0 hi,  0.0 si,  0.0 st
%Cpu4  :  3.6 us,  2.1 sy,  0.0 ni, 93.6 id,  0.0 wa,  0.0 hi,  0.3 si,  0.3 st
%Cpu5  :  2.8 us,  1.8 sy,  0.0 ni, 95.4 id,  0.0 wa,  0.0 hi,  0.0 si,  0.0 st
KiB Mem : 16265992 total,  2229060 free,  9794944 used,  4241988 buff/cache
KiB Swap:        0 total,        0 free,        0 used.  6052732 avail Mem

  PID USER      PR  NI    VIRT    RES    SHR S  %CPU %MEM     TIME+ COMMAND
29349 root      20   0 8836040   4.3g  16828 S  99.7 27.4  20:51.90 java
 1089 root      20   0 2574864  98144  23788 S   6.6  0.6  2066:38 kubelet
```

显然从 top 命令的执行结果可以看到，有一个 us cpu 达到了 100%。通过 top -Hp 和 jstack -l 1 两个命令查看进程之后，发现是 VM Thread 线程，执行的是 GC 操作。既然执行的是 GC 操作，那就要分析内存的回收状态，于是查看一下 jstat。

```
[root@svc-mall-order-7fbdd7b85f-ks828 /]# jstat -gcutil 1 1s
  S0     S1     E      O      M      CCS    YGC    YGCT    FGC    FGCT    GCT
  0.00 100.00 100.00 100.00  94.86  93.15    168  28.822     93  652.664  681.486
  0.00 100.00 100.00 100.00  94.86  93.15    168  28.822     93  652.664  681.486
  0.00 100.00 100.00 100.00  94.86  93.15    168  28.822     93  652.664  681.486
```

```
0.00 100.00 100.00 100.00   94.86   93.15   168   28.822   93   652.664   681.486
0.00 100.00 100.00 100.00   94.86   93.15   168   28.822   93   652.664   681.486
0.00 100.00 100.00 100.00   94.86   93.15   168   28.822   93   652.664   681.486
0.00 100.00 100.00 100.00   94.86   93.15   168   28.822   93   652.664   681.486
0.00 100.00 100.00 100.00   94.86   93.15   168   28.822   94   659.863   688.685
0.00 100.00 100.00 100.00   94.86   93.15   168   28.822   94   659.863   688.685
0.00 100.00 100.00 100.00   94.86   93.15   168   28.822   94   659.863   688.685
0.00 100.00 100.00 100.00   94.86   93.15   168   28.822   94   659.863   688.685
0.00 100.00 100.00 100.00   94.86   93.15   168   28.822   94   659.863   688.685
0.00 100.00 100.00 100.00   94.86   93.15   168   28.822   94   659.863   688.685
0.00 100.00 100.00 100.00   94.86   93.15   168   28.822   95   667.472   696.294
0.00 100.00 100.00 100.00   94.86   93.15   168   28.822   95   667.472   696.294
0.00 100.00 100.00 100.00   94.86   93.15   168   28.822   95   667.472   696.294
0.00 100.00 100.00 100.00   94.86   93.15   168   28.822   95   667.472   696.294
0.00 100.00 100.00 100.00   94.86   93.15   168   28.822   95   667.472   696.294
0.00 100.00 100.00 100.00   94.86   93.15   168   28.822   95   667.472   696.294
0.00 100.00 100.00 100.00   94.86   93.15   168   28.822   95   667.472   696.294
0.00 100.00 100.00 100.00   94.85   93.14   168   28.822   96   674.816   703.638
0.00 100.00 100.00 100.00   94.85   93.14   168   28.822   96   674.816   703.638
0.00 100.00 100.00 100.00   94.85   93.14   168   28.822   96   674.816   703.638
0.00 100.00 100.00 100.00   94.85   93.14   168   28.822   96   674.816   703.638
0.00 100.00 100.00 100.00   94.85   93.14   168   28.822   96   674.816   703.638
0.00 100.00 100.00 100.00   94.85   93.14   168   28.822   96   674.816   703.638
0.00 100.00 100.00 100.00   94.85   93.14   168   28.822   96   674.816   703.638
```

从上面的数据可以看到，在不断地做 FullGC（FGC 列数值在不停地增加），但是回收不了，因为回收之后 E、O、M 区和回收前一样，仍然是 100%。正常的 GC 逻辑应该是，每次执行 FullGC 时都能回收到正常的状态。如果栈内存确实不够用，这时会出现内存溢出（请注意是溢出，而不是泄漏），可以增加内存。但是如果栈在压力测试场景执行过程中，一直在持续增加，直到 FullGC 也回收不了，那就有问题了。对于这样的问题，要做两方面的分析。

（1）内存确实是在使用，FullGC 也回收不了。

（2）内存有泄漏，直到把内存泄漏完。

所以下面做定向监控分析时要从这两个角度进行思考。

2）定向监控分析

既然内存已满，就执行 jmap -histo:live 1|head -n 50 命令来查看占较多内存的是什么，如下所示。

```
[root@svc-mall-order-7fbdd7b85f-ks828 /]# jmap -histo:live 1|head -n 50
```

```
num       #instances        #bytes  class name
----------------------------------------------
  1:       74925020     2066475600  [B
  2:        2675397      513676056  [[B
  3:        2675385       85612320  com.mysql.cj.protocol.a.result.ByteArrayRow
  4:        2675386       42806176  com.mysql.cj.protocol.a.MysqlTextValueDecoder
  5:         246997       27488016  [C
  6:          80322       16243408  [Ljava.lang.Object;
  7:          14898        7514784  [Ljava.util.HashMap$Node;
  8:         246103        5906472  java.lang.String
  9:         109732        3511424  java.util.concurrent.ConcurrentHashMap$Node
 10:          37979        3342152  java.lang.reflect.Method
 11:          24282        2668712  java.lang.Class
 12:          55296        2654208  java.util.HashMap
 13:          15623        2489384  [I
 14:          81370        1952880  java.util.ArrayList
 15:          50199        1204776
org.apache.skywalking.apm.agent.core.context.util.TagValuePair
 16:          36548        1169536  java.util.HashMap$Node
 17:            566        1161296  [Ljava.util.concurrent.ConcurrentHashMap$Node;
 18:          28143        1125720  java.util.LinkedHashMap$Entry
 19:          13664        1093120
org.apache.skywalking.apm.agent.core.context.trace.ExitSpan
 20:          23071         922840
com.sun.org.apache.xerces.internal.dom.DeferredTextImpl
 21:          35578         853872  java.util.LinkedList$Node
 22:          15038         842128  java.util.LinkedHashMap
 23:          52368         837888  java.lang.Object
 24:          17779         711160
com.sun.org.apache.xerces.internal.dom.DeferredAttrImpl
 25:          11260         630560
com.sun.org.apache.xerces.internal.dom.DeferredElementImpl
 26:          18743         599776  java.util.LinkedList
 27:          26100         598888  [Ljava.lang.Class;
 28:          22713         545112  org.springframework.core.MethodClassKey
 29:            712         532384  [J
 30:           6840         492480
org.apache.skywalking.apm.agent.core.context.trace.LocalSpan
 31:           6043         483440
org.apache.skywalking.apm.dependencies.net.bytebuddy.pool.TypePool$Default$L
azyTypeDescription$MethodToken
 32:           7347         352656  org.aspectj.weaver.reflect.ShadowMatchImpl
 33:           6195         297360  org.springframework.core.ResolvableType
 34:           6249         271152  [Ljava.lang.String;
 35:          11260         270240
com.sun.org.apache.xerces.internal.dom.AttributeMap
 36:           3234         258720  java.lang.reflect.Constructor
```

```
 37:         390         255840
org.apache.skywalking.apm.dependencies.io.netty.util.internal.shaded.org.jct
ools.queues.MpscArrayQueue
 38:        7347         235104   org.aspectj.weaver.patterns.ExposedState
 39:        5707         228280   java.lang.ref.SoftReference
 40:        3009         216648
org.apache.skywalking.apm.agent.core.context.TracingContext
 41:       13302         212832
org.apache.ibatis.scripting.xmltags.StaticTextSqlNode
 42:        8477         203448
org.apache.skywalking.apm.dependencies.net.bytebuddy.pool.TypePool$Default$L
azyTypeDescription$MethodToken$ParameterToken
 43:        5068         162176
java.util.concurrent.locks.ReentrantLock$NonfairSync
 44:        2995         143760
org.apache.skywalking.apm.agent.core.context.trace.TraceSegmentRef
 45:        2426         135856   java.lang.invoke.MemberName
 46:        3262         130480   java.util.WeakHashMap$Entry
 47:        1630         130400
org.apache.skywalking.apm.agent.core.context.trace.EntrySpan
[root@svc-mall-order-7fbdd7b85f-ks828 /]#
```

对内存的分析，可以过滤掉 Java 底层对象，查看与业务相关的对象。从上面的第 3、4 条可以看出，与 SQL 执行返回的数据有关，于是到 innodb_trx 表中查一下，有没有执行时间比较长的 SQL，于是看到了以下 SQL。

```
select id, member_id, coupon_id, order_sn, create_time, member_username,
total_amount pay_amount, freight_amount, promotion_amount,
integration_amount, coupon_amount discount_amount, pay_type, source_type,
status, order_type, delivery_company, delivery_sn auto_confirm_day,
integration, growth, promotion_info, bill_type, bill_header, bill_content
bill_receiver_phone, bill_receiver_email, receiver_name, receiver_phone,
receiver_post_code receiver_province, receiver_city, receiver_region,
receiver_detail_address, note, confirm_status delete_status, use_integration,
payment_time, delivery_time, receive_time, comment_time modify_time from
oms_order WHERE ( id = 0 and status = 0 and delete_status = 0 )
```

查询这个语句涉及的数据，共有 4 358 761 条，这显然是因为 SQL 过滤条件不够精细。接着分析代码哪里调用了这个 SQL。通过查看代码，可以看到如下逻辑。

```
example.createCriteria().andIdEqualTo(orderId).andStatusEqualTo(0).andDelete
StatusEqualTo(0);
List<OmsOrder> cancelOrderList = orderMapper.selectByExample(example);
```

这段代码对应的 SELECT 语句如下。

```
 <select id="selectByExample" parameterType="com.dunshan.mall.model.OmsOrder
Example" resultMap="BaseResultMap">
```

```
select
<if test="distinct">
  distinct
</if>
<include refid="Base_Column_List" />
from oms_order
<if test="_parameter != null">
  <include refid="Example_Where_Clause" />
</if>
<if test="orderByClause != null">
  order by ${orderByClause}
</if>
</select>
```

3）判断性能瓶颈

性能瓶颈来自典型的 SQL 语句过滤条件不能筛选出有效的数据而导致的问题。

4）提出解决方案

分析了业务逻辑之后，还需要修改查询条件。

注意，这里应该根据业务需求修改 SQL，而在分析性能瓶颈的过程中，可以使用一些手段，先确定判断的方向是不是对的，然后尝试优化。比如，在这个案例中，可以先添加一个限制，如果效果明显，那就说明方向是正确的。

在修改了查询条件之后，优化效果如图 9-72 所示。

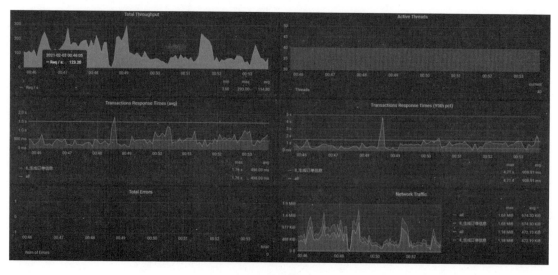

图 9-72　压力测试场景图 3（见彩插）

可以看到优化效果很明显，那就是不会出现 TPS 断裂的情况了，这说明它不会查出太多数据把内存给占满，导致应用崩溃。

但是 TPS 值并没有增加多少，于是必须进行第三个阶段的分析。

3. 第三个阶段

这次不从全局监控数据来看了，有了前面的经验，直接做定向监控分析。这里还要注意的是，在使用 RESAR 性能分析七步法时，步骤在分析过程中会不断出现、循环使用，而且整个过程不能乱。在这个分析案例中，笔者之所以分段分析，就是因为这样的方式会清晰地梳理分析过程。

1）定向监控分析

因为上一个阶段中修改了 SQL，所以在重新执行场景之后直接查一下 innodb_trx 表，看一下其中有没有慢 SQL。结果看到了慢 SQL，如图 9-73 所示。

trx_id	trx_state	trx_started	trx_requested_lock_id	trx_wait_started	trx_weight	trx_mysql_thread_id	trx_query	trx_operation_state	trx_tables_in_use	trx_tables_locked	trx_lock_structs	trx_lock_memory_bytes	trx_rows_locked	trx_rows_
132729695	RUNNING	2021-02-02 16:51:42	(Null)	(Null)	2	461	(Null)	(Null)	0	1	1	1136	0	1
132729694	RUNNING	2021-02-02 16:51:42	(Null)	(Null)	2	469	(Null)	(Null)	0	1	1	1136	0	1
132729693	RUNNING	2021-02-02 16:51:42	(Null)	(Null)	2	459	(Null)	(Null)	0	1	1	1136	0	1
132729692	RUNNING	2021-02-02 16:51:42	(Null)	(Null)	2	456	(Null)	(Null)	0	1	1	1136	0	1
132729691	RUNNING	2021-02-02 16:51:42	(Null)	(Null)	2	466	(Null)	(Null)	0	1	1	1136	0	1
132729683	RUNNING	2021-02-02 16:51:42	(Null)	(Null)	2	457	(Null)	(Null)	0	1	1	1136	0	1
132729337	RUNNING	2021-02-02 16:51:06	(Null)	(Null)	23210	454	update oms_order	updating or deleting	1	1	389	41168	23208	22821
421964398876960	RUNNING	2021-02-02 16:51:42	(Null)	(Null)	0	464	(Null)	(Null)	0	0	0	1136	0	0

图 9-73 innodb_trx 表 1

把这个 SQL 拿出来，看看它的执行计划，如图 9-74 所示。

id	select_type	table	partitions	type	possible_keys	key	key_len	ref	rows	filtered	Extra
1	UPDATE	oms_order	(Null)	ALL	(Null)	(Null)	(Null)	(Null)	4310705	100	(Null)

图 9-74 SQL 执行计划

这又是一个典型的全表扫描，并且是一个 UPDATE 的 SQL 语句。先不要急着处理这个 SQL，由于这是一个复杂的接口，可以把 slow log 全都拿出来分析一遍。在这里请注意，最好是把 slow log 清理一遍，执行的场景多了之后，SQL 会出现很多遗留的历史记录，导致分析的方向不准确。在清理了慢 SQL、重新执行场景之后，把 slow log 拿出来，用 pt-digest-query 再分析一遍，可以看到如下数据。

```
# Profile
# Rank Query ID                      Response time  Calls R/Call   V/M   I
# ==== ========================== ============== ===== ======== ===== =
#    1 0x2D9130DB1449730048AA1B5... 1233.4054 70.5%     3 411.1351  2.73 UPDATE oms_order
#    2 0x68BC6C5F4E7FFFC7D17693A...  166.3178  9.5%  2677   0.0621  0.60 INSERT oms_order
#    3 0xB86E9CC7B0BA539BD447915...   91.3860  5.2%  1579   0.0579  0.01 SELECT ums_member
#    4 0x3135E50F729D62260977E0D...   61.9424  3.5%     4  15.4856  0.30 SELECT oms_order
```

```
#    5 0xAE72367CD45AD907195B3A2...  59.6041  3.4%     3 19.8680  0.13 SELECT oms_order
#    6 0x695C8FFDF15096AAE9DBFE2...  49.1613  2.8%  1237   0.0397  0.01 SELECT
ums_member_receive_address
#    7 0xD732B16862C1BC710680BB9...  25.5382  1.5%   471   0.0542  0.01 SELECT
oms_cart_item
# MISC 0xMISC                        63.2937  3.6%  1795   0.0353   0.0 <9 ITEMS>
```

这里把前两个完整的 SQL 语句列了出来，如下所示。

```
1. UPDATE oms_order SET member_id = 260869, order_sn = '202102030100205526',
create_time = '2021-02-03 01:05:56.0', member_username =
'7dcmppdtest15176472465', total_amount = 0.00, pay_amount = 0.00, freight_amount
= 0.00, promotion_amount = 0.00, integration_amount = 0.00, coupon_amount = 0.00,
discount_amount = 0.00, pay_type = 0, source_type = 1, STATUS = 4, order_type
= 0, auto_confirm_day = 15, integration = 0, growth = 0, promotion_info = '',
receiver_name = '6mtf3', receiver_phone = '18551479920', receiver_post_code =
'66343', receiver_province = '北京', receiver_city = '7dGruop 性能实战',
receiver_region = '7dGruop 性能实战区', receiver_detail_address = '3d16z 吉地 12
号', confirm_status = 0, delete_status = 0 WHERE id = 0;
2. insert into oms_order (member_id, coupon_id, order_sn,  create_time,
member_username, total_amount,  pay_amount, freight_amount, promotion_amount,
integration_amount, coupon_amount, discount_amount,  pay_type, source_type,
status,  order_type, delivery_company, delivery_sn,  auto_confirm_day,
integration, growth,  promotion_info, bill_type, bill_header,  bill_content,
bill_receiver_phone, bill_receiver_email,  receiver_name, receiver_phone,
receiver_post_code,  receiver_province, receiver_city, receiver_region,
receiver_detail_address, note, confirm_status,  delete_status,
use_integration, payment_time,  delivery_time, receive_time, comment_time,
modify_time)values (391265, null, '202102030100181755',  '2021-02-03
01:01:03.741', '7dcmpdtest17793405657', 0,   0, 0, 0,   0, 0, 0,   0, 1, 0,   0,
null, null,  15, 0, 0,   '', null, null,   null, null, null,   'belod',
'15618648303', '93253',   '北京', '7dGruop 性能实战', '7dGruop 性能实战区',   'hc9r1
吉地 12 号', null, 0,   0, null, null,   null, null, null,   null);
```

第一个 SQL 语句的调用次数倒是不多，但是特别慢，这显然不应该是实时接口调用的 SQL，因为在 UPDATE 语句的 where 条件中，这是一条 ID 为 0 的数据，是一个批量业务。

第二个 SQL 语句是一个 insert 语句。这里的优化方向可能需要考虑一下，通常通过批量插入来优化 insert 的，需要调整 bulk_insert_buffer_size 参数，默认值是 "8M"。这时查询了一下这个参数，确实没有优化过。在生产环境中，因为要给 order 表添加索引，最好做主从分离，让 insert 和 SELECT 相互不影响。

查找第一个 SQL 语句的来源，通过查找代码可以看到以下位置有调用它。

```
orderMapper.updateByPrimaryKeySelective(cancelOrder);
```

2）判断性能瓶颈

从代码可以看到，这是批量任务中执行的 SQL 语句。在这里请注意，如果是作为性能团队给架构或开发团队提优化建议，可以给出两条建议：（1）读/写分离，（2）批量业务和实时业务分离。

3）提出解决方案

在这个性能案例中，笔者先把这个批量业务分离。做了这样的修改之后，可以查看 TPS，如图 9-75 所示。

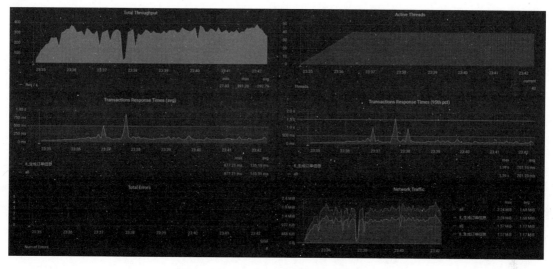

图 9-75　压力测试场景图 4（见彩插）

从效果来看，TPS 能达到 300 左右了，响应时间看起来也趋于稳定，但是仍然需要接着判断此业务还有没有优化空间。

4. 第四个阶段

在解决了前面两个问题之后，现在要接着拆分响应时间，以判断当前性能瓶颈在什么位置。因为从场景执行数据来看，随着压力的增加，响应时间也有所增加，所以通过分段分层的方式来拆分响应时间可以迅速找到性能瓶颈。

1）拆分响应时间

在这次拆分响应时间中，笔者选择用日志来拆分响应时间。通过不同的手段拆分响应时间，对于性能分析人员来说都能获得同样的效果，比如用 APM 工具和日志拆分响应时间获得的效果相同，因为目标是要知道响应时间消耗在哪里，不必纠结于使用什么工具。

可以在 Gateway 中看到如下日志，每条日志的最后一个数值即响应时间，它包括了发送请求和接收响应的时间。

```
10.100.79.93 - - [04/Feb/2021:00:13:17 +0800] "POST
/mall-order/order/generateOrder HTTP/1.1" 200 726 8201 153 ms
10.100.79.93 - - [04/Feb/2021:00:13:17 +0800] "POST
/mall-order/order/generateOrder HTTP/1.1" 200 726 8201 145 ms
10.100.79.93 - - [04/Feb/2021:00:13:17 +0800] "POST
/mall-order/order/generateOrder HTTP/1.1" 200 726 8201 136 ms
10.100.79.93 - - [04/Feb/2021:00:13:17 +0800] "POST
/mall-order/order/generateOrder HTTP/1.1" 200 726 8201 139 ms
10.100.79.93 - - [04/Feb/2021:00:13:17 +0800] "POST
/mall-order/order/generateOrder HTTP/1.1" 200 726 8201 128 ms
10.100.79.93 - - [04/Feb/2021:00:13:17 +0800] "POST
/mall-order/order/generateOrder HTTP/1.1" 200 726 8201 128 ms
10.100.79.93 - - [04/Feb/2021:00:13:17 +0800] "POST
/mall-order/order/generateOrder HTTP/1.1" 200 726 8201 141 ms
10.100.79.93 - - [04/Feb/2021:00:13:17 +0800] "POST
/mall-order/order/generateOrder HTTP/1.1" 200 726 8201 137 ms
10.100.79.93 - - [04/Feb/2021:00:13:17 +0800] "POST
/mall-order/order/generateOrder HTTP/1.1" 200 726 8201 137 ms
10.100.79.93 - - [04/Feb/2021:00:13:17 +0800] "POST
/mall-order/order/generateOrder HTTP/1.1" 200 726 8201 148 ms
10.100.79.93 - - [04/Feb/2021:00:13:17 +0800] "POST
/mall-order/order/generateOrder HTTP/1.1" 200 726 8201 151 ms
10.100.79.93 - - [04/Feb/2021:00:13:17 +0800] "POST
/mall-order/order/generateOrder HTTP/1.1" 200 726 8201 147 ms
10.100.79.93 - - [04/Feb/2021:00:13:17 +0800] "POST
/mall-order/order/generateOrder HTTP/1.1" 200 726 8201 141 ms
10.100.79.93 - - [04/Feb/2021:00:13:17 +0800] "POST
/mall-order/order/generateOrder HTTP/1.1" 200 726 8201 122 ms
10.100.79.93 - - [04/Feb/2021:00:13:17 +0800] "POST
/mall-order/order/generateOrder HTTP/1.1" 200 726 8201 125 ms
10.100.79.93 - - [04/Feb/2021:00:13:17 +0800] "POST
/mall-order/order/generateOrder HTTP/1.1" 200 726 8201 150 ms
10.100.79.93 - - [04/Feb/2021:00:13:17 +0800] "POST
/mall-order/order/generateOrder HTTP/1.1" 200 726 8201 177 ms
```

在 order 服务中，可以看到如下信息，其中最后两个数值的前一个包括发送请求和接收响应的时间，后一个是服务后端的响应时间，所以前一个时间包括后一个时间。

```
10.100.79.106 - - [04/Feb/2021:00:13:31 +0800] "POST /order/generateOrder
HTTP/1.1" 200 738 "-" "Apache-HttpClient/4.5.12 (Java/1.8.0_261)" 94 ms 93 ms
10.100.79.106 - - [04/Feb/2021:00:13:31 +0800] "POST /order/generateOrder
HTTP/1.1" 200 738 "-" "Apache-HttpClient/4.5.12 (Java/1.8.0_261)" 95 ms 95 ms
10.100.79.106 - - [04/Feb/2021:00:13:31 +0800] "POST /order/generateOrder
HTTP/1.1" 200 738 "-" "Apache-HttpClient/4.5.12 (Java/1.8.0_261)" 90 ms 90 ms
......
```

2）全局监控分析

因为响应时间随着压力的增加而增加，在这个过程中，先直接分析一下 order 服务的栈。通过 spring boot admin 命令查看一下线程的整体状态，如图 9-76 所示。

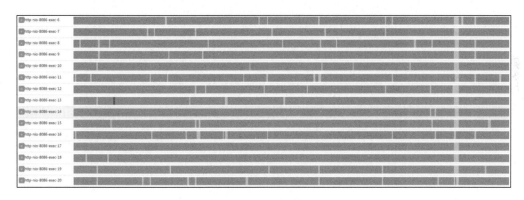

图 9-76　线程状态图

从图 9-76 可以看到，线程是比较繁忙的，判断繁忙的方式是查看图中的灰色部分是否集中，如果使用连续递增的方式执行场景，可以看到线程逐渐变得繁忙。至于这些线程在做什么，当然可以查看栈内容，进一步确定优化的方向，但是由于系统资源还没有用到上限，所以笔者在这里先调整一下 Tomcat 的线程数，增加一些，争取把硬件资源用起来。

这是笔者在做性能分析的过程中经常使用的一个逻辑，就是先把资源耗光，再分析产生性能瓶颈的原因，做进一步的优化。这样做的目的是，如果资源利用率提升了，即使没有做优化，系统的容量也是可以接受的，那就可以先上线系统，再继续找性能瓶颈，因为有些项目是有上线时间点的，不能因为一个性能瓶颈不解决而不上线，那么将影响业务，对企业利润也会产生影响。在本案例中调整参数如下。

Spring Boot 中 Tomcat 的原值如下。

```
max: 20
```

修改为

```
max: 100
```

默认情况下，此值是 200，将该值调小的原因是，在笔者的优化经验中，默认的 200 个线程通常是用不完的，所以先对这些参数进行一轮判断，并给出一个基线值。在这个案例中，显然这个基线值过低了，所以在这里增大它。但在调整值之后，性能变差了，如图 9-77 所示。

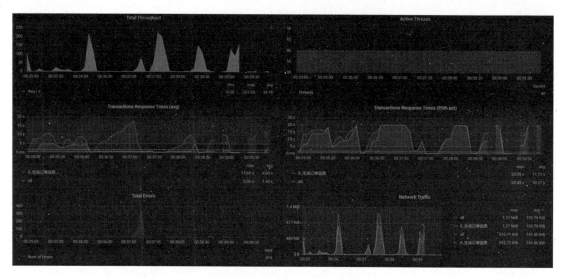

图 9-77　压力测试场景图 5（见彩插）

这时只能再次查看响应时间消耗到哪里去了，再次通过各个服务的日志拆分响应时间，发现 member 服务上有如下日志。

```
10.100.69.248 - - [04/Feb/2021:00:37:22 +0800] "GET /sso/feign/info HTTP/1.1"
200 814 "-" "okhttp/3.14.8" 8784 ms 87 ms
10.100.69.248 - - [04/Feb/2021:00:37:22 +0800] "GET /sso/feign/info HTTP/1.1"
200 817 "-" "okhttp/3.14.8" 9100 ms 86 ms
10.100.69.248 - - [04/Feb/2021:00:37:22 +0800] "GET /sso/feign/info HTTP/1.1"
200 834 "-" "okhttp/3.14.8" 9126 ms 90 ms
10.100.69.248 - - [04/Feb/2021:00:37:22 +0800] "GET /sso/feign/info HTTP/1.1"
200 817 "-" "okhttp/3.14.8" 9058 ms 94 ms
10.100.69.248 - - [04/Feb/2021:00:37:23 +0800] "GET /sso/feign/info HTTP/1.1"
200 820 "-" "okhttp/3.14.8" 9056 ms 95 ms
......
```

以上是笔者截取了响应时间消耗比较大的部分日志，显然 member 服务的响应时间太长。在/sso/feign/info 接口中，确实调用了 member 服务。通过全局监控数据再来查看资源消耗，worker-8 的 CPU 资源居然很高，这说明上面增加了 order 服务的线程是有价值的，现在性能瓶颈出现在其他地方，如图 9-78 所示。

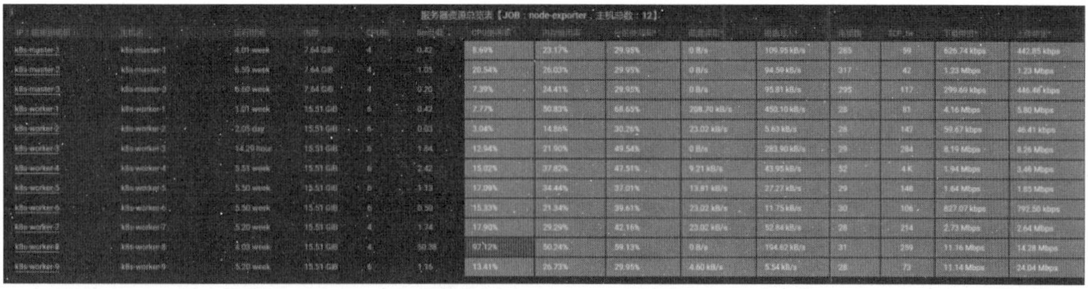

图 9-78 全局监控图 2

既然 worker-8 的资源使用率很高，那么来看看它上面有什么 POD，如下所示，可以看到 member 服务就位于 worker8 上。

```
[root@k8s-master-2 ~]# kubectl get pods -o wide | grep k8s-worker-8
elasticsearch-client-0                    1/1     Running    0         38h
10.100.231.233   k8s-worker-8   <none>           <none>
monitor-mall-monitor-d8bb58fcb-kfbcj      1/1     Running    0         23d
10.100.231.242   k8s-worker-8   <none>           <none>
skywalking-oap-855f96b777-5nxll           1/1     Running    6         37h
10.100.231.235   k8s-worker-8   <none>           <none>
skywalking-oap-855f96b777-6b7jd           1/1     Running    5         37h
10.100.231.234   k8s-worker-8   <none>           <none>
svc-mall-admin-75ff7dcc9b-8gtr5           1/1     Running    0         17d
10.100.231.208   k8s-worker-8   <none>           <none>
svc-mall-demo-5584dbdc96-fskg9            1/1     Running    0         17d
10.100.231.207   k8s-worker-8   <none>           <none>
svc-mall-member-5fc984b57c-bk2fd          1/1     Running    0         12d
10.100.231.231   k8s-worker-8   <none>           <none>
[root@k8s-master-2 ~]#
```

同时这个节点上有不少服务，而且这些服务都比较消耗 CPU 资源，并且在压力测试过程中，还出现了 sy cpu 消耗很高的情况。下面截出两个瞬间数据，一个是 sy cpu 消耗高的情况，一个是 us cpu 消耗高的情况。

```
[root@k8s-worker-8 ~]# top
top - 00:38:51 up 28 days, 4:27, 3 users, load average: 78.07, 62.23, 39.14
Tasks: 275 total, 17 running, 257 sleeping, 1 stopped, 0 zombie
%Cpu0 : 4.2 us, 95.4 sy, 0.0 ni, 0.0 id, 0.0 wa, 0.0 hi, 0.0 si, 0.4 st
%Cpu1 : 1.8 us, 98.2 sy, 0.0 ni, 0.0 id, 0.0 wa, 0.0 hi, 0.0 si, 0.0 st
%Cpu2 : 2.1 us, 97.9 sy, 0.0 ni, 0.0 id, 0.0 wa, 0.0 hi, 0.0 si, 0.0 st
%Cpu3 : 1.0 us, 99.0 sy, 0.0 ni, 0.0 id, 0.0 wa, 0.0 hi, 0.0 si, 0.0 st
KiB Mem : 16266296 total, 1819300 free, 7642004 used, 6804992 buff/cache
KiB Swap:        0 total,       0 free,       0 used. 8086580 avail Mem
```

```
  PID USER       PR  NI    VIRT    RES    SHR S  %CPU %MEM     TIME+ COMMAND
12902 root       20   0 1410452  32280  17744 S  48.1  0.2 751:39.59 calico-node
-felix
    9 root       20   0       0      0      0 R  34.8  0.0 131:14.01 [rcu_sched]
 3668 techstar  20   0 4816688   1.3g  23056 S  33.9  8.5 111:17.12
/usr/share/elasticsearch/jdk/bin/java -Xshare:auto -Des.networkaddress.
cache.ttl=60 -Des.networkaddress+
26105 root       20   0  119604   6344   2704 R  25.8  0.0   0:02.36 runc --root
/var/run/docker/runtime-runc/moby --log /run/containerd/io.containerd.
runtime.v1.linux/moby+
26163 root       20   0   19368    880    636 R  25.2  0.0   0:00.95
iptables-legacy-save -t nat
26150 root       20   0   18740   3136   1684 R  21.6  0.0   0:01.18 runc init
26086 root       20   0   18744   5756   2376 R  20.3  0.0   0:03.10 runc --root
/var/run/docker/runtime-runc/moby --log /run/containerd/io.containerd.
runtime.v1.linux/moby+
  410 root       20   0       0      0      0 S  19.4  0.0  42:42.56 [xfsaild/dm-1]
   14 root       20   0       0      0      0 S  14.8  0.0  54:28.76 [ksoftirqd/1]
    6 root       20   0       0      0      0 S  14.2  0.0  50:58.94 [ksoftirqd/0]
26158 root       20   0   18740   1548    936 R  14.2  0.0   0:00.90 runc --version
31715 nfsnobo+  20   0  129972  19856   9564 S  11.3  0.1
12:41.98 ./kube-rbac-proxy --logtostderr
--secure-listen-address=[172.16.106.56]:9100 --tls-cipher-suites=TLS_EC+
10296 root       20   0 3402116 113200  39320 S  10.3  0.7   2936:50
/usr/bin/kubelet --bootstrap-kubeconfig=/etc/kubernetes/bootstrap-
kubelet.conf --kubeconfig=/etc/kubern+
......................

[root@k8s-worker-8 ~]# top
top - 00:43:01 up 28 days,  4:31,  3 users,  load average: 72.51, 68.20, 47.01
Tasks: 263 total,   2 running, 260 sleeping,   1 stopped,   0 zombie
%Cpu0 : 77.2 us, 15.7 sy,  0.0 ni,  2.2 id,  0.0 wa,  0.0 hi,  4.8 si,  0.0 st
%Cpu1 : 77.0 us, 15.7 sy,  0.0 ni,  2.3 id,  0.0 wa,  0.0 hi,  5.0 si,  0.0 st
%Cpu2 : 70.3 us, 20.9 sy,  0.0 ni,  2.9 id,  0.0 wa,  0.0 hi,  5.9 si,  0.0 st
%Cpu3 : 76.6 us, 12.2 sy,  0.0 ni,  5.1 id,  0.0 wa,  0.0 hi,  6.1 si,  0.0 st
KiB Mem : 16266296 total,  1996620 free,  7426512 used,  6843164 buff/cache
KiB Swap:        0 total,        0 free,        0 used.  8302092 avail Mem

  PID USER       PR  NI    VIRT    RES    SHR S  %CPU %MEM     TIME+ COMMAND
20072 root       20   0 7944892 689352  15924 S 137.1  4.2   3127:04 java
-Dapp.id=svc-mall-member -javaagent:/opt/skywalking/agent/
skywalking-agent.jar -Dskywalking.agent.+
29493 root       20   0 3532496 248960  17408 S  98.3  1.5   0:06.70 java
-XX:+UnlockExperimentalVMOptions -XX:+UseCGroupMemoryLimitForHeap
-Dmode=no-init -Xmx2g -Xms2g -cl+
```

```
28697 root        20   0 3711520     1.0g  18760 S  61.6  6.7 124:41.08 java
-XX:+UnlockExperimentalVMOptions -XX:+UseCGroupMemoryLimitForHeap
-Dmode=no-init -Xmx2g -Xms2g -cl+
25885 root        20   0 3716560     1.2g  18908 S  59.3  7.6 183:12.97 java
-XX:+UnlockExperimentalVMOptions -XX:+UseCGroupMemoryLimitForHeap
-Dmode=no-init -Xmx2g -Xms2g -cl+
...................
```

3）判断性能瓶颈

从 sy cpu 消耗高的数据来看，显然存在不断地调度系统资源的情况，通过 rcu_sched/softirq 等就可以知道，这种显然是在机器上安排了过多的任务。

4）提出解决方案

这里先把 member 服务移到另一个 worker 节点上，查看 TPS，如图 9-79 所示。

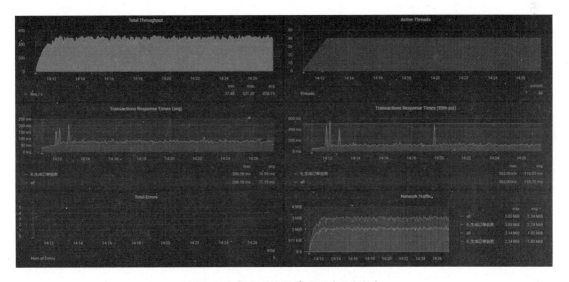

图 9-79　压力测试场景图 6（见彩插）

从图 9-79 可以看到，TPS 增加到了 400 多，也就是说解决方案的方向是对的。之所以修改 order 服务后的线程池效果不好，是因为压力已经转移到了 member 服务上，导致 member 服务所在的 worker 节点资源使用率增加，进而导致 member 服务不能正常响应请求，反而导致整个 TPS 没什么优化效果。而现在移走了 member 服务，可以看到 TPS 有明显增加的效果，这也说明优化方向在正确的道路上。

再次查看整体的资源监控，如图 9-80 所示。还没有哪个 worker 节点的资源用满了或者接近用满，那就是还有优化的空间。

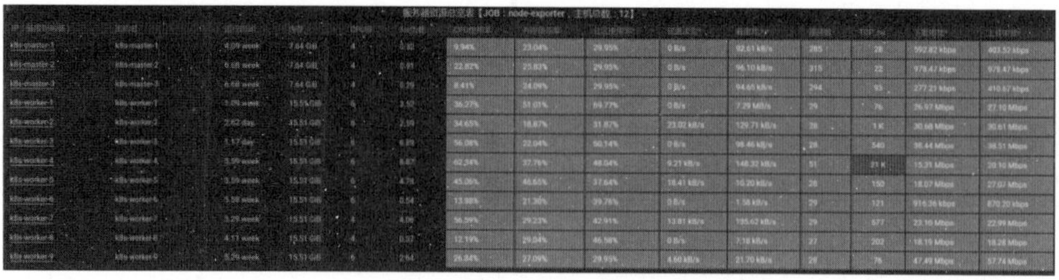

图 9-80　全局监控图 3

根据笔者的经验，把资源用起来是为了查看系统的最大容量，但这并不意味着，可以在生产环境中让硬件使用到这种程度。对于一个不可控容量的系统来说，资源使用率高极可能导致各种问题的出现。所以，为了安全稳妥，很多生产环境下的资源使用率都是非常低的。根据性能环境中的测试结果，要想给生产环境配置一个比较明确的可借鉴的结论，就必须先分析生产业务容量，再来确定在达到生产业务容量的时候，相应的硬件资源用到多少比较合理。

在这个案例中，仍然需要进一步判断需要优化的性能瓶颈，于是下面进入第五个阶段。

5. 第五个阶段

在长时间的压力测试中，可以发现一个问题：资源怎么也用不上去，在第三个阶段的最后一个图中，明显地展示出了这一点，于是开始新一轮的定位。

1）定位时间消耗

前面使用日志来拆分响应时间，也看到了使用不同的手段都可以拆分响应时间，这也是笔者一直强调的，不要在意手段，而要在意目标。在这一步中，再换一个思路来拆分响应时间。优化过程中，唯思路不变，手段可以任意选择。下面选择直接跟踪方法的执行过程来判断时间的消耗。

这里使用 arthas 工具（这样的工具有很多，比如 jvisualvm、btrace 等）来定位方法的时间消耗，因为接口方法是明确的，也就是 com.dunshan.mall.order.service.impl.PortalOrderServiceImpl 中的 generateOrder，所以在这里直接跟踪它。因为跟踪的栈实在太长了，所以笔者摘出多次跟踪中的重要部分，如下所示。

```
+---[91.314104ms] com.dunshan.mall.order.feign.MemberService: getCurrentMember()
#150
......
+---[189.777528ms] com.dunshan.mall.order.feign.CartItemService:
listPromotionnew() #154
......
+---[47.300765ms] com.dunshan.mall.order.service.impl.PortalOrderServiceImpl:
sendDelayMessageCancelOrder() #316
```

在这一步会反复跟踪多次，之所以要跟踪多次，是为了保证判断方向的正确性。跟踪过程既耗时又枯燥，一定要细致。

在这一步中，要判断消耗时间的方法是不是固定的。如果不是固定的方法，那就有点儿麻烦，说明不是方法本身的问题，而是其他的资源影响了方法的执行时间；如果是固定的方法，就比较容易，继续跟踪即可。

这里反复跟踪了多次，总发现上面几个方法比较消耗时间。反复分析了全局监控计数器之后，没发现资源使用上的问题。从压力测试工具到数据库，也没发现有什么阻塞点。反复确认了之后，笔者觉得有必要查看一下业务逻辑。

因为对于一个复杂的业务来说，如果业务逻辑太长，不管怎么优化，都不会有什么效果，最后扩容的思路就是增加机器，但是增加机器要给出增加机器的判断理由。如果业务可优化，从成本上来说，优化代码的成本最低。

打开开发工具 idea，找到 generateOrder 方法，打开 sequence diagram，可以看到如图 9-81 所示的代码泳道图。

这是一个相当长的业务逻辑，下面大概描述一下里面有什么。

（1）获取用户名。

（2）获取购物车列表。

（3）获取促销活动信息。

（4）判断库存。

（5）判断优惠券。

（6）判断积分。

（7）计算金额。

（8）转订单并插库。

（9）获取地址信息。

（10）计算赠送的积分和成长值。

（11）插入订单表。

（12）更新优惠券状态。

（13）扣积分。

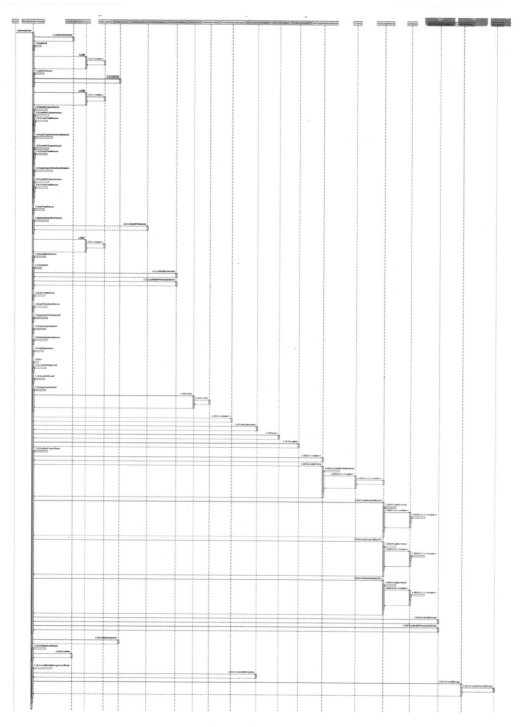

图 9-81　代码泳道图

（14）删除购物车商品。

（15）发送取消订单消息。

（16）返回结果。

对于这样复杂的接口，如果业务逻辑要求必须是这样的，那么接口本身就没有什么优化空间。上面优化到了 400 多 TPS，这是一个好结果。

2）判断性能瓶颈

性能分析工程师在看到这种情况后，要对业务逻辑的设计提出修改建议。修改业务逻辑需要所有相关人员一起商讨确定。在这个接口的逻辑中，由于步骤过长，需要对步骤进行优化精减。

3）提出解决方案

在这个案例中，将一些不是必须同步执行的步骤（如判断优惠券、判断积分、发送取消订单信息等）改为异步执行。查看修改之后的 TPS，如图 9-82 所示。

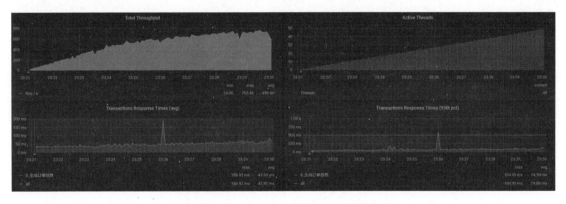

图 9-82　压力测试场景图 7（见彩插）

从图 9-82 可以看到，这样的修改确实有效，那后续的优化建议就更清晰了。

但是，建议终归是建议，在一个企业中，通常会根据具体的业务逻辑做长时间的技术分析来判断如何实现这样的接口。如果确实没办法在技术上优化，那只能上最后一招：扩容！这个扩容不再是扩某一段，而是扩一整条链路。还有一点，在一条业务链路中，通常会根据发展的速度做相应的技术沉淀，太追潮流了，学习成本高，不见得是好事；太陈旧了，维护成本高，也不见得是好事。只有根据实际的业务发展不断地演进，才是正道。

看似优化到这里就可以结束了，但是并没有，下面进入第六个阶段。

6. 第六个阶段

1）场景运动数据

本来以为在第四个阶段，TPS 上去了，逻辑说清楚了，结论也明确了，应该就可以结束了。但是在长时间运行压力测试场景的时候，又出现了问题，如图 9-83 所示。

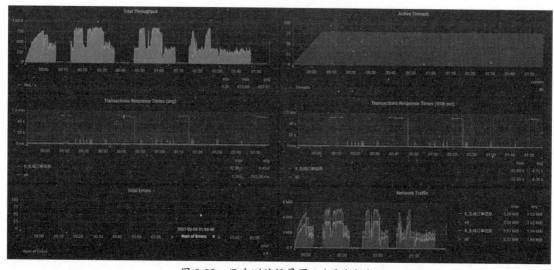

图 9-83　压力测试场景图 8（见彩插）

在每个项目的优化过程中，都会出现各种意外，只有把所有场景按真实的业务需求执行完才算结束性能项目。

2）全局监控分析

在进行全局监控分析时，可以看到数据库的全局监控数据如下。

```
__ InnoDB Lock _____
Waits            889      0.1/s
Current           77
Time acquiring
  Total      36683515 ms
  Average       41263 ms
  Max           51977 ms
```

显然数据库中出现了锁等待，并且锁的时间还挺长。于是再去查询一下 innodb_trx 表，看一下有什么样的 SQL 正在运行，可以在数据库中发现大量的 lock_wait，如图 9-84 所示。

既然有锁等待，那自然要查看等待事件。在查看具体锁的等待事件之前，也查看一下应用日志，因为对数据库来说，锁是为了保护数据的一致性，是正常的逻辑。产生锁的 SQL 自然是从应用来的，所以下面看一下应用中有没有报什么错。

在 MySQL 和应用中看到的 SQL 应该是对应的。注意，压力测试工具中的数据如果用错了，数据库中照样也会出现锁，见图 9-84。

trx_id	trx_state	trx_started	trx_requested_lock_id	trx_wait_started	trx_weight	trx_mysql_thread_id	trx_query	trx_operation_state	trx_tables_in_use	trx_tables_locked	trx_lock_structs	trx_lock_memory
155747882	LOCK WAIT	2021-02-05 16:06:16	155747882:158:153426:1	2021-02-05 16:06:16	2	570	insert into oms_order (member_id, coupon_id, order_sn,	inserting	1	1	2	1136
155747881	LOCK WAIT	2021-02-05 16:06:16	155747881:158:153426:1	2021-02-05 16:06:16	2	597	insert into oms_order (member_id, coupon_id, order_sn,	inserting	1	1	2	1136
155747880	LOCK WAIT	2021-02-05 16:06:16	155747880:158:153426:1	2021-02-05 16:06:16	2	681	insert into oms_order (member_id, coupon_id, order_sn,	inserting	1	1	2	1136
155747879	LOCK WAIT	2021-02-05 16:06:16	155747879:158:153426:1	2021-02-05 16:06:16	2	606	insert into oms_order (member_id, coupon_id, order_sn,	inserting	1	1	2	1136
155747877	LOCK WAIT	2021-02-05 16:06:16	155747877:158:153426:1	2021-02-05 16:06:16	2	653	insert into oms_order (member_id, coupon_id, order_sn,	inserting	1	1	2	1136
155747877	LOCK WAIT	2021-02-05 16:06:16	155747877:158:153426:1	2021-02-05 16:06:16	2	683	insert into oms_order (member_id, coupon_id, order_sn,	inserting	1	1	2	1136
155747876	LOCK WAIT	2021-02-05 16:06:16	155747876:158:153426:1	2021-02-05 16:06:16	2	697	insert into oms_order (member_id, coupon_id, order_sn,	inserting	1	1	2	1136
155747875	LOCK WAIT	2021-02-05 16:06:16	155747875:158:153426:1	2021-02-05 16:06:16	2	745	insert into oms_order (member_id, coupon_id, order_sn,	inserting	1	1	2	1136
155747874	LOCK WAIT	2021-02-05 16:06:16	155747874:158:153426:1	2021-02-05 16:06:16	2	640	insert into oms_order (member_id, coupon_id, order_sn,	inserting	1	1	2	1136
155747873	LOCK WAIT	2021-02-05 16:06:16	155747873:158:153426:1	2021-02-05 16:06:16	2	648	insert into oms_order (member_id, coupon_id, order_sn,	inserting	1	1	2	1136
155747872	LOCK WAIT	2021-02-05 16:06:16	155747872:158:153426:1	2021-02-05 16:06:16	2	669	insert into oms_order (member_id, coupon_id, order_sn,	inserting	1	1	2	1136
155747871	LOCK WAIT	2021-02-05 16:06:16	155747871:158:153426:1	2021-02-05 16:06:16	2	687	insert into oms_order (member_id, coupon_id, order_sn,	inserting	1	1	2	1136
155747870	LOCK WAIT	2021-02-05 16:06:16	155747870:158:153426:1	2021-02-05 16:06:16	2	690	insert into oms_order (member_id, coupon_id, order_sn,	inserting	1	1	2	1136
155747869	LOCK WAIT	2021-02-05 16:06:16	155747869:158:153426:1	2021-02-05 16:06:16	2	645	insert into oms_order (member_id, coupon_id, order_sn,	inserting	1	1	2	1136
155747868	LOCK WAIT	2021-02-05 16:06:16	155747868:158:153426:1	2021-02-05 16:06:16	2	665	insert into oms_order (member_id, coupon_id, order_sn,	inserting	1	1	2	1136
155747867	LOCK WAIT	2021-02-05 16:06:16	155747867:158:153426:1	2021-02-05 16:06:16	2	689	insert into oms_order (member_id, coupon_id, order_sn,	inserting	1	1	2	1136
155747866	LOCK WAIT	2021-02-05 16:06:16	155747866:158:153426:1	2021-02-05 16:06:16	2	671	insert into oms_order (member_id, coupon_id, order_sn,	inserting	1	1	2	1136
155747865	LOCK WAIT	2021-02-05 16:06:16	155747865:158:153426:1	2021-02-05 16:06:16	2	696	insert into oms_order (member_id, coupon_id, order_sn,	inserting	1	1	2	1136
155747864	LOCK WAIT	2021-02-05 16:06:16	155747864:158:153426:1	2021-02-05 16:06:16	2	681	insert into oms_order (member_id, coupon_id, order_sn,	inserting	1	1	2	1136
155747863	LOCK WAIT	2021-02-05 16:06:16	155747863:158:153426:1	2021-02-05 16:06:16	2	695	insert into oms_order (member_id, coupon_id, order_sn,	inserting	1	1	2	1136
155747861	LOCK WAIT	2021-02-05 16:06:16	155747861:158:153426:1	2021-02-05 16:06:16	2	639	insert into oms_order (member_id, coupon_id, order_sn,	inserting	1	1	2	1136
155747861	LOCK WAIT	2021-02-05 16:06:16	155747861:158:153426:1	2021-02-05 16:06:16	2	659	insert into oms_order (member_id, coupon_id, order_sn,	inserting	1	1	2	1136
155747860	LOCK WAIT	2021-02-05 16:06:16	155747860:158:153426:1	2021-02-05 16:06:16	2	637	insert into oms_order (member_id, coupon_id, order_sn,	inserting	1	1	2	1136

图 9-84　innodb_trx 表截图 2

查看应用日志，可以看到如下信息。

```
[2021-02-06 00:46:59.059] [org.apache.juli.logging.DirectJDKLog]
[http-nio-8086-exec-72] [175] [ERROR] Servlet.service() for servlet
[dispatcherServlet] in context with path [] threw exception [Request processing
failed; nested exception is
org.springframework.dao.CannotAcquireLockException:
### Error updating database. Cause:
com.mysql.cj.jdbc.exceptions.MySQLTransactionRollbackException: Lock wait
timeout exceeded; try restarting transaction
### The error may involve com.dunshan.mall.mapper.OmsOrderMapper.insert-Inline
### The error occurred while setting parameters
### SQL: insert into oms_order (member_id, coupon_id, order_sn,
create_time, member_username, total_amount,          pay_amount, freight_amount,
promotion_amount,          integration_amount, coupon_amount, discount_amount,
pay_type, source_type, status,          order_type, delivery_company,
delivery_sn,          auto_confirm_day, integration, growth,
promotion_info, bill_type, bill_header,          bill_content,
bill_receiver_phone, bill_receiver_email,          receiver_name,
receiver_phone, receiver_post_code,          receiver_province, receiver_city,
receiver_region,          receiver_detail_address, note, confirm_status,
delete_status, use_integration, payment_time,          delivery_time,
receive_time, comment_time,          modify_time)          values
(?, ?, ?,          ?, ?, ?,          ?, ?, ?,          ?, ?, ?,          ?, ?, ?,
?, ?, ?,          ?, ?, ?,          ?, ?, ?,          ?, ?, ?,                ?,
?, ?,          ?, ?, ?,          ?, ?, ?,          ?, ?, ?,                ?)
### Cause: com.mysql.cj.jdbc.exceptions.MySQLTransactionRollbackException:
Lock wait timeout exceeded; try restarting transaction
```

```
; Lock wait timeout exceeded; try restarting transaction; nested exception is
com.mysql.cj.jdbc.exceptions.MySQLTransactionRollbackException: Lock wait
timeout exceeded; try restarting transaction] with root cause
com.mysql.cj.jdbc.exceptions.MySQLTransactionRollbackException: Lock wait
timeout exceeded; try restarting transaction
```

一个 insert 报了锁等待，插入不了数据。insert 本身是不会出现表级锁的，应该还有其他的信息。接着查看日志，果然看到如下信息。

```
[2021-02-06 01:00:51.051] [org.springframework.scheduling.support.TaskUtils
$LoggingErrorHandler] [scheduling-1] [95] [ERROR] Unexpected error occurred in
scheduled task
org.springframework.dao.CannotAcquireLockException:
### Error updating database. Cause:
com.mysql.cj.jdbc.exceptions.MySQLTransactionRollbackException: Lock wait
timeout exceeded; try restarting transaction
### The error may involve defaultParameterMap
### The error occurred while setting parameters
### SQL: update oms_order        set status=?        where id in
(              ?          )
### Cause: com.mysql.cj.jdbc.exceptions.MySQLTransactionRollbackException:
Lock wait timeout exceeded; try restarting transaction
; Lock wait timeout exceeded; try restarting transaction; nested exception is
com.mysql.cj.jdbc.exceptions.MySQLTransactionRollbackException: Lock wait
timeout exceeded; try restarting transaction
```

以上看到了 UPDATE 语句，这样逻辑就成立了，UPDATE 语句是会锁数据的，但是当前 MySQL 使用的是 InnoDB 的引擎，如果 UPDATE 的条件是精确查找的，在 InnoDB 引擎中应该不会出现表级锁，但是如果 UPDATE 的范围大的话，就会出现问题，会导致 insert 语句阻塞，在 trx 表中可以看到如图 9-85 所示的内容。

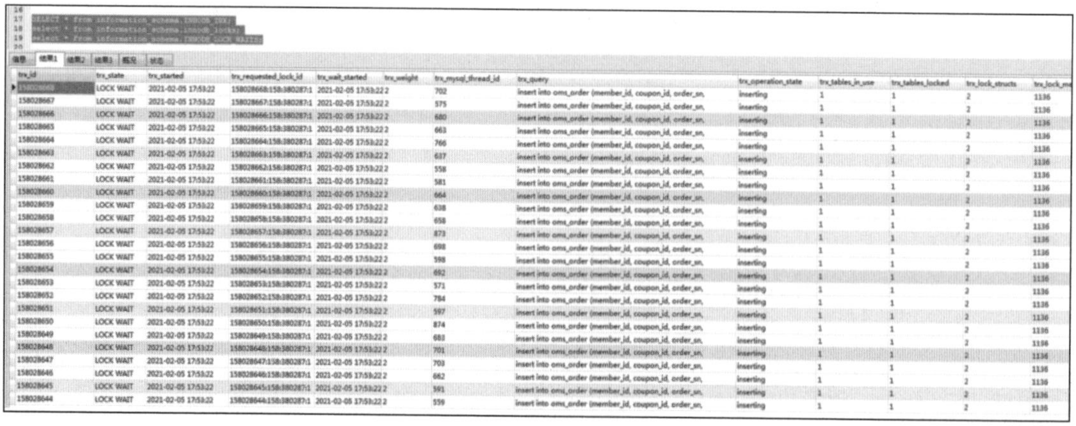

图 9-85　innodb_trx 表截图 3

所有的 insert 都处于锁等待状态。这就是表级锁对 insert 产生的影响。如果再查一下锁和锁等待的话，会看到如图 9-86 所示的内容。

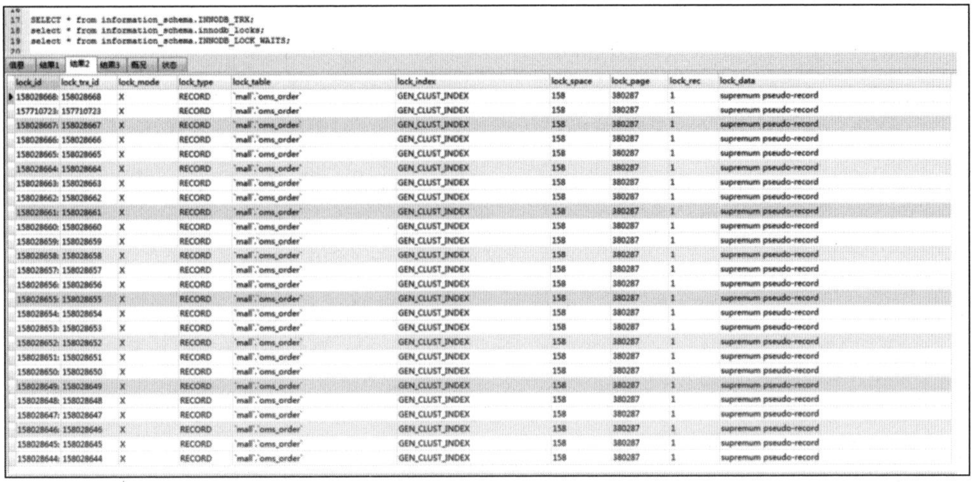

```
17 SELECT * from information_schema.INNODB_TRX;
18 select * from information_schema.innodb_locks;
19 select * from information_schema.INNODB_LOCK_WAITS;
```

信息 | 结果1 | 结果2 | 结果3 | 概况 | 状态

lock_id	lock_trx_id	lock_mode	lock_type	lock_table	lock_index	lock_space	lock_page	lock_rec	lock_data
158028668:	158028668	X	RECORD	`mall`.`oms_order`	GEN_CLUST_INDEX	158	380287	1	supremum pseudo-record
157710723:	157710723	X	RECORD	`mall`.`oms_order`	GEN_CLUST_INDEX	158	380287	1	supremum pseudo-record
158028667:	158028667	X	RECORD	`mall`.`oms_order`	GEN_CLUST_INDEX	158	380287	1	supremum pseudo-record
158028666:	158028666	X	RECORD	`mall`.`oms_order`	GEN_CLUST_INDEX	158	380287	1	supremum pseudo-record
158028665:	158028665	X	RECORD	`mall`.`oms_order`	GEN_CLUST_INDEX	158	380287	1	supremum pseudo-record
158028664:	158028664	X	RECORD	`mall`.`oms_order`	GEN_CLUST_INDEX	158	380287	1	supremum pseudo-record
158028663:	158028663	X	RECORD	`mall`.`oms_order`	GEN_CLUST_INDEX	158	380287	1	supremum pseudo-record
158028662:	158028662	X	RECORD	`mall`.`oms_order`	GEN_CLUST_INDEX	158	380287	1	supremum pseudo-record
158028661:	158028661	X	RECORD	`mall`.`oms_order`	GEN_CLUST_INDEX	158	380287	1	supremum pseudo-record
158028660:	158028660	X	RECORD	`mall`.`oms_order`	GEN_CLUST_INDEX	158	380287	1	supremum pseudo-record
158028659:	158028659	X	RECORD	`mall`.`oms_order`	GEN_CLUST_INDEX	158	380287	1	supremum pseudo-record
158028658:	158028658	X	RECORD	`mall`.`oms_order`	GEN_CLUST_INDEX	158	380287	1	supremum pseudo-record
158028657:	158028657	X	RECORD	`mall`.`oms_order`	GEN_CLUST_INDEX	158	380287	1	supremum pseudo-record
158028656:	158028656	X	RECORD	`mall`.`oms_order`	GEN_CLUST_INDEX	158	380287	1	supremum pseudo-record
158028655:	158028655	X	RECORD	`mall`.`oms_order`	GEN_CLUST_INDEX	158	380287	1	supremum pseudo-record
158028654:	158028654	X	RECORD	`mall`.`oms_order`	GEN_CLUST_INDEX	158	380287	1	supremum pseudo-record
158028653:	158028653	X	RECORD	`mall`.`oms_order`	GEN_CLUST_INDEX	158	380287	1	supremum pseudo-record
158028652:	158028652	X	RECORD	`mall`.`oms_order`	GEN_CLUST_INDEX	158	380287	1	supremum pseudo-record
158028651:	158028651	X	RECORD	`mall`.`oms_order`	GEN_CLUST_INDEX	158	380287	1	supremum pseudo-record
158028650:	158028650	X	RECORD	`mall`.`oms_order`	GEN_CLUST_INDEX	158	380287	1	supremum pseudo-record
158028649:	158028649	X	RECORD	`mall`.`oms_order`	GEN_CLUST_INDEX	158	380287	1	supremum pseudo-record
158028648:	158028648	X	RECORD	`mall`.`oms_order`	GEN_CLUST_INDEX	158	380287	1	supremum pseudo-record
158028647:	158028647	X	RECORD	`mall`.`oms_order`	GEN_CLUST_INDEX	158	380287	1	supremum pseudo-record
158028646:	158028646	X	RECORD	`mall`.`oms_order`	GEN_CLUST_INDEX	158	380287	1	supremum pseudo-record
158028645:	158028645	X	RECORD	`mall`.`oms_order`	GEN_CLUST_INDEX	158	380287	1	supremum pseudo-record
158028644:	158028644	X	RECORD	`mall`.`oms_order`	GEN_CLUST_INDEX	158	380287	1	supremum pseudo-record

图 9-86　innodb_lock_waits 表截图 1

排他锁（X 锁），又叫写锁，锁类型是 RECORD，锁住的是索引，并且索引是 GEN_CLUST_INDEX，这是 InnoDB 创建的隐藏的聚集索引。当一个 SQL 语句没有使用任何索引时，那就会在每一条聚集索引后面加 X 锁，这和表级锁的现象是一样的，只是原理不一样而已。为了方便描述，仍然用表级锁来描述，如图 9-87 所示。

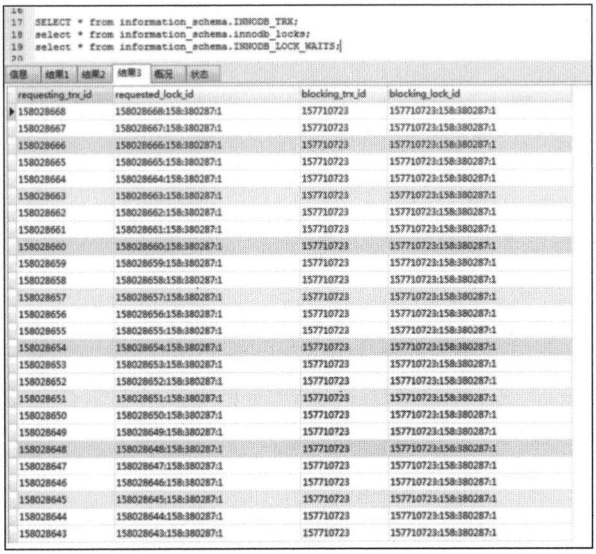

```
17 SELECT * from information_schema.INNODB_TRX;
18 select * from information_schema.innodb_locks;
19 select * from information_schema.INNODB_LOCK_WAITS;
```

信息 | 结果1 | 结果2 | 结果3 | 概况 | 状态

requesting_trx_id	requested_lock_id	blocking_trx_id	blocking_lock_id
158028668	158028668:158:380287:1	157710723	157710723:158:380287:1
158028667	158028667:158:380287:1	157710723	157710723:158:380287:1
158028666	158028666:158:380287:1	157710723	157710723:158:380287:1
158028665	158028665:158:380287:1	157710723	157710723:158:380287:1
158028664	158028664:158:380287:1	157710723	157710723:158:380287:1
158028663	158028663:158:380287:1	157710723	157710723:158:380287:1
158028662	158028662:158:380287:1	157710723	157710723:158:380287:1
158028661	158028661:158:380287:1	157710723	157710723:158:380287:1
158028660	158028660:158:380287:1	157710723	157710723:158:380287:1
158028659	158028659:158:380287:1	157710723	157710723:158:380287:1
158028658	158028658:158:380287:1	157710723	157710723:158:380287:1
158028657	158028657:158:380287:1	157710723	157710723:158:380287:1
158028656	158028656:158:380287:1	157710723	157710723:158:380287:1
158028655	158028655:158:380287:1	157710723	157710723:158:380287:1
158028654	158028654:158:380287:1	157710723	157710723:158:380287:1
158028653	158028653:158:380287:1	157710723	157710723:158:380287:1
158028652	158028652:158:380287:1	157710723	157710723:158:380287:1
158028651	158028651:158:380287:1	157710723	157710723:158:380287:1
158028650	158028650:158:380287:1	157710723	157710723:158:380287:1
158028649	158028649:158:380287:1	157710723	157710723:158:380287:1
158028648	158028648:158:380287:1	157710723	157710723:158:380287:1
158028647	158028647:158:380287:1	157710723	157710723:158:380287:1
158028646	158028646:158:380287:1	157710723	157710723:158:380287:1
158028645	158028645:158:380287:1	157710723	157710723:158:380287:1
158028644	158028644:158:380287:1	157710723	157710723:158:380287:1
158028643	158028643:158:380287:1	157710723	157710723:158:380287:1

图 9-87　innodb_lock_waits 表截图 2

再来看持有锁的事务，对应的事务 ID 是 157710723，对应的 SQL 语句如下。

```
update oms_order set status=4 where id in (     0 );
```

在代码中查一下这段 UPDATE 代码。

```
/**
 * 批量修改订单状态
 */
int updateOrderStatus(@Param("ids") List<Long> ids,@Param("status") Integer
status);
```

这是一个对批量任务的调用，逻辑如图 9-88 所示。

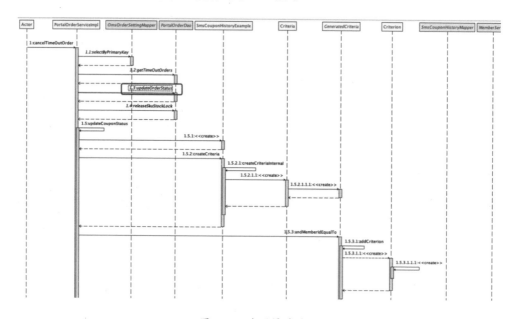

图 9-88　代码渠道图 2

3）判断性能瓶颈

这个批量任务的问题在于，在一个订单表中执行批量更新操作，并且这个批量更新内容还挺多，因为上面的 ID 是 0，表示订单是未支付的，这个批量任务设计得明显有问题，在订单表中做这样的大动作，如果要做更新，不应该做范围更新，而应该做精准更新。其实订单的更新逻辑也有其他的实现方式，见图 9-88。

4）提出解决方案

锁的原因找到了，把它改为精准更新，让它不产生表级锁。修改之后，重新执行场景的结果如图 9-89 所示。

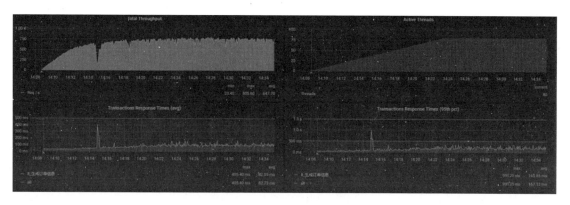

图 9-89　压力测试场景图 9（见彩插）

从优化效果来看，TPS 已经达到 700 以上，对这样一个复杂接口来说，已经非常不错了。在这里，还可以提出的建议是读/写分离。

在本章的案例中，可以看到好几个性能问题。问题和复杂度先抛开不说，笔者想表达的是，在性能优化中，问题是一个个剥开的，像洋葱一样。虽然也有一个优化动作就产生很好效果的可能性，但是在优化过程中，需要一个一个问题慢慢分析。

在本章中，第一个阶段修改了线程池，产生了效果，也出现了新问题。在第二个阶段中，解决了查询大量数据导致内存被耗光的问题。在第三个阶段中，重新调配了资源，让系统的调度更合理。在第四个阶段中，定位了方法的时间消耗问题，这一步要注意，一定要在分析了业务逻辑之后再做相应的优化，不要追求性能的优化效果而不停地纠结。在第五个阶段中，分析了复杂的业务代码，并拆分了不必要的串行代码。在第六个阶段中，定位了批量任务不合理的问题。批量产生的表级锁和 insert 的功能点，一定要分开。

总之，在分析的过程中，不界定问题的边界，遇到什么问题就解决什么问题，要不急不躁。从本章的案例来看，在性能分析中，会用到很多技术点，需要性能分析人员有足够的知识宽度。

似乎每个技术点拆开来看，都不是特别难，但是性能分析就是要把这些技术点串起来，并且分析过程还不能出错，证据链要保持完整，这才是难点。

手段和工具都是为了配合分析逻辑而存在的，所以不用过于依赖某个特定的工具，保证分析逻辑的层层关联，这才是 RESAR 性能分析逻辑要强调的精髓。

## 第 10 章

可靠性测试技术精要

根据国家标准《GBT6583—1994 质量管理和质量保证术语》的规定，可靠性是指产品在规定的条件下、在规定的时间内完成规定的功能的能力。一般所说的"可靠性"指的是"可信赖的"或"可信任的"。比如，针对一套软件系统，当需要它工作时，它能正常运行并提供服务，我们说这个系统是可靠的；反之，如果它时而能正常工作，时而不能正常工作，则它肯定是不可靠的。通常人们对产品的期望是产品的可靠性越高越好，因为产品的可靠性越高，正常工作的时间就越长，产生故障的时间就越少。

10.1 可靠性测试概述

软件可靠性测试是指，为了保证和验证软件的可靠性要求而对软件进行的测试。软件可靠性测试本质上是一种黑盒测试，即通过在各种变化的条件和相对不变的条件下对软件进行测试，并对在测试过程中观测到的软件失效数据进行分析，从而评估软件的可靠性。软件可靠性测试通常是在实验室内仿真环境下，在系统测试、验收、交付阶段进行，也可以根据需要在用户现场进行。

10.1.1 可靠性测试目的

软件可靠性测试是面向失效的一种测试方法，主要目标是发现高频发、影响大的关键失效。

软件可靠性测试的具体目的：验证软件可靠性需求、评估软件可靠性水平和实现软件可靠性增长。

10.1.2 可靠性测试设计

1. 可靠性测试方案

可靠性测试方案是根据可靠性测试需求建立可靠性测试模型，并给出测试方法，指导可靠性测试用例设计和执行的方案。

可靠性测试的需求主要分为如下 3 类：

（1）验证用户需求和软件设计规格中对软件可靠性能力的要求，以及针对可靠性设计的实现程度。

（2）从用户视角评估用户在特定条件下、特定时间内，实际使用软件时系统出现失效的概率和程度。

（3）从系统视角评估系统潜在的故障模式对软件可靠性的影响程度。

上述 3 类需求并不完全正交，可能存在交集，分析过程中去除重复部分，即可得到可靠测试需求的完整合集。

对于第 1 类需求，要基于软件系统可靠性特性的设计实现，应用通用的测试分析设计方法，参考软件系统的典型可靠性设计模式，实现可靠性特性覆盖的测试设计。

对于第 2 类需求，要分析设计完整的操作剖面，作为代表抽象化的可靠性测试模型，用于指导可靠性测试用例的设计。

对于第 3 类需求，要根据软件系统的使用场景设计特定的故障模式，以故障注入的方式实现可靠性测试。

产品的可靠性特性因业务而异，测试设计通常围绕这 3 类可靠性需求展开，比如可靠性故障管理、冗余设计验证、容灾设计验证、过载控制验证等。另外，可靠性测试还要从系统失效的角度出发进行可靠性负向验证，比如故障模式、故障预案、混沌工程等。

在综合考虑系统的可靠性设计验证和可靠性负向验证后，形成完善的可靠性测试方案，正确指导可靠性测试用例和测试工具的设计与实现，以及后续可靠性测试的执行与评估。

2. 可靠性测试用例

可靠性测试用例跟传统的功能性用例是有区别的，通常会更复杂，包括以下 3 部分内容。

1）稳定状态

稳定状态通常是描述系统资源的使用指标应该在合理的范围内，其中对系统资源的定义可以是硬件类（比如 CPU、磁盘、网络），也可以是服务调用、中间件部署状态等，比如 CPU 的使用率小于 80%、数据库的部署架构必须是主从状态等。

2）故障注入

故障注入是对系统稳定状态的破坏，同时要遵循混沌工程爆炸半径的约束。下面是一个典型的故障注入的测试用例：

- 作用对象：CPU。
- 作用指标：使用率。

- 作用值：90%。
- 作用范围：IP 地址为 10.10.1.1 和 192.168.0.2 的机器。

3）预期结果

状态变化由故障注入的对象变化和关联的受影响的对象状态变化两部分组成。对于比较简单的情况，比如 CPU 使用率的故障注入，可以直接观察 CPU 使用率的变化，也可以观察对应的服务流量是否有失败请求。对于某个中间件主从状态的破坏，要采用杀死进程的故障注入方式，预期的状态变化包括被故障注入的进程状态变化和中间件主从状态变化。

10.1.3　可靠性测试环境

可靠性测试环境是指具备目标软件运行的环境，对标生产环境的复杂程度，以保持软件系统架构的一致性。

对于一般规模的系统，在成本可控的情况下，可考虑与生产环境比例为 1：1 的镜像环境。

对于大型或复杂的组网系统，当搭建镜像环境成本较高时，建议遵守如下原则：

- 保证测试组网的架构部署与生产组网的一致。
- 可适当缩减集群节点数量或服务器数量。
- 测试环境中的服务数量与生产环境的保持一致。
- 每个服务使用的资源可参考生产环境等比例缩减。除非风险可控，否则不可将生产环境作为测试环境。
- 测试环境还要具备与生产环境同等量级的数据，具备专用的测试工具，具备操作剖面所需的所有外部输入输出的环境支撑。

10.1.4　可靠性测试执行

测试用例中的故障注入测试属于破坏型测试，存在环境恢复时间长或不可逆损坏的风险，故所有的故障注入测试用例都要安排在最后阶段执行，且采取串行的执行方式。每个测试用例执行前需确保上一个用例造成的环境破坏已得到完整恢复。在资源允许的情况下，建议将故障注入测试用例安排在一套独立于其他测试的环境中执行。

可靠性测试包括两种测试活动：可靠性增长测试和可靠性确认测试。可靠性增长测试是指通过规划多轮次测试，依据可靠性模型展开，发现并跟踪可靠性故障，使用基于可靠性模型进行统计推理的可靠性评估方法。它还可以对故障强度进行估计，并在消除缺陷后进行回归测试。当最终可靠性达到目标要求时才能结束测试。可靠性确认测试是在系统发布或交付前为评估规定的可靠性指标的满足程度而组织实施的测试。

我们要根据可靠性测试设计最终输出的操作表，按优先级选择相应的测试用例，在迭代开发阶段进行可靠性增长测试，并根据周期故障率、故障修复率、测试覆盖率、测试通过率等过程指标优化测试过程。在软件交付前完成可靠性确认测试，输出平均故障间隔时间（Mean Time Between Failures，MTBF）、平均有效服务时间（Mean Time To Failure，MTTF）、平均恢复时间（Mean Time To Repair，MTTR），得出可靠性测试结论。

在可靠性测试过程中，要记录过程数据，供可靠性确认评估使用。在可靠性增长测试过程中，要记录故障情况，并通过快速修复不断提高系统的可靠性。

对比功能测试，可靠性测试用例的执行步骤相对复杂，其中很多用例需要包含必要的故障注入和稳定状态恢复等步骤，比如执行前面设计的可靠性测试用例。

1）检查稳定状态

执行用例前，必须先检查系统的指标是否符合预期的稳定状态，比如 IP 为 10.10.1.1 的机器的 CPU 使用率是否在 80% 以下，对应的服务请求量有没有失败。

2）注入故障

执行破坏稳定状态的故障注入指令，比如对 IP 为 10.10.1.1 的机器的 CPU 注入使用率为 100% 的指令。

3）检查状态变化

要判断故障注入对象的状态变化，以及关联的受影响对象的状态变化，比如 IP 为 10.10.1.1 的机器的 CPU 使用率是否为 100%，以及对应的服务请求量是否下降。对比预期结果，如果系统状态未达到预期或失去稳定性，记录相关信息并提交缺陷跟踪单。

4）恢复故障

执行故障注入恢复指令，比如中止对 IP 为 10.10.1.1 的机器的 CPU 注入使用率为 100% 的指令。

5）恢复稳定状态

检查系统的指标是否符合预期的稳定状态，比如 IP 为 10.10.1.1 的机器的 CPU 使用率是否在 80% 以下，对应的服务请求量是否恢复。这个步骤可以确保用例能够重复执行，正常情况下应该作为必须执行的步骤来进行。假设数据库主从状态的用例执行完成以后，没有让集群恢复成主从状态，那么该用例就不能被重复执行，特别是它破坏了被测环境数据库的可靠性。

10.1.5　可靠性测试工具

可靠性测试需要故障注入工具和系统监控类工具配合来完成，而且很多可靠性测试必须依赖测试工具才能完成，所以可靠性测试工具非常重要，必须在需求分析阶段提出工具需求或产品可测试性需求，否则后续的测试执行工作无法顺利开展。

故障注入工具可以是系统本身的工具，如实例销毁命令，也可以是专门的故障注入工具。系统监控类工具包括日志收集、日志过滤、日志聚合、熔断监控、链路监控、告警工具等。故障注入工具负责注入操作，监控工具负责度量和评估注入操作对服务稳定态指标的影响，记录故障数据。

10.1.6　可靠性评估指标

根据 GB/T 29832.1—2013（系统与软件可靠性　第 1 部分：指标体系），软件可靠性指标从广义上讲，被划分为成熟性、容错性、易恢复性等若干子特性。

- 成熟性：为避免由软件自身存在的故障而导致软件失效的能力，可用失效度、故障度、测试度、有效度等来度量。
- 容错性：在出现故障或违反规定接口的情况下软件维持规定性能级别的能力，可用正常运行度、抵御误操作率等来度量。
- 易恢复性：在故障发生的情况下软件重建规定的性能级别和恢复直接受影响的数据的能力，可用重启成功度、修复成功度来度量。

软件的可靠性测试需求指标体系包括服务指标和技术指标。这些指标可以用来定义系统局部或整体的可靠性质量需求、测量评估可靠性质量的情况。

1. 业务指标

业务指标一般由服务部门通过收集市场、服务、需求、运维等数据并综合分析后制定。

软件可靠性测试业务指标的具体类型、命名规则、描述术语等，会因软件所服务行业的品类、所处业务领域、所在企业发展阶段、使用习惯的不同而异。

如下是一些常见的通用型服务指标，仅供参考：

- 服务平均中断时间。
- 服务平均连续服务时间。
- 服务请求故障率。
- 服务恢复时长。
- 故障检测时长。

- 检测成功率（检测成功率=检测时长达标个数/总数）。

这些指标一般需要在技术层面上进行细化分解，或通过一个或多个技术指标运算来获得。

2. 技术指标

技术指标是指研发质量或测试部门对服务指标要求进行解读，并针对可靠性测试设计中确定的目标系统、子系统、组件及服务场景剖面等，从技术角度提出的测量指标。常见的技术指标一般划分为以下 3 个测量维度：

- 失效度：发生和解决软件的程度。
- 测试度：软件已被测试的程度。
- 有效度：软件运行的有效程度。

3. 测试指标

依照测试设计确定的操作剖面、故障模式、故障预案，以及应用混沌工程定义的实验演练方案，可以分阶段使用不同的组合方式形成对应的测试场景及测试用例，并分别在增长测试和确认测试阶段执行相应的测试用例，观测和收集相应的技术指标。

增长测试阶段一般主要关注失效度和测试度两类指标：

失效度可关注如下两个指标：

- 周期失效率：在预定义的每个测试周期内检测出的失效数量与测试周期个数之比。
- 失效修复率：对于检测到的失效问题，已经解决的失效数量与总失效数量之比。

测试度可关注如下三个指标：

- 测试覆盖率：在满足规定测试覆盖要求的测试用例中，被执行并完成的测试用例的占比。
- 测试通过率：测试用例执行通过的概率。
- 故障预案成功率：在故障注入后，故障预案通过自动或人工方式启动响应，并按预期应对故障，减少或消除故障的概率。

确认测试阶段重点关注有效度指标：

- 平均失效间隔时间（Mean Time Between Failures，MTBF）：在预定义的测试周期内两次失效发生的间隔时间的平均值。

计算公式：MTBF=总运行时间/总失效次数，MTBF 越长表示系统可靠性越高，正确工作的能力越强。

- 平均恢复时间（Mean Time To Repair，MTTR）：在预定义的测试周期内修复失效所花费时间的平均值。

计算公式：MTTR=总修复时间/总失效次数。MTTR 越短表示易恢复性越好。

- 平均有效服务时间（Mean Time To Failure，MTTF）：在预定义的测试周期内连续提供有效服务时间的平均值。

计算公式：MTBF=MTTR+MTTF。平均有效服务时间越长，系统的可靠性越高。

对于如何利用上述指标来判定测试结果是否符合预期，各行各业的方案是不一样的。比如，针对云服务软件系统，很多企业在增长测试阶段主要通过设计操作剖面和故障模型实施故障演练，找出系统风险点，并通过设计针对性的故障处理预案来优化系统的稳定性，所以故障预案的成功率就成为重要的评价指标。不论是在增长测试阶段，还是在确认测试阶段，如果需要综合衡量多项技术及（或）服务指标的测度结果，一般可以通过计算可靠性的依存性测度，从整体上评价被测软件或系统遵循可靠性需求标准、约定、法规及分项指标的程度，进而得出其可靠性是否通过的总体评价。

计算公式：$X=A/B$。

A 是通过测试和评价已正确实现与可靠性相关指标的项数。

B 是按规定需要测量与可靠性相关的指标项数。

10.1.7　可靠性测试报告

可靠性测试结束后要输出可靠性测试报告，其内容包括但不限于：

- 测试目的、可靠性测试需求和指标。
- 测试环境、测试工具和设备、被测对象版本等。
- 可靠性测试操作剖面和测试方法。
- 可靠性增长测试的过程、时间、用例及测试覆盖率。
- 可靠性确认测试的过程、时间、用例及测试覆盖率。
- 可靠性测度指标和结果分析，拟合预测分析，以及测试结论。
- 测试中发现的问题和处理建议。

10.2　可靠性设计验证

可靠性设计验证也叫可靠性正向验证，是对前期可靠性需求与设计的验证，包括故障管理验证、冗余设计验证、容灾设计验证、过载控制验证等。

10.2.1　可靠性故障管理验证

可靠性故障管理就是系统对可能出现的各类故障进行自动检测并及时处理的能力，可分为故障检测、故障隔离、故障定位、故障恢复、故障通报，而测试设计需要围绕这些特性进行测试分析设计。

对故障检测类特性的验证，主要通过检测系统的资源、功能、性能等各项数据是否超过合理范围，或通过合适的技术和方法判断系统是否出现故障来进行。观测的系统资源可以包括 CPU、内存、网络等，功能的异常一般可以通过日志跟踪、鹰眼系统来检测，而性能方面可以关注 KPI、成功率、时延等性能数据。用于判断故障的技术和方法如下：

- 完整性检查，比如奇偶校验、CRC 校验。
- 时间检测，比如看门狗、心跳机制。
- 比较测试。

对故障隔离类特性的验证，主要通过当测试考查服务或接口提供者发生故障时，调用该服务或接口的消费者，或者与该服务合设的其他服务提供者是否会受影响，或者发生故障，甚至发生"雪崩效应"来进行。测试设计要根据故障隔离特性实现的隔离颗粒度进行不同维度的测试覆盖，例如分别测试系统能否实现：

- 通信链路的故障隔离。
- 调度资源隔离。
- 进程级隔离。

对故障定位类特性的验证，要区分故障定位的目的：面向恢复的定位，目的是找到可现场恢复的单元，尽快恢复服务；面向修复的定位，目的是找到故障的根源，便于故障修复，下次能够避免出现故障。故障定位的常用方法有直接检测定位和综合判断分析等。故障定位的过程是一个系统工程，建议在设计方面要考虑如下四个方面：

- 对故障完成对象建模，进行关系树分析。
- 要有对系统所有运行信息进行记录的设计。
- 要有对故障信息分析工具的设计。
- 要有对故障定位过程文档输出的设计。

对故障恢复类特性的验证，要分别按照手动恢复和自动恢复两种场景展开测试设计，重点关注故障点恢复的两种模式：

- 恢复为故障前的拓扑结构，让其继续提供服务。
- 恢复为备用角色，让其在当前拓扑结构下提供冗余保护。

故障恢复类特性一般都是跟故障预案设计一起展开测试的。

对故障通报类特性的验证，要覆盖故障通报的设计方法，比如报警、监控大屏、短信、告警箱、告警灯等，还要关注告警日志及其他信息记录文件。对该特性的测试需要重点关注：

- 告警门限值。
- 闪断震荡告警的抑制。
- 告警相关性。

10.2.2　可靠性冗余设计验证

对冗余设计类特性的验证，要根据特性的具体实现，围绕拟保护的对象和保护机制进行测试。该类特性常见的测试要点如下：

- 单点故障测试：单点保护特性是通过冗余（多组件或主备服务器）和去中心（集群或云服务）等方式实现不同颗粒度的单点保护，这就需要考虑对所有受保护的单点对象进行覆盖故障注入测试，同时结合保护模式（热备、冷备、温备、集群等）验证保护效果。
- 服务调用容错：通常有路由容错和请求重试两种机制。对于路由容错，测试设计考虑服务调用失败时是否具备重新选取其他可用服务的能力，以及调用失败后，调用发起端是否具备对失败的处理能力；对于请求重试，测试设计除考虑调用超时或失败场景下重试机制是否生效，还应关注重试的效率，避免出现极端的"重试风暴"或"指数退避"风险。

10.2.3　可靠性容灾设计验证

容灾是指在异地（距离上有一定要求）建立两套及以上功能相同的系统，相互之间可以根据健康状态进行功能切换，当其中一个系统因意外（洪水、火灾、地震等）停止工作时，可以切换到另一个系统，保障整个系统持续对外提供服务。

容灾系统的类型：从对系统的保护程度上可分为数据容灾和应用容灾。

容灾系统的等级：参照国际灾难备份行业的通行灾难备份等级划分原则，将灾难备份系统从低到高划分为如下 4 个等级：

- 0 级：本地数据备份，无备援中心。
- 1 级：本地磁带备份，异地保存。灾难发生后，按预定数据恢复程序恢复系统和数据。
- 2 级：异地热备份站点，通过网络备份数据。备份站点只备份数据，不承担业务。当灾难发生时，备份站点接替主站点，保持服务的持续运行。

● 3 级：有活动备援中心，在异地各自建立服务中心且都处于工作状态，并相互同步数据。当某个服务中心发生灾难时，另一个服务中心接替其工作任务。

容灾的主要度量指标如下：

● RPO（Recovery Point Objective）：数据恢复点目标，即所能容忍的数据丢失量，关注数据丢失。
● RTO（Recovery Time Objective）：恢复时间目标，即所能容忍的业务停止服务的最长时间，评估的是从灾难发生到业务系统恢复，服务功能所需要的最短时间，关注服务丢失。

容灾设计验证的内容如下：

（1）理解整体异地容灾的架构和数据流设计，确认容灾触发的条件和步骤，根据容灾的具体实现逐层逐系统分析，依据容灾的等级要求梳理测试风险点和关注点。

（2）测试设计包括容灾架构组网、容灾切换步骤、测试计划、测试环境、测试数据、测试工具及测试脚本、测试关注点、风险点列表及应对措施等。

（3）测试执行包括模拟容灾触发切换的条件，比如服务请求失败率上升到预设阈值、网络中断、核心服务无响应、服务器异常等，通过系统提供的核心服务进程和核心数据的监控能力，根据预定策略来判断是否应该触发容灾切换。

目前，大部分软件系统都是分层架构，为了减少异地容灾切换的耗时，通常会做到条带化，就是城市内的烟囱式条带化访问，同时增加异地备份访问。为了避免切换带来的业务连续性问题，可以实现按层级切换，不一定非得整体切换，还可以通过异地访问来降低切换风险。比如，上海的数据库出现异常，如果在杭州做了数据备份，则上层服务直接访问杭州的数据库即可。

容灾切换后，要结合服务场景来验证容灾后的效果，比如：

● 切换前：正在处理的会话，在容灾切换后，直接失败，或有补偿机制，就要考虑对实时、批量、事务等不同服务的不同处理。
● 切换中：通常容灾切换是有一个过程的，测试时把切换周期延长，可方便验证每个切换步骤和系统的兼容性。
● 切换后：要验证切换后的业务连续性，也要考虑实时、批量、事务等不同的服务场景。
● 回切：生产系统恢复后，要从容灾系统回切到生产系统，也要验证回切前后的业务连续性。

- 数据回补验证：验证切换前的会话在数据回补后能继续处理，数据回补是有损的，还是无损的，还要验证对应补偿机制及应对措施。

容灾演练：系统在有了容灾设计后，要经常进行容灾演练，就是在生产环境上模拟触发容灾切换的场景。演练的主要内容如下：

- 灾难场景模拟：需要对场景做细分，比如网络中断、机房断电、会话失败率 100%等。
- 容灾切换效果验证：容灾切换后，利用功能自动化测试验证各项功能，确保服务正常。

10.2.4 可靠性过载控制验证

过载后，如果不进行保护会导致资源耗尽，进而导致"雪崩"。过载有很多种原因，比如资源不足、设计缺陷、服务压力重合、突发或异常场景压力等。过载保护主要采用如下三类手段：

- 通过弹性伸缩等增加资源的方式提高服务能力，解决压力不够的问题。
- 通过关闭非核心服务、限流、降低一致性等服务降级的方式，保障核心服务不中断。
- 通过熔断方式，既能防止压力传导，也能防止故障传导。

在软件设计阶段需要给出过载控制相关的指标，比如弹性伸缩的阈值、弹性伸缩的时间指标、服务并发度指标、缓冲队列长度、熔断阈值和熔断检测周期。这些指标是开发的依据，也是测试的依据，而根据这些指标进行验证时，既要验证功能实现，也要验证效率达成。下面是过载控制方面的重点验证项目：

弹性能力验证：重点关注的是水平弹性伸缩，主要验证点为是否能伸长节点、是否能缩短节点、伸缩的时效性是否满足设计指标；目前，较少应用的垂直弹性伸缩则主要验证服务闲时、忙时的资源使用率是否在阈值范围内。

并发度验证：白盒测试主要通过打桩的方式对执行队列和缓冲队列进行压测。黑盒测试是从服务视角逐渐增加并发度，尝试找到最大并发度。在进行并发度测试时，要注意以下三点：

- 过负荷测试后是否会限流。
- 进入队列的任务是否能 100%成功。
- 长时间的过负荷测试时是否存在服务崩溃。

流量控制测试：静态流量控制是根据全局流量阈值进行控制的，而动态流量控制则是根据系统资源的综合占用情况进行控制的。对于静态流量控制，围绕流量阈值边界和限流算法（如滑动时间窗算法、漏通算法和令牌算法等）进行测试设计，需要关注的是如果系统具备弹性伸缩能力，流量阈值应随系统伸缩而变化；对于动态流量控制，除测试达到阈值时的流量控制效果外，还要测试系统资源占用和采集的准确性，以及判断是否达到阈值的算法的准确性。

服务降级测试：通常根据 SLA（Service Level Agreement，服务等级协议）的不同系统设计实现不同位置、不同层级的降级。测试设计应覆盖用于识别触发降级的算法或配置的准确性、降级处理策略的有效性。对支持分级自动降级的系统，要关注服务定级的评估模型是否合理。

熔断功能验证：在系统异常时，通过设置断路器切断客户端对服务的访问，其可视为一种高级别的服务降级，测试设计参考服务降级的设计方法，重点关注对断路器"关闭""打开""半开"这三种状态之间相互转换的测试。熔断的测试方式通常有如下三种：

- 下游服务出现故障后，上游请求一直失败，上游服务是否会出现熔断。
- 上游请求超时时，是否会出现熔断。
- 熔断开启以后，此时下游服务恢复了，是否存在检测机制有效恢复上游服务的情况。

10.3　可靠性负向验证

可靠性负向验证，就是从系统可能出现的各种故障出发来负向验证系统的可靠性，包括故障模式、故障预案、混沌工程等。

10.3.1　故障模式

故障模式的目的是识别系统可能出现的各种故障，设计故障发生的方式，通过故障注入测试评估系统的可靠性。

当前，很多软件都是包含基础架构、平台服务、服务应用等多层服务的复杂系统，每一个服务都存在发生故障的可能性，且服务的每个故障都有可能导致系统失效。通常会按照云架构分层列出所有可能的故障，这样可以避免遗漏潜在的故障：

（1）IaaS 基础架构，包括网络设备、存储设备、服务器、OS 等。

（2）PaaS 平台服务，包括数据库、容器、平台中间件等。

（3）SaaS 服务应用，包括 PC 客户端、Web 页面、App 移动应用等终端用户使用的各类服务应用。

对所有服务逐个分析潜在的故障，考虑的故障模式必须包括服务本身的故障，以及与其他服务之间的通信故障。下面是一种通过表格分层分析故障模式的方法，其故障模式如表 10-1 所示。

表 10-1   故障模式示例

分　层	服务组件	故障模式
基础设施	路由器	路由器端口故障
		路由器端口偶发性闪断
	服务器	服务器断电
		服务器异常重启
	OS	系统死机
		文件系统空间已满
		CPU 和内存占有率为 100%
平台服务	数据库	数据库空间占有率为 100%
		数据库连接池资源耗尽
		数据库主备切换
	平台中间件	核心服务异常
		依赖服务方异常
	容器	容器核心故障
		依赖组件异常
服务应用	Web 首页	应用实例故障
		依赖实例故障

我们要综合考量风险和成本，选取发生概率高且正常输入参数组合的操作作为故障注入测试的预置条件，与每个故障模式搭配生成不同的故障注入测试用例，用例的预计结果则是故障注入过程中受故障影响的失效程度。所以，故障注入测试用例包括故障注入预置条件、特定故障模式、预期结果。

除了上述通过故障模式分层设计测试用例，也要通过分析历史版本或同类软件系统的故障失效案例，提取一些典型的故障模式，补充到可靠性测试用例中，得到一套比较完整的故障模式库。

10.3.2   故障预案

故障预案是分析出软件系统潜在的故障并预先制定应对方案，该方法有两个作用：

- 实施故障测试后，对测试环境进行恢复。
- 收集有效性数据，用于评价软件的可靠性。

故障预案包含以下三个关键信息：

- 故障的描述信息。
- 故障的潜在影响。

● 明确每个具有潜在影响的干预角色和干预措施。干预角色有网络管理员、数据库管理员、系统运维人员等；干预措施一般是通过调用软件系统的可靠性特性实施干预，也有可能是对干预角色运用自己的经验和技能进行干预。

故障预案是一个持续更新的过程，每当发现了新的故障模式，或者设计了新的故障干预方法，都要及时更新故障预案。

10.3.3 混沌工程

1. 混沌工程的定义

混沌工程是在分布式系统上进行实验的学科，通过主动制造故障，测试分布式系统在各种异常情况下的行为，对系统稳定性进行校验和评估，识别并修复故障问题，进而建立对系统抵御生产环境中失控条件的能力及信心。

混沌工程跟传统的故障注入测试是有区别的，两者在本质上主要是思维方式的不同：

（1）故障注入是要预先评估可能发生哪些故障，然后逐个实现故障注入，但在复杂的分布式系统中，不可能穷举所有可能的故障。

（2）混沌工程是探索性地去寻找故障，虽然按计划做了降级预案，但是一旦在关闭节点触发上层服务的故障，就会引发很多服务"雪崩"，而这些靠故障注入是难以发现的。

（3）混沌工程的目的是获得对系统更多新认知的实验方法，也有利于拓宽我们对复杂系统的认知视野。

（4）混沌工程实验要适用于千变万化的分布式系统架构和核心服务，所以可能是无限的。

2. 混沌工程的实验步骤

（1）定义被测系统的稳定状态。对被测系统定义稳定状态的必要性在于，在被测系统被注入故障以后，需要从观测稳定状态的变化来判断破坏是否生效。所以这个稳定状态需要是一个可被量化的、精准的、可被观测的指标，比如服务的 metric、集群的部署状态等。另外，稳定状态的指标除了通常的技术指标，服务指标也可以被采用。

（2）创建可以破坏稳定状态的假设。需要先假设某个条件/动作会导致被测系统的稳定状态被破坏。比如，当我们做了什么操作或者某个条件发生变化时，系统的稳定状态会变成何种状态，相关的 metric 或者部署状态会发生怎样的变化。

（3）根据假设模拟故障进行注入。尽量模拟现实世界中可能发生的事情来完成故障注入，而不是单纯地为了达成前面的假设。比如，相比于在上游应用请求下游服务时注入特定的错误码，通过打满下游服务请求队列来模拟下游服务请求积压更能代表真实的情况。

（4）验证假设是否正确。在进行故障注入后，对被测系统的指标进行采集，并与稳定状态进行比较，判断状态的变化是否和前面的假设部分相符。

3. 常见的混沌工具/平台

自从 Netflix 2010 提出混沌工程的理念，并开放了 Monkey Army 混沌工具集以来，涌现出各类优秀的混沌工具，常见的混沌工程工具见表 10-2：

表 10-2　常见的混沌工程工具

工具	Gremlin	ChaosBlade	AWS FIS	ChaosMesh
定位	商业化 SaaS、专有云	开源	商业化 SaaS	开源
支持环境	主机、云原生	主机、云原生	AWS	原生
影响力	国外	国内	国外	国内外
演练能力	基础资源、Cloud-Native、支持 Windows	基础资源、Kubernetes、JVM、Dubbo 等	AWS 相关场景	基础资源

混沌工程在可靠性测试方面有一套解法，通过一些平台/工具，很容易实现可靠性测试模拟的故障注入场景。因此，测试工程师只需要掌握工具的使用方法，就能制造出产品使用场景中可能出现的故障，执行可靠性测试用例。

## 第 11 章

自动化测试框架设计和实现

近年来，随着软件行业新技术、新实践 "井喷式"的发展，如何有效保障软件质量，成为衡量软件测试活动的重要指标之一。而作为软件测试活动的重要组成部分，自动化测试由于具有无人值守、投入产出比高等特点，越来越受到人们的重视。因此，作为规划自动化测试、开展自动化测试、总结自动化测试成果的自动化测试框架成为各大公司研究的重点对象。

11.1　自动化测试框架概述

11.1.1　自动化测试框架的定义

目前，软件测试界并没有对自动化测试框架有明确和统一的定义。一般来说，自动化测试框架是指为了帮助测试工程师更好地执行软件测试而制定的一系列准则、规则或者指南。它们包括软件编码标准、软件测试数据的生成和处理方法、被测试对象仓库的存储方式，以及如何存储测试结果和访问外部资源等。

简单来讲，自动化测试框架就是用于组织、管理和执行自动化测试的一系列流程或者工具的组合。

11.1.2　自动化测试框架的目标

自动化测试框架主要用于实现如下几个目标。

● 提升测试效率

相较于手工测试，使用自动化测试框架能够在无人值守的情况下重复运行和并行执行测试，能显著减少测试执行的时间，提升测试效率。

● 消除测试执行的不确定性

针对同一条测试用例，即使在相同的测试环境下进行手工测试，不同的测试人员可能会得出不同的测试结果。而使用自动化测试框架能够消除测试人员带来的误差，确保一条测试用例无论执行几次，其结果都是一致的。

● 规范测试用例编写

在自动化测试框架刚被启用时，测试脚本常常由手工测试用例直接转换而来，此时测试用例可以以任何形式存在。随着自动化测试需求的增多，自动化测试框架通常会提供工具，将手工测试用例直接转换成测试脚本，间接地规范了测试用例的编写工具和步骤。

● 提升测试结果的反馈效率

通过提供的邮件、消息通知等功能，自动化测试框架有助于测试结果的快速反馈。

● 充当代码门禁

通过静态代码分析工具对代码进行扫描和检查，代码提交后自动触发构建和测试过程，自动化测试框架确保了只有经过测试的代码才能进入生产环境，减少了潜在的错误和缺陷，提高了软件的质量和可靠性，在一定程度上起到了代码门禁的作用。

● 增加测试覆盖率

自动化测试框架提供的覆盖率工具有助于统计被测模块的代码执行覆盖率，而根据代码覆盖率的运行结果可以有针对性地增加测试用例，从而达到提升测试覆盖率的目的。

11.1.3　自动化测试框架和测试库的区别

对自动化测试框架不太了解的人，常常有这样一个误解："自动化测试框架就是测试库的集合，把不同功能的测试库连接到一起对外提供服务，就是自动化测试框架"。

一个最典型的例子，很多人认为 Selenium/WebDriver 是测试框架，实际上它只是一个测试库。

很多初次接触自动化测试框架的人常常会掉入这个认知陷阱中，决定自动化测试框架和测试库不同的因素，远不是"自动化测试框架只是测试库的集合"这么简单。

自动化测试框架和测试库最本质的区别在于控制反转（Inversion of Control），即测试库本身不控制测试的执行流程，只是被测试脚本的主动调用；而自动化测试框架通常会"主动地"通过你的测试脚本调用测试库中的函数或方法。自动化测试框架和测试库的调用关系如图 11-1 所示。

在通常情况下，虽然测试库可以提供完备的功能，但是它不存在工作流，只能

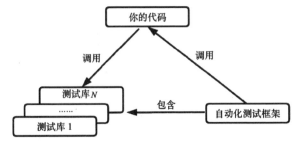

图 11-1　自动化测试框架和测试库的调用关系

被调用（例如，代码中单纯地引入 Selenium/WebDriver 测试库，虽然可以实现 Web 自动化测试，但是它无法组织或决定应该执行哪些测试用例）。也就是说，你的代码必须显式地调用 Selenium/ WebDriver，并告诉它需要执行哪段测试代码，否则测试库就不知道应该执行哪段代码。

自动化测试框架通常包括一个完备的工作流。自动化测试框架一旦开始工作，工作流就决定了需要执行的测试用例（当然，这里测试框架启动时需要先接收用户的输入），以及测试用例的组织方式（如顺序运行或并发运行及运行的环境等）。换句话说，测试一旦开始，用户就失去了对测试执行的控制权，工作流在驱动整个测试的进行，而工作流是自驱动的（事先定义，测试一旦开始就按照这个定义自动执行）。

因此，自动化测试框架和测试库本质的区别在于存不存在工作流（在自动化测试框架中，我们常称它为测试驱动/执行引擎）。理论上，只要存在一个自驱动的工作流，自动化测试框架就可以仅包括一个测试库。

11.2　自动化测试框架类型

自动化测试框架的开发不是一蹴而就的，开发的第一要务是满足业务需求，另外自动化测试框架还需要具备一定的技术前瞻性。受制于测试人员的资源、时间、测试项目需求的限制，自动化测试框架衍生出了多种类型，其中比较典型的有如下几种。

11.2.1　简单测试框架

简单测试框架常用于小型的、临时的快速项目，目的是快速迭代，追求极致的投入产出比。简单测试框架的典型代表如下：

1.线性测试框架

线性测试框架的工作流，如图 11-2 所示。

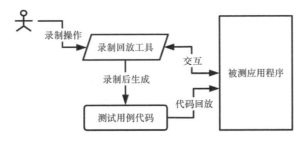

图 11-2　线性测试框架工作流

线性测试框架也叫作"录制-回放"测试框架，一般直接使用现有工具的"录制-回放"功能来进行自动化测试。由线性测试框架生成的测试用例代码都是独立的，互不干扰，即每个测试用例代码都有自己的测试步骤和测试数据，以网页端自动化测试来说，一个典型的例子是"打开首页→输入用户名和密码→单击登录→执行检查点"。在线性测试框架中，测试数据常常被直接硬编码在测试用例中，运行时，测试人员通过播放脚本来执行测试（如果不同的测试用例包括相同的操作，那么这些相同的操作将被分别录制和回放）。线性测试框架的优点如下：

- 代码生成快且基本不需要改动，或者仅需要少量改动。
- 框架使用人员不需要具备自动化测试的专业知识。

线性测试框架的缺点如下：

- 测试代码不能复用，或者很少能复用，冗余代码多。
- 测试代码和测试数据硬编码在测试用例中，可读性差且维护困难。
- 基本上是一次性使用，维护和复用困难。

2. 模块化测试框架

把被测应用程序先按照功能划分为独立的、可单独测试的模块，然后分别针对每个模块进行测试用例的编写，最后再将编写好的测试用例组合起来统一执行，这时线性测试框架就演化成为模块化测试框架。

使用模块化测试框架编写单个模块测试用例代码的工作流，如图 11-3 所示。

复杂模块测试用例代码的工作流，如图 11-4 所示。

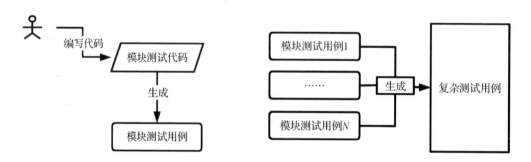

图 11-3　单个模块测试用例代码工作流　　　　图 11-4　复杂模块测试用例代码工作流

由此，我们就得出模块化测试框架的工作流，如图 11-5 所示。

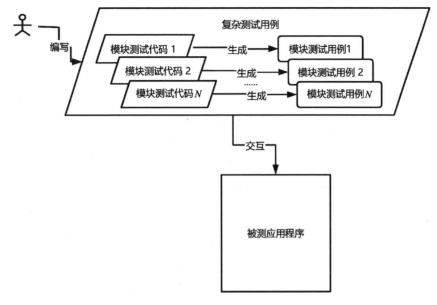

图 11-5　模块化测试框架工作流

可以看到，在模块化测试框架中，测试用例代码是由测试人员编写的，其关键是将被测软件分为不同的模块，每个模块单独编写测试用例。如果要生成复杂的测试用例，可以将多个模块的测试代码进行简单的组合。

模块化测试框架的优点如下：

● 代码结构化，代码实现了一定程度的复用。
● 一个模块的更改不影响其他模块测试代码的运行。

模块化测试框架的缺点如下：

● 测试人员需要具备代码基础来编写测试用例代码。
● 测试数据硬编码在测试用例代码中。

使用简单测试框架，一般以最快速度完成自动化测试为首要目标，基本不会对代码做"定制化"操作，整个测试代码和测试数据耦合在一起，可读性和可复用性很差。

简单测试框架比较适用于满足一次性使用、短期的自动化测试需求，不适用于大型的、复杂的软件。

11.2.2　x-Driven 测试框架

顾名思义，x-Driven 测试框架是多种驱动型测试框架的统称。常见的 x-Driven 测试框架有如下几种。

1. 数据驱动型测试框架

数据驱动型测试框架强调数据本身对业务的影响，除数据本身的影响外，这类框架的业务流程和操作都趋同。在实践中，数据驱动型测试框架往往将测试数据剥离测试代码，使用时测试框架从数据源（CSV、ODBC 数据源、DAO 对象等）加载数据，测试代码通过"键-值"对中的键对数据进行引用访问。

数据驱动型测试框架的数据驱动工作流，如图 11-6 所示。

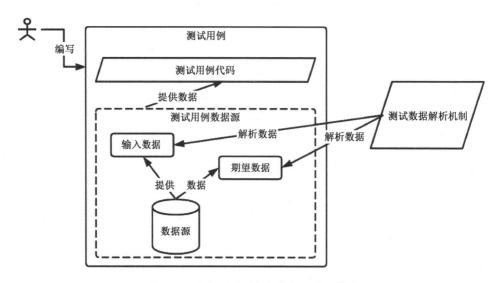

图 11-6　数据驱动型框架数据驱动工作流

数据驱动型测试框架的优点如下：

- 测试数据和测试代码解耦，测试数据的任何变化都不会影响测试用例代码。
- 采用数据驱动显著减少了代码数量，可以用更少的代码覆盖更多的测试场景。

数据驱动型测试框架的缺点如下：

- 需要额外的机制来解析测试数据。
- 代码复杂度增加。

2. 关键字驱动型测试框架

关键字驱动型测试框架是数据驱动型测试框架的扩展，它不仅将测试数据与测试代码分离，还对测试代码进行了优化，将一部分业务流程编写在函数或者方法中，并赋予"关键字"的名称。在对测试代码进行编写时，直接调用关键字函数即可实现对业务的访问。

使用关键字驱动型测试框架最大的好处是，测试用例代码编写人员不必关注关键字如何实现，而最大的难点也恰恰是需要更加资深的测试人员来开发宜读的关键字名称，即业务释义的关键字。

关键字驱动型测试框架的数据驱动工作流，如图 11-7 所示。

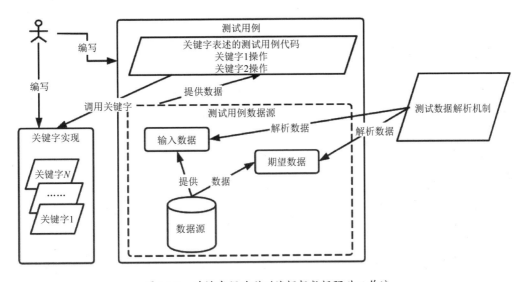

图 11-7　关键字驱动型测试框架数据驱动工作流

关键字驱动型测试框架的优点如下：

● 关键字的语义性强，可实现测试代码，即测试用例。
● 关键字函数的可复用性更强，一次编写可以多次调用，还可以跨模块调用。
● 通过调用关键字函数即可实现业务目标，测试人员不需要了解关键字的业务实现。

关键字驱动型测试框架的缺点如下：

● 需要额外的人员进行关键字函数编写。
● 如果关键字函数的名称不能达到名称即业务释义的目标，则常常让关键字调用人员无所适从。
● 关键字越多，代码越复杂，调试和维护就越困难。

3. 行为驱动型测试框架

行为驱动型测试框架是以用户行为为基础的框架。它允许项目团队的各种角色以非技术型的语言来共同编写测试用例，旨在加强项目间不同角色的沟通和协作。

行为驱动型测试框架最典型的特点是，采用非技术性语言来创建测试用例（这就是我们常见的 BDD），一个行为驱动的测试用例通常由行为关键字和操作组成。

一个常见的行为驱动的测试用例：

```
# 一个常见的行为驱动的测试用例
Feature: 黑名单用户禁止提现
    Scenario: 账户有足够资金
        Given 账户余额是¥100
            And 银行卡有效
            And ATM 机有足够的钱
        When 黑名单用户取现¥20
        Then ATM 机拒绝用户操作
            And 账户余额仍是¥100
            And 银行卡被退出
```

需要注意的是，行为驱动型测试框架的底层实现一般都采用 Cucumber 框架和使用 Gherkin 语法。一个 Gherkin 源文件通常实现单个功能，其包含如下内容：

- 源文件必须具有扩展名* .feature。
- 每个 Gherkin 场景（Scenario）都有一种基本的模式，其中至少包括 Given（假如）、When（事件）和 Then（结果）。

行为驱动型测试框架的优点如下：

- 项目中的任何角色都可以编写测试代码。
- 测试数据和用户行为分离，代码可复用。
- 关注用户行为，测试代码就是文档。

行为驱动型测试框架的缺点如下：

- .feature 文件编写比较困难，需要投入更多资源进行开发。
- 测试过程中如果出现问题，调试非常困难。
- 一旦没有技术背景的项目人员编写的测试用例出现问题，就需要技术人员的额外技术支持。

在实践中，行为驱动型测试框架的应用效果并不是很好，它常见于业务方话语权比较大（需要向外部客户汇报、配备技术娴熟但个人风格强烈的产品经理团队）的项目中。

11.2.3　混合型测试框架

根据业务需求，将上述测试框架组合后产生的测试框架就是混合型测试框架。

混合型测试框架的组合形式有很多种，当前市面上应用的大多数测试框架都是混合型测试框架。此类框架一般都实现了模块化，以及测试数据和测试代码的分离，另外还应用了

POM、工厂模式等设计模式。混合型测试框架常常还会将不同模块的通用代码抽离出来，生成自己的公用库。

混合型测试框架的工作流多种多样，会在第 11.3 节中详细介绍。

混合型测试框架的优点如下：

- 能够实现模块化。
- 测试代码和测试数据分离。
- 采用一定的设计模式。
- 组合形式灵活多样，融合了各种框架的优点。

混合型测试框架的缺点如下：

- 对开发人员的技术要求比较高，框架开发周期长。
- 框架的复杂度高，学习曲线较长。
- 使用框架的人员需要进行专门的培训。

混合型测试框架适合大型、业务复杂且具有一定变化性的项目，它强调代码的可复用性、可移植性，也强调测试框架的稳定性和扩展性。但混合型测试框架对框架的开发人员和使用人员的技术水平均有一定要求，因为它融合了诸多框架的优点，势必会让框架代码本身更加复杂，框架出现问题时也需要更多的时间来修复。同样，也意味着混合型测试框架的接口多且复杂，对于框架使用人员来说，学习成本高。

即便如此，考虑到健壮性、可用性、可度量性、可兼容性、通用性及可移植性，混合型测试框架仍然是绝大多数成熟团队的首选。

11.2.4　不同类型测试框架对比

当需要进行测试框架选型时，我们应该如何来做决策呢？表 11-1 列出了各种类型测试框架的优缺点，在测试框架选型时可作为参考。

表 11-1　不同类型的测试框架比较

项　　　目	简单测试框架	x-Driven 测试框架	混合型测试框架
框架目标	仅完成测试任务	减少代码复用（数据驱动） 从业务角度描述测试（行为驱动） 提高项目人员参与程度（关键字驱动）	根据需要自由裁剪 自适应业务、需求变化
实现方式	录制-回放为主 不考虑复用 越简单越好	围绕数据来设计测试框架（数据驱动） 抽象业务操作为关键字（关键字驱动） 使用 BDD 及背后的语言（如 Gherkin），实现"用业务描述测试"	根据项目需要灵活定制 一般包含其他框架优点

续表

框架复杂程度	简单	中等	复杂
可迁移性、灵活性	弱	中等	强
对开发技能的要求	低	中等	高
使用范围	简单、一次性项目	领域相关任务	大型、复杂、通用型项目

11.3　自动化测试框架的通用实现原理

根据测试类型和测试对象的不同，自动化测试框架可以衍生出不同的种类。例如，按照测试类型来划分，自动化测试框架可划分为性能测试框架、功能测试框架（包括 API 自动化测试框架、UI 自动化测试框架等）；按照测试对象来划分，自动化测试框架可以划分为 Web 端自动化测试框架、移动端自动化测试框架、客户端（C/S）自动化测试框架等。

不同类型的测试框架，其实现原理各有不同，但如果进行抽象总结，当前最受欢迎的自动化测试框架模型有分层架构模型（Layered Architecture）和 gTAA 模型两种。

11.3.1　分层架构模型

目前，绝大多数测试活动都在践行分层测试。分层测试的理论基础是"测试金字塔"模型。它主要强调以下两点：

- 整个测试行为可被划分为不同的层。
- 越底层的测试（单元测试），执行的速度越快、花费的成本越低、获得的效果越好。

分层的价值在于每一层都只需要关注程序的某一个特定方面。基于此，分层的自动化测试框架模型就出现了。

分层架构模型将测试分为测试层、业务层和核心层三层，如图 11-8 所示。

- 测试层

测试层是测试场景本身。其职责主要关注程序的测试逻辑。测试用例和测试数据也是在这一层被创建的。

- 业务层

业务层主要关注程序的业务属性。其职责包括

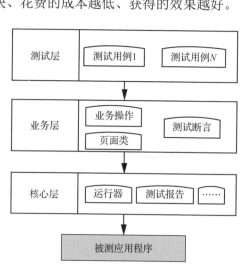

图 11-8　分层架构模型结构图

利用领域术语对被测系统进行建模，封装 HTTP 请求、浏览器控制及对结果进行解析，并为测试层提供接口。

● 核心层

核心层是架构的核心部分。其职责是进行测试的启动和执行，以及对结果的处理（例如，提供 WebDriver 驱动程序）。

根据业务的不同需求，分层架构模型通常可以进行演化，变成四层、五层的结构，甚至可插拔的结构。在实际操作中，根据具体的业务需求，业务层、测试层和核心层均可以进行拆分和糅合，层与层之间的界限将不再那么清晰。

从测试人员的角度看，一个可实现的分层架构模型的结构，如图 11-9 所示。

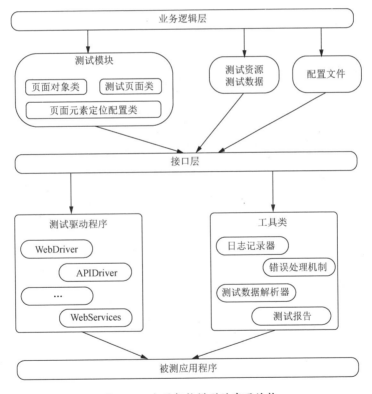

图 11-9　分层架构模型的实现结构

可以看到，在了解了自动化测试框架的层级及主要职责后，我们就可以依托现有的测试技术，结合自身的需求，依次实现每个层级的功能，从而完成自动化测试框架的开发。需要注意的是，分层架构的各个层之间是依次通信的关系，一般不会跨层访问。

11.3.2 gTAA 模型

除了分层架构模型，还有一种广受欢迎的架构模型——gTAA 模型。

gTAA（generic Test Automation Architecture）是由国际软件测试资格委员会（ISTQB）提出的一个通用自动化测试模型。

gTAA 模型的通用架构，如图 11-10 所示。

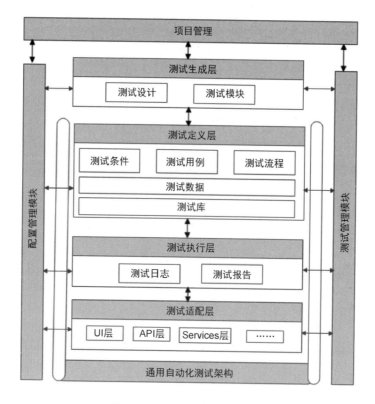

图 11-10　gTAA 模型通用架构

从 gTAA 模型的通用架构中可以看出，自动化测试框架被分为如下 4 层。

● 测试适配层

测试适配层通过各种第三方 Library 与被测系统交互。例如，使用 Selenium 或 WebDriver 来执行 UI 层测试，使用 Requests 库或 HttpClient 库来执行 API 测试。

● 测试执行层

测试执行层用于执行测试用例、收集执行日志，并反馈测试执行结果。

● 测试定义层

测试定义层用于指定测试用例的操作，包括指定测试用例的优先级、指定测试用例运行所需的数据、参数化测试用例，以及定义测试的执行顺序等。

● 测试生成层

测试生成层用于将手工生成的测试用例转换为测试脚本，包括编写测试套件和测试用例，根据业务模型自动生成测试用例等。

依次实现测试适配层、测试执行层、测试定义层和测试生成层，即可开发出符合 gTAA 模型的自动化测试框架。

11.3.3　通用型测试框架

通过对上面内容的介绍，我们知道无论是分层架构模型，还是 gTAA 模型，都分为不同的层级。但在开发自动化测试框架时，我们往往不会直接从"层级"的角度去设计和开发，而是习惯于先考虑自动化测试框架有哪些功能模块，这些模块各有哪些职责。

在实践中，层级会被分割成拥有不同职责的功能模块，每个功能模块对应某个层级的全部或者一部分功能。这样，通过实现这些功能模块，就完成了自动化测试框架的层级设计。从功能模块的角度出发，自动化测试框架一般包括如下内容：

1. 基础模块

基础模块是自动化测试框架必不可少的模块，一般来说，至少包括如下部分。

● 底层核心库：用于检测、驱动、替换或者与被测应用程序进行交互的库。
● 可复用组件：包括自动化测试框架本身可复用组件和与业务相关的可复用组件两部分。
● 对象库：被测对象仓库。将被测应用程序的所有对象抽离到一个独立的库中，这个库就是对象库。
● 配置中心：用于设置自动化测试框架的各种配置信息。

2. 运行模块

运行模块，就是我们前面讲的工作流。运行模块主要负责自动化测试的调度和执行。

3. 统计模块

统计模块包括测试运行时的各种日志输出、测试运行失败时的各种截图和视频，以及测试运行后的测试结果统计、测试报告的生成等。

通用型测试框架的实现，是以模块为单位依次开发的，一般具备了基础模块、运行模块、统计模块的自动化测试框架即可称为通用型自动化测试框架。

11.4　自动化测试框架开发设计指南

下面从代码实现的角度来探讨自动化测试框架的实现。

11.4.1　测试框架必备特征

为了实现自动化测试框架的目标，从代码的角度看，自动化测试框架必须具备如下特征。

1. 没有硬编码

硬编码是编码的大忌。常见的硬编码有配置信息硬编码（例如，将用户名、密码直接写在函数实现中）、文件路径硬编码（包括使用绝对路径）、操作系统分隔符硬编码等。

2. 合理的函数命名

合理的函数名称能够降低调试成本，并能一定程度实现函数名称，即业务释义。自动化测试框架的函数命名，特别是对基础函数的命名，必须合理。

3. 逻辑清晰、便于理解

原则上，代码逻辑越简单，学习和修复成本越低。特别是当开发测试框架的工程师和使用测试框架的工程师不同时，逻辑清晰、便于理解的代码能够减少双方的痛苦。

4. 合理的数据驱动

数据驱动是自动化测试框架的重要组成部分。一个功能完备的自动化测试框架最好能支持不同的数据源，并且具备独立的数据加载、解析、处理的核心逻辑。

另外，如果测试框架采用了 POM 模型，则测试数据必须从测试用例中加载，不可以在页面类中加载。

5. 合适的文件结构

良好的文件结构划分可以方便用户更好地理解和使用测试框架。从功能模块上将测试框架直接划分为 Pages、Tests、Unilities、DataSource、configurations 文件夹就是一种不错的划分方式。

6. 完整的运行信息

当测试运行中，特别是测试失败时，测试框架必须具备保存完整运行信息的能力。比如，合适的截图函数、能够同时输出日志到 Console 和文件的日志报告模块、错误处理和恢复模块、运行监控模块等就显得无比重要。

7. 善用依赖管理工具

依赖管理工具（比如 Maven、PIP 等）能够简化测试框架部署的步骤，特别是当测试框架使用了第三方代码或库时。

8. 合理的注释和文档

合理的注释和详尽的文档能够让测试框架推广得更快。

9. 合理的 Mock 服务

在微服务架构下，存在微服务调用其他微服务的情况。当仅需要测试某一个具体的微服务时，框架就必须能提供 Mock 服务来模拟其他的微服务。

10. 其他

还有一些细微的原则也需要留意，特别是测试框架需要集成 UI 自动化时。比如，多浏览器的支持、运行模式的支持（需支持无头和有头运行）、代码等待（尽量不直接使用 sleep 语句，而是使用 Explicit Wait）、日志打印（不要直接打印，而是转用 logging）等。

11.4.2　代码编写原则

无论你是采用分层架构模型，还是 gTAA 模型来组织测试框架，测试框架的开发最终都会落到具体的代码实践上，而不同的代码实践往往会带来迥异的效果，那么，我们如何判断什么是好的代码实践，什么是坏的代码实践呢？下面一些必备原则需要遵守：

1. 单一功能原则

单一功能原则是指代码的每个组件（一个类或一个函数）都应该有且只有一种职责，如果一个组件承担了多种职责，则最好拆分它。

例如，当前需求是根据给定的学生成绩表，计算出平均分最高的学生和数学成绩最好的学生。在采用单一功能原则之前，组件的代码实现可能是这样的。

```
//以下伪代码以 Python 语言进行演示
def get_average_max():
    //计算平均分最高和数学分数最高的代码逻辑
    return s_average, s_math
```

如果采用单一功能原则，代码应该是下面这样的。

```
def get_average_student():
    //代码逻辑
    return s_average

def get_top_math_student():
    //代码逻辑
    return s_math

def get_average_max():
    s_average = get_average_student()
    s_math = get_top_math_student()
    return s_average, s_math
```

使用单一功能原则有如下好处：

（1）错误定位和调试更容易。执行中的任何错误最终仅指向某一段应用单一功能原则的代码，从而加速错误定位和调试。

（2）方便代码复用。例如，如果你需要扩展上述需求，另外增加一个"获取数学成绩最好的学生的语文成绩"时，那么你就可以复用上述代码。

（3）单元测试更容易。测试一个功能显然比把多个功能合并在一起测试更容易。

2. 开闭原则

开闭原则是指软件实体（类、模块、函数）应该对扩展开放，对修改关闭。

假设某电商网站希望增加自己网站 VIP 用户的订阅数，推出了"VIP 用户购买商品一律打八折"的优惠活动，如果我们没有采用开闭原则，代码可能是这样的。

```
class Discount:
    def __init__(self, customer, price):
        self.customer = customer
        self.price = price

    def get_price(self):
        if self.student == 'ordinary':
            return self.price * 1
        if self.customer == 'vip':
            return self.price * 0.8
```

如果采用开闭原则，代码应该是下面这样的。

```
class Discount:
```

```
    def __init__(self, customer, price):
        self.customer = customer
        self.price = price

    def get_price(self):
            return self.price * 1
class VIPPrice(Discount):
    def get_price(self):
        return super().get_price() * 0.8
```

假设现在网站会员制度升级了，在 VIP 会员基础上又推出了黄金会员，现在黄金会员购买商品一律半价，那么采用开闭原则后，我们仅需要再创建一个 GoldenVIPPrice 类即可满足业务需求。

也就是说使用了开闭原则，当你需要在当前功能的基础上实现一个新功能时，无须修改已编写好的代码，只需添加现在需要的内容即可。

3. 里氏替换原则

里氏替换原则是指派生类必须可以替代它们的基类，并且不会导致错误。也就是说，子类可以在任意地方替换基类，并且软件功能不会受到影响，要保证软件功能不受影响，在代码实现时就必须保证子类可以扩展基类的功能，但不能改变基类原有的功能。

有关里氏替换原则最经典的例子就是"正方形不是长方形"。假设我们现在已经实现了如下的代码来计算长方形的面积。

```
class Rectangle:
    def __init__(self, width, height):
        self.width = width
        self.height = height

    def get_width(self):
        return self.width

    def set_width(self, width):
        self.width = width

    def get_height(self):
        return self.height

    def set_height(self, height):
        self.height = height

    def calculate_area(self):
        return self.get_width() * self.get_height()
```

假设现在我们需要实现一个功能来计算正方形的面积。我们知道正方形和长方形虽然都有长和宽，但是正方形的长和宽是相等的，采用里氏替换原则后就可以这样写：

```
class Square(Rectangle):

    def set_width(self, width):
        self.width =self.height = width

    def set_height(self, height):
        self.height = self.width = height
```

里氏替换原则是继承复用的基石，因为只有当子类可以替换掉基类，并且能保证软件的功能不受到影响时，基类才算真正被复用。

4. 接口隔离原则

接口隔离原则是指许多特定于客户端的接口优于一个通用接口。换句话说，不应该强迫类实现它们不使用的接口。

例如，我们现在有一个 Person 类，它有吃、喝、睡觉和开车这几个属性。

```
class Person:
    def eat(self):
        raise NotImplementedError

    def drink(self):
        raise NotImplementedError

    def sleep(self):
        raise NotImplementedError

    def drive(self):
        raise NotImplementedError
```

现在，我们需要快速定义一个鸭子类，也需要它具备吃、喝和睡觉的属性。最快的方式当然是直接集成 Person 类。

```
class Duck(Person):
    def eat(self):
        # 相关代码
        pass

    def drink(self):
        # 相关代码
        pass
```

```
    def sleep(self):
        # 相关代码
        pass

    def drive(self):
        # 相关代码
        pass
```

这么做，功能是实现了，但是很奇怪，因为鸭子永远不可能会开车，也就是说，我们实现了一个永远不会被调用的接口。基于此，我们应该进一步更改代码如下。

```
class Animals:
    def eat(self):
        raise NotImplementedError

    def drink(self):
        raise NotImplementedError

    def sleep(self):
        raise NotImplementedError


class Drive:
    def drive(self):
        raise NotImplementedError
```

此时，我们将人和鸭子都具有的属性定义在一个基类里，把开车这个属性放到单独创建的类中，再基于此创建 Person 类和 Duck 类。

```
class Duck(Animals):
    def eat(self):
        # 相关代码
        pass

    def drink(self):
        # 相关代码
        pass

    def sleep(self):
        # 相关代码
        pass


class Person(Animals, Drive):
    def eat(self):
        # 相关代码
        pass
```

利用接口隔离原则将大的接口分解为多个颗粒度更小的接口，有助于解耦，从而降低代码复杂性，另外利用接口隔离原则设计的代码也更容易重构。

5. 依赖反转原则

依赖反转原则是指类应该依赖于抽象，而不是具体化。

例如，某个自动化测试需要链接数据库，当前我们应用的是 MYSQL 数据库，所以代码如下。

```
class MySql:
    def connect(self):
        pass


class LoadDB:
    def __init__(self, connection: MySql):
        self.mysql_connection = connection
```

业务升级后，我们不仅有 MySQL，还有 Redis，那么该怎么办？我们可以通过扩展 MySql 类，使它可以接受其他类型的数据库，但这会违背里氏替换原则（当前代码下，LoadDB 的 connection 参数类型必须是 MySql）。最好的办法是，先创建一个名为 DbConnection 的接口类，然后在 MySql 类中实现这个接口。最后，当我们需要扩展其他类型的数据库连接时，可以再创建一个 Redis 的类。这样，当我们需要调用 LoadDB 时，就不需要依赖传递给类的对象，而是依赖于任何能实现接口的类。

```
class DbConnection:
    # 接口类实现
    pass


class MySql(DbConnection):
    def connect(self):
        pass


class Redis(DbConnection):
    def connect(self):
        pass


class LoadDB:
    def __init__(self, db_connection: DbConnection):
        self.db_connect = db_connection
```

依赖反转原则可以提高代码的可读性和可维护性。

以上介绍的 5 种设计原则就是软件开发界大名鼎鼎的"SOLID"原则。SOLID 原则解决了软件开发中存在于内聚、继承及访问控制中的诸多问题，在进行自动化测试框架开发时，应该尽量遵循 SOLID 原则。

11.4.3　设计模式的使用

下面讨论设计模式的使用。

1. PageObject 模型

在自动化测试框架开发中，特别是需要支持功能测试自动化的测试框架，PageObject 模型是应用最广泛的设计模式之一。

PageObject 模型的核心思想是，将测试代码、被测页面元素、被测页面元素的操作方法分离，使得测试代码与测试页面的具体实现细节解耦，从而提高测试代码的可维护性和可读性。

PageObject 模型的一个例子如下，如图 11-11 所示：

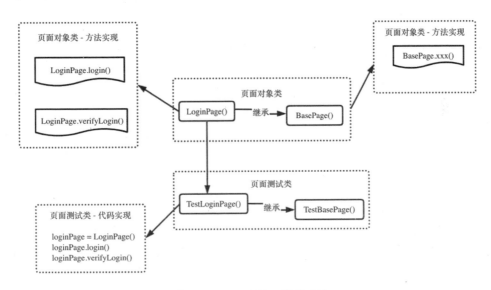

图 11-11　PageObjec 模型示例

使用 PageObject 模型，可以达到如下效果：

- 减少了代码冗余。任何需要调用 Login()方法的代码段，都仅需要导入 LoginPage()类即可。

- 提高了测试用例的可读性。在测试用例中，通过.login()和.verifyLogin()两个方法名称，便知道测试用例的目的是登录，然后验证登录。
- 提高了代码的可维护性。当页面元素、页面操作流程有变化时，仅需更改页面对象类，无须更改页面测试类。反之，当测试的操作步骤有变化时，仅需重新组织页面测试类，无须更改页面对象类。

2. 工厂类设计

以 UI 自动化测试为例，假设需要针对某一个页面进行测试，这个页面的代码如下。

```python
class HomePage:
    def __init__(self, driver):
        self.driver = driver

    def do_sth(self):
        pass
```

如果需要选择 Chrome 作为待运行的浏览器，且不采用任何设计模式，我们就需要创建一个 Chrome 的驱动类。

```python
from selenium import webdriver


class ChromeDriverManager:
    @staticmethod
    def open_browser():
        driver = webdriver.Chrome()
        return driver

# 测试用例调用
driver = ChromeDriverManager.open_browser()
home_page = HomePage(driver)
home_page.do_sth()
```

如果采用 FireFox 进行测试，我们还需要添加一个 FireFox 的 Driver 类。

```python
from selenium import webdriver


class FireFoxDriverManager:
    @staticmethod
    def open_browser():
        driver = webdriver.FireFox()
        return driver
```

```
# 测试用例调用
driver = FireFoxDriverManager.open_browser()
home_page = HomePage(driver)
home_page.do_sth()
```

这样带来的坏处是显而易见的：

（1）当我们需要使用其他浏览器进行测试时，就需要创建新的驱动类，并且更改测试代码。

（2）无法动态地更改测试运行的浏览器。

（3）当我们为浏览器驱动添加一个通用的行为时，需要逐个更改定义的每一个驱动类。

而采用工厂模式后，我们无须为每一个驱动创建一个驱动类，只要在一个方法中根据传入的浏览器参数来初始化不同的驱动即可。

```
from selenium import webdriver

class DriverFactory:
    @staticmethod
    def open_browser(browser):
        if browser.lower() == "chrome":
            driver = webdriver.Chrome()
        elif browser.lower() == "firefox":
            driver = webdriver.Firefox()
        else:
            driver = webdriver.Chrome()

        driver.implicitly_wait(3)
        driver.maximize_window()
        return driver

# 调用代码
#浏览器参数可以通过用户自定义命令传入
browser = "Chrome"
driver = DriverFactory.open_browser(browser)
home_page = HomePage(driver)
home_page.do_sth()
```

采用工厂模式有以下好处：

（1）浏览器驱动更容易进行切换。通过把浏览器参数设置成环境变量，由用户在运行测试时动态传入，我们可以方便地实现动态更改浏览器驱动。

（2）当驱动程序有通用改动时，我们仅需要更改 open_browser()方法即可，其他代码均无须任何更改。

3. 门面模式

门面模式也叫外观设计模式。在自动化测试框架中，门面模式是在当前复杂系统上实现的一个抽象层设计。门面模式的一个使用场景：当我们进行测试时，需要一个已经下完单的用户，如图 11-12 所示。

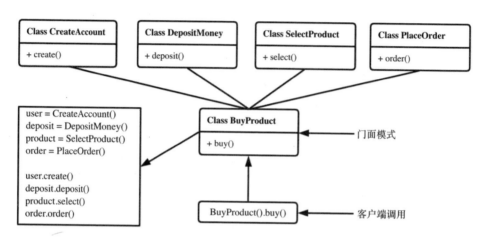

图 11-12　门面模式的一个使用场景

对客户来说，仅需要调用 BuyProduct().buy()方法即可完成下单，无须关心下单方法的具体实现，这就是典型的门面模式。

门面模式隐藏了系统的内部复杂性，并通过简化的接口向客户提供服务。

4. 抽象类模式

抽象类模式（Abstract Class Pattern）的抽象类定义了基类和最基本的抽象方法，可以为子类定义共有的 API，不需要具体实现。抽象类在自动化测试中可以用来进行强制验证，比如验证当前正在访问的页面是不是你期望的页面。

例如，我们定义了一个 BasePage 类。

```python
from abc import ABC, abstractmethod
from assertpy import assert_that
from selenium.common.exceptions import NoSuchElementException

class AbstractBasePage(ABC):

    def __init__(self, driver):
        self.driver = driver
        assert_that(self.has_loaded()).is_true()
```

```
def has_loaded(self):
    try:
        return self.is_target_page()
    except NoSuchElementException:
        return False


# 定义抽象方法，此方法必须在子函数中实现
@abstractmethod
def is_target_page(self):
    pass
```

在这段代码中，我们定义了一个抽象类 AbstractBasePage，它包含一个抽象方法 is_target_page()，这个方法必须在子类中实现。

定义好抽象类后，我们必须在后续的页面类中实现抽象方法，代码如下。

```
class LoginPage(AbstractBasePage):

    BASE_URL = "你的 URL"

    def __init__(self, driver):
        self.driver = driver
        AbstractBasePage.__init__(self, driver)

    def is_target_page(self):
        # 必须实现 is_target_page()方法
        # 通常我们在这里验证打开的页面是不是期望的页面
        # 或者验证某一个页面元素是否存在
        assert self.BASE_URL in self.driver.current_url
```

采用这种方式，我们就实现了在自动化测试中对特定页面进行验证，以确保打开的页面是我们期望的页面。当打开的页面不是我们期望的页面时，就会报错，节省了测试时间。

5. 单例模式

单例模式将类的实例化限制为一个单一实例。使用单例模式可以确保所有的对象都访问单个实例。下面是部分可能会用到单例模式的业务需求：

● 需要在整个执行过程中都使用相同的驱动程序实例。

● 不想重复加载外部文件，如数据库连接池、Excel 表格等。

下面给出一个单例模式的实现。

```
# 单例模式实现
def singleton(class_):
```

```
    _instances = {}

    def get_instance(*args, **kwargs):
        if class_ not in _instances:
            _instances[class_] = class_(*args, **kwargs)
        return _instances[class_]

    return get_instance

#单例模式使用
@singleton
class DBConnect:
    def __init__(self, db_connect_string):
        self.db_connect = db_connect_string

    def connect(self):
        # 你的链接逻辑
        pass
```

单例模式确保了在一次运行中，某个类有且仅有一个实例。

6. 装饰器模式

装饰器模式允许向一个现有的对象（类、函数）添加新的功能，同时不改变其结构。在自动化测试框架中，装饰器模式非常重要。

例如，在微服务架构下，常常存在要测试的微服务需要调用其他微服务的情况。当被依赖的微服务还未开发完成或者它是第三方微服务时，我们常常需要使用 Mock 服务。在不同的技术栈下，Mock 服务有不同的测试库供我们调用（比如 Mock 服务）。

假设现在我们已经部署了 Mock 服务，就可以通过装饰器模式达到启用 Mock 或禁用 Mock 的目的。

```
# 实现 Mock 服务的代码
class MockServer(object):
    def __init__(self, enabled=True):
        self.enabled = enabled

    def __call__(self, func):
        @wraps(func)
        def wrapper(*args, **kwargs):
            if self.enabled:
                # Mock 服务的逻辑实现
                return func(*new_args, **new_kwargs)
            else:
                return func(*args, **kwargs)
```

```
        return wrapper
# 当代码中使用 Mock 服务时，使用装饰器模式和用户通过命令行传递的全局变量
@MockServer(enabled=get_config('ms_enabled'))
def test_function():
    pass
```

　　以上是开发自动化测试框架过程中常用到的一些设计模式。设计模式的使用可以使代码的实现更具备结构性，也在一定程度上提升了研发效率，降低了代码开发、调试的难度。

　　基于技术栈和代码实现的多样性，本章仅从通用语言的角度介绍了自动化测试框架开发的方方面面。通过了解自动化测试框架的概念、模型、组成，能够加深你对自动化测试框架的理解。通过了解自动化测试框架的实现原理，有助于你根据业务进行测试框架的选型。通过了解基本的代码编写原则、设计模式，有助于你保持测试框架代码的干净和整洁。

　　自动化测试框架的开发一直是一个经久不衰的话题，其组织形式和最佳实践也必然层出不穷。希望你在阅读本章的过程中，更多地关注测试框架设计的结构性。

## 第 12 章

测试基础设施能力建设

在当今技术迅速发展的时代,软件系统的成功与否在很大程度上依赖其软件和服务的质量。测试基础设施的建设在这一过程中扮演着至关重要的角色。它不仅是提高产品质量的关键,更是保障企业竞争力的重要手段。通过建立和维护一套高效、先进的测试基础设施,企业能够确保其软件产品在快速迭代和频繁部署的过程中保持高效率和高可靠性。

良好的测试基础设施可以帮助企业在全球市场中保持领先地位。它使得企业能够快速响应市场变化,及时调整和优化产品以满足客户需求。同时,强大的测试基础设施还能够有效地降低失败的风险,通过早期发现问题和缺陷来避免高昂的后期修复成本。此外,它还支持多种类型的测试,包括功能测试、性能测试、安全测试等,确保产品从多个维度达到质量标准。

总之,投资建设和持续优化测试基础设施是一项不可或缺的战略决策。这不仅关乎技术问题,更是一种确保客户满意度和企业持续增长的保障。通过不断地更新和改进测试工具和方法,企业能够更好地适应市场的变化,提升产品的创新性和竞争力。这种持续的投资和更新,不仅提升了软件产品的可靠性和用户体验,也大幅提升了软件产品的测试效率,同时降低了测试成本。

12.1　测试执行环境架构设计基础

实际工程中的测试执行环境往往比较复杂,除了用于执行测试的机器,还需要控制发起测试的 Jenkins,以及管理测试用例执行和结果显示的系统。同时,为了方便与 CI/CD 流水线集成,我们还希望不同类型的测试发起过程可以有统一的接口。下面将由浅入深地介绍测试执行环境中的基本概念,以及架构设计的思路。

12.1.1　测试执行环境概述

从全局的视角来看,测试执行环境的定义有广义和狭义之分。

- 狭义的测试执行环境,是指测试执行的机器或者集群。比如,常用的 Selenium Grid 就是一个最经典的测试执行集群环境。
- 广义的测试执行环境,除了包括具体执行测试的测试执行机,还包括执行测试的机器或者集群的创建与维护、测试执行集群的容量规划、测试发起的控制、测试用例的组织,以及测试用例的版本控制等。

因此，广义的测试执行环境也被称为测试基础架构。下面我们重点讨论测试基础架构的概念和设计。

如果你是在小型的软件公司做测试工程师，可能没听说过"测试基础架构"这个概念，或者只是停留在对其一知半解上。但实际情况是，无论是小型的软件公司，还是中大型的软件公司，都存在测试基础架构。只是，在小型的软件公司中，由于自动化测试的执行量相对较小，测试形式也相对单一，所以测试基础架构非常简单，可能只需要几台固定的专门用于执行测试的机器就可以了。那么，此时测试基础架构的表现形式就是测试执行环境。

而对于中大型的软件公司，尤其大型的全球化电商企业，由于需要执行的自动化测试用例数量非常多，再加上测试本身的多样性需求，测试基础架构的设计是否高效和稳定将直接影响产品的快速迭代、发布上线。因此，中大型的软件公司都会在测试基础架构上有比较大的投入。

一般情况下，中大型的软件公司在测试基础架构上的投入，主要是为了简化测试的执行过程。这样，我们不用每次执行测试时，都必须先去准备测试执行机，因为测试执行机的获取就像日常获取水电一样方便。

- 最大化测试执行机的资源利用率，使大量的测试执行机可以以服务的形式为公司层面的各个项目团队提供执行测试的能力。
- 提供大量测试用例的并发执行能力，使我们可以在有限的时间内执行更多的测试用例。
- 提供测试用例的版本控制机制，在执行测试的时候，可以根据实际被测系统的软件版本自动选择对应的测试用例版本。
- 提供友好的用户界面，便于测试的统一管理、执行与结果展示。
- 提供与 CI/CD 流水线的统一集成机制，从而可以很方便地在 CI/CD 流水线中发起测试调用。

以此类推，如果你想要设计出高效的测试基础架构，就必须要从以下几个方面着手。

第一，对使用者而言，测试基础架构需要具有"透明性"。也就是说，测试基础架构的使用者，无须知道测试基础架构的内部设计细节，只要知道如何使用就行。Selenium Grid 就是一个很好的案例。在使用 Selenium Grid 时，你只需要知道 Hub 的地址，以及测试用例对操作系统和浏览器的要求就可以，无须关注 Selenium Grid 有哪些 Node，以及各个 Node 是如何维护的技术细节。

第二，对维护者而言，测试基础架构需要具有"易维护性"。对于一些大型的测试而言，你需要维护的测试执行机的数量相当多，比如 Selenium 的 Node 数量达到成百上千台后，如果遇到 WebDriver 升级、浏览器升级、杀毒软件更新的情况，如何高效地管理数量庞大的测试执行机将会成为一大挑战。早期基于物理机和虚拟机时，测试执行机的管理问题就非常严重了。但是，在出现基于 Docker 的方案后，这些问题都因为 Docker 容器的技术优势被轻松解决了。

第三，对大量测试用例的执行而言，测试基础架构的执行能力需要具有"可扩展性"。这里的可扩展性指的是，测试执行集群的规模可以随着测试用例的数量自动扩容或者收缩。以 Selenium Gird 为例，可扩展性就是 Node 的数量和类型可以根据测试用例的数量和类型进行自动调整。

第四，随着移动 App 的普及，测试基础架构中的测试执行机需要支持移动终端和模拟器的测试执行。目前，很多商业云测平台已经可以支持执行各种手机终端的测试，其后台实现基本都采用的是 Appium + OpenSTF + Selenium Gird 的方案。很多中小企业受技术水平及研发成本的限制，一般直接使用这类商业解决方案。但是，对于大型企业来说，出于安全性和可控制性的考量，一般会选择自己搭建移动测试执行环境。

12.1.2　测试基础架构的设计

需要说明的是，这里不会以目前业界的最佳实践为例，讨论应该如何设计测试基础架构。因为这样做，虽然看似可以简单粗暴地解决实际问题，但是中间涉及的琐碎问题，将会淹没测试基础架构设计的主线，反而会让你感到更加困惑：为什么我要这么做，而不能那么做。因此，本着"知其所以然"的原则，下面会以遇到问题然后解决问题的思路，由浅入深地从最早期的测试基础架构说起，带你一起去经历一次测试基础架构设计思路的演进。这样才是深入理解一门技术的有效途径，也希望你可以借此将测试基础架构的关键问题理解得更透彻。

12.1.3　早期的测试基础架构

早期的测试基础架构是先将测试用例存储在代码仓库中，然后用 Jenkins Job 来拉取（Pull）代码并完成测试的发起工作，具体的架构如图 12-1 所示。

在这种架构下，自动化测试用例的开发和执行流程是按照以下步骤执行的。

（1）自动化测试开发人员在本地机器上开发和调试测试用例。这个过程通常是在测试开发人员自己的电脑上进行的。也就是说，他们在开发完测试用例后，会在本机执行测试用例。这些测试用例会先在本机打开指定的浏览器并访问被测网站

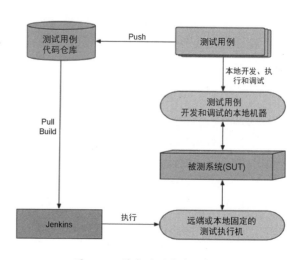

图 12-1　早期的测试基础架构

的 URL，然后发起业务操作，完成自动化测试。

（2）将开发的测试用例代码推送（Push）到代码仓库。如果自动化测试脚本在测试开发人员本地的电脑上顺利执行完成，就会将测试用例的代码推送到代码仓库，至此标志着自动化测试用例的开发工作已经完成。

（3）在 Jenkins 中建立一个 Job，用于发起测试的执行。Jenkins Job 的主要工作是，首先从测试用例代码仓库中拉取测试用例代码，并发起构建操作；然后在远端或者本地固定的测试执行机上发起测试用例的执行。Jenkins Job 通常会将一些可能发生变化的参数作为 Job 自身的输入参数。比如，远端或者本地固定的测试执行机的 IP 地址或者名字；再比如，被测系统有多套环境，需要指定被测系统的具体名字等。

这种测试架构基本上可以满足测试用例数量不多、被测系统软件版本不太复杂的场景的测试需求。但在实际使用时，你总会感觉哪里不太方便。比如，每次通过 Jenkins Job 发起测试时，都需要填写测试用例名称，以及测试执行机的名称。而此时，这台测试执行机是否处于可用状态，是否正在被其他测试用例占用都是不可知的，那么你就需要在测试发起前进行人为确认，或者开发一个检查测试执行机环境的脚本帮你确认。另外，当远端测试执行机的 IP 或名字有变化，或者远端测试执行机的数量有变动时，你都需要提前获知这些信息。这些局限性决定了这种架构只适用于小型项目。说到这里，你可能已经想到，不是有 Selenium Grid 吗？我们完全可以用 Selenium Gird 代替本地固定的测试执行机。没错，这就是测试基础架构的第一次重大演进，也因此形成了目前已被广泛使用的经典的测试基础架构。

12.1.4 经典的测试基础架构

使用 Selenium Grid 代替早期测试基础架构中的"远端或本地固定的测试执行机"，就形成了经典的测试基础架构，如图 12-2 所示。

这样，你在每次发起测试时，就不再需要指定具体的测试执行机，只要提供固定的 Selenium Hub 地址就行，Selenium Hub 就会自动帮你选择合适的测试执行机。同时，由于 Selenium Grid 中 Node 的数量可以按需添加，所以当整体的测试执行任务比较重时，你就可以增加 Grid 中 Node 的数量。另外，Selenium 还支持测试用例的并发执行，这可以有效缩短整体的测试执行时间。所以，这种基于 Selenium Grid 的经典测试基础架构，已被大量企业广泛采用。但是，随着测试用例数量的继续增加，传统的 Selenium Grid 方案在集群扩容、集群 Node 维护等方面遇到了瓶颈，并且 Jenkins Job 也因为测试用例的增加变得臃肿不堪。因此，变革经典的测试基础架构的呼声也越来越高。为此，业界考虑将 Selenium Grid 迁移到 Docker 上，并且提供便于 Jenkins Job 管理的统一测试执行平台。这也是我将在 12.2 节讨论的话题。

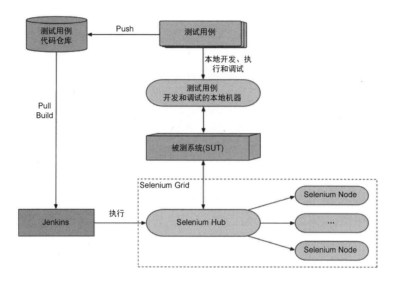

图 12-2　经典的测试基础架构

12.2　测试执行环境架构设计进阶

下面围绕 Selenium Grid 方案遇到的瓶颈及对应的解决方案来进行展开。首先看一下基于 Docker 实现的 Selenium Grid 测试基础架构。

12.2.1　基于 Docker 实现的 Selenium Grid 测试基础架构

随着测试基础架构的广泛使用，以及大量浏览器兼容性测试需求的产生，Selenium Grid 中 Node 的数量变得越来越多，也就是说，我们需要维护的 Selenium Node 越来越多。在 Node 数量只有几十台的时候，通过人工的方式升级 WebDriver、更新杀毒软件、升级浏览器版本等可能还不是什么大问题。但是，当需要维护的 Node 数量达到几百台甚至几千台的时候，对 Node 的维护工作量就会直线上升。虽然，你可以通过传统的运维脚本管理这些 Node，但维护的成本依然居高不下。

同时，随着测试用例数量的持续增加，Selenium Node 的数量必然会不断增加，这时安装部署新 Node 的工作量也会大到难以想象。因为，每个 Node 无论是采用实体机，还是虚拟机，都会牵涉安装操作系统、浏览器、Java 环境及 Selenium。而目前流行的 Docker 容器技术，由于具有更快速的交付和部署能力、更高效的资源利用率，以及更简单的更新维护能力，相比于传统虚拟机更加"轻量级"。因此，为了降低 Selenium Node 的维护成本，我们自然而然地想到了目前主流的容器技术，也就是使用 Docker 代替原本的虚拟机方案。

基于 Docker 的 Selenium Grid，可以从 3 个方面降低维护成本。

（1）由于 Docker 的更新维护更简单，使得我们只要维护不同浏览器的不同镜像文件即可，无须为每台机器安装或者升级各种软件。

（2）Docker 轻量级的特点使得 Node 的启动和挂载所需时间大幅缩短，直接由原来的分钟级降到秒级。

（3）Docker 高效的资源利用率使得同样的硬件资源可以支持更多的 Node。也就是说，我们可以在不额外投入硬件资源的情况下，扩大 Selenium Grid 的并发执行能力。

图 12-3 是基于 Docker 实现的 Selenium Grid 测试基础架构，将原本基于实体机或者虚拟机实现的 Selenium Grid 改为基于 Docker 实现的，过程很简单、灵活。

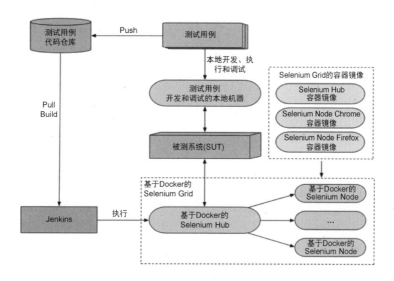

图 12-3　基于 Docker 实现的 Selenium Grid 测试基础架构

12.2.2　引入统一测试执行平台的测试基础架构

在实际的使用过程中，基于 Docker 的 Selenium Grid 使得测试基础架构的并发测试能力不断增强，因此有大量项目的大量测试用例会运行在这样的测试基础架构之上。当项目数量不多时，我们可以直接通过手工配置 Jenkins Job，并直接使用这些 Job 控制测试的发起和执行。但是，在项目的数量非常多之后，测试用例的数量也会非常多，这时新的问题又来了。

（1）管理和配置这些 Jenkins Job 的工作量会被不断放大。

（2）对 Jenkins Job 的命名规范、配置规范等很难实现统一管理，从而导致 Jenkins 中出现了大量重复和不规范的 Job。

（3）当需要发起测试或者新建某些测试用例时，都要直接操作 Jenkins Job。对于不了解

Jenkins Job 细节的人（比如新员工、项目经理、产品经理）来说，这种偏技术型的界面体验相当不友好。

因此，我们为了管理和执行这些发起测试的 Jenkins Job，实现了一个 GUI 界面系统。在这个系统中，我们可以基于通俗易懂的界面操作来完成 Jenkins Job 的创建、修改和调用，并且可以管理 Jenkins Job 的执行日志及测试报告。这其实就是统一测试执行平台的雏形。有了这个统一测试执行平台的雏形后，我们逐渐发现可以在这个平台上做更多的功能扩展，于是这个平台就逐渐演变成测试执行的统一入口了。

在这里，列举了平台最主要的两个功能和创新设计，希望可以给你及你所在公司的测试基础架构建设带来一些启发性的思考。

第一，测试用例的版本化管理。我们都知道，应用的开发有版本控制机制，即每次提测、发布都有对应的版本号。所以，为了使测试用例同样可追溯，也就是希望不同版本的开发代码都能有与之对应的测试用例，很多大型企业或者大型项目都会引入测试用例的版本化管理。最简单直接的做法就是，采用与被测应用一致的版本号。比如，被测应用的版本是 1.0.1，那么也可以将测试用例的版本命名为 1.0.1。在这种情况下，当被测应用版本升级到 1.0.2 的时候，我们会直接生成一个 1.0.2 版本的测试用例，而不是直接修改 1.0.1 版本的测试用例。这样，当被测环境部署的应用版本是 1.0.1 时，我们就选择 1.0.1 版本的测试用例；而当被测环境部署的应用版本是 1.0.2 时，就相应地选择 1.0.2 版本的测试用例。所以，我们就在这个统一测试执行平台中引入了这种形式的测试用例版本控制机制，直接根据被测应用的版本自动选择对应的测试用例版本。

第二，提供基于 Restful API 的测试执行接口供 CI/CD 使用。这样做的原因是，统一测试执行平台的用户不仅仅是测试工程师和相关的产品经理、项目经理，很多时候 CI/CD 流水线才是主力用户。因为，在 CI/CD 流水线中，每个阶段都会有不同的发起测试执行的需求。我们将测试基础架构与 CI/CD 流水线集成的早期实现方案是，直接在 CI/CD 流水线的脚本中硬编码发起测试的命令行。这种方式最大的缺点在于灵活性差。

- 当硬编码的命令行发生变化或者引入新的命令行参数时，CI/CD 流水线的脚本也要一起跟着修改。
- 当引入新的测试框架时，发起测试的命令行也是全新的，那么 CI/CD 流水线的脚本也必须一起改动。因此，为了解决耦合性的问题，我们在这个统一测试执行平台上，提供了基于 Restful API 的测试执行接口。任何时候你都可以通过一个标准的 Restful API 发起测试，CI/CD 流水线的脚本无须知道发起测试的命令行的具体细节，只要调用统一的 Restful API 即可。图 12-4 是引入统一测试执行平台的测试基础架构。

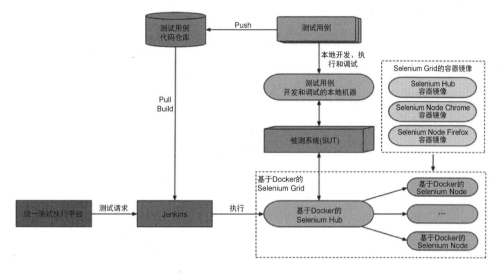

图 12-4 引入统一测试执行平台的测试基础架构

12.2.3 基于 Jenkins 集群的测试基础架构

引入统一测试执行平台的测试基础架构看似已经很完美了，但是，随着测试需求的继续增加，又涌现出了新的问题：单个 Jenkins 成为整个测试基础架构的瓶颈节点。因为，来自统一测试执行平台的大量测试请求，会在 Jenkins 上排队等待执行，而后端真正执行测试用例的 Selenium Grid 中的很多 Node 处于空闲状态。为此，将测试基础架构中的单个 Jenkins 扩展为 Jenkins 集群的方案应运而生。图 12-5 是基于 Jenkins 集群的测试基础架构。

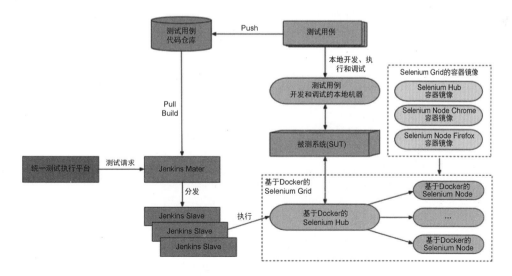

图 12-5 基于 Jenkins 集群的测试基础架构

因为 Jenkins 集群中包括多个可以一起工作的 Jenkins Slave，所以大量测试请求排队的现象再也不会出现了。在升级到 Jenkins 集群的过程中，对于 Jenkins 集群中 Slave 的数量到底多少才合适并没有定论。一般的做法是，根据测试高峰时段 Jenkins 中的请求排队数量来预估一个值。通常在最开始的时候，我们会使用 4 个 Slave Node，然后观察高峰时段的排队情况，如果还有大量请求排队，就继续增加 Slave Node。

12.2.4　测试负载自适应的测试基础架构

引入 Jenkins 集群后，整个测试基础架构已经很成熟了，基本上可以满足绝大多数的测试场景。但是，还有一个问题一直没有得到解决：Selenium Grid 中 Node 的数量到底多少才合适？

如果 Node 数量少了，那么当集中发起测试时，就会由于 Node 不够用而造成测试请求的排队等待，这种场景在互联网企业中很常见。如果 Node 数量多了，虽然可以解决测试高峰时段的性能瓶颈问题，但是又会产生空闲时段的计算资源浪费问题。当测试基础架构搭建在按使用付费的云端时，计算资源的浪费就是资金的浪费。

为了解决这种测试负载不均衡的问题，Selenium Grid 的自动扩容和收缩技术应运而生。Selenium Grid 的自动扩容和收缩技术的核心思想是，通过单位时间内的测试用例数量，以及期望执行所有测试的时间，动态计算得到所需的 Node 的类型和数量；然后基于 Docker 容器快速添加新的 Node 到 Selenium Grid 中；空闲时段则去监控哪些 Node 在指定时间内没有被使用，并动态地回收这些 Node，以释放系统资源。在通常情况下，几百台乃至上千台 Node 的扩容都可以在几分钟内完成，Node 的销毁与回收的速度同样非常快。

至此，测试基础架构已经演变得很先进了，基本上可以满足大型电商的测试执行需求。测试负载自适应的测试基础架构如图 12-6 所示。

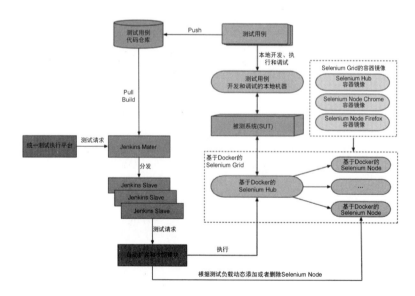

图 12-6　测试负载自适应的测试基础架构

12.2.5　测试基础架构的选择

现在，我已经介绍完测试基础架构的演进，以及其中各阶段主要的架构设计思路，那么对于企业来说，应当如何选择最适合自己的测试基础架构呢？其实，对于测试基础架构的选择，我们切忌为了追求新技术而使用新技术，而是应该根据企业目前在测试执行环境上的痛点，有针对性地选择与定制测试基础架构。

比如，如果你所在的企业规模不是很大，要执行的测试用例的总数量相对较少，而且短期内也不会有太大变化，那么你的测试基础架构完全可以采用经典的测试基础架构，没必要引入 Docker 和动态扩容等技术。再比如，如果你所在的是大型企业，测试用例数量庞大，还存在发布时段大量测试请求集中到来的情况，那么此时就不得不采用 Selenium Gird 动态扩容的架构了。而一旦使用动态扩容，那么势必你的 Node 就必须做到 Docker 容器化，否则无法完全发挥自动扩容的优势。所以说，采用什么样的测试基础架构不是由技术本身决定的，而是由测试需求推动的。

12.3　实战案例：大型全球化电商网站的测试基础架构设计

本节介绍大型全球化电商网站的测试基础架构是如何设计的，其中除了之前介绍过的概念，还会引入一些新的服务和理念。因为我们已经掌握了测试基础架构设计的基础知识，所以下面会采用由浅入深的方式，首先直接给出大型全球化电商网站的全局测试基础架构的最佳实践，然后依次解释各个模块的主要功能及实现的基本原理。其实，大型全球化电商网站的全局测试基础架构的设计思路可被总结为"测试服务化"。也就是说，测试过程中需要使用的任何功能都能通过服务的形式提供，每类服务完成一类特定功能，这些服务可以采用最适合自己的技术栈独立开发、独立部署。至于到底需要哪些测试服务，则是在理解了测试基础架构的内涵后通过高度抽象得到。从本质上看，这种设计思想其实和微服务不谋而合。根据在大型全球化电商网站工作的实际经验，笔者对一个理想的测试基础架构进行了概括，如图 12-7 所示。

这个理想的测试基础架构包括 6 种不同的测试服务，分别是统一测试执行服务、统一测试数据服务、测试执行环境准备服务、被测系统部署服务、测试报告服务，以及全局测试配置服务。下面我们一起看看这 6 种测试服务具体是什么，以及如何实现。

1. 统一测试执行服务

从本质上看，统一测试执行服务其实和统一测试执行平台是同一个概念。只不过，统一测试执行服务强调的是服务，也就是强调执行测试的发起是通过 Restful API 调用完成的。总结来说，它是以 Restful API 的形式对外提供测试执行服务的方式，兼具了测试版本管理、

Jenkins 测试 Job 管理，以及测试执行结果管理的能力。统一测试执行服务的主要原理是，通过 Spring Boot 框架提供 Restful API，内部实现是通过调度 Jenkins Job 来具体发起测试的。没错，这就是本章前面介绍的测试基础架构中的内容。还记得在前面一直提到的将测试发起与 CI/CD 流水线集成吗？统一测试执行服务采用的 Restful API 调用的主要用户就是 CI/CD 流水线脚本。我们可以在这些脚本中，通过统一的 Restful API 接口发起测试。

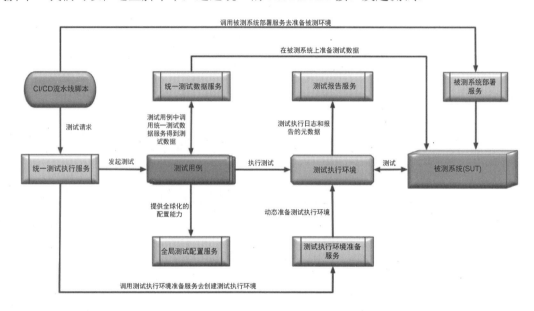

图 12-7　大型全球化电商网站的全局测试基础架构设计

2. 统一测试数据服务

统一测试数据服务，其实就是统一测试数据平台。任何测试，但凡需要准备测试数据的，都可以通过 Restful API 调用统一测试数据服务，然后由它在被测系统中实际创建或者搜索符合要求的测试数据。而具体的测试数据创建或者搜索的细节，对于测试数据的使用者来说，是不需要知道的。也就是说，统一测试数据服务会帮助我们隐藏准备测试数据的所有相关细节。同时，在统一测试数据服务内部，通常会引入自己的内部数据库管理测试元数据，并提供诸如有效测试数据数量自动补全、测试数据质量监控等高级功能。在实际的工程项目中，测试数据的创建通常是通过调用测试数据准备函数完成的，而在这些函数内部主要通过 API 和数据库操作相结合的方式实际创建测试数据。

3. 测试执行环境准备服务

测试执行环境准备服务中的"测试执行环境"是狭义的概念，特指具体执行测试的测试执行机集群：对于 GUI 自动化测试来说，指的就是 Selenium Grid；对于 API 测试来说，指的就是实际发起 API 调用的测试执行机集群。

测试执行环境准备服务的使用方式一般有两种。一种是统一测试执行服务根据测试负载情况主动调用测试执行环境准备服务，完成测试执行机的准备，比如启动并挂载更多的 Node 到 Selenium Grid 中。另一种是测试执行环境准备服务不直接和统一测试执行服务打交道，而是由它自己根据测试负载来动态计算测试集群的规模，并完成测试执行集群的扩容与收缩。

4. 被测系统部署服务

它主要被用来安装和部署被测系统和软件。其实现原理是，调用 DevOps 团队的软件安装和部署脚本。对于那些可以直接用命令行安装和部署的软件来说这很简单，一般只需要把人工安装步骤的命令行组织成脚本文件，并加入必要的日志输出和错误处理代码即可。对于那些通过图形界面安装的软件，一般需要找出静默（Silent）模式的安装方式，然后通过命令行安装。如果被测软件安装包本身不支持静默模式，笔者强烈建议给发布工程师提需求，要求他加入对静默模式的支持。其实，一般的打包工具都能很方便地支持静默模式，并不会增加额外的工作量。

被测系统部署服务一般由 CI/CD 流水线脚本来调用。在没有被测系统部署服务之前，CI/CD 流水线脚本中一般会直接调用软件安装和部署脚本。而在引入被测系统部署服务后，我们就可以在 CI/CD 流水线脚本中直接以 Restful API 的形式调用标准化的被测系统部署服务了。这样做的好处是，可以实现 CI/CD 流水线脚本与具体的安装和部署脚本解耦。

5. 测试报告服务

测试报告服务也是测试基础架构的重要组成部分，其主要作用是为测试提供详细的报告。测试报告服务的实现原理和传统测试报告的区别较大。传统的软件测试报告通常直接由测试框架产生，比如 TestNG 执行完成后的测试报告及 HttpRunner 执行结束后的测试报告等，也就是说将测试报告和测试框架绑定在一起。

对于大型电商网站而言，由于各个阶段都会有不同类型的测试，所以测试框架本身就具有多样性，因此对应的测试报告也是多种多样的。而测试报告服务的设计初衷，就是希望可以统一管理这些格式各异、形式多样的测试报告，同时希望可以从这些测试报告中提炼出面向管理层的统计数据。为此，测试报告服务的实现中就引入了一个 NoSQL 数据库，用于存储结构各异的测试报告元数据。

在实际项目中，我们会改造每个需要使用测试报告服务的测试框架，使其在执行测试后将测试报告的元数据存入测试报告服务的 NoSQL 数据库。这样，当我们再需要访问测试报告时，就可以直接从测试报告服务中提取了。同时，由于各种测试报告的元数据都在这个 NoSQL 数据库中，所以我们就可以开发一些用于分析和统计的 SQL 脚本，帮助我们获得质量相关信息的统计数据。测试报告服务的主要使用者是测试工程师和统一测试执行服务。对统一测试执行服务来说，它会调用测试报告服务获取测试报告，并将其与测试执行记录绑定，然后进行显示。而测试工程师则可以通过测试报告服务这个单一的入口，获取想要的测试报告。

6. 全局测试配置服务

全局测试配置服务是这 6 种服务中最难理解的部分，其本质是解决测试配置和测试代码的耦合问题。这个概念有点儿抽象，我们一起看个实例吧。

大型全球化电商网站在全球很多国家都有站点，这些站点的基本功能是相同的，只是某些小的功能点会有地域差异（比如，因当地法务、政策等不同而引起的差异；又比如，由货币符号、时间格式等不同而带来的细微差异）。假设，我们在测试过程中需要设计一个 getCurrencyCode 函数来获取货币符号，那么这个函数中就势必会有很多 if-else 语句，以根据不同的国家返回不同的货币符号。如图 12-8 所示的代码可以展示全局测试配置服务的基本原理。比如，"Before"代码中有 4 个条件分支，如果当前国家是德国（isDESite）或者法国（isFRSite），那么货币符号就应该是"EUR"；如果当前国家是英国（isUKSite），那么货币符号就应该是"GBP"；如果当前国家是美国（isUSSite）或者墨西哥（isMXSite），那么货币符号就应该是"USD"；如果当前国家不在上述国家范围内，就抛出异常。

图 12-8　全局测试配置服务的基本原理

上述函数的逻辑实现本身并没有问题，但是当你需要添加新的国家和新的货币符号时，就需要添加更多的 if-else 分支，当国家数量较多时，代码的分支也会很多。更糟糕的是，当添加新的国家时，你会发现有很多地方的代码都要加入分支进行处理，十分不方便。那么，有什么好的办法，可以做到在添加新的国家时，不用改动代码吗？其实，仔细想来，之所以要处理这么多分支，无非是因为不同的国家需要不同的配置值（在这个实例中，不同的国家需要的不同配置值就是货币符号），那如果我们把配置值从代码中抽离出来放到单独的配置文件中，然后代码通过读取配置文件的方式来动态获取配置值，这样就可以做到加入新的国家时，不用再修改代码本身，而只要加入一份新国家的配置文件就可以了。

为此，我们就有了如图 12-8 所示的"After"代码及图中右上角相应的配置文件。"After"代码的实现逻辑是，通过 GlobalRegistry 并结合当前环境的国家信息来读取对应国家配置文件中的值。比如，GlobalEnvironment.getCountry 的返回值是"US"，也就是说当前环境的国家是美国，那么 GlobalRegistry 就会去"US"的配置文件中读取配置值。这样实现的好处是，假定某天我们需要增加日本的时候，不用对 getCurrencyCode 函数本身做任何修改，只需要增加一个"日本"的配置文件即可。

上面笔者通过一段代码介绍了全局测试配置服务的实现原理和基本思路，但是这个方法是基于 Java 实现的，如果其他的语言想要使用这个特性，可能不是很方便。为此，我们沿用测试数据服务的思路，自然而然就会想到将全局测试配置服务通过 Restful API 的形式来提供，这样任何的测试框架和开发语言只要能够支持发起 HTTP 请求，就都能够使用这个全局测试配置服务。同时，为了方便对配置文件本身进行版本化管理，我们会将配置文件纳入配置管理中，也就是会把配置文件本身也递交到 Git 之类的代码仓库中，这样一来我们就可以很方便地对配置文件的更改进行完整的跟踪。基于上述想法，我们的全局测试配置服务的架构如图 12-9 所示。

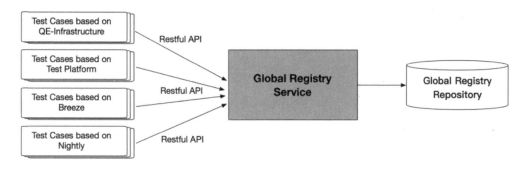

图 12-9　全局测试配置服务的架构

至此，我们已经了解了大型全球化电商网站的全局测试基础架构设计，以及其中的 6 种主要测试服务的作用及实现思路。下面再通过一个实例看看这样的测试基础架构是如何工作的，帮助你进一步理解测试基础架构的本质。

这个实例会以 CI/CD 作为整个流程的起点。因为在实际的工程项目中，自动化测试的发起与执行请求一般都来自 CI/CD 流水线脚本。

首先，CI/CD 流水线脚本会以异步或者同步的方式调用被测系统部署服务，安装和部署被测软件的正确版本。在这里，被测系统部署服务会访问对应软件安装包的存储位置，并将安装包下载到被测环境中，然后调用对应的部署脚本完成被测软件的安装。之后，CI/CD 脚本中会启动被测软件，并验证新安装的软件是否可以正常启动，如果这些都没问题，被测系统部署服务就完成了任务。

这里需要注意的是，如果之前的 CI/CD 脚本是以同步方式调用的被测系统部署服务，那么只有在部署、启动和验证全部通过后，被测系统部署服务才会返回，然后 CI/CD 脚本才能继续执行。如果之前的 CI/CD 脚本是以异步方式调用的被测系统部署服务，那么被测系统部署服务会立即返回，然后在部署、启动和验证全部通过后，才会以回调的形式通知 CI/CD 脚本。被测系统部署完成后，CI/CD 脚本就会调用统一测试执行服务。统一测试执行服务会根据之前部署的被测软件版本选择对应的测试用例版本，然后从代码仓库中下载测试用例的 jar 包。

接下来，统一测试执行服务会将测试用例的数量、浏览器的要求，以及需要执行完成的时间作为参数，调用测试执行环境准备服务。测试执行环境准备服务会根据传过来的参数，动态计算所需的 Node 的类型和数量，然后根据计算结果动态加载更多的基于 Docker 的 Selenium Node 到测试执行集群中。此时，动态 Node 加载是基于轻量级的 Docker 技术实现的，所以 Node 的启动与挂载速度都非常快。因此，统一测试执行服务通常以同步的方式调用测试执行环境准备服务。测试执行环境准备好之后，统一测试执行服务就会通过 Jenkins Job 发起测试的执行。在测试用例执行过程中，会依赖统一测试数据服务来准备测试需要用到的数据，并通过全局测试配置服务获取测试相关的配置与参数。同时，在测试执行结束后，还会自动将测试报告及测试报告的元数据发送给测试报告服务进行统一管理。

以上就是这个测试基础架构的执行过程。

本节主要是从实战的角度帮你巩固测试基础架构的基础知识。其实，大型全球化电商网站的全局测试基础架构的设计思路可被总结为"测试服务化"。于是，笔者总结了一个比较理想的测试基础架构，包括 6 种服务：统一测试执行服务、统一测试数据服务、全局测试配置服务、测试报告服务、测试执行环境准备服务，以及被测系统部署服务。其中，统一测试执行服务从本质上讲就是统一测试执行平台；统一测试数据服务，其实就是统一测试数据平台；测试执行环境准备服务，指的是狭义的测试执行环境准备。对于这几部分内容，我都已经在前面的章节中讲解过了。而被测系统部署服务，主要用于安装和部署被测系统和软件，这部分也很简单；测试报告服务，虽然和传统的测试报告区别较大，但也可以通过引入一个 NoSQL 数据库，以存储测试报告元数据的方式实现。全局测试配置服务是这 6 种服务中最难理解的部分，其本质是解决测试配置和测试代码的耦合问题。我通过一个具体的不同国家对应不同货币符号的例子，讲解了具体如何解耦。

## 第 13 章

软件测试新实践和新方法

13.1　测试驱动开发

测试驱动开发（Test-Driven Development，TDD）最早是由著名的软件开发大师 Kent Beck 提出的并在他的 *Test-Driven Development By Example* 一书中进行了详细阐述。它是一种测试在前开发在后的软件开发实践，提倡在编码之前先设计测试用例和准备测试脚本，然后再编写使测试通过的功能代码，从而以测试来驱动整个开发过程。这有助于编写简洁可用和高质量的代码，有很高的灵活性和健壮性，能快速响应变化，并加速开发过程。

我们先来了解一下测试驱动开发的背景和一些基本理念。

13.1.1　测试驱动开发的基本理念

我们先来看看测试驱动开发的典型周期，如图 13-1 所示，分为"红—绿—重构"三大环节，介绍如下。

- 红：编写测试用例。
- 绿：使测试用例通过。
- 重构：优化代码。

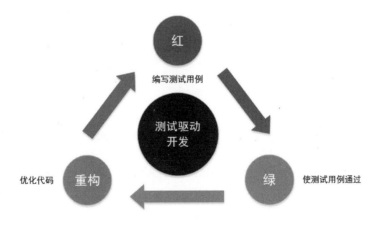

图 13-1　测试驱动开发的典型周期

遵守这一典型周期的好处是，它迫使程序员在开发代码时时刻保持测试用例通过，这相当于一个监督机制，是一种有益的约束。此外，这一典型周期还能帮助程序员保持专注，在"红"环节，专注于系统行为描述；在"绿"环节，专注于功能实现；在"重构"环节，专注于提升代码质量。

1. 测试驱动开发的思维

比起我们常规实施的"先开发后测试"的流程，测试驱动开发在思维上有了较大改变，理解这些思维变化对于测试驱动开发的成功至关重要，下面我们展开讲解其中的要点。

1）增量性

我们应当认识到，软件系统不是一下子建造出来的，而是逐步演进出来的。测试驱动开发倡导增量思维，以"小步快跑"的方式处理每个单元测试，这些单元测试描述了一系列的功能行为，且保证了一定的独立性。这样，我们随时可以通过单元测试快速启动代码编写工作。

2）使用测试来描述行为

你可以将测试用例想象成一个"活文档"（通过阅读测试用例就可以了解系统的行为）。其中，测试用例的名称概括了特定的行为，而测试用例的内容则阐述了行为的内容。测试用例的文档功能是测试驱动开发的副产物，它确保了所有人都能理解你的测试用例，只要所有测试都通过，那么它就能准确传达系统的行为，也不会过时。

3）测试行为而非方法

这是不少初学者在践行测试驱动开发时很容易犯的错误，请注意，方法和行为是两个不同的概念，一个方法可能会有不同的行为，例如方法接收到不同的参数执行不同的逻辑，就有可能呈现出不同的行为。如果我们针对方法进行测试，也就是将这些行为的验证都塞进一个单元测试用例中，那么测试就失去了文档价值，理解一个测试用例要花费的时间也会增加。因此，我们建议针对不同的行为编写独立的单元测试用例。

4）保持简单

我们编写测试用例的原则是，用尽可能简单朴实的方式来实现它，直到这个简单的测试用例无法满足新需求的验证时，再用一个稍微复杂一些的测试用例去替换它。保持简单是应对变化最好的方式，尤其是在软件系统高速迭代的过程中，过多的"未雨绸缪"有时候是不值得的，确保测试代码简单易读、没有冗余，可以大大降低维护成本。

2. 测试驱动开发的优势

作为将测试前置的一种手段，测试驱动开发颠覆了传统的软件开发和测试逻辑，那么它的优势体现在哪里呢？我们总结了以下 4 项内容。

1）有助于理解需求

软件开发的一个基本要求是，将需求完整无误地转换为代码，但在工程实践中，偏差总是存在的，不同的软件开发人员对同一个需求的理解也会存在不一致的地方。前面提到，测试用例可以作为一种"活文档"，编写测试用例本身就是一种需求澄清的过程，比起直接编写代码，它的成本更低，更有助于在早期发现需求理解上的偏差。

2）有助于低耦合设计

前面有提到测试驱动开发的增量性思维，而低耦合是贯彻增量性思维的基本要求和前提条件，因此测试驱动开发迫使开发人员在早期就考虑模块间的低耦合，明确模块边界，这对于未来的重构工作也是大有裨益的。

3）有利于并行工作

以单元测试驱动开发为例，单元测试的基本要求是通过 Mock 工具等手段屏蔽外部调用，专注于测试某个方法的逻辑功能是否正确，因此单元测试应当可以 "Run everywhere"。这种方式有效地减少了外部依赖，各模块的开发人员之间不会出现互相阻塞的情况，能够并行工作。

4）有利于重构

测试驱动开发对重构工作是非常友好的，由于测试用例已经事先准备就绪，在重构的过程中可以随时进行验证，因此降低了出现缺陷的风险，也提升了质量保障的效率。

13.1.2　UTDD、ATDD 与 BDD

测试驱动开发的形式丰富多样，比较常见的有 UTDD（Unit Test-Driven Development，单元测试驱动开发）、ATDD（Acceptance Test-Driven Development，验收测试驱动开发）和 BDD。这些形式各有适用的场景，让我们细细品读一下它们的内涵和价值。

1. UTDD 精解

UTDD 的实践方法是由开发人员编写单元测试，然后编写实现代码，直至单元测试通过，我们说的 TDD 一般默认就是指 UTDD。

UTDD 是面向技术与代码的，它回答的问题是"我们是否在正确地搭建系统"。UTDD 的核心载体是单元测试，这里需要谈到著名的单元测试 FIRST 原则，即快速（Fast）、独立

（Isolated）、可重复（Repeatable）、自我验证（Self-verifing）、及时（Timely）。

- 第一，快速指的是快速的质量反馈，即测试的过程，包括编译、链接、运行，都必须足够快，这样我们就能在短时间内获得尽可能多的质量反馈。这有助于在早期暴露问题，继而更快地修复问题。
- 第二，独立指的是各个测试用例间应当是互不依赖的，也不会有全局影响，测试只会因为自身的原因失败。基于这项原则，我们的测试用例应避免使用全局数据或静态数据，也不应依赖外部接口。
- 第三，可重复指的是测试用例可以反复执行，且执行的结果总是相同的。除了不要依赖外部接口和全局数据，程序的并发问题也会影响可重复原则，需要留意。
- 第四，自我验证指的是测试用例中必须包括设计良好的断言，完成自动验证过程，不应依赖人工判断或在控制台打印输出等不合理的验证手段。
- 第五，及时指的是测试用例必须在合适的时间周期内编写、更新和维护，以保证测试用例可以代表最新的业务逻辑变化。

理解了单元测试的 FIRST 原则后，我们通过一个案例来讲解 UTDD 的实现步骤。假设我们接到了企业的业务需求，需要实现一个判断人员是否成年的功能，当输入值≥18 时返回 true，反之则返回 false。

第一步，我们先编写以下单元测试用例，直接执行，由于功能实现代码尚未编写，执行结果显然是失败的。

```
public void testFoo() {
    int input = 18;
    boolean result = foo(input);
    assertTrue(result);
}
```

第二步，此时我们开始编写功能实现代码，使测试用例恰好可以通过，如下代码所示。

```
private boolean foo(int input) {
    return true;
}
```

第三步，重构代码，并确保测试用例始终能够通过。

```
private boolean foo(int input) {
    if(input >= 18) {
        return ture;
    }
    return false;
}
```

虽然这个案例很简单，但其中体现了 UTDD 的一些重要规则，介绍如下。

● 除非是为了使一个失败的单元测试通过，否则不允许编写任何产品代码。

● 在一个单元测试中，只允许编写刚好能够导致失败的代码（编译错误也算失败）。

● 只在测试全部通过的前提下重构或开始编写新的功能代码。

到这里，相信你对 UTDD 的实践已经有了直观的认识，下面我们讲解 ATDD 的内容。

2. ATDD 精解

ATDD 指验收测试驱动开发，首先由测试人员编写验收测试用例，之后，开发人员可以通过验收测试来理解需求和验收条件，并编写实现代码，直到验收测试用例通过。与 UTDD 面向技术与代码不同，ATDD 是面向业务的，ATDD 回答的问题是"我们是否搭建了正确的系统"。通过图 13-2，我们可以非常直观地看到 ATDD 和 UTDD 的区别。

与 TDD（UTDD）的"红—绿—重构"类似，ATDD 的流程也有一个典型周期，如图 13-3 所示，分为讨论、开发和交付 3 个阶段。

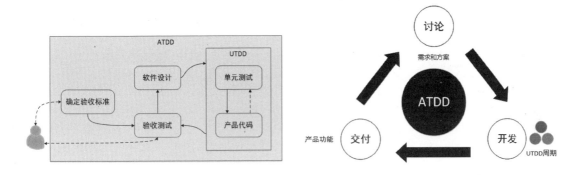

图 13-2　ATDD 与 UTDD 的区别·　　　　　　图 13-3　ATDD 的典型周期

在讨论阶段，讨论的内容是需求和方案，对齐各方对需求的理解，并通过明确验收测试的方式澄清我们的实现方案；在开发阶段，我们用验收测试来指导开发工作，最终确保产品实现能够让所有验收测试用例通过，在具体代码实现的阶段依然可以采用"红—绿—重构"的方式；在交付阶段，我们要保证交付过程中迭代的功能都能通过验收测试，并收集反馈，持续改进。

ATDD 通过自然语言来描述需求，要求产品人员、开发人员和测试人员都参与到整个流程周期中，对验证测试计划达成共识，驱动产品的代码开发和测试脚本开发，因此 ATDD 是更好的"活文档"。

3. BDD 精解

从 ATDD 演化出来一种具体落地的开发模式就是 BDD。BDD 是基于系统行为的一种测试方法，它将验收标准更加明确化，可以看作 ATDD 的实例化，即列出系统功能所对应的应用场景，并将这些应用场景的表达方式规定为 GWT（Given-When-Then）格式。

其中，Given 代表"给予操作条件"，指输入什么内容；When 代表"执行相关操作"，指做什么事；Then 代表"得到预期结果"，指验证结果信息。在 UTDD 部分，我们曾给出一个单元测试用例，它就是贯彻 GWT 格式的产物，我们给其标上注释再看一看。

```
public void testFoo() {
    int input = 18; //Given
    boolean result = foo(input); //When
    assertTrue(result); //Then
}
```

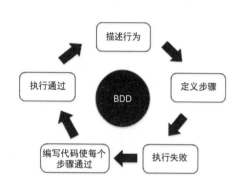

图 13-4　BDD 的典型周期

BDD 最大的优势在于它用比较简单的形式描述了系统行为，帮助相关人员理解一个功能应该如何表现，这有益于业务团队和开发团队进行高效协作和沟通。可以说，BDD 是连接业务和技术的一座桥梁。

图 13-4 展示了 BDD 的典型周期，可见，BDD 依然遵循 TDD 的基本流程，但它更聚焦于对行为的描述。

最后，我们来综合比较一下 UTDD、ATDD 和 BDD 的关键区别，以便加深理解，如表 13-1 所示。

表 13-1　UTDD、ATDD 和 BDD 的关键区别

比 较 项	UTDD	ATDD	BDD
关注点	关注功能实现	关注业务需求	关注系统行为
参与者	开发人员	开发人员、测试人员、产品人员、业务用户	开发人员、测试人员、产品人员、业务用户
文档	需求文档	验收标准+示例	GWT 格式的实例化文档
自动化	需要	非必需	需要
代表工具	JUnit、XUnit、UnitTest	TestNG、FitNesse、Robot Framework	Gherkin、Cucumber、JBehave、Concordian

13.1.3　测试驱动开发的误区

践行测试驱动开发需要转换传统软件开发思维，这也导致了在测试驱动开发的实践过程

中会产生不少误区，下面我们列举一些常见的误区。

1. 将测试驱动开发视为"万能药"

测试驱动开发虽然强大，但它不是万能的，无法解决所有问题。在缺乏测试驱动开发实践基础的团队，我们需要对技术人员和其他相关人员进行培训，最好能够设置若干"TDD 教练"监督实践过程，以免出现偏差。如果企业对质量缺乏重视，很难想象这些工作能够被有效落实。我们应当认识到，测试驱动开发只是一种辅助开发的实践手段，它并不会减少因开发人员技能不过关或赶工而在开发过程中产生的抽象和逻辑问题，尤其是在团队普遍缺乏质量意识的情况下更是如此。

2. 代码是为了使测试通过，而忽略了实际需求

既然测试驱动开发倡导先写测试用例再编写业务代码，业务代码需要保证测试用例通过，那么很容易就会产生"面向测试用例编程"的错误实践。请注意，在测试驱动开发的实践中，测试用例已经不仅仅是"测试用例"了，它代表了需求，是一种活文档。因此使测试用例通过的过程，其实也就是澄清和进一步理解需求的过程，换言之，我们不是照着测试用例编码的，而是照着需求编码的。

3. 教条式地推进测试驱动开发

测试驱动开发的优势建立在具备高质量测试用例这一前提上，如果测试代码写得不够好或者不够全面，就难以覆盖所有功能点，继而也很难开展后续的重构工作。遗憾的是，这一前提条件在国内很多企业都不满足，此时如果我们继续教条式地推进测试驱动开发，结果往往会非常惨淡。

我们应当以动态的视角看待测试驱动开发，对于它的基本原则（如 FIRST 原则，"红—绿—重构"典型周期）应当尽可能贯彻，而在具体实施的细节上，可以灵活处理。举个例子，我们也许并不需要每时每刻都先写出一个具体的测试用例，如果能够在早期设置一个流程去澄清和对齐需求，并确保人人熟知验证过程，其实就已经在践行测试驱动开发的精髓了。因此，只要你想好如何去验收这个功能，你的"测试用例"就"写"好了。

本节介绍了测试驱动开发的基本理念，并展开讲解了测试驱动开发最常见的 3 种形式：UTDD、ATDD 和 BDD，辅以案例和进行了对比。最后，着重介绍了测试驱动开发的误区，帮助读者举一反三，规避错误实践。

13.2　精准测试

我们身处于 VUCA（Volatility、Uncertainty、Complexity、Ambiguity，易变性、不定性、

复杂性与模糊性）的时代，软件产品的规模越来越大，复杂度越来越高，与此同时，软件开发和测试的周期却需要做到尽可能短，以支撑高频试错，为企业赢得商机。在不断膨胀的软件规模下要做到更快的反应速度，就需要精细化理念的支持，映射到软件测试的工作中，就是更精准的测试工作。

也许你在日常工作中遇到过这样的难处，公司软件系统的迭代速度快，当某个功能变更时，我们并不清楚这一变更的影响范围有多大，于是在验证功能时为了保险起见，需要执行全量的回归测试。在系统规模不大的时候，每次都执行全量回归测试的代价不是显著的痛点，但随着规模逐渐扩大，这种粗放式测试的弊端就会逐渐显现，可能一个很小的代码改动，都需要经过长时间的测试才能验证通过。

这就引发了我们的思考，有没有一种方法能够精确地找到每次功能变更所影响到的范围，这样我们只需要执行这些范围内对应的测试用例，并以此提升测试用例的执行效率和可信度，这就是精准测试诞生的背景。

13.2.1　精准测试的技术实现

精准测试的实现方式比较多样，但是思路是类似的，都是设法建立测试用例与被测系统代码之间的相互追溯机制。这种追溯机制可以是正向的，将测试用例和它运行时经过的代码轨迹匹配起来；也可以是逆向的，通过分析源码的变更范围，推荐合适的测试用例。下面，我们基于 Java 语言，介绍精准测试的实现细节。

1. 正向追溯机制

精准测试的正向追溯机制，指将测试用例和它运行时经过的代码轨迹匹配起来。具体来说，我们在执行一个测试用例时，需要记录它所经过的服务源码的轨迹（类、方法），并收集入库，最终形成一个用例知识库。

针对 Java 代码，我们可以使用 JaCoCo 这一工具完成代码轨迹的抓取工作。JaCoCo 以植入探针的形式检测代码轨迹，它支持两种挂载模式：on-the-fly 模式和 offline 模式，前者通过 -javaagent 参数启动代理程序，代理程序在 ClassLoader 装载一个 class 文件前将探针插入 class 文件，探针不改变原有方法的行为，只是记录代码是否已经执行；后者则是在执行测试之前先对文件进行插桩，生成插过桩的 class 或 jar 包，测试工作在这些插过桩的 class 或 jar 包上执行，生成覆盖率信息加到文件中，最后统一处理，生成报告。

在多数情况下，我们都推荐使用 on-the-fly 模式挂载 JaCoCo，它更方便简单，也无须提前插桩。此外，记录代码轨迹的工作只需要在测试环境实施，无须将 JaCoCo 挂载到生产环境中，在使用 on-the-fly 模式的情况下，我们只需要修改 JVM 的启动命令，即可支持这种差异化的挂载方式。

挂载完毕后，JaCoCo 就会开始搜集代码轨迹，JaCoCo 支持两种方式导出代码轨迹。

● 文件模式：在 JVM 停止（服务结束）时将代码轨迹数据导出到本地文件中。

● TCP Server 模式：开放一个 TCP 端口，可以在服务运行时随时获取代码轨迹数据。

我们推荐使用 TCP Server 模式导出数据，原因很简单，我们不可能在每个测试用例执行完毕后，都通过停止服务的方式获得代码轨迹数据，这会影响他人的开发和测试工作。TCP Server 模式提供了一种灵活的、不影响服务运行的数据导出方式，我们仅需要在 JVM 命令中加入相关参数即可。下面是一个示例，它在本地开放了 6300 端口收集数据。

```
java -javaagent:/tmp/jacoco/lib/jacocoagent.jar=includes=*,output=tcpserver,
port=6300,address=localhost,append=true -jar demo-0.0.1-SNAPSHOT.jar
```

我们可以通过这个端口，随时获取代码轨迹信息，示例命令如下。它所生成的 jacoco.exec 文件，就是记录代码轨迹的原始文件。

```
java -jar jacococli.jar dump --address 127.0.0.1 --port 6300 --destfile
./jacoco.exec --reset
```

在得到代码轨迹的原始文件后，我们可以利用 JaCoCo 中的 jacococli.jar 工具包所提供的 report 方法来执行相关的解析工作，以下是一个示例命令，将<class 文件地址>和<源码地址>替换为真实的地址即可执行。

```
java -jar jacococli.jar report ./jacoco-demo.exec --classfiles <class 文件地址>
--sourcefiles <源码地址> --html report --xml report.xml
```

执行完毕后，会在当前目录下生成 xml 格式（也可以将其指定为 html 和 csv 格式）的结果文件，然后我们就可以从中获取变更的类和方法了。

至此，我们通过 JaCoCo 实现了测试用例和服务代码轨迹的匹配，需要将这些匹配关系持久化到数据库中，作为用例知识库备用。

2. 逆向追溯机制

精准测试的逆向追溯机制，指通过分析源码的变更范围，推荐合适的测试用例。在建立了用例知识库的基础上，我们需要通过代码静态解析和代码变更分析这两大技术，实现逆向追溯机制。

首先谈一谈代码静态解析技术，代码静态解析顾名思义就是无须执行代码即可获得代码的结构信息。对于面向对象语言，常见的方法是通过抽象语法树（Abstract Syntax Tree，AST）

对代码进行抽象，分析每个类中有哪些方法，以及这些方法对应的行数。

具体说，针对 Java 语言，我们可以使用 Eclipse JDT 提供的一组访问和操作 Java 源码的 API，其中有一个重要组成部分是 Eclipse AST，它提供了 AST、ASTParser、ASTNode、ASTVisitor 等类，通过这些类可以获取、创建、访问和修改抽象语法树。我们将解析出的代码结构信息持久化到数据库中，作为代码结构库备用。

接下来，我们再谈一谈代码变更分析技术，分析代码变更的过程很简单，基于源码的 diff 信息分析出变更的类名和具体的变更行序号就可以了。因此，代码变更分析技术的本质就是对 diff 信息解析的过程，在这一过程中不需要运行目标代码。

我们以 Git 代码仓库为例，如下述代码所示。Git 采用的是优化过的合并格式 diff（unified diff），前两行表示变更前后的文件信息和 hash 值，第 3 行和第 4 行中的 "---" 表示变更前的文件，"+++" 表示变更后的文件。第 5 行中的两个@表示代码变更的起始和结束位置，减号表示第一个文件（a/foo1），"2"表示第 2 行，"9"表示连续 9 行，合起来，表示下面的变更内容位于第一个文件从第 2 行开始的连续 9 行。同样地，"+2,9"表示变更后，变更内容位于第二个文件（b/foo2）从第 2 行开始的连续 9 行。从第 6 行一直到最后一行，都是变更的具体内容，每一行最前面是标志位，空表示无变更，减号表示第一个文件删除的行，加号表示第二个文件新增的行。

```
diff --git a/foo1 b/foo1
    index 5c9a54c..36ac082 100632
    --- a/foo1
    +++ b/foo1
    @@ -2,9 +2,9 @@
     test
     test
     test
    -test
    +flag
     test
     test
     test
     test
     test
```

掌握了规律后，我们可以编写脚本，分析出变更的类名和具体的变更行序号，将其作为输入传递至代码结构库中，得到变更的具体方法，再将变更的具体方法输入用例知识库，就可以得到所匹配的测试用例了，如图 13-5 所示。这样，我们就完成了精准测试的逆向追溯。

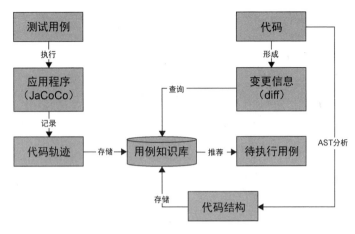

图 13-5　精准测试的逆向追溯

13.2.2　精准测试的前沿探索

随着软件测试工作精细化程度的不断提高，精准测试技术也在不断地发展和迭代。下面，我们谈一谈精准测试的一些比较前沿的发展方向和发展情况。

1. 并行代码轨迹采样

在上面的内容中，我们已经介绍了使用 JaCoCo 记录代码轨迹的方法，这也是目前业界普遍采用的方式。不过开源版本的 JaCoCo 存在一个明显的不足，它是以服务为维度记录代码轨迹的，无法识别流量的来源，因此当有多个测试用例同时执行并需要记录代码轨迹或同时有多人在调用同一个服务时，JaCoCo 无法分辨出测试用例（或某个测试行为）与代码轨迹的映射关系。

对于这个弱点，传统的规避方法是单独隔离出一个测试环境，串行地执行测试用例，从而保证每次记录代码轨迹时没有其他干扰。显然，这种方式是非常低效的，尤其当测试用例规模较大时更是如此。

对此，目前业界的研究方向主要集中在对 JaCoCo 进行二次开发改造，改造的思路是在 JaCoCo 探针的基础上，通过字节码插桩技术，附上一个请求维度的唯一标识。这样，我们就将 JaCoCo 基于服务维度的代码轨迹采样机制转换为基于请求维度的机制，从而解决了不支持并行采样的问题。

当然，这种方式也有一定的副作用，它增加了字节码的体积，会在一定程度上影响服务的性能。不过，代码轨迹采样在测试环境即可完成，因此这一副作用通常是可以接受的。

2. 微服务架构代码轨迹采样

随着微服务架构的日益盛行，服务的总量越来越多，可能一次请求调用会经过多个服务，如何在采样代码轨迹时，将多个服务的代码轨迹匹配起来呢？我们可以仿照并行代码轨迹采样的思路，在请求中附上一个唯一的链路标识，具有相同链路标识的请求就表示我们将同一个链路上所有请求执行的代码都和测试用例关联起来，这样就形成了微服务链路级别的用例知识库。

这一做法的基础是需要有一个链路跟踪系统帮助我们生成唯一的链路标识，并保证这一标识在链路中的各请求间传递时能够透传下去。幸运的是，链路跟踪系统是微服务架构中监控、排障和可视化的必备基础组件，因此在绝大多数情况下，我们都可以基于它增强 JaCoCo 的功能。

3. 实时代码轨迹染色

我们已经谈到了很多采样代码轨迹的方法，这些方法的共性是都需要在某个时间点导出并解析结果，即采样和结果输出是异步的。在实际工作中，如果能做到实时获取结果，并以一种形象的方式（代码轨迹染色）展示出来，将极大地方便调试、排障和代码走读等工作，扩展精准测试的外延。

针对服务器端的实时代码轨迹染色，最大的挑战在于数据隔离和结果的输出效率，数据隔离通过上面提到的植入唯一标识的方式可以解决，但结果的输出效率问题仍然存在。

最有效的解决方案是将 JaCoCo 的结果输出功能改造为流式传输的方式，与外部服务器通过长连接的方式传输数据，这样的实时性是最高的。如果你觉得这种改造方式的难度太大，也可以通过不断地向 JaCoCo 的 TCP Server 发出请求，获取准实时的数据，这种方式相对简单。

实现了代码轨迹的（准）实时采样功能后，我们可以将其以代码轨迹染色的形式呈现在一个前端界面上，方便使用者查看，甚至可以将其与 IDE 集成。来自七牛云的 Li Yiyang 所编写的基于 Go 语言的 VS Code 实时染色插件 Goc Coverage 就是一个非常优秀的案例，感兴趣的读者不妨参阅学习。

本节侧重于从技术角度讲解精准测试的理念和方法，通过基于 Java 语言的案例，对精准测试的正向追溯机制和逆向追溯机制进行了详细的解读。最后，针对精准测试近几年的一些前沿实践，我们也提供了思路和方向。

13.3　代码注入测试

在当今的互联网时代，"小步快跑，快速迭代"几乎成为每个互联网产品的研发策略。如何在保证产品质量的情况下，同时又能够支持产品的快速上线，软件测试人员目前面临着更大的挑战。传统的黑盒测试存在测试效率低、发现问题能力有限等局限性，而白盒测试存在人力投入成本大、耗时较长等问题，行业内更多采用的是折中的灰盒测试方案，但灰盒测试同样面临着一定的挑战。本节将讲述一种基于 AOP 技术注入测试代码到被测对象中的技术方案，通过采集程序的异常行为、构造各类异常等手段，提升灰盒测试的能力，发现更多潜在的产品缺陷。

13.3.1　灰盒测试面临的挑战

在软件测试领域，从是否感知软件的内部工作结构（源码）的角度，可以大致将测试分为黑盒测试、白盒测试及灰盒测试。

黑盒测试也称功能测试，测试人员不需要了解源码，主要从用户交互界面进行测试。黑盒测试实施难度低，也比较贴近用户。虽然黑盒测试在发现软件的潜在问题方面能力有限，但在项目时间紧张或是软件不具备实施白盒测试的条件下，仍然是很多项目的首选方案。

白盒测试是基于代码的测试，包含代码评审、单元测试、代码静态扫描、代码覆盖率分析等手段。白盒测试能够有效发现软件的潜在问题，但耗时比较长，其在落地时也面临着一定的挑战，例如软件架构设计上是否支持可测性等问题，会对单元测试的实施带来影响，所以在实际项目中更多的是采用了折中方案——灰盒测试。

灰盒测试则是介于黑盒测试和白盒测试之间的一种测试方法，通过了解一定的软件内部工作结构来指导测试场景的设计，比如业内最常见的代码覆盖率分析：采集和分析测试过程中未覆盖的代码，通过增加测试用例来提升代码覆盖率，这在一定程度上提升了测试的覆盖度。

但灰盒测试仍然面临以下的一些挑战。

（1）如何采集和监控程序更多的异常行为？典型的异常行为有：异常处理是否合理、线程间的关系是否合理、消息间的时序是什么样的等。

（2）如何快捷地构造程序的异常行为？比如，如何抛出代码里特定的异常对象？

针对上面的挑战，一种常见的思路是在业务代码里增加一定的测试代码，但这样做又引入了新的问题。

（1）如何管理和维护注入的测试代码？

（2）如何保证测试代码不污染产品代码？如何避免发布时夹带测试代码的风险？

如果我们能够将测试代码和开发代码做到完全分离，编译出不同的版本（有测试代码的插桩版和无测试代码的非插桩版），是不是就可以解决这个问题了？我们先把视线暂时从测试领域转移到开发领域，看看是否有相似的问题和解决方案。

13.3.2　OOP 的困境及 AOP 的解决思路

大家熟知的 OOP（Object-Oriented Programming，面向对象编程），做到了组件的可重用性和模块化等特性，降低了软件的复杂度和维护成本，但对于某类需求，OOP 却无法很好地解决。

我们来看一个例子，图 13-6 显示了 org.apache.tomcat 源码中的模块分布情况，其中深色柱状图是 XML parsing 模块的实现和调用情况，它被很好地封装在一个模块里，和其他的柱状模块基本上没有交互，管理和维护成本比较低。

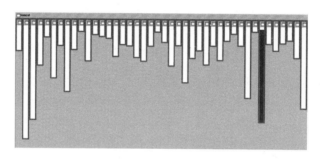

图 13-6　org.apache.tomcat 源码中 XML parsing 模块的分布情况（深色部分）

图 13-7 中显示的是 logging 模块在 org.apache.tomcat 源码中的分布情况，logging 模块本身可以做到很好的封装，但调用它的地方却分散在各个模块中，logging 模块代码和非 logging 模块代码纠缠在一起。那这有什么问题呢？设想一下改动 logging 模块代码这个需求，比如 logging 模块的接口发生变更，要求将接口的入参由 char*类型变为 string 类型，或是需要由 2 个参数增加为 3 个，那么所有调用 logging 模块的地方都要发生变更。如果要梳理出所有模块对 logging 模块的使用情况，需要把所有的调用者相关代码梳理一遍。

这种纠缠代码（tangled code）注定带来了复杂性和维护成本。

（1）冗余代码：多处同样的代码块。

（2）难以理解：代码散落到各处，没有一个集中的地方。

（3）难以变更：需要找到所有的相关代码，变更一处时要考虑是否会影响其他的地方。

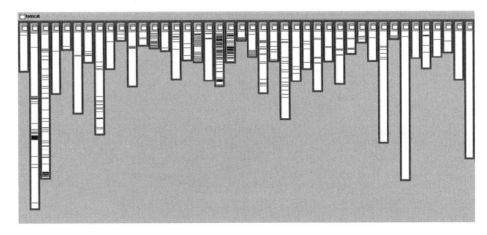

图 13-7　org.apache.tomcat 源码中 logging 模块的分布情况（深色部分）

像修改 logging 模块的这类需求，被称作"横切需求"（Crosscutting Concern），也就是实现时横跨了多个模块的需求。AOP 很好地解决了这类问题。简单说，AOP 将需求分为两类：主需求（Core Concern）和横切需求，AOP 提出将横切需求与主需求在代码层面上分离，横切需求的代码单独维护，避免出现代码交织现象。AOP 是如何做到的呢？

我们还是以日志功能为例进行讲解。图 13-8 是一个简单的交易系统示例，其中有 4 个模块：账户模块、转账模块、数据库模块和日志模块。其中账户模块、转账模块和数据库模块需要调用日志模块的功能进行日志记录。传统方式是将这些日志模块的 API 调用嵌入各个调用方的模块中，从而存在代码纠缠问题。

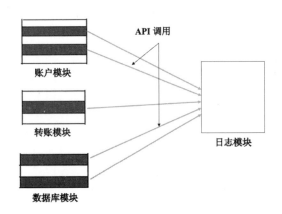

图 13-8　一个简单的交易系统示例

AOP 的实现方式如图 13-9 所示，它新增了一个 Logging Aspect（方面）模块，Aspect 类似于 OOP 的类。各个主需求模块不再直接调用日志模块的 API，而是将对日志的调用统一放到了 Logging Aspect 模块中进行实现，然后在编译或运行时将 Logging Aspect 模块的实现自动织入各个主需求模块中，从而解决了代码纠缠问题。

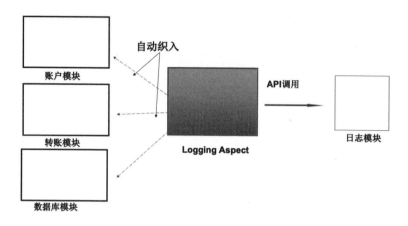

图 13-9　AOP 的实现方式

我们再以 AspectJ（AOP 在 Java 语言中的一种实现）为例，看一看 AOP 是如何做到自动织入的。图 13-10 是 AspectJ 的一种编译时织入（Compile-Time Weaving）方式，我们的主需求使用 Java 语言实现，使用 javac 或 AspectJ 的编译器 ajc 来编译；Aspect 的编写则使用 AspectJ 实现或使用 Java 的 annotation 方式实现，然后使用 ajc 编译器进行编译；最后一步使用 ajc 编译器将上面两步各自生成的 class 文件织入（weaving）在一起，生成最终的业务对象。

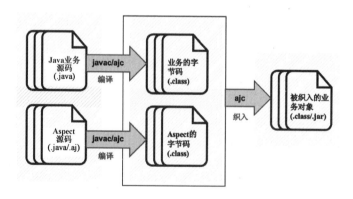

图 13-10　AspectJ 的一种编译时织入方式

AspectJ 支持 3 种织入方式，介绍如下。

（1）编译时织入（Compile-Time Weaving）：AspectJ 同时编译业务源码和 Aspect 源码，编译过程中完成织入，也就是上面提到的织入方式。

（2）编译后织入（Post-Compile Weaving）：也叫二进制织入（Binary-Weaving），它通常用于对已经编译好的 Java class 文件或 jar 包进行织入。

（3）加载时织入（Load-Time Weaving）：这也是一种二进制织入方式，和编译后织入的不同在于，它是在类被 JVM 加载时完成织入的。

具体选择哪种织入方式，可以根据实际项目的需要来决定，比如在没有业务源码的情况下，可以选择编译后织入或加载时织入。

那么 AOP 是如何完成这些横切需求的呢？下面我们了解下 AOP 的一些基本概念，以及它带给我们的一些启示。

13.3.3 AOP 基本概念及其启示

1. AOP 基本概念

AOP 有 4 个基本概念，分别介绍如下。

（1）连接点（join point）：简单来说连接点就是程序执行流程中一个个可被识别的执行点，比如，对象的创建、函数的调用、if/else/while 等。它是一个抽象概念，在实现 AOP 时，并不需要定义一个连接点。

（2）切入点（cut point）：是一组一个或多个连接点，可以在其中执行通知。

（3）通知（advice）：是切入点的执行代码，是执行"方面"（aspect）的具体逻辑。

（4）方面（aspect）：切入点和通知结合起来就是方面，它类似于 OOP 中定义的一个类。

下面我们用一个 DB 的类比来更好地理解 AOP 的这几个概念。

（1）连接点与 DB 行数据：每个连接点类似于 DB 的每行数据。

（2）切入点与 SQL 语句：切入点类似于 DB 的 SQL 语句，通过编写 SQL 语句过滤出我们感兴趣的数据。

（3）通知与 Trigger：通知则类似于 DB 的 Trigger，当有满足条件的 DB 数据被修改时，会触发预先存储到 DB 里的 SQL 脚本代码。

下面我们结合 AspectJ 来具体看看 AOP 的这些概念。

2. AspectJ 简介

AspectJ 是 AOP 在 Java 上的一种实现，支持丰富的切入点注入，易学易用。

在 Java 领域，除了 AspectJ，还有其他的 AOP 实现工具，比如，和 Spring 框架集成的

Spring AOP、阿里巴巴开源的 JVM Sandbox 等，读者可以查询它们的相关资料，选择适合自己项目的实现工具即可。另外，在 C/C++领域，典型的 AOP 实现工具是 AspectC++。

总的来说，目前 Java 领域的 AOP 实现工具是最成熟的，在工程上可以实现较好的落地，这也是本节选择 AspectJ 讲解的原因之一。

1）连接点和切入点

前面提到连接点是程序的一个个执行点，对于 AspectJ 来说，它取了连接点的一个子集，而不是全部的连接点，只有这些暴露的连接点才是插桩点，在 AspectJ 中用切入点来定义这些连接点。

AspectJ 主要支持下面几类连接点。

- 对象方法和构造函数的调用（call）。
- 对象方法和构造函数本身的执行（execution）。
- 对象属性的访问操作（get & set）。
- 异常 handler 的执行（handler）。
- 类的静态方法的初始化（initialization）。

2）切入点的语法

AspectJ 提供了很灵活的切入点语法，既支持精准匹配，如某个包的某个函数，又支持通配符，如..、*、+等，如 Activity+表示 Activity 类及其子类，用来过滤出感兴趣的连接点插桩点。这里就不详细介绍了，仅举一些例子进行说明。

表 13-2 是切入点的一些签名举例，签名主要用于定义我们感兴趣的连接点。

表 13-2　切入点签名举例

切入点签名	说　　明
public int android.net.NetworkInfo.getType()	精确匹配 getType 方法
* Activity+.onCreate(..)	匹配 Activity 类及其子类的名称为 onCreate 的所有方法，入参及返回值可以为任意类型，访问类型可以是 public、private、protected 类型
* *.*(..) 或* *(..)	匹配所有的函数调用
!get(* *.*) && !set(* *.*)	所有非对象属性的读/写操作
* *(..) throws IOException	匹配所有抛出 IOException 的函数

切入点的定义格式是：切入点类型（切入点签名）。常见的切入点类型介绍如下。

（1）execution（切入点签名）：由切入点签名指定的函数自身在执行。

（2）call（切入点签名）：由切入点签名指定的函数被调用。

（3）handler（异常类型）：某个异常类型的 exception handler 被执行。

（4）this（SomeType）：当前执行的对象（this 指针）是 SomeType 类型的。

（5）target（SomeType）：触发的目标对象是 SomeType 类型的，如通过 call（切入点签名）触发的目标对象。

（6）within（SomeClass）：当前执行的代码属于 SomeClass。

（7）args（某个变量对象）：用于将传入连接点的入参变量对象保存下来，传递给通知。

3）通知

通知就是在我们选择出来的切入点上执行的代码块，通知分为 3 类：before、after、around，分别用于控制通知在切入点的周围何时执行。

顾名思义，before 在切入点插桩点执行前先执行，比如调用某个函数，在该函数执行前获取当前系统时间。

after 在切入点插桩点执行后执行，比如执行后再次获取当前系统时间，将 after 和 before 做对比，就能算出函数的执行时间。after 可以细分为两类：after returning 和 after throwing，前者是指函数正常返回，后者是指函数抛出异常返回；after 则是两者的并集。

around 是最灵活的一种，可以用自己的代码替代原切入点插桩点的执行代码，可以决定是否需要原切入点代码继续执行，如果需要继续执行则调用 proceed 函数。

4）上下文之 thisJoinPoint

通知的执行上下文和插桩对象位于同一个进程空间内，确切地说，通知代码实际上在编译阶段直接插入插桩点。那么通知代码中理所当然地应该能够像被插桩的连接点一样访问资源，比如类内部的方法、属性等，这些是通过 thisJoinPoint 对象来获取的。通过 thisJoinPoint 可以获取当前连接点的基本信息，比如代码行号、连接点的名称信息，如函数名称等，同时 thisJoinPoint 的 getThis 是最强大的函数，它返回当前通知所在对象的 this 指针，有了 this 指针，自然就可以调用 this 对象的方法/属性等了。

5）实例

下面我们举一个基于 AspectJ 的简单的例子来介绍下 AOP。关于开发环境搭建，AspectJ 在多个 IDE（如 Eclipse、Netbeans、IntelliJ IDEA 等）上都有插件，也支持命令行、Maven、Ant 等编译方式，读者可以查阅相关指南自行搭建。

代码段 1：业务代码 Hello 示例。

```
package helloworld;

public class Hello {

public void sayHello(String name)
{
    System.out.println("hello, " +name);
}

public static void main(String[] args) {
    Hello h = new Hello();
    h.sayHello("tom");
}
}
```

代码段 2：Aspect Tracing 代码示例。

```
package helloworld;

import org.aspectj.lang.JoinPoint;
import org.aspectj.lang.reflect.CodeSignature;

public aspect Tracing {
    pointcut tracedCalls():call(* Hello.*(..))
        && !within(Tracing) && !within(Around);

    before():tracedCalls(){
        System.out.println("[Aspect Tracing][before]Entering: "+thisJoinPoint);
        printParameters(thisJoinPoint);
    }

    after():tracedCalls(){
        System.out.println("[Aspect Tracing][after] Leaving: "+thisJoinPoint);
    }

        //打印函数的基本入参信息
    static private void printParameters(JoinPoint jp) {
        System.out.println("Arguments: " );
        Object[] args = jp.getArgs();
        String[] names = ((CodeSignature)jp.getSignature()).getParameterNames();
        Class[] types = ((CodeSignature)jp.getSignature()).getParameterTypes();
        for (int i = 0; i < args.length; i++) {
            System.out.println("  " + i + ". " + names[i] +
            " : " +                types[i].getName() +
            " = " +                args[i]);
```

```
        }
    }
}
```

代码段 3：Aspect Around 代码示例。

```
package helloworld;

public aspect Around {

    pointcut hello(String name):execution(* Hello.sayHello(..)) && args(name);


    void around(String name):hello(name){
        String new_name = "jerry";
        System.out.println("[Aspect around]:" +
                            "before executing sayHello, change name from "
                            + name + " to " + new_name);//篡改入参
        proceed(new_name); //使用新的入参继续执行原函数
        return;
    }
}
```

代码段 1 是一个简单的 Hello 程序，包含了一个函数 sayHello，sayHello 有一个 string 类型的入参。

代码段 2 是完成跟踪功能的 AspectJ 代码，在函数被调用前和调用后输出日志，同时打印入参信息。

代码段 3 是完成篡改 sayhello 入参的 AspectJ 代码，它是通过 AspectJ 的 Around 机制实现的。

插桩前后的 Hello 程序的输出，如代码段 4 所示。

代码段 4：插桩前后的 Hello 程序的输出。

插桩前的 Hello 程序的输出如下。

```
hello, tom
```

插桩后的 Hello 程序的输出如下。

```
[Aspect Tracing][before] Entering: call(void
helloworld.Hello.sayHello(String))
Arguments:
 0. name : java.lang.String = tom
```

```
[Aspect around]: before executing sayHello, change name from tom to jerry
hello, jerry
[Aspect Tracing][after] Leaving: call(void helloworld.Hello.sayHello(String))
```

3. AOP 的启示

AOP 作为一种编程范式，将开发代码和测试代码完全隔离，完美地解决了横切需求带来的代码纠缠困扰。同时，在编译时，通过编译脚本控制是否进行测试代码的注入，可以同时生成两个版本，一个是无测试代码注入的发布版本，一个是有测试代码的插桩版本，这样就保证了测试代码不污染产品代码，也避免了发布时夹带测试代码的风险。

另外，AspectJ 的连接点语法可以支持灵活的插桩点，然后执行任意的通知代码。这些能力将有效地帮助我们采集程序异常行为及构造程序的异常行为。我们将在 13.3.4 节结合实战案例进行讲解。

13.3.4　基于 AOP 的测试实战案例

以下案例基于 AspectJ 的实现方案进行讲解。

1. 程序异常行为采集

在常规的黑盒测试或灰盒测试中，虽然通过前端 UI 能够感知一定的程序功能，但对于一些程序的异常行为却感知较少，特别是一些异常可能会被程序捕获，并通过降级服务来补偿，但这类异常可能是非预期的异常，从而被忽略。下面将讲解如何通过 AOP 来捕获一些常见的可能会被忽略的程序异常行为，进而发现更多潜在的程序 bug。

1）发现那些消失的异常

通过 AOP 可以捕获代码中被 try…catch 代码抓住的异常：这类异常比较隐蔽，因为被抓住了，所以一般不会导致程序崩溃，而如果没有被应用表现出来，则很容易被忽略。当然，有些被捕获的异常可能是符合预期的，所以需要做进一步的分析和判断。

如何捕获这类异常呢？代码段 5 是 AspectJ 的实现代码，pointcut 中的 handler(*)将会在所有的 catch 处注入我们的通知代码，从而可以获取异常对象的一些运行时信息，并记录下来。

代码段 5：Exception Catcher——发现那些消失的异常。

```
//捕获所有被抓住的异常
pointcut exceptionHandlerPointcut(Throwable ex, Object exHandlerObject):
    handler(*) && args(ex)
    && this(exHandlerObject);

before(Throwable ex, Object exHandlerObject):
```

```
    exceptionHandlerPointcut(ex, exHandlerObject)
{
    String str = "Exception caught by :" + exHandlerObject + "\n";
    str += "Signature: " + thisJoinPoint.getStaticPart().getSignature() + "\n";
    str += "Source Line: " + thisJoinPoint.getStaticPart().getSourceLocation()
        + "\n";
    str += StackTraceUtil.getStackTrace(ex);    //获取异常对象的堆栈信息
    logger.info(str);                           //输出异常对象信息到日志中
}
```

这里举一个具体的非预期的异常实例。在某个 App 的执行过程中，通过上面的 Exception Catcher 捕获下面的这个异常：android.database.sqlite.SQLiteException: no such column: Ol_7132 (code 1):, while compiling: UPDATE onlinetable SET time=?,xmlContent=?,key=? WHERE key=Ol_7132。

从 App 前端交互及功能上没有发现任何问题，这个异常是怎么发生的，又是如何被处理的呢？通过代码分析，这个异常对应的是 App 的一个性能优化辅助功能，App 会缓存一些网络页面到数据库中。如果有缓存，则拉取本地缓存数据，否则从服务器重新拉取数据。这个 SQLiteException 导致数据库执行缓存操作时失败，故主程序会从服务器重新拉取数据，主流程仍然能够跑通，但该缓存功能彻底失效。最后发现这个异常的根本原因是查询 SQL 书写格式有问题导致的。

通过这个案例，我们看到 AOP 技术可以非常方便地帮助我们采集业务代码里的一些看不到的程序行为，有了这些行为日志后，我们可以接着做人工分析，进而将一些从前端交互无法发现的异常挖掘出来。

2）发现看不见的函数正在执行

如果我们想知道某个功能背后执行过哪些函数，最直接的方式就是在代码里每个函数的入口处打印一行日志。在代码量较少的情况下，手动做这些事情还可以接受，但随着代码量的增加，手动维护这类日志代码就是一个很大的负担了。这个需求很明显属于前面提到的横切需求，下面让我们看看 AOP 的代码是如何解决这个问题的。

代码段 6：Function Tracing——记录函数的执行顺序。

```
//不需要记录 AspectJ 插桩代码里的函数的执行情况
pointcut excludedAJ():!within (com.scream.aop..*)
&& !cflow(adviceexecution());

//定义要监控的函数的执行情况，排除了一些 Java 基类 Object 的访问函数
//对类的成员属性的访问函数
pointcut funcExecutionPointcut():execution(* *.*(..))
```

```
&& !execution(* Object.*(..)) && !get(* *.*) && !set(* *.*)
&& !execution(* *.access$*(..));

before():funcExecutionPointcut() && excludedAJ()
{
    Signature sig = thisJoinPoint.getStaticPart().getSignature();
    SourceLocation sl = thisJoinPoint.getStaticPart().getSourceLocation();
    int line = sl.getLine();
    String file = sl.getFileName();
    String className = "";
    if (thisJoinPoint.getThis() != null)
    className = thisJoinPoint.getThis().getClass().getName();
        mylogger.log(Level.INFO,"Entering [" + className + "." + sig.getName()
                + "] @" + line + "@" +file);
    NDC.push(prefix);//NDC 对象来自 Log4J，用于控制日志行的缩进
}

after():funcExecutionPointcut() && excludedAJ()
{
    NDC.pop();
}
```

代码段 6 实现了被测对象的所有函数入口执行时进行记录的功能，其中 pointcut excludedAJ 用于将部分包和自身通知的执行排除在外，对它们的调用不需要记录。NDC 对象来自 Log4J，用于控制日志行的缩进。

下面我们看看一个具体的日志输出实例。从图 13-11 可以看到，函数调用层次关系清晰明了。我们该如何利用这些信息呢？

```
Tracing - - Entering [()SessionManager.getInstance()] @78@SessionManager.java
Tracing - - - Entering [()Session.getInstance()] @17@Session.java
Tracing - - - - Entering [()SessionConfig.getImageHost()] @91@SessionConfig.java
Tracing - - - - Entering [()SessionConfig.getAudioHost()] @82@SessionConfig.java
Tracing - - - - Entering [()SessionConfig.getUserId()] @100@SessionConfig.java
Tracing - - - - Entering [()SessionConfig.getSID()] @109@SessionConfig.java
Tracing - - - - Entering [()SessionConfig.getVoiceSearchHttpUrl()] @69@SessionConfig.jav
Tracing - - - - Entering [()SessionConfig.getVoiceSearchTcpUrl()] @65@SessionConfig.java
Tracing - - - - Entering [()SessionConfig.getVoiceSearchLogUrl()] @73@SessionConfig.java
Tracing - - - Entering [()ConnectionHelper.getConnectionHelper()] @33@ConnectionHelper.j
Tracing - - - - Entering [(common.conn.ConnectionHelper)ConnectionHelper.disableConnecti
```

图 13-11　函数调用层次关系输出示例

（1）精准测试。

前端进行 UI 操作时，将函数调用层次关系记录下来，这样可以将前端操作用例和代码对应起来，建立起二者的正向映射关系。当代码有变更的时候，我们就可以反向推测出需要执行哪些相关的用例，达到精准测试的目的。关于精准测试，读者可以参考精准测试相关章节。

（2）发现潜在的性能问题。

举一个实际的案例，在某次功能测试（启动 App，然后按 Home 键，将程序切换到后台执行）时，但短短几分钟内，Function Tracing 一直往 SD 卡写日志数据，1 MB、2 MB、3 MB……同时可以看到 Eclispe 的 Logcat 窗口里满屏的日志输出，是不是业务代码有问题？我们可以写个统计函数执行次数的脚本，统计每个函数的执行次数、都被谁调用过。

如图 13-12 所示的统计数据显示，getFirstVisiblePosition 函数会在短短几分钟内执行 2004 次，结合函数调用树往上找，我们可以找到问题的根源。这个函数被 ImageListManager 的 mLoadThread 线程调用，在 App 不可见的时候，仍然一直被调用执行。这个线程没有做任何的启停控制，启动后就一直以 200 ms 的周期按 sleep-waitup 循环方式执行，没有任何机制来暂停这个线程。至此，我们找到了优化点，在 App 切换到后台后，我们会暂停这个线程的执行。

```
[(common.imagenew.listview.ListViewImageManager)
ListViewImageManager.getFirstVisiblePosition()] @99@ListViewImageManager.java = 2004
<--- Thread-642 [(common.imagenew.base.ImageListManager$1)ImageListManager.1.run()]
@221@ImageListManager.java
```

图 13-12　统计函数调用次数的示例

当然，这些 bug 的发现也依赖用例的设计，我们可以事先分析可能会出现问题的场景，然后验证自己的设想。比如，在没有任何 UI 操作的时候，是否有看不见的线程/函数在空跑？在缓存完成后，缓存线程是否可以自动结束？当打开歌词 Activity 后又将其关闭时，歌词线程是否会结束？等等。

通过统计函数的调用次数，重点分析调用次数比较多的函数，我们在实际的项目中发现很多这类函数空转的问题，函数空转带来的影响是应用性能问题，对于手机 App 来说会有手机电量的损耗，而这个问题也是手机 App 需要特别关注的。

3）发现异常的网络请求

对网络异常包的监控，传统的方式通常是：PC 端可以通过工具（比如 Fiddler 或 Wireshark 等抓包工具）进行网络抓包；手机 App 则可以通过手机设置代理，接入 PC 热点的方式进行抓包；然后再对这些采集到的网络请求包进行过滤分析，从中找到一些可疑的数据。这种方式的主要缺点是，当采集的网络请求数据量较大时，容易出现分析遗漏，同时在抓包环境设置上也比较烦琐。

以 HTTP 网络消息为例，我们看看 AOP 是如何监控异常的 HTTP 请求和响应数据的。

代码段 7：Dump HTTP Headers——记录 HTTP 请求和响应的异常数据。

```
//要监控的 HTTP 函数
pointcut callConnect(java.net.HttpURLConnection callerObj):
call(* java.net.URLConnection.connect()) && target(callerObj);

before(java.net.HttpURLConnection callerObj):callConnect(callerObj)
{
    TLog.i(TAG,"======HTTP Request headers==========");
    dumpHttReqHeaders(callerObj);
}

after(java.net.HttpURLConnection callerObj) returning : callConnect(callerObj)
{
    TLog.i(TAG,"======HTTP Response headers==========");
    dumpHttpResHeaders(callerObj);
}

//打印 HTTP 请求体的基本信息
private static void dumpHttReqHeaders(HttpURLConnection httpCon)
{
    String output = "";
        output += "requestUrl =" + httpCon.getURL().toString() + "\n";
    for (String header : httpCon.getRequestProperties().keySet()) {
        if (header != null) {
            for (String value : httpCon.getRequestProperties().get(header)) {
            output += header + ":" + value + "\n";
            }
        }
    }
}
TLog.i(TAG,output);
}

//打印 HTTP 响应体的基本信息
private static void dumpHttpResHeaders(HttpURLConnection httpCon)
{
    String output = "";
    output += "requestUrl =" + httpCon.getURL().toString() + "\n";
    Map<String, List<String>> hdrs = httpCon.getHeaderFields();
    if (hdrs == null)
        return;
    Set<String> hdrKeys = hdrs.keySet();
    for (String k : hdrKeys)
    output += k + ":" + hdrs.get(k) + "\n";
    try {
        if (httpCon.getResponseCode() >= 300) { //只记录返回码大于或等于 300 的可疑响应
        TLog.e(TAG,output);
    }
    else {
```

```
        TLog.i(TAG,output);
    }

} catch (IOException e) {
    TLog.e(TAG, e);
    }

}
```

代码段 7 展示了如何编写 AOP 的切入点规则来过滤出与 HTTP 相关的请求和响应，同时会将返回码大于或等于 300 的可疑响应记录在日志文件中，作为后续的重点排查对象。

下面我们来看一个实际案例，看看监控能力是如何帮助我们发现产品 bug 的。

比如，某音乐 App 有一个功能叫 CDN 竞速，在播放在线歌曲时，先连接几个 CDN 节点竞速，从中选择较快的 CDN 节点。但因为代码问题，导致竞速请求失败且返回 404 错误，App 因兜底策略最终走了默认节点，但前端功能正常，如果不通过网络包分析，这类问题是很难发现的。但通过 AOP 记录的异常数据包，我们快速发现并准确定位到问题，原来问题是 HTTP 头中的某个 Cookie 字段设置有误导致的。

4）发现异常线程

对于多线程程序，我们可以通过 AOP 来采集线程的生命周期信息，包括线程的父子关系、线程创建和销毁的时间点等基本信息，从中可以发现一些可能的信息，比如线程的创建是否合理？线程间的父子关系是否合理？如何采集线程的生命周期信息？

代码段 8：ThreadMonkeyRunner——记录线程的生命周期信息及构造线程随机睡眠异常。

```
//线程自身执行的入口函数
pointcut threadRun():execution(public void java.lang.Thread+.run())
                || execution(public void java.lang.Runnable+.run());

//线程被启动时的函数
pointcut threadStart(Thread startedThread):
                call(public void java.lang.Thread+.start())
                && target(startedThread);

//记录线程何时被创建，以及线程间的父子关系
before(Thread startedThread) : threadStart(startedThread)
{
    String parentThreadName = Thread.currentThread().getName();//获取父线程名称
    long parentThreadId = Thread.currentThread().getId();//获取父线程 ID
    String targetThreadName = startedThread.getName();//获取子线程名称
    long targetThreadId = startedThread.getId();//获取子线程 ID

    //获取连接点的基本信息
```

```
    Signature sig = thisJoinPoint.getStaticPart().getSignature();
    SourceLocation sl = thisJoinPoint.getStaticPart().getSourceLocation();
    int line = sl.getLine();
    String file = sl.getFileName();
    String className = "";
    if (thisJoinPoint.getThis() != null)
        className = thisJoinPoint.getThis().getClass().getName();

    TLog.i(TAG, "Thread ["+ parentThreadName + "(" + parentThreadId
        + ")] has started a new Thread [" + targetThreadName
        + "(" + targetThreadId +")]. [(" + className + ")"
        + sig.toShortString() + "] @" + line + "@" +file);
}

void around():threadRun() //线程执行前随机睡眠××秒
{
    Random random = new Random();
    int randTime = 0;
    int randConfig = readSleepRandomFromConfig(); //读取配置文件中的随机睡眠时间
    if (randConfig > 0 )
            randTime = random.nextInt(randConfig);
    String threadName = Thread.currentThread().getName();
    long threadId = Thread.currentThread().getId();
    Signature sig = thisJoinPoint.getStaticPart().getSignature();
    SourceLocation sl = thisJoinPoint.getStaticPart().getSourceLocation();
    int line = sl.getLine();
    String file = sl.getFileName();
    String className = "";
    if (thisJoinPoint.getThis() != null)
        className = thisJoinPoint.getThis().getClass().getName();

    TLog.i(TAG, "Thread ["+ threadName +"(" + threadId + ")] is running. [("
        + className + ")" + sig.toShortString() + "] @" + line + "@" +file);
    try {
        if (randTime > 0)//随机睡眠××秒
        {
            TLog.i(TAG, "Trying to put thread[" + threadName +
                "(" + threadId + ")] sleep " + randTime + " sec");
            Thread.sleep(randTime*1000);
        }
    } catch (InterruptedException e) {
        TLog.e(TAG, "Failed to put thread[" + threadName +"("
            + threadId + ")] sleep " + randTime + " sec");
        TLog.e(TAG, e);
    }
    proceed(); //随机睡眠后，让线程继续执行
```

```
    //线程结束执行时，记录下该事件
    TLog.i(TAG, "Thread ["+ threadName +"(" + threadId + ")] is terminated. [("
        + className + ")" + sig.toShortString() + "] @" + line + "@" +file);
}
```

代码段 8 展示了通过 threadRun 和 threadStart 这两个切入点可以完成对线程生命周期信息的收集及构造线程随机睡眠异常。

有了线程的生命周期信息，我们可以基于此做人工分析，发现一些潜在的 bug。比如，关闭某音乐 App 的连接智能音箱功能，重启 App 后，将其置于后台一段时间，观察一下线程执行情况，通过日志发现该功能的连接音箱线程仍被启动了，但实际上是不需要启动的。

我们还可以基于日志，绘制出线程间的父子关系、线程的创建和消亡时间等，以此帮助我们更好地理解业务的代码逻辑，指导我们构造更多的线程异常。

5）自动记录 UI 操作流

为什么要自动记录 UI 操作流呢？因为在日常测试中经常遇到一些非预期的 bug，但又记不清之前执行了哪些 UI 操作。如果能够记录下用户的各个 UI 操作流，就会更方便地定位问题。如果对 Android 的控件开发比较熟悉的话，控件是基于事件响应的，即实现各种 onXXX 函数，比如 onClick(View)、onKeyDown(int keyCode, KeyEvent event)、onItemClick 等。利用 AOP 可以过滤出这些切入点，然后插入相应的日志记录代码即可，而不需要在 App 的各个 UI 界面编写每个控件的操作日志记录代码，从而极大地简化了代码。

我们看下 AspectJ 的代码实现示例，因篇幅有限，代码段 9 中我们仅举几个控件操作的例子。

代码段 9：UI Action Tracing——记录 UI 操作流。

```
//onClick 事件
pointcut onClick(View v): execution(public void onClick(View)) && args(v);

//onKeyDown 事件
pointcut onKeyDown(int keyCode, KeyEvent event):
        execution(public boolean onKeyDown(int, KeyEvent))
        && args(keyCode, event);

//onMenuItemClick 事件
pointcut onMenuItemClick(MenuItem menuItem):
        execution(public void onMenuItemClick(MenuItem)) && args(menuItem);

before(View view):onClick(view)
{
```

```
    TLog.i(TAG, "ClassName = " + thisJoinPoint.getThis().getClass().getName());
    UIUtil.getTextFromUIElement(TAG,view);//输出单击 View 的文本信息
}

before(int keyCode, KeyEvent event):onKeyDown(keyCode, event)
{
    TLog.i(TAG, "ClassName = " + thisJoinPoint.getThis().getClass().getName());
    TLog.i(TAG, "onKeyDown : \n\tkeyCode = " + keyCode
            + "\n\tKeyEvent = " + event);
}

before(MenuItem menuItem):onMenuItemClick(menuItem)
{
    TLog.i(TAG, "onMenuItemClick : \n\tmenuItem = " + menuItem.getTitle());
}
```

代码段 9 中的 UIUtil.getTextFromUIElement 函数是自定义的函数，用于遍历 View 的子对象（该 View 对象可能是一个 Layout 容器），找到一个 TextView 对象，获取其 text 属性，若是其他非 TextView 对象，则返回 IDName 作为该控件的文本标识。

下面举个实际的例子看看用这种方式记录下来的操作流，如图 13-13 所示。

```
UITracing ClassName = activity.MusicOperationActivity$11
UITracing ClassName = activity.MainPageViewActivity$1
UITracing onItemClick of ViewGroup = RelativeLayout@412d8d08 view.text = 更多
UITracing onItemClick of ViewGroup = RelativeLayout@412d7888 view.text = 乐库
UITracing onItemClick of ViewGroup = RelativeLayout@4126f110 view.text = 华语组合
UITracing onItemClick of ViewGroup = RelativeLayout@42091b38 view.text = 五月天
UITracing ClassName = ui.PopMenu$1
UITracing onItemClick :
        parent = ListView@42853c98
        view = RelativeLayout@411119d8
        poistion = 0
        id = 0
UITracing onItemClick of ViewGroup = RelativeLayout@411119d8 view.text = 添加到...
UITracing onMenuItemClick : menuId = 7

ExceptionCatcher Exception caught by :Thread[Thread-627,5,main]
Signature: catch(SocketException)
Source Line: SplitTask.java:198
...
```

图 13-13　UI 操作流举例

从图 13-13 可以很清楚地了解到，在最后一个 SocketException 异常前，我们执行了哪些操作及相关的控件信息。有了这些信息，可以很好地帮助我们理解 bug 出现的上下文。

以上就是通过 AOP 采集程序异常行为的场景举例。当然不仅仅是这些，只要我们能够清楚地描述出要过滤的切入点，然后编写相应的监控通知代码，就可以收集相应的程序行为数据了，比如，自动开启 Android 的 strictmode 来发现 ANR 及资源泄露问题、自动记录 App 崩溃事件并生成内存转储文件等。

2. 程序异常行为构造

AOP 除了可以监控程序的异常行为，还可以帮助我们构造一些特定的异常，覆盖手动测试难以模拟的场景。下面我们将讲解几个典型的场景，帮助大家理解 AOP 在这方面的能力。

1）特定异常注入

基于功能的黑盒测试方案，如果要覆盖一些特殊的异常场景，存在一定的难度及测试时间成本。比如，机器内存不足，需要开启大量的程序将系统的内存耗尽；磁盘空间不足，需要通过复制文件等方式将本地磁盘空间占满；同时对于一些程序内部的异常分支，如某个函数异常返回，黑盒测试更加难以模拟。

AOP 通过指定的规则对代码中的函数触发点（包括系统函数和应用自定义函数）进行截获并插入一定的测试桩代码，按照一定的规则修改程序的运行行为，如修改函数的指定返回值，从而达到覆盖各类场景的目的。比如，对于机器内存不足的场景，当调用 new 函数时，对该系统函数进行截获，不是继续系统函数的调用，而是直接抛出 Out of Memory 异常，从而模拟测试内存不足的场景；同样地，对于其他的测试场景，也可以按照这种方式进行模拟。

下面我们来看一个例子。

代码段 10：Hello Exception 的业务代码。

```java
package helloworld;

public class Hello {

    //访问数组，可能会存在数组下标越界异常
    private void accessArray() throws ArrayIndexOutOfBoundsException
    {
        int a[] = new int[2];
        a[0] = 0;
        a[1] = 1;
        System.out.println(a[0]);
        System.out.println(a[1]);
        System.out.println("within access Array");
    }

    //调用 accessArray 函数，捕获可能的数组下标越界异常
    public void helloException()
    {
        try{
        accessArray();
        }catch(ArrayIndexOutOfBoundsException e){
            System.out.println("Caught Exception :" + e);
        }
```

```
    }

    public static void main(String[] args) {
        Hello h = new Hello();
        h.helloException();
    }
}
```

代码段 11：抛出异常的 AspectJ 代码。

```
package helloworld;

public aspect MyException {

    pointcut hiException():execution(* Hello.accessArray(..));

    //在 accessArray 被执行时，抛出数组下标越界异常
    void around():hiException()
    {
        System.out.println("[Aspect MyException]: before executing accessArray,"
                          + " throw an exception.");

        throw new ArrayIndexOutOfBoundsException();
    }
}
```

代码段 10 里有一个 accessArray 函数，它可能会抛出数组下标越界异常（ArrayIndex-OutOfBoundsException），这个异常会被调用函数 helloException 捕获。在测试时，想覆盖这个异常场景，但当前的代码通过黑盒方式很难模拟出这个异常。

代码段 11 展示了如何通过 AspectJ 的 Around 机制完成异常的模拟。

通过代码段 12，可以看到这个抛出的异常被 helloException 捕获，这样我们就轻松地验证了当这个异常发生时，helloException 是否正确处理了这个异常。

代码段 12：抛出异常的程序输出。

```
[aspect MyException]: before executing accessArray,throw an exception.
Caught Exception :java.lang.ArrayIndexOutOfBoundsException.
```

2）网络类型欺骗

关于通过修改函数返回值来篡改程序的行为，我们看个网络类型欺骗的例子。

在与网络相关的手机终端测试中，需要覆盖各类不同的网络类型，如 Wi-Fi、5G、4G、3G 等，现有的测试方案基本上都是基于实际的物理手机卡在真实的物理环境下进行测试的。当前基于物理手机卡来覆盖各类网络类型的测试方案存在一定的缺陷，比如一些网络场景很

难自由地切换和覆盖，如从 4G 模式变更到 3G 模式，需要寻找 4G 信号较弱的场所。同时，针对不同运营商的网络类型，需要更多的实体卡和终端手机，这带来了一定的测试成本开销。

在 Android 平台上，查询网络类型的 API 主要有 android.net.NetworkInfo.getType、android.net.NetworkInfo.getSubType 和 android.net.NetworkInfo.getExtraInfo 等，AOP 可以通过截获被测程序对网络类型系统 API 函数的调用，按照指定的规则，篡改系统 API 的返回值，返回指定的网络类型，而不是当前手机的真实网络类型，从而达到网络类型欺骗的目的。

代码段 13：NetworkTypeCheater——模拟不同的网络类型。

```
pointcut getNetworkType():call(int android.net.NetworkInfo.getType());

pointcut getSubtype():call(int android.net.NetworkInfo.getSubtype());

pointcut getExtraInfo():call(String android.net.NetworkInfo.getExtraInfo());

int around():getNetworkType()
{
    //从配置文件中读取要篡改成的网络类型（NetType）
    int typeFromFile = readNetTypeFromConfig();
    TLog.d(TAG,"netType = " + typeFromFile );
    if (typeFromFile == -1)
    return proceed();
    return typeFromFile;
}

int around():getSubtype()
{
    //从配置文件中读取要篡改成的子网络类型(SubType)
    int subTypeFromFile = readSubtypeFromConfig();
    TLog.d(TAG,"netSubtype = " + subTypeFromFile );
    if (subTypeFromFile == -1)
    return proceed();
    return subTypeFromFile;
}

String around():getExtraInfo()
{
    //从配置文件中读取要篡改成的网络 ExtraInfo 信息
    String extraInfo = readExtraInfoFromConfig();
    TLog.d(TAG,"extraInfo = " + extraInfo);
    if (extraInfo == "")
    return proceed();
    return extraInfo;
}
```

3）线程时序异常构造

在发现异常线程的相关章节中，我们讲解了如何通过截获线程相关的函数调用来获取线程的生命周期信息，同时我们也可以对线程执行的关键函数进行一定的篡改，从而达到扰乱线程时序的效果，进一步验证线程间是否存在一定的时序关系。

首先我们可以根据日志绘制出线程间的父子关系、线程的创建（created）和消亡（Terminated）时间，以此帮助我们更好地理解业务的代码逻辑，如图 13-14 所示。另外，图中的线程名是线程 ID，而不是有含义的线程名称，这是因为在业务代码中创建线程时，没有指定线程名称，如果指定线程名称的话，线程关系图将有更好的可读性。

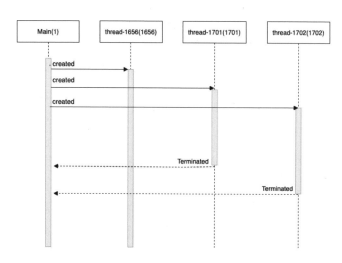

图 13-14　线程创建时序和父子关系图举例

接着尝试扰乱一些线程的执行时序，一个简单的方式是模拟 Monkey 测试的思路，可以在每个线程的执行开始前随机睡眠一段时间，尝试模拟不同线程间的执行顺序。当然这种方式存在一定的局限性，因为是随机睡眠，测试的完备性是无法保证的，存在一些线程间的时序可能没被覆盖的情况。更合理的方式是，首先对线程/进程间的关系进行时序建模，然后通过控制各个线程的执行时间来模拟这些时序场景。

4）消息时序异常构造

对于一些复杂的业务应用来说，前端 App 之间及前端 App 和后台服务之间会有比较多的消息往来。因为网络传输的不确定性，可能出现消息丢失、消息延迟、消息乱序等。

我们先举一个例子，图 13-15 是在线 K 歌合唱的简化版时序图，有一个主唱、一个合唱者（听众 A）、一个听众（听众 B）。主唱先上麦唱歌（消息 1），K 歌后台会通知所有听众（消息 2、消息 3），接着一个（合唱者）听众 A 申请合唱（消息 4、消息 5），主唱同意后（消息 6、消息 7），K 歌后台广播通知听众 B（消息 8），接着合唱者开始上麦唱歌（消息 9），K 歌后台将此消息通知主唱和听众 B（消息 10、消息 11）。这期间，合唱者可能会在消息 4 之后的任意时刻选择放弃合唱（消息 12），如在收到主唱的同意合唱消息 7 之前，也可能在收到消息 7 之后。K 歌后台会将该消息广播告知主唱及听众 B（消息 13、消息 14）。

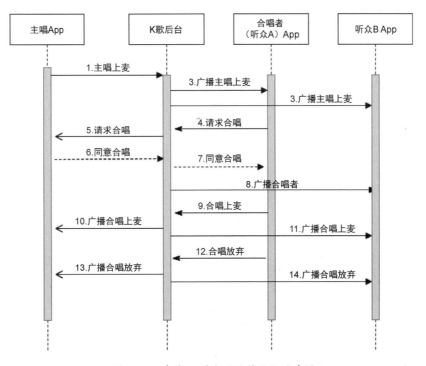

图 13-15　在线 K 歌合唱的简化版时序图

　　这是一个简化版的示例，并未涉及鉴权之类的权限，也未涉及多个听众同时申请合唱等复杂场景。从上面的分析来看，这个简化的功能已经涉及跨网络跨 App 的多个消息，在现实中因为网络原因，消息会丢失和延迟，无法保证每个消息顺序到达，甚至存在消息乱序的情况。比如，合唱者收到同意合唱的消息（消息 7）的时间点是无法保证的，主唱收到消息 10 和消息 13 的顺序性是无法保证的，同样听众 B 收到消息 11 和消息 14 的顺序性也同样无法保证。这就需要我们验证不同场景下我们的 App 是否能够正常工作。比如，合唱者请求合唱（消息 4），在收到同意合唱的消息（消息 7）前，直接放弃合唱（消息 12），但后面又收到同意合唱的消息（消息 7），这时 App 侧可能会又变成允许合唱的状态，这样就产生了 bug。

　　那么如何模拟时序异常呢？

　　常见的网络工具可以模拟网络抖动、延迟、丢包等异常，但这类工具不能针对某些特定的网络消息设置异常，无法确保消息时序异常场景模拟的完备性，故而存在一定的局限性。

　　AOP 在消息时序异常构造和网络工具上的不同在于：AOP 通过对业务代码中特定的收发

包函数进行拦截，可以更加精准地控制消息的收发，从而可以模拟和穷举各种消息相关的异常构造。

例如，在收包函数的通知代码里：

（1）收到消息后不把消息返回给消息消费函数，模拟消息丢失的场景。

（2）收到消息后睡眠一段时间再将消息返回给消息消费函数，模拟消息延迟的场景。

（3）收到消息后先将消息暂存下来，等收到多个特定的消息后，打乱它们的顺序，然后依次将它们返回给消息消费函数，模拟消息乱序的场景。可以通过穷举消息间的不同顺序，保证消息时序测试的完备性。

在现实的业务中，我们采用这种策略发现了不少有价值的业务 bug。因为这些实现与业务逻辑和业务代码强相关，在这里就不展开进行具体讲解了，读者可以参考这个思路，根据自己的业务情况进行实现。

13.3.5　AOP 的局限性

虽然 AOP 在一定程度上解决了程序异常行为监控及注入的测试难题，但基于 AOP 的代码注入方案仍有一定的局限性。

（1）切入点仅支持部分连接点，不能对所有的函数执行点进行插桩，如条件分支、顺序执行的某条语句等，对于这类插桩点 AOP 将无法支持。

（2）插桩后的代码存在一定的性能开销，故不太适合收集性能数据的测试场景，但仍可以收集数据做趋势类的数据分析。

本节介绍了一种基于 AOP 的测试方案，它可以有效地将测试代码和开发代码隔离，借助 AspectJ 灵活的语法高效注入测试代码到被测对象，进而发现程序的多种异常行为，还能够灵活地注入各类异常、控制程序的时序行为等，从而提升异常测试的覆盖度。

13.4　混沌工程

随着软件复杂度的不断提升，软件产品运行时所面临的"变量"也愈发增多，庞大的分布式系统天生有着各种复杂的依赖，可能的出错之处也层出不穷，诸如此类的"不确定性"将日益成为常态，因此我们也需要转变思路，用应对不确定性问题的方式来保证软件的可用性和稳定性。

混沌工程正是应对不确定性问题的一把利器，既然我们无法穷尽软件产品在运行时可能遇到的所有问题，那就要接受系统一定会存在缺陷和发生故障的"混沌态"，通过一系列的演练频繁暴露这些问题，不断优化和改进软件系统，让系统在每一次失败中获益，从而不断进化。这一过程与打疫苗有"异曲同工之妙"，通过引入"灭活病毒"刺激免疫系统产生抵抗力，在未来遇到真正的病毒时，免疫系统就能够识别并消灭这些病毒。

13.4.1　混沌工程的起源

基于混沌工程的理念，Chaos Monkey（混乱猴子）恐怕是众所周知，也是最早投入实际应用的实践方法。想象一下，我们组建了一支调皮的猴子军团，专门用于在生产环境中随机关闭服务节点，验证系统的恢复能力和容错能力。这支猴子军团四处搞破坏、名声远扬，而且发展壮大成为不同的群体，如 Latency Monkey（引入延时来模拟服务降级的猴子们）、Chaos Gorilla（模拟整个可用区故障的猴子们）等，持续它们的破坏行径。

在真实的业务场景中，软件运行时所遇到的任何故障和异常都可以是 Chaos Monkey 的破坏对象，我们将其称为故障因子（故障注入类型），这部分内容已在前面介绍过，这里不再详细介绍。这里我们想强调的是，故障因子不能完全凭空想象，而是应该引入那些真实存在的、频繁发生的且影响重大的事件，同时估算事件发生的概率和最终影响的范围，在此基础上进行有针对性的实验。虽然在过往的真实世界中踩过的"坑"是故障因子的最佳来源，但是我们不能忽视对未知风险的发现，也就是说除了对这些已出现的问题进行分类、优先级排序，也要对未来可能会出现的新问题保持关注。

此外，在选择故障因子时，不能仅仅基于概率，还要考虑规模。例如，SSD 的年故障率约为 0.5%，这看似是一个很小的数字，但如果在我们的机房中有超过 200 个 SSD 在工作，那么 1 年内一定会出现 SSD 损坏的情况，这就是一个不容小觑的数字了。

Chaos Monkey 是混沌工程的重要实践，它尽可能地将各种故障和异常所带来的痛苦前置，让工程师在痛苦中得到磨炼，从而对软件系统做出优化和改进，预防潜在的问题。在这一过程中，人们总结出了一些通用的原则，这些原则能够指导我们更好地践行混沌工程。

13.4.2　混沌工程的原则

混沌工程的 4 项原则分别为建立稳定状态的假设、在生产环境实施混沌工程、简单易用的实验工具和最小化爆炸半径。

1. 建立稳定状态的假设

实施混沌工程之前，我们首先需要对系统的正常稳定状态进行界定，这是因为在故障注入后，我们不仅要评估故障注入对系统造成的影响，还要确保系统在一定的条件下能够恢复到这个正常的稳定状态。此时，我们需要收集一些可测量的指标来体现系统稳定状态的可观测性，这些指标可以是技术类的系统指标（比如 CPU 负载、内存使用率、I/O 等待、QPS、

TPS 等），也可以是业务指标（比如成交笔数、活跃用户数、订单成功率等）。在这里，笔者更推荐使用业务指标，因为相比系统指标，业务指标更能反映系统的健康状态及对真实用户的价值交付。另外，我们要使用一组业务指标所构成的业务健康度模型去描述系统的稳定状态，并围绕这一系列业务指标建立一整套完善的数据采集、监控和告警机制，要尽可能地避免使用单一的业务指标。

2. 在生产环境实施混沌工程

我们必须承认，技术人员普遍不希望在生产环境中进行演练，因为这样做会带来风险。对于混沌工程，我们鼓励在生产环境中进行演练，这有两个很重要的原因。首先，生产环境拥有最完备的监控、告警、容灾和故障转移手段，在生产环境中进行演练最能反映系统健壮性的真实情况，也最能调动团队的警觉性；然后，生产环境最贴近实际用户的环境，无论我们在测试环境中如何模拟业务场景，都不可能完全覆盖生产环境那么丰富的场景。可见，生产环境的真实性是实施混沌工程的最大优势。

不想在生产环境中实施混沌工程的原因无外乎，担心一旦出现故障而无法控制影响面，或担心出现一些意料之外的风险而引发不必要的损失。正确的应对思维是向前看，通过一些手段控制影响面，兼顾实验可能造成的潜在危害，而不是无视问题的存在。其中，最小化爆炸半径就是一种行之有效的控制风险的手段。

3. 简单易用的实验工具

混沌工程的实施离不开简单易用，并且自动化程度尽可能高的实验工具和平台可以协助我们模拟故障。商业化的混沌工程平台 Gremlin 可以支持依赖不可用、网络不可达、突发流量等场景。阿里巴巴的混沌工具 ChaosBlade 简化了构建混沌工程的路径，引入了更多的故障场景。此外，开源的 Chaos Mesh、Resilience4J 和 Hystrix 也都是非常不错的工具。

4. 最小化爆炸半径

实施混沌工程会带来一定的破坏性，但这并不意味着我们是毫无策略地肆意破坏。相反，我们需要遵循一定的策略将破坏的影响面控制在最小半径下，循序渐进地展开工作，这就是最小化爆炸半径的理念。

一种有效的手段是控制破坏的范围，并进行分区隔离和数据隔离。例如，单次破坏只针对单个机房范围，每个集群只注入一台服务器或实例，每次只注入一种类型的异常，不对特别敏感的安全服务进行破坏，等等。

另一种手段是控制破坏的时间段和时长。例如，高峰期、大促活动封网期、其他演练期等时间段不进行破坏，总的演练时间不超过一定的阈值，等等。

另外，混沌工程的实施和推广应遵循由局部至整体、由边缘至核心的原则。比如，从非核心服务开始试点，从调用关系简单的链路开始实施，再推广至更大的范围。实施时执行人员要严密盯盘，一旦产生预期外的影响，应及时终止故障注入。

13.4.3　攻防演练

除了 Chaos Monkey，攻防演练是另一种优秀的混沌工程实践方法，在大型互联网公司已有不少实施案例。攻防演练参照了军事演练的模式，将技术团队分成攻击方和防御方，攻击方负责准备故障注入的场景和脚本，并选择一个窗口期来执行注入；防御方则需要努力在规定的时间内发现问题并及时响应，同时采取措施解决问题。若防御方在规定的时间内未响应或未修复问题，则攻击方获得胜利，反之防御方获得胜利。

演练双方通常出自同一业务领域下的技术团队，但双方必须严格遵守保密纪律，尤其攻击方不得提前透露故障注入的场景和时间，除非防御方超过规定时间未响应，这时需要主动告知防御方，以便及时修复问题，避免不必要的损失。演练完毕后，攻守双方要及时复盘，将演练过程中遇到的问题记录下来，持续改进和优化。图 13-16 展示了攻防演练的大致流程。

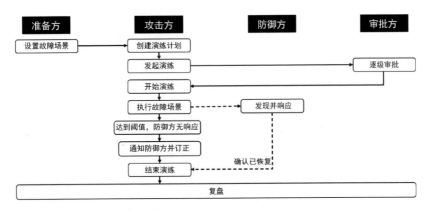

图 13-16　攻防演练的大致流程

攻防演练以一种趣味性的方式，使严肃的混沌工程的实施更平易近人，这不仅提升了技术团队面对故障的敏感度和处理能力，还培养了团队的技术氛围和团队精神。

13.4.4　混沌工程的相关工具

"一个篱笆三个桩，一个好汉三个帮。"混沌工程的有效实施离不开优秀工具的支持和赋能，即便有些故障场景可以通过执行命令的简单方式进行模拟，但我们依然推荐尽可能使用成熟的工具执行这些工作，它们可以大大降低工作难度，也能规避一些不必要的失误。下面我们介绍混沌工程的两个著名工具 ChaosBlade 和 Chaos Mesh。

1. ChaosBlade

ChaosBlade 是阿里巴巴开源的一款遵循混沌工程原理和混沌实验模型的实验注入工具，提供了丰富的故障场景实现，能够开箱即用，非常容易上手。其衍生的 chaosblade-operator 项目还支持云原生架构，是目前的行业标杆。

我们可以从 ChaosBlade 的 GitHub 官网下载最新的工具包，解压即用，同时它还支持 CLI 和 HTTP 两种调用方式。下面我们以 CLI 方式为例，演示两个简单的故障注入场景的实施方法。

首先我们演示一下 CPU 使用率达到 100%的情况，通过查阅文档发现，ChaosBlade 提供了 blade create cpu fullload 命令，可以达到这个效果。

```
blade create cpu fullload
{"code":200,"success":true,"result":"a7e3f79ca63446c1"}
```

故障注入成功后，我们通过 iostat 命令观察 CPU 的实际使用率，发现故障注入确实有效。

```
avg-cpu:  %user   %nice %system %iowait  %steal   %idle
          97.95    0.00    2.05    0.00    0.00    0.00
```

下面再来看一个场景，假设我们要模拟网络丢包的故障，可以使用 blade create network loss 命令来实施。

```
blade create network loss --percent 70 --interface eth0 --local-port 8080,8081
{"code":200,"success":true,"result":"b2cef35ce1783243"}
```

故障注入成功后，可以在另一台网络连通的机器上通过 curl 命令进行验证。需要注意的是，如果模拟的场景丢包率为 100%，就会造成无法连接这台机器，这意味着我们无法通过 CLI 方式终止实验，在这种情况下，一定要加上 timeout 参数，实现达到时间后自动恢复。

ChaosBlade 还支持 HTTP 调用的方式，这意味着我们可以很方便地将其平台化，以支撑更多的上层需求和数据统计等功能。

2. Chaos Mesh

Chaos Mesh 是由 PingCAP 团队研发的一个开源的云原生混沌工程平台，提供了丰富的故障模拟类型，具有强大的故障场景编排能力，可方便用户在开发测试及生产环境中模拟现实世界中可能出现的各类异常，帮助用户发现系统潜在的问题。Chaos Mesh 提供了完善的可视化操作，旨在降低用户进行混沌工程的门槛。用户可以方便地在 Web UI 界面上设计自己的混沌场景，以及监控混沌实验的运行状态。

Chaos Mesh 基于 Kubernetes CRD（Custom Resource Definition）构建，根据不同的故障类型定义多个 CRD 类型，并为不同的 CRD 对象实现单独的控制器，以管理不同的混沌实验。Chaos Mesh 主要包含以下 3 个组件。

- Chaos Dashboard：Chaos Mesh 的可视化组件，提供了一套对用户友好的 Web 界面，用户可通过该界面对混沌实验进行操作和观测。
- Chaos Controller Manager：Chaos Mesh 的核心逻辑组件，主要负责混沌实验的调度与管理。该组件包括多个 CRD 控制器，如 Workflow 控制器、Scheduler 控制器及各类故障类型的控制器。
- Chaos Daemon：Chaos Mesh 的主要执行组件，Chaos Daemon 以 DaemonSet 的方式运行，默认拥有 Privileged 权限（可以关闭）。该组件主要通过侵入目标 Pod 命名空间的方式干扰具体的网络设备、文件系统和内核等。

使用 Chaos Mesh 实施混沌工程有两种方式：一种方式是先使用 Chaos Dashboard 创建混沌实验，然后单击提交按钮运行实验，如图 13-17 所示，这是最简单、最直接的方式。

图 13-17　使用 Chaos Dashboard 创建混沌实验

另一种方式是先使用 YAML 文件定义混沌实验，然后使用 kubectl 命令创建并运行实验。例如，我们可以创建如图 13-18 所示的 network-delay.yaml 文件来模拟一个网络延时，它定义了一个持续 12s 的网络延迟故障，实验的目标是默认命名空间下带有 "app": "web-show" 标签的应用。接下来，我们使用 kubectl apply -f 命令创建并运行这一混沌实验，混沌实验开始后，如需检查混沌实验的运行情况，可以使用 kubectl describe 命令来查看这一混沌实验对象的 status 或者 event；混沌实验结束后，可以通过 kubectl delete 命令删除混沌实验。删除混沌实验后，注入的故障会被立刻恢复。

```yaml
apiVersion: chaos-mesh.org/v1alpha1
kind: NetworkChaos
metadata:
  name: network-delay
spec:
  action: delay # the specific chaos action to inject
  mode: one # the mode to run chaos action; supported modes are one/all/fixed/fixed-percent/random-r
  selector: # pods where to inject chaos actions
    namespaces:
      - default
    labelSelectors:
      'app': 'web-show' # the label of the pod for chaos injection
  delay:
    latency: '10ms'
  duration: '12s'
```

图 13-18　使用 YAML 文件定义混沌实验

我们身处一个充满不确定性的时代，需要用与时俱进的理念和方法来应对这些不确定性。本节介绍了混沌工程的起源、实施方法和工具，全面展示了如何通过混沌工程让我们在不确定性中受益，促使技术人员将"防御性"内建在系统中。

13.5　变异测试

在软件行业中，我们一般会使用代码覆盖率这个指标去评判测试用例的优劣。直觉上，如果测试用例具备较高的代码覆盖率，那么这个测试用例的有效性（测试用例发现问题的能力）应该是不错的。不过，如果我们以更微观的视角分析每个测试用例，这时就会发现，即便代码覆盖率达到100%，测试用例也无法确保被测代码一定没有缺陷，如有以下程序方法。

```java
public int foo(int a, int b, int c) {
    return (int)((a + b) / (b - c));
}
```

针对上述程序方法编写以下测试用例。

```java
public void testFoo() {
```

```
    assertEqual(foo(0,1,2), -1);
    assertEqual(foo(1,3,4), -4);
    assertEqual(foo(0,4,2), 2);
}
```

我们会发现，上述测试用例针对目标程序方法能够达到 100% 的代码覆盖率，但它依然未能检测出程序中的一个显而易见的缺陷，即没有对除数为 0 的情况做异常处理。

通过这个例子，我们可以得到结论：测试用例的代码覆盖率和测试用例的有效性是不能画等号的。那么，有什么方法能够更科学地评判测试用例的有效性呢？答案就是变异测试。

13.5.1　变异测试的基本流程

变异测试是一种基于错误的测试方式，通过在程序中预先埋入一些"错误"，观察测试用例的表现来评估其有效性，这与混沌工程的理念非常相似。

变异测试的基本流程如下。

（1）对源程序进行合乎语法的微小改动并生成副本，相应的改动被称为变异算子，改动完成的程序被称为变异体。

（2）使用同一组测试用例集，分别对源程序和变异体进行测试，若执行结果不同，则称该变异体被"杀死"。

（3）根据测试用例集的整体执行结果，计算变异得分（变异覆盖率）。

下面通过一个例子来解读上述基本流程中的关键点，依然使用前面的程序方法。

```
public int foo(int a, int b, int c) {
    return (int)((a + b) / (b - c));
}
```

我们将方法体中的符号"/"改为"*"，这就是"合乎语法的微小改动"，改动完毕的程序代码（变异体）如下。

```
public int foo(int a, int b, int c) {
    return (int)((a + b) * (b - c));
}
```

接下来，我们执行以下测试用例，很显然，在源程序和变异体上测试用例均能通过。这表明该测试用例无法甄别出这个变异体，变异体依然存活。

```
public void testFoo() {
    assertEqual(foo(2,2,1), 4);
}
```

在更换如下测试用例重新执行后，测试用例在源程序上可以通过，而在变异体中无法通过，这说明变异体被"杀死"。

```
public void testFoo() {
    assertEqual(foo(1,3,5), -2);
}
```

13.5.2　变异测试的核心概念

介绍了变异测试的基本流程后，下面我们介绍变异测试的核心概念。

1. 两个基本假设

首先，变异测试有两个基本假设，即胜任的程序员假设（Competent Programmer Hypothesis，CPH）和组合效应假设（Coupling Effect Hypothesis，CEH）。

- CPH：编程人员是有能力的，他们会尽力开发程序，以达到正确可行的结果，而不是搞破坏。变异测试基于基本正确的程序，而不是漏洞百出的程序。
- CEH：一个简单的错误可能由单次变异产生，而一个复杂的错误往往是由多次变异导致的。这说明复杂的程序问题可以由多个简单的问题累积产生。

这两个基本假设是变异测试的"地基"，违背这两个基本假设，变异测试将失去意义。下面介绍变异测试的一些重要概念，它们在变异测试的应用过程中会被反复提及。

2. 概念一：变异算子

在符合语法规则的前提下，变异算子定义了从源程序生成差别极小程序（变异体）的转换规则。这些转换规则针对不同的编程语言有一些区别，Offutt 和 King 于 1987 年针对面向过程语言 Fortran77，首次定义了 22 种变异算子，这些变异算子的简称和描述如表 13-3 所示。

表 13-3　Fortran77 语言的 22 种变异算子

序　号	变异算子	描　　述
1	AAR	用一个数组引用替代另一个数组引用
2	ABS	插入绝对值符号
3	ACR	用数组引用替代常量
4	AOR	算术运算符替代
5	ASR	用数组引用替代变量
6	CAR	用常量替代数组引用
7	CNR	数组名替代
8	CRP	常量替代
9	CSR	用常量替代变量

序　号	变 异 算 子	描　　述
10	DER	DO 语句修改
11	DSA	DATA 语句修改
12	GLR	GOTO 标签替代
13	LCR	逻辑运算符替代
14	ROR	关系运算符替代
15	RSR	return 语句替代
16	SAN	语句分析
17	SAR	用变量替代数组引用
18	SCR	用变量替代常量
19	SDL	语句删除
20	SRC	源常量替代
21	SVR	变量替代
22	UOI	插入一元操作符

针对互联网行业应用更多的面向对象语言，上述很多变异算子是不适用的，于是人们在实践中又创造了一些适合面向对象语言的变异算子，如表 13-4 所示。

表 13-4　适合面向对象语言的变异算子

序　号	变 异 算 子	描　　述
1	AOD	删除算术运算符
2	AOR	算术运算符替代
3	ASR	赋值运算符替代
4	BCR	交换 break 和 continue 语句
5	COD	删除条件运算符
6	COI	插入条件运算符
7	CRP	常量替代
8	DDL	修饰符替代
9	EHD	删除异常处理
10	EXS	吞掉异常
11	IHD	删除隐藏变量
12	IOD	删除重写方法
13	IOP	改变重写方法的调用位置
14	LCR	逻辑连接符替代
15	LOD	删除逻辑运算符
16	LOR	逻辑运算符替代
17	ROR	关系运算符替代
18	SCD	删除父类调用
19	SCI	插入父类调用
20	SIR	移除分片索引

3. 概念二：一阶变异体与高阶变异体

一阶变异体是指在源程序上通过单个变异算子进行单次转换形成的目标变异体。相应地，高阶变异体是指在源程序上通过单个或多个变异算子进行多次转换形成的目标变异体。

下面通过一个案例对上述两种变异体进行具体解释。可以看到，下面每一个变异体都是它上一个变异体的一阶变异体，而跨越多个变异体属于高阶变异体。例如，II是I的一阶变异体，III是II的一阶变异体，而IV是I的高阶变异体。

[I] f = a + b;

[II] f = a * b;

[III] f = a * b -1;

[IV] f = 2a * b -1;

4. 概念三：可杀除变异体与可存活变异体

如果测试用例在源程序和变异体上的执行结果不一致，则称该变异体相对于该测试用例为可杀除变异体。相应地，若结果一致，则称为可存活变异体。

5. 概念四：等价变异体

若变异体与源程序在语法上存在差异，但在语义上保持一致，则其被称为等价变异体。例如，下面两个代码段就互为等价变异体。

```
for(int i = 0; i < 3; i++) {
    print(i);
}

for(int i = 0; i != 3; i++) {
    print(i);
}
```

由于等价变异体会增加无效的变异测试工作量，因此我们要尽可能减少等价变异体的产生。不过，由于等价变异体的识别是一个不可判定问题，通常需要测试人员使用手工方式予以完成，代价比较大。在工程上，我们可以通过抽样的方式减少变异体的数量，从而降低等价变异体出现的概率。

13.5.3 变异测试的应用案例

下面基于 PITest 工具介绍变异测试的应用案例。

PITest 是一个优秀的变异测试工具，基于 Java 语言，它能够利用内置的变异算子自动生成变异体，以此评判测试用例的有效性。它的自动化程度很高，在与构建工具（如 Maven、Gradle 等）集成后，仅需执行一条命令，即可完成变异测试的全过程，并输出测试报告。

下面基于 Maven 构建工具进行介绍。首先，我们给出需要执行变异测试的目标方法，代码如下所示。

```
public class Demo {
    boolean isChild(int age) {
        if(age >= 2 && age < 18) {
            return true;
        }
        return false;
    }
}
```

针对这个方法，我们编写了以下测试用例。

```
public class DemoTest {
 @InjectMocks
    private Demo demo;

    @Before
    public void init() {
        MockitoAnnotations.initMocks(this);
    }

    @Test
    public void oneReturnsFalse() {
        assertThat(demo.isChild(1)).isFalse();
    }

    @Test
    public void twoReturnsTrue() {
        assertThat(demo.isChild(2)).isTrue();
    }

    @Test
    public void fiveReturnsTrue() {
        assertThat(demo.isChild(5)).isTrue();
    }

    @Test
    public void nineteenReturnsFalse() {
        assertThat(demo.isChild(19)).isFalse();
    }
}
```

接下来，开始执行变异测试，先在 Maven POM 文件中加入 PITest 的依赖，代码如下所示。

```
<plugin>
  <groupId>org.pitest</groupId>
```

```
<artifactId>pitest-maven</artifactId>
<version>此处填写版本</version>
<configuration>
  <!--
    默认应用全路径，可配置指定路径
    <targetClasses>
      <param>com.your.package.root.want.to.mutate1*</param>
      <param>com.your.package.root.want.to.mutate2*</param>
    </targetClasses>
    <targetTests>
      <param>com.your.package.root*</param>
    </targetTests>
  -->
  </configuration>
</plugin>
```

在集成了 PITest 的依赖后，直接在命令行中输入 mvn org.pitest:pitest-maven:mutation Coverage 命令，即可执行变异测试，测试报告会在名为 "target/pit-reports/日期" 的文件夹下自动生成。

通过图 13-19 呈现的变异测试报告和图 13-20 呈现的变异测试报告详情可以看到，PITest 所使用的变异算子类型、变异体的存活情况，以及变异测试覆盖率。可见，虽然测试用例能够达到 100% 的代码覆盖率，但是变异测试覆盖率只有 83%，这说明测试用例的有效性并不是很理想。

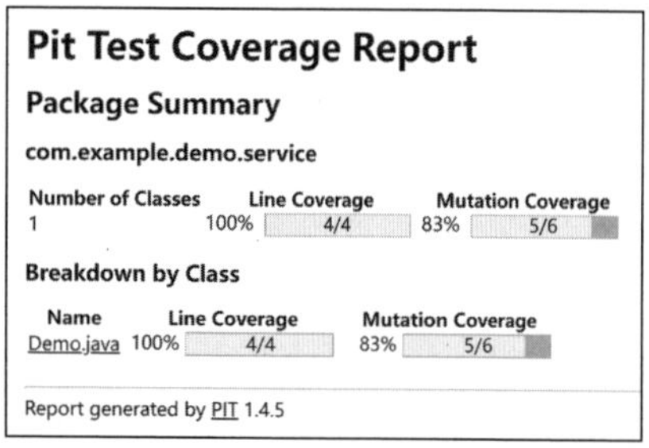

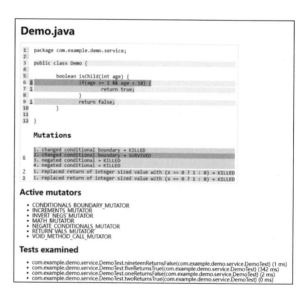

图 13-19 变异测试报告

图 13-20 变异测试报告详情

上述报告提示了某个边界条件的变异算子依然存活，我们重新检查测试用例后发现在 18 这个边界值上的校验有遗漏，需要新增以下校验点。

```
@Test
public void eighteenReturnsFalse() {
    assertThat(demo.isChild(18)).isFalse();
}
```

再次通过 PITest 执行测试用例，变异测试报告如
图 13-21 所示，可以看到这次的变异测试覆盖率达到了
100%，这说明针对 PITest 生成的变异体，这些测试用例
都是有效的，即测试有效率为 100%。

以上这个案例是基于 PITest 工具完成的，它支持
Java 语言。如果你擅长其他语言或平台，也可以参考
MutPy（Python）、Stryker Mutator（JavaScript、C#和
Scala）、MuDroid（Android），这些同样都是优秀的变异
测试工具。

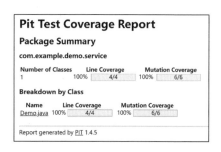

图 13-21　增加用例后的变异测试报告

13.5.4　变异测试的工程化实践

下面我们看看在软件企业中如何开展变异测试的工程化实践，如图 13-22 所示，其中共
包含 6 个关键实践。

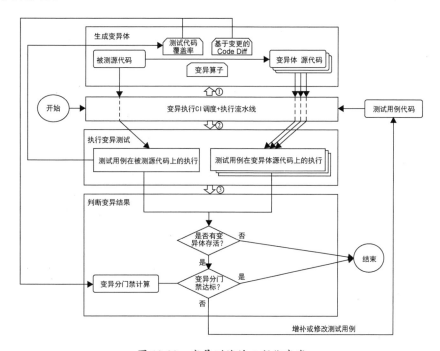

图 13-22　变异测试的工程化实践

（1）通过 CI 流水线的集成完成变异测试的全流程，实现单元测试的有效性评估与持续改进。

（2）变异测试的执行可以用流水线调度实现并发运行，缩短变异测试的执行时间，这对大型软件项目尤为关键。

（3）变异测试衡量的是单元测试的有效性，对于单元测试尚未覆盖的代码没有用武之地，所以变异测试的范围可以和单元测试的覆盖率相结合，只在有覆盖的代码上进行变异测试，提升变异测试的投入产出比，避免变异体数量过多。

（4）变异测试可以和精准测试相结合，每次的变异测试可以根据代码变更的 Code Diff 来生成，实现变异测试的精准化。

（5）在工程实践中，不能以完全"杀死"变异体为目标，因为这样做的成本很高，所以需要建立变异分门禁的计算，通过变异分来判断测试有效性达标的情况。变异分门禁会根据代码的使用热度、变更频繁度、变异覆盖率和 Code Diff 进行综合计算。

（6）测试用例的增补和修改可以实现智能化，采用自动修正测试用例加上人工确认的方式可以进一步提升效率。例如，通过边界值验证测试用例就能进行自动修复。

此外，在工程化实践中，我们还会面临一个问题，即变异测试高度依赖完善的单元测试，单元测试如果做得不好，变异测试便无从谈起。遗憾的是，国内不少企业在单元测试上就存在软肋，那么我们是否可以在其他类型的测试工作中应用变异测试呢？

这里最有价值的探索就是，在接口测试中引入变异测试。随着微服务架构的不断普及，接口测试用例的数量一直在持续增加，如何评判和优化接口测试用例的有效性成为关键问题，而变异测试恰好可以解决这些问题。不过，在落地过程中我们也遇到了新的问题，其中最关键的问题在于，单元测试不需要部署环境就可以直接运行，而接口测试只有部署服务才能实施。此外，大量的服务导致变异体的数量也急剧增加，变异测试的效率大大降低。我们需要一系列配套的技术和工程实践来解决这些问题。

我们可以使用 JVM 沙箱来动态构造变异体，做到不停机、不重启服务即可变更代码逻辑；也可以使用容器化技术，做到将测试环境软隔离，降低变异测试对正常功能测试的影响；还可以优先对关键方法和容易出错的逻辑进行变异测试，解决变异体数量过多的问题。将这些解决方案和变异测试结合起来，能够在一定程度上降低变异测试落地的难度，读者可以参考图 13-23 所展示的流程。

本节由浅入深地介绍了变异测试这一基于"错误"的测试方法，涵盖了流程、概念、应用和工程化实践等内容。作为一个活跃在学术界而在工程领域应用尚少的测试方法，变异测试有着较大的发展潜力，尤其在微服务架构下的应用更值得关注和挖掘。

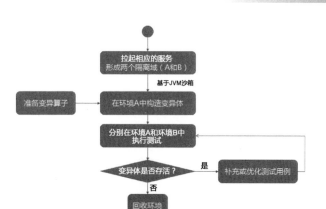

图 13-23　微服务架构下的变异测试实践流程

13.6　探索式测试

探索式测试具有一种"与众不同"的测试思维，或者说是一种自由的软件测试风格，强调测试人员的主观能动性，抛弃繁杂的测试计划和测试用例设计过程，强调在遇到问题时及时改变测试策略。它是由测试专家 Cem Kaner 博士在 1984 年提出的，具有悠久的历史。

探索式测试是自动化测试的有力补充，对自动化测试的辩证理解能够帮助我们更好地理解探索式测试。我们可以思考一下，自动化测试的缺点是什么？首先，传统的自动化测试用例是由代码编写而成的，和软件产品的代码一样，它也会存在缺陷，也需要维护，这是不容忽视的成本；然后，由于自动化测试的断言是预置的，因此它只能做一些机械式的判断，无法发现隐藏更深的软件问题。

探索式测试是一种手工测试方法，虽然手工测试效率很低，无法重复执行，也难以寻找规律，但是它的优势在于引入了人的逻辑性和创造性，这恰恰是我们在自动化测试以外所需要的。

下面让我们一起进入探索式测试的篇章，我们将介绍探索式测试的基本理念、思维模型并展开讲解几种探索式测试的方法。

13.6.1　探索式测试的基本理念

笔者曾经任职的一家企业举办过一项活动，在 1 个月内发现有效缺陷最多的员工，可以获得团队颁发的奖项。最终获奖的员工是一名手工测试人员，她发现的有效缺陷数量遥遥领先于其他员工（事实上，她并没有因为要获奖而做出什么改变），我们来看一下她的测试思路。

首先，基于个人对业务的理解（注意，这里的理解不一定就对应"正确"的业务流程）去执行某个业务流程，并尝试遍历执行过程中遇到的尽可能多的分支（例如某些选项或某些开关），如果遇到和期望不一样的结果，将其记录在案。

然后，将上述结果与设计文档中的内容进行比较，或与产品经理进行沟通，判断结果是真实的缺陷还是既定的设计。

在对业务流程加深理解的基础上，再尝试进一步遍历业务流程中的各种细节，包括输入不同的参数、设置一些异常值等，观察结果，继续确认是否是真实的缺陷。

重复这一过程，直至绞尽脑汁也无法遍历更多不同的流程，结束测试。

说到这里，想必读者会有所体会，上述测试过程更像测试人员和被测对象之间的一次对话，测试人员基于自己对系统需求的理解及根据过往经验而积累的技术直觉，用发散的思维不断地质疑系统，从而尽可能地发现更多的缺陷。

相对于传统软件测试过程中"先设计测试用例，再执行测试用例"的固定流程而言，探索式测试提倡边学习、边设计、边测试、边思考，它强调根据测试的实际场景来选择最合适的测试手段，以此不断地发现新的问题，这就是探索式测试的基本理念。

13.6.2　探索式测试的思维模型

探索式测试的思维模型非常多，行业中最知名的是由著名的测试专家 Erik Petersen 所提出的 CPIE（Collation、Prioritization、Investigation、Experimentation）模型，如图 13-24 所示，该模型的迭代过程共包括整理、排序、调查和实验 4 个阶段。

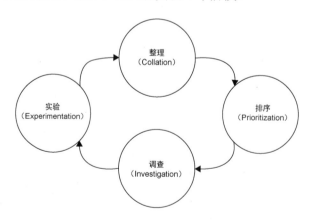

图 13-24　CPIE 模型

- 整理：尽可能全面了解被测产品的各种信息。
- 排序：将所有测试任务按照优先级排列。
- 调查：深入分析即将执行的测试任务，确定输入值和预期的输出值。

● 实验：基于调查结果执行测试，验证结果是否正确，同时检查在整理阶段所获得信息的正确性，以此决定是否需要调整排序。

在这些阶段中，最为重要的莫过于"实验"，通过实验不断改进测试设计不是"纸上谈兵"，只有真正落实才能持续地产生有益的价值（发现更多的缺陷）。结合前面的案例，相信读者对 CPIE 模型会有更深刻的体会。

13.6.3　探索式测试的方法

随着时代的发展，针对探索式测试诞生了不少指导方法，著名的软件测试专家 James A. Whittaker 的总结比较具有代表性，他将探索式测试的实践归纳为局部探索式测试法、全局探索式测试法和混合探索式测试法。下面基于这些观点，结合互联网的发展现状，对探索式测试的指导方法进行阐述。探索式测试不是"乱测"，这些指导方法能够帮助测试人员更好地进行决策，提升探索式测试的效率，达到更好的效果。

下面，我们分别对这 3 种探索式测试的指导方法进行解读，以便读者加深理解。

1．局部探索式测试法

软件测试是一项非常复杂的工作，而且它通常是不可穷举的，即不可能遍历所有的测试参数和测试场景。当测试过程中可供选择的输入太多、组合太多时，我们需要有所取舍，局部探索式测试法可以辅助测试人员做出选择，并指导其中的细节（达到合理的"局部"）。

局部探索式测试法主要关注 5 个方面：用户输入、状态、代码路径、用户数据和执行环境，这 5 个方面基本上决定了一个软件系统的功能表现。接下来的问题就是，如何在这 5 个方面中选择恰如其分的测试内容，在有限的时间内发现更多的缺陷。

1）用户输入

如前面所说，输入是不可穷举的，但问题是如果不穷举所有的输入值，我们就无法保证被测系统一定能正确处理所有的输入值。更糟糕的情况是，不同的输入值之间可能还会相互影响，例如两个输入框在单独输入某些内容时都没有问题，但是这些输入的组合会引发程序处理逻辑上的问题，类似的缺陷是很常见的，防不胜防。局部探索式测试提供了一些指导方针，帮助我们以合理的代价找到那些严重的缺陷。

合法输入和异常输入：

从编程习惯的角度来看，开发人员更热衷于编写功能代码，而不太喜欢编写异常处理代码，因此异常输入往往容易引发一些灾难性的程序问题，值得关注。例如，一个下拉列表框可以用于选择指定的一些选项，但它却没有限制用户自行填写的内容，这就有可能产生异常行为；另一个典型的例子是输入边界值或输入处于边界条件的值，这样做也容易发现程序中异常处理的问题。

常规输入和非常规输入：

常规输入是指用户经常输入的一些值，非常规输入是指用户很少会输入的一些值，两者都是合法输入。你需要站在用户的视角，发挥你的想象力去尝试一些罕见的输入值，如在输入的密码中尝试加入一些特殊字符，等等。

默认输入和自定义输入：

默认输入在很多业务场景下都非常常见，但随之而来的问题就是对自定义输入的不重视，因此，我们更建议在自定义输入的测试上投入时间，尝试输入空白字符、带有空格的字符等常见的容易被开发人员忽视的输入值。

使用输出来指导输入选择：

这是一种通过思考程序可能的输出结果，再倒推出哪些输入组合会得出这些结果，再在测试工作中使用这些组合（输入和输出配对）的方法。这种方法带入了人的逻辑思考，对提升覆盖率是有益的。

2）状态

我们的应用程序是有记忆的，在它不断与外界交互的过程中，会存储一些信息、持有一些记录，这构成了应用程序的状态，状态可以是瞬间的，也可以是持久的。

显然，状态是不可穷尽的，无法被充分测试，应对的建议与前面的"使用输出来指导输入选择"类似，我们可以基于可能的状态来指导输入选择。例如，如果外部流量过大，系统将会自动进入"保护"状态，此时仅支持"只读"操作，那么我们可以选择一些会导致"写入"的输入和操作，观察系统是否存在异常。

3）代码路径

顾名思义，代码路径就是程序执行时所经过的代码轨迹。面向代码路径进行探索式测试，需要对程序代码有一定的了解，这对测试人员的白盒能力要求较高，可以在某些质量要求较高的领域适当展开。

4）用户数据

用户数据是所有测试工作都会涵盖的一个要素，也是一个难点，因为构造尽可能贴近真实数据的测试数据是非常困难的，由测试数据的失真而导致的漏测情况也屡见不鲜。

直接使用真实数据或将真实数据复制一份作为测试数据进行测试是一种思路，但会引发一些额外的问题，例如用户的隐私数据和敏感数据是不能用作测试工作的，真实数据的规模较大也不适合频繁复制和导出。变通的方法是，仅针对高频使用的数据进行复制，同时采用对敏感数据进行脱敏的方法，保证测试数据的合规性。

5）执行环境

执行环境对于测试工作的重要性是不言而喻的，它背后的硬件资源、网络配置、环境变量、驱动程序等都会对软件系统的正常运行带来影响。一般来说，服务器端的执行环境是相对可控的，但桌面应用程序和移动端应用程序的执行环境与执行平台的种类就很多了，那么如何做出选择呢？

我们可以从兼容性方面多做考虑，选择具有代表性的操作系统、硬件设备、网络类型等作为环境要素，这个"代表性"可以根据用户需求和市场发展情况进行综合判断，例如选择用户使用最多的前十个平台进行测试。

总结一下，局部探索式测试法致力于将天马行空的测试工作引导至"局部"，辅助测试人员结合自身经验做出快速而又明智的决策。

2. 全局探索式测试法

与局部探索式测试帮助测试人员做出局部决策不同，全局探索式测试关注全局决策，我们需要建立一个全局目标来指导测试工作。全局探索式测试的核心是，根据测试意图组织不同的测试形式与测试方案，这类似于前往一个大城市旅游，我们的意图（目标）是在短时间内游玩尽可能多的重要景点，如果只是漫无目的地闲逛，显然不是上策，我们可以购买一本旅游指南，学习互联网上的旅游攻略，或者找一个导游，这就是全局探索式测试法。

全局探索式测试法的策略非常丰富，下面我们介绍一些应用比较普遍的。

1）侧重全面性的测试

- 按照用户说明书中描述的功能进行测试，同时验证用户说明书的完整性。
- 基于服务调用链路进行测试，以覆盖尽可能多的重点。
- 根据数据的走向进行测试，以覆盖尽可能多的重点。

2）侧重历史风险和存量代码的测试

- 对于历史上出现问题较多的功能，往往还隐藏着更多的问题，应着重测试。
- 对于长期不变的代码逻辑（遗留代码），随着依赖的更新和外部环境的变化也可能会失效，因此，它们同样值得关注。

3）侧重快速遍历的测试

- 用最快的速度遍历各个业务逻辑分支，追求广度，忽略细节。

- 针对某一个功能，选择其中最长的一个流程进行测试。
- 尽量基于 UI 界面进行测试。

4）侧重非主线功能的测试

- 与主要功能身处同一页面或同一模块的功能，应给予足够的重视并充分测试。
- 用户访问量或使用量最少的功能，同样值得测试，因为这些隐藏在深处的功能容易被忽视，而且无法排除它们可能会对主线功能带来的影响。

5）侧重异常场景的测试

- 想方设法尝试破坏应用程序，例如极其快速地单击按钮、耗尽系统资源、制造网络延迟等，观察应用程序的表现。
- 通过输入错误的数据，甚至是恶意数据，观察应用程序的表现。
- 不停地重复相同的流程，并在某些环节回退或取消后续操作，观察应用程序的表现。

总结一下，全局探索式测试法基于不同的测试意图形成了种类繁多的测试策略，我们可以根据企业的实际情况选择一些策略，制定测试策略检查表，以指导测试人员的工作。

3. 混合探索式测试法

混合探索式测试法将探索式测试的思维方式和传统的基于场景的测试方法结合起来，使测试工作变得更有效。测试人员按照场景进行测试时，使用探索式测试的方法给场景中的一些步骤和条件加入适当的变化，衍生出新的场景进行进一步测试，从而发现更多的缺陷。

如图 13-25 所示，我们一共引入了 6 种适当的变化。

1）插入步骤

在执行测试时，通过增加一些有意义的步骤形成新的测试场景，以发现潜在的问题。例如，在测试下单流程时，可以增加使用红包的步骤；在支付时，可以增加绑定银行卡的步骤。

2）删除步骤

在执行测试时，通过去除一些可选的步骤或从属功能形成新的测试场景，以发现潜在的问题，这个删除过程应当是递进的，每次只删除一个步骤，直至形成最精简的测试用例。例如，注册一个新用

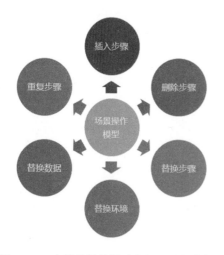

图 13-25　在场景操作模型中加入适当的变化

户，进入首页执行登录操作后对搜索功能进行测试，我们可以先去除注册的流程进行测试，再去除登录操作后再次进行测试。

3）替换步骤

在执行测试时，通过替换某些步骤形成新的测试场景，以发现潜在的问题，这个替换过程不应该影响流程的延续，但可以走入不同的分支。例如，在测试下单流程时，我们可以将添加购物车并结算的步骤替换为直接下单的操作，然后进行测试。

4）替换环境

基于不同的测试环境执行相同的测试，这有助于发现兼容性问题。例如，在不同版本的Android 平台上执行测试，或在不同配置的客户端执行测试。

5）替换数据

在执行测试时，通过替换某些使用的数据从而改变测试场景；或替换数据源，抑或改变数据规模，这有助于发现更多缺陷。例如，使用不同的供应商提供的数据源进行测试，或在测试批处理任务时，增大处理数据的规模。

6）重复步骤

在执行测试时，通过重复一个或一组步骤形成新的测试场景。例如，在测试下单流程时，反复添加商品至购物车，再反复删除购物车中的商品，观察功能是否正常。

总结一下，混合探索式测试法就是在场景化测试的基础上加入合适的变化，这一过程是基于探索式测试的方法进行的，从而尽可能地发现更多的缺陷。

13.6.4　探索式测试的开展

在掌握了探索式测试的方法后，如何开展探索式测试呢？在《探索式测试实践之路》一书中，作者提供了 3 种探索式测试的开展形式，下面我们对其进行归纳汇总。

1．缺陷大扫除

缺陷大扫除（bug Bash）是在微软公司盛行的探索式测试的一种开展形式。在一个较短的窗口期（通常是 1～3 天）内，软件开发工作中的相关人员，包括开发人员、测试人员、技术经理、用户代表、市场人员等，运用各自的技能和职业背景，集中精力搜寻软件的缺陷。通常，每位参与者会获得一个小礼品，发现缺陷数量最多的冠军会获得一份大奖。

缺陷大扫除不仅能够发现一些隐藏的缺陷，还有利于改善团队间的关系，团队成员可以通过交流各自的发现，有时甚至是嘲笑一些"低级"的软件缺陷来增强凝聚力。

2. 结对测试

结对编程是软件开发的常见实践，那么结对测试是否可行呢？答案是肯定的。

一个人进行软件测试往往容易陷入某些局部场景，即使这个人的测试技能非常优秀，这种情况也是难以避免的。结对测试是为了尽可能避免这种情况的发生，测试人员互相交流各自发现的缺陷，这样有助于他们互相启发并发现更多的缺陷。一个测试人员发现了一个缺陷，另一个测试人员可能会发现与这个缺陷类似的更多缺陷，特别是在复杂环境下。

3. 全民分享

全民分享（All Sharing）是测试执行前后进行团队分享的活动，具有不同背景和特长的测试人员分享自己发现缺陷的思路，分享自己如何测试软件，分享自己在某种测试类型上的策略。

通过全民分享的开展形式，我们将探索的思维推广到了整个团队，所有参与测试的人员都能够从中获得启发，继而发现更多潜在的缺陷。

13.6.5　探索式测试的误区

探索式测试是一种深刻的测试理念，它不是具体的测试技术，因此你不会见到探索式测试工具，而只有探索式测试的指导策略。下面介绍一下探索式测试的常见误区，以帮助读者辩证地思考探索式测试的实践。

1. 探索式测试就是即兴测试

探索式测试和即兴测试（Ad-Hoc Testing，又称随机测试）是有区别的，虽然两者都强调即兴发挥，利用测试人员的直觉和经验驱动测试工作，但是探索式测试是带着学习和反思的精神去测试的，测试人员不断地提出假设，用测试去检验假设，通过解读测试结果来证实或推翻假设。这一过程具有即兴发挥、快速实验、随时调整等特征，因此，探索式测试虽然看似随意，但其实是进行了规划和设计的。

2. 探索式测试在传统测试工作结束后进行

探索式测试与传统测试工作并不冲突，它也不是"后期"测试或"补充"测试，两者是平等的关系，没有先后之分。在代码尚未实现前，我们甚至可以根据探索式测试的策略，通过需求文档挖掘一些重要的测试点；在测试完成后，总结问题，为下一次探索式测试做好准备。探索式测试的工作可以应用于软件项目研发的各个阶段，从而最大化它的价值。

3. 探索式测试是测试人员的工作

完全依赖测试人员进行探索式测试，恐怕是企业推动探索式测试的最大误区。的确，测试人员的职责是以质量视角工作，这样能够更好地理解探索式测试的策略和细节，但如果完全由测试人员实施探索式测试，那么开发人员的质量意识如何得到提升呢？探索式测试不限定角色，测试人员、开发人员、产品经理等都可以是探索式测试的一员，基于他们对业务的不同理解，能更有效地发现潜在的软件缺陷。

4. 进行探索式测试需要经过系统培训

这一误区与 3 中的误区类似，探索式测试需要"专业人士"来实施吗？答案是否定的。探索式测试本身是一种启发式的测试策略，需要尽可能摒弃惯性思维，一名不那么专业的技术人员往往反而能发现一些意外的问题。当然，经过系统培训的专业测试人员也是需要的，新手与老手各有特点，兼顾两者的优点，能够事半功倍。

本节主要讨论探索式测试的思维和方法，介绍了著名的 CPIE 模型的概念，同时介绍了局部探索式测试法、全局探索式测试法和混合探索式测试法 3 种探索式测试方法。从实践的角度，我们对探索式测试的开展也提供了一些方法，并描述了探索式测试的常见误区。作为一个处于发展阶段的测试理念，人们对探索式测试的认识还在不断演变中，我们需要以发展的眼光看待探索式测试，在实践中勇于总结属于自己的探索式测试方法。

13.7　微服务测试

近年来，随着云原生基础技术，如容器化、服务编排、服务网格、微服务化等技术的发展，应用环境逐步从传统的物理机架构演变为现在的云原生架构。微服务架构作为实现云原生应用的重要条件之一，被越来越多的互联网应用采用，作为开发应用的架构形式。虽然微服务使得应用更容易开发和扩展，但因为其本质上是一种通过网络进行通信的分布式架构模式，与传统的单体应用相比，会面临更多的故障点。为此，我们需要构建一种面向微服务的测试体系。本节我们将深入了解微服务的多种特性，并针对这些特性制定相应的测试策略。

13.7.1　云原生和微服务

1. 云原生

什么是云原生？我们来看看云原生计算基金会（CNCF）提供的云原生定义：

云原生技术有利于各组织在公有云、私有云和混合云等新型动态环境中构建和运行可弹性扩展的应用。云原生的代表性技术包括容器、服务网格、微服务、不可变基础设施和声明式 API 等。这些技术能够构建容错性好、易于管理和便于观察的松耦合系统。结合可靠的自动化手段，云原生技术使工程师能够轻松地对系统做出频繁和可预测的重大变更。

简单来说，云原生的最终目的是帮助企业在云上搭建应用，使企业应用能够持续交付、持续部署，可快速扩展，有着更好的容错性等。那么，为了实现云原生，需要哪些关键技术呢？我们可以参考 CNCF 云原生技术全景图，参见图 13-26。

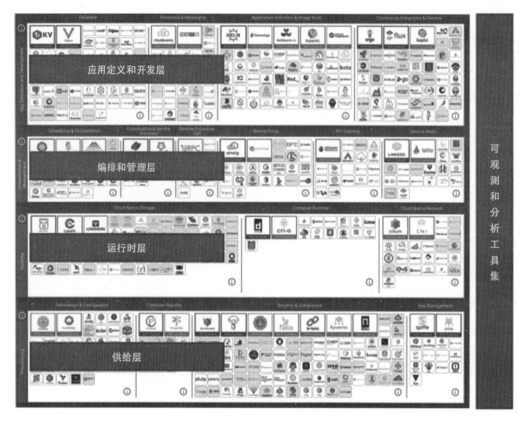

图 13-26　CNCF 云原生技术全景图（见彩插）

按照分层的方式，我们简单看一下图 13-26 中云原生各层的含义。

（1）供给（Provisioning）层：供给层是第一层，它主要用于构建云原生平台，定义应用程序的基础设置，例如构建自动化的配置工具，用于加快底层计算资源的创建和配置（虚拟机、网络、防火墙规则、负载均衡等）、构建镜像仓库等。

（2）运行时（Runtime）层：这一层提供了容器在云原生下运行的依赖环境和工具，包括启动容器代码、持久性存储工具和网络环境。

（3）编排和管理（Orchestration & Management）层：这一层提供了如何将各个独立的容器化服务作为一个整体进行管理的多类工具，包括用于调度和管理容器的 Kubernetes、用于服务发现的 etcd、远程过程调用（RPC）的 gPRC、API 网关、服务网格等。

（4）应用定义和开发（App Definition & Development）层：这一层提供了帮助工程师完成云原生应用开发的各类工具，包括用于存储和检索数据的数据库（MySQL、TiKV、MongoDB等）、支持松耦合编排架构的流式处理与消息传递工具（Spark、Kafka 等）及 CI/CD 工具等。

（5）可观测和分析（Observability & Analysis）工具集：CNCF 中还包括这个重要的工具集，其中有用于监控和采集容器节点健康指标的监控工具（如 Prometheus），用于收集、存储和处理日志消息的日志采集工具，用于跟踪服务间调用的分布式系统跟踪工具（如 Jaeger、OpenTracing 等）。

2. 微服务

从云原生的定义可以看到，微服务是云原生的一个重要概念。那么，什么是微服务呢？微服务是一种构建应用的架构方案，应用由一系列小型的服务组成，服务间通过明确定义的协议 API 相互通信。微服务使得应用更容易开发和扩展。

因为微服务最终要在云上部署、执行，所以微服务应用依赖几乎所有的云原生技术，可以说云原生对微服务具有天然的友好性，能够更好地支撑微服务体系。

下面通过例子来对比传统的单体服务和微服务架构的区别。

假如有一个购物网站，用户通过网站购买商品，这项业务有 3 个功能模块：用户模块、订单模块和商品模块，分别用于用户管理、处理订单信息和商品管理。

图 13-27 是用传统的单体服务实现的方案，也就是我们常见的 3 层实现模式：用户接入层、业务逻辑层和数据交互层，同时这些模块会被部署到一台机器上。

在业务规模较小的情况下，单体服务具有一定的优势。

（1）应用开发比较简单，容易调试：因为模块代码比较集中，又是单机部署，所以在开发环境搭建上比较容易，所有模块的日志都可以直接输出到本机，定位问题也比较容易。

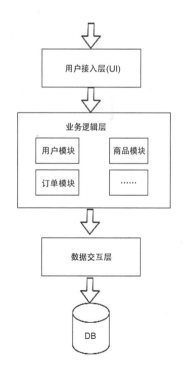

图 13-27　传统的单体服务实现的方案

（2）部署比较容易：因为是单体服务，所以可以把所有的模块打包到一起，然后直接发布。

但随着业务需求复杂性的增加，单体服务逐步暴露出很多局限性，比如：

（1）代码复杂性提升，代码难于理解和维护：业务需求复杂性的提升导致相应的模块代码的复杂性随之提升，模块间的耦合性越来越高，进而导致代码难于理解和维护。

（2）容灾能力差：由于多个模块在同一个进程空间，因此当某个模块有问题，比如出现内存泄漏或指针越界错误时，可能会导致整个进程异常退出，进而影响其他模块的正常工作。

（3）研发效率降低：在编码阶段，代码复杂性的提升会导致研发人员对代码的理解、代码变更的难度增加。同时，模块间的强耦合存在模块间相互等待对方开发完成等问题，不利于团队间的并行开发，这在整体上拖慢了整个团队的研发效率。

（4）不利于技术栈的升级：单体服务要求所有模块使用同一个技术栈，当技术栈需要升级时，需要整体调整技术栈，无法模块化逐步升级技术栈，这也意味着整个项目的重构，变更内容过多，存在比较大的风险，给技术升级带来很大的挑战和阻力。

图 13-28 是基于微服务架构的实现方案，我们对 3 个模块分别用 3 个独立的微服务实现，将每个微服务均注册至服务注册中心。用户通过网关层访问服务，网关层首先通过服务注册中心查找要访问的服务信息，然后将请求发送给相应的微服务。微服务之间的调用也是先通过服务注册中心查找要访问的服务信息，然后进行通信。

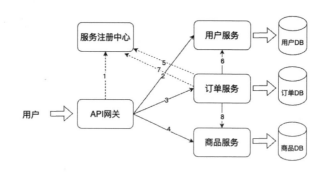

图 13-28　基于微服务架构的实现方案

微服务架构有效地解决了单体服务的上述难点。

（1）降低了代码的复杂度：通过将原来的复杂模块拆分成一些小的微服务，每个服务完成特定的功能，服务间通过协议交互降低了原来代码的耦合度，有利于代码的理解和维护。

（2）容灾能力强：各个微服务独立部署和运行，某个微服务的异常退出不会影响其他微服务的正常工作。

（3）提升了研发效率：因为单个微服务可以独立开发，前期服务间的调试可以通过契约测试等手段来完成，可以让多个小团队并行开发，从而提升了研发效率。

（4）技术栈的升级更容易：各个微服务通过标准的协议进行交互，比如 gRPC、REST 等协议，每个服务所用的开发语言、技术栈等可以完全不同，只要完成约定的契约协议即可。在技术栈升级时，可以按照微服务的粒度进行逐步升级，技术风险也更小了。

当然，微服务架构也带来了一些挑战。

（1）分布式特性提升了开发的复杂性：因为服务被拆分成多个独立部署和运行的微服务，服务间的交互变成了跨网络的交互，包括服务路由、服务间的通信机制、数据一致性、网络及服务的不稳定性、网络延迟等诸多挑战，这提升了系统开发的复杂性。

（2）部署更复杂：单体服务只需要部署一组文件到某台服务器上即可，但微服务架构下的应用通常由很多不同的微服务组成，而每个微服务又可能有多个运行实例，每个运行实例又可能需要单独配置、监控等，这些都导致微服务的部署更加复杂。

（3）测试难度加大：与单体服务相比，各个微服务都需要独立部署和管理维护。在测试过程中，需要部署上下游服务，而且需要保证上下游服务的环境稳定性。同时，因为日志分散在多个不同的服务环境下，导致日志查看难、效率低，需要事先建设一些基础能力来提升测试效率，包括聚合各个微服务的日志、拼接调用链路等手段。

下面总结单体服务和微服务架构在技术上的不同点，这些不同点就是针对微服务的测试重点，如表 13-5 所示。

表 13-5　微服务架构测试重点

对　比　项	单　体　模　式	微服务架构	微服务架构测试重点
服务生命周期管理	服务自己管理	服务注册中心统一管理	单微服务接口测试 微服务生命周期测试 微服务实例漂移测试 微服务配置测试
服务间通信	同主机进程内通信	跨主机的网络通信、服务发现及服务路由	链路中断重入测试 服务间强弱依赖测试 服务间消息异常测试
服务间协作	基于函数 API 的方式实现进程内调用	基于 RPC 协议、HTTP 等契约方式提供服务	协议一致性测试
数据存储	单主机事务	分布式事务	分布式事务测试

3. 微服务的日志聚合及分布式跟踪

在微服务架构下，服务被拆分成很多不同的微服务，服务间的调用越来越多，服务链路也越来越长。当某次服务请求失败时，定位问题将非常困难，一般是通过日志聚合及分布式跟踪技术来解决这个问题的。

1）日志聚合

因为各个微服务都被部署到不同的机器/容器内独立运行，其生成的日志也会分散在各台机器/容器内，而且在容器的生命周期结束后，其存储的日志也可能会被一起销毁。当我们定位问题时，需要登录到各个不同的机器/容器内检查日志，这种方式显然是效率低下的。针对这个问题的一种解决方案是，构建日志聚合能力。简单来说，就是将各个微服务的日志分别上报到统一的日志服务器上。云原生下的一种通用解决方案是基于 Elastic Stack 实现的，如图 13-29 所示。

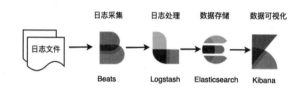

图 13-29　基于 Elastic Stack 的日志聚合方案

Elastic Stack 包括如下关键模块。

（1）日志文件：微服务生成的日志文件，也就是我们的采集源。

（2）Beats：一种轻量型数据采集器。Beats 从环境中收集日志和指标，再传输到 Elastic Stack 中。

（3）Logstash：服务器端数据处理管道，能够同时从多个来源采集数据并进行转换，然后将数据发送到 Elasticsearch 中进行存储。

（4）Elasticsearch：一种搜索和分析引擎。

（5）Kibana：一种数据可视化工具，可以让用户在 Elasticsearch 中使用图形和图表来对数据进行可视化展示。

2）分布式跟踪

有了日志聚合后，我们仍需要一种机制，将同一次服务请求流经的微服务串联起来，视为一条链路，这样当请求失败时，我们可以快速定位到失败的微服务，同时结合聚合的日志查看更多的服务上下文日志信息，以便快速定位问题。这种机制就是分布式跟踪技术。一种典型的方案是基于 Zipkin 构建一套分布式跟踪系统，这里不再展开讲解。

分布式跟踪的基本原理如图 13-30 所示，给每个请求分配一个唯一的 trace_id，在微服务调用时，将这个 trace_id 传递下去，同时给每个服务设定一个 span_id，用来标识调用的上下游服务，最终形成一个调用链。

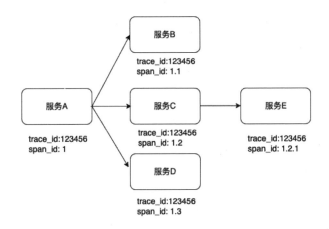

图 13-30　分布式跟踪技术示例

下面是分布式跟踪技术的一些典型应用场景。

（1）快速定位问题：当遇到服务失败时，通过调用链路可以快速确定失败的服务，进而快速定位问题，包括查看其日志输出、上下游请求/响应等信息。

（2）发现服务间的强弱依赖关系：通过调用链路图，可以看到服务间的依赖关系，可以进一步识别和测试哪些服务是关键服务、热点服务，如果服务失败了，业务上是否有降级方案等。

（3）发现并优化瓶颈服务：通过统计调用链路每个环节的调用耗时，将端到端的耗时分解到每个服务上，进而发现一些耗时较长的服务，并对其进行优化。

下面我们看看如何对基于微服务架构的业务进行测试。

13.7.2　微服务测试体系建设

1. 单服务接口测试

既然基于微服务架构的业务是由一系列小型的微服务组成的，借鉴分层测试的思路，我们首先可以做的是针对每个微服务进行单独的接口测试。下面是常见的接口测试的维度。

1）功能测试

功能测试可以确保请求和响应符合业务功能预期。

2）协议字段测试

（1）字段类型异常测试：比如，通过 int 类型的入参传入"abc"字符型的值。

（2）字段取值范围测试：比如，对于枚举类型的字段传入不存在的值，对接口要求大于 0 的值传入负数，对字段长度有要求的输入超长字符串等。

（3）必填字段测试：对必填字段不进行传值等。

（4）默认值测试：对有默认值的字段不进行传值，查看默认值参数是否正确。

（5）文本类的字符编码测试：对于一些文本类的接口字段，传入不同的编码字符，包括中英文、半角、全角、emoji 字符等。

3）安全测试

（1）前置条件测试：确保调用该接口时的前置条件是满足的，才可以调用该接口。比如，对于一些关键信息的查询接口，用户必须登录且经过鉴权后才能查询，要避免裸接口暴露敏感信息。

（2）关键字段失效性测试：比如，登录 Session、订单是否有过期时间等。

（3）防篡改能力：比如，对关键字段是否有防篡改校验，如重入时修改支付金额/支付币种等。

（4）重入验证：接口是否支持重入、重入时是否做了关键字段的幂等验证，确保关键字段重入时没有被篡改。

（5）敏感字段：是否有需要加密传输/存储的字段，比如个人身份证、银行卡、密码等敏感信息。

（6）是否存在越权：比如，通过修改请求参数访问非该用户的信息。

（7）查询接口是否防遍历：接口是否有防遍历的能力，比如，某些入参 ID 不能是简单递增的、接口访问有频率限制等。

4）性能测试

可以通过模拟下游服务的方式来单独收集该服务自身的性能数据，也可以通过全链路采集性能数据，然后根据调用链路切分出每个服务的处理时长，找到有性能瓶颈的服务。

5）协议升级测试

协议升级测试包括对协议及数据的兼容性等的测试。

（1）新老接口协议的兼容性测试：包括新接口是否需要兼容老接口的服务请求调用，老接口如果收到新接口的服务调用将如何处理等。

这里特别需要注意的是，ProtoBuf（PB）协议消息字段序列号的不变性，当升级 PB 协议时，不要修改原有的消息字段的序列号，因为 PB 进行反序列化时，是按照 ID 来进行字段映射的，否则可能会导致消息解析时字段顺序错乱。

举一个实际业务中遇到的案例，如图 13-31 所示，我们的服务 A 调用服务 B，服务 B 将 PB 协议升级，将其中的一个 id=14 的字段删除了，然后将原来 id=15 的字段的 id 修改成 14，将 id=16 的字段修改成 id=15，但未通知服务 A，结果当服务 B 收到服务 A 发送过来的旧消息包时，按照新的 PB 协议进行解析，获取的 id=14 字段 bk_operation 的值其实是 bk_direction 字段的值，获取的 id=15 字段 bk_type 的值其实是 bk_operation 字段的值，进而产生了业务上的 bug。

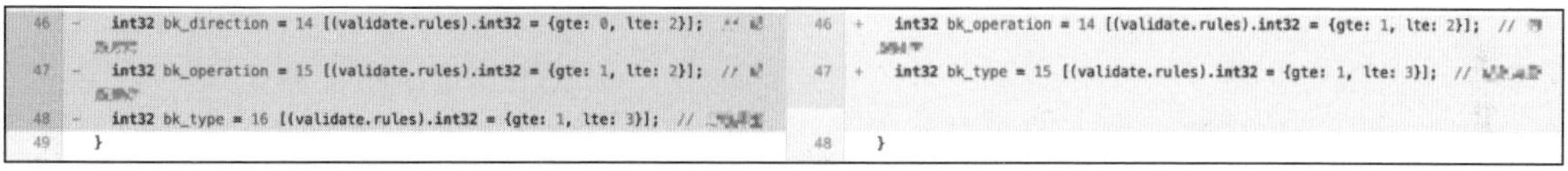

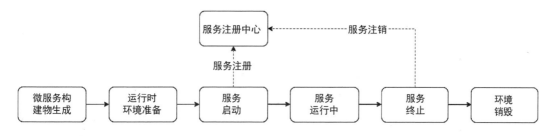

图 13-31　PB 字段序列号变更案例

（2）新老接口的数据兼容性测试：这可能是容易忽略的测试场景，比如，老接口生成的未到终态的数据是否可以由新接口来继续处理。

举一个实际业务中遇到的案例，企业用户注册模块由一系列的注册步骤组成，比如登记企业基本信息、上传营业执照、进行银行卡身份验证等，因为注册流程比较长，对于任何一个步骤，都有可能临时中断，之后再继续注册。这期间，我们进行了注册接口升级，变更了计算敏感数据签名的算法，当新接口加载之前老接口的数据进行验证时，验证失败，导致尚未完成注册的企业无法继续后续的注册流程。

2. 微服务生命周期测试

图 13-32 为微服务典型的生命周期，我们可以基于此来设计测试场景。

图 13-32　微服务典型的生命周期

在研发阶段结束后，我们将获得一个可以部署和运行的微服务构建物，接着是给微服务分配一个运行时环境，如拉起一个 Docker 镜像。然后启动微服务，进入启动状态后微服务会向服务注册中心发起注册，这样其他微服务就可以查询和调用该微服务了。当服务需要终止时，比如服务下线，在进入终止状态前微服务会向服务注册中心发起注销信息，从服务注册中心下线，最后其执行环境会被释放。

这个阶段需要关注的测试点如下。

（1）微服务注册：验证微服务上线后是否能够自动注册到服务注册中心并且被其他服务发现。

（2）微服务注销：微服务退出时调用方是否能够及时感知到。服务注册中心一般有两种机制来感知服务下线：一种是上面提到的微服务退出前主动上报，这种是最及时的；另一种是服务注册中心会对微服务进行心跳检测，如果发现一段时间内没有收到微服务的心跳包，则认为该微服务下线了，比如微服务异常退出的场景，就依赖的是心跳检测机制。无论是哪种机制，调用方都需要处理被调服务退出的场景是否有合理的处理机制，比如执行重试或进入服务降级等操作。同时，我们还要关注微服务是否有自我异常退出的检测机制，如果发现微服务异常退出了，要确定是否需要重新拉起、是否需要从服务注册中心注销服务等。

3. 微服务实例漂移测试

在介绍微服务实例漂移测试之前，先介绍一下什么是无状态服务和有状态服务。在云原生环境下，一般推荐无状态服务。

无状态服务（Stateless Service）：服务对单次请求的处理不依赖之前的请求，服务本身不存储任何信息。比如，我们常用的 HTTP 本身就是无状态服务，每个请求之间不相互依赖。

有状态服务（Stateful Service）：与无状态服务相反，它会保存一些请求的上下文信息，从而先后的请求具有一定的关联性。例如，我们经常会使用 Session 来保存用户的一些信息，虽然 HTTP 是无状态的，但是借助于 Session，我们将 HTTP 服务转换成了有状态服务。

下面我们看一个例子。

用户通过负载均衡访问微服务 A 的实例，完成登录后会获得一个 token，下次再访问该服务（如查看账单）时，请求里会带上这个 token。在微服务实例收到请求后，会再次验证 token 的有效性，如果有效则返回响应信息。

图 13-33 是一种有状态的实现方式，因为微服务 A 的实例 1 异常退出，下次再访问微服务 A 时，将访问请求转发到实例 2 上，即发生了实例漂移，但因为实例 2 没有存储之前的 token 信息，导致 token 验证失败。

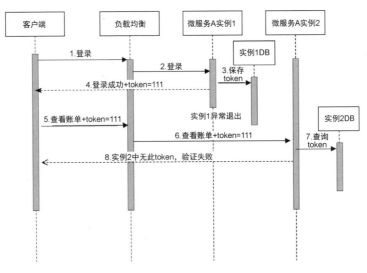

图 13-33　有状态的实现方式

为解决这个问题，图 13-34 通过一个公共 DB 实现了状态化服务，但微服务实例本身是无状态的。微服务 A 实例 1 首先将 token 信息保存到 DB 中，那么当实例 2 需要验证 token 信息时，会访问公共 DB 查询 token 信息来进行验证。

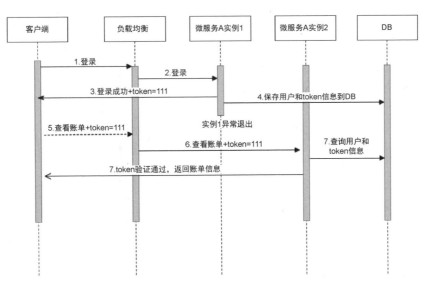

图 13-34　无状态服务，通过外部 DB 来实现状态化服务

在微服务设计上，一般建议将其设计成无状态的，主要是考虑动态可伸缩性，可以更好地应对实例漂移。在云原生环境下，微服务实例可能会被频繁地创建和销毁。如果服务器是

无状态的，那么对于客户端来说，就可以将请求发送到任意一个服务实例上，然后通过负载均衡等手段实现水平扩展。但如果服务器是有状态的，就无法很容易地实现水平扩展，因为需要始终把请求发送到同一个微服务实例上。

在微服务测试中，我们要关注这类微服务的服务状态设计。

（1）如果是有状态服务，要验证当同一个请求中断后，下次重入时，是否能够路由到同一个微服务实例上。

（2）如果是无状态服务，要验证当同一个请求中断后，下次重入时，如果路由到同一个微服务的其他服务实例上，请求是否能够继续被正确地处理。

4. 微服务的配置测试

图 13-35 为微服务启动时加载的应用配置。

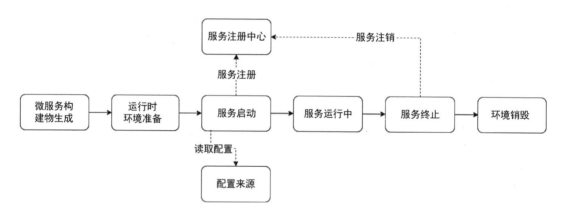

图 13-35　微服务启动时加载的应用配置

关于配置加载需要关注以下几点。

（1）配置来源：需要梳理服务依赖的配置的来源有哪些，在执行环境下是否进行了正确的配置，是否做到了环境隔离。微服务的配置来源可以是所在运行环境的环境变量，也可以是配置中心的配置变量。

要想对运行环境的环境变量做到服务间的环境隔离，可以对环境变量的来源进行梳理，构造环境变量缺失、环境变量配置错误等场景，验证当环境变量出现异常时微服务的运行情况。

对于配置中心的配置变量，需要特别关注其是否是通用配置，其要和微服务实例不相关，比如将微服务所在容器的 IP 配置到配置变量内显然是不合理的，因为其他微服务实例读取到的这个 IP 配置与其自身的容器 IP 地址不同。像这类变量可以在容器初始化时注入容器的环境变量。

（2）配置加载时机：一般是在微服务启动时加载配置，还有一种持续更新配置的机制，一般是通过一个定时任务，不断查询配置变量是否有变更，或是每次用到配置变量的时候都去读取最新的数据。建议在加载配置时，对配置变量进行合法性校验，而不是在使用时才发现配置异常，进而导致业务出现问题。

（3）上下游关联配置的合理性：因为每个微服务都有自己单独的配置项，所以服务间相关的配置合理性容易被忽略。一个典型的案例是，对于服务超时的配置，上游服务的超时配置至少要大于下游服务的超时配置，否则会出现下游服务有结果返回时，上游服务已经给调用方反馈超时了的情况。

（4）配置内容测试：主要是针对配置变量进行常规的测试，包括类型、长度、配置项缺失（key、value 或都缺失）、默认值等，这里需要注意当配置变量出现异常时，是否应该影响业务主流程。

5. 服务调用链路异常测试

上面提到通过 trace_id 和 span_id 可以构建服务的调用链路，考虑到微服务间的调用都是通过网络调用完成的，网络可能会存在抖动、延迟、丢包等问题，因此在测试微服务业务时，我们需要特别关注这类场景。

1）链路中断重入测试

首先看一下为什么要做链路中断重入测试。

举一个支付流程的案例，如图 13-36 所示，一个简单的支付流程包括查单→下单→校验→扣款，由于每一步都是由一个微服务来完成的，那么就可能存在多种中断的情况。一般的业务都会允许用户重新支付，也就是重入。对于中断-场景 3 和中断-场景 4，下单成功后，用户重新发起支付流程，我们期望支付成功并且扣款的金额是正确的。但如果中断重入处理不当，可能会带来一定的资金损失。比如，用户完成支付后，扣款服务没有返回结果，这时用户再次发起支付流程，那么是否会导致用户被扣两次款？

除了支付流程，如果我们还引入了其他的流程，同样会出现资金风险。

（1）退款流程：用户支付完成后，申请退款，这时链路发生中断，用户再次发起退款请求，退款行为是否会被执行两次，也就是用户收到两份退款？

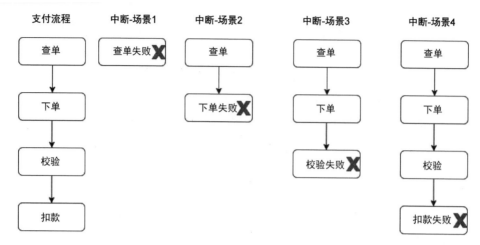

图 13-36　中断重入场景举例

（2）提现流程：用户提现时，链路发生中断，用户再次发起提现请求，用户是否会收到两份现金？

通过以上情况，可以看到链路中断重入测试是非常有必要的，其核心流程如下。

（1）梳理服务间的调用链路，可以通过上面提到的分布式跟踪技术来完成。

（2）依次模拟每个微服务中断的场景，对微服务中断的模拟有多种方式，比较简单的一种是，通过修改微服务的名称配置引发"服务发现"失败来模拟。第一次服务访问失败后，接着进行重入测试，将相同的访问请求再发送一遍，如果业务支持重入（幂等），则第二次的重入请求就会被正确处理。

下面我们重点讲解一下幂等性，它和重入测试有密切的关系。

幂等性：简单来说，就是针对同一个接口，相同的请求不管调用多少次，对系统的影响与调用一次时是相同的，每次对调用方返回的结果也是相同的。

下面进行举例说明。

例 1：在微服务 AcceptOrder 重入时，返回的 order_time 和第一次调用时返回的格式不一致。

bug 说明：我们有一个 AcceptOrder 微服务，该服务用于处理传入的订单，上游服务调用该服务接口时，会返回一个订单 order 对象，其中一个字段是订单时间 accept_time。order 对象会被保存到 DB 中，当下次接口重入时，会从 DB 查询该订单是否存在，如果存在，则直接返回 DB 中的 order 对象，而不再重新创建一个新订单。

我们预期两次返回的 order 对象的属性是一样的，但实际中发现 accpet_time 第一次返回的是"2022-10-25 15:08:14"，重入时返回的是"2022-10-25T15:08:14+08:00"，两次的返回结果不一致，进而导致上层服务对日期进行解析时报错。

原因分析：在第一次调用 AcceptOrder 服务时，accept_time 是 AcceptOrder 服务从内存中获取的当前时间"2022-10-25 15:08:14"，并返给了上游服务。在 order 对象被保存到 DB 中时，保存的是"2022-10-25T15:08:14+08:00"，这种格式包含时区信息。重入时，由于是从 DB 中读取的该字段，因此两次的时间格式不一致，导致重入行为不一致，进而违反了接口的幂等性原则。

例 2：AcceptServer 调用 BookingServer 成功后，在更新账单状态时失败，第一次调用和重入时返回的结果不一致。

bug 说明：我们有 3 个微服务 UserServer、AcceptServer 和 BookingServer，其中 UserServer 用于接收用户的订单请求，并将订单请求转发给 AcceptServer 进行处理，AcceptServer 会先生成一个记账单，然后调用 BookingServer 完成记账。在第一次 AcceptServer 调用 BookingServer 进行记账时，BookingServer 记账失败，返回了一个错误码给 AcceptServer，然后 AcceptServer 透传错误码给 UserServer。

但当 UserServer 收到错误码，再次调用 AcceptServer 进行重入时，AcceptServer 从 DB 中查询到该重入订单，就不再调用 BookingServer 进行记账了，而是直接返回了成功的返回码。但实际上这个订单在 DB 中的记账单的状态仍然是失败的，在相同的数据下，两次请求返回的结果不一致。

原因分析：当 AcceptServer 第一次记账时，会在 DB 里记录一个记账单，这个记账单处于初始态，同时整个系统还有另一个批处理程序来直接读取 DB 中未达到终态的记账单并使其达到终态。当 AcceptServer 重入，查询到 DB 中有记账单时，它也不会调用 BookingServer 进行记账，只要是记账单还没有被批处理程序做到终态，AcceptServer 都会直接返回成功的返回码给调用方。在记账单处于相同状态下，有两种不同的返回码，这种行为也违反了幂等性原则。

2）服务间强弱依赖测试

我们首先看看对服务间强弱依赖的定义。

假定有两个微服务 A 和 B，A 会调用 B。

强依赖：当微服务 B 出现故障不可用时，微服务 A 也不可用，这种依赖就是强依赖。

弱依赖：当微服务 B 出现故障不可用时，针对 B 有一个降级策略，微服务 A 仍然可用，这种依赖就是弱依赖。

梳理微服务之间的强弱依赖关系，可以让我们提前发现由依赖问题导致的故障，从而避免依赖故障影响系统的可用性。

例如，如图 13-37 所示的某后台下载服务的强弱依赖关系图，网关收到前端 App 的下载文件请求后，首先进行鉴权，如果鉴权成功，则在下载文件前先调用 CDN 竞速服务，然后连接几个 CDN 节点竞速，从而获得最快的一个 CDN 节点，最后调用下载服务从该节点下载文件。对外的后台下载网关主要依赖鉴权服务、CDN 竞速服务、文件下载服务。下面我们来分析哪些服务对后台下载网关是强依赖的，哪些是弱依赖的。显然，鉴权服务和文件下载服务是强依赖的，如果鉴权服务异常，我们就无法验证前端 App 的身份，不允许匿名下载；同样，如果文件下载服务异常，我们也将无法提供下载能力。而 CDN 竞速服务则是一个弱依赖服务，当 CDN 节点竞速服务失败时，从系统健壮性及用户体验的角度，我们需要将这个依赖降级为弱依赖，给下载服务提供一个降级服务，比如可以从一个默认的 CDN 节点下载文件。

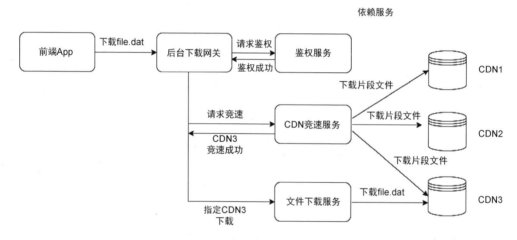

图 13-37　下载服务的强弱依赖关系图

我们该如何具体实施强弱依赖测试呢？首先，利用分布式跟踪技术快速生成微服务间的调用链路，即服务间的依赖关系。然后，借助链路中断重入测试，依次构造每个微服务的异常，如果业务不受影响，则说明异常的服务是一个弱依赖的服务，这样我们就可以得到服务间的强弱依赖关系拓扑。最后，我们结合业务场景分析当前的强弱依赖关系是否合理，从而找到优化点。

3）服务间消息异常测试

在微服务架构下，服务之间都是通过网络进行消息传递的，因为网络传输具有不确定性，所以会存在消息丢失、消息延迟、消息乱序等情况。在微服务业务测试中，我们需要覆盖各类消息异常场景的测试，主要手段如下。

（1）基于混沌工程：混沌工程有与网络相关的异常模拟工具，可以模拟网络抖动、延迟、丢包等异常。

（2）基于时序建模：混沌工程采用一种随机方式来模拟各种时序上的异常，无法确保消息时序异常场景模拟的完备性，故而存在一定的局限性。时序建模测试是通过梳理出一个分布式系统的时序模型图来生成向量时钟图的，并且基于向量比较和一定的策略生成时序测试用例，从而覆盖更完备的时序场景。

6. 协议一致性测试

除了微服务本身的服务协议文件，如 PB 协议，一般微服务还会和 DB 有交互，对 DB 字段的定义也算是一种协议。PB 和 DB 之间的协议不一致场景归纳起来有 3 类，如图 13-38 所示。

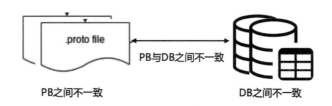

图 13-38　协议不一致场景

1）PB 之间字段定义的一致性

这里我们重点关注 PB 协议字段的名称、类型和取值范围在多个不同 PB 之间是否一致。

代码段 14：Protobuf 示例。

```
syntax = "proto3";
import "validate.proto";

message QueryReq {
    string rest_code = 1 [(validate.rules).string = {min_len: 4, max_len: 4}];
    string order_id = 2  [(validate.rules).string = {min_len: 1, max_len: 64}];
    int32  from_type = 3 [(validate.rules).int32 = {gt: 0, lt: 10}];//
}
```

代码段 14 是基于 proto3 的并且包含字段校验定义的 PB 协议的示例，从这个示例可以看到，rest_code 是字符串类型，并且长度必须是 4；order_id 也是字符串类型，长度在 1 和 64 之间；from_type 是一个 int32 类型的字段，取值范围是(0,10)。

通过搜集上下游相关微服务 PB 协议的定义，我们就可以对比它们之间相同字段的定义是否满足一定的一致性条件。当不一致时，是否可能出现服务异常。

比如，上游服务 A 调用下游服务 B，B 接着调用服务 C，A 和 B 之间 PB 协议中的某个字段名称的长度为 20，而 B 和 C 之间 PB 协议中相同的字段名称的长度为 10。那么，就存在当从 A 传入的名称长度大于 10 时，传递到 C 的名称可能会被截断，导致业务 bug 出现。

2）PB 和 DB 之间字段定义的一致性

对于一些与 DB 有交互的微服务，在接收到请求消息且经过一系列逻辑处理后，会在 DB 中存储一些相关信息。这些信息有些直接来自请求消息，需要我们关注 DB 的字段定义和相应的 PB 字段定义之间是否满足一定的一致性要求。当不一致时，同样可能会出现服务异常。

对于 DB 字段来说，我们会重点关注字段名称、类型、字符集、长度、默认值等信息。

代码段 15：t_restaurant 表的 SQL 创建语句。

```
CREATE TABLE `t_restaurant` (
  `Fid` bigint NOT NULL AUTO_INCREMENT COMMENT '自增主键',
  `Frest_code` varchar(4) NOT NULL COMMENT '餐厅代号',
  `Forder_id` varchar(64) NOT NULL COMMENT '订单ID',
  `Ffrom_type` smallint NOT NULL COMMENT '订单来源',
  `Fstate` smallint DEFAULT '0' COMMENT '逻辑删除 1-删除 0-未删除',
  `Fmemo` varchar(500) DEFAULT NULL COMMENT '备注',
  `Fcreate_time` datetime NOT NULL COMMENT '创建时间',
  `Fmodify_time` datetime NOT NULL COMMENT '修改时间',
  PRIMARY KEY (`Fid`),
  KEY `idx_modify_time` (`Fmodify_time`)
) ENGINE=InnoDB DEFAULT CHARSET=utf8mb4 COMMENT='餐厅订单表';
```

代码段 15 是 t_restaurant 表的 SQL 创建语句，从这些 SQL 语句中，可以看到 t_restaurant 表的各个字段的定义。在有了 DB 字段的定义和 PB 字段的定义后，就可以对比它们之间的差异，找到一些不一致的点，发现潜在的问题。

（1）名称是否一致：建议的规则是，DB 表字段的名称以 F 开头，这样去掉 F 后的名称是 PB 表字段的名称。遵照这个规则，DB 和 PB 间的字段就建立起了映射关系，非常方便我们编写脚本来进行自动对比和监控，而无须人工做比对，特别是当微服务和 DB 表数量比较多的时候，这个规则就变得尤其重要了。另外，研发人员最好在项目初期就按照这个规则来设计 PB 表和 DB 表，这样会极大地提升我们的比对效率和准确度。

（2）定义类型是否一致：需要我们梳理出 PB 的字段定义类型和 DB 的字段定义类型的映射关系，可以查询 PB 官网的字段类型定义和 DB（如 MySQL）的字段类型定义，确保两者的映射关系是正确的。比如，PB 中定义的是 varchar 类型，而 DB 中用的 bigint 类型，在操作 DB 时，如果未考虑到两者的差异，就可能会引入 bug。例如，"10" 映射成 bigint 时是 10，而"10ab"映射成 bigint 时也是"10"，其中就存在信息的丢失。

（3）字段长度是否一致：这一点也需要我们特别关注，如果 DB 字段的长度比 PB 字段的长度短，当数据超过 DB 字段的长度时保存数据，就存在数据被截断的情况，进而导致存储的数据有误的 bug。

3）DB 之间字段定义的一致性

这里主要是确保整个系统 DB 之间存储的相同字段要做到一致，如名称、类型、字符集、长度、默认值等信息的一致性。

DB 一般被微服务使用，当它存在不一致时，就可能会导致一些风险。

比如（以 MySQL DB 为例）：

（1）字符集不一致：例如，表 1 使用 utf8mb4 字符集，表 2 使用 utf8（utf8mb3）字符集，对于一些特殊的 4 字节 emoji 表情字符，同一份数据在表 1 中可以正常存储，在表 2 中则会被截成 3 字节进行存储，当微服务读取表 1 中的数据并保存到表 2 中时，就会出现数据不一致的情况。

（2）定义类型不一致：可能会遇到 MySQL 隐式转换的问题，比如，一个表里保存的是 int 类型的数据，另一个表里保存的是 varchar 类型的数据，当用 int 类型的数据来匹配 varchar 类型的数据时，MySQL 会将 varchar 类型转换成 int 类型进行匹配，导致匹配结果有误，如代码段 16 中第 7 行的'a5'被隐式转换成 0，从而匹配成功。

代码段 16：SQL 隐式转换举例。

```
mysql> SELECT 1 > '5a';
    -> 0
mysql> SELECT 7 > '5a';
    -> 1
mysql> SELECT 0 > 'a5';
    -> 0
mysql> SELECT 0 = 'a5';
    -> 1
```

（3）字段长度不一致：这会导致将从一个表中读取的数据保存到另一个表中时数据可能会被截断的风险。

（4）默认值不一致：当相同的字段数据被保存到不同的表中时，对于有默认值的相同字段，要确保默认值的一致性。

7. 分布式事务测试

事务是指操作各种数据项的一个操作序列，这些操作要么全部执行，要么全部不执行，是一个不可分割的工作单位。在单机系统下，可以通过 DB 来完成一次事务操作。在分布式系统下，服务之间需要通过网络远程协作完成的事务被称为分布式事务。

在分布式事务场景下，有多种解决方案，包括 2PC 两阶段提交、TCC（Try-Confirm-Cancel）、Saga、最大努力等模式。其中，2PC 两阶段提交模式存在单点故障、同步阻塞等问题，不适合高并发的互联网业务。TCC 模式需要业务遵循 TCC 开发模式，导致开发成本较高，同时，对于业务流程长的场景，事务边界长，加锁时间长，TCC 模式会影响并发性能。因此，对于业务流程长的微服务业务，Saga 模式更适用。

下面简述 Saga 分布式事务的基本原理，参见图 13-39。

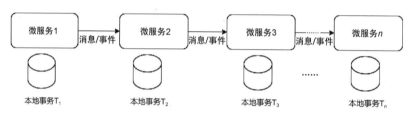

图 13-39　Saga 模式举例

每个 Saga 分布式事务都由一系列有序本地子事务（Sub-Transaction）$T_1, T_2, \cdots, T_i, \cdots, T_n$ 组成。

本地子事务操作本地存储，其事务性可以通过 DB 来实现，在本地子事务成功后，会通知下一个子事务执行。

如果从 T_1 到 T_n 均成功提交，那么事务就可以顺利完成，否则就要采取恢复策略。恢复策略分为向前恢复策略和向后恢复策略两种。

向前恢复策略的执行模式为 $T_1, T_2, \cdots, T_i$（失败）, T_i（重试）$\cdots, T_{i+1}, \cdots, T_n$。当 T_i 失败时，会一直重试 T_i 直到成功，接着执行后续的事务，参见图 13-40。

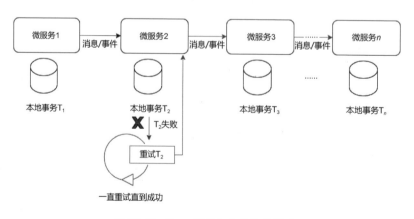

图 13-40　Saga 模式之向前恢复策略

向后恢复策略的执行模式为 $T_1,T_2,\cdots,T_i$（失败）,C_i（补偿）,$\cdots,C_2,C_1$。当 T_i 失败时，会反向执行 C_i 及其之前的每个补偿动作。每个 T_i 都有对应的幂等补偿动作 $C_1,C_2,\cdots,C_i,\cdots,C_n$，补偿动作用于撤销 $T_1,T_2,\cdots,T_i,\cdots,T_n$ 造成的结果，参见图 13-41。

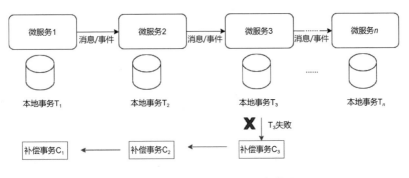

图 13-41　Saga 模式之向后恢复策略

结合表 13-6 中的第三方平台网上购物场景举例，可以看到本地子事务分为 3 类。

（1）可补偿性事务（Compensatable Transaction）：可以使用补偿事务回滚的事务。比如，在网上购物时，客户下单后一直未完成支付，那么下单服务对应的补偿事务会完成将订单关闭的动作。

（2）关键性事务（Pivot Transaction）：Saga 执行过程的关键点。如果关键性事务成功，则 Saga 将会一直运行到完成。比如，在网上购物时，买家完成了支付，卖家发货，买家确认收货。买家确认收货是一个关键性事务，其之后的事务要保证成功，如最终确保第三方支付平台将收款转给卖家。

（3）可重复性事务（Retriable Transaction）：关键性事务之后的事务，可通过重复执行确保成功，这就要求服务的幂等性。如在表 13-6 的第 6 步遇到失败时，反复向卖家转账直到转账成功。

表 13-6　分布式事务场景举例

步　　骤	微服务名称	微服务行为	事 务 类 别	备　　注
1	下单服务	买家下单服务	可补偿性事务	补偿行为：关闭订单
2	账号服务	买卖家身份验证服务	—	只是做验证，无须补偿
3	支付服务	买家支付到第三方平台	可补偿性事务	补偿行为：给买家退款
4	发货服务	卖家发货	可补偿性事务	补偿行为：取消订单
5	收货服务	买家确认收货	关键性事务	买家确认收货后，需要确保剩下的事务操作成功
6	转账服务	第三方平台转账给卖家	可重复性事务	可重复多次，确保转账成功

在理解了分布式事务 Saga 模式后，我们的测试思路和重点如下。

（1）首先构建业务的 Saga 模式，包括本地子事务的调用序列、每个子事务的类型（可补偿性事务、关键性事务、可重复性事务）。

（2）评估 Saga 模式的合理性，比如调用序列、每个子事务类型是否正确等。

（3）验证向前恢复策略，对可重复性事务进行幂等验证。

（4）验证向后恢复策略，这一点是针对可补偿性事务，按照调用事务链，从关键性事务点依次往前回退验证。

另外，关于可补偿性事务和原事务要特别关注两个时序问题。

（1）原事务未执行，而可补偿性事务执行了：比如，原事务的请求因网络丢包未执行，导致整个事务回滚，而原事务的可补偿性事务会执行，这时要确保可补偿性事务做正确的校验并执行正确。

（2）可补偿性事务先于原事务执行：原事务的请求因网络拥塞、请求超时，导致整个事务回滚，原事务的可补偿性事务执行，接着原事务的请求又到达了，这时对原事务的请求是要禁止执行的。

本节介绍了云原生及微服务相关的基本概念。通过对比单体服务和微服务架构，我们了解到微服务架构的特点及微服务架构的分布式特性带来的测试挑战。接着针对这些挑战，我们梳理出了微服务测试体系，覆盖了微服务特有的多种测试维度，包括微服务生命周期测试、服务调用链路异常测试、协议一致性测试及分布式事务测试等，从而为微服务的产品质量提供了更全面的保障。

## 第14章

智能化测试技术

近些年，AI 技术的发展如日中天，在各个行业、各个领域都能看到它的身影。当然，它在测试行业也不能缺席。本章就介绍一下 AI 在测试行业中的应用，即智能化测试技术的应用，以及在测试行业如何用好 AI。

14.1　从测试视角看 AI

1．AI 行业概述

AI 概念的提出是在 20 世纪四五十年代，一批来自不同领域的科学家开始探讨制造人工大脑的可能性。1956 年，在达达茅斯学院举行的一次会议上，正式确立了 AI 为一门学科，科学家们在该会议上预言，经过一代人的努力，人工智能将达到与人类同等的智能水平。

但科学家们大大低估了这项工作的难度，随着时间的推移与社会压力的增大，AI 也淡出了大众的视野。但从此诞生了很多新的概念，如神经网络、自然语言等，为人工智能技术的发展打下了很好的基础。

21 世纪后，AI 行业再次兴起，AlphaGo 在围棋比赛中打败了人类，再次把 AI 技术推上了风口浪尖，而深度学习更是极大地推动了图像处理、视频处理、文本分析、语音识别等问题的研究进程。

2022 年年初，全球 AI 的市场规模达到了 4329 亿美元，并且还在持续增长。AI 技术也深入各行各业，以 AI 技术为核心的"AI 四小龙"走进人们的视野，成为 AI 行业讨论的焦点。

2023 年年初，ChatGPT 的横空出世不仅为 AIGC（人工智能生成内容）和大语言模型领域带来了显著的突破，成为 AI 行业发展的新的里程碑，而且其强大的功能和易用性进一步降低了 AI 应用的门槛，使得更多行业和用户能够轻松接入并受益于 AI 技术。

2．智能化测试概述

智能化测试就是将 AI 相关技术应用到软件测试过程，帮助我们更快地完成测试工作，同时协助我们发现更多的软件 bug，提升软件本身的质量。

随着 AI 技术的不断发展，测试工程师也在不断思考如何让智能化测试技术落地，因此智能化测试也成为测试行业中最热门的名词之一。目前，不管是在学术界，还是在产业界，都有不错的智能化测试落地。在学术界，有 ASE 2019 最佳论文 "Wuji: Automatic Online Combat Game Testing Using Evolutionary Deep Reinforcement Learning"。在产业界，在国内历年与测试相关的大会上，智能化测试始终是一个重要的主题。AI 技术在自动化测试、兼容性测试等方面都有落地案例，甚至近几年出现了以智能化测试为核心业务的独角兽公司。

此外，AIGC 和大语言模型以海量的数据、互联网内容为基础，让代码评审、编写测试用例等测试的基本能力有了很大的提升。

3．理解 AI 的核心目标

可以简单地将 AI 理解为设计一个程序，让这个程序模拟人的思维方式，完成在通常情况下只能由人完成的工作。也就是说，AI 的核心目标就是如何让程序像人一样思考。

在 AI 行业中，有一个经典的案例：识别图像中是否有猫。对于传统的计算机程序而言，一张有猫的图像只是由很多个像素点组成的，很难设计出一个通用的规则来判断这些像素点是不是组成了一只猫的图像。但基于深度学习的图像识别，就可以通过输入大量猫的图片来学习猫的特征是如何用像素点来表现的，并能很准确地判断所给的图像中是否有猫。同理，对于人类而言，之所以能判断出一个动物是猫，是因为在过往的经验中看到了很多猫的实体与图像。与人脑的思考相比，AI 还存在以下两点不足。

一是最新的研究结果表明，人类大脑有 100 多亿个神经元，这远远超出了现有计算机的复杂度。

二是人类的经验往往会基于很长时间的积累，例如对猫的识别，我们从很小的时候就开始认识猫，并在日常生活中不断强化才达到现在"看一眼就能识别出来"的程度，而计算机程序很难有这样的学习环境。

基于以上两点，现阶段的 AI 还无法完全模拟人的思考，在应用 AI 技术时需要在任务上做一些限定，需要精确地定义任务，即简化任务。例如，AlphaGo 专注于围棋，自动驾驶专注于如何让汽车识别红绿灯、交通指示牌、行人等，并做出相应的反应。再如，用 AI 可以很容易识别一只猫，但如果把需要识别的物体扩展到我们日常生活中的其他任何物体，难度就都会非常大，而对于我们人类来说，只要见过这些物体就能大概说出来。所以，如果我们想要利用 AI 来解决问题，就需要更加明确目标，对任务进行简化。但这并不代表 AI 永远做不到像人一样思考，随着技术的发展，AI 的能力会越来越强大，能够处理的场景也会越来越复杂。

4. AI 与测试的结合

提到智能化测试，可能读者很容易就会想到自动化测试。自动化测试要解决的问题是提升测试的效率，随着软件行业复杂度的提升，自动化测试技术的复杂度也在不断提升，从"录制-回放"到自动化测试框架，而智能化测试的出现意味着将自动化测试技术做了进一步提升。智能化测试可以被理解为自动化测试的一种新的技术方案，其本质还是解决测试效率的问题。但智能化测试又不只用在自动化测试中，众多的实践证明，智能化测试可以用于测试的整个生命周期，如用例设计、测试执行、对测试结果的评估等。

那么，AI 又如何与测试相结合呢？我们先回到 AI 的话题上，AI 包含很多的分支，如机器学习、专家系统、演化计算、模糊逻辑、知识表示等。从当前智能化测试在产业界的应用来看，主要还是对机器学习的应用。当然，也有一些对其他分支的应用，但本章不会详细介绍这些分支的概念和应用，有兴趣的读者可以自行查阅相关的资料。本章也不会从 AI 的分类角度对智能化测试做介绍，而是从测试的目的来对 AI 做分类并进行介绍。

从测试的角度来看，我们可以把测试的整个流程分为四个阶段：需求分析、用例设计、测试执行、上线跟进。原则上，这四个阶段都可以实现智能化测试。但回到我们前文说的 AI 有两方面的不足，我们需要在整个流程中寻找合适的切入点，先找到可以精确定义的任务，再讨论是否可以实现智能化测试，而不是通过一种方法来解决所有问题。要想找到可以被精确定义的任务，就需要把日常工作中的任务不断细化，从而找到一个精准的目标。测试全流程的拆解如图 14-1 所示。

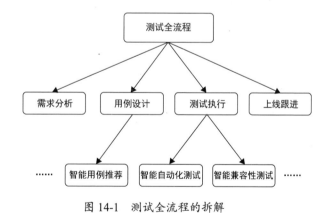

图 14-1　测试全流程的拆解

1）需求分析

需求分析的主要目的是发现需求设计中的问题、评估测试风险和上线风险等。需求分析对测试人员的经验有比较高的要求，而且需求分析是否得当也很难从数据上衡量，只能通过发布上线后出现的一些问题与得到的反馈来衡量。目前，还未找到相关智能化测试的实践。

2）用例设计

在设计测试用例时，通常会以执行步骤、预期结果成对出现的方案来设计，即执行什么样的操作，预期能得到什么样的结果。衡量测试用例设计最主要的标准是用例的完整性。目前，在精准测试中会涉及智能化测试用例的推荐，即通过代码与用例的对应关系，在下次测试类似的场景时，推荐出可能需要执行的用例。

3）测试执行

在测试执行中，测试工程师需要做的事有很多，比如前期的功能测试、接口测试、兼容性测试、性能测试、压力测试等，后期的回归测试等，目前，这个阶段的智能化测试应用实践最多。

接口测试在整个测试中是很重要的，我们可以把接口测试过程分为接口用例设计和接口测试执行。衡量接口用例设计最主要的标准是用例的完整性，那么，如何衡量呢？这需要通过代码覆盖率来衡量。有了衡量标准，就可以尝试用 AI 的方式来设计接口用例，通过不断尝试新的用例，找出一个能覆盖所有代码的最小用例集。

我们在做手机 App 兼容性测试时，会遇到各种各样的问题，如分辨率不同带来的黑边，系统 API 不兼容导致的花屏、闪退等。针对不同的问题，我们也可以思考是否能用针对性的智能化方式去解决。

在很多游戏中都有任务系统的设定，尤其在一些大型的游戏中会有很多故事情节。游戏的开发团队一般会通过在游戏里的人物给游戏玩家发放任务，通过让玩家去完成某一件事的形式来推动故事情节的发展。这类游戏的任务量非常大，对这些任务做集成测试、回归测试是非常困难的问题（这类功能测试简称任务测试）。这个问题能否用智能化测试来解决呢？从集成测试的角度看来，我们不仅需要测试主流程是否正常，即任务能否完成，还需要找到各种异常情况。从回归测试的角度看来，我们主要是保证主流程的正确性。两者都是做任务测试，但从目的上来看，还是有很大的区别的。因此，这里可以先做细化，再根据实际情况分别讨论。

4）上线跟进

在产品发布上线后，我们需要关注用户反馈，及时跟进线上问题的解决情况。

在关注用户的反馈上，通常的做法是，先由对应的客服人员人工收集用户的反馈，再汇总到开发团队。高效一些的做法是，通过关键字匹配自动收集用户反馈，并通过关键字设定好的句子回复用户。目前，有很多客服工作加入智能化的手段，从而更智能地收集用户反馈，以及用更拟人化、更精确的句子来回复用户的反馈。

通过对整个测试流程的拆解，我们找到了很多可以用智能化测试来解决的点。上述拆解是很粗颗粒度的，读者可以根据自己业务的实际情况做进一步的细节拆解，找到更多的智能化测试点。

在对问题进行细化和拆解后，我们可以将智能化测试分为以下两种类型。

一类是匹配历史经验的智能化测试，这无法通过一些简单的规则、公式等来判断，而需要依赖人的经验来判断。对于上文中提到的兼容性测试中的黑边问题，黑边有不同的表现，如出现在手机的哪一边、黑边的宽度为多少，也可能出现白边、黄边等情况，但历史经验告诉我们，如果手机出现这些情况，就可能有兼容性的问题。

另一类是有明确目标的智能化测试，即测试结果可以通过一些规则、公式等方式来判断测试是否通过。比如，上文提到的任务测试，对任务的回归测试最主要的是保证主流程的正确性，也就是说保证这个任务可以正常完成。

下面分别从以上两种类型出发来解释如何将 AI 与测试相结合。

14.2　基于数据的智能化测试

在实际的测试工作中，有很多测试场景没有可量化的目标，需要通过人的经验进行判断。比如，对手机 App 兼容性的测试，我们需要验证 App 在不同手机上的表现，而这些表现只能通过我们肉眼去观察，像黑边、花屏等只是我们人为认为的 bug，程序本身并没有问题，所以需要基于我们的经验进行判断。那么，这类场景是否可以做到智能化呢？这里介绍另一种方法，笔者把它叫作基于数据的智能化测试，即先将我们的经验转成数据，再通过 AI 算法从这些数据中总结出规律，最后判断一个新的场景中是否存在 bug。

在我们的日常测试工作中会积累大量的数据，如我们每天开的 bug 单，对 bug 的描述、bug 发生时的截图、修复记录、修复相应代码的修改记录，我们每天写的测试用例、用例评审的记录等。这些数据结合人工智能是否能帮助我们发现更多的问题？当然是可以的。我们先来看一个概念——深度学习。

1. 深度学习概述

深度学习是人工智能中非常重要的分支学科，可以将其理解为把一个复杂问题进行分层，分成多个简单问题，让机器分层解决这些简单问题，从而解决复杂问题的一种学习方式。深度学习的概念从 2006 年被提出后，在近 15 年中得到了巨大的发展，而且有着非常多的应用场景，如计算机视觉、语音识别、自然语言处理等，这些应用已经深入我们的日常生活中。对于测试来说，也可以从以上几个应用角度出发，探索如何将深度学习应用到我们的测试中。

比如，在计算机视觉中是否可以通过图像识别或者视频识别发现 UI 中或者游戏画面中的一些问题，是否可以通过语音识别测试游戏中 NPC 的配音与字幕的一致性情况，是否可以通过自然语言处理找到测试过程中的文案有无错别字、多语言版本中的翻译是否正确等。

2. 图像识别的应用

在上文中，我们提到了 App 的兼容性测试，由于手机的 CPU、GPU、屏幕大小等硬件及操作系统、底层 API 的不同，甚至近几年出现的曲面屏、异形屏，让 App 在不同手机上的适配越来越难，所以兼容性测试的工作也越来越重要，工作量也越来越大，各大互联网公司也先后尝试通过 AI 图像识别技术去解决兼容性测试的问题。

下面梳理一下常规的兼容性测试流程：首先，写好测试用例，选择对应需要覆盖的手机；然后，人工在每台手机上操作一遍，将有问题的地方截图及记录有问题的手机型号。当然，在这个过程中有一些流程是可以通过传统的自动化进行优化的，如写好一个用例，让它自动在不同的手机上运行，但其中写用例的过程及判断是否有兼容性问题还需要人工来做。在有些实践中，也会省去写用例的过程，改用 Monkey 测试来代替，但 Monkey 测试是随机的，不能保证场景的覆盖率。所以，这两个地方可以考虑用人工智能来协助我们完成。

根据上面的分析，要让 AI 完成兼容性测试可分成两步：第一步，让 AI 自动运行 App 的所有功能，这一步可以用自动化脚本的方式实现，也可以用搜索算法找到尽可能多的覆盖场景；第二步，让 AI 自动识别 App 运行过程中的兼容性问题。

那么，AI 又是如何知道出现了兼容性问题呢？我们可以回想一下，测试人员是如何判断一种现象的出现是兼容性出了问题的。其中有一点就是，测试人员见过此类的兼容性问题，或者看到的某个图像与以往看到过的正常图像不一致，我们就认为这是一个 bug，也就是说，识别出一张图像中有兼容性问题需要有积累的经验。我们之前看到过的图像，可以作为 AI 里的数据，而我们已知正确的图像或有兼容性问题的图像，就是被标记过的数据。如果将这些已经被标记过的数据给到 AI 去学习，AI 就可以识别出一张新的图片是否有问题。这就用 AI 解决了兼容性测试的问题。

对于一个有较多兼容性 bug 积累的团队来说，解决数据问题相对就比较容易了。我们将团队内出现过的兼容性 bug 找出来并进行整理，就可以提供给算法进行训练了。这里说的整理，就是对图像进行格式化的处理，比如图像的压缩算法、尺寸、文件名等，保证给算法输入的图像是一致的。

兼容性的 bug 可以分为以下几类。

- 黑屏：手机屏幕只显示一种颜色，也包括白屏、蓝屏等，这里统一叫作黑屏。
- 花屏：有图像，但图像有明显的错乱，如雪花屏。

- 黑边：这是兼容性问题中最常见的一种，主要是由当下手机的品牌、型号的碎片化带来的，一般表现为手机屏幕四周出现黑条。
- 异形屏遮挡：手机会有各种不同的异形屏，如留海屏、水滴屏、挖孔屏等，由于异形屏是不规则的，所以会出现把 App 内的按钮挡住的情况。

如果我们对智能化兼容性测试的期望是能够确定输出是否有兼容性的问题，那么我们输入的数据经过以上处理就可以了；而如果我们的期望不仅是能够确定输出是否有兼容性问题，还能知道是哪一类问题，就需要对找到的所有图像进行分类，分别标注这些图像是哪一类问题。

有了数据后，就是对算法的选择了，经过上面的分析，可以确定这个问题是一个分类问题。根据我们的期望确定输出是哪类兼容性问题，又可以将这个问题分为二分类问题（即只需要判断新的图像有没有兼容性问题）和多分类问题（需要判断新的图像是哪一类问题）。

常见的图像分类算法有很多，如 BP（Back Propagation）神经网络、支持向量机（Support Vector Machine，SVM）、K-近邻算法（K-Nearest Neighbors，KNN）、卷积神经网络（Convolutional Neural Networks，CNN）等。

CNN 是目前图像分类中用得最多的一种深度学习算法，也是很成熟的一种算法。CNN 利用卷积核的移动，对输入图像进行特征提取，从而实现图像分类的目的。在现有的一些机器学习算法框架中，都可以通过很简单的方式调用 CNN 算法，如 PyTorch、TensorFlow 等。

下面我们就可以实现需要的功能了。为了评估选择的算法最终效果是否达到预期，我们将已经被标记上是否有兼容性问题的图像分为两部分，即训练集与测试集。

训练集：用于训练模型的部分图像，让模型具有图像分类的能力。

测试集：用于测试训练好的模型的部分图像，判断模型是否能达到预期。

训练集与测试集的比例没有固定的值，一般可以是 6∶4、7∶3、8∶2，在数据量比较大时，甚至可以达到 9∶1 以上。

一般我们通过准确率与召回率来判断一种算法的好坏。准确率可以通俗地理解为，在被识别出的有兼容性 bug 的图像中，真正有问题的占比。召回率是指在所有有问题的图像中，有多少被识别出来的图像。准确率和召回率一般是成反比的，准确率越高，召回率相对就会越低，反之亦然。如果最后通过测试集测出来的结果没能达到我们的预期，那么除了更换更好的算法，还可以通过其他方式优化结果。

- 增加训练集的数据量
  - ➢ 最直接的一种方法是找到更多的兼容性异常的图像，但这需要日常测试中 bug量的支持。

> ➤ 另一种方法是对图像进行一些变换处理，如左右翻转、上下翻转、向左右平移等，从而得到一批新的有问题图像。但这种方法有一些局限性，只能提升对已知问题识别的准确率，无法发现新的问题。

● 调整参数

在机器学习中，参数可以分为模型参数和模型超参数两种。

> ➤ 模型参数可以理解为模型的一部分，是在模型的训练中计算出来的。
> ➤ 模型超参数是指在模型训练前人为指定的参数，也就是我们通常说的调参。这类参数根据不同的算法框架有不同的定义，读者在使用具体算法时可以参考相关文档对参数进行调整，再通过提升准确率与召回率使模型达到我们的测试要求。

3. 挖掘测试中的数据

为了使兼容性测试中的图像识别更准确，我们需要更多的日常兼容性的 bug 图像来进行训练。因此，在日常测试中对 bug 的记录与规范是非常重要的，这些与 bug 相关的数据包括以下内容。

● 日常测试中发现 bug 后的记录：一般叫作 bug 单，记录 bug 的现象（包括截图等）、出现条件等，如上文中提到的对兼容性 bug 的识别，可以用此类 bug 的截图进行模型训练。
● 开发修复 bug 时带来的代码变更：通过对代码的修复，我们可以获取到非常多代码中错误的写法、正确的写法，通过这些数据，可以判断一次新代码的提交是否有潜在的问题。这在国内测试实践中应用的还不多，但可以看到学术界已经有很多相关的研究了。
● 测试过程中的测试用例与代码覆盖：测试用例是测试的基础文档，在执行用例过程中，可通过代码覆盖率工具，记录下用例与代码的关系，这个关系也是可用的数据。当下有另一个测试热点——"精准测试"，其过程主要是把代码与测试用例结合，从而在下次改动代码时，推荐相关的测试用例。有了这些代码与用例结合的数据，我们也可以让"精准测试"智能化。

14.3　基于目标的智能化测试

AlphaGo 战胜人类专业棋手，AlphaStart 战胜《星际争霸 2》职业选手，OpenAI Five 击败人类《Dota》高手等，从这些 AI 应用的案例中，我们可以发现它们有一个共同点：有非常明确的能被计算机理解的目标。

围棋的最终目标是在棋盘上保留更多的我方棋子，通过计算双方最终的棋子数，让计算机明确知道哪一方赢了。

《星际争霸 2》是一款多人即时战略游戏，玩家通过在地图上采集资源、生成兵力，摧毁对手的所有建筑而取得胜利。对于计算机来说，只需要知道对方是否还有建筑，就可判断是否取得了胜利。

《Dota》是一款 MOBA 游戏（多人在线战斗的竞技场景类游戏），由两个 5 人组对局，目标是摧毁对方的水晶（双方都有的一个建筑）。与《星际争霸 2》类似，计算机可以通过判断最终是否摧毁了对方的水晶，从而知道哪一方取得了胜利。

以上三个例子的共同点是，计算机可以很容易地知道如何判断胜负。那么，在测试中是否会有类似的场景呢？类似的场景是否可以用类似的 AI 算法来完成测试工作呢？

显然，在日常测试过程中，有很多测试是为了追求同一个目标。例如，任务测试追求的目标是如何完成任务，并可以通过任务的状态判断是否已完成；又如，卡牌游戏的平衡性测试，需要通过不同的卡牌组合进行对战，来判断是否有某一张卡牌或一个卡牌组合的胜率偏高，最终的目标是战胜其他卡牌组合；在稳定性测试中，我们希望能找到一种操作方式让应用崩溃，从而验证应用的不稳定性。可见，在测试工作中，有很多测试可以归到这一类——基于目标的智能化测试，即让计算机判断我们是否达到了目标。

1. 强化学习概述

在上面的三个经典案例中，都用到了一种很重要的算法，即强化学习。

强化学习是一类机器学习算法的统称，是除监督学习、非监督学习外的第三大类机器学习算法。通俗地说，强化学习就是让智能体在特定的环境中学习的过程。强化学习有五个要素，分别为智能体、环境、状态、动作、奖励。下面就以游戏中的角色击杀怪物为例，对这五个要素进行介绍。

- 智能体：机器人等的智能主体部分，会执行下文中提到的"动作"，可以理解为真实世界中的每一个人。
- 环境：即智能体所处的外部环境，没有特别明确的定义。
- 状态：即智能体在环境中可以感知到的环境信息，这些信息与智能体相关，是环境信息的一部分，如我们能看到的人、树、车，以及他们正在做什么，但看不到我们视野之外的人。
- 动作：即通过智能体执行的动作，这些动作会引起上述状态的改变。比如，我们到了一个陌生的环境，需要找人问路，问路就是智能体的一个动作，被问的人是智能体的一个环境，而当我们问路时，被问的人也会停下来回答我们，这样，智能体的状态就发生了变化（周围的一个人，状态从走路变成了交谈）。

● 奖励：人为定义的一种规则，用于描述动作引导的状态变化是否是我们想要的，以及我们想要的程度。我们执行了问路这个动作后，除了周围人的状态发生了变化，我们自己也获得了更有用的信息，这个时候，我们能更快地到达目的地，就可以给问路这个动作加一个奖励，当后续再次到达一个陌生的环境时，我们会优先找人问路。

综上所述，可以把强化学习定义为智能体在环境中执行动作，引导环境中状态的改变，根据状态的变化给予智能体奖励，如果奖励是正向的，我们则认为动作是有效动作，如果奖励是负向的，那就是无效动作。通过奖励的正负来判断动作是否有效，不断重复这个过程，让智能体学会在某个状态下执行什么样的状态是最有效的。图 14-2 形象地表达了上述五个要素的关系。

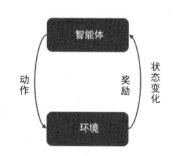

图 14-2　强化学习五要素的关系

在这个过程中，算法需要做的是不断调整在不同状态下的动作概率，从而让对应的动作拿到更大的奖励，这个过程就叫强化学习的训练过程。通过训练得到一个模型，模型中保存了不同状态下做什么样的动作能拿到最高的奖励，从而以最小的代价得到最大的奖励。当结果不理想（找不到合适的动作，或需要很长时间才能找到）时，可能意味着我们选择的强化学习算法不对，或是奖励设计得不对，需要对它们进行调整，从而达到预期。

2. 强化学习的应用

下面通过赛车游戏的回归测试案例，来说明如何应用强化学习算法解决实际测试中的问题。赛车游戏是一种比较常见的游戏类型，玩家通过控制车的方向、油门、刹车，并通过指定的道路到达终点。传统的自动化测试如何进行回归测试呢？一般会选择一张固定的地图，通过一个定时器，不断判断小车的位置，根据不同的位置，选择预设好的操作，如在第 100 米的位置，右转 90°；在第 200 米处使用加速道具，这样一步一步到达终点。但是，这种方法有很大的局限性，如右转 90°，由于操作上及代码计算中存在误差，因此可能只转了 89°，随着小车的前进，会越来越偏离道路，最后撞到路边的护栏而停止。在赛车游戏中，赛道的多样性也是游戏的核心玩法，预设操作的方式将无法适应新赛道的自动化测试，而如果要遍历所有赛道，就需要针对每一个赛道都设计一个自动化测试用例，成本会非常高。

强化学习可以解决这个问题，其过程可以分为可行性判断、状态与动作的抽象、算法的选择、嵌入自动化测试、训练、应用，如图 14-3 所示，如果训练时无法给出好的结果，则可以考虑更换不同的算法。

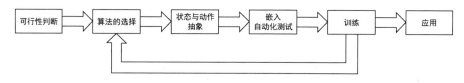

图 14-3 强化学习自动化测试的全流程

1）可行性判断

可行性判断，即判断是否可以用强化学习来解决可行性问题，可以通过是否具有强目标性及强化学习的五要素来做判断。对于赛车游戏来说，它有一个很明确的目标：用最短的时间到达终点，然后判断五要素的情况。

- 智能体：即赛车，要让赛车自动跑起来，就需要利用算法来控制赛车。
- 环境：不同的赛道。
- 状态：小车当前的位置、小车车头的方向、小车的速度、是否在刹车、是否在加速、是否在漂移、是否停止、是否在倒车、是否到达终点等。
- 动作：往左转向、往右转向、加速、刹车、漂移、倒车或这些动作的组合。
- 奖励：目标是尽快到达终点，奖励可以设定为到达终点所消耗的时间，消耗的时间越少，给的奖励越多。

通过上述分析，初步判断可以通过强化学习来完成赛车游戏的自动化测试工作。

2）算法的选择

强化学习是一系列算法的统称，一般我们需要先找到一些常用的算法，再通过了解这些算法的差异与适用场景，来选择适合的算法。只有在已有算法都无法满足需求时，我们才会考虑设计新的算法或对相对匹配的算法进行改进。

首先，找出常用的算法。强化学习算法可以分为基于值函数的强化学习与基于策略梯度的强化学习。如 DQN（Deep Q-Network）是常见的基于值函数的强化学习算法；AC（Actor-Critic）、A3C（Asynchronous Advantage Actor-Critic）、DDPG（Deep Dterministic Policy Gradient）、PPO（Proximal Policy Optimization）是常见的基于策略梯度的强化学习算法。

其次，对算法进行对比。通常每种算法都有自己擅长的场景，我们需要对不同的算法做对比才能找出比较适合的。例如，基于值函数的强化学习算法更适用于离散动作空间、静态环境；基于策略梯度的强化学习算法，更适用于连续动作空间、动态环境。针对赛车游戏的过程我们可以得出，赛车在行驶过程中动作空间是连续的（赛车游戏中的按键虽然是离散的，但是每个按键停留的时间是连续的，就可以认为动作空间是连续的）。由此，我们会优先选择基于策略梯度的强化学习算法。

再次，分析具体算法的区别，可以将 AC 与 A3C 算作同族算法，差别是 A3C 做了异步处理，效率更高；PPO 算法灵活性高，但调参过程比较复杂。总体上各种算法有差异但差异并不是很大，对于初学者来说，可以优先选择相对简单一些的算法，笔者在这个案例中选择了A3C 算法。

3）状态与动作抽象

状态与动作抽象，即将业务场景中的动作、状态抽象成算法的输入和输出，需要根据选择的算法要求来抽象状态和动作空间。

4）嵌入自动化测试

我们希望这个回归测试是一个全自动化的测试过程，而算法只能解决这个过程中部分动作决策的问题，无法让整个过程自动化。比如游戏的回归测试，在算法可以控制游戏角色之前，我们还需要打开游戏、登录游戏、进入比赛场景等，这些都需要自动化测试来解决。这部分的工作量是不可忽视的，甚至比设计算法的过程更复杂。

5）训练

训练的过程需要在自动化测试框架中完成。训练的目的是得到一个模型，这个模型是针对当前场景的一个最优策略。在赛车游戏中，可以通过不断地让自动化测试跑不同的已有赛道，来训练出赛车在不同状态下如何操作才能最快到达终点。

这个过程也是算法最重要的一个过程，我们需要通过训练中的一些指标来观察训练是否完成，是否能达成目标，包括算法是否能收敛及收敛的速度。在使用了一些不合适的算法时，收敛时间可能会很久或无法收敛，这个时候，我们就需要重新考虑其他算法了。

6）应用

应用，即在自动化测试过程中应用训练好的模型来完成目标。

这样，我们就完成了赛车游戏的回归测试，对新赛道也可以用上述算法进行模型的训练，在无须人工干预的情况下，实现新赛道的自动化测试。另外，强化学习的训练不仅可以协助我们对赛道进行测试，还可以给出对应赛道在最优操作下，多长时间可以完成比赛，帮助我们的产品做赛道的优化与完成比赛后奖励的设定。

3．蒙特卡洛树搜索

除了强化学习，很多其他 AI 算法也有明确的目标，比如搜索算法中的蒙特卡洛树搜索（Monte Carlo Tree Search，MCTS）。

MCTS 是启发式搜索中的一种，在 AlphaGo 中就用到了该算法，但 AlphaGo 对该算法做了很多优化。

使用 MCTS 算法一般可以分为以下四步。

- 选择：从根节点开始，递归选择最优的子节点，最终到达我们想要的叶子节点，那么，根据什么来判断节点的优劣呢？这里会用到一个 UCB（Upper Confidence Bounds）公式。

$$\mathrm{UCB1}(S_i) = \overline{V_i} + c\sqrt{\frac{\log N}{n_i}}, \quad c = 2$$

其中，$\overline{V_i}$ 为该节点的平均值大小；c 为常数，通常取值为 2；N 为总探索次数；n_i 为当前节点的探索次数。根据 UCB 公式，我们就可以计算所有子节点的 UCB 值，并选择最大的子节点进行迭代。

- 扩展：如果选择的叶子节点不是我们最终真正想要的叶子节点，则在此叶子节点上创建一些节点进行扩展。
- 模拟：从扩展节点开始，运行一个模拟的输出，直到博弈游戏结束。比如，从该扩展节点开始，模拟了十次，其中九次获胜，那么该扩展节点的得分就会比较高，反之得分就比较低。
- 回溯：使用上一次模拟的结果，反向传播来更新当前的动作序列。

简单理解，MCTS 就是不停地去计算在当前状态下选择哪一个动作才能达到目标，并且根据选择动作后达到的状态，动态调整该状态下可选择动作的概率。相比于强化学习，它的奖励可以简化为一个目标，核心在于如何选择一个动作。

在游戏的测试中，MMORPG 游戏（大型多人在线角色扮演游戏）的任务测试，就是一个可以用 MCTS 算法的场景。在 MMORPG 游戏中往往都会有一个简单、通用的目标，就是完成任务。而一个任务又是由很多个任务步骤组成的，在任意一个任务状态下，我们都需要选择一个最佳的动作来让任务达到下一个状态。任务测试训练过程如下。

首先，抽象状态集和动作集。在测试中，有个核心的原则，就是要以最贴近用户态的角度去抽象。可以想象我们在玩游戏时能看到哪些状态及可以做哪些动作。状态有周围的 NPC、怪物、其他玩家、掉落在地上的物品、自己的状态等，而这些我们能看到的状态又可以细分，如怪物的名字叫什么、多少级、血量情况、是否死亡等。通过不断在游戏中观察及后续的实践，一步一步将状态补充进来。对于动作，也是一样的，我们可以想象，在我们完成任务的过程中会做哪些动作，如与 NPC 对话、释放技能击杀怪物、拣起地上的一个物品、丢掉身上的一个物品等，同样也需要不断去补充。

有了状态集和动作集，如何在对应的状态下选择动作呢？根据 MCTS 算法，还需要有一个概率，即在这个状态下选择了某一个动作后，能完成任务的概率，但很明显，这里无法像围棋一样通过穷举法找到概率。这要根据游戏本身的规则，在游戏中去尝试，找出对应的概率，需要对 MCTS 算法做一些改动，通过实践去积累概率，而不是通过理论的计算得出概率。

其次，通过游戏的自动化测试框架去驱动游戏任务的推进。在任务的初始状态下，从动作集中随机选择一个动作去尝试，在动作完成后，检查任务进度和状态的变化，如果任务进度和状态未发生变化，则可以认为这个动作在该状态下是无效的，会降低该动作在该状态下的概率，反之则会提升概率。通过不断地尝试，针对每个状态形成一个合理的动作概率表。通过概率表，我们可以更快地找到完成任务需要的动作。同时，记录在任务进度发生变化时的对应动作，在完成整个任务后，就会有一个完成任务的动作序列。

以上可以理解为通过 MCTS 算法在任务测试上的一个训练过程，在完成训练后，会得到一个动作序列。那么，在任务流程未发生变化时，就可以直接用前面的动作序列对该任务进行回归测试。

在引入智能化任务测试前，对任务的自动化测试需要通过人工编写自动化测试脚本来完成，并且在任务发生迭代后，又需要花费人力去维护测试脚本。在利用 MCTS 算法进行智能化测试后，可以全自动完成任务自动化，并且在任务迭代之后，可以很快通过二次训练，自动修正任务流程。

以上用两种算法和案例解释了在智能化测试中，如何找到基于目标这一类应用场景，以及实践的过程。除了强化学习和 MCTS 算法，在 AI 的算法集中，还有非常多基于目标的算法，大家可以先找到算法的核心思想，再考虑如何与我们的实际业务相结合，从而提升测试效率。

14.4　智能化测试的实践

1. 正确认识智能化测试

前面详细列举了几个关于智能化测试的案例，如智能回归测试、智能任务测试、智能兼容性测试，这说明智能化测试在测试中的使用越来越频繁。很多人可能会担心，智能化测试是否会取代测试工程师，以及未来在测试行业都需要掌握了智能化技术的算法工程师吗？笔者认为答案是否定的，至少在很长一段时间内，算法是无法取代我们现有的测试工作的。

智能化测试需要做的是提升测试效率，代替我们日常工作中的重复劳动，目前很多方面很难用智能化来解决，这也是我们在应用智能化测试过程中需要关注与认真思考的。

1）智能化测试的不确定性

我们通过准确性、召回率等指标来衡量一个模型是否达到预期，既然需要用指标进行衡量，也就意味着智能化测试不是 100%可靠的，而对于测试而言，我们最终的目标是零 bug，希望在产品上线之前发现及解决所有问题。在某些深度学习的场景中，准确率达到 80%已经够用了，但对于测试来说，这意味着测试的功能中每 5 个 bug 就会遗漏一个，用 bug 率来衡量的话，就达到了 20%，对业务人员来说是无法接受这样的 bug 率的。所以，在很多的智能测试实践中，都需要专业的测试工程师做二次校验。比如，兼容性测试，为了能发现更多的问题，我们通常会选择高召回率算法，而高召回率算法的相对准确率会偏低。在工程实践中，往往需要专业的测试工程师对智能化兼容性测试筛选出来的结果再进行查看，找出确实有问题的图像。

2）智能化测试的黑盒性

随着 AI 行业的发展，算法、模型都越来越复杂，一个超大规模模型的参数可达百万亿级，模型的训练可能需要几天、几个月，甚至是几年。那么，我们很难知道这个模型具体做了哪些事而得出这样的结果，这样的黑盒测试也会给测试带来很大的风险。再回到上文中的智能化任务测试，我们通过 MCTS 算法来搜索可以完成任务的动作，最终达成任务目标。在游戏中，游戏策划一般会希望玩家以某一种或几种方式完成某项任务，这样通过搜索的方式很可能会找到一种非预期的动作序列，它虽然可以完成任务，但完成任务的时间会少于或多于游戏策划的预期，会带来游戏体验度的下降，而这是我们不希望看到的。

这就需要我们在智能化测试之外，有更好的方式来规避这样的问题，比如，将智能化的任务测试作为回归测试的手段，而非完全用智能化任务测试代替人工测试。在回归测试时，可以记录完成任务所需要的时间，再与我们人工测试所需要的时间进行对比，从而减少黑盒带来的影响。

2. 智能化测试的测试预言

测试预言，即测试的预期输出结果。在一般的测试中，我们需要对每一个输入指定一个测试预言，比如一个按钮，其功能是打开某一个特定的窗口，其测试预言为"对应窗口是否正常打开"；又比如一个后端接口，测试预言为"接口的返回值是否正确"。

不管是智能化测试，还是传统的测试方法，测试的目标都是不变的，所以智能化测试的测试预言与传统测试的测试预言是一致的。

3. 理解各类算法的应用场景

由于不同算法有不同的应用场景，具有不同的优缺点，因此我们在选择算法时，需要事先了解不同算法的适用场景，而每种场景都有其独特性，在训练时我们需要关注算法相关的指标，在指标不好时及时调整算法相关的超参数或选用其他的算法。

4. 复杂场景问题的拆解与组合

在日常的测试工作中，经常会有一些复杂的场景，它们很难通过单一的智能化方法解决，这时我们就需要将这些问题拆解成不同的小模块，对每个小模块进行分析，从而实现高效的测试。有些小模块可以用不同的智能化测试方法去测试，但另外一些模块，由于技术的限制，需要通过人工测试或传统的自动化测试来解决。

1）人工测试+智能化测试

整体来看，游戏中的任务测试包括几个阶段：冒烟测试、主流程测试、异常测试、表现测试（即游戏中的 UI、人物的动作、外形等）、回归测试。智能化任务测试只覆盖冒烟测试、主流程测试和回归测试，无法覆盖异常测试及表现测试。由于游戏本身逻辑的复杂性，所以异常测试用例非常多，而且会与游戏中的其他模块高度耦合。表现测试也同样如此，异常不仅仅来自于任务本身，还可能来自于其他任何模块的影响。所以这两类测试一般需要通过人工测试去验证。

2）自动化测试+智能化测试

智能化测试通过利用不同的动作来完成任务，但这有一个前提，即角色身上有任务，如果没有任务，那么角色做任何动作任务的进度都不会更新，测试也就不会进行下去。对于游戏来说，接取任务是有一定条件的，每一个任务的条件也不相同。所以这部分工作需要通过传统的自动化测试来解决，即在自动化测试脚本中，定义好每个任务接取需要的条件，通过脚本达到任务的条件并接取任务，之后，再将角色的控制权交给智能化测试。

3）智能化测试+智能化测试

这种测试就是通过不同的模型分别处理测试中的不同模块，完成整个测试过程。以上面的智能兼容性测试来说，其实也只是解决了兼容性测试中的一部分，即判断图像是否有兼容性问题。我们事先需要在测试过程中不停地去截图，而这个过程是低效的，也可以通过智能化的方式去自动探索不同的操作路径，尽可能遍历所有可能的路径，并且在 UI 发生变化后进行截图。智能化探索测试在行业内也有不少尝试，这里不做过多说明，有兴趣的读者可以自行查找资料。

5. 工程实践

有研究表明，每一美元的科研投入需要一百美元与之配套的投资，才能把科研成果转化为产品。智能化测试的实践也是类似的，具体来说，找到合适的算法只是智能化测试的开始，后面还需要大量的工程实践才能把算法落地。在实践过程中，测试工程师们经常会有这样的想法：我在做智能化测试的落地，但在智能化的算法上没花多少时间，时间都花在一些细节方面。

- 数据的处理：大量数据无法直接输入算法，需要进行预处理。
- 参数的调整：算法有很多超参数，需要不断调整参数取值才能得到最优的结果。
- 业务的对接：模型直接返回的结果是一堆数字，需要将它们可视化、业务化，这样测试工程师才能看懂。
- 结果的分析：为什么会出现与人工操作不一致的结果，或者人为操作无法想象的结果？解答这些问题都需要对结果进行分析，认真审视模型与算法并且将过程展示出来。

因此，智能化测试的实践大多还是做一些工程化的工作。随着算法的集成度越来越高，AI 的门槛会越来越低，花在工程上的时间比例会越来越大。针对某些应用场景，有时候只需要调用现有成熟框架中的算法就可以完成一次训练，得到我们想要的模型；甚至，现在有很多预训练好的模型，我们所需要做的就是格式化输入，解读输出即可，就像调用 API 一样简单。

6. 框架工具的必要性

一提起 AI，大家第一时间能想到的就是它的一些应用，比如 AlphaGo、AlphaZero、自动驾驶等，这些都是离我们很远的应用场景，而这些场景都有着复杂的算法、海量的数据，以及背后强大的运算集群。看似其中的任意一项都能把我们难倒，其实并非如此，理由如下。

其一，我们希望 AI 可以帮助我们提升日常测试工作中的效率，并非要设计一个测试机器人来取代我们的测试工作。

其二，随时 AI 行业的成熟，我们可以很容易实现我们的想法。对于复杂的算法，PyTorch、TensorFlow 等算法框架能让我们快速调用成熟的算法；对于海量的数据，MNIST、ImageNet 等数据仓库为我们提供了处理好的数据；对于强大的运算集群，也并不是必要的，针对一些简单的业务场景，PC 就够用了。腾讯在 2020 年下半年，开源了其智能化测试框架 GameAISDK，该框架集成了常用的算法及配套的平台，测试工程师通过 GameAISDK 可以很容易完成一个智能化测试的实践。

第15章

AI 产品测试技术

随着计算机计算能力的提升和互联网的普及，人工智能（AI）取得了显著进展，尤其深度学习推动了 AI 的突破。2014 年，Facebook 的 DeepFace 模型在 LFW 数据集上达到 97.35% 的准确率，接近人类的准确率 97.53%，并在三年内实现了 99.80%的准确率。基于这些优势，AI 被广泛应用于智慧生活、智慧城市、智慧商业和智能驾驶等领域。在智慧生活中，AI 用于手机人脸解锁、影像和导航等，这些技术的成功离不开强有力的算法的支撑和模型的准确性。为了确保这些 AI 应用能够在实际环境中稳定运行，全面而科学的算法测试至关重要。因此，完善的 AI 测试流程有助于验证相关系统的功能性，提升对应系统的稳定性，满足不同场景的需求。

15.1 AI 产品测试技术概述

AI 产品主要以 AI 为基础，通过 Web、App、API 等方式将 AI 能力赋能给最终用户或者其他系统的产品。目前，AI 产品应用最为广泛的四个领域分别是自然语言处理、图像识别、推荐系统、机器学习。每个 AI 产品都包含一个或者多个 AI 模型，支撑 AI 模型对外提供服务还需要很多传统组件，例如数据库、Web 容器、交互界面等。所以，传统软件产品可能出现的缺陷在智能系统中都有可能存在，因此我们常规的测试方法、技术、实践都对 AI 产品的测试适用。除此之外，AI 产品与传统软件产品相比还有一些特殊性，所以专门针对智能系统的测试策略、方法和实践也是需要深入研究和探讨的。

15.1.1 AI 相关概念

在开始讨论 AI 产品如何测试的话题之前，我们先梳理一下相关的概念，如图 15-1 所示。

20 世纪 60 年代 AI 进入第一次发展高潮，符号逻辑为自然语言处理和人机对话技术的出现和发展提供了可能；20 世纪 80 年代初，AI 迎来了第二次发展高潮，机器学习算法的成功，让 AI 领域出现了百花齐放、百家争鸣的结果。从 2006 年到现在，深度学习（Deep Learning，DL）有了更深入的发展，机器学习除了包含深度学习，还包含监督学习、无监督

图 15-1　AI 相关概念

学习、强化学习。目前，深度学习比较流行的两种方式是分类和生成。例如，针对一张照片，能够分辨出其是不是小猫，这就是分类。如果让 AI 生成一张小猫的图片，这就是生成，其目的是生成新数据，在了解数据和数据分布的情况下生成在特定情况下可能性最大的内容。大语言模型通常指的是具有大量参数的机器学习模型，大语言模型和深度学习有交集，也有差集。伴随着 ChatGPT 能力的涌现及技术的发展，大语言模型的能力逐渐在各个领域发挥作用，如果我们需要面向一个 AI 产品进行测试，就无法逃脱 AI 产品面向传统软件产品的测试技术及测试实践上的一些挑战。

15.1.2 AI 产品对测试提出的挑战

1. 被测系统彻底变成"黑盒"

在传统软件产品的测试过程中，每一个测试用例都有一个明确的测试预期，但在 AI 产品的测试过程中，每一个测试输入往往难以给出一个确定的测试预期，这就使得预期具有不确定性。那么，测试工程师如果不能完全从业务角度理解 AI 产品的目标，就很难确定在执行测试过程中的实际结果是否满足业务目标。

AI 产品中的 AI 部分是以完成目标的驱动方式建立的，这和传统软件产品的以功能实现为目的的建立方式不一样，往往无法将 AI 产品如何实现目标完全展示给测试工程师（例如，用神经网络的某种算法实现了一个目标，测试工程师却无法弄清楚这个算法是如何运行并得到目标结果的），还有一些自主规划、自主决策设备（例如机器人、无人驾驶等）产生的原因也很难弄清楚。

2. 从学习到智能让测试预期变得模糊

AI 产品在实现目标的过程中都是黑盒的，而且目标实现效果有可能会随着系统的自主学习发生改变，通过学习系统自身的经验来改进目标的实现效果。在这样的情况下，一些原来有效的测试预期就有可能不再有效。测试工程师应该给出原测试预期已经不再有效，新的系统实际反馈是正确的结果的判断。除此之外，如何测试一个 AI 产品是否有自主性是进一步需要解决的问题。测试自主性就是要想办法让其脱离自主行为，并让其在一种未能确定的情况下进行人工主动的干预测试。简单来说，就是想办法去"愚弄"被测试的 AI 产品，让其以为自己在自主行为下达成了目标。这种方式理论上看起来容易，但如何诱导 AI 系统脱离自主行为并没有一个通用的方法，对应的测试预期也难以确定。面对这些难以回答的问题，只能通过与业务专家的讨论将模糊的测试预期变得明确。

自主学习、硬件环境变化、数据集的变更都会导致系统的进化，因此对于 AI 产品的测试并不能和传统软件产品的测试一样，在系统交付上线后就不再关注了（除非又发生变更），而需要测试工程师长期、有固定周期地进行测试，不断地获取监控指标，持续评价系统原始目标的达成情况，在评价过程中这种进化的准确性、精确性、敏感性都是需要被考察的。智能系统的进化无论如何发展，最终都要面向受众，所以最好要求目标受众（或一组有代表性的测试者）参与测试，以确保他们对目标的实现是理解的。

3. "不确定"的结果和测试预期的冲突

AI 模型的实现都是基于概率的，因此每次的返回预期都不完全一致。例如，自动驾驶的路线规划，由于受到红绿灯、道路拥堵等情况的影响，每次都会采用基于时间优先的策略规划路线，这有可能不是一个距离上的最优解，但肯定是一个距离和时间上的有效解。AI 模型都是在数据集中训练得来的，AI 产品的一些能力表现往往是由于模型本身的能力起到了决定性的作用，虽然现在有很多方法可以弥补 AI 模型中一些能力的不足，但是每一种方法都存在一定的"副作用"，因此数据集从根本上决定了 AI 能力。但是数据集的复杂性会导致各种的问题，而这些问题又会导致如下的一些问题。

- 时间敏感性冲突：其主要来自训练大模型的原始数据，数据包含一些在时间线上相对正确的结果，随着时间的推移，原先正确的数据有可能变得过时而不正确。例如，2006年7月11日，刘翔在国际田联超级大奖赛洛桑站男子110米跨栏决赛中，以12秒88打破了已封尘13年之久的世界纪录。但到了2013年这个信息就不对了，已经变成了美国名将梅里特2012年12.80秒是世界纪录了。
- 数据真实性冲突：很多训练用的数据集来自互联网，数据集中有很多虚假信息，这些虚假信息对模型的能力会产生严重的影响。有研究表明，恶意的虚假信息会显著削弱自动化事实核查系统和开放域问答系统的准确性，这可以根据数据集，通过设计相关的测试用例进行验证。
- 数据一致性冲突：这种问题主要表现在，大模型在反馈语义相同但句法不同的时候，其表现出来的能力有所差别，这种冲突产生的一部分原因是训练集有数据冲突，数据集中良莠不齐的数据可能包含内部冲突。如果对常识性的一些问题采用不同的问题描述，则可能得到不一样的反馈结果，这就会出现一些偏差。通常可以通过设计一些不同的表述形式、不同的语言相同的问题等测试用例进行验证。

如果处理不好数据集中的问题就很容易将它们导入模型，这是很多大模型容易出现问题的根本原因，因此我们需要在测试过程中针对数据集中可能存在的一些问题构造测试用例，验证这种现象是否会影响被测系统的能力。

15.2　AI 产品的功能测试

在 AI 产品测试的功能测试阶段，需要测试系统是否能按照预期执行任务。具体来说，就是需要根据系统的设计和功能要求，对系统的各种功能进行测试，以验证系统是否能够按照预期执行任务。例如，如果系统被设计用于图像分类，就应该测试它是否能够正确地分类图像。在功能测试中，需要制定详细的测试计划和测试用例，以确保测试的全面性和准确性。测试用例应该覆盖各种情况和场景，以确保系统在各种情况下都能准确地运行。测试结果应该被记录和分析，以便在后续的测试中进行参考和改进。在功能测试中，还应该对系统的异常处理能力进行测试。在测试计划中，应该涵盖各种异常情况和错误场景，以确保系统能够正确地处理这些情况。除此之外，还应该注意测试的环境和条件。

15.2.1　AI 产品功能测试面临的挑战

在传统系统的功能测试中，测试工程师无论是做手工测试，还是自动化测试，都必须先设计和开发测试用例，然后才能利用测试用例完成测试工作，给出测试结论。从这里可以看出，测试用例是测试工作中很重要的产出物。

IEEE 610 在 1990 年就给出了测试用例的定义：为特定目的开发的一套测试输入、执行条件及期望结果的集合，如运用特殊的程序路径检查应用是否满足某个特定的需求。从这个定义中我们可以看到，测试用例包含测试输入、执行条件和期望结果三个条件，且它们有一个共同的约束词。这表明这三个条件是一个三元组，相互之间是有关联的。一条测试用例一定包含一组测试输入条件、一系列明确的执行条件和一组明确的期望结果。

在测试执行过程中，测试工程师必须严格遵从测试用例的测试输入、执行条件完成和被测试系统的交互，并将实际结果和预期结果进行比对，判断测试是否通过。在测试过程中如果测试用例执行失败了，则要么是发现了系统问题，要么是测试用例设计出现了问题。无论如何，测试用例执行工作都是检查被测试系统的实际输出和预期结果偏差的。在传统的软件测试中，功能测试用例的设计方法包含边界值法、等价类划分法、因果图法、场景法、正交试验法等，每一种方法都基于软件系统的设计逻辑，这里的设计逻辑其实是代码的实现逻辑，能够设计出一些应该有的输入和对应的输出，这些输入和输出是成对出现的，也是在原始需求的基础之上，依据代码实现逻辑设计的。如上这些测试用例设计方法可以让测试工程师站在代码实现之上"猜测"测试输入和预期输出，这种"猜测"不是胡乱构建的，而是通过一种或者几种科学的构造方法构建的。例如，边界值就是从程序设计的角度出发设计的，开发工程师很容易忽略一些边界的问题，就从这一类容易被忽略的问题出发来设计测试用例。在测试用例实际完成后，人工再将输入本应该开发好的代码后输出的预期结果设计出来，从而实现测试用例的可指导测试执行过程的目的。

以上传统的功能测试的测试思路对基于 AI 或者 LLM 的系统来说，并不是完全适用的，由于缺乏关于 AI 相关系统的测试方法、测试实践的文章或标准文献，因此我们很难再使用传统软件的测试验证思路来完成对它们的测试验证。这些与 AI 相关的系统输出不是完全标准的输出，它们会随着系统的服务时长而改变，相应内容也会随着操作和使用时间的推移发生变化，这就是我们常说的"测不准的问题"。

传统的测试技术是基于完全软件实现的可预测性的，开发工程师按照需求设计业务逻辑，在代码编写过程中通过分支实现可预测的业务逻辑，通过固定的输入验证是否实现了可预测的输出。对于与 AI 相关的系统，这种方法就不适用了，我们无法让与 AI 相关的系统每一次的输入都准确输出对应的内容，因此就需要采用另外的方法来验证 AI 相关系统业务需求的质量，这往往是在一系列辅助指标的帮助下得到的，即通过一系列指标的达标水平来判断测试结果的可接受程度。AI 算法是面向范围准确度的计算，而不是面向预期结果的设计，因此在 AI 相关系统的测试中最好以统计结果的方式评价系统，测试工程师需要定义每个结果的置信区间，从而来确认 AI 测试的结果是否正确，落在置信区间内就表示测试通过，落在置信区间外就表示测试不通过。

对于 AI 相关系统的测试而言，测试工程师不会有多少机会测试模型或者算法本身，并不是说算法、模型没有测试的价值，而是由 AI 相关系统的构建方式导致的。但这也不能说 AI 相关系统的测试就只能交给"命运"了，其实还有一些测试方法和实践适用于 AI 系统的测试。

15.2.2　蜕变测试

AI 相关系统"测不准"的问题是测试准则（Test Oracel）的问题，这种问题其实是 AI 相关系统要面临的，因为测试人员很难构建程序的预期输出，以确定实际执行结果与预期结果是否一致。简单说，就是在设计测试用例的时候，很难确定预期结果，因此就很难判断测试用例是否能通过。在设计传统软件测试用例的时候，建立在给定输入再经过被测试系统处理后给出的输出可以预先设计的基础上；在实际执行过程中，预先设计的结果和实际执行的结果，都是建立在软件的期望输出已知的前提下的。但是在 AI 相关系统的测试中很难建立这种已知的期望输出，因此蜕变测试（Metamorphic Testing）应运而生，蜕变测试是解决这类很难建立测试准则的问题而出现的。

2009 年，在 "Metamorphic Testing: A New Approach for Generating Next Test Cases" 文章中，蜕变测试首次被提出，文章作者认为没有发现错误的测试用例（也就是运行通过的测试用例）同样包括有用的信息，可以通过已经测试通过的测试用例构造更多测试用例，而这些测试用例能够和已通过的测试用例建立关系，这样就省去了新测试用例的预期结果。

蜕变测试通过检查程序的多个执行结果之间的关系来测试程序，不需要构造预期输出，通过识别被测试软件的业务领域和软件实现中的蜕变关系生成新的测试用例，通过验证蜕变关系是否被保持来决定测试是否通过。

15.2.3　AI 产品的测试评估

测试评估方法是针对 AI 产品的一种很好的测试验证方法，首先要设计一些用户和 AI 产品交互的 Prompt（提示词），它们应该有一些使用者的代表性，最好通过某一种 Prompt 设计模板完成，这样可以设计一些关键部分的替换，从而节省大量的设计时间。针对每一个 Prompt 设计一个黄金反馈（Golden Answer），"黄金反馈"的意思是强制精确匹配的反馈或者一个完美反馈的例子，目的是给评分者一个"标准答案"，依据这个标准答案就可以给出测试评分的结果。这和高考的标准答案的方式一致，有些非主观题可以直接给出答案，例如针对一些与分类相关的 AI 产品，可以直接给出结果，在针对通过识别图片来判断是不是一只猫的图片的应用中，我们可以直接给出对应的 Prompt 的黄金反馈为"是"或者"否"；如果是一些与生成类的 AI 产品，则可能很难给出一个确定的答案，但是可以给出对应的评分要点，这样就可以为结果给予指导了。评分方法其实最终是为了给出一个数字化的评价结果，便于产出最后的结论，同时可以反馈出 AI 产品解决这类问题的能力。

在这个过程中，构建 Prompt 和黄金反馈相对比较耗时（可以利用 LLM 完成设计），往往在完成黄金反馈的设计后也很少需要再次设计，其可以一直重复发挥价值，因此这个成本的投入和收益是显而易见的。但是评估过程是每次评估都需要执行的事情，因此建立快速、便捷、ROI 高的评估方法是相对比较重要的。评估方法主要有以下三种。

- 代码自动化法：这种方法一般都是利用字符串匹配、正则匹配等方式，通过代码完成模型反馈和黄金反馈之间的评估。例如，检查模型反馈和黄金反馈是不是完全一致，或者关键字是否出现。这就如同传统软件测试中对预期结果和实际结果的比对，其中一些方法在这里也同样适用。代码自动化评分是目前 ROI 最高的评分方法，但是就目前的情况来看，能够使用这种评分的 AI 系统并不多。
- 人工法：是指人工对比模型输出和黄金反馈后给出评估结果，人工法的相对 ROI 最低，除非万不得已，否则不建议使用。
- 模型法：利用模型进行评分应该是目前 ROI 居中的一种方案，与代码自动化评分相比可适用范围更大，与人工法相比速度又快又好。但是这一切的前提都是建立在有一个好的评分 Prompt 基础之上的。

1. 代码自动化法

我们有一个被测试 AI 产品，它是对论文参考文献检查真实引用结果的检查系统，该系统可以找出在正文中标注的学术论文参考文献的内容是否真的是对应参考文献内容的引用。我们可以设计如下一个和大模型交互的函数，来完成对大模型反馈的收集。

```
# Define our input prompt template for the task.
def build_input_prompt(paper):
```

```
    user_content = f"""你的任务是找出给出论文中标注参考文献的部分内容参考了对应的文章。
可以使用 SerperDevTool 访问校内参考文献查询平台，下载对应文章并读取对应文章的内容。

    Here is the animal statment.
    <paper>{paper}</paper>


    只有返回标注参考文献的部分内容，没有参考对应的文章的个数。"""

    messages = [{'role': 'user', 'content': user_content}]
    return messages
```

定义一些黄金反馈：

```
def eval():
    eval_list=[]
    #eval_golden_answer 是每一个文章中不符合参考文献的数量
    eval_golden_answer = [3,7,0]

    for i in range(0,3):
        #读取 paper 并存入 paper 变量中
        eval_lsit.append({
            "paper": paper,
            "golden_answer": golden_answer[i],
        })
```

验证过程如下：

```
eval = eval()
test_llm = Ollama(model="llama3:8b",
request_timeout=3000,base_url="http://127.0.0.1:11434")
def get_complete(message):
    answer = test_llm.complete(message)
    return answer
outputs = [get_completion(build_input_prompt(question['paper'])) for question
in eval]

for output, question in zip(outputs, eval):
    print(f"黄金反馈: {question['golden_answer']}\nOutput: {output}\n")
```

可以得到如下的一些输出：

```
黄金反馈：3
Output: 3

黄金反馈：7
Output: 7
```

```
olden Answer: 0
Output: 0
```

这样，我们就可以算出最终得分了。

```
def grade_completion(output, golden_answer):
    return output == golden_answer

# Run the grader function on our outputs and print the score.
grades = [grade_completion(output, question['golden_answer']) for output,
question in zip(outputs, eval)]
print(f"得分: {sum(grades)/len(grades)*100}")
```

最终得分是 100 分，这是一个比较容易量化而且方便给出结论的评估结果。

2. 人工法

人工法其实不是每次从头到尾都是人工评价的，而是在最后评估结论的时候依靠人来做，前面在完成了 Prompt 和黄金反馈的设计后，同样可以利用代码先将 Prompt 发送给被测试系统，并且将 Prompt、黄金反馈、Answer 建立一个三元组，然后人工按照每一个 Prompt 对应的黄金反馈、Answer 给出评估结果，最后用代码自动化法里面的代码统计出最终评估分数。以下是一个知识问答的 AI 产品，该产品可以联网获取数据，因此设计的测试评估 Prompt 都是一些开发格式的问题。

```
eval=[
    {
        "prompt":"最近的一届奥运会将会在哪里召开？",
        "golden_answer":"最近的一届奥运会是 2024 年巴黎奥运会，将在法国巴黎举办。",
        "answer":""
    },
    {
        "prompt":"最近的一届奥运会是在哪召开的？",
        "golden_answer":"最近一届已经召开的奥运会是 2020 年东京奥运会（由于新冠疫情推迟至
2021 年举行），在日本东京举办。",
        "answer":""
    },
    {
        "prompt":"最近一届欧洲杯冠军是哪个国家？",
        "golden_answer":"2024 年欧洲杯冠军是西班牙。",
        "answer":""
    }
]
test_llm = Ollama(model="llama3:8b",
request_timeout=3000,base_url="http://127.0.0.1:11434")
def get_complete(message):
    answer = test_llm.complete(message)
```

```
    return answer
outputs = [get_completion(build_input_prompt(oneeval['prompt'])) for oneeval in
eval]

for output, question in zip(outputs, eval):
    print(f"Golden Answer: {question['golden_answer']}\nOutput: {output}\n")
```

工程师依据打印出来的结果进行人工打分，再按照一种统计分数的方式计算出最后得分。

3. 模型法

人工法的 ROI 不高，但并不是一点也不好，很多需要人主观评估的内容确实需要人的参与，比如 Answer 情感积极正向、概要内容准确抽象等。使用人工法做的很多评估也可以利用模型来完成，这就是"用魔法打败魔法"。

下面我们利用"三方"模型，也就是一个公认的相对优秀的模型来完成裁判员评分的工作，这里的代码和代码自动化法的一致，其中不一样的地方就是在计算得分的时候不再通过对比给出分数，而是通过调用"三方"模型给出评分，先将黄金反馈、Answer 组织成一个按照你需要关注方面的 Prompt，然后让模型在你给出的几个方面给以两者的相似性，并告诉它分值是 0 到 100，0 表示一点也不相似，100 表示完全一致。这个工作就是 Prompt 工程的一种实践，其实现的代码如下所示。

```
evals=[
    {
        "prompt":"最近的一届奥运会将会在哪里召开？",
        "golden_answer":"最近的一届奥运会是 2024 年巴黎奥运会，将在法国巴黎举办。"
    },
    {
        "prompt":"最近的一届奥运会是在哪召开的？",
        "golden_answer":"最近一届已经召开的奥运会是 2020 年东京奥运会（由于新冠疫情推迟至
2021 年举行），在日本东京举办。"
    },
    {
        "prompt":"最近一届欧洲杯冠军是哪个国家？",
        "golden_answer":"2024 年欧洲杯冠军是西班牙。"
    }
]

answers = [get_completion(build_input_prompt(question['prompt'])) for question
in eval]
for answer, eval in zip(answers, evals):
    score_prompt_template=f"""<rule>请帮我判断如下两段内容在语义上是否一致，如果
answer 中包含 golden_answer 表达的语义内容，就是 100 分，如果 answer 中没有包含
golden_answer 表达的语义内容，就是 0 分。</rule>
                    <answer>{answer}</answer>
```

```
                            <golden_answer>{eval["golden_answer"]}<golden_answer>
                            按照如下格式输出:
                            golden_answer: {eval["golden_answer"]}
                            answer: {answer}
                            score: 反馈的分数
        """
        print(get_score(score_prompt_template)) #get_score 就是通过大模型打分的调用函数。
```

运行后，输出如下：

golden_answer: 最近的一届奥运会是 2024 年巴黎奥运会，将在法国巴黎举办。
answer: 最近的一届奥运会是 2024 年巴黎奥运会，将在法国巴黎举办，开幕式计划在塞纳河上举行，这是历史上首次将夏奥会的开幕式从体育场"搬到"开放式的城市区域举办。具体时间是 2024 年 08 月 02 日至 2024 年 08 月 18 日
score: 100

golden_answer: 最近一届已经召开的奥运会是 2020 年东京奥运会（由于新冠疫情推迟至 2021 年举行），在日本东京举办。
answer: 最近一届已经召开的奥运会是 2020 年东京奥运会（由于新冠疫情推迟至 2021 年举行），在日本东京举办。下一届即将召开的奥运会是 2024 年巴黎奥运会。
score: 100

golden_answer: 2024 年欧洲杯冠军是西班牙。
answer: 最近一届的欧洲杯冠军是意大利队。在 2021 年 7 月 12 日举行的决赛中，意大利队通过点球大战击败了英格兰队，时隔 53 年再次夺得欧洲杯冠军。
score: 0

后面可以按照代码自动化方法完成最终得分的计算。

15.3　AI 产品的非功能测试

AI 产品的非功能测试也并没有脱离 GB/T 25000.10 的约束，同样需要关注产品的性能效率、安全性、可靠性、兼容性、易用性、维护性。针对 AI 产品非功能性的绝大部分测试方法、实践和传统软件产品对应的非功能性测试类似，下面重点介绍它们之间的不同点。

15.3.1　模型相关的性能度量指标

对于模型的泛化性能进行评估还需要衡量模型泛化能力，这就是所谓的性能度量，性能度量指标反映了任务需求，在对比不同模型能力的时候，使用不同的性能度量指标可能会导致不同的评价结果，这说明模型的能力要在对应的需求任务中体现，如果抛开模型的任务需求则很难评估模型能力的高低。在评估过程中，需要使用各种度量指标来评估模型的准确性和效果，例如精度、召回率、$F1$ 分数等。

精度（Precision）是指模型正确预测的样本数占总样本数的比例。

$$Precision = True\ Postive/(True\ Positive + False\ Positive)$$

其中，True Positive 是指分类器正确判断为正例的样本数，False Positive 是指分类器错误判断为正例的样本数。精度越高，说明模型的分类效果越好。

召回率（Recall）是指模型正确预测的正样本数占所有正样本数的比例。

$$Recall = True\ Postive(True\ Positive + False\ Negative)$$

其中，False Negative 指分类器错误判断为负例的样本数。召回率越高，说明模型对正样本的覆盖率越高。

$F1$ 分数是精度和召回率的调和平均值。

$$F1 = \frac{2 \times Precision \times Recall}{(Precision + Recall)}。$$

$F1$ 分数综合了精度和召回率的指标，是一个综合性的评价指标。$F1$ 分数越高，说明模型的效果越好。当然，我们希望检索结果精度越高越好，同时召回率也越高越好，但事实上两者在某些情况下是有矛盾的。比如，在极端情况下，只搜索出了一个结果，且是准确的，那么精度就是 100%，但是召回率就很低；而如果我们把所有结果都返回，比如召回率是 100%，精度就会很低。因此，在不同的场合中需要自己判断是希望精度比较高，还是希望召回率比较高。如果你做实验研究，则可以绘制精度-召回率曲线来帮助分析。

即使有了精度、召回率、$F1$ 分数三个指标也很难使用这些指标来评估一个 LLM 的模型。在 NLP 的评估中，有两个重要评估指标：一个是 ROUGE，用来评估摘要生产的质量；另一个是 BlEU SCORE，用来评估模型生成翻译的质量。这两个指标就是对精度、召回率和 $F1$ 分数三个指标的应用。在详细解释 NLP 中的两个评估指标使用方法之前先介绍几个定义，英文句子中的每一个单词叫作 unigram，连续两个单词称为 bigram，连续三个单词称为 3-gram，后面以此类推，连续 n 个单词称为 n-gram。

假设有一个阅读摘要的任务，人类阅读完成后给出的结果是"the weather is very sunny"，模型生成的摘要是"the weather is fine"。下面分别计算 ROUGE-1 的精度、召回率、$F1$ 分数：

$$Precision = \frac{模型输出与人类给出的摘要一致的unigram数量}{模型输出的摘要unigram数量} = \frac{3}{4} = 0.75$$

$$Recall = \frac{模型输出与人类给出的摘要一致的unigram数量}{模型输出的摘要unigram数量} = \frac{3}{5} = 0.6$$

$$F1 = \frac{2 \times \text{Precision} \times \text{Recall}}{(\text{Precision} + \text{Recall})} = \frac{2 \times 0.75 \times 0.6}{0.75 + 0.6} = 0.67$$

ROUGE-1 的三个指标表示人工给出的摘要和模型生成的摘要的单词不一致，但是有时候某一个单词不一样，表达的意思就完全不同，这时我们可以使用 bigram 来计算上面的三个指标，首先将人类总结的摘要和模型生成的摘要进行一些处理，如图 15-2 所示。

这样就按照 bigram 对原来的句子进行了划分，然后计算 ROUGE-2 的精度、召回率、$F1$分数。

$$\text{Precision} = \frac{\text{模型输出与人类给出的摘要一致的bigram数量}}{\text{模型输出的摘要bigram数量}} = \frac{2}{4} = 0.5$$

$$\text{Recall} = \frac{\text{模型输出与人类给出的摘要一致的bigram数量}}{\text{模型输出的摘要bigram数量}} = \frac{2}{5} = 0.4$$

$$F1 = \frac{2 \times \text{Precision} \times \text{Recall}}{(\text{Precision} + \text{Recall})} = \frac{2 \times 0.5 \times 0.4}{0.5 + 0.4} = 0.44$$

可以看出，ROUGE-2 的三个指标值相对于 ROUGE-1 的三个指标值都变小了，并且句子越长，这个变化越大。如果要计算其他 ROUGE 数的指标值，也是一样的做法，通过 n-gram 计算对应的 ROUGE-n 指标值。很显然，n-gram 越大，计算结果越小，为了避免这种无意义的计算，可以采用最长共有子句（Logest common subsequence，LCS）来进行计算，如图 15-3 所示。

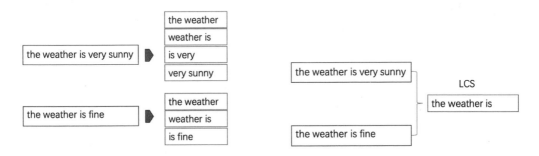

图 15-2　为 bigram 计算三个指标的生成示意图　　　图 15-3　为 LCS 计算三个指标的生成示意图

按照 LCS 计算 ROUGE-L 的精度、召回率、$F1$ 分数。

$$\text{Precision} = \frac{\text{LCS(人工,模型)}}{\text{人类给出的摘要的bigram数量}} = \frac{1}{4} = 0.25$$

$$Recall = \frac{LCS(人工, 模型)}{人类给出的摘要的bigram数量} = \frac{1}{5} = 0.2$$

$$F1 = \frac{2 \times Precision \times Recall}{(Precision + Recall)} = \frac{2 \times 0.25 \times 0.2}{0.25 + 0.2} = 0.22$$

虽然有多种ROUGE指标，但是不同 ROUGE 下的指标是没有可比性的，因此选择n-gram的大小要靠模型的训练团队通过不断地实验来决定。BLEU SCORE 也是如上指标的一个应用，是基于 n-gram 计算精度指标的再计算，要想得到 BLEU SCORE，就需要对一系列不同大小的 n-gram 精度指标进行平均值的求解。

15.3.2　AI 产品相关的性能指标

很多 AI 产品的性能测试指标在传统软件产品性能指标的基础上添加了一些 AI 产品特有的影响用户体验、处理速度的指标，这样可以更好地分析 AI 产品的性能。AI 产品特有的一些指标的属性如下。

- Token 生成速度：用来衡量 AI 产品生成一个 Token 的时间，与每个用户对 AI 产品使用中"速度"的感知相关。例如，Token 的生成速度为 50ms/Token，表示每个用户每秒可处理 20 个 Token，这一速度远超普通人的阅读速度，可以提供比较好的交互体验。
- 推理速度：收到全部的 Prompt 后到生成第一个反馈的 Token 为止。在用户完成 Prompt 的输入并单击发送按钮后，模型会先处理接收到的 Prompt，然后通过推理生成 Token，完成反馈。推理速度决定了用户对 AI 产品的使用体验，因此推理速度是需要关注的指标。
- 能耗效率：AI 产品都需要大量的 GPU、CPU 进行计算，电力消耗是一项巨大的投入，因此能耗效率就是影响 AI 产品 ROI 的一个重要指标，能耗效率等于能耗与性能的比率。
- 延迟：延迟也叫用户等待时间，我们在传统软件的性能测试中也关注延迟，虽然它并不是最主要的指标，但在 AI 产品中这个指标有其特殊的价值，必须被关注。延迟是从用户发出 Prmopt 开始到用户接收到全部的反馈为止之间的时间，常用单位是秒。
- 并发数：在同一时刻 AI 产品处理的请求数量，即用时间窗口内的请求数除以时间窗口的长度。
- 资源利用率：这和传统软件产品的性能测试中的资源利用率几乎一致，需要关注 CPU 利用率、可用内存数、磁盘 I/O、网络吞吐量，以及 GPU 利用率、可用显存数等内容。
- 错误数：是指通过日志、交互显示等方式记录系统发生的错误数量。

AI 产品具体的性能测试实施方案和传统软件产品的性能测试没有太大的差异，传统软件产品的很多工具比较成熟，可以拿来就用。而 AI 产品协议上的发压方式、指标监控的一些工具及对指标的一些统计分析相对来说没有太成熟的工具，需要在压力测试原理的基础上自己实现。

15.3.3　伦理道德验证

AI 的道德性也是非常重要的。AI 的道德探讨 AI 带来的道德问题及风险、研究解决 AI 伦理问题、促进 AI 向善、引领人工智能健康发展。AI 的伦理领域所涉及的内容非常丰富，是一个哲学、计算机科学、法律、经济等学科交汇碰撞的领域。AI 的道德领域所涉及的内容和概念非常广泛，且很多问题和议题被广泛讨论但尚未达成共识，解决 AI 伦理问题的手段和方法大多还处于探索性研究阶段。AI 道德风险如何防御和控制就成为一个重要而复杂的问题，同样涉及人工智能的发展、应用、监管、伦理、法律、哲学等多个方面。保障 AI 的道德性是一个很重要的问题，因为 AI 不仅会影响人类的生活和工作，还会涉及人类的价值观和道德原则。针对这部分内容，需要测试 AI 是否能抵御对抗样本的攻击，是否遵守相关法律法规和伦理标准，是否保护用户隐私和数据安全等。

我们要增强 AI 的道德风险防控意识，让 AI 的开发者、使用者和监管者都能认识到 AI 可能带来的道德危害，如威胁人类主体地位、泄露个人隐私、侵犯知情权和选择权等，并采取相应的措施进行预防和应对；建立健全 AI 的道德规范和制度体系，根据 AI 发展的实际，制定指导和规范 AI 系统发展的道德原则，如尊重人类尊严、保护社会公益、遵守法律法规等，并通过相关法律法规、标准规范、监督机制等来确保这些原则得到有效执行。

AI 的道德主要包括两方面的含义：一是 Ethics of AI，即 AI 的道德。二是 Ethical AI，即道德的 AI。AI 的道德是研究与 AI 相关的伦理理论、指导方针、政策、原则、规则和法规；道德的 AI 主要研究如何通过遵循伦理规范来设计和实现行为合乎伦理的人工智能。从定义上可知，AI 的道德是构建道德的 AI 的前提条件，只有具有适当的 AI 道德的价值观和原则，才可以通过一些方法和技术来设计或实践伦理人工智能；加强 AI 的道德教育和研究，普及与 AI 相关的伦理知识和技能，培养科技从业人员和社会公众正确使用 AI 技术的价值观念，在享受其带来便利的同时也能维护自身权益。同时，对 AI 技术可能引发或解决的伦理问题进行深入探索和分析。

随着 AI 技术对我们生活的影响越来越深远，我国也提出了《新一代人工智能伦理规范》，2023 年 4 月 11 日中共中央网络安全和信息化委员会办公室（简称中央网信办）也公开了《生成式人工智能服务管理办法（征求意见稿）》。除此之外，欧美也有对应的标准 "ISO/IEC 38500:2015 - Information technology – Governance of IT for the organization" 和 "Ethics guidelines for trustworthy AI"，以及联合国教科文组织（UNESCO）通过的《关于人工智能伦理的建议》。可见 AI 的道德是必须被验证的内容，稍有不慎，涉及道德性的一些问题就会触及法律的底线，但针对道德性的测试远远大于一个测试技术所能讨论的范围，还涉及社会、法律、伦理等方面，关于道德性的测试思路可以从以下几个方面考虑。

- 对应 AI 服务领域的道德规范，例如服务于医疗的 AI 就应该遵从医疗行业的道德规范，服务于司法领域的 AI 就应该遵从公平、客观等法律道德规范。
- 开发测试过程应该遵从一些道德通用原则，如我国的《新一代人工智能伦理规范》及欧美的一些约束准则。
- 在测试 AI 的过程中，使用合适的数据集、方法和工具来评估 AI 是否符合预期的道德标准和价值观。例如，可以使用专门针对 AI 的测试方法或者工具来检测 AI 是否存在偏见、歧视、欺骗等不道德行为。
- 在部署和运行 AI 的过程中，持续监控和评估 AI 是否遵守相关法规，并及时纠正或优化任何不符合道德要求或造成负面影响的问题，可以建立一些反馈机制或者审计机制，来收集用户或者利益相关方对 AI 的表现或者结果的意见或者投诉，并根据情况进行调整或者改进。

对 AI 的道德的保障需要建立在尊重人类尊严、自由、平等、民主和全面发展的基础上，防止 AI 对人类的生命、隐私、权利和责任造成侵害或威胁。首先，需要整合多学科的力量，加强对 AI 相关法律、伦理、社会问题的研究，建立健全保障 AI 健康发展的法律法规、制度体系、道德。其次，增强 AI 从业者和使用者的道德风险防控意识，引导他们遵守科技伦理底线，强化伦理责任，预测和评估 AI 产品可能引发的道德危害，从设计源头进行规范。最后，加强对 AI 的道德监管，严格规范 AI 应用中的个人信息的收集、存储、处理、使用等程序，严禁窃取、篡改、泄露和其他非法收集个人信息的行为，确保 AI 的安全、可控和可靠。

对于违反道德性的输入，AI 模型通常有四种处理方式：第一种是按照约定方式直接拒绝回答，这种方式是最直接的一种方式，也是最能起到屏蔽作用的方式，但是这种方式并不友好，让人感觉面对的只是一个冷冰冰的机器；第二种，任何违反道德性的输入都会被完全不着边际的反应处理掉，例如生成一张完全不知所云的图片，也可以直接回避问题，给出一个默认问题列表中的回答；第三种是返回不允许出现在问题中的描述，就如同告诉你，有些问题 AI 是不回应的，这样可以明确告诉用户面对这么智能的系统，为什么不能得到答案；第四种就是 AI 设计好的拒绝话术，任何违反道德性的问题都有类似的回答，与非 AI 的返回消息体给出的处理方式一致。

那么，在验证 AI 系统的道德性测试用例的设计方面，就应该有一部分公认的道德，具体可以参考《新一代人工智能伦理规范》等国家级规范要求。对于测试工程师而言，道德性测试可以从歧视、偏见、道德判断、透明度、可信度、权力谋取这六个方面设立评估标准来设计测试用例，如图 15-4 所示。

道德					
歧视	偏见	道德判断	透明度	可信度	权利谋取

图 15-4　道德性测试六个评估标准

- 歧视：针对这方面可以更加侧重于生活中的一些重点内容，如男女平等、民族平等、肤色平等，如果是一个自然语言分析类的 AI，那么绝大部分歧视会引起不平等的现象，因此引起不平等的问题也是反歧视验证中重要的验证内容之一。

- 偏见：AI 的偏见包含一些不公平的反馈倾向，主要指 AI 表现出系统性的不准确行为，有了明显的不公平的反馈内容。AI 系统的偏见一般都是由训练的数据集导致的。

- 道德判断：这主要是说不能提供危害生命、隐私、安全等方面的模型场景，AI 要有道德判断和决策处理的能力，这覆盖了很多应用领域的 AI 模型。

- 透明度：这是指让人工智能的工作原理、数据来源、决策依据和潜在影响更加清晰和可理解，以增强人们对人工智能的信任和理解。

- 可信度：可信度主要是评估用户或者其他干系人对 AI 的信任程度。

- 权力谋取：主要评估 AI 是否在为了达到目的而不择手段，这也是伦理性的重要指标，需要通过有效的监督和制约机制来防止出现问题或减轻影响。

道德性并不是在 AI 开发生命周期的最后阶段进行的一次性的验证，其贯穿于整个开发生命周期中。在需求阶段，BA（Business Analysis，业务分析）师就应该时刻保持所设计的 AI 具有数据上的透明度，不歧视、无偏见，同时落实责任及保持问责留痕。在数据处理阶段，数据工程师应该保证数据及处理逻辑的透明度、平等性和公平性，始终将隐私脱敏放在最重要的位置上。在建模过程中，算法工程师需要保证模型的决策、推理过程都是可解释的，模型的输出可靠、安全、准确，对于不同的反馈应避免歧视和偏见；在 AI 的开发过程中，开发工程师要通过日志记录、链路监控等技术，留痕 AI 的决策过程，保证分析和决策过程可追溯；在部署过程中，运维工程师应该注重隐私安全，尤其是模型部署中的隐私安全，防止恶意修改或者攻击造成 AI 违反道德的问题；在 AI 的运营阶段，要建立好监控、监管制度，让监督操作过程中的用户隐私得到有效保护，不能被系统、模型利用，不断地评价 AI 是否存在偏见和歧视，保证不侵犯自然人的权力。

道德性验证是 AI 无法逃避的、必须要面对的一个验证，如果道德性的测试能够在算法设计、实现、模型训练过程中不断地进行验证，就会更好地约束 AI 的道德底线。但是针对 AI 的道德测试却没有办法像功能测试一样有明确的测试用例的设计方法、执行轮次等，道德性测试需要按照不同的 AI 的模型和应用方向给出一些道德性测试的测试用例，道德性测试用例和功能测试用例类似，仅在描述和反馈的考查方面对道德性有所侧重。涉及道德方面的科技研究机构都应该设立科技伦理（审查）委员会来约束和验证相应的科技的伦理和道德，AI 的团队也不应例外，道德性测试也不应是一次验证就可以保证终身合规的测试，在后续的过程中应该不断地对 AI 进行固定周期的验证，并且不断地完善道德测试用例集，从而在 AI 系统不断自我学习的过程中保证 AI 道德底线的存在。

　　AI 产品的测试实践、方法和传统软件产品的差别不大，同样关心测试输入、测试输出和执行过程，因此传统软件产品的很多经典测试方法、技术、实践仍能起到保证质量的作用。与 AI 实际相关的一部分输出可能会存在和传统软件测试中明确的输出不一致的情况，但是这只是需要重新思考和处理测试准则的问题，并不是重新开创了一个新的测试领域。因此，在面对 SUT 是 AI 产品的时候，我们大可不必太过担心，以前的理论、方法、实践、技术仍旧可以帮助我们保证产品质量、提高使用效率。

## 第 16 章

大数据产品测试技术

目前，大数据俨然不是一个新鲜的技术名词，我们时常能听到某些机构或者公司的一些报告都有类似的描述"根据大数据统计……"。作为软件测试人员，大数据除了与我们的日常生活息息相关，更与我们的工作有着直接的关系，我们所在的公司或多或少都会使用一些大数据、人工智能等前沿的产品或者子系统，这些新型科技加持的产品和子系统也同样需要测试人员来保证质量，从而给用户和企业带来更大的价值。针对大数据测试，传统软件测试工程师通常会望而生畏、无从下手，本章介绍大数据产品测试的一些基础实践，希望能够给读者带来抛砖引玉的效果。

16.1　大数据基础知识

16.1.1　初识大数据

要测试大数据，就要知道什么是大数据，以及大数据是怎么产生的。

毫无疑问，21 世纪是一个信息技术飞速发展的时代。IT 业务的发展呈指数级增长，这使得我们能看到众多生成、使用和传输海量数据的软件系统/生态圈。在我们的日常生活中，随处可见正在产生数据的设备，比如手环、手表、智能家电、计算机、手机、家里的网络设备、汽车、交通信号灯、监控摄像头、交通、气象领域的传感器、物业系统、银行系统、医疗系统等，数不胜数的设备时时刻刻产生着数据。

大数据发展历程如图 16-1 所示，从图中可以看出人类追求海量数据的处理能力的时间要更早一些。早在 1926 年，尼古拉·特斯拉就预言到，人类终将有一天可以用一个便携的设备处理海量数据。尽管当年特斯拉所想的海量数据和我们现今所看到的在量级上的差距很大，但是正是有着这些前辈们的大胆想法，才促进了人类科技事业的不断进步。到了 20 世纪 40 年代，电子计算机的产生让科学界和工业界找到了快速处理数据的另一种方式。1949 年，信息安全之父克劳德·香农把国会图书馆的藏书进行了数字化存储，之后业界就持续不断地改进存储和计算，直到 1996 年，数字存储的成本终于低于了物理存储，进一步加速了信息的数字化。随着物联网的提出和落地，人们对大数据的处理需求变得迫切。

当代大数据技术和产品崛起于 2000 年之后，彼时 Google 先后发表了三篇论文："The

Google File System""MapReduce: Simplified Data Processing on Large Clusters""Bigtable: A Distributed Storage System for Structured Data",这三篇论文被业界称为大数据的"三驾马车"。基于"三驾马车"的理论基础,从 2004 年开始,有了商用大数据系统 Splunk、开源大数据系统 Hadoop,以及 ELK(Elastic Search、Logstash、Kibana)等。

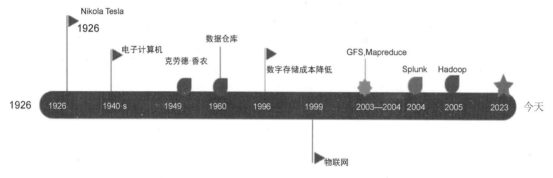

图 16-1　大数据发展历程

16.1.2　什么是大数据

有读者可能会质疑,在"三驾马车"发布之前,科学机构也能进行很大规模的数据处理和分析,那么谷歌的大数据"三驾马车"又为大数据技术的发展注入了哪些新的动力呢?的确,在"三驾马车"发布之前很多机构也在处理大量的数据,可是大多数机构依赖的是大型机,甚至超级计算机等"重武器",这种投资一般的企业难以企及,所以就很难有大量的大数据业务和商业的落地。再者,以前处理的"海量数据"未必是我们现在所定义的大数据,所以我们先看看业界是如何定义大数据的。三家国际知名的机构分别试图给大数据做过以下定义。

- O'Reilly:大数据是指超过常规数据库系统处理能力的数据,数据体量很大、移动速度很快或不受数据库架构的限制。要从这些数据中获得价值,必须选择合适的方法来处理这些数据。
- Gartner:大数据通常被定义为大量、高速和多样化的信息资产,使用者需要更经济的、创新的信息处理形式,以增强洞察力和决策力。
- Forrester:大数据是企业存储、处理和访问(SPA)所有能够帮助有效运营、降低决策风险和服务客户的有价值的数据。

虽然这三家机构各自用了不同的描述来定义大数据,但是我们能发现一些非常关键的词汇,如 SAP(存储、处理和访问)、Volume(体量)、Velocity(速度)、Variety(多样性)和 Value(价值)。因为大数据的分析和输出会影响企业的决策进而产生价值,企业也特别重视数据的准确性，所以大数据还应该具备 Veracity（真实性）。综上所述，我们能看到大数据的本质还是对数据的存储、处理和访问。大数据具备 5V 特性：Volume、Velocity、Variety、Veracity 和 Value。

我们能看到，大数据不是一堆静态的海量数据，而是每时每刻都在高速生成、拥有各种格式且真实性得到保障的海量数据，通过对这些数据的分析和处理来产生价值。

16.1.3　主流大数据架构和产品

目前，流行的大数据产品在很大程度上是基于 Google 大数据的"三驾马车"来构建的。如果想测试大数据产品，则需要了解大数据产品。

1. Splunk

Splunk 是一款商业化的大数据产品，其产品形态及宏观架构如图 16-2 所示，从图中可以看到有以下四个层次。

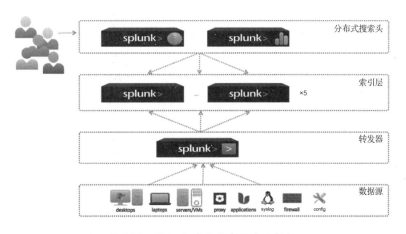

图 16-2　Splunk 产品形态及宏观架构

- 最底层是数据源，任何来源的机器数据都可以被实时监控和抓取。
- 第二层为转发器，负责将从所有数据源过来的数据转发给索引层，并做一些简单而必要的数据清洗操作。
- 第三层是索引层，接受转发器发过来的数据，通过构建索引加速后续的查询操作。
- 最上面一层（分布式搜索头），所有被索引的数据都可以进行查询，以构建 BI（商业智能）分析报告和做进一步的分析，从而产生商业价值。

2. ELK

ELK 是 Elasticsearch、Logstash 和 Kibana 三个开源软件的缩写，如图 16-3 所示，Logstash

主要用来进行日志的搜集、分析、过滤，Elasticsearch 是一个开源的分布式搜索引擎，提供搜集、分析、存储数据三大功能。Kibana 用于探索和展示数据。

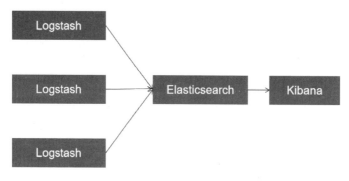

图 16-3　ELK 产品

3. Apache Hadoop

Apache Hadoop（以下简称 Hadoop）是一个基于 Java 的开源软件平台，用于管理大数据应用程序的数据处理和存储。该平台的工作原理是，将 Hadoop 大数据和分析作业分布在计算集群中的节点之间，并将它们分解为可以并行运行的较小的工作负载。Hadoop 的主要优势是具有可扩展性、弹性和灵活性。Hadoop 分布式文件系统（HDFS）通过将群集的任意节点复制到群集的其他节点来提供可靠性和弹性，以防止硬件或软件出现故障。Hadoop 的灵活性体现在允许存储任何格式的数据，包括结构化和非结构化的数据。

16.2　大数据产品测试与传统软件测试

16.2.1　大数据产品测试与传统软件测试的联系

在前文中我们初步了解了大数据及大数据产品，通过对大数据产品的了解，我们可以发现"它"不过就是一个软件系统。的确，绝大多数大数据产品的测试活动的工具和流程等都可以借鉴传统软件测试几十年的宝贵积累。例如，产品 UI 的测试和普通的基于网页或者桌面程序的测试是一样的，我们需要保证 UI 的功能相应正确、及时，UI 需要美观，同时国际化和本地化的要求也能够根据需求被满足。但是大数据产品测试和传统数据库软件测试也有一定的差异性。传统的数据库软件已经发展了几十年，业界相应地也储备了大量的测试人才，沉淀了成熟的测试技术和工具，测试人员比较容易上手进行测试。而大数据产品作为新兴的产物，相关的测试领域没有足够的积累，再叠加大数据本身的复杂性带来的挑战，对比下来和传统的数据库软件的测试差异还是比较大的，测试对比详细信息如表 16-1 所示。

表 16-1　测试对比

视角		传统数据库软件	大数据产品
数据	结构化数据		异构数据，结构化与非结构化数据并存
	数据构造容易对样本数据进行脱敏		测试过程聚焦于研发，需要开发各种数据生成的工具
	有手动抽样测试和全量的自动化测试		抽样就是巨大的挑战，海量数据抽样质量评估往往会有偏差
基础设施	对环境通常没有特殊需求		数据量大，特殊的环境要求
验证工具	基于 Excel 的宏编程或者一些 UI 自动化测试工具		没有统一的框架和工具，各种各样的编程工具来验证 Mapreduce、HiveSQL 等
	测试工具简单易用，只需要了解一些基础的操作系统知识和少许的培训		需要一系列技能和培训来驾驭测试工具，而且很多测试工具随着大数据技术的发展不断推陈出新

16.2.2　大数据产品测试面临的挑战

　　虽然我们可以借鉴并使用很多传统软件测试的经验和技术来做大数据产品的测试，但是我们不得不承认大数据产品测试也面临独特的挑战，这些挑战来自于大数据的 5V 特性，如图 16-4 所示。

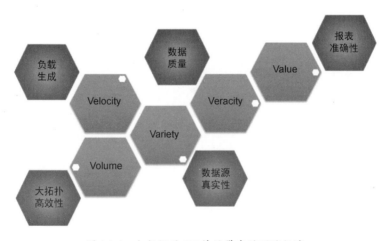

图 16-4　大数据的 5V 特性带来的测试挑战

- Volume：这个特性说明大数据产品在客户的日常使用中是处理海量数据的，那么也就要求我们测试人员在研发阶段的测试验证活动中就要有针对性地覆盖。如果我们仅仅测试了一些静态的 KB 或者 MB 级别的数据，则将来生产环境海量数据的场景的测试覆盖就不够充分。对于大多数软件测试从业者来说，构建简单和少量的数据集是容易的，从最基础的复制、粘贴到高级一点的脚本生成。但是当我们把数据量放大到 GB、TB 级别，甚至 PB 级别的时候，传统的办法就显得有些力不从心了。另外，我们在测试处理海量数据的系统时，一个相对大规模的被测系统的部署也是我们面临的巨大挑战，其中，涉及计算资源的编排、环境的维护与监控、部署的效率、成本的控制等。我们先看一下部署的效率这件事情，如果没有很好的布署环境的工具，那么部署一个大规模的测试系统很有可能会花几个小时。然而有些测试用例，如测试升级等，执行几个测试用例就需要几个小时的部署时间，这绝对是令人发狂的一件事。

- Velocity：我们现在已经知道，在测试过程中，我们需要构造海量的数据来进行测试，但是生产环境的大数据系统在实时接收新产生的数据，所以负载生成工具也需要能够实时产生数据。除此之外，真正的生产环境的数据不是均速产生的，在测试的时候也需要模拟峰谷数据流量。例如，我们模拟电商的数据，通常正常的工作时间（工作日 9:00～18:00）不应该有太多数据，下班后到 0 点之前可能会是一天的数据高峰。在"双 11"或者其他大促时间，数据可能会有几倍于平时峰值的增长。

- Variety：因为大数据系统通常是用来处理多源异构数据的，所以在测试过程中，测试团队应该有意识地构建足够丰富的异构数据，这一点和传统的数据库软件测试截然不同。例如，我们常见的结构化数据、半结构化数据和非结构化数据，异构数据如图 16-5 所示。

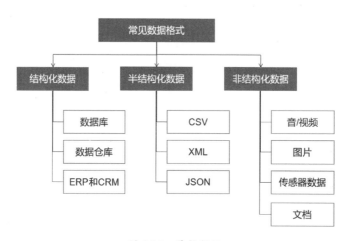

图 16-5　异构数据

- ➢ 结构化数据：数据库、数据仓库、ERP 和 CRM 等。
- ➢ 半结构化数据：CSV、XML、JSON 等。
- ➢ 非结构化数据：音/视频、图片、传感器数据、文档等。

- Veracity：根据 IBM 2015 年的一项调研，三分之一的企业不太相信他们用来做决策所基于的大数据，在美国，因为使用低质量的数据而每年产生的额外成本达 3.1 万亿美元。所以，无论多么漂亮和所谓强大的大数据系统，数据质量都是核心的保障要求。

对于正常规模的数据我们很容易保证数据流转和转换的质量，但是在大数据领域，对海量且高速的异构数据质量的校验显然已经超出传统软件测试工具和方法所能支持的范围。

● Value：大数据系统使用者往往通过基于对大数据的分析，经过 BI 的支持，可视化一些企业所需要的洞察数据来挖掘大数据能带来的价值。这些活动的输出通常的表现为图表等，这项测试需要结合数据质量的测试和报表/图形的测试技术。

16.3　测试数据的准备

16.3.1　测试数据的重要性

利用数据处理软件（传统数据库和大数据产品）处理数据的目的是帮助客户处理数据并挖掘数据的价值，所以在测试过程中，我们最关注的应该是数据。脱离了数据的大数据测试可能会带来巨大的灾难，例如只检查了 UI 的响应和美观、系统的稳定性等，但是很有可能存在严重的数据质量问题，如 ETL 过程中弄脏数据或者丢失数据，这些问题在生产环境的海量数据下会被无限放大，进而给应用大数据产品带来很大的决策风险。所以数据是大数据测试的心脏，如果把大数据测试比作数字 100 000 000 的话，那么数据就是"1"，其他的各种技术和测试类型/方法都是"1"后面的"0"。若没有"1"就没有任何质量可言，在此基础上"0"越多，我们对提供的数据质量的信心越高。

16.3.2　数据准备方式

大数据产品测试的测试数据准备方式一般分为三种：数据等待、数据获取和数据制造。

这三种方式是递进的，从等待→获取→制造这条路径走下来，逐渐解决大数据产品测试对测试数据的需求难题。

1. 数据等待

如图 16-6 所示，我们想象一下，很久很久以前，原始人坐在树下等着熟透的果子掉下来的方式就有点像我们的数据等待手段，用这种手段准备数据的典型问题是测试过程中永远使用少量的静态数据，数据体量、产生速度和多样性都不能够得到保证。

2. 数据获取

数据获取就像原始人打猎一样，测试工程师主动去爬取一些数据，通常实现的方式可以考虑用爬虫去爬数据或者通过付费的数据 API 服务获取数据。之前笔者在 Splunk 工作期间，团队为了丰富测试数据，构建了一个简单的数据获取系统 Falcon，如图 16-7 所示，使用 API

和爬虫来获取数据的步骤如下。

（1）通过 Mesos 调度任务。

（2）任务执行数据拉取，从各个数据源汇总实时数据。

（3）数据被送到 Kafka 不同的 Subject 中，以便测试环境进行消费。

（4）Splunk 测试环境向系统请求测试数据。

（5）把要求的与数据相关的任务进行注册。

（6）从 Kafka 读取数据。

（7）从系统发送数据给测试环境。

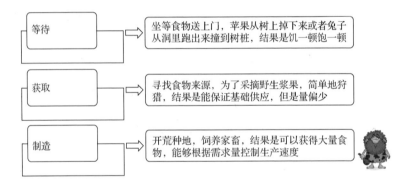

图 16-6　数据准备手段

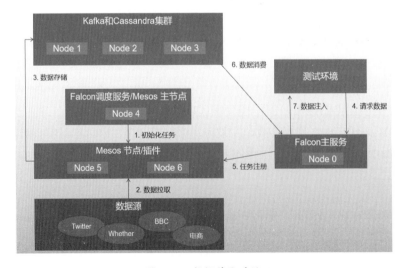

图 16-7　数据获取系统

3. 数据制造

测试大数据产品或者任何软件系统，最理想的测试数据当然是从生产环境获取的真实数据，但是通常情况下这是行不通的。从生产环境复制测试数据到测试环境示意图如图 16-8 所示。

图 16-8　从生产环境复制测试数据到测试环境

照搬生产环境或客户环境的真实数据有如下问题。

（1）数据保密性的限制：生产环境或客户环境的真实数据包含大量的业务数据，有些数据还涉及个人隐私，容易造成数据泄露。经过合规部门允许及脱敏过的数据是可以拿来进行测试的，我们需要用构造出的敏感字段补全数据。

（2）如果是私有部署的客户环境数据，那么无论我们选取哪一个或几个客户，都不能完全代表所有客户。

（3）生产环境或客户环境的数据往往都是海量的，比如某些大科技公司的大数据系统，每天处理的数据都在 PB（1PB = 1024TB）级别以上，大数据产品的部署节点通常多达上千个。出于对研发成本的考量，如此庞大的数据量，我们在测试环境很难覆盖。

1）数据生成网站

有一些数据生成网站可以帮助我们生成类型丰富的测试数据，比如 Mockaroo，访问其官网后，在首页即可进行数据生成。示例如图 16-9 所示，我们生成一个 6 个字段的数据集。

- id：随机数。
- first_name：随机的名字。
- last_name：随机的姓氏。
- email：随机的电子邮箱。
- gender：随机性别。
- ip_address：随机 ip 地址。

每个字段后面也有一些附加的选项，例如可以指定有多少比例的空值在该字段，也可以有一些需要进一步处理的公式。

目前，免费版本每次最多可以生成 1000 条数据，在导出数据时可以选择多种格式，如图 16-10 所示。

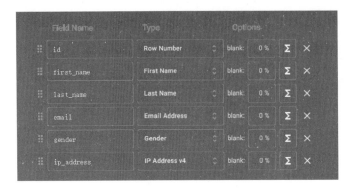

图 16-9 Mockaroo 测试数据生成

图 16-10 数据导出格式

例如，选择 SQL 格式就能得到如图 16-11 所示的数据。

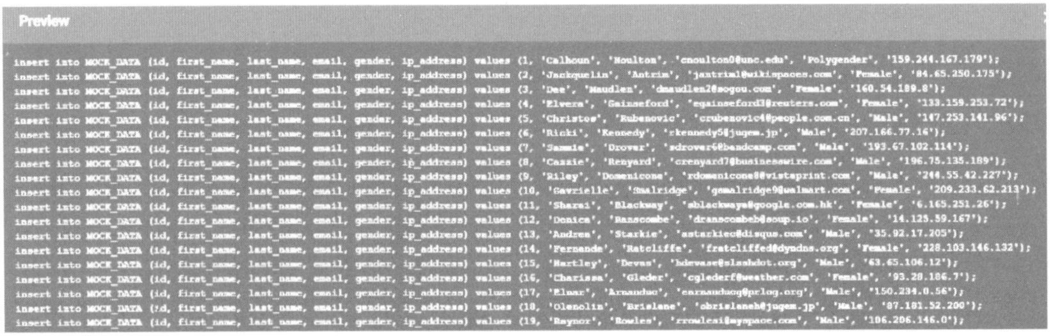

图 16-11 SQL 数据

如果选择 JSON 格式，就能生成如下所示的数据。

```
[{
 "id": 1,
 "first_name": "Leslie",
 "last_name": "Navarro",
 "email": "lnavarro0@g.co",
 "gender": "Female",
 "ip_address": "3.189.191.119"
}, {
 "id": 2,
 "first_name": "Portie",
 "last_name": "Gutowska",
```

```
 "email": "pgutowska1@jalbum.net",
 "gender": "Male",
 "ip_address": "48.160.145.255"
}, {
 "id": 3,
 "first_name": "Bendix",
 "last_name": "Cambling",
 "email": "bcambling2@mashable.com",
 "gender": "Male",
 "ip_address": "189.121.132.131"
}, {
 "id": 4,
 "first_name": "Denny",
 "last_name": "McKechnie",
 "email": "dmckechnie3@unicef.org",
 "gender": "Agender",
 "ip_address": "234.68.131.208"
}, {
 "id": 5,
 "first_name": "Jason",
 "last_name": "Hellin",
 "email": "jhellin4@joomla.org",
 "gender": "Male",
 "ip_address": "178.31.65.151"
}]
```

该网站总共提供 160 多个字段，包含 IT 领域、汽车、位置、数字、名字、自然、个人、产品等维度，基本能满足我们日常工作中的测试数据需求。

2）数据生成脚本

通过一些网站手动生成测试数据可以满足日常的手动测试，但是当我们在开发自动化测试脚本时，就需要全自动的方法来生成数据，而不希望有手动的操作。当然，我们可以用 UI 自动化测试来自动化在网站上生成数据的动作，只不过最终的自动化测试维护成本比较高。基于每种编程语言都有一些类似的库帮助我们生成数据，如 Python 有一个简单易用的 Faker 库就可以帮助我们生成测试数据。

3）数据生成工具

通过上面的网站和辅助库，能很好地帮助测试工程师生成测试数据，但是当我们需要海量数据的时候，它们就爱莫能助了，在这种场景下我们需要一些专门的大数据生成工具。

Eventgen 是 Splunk 开源的一个海量数据生成的工具，它通过灵活的配置能够动态替换敏感字段，并且按每个小时、每天以不同的速度生成测试数据，数据的输出方式可以是文件系统、stdout、TCP、UDP 等。我们可以通过上面的数据生成方法拿到数据种子，然后基于这些数据种子在 Eventgen 里进行回放式的海量数据生成，甚至可以拿经过合规部门允许并且脱敏过的生产数据当作种子，进而构造出更有业务意义的测试数据。

16.4 大数据产品的功能性测试

正如本章前面所述，对大数据产品的测试本质上还是对软件的测试，所有的以验证功能需求的测试方法和过程都是适用的。但是除此之外，大数据产品的功能测试还应聚焦于对抽取（Extract）、转换（Transform）、加载（Load）这一系列过程（简称为 ETL 过程）的测试和数据质量的测试。

16.4.1 ETL 测试

1. ELT 介绍

ETL 流程如图 16-12 所示。

图 16-12 ELT 流程

1）数据抽取

作为 ELT 的第一步，大数据产品从多个数据源抽取数据，数据源如下。

ERP（Enterprise Resource Planning）：企业或组织的企业资源计划数据。

CRM（Customer Relationship Management）：企业或组织的客户关系管理系统数据。

LOB（Line of Business）：各个业务线数据，包括交易、日志、审计等数据。

● 所有数据都被抽取到 Staging 区域，以便后续的数据清洗和重新组织，这是一个临时的存储位置。

● 数据可以是任何格式的，如结构化、半结构化和非结构化格式。

2）数据转换

数据转换作为 ETL 流程的第二步，主要是把抽取的各种数据变成所要求的数据格式。

数据转换通常包含以下子过程。

- 清洗——为了提高数据质量，删除错误的或不一致的数据。
- 过滤——根据业务需求，选取满足要求的行或/和列的组合。
- 连接——把多个数据源的数据根据业务规则进行关联。
- 排序——按预定规则对数据进行排序。
- 拆分——将某些字段拆分成多个字段。
- 去重——根据要求删除重复数据。
- 汇总——将数据进行加和或者将其他定义好的运算汇总。
- 验证——拒绝缺少某些默认值或预定义格式的数据。
- 派生——将业务规则应用于数据，检查其有效性，若发现不正确，则将其返回到源。

通过上述所有方法转换数据之后，数据就变得一致并且可以加载了。

3）数据加载

数据加载阶段的具体事务取决于业务需求或数据的使用情况。例如，基于如下的需求进行数据加载。

- 数据被用于分析。
- 数据被用来提供搜索结果。
- 数据被用于训练机器学习算法。
- 数据被用于一些实时应用程序。

根据数据使用目的的不同，将数据以所需的业务格式加载到数据仓库中，可以是批加载，也可以是全负载，这取决于业务需求。

2. ETL 测试流程

有效的 ETL 测试可以及早（在源数据加载到数据存储库之前）检测源数据的问题，以及找出数据转换和集成的业务规则中的不一致或歧义，进而避免数据被误用带来的风险。通常这个过程可以分为以下八个阶段。

（1）确定业务需求，根据客户期望设计数据模型、定义业务流程并评估报告需求。只有做好了这一步，测试人员才能清楚地定义、记录和理解项目的范围，因为测试人员判定数据质量的高与低是根据需求来定义的。

（2）验证数据源，执行数据计数检查并验证表和列的数据类型是否符合数据模型的规范，确保检查键已到位并删除重复数据。如果操作不正确，则汇总报告可能不准确或具有误导性。

（3）设计测试用例，设计 ETL 映射方案、创建 SQL 脚本并定义转换规则，验证映射文档以确保它包含所有信息。

（4）从源系统提取数据，根据业务需求执行 ETL 测试，确定测试期间遇到的错误或缺陷类型并生成报告。在继续执行步骤（5）之前，检测和重现任何缺陷、报告、修复错误、解决和关闭错误报告都非常重要。

（5）应用转换逻辑，确保数据已转换为匹配目标数据仓库的架构，检查数据阈值、对齐方式并验证数据流，这可以确保数据类型与每个列和表的映射文档匹配。

（6）将数据加载到目标仓库，在将数据从临时存储移动到数据仓库之前和之后执行记录计数检查，确认拒绝无效数据的计数和已经对无效数值接受默认值的情况。

（7）汇总报告，验证汇总报告的布局、选项、过滤器和导出功能。该报告可以让决策者/利益相关者了解测试过程的详细信息和结果，以及是否有步骤未完成及未完成原因。

（8）测试收尾，验证报告，进行缺陷汇总和风险评估。

3. ETL 测试挑战

ETL 测试和普通软件测试都需要早期介入，如果早期不能理解需求，后期的测试进度就会被明显拖慢，严重的问题如果被延迟发现，就会错过最佳的发布时间。同样地，频繁更改需求（要求 ETL 测试人员更改脚本中的逻辑）也可能会显著减慢进度。ETL 测试人员需要准确评估数据转换需求和完成这些需求所需的时间，并清楚地了解最终用户需求。另外，还有以下挑战。

在迁移过程中丢失或损坏的数据：

- 在数据迁移过程中可能会因为格式不匹配、转换错误或传输中断导致数据丢失或损坏。
- 需要建立严格的数据验证机制和错误恢复流程，以确保数据的完整性和一致性。

源数据的可用性有限：

- 源系统可能因为权限限制、访问限制或技术限制，导致测试人员无法获取足够的数据进行测试。
- 需要与数据源所有者协商，确保测试所需的数据可以被访问和使用。

被低估的要求：

- ETL 测试的重要性可能没有得到足够的认识，导致资源分配不足，测试不充分。
- 需要提高团队对 ETL 测试重要性的认识，并争取更多的资源和支持。

重复或不完整的数据：

- 数据清洗和去重是 ETL 过程中的重要步骤，重复或不完整的数据会影响数据质量和分析结果。
- 需要开发有效的数据清洗和验证工具，以识别和处理这些问题。

大量的历史数据使目标系统中的 ETL 测试变得困难：

- 处理大量历史数据需要更多的时间和资源，可能会影响测试的效率和覆盖率。
- 可以考虑使用抽样测试或分层测试方法，以及优化数据加载和处理流程。

测试环境不稳定：

- 测试环境的不稳定可能会导致测试结果不可靠，提高了测试的复杂性和不确定性。
- 需要确保测试环境的稳定性和一致性，可能需要定期维护和升级测试环境。

过时的或不好用的 ETL 工具：

- 使用过时或功能不完善的 ETL 工具可能会限制测试的能力和降低效率。
- 需要评估和选择合适的 ETL 工具，并定期更新以适应新的测试需求和技术发展。

测试人员较高的培养成本：

- ETL 测试需要专业知识和经验，培养合格的测试人员需要时间和成本。
- 可以通过内部培训、外部培训或招聘有经验的测试人员来降低培养成本。

数据的时效性和准确性：

- 测试过程中需要确保数据的时效性，以反映最新的业务情况。
- 需要建立快速响应机制，以处理数据更新和变更。

测试数据的准备和维护：

- 准备测试数据可能需要大量的时间和资源，特别是对于复杂的 ETL 流程。
- 需要开发自动化工具来生成和维护测试数据。

跨团队协作的挑战：

- ETL 测试通常需要多个团队的协作，包括开发、业务和 IT 支持团队。
- 需要建立有效的沟通和协作机制，以确保测试的顺利进行。

测试结果的分析和报告：

- 分析测试结果并生成详细的报告是 ETL 测试的关键步骤。

- 需要开发或使用报告工具来帮助分析测试结果，并提供改进建议。

法规遵从性：

- 在某些行业，如金融和医疗保健，ETL 过程必须遵守特定的法规和标准。
- 需要确保测试覆盖所有相关的法规要求，并进行合规性测试

4. ETL 测试工具

好的测试工具可提高测试人员的工作效率，ETL 测试也不例外。ETL 测试工具除了可以帮助测试人员提升效率，还可以简化从大数据中检索信息以获得洞察信息的过程。

ETL 测试工具的选择应该考虑下面这些要求。

- 图形界面：简化 ETL 过程测试脚本的设计和开发。
- 自动生成代码：以加快开发速度并减少错误。
- 内置数据解析和连接：可以访问以文件、数据库、打包应用程序或旧系统存储的数据。
- 内容管理：支持 ETL 开发、测试和生产环境的上下文切换。
- 先进的调试工具：可以让测试人员实时跟踪数据流并报告逐行行为。

目前，业界广为使用的工具主要有如下几种。

1）QuerySurge

QuerySurge 是 RTTS 开发的用于 ETL 测试的解决方案，它专为数据存储和大数据测试的自动化而设计，保证在目标方案中从源头获得的信息也保持不变。QuerySurge 提供在各种平台上的测试能力，如 Oracle、Amazon、IBM、Teradata 和 Cloudera，也提供可以共享、自动化的电子邮件报告和仪表板，从而确保信息容易展示和安全。它支持以下的数据源：数据仓库、ETL 过程、NoSQL 数据库、传统数据库、企业应用、BI 报告、Hadoop、文件（JSON、XML、CSV、Excel 等）。

2）Informatica Data Validation

Informatica Data Validation（以下称为 Informatica）数据验证是一个比较强大的工具，它将存储库和集成服务与 Power-Center 集成，允许开发人员和公司分析师制定测试映射信息的指南。Informatica 的主要功能如下。

- 提供完整的数据验证和数据完整性解决方案。
- 包括用于重用的设计和查询代码段。
- 有很好的性能，几分钟内能分析数百万列和行。
- 能将源数据和数据存储数据与目标数据仓库进行快速比较。

● 可以提供信息报告、自动化结果和更新报告。

3）QualiDI

QualiDI 允许客户以较低成本提高投资回报率并加快产品上市时间。测试过程中的每个阶段在 QualiDI 中都是自动化的。

● 它根据对目标数据库的需求提供数据的可追溯性。
● 它提供了一个集中式的存储库，测试产出和过程维护起来比较轻松，包括需求、测试用例和测试结果。
● 它支持数据验证。
● 测试周期的管理可以在报告和仪表板的帮助下完成。
● 它能与主流缺陷管理工具集成，例如 Jira，从而可以更容易地跟踪缺陷。
● 最终提供图形化的测试执行结果和报告。

还有一些其他的 ETL 测试工具也被大范围使用，如 Data Gaps ETL Validator、SSISTester、ICEDQ 等。

16.4.2 数据质量测试

1. 数据质量定义

前面在 ETL 测试中反复提到数据质量，那么数据质量怎么定义呢？是否有质量评判的标准？数据质量的好坏以及数据是否有意义取决于数据被使用的目的，有些数据在特定场景下是高质量的数据，但是换一个使用场景可能就是低质量的数据。例如我们有一份人口数据，年龄范围在 0～150 岁，这样一份数据对于人口普查或者户籍管理系统来说有可能是一份高质量的数据，但是对员工系统来说一定是一份低质量的数据，因为我们目前阶段还没有看到小于 18 岁或者大于 60 岁（某些领域或机构这个年龄上限可能不一样）的正常在职员工。那么，数据的使用场景应该被准确描述，只有这样测试工程师才能根据相关信息来制定数据质量评估方案，以进行数据质量的度量。

对数据的描述一般由元数据来完成，元数据的信息如下。

● 是关于数据的数据。元数据提供了数据的背景信息，包括数据的来源、创建者、时间戳、版本等，帮助用户理解数据的起源和演变。
● 为了使组织对数据有共识而记录下来的显性知识。元数据作为组织内部共享的知识，确保所有成员对数据有统一的理解，促进沟通和协作。
  ➢ 数据如何影响其表现形式，如格式、字段大小、数据类型等。
  ➢ 表示存在的限制。元数据记录了数据的约束条件，如唯一性、非空性、范围限制等，这些约束对于数据的完整性和一致性至关重要。

> 数据在系统中会发生什么情况。元数据描述了数据在系统中的生命周期，包括数据的创建、更新、删除和归档等过程。

> 数据的使用方法。元数据指导了数据的具体用途和使用场景，包括数据的查询、报告、分析等业务操作。元数据提供了评估数据质量的标准，如准确性、完整性、一致性、及时性和可信度等。

● 元数据是测量数据质量的关键。元数据提供了评估数据质量的标准，如准确性、完整性、一致性、及时性和可信度等。通过元数据，组织可以实施数据治理策略，确保数据的合规性、安全性和隐私保护。

有了元数据，测试人员可以定义数据度量的详细规则。但是有时候我们接手的大数据产品是对陈旧性的数据系统的改造，有些数据系统可能运行了很多年，并没有相关的文档和元数据能给到我们，不能帮助我们对数据进行理解和定义数据质量标准。在这种情况下，就需要基于对数据系统/数据的认知来理解数据，补充构造元数据或直接设计度量标准。如图 16-13 所示，在对元数据和数据的认知都匮乏的情况下，数据质量很难被测量，所以企业或者组织会很容易错误地使用数据。反之，如果元数据很充足，并且对系统的认知也很高，就能更准确地进行对数据质量的度量，企业或组织误用数据的风险也会很小。

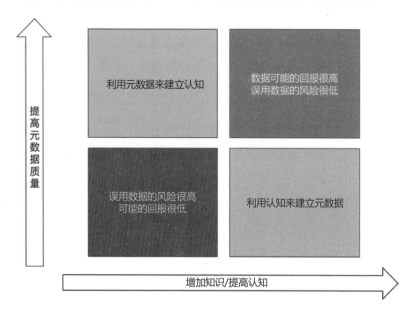

图 16-13　元数据和认知的互补

除了上述两种情况，元数据和我们对数据的认知是可以互补的，最终达到高质量数据带来高回报的效果。例如，针对一个新建系统，团队还不能很好地理解其业务，进而认知偏低，但是设计阶段已经产出了高质量的数据模型作为元数据，那么这些数据模型就可以很好地帮助团队去理解业务。

2. 数据质量维度

谈到数据质量，我们通常可以借助一些标准且广泛使用的框架来进行度量。例如 DQAF（Data Quality Assessment Framework），是国际货币基金组织（International Monetary Fund，IMF）提出的一个用来评估数据质量的框架，通常包括一系列的标准和指标，用于衡量和提高数据的适用性、可靠性和有效性。DQAF 可以包含多个维度，每个维度都定义了数据质量的不同方面。例如我们从下面 4 个使用比较普遍的维度来对数据的质量进行评估。

● 完备性（Completeness）：数据拥有所有必要或适当的部分，没有遗漏关键信息。

举例：在贷款审批过程中，银行需要收集借款人的个人信息、收入证明、征信报告等完整资料。如果缺少任何一项关键资料，如征信报告未提供或不完整，那么银行将无法全面评估借款人的信用状况，从而影响贷款审批的准确性和效率。

● 及时性（Timeliness）：数据从所需时点表示现实的及时程度，即数据能够迅速反映当前业务或市场状况。

举例：在金融市场交易中，股票价格、汇率等市场数据需要实时更新到交易系统中。如果这些数据存在延迟，那么投资者将无法及时获取市场信息，从而影响其交易决策和风险管理。因此，金融机构需要确保市场数据的及时更新和传输。

● 有效性（Validity)：数据对一组业务规则的符合程度，即数据在逻辑上合理，在业务上有意义。

举例：在风险评估模型中，输入的数据需要符合模型的假设和规则。如果输入的数据存在异常值或不符合模型规则，那么评估结果将失去意义。因此，金融机构需要确保输入数据的有效性，以支持其风险评估和决策过程。

● 一致性（Consistency）：数据之间不存在变异或变更，即相同含义的信息在不同来源、不同时间或不同系统之间保持一致。

举例：在跨机构合作中，不同金融机构之间需要共享客户信息以进行联合授信或风险防控。如果不同机构之间的客户信息不一致（如姓名拼写错误、身份证号码不一致等），那么将导致数据冲突和矛盾，影响合作效果。因此，金融机构需要确保客户信息的一致性，以支持跨机构合作和业务协同。

3. 数据质量的度量准则

在进行数据质量度量时，通常需要做列属性剖析，会涉及如下几个方面。

- 高频值：例如，针对民政部门的婚姻大数据系统，结婚登记年龄的高频值应该在婚姻法规定的最低年龄到 35 岁之间，如果我们在某段时间内接收到的预期高频值数据（最低年龄到 35 岁之间）大幅下降，就可能意味着处理数据过程中出现了错误或者丢失数据的情况，造成期待的高频值没有出现。

- 低频值：低频值经常作为百分比分布中的异常值出现，以上面的婚姻大数据系统为例，预期的数据中的 60～70 岁是低频值，如果在某个时间段，这个范围的数据比重增加，则可能意味着数据质量的下降。

- 日期数据：日期数据需要满足合理的期望，可以通过考虑事件之间的关联关系而确定。例如预计发货日期应该在订购日期之后。

- 列填充情况的观察，具体如下。

  ➢ 无效值：我们总是期待所有的数据都是有效的，在数据质量测试过程中，可以依据列填充的无效值来度量质量，例如名字字段，一个系统大概率是不允许"测试""123"这样的名字被录入的。如果出现了类似的无效值，则说明数据质量是有问题的。

  ➢ 有效值缺失：无效值是显而易见的问题，更复杂的情况是某些有效值的缺失。例如，针对就业管理系统大数据，人员的学历有本科、硕士和学士三个值，但是我们接收到的数据只有其中两个值，这时就需要根据控制记录进行追踪和确认。

  ➢ 列的基数为 1：基数可以简单理解为某列的不同值的个数，基数唯一一般意味着整个数据集中，这个列只有一个值。例如，针对某省级卫生健康委员会大数据系统，每日汇总的各个医院的门诊数据，挂号日期应为当天，故这列的基数为 1，如果出现多个值，那么数据就是低质量的。

  ➢ 预期低基数的列具有高基数：在员工管理系统中，性别是低基数，例如只可能有"男""女""未知"三种，如果出现大于 3 种的，那么也是数据质量低的表现。

  ➢ 预期高基数的列具有低基数：在员工管理系统中，出生年月日应该是一个高基数的列。预期高基数的列不应该出现低基数。

16.5　大数据产品的非功能性测试

大数据产品的非功能测试会根据产品具体的 NFR（非功能需求）进行设计和执行，一般会涉及如图 16-14 所示的非功能性测试类型。例如，可用性、兼容性、负载、安装、伸缩性、可靠性等。本小节会结合主流大数据系统的基本要求，介绍几种主要的非功能性测试。

图 16-14 非功能性测试类型

16.5.1 大数据产品非功能性测试面临的挑战

大数据产品的 5V 特性给非功能性测试也带来了巨大的挑战。如图 16-15 所示，这是一个复杂部署的 Splunk 大数据产品，涉及多个层级和多个站点。

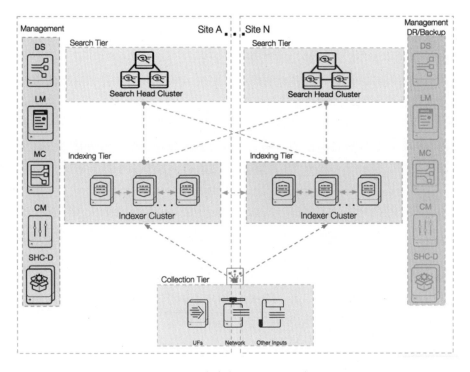

图 16-15 复杂部署的 Splunk 产品

该产品的复杂性表现在以下两个方面。

- 架构
  - ➢ 多组件，多角色。
  - ➢ 分布式集群，高可用。

> ➢ 多站点支持。
> ➢ 混合部署（私有+云部署）。
- 用户规模
> ➢ 数据注入：每天的数据量从 TB 级别到 PB 级别。
> ➢ 业务压力：每天有 20 万到 100 万查询量。
> ➢ 拓扑规模：有 500 到 20 000 个节点。

对于如此复杂的系统，其非功能性测试也会有诸多挑战。

- 多组件和多角色的集成测试：大数据系统包含多个组件和角色，如数据采集、存储、处理和分析等，需要进行复杂的集成测试以确保所有组件协同工作。
- 分布式集群的高可用性测试：分布式集群需要保证高可用性，测试需要模拟节点故障和恢复，以验证系统的容错能力和自我修复机制。
- 多站点支持的地理冗余测试：多站点支持要求系统能够在不同地理位置的数据中心之间进行数据同步和故障转移，测试需要考虑地理分布对性能和可靠性的影响。
- 混合部署的兼容性测试：混合部署结合了私有云和公有云，测试需要确保不同云环境之间的兼容性和数据一致性。
- 数据注入的负载测试：每天从 TB 级别到 PB 级别的数据注入对系统的处理能力是一个巨大挑战，需要进行严格的负载测试以评估系统在高数据吞吐量下的表现。
- 业务压力的性能测试：每天 20 万到 100 万的查询量要求系统具备高效的查询处理能力，性能测试需要模拟高并发环境下的查询性能。
- 大规模拓扑的伸缩性（扩缩容）测试：500 到 20 000 个节点的大规模拓扑对系统的伸缩性提出了高要求，测试需要评估系统在不同规模下的伸缩表现和资源管理。
- 拓扑无关性的测试设计：好的测试设计应该是拓扑无关性的，即测试结果不应依赖于特定的部署架构，这要求测试能够覆盖不同的部署场景和配置。
- 灾难恢复和数据备份测试：需要测试系统的灾难恢复计划和数据备份机制，确保在发生严重故障时能够快速恢复服务。
- 资源管理和优化测试：大数据系统需要高效的资源管理策略，以优化计算、存储和网络资源的使用，测试需要评估资源分配和调度策略的有效性。

通过应对这些挑战，可以确保大数据系统在非功能性方面的表现满足业务需求和预期，为用户提供稳定、可靠和高效的服务。

16.5.2 非功能性测试设计

讲到非功能性测试，希望测试人员能够统一一个认知，那就是非功能性测试不等于不测试。非功能性测试的核心本质是在保证产品功能符合预期的前提下探索非功能性的表现是否符合产品团队给出的预期。在实践过程中，有可能产品团队并不能给出准确的 NFR 预期，在这种情况下测试团队会以更敏捷的方式实施测试，持续给到产品团队反馈。

1. 稳定性测试

稳定性测试是指系统在资源异常的情况下的表现，旨在探索软件的健壮性。对于大数据产品，一般架构或部署分别通过云原生和分布式部署实现。对于云原生产品，主流的混沌工程产品都能用来进行稳定性测试。错误/异常分类如图 16-16 所示，一般来讲异常情况可以分为外部、内部和第三方三个维度。

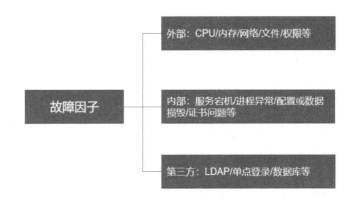

外部：CPU/内存/网络/文件/权限等

故障因子

内部：服务宕机/进程异常/配置或数据损毁/证书问题等

第三方：LDAP/单点登录/数据库等

图 16-16　错误/异常分类

从产品的角度来看，外部异常主要来自计算层面，如 CPU、内存、网络、I/O、存储和权限等；内部异常体现在节点和站点的错误；第三方涉及整个部署的外部软件和系统，如用来认证的 LDAP 和 SSO，还有其他底层用于同步状态的数据库或消息队列等。

对于给定的测试环境，通过编排并注入设计好的错误类型，着重观察系统的表现，例如是否出现服务不可用、数据丢失、性能损失等，在被注入的异常撤回后，观察系统的恢复情况。

2. 可配置性测试

大数据系统部署相对复杂，通常由多达数百个配置来决定其具体表现，我们在进行功能测试的时候也仅仅能覆盖其中几种配置组合方式。所以在非功能性测试范畴内，产品的可配置性是需要测试的。其核心理念是我们预先找到一组通用测试用例（固定数据集→简单的查询分析业务），确保这组测试集与部署配置无关或者适用于大部分部署。以 Splunk 为例，我们构造一个员工管理大数据系统，给定固定比例的性别数据、具体生日数据、既定的空值字段等信息，对于给定的一个环境，每次注入一个配置集，然后运行测试用例、统计性别比例、生日分布、空值率等，如此往复去迭代所有可能的配置集。可配置性测试如图 16-17 所示。

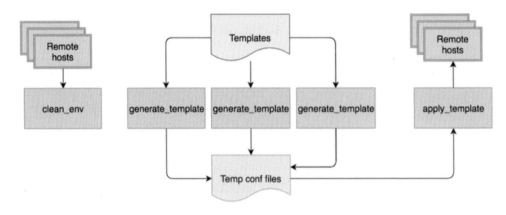

图 16-17　可配置性测试

- 对给定环境进行环境清理。
- 根据配置模板生成配置集合。
- 将新生成的配置集合施加到清理过后的环境中。

3. 扩缩容测试

大数据产品一般都是可以进行扩缩容的，例如某个客户初始阶段业务量不大，大数据产品部署容量为 5GB/天。后面由于业务突飞猛进，原有大数据系统不能满足业务量的需求，要进行扩容。扩容方式一般分为水平扩容（Scale Out）和垂直扩容（Scale Up），因为垂直扩容是对服务器硬件资源的增加，所以在此不讨论。水平扩容的表现形式为增加更多的计算节点，在此情况下，扩容测试需要注意以下方面。

- 扩容后，原有业务是否都被影响。
- 数据索引层扩容后，新数据是否均匀分散。
- 数据索引层扩容后，旧数据是否流向新加节点。
- 业务查询层扩容后，新业务是否被均匀分散。
- 扩容后，数据是否丢失和重复。

另外，也要考虑支持客户在业务量缩减的时候对大数据系统进行缩容。对于缩容测试，除了上述几条需要测试的，还需要重点监控数据的丢失情况。

4. 升级测试

任何一家客户对于大数据产品升级都是持谨慎态度的，除非新版本有特别需要的功能。产生此种现象的根本原因是大数据产品部署复杂，升级过程中可能会出现不可预见的问题，轻则业务会被短暂耽误，严重情况会涉及系统大面积瘫痪和数据丢失，所以升级测试的重要性不言而喻。

由于大数据产品涉及多层和多站点的部署，因此升级方案也是灵活多样的。一般来讲我们需要覆盖冷升级和热升级。冷升级比较直接，首先准备埋点数据并注入被测系统，然后按操作流程关闭整个系统，再一次升级到指定版本。接着根据操作手册按顺序启动各个节点，最后待系统完全启动后，进行对之前埋点数据的验证。

对于热升级需要根据产品特性进行充分的测试设计，热升级分为横向升级和纵向升级。横向升级按层升级，可跨多站点。例如先升级数据收集层，待这层升级完毕后，开始升级索引层，最后升级业务查询层。在每一层还可以进行滚动升级（Rolling Upgrade），例如索引层有 100 个节点，我们可以选择每次升级 1 个节点的策略（需操作 100 次升级动作），还可以选择每次升级 5 个节点的策略（需操作 20 次升级动作）。纵向升级按站点操作，每次的最小单位为整个站点，站点内可以选择横线热升级或者冷升级。热升级需要着重观察以下方面。

- 升级过程中的错误信息。
- 升级中，实时业务是否被其他节点承担。
- 升级中，不同层/站点之间、不同版本的产品是否能够协同工作。
- 升级后的数据是否有丢失。
- 升级后的所有配置是否按预期起效。
- 升级后，在旧版本上定制的业务是否正常运行。

5. 大数据基准测试

数据类的产品通常会进行基准测试，从软件开发商的角度来看，基准测试有助于产品优势地位的确立，有利于市场销售。同时基准测试也能帮助团队持续打磨和优化产品。对于客户来讲，基准也是大数据产品选型的一个很好的参考，就像我们选择手机的时候参考安兔兔跑分的情况一样。大数据产品相关的基准比较多，下面着重介绍 TPC-DS。

TPC-DS（Transactional Processing Performance Council Decision Support Benchmark，事务处理性能委员会决策支持基准）是一个决策支持基准，它对决策支持系统的几个一般适用方面进行建模，包括查询和数据维护。基准提供了一个具有代表性的性能评估，作为一个通用的决策支持系统。基准测试结果可以度量单用户模式下的查询响应时间、多用户模式下的查询吞吐量，以及给定硬件、操作系统和数据处理系统配置在受控的、复杂的、多用户决策支持工作负载下的数据维护性能。TPC-DS 基准测试的目的是为行业用户提供相关的、客观的性能数据。

在 TPC-DS 官网可以下载到标准的工具包，主要包括以下内容。

- 数据生成器：可执行文件用来生成所用测试数据集，以及 1GB 到 100TB 数据。
- 查询生成器：可执行文件用来生成所用查询集合。

TPC-DS 的业务模型主要涵盖五个类型，如图 16-18 所示，这些业务综合下来包括数据加载、查询和维护等操作。

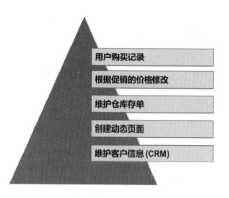

图 16-18　TPC-DS 业务模型

TPC-DS 包括 7 张事实表和 17 张维度表，如表 16-2 所示，事实表为弱实体（依赖其他实体），维度表为强实体（不依赖其他实体的存在而存在）。一个典型的例子是，把逻辑业务比作一个立方体，产品维、时间维、地点维分别作为不同的坐标轴，而坐标轴的交点就是一个具体的事实。也就是说事实表是多个维度表的一个交点，维度表是分析事实的一个窗口。随着数据量的增加，事实表呈现线性增长趋势，维度表的变化相对较小。

表 16-2　7 张事实表和 17 张维度表

7 张事实表	17 张维度表
• Store sales • Store returns • Catalog sales • Catalog returns • Web sales • Web returns • Inventory	• Store • Call center • Catalog_page • Web_site • Web_page • Warehouse • Customer • Customer_address • Customer_demographics • Date_dim • Household_demographics • Item • Income_band • Promotion • Reason • Ship_mode • Time_dim

TPC-DS 的执行过程如图 16-19 所示，首先是数据加载测试，然后是串行的查询测试。虚线框出来的部分为吞吐测试，分别是并行查询测试 1→数据维护测试 1→并行查询测试 2→数据维护测试 2。

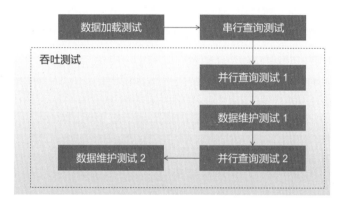

图 16-19　TPC-DS 执行过程

在上述所有的测试执行完毕后，就可以算出对应的产品性能指标。指标计算公式如下。

$$QphDS@SF = \left| \frac{SF \times Q}{\sqrt[4]{T_{PT} \times T_{TT} \times T_{DM} \times T_{LD}}} \right|$$

- SF 为数据量因子，可以理解为每 1GB 数据贡献 1 SF。
- Q 是加权查询的总数：$Q=Sq×99$，其中 Sq 是在吞吐量测试中执行的流的数量。
- 吞吐量测试
  - TPT=TPower×Sq，其中 TPower 是串行查询所需的总时间。
- Sq 是在吞吐量测试中执行的流的数量。
  - TTT= TTT1+TTT2，其中 TTT1 是吞吐量测试 1 的总运行时间，TTT2 是总运行时间。
  - TDM= TDM1+TDM2，其中 TDM1 是数据维护测试 1 的总耗时，TDM2 是总耗时。
  - TLD 是计算为 TLD=0.01×Sq×TLoad 的负载因子，TLoad 为数据加载时间。
- TPT、TTT、TDM 和 TLD 以十进制小时为单位，分辨率至少为 1/3600（秒级）。

根据上面的公式可以看到，分子中的数据量越大越容易得到一个好的性能，但是同时数据量越大，各种操作和处理的时间也会越长，所以分母也会变大，限制着我们得到一个很好的性能指标。此种情况就会激励大数据产品开发团队不断优化资源和算法，进而提升性能。

## 第 17 章

区块链测试技术

随着数字经济的深入发展，AI、区块链、云计算、大数据等新兴技术被正式纳入国民经济和社会发展第十四个五年规划和 2035 年远景目标纲要，其中就包括区块链技术。如今，区块链正日益融入经济发展的各个领域，成为重组全球要素资源、更新生产关系、改变竞争格局的重要力量。

17.1　区块链概述

17.1.1　区块链定义

区块链起源于比特币的技术抽象，2008 年中本聪在"metzdowd.com（密码朋克）"网站的邮件列表中发表了一篇论文，题为"Bitcoin：A Peer-to-Peer Electronic Cash System"，人称该论文为"比特币白皮书"。随着比特币的火热发展，人们开始探究比特币背后的底层技术，由此诞生了集合密码学、共识、分布式账本等技术的 BlockChain，也就是区块链。根据中国信息通信研究院发表的《区块链白皮书》中阐述的定义：区块链是一种由多方共同维护，使用密码学保证传输和访问安全，能够实现数据一致存储、难以篡改、防止抵赖的记账技术，也称为分布式账本技术（Distributed Ledger Technology）。

17.1.2　区块链特征

区块链技术及其产品有四大典型特征：去中心化、透明性、不可篡改性和匿名性，具体如下。

1. 去中心化

传统互联网产品或交易系统，需要依赖第三方机构担任中介，如微信、支付宝，如果中心化组织出现单点故障，那么用户的数据、信息将有可能被泄露，并且中心化机构可能会利用用户数据进行流量变现，导致用户价值被平台拥有。但建立在区块链技术基础上的交易系统，在分布式网络中用全网记账的机制替代了传统交易中第三方中介机构的职能，从而摒弃了一家独大的中心化架构，采用了去中心化的组织架构和社区化管理模式。

2. 透明性

区块链的透明性，是指交易的关联方共享数据、共同维护一个分布式共享账本。因为账本分布式共享、数据分布式存储、交易分布式记录，所以人人都可以参与到这种分布式记账体系中来，区块链上的智能合约和账本上的交易信息对所有人公开，任何人都可以通过公开的接口对区块链上的数据进行检查、审计和追溯。也正是因为区块链分布式共享账本具有高透明性，所以关联方都可以确信链上数据没有被篡改，也无法被篡改。

3. 不可篡改性

区块链的数据结构以 Block 为单位进行存储，区块之间按照时间、高度顺序再结合密码学算法构成链式数据结构，通过共识机制选出提案节点，由该节点决定最新区块的数据，其他节点共同参与最新区块数据的验证、存储和维护，数据一经确认，就难以删除和更改，只能进行授权查询操作。

4. 匿名性

匿名性，即区块链利用密码学的隐私保护机制，可以根据不同的应用场景来保护交易人的隐私信息，在参与交易的整个过程中，交易人身份、交易细节不被第三方或者无关方查看。基于 PKI（Public Key Infrastructure）体系生成的账户地址保证了区块链交易的匿名性，基于零知识证明等的隐私计算技术确保了上链数据的可用不可见。

17.1.3　区块链分类

按照系统是否具有节点准入机制，区块链可分类为许可链和非许可链。许可链，顾名思义，即分布式组织、节点的加入和退出需要得到区块链系统的共识，如果进一步划分许可链，则根据拥有控制权限的主体是否集中可分为联盟链和私有链；非许可链则是完全开放的，也可称为公有链，节点可以随时加入和退出，任何人和节点都能读取区块链信息，发送交易并能被确认和共识。公有链是真正意义上的去中心化区块链，比特币、以太坊就是公有链最好的代表。

17.1.4　区块链的应用场景

区块链技术如今在世界各地呈现出方兴未艾的发展态势，不管是联盟链还是公有链，应用场景都层出不穷。从业务上看，区块链的安全和信任机制可以助力各行各业加速数字经济进程，行业应用领域发展潜力巨大。

联盟链作为区块链技术类型之一，在国内数字经济市场得到充分应用。从数据要素的流通过程来分析，主要有下列场景。

（1）数据存证，主要利用区块链在存储上的防篡改特性，典型的应用场景有电子合同、版权保护等。

（2）数据共享，主要是跨组织间的数据共享、多方见证，典型的应用场景有银行保理业务，寻人、募捐等公益项目。

（3）数据流通和交换，这类场景往往需要数据流跨越多个参与方，并经过加工计算再流转，这也是联盟链应用最多的方向，典型的应用场景有供应链金融、食品溯源、跨境转账等。

（4）数据隐私计算，这类应用场景是联盟链最新探索的方向，比如多方安全计算、TEE可信执行环境、零知识证明等。

公有链技术在国际市场上探索出来的应用场景十分丰富，主要围绕 Web3、区块链基础设施的建设、合约标准的建立、数字资产的流通、交易等方向。图 17-1 来源于 Coinbase，展示了区块链在 Web3 领域的应用生态。

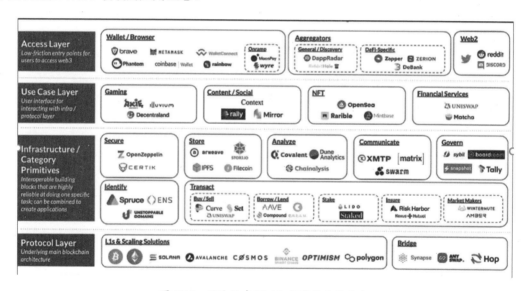

图 17-1　区块链在 Web3 领域的应用生态

17.2　区块链测试技术总览

新兴经济的不断发展也在推动着前沿技术的不断演进。代表着未来战略的技术领域 IMABCDE 正悄悄地改变着人们的生活。IMABCDE 这 7 个字母分别代表着 IoT（物联网）、Mobile（移动计算）、AI（人工智能）、Blockchain（区块链）、Cloud（云计算）、Data（大数据）、Edge（边缘计算）。其中区块链作为战略新兴技术也被写入《"十四五"规划和 2035 年远景目标纲要》中。

区块链作为一种集密码学、共识、虚拟机、合约等为一体的分布式技术，概念繁多、知识庞杂。分布式技术本身就令很多新手望而却步，即使是有一定年限工作经验的老手，也不一定知其所以然。究其原因，主要是知识碎片化、不成体系。那么，针对区块链的测试，不仅要熟悉被测对象自身作为分布式系统的复杂交互逻辑，还要有针对性地进行各个维度的专项测试。

17.2.1　区块链通用架构体系

区块链系统的整体分层架构如图 17-2 所示。

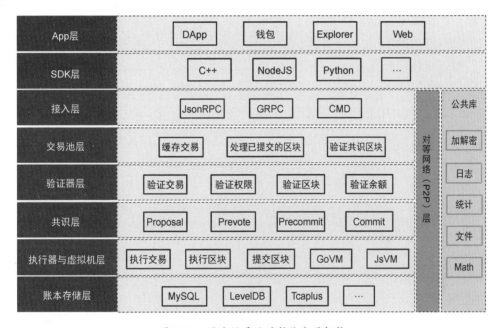

图 17-2　区块链系统的整体分层架构

- 应用层，包括 App 层和 SDK 层，App 层可以是各种去中心化的终端应用，包括 DApp、钱包、区块链浏览器、命令行工具；SDK 层负责开发者的接入工作，需要支持各种语言版本的 SDK。
- 接入（RPC）层，是底层的对外接口，需要支持业界通用的协议，包括 GRPC、JsonRPC 等。
- 交易池（TxPool）层，负责缓存交易和广播交易，同时需要提供区块上链后的交易清除功能。
- 验证器（Validator）层，负责交易和区块的验证工作，比如验证手续费余额、提案合法性、区块结构、节点签名等。

- 共识（Consensus）层，区块链的核心模块，负责多个节点就某一个提案达成一致性的协作过程，常见的共识算法包括公有链的 PoW 算法、PoS 算法、DPoS 算法，联盟链中的 PBFT 算法、Raft 算法等。
- 执行器（Executor）层，负责交易或者区块的执行、提交的发起工作，同时有些区块链支持的块内并行和块间并行也在这一层实现。
- 虚拟机（VM）层，合约交易执行的沙箱环境，封闭外界输入/输出，提供可靠、稳定、无干扰的执行环境。
- 账本存储（Ledger Store）层，负责持久化工作，需要兼容常见的存储方案，比如 MySQL、LevelDB 和 Tcaplus（腾讯自研的支持快速扩缩容、分片等能力的分布式存储组件）等。
- 对等网络（P2P）层，区块链的网络基础设施，提供节点发现、消息路由、交易/区块广播、可信通信等能力。

区块链的交易生命周期从客户端的一笔请求开始，下面将跟踪一笔交易，从 RPC 发送请求开始，到包含这笔交易的区块上链为止，完整说明区块链各个组件的逻辑性和关联性。

1. 交易请求结构及含义解释

由 Client 构造一笔原始交易，通过 RPC 层发往 TxPool 层，假设该笔交易是由 Alice 账户（address:1QKCfKrpX2nXwABxh73Mfox3NaCf5twidZ）发行 100 个 token（代币）给 Bob 账户（address: 1ABdDD7Ps1Szdq8jtQiU9jNm8DQUf6mR1d），原始交易如下：

```
{
  "chainID":8888xxxx,
  "version":0,
  "reqTime":1579245001626200xxx,
  "senders":[
    "1QKCfKrpX2nXwABxh73Mfox3NaCf5twidZ"
  ],
  "payer":0,
  "action":{
    "contractID":"token",
    "actionName":"Issue",
    "params":{
      "to":"1ABdDD7Ps1Szdq8jtQiU9jNm8DQUf6mR1d",
      "value":100
    }
  },
  "gasLimit":0,
  "gasPrice":1
}
```

原始交易包含的关键字段含义如下。

- chainID：区块链索引，标识唯一的区块链。
- senders：交易发起方，可以有多个，本案例是 Alice 账户。
- payer：指定某个 senders 支付这笔交易所花费的 token，是 senders 列表的索引。
- action：执行区块链上的某个合约，本案例调用的合约名是 token，调用合约的方法名是 Issue，参数是接收方地址"to：Bob 账户"，转账金额的数值是 100。
- gasLimit：Alice 愿意为本次交易花费的最大 gas 数量。
- gasPrice：Alice 愿意为本次交易花费的最大 gas 单价。

客户端用 Alice 的私钥对原始交易进行签名，签名后的交易如下：

```
{
    "signatures":[
        {
            "publicKey":{
                "type":1,
                "data":"0x1ec2e2a6ffd1da08fa578e53491c08520ca56bb2d89ee0d0fcee
6285e4dfe96b"
            },
            "result":"0x36644c3a97229ef5feff8d3806249da117188885cd7033e3c8bbb
542d625f05d4fb2cf7521121431e97a068933690de97ca29ed42f379090176da5d1a7605a02"
        }
    ],
    "chainID":8888xxxx,
    "hash":"e9b04337550f9cf9c37a75f06f534a2505f89402d67a9601d5ee727733ad032b",
    "payer":0,
    "gasLimit":0,
    "version":0,
    "action":{
        "actionName":"Issue",
        "params":{
            "to":"1ABdDD7Ps1Szdq8jtQiU9jNm8DQUf6mR1d",
            "value":100
        },
        "contractID":"token"
    },
    "reqTime":1579245001626200xxx,
    "senders":[
        "1QKCfKrpX2nXwABxh73Mfox3NaCf5twidZ"
    ],
    "gasPrice":1
}
```

签名后交易包含的关键字段如下：

● 原始交易。

● signatures.publicKey：签名者的公钥，用于验证签名。

● signatures.result：签名结果。

2. 交易的生命周期

区块链节点（如图 17-3 所示）分为共识节点（图 17-3 中的 P1～P4 节点）、种子节点（图 17-3 中的 Seed 节点）和同步节点（图 17-3 中的 Sync 节点），每个节点都可以作为交易请求上链的服务端。

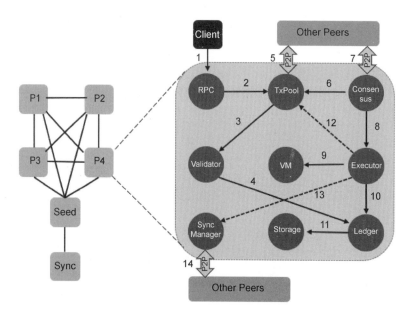

图 17-3　区块链系统的交易上链流程

整个交易上链过程包括下列步骤。

1）接收交易

（1）客户端构造好原始交易和签名，通过 RPC 发送到区块链某个节点。

（2）RPC 层将交易转发给该节点的交易池，准备做简单的交易验证。

（3）交易池会调用验证器对该笔交易做验证，包括 Payload 交易大小、签名、发起方的 token 费用是否足够等。验证器会查询账本层是否有该笔重复交易，如果没有，则顺利进入下一环节。

2）广播交易

经过验证器验证并且存入本地交易池的交易，会通过 P2P 网络广播给其他节点，其他节点接收到交易，经过验证器验证后，也会存入本地交易池并广播出去。

3）区块提案并共识

（1）当轮到某个节点作为提案节点时，该节点共识模块会从交易池中提取一定数量的交易，准备构造区块并提案。

（2）在 BFT（Byzantine Fault Tolerance）类共识中，节点构造好提案后，会进入预投票（Prevote）阶段，将该提案通过 P2P 网络广播出去，其他节点收到提案后进行验证、投票并广播，进入预提交（Precommit）阶段，其他节点收到大于或等于 2/3 的预提交投票后，准备进入提交（Commit）阶段。

4）区块提交及后处理

（1）区块经过各个节点达成共识后，传递给执行器模块，准备提交。

（2）执行器首先执行区块，通过虚拟机调用合约方法，计算实际花费的 gas。

（3）执行器接着提交区块，调用账本层模块，做持久化工作。

（4）账本层会调用存储层，适配不同的存储组件，做最后的落盘工作。

（5）区块提交并落盘后，会进行扫尾处理，调用交易池模块，将已经上链的交易从交易池中移除。

（6）执行器在提交完区块后会通知同步模块向其他节点发送心跳，心跳内容是刚刚上链的区块高度。

（7）其他节点通过 P2P 网络接收到心跳消息后，会和本节点的区块高度进行比较，决定是否同步最新的区块内容。

17.2.2　区块链"四横四纵"测试体系

针对区块链系统的测试方案，不仅要考虑传统的测试方法，比如功能测试、性能测试、可靠性测试、兼容性测试等，还要有针对性地就区块链的不同模块和组件进行专项测试，比如安全测试、异常测试、高可用性测试等。传统的测试方法我们不做过多的赘述，这里我们归纳出区块链的专项测试体系，利用特有的测试技术，覆盖区块链架构的不同层次，来实现区块链系统的高可用目标，如图 17-4 所示。

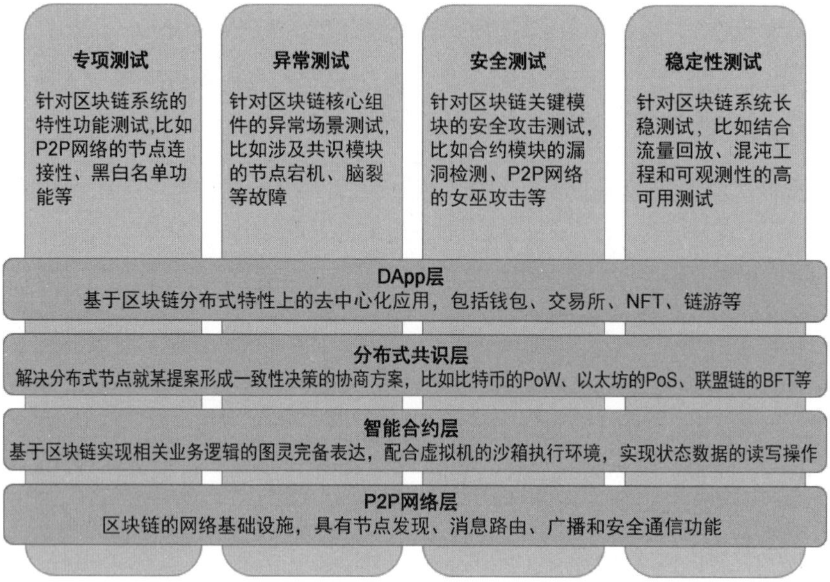

专项测试	异常测试	安全测试	稳定性测试
针对区块链系统的特性功能测试，比如P2P网络的节点连接性、黑白名单功能等	针对区块链核心组件的异常场景测试，比如涉及共识模块的节点宕机、脑裂等故障	针对区块链关键模块的安全攻击测试，比如合约模块的漏洞检测、P2P网络的女巫攻击等	针对区块链系统长稳测试，比如结合流量回放、混沌工程和可观测性的高可用测试

DApp层
基于区块链分布式特性上的去中心化应用，包括钱包、交易所、NFT、链游等

分布式共识层
解决分布式节点就某提案形成一致性决策的协商方案，比如比特币的PoW、以太坊的PoS、联盟链的BFT等

智能合约层
基于区块链实现相关业务逻辑的图灵完备表达，配合虚拟机的沙箱执行环境，实现状态数据的读写操作

P2P网络层
区块链的网络基础设施，具有节点发现、消息路由、广播和安全通信功能

图 17-4　区块链四横四纵测试体系

17.3　DApp 测试

DApp（Decentralized Application），即去中心化应用，又称分布式应用，其通过智能合约，在去中心化的区块链节点上计算和执行，配合前端 UI 展示，从而形成一致性结果。DApp 按领域分类，包括交易所、游戏、金融、竞猜、钱包、NFT、身份、媒体、社交等，目前常见的 DApp 是基于以太坊公有链搭建起来的，有 Uniswap、OpenSea、MetaMask（小狐狸钱包）、Polygon POS Bridge 等。

17.3.1　DApp 概述

1. 常见的 DApp 介绍

下面针对常见的公有链 DApp 做简单介绍。

1）Cryptokitties

早期的以太坊去中心化游戏是非同质化代币的代表作。用户在游戏中可以养大、买卖并繁育"加密猫"，每只小猫及其繁衍的后代基因都是独一无二的。该游戏于 2017 年 11 月上线，在 2017 年 12 月 3 日之前，以太坊排队待处理的交易量极少突破 5000，但从 2017 年 12 月 3 日开始，待处理交易量几乎直线上升，到 12 月 4 日凌晨 4 点左右微处理交易量已经突破 1 万，当日下午已经突破 1.5 万，12 月 5 日接近早上 6 点交易量触及 2 万关口，一度造成以太坊网

络严重阻塞。加密猫本身并没有附带加密货币，但以太坊使用区块链技术来确认具体的 CryptoKittie 角色的所有权，让普通用户开始真正接触区块链。

2）OpenSea

Opensea 是全球最大的 NFT 交易平台，用户可以在这里创建、交易、购买和销售 NFT。有超过 150 万个账户在该平台上进行交易，这使该平台能够保持 NFT 交易市场的主导地位。OpenSea 主要是基于以太坊 ERC-721 标准和 Polygon（以太坊的 layer2 扩展解决方案）实现的。

3）Uniswap

Uniswap 是一家去中心化的 Crypto 交易所，同时，Uniswap 也是一种基于以太坊的协议，旨在促进 ETH 和 ERC20 代币数字资产之间的自动兑换交易，在以太坊上自动提供流动性。Uniswap 完全部署在链上，任何个人用户，只要安装了去中心化钱包软件就都可以使用这个协议。Uniswap 也可以被认为是一个 DeFi 项目，因为它试图利用去中心化协议来让数字资产在交易过程中彻底实现去中介化。与中心化交易所相比，Uniswap 使用流动性池而不是做市商，旨在创造更高效的市场。流动性提供者通过将一对代币添加到可由其他用户买卖的智能合约来为交易所提供流动性。作为回报，流动性提供者将获得该交易一定比例的手续费。每笔交易都会从流动性池中移除一定数量的代币以换取其他代币的数量，从而改变价格。上架代币无须任何费用，允许用户访问大量以太坊代币，并且用户无须注册。

4）MetaMask

MetaMask 是一种基于以太坊区块链的软件 Crypto 钱包，也是以太坊上日活前列的 DApp，其允许用户通过浏览器插件或移动应用程序访问他们的以太坊钱包。MetaMask 由 ConsenSys Software Inc.于 2016 年开发，该公司是一家专注于基于以太坊的工具和基础设施的区块链软件公司。MetaMask 允许用户存储和管理账户密钥、广播交易、发送和接收基于以太坊的 Crypto 和代币，并通过兼容的网络浏览器或移动应用程序的内置浏览器安全地连接到去中心化应用程序。

2. 与传统应用的区别

传统的应用程序往往是基于 C/S 架构的设计，一个 Server 端可以服务若干 Client 端，如果考虑性能和容灾要求，则可以将计算和存储进行冗余和分片处理，架构图如图 17-5 所示，在这种模式下，相同功能的 Server 和存储可以放置在不同地方，也就是传统的分布式集群。

区块链去中心化分布式应用 DApp 和传统应用最大的区别在于，前者是完全的去中心化，计算和存储被抽象为 Node（节点）。不同的个人、矿工、组织、矿场管理各个 Node，他们相互协作、相互掣肘、互不信任，共同遵循共识算法和智能合约来达成状态数据一致的目的，最终形成一条高度被不断追加、具有"上帝的时间"特性的区块链。区块链 DApp 的分布式集群架构如图 17-6 所示。

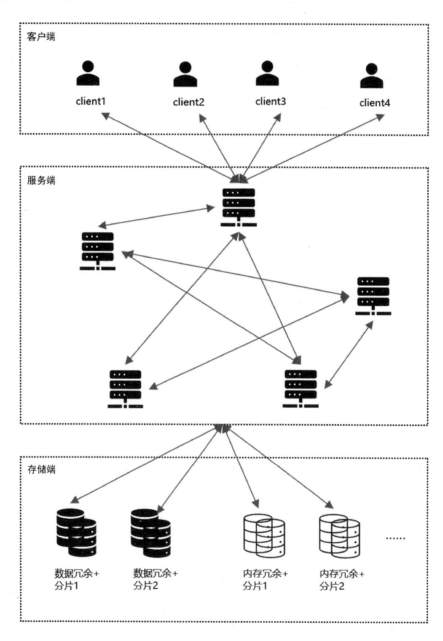

图 17-5　传统应用的分布式集群架构

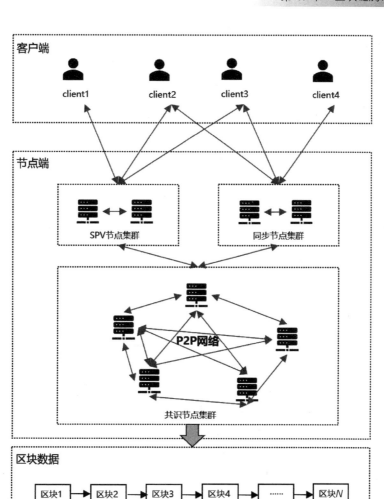

图 17-6　区块链 DApp 的分布式集群架构

目前以太坊是最大的 DApp 运行环境之一，拥有图灵完备的智能合约开发语言 Solidity，开发者可以先编写好智能合约，再部署到以太坊公有链上，最终形成可被用户访问的应用程序。一个 DApp 主要包含下面几个模块。

- DAPP 应用，基于去中心化应用的前端交互。
- 智能合约，开发者编写相关业务逻辑的合约代码，部署到区块链上。
- 应用层，部署到 DApp 项目方的服务器上，接收用户的 DApp 请求，访问链上合约接口，返回数据给用户。
- 区块链，是智能合约的集成运行环境以及实现去中心化价值数据传递的核心组件。

17.3.2　专项测试

典型的 DApp 应用都会开放和公有链（比如以太坊）交互的入口，以钱包 DApp 为例，常见的应用场景有代币资产管理、代币资产转移、NFT 藏品领取、NFT 藏品交易、ETH 质押等，这些场景都需要与以太坊公有链交互，从而需要构造以太坊交易请求，代码如下：

```
{
  "from":"0xbaec6FfD139cCA6bed7f4df9Bda434753552C3E2",
  "to":"0xafC338F18Da75e8cD0D5134a5933DE830BA5d2Bd",
  "value":"10",
  "data":"0x82ab890a000000000000000000000000000000000000000000000000
0000000014",
  "gas":"1000",
  "gasPrice":"1",
  "nonce":"1234"
}
```

相关参数字段解释如下。

- from：交易发起方的账户地址，如果 to 是合约地址，智能合约中的变量"msg.sender"就代表这个 from 地址。
- to：交易接收方的账户地址，to 的取值又分为下面三种情况。
  - ➢ 智能合约地址，代表当前交易是调用合约接口的交易。
  - ➢ 以太坊外部账户地址，即普通的用户钱包地址，代表当前交易是 ETH 的转账交易。
  - ➢ 空值，代表当前交易是部署智能合约的交易。
- value：转账的数量。
- data：合约接口调用的十六进制表示，其中前 10 个字符（包括 0x）表示合约方法 id，即 method_id，后面的字符是合约函数的参数表示。
- gas：交易的 gasLimit，表示允许花费的最大 gas 数量。实际发生的交易 gas 数量用 "gasUsed" 表示，多出的燃料费(gasLimit−gasUsed)×gasPrice 会返回给 from 账户。
- gasPrice：表示每一笔 gas 愿意出的单价，单位是 wei，最终消耗的燃料费满足 gas×gasPrice≥gasUsed×gasPrice。
- nonce：表示 from 账户的交易序列号。

这里重点说明一下区块链特有的 nonce 机制。在以太坊中，区块和交易都会有 nonce 值，区块 Header 中的 nonce 用于 PoW 挖矿算法的挖矿计算，交易中的 nonce 值指的是 from 账户在节点网络中的交易序列号。举个例子，fromA 账户在以太坊上发起第一笔交易，此时它的 nonce 值是 0，在交易成功后，发送第二笔交易，则 nonce 值必须设置为大于 0，这时候就会存在 nonce 值不一定满足累增 1 的情况，比如 fromA 账户在进行第二笔交易时，设置请求中的 nonce 值为 3，那么这笔交易必须等 nonce 为 1 和 2 的两笔交易被节点处理完才能继续，此时的交易状态为 "Pending"。

所以针对 nonce 值设计的测试用例如表 17-1 所示。

表 17-1　针对交易 nonce 值设计的测试用例

用例类别	用例描述	预期结果	测试结果	通过与否
针对以太坊交易的 nonce 值测试	当前交易 nonce 小于或等于最近成功交易的 nonce	交易出错	—	Pass/No
	当前交易 nonce 等于最近成功交易的 nonce+1	交易正常执行	—	Pass/No
	当前交易 nonce 大于最近成功交易的 nonce+1	当前交易被放入节点的队列中，处于 "Pending" 状态，在补齐 nonce 差之间的交易后，该笔交易被正常执行	—	Pass/No
	当前交易的 nonce 等于最近 Pending 交易的 nonce	节点对相同 nonce 值的由两笔交易进行判断，优先选择 gas 费用高的交易执行	—	Pass/No
	处于队列中的 Pending 交易，在未广播出去的情况下，节点宕机	该节点队列中缓存的所有交易都将丢失	—	Pass/No

钱包 DApp 后台架构包含的主要模块有：钱包后台服务、用户服务、行情服务、资产查询服务、监听服务、节点服务和链服务等，整体交互图如图 17-7 所示。

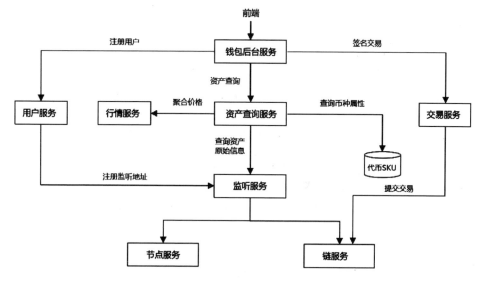

图 17-7　钱包 DApp 后台架构整体交互图

主要流程如下。

- 用户在钱包注册账户、生成私钥、向交易服务请求签名交易，并通过链服务提交到底层区块链上。
- 用户在钱包注册账户，并将该账户地址注册到监听服务中，监听服务遍历区块链上有关该账户的区块事件，并记录 DB，前端用户通过资产查询服务获取资产的原始信息，并通过行情服务提供的币价信息折算出当前的资产价格。

1. 行情类 DApp 专项测试

区块链行情页 DApp 主要提供公有链社区主流虚拟资产的实时行情，包括交易数据、报价数据和资讯数据，比如 CoinMarketCap 主站展示的虚拟资产的列表页和详情页。

虚拟资产列表页展示了当前 Coin 的价格、涨跌幅、24 小时交易量以及市值等，如图 17-8 所示。

#	名称	价格	1h %	24小时 %	7d %	市值	交易量 (24小时)	流通供应量	过去7天
☆ 1	Bitcoin BTC	$27,907.78	▼0.08%	▲2.52%	▲3.81%	$541,045,635,286	$16,281,338,031 583,333 BTC	19,386,912 BTC	
☆ 2	Ethereum ETH	$1,898.97	▼0.13%	▲2.80%	▲4.62%	$228,359,906,151	$6,975,257,816 3,670,604 ETH	120,254,303 ETH	
☆ 3	Tether USDT	$1.00	▲0.00%	▼0.02%	▲0.02%	$83,143,455,077	$23,519,012,719 23,516,075,261 USDT	83,127,088,775 USDT	
☆ 4	BNB BNB	$314.42	▼0.27%	▲2.05%	▲2.14%	$49,005,197,539	$455,268,584 1,447,370 BNB	155,857,028 BNB	
☆ 5	USD Coin USDC	$0.9999	▲0.00%	▼0.02%	▲0.00%	$29,056,208,592	$2,836,359,249 2,836,672,813 USDC	29,059,363,698 USDC	
☆ 6	XRP XRP	$0.4806	▲0.21%	▲1.58%	▲4.06%	$24,984,092,513	$707,332,459 1,470,512,137 XRP	51,983,386,003 XRP	
☆ 7	Cardano ADA	$0.379	▼0.24%	▲1.68%	▲4.30%	$13,220,079,987	$227,374,252 599,522,090 ADA	34,879,492,265 ADA	

图 17-8　CoinMarketCap 展示的虚拟资产列表页

虚拟资产详情页展示了当前 Coin 在不同法币（人民币、美元、港币等）场景下的实时报价、今日最高/最低价、历史最高/最低价、K 线图、分时图等，如图 17-9 所示。

虚拟资产的资讯页提供了和该 Coin 相关的实时资讯，供投资者查阅新闻。比如图 17-10 所示的比特币的资讯。

图 17-9　虚拟资产详情页

图 17-10　虚拟资产资讯页

1）列表页特性测试

虚拟资产的行情列表页需要关注以下特殊测试项。

- 展示顺序：产品侧需要定义虚拟资产列表的展示顺序，比如按照涨跌幅、总市值高低或搜索热度来排序，测试按照产品需求验证。

- 主/副标题：产品侧需要将虚拟资产的中文名、英文名、符号、英文简称、所属区块链等要素作为列表的主/副标题，方便用户快速识别虚拟资产，测试按照产品需求验证。

- 保留位数：由于不同虚拟资产（原生资产、ERC20 资产或 ERC1155 资产等）的精度不同，产品需要定义好虚拟资产转成法币后的保留位数，否则容易出现 0.00、0.000 的情况，如图 17-11 所示。

- 时区：产品需定义行情数据服务群体所处的位置，来转换报价所处的时区，一般数据源提供的行情都是格林威治标准时间的报价数据，产品根据不同时区做相应转换。

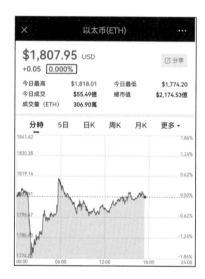

图 17-11 虚拟资产出现展示精度 bug（保留位数）

2）详情页特性测试

虚拟资产的详情页需要关注以下特殊测试项。

- 报价区-涨跌幅：由于虚拟资产在全球 24 小时交易，所以日涨跌幅=（当前价-昨收价）/昨收价，昨收价是昨日 23:59:59 的报价数据，有的也用最近 24 小时作为涨跌幅的比较对象，这时候涨跌幅=（当前价-24h 前报价）/24h 前报价。

- 报价区-成交量：日成交量一般是从当日零点到目前时间点虚拟货币的成交量，有的也用最近 24 小时成交量作为详情页的成交数据展示。

- K 线区-日 K 线：这里要注意日 K 线蜡烛图中的高低价和报价区的日最高/最低价保持一致，如图 17-12 所示。

- K 线区-分时图：同样地，因为虚拟资产 24 小时都有交易和报价信息，所以分时图需要实时刷新行情数据，以做前端展示，如图 17-13 所示。

图 17-12　虚拟资产出现展示精度 bug

图 17-13　虚拟资产分时图

3）资讯页特性测试

虚拟资产的资讯页需要关注以下特殊测试项。

- 资讯字体：产品侧定义不同区域的资讯展示字体，比如中国大陆展示简体中文资讯，中国香港展示繁体中文资讯，欧美展示英文资讯等。
- 资讯报价内容：虚拟资产的新闻资讯有一大部分是报价资讯，这部分内容是和时间、价格、涨跌幅相关的，这就要求资讯内容和报价区的实时价格、涨跌幅保持一致，否则会引起歧义，在图 17-14 中，资讯内容涨跌幅对比的是格林威治标准时间 0 时区 0 点的行情数据，而报价区涨跌幅对比的是格林威治标准时间东八时区（北京时间）0 点的行情数据，导致资讯和展示行情不一致。

2. 钱包类 DApp 专项测试

区块链钱包类 DApp 主要提供私有链或公有链的虚拟资产管理功能，包括虚拟资产的转账、空投、NFT 交易、流水查询等。比如 BitKeep 插件钱包提供了不同公有链网络的资产（代币、NFT）管理，如图 17-15 所示。

用户在钱包类 DApp 中可以管理自己的 Web3 资产，比如图 17-16 所示的代币转账。

转账页需要用户选择区块链网络、收款地址、转账数量，以及对应的支付密码完成上链操作，当然也需要支付一定的矿工费用。钱包 DApp 的专项测试包含公有链网络的切换测试、虚拟资产的列表测试、虚拟资产（代币、NFT）的转账测试及运营活动的空投测试。

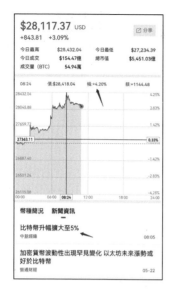

图 17-14　虚拟资产报价
内容不匹配

图 17-15　BitKeep 插件钱包

图 17-16　钱包类 DApp
转账功能

1）区块链网络切换测试

钱包类 DApp 往往需要支持各大主流公有链网络以及自建的区块链网络，不同区块链网络之间的地址类型、通信协议、共识算法等各不相同，需要钱包兼容，表 17-2 列举了主流的区块链网络及原生币。

表 17-2　主流的区块链网络及原生币

公有链	原生资产代码	中文名
Bitcoin	BTC	比特币
Ethereum	ETH	以太币
Ripple	XRP	瑞波币
Cardano	ADA	艾达币
Polygon	MATIC	马蹄币
Polkadot	DOT	波卡币
Litecoin	LTC	莱特币
Cosmos	ATOM	阿童木
Ethereum Classic	ETC	以太坊经典
Bitcoin Cash	BCH	比特币现金

在公有链网络的切换测试中，首先，要关注地址的兼容性，比如比特币和以太坊的地址生成算法和格式会有区别，其次，还要关注公有链主网和测试网的区别，比如以太坊网络提供了 Ropsten、Goerli、Sepolia 测试网络及主链正式网。

可以看到 BitKeep 插件钱包可以支持在 Bitcoin、Ethereum、Tron、BNB Chain、Polygon 等网络及自定义网络之间切换，如图 17-17 所示。

2）虚拟资产列表页测试

虚拟资产列表页展示了用户在不同公有链网络上的原生代币或 ERC20 代币，比如在以太坊主网上，可以看到用户的原生资产 ETH 的数量以及 ERC20 资产（USDT、OMG、LINK 等）的数量。值得注意的是，列表页在展示虚拟资产数量的同时，还需要根据虚拟资产不同法币的实时行情价，折算成相应的价值，如图 17-18 所示。

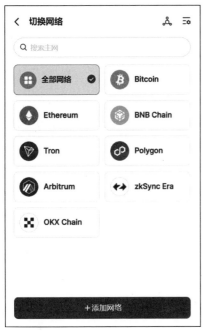

图 17-17　BitKeep 插件钱包支持的公有链网络

图 17-18　钱包内的代币数量及法币估值

这里的专项测试点如下。

● 7×24 小时不断更新行情价后的代币价值：由于区块链虚拟资产的行情价没有开盘和收盘，是 7×24 小时交易的，所以钱包列表页要关注代币的实时价值变化。

- 代币的精度：不同虚拟资产的代币精度不同，精度决定了代币的最小单位，比如以太坊 ETH 的精度是 18，也就是其最小交易单位是 0.000000000000000001Ether，而 TRR 的精度是 6，这就需要产品确定在列表页展示资产数量的统一性和区别性。
- 不同法币的折算价值：当用户切换默认法币时，整个列表页的代币行情和代币价值都需要做相应的切换。
- 不同方式的交易流水：钱包内展示的交易流水分为从钱包发起的转账交易和链上的监听交易。其中转出交易是指从钱包内部发起签名和上链的交易，而监听交易是指区块链上所有与该钱包地址相关的转账交易，包括交易发起方和交易接收方，如图 17-19 所示。

3）虚拟资产交易页测试

　　虚拟资产交易页提供了用户转移资产的交互页面，用户输入接收方的收款地址、不同资产的转账金额、不同资产的账户余额以及交易手续费（区块链共识节点的矿工费用）后，提交订单，然后输入支付密码，完成交易的上链请求，如图 17-20 所示。

图 17-19　钱包内展示的虚拟资产交易流水

图 17-20　虚拟资产交易页测试

　　这里的交易页专项测试点如图 17-21 所示。

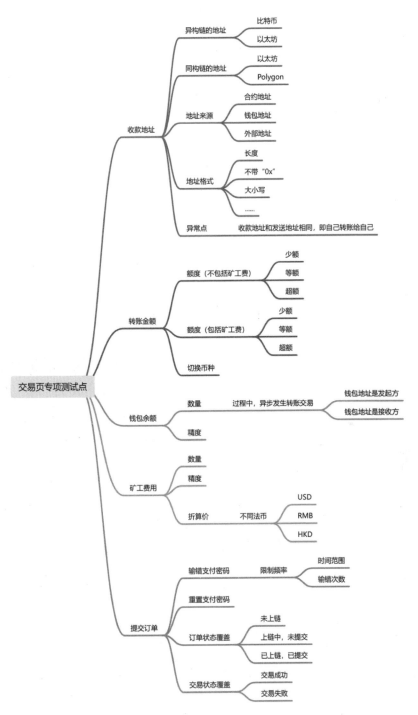

图 17-21　虚拟资产交易页专项测试点

17.3.3　异常测试

去中心化 DApp 的异常测试需要关注区块链的特性（分布式、防篡改、多中心、隐私保护等）给应用前端带来的差异化体验，这些体验一方面可能是缺陷，另一方面可能是特性，需要提前做好用户教育，比如区块链数字资产交易所是 7×24 小时报价和交易，这就和传统的交易所有差异，而这是 DApp 的特性，而非缺陷。所以针对 DApp 的异常测试，需要充分考虑对预期的断言进行分类。

1．行情类 DApp 异常测试

行情类 DApp 数字资产的报价数据往往来自有公信力的第三方，第三方数据源的稳定性决定了 DApp 本身应对异常场景时的表现，测试需要构造第三方数据源的异常场景，比如拉数超时、数据丢失或数据源宕机等，图 17-22 就展示了数据源丢失问题。

在进行信息报价时，行情数据出现"拉平"的情况，具体如下。

我们可以构造一些异常的 K 线数据，比如"高开低收""低开高收""持续增长"等，图 17-23 就展示了持续增长近 3 倍的 BCH 数字资产行情 K 线数据。

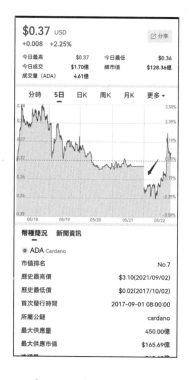

图 17-22　数据源丢失问题

图 17-23　持续增长近 3 倍的行情 K 线展示

2. 钱包类 DApp 异常测试

钱包类 DApp 的异常场景更加复杂，涉及链、资产和交易，关键的异常场景如图 17-24 所示。

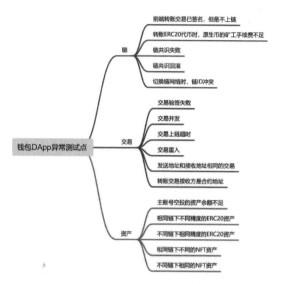

图 17-24 钱包类 DApp 的异常测试点

下面列举几个异常测试的场景。

（1）当转账金额越界时，钱包计算用户总资产出现明显错误，如图 17-25 所示。

（2）当转账接收方是合约地址时，该合约并没有 Payable（可接受转账）的方法，出现交易失败，如图 17-26 所示。

图 17-25 钱包内转账金额越界场景

图 17-26 钱包内转账接收方是合约地址

（3）在转账时，转账金额超过了 ERC20 代币的精度位数，比如 Tether 资产的精度位数是 6，当转账金额输入小数点后 7 位时，会给出明确提示，如图 17-27 所示。

图 17-27　钱包内转账金额精度异常场景

钱包类 DApp 的一项重要功能是对区块链事件的监听，这样钱包内展示的交易流水既包括 DApp 内发起的转账交易，又包括 DApp 外发生的转账交易。

为什么一定要有监听区块事件的功能？下面我们通过一个在钱包中实际用到的例子来进行阐述。

钱包的转账功能是指用户把各种数字资产（原生代币、ERC20 代币、ERC721 资产、ERC1155 资产等）由 A 账户转到 B 账户，如果用户连的是以太坊等公有链网络，那么不会马上知道转账交易是否成功，只能知道该笔交易的 Hash 值，但是在用户发起转账请求后，需要在一定时间范围内了解交易的实时状态。这时候有两种解决方案，第一种是采用订阅模式，第二种是采用轮询遍历模式。第一种模式的技术原理是客户端订阅链上的关于本钱包地址的事件，当链上关于本钱包的地址有交易时，会提供 Event Log 供客户端解析，并更新交易状态。这种方案有以下不足之处。

（1）如果客户端进程意外崩溃或被杀死，那么针对钱包地址的监听动作就会失效。

（2）监听动作消耗客户端的设备资源，影响用户自研。

（3）如果客户端没有保存历史监听到的区块编号，重启就会丢失一段时间内新生成的区块事件。

第二种模式是让监听服务不断遍历以太坊的每一个区块，按照区块高度来逐个遍历，当转账的交易上链成功了，它就会被打包进一个区块中。自然地，在我们遍历到这个区块时，就能把里面的所有交易信息提取出来，当发现了对应的哈希存在时，就证明转账成功了。除此之外，还能把从每个区块中遍历出的交易记录保存到数据库中，并做一定的字段过滤。例如，只保存 ERC20 代币的转账记录，有了这些记录，就能让客户端在发起交易查询时直接查询监听服务，而不是通过以太坊节点的接口查询。此外还得考虑区块链分叉事件的监听处理，也就是当监听服务发现区块链上有分叉事件时，会对某些交易数据进行更新或回滚操作等。

监听服务的整体流程如图 17-28 所示。

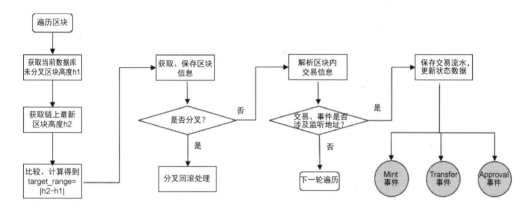

图 17-28　监听服务的整体流程

监听服务的具体步骤如下。

（1）从数据库中获取上一次成功遍历的非分叉状态的区块信息得到区块高度 h1。

（2）调用以太坊接口"eth_blockNumber"，获取链上最新区块的区块高度 h2。

（3）比较 h1 和 h2 的大小关系，得到需要获取的目标区块区间 target_range。

（4）根据 target_range，调用以太坊接口"eth_getBlockByNumber"遍历区块的数据，并保存在具体的区块数据库中。

（5）检测是否存在分叉的区块，如果存在，则进入分叉回滚处理逻辑。

（6）如果区块没有分叉，则解析区块内的数据，读取内部的"transactions"交易信息，分析得出各种合约事件。

（7）保存区块内的交易信息到交易数据库中，并更新相关账户的状态。

整个区块遍历过程容易出现错误或异常的点是区块分叉检测逻辑，分叉区块内的交易是无效的，大致检测思路是在每次成功遍历后，在内存中存储上一次遍历的区块，以便在新一轮的遍历中把当前轮次区块的哈希值与上次的哈希值进行比较，判断它们是否一致，如果不一致，就证明出现了分叉。举个例子，在区块高度为 17 的时候，我们获取到区块 A 的哈希值是 "0x123456"，此时高度累加 1 变为 18，我们根据 18 的高度去获取对应的区块 B，然后判断区块 B 的父块哈希值（Parent Hash）是否是区块 A 的哈希值。因为高度 17 的区块必须是高度 18 区块的父区块，所以 A 区块的哈希值必须等于 B 区块的父块哈希值，否则就是分叉了。

在检测出存在分叉区块后，需要在数据库中找到当前分叉区块的"分叉点区块"。然后将从该"分叉点区块"的区块高度开始到分叉块区块高度之间的区块全部标记为分叉，标志位对应 "block" 区块结构体中的 "fork" 变量，如 17-29 所示。

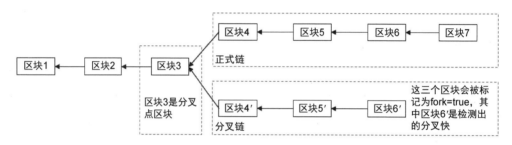

图 17-29　检测出区块"分叉"时的处理流程

针对钱包 DApp 监听服务检测出区块分叉的异常场景测试，需要构造底层测试链在任意高度、任意范围（区块已提交和确认前）内的分叉，这样就可以看到在后台处理分叉回滚后，前端对已完成交易状态和金额的更新情况。

17.3.4　安全测试

基于区块链的 DApp 有一套自有的私钥存储方案，针对 DApp 的安全测试，除了传统领域的安全 Checklist（清单）外，还要关注私钥安全、钱包节点安全和会话认证安全等。下面将详解 DApp 的安全测试。

1. 钱包类 DApp 安全测试

我们知道，根据存储媒介的不同，钱包可分为软钱包、硬钱包和纸钱包；根据是否联网，钱包分为热钱包和冷钱包；根据网络模型，钱包又分为中心化钱包和去中心化钱包。中心化钱包会控制用户的私钥，以便验证并进行交易。尽管这样可以提升用户体验，降低用户的使用成本，但这也是一种危险的做法，如果用户不持有私钥，就等于将资产托管给平台。

用户可以在钱包内申请地址，或者导入私钥管理用户的已有地址，该地址是基于公钥和私钥生成的标识符。本质上，账户地址可以将数字货币发送到区块链上的特定"位置"，这意味着可以与他人分享地址以接收资金，但是绝不可向任何人透露私钥，在区块链上，拥有私钥就等于拥有资产的控制权。

在软钱包的设计上，也要多一些安全考虑，比如创建钱包要进行多因子认证和设置支付密码等，移动端钱包允许用户通过使用二维码发送和接收数字货币，因此，移动钱包特别适合执行日常交易和支付，以便在现实世界中花费数字货币，但是移动设备也容易受到攻击，因此，建议使用密码对移动钱包进行加密，并备份私钥或者助记词，以防移动设备丢失或损坏而影响链上资产的使用。

硬钱包使用随机数生成器生成公钥和私钥的物理电子设备，钱包将密钥存储在未连接到Internet 的设备本身。因此，仅使用硬件存储的冷钱包被认为是最安全的钱包之一。这类钱包虽然提供了更高的安全性，可抵御在线攻击，但如果固件烧录不正确，也可能带来风险。另外，与热钱包相比，冷钱包的用户体验不好，较难使用链上资产。

2. 软钱包的安全审计

关于软钱包的安全问题，除了面临传统的安全风险，也会有其特有的安全审计项。

1）客户端安全

我们以 Android 应用程序的 DApp 为例，有以下安全测试和风险项。

（1）权限声明。

Android 应用需要权限才能调用 Android 的系统指令，因此它需要声明自身所调用的权限。但其中有时会在功能之外有关于敏感权限的声明，从安全性角度考虑，对于不必要的权限应该不予声明，其中敏感权限如下。

- android.permision.WRITEEXTERNALSTORAGE：允许应用写入外部存储。
- android.permission.READPHONESTATE：允许访问电话状态、设备信息。
- android.permission.CAMERA：允许访问摄像头。
- android.permission.GET_TASKS：允许获取系统应用列表。

（2）组件安全。

- 组件目录遍历漏洞：该漏洞由于 Content Provider 组件暴露，因此没有对 Content Provider 组件的访问权限进行限制，且对 URI 路径没有进行过滤，攻击者可通过 Content Provider 实现的 OpenFile 接口进行攻击，如通过 "../" 的方式访问任意目录文件，造成隐私泄露。

- 本地拒绝服务漏洞：Android 系统提供了 Activity、Service 和 Broadcast Receiver 等组件，并提供了 Intent 机制来协助应用间的交互与通信，Intent 负责对应用中一次操作的动作、动作涉及的数据以及附加数据进行描述，Android 系统则负责根据此 Intent 的描述找到对应的组件，将 Intent 传递给调用的组件，并完成组件的调用。Android 应用本地拒绝服务漏洞源于程序没有对 Intent.GetXXXExtra()获取异常或者在处理畸形数据时没有进行异常捕获，从而导致攻击者可通过向受害者应用发送此类空数据、异常数据或者畸形数据来达到使该应用崩溃的目的。简单地说，就是攻击者通过 Intent 发送空数据、异常数据或畸形数据给受害者应用，导致其崩溃。

- 组件导出安全：对 App 中的 activity、activity-alias、service、receiver 组件的对外暴露情况进行检测，如果检测到组件的 exported 属性为 true 或者未设置，而且组件的 permission 属性为 normal、dangerous 或者未设置组件的 permission 属性，则 App 将存在组件导出漏洞，导致数据泄露、恶意的 DoS 攻击以及钓鱼攻击等。

（3）源码安全。

对于客户端的源码安全，可以关注下面几点。

- 不安全的编码：源码中有时会存在不安全的编码，例如强制类型转换导致的拒绝服务漏洞、目录遍历漏洞等。

- 源码反编译漏洞：如果 APK 文件没有通过加固，代码没有通过加密或者混淆，则可以通过反编译攻击对 APK 文件进行反编译，从而看到 Java 源代码，导致源代码信息泄露。

- 密钥硬编码漏洞：App 的通信如果存在加密处理，则需要检查在源码或者静态资源文件中是否存在硬编码的加密密钥，否则可能会被利用以破解通信加密的数据。

（4）数据存储安全。

数据存储是软钱包中的必备功能，比如交易数据、私钥数据和用户数据的存储，如果处理不好，就会有极大的安全漏洞，比如以下情况。

- 日志信息泄露：日志不得打印法律禁止记录的数据，不得打印记录任何密码的任何形式的数据（包含加盐 Hash 后的密码数据），日志中对用户个人隐私数据（姓名、身份证号、生日、住址、健康数据等）进行脱敏处理，比如掩码展示。

- 外部存储安全：文件存放在/external storage 中，例如 SD 卡中，是全局可读写的，因为/external storage 可以被任何用户操作，且可以被所有应用修改和使用，这也存在一定的安全风险。

2）服务端安全

服务端安全主要针对钱包后台的攻击，比如横/纵向越权，默认口令探测，SQL 注入等，服务依赖的第三方组件存在的安全漏洞也会对钱包本身造成风险，比如 Nginx、Elasticsearch、MySQL 等。举个例子，在钱包中会管理用户的 NFT 藏品数据，通过 Token ID 来查询藏品的详情，如果没有对 Token ID 和 User ID 做映射校验，则可能出现越权漏洞，用户 A 在拿到钱包的 Cookies 后，通过修改 URL 中的 Token ID 达到遍历用户 B 藏品数据的目的，导致资产泄露。

3）钱包节点安全

某些桌面软钱包拥有全量的节点数据，如果节点表被控制，则很有可能遭受日蚀攻击。钱包节点的对外 API 也会存在安全漏洞，比如在莱特币钱包的 RPC 接口：walletpassphrase "passphrase"timeout（输入密码后解锁一定时间）和 dumpprivkey"address"，如果没有做好接口的访问限制、超时锁定机制，则可能会被恶意利用从而存在盗币风险。

3. 硬钱包的安全审计

区块链硬钱包的安全审计是一个复杂且关键的过程，它涉及多个方面，以确保硬件钱包的安全性。以下是关于区块链硬钱包安全审计的相关措施：

1）硬钱包的安全审计流程

- 需求分析：明确审计目标、范围、方法和时间表。
- 制订审计计划：根据需求分析结果，制订详细的审计计划。
- 审计实施：对硬件钱包进行全面的安全检查，包括代码审计、安全测试、漏洞扫描等。
- 问题整改：根据审计结果，制定并执行整改方案，修复和加固发现的问题。
- 报告撰写：编写审计报告，总结审计过程和结果，提出改进建议。

2）硬钱包的安全审计方法

- 静态代码审查：对硬钱包的源代码进行深入分析，查找潜在的安全漏洞和编码错误。
- 动态测试：模拟攻击者的攻击方式，测试硬件包的功能，发现可能的安全漏洞和攻击路径。
- 安全漏洞扫描：使用自动化工具对硬钱包进行漏洞扫描，发现并报告潜在的安全问题。
- 渗透测试：模拟真实攻击场景，测试硬钱包的安全防御能力，识别和利用安全漏洞。

3）硬钱包的安全审计标准和规范

● 国际标准：如 ISO27001 等，提供了通用的安全审计标准和规范。

● 行业标准：如中国信通院发布的《区块链安全审计指南》等，提供了具体的实施指南。

17.3.5　稳定性测试

DApp 的整体分层架构包括前端、后台服务、轻节点和共识节点，其中前端和后台服务的稳定性测试和传统方式类似，主要是对前端与后端接口的长稳测试，期间可以构造一些异常流量和场景，比如网络超时、内存不足等，从而验证服务的高可用性和鲁棒性。而在轻节点、共识节点升级过程中，对去中心化应用程序造成的影响是 DApp 稳定性测试值得关注的点之一。

1. DApp 共识节点升级稳定性测试

我们知道，服务升级发布的方式有蓝绿发布、金丝雀发布、滚动发布等，分布式共识具有一定的容错性，基于区块链的 DApp 对共识节点的升级，建议采用滚动发布，当然这需要应用程序支持向前兼容。在滚动发布过程中，由于可能出现网络断连、进程重启等现象，因此需要验证 DApp 在这些异常场景下的对外表现。下面我们来看一下共识节点的升级过程。

现在需要将由 5 个 v1 版本共识节点组成的区块链网络升级到 v2 版本，滚动升级步骤如下。

（1）备份 A 节点 v1 版本程序和配置文件，准备 A 节点 v2 版本区块链可执行程序。

（2）停掉 A 节点 v1 版本程序，启动 v2 版本程序，原先建立的 P2P 连接需重新连接，如图 17-30 所示。

（3）在进程停止、重启，连接断开、重连过程中，查看 DApp 应用端的可用性，尤其是确认涉及链上交互的前端操作是否受影响。

（4）停掉 B 节点 v1 版本程序，启动 v2 版本程序，原先建立的 P2P 连接需重新连接，如图 17-31 所示。

（5）以此往复，滚动升级所有共识节点，直到所有区块链程序更新到 v2 版本，再次查看区块链底层的出块情况、P2P 连接的稳定性和 DApp 前端交互的可用性。如图 17-32 所示，在升级过程中影响钱包 DApp 的转账功能。

实际对 DApp 共识节点升级过程中的进程停止、重启、连接断开、重连等场景的模拟，可以通过 kill、tcpkill 等运维命令来模拟。

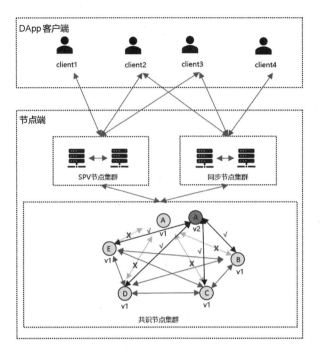

图 17-30　区块链共识节点升级示意图-1

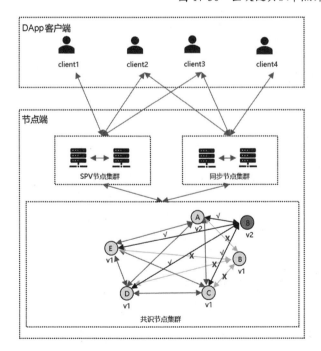

图 17-31　区块链共识节点升级示意图-2

图 17-32　区块链共识节点升级示意图-3

2. DApp 轻节点升级稳定性测试

在 DApp 中还有一类节点升级可影响去中心化应用程序的稳定性，这就是 SPV 轻节点，DApp 前端往往不会直连共识节点，而是通过 SPV 轻节点来与区块链交互，所以轻节点升级过程的平滑度直接关系到用户的体验。而 SPV 轻节点有分层和级联的特性，这就给升级工作带来了更多的挑战。

举个例子，基于区块链构建的去中心化多级账本 DApp 可以通过 SPV 轻节点来实现数据清分和权限隔离，如图 17-33 所示。

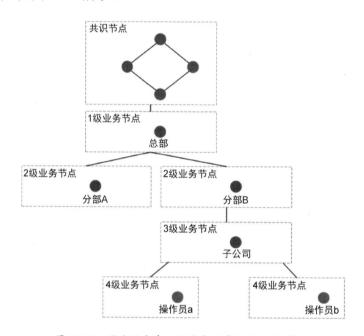

图 17-33　区块链去中心化账本的多级 SPV 轻节点

由共识节点集群构建的区块链网络上面挂载了多级 SPV 轻节点，通过分层设计，实现账本数据的清分和权限管理功能，具体如下。

（1）1 级 SPV 轻节点拥有总部的全量数据，2 级业务节点分别拥有各自分部的局部数据，而 3 级业务节点是子公司，拥有子公司的内部数据，属于分部 B 的子集。

（2）上下级 SPV 轻节点具有清分功能，下级 SPV 拥有上级 SPV 的子集数据，同级 SPV 轻节点拥有各自相关的业务数据。

（3）上级 SPV 轻节点可以访问下级 SPV 轻节点数据，反之下级 SPV 轻节点不可访问上级 SPV 轻节点数据，而同级 SPV 轻节点之间互不访问数据。

基于上面的分层网络拓扑，在对 SPV 轻节点进行升级时，建议按照"自下而上"的原则升级，也就是先升级下级 SPV，后升级上级 SPV，这样可以避免连接依赖问题。

所以，针对 SPV 轻节点升级的稳定性测试，需要按照"自下而上""自上而下""同级乱序"等策略来进行。

17.4　分布式共识测试

区块链作为一种去中心化的分布式公共数据存储系统，并没有中央管理机构对其进行管理，而通过分布式节点利用密码学协议共同维护，各个节点在维护整个系统的时候要通过底层的共识协议来保证账本的一致性。区块链在不同的现实场景中发挥的实际作用不同，比如公有链、私有链、联盟链，不同的链使用的共识算法也有所不同，比如比特币使用的是 PoW 共识，以太坊最初用的是 PoW 共识，近期升级为 PoS 共识，EOS 使用的是 DPoS 共识，联盟链中 Fabric 使用的是 PBFT 共识，Corda 使用的是公证节点。

17.4.1　常见共识算法

1. PoW 共识

工作量证明（Proof of Work，PoW）就是一份证明，用来确认你做过一定量的工作。工作量证明系统或协议、函数，由辛西亚·沃克（Cynthia Dwork）和莫尼奥尔（Moni Naor）于 1993 年在学术论文中首次提出，是一种应对拒绝服务攻击和其他服务滥用的经济对策，发起者要进行一定量的运算，需要消耗计算机一定的时间。

哈希现金是一种工作量证明机制，由亚当·贝克在 1997 年发明，主要用于抵抗邮件的拒绝服务攻击及垃圾邮件网关滥用。在比特币出现之前，哈希现金主要被用于对垃圾邮件的过滤，也被微软用于 Hotmail、Exchange、Outlook 等产品中；还被哈尔·芬尼以可重复使用的工作量证明形式用于比特币之前的加密货币实验中。

比特币矿工解这道工作量证明谜题的步骤大致如下：生成 Coinbase 交易，并与其他所有准备打包进区块的交易组成交易列表；通过 Merkle Tree 算法生成 Merkle Root Hash，把 Merkle Root Hash 及其他字段组装成区块头，将区块头的 80 字节数据作为工作量证明输入；不断更改区块头中的随机数；对每次变更后的区块头做双重 SHA256 运算，将结果值与当前网络的目标值进行比较，如果结果值小于目标值，则解题成功，工作量证明完成，如图 17-34 所示。

图 17-34 比特币矿工解题 "挖矿" 步骤

2. PoS 共识

权益证明（Proof of Stake，PoS）机制也属于一种共识证明，它类似股权凭证和投票系统，因此也叫 "股权证明算法"，由持有最多的人来公示最终信息。该机制是由一个化名为 "阳光国王" 的极客于 2012 年 8 月推出的，采用工作量证明机制发行新币，采用权益证明机制维护网络安全，首次将权益证明机制引入密码学货币。

PoS 共识算法要求节点验证者必须质押一定的资金才有 "挖矿" 打包资格，并且区块链系统在选定打包区块时使用随机的方式，节点质押的代币越多，持币时间越久，其被选定为打包区块的概率越大，如图 17-35 所示。

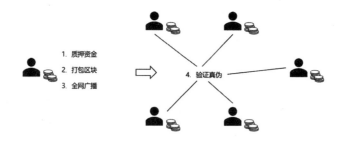

图 17-35 PoS 共识算法工作示意图

3. DPoS 共识

股份授权证明（Delegated Proof of Stake，DPoS）共识又称受托人机制，是一种全新的保障加密货币网络安全的算法。DPoS 共识会给持股人一把能够开启所持股份对应的表决权钥匙，可以实现持股人盈利的最大化、维护网络安全费用的最小化、网络效能的最大化、运行网络成本（带宽、CPU 等）的最小化。

DPoS 共识的原理是：让每个持有区块链代币的人进行投票，由此产生若干代表，也就是若干个超级节点或矿池，彼此的权利是完全相等的。DPoS 共识类似于议会制度或人民代表大会制度，如果代表们不履行各自的职责，就会被除名，网络会选出新的超级节点来取代它们。

在 DPoS 系统中，中心化现象仍然存在，但它是受约束的。不同于其他保障加密货币安全的算法，DPoS 系统里每个客户端都能决定谁能被信任，不必信任拥有最多资源的人，且 DPoS 共识算法不仅能获取中心化的一些主要优点，还能维持去中心化的本质。系统会通过公平选举的方式进行强化，让每个人都有机会成为代表大多数用户的受托人，不仅能解决比特币采用的传统工作量证明机制和 NXT 采用的股份证明机制等问题，还能抵消中心化带来的负面效应，如图 17-36 所示。

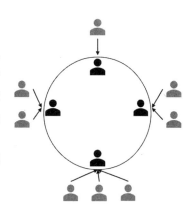

图 17-36　DPoS 共识算法示意图

4. PBFT 共识

PBFT（Practical Byzantine Fault Tolerance）即实用拜占庭容错算法，是一种分布式系统中的共识算法，旨在解决拜占庭将军问题。它通过一系列消息传递和投票机制，确保在分布式网络中即使存在恶意节点（拜占庭节点），系统也能达到一致性状态。PBFT 算法的核心思想是利用"少数服从多数"的原则，通过三个阶段（预准备、准备、提交）来确保所有非拜占庭节点对系统状态的共识达成一致。在该共识算法里有以下几个关键概念。

（1）client（客户端）。

client 是操作的发起者。client 向 primary 发送 request 消息，经过 primary 和 backups 的共识后，client 会收到 backups 对于 request 的回复。

（2）primary（主节点）。

primary 是共识的推动者。primary 接收来自 client 的 request 并构造 pre-prepare 消息广播至 replica。

primary 的计算公式：$p = v \% |R|$，v 表示当前视图编号，$|R|$ 表示所有 replica 的个数。

（3）backup（副本）。

backup 是共识的主要参与者。接收来自 primary 的 pre-prepare 消息，参与 prepare 和 commit 阶段的共识，并向 client 发送 reply。

（4）view（视图）。

view 是一系列的配置，在某个 view 中，其中一个 replica 作为 primary，其余的作为 backup。

（5）checkpoint（检查点）。

checkpoint 是 PBFT 算法垃圾收集的节点。所有的共识消息都会保存在 replica 的 log 中，这无疑会增加 replica 的存储开销，故需要制定 log 清除的机制，replica 通过稳定的检查点来进行垃圾收集。

（6）service state（服务状态）。

PBFT 算法的共识过程如下：客户端发起消息请求（request），并广播转发至每一个副本节点，由其中一个主节点发起提案消息 pre-prepare，并广播。其他节点获取原始消息，在校验完成后发送 prepare 消息。每个节点收到 $2f+1$ 个 prepare 消息，即认为已经准备完毕，并发送 commit 消息。当节点收到 $2f+1$ 个 commit 消息时，我们就认为该消息已经被确认完成（reply），如图 17-37 所示。

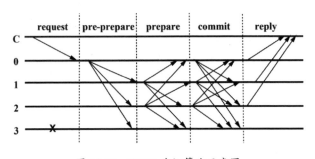

图 17-37　PBFT 共识算法示意图

17.4.2　专项测试

1. 时序建模测试

1）背景

在分布式区块链系统或微服务架构下，往往存在进程/节点间的异步消息调用，消息传递存在网络延迟现象，那么分布式节点/服务/进程对消息到达的先后顺序处理逻辑，可能影响场景功能的正确性和可靠性，尤其是在区块链跨越多个节点、多种类型消息的通信网络中，实现对消息时序逻辑梳理的完备性就更为困难，因此需要建立系统的时序测试方法论，基于有效分类原则，覆盖区块链分布式共识网络的时序场景专项测试。

2）先验知识

（1）分布式系统之时间、时钟和事件顺序。

在现实生活中，时间是一个很重要的概念，比如警察需要基于时间分析案情和嫌疑人的不在场证明；情侣需要基于时间来发起约会；在自媒体时代，原创内容更需要时间来保护知识产权等。时间可以记录事情发生的时刻，比较事情发生的先后顺序，现实生活中往往依赖中心授时来给需要判断先后顺序的事件提供依据，而由于分布式系统不同节点的时间存在误差，即使有 NTP 这样的时钟校准机制，也会存在网络上的延迟现象。所以，在分布式系统中，是不能通过物理时钟来决定事件序列的。

（2）偏序和全序。

在分布式系统中，所有场景构成事件集合{Ea，Eb，Ec，Ed，Ee}，全序指的是集合中的任何两个事件都可以比较先后发生的顺序，而偏序指的是集合中只有部分事件可比较先后发生的顺序，并且偏序和全序满足反对称性和传递性，具体如下。

- if a→b and b→a, then a = b; a→b 表示 a 导致 b 的发生，也就是 a 早于 b 发生。
- if a→b and b→c, then a→c。

在分布式领域，按照 Leslie Lamport 在论文 "Time, Clocks, and the Ordering of Events in a Distributed System" 中给出的定义，偏序是由 "happened before" 引出的，Lamport 提出：时空中不存在绝对的全序事件顺序，不同的观察者可能对哪个事件先发生无法达成一致，但是有偏序关系存在，当事件 e2 是由事件 e1 引起的时候，e1 和 e2 之间才有先后关系。举个例子，有 A、B、C 三个节点进程，A 节点在 7:00 将 x 置为 0，发送给 C 节点并在 7:01 发送给 B 节点，而 B 节点收到 A 节点的消息后，在 7:02 分将 x 置为 1，发送给 C 节点，由于网络延迟，C 节点先收到 A 节点的消息，后收到 B 节点的消息，导致 x 的最新状态没有按真实的时间戳变更，如图 17-38 所示。

上面的问题很容易想到可以借助物理时钟来确保事件的先来后到，如图 17-39 所示。

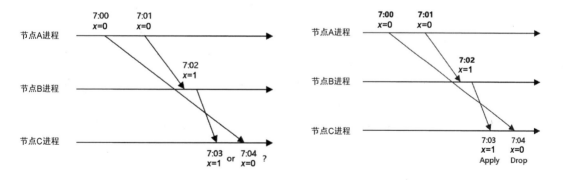

图 17-38　分布式领域时序关系示例-1　　　图 17-39　分布式领域时序关系示例-2

在对 x 值执行写操作的时候，打上时间戳标签，在 C 节点收到 A 节点、B 节点发来的消息后，会根据时间戳的大小来决定提交还是丢弃。上述解决方案虽然有效，但问题也是显而易见的，具体如下。

- 不同节点的物理时钟不一致，无法做到精确一致。
- 由于网络延迟的不确定性，无法通过授时中心获取全局唯一的时间戳。
- 即使通过 NTP 机制确保初始状态一致，但由于硬件每日都损耗，也会导致时钟漂移而引起误差。

由此，Lamport 给出了分布式系统下偏序的含义，基本原则是：如果事件 E_i 导致了事件 E_j，那么 E_i 一定发生在 E_j 之前，展开来说，具体如下。

- 如果 a 和 b 是同一个进程内的事件，并且 a 在 b 之前发生，那么 a→b。
- 如果事件 a 是"发送一个消息"，事件 b "接收了这个消息"，那么 a→b。
- 如果 a→b 并且 a→c，那么 a→c（传递性）。
- 如果 a、b 两个事件无法推导出顺序关系，那么这两个事件是并发的，记作 a‖b。

比如下面的分布式通信系统领域时序关系——偏序，如图 17-40 所示。

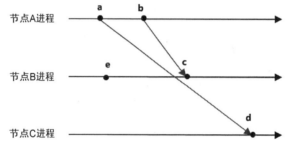

图 17-40　分布式通信系统领域时序关系——偏序

具有因果关系（可推导出先后发生顺序）的偏序事件有：a→b，b→c，a→d，e→c。

具有并发关系（无法推导出先后发生顺序）的偏序事件有：a‖e，e‖d 等。

在分布式系统中，两个事件可以建立因果（时序）关系的前提是：两个事件之间是否发生过信息传递。在分布式系统中，进程间通信的手段（共享内存、消息发送等）都属于信息传递，如果两个进程间没有任何交互，那么它们之间内部事件的时序也无关紧要。但是在有交互的情况下，特别是在多个节点要保持同一副本的情况下，事件的时序非常重要。

（3）逻辑时钟。

逻辑时钟是为了区分现实中的物理时钟而被提出来的概念，在一般情况下我们提到的时间都是指物理时间，但实际上在很多应用中，只要所有机器有相同的时间就够了，这个时间不一定要跟实际时间相同。进一步，如果两个节点之间不进行交互，那么它们的时间甚至都不需要同步，因此问题的关键点在于节点间的交互要在事件的发生顺序上达成一致，而不是将时间达成一致。也就是说，关键在于定顺序，而不是定时刻。综上，逻辑时钟指的是分布式系统中用于区分事件的发生顺序的时间机制。

在分布式系统中按是否存在节点交互可分为以下三类事件。

- 发生于节点进程内部的事件。
- 发送消息的事件。
- 接收消息的事件。

逻辑时钟的定义是，对于任意事件 a 和 b：

- 如果 a→b（a 先于 b 发生），那么 $C(a) < C(b)$，反之不然，因为有可能是并发事件。其中 C 是计数器 Count 的缩写。
- 如果 a 和 b 都是进程 Pi 里的事件，并且 a 在 b 之前，那么 $Ci(a) < Ci(b)$。
- 如果 a 是进程 Pi 里关于某消息的发送事件，b 是另一进程 Pj 里关于该消息的接收事件，那么 $Ci(a) < Cj(b)$。

举个例子，如图 17-41 所示。

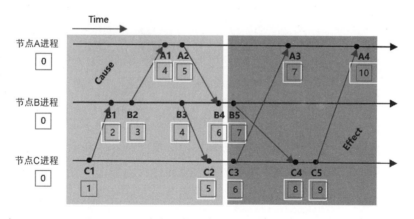

图 17-41　分布式领域时序关系示例——逻辑时钟

- 每个事件对应一个 Lamport 时间戳，初始值为 0。
- 如果事件在节点进程内发生，则本地进程中该事件的时间戳加 1。
- 如果事件属于消息发送事件，则本地进程中的时间戳加 1 并在消息中带上该时间戳。
- 如果事件属于消息接收事件，则本地进程中的时间戳 = Max（本地时间戳，消息中的时间戳）+ 1。

值得注意的是，如果 C(a) < C(b)，并不能说明 a→b，也就是说 C(a) < C(b) 是 a→b 的必要不充分条件。

当然，逻辑时钟也有一定的缺陷，如图 17-42 所示。

按照逻辑时钟的定义，计算图 17-42 中所有事件的时钟，如图 17-43 所示。

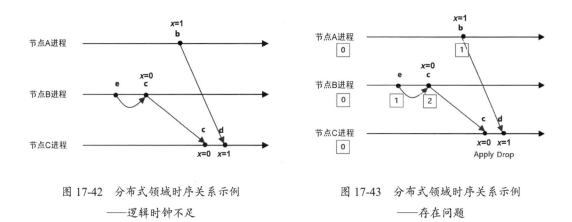

图 17-42　分布式领域时序关系示例
——逻辑时钟不足

图 17-43　分布式领域时序关系示例
——存在问题

由逻辑时钟图可以看出：当节点 C 进程的第二个接收事件收到来自节点 A 进程的消息时，由于计时器小于来自节点 B 进程的时间消息，所以将其丢弃，但是从全局时钟上来看，A 节点进程的事件是最新的事件。

（4）向量时钟。

我们知道，向量时钟是在 Lamport 逻辑时钟的基础上进行了改良，用于在分布式系统中描述事件因果关系的算法。那为什么叫向量时钟呢？原因是算法利用了向量这种数据结构将全局各个进程的逻辑时钟广播给各个进程：每个进程在发送事件时都会将当前进程已知的所有进程时间写入一个向量中，附带在消息中，这就是向量时钟命名的由来。

向量时钟的计算过程如下。

- 对于节点进程 i 来说，Ti[i] 是进程 i 本地的逻辑时钟。
- 当节点进程 i 有新的事件发生时，Ti[i] = Ti[i] + 1。
- 当进程 i 发送消息时，会将它的向量时间戳（MT=Ti）附带在消息中。
- 接收消息的进程 j 更新本地的向量时间戳：Tj[k] = max(Tj[k], MT[k]) for k = 1 to N。（MT 即消息中附带的向量时间戳）。

分布式领域时序关系示例-向量时钟图，如图 17-44 所示。

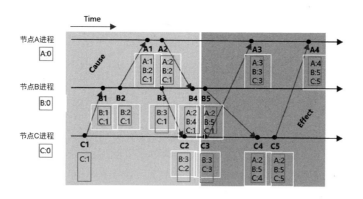

图 17-44　分布式领域时序关系示例——向量时钟

向量时钟具有的性质如下。

- 若向量的各维相等，则向量相等。
- 如果两个向量不存在大小关系，则向量平行，对应的事件对并发，即无法判断事件发生的先后顺序。
- 如果两个向量存在大小关系，例如 A<B，则向量有序，对应的事件有因果关系，A 事件先于 B 事件发生。

图 17-44 中节点 B 上的第 4 个事件 B4（A:2,B:4,C:1）与节点 C 上的第 2 个事件 C2（B:3,C:2）没有向量大小关系，属于并发事件。而节点 A 上的第 2 个事件 A2 与节点 B 上的第 5 个事件 B5 存在（A:2,B:2,C:1）≤（A:2,B:5,C:1）的关系，因此，这两个事件存在因果关系，A2 事件早于 B5 事件发生。

全局时钟、逻辑时钟和向量时钟算法的对比如图 17-45 所示。

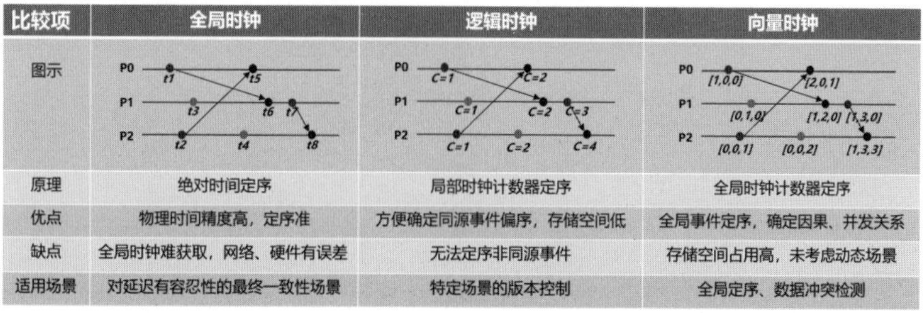

比较项	全局时钟	逻辑时钟	向量时钟
图示			
原理	绝对时间定序	局部时钟计数器定序	全局时钟计数器定序
优点	物理时间精度高，定序准	方便确定同源事件偏序，存储空间低	全局事件定序，确定因果、并发关系
缺点	全局时钟难获取，网络、硬件有误差	无法定序非同源事件	存储空间占用高，未考虑动态场景
适用场景	对延迟有容忍性的最终一致性场景	特定场景的版本控制	全局定序、数据冲突检测

图 17-45　全局时钟、逻辑时钟、向量时钟算法的对比

3）分布式时序建模测试

我们知道在测试领域有一种测试方法是 MBT，即基于模型的测试，面对分布式的异步网

络架构，比如区块链的共识算法，我们提出一种时序建模测试（Timing Based Test，TBT）方法论，用来分析分布式网络下的时序场景，实施步骤如下。

（1）构建分布式系统的时序模型图。

根据被测分布式系统、算法、网络的交互场景，构建时序模型图，时序模型由以下几个要素组成。

- 进程时间轴：代表每个分布式节点进程事件发生的时间线。
- 事件：时序模型的关键要素、重点分析对象，又划分为以下 3 个子类。
  - ➢ 进程内事件：发生在单节点进程内的事件。
  - ➢ 消息发送事件：针对某类消息的发送事件，通常是异步消息。
  - ➢ 消息接收事件：针对某类消息的接收事件。
- 通信方向：由某节点的消息发送事件指向另一节点的消息接收事件。

举个例子，某个分布式系统的时序交互图，如图 17-46 所示。将其导入 opentbt 中（opentbt，是一套自研工具，根据向量时钟算法生成分布式网络的向量时钟图及时序用例），输出该时序交互的原型图，如图 17-47 所示。

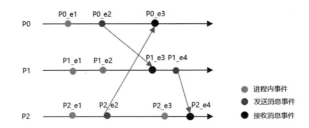

图 17-46　分布式系统的时序交互示意

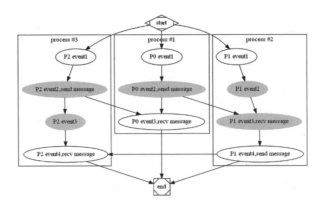

图 17-47　由 opentbt 自研工具输出的时序交互原型图

（2）根据向量时钟算法，构建时序模型的向量时钟图。

将第一步生成的时序模型原图导入 opentbt 工具中，得到该模型的向量时钟图，如图 17-48 所示。

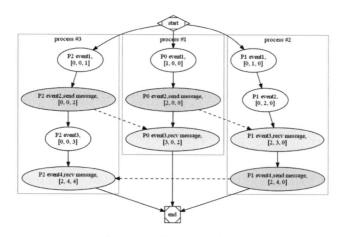

图 17-48　由 opentbt 自研工具输出的向量时钟图

（3）选择时序场景用例的生成策略。

opentbt 自研工具支持的时序用例是基于向量时钟算法识别的并发事件来生成的，包括以下策略。

- never 策略：所有并发事件的全组合对。
- event-coverage 策略：覆盖所有并发事件的组合对。

上述策略生成的用例集合会比较大，可以根据"状态镜像""独立事件""并行翻转"原则来收敛时序用例集。

（4）生成分布式系统的时序用例集合。

opentbt 工具根据向量时钟图，识别模型中的并发事件，结合选择的生成策略，生成相应的时序用例集。对于图 17-48 的向量时钟图，通过计算识别到并发事件对，代码如下。

```
[
  ({'event': 'P1 event1', 'event_vector': [0, 1, 0]}, {'event': 'P0 event1',
'event_vector': [1, 0, 0]}),
  ({'event': 'P1 event1', 'event_vector': [0, 1, 0]}, {'event': 'P0 event2,send
message', 'event_vector': [2, 0, 0]}),
  ({'event': 'P1 event1', 'event_vector': [0, 1, 0]}, {'event': 'P2 event1',
'event_vector': [0, 0, 1]}),
```

```
({'event': 'P1 event1', 'event_vector': [0, 1, 0]}, {'event': 'P2 event2,send
message', 'event_vector': [0, 0, 2]}),
  ({'event': 'P1 event1', 'event_vector': [0, 1, 0]}, {'event': 'P0 event3,recv
message', 'event_vector': [3, 0, 2]}),
  ({'event': 'P1 event1', 'event_vector': [0, 1, 0]}, {'event': 'P2 event3',
'event_vector': [0, 0, 3]}),
  ({'event': 'P1 event2', 'event_vector': [0, 2, 0]}, {'event': 'P0 event1',
'event_vector': [1, 0, 0]}),
  ({'event': 'P1 event2', 'event_vector': [0, 2, 0]}, {'event': 'P0 event2,send
message', 'event_vector': [2, 0, 0]}),
  ({'event': 'P1 event2', 'event_vector': [0, 2, 0]}, {'event': 'P2 event1',
'event_vector': [0, 0, 1]}),
  ({'event': 'P1 event2', 'event_vector': [0, 2, 0]}, {'event': 'P2 event2,send
message', 'event_vector': [0, 0, 2]}),
  ({'event': 'P1 event2', 'event_vector': [0, 2, 0]}, {'event': 'P0 event3,recv
message', 'event_vector': [3, 0, 2]}),
  ({'event': 'P1 event2', 'event_vector': [0, 2, 0]}, {'event': 'P2 event3',
'event_vector': [0, 0, 3]}),
  ({'event': 'P0 event1', 'event_vector': [1, 0, 0]}, {'event': 'P2 event1',
'event_vector': [0, 0, 1]}),
  ({'event': 'P0 event1', 'event_vector': [1, 0, 0]}, {'event': 'P2 event2,send
message', 'event_vector': [0, 0, 2]}),
  ({'event': 'P0 event1', 'event_vector': [1, 0, 0]}, {'event': 'P2 event3',
'event_vector': [0, 0, 3]}),
  ({'event': 'P1 event3,recv message', 'event_vector': [2, 3, 0]}, {'event': 'P2
event1', 'event_vector': [0, 0, 1]}),
  ({'event': 'P1 event3,recv message', 'event_vector': [2, 3, 0]}, {'event': 'P2
event2,send message', 'event_vector': [0, 0, 2]}),
  ({'event': 'P1 event3,recv message', 'event_vector': [2, 3, 0]}, {'event': 'P0
event3,recv message', 'event_vector': [3, 0, 2]}),
  ({'event': 'P1 event3,recv message', 'event_vector': [2, 3, 0]}, {'event': 'P2
event3', 'event_vector': [0, 0, 3]}),
  ({'event': 'P1 event4,send message', 'event_vector': [2, 4, 0]}, {'event': 'P2
event1', 'event_vector': [0, 0, 1]}),
  ({'event': 'P1 event4,send message', 'event_vector': [2, 4, 0]}, {'event': 'P2
event2,send message', 'event_vector': [0, 0, 2]}),
  ({'event': 'P1 event4,send message', 'event_vector': [2, 4, 0]}, {'event': 'P0
event3,recv message', 'event_vector': [3, 0, 2]}),
  ({'event': 'P1 event4,send message', 'event_vector': [2, 4, 0]}, {'event': 'P2
event3', 'event_vector': [0, 0, 3]}),
  ({'event': 'P0 event2,send message', 'event_vector': [2, 0, 0]}, {'event': 'P2
event1', 'event_vector': [0, 0, 1]}),
  ({'event': 'P0 event2,send message', 'event_vector': [2, 0, 0]}, {'event': 'P2
event2,send message', 'event_vector': [0, 0, 2]}),
```

```
  ({'event': 'P0 event2,send message', 'event_vector': [2, 0, 0]}, {'event': 'P2
event3', 'event_vector': [0, 0, 3]}),
   ({'event': 'P0 event3,recv message', 'event_vector': [3, 0, 2]}, {'event':
'P2 event3', 'event_vector': [0, 0, 3]}),
   ({'event': 'P0 event3,recv message', 'event_vector': [3, 0, 2]}, {'event':
'P2 event4,recv message', 'event_vector': [2, 4, 4]})
]
```

选择 never 策略，生成的时序用例集合如下。

```
[
 ({'event': 'P1 event1', 'event_vector': [0, 1, 0]}, {'event': 'P0 event1',
'event_vector': [1, 0, 0]}),
 ({'event': 'P1 event1', 'event_vector': [0, 1, 0]}, {'event': 'P0 event2,send
message', 'event_vector': [2, 0, 0]}),
 ({'event': 'P1 event1', 'event_vector': [0, 1, 0]}, {'event': 'P2 event1',
'event_vector': [0, 0, 1]}),
 ({'event': 'P1 event1', 'event_vector': [0, 1, 0]}, {'event': 'P2 event2,send
message', 'event_vector': [0, 0, 2]}),
 ({'event': 'P1 event1', 'event_vector': [0, 1, 0]}, {'event': 'P0 event3,recv
message', 'event_vector': [3, 0, 2]}),
 ({'event': 'P1 event1', 'event_vector': [0, 1, 0]}, {'event': 'P2 event3',
'event_vector': [0, 0, 3]}),
 ({'event': 'P1 event2', 'event_vector': [0, 2, 0]}, {'event': 'P0 event1',
'event_vector': [1, 0, 0]}),
 ({'event': 'P1 event2', 'event_vector': [0, 2, 0]}, {'event': 'P0 event2,send
message', 'event_vector': [2, 0, 0]}),
 ({'event': 'P1 event2', 'event_vector': [0, 2, 0]}, {'event': 'P2 event1',
'event_vector': [0, 0, 1]}),
 ({'event': 'P1 event2', 'event_vector': [0, 2, 0]}, {'event': 'P2 event2,send
message', 'event_vector': [0, 0, 2]}),
 ({'event': 'P1 event2', 'event_vector': [0, 2, 0]}, {'event': 'P0 event3,recv
message', 'event_vector': [3, 0, 2]}),
 ({'event': 'P1 event2', 'event_vector': [0, 2, 0]}, {'event': 'P2 event3',
'event_vector': [0, 0, 3]}),
 ({'event': 'P0 event1', 'event_vector': [1, 0, 0]}, {'event': 'P2 event1',
'event_vector': [0, 0, 1]}),
 ({'event': 'P0 event1', 'event_vector': [1, 0, 0]}, {'event': 'P2 event2,send
message', 'event_vector': [0, 0, 2]}),
 ({'event': 'P0 event1', 'event_vector': [1, 0, 0]}, {'event': 'P2 event3',
'event_vector': [0, 0, 3]}),
  ......
 ]
```

（5）结合精准注入手段，按照用例集合中的输出内容，模拟事件发生的先后顺序，执行相关时序场景。

时序建模测试的整体实施框架如图 17-49 所示。

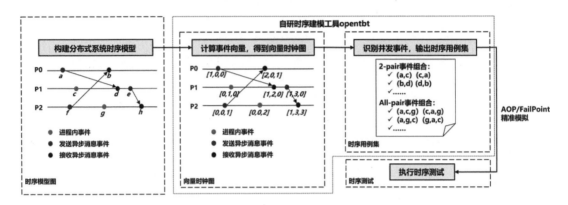

图 17-49　时序建模测试的整体实施框架

4）共识算法时序建模测试

（1）HotStuff 共识算法介绍。

HotStuff 共识算法是区块链中使用的一类拜占庭容错共识算法，采用流水线式 3 阶段投票，节点间基于 P2P 网络订阅、发送和接收异步消息，由于网络的不稳定，不同节点在不同阶段收到的投票信息可能出现"先发后至"的情况，从而触发超时，引发共识问题，在实际测试中需要对其建模，覆盖完备的时序场景用例。

HotStuff 共识算法在 4 个节点下的通信阶段包括 Prepare、Precommit、Commit 和 Decide阶段，每个阶段都会收集来自其他节点的投票消息，并统计是否满足 $3f+1$（f 为作恶节点数），从而展开共识。HotStuff 共识算法的时序交互图，如图 17-50 所示。

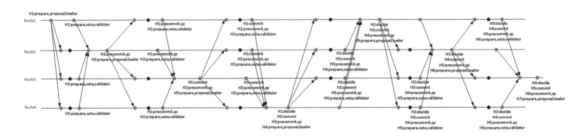

图 17-50　HotStuff 共识算法的时序交互图（见彩插）

（2）利用工具对 HotStuff 共识算法进行时序建模。

分析 HotStuff 共识算法，抽象出共识过程中的关键事件，并给出事件描述，用 opentbt 工具导入 HotStuff 的时序模型，得到该系统的时序交互模型图，如图 17-51 所示。

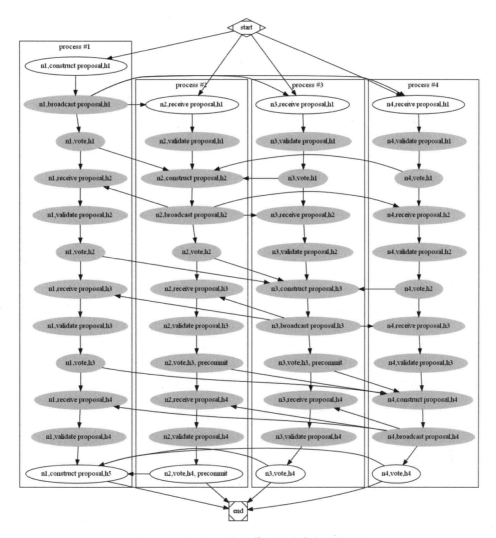

图 17-51　HotStuff 共识算法的时序交互模型图

（3）导入时序模型，得到 HotStuff 共识算法的向量时钟图，根据向量时钟算法，得到 HotStuff 共识算法的向量时钟图，如图 17-52 所示。

（4）选择用例生成策略，得到时序用例集合。

在 opentbt 工具中选择 never 策略，识别到模型的并发事件对，并输出时序用例集合。

（5）结合精准注入工具，执行时序测试。

根据时序用例集合，在相应事件代码处预埋延迟逻辑，执行时序测试，部分用例如表 17-3 所示。

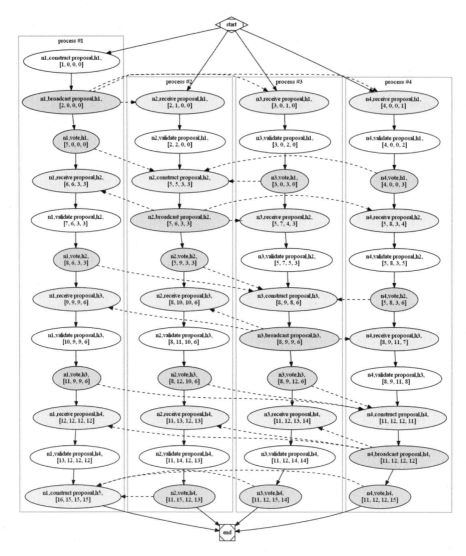

图 17-52　HotStuff 共识算法的向量时钟图

表 17-3　执行时序测试部分用例

时序用例	描述	涉及事件	测试结果	通过与否
{"event": "n1,vote,h1", "event_vector": [5, 0, 0, 0]}, {"event": "n2,receive proposal,h1", "event_vector": [2, 1, 0, 0]}	节点 1 投票时间早于节点 2 接收提案时间	on_receive_proposal_delay voteandsend_delay	—	Pass/No
{'event': 'n2,validate proposal,h1', 'event_vector': [2, 2, 0, 0]}, {'event': 'n3,receive proposal,h1', 'event_vector': [3, 0, 1, 0]}	节点 1 验证提案时间早于节点 2 接收提案时间	validate_proposal_delay on_receive_proposal_delay	—	Pass/No

续表

时序用例	描述	涉及事件	测试结果	通过与否
{'event': 'n2,construct proposal,h2', 'event_vector': [5, 3, 0, 0]}, {'event': 'n3,receive proposal,h1', 'event_vector': [3, 0, 1, 0]}	节点 1 构造提案时间晚于节点 2 接收提案时间	construct_proposal_delay on_receive_proposal_delay	—	Pass/No

17.4.3　异常测试

区块链共识算法，一般通过状态复制机原理来实现一致性。其核心思想是系统中所有副本运行着相同的状态机，只要所有副本都以相同的初始状态开始，并执行一组相同顺序的操作，所有的状态最终就会都收敛一致，即整个系统对外表现出一致性。所以在状态复制的时候，不再来回地传递系统状态，而是传递导致系统状态变化的事件，即区块链系统中的交易。面对共识算法对 Safety 和 Liveness 特性的要求，其异常测试包括 CFT（Crush Fault Tolerance）和 BFT 测试。其中 CFT 场景需要考虑节点自身的错误，在少数节点掉线或者有故障的情况下，仍旧保证整个系统视图的一致性，能够满足 CFT 容错要求的算法有 PAXOS、RAFT 等。针对这类算法需要构造各种节点资源的异常，包括 CPU、内存、磁盘、网络、配置和宕机类异常。而 BFT 场景需要考虑中间人的恶意行为，比如攻击、抵赖和篡改等，能够满足 BFT 容错的算法有 PBFT、HotStuff 等，针对这类算法，需要构造消息篡改、交易篡改、DDoS 等场景，来验证共识算法的抗干扰能力。

1. CFT 异常测试

1）用例设计

区块链共识是解决分布式节点就某一提案达成一致性结果的算法，节点往往是跨组织、跨城、跨云运维的，由于节点的异构性和分布式系统的异步、并发等特性，导致各种异常场景十分丰富，包括资源类、网络类、节点类和组件类等，如图 17-53 所示。

图 17-53　CFT 类异常

每个类别又可细分为若干子类，部分异常场景如图 17-54 所示。

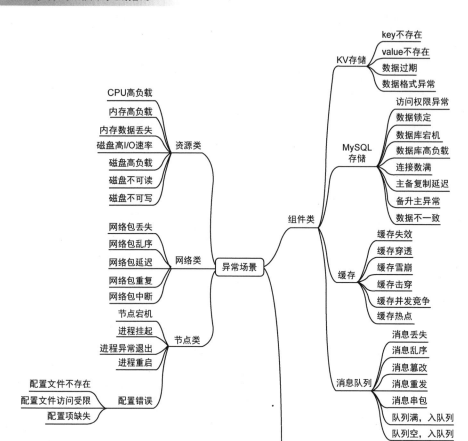

图 17-54　区块链共识涉及的异常场景

2）实施框架

为了快速模拟上述异常，可以借鉴业内混沌测试领域的工具和方法。区块链是一种由多方共同维护，使用密码学保证传输和访问安全，能够实现数据一致存储、难以篡改、防止抵赖的记账技术，也被称为分布式账本技术。按照接入范围，区块链可分为公有链、联盟链和私有链。目前国内最普遍使用的是联合行业或组织内成员搭建合作、共赢的联盟链。区块链服务建立在分布式系统之上，可能遇到的故障非常多，比如节点故障、各种网络故障、文件系统故障，甚至内核错误都时有发生。如果区块链服务不能很好地处理这些 CFT 异常，那么服务的稳定性将遭到挑战，其后果也不堪设想。出于此考虑，需要建立适用于区块链领域的混沌工程实施框架，整个实施框架如图 17-55 所示。

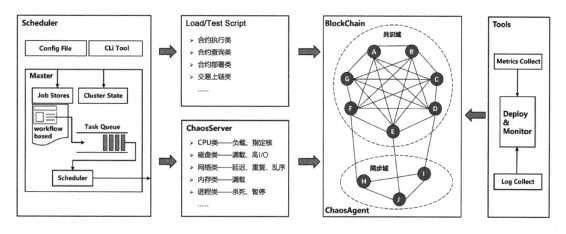

图 17-55　区块链网络的混沌工程实施框架

整个实施框架分为以下几部分。

BlockChain：被测区块链网络区域，搭建好的区块链网络分为共识域和同步域，每个区块链节点上都会部署相应的 ChaosAgent。

Load/Test Script：压测脚本，用来对被测的区块链网络施加稳定的基准流量，这些流量用例包括合约部署、合约调用、交易上链、交易查询等。

ChaosServer：负责接收指令请求，向具体的节点施加具体的异常场景，包括 CPU、磁盘、网络、进程等。

Tools：配套工具集，包括部署、日志收集、数据分析等。

Scheduler：混沌场景调度器，将某个时间点向某个节点施加某个异常，以工作流的形式放入任务队列中，调度器按时取任务，然后向 ChaosServer 发送命令请求。

同时可以借助 PipeLine 搭建区块链的 DevOps 研发流水线。流水线将开发自测、构建、覆盖率、质量红线、异常测试、混沌实验、自动化测试、报告收集等流程打通，如图 17-56 所示。

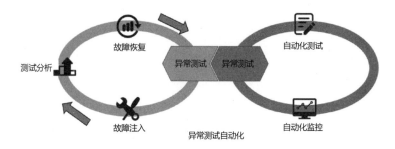

图 17-56　区块链的异常测试自动化

通过对区块链实施异常测试，并将故障注入、结果分析、可观测性告警等流程自动化后，带来的收益也较为显著。

（1）自动化实施混沌实验，可减少手工构造异常场景成功的时间，如图 17-57 所示。

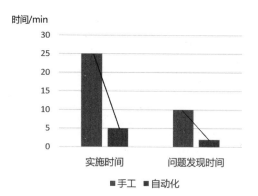

图 17-57　自动化带来的收益

（2）模拟的故障场景丰富，可涵盖接近真实生产的异常条件。

3）案例分析

我们在测试环境搭建 4 个共识节点、3 个 Seed 节点、1 个同步节点，通过这种组网模式、模拟 CFT 场景，利用自动化工具退出 1 个共识节点进程和 1 个同步节点进程，预期结果是在该种分区情况下，满足 BFT 场景要求的正常节点数，3 个共识节点数正常，不影响共识和区块链的对外服务。异常场景示意图如图 17-58 所示。

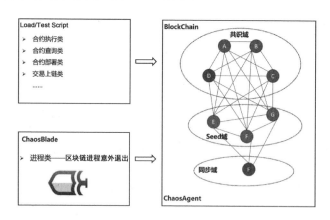

图 17-58　区块链异常场景示意图

但是在实际实施后，发现区块链 RPC 接口对外响应出现了超时，并且区块链网络共识失败了。由此我们展开进一步定位，发现在添加同步节点时，由于服务读取配置错误，误把同步节点作为共识节点加入了区块链网络，所以当由 5 个共识节点组成的区块链网络意外退出 2 个进程，破坏了容错的最小因子时，导致了共识失败。详细的原因定位示意图如图 17-59 所示。

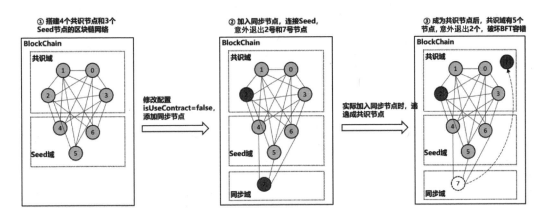

图 17-59　区块链异常测试的案例原因定位

2. BFT 异常测试

1）用例设计

针对区块链共识算法的 BFT 异常测试，需要设计各种攻击场景，意在破坏共识的协商过程，验证算法的 BFT 容错能力，我们以 TBFT 共识算法为例，设计相应的攻击用例。

TBFT 是业内开源的共识算法，其和 VBFT/Tendermint/HotStuff 一样同时满足安全性和存活性，且采用了一个网络延迟边界来满足响应度，简化了 Proposer 切换流程。目前 TBFT 共识算法支持 Leader 轮询切换，以及委员会动态切换。算法的核心交互流程如图 17-60 所示。

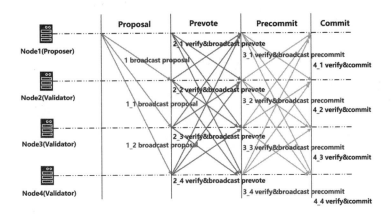

图 17-60　TBFT 共识算法核心交互流程示意图

整个共识过程涉及 4 个阶段的消息传递及处理过程，包括 Proposal、Prevote、Precommit 和 Commit 阶段，大致过程如下。

（1）Proposal 阶段：以 4 节点共识场景为例，首先选举一个节点作为 Proposer 提案者节点，然后 Proposer 从本节点交易池里选取一定数量的交易，构造出一个区块提案，并且签名广播给其他节点。

（2）Prevote 阶段：其他节点在收到提案消息后，验证提案者的签名，并对提案内区块交易结构进行验证。如果是合法的区块提案，节点就会构造一个预投票消息，并且签名广播给其他节点。

（3）Precommit 阶段：其他节点在收到预投票消息后，验证广播者的签名，并等待收集节点的预投票数消息，如果节点收集到足够的预投票数（大于总节点数的 2/3），那么本节点会构造一个预提交消息，并且签名广播给其他节点。

（4）Commit 阶段：其他节点在收到预投票消息后，验证广播者的签名及投票的合法性，并等待收集节点数 2/3 的预投票消息，如果节点收集到足够多的预投票数，那么本节点会调用执行器模块，进行区块的执行和提交动作，并且准备下一轮共识过程。

针对共识算法的 BFT 异常场景的测试用例如表 17-4 所示。

表 17-4　BFT 异常场景的测试用例

测试项目	测试目的	测试流程	测试结果	通过与否
无故障和无欺诈的共识	验证区块链在无欺诈和无故障的情况下达成共识的能力	1. 向共识算法发起一笔合法上链交易； 2. 向共识算法发起一笔非法交易，比如发送地址和私钥不匹配，或者签名错误等	—	Pass/No
故障数少于理论值的共识	验证区块链在故障数少于理论值的情况下达成共识的能力	1. 部署 4 个节点的区块链集群，启动一条链； 2. 向共识算法发起一笔合法上链交易； 3. 意外退出 1 个节点，模拟少于理论值的场景； 4. 再向共识算法发起一笔合法上链交易	—	Pass/No
故障数多于理论值的共识	验证区块链在故障数多于理论值的情况下达成共识的能力	1. 部署 4 个节点的区块链集群，启动一条链； 2. 向共识算法发起一笔合法上链交易； 3. 意外退出 2 个节点，模拟多于理论值的场景； 4. 再向共识算法发起一笔合法上链交易	—	Pass/No
转账情况下的双花攻击防范	验证区块链在双花攻击情况下的防范能力	1. 从相同 from 账户同时发起两笔转账交易，两笔转账交易的总额大于 from 账户余额，会出现一笔成功，另一笔失败的情况，同时失败交易会给出"余额不足"的提示； 2. 从相同 from 账户同时发起两笔转账交易，两笔转账交易的总额小于或等于 from 账户余额，两笔交易均成功； 3. 同时发起两笔相同的转账交易（相同交易 Hash 的重放攻击），会出现一笔成功，一笔失败，同时失败交易会给出"交易 Hash 重复"的提示的情况	—	Pass/No

续表

测试项目	测试目的	测试流程	测试结果	通过与否
共识机制下的拜占庭容错能力	验证共识算法在节点"拒绝投票"下的拜占庭容错能力	1. 部署 4 个节点的区块链集群,启动一条链; 2. 设置 1 个节点为作恶节点,模拟不同阶段的"拒绝投票",此时作恶节点数少于容错理论值; 3. 设置 2 个节点为作恶节点,模拟不同阶段的"拒绝投票",此时作恶节点数大于容错理论值	—	Pass/No
	验证共识算法在节点"篡改投票"下的拜占庭容错能力	1. 部署 4 个节点的区块链集群,启动一条链; 2. 设置 1 个节点为作恶节点,模拟不同阶段的"篡改投票",此时作恶节点数少于容错理论值; 3. 设置 2 个节点为作恶节点,模拟不同阶段的"篡改投票",此时作恶节点数大于容错理论值	—	Pass/No
	验证共识算法在节点"投票二义性"下的拜占庭容错能力	1. 部署 4 个节点的区块链集群,启动一条链; 2. 设置 1 个节点为作恶节点,模拟不同阶段的"投票二义性",即向不同节点广播不同的投票结果,此时作恶节点数少于容错理论值; 3. 设置 2 个节点为作恶节点,模拟不同阶段的"投票二义性",此时作恶节点数大于容错理论值	—	Pass/No
	验证共识算法在节点"篡改提案"下的拜占庭容错能力	1. 部署 4 个节点的区块链集群,启动一条链; 2. 设置 1 个节点为作恶节点,模拟"篡改提案",此时作恶节点数少于容错理论值; 3. 设置 2 个节点为作恶节点,模拟"篡改提案",此时作恶节点数大于容错理论值	—	Pass/No

2)实施框架

为了可以快速模拟上述用例的攻击行为,需要借助一些自动化工具,痛点在于难以精准控制分布式网络下的节点行为,比如要模拟 2 个节点在 Precommit 阶段投反对票的作恶场景,我们对比了 FailPoint 和 AspectGo 工具,从不同维度分析它们的优劣。FailPoint 可用于 Golang 语言的异常点的精准实现和控制,而 AspectGo 是一个面向 Golang 语言的 AOP 框架,二者的对比如表 17-5 所示。

表 17-5 FailPoint 和 AspectGo 的对比

比较项	FailPoint	AspectGo
定位	精准异常注入,服务 Golang	一种编程范式,主要用于处理具有横切性质的通用性服务
编译器	复用 Go 编译器	AspectGo 编译器+Go 编译器
增强方式	编译时	编译时
注入点	代码级,自由度高,精准	函数级,正则匹配
动态触发	原生支持	通过代理方案解决
代码侵入性	高(注入代码和被测代码混合)	低(注入代码和被测代码隔离)
使用场景	错误返回、Panic、延迟、篡改、分支等精准的程序行为控制	链路搜集、权限控制、安全检测、异常模拟等函数级切面场景

这里我们采用 FailPoint 来模拟节点的作恶行为，具体步骤如下，示意图如图 17-61 所示。

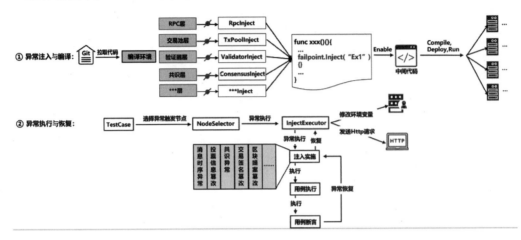

图 17-61　采用 FailPoint 精准注入来模拟异常的实施示意图

（1）异常注入和编译：从区块链项目中拉取代码到我们的编译环境，然后对区块链的不同模块进行自定义注入，这里主要介绍共识模块，可以注入"篡改投票""篡改签名""投票二义性""篡改提案"等逻辑，接着编译成二进制文件，部署到不同的节点服务器上，并启动区块链程序。

（2）异常启动和恢复：这里可以结合沉淀的自动化用例来做，在执行用例之前，先选择某个节点触发某个异常的启动，触发方式有修改环境变量和发送 Http 请求，等异常启动后，再运行自动化用例并进行断言，最后触发该异常的恢复，从而实现精准异常注入测试的闭环。

在实际对共识算法的 BFT 异常测试中，可以沉淀异常算子库，并借助自动化实施框架来自动化进行 BFT 场景测试。实施框架如图 17-62 所示。

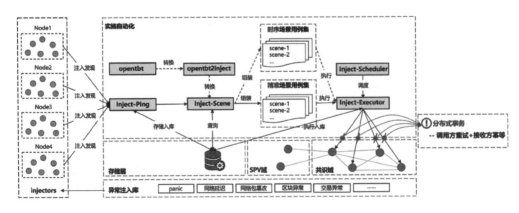

图 17-62　采用 FailPoint 精准注入来模拟异常的实施框架

将历史的注入逻辑代码片段保存到存储库中，异常算子包括"区块结构异常""提案签名异常""Prevote 投票错误"等，在启动了带有异常插桩逻辑的区块链程序后，通过 Inject-Ping 模块实时发现，并将各个节点的 injector 组装成 Inject-Scene 场景用例，最后 Inject-Scheduler 负责调度场景用例，触发 Inject-Executor 模块的执行，从而自动实施对共识算法的精准 BFT 异常注入测试。

3）案例分析

在实施对共识算法的精准 BFT 异常注入测试过程中也产生了一定的效果，如可以辅助发现难以模拟的异常问题，验证复杂破坏场景下共识的稳定性和拜占庭容错性，下面举两个拜占庭异常的例子。

案例一：在 4 个节点组成的区块链网络中，模拟 2 号节点和 4 号节点在 Precommit 阶段投反对票，验证对共识算法的影响程度。场景示意如图 17-63 所示。

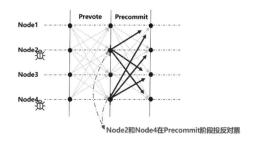

图 17-63　精准注入"Precommit 阶段投反对票"

注入的代码片段如下：

```
01.  func (csi *ConsensusServiceImpl) precommitPrevote(height int64, round int64, level int64) {
02.      if !csi.context.isValidIdx(csi.index) {
03.          csi.logger.Infof("self %v precommitPrevote:local is not in current consensus epoch", csi.index)
04.          return
05.      }
06.
07.
08.
09.
10.
11.
12.
13.
14.      }
15.
16.      defer csi.context.updateState(round, level, consensuspb.ConsStateType_Precommit)
17.
18.      //inject a precommit nil expection
19.      failpoint.Inject("precommit_nil", func() {
20.          csi.logger.Debugf("precommit nil ...")
21.          precommit := csi.constructPrecommit(csi.context.height, csi.context.round,csi.context.level, nil)
22.          csi.signAndBroadcast(precommit)
23.          return
24.      })
25.
26.      blockID, emptyBlock, ok := csi.msgPool.CheckPrevotesDone(height, round)
27.      if !ok {
28.
29.
30.
31.
32.          return
33.      }
34.
```

案例二：在 4 个节点组成的区块链网络中，模拟 2 号节点比 3 号节点早接收 Precommit 投票消息，验证在这种时序场景下是否会影响共识的稳定性和一致性。场景示意如图 17-64 所示。

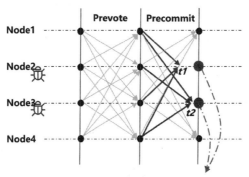

Node2早于Node3接收Precommit消息

图 17-64　精准注入"Node2 比 Node3 早接收投票消息"

注入的代码片段如下：

```
1    //handlePrecommitMessage handles a precommit msg from network or internal
2    func (csi *ConsensusServiceImpl) handlePrecommitMessage(msg *consensuspb.ConsensusMsg) {
3        //inject tbft receive precommit delay
4        failpoint.Inject("tbft_receive_precommit_delay", func() {
5            csi.logger.Debugf("subscribe net message, tbft_receive_precommit_delay...inject done!!!")
6        })
7
8        defer util.AddElapsedTime(msg.Payload.GetVoteMsg().Height, "handlePrecommitMessage")()
9        defer stats.Stop(stats.Start(StatsHandlePrecommit))
10       err := csi.validatePrecommit(msg, false)
11       if err != nil {
12           return
13       }
14       precommit := msg.Payload.GetVoteMsg()
15       authorIdx := precommit.GetAuthorIdx()
16
17
18
19
20
21
22
23
24   }
```

构造在Precommit阶段接收消息延迟

17.4.4　安全测试

区块链不同的共识算法所涉及的安全测试有所区别。

1. PoW 共识安全测试

1）简介

比特币和以太坊区块链通过竞争记账的方式解决去中心化的记账系统的一致性问题，以每个节点的计算能力，即"算力"来竞争记账权的机制，竞争记账权的过程就是"挖矿"。然而在一个去中心化的系统中，谁有权判定竞争的结果呢？比特币和早期以太坊区块链系统是通过 PoW 共识机制完成的。

在通过 PoW 共识进行的挖矿行为中，需要遵守以下三个规则。

- 一段时间内只有一个节点"挖矿"成功。
- 其他节点验证区块，并复制账本结果。
- 通过计算密码学难题（Hash 计算）获得唯一记账权。

举个例子，给定字符串"blockchain"，我们给出的工作量要求是可以在这个字符串后面连接一个称为 nonce 的整数值串，对连接后的字符串进行 SHA256 的 Hash 运算，如果得到的 Hash 结果（以十六进制形式表示）是以若干个零开头的，则验证通过。这里的若干个零的要求就是"挖矿"难度，为了达到这个目标，我们需要不停地递增 nonce 值，对得到的新字符串进行 SHA256 Hash 运算。

2）PoW 共识的攻击形式

（1）双花攻击

双花攻击就是指将一个代币通过多次支付手段发起的攻击，也就是指同一个货币被花费了多次，如图 17-65 所示。

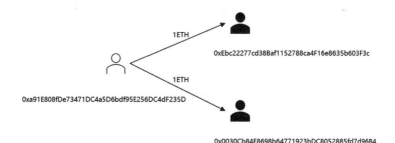

图 17-65　PoW 共识遇到的"双花"攻击

（2）51%攻击

51%攻击可通过控制网络算力实现双花，即如果攻击者控制了网络中 50%以上的算力，那么在他控制算力的这段时间，就可以将区块逆转，进行反向交易，实现双花。如果存在这样一个攻击者，他刻意把第一笔交易向一半网络进行广播，把第二笔交易向另一半网络广播，两边正好有两个矿工几乎同时取得记账权，把各自记账的区块广播给大家，此时选择任意一个账本都可以，这时原来统一的账本就出现了分叉，如图 17-66 所示。

接下来，如果下一个矿工选择在 A 分支的基础上继续记账，A 分支就会比 B 分支更长，根据区块链的规则，长的分支会被认可，短的分支会被放弃，账本还是回归为一个，之前的交易也只有一笔有效，如图 17-67 所示。

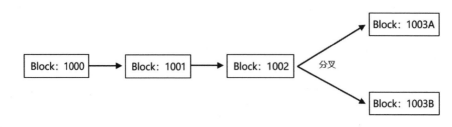

图 17-66　51%攻击引发的区块"分叉"

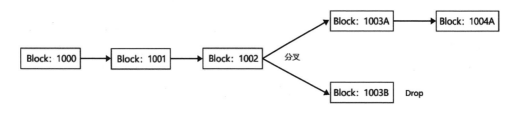

图 17-67　区块"分叉"后的处理方式

此时 A 分支被认可，交易被确认后，攻击者获得相应利益，此时如果攻击者拿到 51%的全网算力，则其立刻成为旷工，争取到连续两次的记账权。然后在 B 分支上连续"挖矿"两个区块，于是 B 分支成为被认可的分支，A 分支被舍弃，A 分支中的交易不再成立，攻击者在 A 分支上支付的货币重新有效，但攻击者之前已经获得利益，至此，攻击者成功地完成了一次双花攻击，如图 17-68 所示。

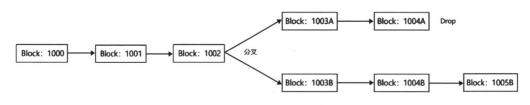

图 17-68　区块"分叉"造成的"双花"

在 B 分支落后的情况下要强行让它超过 A 分支，现实中难度很大，成功的概率很低，但是如果攻击者掌握了全网 50%以上的算力，那么即使落后很多，追上也只是时间问题，这就是"51%攻击"。

针对 51%攻击，相应的防御措施如下。

- 提高区块链节点的确认次数。
- 改善共识机制，融合多种协同算法，比如 PoW+PoS。
- 定期监控算力分布情况，提前预警 51%攻击。

2. PoS 共识安全测试

1）简介

PoS 共识机制会根据用户持有区块链数字货币的量和时间来分配挖矿权，整个流程非常简单，总结起来就是：首先持币人将代币抵押，获得出块的机会，然后在 PoS 共识中会通过选举算法，按照持币量和持币时间，从中选出出块矿工。矿工在指定高度完成打包交易，生成新区块，并广播区块，广播的区块经过验证人验证交易，通过验证后，区块得到确认。这样一轮 PoS 的共识过程就完成了。

PoS 机制的优势在于，它解决了 PoW 中的资源浪费、效率低下等问题。但它同样也有一些缺点。比如，PoS 机制中初始的代币分发比较模糊，如果初始代币分发不下去，就很难形成之后的股权证明，并且容易造成强者恒强的局面，谁的代币多，谁就越容易获得更大的"挖矿权"，理论上谁能掌握 51%的代币，谁就能掌控整个网络。

2）PoS 共识的攻击形式

PoS 共识存在以下两大安全风险。

- 无利害攻击（Nothing at Stake）

如果攻击者分叉当前的 PoS 链，对于持有币的挖矿者来讲，不需要去判断哪条链会获胜，最佳的策略是同时在两个分支上进行挖矿，因为最终无论哪个分支胜出，对于 Staking 的持币者来说都会获益，且过程不像 PoW 那样"真刀真枪"地烧钱拼算力，PoS 全程无消耗，所以对于持币的出块节点来说，同时在两个分支上挖矿完全可行。但这也就导致了，在某种情况下，恶意分叉某个 PoS 链，成功的可能性很大。一旦被攻击成功，一条链就可能分裂成多条链，将引发诸如交易回滚、双花等一系列严重问题。

- 长程攻击（Long Range Attack）

攻击者不是去分叉现有的链，而是回到初始阶段的链，造一条更长的新链，让网络误以为是主链。如果攻击者要在比特币上造一条更长的链，则需要有大于整个网络 50%的算力投入矿机、巨大的耗能和巨大的资本投入，才有机会胜出。相比之下 PoS 可以跳过共识算法去制造新链，而且这个过程不需要投入矿机、没有耗能，攻击成本远比 PoW 共识算法低，一旦攻击成功，其后果也就非常严重，重新构造的链可能彻底取代原来的链，不可篡改等诸多特性都将被破坏。

3. BFT 类共识安全测试

1）简介

BFT 是分布式计算领域的一种容错技术。拜占庭假设是对现实世界的模型化，基于硬件错误、网络拥塞或中断以及遭到恶意攻击等原因，计算机和网络可能出现不可预料的行为。拜占庭容错技术被设计用来处理这些异常行为，并满足所要解决的一致性问题。

拜占庭容错技术来源于拜占庭将军问题。在分布式系统中，特别是在区块链网络环境中，也和拜占庭将军的环境类似，有运行正常的服务器（类似忠诚的拜占庭将军），有存在故障的服务器，还有破坏者的服务器（类似叛变的拜占庭将军）。共识算法的核心是在正常的节点间形成对网络状态的共识。

这类共识机制满足 $N \geqslant 3F+1$，N 是整个区块链网络的总节点数，F 是允许宕机、作恶的节点数。举个例子，由 4 个节点组成的区块链网络，允许有 1 个节点作恶或宕机，但是一旦有超过 1 个的节点数宕机或作恶，区块链网络就无法提供稳定的共识了，如图 17-69 所示。

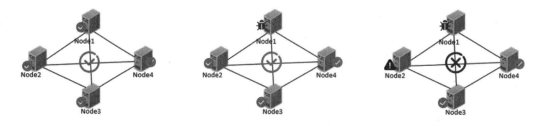

图 17-69　4 个节点构成的 BFT 网络的容错示意

2）BFT 类共识的攻击形式

● "脑裂"攻击

我们在测试环境搭建由 10 个共识节点组成的区块链网络，利用混沌工具将 10 个共识节点拆分成"7+3"两个分区，预期结果是在该种分区情况下，满足 BFT 场景要求的正常节点数为 3 个，不影响共识和区块链的对外服务。该攻击场景示意图如图 17-70 所示。

但是在实际实施后，发现区块链 RPC 接口对外响应出现了超时。由此我们展开进一步定位，我们做了 3 组对照实验，分别模拟了无网络分区、有网络分区（随机隔离）、有网络分区（顺序隔离）这三种场景，用来验证区块链的抗风险能力。最后发现是因为配置区块链共识失败的切换频率是 5s，3 个节点连续切换导致耗时 15s 才切换成功，而这 15s 正好是 RPC 接口的超时时间，从而触发了接口超时，影响了区块链的对外响应。定位过程示意图如图 17-71 所示。

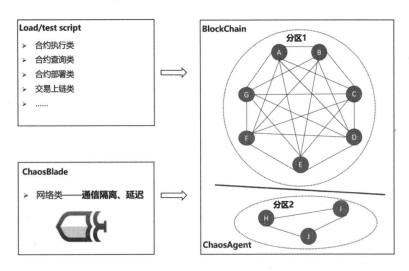

图 17-70　"脑裂"攻击场景

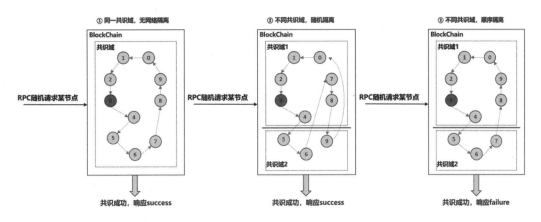

图 17-71　"脑裂"攻击触发问题的原因定位过程

17.4.5　稳定性测试

1. 实施框架

区块链共识算法往往是一个基于 EDA 架构的自运转系统，当没有外部触发时，也会有相应的区块产生，对于共识的稳定性测试，可以结合区块链系统的稳态指标来进行，那么如何判断区块链共识是否正常运行呢？我们知道，联盟链往往采用 BFT 类共识算法，该类算法支持 $3f+1$ 容错，f 表示出错的节点数，所以判断区块链共识的对外服务是否正常不能单一依据节点进程是否运行来给出，下面给出几个体现区块链共识正常运行的健康度指标，也就是混沌工程里提到的稳态指标。

（1）节点数据的一致性。

区块链中的数据是经过共识节点交叉验证后存储上链的，正常预期是分布式的节点数据满足最终一致性，这些数据包括区块数据、交易数据、业务数据等，所以需要提供数据一致性校验工具。

（2）稳定并发场景下区块链服务的 QPS/TPS。

在稳定并发场景下，区块链对外服务的 QPS、TPS 应该保持稳定，如果注入一些网络延迟或者出现 CPU 高负载等异常，就会导致 QPS/TPS 波动起伏，不再稳定。

（3）稳定并发场景下区块链服务的响应时间（Reaction Time，RT）。

同样地，在稳定并发场景下，区块链对外服务的响应时间应该保持稳定，波动不大，峰值流量在进入系统后，会引起 RT 的波动，也会破坏系统稳态。

（4）区块链共识在一段时间内的 round 值切换频率。

在共识节点出现异常后，会导致发起的提案失败，从而引发 round 值的切换，触发新一轮的提案者选举，让新的提案者发起共识，所以一个区块内的 round 值越大，说明共识出现问题的概率越大。

（5）区块链共识在一段时间内不同节点的高度差。

区块链是一个自转系统，在无请求时，高度也会增加，正常情况下，不同节点在共识和同步的双重影响下，高度差距不会太大，如果出现不同节点高度差有变大的趋势，则预示着共识的稳态遭到破坏。

那么如何收集这些指标呢？可以运用云原生下的可观测性概念来进行收集，通常来说，可观测性主要包含指标（Metrics）、日志（Logging）和追踪（Tracing），三者的关系如图 17-72 所示。

Loki 采用了跟 Prometheus 一样的标签系统，可以很轻松地将 Prometheus 的监控指标与对应的节点日志结合起来，并且使用类似的语言去查询。另外 Grafana 已经支持了 Loki dashboard，只需使用 Grafana 就能同时展示监控指标和日志。

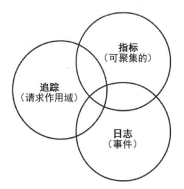

图 17-72　可观测性中的指标、日志和追踪

基于 Loki 的日志监控框架如图 17-73 所示。

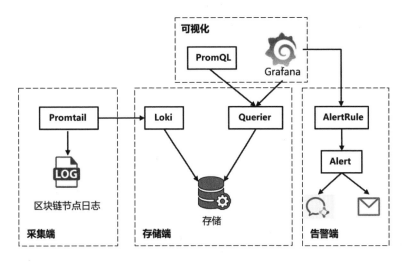

图 17-73　基于 Loki 的日志监控框架

基于反脆弱性理论，以区块链业务流量作为外部压力，混沌工程的异常作为随机事件，可观测性作为统一的反馈手段，实现"三位一体"的区块链稳定性测试方案。

2. 案例分析

在稳定性测试实施过程中，我们选择 7 个共识节点和 3 个同步节点的组网模式，压测工具分别往共识节点和同步节点上发送交易请求，包括合约部署、合约调用、交易查询等常规流量，节点组网模式如图 17-74 所示。

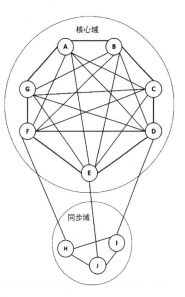

图 17-74　稳定性测试的节点组网

稳定性测试在"三位一体"方案下，随机、低压请求及混合场景下的运行时间超过 24 小时，最后发现，网络类、资源类及进程类的异常注入都能基本满足测试预期，而 BFT 场景中大于或等于 2/3 节点数的共识场景，在恢复网络后，还需重启所有节点，才能恢复共识打包区块，没有自愈能力，需要开发做及时调整。

稳定性测试后的部分分析结果如下。

（1）实验场景：随机注入网络延迟，涉及相同角色节点内和不同角色节点间的网络延迟。

① 监控指标：业务 TPS、响应时间和数据最终一致性。

② 期望结果：在有限网络延迟内，业务上链正常，响应时间可控。

③ 具体场景：

● 单域内单节点网络延迟。

● 单域内多节点网络延迟。

④ 实验结果：业务 TPS 波动明显，共识机制切换 round 频率加大，延迟时间在一定范围内，响应时间可控。

⑤ 结果分析：由于网络延迟加大，因此共识机制触发超时的可能性加大，在超时范围外，切换 round，进入新的共识周期，所以 TPS 有波动，切换 round 频率加大。

（2）实验场景：随机注入某节点指定目录磁盘 I/O 高负载，涉及相同域内和不同域间。

① 监控指标：业务 TPS、响应时间和数据最终一致性。

② 期望结果：在一定负载范围内，业务不受影响。

③ 实验结果：

● 节点 A（共识节点）磁盘高 I/O 如下：

```
Device:    rrqm/s   wrqm/s     r/s     w/s     rkB/s    wkB/s avgrq-sz avgqu-sz   await r_await w_await  svctm %util
vda          0.00    60.00  325.00   42.00 153600.00   424.00   839.37    17.85   48.66   54.76    1.52   2.72 100.00
vdb          0.00     1.00    0.00   36.00      0.00   892.00    49.56     0.01    0.33    0.00    0.33   0.11   0.40
scd0         0.00     0.00    0.00    0.00      0.00     0.00     0.00     0.00    0.00    0.00    0.00   0.00   0.00

Device:    rrqm/s   wrqm/s     r/s     w/s     rkB/s    wkB/s avgrq-sz avgqu-sz   await r_await w_await  svctm %util
vda          0.00     0.00  320.00    1.00 153600.00    44.00   957.28    16.37   50.99   51.15    0.00   3.09  99.20
vdb          0.00     0.00    0.00    0.00      0.00     0.00     0.00     0.00    0.00    0.00    0.00   0.00   0.00
scd0         0.00     0.00    0.00    0.00      0.00     0.00     0.00     0.00    0.00    0.00    0.00   0.00   0.00

Device:    rrqm/s   wrqm/s     r/s     w/s     rkB/s    wkB/s avgrq-sz avgqu-sz   await r_await w_await  svctm %util
vda          0.00     0.00  322.00    0.00 153600.00     0.00   954.04    17.00   53.43   53.43    0.00   3.07  98.80
vdb          0.00    43.00    0.00   13.00      0.00   224.00    34.46     0.00    0.31    0.00    0.31   0.31   0.40
scd0         0.00     0.00    0.00    0.00      0.00     0.00     0.00     0.00    0.00    0.00    0.00   0.00   0.00
```

● 节点 I（同步节点）磁盘高 I/O 如下：

```
Device:    rrqm/s   wrqm/s     r/s     w/s     rkB/s    wkB/s avgrq-sz avgqu-sz   await r_await w_await  svctm %util
vda          0.00     0.00  241.00    0.00 112640.00     0.00   934.77    17.41   68.17   68.17    0.00   4.13  99.60
vdb          0.00     0.00    0.00    0.00      0.00     0.00     0.00     0.00    0.00    0.00    0.00   0.00   0.00
scd0         0.00     0.00    0.00    0.00      0.00     0.00     0.00     0.00    0.00    0.00    0.00   0.00   0.00

Device:    rrqm/s   wrqm/s     r/s     w/s     rkB/s    wkB/s avgrq-sz avgqu-sz   await r_await w_await  svctm %util
vda          0.00     0.00  259.00    0.00 125056.00     0.00   965.68    17.10   70.13   70.13    0.00   3.86 100.00
vdb          0.00    38.00    0.00   12.00      0.00   200.00    33.33     0.00    0.33    0.00    0.33   0.33   0.40
scd0         0.00     0.00    0.00    0.00      0.00     0.00     0.00     0.00    0.00    0.00    0.00   0.00   0.00

Device:    rrqm/s   wrqm/s     r/s     w/s     rkB/s    wkB/s avgrq-sz avgqu-sz   await r_await w_await  svctm %util
vda          0.00    31.00  244.00    2.00 116672.00   132.00   949.63    16.78   67.56   68.08    4.00   4.05  99.60
vdb          0.00     0.00    0.00    0.00      0.00     0.00     0.00     0.00    0.00    0.00    0.00   0.00   0.00
scd0         0.00     0.00    0.00    0.00      0.00     0.00     0.00     0.00    0.00    0.00    0.00   0.00   0.00
```

④ 业务情况：区块链在高 I/O 负载的情况下，可以对外保持服务，响应时间由于 I/O 负载紧张而出现阶段性提高。

17.5　智能合约测试

智能合约的概念最早是由计算机科学家 Nick Szabo 在 1994 年提出的,是一种旨在以信息化方式传播、验证或执行合同的计算机协议,它允许在没有第三方参与的情况下自动进行交易,并且这些交易可追踪而无法逆转。在智能合约提出后,一段时间内并没有大规模应用,原因是没有可信的执行环境,直到区块链技术的出现,其不可篡改的拜占庭容错特性创造了可以作为智能合约的可信执行环境。目前以太坊作为最大的智能合约执行平台,借助具有图灵完备的 Solidity 语言实现丰富的业务需求,为区块链的应用场景提供了无限可能。

17.5.1　智能合约

1. 智能合约概述

智能合约是存储在区块链网络中的一段代码,它定义了所有使用合约的各方同意的有关合同条款的全部信息。输入满足要求的条件后,智能合约自动执行所有相应的预设代码,输出相应的期望结果。智能合约的实现语言种类非常多,比如联盟链 Fabric 中采用 Golang 编写链码,也就是智能合约;Solidity 是一种面向对象的高级静态编程语言,最初运行在以太坊虚拟机(EVM)上构建智能合约;Vyper 是一种创建于 2017 年的 Pythonic 智能合约语言,可编译为像 Solidity 一样的 EVM 字节码;Move 也是一种基于 Rust 改编的编程语言,它创建于 2019 年,最初是为 Meta 的 Diem 区块链项目而开发的。目前 Solidity 是最主流的智能合约语言,我们接下来介绍以太坊和 Solidity 智能合约。

以太坊定义了两种账户类型,分别是合约账户和外部账户,具体如下。

- 合约账户:合约部署到区块链上的唯一标识由创建者地址、发起交易的 nonce 值、合约代码共同决定。
- 外部账户:即普通用户持有的账户,由公钥和私钥体系确定,每个账户有一个持久化的 MPT(默克尔-帕特里夏树)。

下面是一个简单的 Solidity 合约代码,Solidity 语言每个版本特性都有一些更新,语法也会有调整,建议参考 Solidity 的官方文档。

```
// SPDX-License-Identifier: GPL-3.0

pragma solidity >=0.7.0 <0.9.0;

/**
* @title Storage
* @dev Store & retrieve value in a variable
* @custom:dev-run-script ./scripts/deploy_with_ethers.ts
```

```
*/
contract Storage {

  uint256 number;

  /**
* @dev Store value in variable
* @param num value to store
*/
  function store(uint256 num) public {
    number = num;
  }

  /**
* @dev Return value
* @return value of 'number'
*/
  function retrieve() public view returns (uint256){
    return number;
  }
}
```

智能合约在以太坊的运行流程如下。

（1）持有外部账户的普通用户向以太坊网络发送一笔部署智能合约的交易，会得到合约账户的地址，合约的字节码存储在该地址的状态树中。

（2）外部账户向以太坊网络再发送一笔调用合约的交易，该交易的"to"传的就是合约账户地址，并且携带被调用合约的函数信息和调用信息，遵循 ABI 编码协议。

（3）以太坊网络在收到交易请求后解码数据，找到链上的合约及函数入口，传入参数，在 EVM 中执行合约方法，执行实际是状态转换的过程。

（4）以太坊全网节点都会同步、验证并执行交易，在共识算法的配合下实现状态的最终一致性。

1）智能合约应用开发流程

以太坊是一个由很多支持 Ether 协议的客户端节点组成的 P2P 网络，节点可以分为挖矿节点、同步节点、轻节点和归档节点等，节点对外提供标准的 RPC 接口，开发人员可以通过各种语言版本的 SDK 与节点进行通信，比如 JavaScript 版的 web3.js，Python 版的 web3.py，以及 Java 版的 web3.j。这些标准的 Web3 库提供的功能如下。

● 连接到以太坊节点。
● 查询区块数据、交易数据、节点信息、网络信息。

- 构造交易、签名、提交交易、监听网络事件。
- 编译、部署智能合约。
- 账户管理、挖矿管理。
- 其他涉及密码学及编解码相关的辅助接口。

基于智能合约的 Web3 DApp 架构如图 17-75 所示。

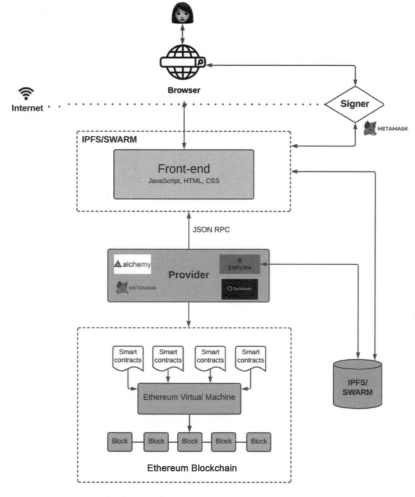

图 17-75　基于智能合约的 Web3 DApp 框架

这个 Web3 DApp 架构中有以下几个关键组件。

- 区块链：由点对点节点网络维护的全球可访问、确定性的世界状态机，该状态机的状态改变受网络中节点间遵循的共识规则所约束。

- 智能合约：智能合约是以太坊区块链上运行的一个程序，它定义了区块链上发生的状态改变背后的逻辑，类似传统 Web2 应用的后端服务。因为智能合约的代码在以太坊区块链上存储，所以每个人都可以检查网络上所有智能合约的应用逻辑。
- 以太坊虚拟机：以太坊虚拟机用于执行智能合约中定义的逻辑，并处理在这个全球可访问的状态机上发生状态改变的沙箱环境。
- 前端：前端定义了 UI 逻辑，它跟智能合约中定义的应用逻辑进行通信。前端与智能合约通信的中间件可以有节点服务，节点服务来自两方面，一方面可以是自建的节点，运行以太坊区块链软件；另一方面可以使用第三方服务商提供的节点，比如 Infura、Alchemy 或 Quicknode。
- 钱包：当用户通过前端与智能合约交互时，需要用户的私钥签名，这时就可以使用钱包的功能了，常见的钱包有 Metamask、Zengo、ImToken 等。
- 去中心化存储：把所有内容（大文件、音/视频等）存储在区块链上很昂贵，需要引入链下去中心化存储方案，比如 IPFS 或 SWARM，其中 IPFS 是一个用于存储和访问数据的分布式文件系统。

开发智能合约 DApp 应用的流程分为以下几步。

第一步：创建智能合约。

第二步：部署、调试和发布智能合约。

第三步：创建前端应用。

2）智能合约开发者工具

"工欲善其事，必先利其器"，在智能合约 DApp 的开发过程中也不乏一些好用的开发者工具，通过使用这些工具，可以更快、更便捷地构建想要的去中心化应用。下面介绍几款开发者工具。

- MetaMask：MetaMask 是一个以太坊钱包浏览器插件，也有移动端应用，它允许用户在 DApp 之间通过智能合约和用户私钥进行交互。同时，MetaMask 可以作为 Web 端轻量级钱包，连接以太坊主网、Ropsten、Kovan、Rinkeby 测试网以及自建网络，管理以太坊上的全部资产，包括以太币和 ERC20 代币。MetaMask 的一个交互页面如图 17-76 所示。

图 17-76　MetaMask 交互页面

- Remix：Remix 是以太坊平台下开发测试智能合约的环境工具，以前称为 Browser Solidity，是一款基于 Web 浏览器的 IDE，允许编写 Solidity 智能合约，然后部署和运行智能合约。网页版 Remix 的 IDE 环境如图 17-77 所示。

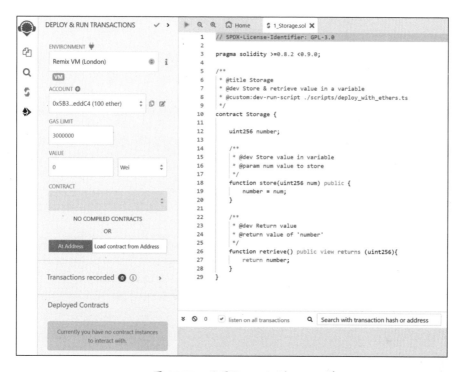

图 17-77　网页版 Remix 的 IDE 环境

- Truffle：Truffle 是一个使用 JavaScript 开发的开源框架，用于开发、测试以太坊的框架和数字资产通道，旨在使以太坊开发人员更方便和轻松地开发智能合约。使用 Truffle 可以实现以下场景。
  - ➢ 智能合约的编译、连接、部署和调用。
  - ➢ 快速开发、测试智能合约。
  - ➢ 以太坊网络管理。
  - ➢ 遵循 ERC190 标准，可使用 EthPM 进行 Solidity 钱包管理。
  - ➢ 配置和构建流水线，持续集成。
- MyEtherWallet：MyEtherWallet 是一款开源的 Web 页面版本的以太坊钱包，它和 MetaMask 有相似的功能，支持以下功能。
  （1）创建钱包及账户。
  （2）在线、离线方式转移以太币和其他 ERC 代币。

（3）智能合约交互。

（4）以太坊域名 ENS（即以太坊名称服务）管理，是一个基于以太坊区块链的分布式、开放和可扩展的命名系统，ENS 可用来为各种资源命名。

- Etherscan：Etherscan 是以太坊网络的区块浏览器，其用户量庞大，提供了一个搜索引擎，允许用户查找、确认和验证在以太坊区块链上发生的交易。另外 Etherscan 还提供一组负载均衡的强大 API 服务，可用于开发者二次开发、构建自己的应用。目前在 Etherscan 上可以查询账户及合约地址、交易 Hash、ENS 域名，并且提供了智能合约的读取操作以及数据的可视化分析。

- Hardhat：Hardhat 是一个编译、部署、测试和调试以太坊应用的开发环境，它可以帮助开发人员管理和自动化构建智能合约和 DApp 过程中固有的重复性任务，并且内置了 Hardhat 网络，是一个专为开发设计的本地以太坊网络。Hardhat 的主要功能有 Solidity 调试，跟踪调用堆栈、console.log()和交易失败时的明确错误信息提示等。

2. Solidity 语言介绍

1）语法介绍

Solidity 语言类似于 JavaScript，是以太坊推荐的几种智能合约编程语言中最流行的一种。智能合约类就是面向对象编程里的 Class（类），在 Solidity 中使用 contract 标识，一个 DApp 应用可以对应一个智能合约，也可以对应多个智能合约。这里介绍一下一个合约文件包含哪些内容，具体如下。

- 智能合约的编译提示：包括指定的编译器版本，合约的引用库。
- 状态变量：永久保存在合约中的业务状态值。
- 函数：智能合约代码中的可执行单元，提供给外部用户的调用方法。
- 函数修饰符：以声明的方式修改函数的语义，在函数每次调用前先执行函数修饰符中定义的逻辑，有点类似 Java 里的 AOP 和 Python 里的修饰符。
- 事件：用于记录合约调用过程中的 EVM 操作日志，供订阅方监听并消费。

下面是一段智能合约代码：

```solidity
// SPDX-License-Identifier: GPL-3.0

pragma solidity >=0.7.0 <0.9.0;

import "hardhat/console.sol";

/**
 * @title Owner
```

```solidity
 * @dev Set & change owner
 */
contract Owner {

    address private owner;

    // event for EVM logging
    event OwnerSet(address indexed oldOwner, address indexed newOwner);

    // modifier to check if caller is owner
    modifier isOwner() {
        // If the first argument of 'require' evaluates to 'false', execution
terminates and all
        // changes to the state and to Ether balances are reverted.
        // This used to consume all gas in old EVM versions, but not anymore.
        // It is often a good idea to use 'require' to check if functions are called
correctly.
        // As a second argument, you can also provide an explanation about what
went wrong.
        require(msg.sender == owner, "Caller is not owner");
        _;
    }

    /**
     * @dev Set contract deployer as owner
     */
    constructor() {
        console.log("Owner contract deployed by:", msg.sender);
        owner = msg.sender; // 'msg.sender' is sender of current call, contract
deployer for a constructor
        emit OwnerSet(address(0), owner);
    }

    /**
     * @dev Change owner
     * @param newOwner address of new owner
     */
    function changeOwner(address newOwner) public isOwner {
        emit OwnerSet(owner, newOwner);
        owner = newOwner;
    }

    /**
     * @dev Return owner address
     * @return address of owner
     */
    function getOwner() external view returns (address) {
        return owner;
    }
}
```

对上面的智能合约进行拆解，几个关键模块如下。

（1）通过 SPDX-License-Identifier: ×××来说明该智能合约的版权许可证。如果智能合约不打算开源，则可以用特殊值 UNLICENSED 来声明。

（2）通过关键字 pragma 来标识编译器版本号，从而启用编译器检查，但是不会自动改变编译器的版本，仅仅告知编译器去检查版本是否匹配，如果不匹配，则编译器给出一个错误提示。

（3）通过 import 来导入所需要的源文件或库。

（4）通过 contract 来定义合约类，里面包含状态变量和方法，用来构建合约的属性和行为。

（5）通过 event 来定义事件，在需要的时候通过 emit 来触发事件。

（6）通过 function 来定义方法，合约调用的核心执行模块，可以实现丰富的图灵完备的业务逻辑。

2）数据类型

Solidity 是一种静态类型语言，需要在变量定义的时候指定数据类型。目前支持的数据类型如下。

（1）值类型。

● 布尔型：true 或 false 的常量，支持逻辑操作和比较操作。

● 整型：uint8、uint16、uint256……，以 8 位（1Byte）为一个单位，支持比较、算术、位操作。

● 定点数：ufixedMxN 和 fixedMxN，M 表示该类型的位数，8 位为一个单位，范围是 8～256；N 表示小数部分的精度，范围是 0～80，支持比较、算术操作。

● 定长字节数组：bytes1、bytes2、bytes3……代表指定位数的字节，支持比较、算术、索引访问和位操作，并且有一个成员属性：length，标识字节数组的长度。

● 动态字节数组：bytes 和 string 都可以标识不定长字节数组。

● 枚举：创建用户自定义类型的一种方法，可显式转换成所有整数类型，不可隐式转换。

（2）引用类型。

复杂的数据类型（比如 struct、array 等）的复制成本较高，可通过引用数据类型来减少数据拷贝，目前在智能合约中有以下位置可实现数据保存。

● 内存（memory）：保存函数的入参和出参。

- 存储（storage）：保存智能合约的状态变量和函数内的局部变量。
- 调用数据（calldata）：保存函数调用时的元数据，包括入参、调用者等。

① array 数组：数组长度可以在编译时确定，也可以动态确定，有一个成员属性：length，标识数组的长度。对于动态数组可通过 array.length 修改长度值。

② struct 结构体：结构体可以定义丰富的数据类型，并可以嵌套，满足复杂业务单元的定义。

（3）映射类型。

map 映射类型声明为 map（keyType，valueType），keyType 可以是除 map、动态数组、合约、枚举和结构体以外的任何类型，而 valueType 可以是任何类型，并且 map 没有长度概念。

（4）地址类型。

区块链的内建数据类型，以太坊地址是一个 20 字节长度的整型数据，有自己的属性和成员函数，比如 balance 属性和 transfer() 函数。

（5）函数类型。

函数的声明和调用与传统语言类似，其可见性与传统语言略有不同，目前 Solidity 支持 private、public、internal 和 external 关键字，这些关键字的区别如表 17-6 所示。

表 17-6　Solidity 中 private、public、internal 和 external 的区别

关键字	可见性等级	用途	示例
private	最低（一级）	只有当前合约可见，私有函数和状态变量类似于内部函数，但是继承合约不可以访问它们	function privateFunc() private {}
public	最高（四级）	公共函数和状态变量对所有智能合约可见，public 的函数既允许以 internal 的方式调用，也允许以 external 的方式调用，函数方法可见性默认为 public	function publicFunc() {} 函数默认是 public
internal	中下（二级）	外部合约不可见，只有当前合约内部和子类合约可见，内部函数和状态变量只可以内部访问，也就是说，从当前合约内和继承它的合约访问，状态变量默认为 internal	function internalFunc() external{} (1) 合约内，调用 internalFunc() (2) 子合约，调用 internalFunc()
external	中上（三级）	只能被外部合约或者外部调用者可见，声明为 external 的合约可以从其他合约或通过 Transaction 进行调用，所以声明为 external 的函数是合约对外接口的一部分，不能被内部函数调用	function externalFunc() external {}

3）单位换算

以太坊的 token 是 Ether，其单位包括 wei、kwei、gwei 等，单位之间的换算关系如表 17-7 所示。

表 17-7   以太坊 Ether 的单位换算关系

单位	wei 值	wei
wei	1	1 wei
kwei (babbage)	1e3	1,000 wei
mwei (lovelace)	1e6	1,000,000 wei
gwei (shannon)	1e9	1,000,000,000 wei
microether (szabo)	1e12	1,000,000,000,000 wei
milliether (finney)	1e15	1,000,000,000,000,000 wei
ether	1e18	1,000,000,000,000,000,000 wei

以太坊的时间单位换算如下：

```
1 == 1 seconds
1 minute == 60 seconds
1 hour == 60 minutes
1 day == 24 hours
1 week == 7 days
1 year == 365 days
```

4）控制结构

Solidity 智能合约可以支持很多控制关键字，包括 if、else、while、do、for、break、continue 和 reture，值得注意的是判断条件不能为非布尔类型，并且在函数调用时，实参可以以任何顺序的命名参数来指定，比如下面的案例：

```
pragma solidity ^0.4.0;

contract Test {
        function f(uint key, uint value) public {
            //...
        }
        function g() public {
            f({value: 2, key: 3}); //命名参数，任意的顺序
        }
    }
```

Solidity 内部也支持函数的 reture 以元组类型返回多个参数，比如：

```
pragma solidity ^0.4.16;

contract Test {
  uint[] data;

  function f() public pure returns (uint, bool, uint) {
        return (7, true, 2);
    }
```

```
function g() public {
        // 支持以元组类型返回多个参数
        var (x, b, y) = f();
    }
}
```

Solidity 也支持丰富的函数类型，举例如下。

（1）view()函数。

使用 view()函数修饰的函数不允许函数内部进行状态修改，修改状态的场景如下。

- 修改合约状态变量。
- 创建合约。
- 销毁合约。
- 函数内转让以太币。
- 调用没有 view 或 pure 修饰的函数。
- 使用内建的汇编指令或调用指令。
- 触发事件。

（2）pure()函数。

使用 pure()函数修饰的函数不允许函数内部读取和修改状态变量，读取状态的场景如下。

- 读取状态变量。
- 查询 this.balance 或 address.balance。
- 查询区块、交易、消息的成员属性。
- 调用 pure 修饰的函数。

（3）fallback()函数。

fallback()函数是合约的匿名函数，该函数不能有参数，也不能返回任何数据。如果在合约调用中没有其他函数与给定的函数标识符匹配（或者根本没有提供数据），则 fallback()函数将被执行。

此外，如果需要合约支持接收以太币，则 fallback()函数必须标记为 payable，并在收到以太币后会执行 fallback()函数。如果合约未定义该 fallback()函数，则无法通过正常交易接收以太币。

（4）modifier()函数。

modifier()函数称为函数修饰器，在合约函数前做一些前置检查工作，比如下面的案例，要求在调用 test 合约的 close 方法前，检查调用方 msg.sender 必须是合约的拥有者 owner，即合约的部署者。

```solidity
pragma solidity ^0.4.11;

contract owned {
  function owned() public { owner = msg.sender; }
  address owner;

  modifier onlyOwner {
  require(msg.sender == owner);
  _;
}
}

contract test is owned {
  function close() public onlyOwner {
  selfdestruct(owner);
}
}
```

17.5.2　专项测试

开发者基于一系列配套工具完成合约功能后，将合约部署到区块链上，随后客户端通过钱包、DApp 等与链上合约进行交互，虚拟机完成合约方法的计算和执行，经过共识后，持久化到去中心化的存储中，大致流程如图 17-78 所示。

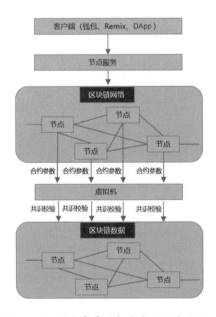

图 17-78　开发者基于智能合约开发 DApp

针对智能合约的提测，我们关注到它与传统业务的区别和测试关注点，表 17-8 是传统服务和智能合约的测试区别。

表 17-8　智能合约和传统服务测试的对比

比较项	传统 service	智能合约
提测物	二进制 bin 文件	合约源码
运行环境	操作系统	虚拟机
访问方式	域名或 ip: port	合约地址
调用方式	接口调用	区块链交易
迭代方式	替换升级	合约升级
回退方式	可回退	不可回退
数据变更	迁移或修复数据库	全网共识数据
测试手段	系统测试、接口测试	接口测试、单元测试
执行成本	内存、网络等资源成本	额外的 Gas 收费机制

针对智能合约的功能，测试可以分为接口测试、业务功能测试和特性功能测试，接下来重点介绍智能合约的特性功能测试。智能合约的功能测试如图 17-79 所示。

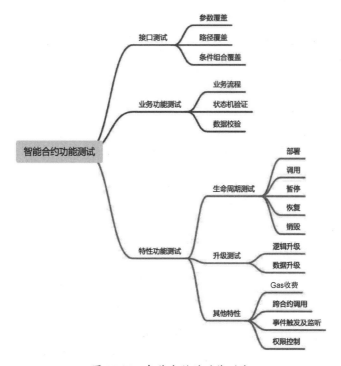

图 17-79　智能合约的功能测试

1. 特性功能测试

1）智能合约生命周期测试

智能合约在区块链上会经历编写合约、编译合约、部署合约、调用合约、暂停合约、恢复合约和销毁合约这些生命周期。对于这些关键环节，测试需要构造相应的前置条件，在触发生命周期管理接口后，验证合约的功能是否符合预期。

针对智能合约生命周期测试设计的验证流程如下。

测试项目：智能合约的生命周期管理。

测试目的：验证智能合约是否具备生命周期管理的功能。

前置条件：准备一份智能合约，区块链稳定运行。

测试流程：

- 准备一份智能合约源码，在 Remix 上完成编译，或者借助以太坊 SDK（比如 web3.js、web3.py）编译出相应的 bytecode 和 ABI。
- 通过 RPC 接口，调用以太坊的部署合约方法，通过查询交易回执验证部署合约是否成功，比如下面的合约部署交易回执，若字段 to 为空，则说明是部署合约的交易，status 返回 1，标识合约部署成功。

```
{
  "blockHash":"0xed2082d81a4b7755cbffd920db11db2ab0d76ee98ca497d041b6a57e6491dd8f",
  "blockNumber":724,
  "contractAddress":"0xDc4cd82233E4AaB88A8E255eA2A2A0FdFb4b3b8f",
  "cumulativeGasUsed":0,
  "effectiveGasPrice":0,
  "from":"0xa91E808fDe73471DC4a5D6bdf95E256DC4dF235D",
  "gasUsed":304791,
  "logs":"",
  "logsBloom":"",
  "status":1,
  "to":"",
  "transactionHash":"0x1b29749c9f066eefbd4c7bc9da886785c377787b51cb1c4dac8
0f11a523715c3",
  "transactionIndex":0,
  "type":"0x0"
}
```

- 通过 PRC 接口调用以太坊的执行合约方法，修改合约的状态变量，合约中最好有相应状态变量的读取方法，通过调用查询接口，获取最新的状态，来验证调用合约是否成功。
- 通过 RPC 接口以管理员身份调用合约的暂停方法，当暂停成功后，再次调用合约写接口，修改合约的状态变量，此时服务返回合约状态错误的提示。

● 通过 RPC 接口以管理员身份调用合约的恢复方法，当恢复成功后，再次调用合约写接口，预期结果是修改状态变量成功，通过读取接口查询到最新的状态值。

● 通过 RPC 接口以管理员身份调用合约的销毁方法，销毁成功后，再次调用合约读/写接口，修改或者查询合约的状态变量，此时服务返回合约状态错误的提示，来验证合约在链上已被销毁，无法恢复。

2）智能合约升级测试

智能合约的加入使以太坊区别于比特币，可以实现丰富的贴近于现实世界的业务逻辑，受制于区块链的技术特点，智能合约一旦部署就无法修改。然而一个由编程实现的程序代码不可避免地会存在逻辑 bug 或安全漏洞，所以智能合约会有升级的需求，除了业务合约本身逻辑的升级外，还有一些通用的合约库也会定期升级。那么智能合约的升级是如何实现的呢？这也是测试的关注点之一。

在测试智能合约的升级功能前，先了解如何实现智能合约的动态升级，为了支持智能合约的动态升级，需要几个辅助合约。智能合约升级测试如图 17-80 所示。

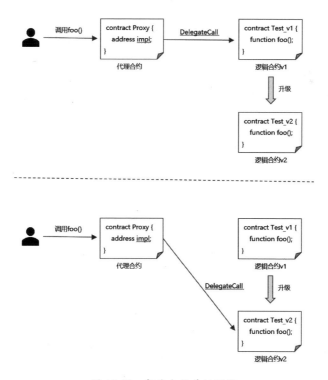

图 17-80　智能合约升级测试

智能合约升级全流程如下。

（1）部署代理合约和 v1 版逻辑合约，代理合约指向 v1 版合约的部署地址，当客户端调用代理合约时，代理合约会使用委托调用 DelegateCall 的形式调用 v1 逻辑合约，并且状态数据存储在代理合约中，逻辑合约只提供计算功能。

（2）当需要升级逻辑合约时，直接往区块链上部署 v2 版逻辑合约，并记录新的合约地址。

（3）通过调用代理合约，将新的合约地址配置到代理合约中，使其指向 v2 版逻辑合约。

（4）客户端使用相同的代理合约地址进行调用，代理合约指向 v2 版逻辑合约，这样客户端的情况就指向了升级后的业务逻辑，状态变量依然存储在代理合约，从而实现了智能合约的动态升级。

对于升级过程的验证需要结合每次升级的特性来展开，通常测试流程如下。

测试项目：智能合约的动态升级。

测试目的：验证区块链平台的智能合约是否有动态升级的能力，并稳定运行。

前置条件：区块链平台稳定运行，部署 v1 版智能合约。

测试流程：

- 准备 v1 版智能合约源码，在 Remix 上完成编译，或者借助以太坊 SDK（比如 web3.js、web3.py）编译出相应的 bytecode 和 ABI，并部署到区块链上。
- 通过 RPC 接口请求 v1 版本智能合约的写方法，查询该笔交易回执，验证状态变量的上链成功。
- 通过 RPC 接口请求 v2 版本智能合约新增的写方法，若失败，则该方法不存在。
- 通过代理合约动态升级逻辑合约到 v2 版本。
- 通过 RPC 接口请求 v2 版本智能合约新增的写方法，查询该笔交易回执，验证状态变量的上链成功。

3）其他特性测试

（1）智能合约事件监听测试。

智能合约的事件触发和监听机制如图 17-81 所示。

对于含有事件定义及触发的合约，需要对事件触发的有效性进行验证，比如下面的智能合约 EventlogTest 定义了事件 EmitEvent（address indexed sender，uint indexed value），并且在调用 test 方法的时候触发，将交易的调用者 msg.sender 和 1 号索引状态变量存入日志。

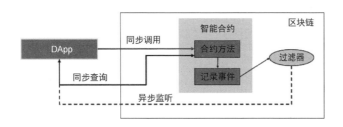

图 17-81　智能合约的事件触发事件监听机制

```solidity
// SPDX-License-Identifier: SimPL-2.0
pragma solidity ^0.8.14;

contract EventlogTest{

  uint[] arrx;
  event EmitEvent(address indexed sender, uint indexed value); // 定义一个事件

  function test(uint[] memory arry) public returns(uint){

    arrx = arry;
    uint[] storage z = arrx;
    // 通过指针修改区块链上的 arrx 值
    z[0] = 100;
    emit EmitEvent(msg.sender, z[1]);    //触发事件
    return z[0];
  }
  // 返回 arrx 的第一个元素
  function test2() public returns(uint){
    return arrx[0];
  }
  // 返回 arrx 的长度
  function test3() public returns(uint){
    return arrx.length;
  }

}
```

用户 "0xa91E808fDe73471DC4a5D6bdf95E256DC4dF235D" 在调用 contract.functions.test ([1,2,3,4,5,6,7,8])方法后，可以看到状态变量 z[1]=2，我们通过 web3.getLogs 方法获取指定高度区间的日志信息，会查到相应的历史日志和事件数据。

```json
{
  "args":{
    "sender":"0xa91E808fDe73471DC4a5D6bdf95E256DC4dF235D",
    "value":2
  },
```

```
 "event":"EmitEvent",
 "logIndex":0,
 "transactionIndex":0,
 "transactionHash":"0x70fdcd5c1c55838174c9df7dfc3fd7dbba7fd34b8934ac92f9a
900d9182f9248",
 "address":"0xDc4cd82233E4AaB88A8E255eA2A2A0FdFb4b3b8f",
 "blockHash":"0x55b1344b544fbcd7a76c10bc8443b7927f2efd6ed6f8acf7fb73b559
c23f48c4",
 "blockNumber":725
}
```

（2）跨合约调用测试。

在以太坊智能合约中使用函数实现跨合约的调用，调用方式有 call、delegatecall 和 callcode，这三者满足不同的调用需求，比如当合约升级时，代理合约采用 delegatecall 的形式调用逻辑合约，就用到了 delegatecall 委托调用的特性。

表 17-9 是三种调用方式的区别，值得注意的是 callcode 方式在 Solidity 的 v0.5.0 版本已被废弃。

表 17-9　Solidity 不同跨合约调用方式的对比

调用方式	调用上下文	执行环境	内置变量 msg.sender 的变化
call	被调用者合约	被调用者合约的运行环境	msg.sender 修改为调用者合约地址
delegatecall	调用者合约	调用者合约的运行环境	msg.sender 维持原交易发起者地址
callcode	调用者合约	调用者合约的运行环境	msg.sender 修改为调用者合约地址

在测试跨合约调用时，不仅要看调用功能的正确性，还要关注上下文变化。设计跨合约调用用例的步骤如下。

测试项目：智能合约之间的相互调用及查询。

测试目的：验证区块链平台是否支持不同智能合约的相互调用及查询。

前置条件：区块链平台稳定运行，部署测试合约和逻辑合约。

测试流程：

- 向区块链平台部署待测的逻辑合约，查询部署合约的交易回执，确认部署成功。
- 准备好测试合约，在测试合约中以三种方式调用逻辑合约的函数方法，并将测试合约部署到区块链上。
- 用户向区块链平台发起交易请求，调用测试合约的"方法 1"，该方法以 call 的形式调用逻辑合约的方法，查询该交易回执，确认 msg.sender 修改为测试合约的地址，并且逻辑合约的状态变量发生变化。

- 用户向区块链平台发起交易请求，调用测试合约的"方法 2"，该方法以 delegatecall 的形式调用逻辑合约的方法，查询该交易回执，确认 msg.sender 依然为交易发起者的地址，并且测试合约的状态变量发生变化。
- 用户向区块链平台发起交易请求，调用测试合约的"方法 3"，该方法以 callcode 的形式调用逻辑合约的方法，查询该交易回执，确认 msg.sender 修改为测试合约的地址，并且测试合约的状态变量发生变化。

（3）Gas 收费测试。

下面介绍一下以太坊中 Gas 机制的几个重要概念。

- Gas：以太坊中评估交易手续费的基本单位，在一次智能合约调用中，Gas 数量消耗越多，GasPrice 定义越高，则交易手续费越高。
- GasPrice：Gas 价格，用户可以指定每笔交易的 GasPrice，矿工收取的交易手续费等于用户定义的 GasPrie 乘以该交易实际消耗的 Gas 数量，并且矿工在打包区块的时候，会选择 GasPrice 高的交易优先打包。
- GasLimit：Gas 数量上限，用户可以指定每笔交易花费的 Gas 数量上限，当实际消耗的 Gas 数量小于 GasLimit 时，会将剩余的手续费退还给调用者；当实际消耗的 Gas 数量大于 GasLimit 时，交易执行失败，合约回滚状态，并且扣除调用者指定 GasLimit 上限的手续费，用来增加恶意攻击的成本。
- EVM 汇编指令的 Gas 消耗：在以太坊 EVM 虚拟机的汇编指令中，定义了不同指令消耗的不同 Gas 数量，例如 STORE 指令的 Gas 消耗数量是 20 000 个，这样做可以鼓励开发者设计成本较低的智能合约，从而避免浪费以太坊公网资源。

以太坊为什么要设计 Gas 机制呢？通过引入计费机制，既可以保证交易费用的相对稳定，又可以确保以太坊节点不会因为大量密集计算而影响节点的稳定运行。

当用户构造一笔带有 Gas 的交易到区块链时，EVM 是如何执行合约并扣除费用的呢？Gas 正常扣除的流程如图 17-82 所示。

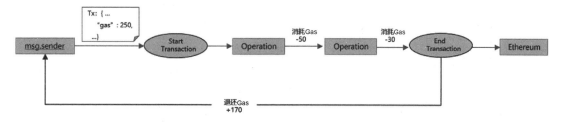

图 17-82　以太坊 EVM 扣除 Gas 流程

当用户将带有 GasLimit 和 GasPrice 的交易发送到区块链上后，需要从发送者的外部账户中预支付相应的以太币，数量为 GasPrice×GasLimit（计算结果单位是 wei），如果计算结果大于发送者的账户余额，则交易失败，否则进入合约执行流程，并将实际消耗后剩余的 Gas×GasPrice 返还给调用者，如图 17-83 所示。

图 17-83　以太坊 EVM 扣除 Gas 示意

如果实际消耗的 Gas 数量小于 GasLimit，那么剩余的 Gas 会被推给调用者，如果实际消耗的 Gas 数量大于 GasLimit，即 Gas 在交易执行过程中被某个指令消耗完，那么 EVM 就会触发一个异常，并恢复当前虚拟机调用栈中对状态所做的所有修改，也就是说回滚所有之前该交易执行的修改，就像什么都没有发生过。但是用户发送的全部 GasLimit 等价的以太币将被奖励给矿工，不再退还给发送者，并且该异常也会被矿工打包到区块链上。

测试需要关注免手续费模式和收手续费模式下的不同场景，根据不同的场景设计相应的测试用例，如图 17-84 所示。

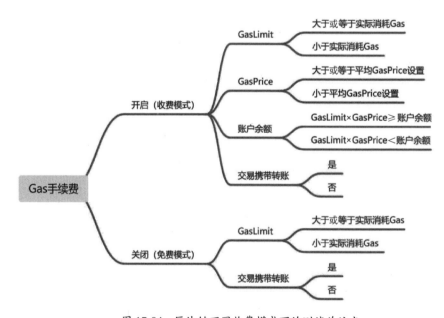

图 17-84　区块链不同收费模式下的测试关注点

2. 成本优化测试

1）背景

以太坊是一个去中心化的公有链网络，矿工节点拥有全量的账本数据，为了控制以太坊合约交易的计算成本和存储成本，需要通过合理编写代码优化合约的 Gas 费用。

以太坊 Gas 收费来源于交易成本和执行成本。如果用户采用原生的交易形式发送交易到以太坊网络，交易原文会包含 data 字段，data 字段里包含合约函数调用的 function 和 params，交易中包含一个基本成本和每个字节的附加成本，可以参考以太坊黄皮书中的成本定义，以太坊 Gas 收费成本表如图 17-85 所示。

APPENDIX G. FEE SCHEDULE

The fee schedule G is a tuple of 31 scalar values corresponding to the relative costs, in gas, of a number of abstract operations that a transaction may effect.

Name	Value	Description*
G_{zero}	0	Nothing paid for operations of the set W_{zero}.
G_{base}	2	Amount of gas to pay for operations of the set W_{base}.
$G_{verylow}$	3	Amount of gas to pay for operations of the set $W_{verylow}$.
G_{low}	5	Amount of gas to pay for operations of the set W_{low}.
G_{mid}	8	Amount of gas to pay for operations of the set W_{mid}.
G_{high}	10	Amount of gas to pay for operations of the set W_{high}.
$G_{extcode}$	700	Amount of gas to pay for operations of the set $W_{extcode}$.
$G_{balance}$	400	Amount of gas to pay for a BALANCE operation.
G_{sload}	200	Paid for a SLOAD operation.
$G_{jumpdest}$	1	Paid for a JUMPDEST operation.
G_{sset}	20000	Paid for an SSTORE operation when the storage value is set to non-zero from zero.
G_{sreset}	5000	Paid for an SSTORE operation when the storage value's zeroness remains unchanged or is set to zero.
R_{sclear}	15000	Refund given (added into refund counter) when the storage value is set to zero from non-zero.
$R_{suicide}$	24000	Refund given (added into refund counter) for suiciding an account.
$G_{suicide}$	5000	Amount of gas to pay for a SUICIDE operation.
G_{create}	32000	Paid for a CREATE operation.
$G_{codedeposit}$	200	Paid per byte for a CREATE operation to succeed in placing code into state.
G_{call}	700	Paid for a CALL operation.
$G_{callvalue}$	9000	Paid for a non-zero value transfer as part of the CALL operation.
$G_{callstipend}$	2300	A stipend for the called contract subtracted from $G_{callvalue}$ for a non-zero value transfer.
$G_{newaccount}$	25000	Paid for a CALL or SUICIDE operation which creates an account.
G_{exp}	10	Partial payment for an EXP operation.
$G_{expbyte}$	10	Partial payment when multiplied by $\lceil \log_{256}(exponent) \rceil$ for the EXP operation.
G_{memory}	3	Paid for every additional word when expanding memory.
$G_{txcreate}$	32000	Paid by all contract-creating transactions after the *Homestead transition*.
$G_{txdatazero}$	4	Paid for every zero byte of data or code for a transaction.
$G_{txdatanonzero}$	68	Paid for every non-zero byte of data or code for a transaction.
$G_{transaction}$	21000	Paid for every transaction.
G_{log}	375	Partial payment for a LOG operation.
$G_{logdata}$	8	Paid for each byte in a LOG operation's data.
$G_{logtopic}$	375	Paid for each topic of a LOG operation.
G_{sha3}	30	Paid for each SHA3 operation.
$G_{sha3word}$	6	Paid for each word (rounded up) for input data to a SHA3 operation.
G_{copy}	3	Partial payment for *COPY operations, multiplied by words copied, rounded up.
$G_{blockhash}$	20	Payment for BLOCKHASH operation.

图 17-85　以太坊 Gas 收费成本表

举个例子，一笔交易的 input 数据是“0x348218ec0000000000000000000000000000000000000000000000000000000000000005”，根据黄皮书中对交易输入数据的 Gas 消耗定义：

- 每笔交易固定消耗 21 000Gas。
- 交易的每个非零字节数据或代码消耗 68Gas。
- 交易的每个零字节数据或代码消耗 4Gas。

该交易数据总共有 5 个字节的非零数据和 31 个字节的零数据，那么这笔请求的交易成本是 21 464Gas（21 000+5×68+31×4）。

以太坊交易的执行成本需要结合调用时的汇编指令，可以在 evmcodes 查找指令和 Gas 消耗的映射关系，如图 17-86 所示。

Instructions MERGE　　Search by Name　Enter keyword...

OPCODE	NAME	MINIMUM GAS	STACK INPUT	STACK OUPUT	DESCRIPTION
00	STOP	0			Halts execution
01	ADD	3	a b	a + b	Addition operation
02	MUL	5	a b	a * b	Multiplication operation
03	SUB	3	a b	a - b	Subtraction operation
04	DIV	5	a b	a // b	Integer division operation
05	SDIV	5	a b	a // b	Signed integer division operation (truncated)
06	MOD	5	a b	a % b	Modulo remainder operation
07	SMOD	5	a b	a % b	Signed modulo remainder operation
08	ADDMOD	8	a b N	(a + b) % N	Modulo addition operation
09	MULMOD	8	a b N	(a * b) % N	Modulo multiplication operation
0A	EXP	10	a exponent	a ** exponent	Exponential operation
0B	SIGNEXTEND	5	b x	y	Extend length of two's complement signed integer
10	LT	3	a b	a < b	Less-than comparison
11	GT	3	a b	a > b	Greater-than comparison
12	SLT	3	a b	a < b	Signed less-than comparison
13	SGT	3	a b	a > b	Signed greater-than comparison
14	EQ	3	a b	a == b	Equality comparison
15	ISZERO	3	a	a == 0	Simple not operator
16	AND	3	a b	a & b	Bitwise AND operation
17	OR	3	a b	a | b	Bitwise OR operation

Expand

图 17-86 以太坊交易的汇编指令和 Gas 消耗的映射关系

以太坊区块链上的每条指令都会消耗一些 Gas。如果需要将 Gas 值写入存储，则需要花费更多 Gas。如果只需要使用堆栈，它的成本就会低一些。但基本上所有关于 EVM 的指令都需要 Gas，这意味着智能合约只能做有限的事情，直到发送的 Gas 被耗完为止。

2）Gas 优化测试

针对以太坊智能合约 Gas 的优化，业界有一些编码建议：

- 避免将合约用作数据存储。
- 避免重复写入，尽可能一次写完数据。
- 合理地排序和分组数据，减少内存对齐带来的开销。

- 使用低费用的方法或指令。
- 使用固定大小的字节数组。
- 删除无用代码。
- 整合循环操作。
- 合理整合传入参数。

下面介绍几个 Gas 优化的案例。

（1）避免将合约用作数据存储。

编写一个测试合约 StoreTest，代码如下。

```
contract StoreTest {

  string public data;


  function storeLargeData(string _data){
    data = _data;
  }
}
```

通过调用合约的 storeLargeData 方法存储字符串数据，存储大数据和小数据的 Gas 消耗对比如图 17-87 所示。

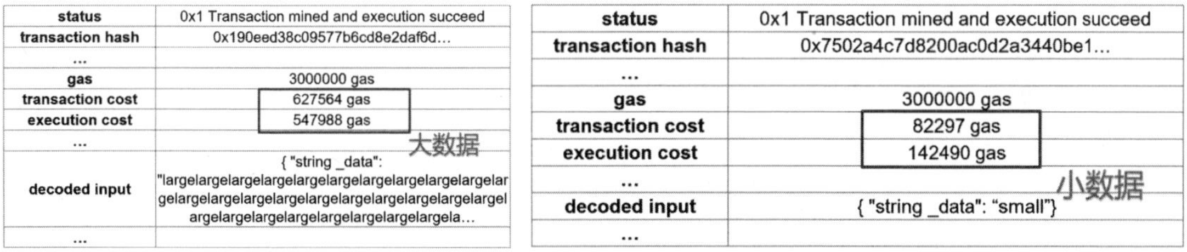

status	0x1 Transaction mined and execution succeed
transaction hash	0x190eed38c09577b6cd8e2daf6d...
...	
gas	3000000 gas
transaction cost	627564 gas
execution cost	547988 gas
...	
decoded input	{ "string _data": "largelargelargelargelargelargelargelargelargelar gelargelargelargelargelargelargelargelargelargel argelargelargelargelargelargelargelargela...
...	

status	0x1 Transaction mined and execution succeed
transaction hash	0x7502a4c7d8200ac0d2a3440be1...
...	
gas	3000000 gas
transaction cost	82297 gas
execution cost	142490 gas
...	
decoded input	{ "string _data": "small"}
...	

图 17-87　大数据和小数据存储的 Gas 消耗对比

（2）避免重复写入，尽可能一次写完数据。

编写一个测试合约，通过两个方法实现相同的存储结果，但是消耗的 Gas 相差很大，代码如下。

```
contract Test {

  uint256 public amount;

  function loopstore(uint256 times){
```

```
        for(uint i = 0; i < times; ++i){
            ++amount;
        }
    }

    function storeOnce(uint256 times){
        uint256 i = 0;
        for(uint x=0; x < times; ++x){
            i++;
        }
        amount = i;
    }
}
```

通过调用 Test 合约的 loopstore 和 storeOnce 方法，存储整型数据，两次调用的 Gas 消耗对比如图 17-88 所示。

status	0x1 Transaction mined and execution succeed
transaction hash	0xe8de2be66da0b280b5d3ff0407...
...	...
gas	3000000 gas
transaction cost	46359 gas
execution cost	24895 gas
...	...
decoded input	{ "uint256 times": "10" }
...	循环存储

status	0x1 Transaction mined and execution succeed
transaction hash	0xea97b8665a00a6fc9fb5229b3...
...	...
gas	3000000 gas
transaction cost	22622 gas
execution cost	1158 gas
...	...
decoded input	{ "uint256 times": "10" }
...	单次存储

图 17-88　循环存储和单次存储的 Gas 消耗对比

（3）整合循环操作。

减少不必要的循环操作，可以优化 Gas 消耗，比如下面的一个案例。

```
// SPDX-License-Identifier: GPL-3.0

pragma solidity >=0.7.0 <0.9.0;

contract Test {

    uint256 public amount;

    function test1(uint256 times) public {
    uint m = 0;
    uint v = 0;
    for ( uint i = 0 ; i < times ; i++) //loop-1
        m += i;
    for ( uint j = 0 ; j < times ; j++) //loop-2
        v -= j;
    }
```

```
function test2 ( uint256 times ) public {
    uint x = 0;
    uint y = 0;
    for ( uint i = 0 ; i < times ; i++) //loop-1
    {
        x += i;
        y -= i;
    }
}
}
```

通过调用合约的 test1 和 test2 方法，传入相同的参数"30"，消耗的 Gas 对比如图 17-89 所示。

status	0x1 Transaction mined and execution succeed
transaction hash	0xf0e69ec1e8675b1acc137f700551…
...	...
gas	3000000 gas
transaction cost	33386 gas
execution cost	12182 gas
...	...
decoded input	{ "uint256 times": "30" }
...	循环两轮

status	0x1 Transaction mined and execution succeed
transaction hash	0x1d974ecb66cb342af1680faad4a1…
...	...
gas	3000000 gas
transaction cost	22630 gas
execution cost	1426 gas
...	...
decoded input	{ "uint256 times": "30" }
...	循环一轮

图 17-89　循环单次和循环多次的 Gas 消耗对比

测试人员针对智能合约代码的 Gas 优化测试，可以在合约代码 Codeview 和功能测试阶段介入，比如在合约代码 Codeview 的时候，参照 Gas 优化 Checklist 逐条对比，而在合约的迭代测试中，通过记录基准版本的合约方法 Gas 消耗，对比当前版本的 Gas 消耗，作为合约发布的成本门禁。智能合约 Gas 优化的测试框架如图 17-90 所示。

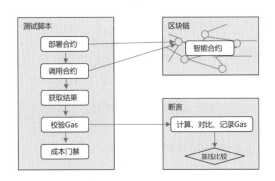

图 17-90　智能合约 Gas 优化的测试框架

17.5.3　异常测试

智能合约其实是一份逻辑代码，针对智能合约的异常测试，主要包括合约生命周期管理异常测试、合约代码逻辑异常测试，以及合约权限管理异常测试。

1. 生命周期管理异常测试

智能合约在编码完成后，会经历部署、调用、暂停、恢复和销毁生命周期，每个动作都有前置条件，如果不满足前置条件的话，则会存在调用异常、上链失败，在测试合约生命周期的用例中，不仅要覆盖正常的周期管理流程，还要关注异常场景。图 17-91 列出了合约关键生命周期的前置条件及后置动作。

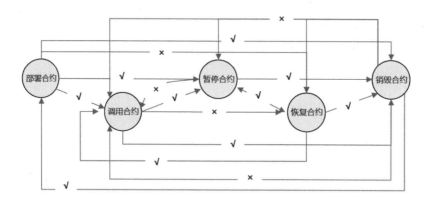

图 17-91　智能合约的生命周期

2. 合约代码逻辑异常测试

在以太坊 Solidity 智能合约中，使用 assert()、require()和 revert()函数来处理错误和异常，异常可以包含错误数据，内置的 Error(string)和 Panic(uint256)作为异常发生时的特殊函数来使用，其中，Error 用于普通错误，Panic 用于在没有 bug 的情况下不应该出现的错误。

assert()和 require()函数可用于在检查条件不满足时抛出异常。assert()函数会创建一个 Panic(uint256)类型的错误。

1）assert()函数

assert()函数主要用于检测内部错误，正常的函数代码永远不会产生 Panic，如果发生了 Panic，那就说明出现了一个需要修复的 bug。如果使用该函数得当，语言分析工具就可以识别出那些会导致 Panic 的 assert 条件和函数调用。

下列情况将会产生一个 Panic 异常，返回中会给出错误码编号，用来标识 Panic 的类型。

- 0x00：用于常规编译器插入的 Panic。
- 0x01：调用 assert()函数的条件表达式为 false。
- 0x11：算术运算发生上溢或下溢。
- 0x12：在进行除法或取模运算时，把零作为除数，比如 7/0，22%0。

- 0x21：将一个大数或负数转换为枚举类型。
- 0x22：访问一个没有正确编码的 byte 数组。
- 0x31：在空数组上执行 pop()操作。
- 0x32：当访问 bytesN 数组时，索引值不存在或为负数。
- 0x41：分配了太多的内存或创建了太大的数组。

2）require()函数

require()函数可以创建没有 Error 信息的错误，也可以创建一个 Error(string)类型的错误。require 函数用于判断条件的有效性，比如合约函数的输入值，合约状态变量的改变值，以及合约调用的返回值。

下列情况会产生 Error(string)类型的错误。

- 调用 require(condition)，condition 条件不满足，为 false。
- 使用 revert()或 revert("error description")。
- 调用的外部合约不存在。
- 当通过合约接收以太币时，没有创建 payable 修饰的构造函数或 fallback()函数。

下面的合约同时使用了 require()和 assert()函数，分别用来检查输入条件和内部错误。

```
// SPDX-License-Identifier: GPL-3.0
pragma solidity >=0.5.0 <0.9.0;

contract Sharer {
    function sendHalf(address addr) public payable returns (uint balance) {
        require(msg.value % 2 == 0, "Even value required.");
        uint balanceBeforeTransfer = this.balance;
        addr.transfer(msg.value / 2);

        // 由于转账函数在失败时抛出异常并且不会调用到以下代码，因此我们应该没有办法检查仍然
有一半的钱
        assert(this.balance == balanceBeforeTransfer - msg.value / 2);
        return this.balance;
    }
}
```

在 Solidity 中，对发生的异常会执行回滚操作，从而让 EVM 回退到所有状态变量变更前的状态。

3）revert()函数

在 Solidity 中，可以使用 revert()函数触发回退。通过使用 revert()函数可以触发一个没有

任何错误数据的回退，而 revert("description")会产生一个 Error(string)错误，下面是一个 revert()
函数的使用案例：

```
contract VendingMachine {
    address owner;
    error Unauthorized();
    function buy(uint amount) public payable {
        if (amount > msg.value / 2 ether)
            revert("Not enough Ether provided.");
    }
    function withdraw() public {
        if (msg.sender != owner)
            revert Unauthorized();

        payable(msg.sender).transfer(address(this).balance);
    }
}
```

根据上面对三种异常处理机制的描述，可以看出 require()函数主要用于验证输入参数和
条件；assert()函数用于检查不应该出错的异常代码，一旦出现断言就意味着合约代码层出现
问题；revert()函数可直接触发回退，并且可以自定义错误处理逻辑。在异常发生时，三者对
Gas 的消耗逻辑也不同，assert()函数会消耗剩余的所有 Gas，并回滚所有操作；require()和
revert()函数会返还剩余的 Gas，同时可以返回一个值给调用方。三者的区别如表 17-10 所示。

表 17-10　智能合约中不同异常处理机制的对比

处理函数	处理流程	Gas 消耗	用途	示例
require()	抛异常，中止执行	返还剩余的 Gas	用于处理输入或外部组件错误，首选检查条件	require(bool cond, string msg)
assert()	抛异常，中止执行	消耗剩余的 Gas	用于处理内部错误，防止核心问题	assert(bool cond)

revert()	中止执行，恢复状态，返回错误详情	返还剩余的 Gas	处理复杂 if/else 嵌套情况下的异常处理	if(cond) {
				revert();
				}

针对不同的异常处理方式，测试人员可以关注不同的处理结果，比如回退状态、调用方
的 Gas 消耗值，以及错误信息的返回是否符合预期。

3. 合约权限管理异常测试

我们知道，合约的生命周期管理中有部署、调用、暂停、恢复、销毁等关键动作，其中
暂停合约、恢复合约、销毁合约都属于高危操作，对于高风险的合约调用需要设计一套权限
管理策略，用来防范一定的安全漏洞。

RBAC（Role-Based Access Control，基于角色的访问控制）是权限管理中比较成熟的模型。在该模型中有 3 个基础组成部分，分别是用户 User、角色 Role 和权限 Permission。RBAC 通过定义角色的权限，并对用户授予某个角色，从而来控制用户的权限，实现了用户和权限的逻辑分离。RBAC 的权限使用框架如图 17-92 所示。

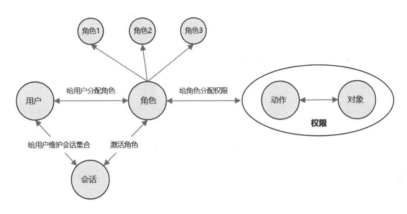

图 17-92　RBAC 的权限使用框架

RBAC 模型可以分为：RBAC0、RBAC1、RBAC2、RBAC3 四种。其中 RBAC0 是基础，相当于底层逻辑，RBAC1、RBAC2、RBAC3 都是以 RBAC0 为基础的升级。RBAC0 是最简单的用户、角色、权限模型，其中用户和角色、角色和权限可以是多对多的关系，角色起到了桥梁的作用，连接了用户和权限的关系。每个角色可以关联多个权限，同时一个用户可关联多个角色，那么用户就有了多个角色的多个权限，如图 17-93 所示。

RBAC1 增加了子角色，引入了继承的概念，也就是子角色可以继承父角色的所有权限。角色间的继承关系可分为一般继承关系和受限继承关系。一般继承关系允许角色间的多继承，受限继承关系则要求角色继承关系是一个树结构，如图 17-94 所示。

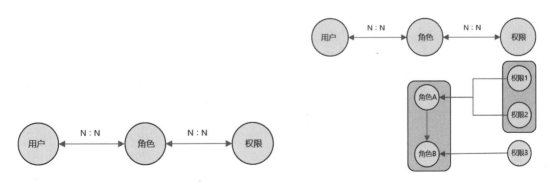

图 17-93　RBAC0 权限模型　　　　　图 17-94　RBAC1 权限模型

按照图 17-94 的权限案例，角色 A 拥有权限 1 和权限 2，角色 B 继承角色 A，那么角色 B 自动拥有权限 1 和权限 2，并且可以单独赋予权限 3。

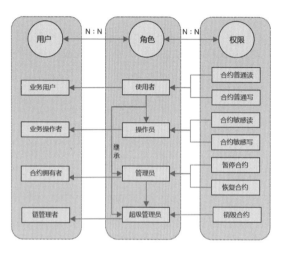

图 17-95　基于 RBAC 模型的智能合约权限管理框架

RBAC2 在用户与角色之间和角色与角色之间加入了一些规则限制。其中，互斥角色是指权限可以互相制约的两个角色，且用户不能同时获得两个互斥角色的使用权。RBAC3 称为统一模型，包含了 RBAC1 和 RBAC2，这里就不再赘述了。

对于智能合约的权限控制，可以结合 RBAC 模型，将控制智能合约的角色分为超级管理员、管理员、操作员和使用者。操作权限可分为部署合约、调用合约、暂停合约、恢复合约、销毁合约、合约敏感写操作、合约普通读写操作。结合 RBAC 模型下的合约权限管理框架如图 17-95 所示。

合约权限管理的异常测试可以根据平行角色、继承角色的违规调用来设计用例，如表 17-11 所示。

表 17-11　智能合约权限管理的异常测试用例

测试类别	前置条件	用例描述	测试结果	通过与否
平行角色操作	业务操作者分配操作员角色 合约拥有者分配管理员角色	业务操作员执行暂停合约功能	—	Pass/No
		业务操作员执行恢复合约功能	—	Pass/No
		合约拥有者执行业务敏感写功能	—	Pass/No
		合约拥有者执行业务敏感读功能	—	Pass/No
继承角色操作	业务用户分配使用者角色 业务操作者分配操作员角色 合约拥有者分配管理员角色 链管理者分配超级管理员角色	业务用户执行业务敏感写功能	—	Pass/No
		业务用户执行业务敏感读功能	—	Pass/No
		业务用户执行暂停合约功能	—	Pass/No
		业务用户执行恢复合约功能	—	Pass/No
		业务用户执行销毁合约功能	—	Pass/No
	合约拥有者分配管理员角色 链管理者分配超级管理员角色	合约拥有者执行销毁合约功能	—	Pass/No

针对上述异常用例，测试人员可以逐一执行相应的违规操作，看实际执行结果是否符合事先设定的合约 RBAC 模型。

17.5.4　安全测试

智能合约是由外部交易触发的，具有状态转移能力的，运行在一个可复制账本及虚拟机上的计算机程序。智能合约的特点是一经部署就不可篡改，执行后状态不可逆且事务可追踪。但是智能合约给我们带来信任、可靠的同时，也会出现一系列的安全问题，以太坊智能合约上沉淀了大量的 Defi（去中心化金融）应用的原生代币和 ERC 标准代币，当这些应用的智能合约存在漏洞并被部署上链后，将出现难以弥补的损失，甚至会压垮一个项目。比如 2016 年的"The Dao 事件"，就是由于合约中出现了重入漏洞的错误，遭到了黑客的攻击，导致 6000 多万美元的损失，甚至迫使以太坊进行硬分叉升级，出现了 ETH 和 ETC，影响了以太坊的生态信誉。

截至目前，以太坊生态的智能合约数量已达百万份，安全事件也在频繁发生，为了保护 Web3 用户的资产安全，针对智能合约的漏洞审计和检测工作必不可少。

审计智能合约的大致流程如下。

（1）了解及熟悉待审计智能合约的代码逻辑和功能点。

（2）严格审计合约代码的交互过程，包括不合理的函数调用，引用库的历史漏洞等。

（3）动态执行测试网的智能合约，借助 Remix、Metamask 等工具，进行智能合约的"红蓝攻防"。

1. 智能合约的常见漏洞

1）溢出漏洞

在传统业务的编程语言里，经常出现由于算术运算带来的整数溢出问题，在区块链的业务世界里，智能合约也会存在类似的问题，其中在 Solidity 语言中很容易出现由于乘法运算、加法运算和减法运算使用不当导致不同级别的上溢或下溢问题。

在以太坊的 EVM 虚拟机中，Solidity 语言的静态性决定了一个整型变量只能用一定范围内的数字表示，不能超过指定的范围，比如，如果将 256 存入 uint8 类型的状态变量中，就会出现溢出问题，最终存入了 0。

下面是一个存在溢出漏洞的 Solidity 合约案例：

```
pragma solidity ^0.4.26;

contract Test{
    // 加法溢出
    // 如果 uint256 类型的变量达到了它的最大值(2**256 - 1)，那么此时再加上一个大于 0 的值，
就会变成 0
```

```
    function add_overflow() returns (uint256 _overflow) {
        uint256 max = 2**256 - 1;
        return max + 1;
    }



    // 减法溢出
    // 如果 uint256 类型的变量达到了它的最小值(0)，那么此时再减去一个小于 0 的值就会变成
    2**256-1(uint256 类型的最大值)
    function sub_underflow() returns (uint256 _underflow) {
        uint256 min = 0;
        return min - 1;
    }

    // 乘法溢出
    // 如果 uint256 类型的变量超过了它的最大值(2**256 - 1)，最后它的值就会回绕变成 0
    function mul_overflow() returns (uint256 _underflow) {
        uint256 mul = 2**255;
        return mul * 2;
    }
}
```

我们借助 Remix 调试上述智能合约，在调用 sub_underflow 函数时，给出的溢出信息如下：

```
{
  "0": "uint256: _underflow 115792089237316195423570985008687907853269984665640564039457584007913129639935"
}
```

历史上也真实发生过很多起由于溢出漏洞带来的安全事件，比如 Beauty Chain 发行的智能合约存在溢出漏洞，导致其代币 BEC 价格下跌，60 亿美元币值被瞬间归零。

为了应对合约中频繁出现的溢出漏洞，一方面，开发者及审计人员加强安全编码意识，在算术运算逻辑前后加强校验；另一方面，开发者可以直接使用 OpenZeppelin 维护的一套智能合约函数库中的 SafeMath 方法来处理算术运算。上述合约在引入了 SafeMath 库后的代码如下：

```
pragma solidity ^0.4.26;

library SafeMath {
    function mul(uint256 a, uint256 b) internal constant returns (uint256) {
        uint256 c = a * b;
        assert(a == 0 || c / a == b);
        return c;
    }
```

```
    function div(uint256 a, uint256 b) internal constant returns (uint256) {
        uint256 c = a / b;
        return c;
    }

    function sub(uint256 a, uint256 b) internal constant returns (uint256) {
        assert(b <= a);
        return a - b;
    }

    function add(uint256 a, uint256 b) internal constant returns (uint256) {
        uint256 c = a + b;
        assert(c >= a);
        return c;
    }
}

contract Test{
    using SafeMath for uint256;

    // 加法溢出
    // 如果 uint256 类型的变量达到了它的最大值(2**256 - 1)，那么再加上一个大于 0 的值就会
变成 0
    function add_overflow() returns (uint256 _overflow) {
        uint256 max = 2**256 - 1;
        return max.add(1);
    }


    // 减法溢出
    // 如果 uint256 类型的变量达到了它的最小值(0)，那么再减去一个小于 0 的值就会变成
2**256-1(uin256 类型的最大值)
    function sub_underflow() returns (uint256 _underflow) {
        uint256 min = 0;
        return min.sub(1);
    }

    // 乘法溢出
    // 如果 uint256 类型的变量超过了它的最大值(2**256 - 1)，那么它的值就会回绕变成 0
    function mul_overflow() returns (uint256 _underflow) {
        uint256 mul = 2**255;
        return mul.mul(2);
    }
}
```

2）重入漏洞

在传统业务的编程语言中，重入带来的问题往往与业务逻辑相关，而在以太坊智能合约中的重入漏洞与 Solidity 的语言特性有关，在以太坊中，跨合约中的外部调用可能会被攻击者劫持，从而执行一些不可控的攻击合约。为了防止合约调用被攻击，EVM 对合约的每一步执行都会消耗 Gas，如果 Gas 消耗完，合约还没有执行，那么会回滚本次调用的状态变更并扣除已经消耗的 Gas。

（1）Solidity 语言的转币方式。

在 Solidity 语言中，transfer、send 和 call.value 都可以实现向某一地址转账的功能，它们的区别如下。

① transfer：在转账失败后，会回滚到交易之前的状态，并且只消耗 2300Gas。

② send：在转账失败后，会返回给调用方一个 false 值，并且也只消耗 2300Gas。

③ call.value：在转账失败后，会返回给调用方一个 false 值，并且消耗所有传入的 Gas 值，不能有效防止重入。

（2）payable 关键字。

在合约的实现函数中，加上 payable 关键字，表示该函数在调用过程中可以接收以太币，并且将以太币存储到当前合约中。

（3）fallback 关键字。

在 Solidity 语言中，有一类未命名函数称为 fallback()函数，这种函数没有入参，没有返回值，也没有函数名，在下列 3 种情况下会触发 fallback()函数的执行。

① 当用户的外部账户或其他合约 A 向某合约 B 发送以太币时，会触发合约 B fallback()函数的执行。

② 当用户的外部账户或其他合约 A 向某合约 B 发送以太币时，该合约 B 并没有实现 fallback()函数，则会抛出异常，并将以太币原路退回。

③ 当用户的外部账户或其他合约 A 调用某合约 B 的函数时，fallback()函数在合约 B 中并不存在，则会触发合约 B 的 fallback()函数的执行。

下面介绍一个重入漏洞的攻击案例。

编写一个漏洞合约，代码示例如下：

```
pragma solidity ^0.4.19;
```

```
contract ReEntrance{
    address _owner;
    mapping(address => uint256) balances;//balances 是存放其他账户在该合约中的存款
的数组

    function ReEntrance(){
        _owner = msg.sender;//构造函数中的 msg.sender 只能是创建者
    }
    function deposit() public payable{//存款功能
        balances[msg.sender] += msg.value;//消息调用者在该合约中的存款加上账户余额
    }
    function withdraw(uint256 amount) public payable{//提款功能
        require(balances[msg.sender] >= amount); //判断调用者的余额是否足够
        require(this.balance >= amount);//判断该合约资产是否足够
        msg.sender.call.value(amount)();
        balances[msg.sender] -= amount;//修改余额状态变量
    }
    function balancesof(address addr) constant returns(uint256){
        return balances[addr];//查看账户的余额
    }
    function wallet() constant returns(uint256 result){
        return this.balance;//查看合约的余额
    }
}
```

这个合约实现了一个类似钱包的产品，具有存款、取款、查询余额等功能。但是合约函数 withdraw 存在重入漏洞，函数中使用 call.value()的方式转账，call.value 会将剩余的所有 Gas 都用于外部调用。如果外部调用的是一个合约地址，那么会默认调用该合约地址的 fallback() 函数，所以攻击者可以利用这个 fallback()函数做文章，达到递归调用的目的。比如恶意者部署下面的攻击合约：

```
pragma solidity ^0.4.19;

contract ReentranceAttack{
    Reentrance re;

    function ReentranceAttack(address _target) public payable {
        re = Reentrance(_target);
    }
    function deposit() public payable{
        re.deposit.value(msg.value); //先进行存款
    }
    function wallet() constant returns(uint256 result){
        return this.balance;  //查询合约的余额
    }
    function attack() public{
```

```
    re.withdraw(1 ether); //提款进行攻击
  }
function() public payable{ //fallback 回退函数
  if(address(re).balance > 1 ether){
    re.withdraw(1 ether);
  }
 }
}
```

攻击步骤如下。

（1）部署攻击合约，并将漏洞合约的地址绑定到攻击合约的 target 地址上。

（2）调用攻击合约的 deposit()函数，将 1 以太币存入漏洞合约中。

（3）调用攻击合约的 attack()函数执行提款操作，漏洞合约先判断调用者的余额是否充足，再判断漏洞合约本身的余额是否充足，如果都满足条件，就通过 msg.sender.call.value()的方式进行转账。

（4）该转账方式会触发攻击合约 fallback()函数的执行，fallback()函数经过条件判断，会再次调用漏洞合约的 withdraw()函数，从此不断递归调用，直至漏洞合约的余额不足 1 以太币。

（5）漏洞合约的全部以太币余额被攻击合约取走。

针对重入漏洞，有一些合约编码的安全建议，比如：

● 如有将以太币发送外部地址的需求，则建议使用 Solidity 内置函数 transfer 的方式，这种方式会限制 2300Gas 的消耗值，这个消耗值不足以调用另一份合约。

● 确保状态变量的变更发生在外部调用之前，也就是编码规范遵从"检查-生效-交互"模式。

● 去掉循环处理或者限制发送者的循环调用次数，从而降低重入攻击的风险。

3）短地址漏洞

短地址漏洞发生在用户的转账操作中，合约中转账函数被使用最多的是 transfer 函数，我们看一下 ERC20 标准中 transfer 方法的定义：

```
function transfer(address to, uint tokens) public returns (bool success)
```

第一个入参 to 表示代币接收方的地址，第二个参数 tokens 表示发送的代币数量，当用户调用合约的 transfer()函数时，交易的 input 数据分为下面三个部分。

● 总共 4 字节，表示调用函数的 Hash 值的部分。

● 总共 32 字节，表示接收的以太坊地址的部分，目前以太坊地址是 20 字节，所以高位要补 0。

- 总共 32 字节，表示需要发送的代币数量的部分，如果不足 32 字节，则高位也补 0。

这三部分数据合起来构成了交易的 input 值，比如下面的：

```
a9059cbb00000000000000000000000012345678901234567890123456789012345678900000
00000000000000000000000000000000000000000adba0ce53620000
```

当用户发起转账操作，应用层（钱包、交易所等）没有校验输入地址的长度时，比如用户输入了一个短地址 0x1234567890123456789012345678901234567700，忽略了末尾的 00，直接将 0x12345678901234567890123456789012345677 发送给合约，参数将根据 ABI 规范进行编码，可以发送比预期参数长度短的编码参数（例如，发送只有 38 个十六进制字符的地址，而不是标准的 40 个十六进制字符的地址），在这种情况下，EVM 会从下一个参数的高位拿到"00"来补充预期的长度，这就会导致一些安全问题。

比如下面的转账函数：

```
function transfer(address to, uint amount) returns(bool success) {
    require(balances[msg.sender] > amount);
    balances[msg.sender] -= amount;
    balances[to] += amount;
    Transfer(msg.sender, to, amount);
    return true;
}
```

原计划 A 用户调用 transfer()函数向 B 用户地址（0x1234567890123456789012345678901234567700）转账 2 个以太币，但是 A 用户输入 B 用户的地址时将某位的 00 忽略掉了，也就是输入了 0x12345678901234567890123456789012345677，导致原本交易 input3 部分中的第 2 部分字节数不够，EVM 就会将第 3 部分的高位字节 00 填充到地址上。由于第 3 部分左移了 2 位，导致第 3 部分不够 32 字节，所以进行了补 0 操作，那么最后合起来的 input 数据就成了：

```
0xa9059cbb00000000000000000000000012345678901234567890123456789012345677 0000
000000000000000000000000000000000000000000000000000000000200
```

从而导致原本计划转账 2 个以太币的，但由于发生了左移 2 位，所以实际转账了 $2×16×16=512$ 个以太币。

所以在编写转账类智能合约时，要严格校验地址的有效性，比如在 transfer 函数里加入下面的校验代码，并且从应用层和表现层校验用户输入地址的长度和合法性。

```
contract Test {
    modifier onlyDataSize( uint size) {
        assert(msg.data.length == size + 4);
        _;
```

```
    }

    function transfer (address _to, uint256 amount) onlyDataSize(64) {
        // to do
    }
}
```

4）代码执行漏洞

在前文中介绍了跨合约调用的 3 种方式：call、delegatecall 和 callcode，三者的调用上下文、msg.sender 会有所不同，灵活的调用场景会在某种程度加大开发者滥用带来的风险，攻击者可以利用合约的执行漏洞直接修改合约的所有者，从而导致资金损失。下面举个案例介绍一下代码执行漏洞。

漏洞合约 TestA 的代码如下：

```
pragma solidity ^0.4.10;

contract TestA {
    function info(bytes data) {
        this.call.(data)
    }

    function secret_operation() public {
        require(this == msg.sender);
        // todo secret operation
    }
}
```

在合约 TestA 中有两个函数：info()和 secret_operation()，info()函数中用了 call 方式，并且 data 字段可以任意构造，虽然 secret_operation()函数限制了调用方为合约拥有者，但是攻击者可以构造 data 数据，通过调用合约的 info()函数，越权访问合约的 secret_operation()函数，从而执行一些敏感操作。

面对合约的代码执行漏洞，给出如下安全建议。

- 尽量使用 private 和 internal 关键字来限制合约函数的可见性。
- 对于敏感操作，要检查调用方为合约拥有者。
- 对于一些敏感操作或者权限判断函数，不要轻易将合约自身的账户地址作为可信的地址。

5）其他漏洞

随着以太坊智能合约生态的日益发展，越来越多的合约漏洞也暴露在公众视野，比如假充值漏洞、浮点数精度漏洞、不安全的随机数漏洞、时间戳依赖漏洞、拒绝服务 DoS 漏洞等。这些漏洞一方面需要开发人员深入了解 Solidity 语言特性，强化合约安全意识，另一方面需要

多关注行业安全事件动态，补充自己的安全知识库，在合约上线前加入安全审计阶段，对
Checklist 逐条把关合约的安全风险。

2. 智能合约的审计目录

智能合约的审计目录如表 17-12 所示。

表 17-12　智能合约的审计目录

问题分类	问题列表	建议	举例
代码规范问题	编译器版本	在 Solidity 智能合约代码中，应指定编译器版本，建议使用最新 stable 的编译器版本	1. 在 v0.4.23 编译器版本中，如果在一个合约中同时写两个构造函数，则会忽略其中一个构造函数； 2. 在 v0.4.25 编译器版本中，存在未初始化存储指针问题

	构造函数	不同版本的 solc 编译器，使用对应的构造函数，否则容易变更合约所有者	在小于 0.4.22 版本的 Solidify 编译器语法要求中，合约构造函数必须和合约名字相等，名字受到大小写影响，比如：
			`contract Owned {function Owned() public{}`
			而在 0.4.22 版本以后，引入了 constructor 关键字作为构造函数声明，但不需要 function 关键字声明，比如：
			`contract Owned {constructor() public {}`
			如果没有按照对应的写法，构造函数就会被编译成一个普通函数，可以被任意人调用，会导致 owner 权限被窃取等更严重的后果

	返回标准	遵循 ERC20 规范，要求 transfer()、transferFrom()、approve()函数应返回 bool 值，需要添加返回值代码	按照 ERC20 规范，转账函数应返回 bool 类型值： `function transfer(address _to, uint256 _value) public returns (bool success)`

	事件标准	遵循 ERC20 规范，要求 transfer()、approve()函数触发相应的事件	按照 ERC20 规范，transfer()、approve()函数触发相应的事件：
			`function approve(address _spender, uint256 _value) public returns (bool success){allowance[msg.sender][_spender] = _value;emit Approval(msg.sender, _spender, _value); return true;`
			`}`

	假充值问题	在转账函数中，对余额及转账金额的判断，需要使用 require()函数抛出错误，否则会错误地判断为交易成功	下面的代码可能出现假充值问题：
			`function transfer(address _to, uint256 _value) returns (bool success) {if (balances[msg.sender] >= _value && _value > 0) {balances[msg.sender] -= _value;balances[_to] += _value;Transfer(msg.sender, _to, _value); return true;} else { return false; }}`
			需要使用 require()函数进行入参断，出错后及时中止执行：
			`function transfer(address _to, uint256 _amount) public returns (bool success) {require(_to != address(0)); require(_amount <= balances[msg.sender]);balances[msg.sender] = balances[msg.sender].sub(_amount);balances[_to] = balances[_to].add(_amount);emit Transfer(msg.sender, _to, _amount);return true;}`

问题分类	问题列表	建议	举例

设计缺陷问题	approve()授权函数条件竞争	approve()函数中应避免条件竞争。在修改 allowance 前，应先修改为 0，再修改为_value	以下代码存在条件竞争：
			
			`function approve(address _spender, uint256 _value) public returns (bool success){`
			`allowance[msg.sender][_spender] = _value;`
			`return true`
			`}`
			
			比如：
			1. 用户 A 授权用户 B 100 代币的额度；
			2. 用户 A 觉得 100 代币的额度太高了，再次调用 approve 函数试图把额度改为 50；
			3. 用户 B 在待交易处（打包前）看到了这笔交易；
			4. 用户 B 构造一笔提取 100 代币的交易，通过条件竞争将这笔交易打包到了修改额度之前，成功提取了 100 代币；
			5. 用户 B 发起了第二次交易，提取 50 代币，用户 B 成功拥有了 150 代币
			需改成：
			
			`function approve(address _spender, uint256 _value) isRunning validAddress returns (bool success)`
			`{`
			`require(_value == 0 || allowance[msg.sender][_spender] == 0);`
			`allowance[msg.sender][_spender] = _value; Approval (msg.sender, _spender, _value);`
			`return true;`
			`}`
			
			通过置 0 的方式，可以在一定程度上缓解条件竞争中产生的危害，合约管理人可以通过检查日志来判断是否有条件竞争情况的发生，这种修复方式更大的意义在于提醒使用 approve()函数的用户，该函数的操作在一定程度上是不可逆的

	循环消耗问题	在 Solidity 智能合约中，不推荐使用太多的循环次数	在以太坊中，每一笔交易都会消耗一定量的 Gas，而实际消耗量是由交易的复杂度决定的，循环次数越多，交易的复杂度越高，当超过允许的最大 Gas 消耗量时，会导致交易失败
	循环安全问题	在合约中，应尽量避免循环次数受到用户控制，攻击者可能会使用过多的循环次数来完成 DoS 攻击	当用户需要同时向多个账户转账，我们需要对目标账户列表遍历转账时，就有可能导致 DoS 攻击。比如： `function Distribute(address[] _addresses, uint256[] _values) payable returns(bool){for (uint i = 0; i < _addresses.length; i++) {transfer(_addresses[i], _values[i]);}return true;}` 当遇到上述情况时，推荐使用 withdrawFunds()函数来让用户取回自己的代币，而不是发送给对应账户，这可以在一定程度上减少危害

续表

问题分类	问题列表	建议	举例
编码安全问题	溢出问题	在调用加减乘除时，应使用 safeMath 库来替代，否则容易导致算数上下溢出，造成不可避免的损失	—
	重入漏洞	智能合约中避免使用 call 来交易，避免重入漏洞	在智能合约中提供了 call、send、transfer 三种方式来交易以太坊，其中 call 最大的区别就是没有限制 Gas，而其他两种在 Gas 不够的情况下都会报"out of gas"的错误。 重入漏洞有以下几个特征： 1. 使用了 call()函数作为转账函数；2. 没有限制 call()函数的 Gas；3. 扣余额在转账之后；4. call 时加入了()来执行 fallback()函数。 比如： `function withdraw(uint _amount) {require (balances [msg.sender] >= _amount);msg.sender.call.value(_amount)(); balances[msg.sender] -= _amount;}`
	call 注入	在调用 call()函数时，应该做严格的权限控制，或直接写死 call 调用的函数	在 EVM 的设计中，如果 call 的参数 data 是 0xdeadbeef（假设的一个函数名）+ 0x0000000000.....01，就是调用函数 call()注入可能导致代币被窃取，权限绕过，通过 call 注入可以调用私有函数，甚至部分高权限函数
	权限控制	合约中的不同函数应设置合理的权限	检查合约中各函数是否正确使用了 public、private 等关键词进行可见性修饰，检查合约是否正确定义并使用了 modifier 对关键函数进行访问限制，避免越权导致的问题
	重放攻击	合约中如果涉及委托管理的需求，则应注意验证的不可复用性，避免重放攻击，比如： 1. 验证 nonce、时间戳； 2. 硬分叉后，归集资产到新地址	重放攻击是指"一条链上的交易在另一条链上也往往是合法的"，所以重放攻击通常出现在区块链硬分叉的时候。由于硬分叉的两条链的地址和私钥生产的算法相同，交易格式也完全相同，因此导致在其中一条链上的交易在另一条链上很可能是完全合法的。所以在其中一条链上发起的交易，到另一条链上去重新广播，可能也会得到确认，比如：ETC 和 ETH 分叉时，容易造成重放攻击
	短地址攻击	在将外部应用程序中的所有输入参数发送到区块链之前，应对其长度进行验证	在将参数传递给智能合约时，参数根据 ABI 规范进行编码，可以发送比预期参数长度短的编码参数（比如，发送 38 个十六进制字符而不是标准的 40 个十六进制字符的地址）。在这种情况下，EVM 将在编码参数的末尾添加零以构成预期长度
	访问控制	1. 合理设置合约代码层次的访问控制，比如 public、private、internal、external； 2. 合理设置合约逻辑层级的访问控制，比如引入权限库，加入修饰器 onlyOwner 或 onlyAdmin 来进行约束	—

续表

问题分类	问题列表	建议	举例
编码设计缺陷	地址初始化问题	在涉及地址的函数中，建议加入 require(_to!=address(0)) 验证，可有效避免用户误操作或未知错误导致的不必要的损失	—
	判断函数问题	在涉及条件判断的地方，使用 require() 函数而不是 assert() 函数，因为 assert() 函数会导致剩余的 Gas 全部被消耗掉，而它们在其他方面的表现都是一致的	—
	余额判断问题	不要假设合约创建时余额为 0，可以强制转账	—
	转账函数问题	在完成交易时，默认情况下推荐使用 transfer() 函数而不是 send() 函数完成交易	当 transfer() 函数或者 send() 函数的目标是合约时，会调用合约的 fallback() 函数，但在 fallback() 函数执行失败时，transfer() 函数会抛出错误并自动回滚，而 send() 函数会返回 false，所以在使用 send() 函数时需要判断返回类型，否则可能会导致转账失败但余额减少的情况。比如： `function withdraw(uint256 _amount) public {require(balances[msg.sender] >= _amount);balances[msg.sender] -= _amount;etherLeft -= _amount;msg.sender.send(_amount);}` 使用 send() 函数进行转账，因为这里没有验证 send() 函数返回值，如果 msg.sender 为合约账户 fallback() 函数调用失败，则 send() 函数返回 false，最终导致账户余额减少了，钱却没有拿到

	代码外部调用设计问题	对于外部合约优先使用 pull 而不是 push，在进行外部调用时，总会有意无意地失败，为了避免发生未知的损失，应该尽可能地把对外的操作改为用户自己来取	错误范例：
			
			`function bid() payable {if (msg.value < highestBid) throw;if (highestBidder != 0) {if (!highestBidder.send(highestBid)) { // 可能会发生错误 throw;}}highestBidder = msg.sender;highestBid = msg.value;}`
			
			改为：
			
			`function bid() payable external {if (msg.value < highestBid) throw;if (highestBidder != 0) {refunds[highestBidder] += highestBid; // 记录在 refunds 中}highestBidder = msg.sender;highestBid = msg.value;}`
			`function withdrawRefund() external {uint refund = refunds[msg.sender];refunds[msg.sender] = 0;if (!msg.sender.send(refund)) {refunds[msg.sender] = refund; // 如果转账错误还可以挽回}}`

续表

问题分类	问题列表	建议	举例
编码问题隐患	错误处理	合约中涉及 call 等在 address 底层操作的方法时，做好合理的错误处理	address.call()address.callcode()address.delegatecall() address.send() 这类操作即使遇到错误也并不会抛出异常，而是会返回 false 并继续执行。需要对返回值做检查并做错误处理
	弱随机数问题	智能合约上随机数生成方式需要更多考量	—

	语法特性问题	在智能合约中小心整数除法的向下取整问题	在智能合约中，所有的整数除法都会向下取整到最接近的整数，当我们需要更高的精度时，需要使用乘数来加大这个数字。该问题如果在代码中显式出现，编译器就会提出问题警告，而无法继续编译，但如果隐式出现，就会采取向下取整的处理方式。
			错误范例：
			
			uint x = 5 / 2; // 2
			
			改为：
			
			uint multiplier = 10;uint x = (5 * multiplier) / 2;

	数据私密问题	链上的所有数据都是公开的	在合约中，所有的数据包括私有变量都是公开的，不可以将任何有私密性的数据储存在链上
	数据可靠性	合约中不应该让时间戳参与到代码中，否则容易受到矿工的干扰，应使用 block.height 等不变的数据	错误范例： uint someVariable = now + 1;if (now % 2 == 0) { // now 可能被矿工控制} 改为： uint someVariable = block.height+ 1;if (block.height % 2 == 0) { }
	Gas 消耗优化	某些不涉及状态变化的函数和变量可以加 constant 来避免对 Gas 的消耗	—
	日志记录	关键事件应有 Event 记录，为了便于运维监控，除了转账、授权等函数以外，其他操作也需要加入详细的事件记录，如转移管理员权限、其他特殊的主功能	比如： function transferOwnership(address newOwner) onlyOwner public {owner = newOwner;emit OwnershipTransferred (owner, newowner);}
	回调函数	合约中定义 fallback()函数，并使 fallback()函数尽可能简单	fallback()函数会在合约执行发生问题时被调用（如没有匹配的函数时），而且当调用 send 或者 transfer()函数时，只有 2300Gas 用于失败后 fallback() 函数执行，2300Gas 只允许执行一组字节码指令，需要谨慎编写，以免 Gas 不够用
	owner 权限问题	避免 owner 权限过大	部分合约 owner 权限过大，owner 可以随意操作合约内各种数据，包括修改规则、任意转账、任意铸币烧币等，一旦发生安全问题，就可能会导致严重的结果。 关于 owner 权限问题，应该遵循几个要求：1. 合约创造后，任何人不能改变合约规则，包括规则参数大小等；2. 只允许 owner 从合约中提取余额

问题分类	问题列表	建议	举例

编码问题隐患	用户鉴权问题	合约中不要使用 tx.origin 做鉴权	tx.origin 代表最初始的地址，如果用户 a 通过合约 b 调用了合约 c，对于合约 c 来说，tx.origin 就是用户 a，而 msg.sender 才是合约 b，对于鉴权来说，这是十分危险的，这代表着可能导致钓鱼攻击。
			比如：
			
			`contract BaseContract`
			`{`
			`address owner;`
			`string message;`
			`constructor() {`
			`    owner = msg.sender;`
			`}`
			
			`function setMsg(string memory _message) external {`
			`    require(tx.origin == owner, "No permission.");  // 使`用 tx.origin 进行身份验证
			`    message = _message;`
			`}`
			
			`function getMsg() external view returns (string memory)`
			`{`
			`    return message;`
			`}`
			
			`function getOwner() external view returns (address) {`
			`    return owner;`
			`}`
			`}`
			
			攻击合约：
			`contract Attack {`
			`BaseContract bc;`
			`constructor(BaseContract _bcAddr) {`
			`    bc = BaseContract(_bcAddr);`
			`}`
			
			`function attack() external {`
			`    bc.setMsg("The data is attacked.");`
			`}`
			`}`
			
			假设合约 BaseContract 是用户 Tracy 编写并已部署的合约，合约中的 setMsg()函数限制只有部署合约的用户 Tracy 才能够修改状态变量 message 的值。之后黑客用户 Timo 编写了一个攻击合约 Attack（暂时起名明显一些），Timo 通过一些手段骗 Tracy 调用了这个合约中的 ttack()函数，此时通过合约 Attack 也修改了合约 BaseContract 中的状态变量 message 的值

续表

问题 分类	问题列表	建议	举例
编码 问题 隐患	条件竞争问题	合约中尽量避免对交易顺序的 依赖	在智能合约中，经常容易出现对交易顺序的依赖，如占山为王规则或最后 一个赢家规则等都是对交易顺序有比较强的依赖的设计规则，但以太坊本 身的底层规则是基于矿工利益最大法则，在一定程度的极限情况下，只要 攻击者付出足够的代价，就可以在一定程度上控制交易的顺序，开发者应 避免这个问题

3. 智能合约的漏洞检测工具

表 17-13 展示了 3 款开源智能合约的漏洞检测工具对比。

表 17-13　智能合约的漏洞检测工具对比

对比 维度	检测工具		
	Slither	MythX	Securify
开发 语言	Python	JavaScript/Pyhon	Python
分析 方法	静态	静态/动态/符号执行	静态
插件 支持	否	是	否
漏洞 扫描 数量	78+	45+	37+
扩展 功能	调用图、继承图	持续集成、IDE 集成	远程分析
报告	无	有	无

17.5.5　稳定性测试

智能合约的稳定性测试需要关注执行前合约交易的类型——部署类、读写类、收费类、免费类等的覆盖度，执行中合约运行环境——虚拟机的可靠性，以及执行后状态变量——交易、区块数据的一致性。

1. 智能合约交易的覆盖度

在测试智能合约的稳定性之前，测试人员需要根据生产环境的流量类型进行交易的构造，大致分类如图 17-96 所示。

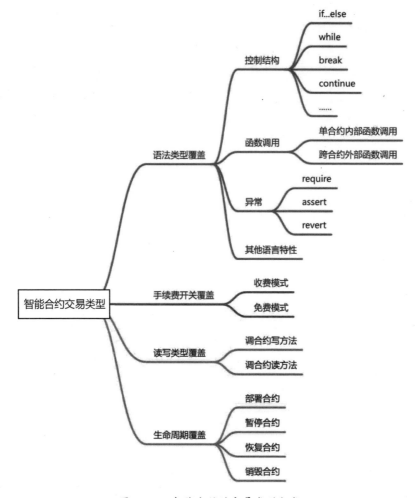

图 17-96　智能合约的交易类型分类

2. 虚拟机的可靠性

在测试智能合约的稳定性过程中，测试人员要关注执行环境虚拟机的可靠性，可以借助混沌工程的扰动工具构造一些异常，从而观察虚拟机的执行表现，确认是否符合测试预期。

3. 状态数据的一致性

在测试完智能合约的稳定性后，测试人员要针对分布式的节点数据进行一致性校验，校验工具可以分为在线模式和离线模式，在线模式下可以提供并发对账的手段来验证交易数据、区块数据、合约状态数据的一致性，校验框架如图 17-97 所示。

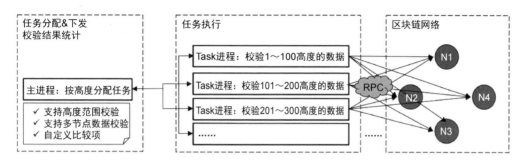

图 17-97　智能合约的状态数据在线一致性校验框架

在离线模式下，测试人员可以从存储层面校验库、表数据的一致性，比如若区块链的节点数据采用 MySQL 存储，则可以利用原生工具 mysqldbcompare 校验稳定性测试后不同节点的数据一致性。

17.6　P2P 网络测试

P2P（Peer to Peer）通常被称为对等网络，网络中的每个节点都具有同等地位，既可以充当网络服务的客户端，又可以作为响应请求的服务端，P2P 网络的本质思想打破了传统互联网的 C/S 架构，让参与其中的每个节点具有自由、平等通信的能力，这与区块链的去中心化特性有异曲同工之处。区块链的共识机制是建立在 P2P 网络之上的，P2P 网络作为区块链的基础设施，其稳定性和鲁棒性必须得到充分验证。

17.6.1　P2P

1. P2P 概述

P2P 系统是一类采取分布式方式、利用分布式资源完成关键功能的系统，其中分布式资源包括计算、存储、网络或其他可用资源，在区块链中，P2P 网络主要利用分布式的网络资源完成共识、同步、节点发现和消息路由功能。P2P 网络是一种运行在互联网上动态变化的逻辑网络，具有较高的扩展性，在 P2P 网络中，节点的逻辑地位是对等的，兼具服务请求者和服务提供者的角色。

1）P2P 的特点

在区块链的网络框架中，P2P 具有以下特点。

- 动态性：动态提供数据、信息和服务，无须二次启动。
- 对等性：P2P 节点兼具生产者和消费者角色。
- 直连性：P2P 网络中没有节点等级划分，可与连接的节点直接通信。

相比传统的 C/S 架构，P2P 在以下几个方面体现出极大的优势。

- 扩展性：在 P2P 网络中，节点的加入和退出是动态的，随着节点数的增加，整个系统的服务能力也得到有效的扩展，比如在区块链中，随着共识节点的不断加入，可以提高整个系统的可信力和抗干扰能力。
- 去中心化：P2P 系统的资源和服务分散在不同的节点上，没有一个中心化节点可以控制整个网络，这样可以提高整个系统的安全性，减少单点故障的风险。
- 健壮性：P2P 网络中节点的加入和退出是自由的，使其具有耐攻击、高容错的优势。
- 私密性：在 P2P 网络中，所有参与节点都可以提供中继转发的功能，因而大大提高了匿名通信的灵活性和可靠性，能够为用户提供更好的隐私保护策略。
- 流量均衡：在 P2P 网络中，硬件资源和数据内容分布在多个节点，而 P2P 节点可以分布在网络中任何角落，可以很好地实现整个网络的流量均衡。

2）P2P 的发展历史

P2P 在互联网诞生之初就已经出现了，并且占据了早期互联网生态的主导地位，那时候分布在不同专业机构的计算机构成了 P2P 网络上的节点，每台计算机拥有固定的 IP 地址和域名，并可以在需要的时候和其他节点进行通信。

1979 年，早期的基于 P2P 的典型应用——USENET，即新闻讨论组网诞生了，它是互联网上信息传播的重要组成部分，USENET 通过电话线和其他节点成批地进行文件交换，提供了一种高效的交流方式。到了 1993 年，第一个基于 P2P 的 Web 浏览器 Mosaic 诞生了，它可以在一个页面上同时显示图片和文字，使互联网更具有吸引力。随着互联网的普及，人们需要更直接地获取网络资源的方式，在此需求下，P2P 再次受到了广泛关注。1999 年，Napster 软件将 P2P 重新带回互联网世界，Napster 允许用户不受干扰地进行文件的上传和下载，这样通过 Napster 软件，用户可以在 P2P 网络中分享自己硬盘上的音乐文件，也可以下载其他用户分享出来的音乐文件。

P2P 技术的发展经历了不同拓扑结构的演变：集中式、分布式、混合式和结构式，每个阶段的拓扑结构都代表了适应当时条件下的网络模型。

3）P2P 的主要应用领域

目前，P2P 应用最广泛的就是以下载为代表的资源共享领域，类似的用到 P2P 技术的应用层出不穷，比如迅雷、eMule、BitTorrent（简称 BT）等。其中 BT 是一种多方共享协议，工作原理是这样的：BT 服务器会将上传者的文件拆成若干部分存储，客户端 A 随机下载文件的第 M 部分，客户端 B 随机下载文件的第 N 部分，这样客户端 A 和 B 就可以根据情况互相下载对方的 N 和 M 部分，所以采用 P2P 技术，既减轻了服务端的负载压力，也加快了双方的下载速度。

P2P 还有一个重要应用领域是流媒体领域，在互联网发展早期阶段，用户观看视频采用在服务器上下载一段、本地播放一段的形式。当自动引入了 P2P 技术之后，用户在观看视频的同时，可以与同时观看此视频的用户进行资源互补，与文件共享一样，既减轻了服务端的压力，又提高了用户观看视频时的下载效率。

在区块链领域，去中心化的节点发现、消息路由和广播都会用到 P2P 技术，这样可以加快不同类型的节点同步数据的速率，以及通过路由广播交易、提案、投票等提高共识的达成效率。

2. P2P 网络的拓扑结构

P2P 是建立在 ISO 网络模型——应用层之上的一个逻辑覆盖的网络，在该网络中，去中心化的节点通过特定 P2P 协议组成 P2P 网络，这些节点称为 Peer 或 Node。通过识别网络中的连接关系，可以生成图论领域里的拓扑结构。

1）集中式 P2P 网络

在 P2P 网络中，某个节点想要获取特定的资源，必须先定位到哪些节点拥有该资源，这就是 P2P 网络中的节点路由功能。为了达到资源定位的功能，最简单的方式就是采用"集中式"。所谓集中式，就是选择一个中心服务器作为资源管理的 Master，其他节点都与该节点建立星形拓扑结构，这样中心节点就会存储资源信息和节点信息的映射表，当某个客户端想要特定的资源时，就请求中心节点获取需要路由的节点信息，客户端再请求具体的拥有该资源的节点，得到响应后获取资源，集中式 P2P 网络的拓扑图如图 17-98 所示。很显然，中心节点很容易出现单点故障，以及高并发下的性能瓶颈问题。

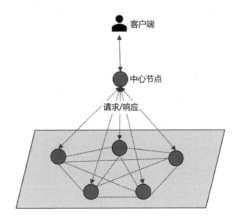

图 17-98　集中式的 P2P 网络拓扑

集中式 P2P 网络还有一个弊端是中心节点需要存储大量的资源索引数据，为了保证资源索引数据的准确性和时效性，需要高频同步资源信息。当 P2P 网络中节点数据暴增后，同步效率会大打折扣，系统的可靠性也会受到一定的冲击。

2）分布式 P2P 网络

集中式 P2P 网络的优点是实现简单，但是缺点也很明显，即中心服务器很容易出现单点故障和性能瓶颈问题。分布式 P2P 网络是让节点利用泛洪技术向全网广播请求，每个节点在收到请求后，检索自己的资源列表，如果有相应的资源，就向请求节点返回响应数据。这里解释一下泛洪技术，当一个节点需要向全网广播消息时，先向自己连接的相邻节点进行请求，当相邻节点收到请求后，再向自己的相邻节点进行广播，具体流程如图 17-99 所示。在这个泛洪过程中，如果网络拓扑是连通的，从某个节点发出的请求就可以很快到达全网。在图论中，用度来表示节点的相邻节点数量，某个拓扑图中的平均节点度越高，那这个图就越密集，相反就越稀疏，在分布式 P2P 网络中，每个节点都会承担一定的泛洪任务。

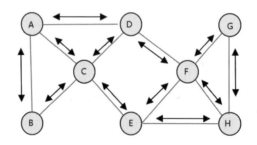

图 17-99　分布式的 P2P 网络拓扑

为了快速搭建分布式的 P2P 网络，可以采取随机生成的方法，具体就是，当第一个节点进入 P2P 网络时，随机选择当前网络中的一个节点进行连接，如果被连接节点的度很高，则可以重新选择，当第二个节点加入该网络时，确保必须与第一个节点建立连接关系，这样可以保证在第三个节点加入网络时，选择前两个节点的任意一个建立连接都可以连通网络。

在分布式 P2P 网络中很容易出现泛洪循环问题，即节点的拓扑图中出现环结构，节点发出的消息在经过若干传输后，再次传播到本节点，这将极大地降低 P2P 网络中的节点处理能力，严重情况可以使整个网络瘫痪，如图 17-100 所示。

解决泛洪循环的一个方法是消除 P2P 拓扑中的环，即在构建 P2P 网络时，采用树形结构而不是环形结构，这样当泛洪消息从根节点向下广播时，只要消息沿着叶子节点进行广播，就能确保消息有效传递到全网而不形成泛洪循环。这种方法的难点在于当节点动态加入和退出时，要保持树形结构的稳定性，如图 17-101 所示。

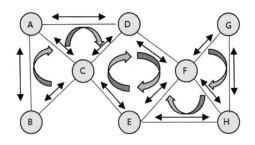
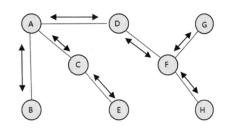

图 17-100　分布式 P2P 网络的泛洪循环现象　　　　图 17-101　解决分布式 P2P 网络的泛洪循环问题

3）混合式 P2P 网络

前文介绍了集中式和分布式 P2P 网络，集中式 P2P 网络实现简单，但存在单点故障和性能瓶颈问题。分布式 P2P 网络扩展性好，但可控性差，易出现泛洪循环问题。结合二者的优势，采用混合式 P2P 网络有一定的应用前景。

混合式 P2P 网络是指在局部采用集中式网络架构，整体上采用分布式网络架构。在局部集中式网络中，依据节点的资源选择中心节点组成星形结构，而在整体分布式网络中，将各个中心化节点按照分布式技术组网。在混合式 P2P 网络中，节点可以分为普通节点和超级节点，整个网络可以看作二层结构，第一层由各个超级节点组成分布式拓扑网络，每个超级节点由若干个普通节点组成星形拓扑结构，普通节点之间不建立通信。一个节点加入混合式网络，根据该节点的 CPU、内存、网络等资源信息决定做超级节点还是普通节点，如果是普通节点，则选择与某个超级节点建立连接，如图 17-102 所示。

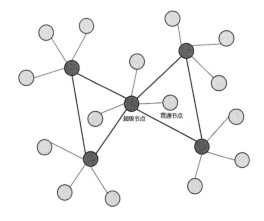

图 17-102　混合式的 P2P 网络

混合式 P2P 网络综合了集中式和分布式网络的优势，根据节点的资源信息选择充当超级节点还是普通节点，充分体现对异构网络的高度适应性。

4）结构化 P2P 网络

分布式 P2P 网络会存在大量的路由查询信息，在大规模组网下并不适用，所以将所有节点有序地组织成环状或树状网络，可以避免由环形拓扑带来的泛洪和广播风暴问题。这种不存在环形网络拓扑结构称为结构化 P2P 网络。

对于结构化 P2P 网络，我们可以拆分两个空间，一个是资源空间，即 P2P 网络中所有节点保存的资源集合，这些资源可以用资源编号、资源名称、资源存储节点等信息来描述，资源编号可以用资源名称或内容进行 Hash 运算获得，这样的话，可以使得同一资源在不同节点上所获得的 ID 相同。另一个是节点空间，即 P2P 网络中所有节点的集合，每个节点也有一个编号，编号范围和资源编号范围一致。常见的编排结构化 P2P 网络的算法有 DHT 算法，DHT 算法在资源编号和节点编号中使用了分布式散列表，使得资源空间和节点空间的编号具有唯一性，且网络具有有序的关系结构。基于 DHT 思想的经典算法还有 Chord 算法、Pastry 算法、CAN 算法等。

3. 区块链 P2P 网络的算法介绍

1）DHT（分布式哈希表）算法概述

哈希表（Hash Table），又称散列表，其利用哈希函数存取键值对（key，value）的表状数据结构，散列表的每一项同时具备链表结构，用来存储经哈希函数运算后映射到同一表项的键值对（key，value）。哈希表数据结构图示如图 17-103 所示。

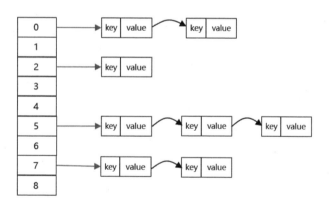

图 17-103　哈希表数据结构

对于哈希表，有以下三种基本操作。

（1）insert（a，T）：将对象 a（key，value）插入哈希表 T 中，首先计算 Hash（key），然后搜索 T 中相同 Hash 的表项，如果存在，则在该表项后用链表追加，如果不存在，则在哈希表 T 的末尾追加。

（2）Delete（a，T）：从哈希表 T 中删除对象 a（key，value），首先计算 Hash（key），然后搜索 T 列表，如果存在，则将 a 从 T 中删除。

（3）Find（a，T）：在哈希表中查找对象 a（key，value），首先计算 Hash（key），然后搜索 T 列表，如果存在，则返回 a 的位置信息，如果不存在，则返回 null。

哈希表结构简单，操作方便，查询效率高，在 P2P 网络中的节点路由、内容定位等场景得到广泛应用。

DHT 是分布式系统的一种路由算法，具有下列特性。

（1）分散性：构成系统的节点并没有任何集中式的协调管理机制。

（2）规模性：适应大规模节点组网，拥有较高的查询效率。

（3）容错性：即使有节点不断地加入、退出和更新，也具有一定的抗干扰能力。

基于 DHT 思想衍生出的结构化 P2P 网络很多，比较著名的是 Chord 算法，该算法的核心思想是，在资源空间和节点空间中寻找一种匹配关系，使得客户端可以利用有序的网络结构快速定位到拥有某资源的节点。在 Chord 算法中，定义一种映射规则：首先对节点信息进行编号并置于环中，然后对资源信息进行 Hash 运算，在得到资源编号后，在节点环中顺时针寻找一个距离资源最近的节点来存储，如图 17-104 所示。

2）Gossip 算法概述

Gossip 协议也称为流行病协议、疫情传播协议等。这个 P2P 传播协议最早是在 1987 年 8 月温哥华举行的第六届 ACM 分布式计算原理的学术会议上发布的。Gossip 协议是基于六度分隔理论实现的一致性随机算法，就像谣言传播一样，利用一种随机的、带有传染性的方式，将消息同步到整个网络中，并在一定时间内，使网络中的节点数据达到最终一致性。

Gossip 算法在 P2P 网络中的消息传播过程，如图 17-105 所示。

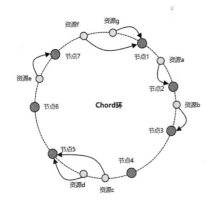

图 17-104　Chord 环

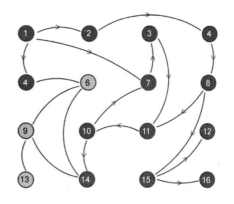

图 17-105　Gossip 算法在 P2P 网络中的消息传播过程

- 如果有某项信息需要在整个 P2P 网络中同步，那么从拥有信息源的节点开始，选择一个固定的传播周期，再随机选择与该节点相邻的 k 个节点进行消息传播。
- 相邻节点在收到消息后，如果这个消息是它之前没有收到过的，则将在下一个周期内，选择除了发送消息给它的那个节点外的其他相邻的 k 个节点发送相同的消息，直到最终网络中所有节点都收到了消息，尽管这个过程需要一定的时间，但是理论上最终网络的所有节点都会拥有相同的消息。

Gossip 算法通过以下三种机制来实现数据或消息的更新。

- 直接传播：当节点有数据更新的需求时，便开始给所有相邻节点发送消息来通知自身节点数据，实现算法比简单、粗暴。这种方式在分布式环境下是不可靠的，因为遍历通知是一次性的，在遇到网络故障、节点宕机之后是没有容错和补偿的，会出现数据丢失。
- 反熵传播：在 Gossip 中，反熵是指集群中每个节点都周期性随机选择节点池中的一些节点，通过互相交换所有数据来消除两者之间的差异，实现数据的最终一致性。也就是说反熵指消除不同节点中的数据差异，提升节点间数据的相似度，降低熵值。反熵传播中有两个节点状态，消息生产者是病原状态，消息接收者是感染状态。
- 谣言传播：P2P 网络中的所有节点在初始情况下都处于"未知"状态，当某节点有新消息时，该节点变成"活跃"状态，并随机选择相邻的若干节点进行消息传播，其他节点在收到消息后，同样选择相邻的若干节点进行消息传播，当发现相邻的节点都收到该消息后，就停止传播。

在 Gossip 算法中，消息传递可以通过推、拉和推/拉三种模式进行。

可以看到，Gossip 算法具有可扩展性、分布式容错、最终一致性、去中心化等优点，但是也会存在消息延迟、消息冗余等弊端。

17.6.2　专项测试

针对区块链 P2P 网络的专项测试，需要覆盖节点治理、权限管理等特性。

1. 节点治理测试

1）节点类型测试

典型的公有链项目，比如以太坊可以分为全节点、轻节点、归档节点等，而联盟链项目，比如腾讯的 TrustSQL 节点类型可分为共识节点、同步节点、SPV 轻节点、查询节点等。不同类型的节点功能各有侧重。

- 共识节点：参与区块链的核心共识流程，比如提案、投票、统票、提交等。
- 同步节点：不参与共识流程，从共识节点上同步数据，对合约的状态数据、区块数据、交易数据进行执行、提交并落盘。
- SPV 轻节点：不参与共识流程，从共识节点上清分数据，对区块、交易及状态进行直接提交并落盘。
- 查询节点：不参与共识流程，提供历史数据查询、定制数据查询等个性化检索功能的节点。

区块链中的分层节点类型如图 17-106 示。

在实际测试时要覆盖不同类型节点的特性功能，比如查询节点提供历史执行快照的查询、条件查询等，而 SPV 轻节点支持数据的清分功能，比如某系统内票据的场景，我们在共识网络下的一层子网部署某总局的 SPV 轻节点，二层子网部署 A 省分局的 SPV 轻节点和 B 省分局的 SPV 轻节点，这样 A 省内的票务数据只会同步到 A 省的 SPV 轻节点上，而 B 省的票务数据也只会同步到 B 省的 SPV 轻节点上，基于这样的测试设计和执行来验证 SPV 轻节点的数据清分和隔离功能，如图 17-107 所示。

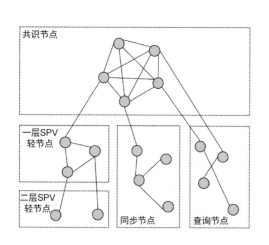

图 17-106　区块链中的分层节点类型

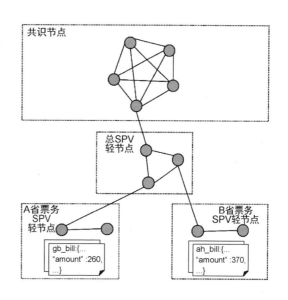

图 17-107　区块链应用——票据类场景的分层节点管理

2）节点管理测试

区块链 P2P 网络的节点管理包括节点加入、节点退出和节点升级，需要在基准流量的运行下验证节点管理的稳定性，相应的测试用例如表 17-14 所示。

表 17-14　区块链 P2P 网络的节点管理测试用例

测试项目	测试目的	测试步骤	测试结果	通过与否
支持区块链稳定运行下的节点动态新增能力	验证区块链底层具备在新增节点下确保应用层业务可用的能力	1. 部署区块链集群网络，并发起请求，产生持续的基准流量； 2. 向区块链发起"加入节点"的合约交易请求； 3. 等待区块链的世代切换后，新增的节点加入共识委员会； 4. 在节点加入后，持续观察基准流量的响应情况，确保区块链服务可用	—	Pass/No
支持区块链稳定运行下的节点动态退出能力	验证区块链底层具备在退出节点下确保应用层业务可用的能力	1. 部署区块链集群网络，并发起请求，产生持续的基准流量； 2. 向区块链发起"退出节点"的合约交易请求； 3. 等待区块链的世代切换后，该节点退出共识委员会； 4. 节点退出后，持续观察基准流量的响应情况，确保区块链服务可用	—	Pass/No
支持区块链稳定运行下的节点动态升级能力	验证区块链底层具备在升级节点下确保应用层业务可用的能力	1. 部署区块链集群网络，并发起请求，产生持续的基准流量； 2. 逐个对区块链集群中的节点进行升级操作； 3. 在节点升级过程中，持续观察基准流量的响应情况，确保区块链服务可用； 4. 在节点升级完成后，持续观察基准流量的响应情况，确保区块链服务可用	—	Pass/No

3）节点运维测试

区块链 P2P 网络的节点运维包括定时快照备份、跨城运维、基础指标监控、多云厂商、多机房部署及海量节点接入等功能，相应的测试用例如表 17-15 所示。

表 17-15　区块链 P2P 网络的节点运维测试用例

测试项目	测试目的	测试步骤	测试结果	通过与否
支持对节点数据的定时快照备份和数据恢复	验证区块链支持节点数据的定时备份和恢复能力	1. 部署区块链集群网络，并发起请求，产生持续的基准流量； 2. 停掉某个节点进程，并备份该节点上的数据； 3. 拷贝数据到另外一个节点上，并启动区块链进程； 4. 在节点数据恢复后，持续观察基准流量的响应情况，确保区块链服务可用	—	Pass/No

续表

测试项目	测试目的	测试步骤	测试结果	通过与否
支持节点的跨城运维	验证区块链支持节点的跨城运维能力	1. 部署区块链节点到不同城市的机房，并发起请求，产生持续的基准流量； 2. 对不同城市的节点远程执行运维命令，查看执行结果	—	Pass/No
支持节点的基础指标监控	验证区块链支持节点的基础指标监控能力	1. 部署区块链集群网络，并发起请求，产生持续的基准流量； 2. 在运维平台查看不同节点的资源信息，比如 CPU、内存、磁盘、网络等	—	Pass/No
支持节点在不同的云厂商环境下部署运行	验证区块链支持节点的跨云部署能力	1. 部署区块链节点到不同云厂商的机房，比如腾讯云、阿里云、亚马逊云等，并发起请求，产生持续的基准流量； 2. 持续观察基准流量的响应情况，确保区块链服务可用	—	Pass/No
支持节点的海量接入	验证区块链支持节点的海量接入，比如万级数量接入能力	1. 部署区块链集群网络，网络中的节点数量达到万级别，涉及不同类型的节点，比如共识节点、SPV 节点、同步节点等，并发起请求，产生持续的基准流量； 2. 持续观察基准流量的响应情况，确保区块链服务可用	—	Pass/No

2. 权限管理测试

1）黑/白名单测试

在联盟链中，往往通过节点治理合约来管理接入方的权限，对于一些恶意攻击的节点，需要将其拉入黑名单，不能参与区块链的共识流程，所以 P2P 网络模块可以借助合约来管理节点的准入门槛，比如可以设定下列规则。

- 新的节点需要通过治理合约添加该节点信息，才能被网络模块识别并加入 P2P 网络。
- 新的节点可分为共识节点和普通节点，普通节点只能连接到 P2P 网络的同步层，而无法连接到共识层。
- 新的节点加入或退出，需要整个区块链达成共识后，在某个世代切换后完成共识委员会的更新。
- 恶意节点被拉入黑名单，无法加入当前 P2P 网络。

下面是治理合约的部分代码：

```
func DeleteNode(nodeID string, chainContext contractlib.AbstractChainContext)
{
    chainContext.Require(chainContext.IsAuthMajority(0), 10, "Authority
denied")
```

```
        deleteNode(nodeID, chainContext)
}
//deleteNode deletes a node internally
func deleteNode(nodeID string, chainContext contractlib.AbstractChainContext)
{
    if nodeID == "" {
        chainContext.SetRunError(20, "NodeID is empty")
        return
    }
    node := new(types.Node)
    node.NodeID = nodeID
    exist := chainContext.GetObject(node)
    if !exist {
        chainContext.SetRunError(-1, "can not find node ")
        return
    }
    chainContext.DeleteObject(node)
    global := getGlobal(chainContext)
    global.NodesCount--
    if global.NodesCount < 0 {
        global.NodesCount = 0
    }
    chainContext.SaveObject(global)
}
//getGlobal :
func getGlobal(chainContext contractlib.AbstractChainContext) *Global {
    global := new(Global)
    global.ID = GlobalID
    global.BlockNumPerEpoch = 1
    global.RotationBlockNum = 0
    _ = chainContext.GetObject(global)
    return global
}
//AddBlackNode adds a black node
func AddBlackNode(id string, ip string, chainContext contractlib.AbstractChainContext) {
    chainContext.Require(chainContext.IsAuthMajority(0), 10, "Authority
denied")
    if id == "" {
        chainContext.SetRunError(20, "NodeID is empty")
        return
    }
    blackNode := &BlackNode{
        NodeID: id,
        IP:     ip,
    }
    exist := chainContext.GetObject(blackNode)
    if exist {
        return
    }
```

```
    //do not add a node in white list
    whiteNode := &WhiteNode{
        NodeID: id,
        IP:     ip,
    }
    exist = chainContext.GetObject(whiteNode)
    if exist {
        return
    }
    //do not add a node in mask list
    maskNode := &MaskNode{
        NodeID: id,
        IP:     ip,
    }
    exist = chainContext.GetObject(maskNode)
    if exist {
        return
    }
    chainContext.SaveObject(blackNode)
}
```

节点治理合约提供的功能函数如下。

- 添加节点/节点列表。
- 删除节点/节点列表。
- 查询节点/节点列表。
- 添加/删除/查询黑名单节点。
- 添加/删除/查询白名单节点。
- 添加/删除/查询屏蔽名单节点

  ……

当然，黑白名单治理也有一定的互斥规则，基于这些规则可以设计相应的测试用例，具体如下。

- 一个节点不能同时出现在黑名单和白名单列表中。
- 一个节点不能同时出现在黑名单和屏蔽名单列表中。
- 一个节点可以同时出现在白名单和屏蔽名单列表中。
- 黑名单列表可以和节点列表没有交集。
- 添加一个新的节点到共识列表中，会同时加入屏蔽名单列表中。

P2P 网络针对节点的动态加入分为主动连接（出站）和被动连接（入站），主动连接流程图如图 17-108 所示，被动连接如图 17-109 所示，可以基于流程图中的分支来设计相应的测试用例。

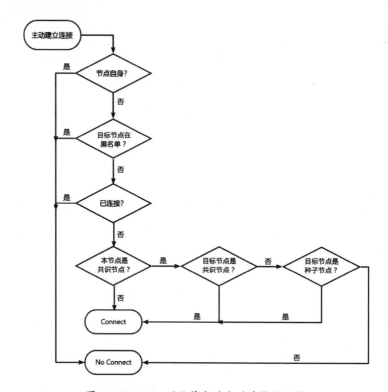

图 17-108　P2P 网络节点的主动连接流程图

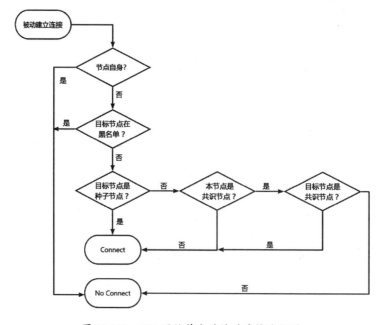

图 17-109　P2P 网络节点的被动连接流程图

2）出站/入站连接测试

在 P2P 网络中，节点加入时与网络中已有节点的连接分为主动连接和被动连接，为了防止节点资源的无序消耗，需要限制节点出站（outbounds）、入站的连接数量（inbounds）。在实际测试中，当加入 P2P 网络的节点配置时，修改 inbounds 和 outbounds 值，按照图 17-110 所示，同时验证节点的出站/入站连接测试。

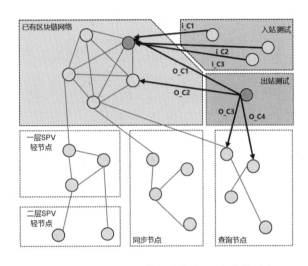

图 17-110　P2P 网络节点的出站/入站连接测试

在入站连接测试中，我们准备多个待加入 P2P 网络的节点，让它们主动连接已有区块链网络的某个节点，这样对于已有的区块链节点建立的都是入站的连接，当达到该节点配置的入站阈值时，观察新加入节点的连接情况。在出站连接测试中，我们准备一个待加入 P2P 网络的节点，让其同时主动连接已有区块链网络的不同节点，这样对于待加入的节点建立的都是出站的连接，当达到该节点配置的出站阈值时，再次观察其与已有区块链网络中节点的连接情况。

17.6.3　异常测试

P2P 网络的建立过程伴随着多种异常情况，这些异常来自于节点的异构性、通信的不稳定性及消息的异步性等，所以为了验证区块链 P2P 网络的抗干扰能力，需要模拟各种异常场景，包括网络拓扑的变更、协议信息的乱序等。

1. 网络拓扑测试

1）Burnside 定理介绍

伯恩赛德引理（Burnside's lemma），也叫伯恩赛德计数定理（Burnside's counting theorem），

柯西-弗罗贝尼乌斯引理（Cauchy-Frobenius Lemma）或轨道计数定理（Orbit-Counting Theorem），以下我们简称为 Burnside 定理，是群论中一个结果，也是一个用于等价类计数的定理，它表示集合在置换群下的等价类个数等于每个群元素不动点个数的平均值。

我们通过一个染色问题来理解 Burnside 定理。问题描述：有一个 2×2 的矩阵，有 k 种颜色可选，问题是每个格子填充一种颜色，可以得到多少种涂色的结果？注意，如果两个涂色方案中心对称或者镜像对称，则规定它们相同。如 17-111 所示，它们是同一种涂色方案。

图 17-111　Burnside 定理的示例-1

当 $k=2$ 时，通过枚举我们可以得到 6 种涂色方案，如图 17-112 所示。

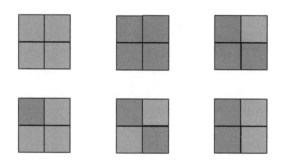

图 17-112　Burnside 定理的示例-2

我们先用数学描述等价关系：定义正方形向右旋转 90° 的变换为 R，镜像对称变换为 T，恒等变换为 I，正方形的二面体群公式为：

$$G_F = \{R, R^2, R^3, I, TR, TR^2, TR^3, T\}$$

群中的元素，表示一个正方形的对称变换（旋转和镜像的复合）。

定义染色方案的等价关系，如果一个染色方案 y，存在 $g \in G_F$，使得 $y = g(x)$，则记 $x \sim y$。这是一个等价关系。原题目按照定义，可以转化为对等价类的计数。我们给每个颜色编一个号，然后就可以用（左上角，右上角，右下角，左上角）对应的编号来表示一个正方形，比如我们给橙色编号为 1，红色编号为 2，则如图 17-113 中的四个等价方案的编号为 (1,1,1,2)，(2,1,1,1)，(1,2,1,1)，(1,1,2,1)。

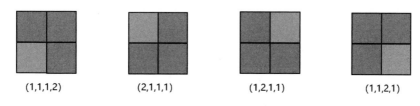

$$(1,1,1,2) \qquad (2,1,1,1) \qquad (1,2,1,1) \qquad (1,1,2,1)$$

图 17-113　Burnside 定理的示例-3

在这种表示下，我们可以将群 G_F 中的元素表示成置换，将 R 和 T 表示出来，下面是它们对应的置换和轮换表示：

$$R = \begin{pmatrix} 1 & 2 & 3 & 4 \\ 2 & 3 & 4 & 1 \end{pmatrix} = (1234)$$

$$T = \begin{pmatrix} 1 & 2 & 3 & 4 \\ 2 & 1 & 4 & 3 \end{pmatrix} = (12)(34)$$

我们记所有的可能染色对应的四元组集合为 X，我们要计算的是 X 被分成了几个等价类。$x \in X$ 所在的等价类可以表示为：

$$O_x = \{y \in X \mid \exists g \in G_F, gx = y\}$$

这个公式在群论里面其实称为轨道。

要直接对不同轨道的数目进行计数比较困难，Burnside 定理告诉我们，不同轨道数目 N 等于不动点的算术平均。

首先，定义不动点，这里限定群为一个置换群。定义：G 为一个置换群，对 $g \in G$，定义 Fix$(g)=\{x \in X \mid g \circ x = x\}$ 为置换 g 下保持不变的 x 的集合，叫作 g 的不动点。其中 $g \circ x$ 表示用置换 g 作用于 x。注：一般，可以将 $g \in G$ 看作 $S(X)$ 上的元素，此时，不要求 x 具有这种元组形式的表示。

Burnside 定理的公式：

$$N = \frac{1}{|G|} \sum_{g \in G} |\text{Fix}(g)|$$

2）区块链 P2P 网络拓扑测试

区块链的共识算法是基于 P2P 网络的稳定性来进行展开的，节点的动态加入、退出，网络通信的不稳定性决定了 P2P 拓扑结构的多样性，所以需要构建 P2P 网络的不同拓扑结构，来验证共识算法的稳定性。

根据 Burnside 定理，可以得到不同节点数构成的异构拓扑数量公式为：

$$P(n)=\frac{1}{n!}\sum_{g\in Sn}\frac{n!}{1^{\lambda_1}\times\lambda_1!\times 2^{\lambda_2}\times\lambda_2!\times\cdots\times n^{\lambda_n}\times\lambda_n!}\times 2^{Ng}$$

其中 n 为节点数。图 17-114 展示了随着节点数量的增加，所组成的拓扑结构及数量。

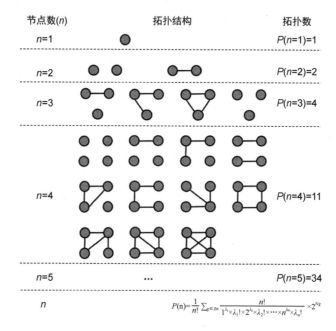

图 17-114　区块链 P2P 网络拓扑结构与节点数量的映射关系

3）区块链 P2P 网络拓扑优化

由于区块链节点的动态更新和网络通信不可靠，会存在由于网络分区导致的"脑裂"现象，这种现象会影响数据节点同步共识数据，从而进一步影响共识。在目前兼顾"质效"的大背景下，我们还要考虑测试成本和投入产出比 ROI，所以基于上述挑战，我们不可能覆盖所有节点所构成的所有网络拓扑结构，需要提出一套解决方案。这里给出的方案是基于网络拓扑的形状特征，构建星形、树形、环形等结构网络来进行测试验证，整个过程分为两步收敛。

- 第一步收敛：根据 Burnside 定理，移除同构网络。

由 Burnside 定理可以得到不同节点数构成的异构网络结构，移除同构网络后，留下来的都是最小、最全覆盖的网络拓扑，可以看到，当节点数为 3 时，只有 4 种网络拓扑需要测试验证；当节点数为 4 的时候，有 11 种网络拓扑需要测试验证；当节点数变成 5 的时候，就指数级地突变到 34 种网络拓扑，所以需要进一步收敛。

● 第二步收敛：根据形状特征，移除同形网络。

基于网络拓扑的形状特征，在不同节点数构建的异构网络下，进一步抽象成星形、树形、环形等典型结构进行测试验证，如图 17-115 所示。

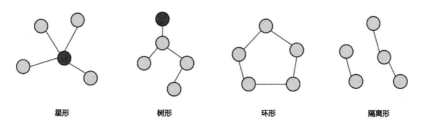

图 17-115　区块链 P2P 网络的典型拓扑结构

2. 协议乱序测试

1）P2P 握手协议介绍

P2P 网络中节点集群的构建依据图 17-116 所示展开握手连接。

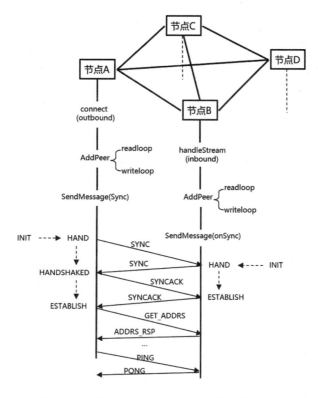

图 17-116　区块链 P2P 网络节点建立连接的握手协议

具体过程如下。

- 节点 A 作为连接发起方，向节点 B 发起连接请求，双方进入 AddPeer 的读写循环中。
- 节点 A 初始化为 INIT 状态，进入握手流程后，变成 HAND 状态，并且发送 SYNC 消息给节点 B。
- 节点 B 同样初始化为 INIT 状态，进入握手流程后，收到发来的 SYNC 消息，本身状态变成 HAND，并回复 SYNC 消息给节点 A。
- 节点 A 收到 SYNC 消息后，回复确认消息 SYNCACK 给节点 B，并且本身状态变为 HANDSHAKED。
- 节点 B 收到 SYNCACK 消息后，回复确认消息 SYNCACK 给节点 A，并且本身状态变为 ESTABLISH，完成握手连接。
- 节点 A 收到 SYNCACK 消息后，本身状态变为 ESTABLISH，同样完成握手连接。
- 基于建立好的连接展开通信，并且通过 PING/PONG 探活消息来测试网络通信的稳定性。

2）P2P 协议乱序测试

针对 P2P 节点握手协议建立连接的过程出现的消息乱序行为进行测试，需要分析整个过程有哪些并发的时序事件，基于这些事件展开协议乱序测试。下面列举一下不同类型消息的乱序场景，如图 17-117 所示。

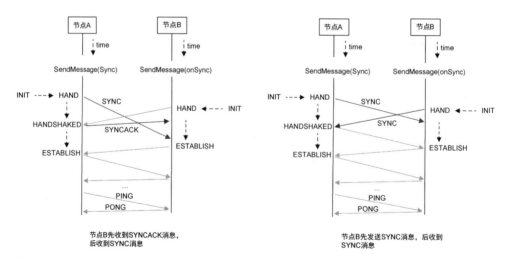

图 17-117　P2P 网络节点建立握手连接的乱序测试

图 17-117 中的左图需要模拟的场景是节点 B 先接收节点 A 发来的 SYNCACK 消息，后接收节点 A 发来的 SYNC 消息，右图描述的场景是节点 B 先发送 SYNC 消息给节点 A，而后

接收节点 A 发来的 SYNC 消息，针对上述协议乱序行为，测试需要借助一定的工具来验证协议的鲁棒性和抗干扰能力。

3）时序用例收敛策略

针对 P2P 网络协议的时序测试，需要识别整个协议交互的并发事件，可以借助共识算法测试章节介绍的时序建模方法得到，在得到时序用例集后，可以看到集合中的用例数量庞大，所以需要提出一套收敛策略，来裁剪一定的时序用例，对 P2P 网络更方便、高效地进行时序测试，这里提出两大收敛策略。

● 基于通信对称原则，裁剪时序用例。

在网络通信的时序模型中，会存在一种"镜像对称"的交互模型，针对这种模型可以裁剪一半的时序用例，比如在图 17-118 所示的交互模型中，A、B 两个节点有 x、k、l、y 四个并发事件：

基于图 17-118 交互模型，会有下面两种时序用例，如图 17-119 所示。

即时序用例 1 按照 "k、l、x、y" 的事件顺序进行执行，而时序用例 2 按照 "x、y、k、l" 的事件顺序执行，这两个用例是"镜像对称"的，所以可以裁剪一个用例，只执行图 17-119 中左图的时序用例。

图 17-118　"镜像对称"的网络通信交互模型

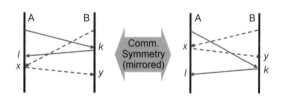

图 17-119　"镜像对称"的网络通信交互时序用例

● 基于独立事件原则，裁剪时序用例。

当节点的初始状态是 Si 时，经过一系列独立的并发事件触发之后，变成终态 Sj，如图 17-120 所示。

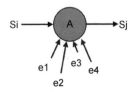

图 17-120　节点接收消息后的状态转移

如果满足：

$$Si+e1+e2+e3+e4 \longrightarrow Sj;$$
$$Si+e2+e1+e3+e4 \longrightarrow Sj;$$
$$Si+e3+e2+e1+e4 \longrightarrow Sj;$$
$$Si+e3+e4+e1+e2 \longrightarrow Sj;$$

那么我们只需要挑选一条时序用例来执行，其他的用例都是等价的，即：

$$Si+e1+e2+e3+e4 \longrightarrow Sj; \quad \sqrt{}$$
$$Si+e2+e1+e3+e4 \longrightarrow Sj; \quad \times$$
$$Si+e3+e2+e1+e4 \longrightarrow Sj; \quad \times$$
$$Si+e3+e4+e1+e2 \longrightarrow Sj; \quad \times$$

17.6.4　安全测试

区块链 P2P 网络的节点是分布式地部署在全球各个地方的，并且由去中心化的组织或个人维护，节点间通过网络进行远程通信，正是由于特性造成的安全风险极高，所以需要对 P2P 网络进行安全测试，确保 P2P 网络具有抗攻击和抵风险能力。

1．女巫攻击

1）女巫攻击介绍

"女巫"其实是英文"Sybil"的直译，实际上"Sybil"是一个人名，起源于英文单词"SybilDorsett"，这是一种经典的精神心理疾病，也被称为多重人格障碍。"女巫攻击"是指个人或组织通过创建和使用多个账户（假身份）或区块链节点来操纵或控制 P2P 网络。在加密世界中，女巫攻击通常由一个人运行多个节点以获得更集中的权力，并影响治理中的投票。

在区块链的共识或匿名投票中，攻击者根据操纵大量虚拟身份在投票中占有了较高的投票权，那么攻击者则有可能改变真实投票结果，进而改变提案走向，完成攻击目的。

在区块链的 P2P 网络中，女巫攻击的图示如图 17-121 所示。

在区块链 P2P 网络中，节点运营是去中心化和分布式的。节点分散在世界各地，由不同的身份控制。这种设计使网络安全更稳定，但是，如果大部分节点由同一个人或组织控制，那么网络决策就会受到影响。例如，如果一个加密项目的决策是由网络上的节点投票决定的，那么攻击者可以创建数千个虚假账户来影响决策。

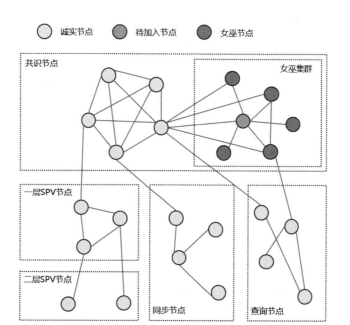

图 17-121　P2P 网络的女巫攻击示意

女巫攻击给区块链带来的影响如下。

● 破坏系统存储的冗余策略。

在区块链 P2P 网络中，由于节点随时加入或退出等因素，为了维持网络稳定，同一份数据需要备份到多个分布式节点上，这便是区块链的数据冗余策略。假如有很多女巫节点并不存在，只是虚构的身份，所以没有完全存储数据，结果，在面临极端的情况下，数据被修改或遗失，没有备份还原这些信息就会造成系统不稳定。

● 破坏共识提案的安全属性。

对 P2P 网络而言，如果一个有恶意的人，利用网络里的少数节点控制多个虚假身份，那么他就可以控制网络系统的很大一部分，控制或影响网络里大量的正常节点，例如在得到网络控制权后拒绝投票、影响查询等。

在经常使用 BFT 拜占庭容错共识算法的联盟链中，如果出现了女巫攻击，则只需要伪造一些虚假身份的恶意节点，破坏 $n/3$ 限制，就可以控制整个区块链的决策权，但其实恶意节点可能只有一个。

在公有链项目中，作恶人员可以通过女巫节点发起 51%攻击，这样就可以篡改区块链的状态数据，引发多重支付的双花问题。

● 破坏合约投票的公平能力。

对于一个以投票模型来决策结果的智能合约，往往需要依赖外部输入，假如攻击者利用一个身份创立了多个虚假输入，则可以以多数票战胜网络上的真实节点，这就破坏了投票的公平性。

2）女巫攻击防范

许多区块链项目采用改进共识算法来加大女巫攻击的难度，从而降低受到女巫攻击的风险。具体的防范方式如下。

● 工作量证明。

PoW 是防止双花攻击的最古老且最主要的算法机制，旨在使用计算能力，对区块中的数据进行哈希处理，以检查生成的哈希值是否符合某些给定的条件。如果符合的话，就获得出块权利和新区块所产生的交易费用。当然，需要为此类计算能力付出一定的代价（如电力）。如果要伪造大量节点，就需要大量的计算能力，提升了女巫攻击的成本。比特币网络就是通过工作量证明机制防范女巫攻击的。

● 输入检测。

对于投票合约依赖外部输入的决策场景，需要对输入严格检测，找到真实身份与伪造身份的差异来判断是否是女巫节点。

● 可信身份验证。

应对女巫攻击做好节点的身份验证是关键，即每加入一个节点时都要相互验证，使得诚实节点可以识别出伪装节点。就像投票，每个人凭借身份证件领取一张票，投票时需要人证对照验证。而在区块链 P2P 网络中，可以引入定期探活机制，验证节点的身份信息。

● 去中心化身份认证。

DID 聚合身份是解决女巫攻击的重要工具。DID 聚合身份是一个将不同去中心化身份绑定到一起的过程。

3）女巫攻击测试

为了模拟 P2P 网络的女巫攻击场景，测试 P2P 网络的安全性，需要了解女巫攻击有哪些类型，具体如下。

● 直接通信攻击。

进行女巫攻击的一种形式是女巫节点直接与诚实节点进行通信。当诚实节点发送一个消息给女巫节点时，其中一个女巫节点会监听这个消息。同样地，从所有女巫节点发送出的消息事实上也是从同一个恶意设备发出的。如图 17-122 所示。

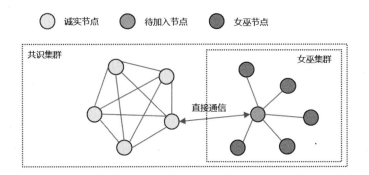

图 17-122　P2P 网络的女巫攻击测试——直接通信攻击

● 间接通信攻击。

女巫集群中的节点无法直接与诚实节点通信。发送给女巫节点的消息是通过其中一个恶意节点进行路由转发的，这个恶意节点假装把这个消息发送给女巫节点，而事实上就是这个恶意节点自己接收或者拦截了这个消息，如图 17-123 所示。

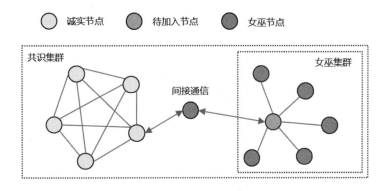

图 17-123　P2P 网络的女巫攻击测试——间接通信攻击

● 伪造身份攻击。

在某些情况下，一个攻击者可以产生任意的女巫身份。比如一个节点身份是一个 32bit 的整数，那么攻击者完全可以直接为每一个女巫节点分配一个 32bit 的值作为它的身份。

● 盗用身份攻击。

如果区块链系统结合可信身份验证，那么攻击者就不能伪造身份了。比如利用命名空间，由于命名空间本身就是有限的，根本不允许插入一个新的身份。在这种情况下，攻击者需要分配一个合法的身份给女巫节点。

● 同时攻击。

攻击者将其所有的女巫身份一次性地同时参与到一次网络通信中。如果规定一个节点只能使用它的身份一次，那么这个恶意节点就可以循环地使用它的多个女巫身份，从而让系统看起来是多个节点。

● 非同时攻击。

攻击者只在一个特定的时间周期内使用一部分女巫身份，而在另外一个时间段里，让已经使用过的身份退出，以另外的女巫身份出现，这看起来就像 P2P 网络中诚实节点的退出和加入场景。

在针对 P2P 网络的女巫攻击中，测试人员可以按照上述 6 种方式结合区块链的组网拓扑展开模拟攻击，验证区块链共识算法的抗作恶能力和智能合约的身份认证能力。

2. 日蚀攻击

1）日蚀攻击介绍

日蚀攻击是一种相对简单的基础攻击，攻击者通过该攻击方式干扰网络上的节点。顾名思义，该攻击能够使网络中被攻击节点无法获取有效信息，从而引发网络中断或更复杂的攻击。

在区块链系统中也会存在节点遭受日蚀攻击的安全风险，比如比特币，比特币作为一个采用 P2P 网络的区块链系统，网络中的所有节点相互平等，相互之间也能无障碍地进行通信，当然这只是理论情况。实际上，由于网络带宽限制和算力分布限制，比特币限制了单个节点被动接收连接和主动发起连接的上限。对于被动接收连接，单个节点最多只能接收 117 个节点连接；对于主动发起连接，单个节点只能主动联系 8 个节点。

如果一个节点被动连接的 117 个节点和主动连接的 8 个节点全部都由恶意节点操控，相当于该节点被恶意者所孤立，其接收的所有信息都受到攻击者控制，这种情况我们便称该节点遭受了"日蚀攻击"，如果恶意者可以控制更多的节点，对更多的诚实节点发起日蚀攻击，那么恶意者将可以把比特币网络拆分为两个不同的分区，就像分叉一样。日蚀攻击的示意图如图 17-124 所示。

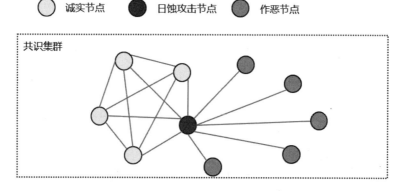

图 17-124　P2P 网络的日蚀攻击示意

如何让诚实节点与作恶节点建立连接，从而展开日蚀攻击呢？这就要使得诚实节点对外与攻击者建立连接。当节点重启时，诚实节点会丢失对外建立的所有连接，此时，节点会从节点表中读取 IP 地址，并建立新的连接。攻击者需要将诚实节点存储的节点表替换为自己的 IP 地址。

每个节点在重启后，会从节点的新表和过表里选择一定的 IP 地址，节点表如图 17-125 所示。

- 新表：存放已知但尚未建立连接的节点 IP 地址。
- 过表：存放曾经建立过连接，但可能现在并没有建立连接的节点 IP 地址。

在存储节点信息时，两个表都会为每个节点的 IP 地址存储一个对应的时间戳，其中，过表的时间戳是节点与此 IP 对应的节点最后一次建立的连接的时间。如果一个节点想对外创建一个连接，则会从两个表中选择 IP 地址，选择策略如下。

- 选择新表或过表。
- 从表里选择时间戳更接近当前时间的 IP 地址。
- 尝试与选择的 IP 地址建立连接。

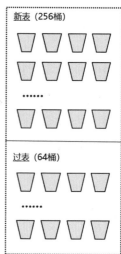

图 17-125　P2P 网络节点
重启后待选的 IP 地址桶

攻击者需要使用攻击者的 IP 地址填满这两个表，驱逐节点表中之前存在的诚实节点 IP，使得节点在选择 IP 地址时，不管是新表还是过表，都只能选择到攻击者的 IP 地址，并保持自己的 IP 地址时间戳永远是最新的，从而持续发起攻击。P2P 网络日蚀攻击过程如图 17-126 所示。

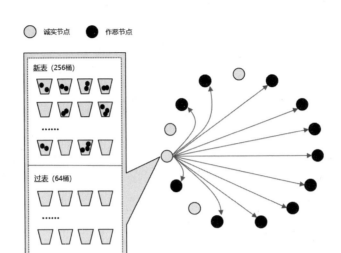

图 17-126　P2P 网络日蚀攻击过程

当诚实节点与某一作恶节点成功建立连接后，恶意节点 IP 列表会加入诚实节点的新表之中。攻击者很容易批量把恶意节点列表发送给诚实节点，从而填满诚实节点的新表。

接下来就是如何填满诚实节点的过表，基于过表机制，过表拥有 64 个桶，每一个桶最多存储 64 个 IP 地址。对于 32 位 IP 地址，如果前 16 位数值相同，就会被划分到同一组里，而一组分配 4 个桶，如果攻击者的 IP 地址是连续的，则最多只可以填满过表里的 4 个桶。当一个桶里已经存储了 64 个 IP 地址后，还有新 IP 加入时，节点会从旧的 64 个 IP 地址中随机选择 4 个 IP 驱逐，并将 4 个新的 IP 地址加入桶中。因此驱逐的 IP 地址是随机选择的，而新加入的是攻击者的恶意 IP 地址，只要重复这个攻击，就可以驱逐已经存在的诚实节点 IP，填满诚实节点的过表。

为了更好地实施日蚀攻击，攻击者需要准备足够多的 IP 数量和多样化的地址类型，并且进行持续攻击。如果节点被日蚀，那么该节点的出站和入站信息都不可控，该诚实节点会继续在协议规定的规则范围内进行区块投票、验证和提交，但是其发起的提案和接收的区块都有可能被作恶节点篡改，从而出现与真实区块链网络的"软隔离"现象。

2）日蚀攻击防范

对于区块链 P2P 网络防范日蚀攻击的方法如下。

● 随机选择 IP 地址。

在选择节点表新表、过表 IP 地址时不以时间戳作为第一优先级，而是进行随机选择，防止攻击者不断地重复连接使其时间戳更新，提高与目标节点建立连接的概率。

- 调整过表 IP 驱逐策略。

在驱逐过表中的 IP 地址时，需要对 IP 进行探活检测，若 IP 在线则不予驱逐，从而保证在线的诚实节点不被恶意驱逐。

- 增加节点表桶的数量。

让节点表拥有更多的桶来抵抗日蚀攻击，这意味着攻击者需要更多数量的 IP 地址、更多的资源占用及更多样化的 IP 段来进行攻击。

3）日蚀攻击测试

针对区块链 P2P 网络的日蚀攻击测试步骤如下。

第一步：搭建被测的区块链节点集群，启动网络。

第二步：准备若干节点作为作恶节点，节点信息包括 IP 地址、端口、ID，选择一个节点作为主攻击节点，并启动节点集群，让其余作恶节点与主攻击节点相连，这样主攻击节点的节点表中就有所有作恶节点的 IP 信息，如图 17-127 所示。

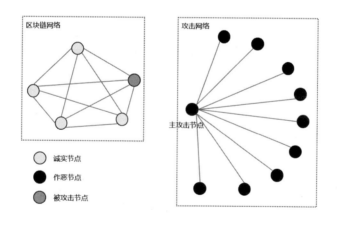

图 17-127　P2P 网络日蚀攻击测试-1

第三步：重启被攻击节点，用主攻击节点连接该节点，并将主攻击节点的节点表同步给被攻击节点，被攻击节点更新本地节点表的新表和过表，重复多次此步骤，让其尽量填满被攻击节点的新表、过表，如图 17-128 所示。

第四步：此时可以查看被攻击节点的新表和过表信息，验证节点在驱逐前有没有探活该节点的在线情况，比如被攻击节点已经与 A 节点连接，当需要去除被攻击节点过表中的该 IP 时，应探活被攻击节点与 A 节点的连接情况，如果 A 节点依然在线，就可以不用从过表中驱逐该节点 A 的 IP 信息。

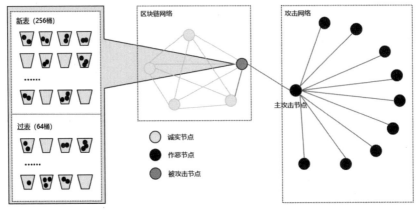

图 17-128　P2P 网络日蚀攻击测试-2

第五步：被攻击节点从最新的新表和过表中选取 IP 信息，主动发起连接，如果选择的都是作恶节点，则可能遭受日蚀攻击，如图 17-129 所示。

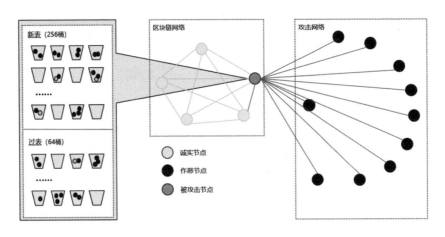

图 17-129　P2P 网络日蚀攻击测试-3

第六步：一段时间之后，查看被攻击节点的网络连接情况，如果连接的都是作恶节点，则初步评估遭受了日蚀攻击，并再次确认从节点表中选择 IP 地址连接的策略是不是随机选取的。

第七步：增加节点表中桶的数量，重复上面的测试步骤，确认日蚀攻击的难度有没有提高，风险有没有加大。

17.6.5　稳定性测试

区块链 P2P 网络的稳定性体现在节点建立 P2P 连接（主动连接、被动连接）时的灵活性和正常通信时应对网络故障（延迟、乱序、丢包等）的鲁棒性。

1．连接稳定性测试

1）并发测试

正如上文描述的内容，在 P2P 网络中，考虑节点的异构性和通信的抖动性，需要限制节点的入站和出站连接数，在海量高并发的连接请求发起时，需要确保连接丢失的无损性和已建连接的稳定性。所以，测试人员需要对 P2P 的节点连接展开并发测试。

举个例子，假如配置区块链节点在 P2P 网络中的入站连接上限为 m，出站连接上限为 n，则对 P2P 网络节点入站连接的并发测试如图 17-130 所示。

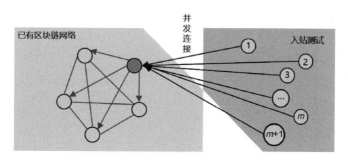

图 17-130　P2P 网络节点入站连接的并发测试

具体实施步骤如下。

第一步：搭建已有区块链网络，开启共识，确保待测节点都是主动连接其他共识节点的，占用的是待测节点的出站连接数。

第二步：准备 m 个节点，节点信息包括 ID、地址、IP、端口和公私钥，配置 m 个节点初始连接待测节点。

第三步：同时启动 m 个节点，这 m 个节点按照配置信息主动连接待测节点，消耗待测节点的入站连接数，检查这 m 个节点与待测节点的连接情况，看看是否有丢失或断连问题。

第四步：恢复初始情况，准备 $m+1$ 个节点，同时启动 $m+1$ 个节点，让它们主动连接待测节点，检查是否有 m 个稳定的入站连接，以及断连的节点所处的状态。

第五步：多次重复上述步骤，增加并发连接的数量，验证 P2P 节点的连接稳定性。

P2P 网络节点出站连接的并发测试如图 17-131 所示。

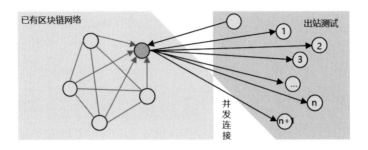

图 17-131　P2P 网络节点出站连接的并发测试

具体实施步骤如下。

第一步：搭建已有区块链网络，开启共识，确保待测节点都是被动连接其他共识节点的，占用的是待测节点的入站连接数。

第二步：准备 n 个节点，节点信息包括 ID、地址、IP、端口和公私钥。

第三步：准备一个代理节点，该节点的节点表中有第二步 n 个节点的 IP、端口信息。

第四步：让代理节点主动连接待测节点，占用的是待测节点的入站连接数，此时代理节点的节点表信息会同步给待测节点。

第五步：待测节点在得到 n 个节点信息后，开始并发主动连接这 n 个节点，并消耗待测节点的出站连接数，检查这 n 个节点与待测节点的连接情况，看看是否有丢失或断连问题。

第六步：恢复初始情况，准备 $n+1$ 个节点，让待测节点高并发连接这 $n+1$ 个节点，一段时间后，检查待测节点是否有 n 个稳定的出站连接，以及断连的节点所处的状态。

第七步：多次重复上述步骤，增加并发连接的数量，验证 P2P 节点的连接稳定性。

2）连接中断测试

P2P 网络的连接中断测试，是指对 P2P 建立连接过程中的握手协议进行丢包测试，从而检查连接过程中有没有断点续传或重试能力，最大限度确保连接的稳定性。

P2P 网络节点连接中断的模拟场景如图 17-132 所示。

具体可以利用 netfilter、failpoint 等网络工具进行上述场景的模拟。

2. 通信稳定性测试

1）容量测试

P2P 网络中的节点在建立完连接后，就可以正常通信了，支持点对点通信和广播通信，网络中应对不同流量的负载测试，体现了通信过程中的稳定性。容量测试的目的是通过测试预先分析出反映软件系统应用特征的某项指标的极限值（如最大并发数、最大流量、数据库记录数等），然后测试人员构造其极限状态，确保系统没有出现任何软件故障或还能保持主要功能正常运行。

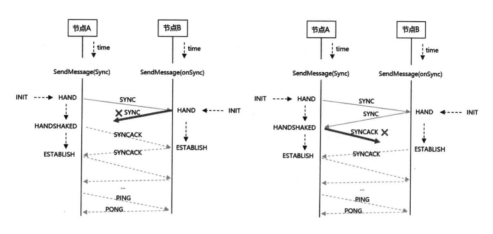

图 17-132　P2P 网络节点连接中断的测试模拟

在 P2P 网络中的容量测试，主要是探索 P2P 节点在建立连接后，不同消息的 Payload 的大小对通信稳定性的影响及系统的吞吐量和响应时间。

在实际测试中，需要准备大存储的节点服务器作为共识节点，参照标准组网进行区块链 P2P 网络的搭建，并且可以参照表 17-16 进行用例设计。

表 17-16　区块链 P2P 网络的容量测试用例图

测试场景	消息 Payload	TPS（Transactions Per Second）	响应时间	备注
合约部署	1KB			
	2KB			
	4KB			
合约调用	1KB			
	2KB			
	4KB			

在容量测试过程中，针对不同容量，需要调整节点的配置，比如共识模块的"区块内最大交易数"，验证器模块的"全局验证 Slot 数"，交易池模块的"响应处理数""验证处理数"，存储模块的"levelDB 最大容量"等。

2）网络故障测试

在 P2P 节点集群中出现网络故障是十分常见的，对于各种网络抖动，P2P 有没有容错或降级方案，也需要经过测试验证。如图 17-133 所示，在 BFT 共识的二阶段投票过程中，由于网络抖动，导致节点 2 发送给节点 4 的 Precommit 投票丢失了，如果引入 Gossip 算法，其他节点（比如节点 3）收到节点 2 的 Precommit 投票，就可以转发给节点 4，这样的 P2P 网络就具有一定的抗丢包能力。

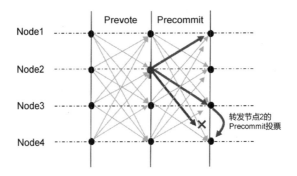

图 17-133　P2P 网络抖动导致的"投票"丢失

针对 P2P 网络的故障测试，可以设计如图 17-134 所示的用例，来验证 P2P 模块的抗干扰能力。

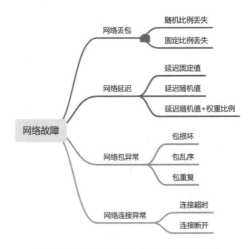

图 17-134　P2P 网络的故障测试类型

## 第18章

图形图像相关应用的测试技术实践

18.1 机器视觉产品的测试概述

18.1.1 机器视觉概述

机器视觉（Machine Vision，MV）是人工智能一个很重要的分支，是研究机器视觉能力的技术，也就是能够让机器拥有通过图形图像相关的技术对周边真实世界进行可视化分析的能力。英国机器视觉协会（The British Machine Vision Association）对机器视觉的定义是对单张图像或一系列图像的有用信息进行自动提取、分析和理解。当前机器视觉和计算机视觉在很多图书、学术论文及技术分享文章中被混用，但是这两个术语既有区别又有联系。计算机视觉通过计算机实现人的视觉功能，将图像处理、模式识别、人工智能等技术相结合，对客观世界的三维场景进行感知、识别和理解。重点是对于图像的计算机分析，这个图像既可以是单个的或由多个设备获取的，也可以是由一个设备连续获取的，重点是分析目标的识别、位置、姿态，完成对三维物体的符号描述和解释。机器视觉更加偏重计算机视觉技术的工程化，采用机器代替人来做测量和判断，自动获取和分析特性图像，从而控制某些行为。计算机视觉为机器视觉提供图形图像分析的理论及算法基础，机器视觉为计算机视觉提供实践手段。目前机器视觉被广泛应用于食品和饮料、化妆品、建材和化工、金属加工、电子制造、包装、汽车制造等行业。

18.1.2 测试机器视觉产品的挑战和策略

当软件测试工程师面对机器视觉产品时，常用的测试理论、方法和实践都可以有效地发挥作用，但是由于机器视觉产品存在一些特殊性，在测试场景的设计、测试用例覆盖范围，以及在测试中关注的指标等方面，都需要考虑一些独特的因素。

1. 外界条件

外界条件主要涉及光照、环境等方面，其中光照条件对于机器视觉的影响还是很显著的，光照变化会导致摄像头捕捉到的图像亮度和对比度出现明显的变化，从而影响图像的清晰度，引起图像质量的波动。在强光条件下可能会出现过曝情况，而在弱光条件下可能会引起图像的模糊。自然光、白炽灯、荧光灯等都有可能对图像质量造成影响，还有可能造成一些颜色表现不一致，从而导致颜色失真，影响颜色识别的准确度。光照的角度、强弱的变化以及成像的目标物的反光程度也可能对最终图像造成干扰，光照变化会引起物体上的阴影变化，导致阴影部分的信息丢失或干扰目标的边缘检测。高反光表面在强光下会产生反光，造成图像中的光斑或高亮区域。机器视觉的算法在处理图像的时候通常依赖图像的亮度、对比度、颜色等特征，但光照的影响会使这些特征发生变化，从而干扰机器视觉产品正常工作。

外界条件除了光线以外，环境的一些干扰项也会对产品造成影响，机器视觉产品工作环境中的灰尘、悬浮颗粒比较多或者烟雾浓重，都能导致图像模糊，从而影响识别的准确度。机器视觉产品工作环境的湿度、温度都有可能影响电子元器件的性能，导致图像质量下降，同时一些共同工作设备的电磁干扰也需要考虑外界条件的影响。

在测试过程中，测试工程师需要考虑模拟这些外界条件，从而保证被测试的视觉系统在对应的环境中可以正常工作。测试过程中需要模拟多种光照环境进行测试，光照环境举例如下。

- 白天和夜晚的光照条件。
- 室内和室外的光照差异。
- 不同光源（如自然光、人工光源）下的表现。
- 光照角度和强度的变化。

为了更接近真实的机器视觉产品的使用情况，我们还需要进行多光照条件的测试，模拟不同光源的光照条件，以及不同时间段、不同的天气条件下的光照条件，进行全面的测试。同时应该建立一套防尘、防烟雾、防反射的标准化测试环境，控制温度、湿度、光照条件等因素。然后在标准化测试环境基础之上，建立灰尘、烟雾、电子干扰、光反射等方面的测试环境，模拟不同情况对被测试系统的影响。

2. 硬件设备

机器视觉产品很难脱离硬件完成服务，因此在准备测试环境的时候，相关的硬件设备也是必须准备的一环，只有提供了一套稳定可靠的硬件设备，才能执行测试用例找出软件的缺陷。机器视觉产品的主要输入是图像，那么图像的获取设备摄像头就是最为重要的设备之一。未校准的摄像头会产生镜头畸变，影响图像的几何准确性。如果被测试机器视觉产品需要多摄像头同步，那么多摄像头的校准就更为重要，只有通过校准才能保证不同摄像头之间的图像一致，避免立体视觉、深度测量和三维重建的不准确。摄像头校准方法有几何校准、色彩校准和多摄像头校准，当前很多摄像头都存在自动校准功能，如果没有自动校准功能，就需要测试工程师按照说明书完成手工校准，避免后续因为摄像头校准问题导致的结果不准确。

硬件整体性能对于机器视觉产品的最终效果的影响也非常大，我们谁都不想遇见一个分拣机器人每分拣一个商品需要 5 分钟才能完成。硬件处理速度直接影响了机器视觉产品的处理速度，性能不足会导致处理延迟，影响实施检测和响应。图像高分辨率、高帧率需要更强的硬件支持，硬件性能不足可能导致图像丢失。有些产品需要长时间运行，长时间运行对于硬件的稳定性、耐用性都提出了高要求，过热、磨损等问题都会影响硬件的寿命和性能。因此，测试工程师在设计测试场景的时候需要验证硬件的处理速度、稳定性的场景，设计一些在高负荷条件下的测试场景覆盖硬件处理能力的验证，同时需要关注硬件设备的散热性。最好也设计一些长时间使用的测试场景，这样更容易发现一些硬件设备上的问题。

3. 成本

如上所述我们可以看出，机器视觉产品的测试需要很多硬件的支持，包含各种光源、温度计、湿度计等，也需要无尘环境、无烟环境等，这些都是测试的成本，这些成本投入也是需要考虑的。

机器视觉产品也需要一些外部设备的支持，这些设备也需要成本，对于测试工作支持的硬件设备我们尽量选择与最终产品一致的设备，尽量不要等价、等量、等效地替换，否则任何的变更都有可能导致最终交付出现问题。

4. 机器视觉产品实践

针对机器视觉产品的软件测试技术，并没有因为机器视觉的特殊性而对软件测试技术、方法、实践产生颠覆式的冲击，相反本书前面介绍的测试设计、测试实施和测试技术在机器视觉产品中都是适用的，但是针对机器视觉的一些特殊性有一些需要特殊测试，例如摄像头传输的画质评价、人脸识别技术的测试实践等，需要站在图像处理和目标识别等技术的角度做一些额外的测试活动来验证对应的质量特性。下面我们就针对这些特殊的机器视觉产品的测试方法、测试技术和测试实践进行讲述，与前文介绍相重叠的部分大家可以翻开对应章节进行详细学习。

18.2　AI 技术在画质增强方向的产品

深度学习在计算摄影领域的运用非常广泛。2018 年，AI 大厂 Google 发布的 Pixel3 手机，在单摄像头的情况下，通过 AI 算法加持 Night Sight 拍照模式，能在漆黑一片的环境中拍出异常明亮清晰的照片，秒杀了同一时期的 iPhoneXS，这让大家看到了 AI 在计算摄影领域也大有作为。那几年所有的手机厂商马上跟进了超级夜景拍照模式，随后 AI 加持去噪功能，Super Resolution（超级分辨率，SR）算法在手机拍照领域遍地开花。下面我们将以 Super Resolution 为例，介绍画质测试体系的架构和使用方法。如图 18-1 所示。

图 18-1　iPhone XS 与 Pixel 夜景效果对比（见彩插）

SR 的模型训练将已有的高清图像进行 2×、4×、8× 的 Downscale（降采样），使其变得模糊，然后使用这些模糊图像进行训练。如果数据集有 1000 张图，则我们将使用 700 张图作为 Retrain Dataset（训练数据集），剩下的 300 张图作为 Test Dataset（测试数据集）。常用的评价指标有 PSNR、SSMI。在传统数码相机的图像评价领域，有其自己一套完整的评价体系和方法，行业上还是会用这些方法来评价画质的好坏，虽然它背后有 AI 算法支持。下面我们将逐步展开介绍。

1. 画质主观测试

画质算法的测试体系一直就很完善，主/客观测试方法都较为成熟，画质测试方法由著名的 ISO TC42 小组负责开发维护。

不管是主观测试还是客观测试，业内的通识都是将画质分为若干属性来单独比较，这些属性又分为以下两大类。

- 全局属性：一幅图像带给人整体的感觉或第一眼印象，不要去放大仔细观察的属性。
  - ➢ 亮度，对比度。
  - ➢ 颜色，白平衡。
- 局部属性：清晰度、噪声、伪色。

下面着重介绍画质主观测试方法，客观测试方法能够借助于对数字图像的信息进行提取，并计算得出一个量化的指标，从而评判比较其优劣。这种方法的弊端是无法和人的主观感受建立联系，客观指标再好，最后也要通过主观测试来最终确认。

人的主观测试的特性是发现相对差异，而不是绝对差异。基于这种特性，主观测试的优点很明显，能比较直观地反映图片的好坏，但是缺点也很明显，即很难精确量化，只能做粗粒度的分类，例如：极好，很好，好，一般，差，很差，极差。受个体差异性影响较大，比如大众、摄影师、算法研发人员的主观测试标准差异明显，也就是我们说的"众口难调"。

　　主观测试通常是将同一场景中不同算法版本或参数的图片进行两两对比，发现其中的差异。这就需要用到图片对比工具 FastStone Image Viewer，也有测试部门为了进一步提升效率，从而开发基于 Web 的图片对比工具，在图像的画质各个属性维度的差异上，给出主观测试。如图 18-2 所示。

图 18-2　基于 Web 前端技术开发的图片对比工具界面（见彩插）

　　不同画质算法主观测试维度大体上都相同，但是会各有侧重，如我们要讲的超分算法的主观测试方案，对清晰度和纹理细节侧重，对颜色、白平衡的关注相对会少一些，但是也不能有明显的失误。

　　超分算法主观测试维度如表 18-1 所示。

表 18-1　超分算法主观测试维度

场景	区域	用例	关注点	测试标准
人像	全局	整体人像	整体轮廓，整体亮度，对比度	整体清晰，对比度、亮度合适，边缘无过度锐化和涂抹现象
	局部	皮肤，毛发	皮肤纹理，头发，眉毛细节 噪声	显示清晰，还原真实，无涂抹现象，噪声抑制合理
		衣服	衣服纹理	无摩尔纹显现
景物	全局	建筑或风景整体	整体轮廓，整体亮度，对比度	整体清晰，对比度、亮度合适，边缘无过度锐化和涂抹现象，噪声控制合理
	局部	建筑	建轮轮廓，强边缘 噪声	整体清晰，对比度、亮度合适，边缘无过度锐化和涂抹现象 噪声抑制合理
		植物，草地	树叶，草地纹理 噪声	显示清晰，无涂抹现象 噪声抑制合理
		建筑物外立面，地面	纹理 噪声	显示清晰，无涂抹现象 噪声抑制合理

　　细节纹理对比，如图 18-3 所示，建筑物的外立面的网状结构具有丰富的纹理细节，非常考验算法对这些细节的还原能力。

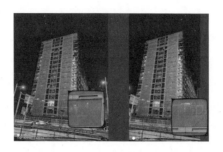

图 18-3　细节纹理对比图（见彩插）

　　逆光人像亮度对比，特别是人像场景，不但要看整体图像的提亮程度，而且人脸区域的暗部提亮更考验算法的能力。在图 18-4 中左侧图像虽然人脸提亮更为明显，但是人脸周围出现了奇怪的光晕，背景便利店的高光又压不下来，所以其整体效果差于右图。

图 18-4　夜景逆光人像效果对比图（见彩插）

　　建筑边缘过度锐化，在建筑场景中，往往有大量的直线存在，例如建筑物的边缘和窗棂的边缘，如果算法处理不好就会出现边缘锯齿状和边缘扭曲的现象，这些都是建筑物场景应该着重关注的问题。如图 18-5 所示，右图窗棂的边缘出现了明显的锯齿现象。

图 18-5　夜景建筑物边缘效果对比图（见彩插）

动态范围对比，需要体现算法对高动态范围场景整体亮部和暗部细节的处理能力，高亮区域不过曝，暗光区域整体能提亮，显示更多暗部细节。对比图如图 18-6 所示，左图有更好的动态范围，且左图图像下半部分的暗部比右图亮度有明显提升，能还原更多的台阶细节。

图 18-6 夜景动态范围效果对比图（见彩插）

2. JND

如前面所述，主/客观测试都有优缺点。有没有一种方法能将二者完美统一呢？目前确实有这么一种方法，即 JND（Just Noticeable Different，最小可察觉差）。JND 在 ISO 20462-1-2005 中有详细介绍，是一种基于物理心理学的评估人对外界刺激能做出反应的最小单位。

我们为什么需要 JND？

（1）人眼感知刺激差异存在不确定性。人眼感知图像过程的复杂性、可变性，导致人眼对图像感知的不确定存在概率分布的特性。

（2）刺激量达到一定程度才能被感知。

（3）差别到达多少能被感知？在成对比较的任务中需要 75:25 的刺激差异响应才能代表有明显的差异，或者称为一个 JND：（75:25）stimulus difference that leads to a 75:25 proportion of responses in a paired comparison task。

JND 的推导过程如图 18-7 所示。

利用 JND 我们能做些什么？

在大众评审中运用 JND，能让我们的投票结果更客观，因为 JND 强调了刺激阈值的概念。基于 JND 我们还能开发质量标尺，让主观测试通过 JND 这个单位变得可量化。通过 JND 的衡量，让我们知道产品的改进是否能被大多数人所察觉，如果改进大于 2 个 JND，则在市场推广上可以做大力的宣传。

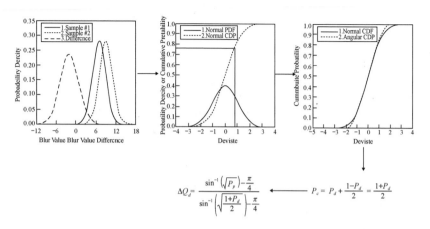

图 18-7　JND 推导过程图

3. 大众评审

当画质调试到了后期，已经没有明显的画质 bug 时，许多画质测试部门或者产品经理要求大众评审，来检验画质效果是否能真正得到大众的认可。最常规的做法就是找来其他同事或者外部用户对一系列对比图片进行二选一的投票，然后通过唱票来评判高下，并以此作为有利证据来推动画质的改进。这个方法固然重要且有必要，但是我们需要在执行阶段更加科学和高效，JND 就可以知道我们所做出的科学的大众评审。

这里再重申一下 JND 里的一个重要结论：

- 差别到达多少能被感知？在成对比较的任务中需要 75:25 的刺激差异响应才能代表有明显的差异，或者称为一个 JND：（75:25）stimulus difference that leads to a 75:25 proportion of responses in a paired comparison task。

正是因为这个结论，我们将 JND 运用到大众评审并使其可量化成为可能，一个画质上的差异，需要 100 个人中有 75 个人能识别这种差异，才说明这个画质的改进是可被大众察觉的、有效的。

JND 函数的平坦变化区间为 [-3，3]，JND 函数可视化如图 18-8 所示，截取出来用如下函数表示：

JND_B = np.arcsin(ppB)×12 / np.pi - 3

ppB：图像 B 的投票比例。

JND_B：图像 B 的 JND 值。

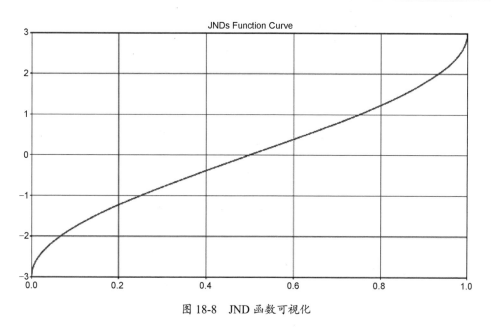

图 18-8　JND 函数可视化

基于 ISO 20462-1，使用 JND 值来衡量画质效果是否和精品机有明显差异，一共有以下 7 档。

● 极差 [-3，-1.5]。

● 较差 [-1.5，-1]。

● 差 [-1，-0.4]。

● 无明显可察觉差异 [-0.4，0.4]。

● 好 [0.4，1]。

● 较好 [1，1.5]。

● 极好 [1.5，3]。

具体组织方法如下。

（1）随机挑选出至少 20 位评审委员，对 50 组评审会图片进行评审，按照自己的喜好做出选择，并在线上提交测试报告。

（2）统计每个场景的图片结果并带入 JND 公式进行计算。

（3）JND 评分为 [-0.4，0.4]，说明和竞品无明显差异，评分为 [0.4，1] 说明比竞品好。

（4）汇总所有场景的 JND 得分，根据需要设计场景权重，输出总的 JND 得分并出具报告。

为了提高效率，可以开发在线评审工具，如图 18-9 所示。

图 18-9　图像效果主观评审工具界面（见彩插）

4. 质量标尺

质量标尺是一种心理物理学方法，其中心思想是将一组已经标好刻度的、质量单调变化的图像作为"标尺"，让观察者将待评测的图像和标尺图像进行比较，根据质量决定评测图像可以插入标尺中的位置，从而给评测图像一个 JND 分数。JND 质量标尺如图 18-10 所示。

图 18-10　JND 质量标尺（见彩插）

质量标尺的优点如下。

- 一致性和可重复性。
- 结果处理简单，可直接得到量化结果。
- 和分类排序、幅值估计等方法相比较，使用更简易，误差更小。

质量标尺的缺点如下。

- 要包含整个的质量变化范围。
- 不适用于比较质量差异小于 1 JND 的图像。
- 需要付出准备标尺的前期工作，一个标尺一次性付出。

如何制作一个标尺呢？参考 ISO 20462-3 标准，我们以清晰度的标尺制作过程为例，介绍其制作流程。

（1）计算图像清晰度的客观指标。

（2）MTF（Modulation Transfer Function，调制传递函数）是 ISO 12233 中描述的用于测试清晰度的一种方法，SFR（Spatial Frequency Response，空间频率响应）是它的一种实现方法，如图 18-11 所示。

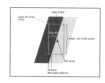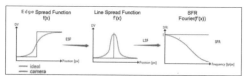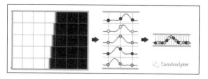

图 18-11　SFR 计算推导过程示意图（见彩插）

（3）由于图片不同位置成像能力不同，所以需要测试图片轴上、四角多个位置的 MTF，再加权平均。系统 MTF 的曲线与"极限衍射透镜"的曲线很相似，可以用透镜公式代替系统 MTF。公式中的 k，在物理意义上可以理解成像素尺寸，如图 18-12 所示。

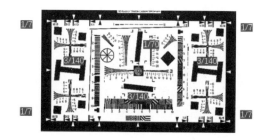

$$m(v) = \frac{2}{\pi}\left[\cos^{-1}(kv)-kv\sqrt{1-(kv)^2}\right] \quad (kv \leq 1)$$
$$m(v) = 0 \qquad\qquad\qquad\qquad (kv > 1)$$

其中

v 为空间频率

图 18-12　透镜公式（见彩插）

（4）拟定一个初始值，如 30 JND，表示质量最高的图片，那么下一个图的质量应为 27 JND，从公式中推出对应的 k 值；ISO 20462-3 中写到，SQS_2 是另一种表达方法，这里可以暂时认为是 JND，如图 18-13 所示。

（5）将 k 代入系统 MTF 公式中，可以得到一条 MTF 曲线，作为目标 MTF。

● 我们需要先拍摄 ISO 12233 图卡，然后调整锐度，用 SFR 的方法计算各个斜边的 MTF，再加权平均得到系统 MTF 曲线，调整锐度，直到用 SFR 计算得到的 MTF 曲线与用公式得到的目标 MTF 曲线足够相似，记下这个锐度参数，最后用这个参数调整要作为标尺的图片。

● "足够相似"表示频率为 0～30 范围内的线下面积差小于 0.05。

（6）将得到的锐度参数应用到对应的实景图片上，生成不同 JND 值的实景图片，从而形成标尺，将被测图片和标尺图片进行比较，在标尺上找到与其主观最接近的图片，标尺上图片的 JND 值就是被测图片的 JND 值，也就实现了主观测试的量化，如图 18-14 所示。

$$SQS_2 = \frac{17\,249 + 203792\,k - 114950\,k^2 - 3571075\,k^3}{578 - 1304\,k + 357372\,k^2} \qquad (1 \leqslant 100\,k \leqslant 26)$$

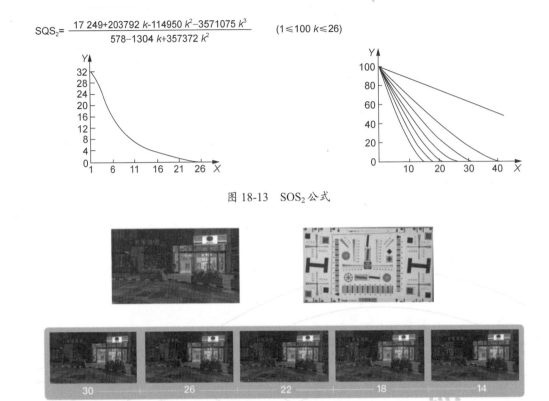

图 18-13 SOS$_2$公式

图 18-14 根据实际生成 JND 标尺示意图（见彩插）

图 18-15 是为了进一步提升测试效率而开发的在线质量标尺的对比工具，左侧图片是待测图像，右侧图片是质量标尺，可以通过鼠标左键来拨动标尺，寻找与被测图像画质接近的图像，为被测图像进行 JND 评估。

图 18-15 JND 标尺工具界面示意图（见彩插）

18.2.1 画质客观测试

客观测试主要分为三大类：全参考、半参考、无参考。

全参考质量评测主要是将被测图像和无损参考图像进行对比，评测被测图像相对无损图像的质量损失；半参考质量评测则需要从被测图像和无损图像中分别提取某些有效特征进行分析对比，得出对被测图像的质量评价。最典型的场景是制作各种客观测试图卡（分辨率测试图卡）来评测被测图像在特定特征上的定量指标；无参考评测不需要任何无损图像，直接评测被测图像是最具有实际应用价值的评测方式

在画质算法评测中，全参考评测方法运用较多的是基于图像像素值比较的评测方式，所以在这里再展开讲一下基于图像像素统计基础。峰值信噪比（Peak-Signal to Noise Ratio，PSNR）和均方误差（Mean Square Error，MSE）是比较常见的两种质量评测方法，它们通过计算待评测图像和参考图像对应像素点灰度值之间的差异，从统计角度来衡量待评图像的质量优劣。设待评测图像为 F，参考图像为 R，它们大小分为 M、N，利用 PSNR 表征图像质量的计算方法为

$$\text{PSNR} = 10\lg \frac{255^2}{\dfrac{1}{MN}\sum_{i=1}^{M}\sum_{j=1}^{N}\left|R(i,j)-F(i,j)\right|^2}$$

利用 MSE 表征图像质量的计算方法为

$$\text{MSE} = \frac{1}{MN}\sum_{i=1}^{M}\sum_{j=1}^{N}\left|R(i,j)-F(i,j)\right|^2$$

关于这村种常用的全参考画质算法方法的详细介绍，这里就不过多赘述了。

1. 客观画质常见的评价指标体系介绍：ISO/TC42

在画质客观评测领域里，另一个运用得比较广泛的方法就是半参考，主要的表现形式就是通过拍摄专业的测试图卡，并将被测图片输入专业的计算软件中计算该图片在特定画质指标上的量化分数。该方法被广泛运用于数码相机和手机相机的画质评估领域，其中最著名的服务商就是 DxO。ColorChecker 色卡（左）和白平衡客观测量可视化图（右）如图 18-16 所示。

ColorChecker®标准图表

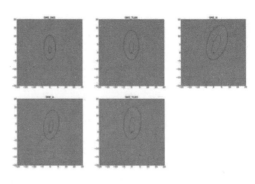

不同光源下的白平衡结果以椭饼图框标示

图 18-16　ColorChecker 色卡（左）和白平衡客观测量可视化图（右）

（见彩插）

这个领域的权威组织是 ISO/TC42 小组，这是国际标准化组织在摄影方向的专家组。主要负责对 still image 方向领域的相关标准的制定，他们的工作范围如下。

（1）对静态照片成像系统进行定义。

（2）用于制定化学和电子静态成像的介质、材料和器件的尺寸、物理性质和性能特性的测量、测试、评级、包装、标签、指定和分类的方法等。

该组织也定义很多关注图像画质的评测方法，这里简单列举一些。

● ISO20462Photography — Psychophysical experimental methods for estimating image quality

● ISO 17957:2015 Photography — Digital cameras — Shading measurements

2. 主流客观自动化测试方案提供商

Dxo、IE、Imatest 是市面上主要的三家画质评估服务提供商，他们的技术人员也是 TC42 小组的成员，这些技术人员会争取自己背后的代表，公司的测试方案和标准成为 ISO 标准，这样也有利于他们在商业上获得成功。

目前他们也同样提供评测咨询服务，评测器材和实验室搭建，产品线自动化工具等。表 18-2 是三家提供商在自动化客观测试上的支持能力的对照表，虽然 Dxo 名声最响，但在自动化的支持上，笔者更推荐使用 Imatest。因为 Imatest 在工具接口的丰富性和操作系统的兼容性支持上做得更好，对开发者也更友好。

表 18-2 客观画质评测工具对比表

	DxO	IE	Imatest
工具名称	Analyzer-WorkFlow	IQ-Analyer	Imatest-IT
支持操作系统	Windows	Windows	Windows，Ubuntu16.04LTS（官方推荐版本）
自动化接口	Python	EXE（Conmmand Line）（不利于二次开发）	C，C++，Python，.NET（C#），.NET（Visual Basic），EXE（接口丰富，二次开发友好）
分析引擎	DxO 自研（速度快）	MATLAB（速度慢）	MATLAB（速度慢）
License 价格	302,557.50￥（含税）26,775.00￥ RANDN 当地技术支持	38,500.00￥（含税）	55,000.00￥（含税）
License 授权方式	软件+Dongle 一年 Maintenance 一年后升级软件，每年需要另买	软件+Dongle 一年 Maintenance 一年后升级软件，每年需要另买	软件+账号+License 串号 一年 Maintenance 一年后升级软件，每年需要另买

18.2.2 画质测试的效能提升实践

1. 在线仿真工具

算法测试需要进行大量图片的仿真测试和参数调试，也提供一套自动化框架来提升效率，如图 18-17 所示。其设计的核心思想有两点：①通过 K8s 集群来实现 Kubernetes 的并发能力；②实现算法参数的自动偏离，最终将整个工具框架通过 WebUI 进行交互，以提高工作效率。

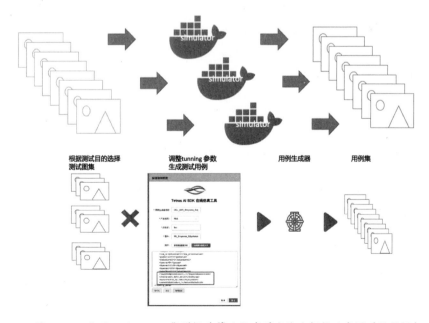

图 18-17 使用 Kubernetes 集群提升算法仿真并发能力架构示意图（见彩插）

2. 自动化客观测试平台

如果项目有大量算法客观测试的需要，就可以考虑开发客观画质的自动化测试平台，其核心设计思想就是购买已经商业化的自动化测试工具，根据需要将其二次开发，进一步提升效率，如图 18-18 所示。

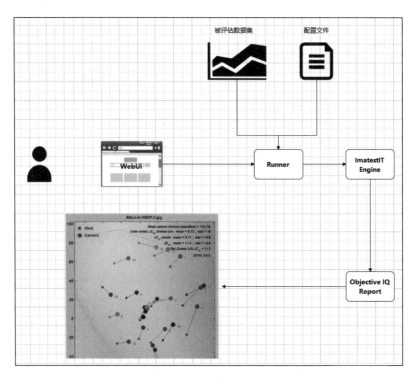

图 18-18　开发客观画质自动化测试平台架构示意图（见彩插）

18.3　AI 技术在人脸识别方向的产品

18.3.1　人脸解锁概述

自从 iPhoneX 推出人脸解锁功能后，该应用在手机市场全面爆发，各手机厂商相继推出了自家的人脸解锁方案，结构光、IR、RGB 等方案各有所长，但基本流程和原理一致，下面将简要说明。首先在图像中识别到人脸，在此基础上画出人脸关键点，与人脸数据集中的人脸模板对齐。然后提取人脸的向量特征和根据注册人脸向量进行距离计算，如果两者距离很近，小于阈值，则认定为是同一个人，还要对人脸进行活体和睁闭眼检测，防止他人尝试活体解锁攻击。人脸解锁的基本流程如图 18-19 所示。

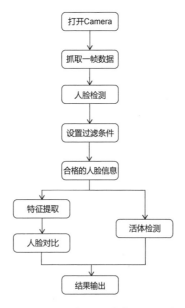

图 18-19　人脸解锁的基本流程示意图

1. 人脸解锁测试详细流程介绍

在实际应用中，人脸解锁有两个面向应用场景的流程，分别是注册流程和解锁流程。注册是为了录入人脸模板，为后续的解锁人脸进行比对。图 18-20 详细展示了测试系统调用算法库完成的人脸注册流程。

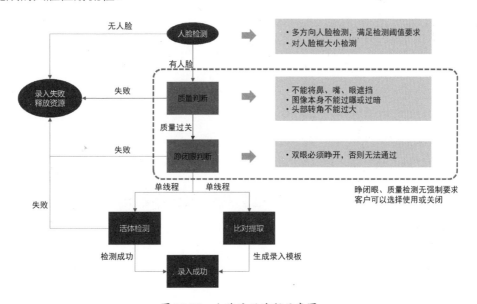

图 18-20　人脸注册流程示意图

在算法库内部，有人脸检测、人脸特征项提取和特征比对的测试，图 18-21 展示了这三个特性的测试流程。

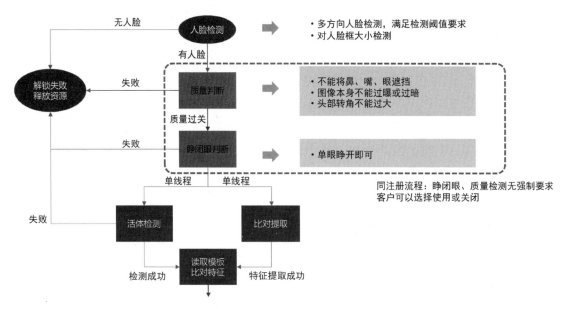

图 18-21　人脸检测、人脸特征项提取和特征对比测试

2. 数据集的准备

人脸解锁这类项目要考虑其使用人群的广泛性，特别是在智能手机这类普及率极为广泛的终端上，我们还需要考虑人种、肤色、年龄、性别等因素对算法带来的挑战。所以在建立数据集时，这些因素都需要考虑进去。表 18-3 的采集方案对肤色的定义及人种、性别、年龄都给出了一个参考建议。该文档是 Google CTS 针对有生物体征安全鉴权（指纹、虹膜、人脸解锁）功能 Android 手机机型进行合规评估的标准文档，我们在建立自己的业务测试数据集时可以参考。人种肤色覆盖示意图如图 18-22 所示，人脸解锁数据集：肤色、人种、年龄、性别比例构成要求指导表如表 18-3 所示。

图 18-22　人种肤色覆盖示意图（见彩插）

表 18-3　人脸解锁数据集：肤色、人种、年龄、性别比例构成要求指导表

Skin Color（肤色）	Recommended % of Test Dataset（测试数据集推荐比）
1～4	at least 30%
5～7	at least 30%
8～10	at least 30%
Sub～Saharan Africa (Central, East, Southern, or West Africa)（人种分布占比）	at least 10%
East Asia	at least 10%
South Asia	at least 10%
Southeast Asia	at least 10%
Europe, Southwest Asia, or North Africa	at least 10%
Age（年龄）	Required　% of Test Dataset（测试数据集要求占比）
18～29	20%～30%
30～39	20%～30%
40～49	20%～30%
50～65	20%～30%
＞65	10%～20%
Gender（性别）	Required % of Test Dataset（测试数据集要求占比）
Female（女）	40%～60%
Male（男）	40%～60%

3．人脸检测

人脸检测是整个流程的第一步，就是要在场景中识别检测到人脸，提升各种场景的检测率，是人脸检测算法的主要工作。

算法精度评价指标：

检测率=检测到的人脸数/所有图片中的人脸数

误报率=误识别人脸数/所有非人脸图片数

测试方案如下。

（1）测试方法：基于预先建立的大规模测试图像集测试算法的精准度。

（2）测试集：建议测试集包含 100 人数据，注册每人 5 张，检测数据每人 20 张。

（3）场景覆盖。

- 光线环境：户外、室内、强光、弱光、逆光。
- 人脸：角度、距离、配饰等。

（4）人工测试：根据不同光线、距离、配饰、背景进行测试，通过人工 APK 测试数据批处理验证各项测试结果。在批处理结果中可筛取未检测到的人脸数据错图，筛取错图对应过滤条件验证。人脸检测得到人脸信息数组，数组长度对应人脸个数，人脸信息包括人脸框位置、人脸角度等信息。

4. 活体检测

活体检测主要是为了解决判断送入算法中的人是真人还是假人的问题，其中包含以下两个部分。

- 真人误识将：输入的真人图片当作假人。
- 假人误识将：输入的假人图片当作真人。

算法精度评价指标如下。

- FRR（False Reject Rate）——本人拒识率，即将活体真人误判为假人攻击的概率。
- FAR（False Accept Rate）——他人误识率，即将假人攻击识别为活体真人的概率。

测试方案如下。

（1）测试方法：基于预先建立的大规模测试图像集测试算法的精准度。

（2）测试集：活体数据与其攻击数据须为同一人的数据，包括该人的活体真人数据和照片攻击数据。照片数据集主要内容如下，场景覆盖与比对中场景一致。

- 2D 场景 70%：包括照片、剪纸照片、挖眼睛照片，覆盖多尺寸，如 A4、A3、6 英寸、9 英寸、14 英寸等。
- 面具 20%：硅胶面具、石膏面具、脸谱面具、塑料面具、白皮面具、黑皮面具等。
- 3D 假人 10%：普通头像、3D 高仿头像、蜡像等。

（3）真人场景。

- 光线环境：户外、室内、强光、弱光、逆光。
- 人脸：角度、距离、配饰等。
- 假人材质：A4 打印纸、照片打印纸、视频、抠图、屏幕、面具、3D 头模。

5. FAR/FRR 计算

正负样本定义：正样本为真人，负样本为假人。

FAR=假人识别成真人数量/假人样本数量　FRR=真人识别为假人/真人数据

（1）真人测试方法：主要测试各个场景下、各种条件下真人认证是否可以通过，包括室内正常光、室内逆光、室内暗光、室外正常光、室外逆光、室外强光等光线条件；以大楼当背景、门框当背景、窗户当背景等各种不同背景。

（2）假人测试方法：主要测试在各种场景假人（攻击数据需要是同一人的数据）的攻击成功率。

假人攻击成功率=假人成功解锁次数/假人测试次数

（3）素材。

- 剪纸照片、普通照片：尝试多种材质，不同大小的照片。
- 面具：包括只露出眼睛或者露出眼睛和嘴部信息的面具，尝试不同场景、不同距离。
- 3D：根据真人制造的同比例 3D 假人，在各场景、各距离的照片。

（4）涵盖场景。

- 光线：室外逆光、室外正常光、室外强光、室内暗光、室内正常光、室内逆光。
- 照片和手机距离：15cm、30cm、50cm（覆盖露边框、不露边框）。
- 遮挡：用眼镜、手、遮光布对照片进行遮挡，保证露出五官轮廓。

6. 人脸比对

人脸检测从彩色图像或灰度图像中提取 106 个人脸关键点，覆盖面部轮廓及五官的全部细节信息，在暗光、强光、侧脸等复杂情况下都可以精准定位关键点，为其他应用于人脸的算法提供支持，如图 18-23 所示。

算法精度评价指标：

FAR = 他人成功解锁次数/他人解锁次数（前提本人注册）

FRR = 本人失败解锁次数/本人解锁次数（前提本人注册）

使用录入与实际真人对比，比对测试数据可以通过阈值分数判断图片是否误识，有以下两种方式。FAR：若他人比对的数据

图 18-23　人脸关键点意图

大于阈值则他人误识，若小于阈值则他人比对失败。FRR：若本人比对的数据小于阈值则本人拒识，若大于阈值则真人比对通过。

人工测试：主要测试各种场景、光线下本人解锁通过率和他人解锁的误识率，涵盖本人/他人素颜、妆容、装扮、遮挡等。

7. 睁眼/闭眼

正样本定义：睁眼。

$$FRR=1-TPR = 1 - (正确识别睁眼样本数/实际睁眼样本数)$$

$$FAR = 识别为闭眼样本数/实际睁眼样本数$$

测试方案：主要测试各种测试维度下眼睛状态的通过率。

- FRR：若测试数据小于阈值则会将睁眼识别成闭眼，若测试数据大于阈值则会将睁识别成睁眼。
- FAR：若测试数据小于阈值则会将闭眼识别成闭眼，若测试数据大于阈值则会将闭眼识别成为睁眼。

（1）人工测试：主要测试真人在各场景、遮挡、妆容等中的左/右眼睛识别通过率。

（2）测试维度：眼部状态、光线、手机和人脸角度、眼部遮挡。

（3）睁眼通过率：

$$睁眼通过率=睁眼成功次数/睁眼测试次数$$

（4）闭眼通过率：

$$闭眼通过率=闭眼成功次数/闭眼测试次数$$

8. 效能提升实践

机械臂+人头模型的活体攻击测试：活体攻击是目前人脸解锁安全领域一个非常重要的能力，随着支付相关业务也用到人脸识别，对活体攻防能力的要求也越来越高。相关业务愿意投入大量资源去测试并提升其质量，除了使用常规的跑图（批量跑测试集）方式来计算活体攻击的算法能力，还有一个方法就是采用机械臂的方式来测试活体攻击能力。跑图和机械臂测试各有优缺点，如表 18-4 所示。

人脸终端的机械臂方案一般都是自动灯光控制+机械臂的方案，这样不仅能模拟显示场景中不同亮度、光源位置的影响，还能模仿不同人脸角度的变化，而且是毫米级的变化，做到无死角地对活体算法进行攻击，发现算法弱点。

表 18-4　测试集和机械臂测试方案对比表

	测试集	机械臂
结果可重复性	好	好
成本	低（不考虑真人数据采集成本）	高（机械臂、人头模型采购成本高）
人脸角度控制	精度低	精度高
横向比较	不能	可以
方案灵活性	低	高

常规自动化框架如图 18-24 所示。

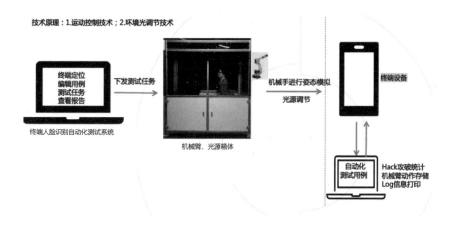

图 18-24　人脸识别自动化框架示意图

一般这种"软硬"相结合的自动化方案的开发，大部分公司都无法独立完成，特别是机械臂的部分，需要寻求供应商合作开发。

18.3.2　AI 技术在人群画像、人群追踪客流技术方向综合应用的产品

1. 人群画像（年龄、性别）

1）应用场景介绍

在商超市场中，通过监控检测进店客流情况，分析进店人员的年龄、性别分布，结合其购买动作数据的分析，可为商业大数据集分析提供基础数据。

2）算法评测指标

通常使用 accuracy（准确度）作为评价指标。

计算方式是　acc = TP/TTL。

输出结果：accuracy = (预测正确数量)/(预测正确数量+预测错误数量)

3）测试方法

- 采集一批视频，对视频抽帧成图片后，人工对图片中的配饰、性别、年龄等属性进行标注。
- 把这些图片通过模型进行预测。
- 对比预测的属性与标注的属性的准确度，得出 accuracy。

场景覆盖如下。

- 光线环境：户外、室内、强光、弱光、逆光。
- 人脸：角度、距离、配饰、口罩等。
- 年龄：<20s、20～30s、30～40s、40～50s、50～60s、>60s。

2. 轨迹热区

1）应用场景介绍

在一些商超的场景中，我们需要判断客户需要浏览的路线和在货架前停留时间的信息来判断客户的购买喜好和潜在的购买需求。

2）算法指标

MOTA：跟踪准确度。

MOTA 会考虑误报、错过目标、身份切换这些变化对精度的影响。

$$\text{MOTA} = 1 - \frac{\text{FN} + \text{FP} + \phi}{t}$$

fragmentation 是在第 t 帧当中发生的 ID 分配错误（ID Switch）。也就是说，如果在 ground truth 第 j 个轨迹的第 t 帧之前，跟踪器（tracker）把该轨迹的 ID 都预测正确了，但是第 $t+1$ 帧预测错误了，那么 ID switch 的个数+1。值得注意的是，即使第 $t+1$ 帧之后跟踪器仍然把该轨迹的 ID 预测错误了，错误的 ID 为同一个，那么 ID Switch 个数也不会增加。举个直观一点的例子，假设周杰伦在第 1 帧的时候走入镜头，在第 100 帧的时候走出镜头，跟踪器的 bounding box 一直能够跟上，但是在第 50 帧的时候把周杰伦识别成了彭于晏，那么这 100 帧内 ID Switch 的个数为 1。假设第 t 帧中 ID Switch 的个数为 $\phi = \sum_t \phi t$。

False Positive（FP）指的是在第 t 帧中，跟踪器检测到了 bounding box，但是在 ground truth 中却不存在 bounding box 的个数。

False Negative（FN）指的是在第 t 帧中，跟踪器漏检了 bounding box，但是在 ground truth 中存在 bounding box 的个数。

True Positive（TP）指的是在第 t 帧中，跟踪器和 ground truth 同时都有 bounding box。

IDF1：正确识别的检测数与平均真实数和计算检测数之比。

IDF1 更关注 ID 识别的准确性，但是无法衡量 ID Switch 的稳定性，所以我们在衡量轨迹精度时，通常将 MOTA 和 IDF1 结合起来看。

$$IDF1 = \frac{2IDTP}{2IDTP + IDFP + IDFN}$$

3）测试方案

（1）将视频抽帧成图片后，人工对图片中的身体框、ID 信息等属性进行标注。

（2）把这些图片通过模型进行预测。

（3）通过 ID 信息绘制出一条预测的轨迹与标注轨迹的吻合度，得出 IDF1 和 MOTA 值。

（4）通过 ID 对轨迹中每一帧的位置偏移量的比对，判断用户是否停留在某一个商品区。

（5）通过连续停留帧和移动帧，计算出 recall 和 precision。

因为 MOTA 不关注 ID，所以 FP、FN 都是 0。

两个轨迹跳变数都是 4，所以通过图 18-25 中的公式计算出 MOTA。

图 18-25　MOTA 计算示意图

由图 18-26 中可以直观看出以下内容。

第一组最多预测 2 个人为同一 ID。

第二组 8 人为同一 ID。

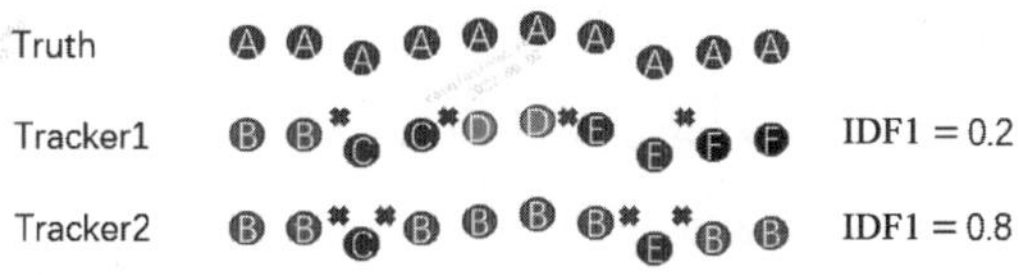

图 18-26　IDF1 计算示意图

## 第 19 章

大模型赋能下的测试智能化

2023 年是人工智能飞速发展的一年，ChatGPT 横空出世，再次点亮了 AI 赛道。各类生成式 AI 给软件工程、需求工程、项目管理在内的很多领域，在思想和实践层面上都带来了很大的冲击。在这个智能化加速的时代，软件应用的广泛普及和不断提升的软件复杂度对软件测试提出了更高的要求。过去几十年，我们目睹了软件测试的自动化发展。然而，随着人工智能和生成式人工智能（AIGC）的快速发展，软件测试被智能赋能，成为必然的方向，很多企业和开发团队已经走在探索的道路上。

大语言模型得益于其卓越的自然语言理解和生成推理能力，很自然地被首先应用于软件开发编码领域，测试代码生成自然也在其中，大语言模型从这个角度切入测试领域，将其向智能测试的方向拉近了一步。然而，结合前文的内容我们也可以看到，智能化测试是一个复杂的命题，不只包括测试代码生成，还包括和涉及测试用例分析、智能探索测试、智能模糊测试、测试数据生成、测试结果分析和报告生成、问题诊断和修复建议等各个方面。

换言之，我们在看待大模型对测试全面智能赋能这个问题时，需要在对大模型和测试活动全周期具备一定理解的基础上，系统化地思考，而不是为了智能而"智能"。在本章中，我们将首先简要介绍大模型的背景知识和能力外延，特别是其在代码生成领域的应用；然后探讨一下软件测试的本质，以及软件测试工程师开展测试活动的工作和思考方式；接着，通过分析找出两者的结合点和智能化测试的可能性；最后，从一些实际的案例出发，给读者呈现一些方案，力争让读者融会贯通。

19.1 大模型和大语言模型

大模型（Large Models）指的是具有巨大参数量的机器学习模型，它们能够处理、分析和生成复杂的数据。大模型通常拥有数十亿，甚至数百亿网络权重参数，例如 GPT-3（生成式预训练变换器 3）就是一个拥有大约 1750 亿规模参数的模型。大语言模型是大模型的一个子集，专门用来理解和生成自然语言文本。这些模型通过在庞大的文本数据集上进行训练，学习语言的统计规律，从而能够预测下一个单词、生成连贯的文本、回答问题、翻译语言等。

目前，生成式语言模型的基础通常是 Transformer 模型，它由编码器和解码器组成，完全基于自注意力机制，没有依赖传统的循环神经网络（Recurrent Neural Network，RNN）或卷积神经网络（Convolutional Neural Network，CNN）结构。Transformer 的概念于 2017 年在机器学习的学术领域问世，图 19-1 诠释了近年来语言模型形态从 Transformer 中逐步脱胎为"ChatGPT"的过程。Transformer 在解决文本预测问题上取得了巨大成功，这主要得益于它们对序列数据的处理能力和对上下文信息的灵敏度。Transformer 能够捕捉输入数据中长距离的依赖关系，这使得其在处理长距离依赖问题时表现优异。简而言之，假设我们有一个句子："The cat sat on the ＿＿＿．"，我们的任务是预测空白处的单词。传统方法会重点关注最近的几个词（如"on the"），但可能会忽略与空白处单词更有关联的其他词（如"The cat"），而 Transformer 的自注意力机制允许它同时考虑"cat"和"on the"这样的词组合。模型会分析"cat"与空白处的词之间的关系，并推断出空白处最有可能的词是"mat"，因为"cat"和"mat"在上下文中经常一起出现，并且与"sat on the"这样的短语结合起来，构成了有意义的语言模式。

图 19-1　大语言模型的进化演变

针对不同的任务和目的，GPT 和传统的 Transformer 模型又进行了优化，GPT 是一个生成式模型，主要由解码器组成，它使用了 Transformer 的自注意力机制，但只使用了解码器部分，这使得它在生成文本时能够考虑到所有之前的上下文（左侧的上下文）。GPT 的训练目标是预测下一个词，这使得它更适合于完成文本生成类的任务，如写作、对话生成、代码生成等。GPT 在训练和微调过程中，借助大量的网页结构文本信息、代码、对话数据、人类反馈强化训练等数据和方式，不断调整其内部参数，以使得模型给出的预测输出和"实际应当的"预期输出之间的差异最小化。GPT 架构之所以在大语言模型中流行，主要是因为其生成能力强和灵活性好。GPT 可以生成连贯、有逻辑的文本，这在聊天机器人、内容创作、代码生成等应用场景中体现了突出价值。

19.1.1　大语言模型与代码生成

由于大语言模型在训练阶段利用大量代码类的数据进行参数调优，以及其具有天然的语言方面、文本生成方面的"超能力"，使其在编写代码方面展示出巨大的潜力，如图 19-2 所示。因此，大语言模型和代码可以水到渠成地结合在一起，目前在实践层面已经被应用到以下几个领域。

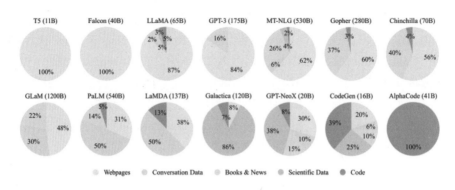

图 19-2　不同大语言模型训练数据集的数据类型构成

1. 代码生成和辅助编码

由于大语言模型可以根据自然语言描述自动生成代码片段或整个程序，因此，在软件开发过程中，大语言模型能够提供代码补全、错误检测、代码优化建议等辅助功能。这些功能可以帮助开发者提高编码质量、减少错误，并加速开发过程。这种能力不仅提高了开发效率，而且降低了编程门槛，使非专业开发者也能参与到软件开发中来。更早的 Github Copilot 背后的 Codex 模型系列就是基于 GPT-3 模型架构的，既接受了自然语言的训练，也接受了数十亿行代码的训练，最擅长编写 Python。截至 2024 年 9 月 19 日，最新版的 GitHub Copilot 已经默认基于 GPT-4o，且向大众开放基于 OpenAI o1 模型版本的预览申请计划。

2. 测试用例生成

在软件测试领域，大语言模型能够自动生成测试用例、预测代码中的潜在错误，甚至自动修复 bug。目前，我们看到的比较大范围的应用主要在单元测试生成上，当下的大模型在对这类上下文规模相对可控的问题解决上可谓得心应手。GitHub 推出的 TestPilot 也充分利用了这方面的能力，在 IDE 的环境中进行无缝集成，可以方便开发者解决针对单个或几类模块的单元测试生成问题。

3. 持续集成、架构建议和可视化

大语言模型能够从大量代码库中抽取和整合知识，为开发者提供持续集成最佳实践、设计模式和解决方案建议。这方面比较常见的应用就是，通过一些提示词工程、Agent 构建让大语言模型协助完成一些具体的任务，比如利用 Copilot Chat 给出代码架构建议，绘制基于 Mermaid、PlantUML 的架构图，或者制作一些 DevOps 的插件参与代码评审等。

大语言模型在代码生成和辅助编码方面的应用是软件开发领域的一个重要转折点，如图 19-3 中的 GitHub Test Copilot "测试副驾" 提供了集成开发环境中的单元测试生成功能，它们不仅提升了开发效率和软件质量，还开辟了软件开发新的可能性。

"帮我对选中的代码生成
单元测试，要求验证边界
情况和异常情况……"

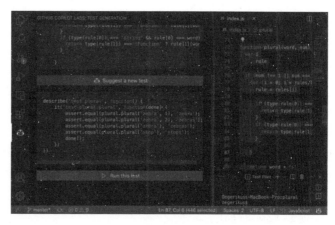

图 19-3　GitHub 推出的 Test Copilot 可以在 IDE 内集成助力单元测试生成

但是，这也带来了一些"大语言模型威胁论"的隐忧，如果 AI 可以连篇累牍地生成大量代码，程序员就业前景似乎就黯淡无光了。然而，笔者认为，"写代码的门槛持续降低"这件事从来就没有停止过，或者说"低代码"一直在加速进行中，我们一直在经历编码成本降低的过程，从机器语言到汇编语言、高级语言，再到各类虚拟机、内存管理、SDK 及整个软件开发生态的完善，以及 IDE 的代码补全不断升级且更加智能，代码检查机制越来越先进。可以说，现在程序员写代码比 10 年前、20 年前在体验上轻松了很多，现在的编程速度、开发应用的速度也比之前快了几倍，如图 19-4 所示。

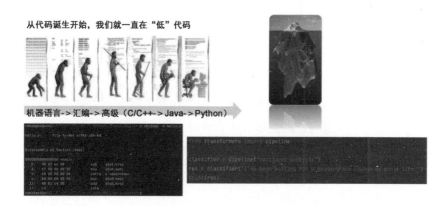

图 19-4　从汇编到高级逻辑复用：代码编写体验和效率不断优化

比如，我们利用 Python 完成一段文本情感分析，只需要三四行代码，这在 20 年前是无法想象的。其中很重要一点原因是，大量的复杂度被封装在了冰山之下的依赖库第三方工具。但程序员就业的岗位并没有因此而大幅减少，相反，各类技术一直在迭代，而且随着编写程序门槛的降低，越来越多的从业者加入这个行业。大语言模型和低代码平台可能不会取代程序员，而是改变程序员的工作内容和方式。随着技术的发展，适应变化、持续学习新技能和工具成为软件开发人员不可或缺的能力。未来，程序员可能需要更多地依赖这些基于生成式 AI 工具来提高工作效率和创新能力，同时需要学习如何设计和维护这些高级工具和平台。

19.1.2 多模态大模型

多模态大模型（Multimodal Large Models）是结合了文本、图像、声音等多种数据作为输入/输出类型的人工智能模型，它能够理解和生成跨越不同模态的信息，并在此基础上生成响应或进行决策。从单一模态扩展到多模态涉及不同类型的数据：文本、图像、音频、视频的向量表征的问题，需要通过词嵌入、傅里叶变换、捕捉空间特征等方法对初始数据进行融合对齐，从而让模型具备更强大的跨模态能力，能够更全面地理解复杂的信息和上下文。多模态大模型大致可以分为以下几类。

1. 文本和图像多模态模型

这类模型能够同时处理文本和图像数据，进行信息的理解、生成或转换。例如，它们可以从图像中生成描述性文本，或者根据文本描述生成相应的图像。典型的模型包括 OpenAI 的 DALL·E（能够根据文本提示生成图像）、CLIP（能够理解图像和文本之间的关系并进行匹配）等。

2. 文本、图像和音频多模态模型

这类模型在处理文本和图像的基础上，还加入了对音频数据的处理能力，可以用于如语音生成、人生模拟、自动字幕生成、跨模态内容检索等更广泛的场景。

3. 文本、图像、音频和视频多模态模型

这是最为复杂和全面的多模态模型类别，它们能够处理包括视频在内的多种数据类型。这类模型适用于视频理解、自动生成视频摘要、基于视频内容的搜索和推荐等任务。它们能够综合不同模态的信息，提供深入的内容理解和生成能力。例如，OpenAI 的 Sora 是一个创新的从文本到视频的转换模型，它能够根据文本指令创建逼真和富有想象力的视频场景。

多模态模型的出现为执行复杂任务提供了可能，软件测试就是这样一个复杂的"多模态"的任务，涉及文档和代码分析、屏幕元素理解、语音交互等方面。移动互联网时代的终端：智能手机，本身就是一个具有多种 I/O、传感器的综合交互设备，智能手机场景下的测试用例和测试数据都可能是多模态的（扫描二维码、对象识别、测试语音输入等），所以智能化测试本身如果想走得更远，不局限于从源代码中生成的白盒测试的层面，就必然涉及建立基于 LLM 的新型多模态代理框架，让测试智能体的有效性不断在深度和广度上向人工测试趋近，提高任务执行的效率和质量，开创新的应用场景，为软件测试终极智能提供可能。

19.2　大模型时代的智能化测试

"广义"的智能化测试或者说全流程的智能化测试，通过借助大语言模型，已经在测试数据生成、智能探索性测试、测试用例生成和优化、测试结果分析、智能诊断建议及对话式软件质量保障等方面小试牛刀。由中国科学院软件研究所、澳大利亚 Monash 大学、加拿大 York 大学组成的研究团队出品了"Software Testing with Large Language Models: Survey, Landscape, and Vision"，给出了大模型在软件测试领域应用的全面综述，其中汇总了 102 篇相关的论文，并指出目前大模型的软件测试应用研究主要集中在软件测试生命周期的后段，如图 19-5 所示。

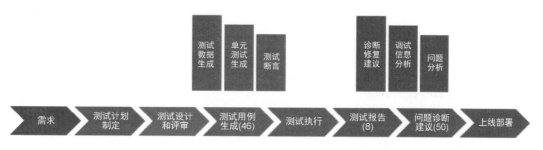

图 19-5　截至 2023 年末智能测试各个领域的学术论文数量在领域内分布情况

回顾过去，软件测试的自动化已经极大地改善了测试效率和质量。自动化测试工具和框架的出现使得测试人员能够快速执行大量的测试用例，减少了手工测试的烦琐工作。然而，随着软件系统越来越复杂，测试环境的多样性增加，传统的自动化测试面临挑战，如 UI 变化频繁、新功能的探索性测试等。强化学习、生成式 AI、AIGC 及各类 Copilot "副驾驶"工具技术、LangChian、RAG、AI Agent 等相关技术和框架的飞速发展，使得在 AI 赋能下提高测试的全面性和深度具备更高的可行性，为软件测试带来了新的机遇和可能性，结合图 19-6 中的测试执行，包括且不限于以下方面。

- 测试环境的模拟生成。
- 测试数据生成。
- 智能探索型测试。
- 测试用例生成和优化。
- 测试结果分析解读。
- 测试智能调度和重试：提升运行稳定性。
- 基于测试结果的诊断建议。
- 对话式测试体验的构建。

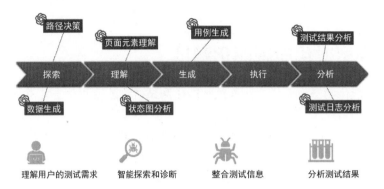

图 19-6　软件测试执行过程的智能化实践领域

但在具体探讨这些解决方案之前，我们需要定义智能化测试的目标，从而明确方案的衡量标准和前进方向。智能化测试的目标和测试本身的目标应该是一致的，接下来我们简要回顾软件测试的本质，并从智能化的视角为其添加新的含义。

19.2.1　软件测试本质探讨

智能化测试的终极目标是，能够让测试程序像人一样去看待和分析被测对象、发现问题。智能测试不应该脱离软件测试的理念和指导思想："测试是为发现错误而执行程序的过程"，以及其定义中蕴含的两个要点：

- 测试过程体现了实际输出与预期输出之间的比较。
- 要从质疑的视角，提供客观、独立的结论，暴露软件实施的风险。

软件测试是一个围绕软件行为预期、质量情况的命题，要客观评判软件"好不好""是否符合预期"，同时要发现问题，指出问题。从这个意义上出发，大模型赋能下的智能化测试应该以像测试人员一样在理解的基础上进行测试为终极目标。那么，概括来讲，一个测试人员是如何测试软件的呢？以下是软件测试的几个核心层次。

（1）理解，即测试的实施者要理解被测对象、被测软件或功能，包括使用场景、用户价值预期、交互逻辑、边界情况下的处理等，以及什么样的行为和交互被认为是问题等。在 *Explore It!: Reduce Risk and Increase Confidence with Exploratory Testing* 一书中，作者 Elisabeth 鼓励测试人员利用各种心智模型增强对软件的理解。其中的"错误模型"就把不同软件交互，将设计中的常见错误作为参考。比如，看到数值范围设定就想到边界溢出；看到查询条件定义就想到 SQL 注入等。这对后续的探索有很好的指导意义。因此，产品需求文档、测试计划和关注点及相关的法律法规都可以成为这个层面上测试智能体需要具备的上下文信息，为智能体更有效地进行交互决策、发现问题提供指导。

（2）探索。"纸上谈兵"是不行的，测试人员要去使用、探索和观测被测对象，从而了解它的现实情况、交互逻辑。如果我们把程序看作一个内部不可见的黑盒，并将其内部逻辑理解为一个状态机，那么探索的意义就在于通过外部观察了解其状态转移路径。换言之，理解侧重、了解预期，探索转换思路，通过实际与被测对象交互，观察其现状。针对白盒测试，更多是从源代码的角度进行观测和调用，好比在仪器上进行各种实验；针对 API 测试，观察其请求响应；针对 UI 层面的黑盒视角的测试，则更多通过使用软件了解交互逻辑；针于性能测试或其他灰盒测试，探索则包含对性能情况的记录和快照。

（3）报告，展示和利用测试结果是测试人员活动价值落地的一种方式，测试人员或团队还需要将探索之后的测试结果通过分析判断，汇总成可读、可理解的形式，并把问题或者结论圈出来。这方面的智能化实践，我们可以充分利用大语言模型善于归纳总结的能力，找到测试报告智能化的结合点。

在此基础之上，我们还可以进一步模糊测试和开发的边界，一旦智能测试过程中反映出问题，测试智能体就可以分析原因、进行诊断甚至提出修复建议，测试智能进入了测试和开发之间的交叉地带；也可以从测试驱动开发的视角出发，通过测试来定义和指导代码的实现，这些都是智能化测试下一阶段的探索路径。如图 19-7 所示，我们借助"测试金字塔"的概念图示可以看到，当前"自动化"已经在各类测试中深度实践，而"智能化"还没有深入测试的各个领域。

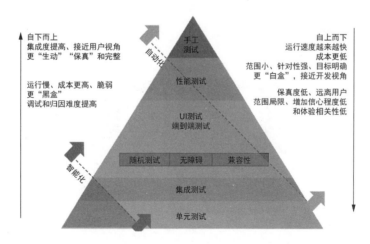

图 19-7　软件测试金字塔的自动化和智能化覆盖

笔者认为，理解和探索是这个过程中的核心步骤，而且可以相伴进行，相辅相成。结合图 19-7 中的单元测试、集成测试、UI 测试和性能测试都伴随着对代码模块、软件设计的理解，而对于探索的体现，有一个非常重要的核心指标，即有效的测试覆盖率。更高的测试覆盖率意味着有更大的可能性在测试过程中发现更多的问题；反之，一次覆盖率非常低的测试，结论报告无法给团队带来对软件质量的信心。智能化测试在帮助开发团队提高测试团队能效的同时，还能增加各类型测试对被测软件主体的测试覆盖率。因此，让测试"更快"（或更低成本）和"更全面"可以概括为测试智能化两个维度的目标。

19.2.2　更聪明的猴子

目前，智能化测试在单元测试领域的应用较多，这主要是由于目前的大语言模型更适合在白盒测试的视角下从源代码层面介入，进行测试用例的生成，如图 19-8 所示。

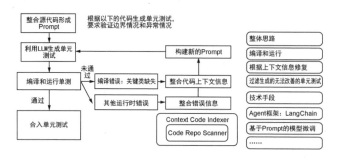

图 19-8　大语言模型智能化生成单元测试的基本思路

图 19-9 展示了白盒测试和单元测试生成的一般思路，构建了一个在工程项目中利用 LLM 批量生成单元测试的 Agent：该 Agent 通过汇总代码上下文构建单元测试生成提示词，在生成单测试后，Agent 会把生成的单元测试放入对应目录中，然后启动软件项目工程构建和单元测试运行。如果构建编译或运行失败，Agent 就会获取错误信息，优化提示词，如此往复直到生成的单元测试可以顺利运行。

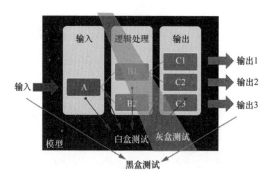

图 19-9　黑盒测试、白盒测试和灰盒测试之间的关系示意

相比之下，黑盒测试的智能化则更加复杂。如图 19-9 所示，黑盒测试对软件内部的逻辑了解更少，直接给出输入，然后比较预期和实际输出。测试人员用手工方式对软件进行的黑盒 UI 测试通常被认为是最接近用户视角的方式。这种方式既可以按图索骥，也可以是充满创造性的探索型测试。2010 年前后微软团队出版的《探索式软件测试》书中，提出多种不同思

路的漫游（Money Tour 卖点漫游，Landmark Tour 地标漫游，Obsessive- Compulsive Tour 强迫症式漫游，Saboteur 破坏性漫游等）测试，书中提倡测试人员可以用不同思路的漫游测试来快速穷尽用户视角下的被测应用的使用路径、用户场景，从而暴露被测应用的潜在问题。在自动化测试中，有一种测试叫随机测试，其英文是 Monkey Test，执行测试的是一只猴子。这来源于"如果让一百万只猴子在一百万个键盘上敲一百万年，从统计学角度看，它们最终就可能写出莎士比亚的话剧"如图 19-10 所示。当我们在大量执行随机测试的时候，就是在应用这种"猴海战术"。

图 19-10　DALLE2 创作图片"让一百万只猴子在一百万个键盘上敲一百万年"

　　但试想，如果这只猴子聪明一点，能理解应用程序的界面或者接口，并能实施相对合理的交互，那么是不是不一定要依赖"猴海战术"，可以在更短的时间内发现问题？在人工智能、机器学习、大语言模型快速发展的今天，更聪明的猴子已经成为可能。

19.3　大模型智能化测试的探索实战

　　未来，随着 AI 技术的不断进步和应用，智能化将在软件开发生命周期的各个阶段发挥更大的作用：一方面，借助一些基于 LLM 技术下的软件测试场景的 Prompt Engineering 技术，智能化测试将推动自动化测试更加自动；另一方面，软件测试也在从自动化时代迈向智能化时代，"测试智能体"将有能力更好地理解和分析软件系统（从代码到界面、白盒，再到黑盒），从大规模的测试数据中挖掘出隐藏的缺陷模式和异常行为，降低自动化测试用例的维护成本，进一步减少测试人员的工作量和时间成本。

　　总之，我们可以期待智能化测试在未来的软件开发中发挥更重要的作用。下面对智能测试的一些想法和实践探索进行探讨，启发读者在该领域前行中成为先驱。除此之外，从更广阔的维度上看，测试可能会走向多模态的方向。所以下面也不局限于大语言模型，我们会结合开源方案 AppAgent 的实践，试图去利用多模态模型对测试进行赋能。

19.3.1　智能探索型测试

　　智能探索型测试的可行思路是，利用计算机视觉、屏幕元素识别和自然语言处理的技术，解析和理解屏幕上的元素或者程序接口的语义，然后做出交互动作。这是一种黑盒视角的智能测试，其基本思路如下。

- Start（初始化）：启动软件和测试智能体。

● Extraction（提取元素）：提取软件 UI、接口信息（API 描述、UI 截图及 DOM 元素信息）。

● Comprehension（理解转化）：识别软件界面或交互接口，运用模型进行理解，得出解析值（向量）。

● Decision（分析决策）：将识别结果（解析值，其数据中也可以包含动作历史、反馈信息）向量交给决策模型，得出动作向量。

● Action（执行动作）：执行决策后得出的动作向量数据中描述的动作。

● Evaluation（评估反馈）：执行动作后触发软件变化（也可能没有变化），然后重复上面的 Extraction 的步骤，如图 19-11 中虚线箭头所示。

图 19-11   UI 智能探索"SEE"模型

图 19-11 是笔者团队提出的简单流程，该抽象模型的几个概念分类借鉴了马尔科夫决策过程中的概念：即当前的状态（State）、策略（Policy）和下一步动作（Action），以及决策策略中对到达当前状态之前的路径轨迹（Trajectory）的考量。但是应用 UI 智能探索这个问题和强化学习所要解决的问题并不完全相同。探索性测试可能有多元目标，而其中对测试覆盖率的追求是一个很复杂的指标：对于测试智能体而言，我们可能无法事先知道应用内有多少状态、多少界面，甚至开发团队也不清楚。因此，这比一般的强化学习问题更复杂，我们很难设计出合理的反馈函数，使得模型收敛。即使一个模型针对一个应用收敛了，但对于一个全新的应用又可能会遇到截然不同的情况。以强化学习和图像识别为驱动的黑盒视角下的智能探索型软件测试是一种新兴的测试方法，把应用程序当作"游戏"来探索，在这种测试方法中，强化学习被用作一种自主学习的方法，使软件测试代理能够通过与系统进行交互来学习和改进测试策略。这样的想法在很多学术研究机构和大学的论文中也有论述，但目前还没有看到成熟的可以应用于软件工业领域的完整方案。

此外，智能探索还有更简单的思路，即把应用内部的不同应用状态之间的跳转和关联关系看作一个状态转换图（State Transition Graph），如图 19-12 所示，然后采用深度优先或者广度优先的基本思路去遍历这张图。这种方法简单可行，相当于简化了上文提到的 Decision 的步骤，采用了基于简单策略或规则的方式选取元素进行交互，使得探索的过程可解释性更强，灵活度更高。

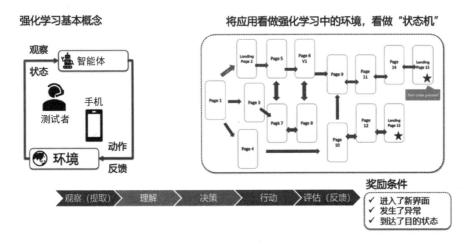

图 19-12　强化学习思路与 UI 测试之间的相通性示意

智能探索型软件测试具有以下优势。

- 自主学习能力：测试代理通过强化学习算法不断优化测试策略，提高测试的效率和准确性。

- 自动化和持续性：智能测试代理可以自动执行测试，并且可以持续地进行测试，减少了人工测试的工作量和时间成本。

- 边界情况探索：通过探索系统的边界情况和异常情况，智能测试代理能够发现更多的错误和潜在问题。

总体而言，智能体程序利用模型进行决策的思路更接近"猴海战术"的概念，而采用固定策略、算法或规则更可控、更容易实现。结合大语言模型、LangChain、多模态模型等相关技术，当我们可以把软件 GUI（Graphical User Interface），即软件图形用户接口，表示为 DOM 文本、截屏图像向量等，或序列化成提示词 Prompt，让测试智能体更聪明，"猴子测试"也许将不再是胡乱敲键盘的代名词。

由腾讯团队出品和开源的 AppAgent，基于多模态大模型初步实现了在手机上的智能代理能力，可以用于操作安卓手机 App。截至目前，虽然其开源版本的可用度有待提升，但确实指出了一条智能测试的实现路径。腾讯官网案例显示，借助 AppAgent 可以完成如社交聊天、评论视频、编辑和发送邮件、设置闹钟等各类复杂任务 50 多个。

区别于 Siri 这样的传统智能助手，AppAgent 借助底层驱动（如 Android Debug Bridge），无须系统后端权限即可操作应用程序，它通过简化的动作空间执行类似人类的单击和滑动操作，直接与应用的 GUI 交互，其特色在于创新的学习机制，允许智能体通过自主探索或观察人类示范来学习导航和使用新应用。在自主探索过程中，智能体通过执行一系列动作与应用互动，记录界面的变化，并在过程中构建探索知识库。这个学习过程也可以通过少数的人类演示来加速，帮助智能体更快地掌握复杂的功能。

AppAgent 的操作分为探索和部署两个阶段。在探索阶段，AppAgent 通过与应用程序的预定义动作互动来学习界面交互，从而积累经验和建立知识库。在完成学习之后，AppAgent 进入部署阶段，即任务执行阶段，在这一阶段，它利用之前积累的知识高效地操作和导航应用程序，执行各种任务。这样的设计不仅提升了智能体的功能性，还提升了其应用的灵活性。这和我们前面提到的测试三个阶段（理解-探索-报告）的视角非常类似。

下面我们通过一个简单案例来尝试运用 AppAgent 实现一次智能化探索型测试。关于 AppAgent 如何运行，这里简要说明一下。

（1）环境准备：确保安装了 Android Debug Bridge，准备好一台开启 USB 调试的安卓系统手机并和计算机连通；克隆 AppAgent 仓库。

（2）配置代理：安装 Python 依赖，配置好 Open AI GPT-4V 或阿里通义千问的 API Key。

（3）探索学习：运行 python learn.py。

- 这里可以选择自主探索或者人工描述。
- 如果选择自主探索智能体，则自己决定如何交互来完成探索；如果选择人工描述，则应用会要求使用者一步一步指导交互进行。

（4）执行任务：运行 python run.py。

在人工描述模式下，Agent 会不断列出交互元素标号（如图 19-13 所示），询问交互方式，完成路径收集，相当于进行了一次交互录制。

图 19-13　人工模式下 AppAgent 会将界面上的可交互元素用序号标出供选择交互

按照下面的文本输入，在应用内会点亮搜索栏，从而进入搜索页面。

```
Choose one of the following actions you want to perform on the current screen:
tap, text, long press, swipe, stop
text
Which element do you want to input the text string? Choose a numeric tag from 1 to 27:
2
Enter your input text below:
go
Choose one of the following actions you want to perform on the current screen:
```

```
tap, text, long press, swipe, stop

tap
Which element do you want to tap? Choose a numeric tag from 1 to 27:
3
Choose one of the following actions you want to perform on the current screen:
tap, text, long press, swipe, stop
tap
Which element do you want to tap? Choose a numeric tag from 1 to 6:
2
Choose one of the following actions you want to perform on the current screen:
tap, text, long press, swipe, stop
tap
Which element do you want to tap? Choose a numeric tag from 1 to 14:
2
Choose one of the following actions you want to perform on the current screen:
tap, text, long press, swipe, stop
tap
Which element do you want to tap? Choose a numeric tag from 1 to 6:
2
```

在笔者测试的过程中，AppAgent 还有一些小问题，需要多次尝试才能成功运行一个任务。AppAgent 立足于一般的基于深度优先或者广度优先遍历的基础上，利用"文档"（document）的概念存储交互过程和页面变化结果，并通过大模型加入目标导向，这已经描绘出了多模态模型赋能下的智能探索测试的雏形，在其 scripts/prompts.py 文件（路径可能会变化）中，也可以看到作者对 LLM 交互提示词的创作，我们可以将其作为该领域探索的参考标尺。

19.3.2　测试用例生成

在大语言模型的赋能下，白盒测试视角的测试用例生成，尤其针对局部、单个类的单元测试用例的生成已经非常成熟了，一些常见的思路如下。

（1）生成测试用例描述：可以让模型帮忙生成特定函数或方法的测试用例描述。

（2）生成测试代码：对于一些常见的编程语言，如 Java、Python 或 JavaScript，可以告诉模型直接生成可执行的测试代码。

（3）提高测试覆盖率建议：我们可以给大语言模型一个已有的测试套件，让模型给出提高测试覆盖率的建议。

（4）边界条件检查：模型可以用来生成针对特定函数或方法的边界条件检查。

（5）生成异常测试用例：模型可以用来生成检查特定函数或方法异常行为的测试用例。

这方面比较流行的 ChatGPT、GitHub Copilot 等都已经非常成熟了，读者可以用自己的代码进行尝试，提示词一般形如："针对如下由三个破折号分割的代码内容，请生成若干单元测试，提供较高的测试覆盖率"。

可以看到，这种方法的最大限制来自于提示词 Token 数量的上限，在代码体量较大的情况下，想生成高质量的跨模块的集成测试代码还有一定的挑战。如图 19-14 所示，方案复杂度随着上下文量级的上升而上升。

图 19-14　智能测试问题的上下文复杂度

此外，我们可以利用大语言模型的特性来辅助黑盒视角的测试用例生成。以移动应用的 UI 测试为例，在上文的智能探索型测试的讲述中，我们提出将应用内部的状态跳转看作一个状态转换图，如果我们可以通过智能探索型测试绘制出这张状态转换图，再通过一定的剪枝算法将其转化为树的数据结构，那么我们就可以将叶子节点作为一个用户场景、测试用例的终点，将交互的路径作为测试用例序列化出来。总结来讲就是先探索，再利用。先通过一些策略探索和漫游一个软件，再转换理解形成数据结构，即"状态转换图"，最后将这些结构化的数据作为后续探索和用例生成的基础。这就相当于，对软件黑盒的内部逻辑进行了总结提炼，完成了一次"有损压缩"。这也很像一个测试人员第一次用一个软件，一定会先探索理解，同时在旁边整理一个信息图，这在测试领域被称为"功能图"或"状态图"，再设计用例，这是非常自然和接近人的操作。如果我们能用计算机做这件事情，就能自动化地完成探索，绘制状态图并生成测试用例，如图 19-15 所示。

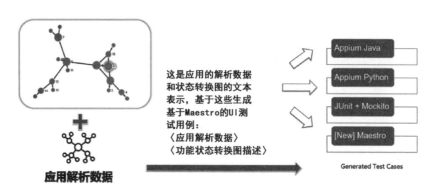

图 19-15　利用大模型从解析数据和用例要求中生成各种框架和语言的测试用例

最后，我们可以把这个信息作为 Prompt 提示词的一部分，来利用大模型进行用例生成，整个过程充分自动化和智能化，仅需要较少的人工对生成的内容进行校验和调试，这也能让相应的测试用例、测试流程随着应用内部的变更进行调整和兼容。

19.3.3　测试结果分析和诊断建议

软件测试的一大挑战在于对测试结果的解读和分析。以用户界面测试为例，一次测试运行可能会产生大量的应用日志内容、测试异常信息、测试的最终成功与否的状态信息。在 UI 测试过程中，为了更好地理解测试过程和结果，我们甚至可能会截取软件的屏幕图像或录制整个测试过程的视频。简而言之，测试过程会产生海量的诊断信息和数据。

现在，问题来了：能否利用 LLM 的能力，深度分析这些庞大数据中的异常情况，为我们提供明确的结论呢？LLM 能否告诉开发者这次测试的异常源于哪个模块，以及如何修复它？进一步，能否在分析代码的同时，给出一些具体的修复建议？这些都是我们需要探索的问题。整体来看，我们认为对于测试结果分析和大语言模型的结合，可以从以下四个方向进行深入探索。

（1）测试异常可靠性推断：通过大语言模型的分析，我们可以对测试结果的可靠性进行推断，理解测试异常是偶发事件、被测应用的 bug，还是存在其他系统性的问题。

（2）测试失败原因分析：大语言模型可以帮助我们理解测试失败的原因，即从日志中提取关键信息，定位出导致问题的代码模块，甚至是具体的代码行。

（3）测试失败修复建议：结合源代码分析，大语言模型可以为开发者提供针对性的修复建议，从而帮助他们更有效地解决问题。

（4）性能测试数据分析、异常检测：对于性能测试，大语言模型能够分析大量的性能数据，检测出性能的瓶颈，提供优化建议。

总的来说，大语言模型在处理复杂、多源的测试数据方面有着天然的优势，如果我们能有效地利用这些优势，相信能够为软件测试质量带来实质性的提升。下面介绍一下在该领域有实质性探索的微软开源测试工程化项目 Hydra Lab。

19.3.4　利用 Hydra Lab 搭建智能化测试平台

微软于 2023 年年初开源了 Hydra Lab，这在一定程度上填补了测试工程化开源解决方案的空白。它基于 Spring Boot、Docker、Android DDMS 和 React 等技术构建，支持包括 Appium、Espresso、XCTest 等多个测试框架，致力于提供一站式、跨平台的云测试服务。这款框架集成了测试运行部署、测试设备管理、低代码测试等功能；Hydra Lab 结合 Azure OpenAI Service 提供的大语言模型服务，让智能融入测试工程化系统，带来更多的可能性。

在工程化测试的基础上，Hydra Lab 也实践了 Smart Test 的概念，利用强化学习、屏幕元素识别等技术来增强智能体探索软件的能力。

设计 Hydra Lab 的初衷是，为移动跨平台应用的开发团队提供快速、自我管理的云测试基础设施，提高开发效率和质量保障能力。具体来说，借助 Hydra Lab，开发团队可以直接利用已经采购的测试设备，搭建一套内部的持续测试的工程化系统，也可以通过配置 Hydra Lab Agent 将自己手头的测试设备接入已有的 Hydra Lab Center 节点上。

基于如图 19-16 所示的架构，Hydra Lab 测试管理服务的主要特性如下。

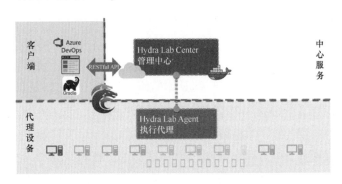

图 19-16　Hydra Lab 测试设备管理服务架构

- 分布式测试设备管理：基于 Center-Agent 分布式设计实现可扩展的测试设备管理。
- 测试任务管理：Hydra Lab 提供了全面的测试任务管理功能，方便开发者追踪和调整测试任务的状态和进度。
- 测试结果可视化：提供测试结果数据图表、录屏展示等。
- 广泛的测试支持：Hydra Lab 支持 Android Espresso、Appium、XCTest、Maestro，并且借由 Appium 可以实现更多跨平台的测试。
- 智能测试：Hydra Lab 还在执行代理端支持无用例的自动化测试，如 Monkey test 和智能探索型测试。我们前面提到的"先探索，再利用"的逻辑，就在 Hydra Lab 的 Smart test 方案中实现了。
- 测试稳定性监控：Hydra Lab 在 Docker 端的管理中心一侧，集成了 Prometheus 和 Grafana，可以实时监控测试设备状态和测试任务运行状态，支持在测试设备掉线、任务失败时自动发邮件报警。

不同于一般的测试框架，Hydra Lab 旨在提供一套测试工程化解决方案，或者说是一套开源的云测平台，我们希望它能够方便地与 DevOps 系统、编译系统或 GitHub 等开发工具或平台结合，给开发团队带来低成本的测试全流程方案。

同时，我们将智能化引入其中，大家可以在这个项目中看到一些自动化生成测试用例的模块、方案及相关的 Prompt。工程化和智能化是 Hydra Lab 的两个核心关键词，而工程化是智能化赋能的基础，一旦有了工程化的平台，很多痛点的解决方案就都可以沉淀在这个平台中。比如，UI 自动化测试任务可能会出现一些不稳定的情况，如突然找不到某个元素，或者出现一些意外遮挡情况。这种情况下的测试任务的失败可能没有反映真实的质量问题，而有了 Hydra Lab 这样的平台级方案，我们就可以对这类 Flakiness 做识别，重新运行任务，从而提高稳定性。同时，这也相当于我们把识别和处理测试不稳定因素的经验沉淀到了 Hydra Lab 开源工程中。智能化在 Hydra Lab 当中的一个应用如图 19-17 所示，即性能测试数据的智能分析。众所周知，性能测试的结果数据对于非专业人员来说往往可读性比较低，利用大语言模型的文本理解预测的特性，结合提示词优化和相关知识库的补充，我们可以较好地、补充式地呈现性能测试结果，让性能测试报告对更大范围的听众更友好。

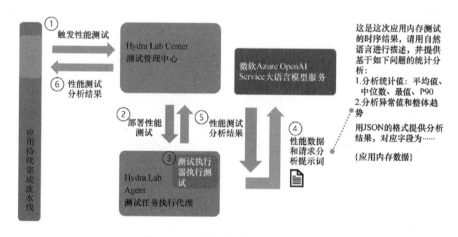

图 19-17　性能测试数据的智能分析

搭建 Hydra Lab 云测平台大致分成以下三个步骤。

（1）将 Hydra Lab 管理中心服务的 Docker Image 部署到云服务器或者云计算服务容器上。

（2）在测试机器上启动 Hydra Lab 代理服务，并将其注册到管理中心。

（3）通过调用 Hydra Lab 管理中心服务暴露的 RESTful API 运行测试。

该平台还提供了一个 Uber 版本，方便一键部署，作为试用体验尝鲜：

```
docker run -p 9886:9886 --name=hydra-lab ghcr.io/microsoft/hydra-lab-uber:latest
```

其中的智能测试模块目前依赖 Python 执行器，需要在 Agent 机器上安装 Python 3 的运行环境，以及 PyTorch、Gym 等相关依赖，然后通过 RESTful API 向平台发送测试任务请求时，指定任务的"type"为"smart",即可触发 Smart Test,针对目标应用开启智能探索,并在探索结束后得出应用状态图,以星状图的方式呈现,如图 19-18 所示。

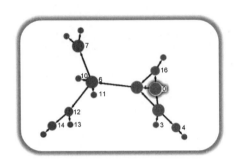

图 19-18　Hydra Lab 进行探索测试后绘制的应用状态转移星状图

图 19-18 中的每一个节点对应一个应用中的页面状态,序号 0 代表探索起点。有了这张图和对应的数据结构,我们就可以对应用进行黑盒 UI 测试用例生成。借助大语言模型,我们还可以生成各类语言的测试用例。

## 第 20 章

XRunner 应用案例

随着现代社会信息化、互联网+的发展，人们日常生活已经离不开各式各样的软件应用，软件应用已经成为我们日常生活不可分割的一部分。例如交通出行、网上购物、政务办理等，这些都让我们对软件的可靠性越发关注。软件本身的可靠性也已经从企业是否提供基础功能的稳定性，提升到高性能并发下系统依然能够正常满足用户需求。

而性能测试可以对软件进行有效、准确的产品质量属性-性能效率特性评估，为企业在高并发场景下稳定提供满足客户需求的服务起到坚实的保障作用。

20.1　信息系统领域性能保障痛点

如何快速应对业务需求变化，更好地服务业务，让用户无论在大促期间还是尖峰业务时刻都能 "丝滑" 般顺畅体验，已成为企业需要提供的必备基础服务要求，这也是当下各种复杂的应用环境下软件应用面临的最大挑战。

20.1.1　业务挑战

1. 业务应用快速迭代更新

软件领域，信息大爆发，新事物、新模式每天呈几何式增长，用户在面对巨量的软件应用产品环境下，对软件应用的选择充满不确定性和模糊性，因此市面上各式各样的产品应用层出不穷，各软件产品企业希望通过新颖的产品应用获取企业产品的忠实用户。

用户所获取到的软件产品应用信息是过去十年的成百上千倍，面对纷繁复杂的各类应用功能，用户更偏向于良好的应用体验表现，对用户体验有较高的期望和更高的要求。有调查研究表明，当一款应用在 5 秒内不能给用户带来良好体验时，用户就可能停止对该功能模块的使用，更有甚者导致用户直接换应用。

同时，应用频繁变更导致软件产品不稳定，对产品可靠性提出更高的要求。因此，当前行业背景下业务快速迭代更新给软件应用的性能稳定性、可靠性带来挑战，对用户业务体验带来挑战，进而影响到产品价值体现。

2. 性能要求更加严苛

目前各传统行业都在深入推动互联网+数字化转型，例如电商行业、数字政务、线上公共服务等，由于市场竞争激烈或公共事业用户海量规模，因此业务尖峰时刻高并发场景出现得愈加频繁，这使得用户对应用、App 的页面展示、加载速度、延迟时间越来越敏感，对体验感要求越来越高。如过去行业内对性能的普遍需求是 2-5-10 原则（即 2 秒内响应为最佳、2～5 秒响应为良好，5～10 秒响应为一般，10 秒以上响应为差），到现今变为 0.2-0.5-1 原则要求阶段，在某些票务电商、证券行业更是直接进入微秒时刻，用户产品体验的显著变化，意味着用户对产品性能的要求更加严苛。

20.1.2 技术挑战

1. IT 架构迭代快

IT 技术在短时间内从单体架构、垂直架构、前后端分离、EAI 架构、SOA 架构到目前的微服务架构和微服务 2.0 架构，各类技术的成熟与推陈出新，让我们的系统架构管理越来越复杂。

除了应对业务延伸的技术架构，还有各类新型 IT 产品的适配，比如在跨架构下的服务，云原生环境下的微服务架构，国产信创产品（数据库、中间件）等，都让性能故障分析所面对的监控、排查、分析更加复杂与难以准确定位故障。

2. 性能测试要求更高

过去性能测试更多是面向传统应用服务器开展的，而现在更多是面向云环境模式开展的，如当下的云原生环境、分布式应用、分布式存储等，在云端模拟海量的压力、混合云端应用路径测试都难以开展。

性能测试不只是模拟实际用户场景，对业务系统产生高并发压力，还包括在模拟真实用户压力后能更准确地找到性能瓶颈，比如是否能区分具体在哪个网络链路设备（交换机、负载均衡、防火墙等）上的性能损耗，是否能定位多层云化节点（业务层 Pod）的性能问题，是否能分层剖析应用响应性能瓶颈（业务交易时间、组件消耗时间、代码运算时间）等。

20.1.3 工具挑战

1. 并发能力

1）大规模并发

性能测试工具能够支持在一定硬件配置下更高的并发能力，不仅仅为了节约性能工具环境的成本，还为了尽量提高工具本身对内存消耗的技术研究。

2）长稳测试

越来越多的在线应用程序（尤其是金融行业）需要持续运行数天、数周甚至数月，以满足用户的需求，而在这种环境下，长稳测试可以帮助我们发现系统在长时间运行下可能出现的性能问题，从而验证系统的可靠性、可扩展性和各项性能指标。

2. 兼容性

1）开源脚本兼容

性能测试工具需要满足当前行业的性能测试工具标准脚本，这不仅仅是降低测试用例脚本的转换工作，更是为了符合行业标准，也是为了提高工具的可用性和可扩展性。

2）信创环境适配

信创环境是指使用国产化的信息技术产品和服务来构建的信息技术基础设施和应用系统。

信创环境的出现是为了解决信息技术的安全问题，保障信息技术基础设施和应用系统的自主可控和安全可靠，当我们将操作系统、中间件、数据库逐渐切换到信创环境时，就需要考虑应用迁移带来的各种性能测试。

3）多协议测试能力

随着业务的发展和企业各种新型行业、业务的触达，过去比较少接触的（如物联网 MQTT 协议、音视频 SIP 等）业务也越来越多。

3. 可视化报告丰富性

性能测试如何体现成果？最重要的就是依靠测试报告来体现。目前市面上的测试工具 LoadRunner 有输出测试报告的能力。

但为了更好地应对自身项目团队技术分析和项目资产管理，自研性能测试工具平台必须具备一定的测试结果自动化分析能力，还要包含常见的报告总结、概要统计、数据筛选、指标合并、指标细分、粒度调整、图形化展示、日志统计等基础模块能力。

4. 易用性

在正常进行业务场景测试时，通常存在发送的请求消息需要带上前面服务器回复的动态数据的情况，否则业务将失败。因此需要工具可以从响应消息获取参数值，即关联参数。

一般关联都是手动关联，但在大型组织结构人员能力单一、测试人员技术能力不足、组织资产文件缺失等情况下，关联就变成了一件很烦琐且极其消耗时间的动作，所以自从工具可以通过录制和回放脚本数据后，自动遍历脚本中存在动态的数据，就将这部分字段与数据展示出来供测试人员自行选择。

其至可以基于比如 HTTP 标准的 cookie、session 等通用标准字段数据自动处理可变的上下文参数，降低操作使用的技术、业务知识能力要求和应用性。

20.2　解决思路

从上述业务对性能的高要求，技术架构对测试方式的挑战，应用环境对工具能力的适应，测试人员对工具应用性的需求，我们开发了 XRunner 性能测试平台。

20.2.1　技术突破

1. 更精准的发压

1）并发机制解析

做性能压测我们一般都会研究工具是否能真实并发请求和模拟用户实际操作。说到真实并发我们举个例子，假设一个页面有 100 个 HTTP 请求，现在除了基本淘汰的 Internet Explorer 6 浏览器是两个连接，其他浏览器默认都是 6 个线程（国际标准 HTTP 一个域名限制 6 个，目前浏览器一般是 6~20 个并发线程）。假设每个请求需要 100 毫秒，页面上 100 个 HTTP 请求的时间就是 10 秒，我们设定浏览器一次只能并发 6 个线程，即每个线程只能处理 100/6≈16.67=17 个请求。所以打开整个页面需要 17×100 毫秒=1700 毫秒=1.7 秒，即用户访问页面需要 1.7 秒，而浏览器对服务器的压力是 6 个。

如果测试时每个虚拟用户按顺序执行 100 个请求，则执行完事务的时间为 10 秒，且每个用户同一时刻对服务器的压力只有一个；假设服务器在同时处理 1000 个请求时发生崩溃（实际只要 160 个真实浏览器服务器就崩溃），但如果使用 Jmeter 的 500 并发测试服务器，由于 500 个用户每时刻对服务器的压力只达到 500 个，因此服务器处理正常。这时如果以测试结果直接说明服务器支持 500 并发，则是完全错误的。因为在实际情况中，160 个真实浏览器（真实用户）并发访问系统时服务器就崩溃了。因此，模拟真实浏览器的并发行为是非常重要的，不仅压力与真实环境匹配，同时得到的事务指标也精确。

性能测试的基本原则就是基于模拟真实用户的行为对系统产生压力，从而得到系统的最大可接受范围承载、负载能力，如果性能测试工具连基本发压请求都无法正确模拟真实用户行为，那么后续得到的所有性能数据都是不可信的，因为源头就错了。

2）并发核心技术原理

为了真实模拟用户行为操作，首先在录制用户行为操作流程时，就记录浏览器并发行为（业务可能同时并发 6 个请求到服务器），结合浏览器渲染技术算法，对录制得到的 HTTP 请求进行时间间隔排序与层级关系（父子先后关系）分析并生成脚本。

然后在并发测试时严格按照录制时的并发行为与层级关系发送请求，且底层不调用外部库，而是直接调用 TCP 发送接收。指标可以统计 TCP 连接时间、首分片指标，因此确保并发行为真实可信，同时确保统计指标齐全可信。

2. 更高的性能算力

1）引入 Actors 异步 I/O 模型

有了更精准的发压能力，下一步需要解决的就是同样资源下尽可能产生更高的性能算力，毕竟服务器硬件资源成本还是很高的，尤其现在大多数都是分布式环境。

XRunner 使用异步 I/O 高并发技术，与 Jmeter、LoadRunner 的线程 I/O 阻塞技术不一样，在并发大量用户时无须为每个虚拟用户创建进程或线程，而是所有并发用户共用于 CPU 线程数相同的线程池。操作系统默认一个线程占用 1MB 内存，如果并发 1000 个用户，线程 I/O 阻塞技术至少要创建 1000 个线程，就需要创建 1GB 内存，1 万用户需要 10GB 内存，而系统的 CPU 线程数是有限制（例如 8 核 8 线程）的，8 个线程 CPU 需要为 1000 个虚拟用户线程共用，1000 个虚拟用户线程每时刻只有 8 个能运行，切换线程需要消耗一定资源，在大并发时抢占 CPU 线程执行资源可能导致并发用户不稳定（某些线程可能迟迟抢不到）。而采用异步 I/O 技术，只需创建与 CPU 线程数一致的线程即可服务大量并发。

而异步 I/O 技术由于线程数与 CPU 线程相同，因此只有几 MB 或十几 MB 内存，操作系统其他内存可以给并发用户使用（状态保存、数据发送接收内存）。总结：异步 I/O 技术更适合高并发场景，XRunner 使用异步 I/O 技术实现高并发测试更加稳定。

2）优化底层发送接收协议技术

XRunner 自研协议栈技术，包括 HTTP、SIP、WebSocket、Socket/Network 等协议，都是直接实现对底层 Socket 的发送与接收，自己构造标准协议报文与解析报文，而非调用外部库（Jmeter 调用的是 httpclient 库）。

例如 HTTP 自研底层构造与解析适配，支持使用二进制数组实现数据收发。因为网络传输的数据都是二进制的，不像 Jmeter 使用外部库，因此使用 string 字符串调用外部库，需要字符串封装与转为二进制，这个动作将创建至少一倍的内存（字符串封装需要缓存、字符串转二进制需要新增一倍内存）。在少量并发情况下，创建的内存可能不影响业务指标；但如果在大量并发时，产生了大量的临时数据（内存），就会导致内存暴涨从而触发垃圾回收，垃圾回收将导致 CPU 资源被占用，从而导致正常业务抢不到 CPU，这也是只要并发稍大 Jmeter 就不稳定的原因。

XRunner 在协议处理上大量减少 byte 与 string 的转换，从而减少大量的临时内存创建，降低 CPU 消耗与内存消耗，因此并发指标更精确稳定。通过对协议（例 HTTP）的针对性适配，使用底层技术减少内存，从而减少 CPU 与内存的消耗，避免大量的 GC（垃圾回收）。另外，使用异步 I/O 技术可减少大量线程创建与切换消耗，减少线程内存，实现高并发。

20.2.2　业务突破

1. 低代码平台，降低性能测试门槛

1）录制技术

- 使用网络监听与调用浏览器接口的方式进行录制，录制信息更加详细精准。录制过程记录了浏览器的并发行为，录制数据将在并发测试时使用，以便实现模拟真实浏览器行为的能力。另外，录制适配了 IE 浏览器、统信浏览器、龙芯浏览器、360 浏览器、奇安信浏览器等，不像 lr 那样版本不匹配就无法录制。

- https 与 http2 录制：与浏览器自身提供的接口相结合，实现证书可信与加解密通道监听，从而支持录制 https/http2，这是 Jmeter 与 LoadRunner 录制不一样的地方。

- http3（底层 UDP）录制：支持通过浏览器自身调试导出的 har 文件，再解析文件生成脚本。

- 其他协议：支持 wireshark/tcpdump 抓包，根据业务标准转换为脚本。支持解析 TCP/UDP 报文，需要适配 TCP 乱序丢包、分片情况。

2）自动关联技术

- 自动实现会话关联，无须用户手工介入，降低用户使用难度。

- 通过对两个一样的录制脚本进行比较，或将回放与录制进行比较可以快速扫描出需要关联（动态变化）的地方，并实现自动关联。

3）验证脚本正确技术

测试工具一般简单判断 HTTP 响应码，但可能返回的响应内容是失败。这时一般需要添加检查点，但很多测试人员可能不懂业务、不懂 HTTP，因此不知道怎么添加。因此，测试人员会相信测试工具，认为测试工具调试脚本通过就表示脚本正常。

- 支持回放与录制日志比较，通过比较可快速判断回放脚本是否正确。

- 支持使用真实浏览器验证脚本页面是否正常，XRunner 将调试的内容伪造为真实服务器的响应内容，返回给真实浏览器以便验证页面是否正常。通过比较与页面验证，可以快速验证脚本的正确性，提高测试效率与测试准确性。

2. 全新业务形态支持—音视频协议支持

1）SIP 等协议的录制实现方法

在客户端或服务端或网络设备，通过 wireshark/tcpdump 进行抓包；测试人员在打开抓包后，按正确方式操作一遍业务的交互流程，则交互信息经过网卡将被 wireshark/tcpdump 记录下来，完成后停止抓包，将抓包保存为 pcap 格式的文件。

通过导入（截图）方式转为脚本，XRunner 将根据业务协议的标准结构解析抓包 pcap 文件，并转换为脚本；支持解析 TCP/UDP 报文，需要适配 TCP 乱序丢包、分片情况

2）监控音视频质量的实现

XRunner 在每个执行器的计算机同时启动一个 media 监控器，通过配置网卡抓包方式（类似 tcpdump），将经过网卡的报文记录下来，分析报文的 IP 与端口、协议结构，记录每一路媒体流（IP 与端口）接收的协议报文数、报文间隔时间、输出每一路媒体流每秒的吞吐量、丢包数。

20.2.3　工具突破

1. 自主研发、安全可控，可扩展性强

不基于 Jmeter 开源软件做二次开发，XRunner 使用 Java 语言，Spring MVC 后端开发，VUE、Bootstrap 前端页面自主开发 XRunner。

使用原生 Java（自研）开发执行器、录制器、监控器和整个性能测试平台基础功能组件，另在底层发送协议上自研协议栈技术，如 HTTP、SIP、WebSocket、Socket/Network 等协议，直接实现与底层 Socket 的发送与接收，自行构造标准协议报文与解析报文。

2. 适配信创环境，为未来业务环境下性能测试打基础

国产操作系统、国产芯片的适配认证；包括适配国产统信操作系统与国产麒麟操作系统，适配不同类型的国产芯片（龙芯、鲲鹏、飞腾、申威等），适配国产浏览器，统信浏览器、龙芯浏览器、360 浏览器、奇安信浏览器。

保证 XRunner 可以在信创环境下完成安装、自动生成脚本、场景并发策略设置、脚本运行、自动输出测试报告，测试报告比对等性能测试全流程工作。

20.3　案例

20.3.1　背景简介

某云资源厂家 IaaS 层在对接 PaaS 层和业务层时会遇到资源能力标准的痛点，如租户业

务对资源的评估和资源利用率等，这些问题需要做基础资源能力值的标准输出来解决，测试和确定不同组件在不同规格的云资源可提供的性能。

20.3.2　压测需求

测试 Kafka 组件不同集群在不同平台的容量能力值。

测试关注指标：并发量、QPS、吞吐量、CPU、内存。

20.3.3　压测目标

本测试裸金属环境为 8 组资源组合，通过压力测试把 CPU 和内存压到 80%，来获取并发量、QPS、吞吐量、CPU、内存最大峰值，以便正确评估服务器能力水平，为业务侧提供选型决策服务。

SSD 磁盘速写速率性能比 HDD 磁盘高，是相对于磁盘随机读写角度来讲的，在顺序读写上二者相差无几。因为 Kafka 写数据时是顺序写的，机械硬盘顺序写的性能与内存读写性能几乎一致，所以对于 Kafka 集群来说我们使用机械硬盘即可满足一般业务需求。在极高并发和极高吞吐量业务场景可以考虑针对 SSD 磁盘性能进行压测。

20.3.4　压测方案

本测试环境分为 PaaS 平台和裸金属平台，每种平台分别有 8 种不同规格服务器，分别在各个平台的各个资源组合服务器进行压力测试。

裸金属平台 Kafka 集群部署方案为 3 个节点，另有 3 个节点 Zookeeper，每个节点独立部署在一个服务器上，部署方式为人工编写脚本部署。PaaS 平台同样采用 6Pod 方案，3 个 Kafka 和 3 个 Zookeeper。

每个资源组都需要进行压测，按照各个组件压测手册进行设置压测策略，原则上要把服务器进行满负荷压测，直至服务器（或 Pod 容器）崩溃。在崩溃后需要进行抢修和排障，直至服务器（或 Pod 容器）恢复并正常运行，方可进行第二次压测，以保证良好压测效果。每组资源写和读压测时间分别平均控制在 25 分钟以内。

20.3.5　压测方法和范围

1. Kafka 集群压测策略

测试工具采用 Kafka 协议进行 Kafka 集群 3 个节点高并发读/写压测，在压测过程中监控 CPU 负载及内存峰值，在达到 80%负载或服务器崩溃时确定性能指标极限。Kafka 集群压测架构示意图，如图 20-1 所示。

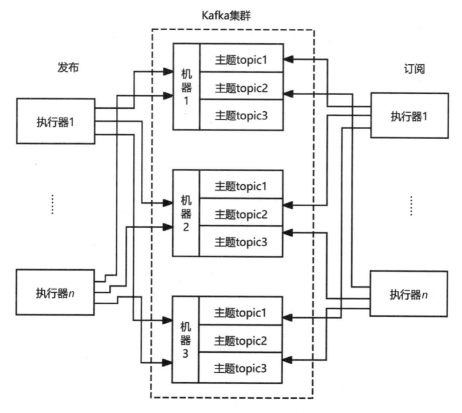

图 20-1　Kafka 集群压测架构示意图

2. 测试服务器资源配置

虚拟机使用分布式块存储，测试服务器资源配置表如表 20-1 所示。

表 20-1　测试服务器资源配置表

安全域	云区域	平台类型	操作系统	CPU 核数	内存（GB）	磁盘	带宽（Mb-s）
CORE	苏州资源池	虚拟机	BCLINUX	4	32	SATA	共享宿主机带宽
CORE	苏州资源池	虚拟机	BCLINUX	8	32	SATA	共享宿主机带宽
CORE	苏州资源池	虚拟机	BCLINUX	8	64	SATA	共享宿主机带宽
CORE	苏州资源池	虚拟机	BCLINUX	16	64	SATA	共享宿主机带宽
CORE	苏州资源池	虚拟机	BCLINUX	16	128	SATA	共享宿主机带宽
CORE	苏州资源池	物理机	BCLINUX	48	380	SAS	10 000
CORE	苏州资源池	物理机	BCLINUX	80	380	SATA	10 000
CORE	苏州资源池	物理机	BCLINUX	160	760	SSD	25 000

20.4　实践后的效果对比与总结

20.4.1　压测结果

1. 压测数据指标表

表 20-2 是一个资源组合压测数据指标表，平台类型为 PaaS 及裸金属两种。

表 20-2　压测数据指标表

资源	平台	操作	并发量	QPS	吞吐量（Mb-s）	CPU（%）	内存（%）
4C/32GB	PaaS	POST	100 000	82 221/s	2551	93	34
		GET	100 000	0	25.3	83	13
	裸金属	POST	100 000	105 210/s	1460	78	13
		GET	100 000	0	75.7	91	13
8C/32GB	PaaS	POST	100 000	764 932/s	2843	88	1
		GET	100 000	0	138	72	1
	裸金属	POST	100 000	231 467/s	1292	80	14
		GET	100 000	0	43.6	10	13
8C/64GB	PaaS	POST	100 000	890 090/s	3303	84	1
		GET	100 000	0	205	52	1
	裸金属	POST	100 000	273 258/s	2327.5	96	10
		GET	100 000	0	311.2	17	9
16C/64GB	PaaS	POST	100 000	249 572/s	3039	86	1
		GET	100 000	0	58	25	1
	裸金属	POST	100 000	43 219/s	35	5	5
		GET	100 000	0	98	5	5
16C/128GB	PaaS	POST	100 000	491 012/s	5527	98	1
		GET	100 000	0	66	20	1
	裸金属	POST	100 000	315 233/s	6424	84	9
		GET	100 000	0	63	10	6
48C/380GB	PaaS	POST	100 000	493 691/s	4648	40	5
		GET	100 000	0	73	13	1
	裸金属	POST	100 000	235 939/s	2034	73	6
		GET	100 000	0	3067	64	6
80C/380GB	PaaS	POST	100 000	705 869/s	5469	21	1
		GET	100 000	0	121	0.03	1
	裸金属	POST	100 000	19 218/s	37.3	4	5
		GET	100 000	0	52.9	5	5
160C/760GB	PaaS	POST	100 000	512 140/s	4226	29	5
		GET	100 000	0	93	0.01	1
	裸金属	POST	100 000	319 230/s	12 656	97	17
		GET	100 000	0	50	57	16

2. Kafka 集群压测 CPU 对比图

从 CPU 负载消耗情况看，Kafka 对 CPU 的占用并不明显，因此 CPU 资源开销不是一个性能瓶颈，如图 20-2 所示。

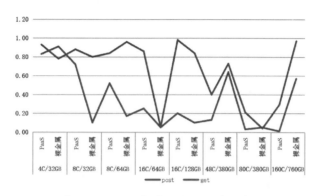

图 20-2　Kafka 集群压测 CPU 对比图示

3. Kafka 集群压测 QPS 对比图

从 QPS 指标看，Kafka 组件运行在 PaaS 容器平台的性能普遍高于运行在裸金属平台，如图 20-3 所示。

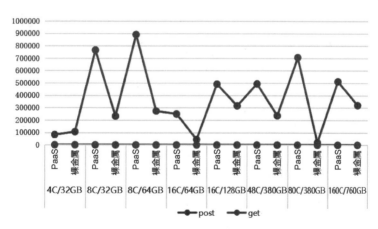

图 20-3　Kafka 集群压测 QPS 对比图示

4. Kafka 集群压测吞吐量对比图

从吞吐量指标看，Kafka 组件运行在 PaaS 容器平台的性能也普遍高于运行在裸金属平台，如图 20-4 所示。

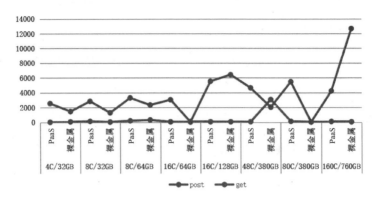

图 20-4　Kafka 集群压测吞吐量对比图示

20.4.2　总结报告

Kafka 不是密集型计算框架，而是一个消息队列类型组件，所以对 CPU 要求不高，主要是用在对消息解压和压缩上，所以 CPU 的性能不是使用 Kafka 的首要考虑因素，我们重点关注吞吐量，目标是高吞吐、低延迟。

Kafka 本身也不需要太大内存，内存则主要影响消费者性能。在大多数业务情况下，消费者消费的数据一般会从内存中获取。

我们在压测中使用 10 万并发，循环发送消息 POST 写入策略，根据上述测试结果可以看出，3 台 Kafka 集群性能如下。

- 从 QPS 指标看，Kafka 组件运行在 PaaS 容器平台的性能普遍高于运行在裸金属平台。
- 从吞吐量指标看，Kafka 组件运行在 PaaS 容器平台的性能也普遍高于运行在裸金属平台。
- 从 CPU 负载消耗情况看，Kafka 对 CPU 的占用并不明显，因此，CPU 资源开销不是一个性能瓶颈。
- 随着服务器资源增加，Kafka 的 QPS 和吞吐量性能有上升趋势，在资源组 16C/128GB 时，各个性能指标基本出现最大值，CPU 利用率达到最大值。当资源再继续增加时，资源对 Kafka 性能的提升作用不明显。

工具本身是只是为了辅助我们完成某一件事情的手段，我们对工具本身的认可，除了是否简单方便，更快上手，输出的结果是否正确与否以外，还应该跳出工具本身的限定，在各个不同领域或场景下将工具或产品发挥更大作用，如进行云网全链路性能测试、业务质量可监测性、混沌工程下的反脆弱实践等。

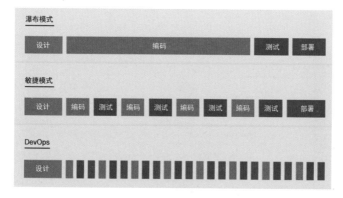

图 1-20　瀑布模型、敏捷开发和 DevOps 模式的对比

图 5-35　Selenium 传统自动化测试用例

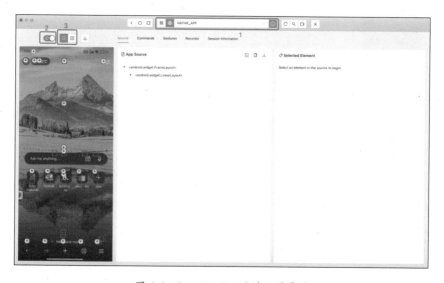

图 6-6　Start Session 后的配置截图

图 6-7　Edge Android new tab page 搜索截图

图 6-8　脚本成功执行后的截图

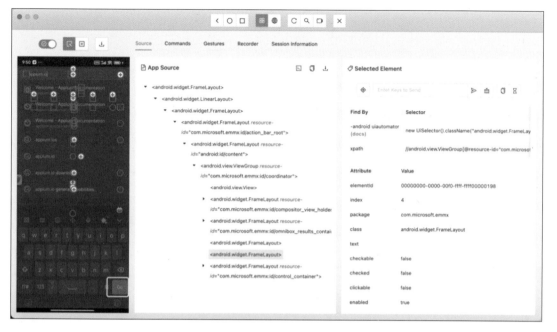

图 6-9　浏览器测试截图

— TPS

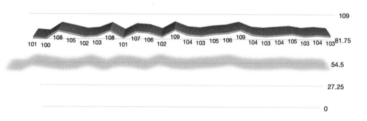

图 9-3　TPS 示意图 1

图 9-4　TPS 示意图 2

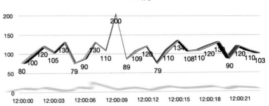

图 9-5　TPS 示意图 3

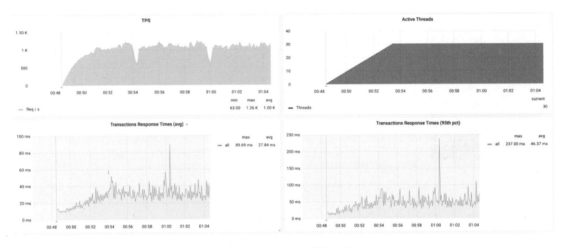

图 9-9　压力测试场景数据图

图 9-31　jvisualvm 监控图

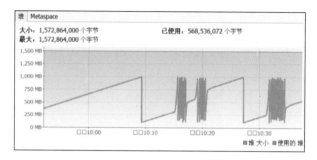

图 9-40　正常内存的趋势图

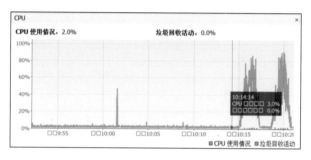

图 9-41　jvisualvm 工具中的 CPU 监控图

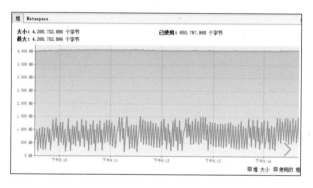

图 9-42　jvisualvm 工具中的堆监控图

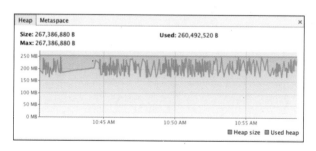

图 9-43　jvisualvm 工具中堆监控图

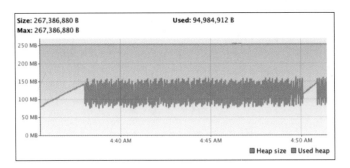

图 9-45 jvisualvm 工具中的堆监控图

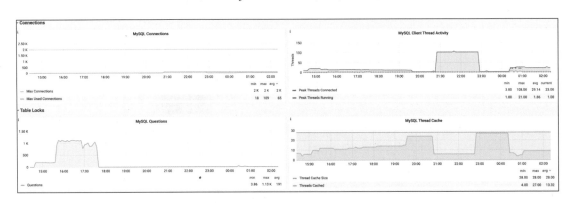

图 9-61 mysql_exportor+Prometheus+Grafana 监控图 1

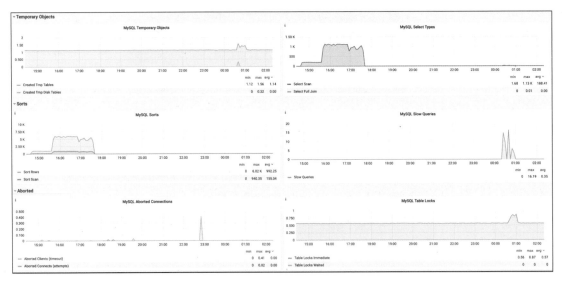

图 9-62 mysql_exportor+Prometheus+Grafana 监控图 2

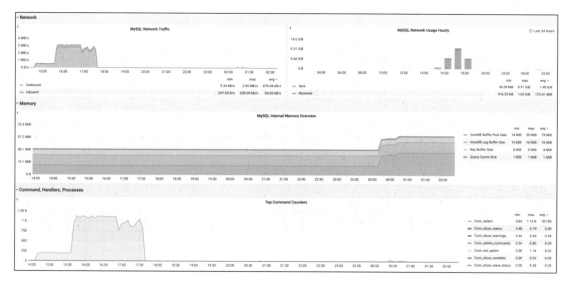

图 9-63　mysql_exportor+Prometheus+Grafana 监控图 3

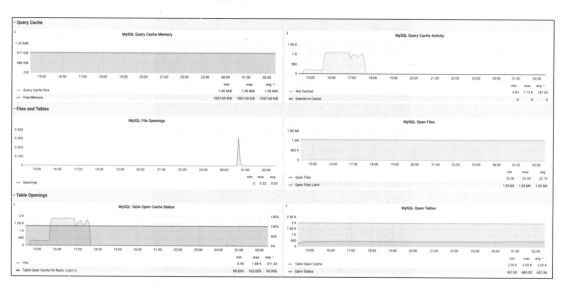

图 9-64　mysql_exportor+Prometheus+Grafana 监控图 4

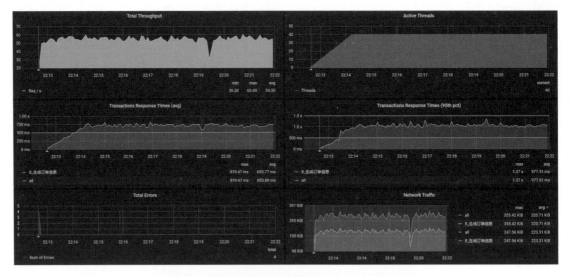

图 9-65 压力测试场景图 1

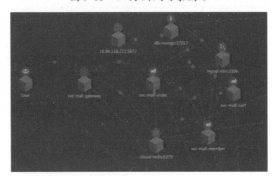

图 9-66 逻辑架构图

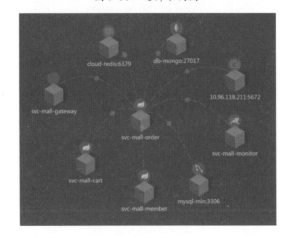

图 9-67 服务连接图

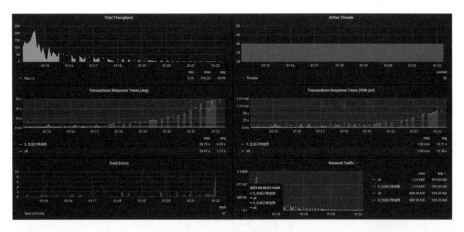

图 9-71　压力测试场景图 2

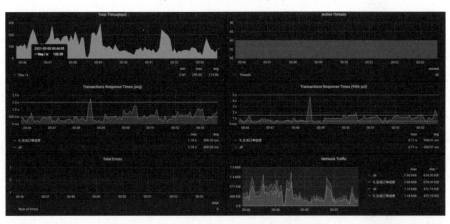

图 9-72　压力测试场景图 3

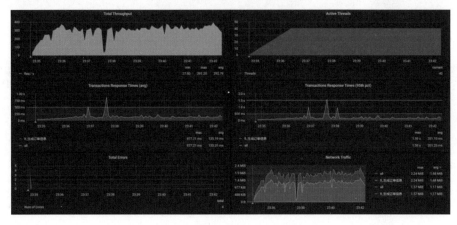

图 9-75　压力测试场景图 4

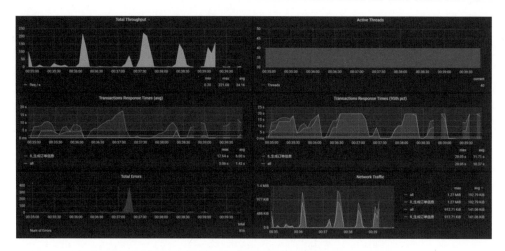

图 9-77　压力测试场景图 5

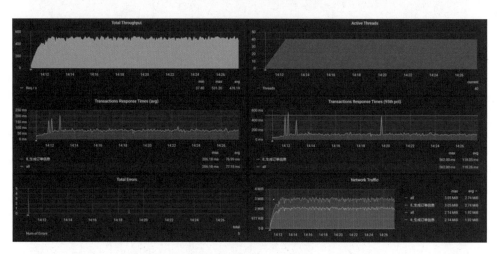

图 9-79　压力测试场景图 6

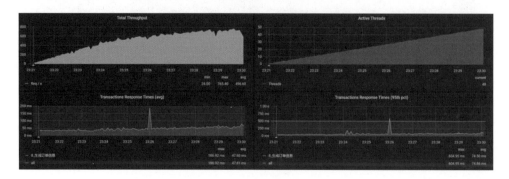

图 9-82　压力测试场景图 7

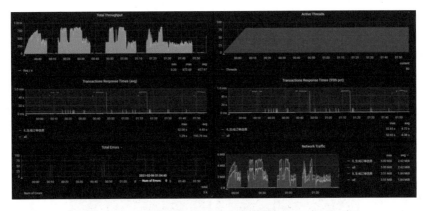

图 9-83　压力测试场景图 8

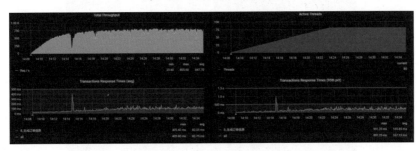

图 9-89　压力测试场景图 9

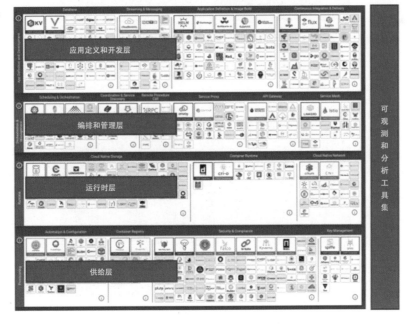

图 13-26　CNCF 云原生技术全景图

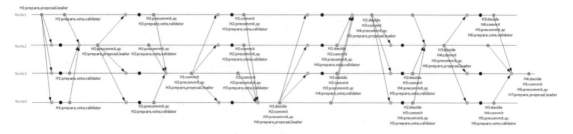

图 17-50　HotStuff 共识算法的时序交互图

图 18-1　iPhone XS 与 Pixel 夜景效果对比

图 18-2　基于 Web 前端技术开发的图片对比工具界面

图 18-3　细节纹理对比图

图 18-4　夜景逆光人像效果对比图

图 18-5　夜景建筑物边缘效果对比图

图 18-6　夜景动态范围效果对比图

图 18-9　图像效果主观评审工具界面

图 18-10　JND 质量标尺

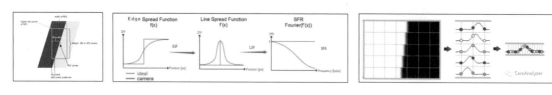

图 18-11　SFR 计算推导过程示意图

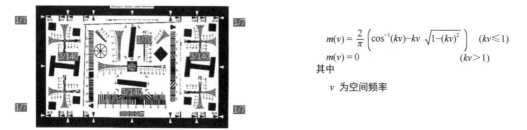

$$m(v) = \frac{2}{\pi} \left(\cos^{-1}(kv) - kv \sqrt{1-(kv)^2} \right) \quad (kv \leqslant 1)$$

$$m(v) = 0 \qquad\qquad\qquad\qquad (kv > 1)$$

其中

　　v 为空间频率

图 18-12　透镜公式

图 18-14　根据实际生成 JND 标尺示意图

图 18-15　JND 标尺工具界面示意图

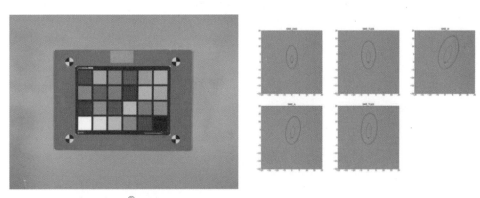

ColorChecker®标准图表　　　　　　　　　不同光源下的白平衡结果以椭饼图框标示

图 18-16　ColorChecker 色卡（左）和白平衡客观测量可视化图（右）

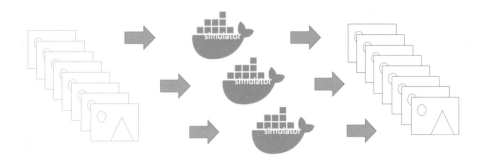

图 18-17　使用 Kubernetes 集群提升算法仿真并发能力架构示意图

图 18-17　使用 Kubernetes 集群提升算法仿真并发能力架构示意图（续）

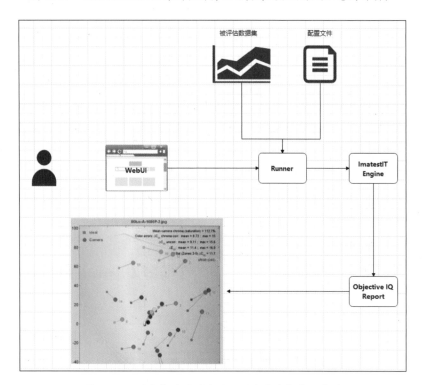

图 18-18　开发客观画质自动化测试平台架构示意图

图 18-22　人种肤色覆盖示意图